上海市住房和城乡建设管理委员会

上海市城镇排水管道工程概算定额

SH A8—21(02)—2022

同济大学出版社

2024　上　海

图书在版编目(CIP)数据

上海市城镇排水管道工程概算定额 SHA8-21(02)-2022 / 上海市水务工程定额管理站主编. --上海：同济大学出版社，2024.8. -- ISBN 978-7-5765-1230-4

Ⅰ. TU723.34

中国国家版本馆 CIP 数据核字第 2024GL7139 号

上海市城镇排水管道工程概算定额 SH A8—21(02)—2022

上海市水务工程定额管理站　主编

责任编辑 朱　勇　**责任校对** 徐春莲　**封面设计** 陈益平

出版发行　同济大学出版社　www.tongjipress.com.cn

(地址：上海市四平路 1239 号　邮编：200092　电话：021-65985622)

经　销　全国各地新华书店

印　刷　苏州市古得堡数码印刷有限公司

开　本　890mm×1240mm　1/16

印　张　50.75

字　数　1 572 000

版　次　2024 年 8 月第 1 版

印　次　2024 年 8 月第 1 次印刷

书　号　ISBN 978-7-5765-1230-4

定　价　498.00 元

上海市建设工程概算定额修编委员会

主　　任：胡广杰

副 主 任：裴　晓　王扣柱　王晓杰　周建国　金宏松　顾晓君
姜执伟

委　　员：陈　雷　马　燕　贾海林　杨文悦　方　琪　苏耀军
崔海灵　孙晓东　应敏伟　杨志杰　汪结春　莫　非
徐　忠

上海市建设工程概算定额修编工作组

组　　长：马　燕

副 组 长：方　琪　孙晓东　涂荣秀　许倩华　应敏伟　林海榕
夏　杰　周建军　田爱平　陈　超　汪崇庆

组　　员：朱　迪　蒋宏彦　胡　挺　王洁琼　陈淑烨　黄　英
辛　隽　乐　翔　田洁莹　彭　磊

上海市城镇排水管道工程概算定额

SH A8—21(02)—2022

主 管 部 门: 上海市水务局

主 编 单 位: 上海市水务工程定额管理站

参 编 单 位: 上海市城市建设设计研究总院(集团)有限公司
上海城济工程造价咨询有限公司

主要编制人员: 陈淑烨 夏 杰 周建军 刘凤仙 杨旻皓
陈国华 汤继平 赵 丹 黄 英 宋 玮
许嘉俊 徐 程 梁 辰 宋德琴 王 芳
徐欣卉 骆青桦

评 审 专 家: 姚 婷 刘晓东 戴富元 汪一江 江伟东
陆勇雄 于振华 莫承舜

上海市住房和城乡建设管理委员会文件

沪建标定〔2022〕653 号

上海市住房和城乡建设管理委员会
关于批准发布《上海市轨道交通工程概算定额》等 4 本
工程概算定额的通知

各有关单位：

为进一步完善本市建设工程计价依据，满足工程建设全生命周期的计价需求，根据《上海市建设工程定额体系表 2020》、《2018 年度上海市建设工程及城市基础设施养护维修定额编制计划》及《2019 年度上海市工程建设及城市基础设施养护维修定额编制计划》，现编制完成《上海市轨道交通工程概算定额（SH A3—21—2022）》、《上海市城镇给水管道工程概算定额（SH A8—21（01）—2022）》、《上海市城镇排水管道工程概算定额（SH A8—21（02）—2022）》和《上海市城镇给排水构筑物及设备安装工程概算定额（SH A8—21（03）—2022）》4 本工程概算定额（以下简称“新定额”），并经有关部门会审，现予以发布，自 2023 年 3 月 1 日起实施。

原《上海市公用管线工程概算定额（2010）》（给水管线工程）及《上海市市政工程概算定额（2010）》（排水管道工程、排水构筑物及机械设备安装工程）同时废止。

本次发布的新定额由市住房城乡建设管理委负责管理，《上海市轨道交通工程概算定额（SH A3—21—2022）》由上海市建筑建材业市场管理总站负责组织实施和解释，《上海市城镇给水管道工程概算定额（SH A8—21（01）—2022）》、《上海市城镇排水管道工程概算定额（SH A8—21（02）—2022）》和《上海市城镇给排水构筑物及设备安装工程概算定额（SH A8—21（03）—2022）》由上海市水务工程定额管理站负责组织实施和解释。

特此通知。

上海市住房和城乡建设管理委员会

2022 年 11 月 16 日

总 说 明

一、《上海市城镇排水管道工程概算定额(SH A8—21(02)—2022)》(以下简称“本定额”)共分2章,包括:

第一章　开槽埋管

第二章　顶　管

二、本定额适用于本市行政区域范围内新建、改建、扩建的排水管道工程。

三、采用本定额进行概算编制的,应遵循定额中定额编号、工程量计算规则、项目划分及计量单位。

四、本定额是编制设计概算(书)的依据,是进行项目建设投资评审、设计方案比选的参考依据,是编制估算指标的基础。

五、本定额以国家和本市现行建设工程强制性标准、推荐性标准、设计规范、标准图集、施工验收规范、技术操作规程、质量评定标准、产品标准和安全操作规程为依据编制,并参考了国家和本市行业标准,以及典型工程案例,有代表性的工程设计、施工和其他资料。

六、本定额综合了本市排水管道工程预算定额的内容和含量,包括了排水管道工程的工料机消耗量,其他相关费用应依据国家和本市现行取费规定计算。

七、本定额主要是在《上海市城镇给排水管道工程预算定额　第二册　城镇排水管道工程(SH A8—31(02)—2016)》《上海市城镇给排水管道工程预算定额　第三册　城镇给排水构筑物及设备安装工程(SH A8—31(03)—2016)》基础上,以主要分项工程综合相关工序的综合定额,即按主要分项工程规定的计量单位、计算规则及综合相关工序的预算定额计算而得的人工、材料及制品、机械台班的消耗标准,体现了上海地区社会平均水平。

八、本定额中材料与机械消耗量均以主要工序用量为准。难以计量的零星材料与机械列入其他材料费或其他机械费中,以该项目材料或机械之和的百分率表示。

九、本定额所采用的材料(包括构配件、零件、半成品及成品)均为符合质量标准和设计要求的合格产品,若品种、规格、型号、强度等级与设计不符,可按各章节规定调整。定额未注明材料规格、强度等级的,应按设计要求选用。

十、本定额的工作内容已说明了主要的施工工序,次要工序虽未说明,但均已包括在内。

十一、本定额中材料、成品、半成品的场内运输均已包含在相应定额中。

十二、本定额中混凝土按预拌混凝土考虑,砂浆按预拌砂浆考虑。混凝土及砂浆强度等级与设计强度等级不同时,可按设计强度等级进行换算。定额中的混凝土养护除另有说明外,均按自然养护考虑。

十三、本定额中混凝土子目中已包括模板的工作内容,但未包括钢筋的工作内容。模板一般不作调整,钢筋套用相应定额。

十四、本定额缺项部分,可按其他专业定额工料机消耗量计算直接费,按本定额费率表取费。

十五、本定额中注有“×××以内”或“×××以下”者,均已包括×××本身;“×××以外”或“×××以上”者,均不包括×××本身。

十六、定额说明中未注明(或省略)尺寸单位的宽度、厚度、断面等,均以“mm”为单位。

十七、凡本说明未尽事宜,详见各章说明。

费用计算说明

一、直接费

直接费是指施工过程中的耗费,构成工程实体和部分有助于工程形成的各项费用[包括人工费、材料费、施工机具(机械)使用费和零星工程费]。直接费中不包含增值税可抵扣进项税额。

(一) 人工费

人工费是指支付给直接从事建筑安装工程施工作业的生产工人的各项费用。

(二) 材料费

材料费是指工程施工过程中耗费的各种原材料、半成品、构配件等的费用,以及周转材料等的摊销、租赁费用。

(三) 施工机具(机械)使用费

施工机具(机械)使用费是指工程施工作业所发生的施工机具(机械)、仪器仪表使用费或其租赁费。

(四) 零星工程费

零星工程费是指设计图纸未反映,定额直接费计算中未包括,可能发生的其他构成工程实体的费用。零星工程费是以直接费为基数,乘以相应的费率计算。

二、企业管理费和利润

(一) 企业管理费

企业管理费是指施工单位为组织施工生产和经营管理所发生的费用。企业管理费不包含增值税可抵扣进项税额。

(二) 利润

利润是指施工单位从事建筑安装工程施工所获得的盈利。

(三) 企业管理费和利润是以直接费中的人工费为基数,乘以相应的费率计算。

三、安全文明施工费

安全文明施工费是指在工程项目施工期间,施工单位为保证安全施工、文明施工和保护现场内外环境等所发生的措施项目费用。安全文明施工费中不包含增值税可抵扣进项税额。

安全文明施工费是以直接费与企业管理费和利润之和为基数,乘以相应的费率计算。

四、施工措施费

施工措施费是指为完成工程项目施工,发生于该工程施工前和施工过程中,非工程实体项目的费用。施工措施费中不包含增值税可抵扣进项税额。

施工措施费是以直接费与企业管理费和利润之和为基数,乘以相应的费率计算。

五、规费

规费是指按国家法律、法规规定,由上海市政府和上海市有关权力部门规定施工单位必须缴纳,应计入建筑安装工程造价的费用。主要包括社会保险费(养老、失业、医疗、生育和工伤保险费)和住房公积金。

规费是以直接费中的人工费为基数,乘以相应的费率计算。

六、增值税

增值税即为当期销项税额。

当期销项税额是以税前工程造价为基数,乘以增值税税率计算。

七、上海市城镇排水管道工程概算费用计算顺序表

上海市城镇排水管道工程概算费用计算顺序表

序号	项目		计算式	备注
一	直接费	工、料、机费	按概算定额子目规定计算	包括说明
二		零星工程费	(一)×费率	
三		其中:人工费	概算定额人工费+零星工程人工费	零星工程人工费按零星工程费的20%计算
四	企业管理费和利润		(三)×费率	
五	安全文明施工费		[(一)+(二)+(四)]×费率	
六	施工措施费		[(一)+(二)+(四)]×费率 (或按拟建工程计取)	
七	小计		(一)+(二)+(四)+(五)+(六)	
八	规费	社会保险费	(三)×费率	
九		住房公积金	(三)×费率	
十	增值税		[(七)+(八)+(九)]×增值税税率	
十一	建筑安装工程费		(七)+(八)+(九)+(十)	

目　　录

第一章　开槽埋管

说　明

一、本章定额包括承插式钢筋混凝土管、企口式钢筋混凝土管、F型钢承口式钢筋混凝土管、硬聚氯乙烯加筋管、高密度聚乙烯双壁缠绕管、玻璃纤维增强塑料夹砂管、连管及进水口、出水口、现浇箱涵、道路翻挖共10节。

二、本章定额适用于采用开槽埋管方式施工的工程。

三、本章定额主要依据的图集:《上海市排水管道通用图(1992)》《排水管道图集(DBJT 08—123—2016)》《道路检查井通用图集(DBJT 08—119—2015)》《雨水口标准图(DBJT 08—120—2015)》。

四、定额编号"A"表示钢筋混凝土管沟槽回填黄砂至管中、塑料管沟槽回填黄砂至管顶平,其余为素土回填;定额编号"B"表示沟槽回填黄砂管顶以上50 cm,其余为素土回填;F型钢承口式钢筋混凝土管全部为素土回填。定额编号形式为"J-×-×-×A(B)"含量表中,括号内数据为"B"定额的数据。

五、开槽埋管按实际深度(原地面标高至沟槽底部标高的距离)计算,在套用本定额时按实际深度与定额规定深度对应表(表1-1)进行列项。

表1-1　实际深度与定额规定深度对应表

实际深度(m)	≤1.75	≤2.25	≤2.75	≤3.0	≤3.25
定额规定深度(m)	1.5	2.0	2.5	≤3.0	>3.0
实际深度(m)	≤3.75	≤4.0	≤4.25	≤4.75	≤5.25
定额规定深度(m)	3.5	≤4.0	>4.0	4.5	5.0
实际深度(m)	≤5.75	≤6.0	≤6.25	≤6.75	≤7.25
定额规定深度(m)	5.5	≤6.0	>6.0	6.5	7.0

六、本章定额土方场内运输已综合取定,与实际不同不作调整。土方、废料场外运输可套用《上海市城镇给排水构筑物及设备安装工程概算定额(SH A8—21(03)—2022)》相应定额子目。

七、本章定额100 m管道项目中均按3个砖砌检查井综合考虑,并采用防沉降盖板及防坠格板(网);如设计为其他类型的检查井,应按设计要求调整,但含量不变。

八、道路翻挖按车行道、非机动车道、人行道套用本章相应定额,结构层不作调整;本章定额不含道路修复,发生时按有关规定另计。

九、出水口分沟管出口坡护和沟管出口挡墙,沟管出口挡墙中 $H_1=H+t-P-200$。如图1-1、图1-2所示,H 为出口管设计深度(地面标高～沟管内壁底标高),t 为沟管壁厚,P 为墙顶离地面高。设计深度与定额规定深度对应表见表1-2。

表1-2　设计深度与定额规定深度对应表

设计深度(m)	≤1.75	≤2.25	≤2.75	≤3.0	≤3.25	≤3.75
定额规定深度(m)	1.5	2.0	2.5	≤3.0	>3.0	3.5
设计深度(m)	≤4.0	≤4.25	≤4.75	≤5.25	≤5.75	≤6.0
定额规定深度(m)	≤4.0	>4.0	4.5	5.0	5.5	≤6.0

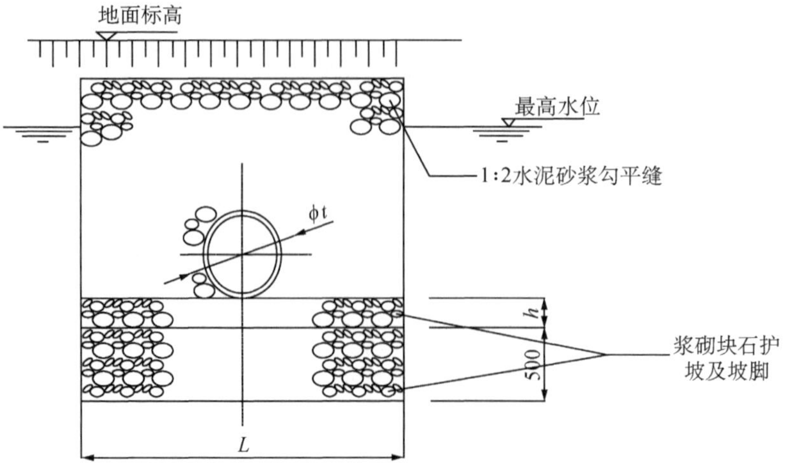

图 1-1　沟管出口护坡

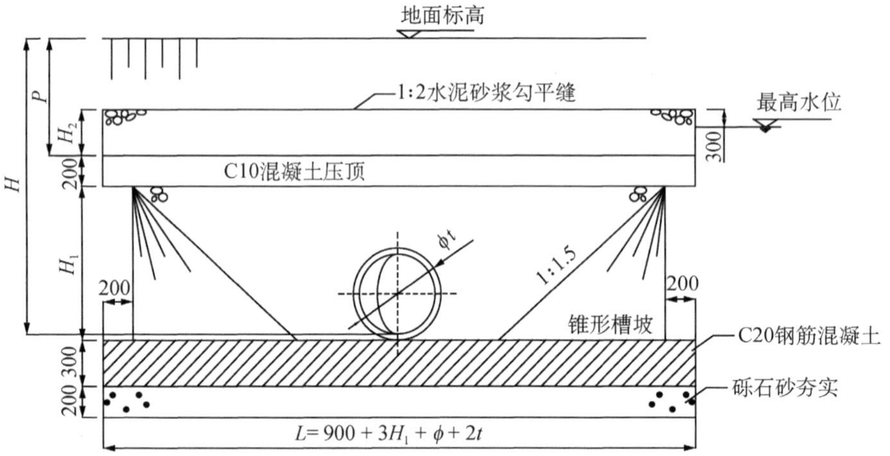

图 1-2　沟管出口挡墙

十、出水口施工所需围堰等施工措施套用《上海市城镇给排水构筑物及设备安装工程概算定额(SH A8—21(03)—2022)》相应定额子目。

十一、现浇箱涵综合了垫层、底板、侧墙、顶板、模板、脚手架、变形缝、施工缝等工作内容，其土方、围护结构等套用《上海市城镇给排水构筑物及设备安装工程概算定额(SH A8—21(03)—2022)》相应定额子目。

十二、本章定额沟槽围护：沟槽深度≤3 m时，采用列板支撑；沟槽深度＞3 m时，采用钢板桩支撑。钢板桩类型及长度应满足表1-3规定的沟槽深度。

表 1-3　开槽埋管深度与钢板桩支撑对应表

钢板桩类型及长度(m)	开槽埋管深度(m)
槽型钢板桩 4.00～6.00	3.01～4.00
槽型钢板桩 6.01～9.00	4.01～6.00
槽型钢板桩 9.01～12.00	6.01～8.00

十三、本章定额的表现形式包括基本概算项目和调整概算项目两部分。其中，调整概算项目包括沟槽围护、井点降水，可以根据设计要求进行调整。

十四、本章定额未包含污水管道防腐项目，发生时套用《上海市城镇排水构筑物及设备安装工程概算定额(SH A8—21(03)—2022)》相应定额计算。

工程量计算规则

一、开槽埋管:管道长度按设计长度(两检查井之间的中心距离),以“m”计算。

二、连管:按埋实长度,以“m”计算。

三、雨水口:按设计数量,以“座”计算。

四、出水口:按设计数量,以“座”计算。

五、现浇箱涵:按设计断面(不含垫层)面积乘以设计长度,以“m^3”计算。

六、道路翻挖:按沟槽宽度乘以管道设计长度,以“m^2”计算。

第一节　承插式钢筋混凝土管

工作内容： 沟槽挖土、沟槽排水、井点降水、沟槽围护和支撑(钢板桩、撑拆列板)、铺筑管道基础、铺设管道、沟槽回填(黄砂及素土)、土方场内运输、砌筑检查井等。

定额编号			J-1-1-1 A(B)	J-1-1-2 A(B)	J-1-1-3 A(B)	J-1-1-4 A(B)
项目			ϕ600			
			承插式钢筋混凝土管			
			2.0 m	2.5 m	≤3.0 m	>3.0 m
			100 m	100 m	100 m	100 m
预算定额编号	预算定额名称	预算定额单位	数量			
52-1-2-1	机械挖沟槽土方 深≤3 m 现场抛土	m^3	420.0000	525.0000	603.7500	
52-1-2-3	机械挖沟槽土方 深≤6 m 现场抛土	m^3				656.2500
52-1-3-1	沟槽回填 夯填土	m^3	234.1800 (77.8200)	336.4400 (180.0800)	407.8000 (251.4400)	460.3000 (303.9400)
53-1-3-2	场内运输 自卸汽车装运土(运距1 km以内)	m^3	318.1800 (342.1800)	441.4400 (344.9200)	528.5500 (372.1900)	591.5500 (435.1900)
52-1-3-4	沟槽回填 黄砂	m^3	89.5600 (245.9200)	89.5600 (245.9200)	89.6900 (246.0500)	89.6900 (246.0500)
52-1-4-3	管道垫层 砾石砂垫层	m^3	20.2600	20.2600	20.5200	20.5200
52-1-5-1	管道基座 混凝土 C20	m^3	21.4800	21.4800	22.0400	22.0400
52-1-5-1换1	管道基座 混凝土 C15	m^3				0.9600
52-1-5-2	管道基座 钢筋	t				0.1770
52-1-6-1	管道铺设 承插式钢筋混凝土管 ϕ600	100 m	0.9700	0.9700	0.9700	0.9700
52-3-1-1	砖砌检查井及雨水口 检查井 深≤2.5 m	m^3	6.1200	8.1000		
52-3-1-2	砖砌检查井及雨水口 检查井 深≤4 m	m^3			11.0400	11.0400
52-3-2-1	水泥砂浆抹面 检查井	m^2	44.0400	62.6100	81.7800	81.7800
52-3-6-1	安装防坠格板 新建工程	只	3.0000	3.0000	3.0000	3.0000
52-3-9-3	安装盖板及盖座 铸铁盖座	套	3.0000	3.0000	3.0000	3.0000

（续表）

定额编号			J-1-1-1 A(B)	J-1-1-2 A(B)	J-1-1-3 A(B)	J-1-1-4 A(B)
项目			ϕ600			
			承插式钢筋混凝土管			
			2.0 m	2.5 m	≤3.0 m	>3.0 m
			100 m	100 m	100 m	100 m
预算定额编号	预算定额名称	预算定额单位	数量			
52-3-9-4	安装盖板及盖座 防沉降检查井盖板	块	3.0000	3.0000	3.0000	3.0000
52-4-5-1	模板工程 模板 管道基座	m^2	33.1200	33.1200	33.5600	33.5600
53-9-1-1	施工排水、降水 湿土排水	m^3	210.0000	315.0000	393.7500	446.2500
53-9-1-3	施工排水、降水 筑拆竹箩滤井	座	2.5000	2.5000	2.5000	2.5000
调整项目						
	围护支撑					
52-4-2-2	满堂撑拆列板 深≤2.0 m,双面	100 m	1.0000			
52-4-2-3	满堂撑拆列板 深≤2.5 m,双面	100 m		1.0000		
52-4-2-4	满堂撑拆列板 深≤3.0 m,双面	100 m			1.0000	
52-4-2-5	撑拆列板 列板使用费	t・d	203.0000	232.0000	280.0000	
52-4-2-6	列板支撑使用费	t・d	71.0000	89.0000	106.0000	
52-4-3-1	打槽型钢板桩 长 4.00～6.00 m，单面	100 m				2.0000
52-4-3-6	拔槽型钢板桩 长 4.00～6.00 m，单面	100 m				2.0000
52-4-4-1	安拆钢板桩支撑 槽宽≤3.0 m 深 3.01～4.00 m	100 m				1.0000
52-4-3-11	打拔沟槽钢板桩 槽型钢板桩使用费	t・d				2469.0000
52-4-4-14	钢板桩支撑使用费	t・d				116.0000
	井点降水					
53-9-1-1	施工排水、降水 湿土排水	m^3			－393.7500	－446.2500
53-9-1-5	施工排水、降水 轻型井点安装	根			83.0000	83.0000
53-9-1-6	施工排水、降水 轻型井点拆除	根			83.0000	83.0000
53-9-1-7	施工排水、降水 轻型井点使用	套・天			30.0000	30.0000

工作内容：沟槽挖土、沟槽排水、井点降水、沟槽围护和支撑(钢板桩、撑拆列板)、铺筑管道基础、铺设管道、沟槽回填(黄砂及素土)、土方场内运输、砌筑检查井等。

定额编号				J-1-1-1 A(B)	J-1-1-2 A(B)	J-1-1-3 A(B)	J-1-1-4 A(B)
项目				ϕ600			
				承插式钢筋混凝土管			
				2.0 m	2.5 m	≤3.0 m	>3.0 m
名称			单位	100 m	100 m	100 m	100 m
人工	00190101	综合人工	工日	184.0533 (194.1246)	229.8513 (235.9092)	268.5877 (272.6531)	295.2539 (299.3193)
材料	01010211	热轧带肋钢筋(HRB400) ϕ≤10	t				0.0508
	01010212	热轧带肋钢筋(HRB400) ϕ>10	t				0.1306
	02090101	塑料薄膜	m^2	70.6238	72.2603	76.3995	79.3298
	03010811	钢塑膨胀铆钉	只	18.3600	18.3600	18.3600	18.3600
	03150101	圆钉	kg	6.7523	6.7523	6.8420	6.8420
	03152501	镀锌铁丝	kg				0.5469
	04030115	黄砂 中粗	t	158.5121 (434.9566)	158.5121 (434.9566)	158.7419 (435.1864)	158.7419 (435.1864)
	04030701	砾石砂	t	44.7928	44.7928	45.3677	45.3677
	04050313	道碴 50~70	t	0.3988	0.3988	0.3988	0.3988
	04131711	蒸压灰砂砖	千块	3.3348	4.4137	5.9859	5.9859
	05350301	竹箩	个	2.5000	2.5000	2.5000	2.5000
	13057901	聚氨酯防水涂料(甲乙料)	kg	4.6658	4.6658	4.6658	4.6658
	17291011	钢筋混凝土承插管 ϕ600×2500	m	97.4850	97.4850	97.4850	97.4850
	18271111	管枕 ϕ600	块	162.9600	162.9600	162.9600	162.9600
	34110101	水	m^3	15.2721 (39.8988)	15.2993 (39.9260)	15.3882 (40.0149)	15.4366 (40.0633)
	35010102	组合钢模板	kg	21.1903	21.1903	21.4719	21.4719
	35010703	木模板成材	m^3	0.1324	0.1324	0.1342	0.1342
	35020401	钢模零配件	kg	7.8352	7.8352	7.9393	7.9393
	36012831	铸铁检查井雨污水盖座 市政90型	套	3.0000	3.0000	3.0000	3.0000
	36016631	防沉降检查井盖板 2500×2000×200	块	3.0000	3.0000	3.0000	3.0000
	36016651	高强度塑料检查井格板	只	3.0600	3.0600	3.0600	3.0600
	36016661	高强度塑料支架	只	9.1800	9.1800	9.1800	9.1800
	80060414	湿拌砌筑砂浆 WM M10.0	m^3	1.4174	1.8760	2.6032	2.6032
	80060513	预拌抹灰砂浆 WP M15.0	m^3	0.9579	1.2532	1.5580	1.5580
	80210410	预拌混凝土(泵送型) C15 粒径5~20	m^3				0.9696
	80210414	预拌混凝土(泵送型) C20 粒径5~20	m^3	21.6948	21.6948	22.2604	22.2604
机械	99010060	履带式单斗液压挖掘机 1 m^3	台班	1.6380	2.0475	2.3546	2.6906
	99050930	混凝土振捣器 插入式	台班	2.9428	2.9428	3.0195	3.1510
	99050940	混凝土振捣器 平板式	台班	7.1103 (12.9112)	7.1103 (12.9112)	7.2027 (13.0037)	7.3342 (13.1352)
	99070220	轮胎式装载机 1 m^3	台班	1.4954 (1.6082)	2.0748 (1.6211)	2.4842 (1.7493)	2.7803 (2.0454)
	99070540	载重汽车 6 t	台班	0.3440	0.3440	0.3447	0.3447

（续表）

定额编号				J-1-1-1 A(B)	J-1-1-2 A(B)	J-1-1-3 A(B)	J-1-1-4 A(B)
项目				ϕ600			
				承插式钢筋混凝土管			
				2.0 m	2.5 m	≤3.0 m	>3.0 m
名称			单位	100 m	100 m	100 m	100 m
机械	99070588	载重汽车 12 t	台班	2.2909 (2.4637)	3.1784 (2.4834)	3.8056 (2.6798)	4.2592 (3.1334)
	99090360	汽车式起重机 8 t	台班	1.9453	1.9453	1.9458	1.9458
	99091700	手扳葫芦	台班	2.4299	2.4299	2.4299	2.4299
	99130350	内燃夯实机 700 N·m	台班	8.6881 (2.8871)	12.4819 (6.6810)	15.1294 (9.3284)	17.0771 (11.2762)
	99170010	钢筋调直机	台班				0.0860
	99170025	钢筋切断机	台班				0.0860
	99210065	木工平刨床 刨削宽度 450	台班	0.0762	0.0762	0.0772	0.0772
	99440010	电动单级离心清水泵 ϕ50	台班	25.2000	37.8000	47.2500	53.5500
调整项目							
		围护支撑					
	00190101	综合人工	工日	37.3728	57.0282	78.7933	447.5882
	03150501	骑马钉	kg	16.8872	21.1090	25.3308	
	04131711	蒸压灰砂砖	千块	0.1545	0.1545	0.1545	
	05030101	成材	m^3	0.3333	0.4444	0.5000	0.5955
	35090501	列板使用费	t·d	203.0000	232.0000	280.0000	
	35090511	列板支撑使用费	t·d	71.0000	89.0000	106.0000	
	35091731	铁撑板	t	0.2788	0.3345	0.4181	
	35091771	铁撑柱	kg	93.1220	114.6350	139.6830	70.5300
	35090121	槽型钢板桩	t				1.3350
	35091901	钢桩帽摊销	kg				90.9300
	04030115	黄砂 中粗	t				15.8236
	03152501	镀锌铁丝	kg				15.0000
	35090131	槽型钢板桩使用费	t·d				2469.0000
	35090611	钢板桩支撑使用费	t·d				116.0000
	99030080	轨道式柴油打桩机 0.6 t	台班				20.1323
	99030690	简易拔桩架	台班				23.9558
	99090075	履带式起重机 8 t	台班				3.4125
		井点降水					
	00190101	综合人工	工日			38.1471	35.3436
	04030115	黄砂 中粗	t			9.4420	9.4420
	17270201	普通橡胶管	m			14.2440	14.2440
	34110101	水	m^3			152.3275	152.3275
	35040921	轻型井点井管 ϕ40	m			28.5710	28.5710
	35040941	轻型井点井管 ϕ180×4	m			1.3803	1.3803
	99091380	电动卷扬机单筒快速 10 kN	台班			1.9920	1.9920
	99350050	轻便钻机 XJ-100	台班			4.7310	4.7310
	99440010	电动单级离心清水泵 ϕ50	台班			−47.2500	−53.5500
	99440150	电动多级离心清水泵 ϕ150×180 m 以下	台班			3.9840	3.9840
	99440510	射流井点泵 9.5 m	台班			36.4920	36.4920

工作内容：沟槽挖土、沟槽排水、井点降水、沟槽围护和支撑(钢板桩、撑拆列板)、铺筑管道基础、铺设管道、沟槽回填(黄砂及素土)、土方场内运输、砌筑检查井等。

定额编号			J-1-1-5 A(B)	J-1-1-6 A(B)	J-1-1-7 A(B)	J-1-1-8 A(B)
项目			φ600			
			承插式钢筋混凝土管			
			3.5 m	≤4.0 m	>4.0 m	4.5 m
			100 m	100 m	100 m	100 m
预算定额编号	预算定额名称	预算定额单位	数量			
52-1-2-3	机械挖沟槽土方 深≤6 m 现场抛土	m^3	735.0000	813.7500	866.2500	945.0000
52-1-3-1	沟槽回填 夯填土	m^3	535.6500 (379.2900)	611.6600 (455.3000)	664.1600 (507.8000)	739.7500 (583.3900)
53-1-3-2	场内运输 自卸汽车装运土(运距1 km以内)	m^3	682.6500 (526.2900)	774.4100 (618.0500)	837.4100 (681.0500)	928.7500 (772.3900)
52-1-3-4	沟槽回填 黄砂	m^3	89.6900 (246.0500)	89.6900 (246.0500)	89.6900 (246.0500)	89.6900 (246.0500)
52-1-4-3	管道垫层 砾石砂垫层	m^3	20.5200	20.5200	20.5200	20.5200
52-1-5-1	管道基座 混凝土 C20	m^3	22.8500	22.8500	22.8500	22.8500
52-1-5-1换1	管道基座 混凝土 C15	m^3	0.9600	0.9600	0.9600	0.9600
52-1-5-2	管道基座 钢筋	t	0.1800	0.1800	0.1800	0.1800
52-1-6-1	管道铺设 承插式钢筋混凝土管 φ600	100 m	0.9700	0.9700	0.9700	0.9700
52-3-1-2	砖砌检查井及雨水口 检查井 深≤4 m	m^3	14.0100	17.0700	17.0700	
52-3-1-3	砖砌检查井及雨水口 检查井 深≤6 m	m^3				20.1000
52-3-2-1	水泥砂浆抹面 检查井	m^2	98.2200	114.6600	114.6600	131.1000
52-3-6-1	安装防坠格板 新建工程	只	3.0000	3.0000	3.0000	3.0000
52-3-9-3	安装盖板及盖座 铸铁盖座	套	3.0000	3.0000	3.0000	3.0000
52-3-9-4	安装盖板及盖座 防沉降检查井盖板	块	3.0000	3.0000	3.0000	3.0000
52-4-5-1	模板工程 模板 管道基座	m^2	33.5600	33.5600	33.5600	33.5600
53-9-1-1	施工排水、降水 湿土排水	m^3	525.0000	603.7500	656.2500	735.0000
53-9-1-3	施工排水、降水 筑拆竹箩滤井	座	2.5000	2.5000	2.5000	2.5000
调整项目						
	围护支撑					
52-4-3-1	打槽型钢板桩 长4.00～6.00 m,单面	100 m	2.0000	2.0000		
52-4-3-6	拔槽型钢板桩 长4.00～6.00 m,单面	100 m	2.0000	2.0000		

（续表）

定　额　编　号			J-1-1-5 A(B)	J-1-1-6 A(B)	J-1-1-7 A(B)	J-1-1-8 A(B)
项　　目			ϕ600			
			承插式钢筋混凝土管			
			3.5 m	≤4.0 m	>4.0 m	4.5 m
			100 m	100 m	100 m	100 m
预算定额编号	预算定额名称	预算定额单位	数　　量			
52-4-3-11	打拔沟槽钢板桩 槽型钢板桩使用费	t·d	2469.0000	2469.0000	5488.0000	5488.0000
52-4-4-1	安拆钢板桩支撑 槽宽≤3.0 m 深3.01～4.00 m	100 m	1.0000	1.0000		
52-4-4-14	钢板桩支撑使用费	t·d	116.0000	116.0000	352.0000	352.0000
52-4-3-2	打槽型钢板桩 长6.01～9.00 m，单面	100 m			2.0000	2.0000
52-4-3-7	拔槽型钢板桩 长6.01～9.00 m，单面	100 m			2.0000	2.0000
52-4-4-2	安拆钢板桩支撑 槽宽≤3.0 m 深4.01～6.00 m	100 m			1.0000	1.0000
	井点降水					
53-9-1-1	施工排水、降水 湿土排水	m^3	−525.0000	−603.7500	−656.2500	−735.0000
53-9-1-5	施工排水、降水 轻型井点安装	根	83.0000	83.0000	83.0000	83.0000
53-9-1-6	施工排水、降水 轻型井点拆除	根	83.0000	83.0000	83.0000	83.0000
53-9-1-7	施工排水、降水 轻型井点使用	套·天	30.0000	30.0000	30.0000	30.0000

工作内容：沟槽挖土、沟槽排水、井点降水、沟槽围护和支撑（钢板桩、撑拆列板）、铺筑管道基础、铺设管道、沟槽回填（黄砂及素土）、土方场内运输、砌筑检查井等。

定　额　编　号				J-1-1-5 A(B)	J-1-1-6 A(B)	J-1-1-7 A(B)	J-1-1-8 A(B)
项　　目				ϕ600			
				承插式钢筋混凝土管			
				3.5 m	≤4.0 m	>4.0 m	4.5 m
名　　称			单位	100 m	100 m	100 m	100 m
人工	00190101	综合人工	工日	334.1977 (338.2632)	373.1937 (377.2591)	393.3305 (397.3960)	434.8388 (438.9042)
材料	01010211	热轧带肋钢筋(HRB400) ϕ≤10	t	0.0517	0.0517	0.0517	0.0517
	01010212	热轧带肋钢筋(HRB400) ϕ>10	t	0.1328	0.1328	0.1328	0.1328
	02090101	塑料薄膜	m^2	84.2569	86.7860	86.7860	89.2903
	03010811	钢塑膨胀铆钉	只	18.3600	18.3600	18.3600	18.3600
	03150101	圆钉	kg	6.8420	6.8420	6.8420	6.8420

(续表)

定额编号				J-1-1-5 A(B)	J-1-1-6 A(B)	J-1-1-7 A(B)	J-1-1-8 A(B)
项目				ϕ600			
				承插式钢筋混凝土管			
				3.5 m	≤4.0 m	>4.0 m	4.5 m
名称			单位	100 m	100 m	100 m	100 m
材料	03152501	镀锌铁丝	kg	0.5562	0.5562	0.5562	0.5562
	04030115	黄砂 中粗	t	158.7419 (435.1864)	158.7419 (435.1864)	158.7419 (435.1864)	158.7419 (435.1864)
	04030701	砾石砂	t	45.3677	45.3677	45.3677	45.3677
	04050313	道碴 50～70	t	0.3988	0.3988	0.3988	0.3988
	04131711	蒸压灰砂砖	千块	7.5962	9.2554	9.2554	10.8661
	05350301	竹箩	个	2.5000	2.5000	2.5000	2.5000
	13057901	聚氨酯防水涂料(甲乙料)	kg	4.6658	4.6658	4.6658	4.6658
	17291011	钢筋混凝土承插管 ϕ600×2500	m	97.4850	97.4850	97.4850	97.4850
	18271111	管枕 ϕ600	块	162.9600	162.9600	162.9600	162.9600
	34110101	水	m^3	15.5181 (40.1448)	15.5601 (40.1868)	15.5601 (40.1868)	15.6016 (40.2283)
	35010102	组合钢模板	kg	21.4719	21.4719	21.4719	21.4719
	35010703	木模板成材	m^3	0.1342	0.1342	0.1342	0.1342
	35020401	钢模零配件	kg	7.9393	7.9393	7.9393	7.9393
	36012831	铸铁检查井雨污水盖座 市政 90 型	套	3.0000	3.0000	3.0000	3.0000
	36016631	防沉降检查井盖板 2500×2000×200	块	3.0000	3.0000	3.0000	3.0000
	36016651	高强度塑料检查井格板	只	3.0600	3.0600	3.0600	3.0600
	36016661	高强度塑料支架	只	9.1800	9.1800	9.1800	9.1800
	80060414	湿拌砌筑砂浆 WM M10.0	m^3	3.3036	4.0251	4.0251	4.7838
	80060513	预拌抹灰砂浆 WP M15.0	m^3	1.8194	2.0808	2.0808	2.3422
	80210410	预拌混凝土(泵送型) C15 粒径 5～20	m^3	0.9696	0.9696	0.9696	0.9696
	80210414	预拌混凝土(泵送型) C20 粒径 5～20	m^3	23.0785	23.0785	23.0785	23.0785
机械	99010060	履带式单斗液压挖掘机 1 m^3	台班	3.0135	3.3364	3.5516	3.8745
	99050930	混凝土振捣器 插入式	台班	3.2620	3.2620	3.2620	3.2620
	99050940	混凝土振捣器 平板式	台班	7.4452 (13.2462)	7.4452 (13.2462)	7.4452 (13.2462)	7.4452 (13.2462)
	99070220	轮胎式装载机 1 m^3	台班	3.2085 (2.4736)	3.6397 (2.9048)	3.9358 (3.2009)	4.3651 (3.6302)
	99070540	载重汽车 6 t	台班	0.3447	0.3447	0.3447	0.3447
	99070588	载重汽车 12 t	台班	4.9151 (3.7893)	5.5758 (4.4500)	6.0294 (4.9036)	6.6870 (5.5612)

（续表）

定额编号				J-1-1-5 A(B)	J-1-1-6 A(B)	J-1-1-7 A(B)	J-1-1-8 A(B)
项目				ϕ600			
				承插式钢筋混凝土管			
				3.5 m	≤4.0 m	>4.0 m	4.5 m
名称			单位	100 m	100 m	100 m	100 m
机械	99090360	汽车式起重机 8 t	台班	1.9458	1.9458	1.9458	1.9458
	99091700	手扳葫芦	台班	2.4299	2.4299	2.4299	2.4299
	99130350	内燃夯实机 700 N·m	台班	19.8726 (14.0717)	22.6926 (16.8916)	24.6403 (18.8394)	27.4447 (21.6438)
	99170010	钢筋调直机	台班	0.0875	0.0875	0.0875	0.0875
	99170025	钢筋切断机	台班	0.0875	0.0875	0.0875	0.0875
	99210065	木工平刨床 刨削宽度 450	台班	0.0772	0.0772	0.0772	0.0772
	99440010	电动单级离心清水泵 ϕ50	台班	63.0000	72.4500	78.7500	88.2000
调整项目							
		围护支撑					
	00190101	综合人工	工日	447.5882	447.5882	571.2213	571.2213
	03152501	镀锌铁丝	kg	15.0000	15.0000	20.0000	20.0000
	04030115	黄砂 中粗	t	15.8236	15.8236	23.7356	23.7356
	05030101	成材	m^3	0.5955	0.5955	0.8169	0.8169
	35090121	槽型钢板桩	t	1.3350	1.3350	1.9587	1.9587
	35090131	槽型钢板桩使用费	t·d	2469.0000	2469.0000	5488.0000	5488.0000
	35090611	钢板桩支撑使用费	t·d	116.0000	116.0000	352.0000	352.0000
	35091771	铁撑柱	kg	70.5300	70.5300	141.1200	141.1200
	35091901	钢桩帽摊销	kg	90.9300	90.9300	136.2690	136.2690
	99030080	轨道式柴油打桩机 0.6 t	台班	20.1323	20.1323	27.7905	27.7905
	99030690	简易拔桩架	台班	23.9558	23.9558	29.8410	29.8410
	99090075	履带式起重机 8 t	台班	3.4125	3.4125	4.5500	4.5500
		井点降水					
	00190101	综合人工	工日	31.1383	26.9330	24.1295	19.9243
	04030115	黄砂 中粗	t	9.4420	9.4420	9.4420	9.4420
	17270201	普通橡胶管	m	14.2440	14.2440	14.2440	14.2440
	34110101	水	m^3	152.3275	152.3275	152.3275	152.3275
	35040921	轻型井点井管 ϕ40	m	28.5710	28.5710	28.5710	28.5710
	35040941	轻型井点井管 ϕ180×4	m	1.3803	1.3803	1.3803	1.3803
	99091380	电动卷扬机单筒快速 10 kN	台班	1.9920	1.9920	1.9920	1.9920
	99350050	轻便钻机 XJ-100	台班	4.7310	4.7310	4.7310	4.7310
	99440010	电动单级离心清水泵 ϕ50	台班	−63.0000	−72.4500	−78.7500	−88.2000
	99440150	电动多级离心清水泵 ϕ150×180 m 以下	台班	3.9840	3.9840	3.9840	3.9840
	99440510	射流井点泵 9.5 m	台班	36.4920	36.4920	36.4920	36.4920

工作内容：沟槽挖土、沟槽排水、井点降水、沟槽围护和支撑(钢板桩、撑拆列板)、铺筑管道基础、铺设管道、沟槽回填(黄砂及素土)、土方场内运输、砌筑检查井等。

定额编号			J-1-1-9 A(B)	J-1-1-10 A(B)	J-1-1-11 A(B)	J-1-1-12 A(B)
项目			ϕ600		ϕ800	
			承插式钢筋混凝土管			
			5.0 m	5.5 m	2.0 m	2.5 m
			100 m	100 m	100 m	100 m
预算定额编号	预算定额名称	预算定额单位	数量			
52-1-2-1	机械挖沟槽土方 深≤3 m 现场抛土	m^3			462.0000	577.5000
52-1-2-3	机械挖沟槽土方 深≤6 m 现场抛土	m^3	1050.0000	1155.0000		
52-1-3-1	沟槽回填 夯填土	m^3	840.9700 (684.6100)	942.1800 (785.8200)	218.1300 (31.9500)	330.8900 (144.7100)
53-1-3-2	场内运输 自卸汽车装运土(运距1 km以内)	m^3	1050.9700 (894.6100)	1173.1800 (1016.8200)	310.5300 (430.0500)	446.3900 (432.7900)
52-1-3-4	沟槽回填 黄砂	m^3	89.6900 (246.0500)	89.6900 (246.0500)	110.9400 (297.1200)	110.9400 (297.1200)
52-1-4-3	管道垫层 砾石砂垫层	m^3	20.5200	20.5200	22.1400	22.1400
52-1-5-1	管道基座 混凝土 C20	m^3	22.8500	23.6300	25.0000	25.0000
52-1-5-1换1	管道基座 混凝土 C15	m^3	0.9600	0.9600		
52-1-5-2	管道基座 钢筋	t	0.1800	0.1830		
52-1-6-1	管道铺设 承插式钢筋混凝土管 ϕ600	100 m	0.9700	0.9700		
52-1-6-2	管道铺设 承插式钢筋混凝土管 ϕ800	100 m			0.9700	0.9700
52-3-1-1	砖砌检查井及雨水口 检查井 深≤2.5 m	m^3			5.6100	7.7400
52-3-1-3	砖砌检查井及雨水口 检查井 深≤6 m	m^3	23.1300	25.6500		
52-3-2-1	水泥砂浆抹面 检查井	m^2	147.5400	160.5600	40.2900	60.3600
52-3-6-1	安装防坠格板 新建工程	只	3.0000	3.0000	3.0000	3.0000
52-3-9-3	安装盖板及盖座 铸铁盖座	套	3.0000	3.0000	3.0000	3.0000
52-3-9-4	安装盖板及盖座 防沉降检查井盖板	块	3.0000	3.0000	3.0000	3.0000
52-4-5-1	模板工程 模板 管道基座	m^2	33.5600	36.3800	33.1200	33.1200
53-9-1-1	施工排水、降水 湿土排水	m^3	840.0000	945.0000	231.0000	346.5000
53-9-1-3	施工排水、降水 筑拆竹箩滤井	座	2.5000	2.5000	2.5000	2.5000
调整项目						
	围护支撑					
52-4-3-2	打槽型钢板桩 长6.01～9.00 m，单面	100 m	2.0000	2.0000		
52-4-3-7	拔槽型钢板桩 长6.01～9.00 m，单面	100 m	2.0000	2.0000		

（续表）

定额编号			J-1-1-9 A(B)	J-1-1-10 A(B)	J-1-1-11 A(B)	J-1-1-12 A(B)
项目			ϕ600		ϕ800	
			承插式钢筋混凝土管			
			5.0 m	5.5 m	2.0 m	2.5 m
			100 m	100 m	100 m	100 m
预算定额编号	预算定额名称	预算定额单位	数量			
52-4-3-11	打拔沟槽钢板桩 槽型钢板桩使用费	t·d	5488.0000	5488.0000		
52-4-4-2	安拆钢板桩支撑 槽宽≤3.0 m 深4.01～6.00 m	100 m	1.0000	1.0000		
52-4-4-14	钢板桩支撑使用费	t·d	352.0000	352.0000		
52-4-2-2	满堂撑拆列板 深≤2.0 m,双面	100 m			1.0000	
52-4-2-5	撑拆列板 列板使用费	t·d			220.0000	273.0000
52-4-2-6	列板支撑使用费	t·d			77.0000	96.0000
52-4-2-3	满堂撑拆列板 深≤2.5 m,双面	100 m				1.0000
	井点降水					
53-9-1-1	施工排水、降水 湿土排水	m^3	−840.0000	−945.0000		
53-9-1-5	施工排水、降水 轻型井点安装	根	83.0000	83.0000		
53-9-1-6	施工排水、降水 轻型井点拆除	根	83.0000	83.0000		
53-9-1-7	施工排水、降水 轻型井点使用	套·天	30.0000	30.0000		

工作内容：沟槽挖土、沟槽排水、井点降水、沟槽围护和支撑(钢板桩、撑拆列板)、铺筑管道基础、铺设管道、沟槽回填(黄砂及素土)、土方场内运输、砌筑检查井等。

定额编号				J-1-1-9 A(B)	J-1-1-10 A(B)	J-1-1-11 A(B)	J-1-1-12 A(B)
项目				ϕ600		ϕ800	
				承插式钢筋混凝土管			
				5.0 m	5.5 m	2.0 m	2.5 m
名称			单位	100 m	100 m	100 m	100 m
人工	00190101	综合人工	工日	483.9295 (487.9949)	532.3424 (536.4078)	189.6493 (204.6698)	239.9496 (250.5371)
材料	01010211	热轧带肋钢筋(HRB400) $\phi\leqslant10$	t	0.0517	0.0525		
	01010212	热轧带肋钢筋(HRB400) $\phi>10$	t	0.1328	0.1351		
	02090101	塑料薄膜	m^2	91.7945	96.2582	80.9467	82.7071
	03010811	钢塑膨胀铆钉	只	18.3600	18.3600	18.3600	18.3600
	03150101	圆钉	kg	6.8420	7.4169	6.7523	6.7523
	03152501	镀锌铁丝	kg	0.5562	0.5655		
	04030115	黄砂 中粗	t	158.7419 (435.1864)	158.7419 (435.1864)	196.3119 (525.4782)	196.3119 (525.4782)

（续表）

定额编号				J-1-1-9 A(B)	J-1-1-10 A(B)	J-1-1-11 A(B)	J-1-1-12 A(B)
项目				ϕ600		ϕ800	
				承插式钢筋混凝土管			
				5.0 m	5.5 m	2.0 m	2.5 m
名称			单位	100 m	100 m	100 m	100 m
材料	04030701	砾石砂	t	45.3677	45.3677	48.9493	48.9493
	04050313	道碴 50～70	t	0.3988	0.3988	0.3988	0.3988
	04131711	蒸压灰砂砖	千块	12.5041	13.8664	3.0569	4.2175
	05350301	竹箩	个	2.5000	2.5000	2.5000	2.5000
	13057901	聚氨酯防水涂料(甲乙料)	kg	4.6658	4.6658	6.1370	6.1370
	17291011	钢筋混凝土承插管 ϕ600×2500	m	97.4850	97.4850		
	17291012	钢筋混凝土承插管 ϕ800×2500	m			97.4850	97.4850
	18271111	管枕 ϕ600	块	162.9600	162.9600		
	18271113	管枕 ϕ800	块			162.9600	162.9600
	34110101	水	m^3	15.6431 (40.2698)	15.7170 (40.3437)	18.8100 (48.1333)	18.8391 (48.1624)
	35010102	组合钢模板	kg	21.4719	23.2761	21.1903	21.1903
	35010703	木模板成材	m^3	0.1342	0.1454	0.1324	0.1324
	35020401	钢模零配件	kg	7.9393	8.6064	7.8352	7.8352
	36012831	铸铁检查井雨污水盖座 市政90型	套	3.0000	3.0000	3.0000	3.0000
	36016631	防沉降检查井盖板 2500×2000×200	块	3.0000	3.0000	3.0000	3.0000
	36016651	高强度塑料检查井格板	只	3.0600	3.0600	3.0600	3.0600
	36016661	高强度塑料支架	只	9.1800	9.1800	9.1800	9.1800
	80060414	湿拌砌筑砂浆 WM M10.0	m^3	5.5049	6.1047	1.2993	1.7926
	80060513	预拌抹灰砂浆 WP M15.0	m^3	2.6036	2.8106	0.8983	1.2174
	80210410	预拌混凝土(泵送型) C15 粒径5～20	m^3	0.9696	0.9696		
	80210414	预拌混凝土(泵送型) C20 粒径5～20	m^3	23.0785	23.8663	25.2500	25.2500
机械	99010060	履带式单斗液压挖掘机 1 m^3	台班	4.3050	4.7355	1.8018	2.2523
	99050930	混凝土振捣器 插入式	台班	3.2620	3.3688	3.4250	3.4250
	99050940	混凝土振捣器 平板式	台班	7.4452 (13.2462)	7.5520 (13.3530)	8.4641 (15.3714)	8.4641 (15.3714)
	99070220	轮胎式装载机 1 m^3	台班	4.9396 (4.2047)	5.5139 (4.7791)	1.4595 (2.0212)	2.0980 (2.0341)
	99070540	载重汽车 6 t	台班	0.3447	0.3492	0.3440	0.3440
	99070588	载重汽车 12 t	台班	7.5670 (6.4412)	8.4469 (7.3211)	2.2358 (3.0964)	3.2140 (3.1161)
	99090360	汽车式起重机 8 t	台班	1.9458	1.9489	1.9453	1.9453
	99091700	手扳葫芦	台班	2.4299	2.4299	2.4299	2.4299
	99130350	内燃夯实机 700 N·m	台班	31.2000 (25.3990)	34.9549 (29.1539)	8.0926 (1.1853)	12.2760 (5.3687)

（续表）

定额编号				J-1-1-9 A(B)	J-1-1-10 A(B)	J-1-1-11 A(B)	J-1-1-12 A(B)
项目				ϕ600		ϕ800	
				承插式钢筋混凝土管			
				5.0 m	5.5 m	2.0 m	2.5 m
名称			单位	100 m	100 m	100 m	100 m
机械	99170010	钢筋调直机	台班	0.0875	0.0890		
	99170025	钢筋切断机	台班	0.0875	0.0890		
	99210065	木工平刨床 刨削宽度 450	台班	0.0772	0.0837	0.0762	0.0762
	99440010	电动单级离心清水泵 ϕ50	台班	100.8000	113.4000	27.7200	41.5800
调整项目							
		围护支撑					
	00190101	综合人工	工日	571.2213	571.2213	37.3728	57.0282
	03152501	镀锌铁丝	kg	20.0000	20.0000		
	04030115	黄砂 中粗	t	23.7356	23.7356		
	05030101	成材	m^3	0.8169	0.8169	0.3333	0.4444
	35090121	槽型钢板桩	t	1.9587	1.9587		
	35090131	槽型钢板桩使用费	t・d	5488.0000	5488.0000		
	35090611	钢板桩支撑使用费	t・d	352.0000	352.0000		
	35091771	铁撑柱	kg	141.1200	141.1200	93.1220	114.6350
	35091901	钢桩帽摊销	kg	136.2690	136.2690		
	99030080	轨道式柴油打桩机 0.6 t	台班	27.7905	27.7905		
	99030690	简易拔桩架	台班	29.8410	29.8410		
	99090075	履带式起重机 8 t	台班	4.5500	4.5500		
	03150501	骑马钉	kg			16.8872	21.1090
	04131711	蒸压灰砂砖	千块			0.1545	0.1545
	35091731	铁撑板	t			0.2788	0.3345
	35090501	列板使用费	t・d			220.0000	273.0000
	35090511	列板支撑使用费	t・d			77.0000	96.0000
		井点降水					
	00190101	综合人工	工日	14.3173	8.7103		
	04030115	黄砂 中粗	t	9.4420	9.4420		
	17270201	普通橡胶管	m	14.2440	14.2440		
	34110101	水	m^3	152.3275	152.3275		
	35040921	轻型井点井管 ϕ40	m	28.5710	28.5710		
	35040941	轻型井点井管 ϕ180×4	m	1.3803	1.3803		
	99091380	电动卷扬机单筒快速 10 kN	台班	1.9920	1.9920		
	99350050	轻便钻机 XJ-100	台班	4.7310	4.7310		
	99440010	电动单级离心清水泵 ϕ50	台班	−100.8000	−113.4000		
	99440150	电动多级离心清水泵 ϕ150×180 m 以下	台班	3.9840	3.9840		
	99440510	射流井点泵 9.5 m	台班	36.4920	36.4920		

工作内容:沟槽挖土、沟槽排水、井点降水、沟槽围护和支撑(钢板桩、撑拆列板)、铺筑管道基础、铺设管道、沟槽回填(黄砂及素土)、土方场内运输、砌筑检查井等。

定 额 编 号			J-1-1-13 A(B)	J-1-1-14 A(B)	J-1-1-15 A(B)	J-1-1-16 A(B)
项 目			ϕ800			
			承插式钢筋混凝土管			
			≤3.0 m	>3.0 m	3.5 m	≤4.0 m
			100 m	100 m	100 m	100 m
预算定额编号	预算定额名称	预算定额单位	数 量			
52-1-2-1	机械挖沟槽土方 深≤3 m 现场抛土	m^3	664.1300			
52-1-2-3	机械挖沟槽土方 深≤6 m 现场抛土	m^3		721.8800	808.5000	895.1300
52-1-3-1	沟槽回填 夯填土	m^3	410.1100 (223.9300)	467.8600 (281.6800)	551.0800 (364.9000)	634.9700 (448.7900)
53-1-3-2	场内运输 自卸汽车装运土(运距1 km以内)	m^3	542.9360 (440.2000)	612.2360 (440.2000)	712.7800 (526.6000)	813.9960 (627.8160)
52-1-3-4	沟槽回填 黄砂	m^3	111.0900 (297.2700)	111.0900 (297.2700)	111.0900 (297.2700)	111.0900 (297.2700)
52-1-4-3	管道垫层 砾石砂垫层	m^3	22.3800	22.3800	22.3800	22.3800
52-1-5-1	管道基座 混凝土 C20	m^3	25.5400	25.5400	26.3500	26.3500
52-1-5-1换1	管道基座 混凝土 C15	m^3		0.9600	0.9600	0.9600
52-1-5-2	管道基座 钢筋	t		0.1770	0.1800	0.1800
52-1-6-2	管道铺设 承插式钢筋混凝土管 ϕ800	100 m	0.9700	0.9700	0.9700	0.9700
52-3-1-2	砖砌检查井及雨水口 检查井 深≤4 m	m^3	10.6500	10.6500	13.4700	16.5000
52-3-2-1	水泥砂浆抹面 检查井	m^2	78.3600	78.3600	94.8000	111.2400
52-3-6-1	安装防坠格板 新建工程	只	3.0000	3.0000	3.0000	3.0000
52-3-9-3	安装盖板及盖座 铸铁盖座	套	3.0000	3.0000	3.0000	3.0000
52-3-9-4	安装盖板及盖座 防沉降检查井盖板	块	3.0000	3.0000	3.0000	3.0000
52-4-5-1	模板工程 模板 管道基座	m^2	33.5600	33.5600	34.9700	34.9700
53-9-1-1	施工排水、降水 湿土排水	m^3	433.1300	490.8800	577.5000	664.1300
53-9-1-3	施工排水、降水 筑拆竹箩滤井	座	2.5000	2.5000	2.5000	2.5000
调整项目						
	围护支撑					
52-4-2-4	满堂撑拆列板 深≤3.0 m,双面	100 m	1.0000			
52-4-2-5	撑拆列板 列板使用费	t·d	303.0000			
52-4-2-6	列板支撑使用费	t·d	115.0000			
52-4-3-1	打槽型钢板桩 长4.00~6.00 m,单面	100 m		2.0000	2.0000	2.0000

（续表）

定额编号			J-1-1-13 A(B)	J-1-1-14 A(B)	J-1-1-15 A(B)	J-1-1-16 A(B)
项目			ϕ800			
			承插式钢筋混凝土管			
			≤3.0 m	>3.0 m	3.5 m	≤4.0 m
			100 m	100 m	100 m	100 m
预算定额编号	预算定额名称	预算定额单位	数量			
52-4-3-6	拔槽型钢板桩 长 4.00～6.00 m，单面	100 m		2.0000	2.0000	2.0000
52-4-4-1	安拆钢板桩支撑 槽宽≤3.0 m 深 3.01～4.00 m	100 m		1.0000	1.0000	1.0000
52-4-3-11	打拔沟槽钢板桩 槽型钢板桩使用费	t·d		2469.0000	2469.0000	2469.0000
52-4-4-14	钢板桩支撑使用费	t·d		116.0000	116.0000	116.0000
	井点降水					
53-9-1-1	施工排水、降水 湿土排水	m^3	−433.1300	−490.8800	−577.5000	−664.1300
53-9-1-5	施工排水、降水 轻型井点安装	根	83.0000	83.0000	83.0000	83.0000
53-9-1-6	施工排水、降水 轻型井点拆除	根	83.0000	83.0000	83.0000	83.0000
53-9-1-7	施工排水、降水 轻型井点使用	套·天	33.0000	33.0000	33.0000	33.0000

工作内容：沟槽挖土、沟槽排水、井点降水、沟槽围护和支撑（钢板桩、撑拆列板）、铺筑管道基础、铺设管道、沟槽回填（黄砂及素土）、土方场内运输、砌筑检查井等。

定额编号				J-1-1-13 A(B)	J-1-1-14 A(B)	J-1-1-15 A(B)	J-1-1-16 A(B)
项目				ϕ800			
				承插式钢筋混凝土管			
				≤3.0 m	>3.0 m	3.5 m	≤4.0 m
名称			单位	100 m	100 m	100 m	100 m
人工	00190101	综合人工	工日	281.3199 (288.9394)	310.5012 (315.8129)	352.5037 (357.3444)	394.4532 (399.2939)
材料	01010211	热轧带肋钢筋(HRB400) ϕ≤10	t		0.0508	0.0517	0.0517
	01010212	热轧带肋钢筋(HRB400) ϕ>10	t		0.1306	0.1328	0.1328
	02090101	塑料薄膜	m^2	86.7605	89.6908	94.4940	96.9983
	03010811	钢塑膨胀铆钉	只	18.3600	18.3600	18.3600	18.3600
	03150101	圆钉	kg	6.8420	6.8420	7.1294	7.1294
	03152501	镀锌铁丝	kg		0.5469	0.5562	0.5562
	04030115	黄砂 中粗	t	196.5771 (525.7434)	196.5771 (525.7434)	196.5771 (525.7434)	196.5771 (525.7434)

（续表）

定额编号				J-1-1-13 A(B)	J-1-1-14 A(B)	J-1-1-15 A(B)	J-1-1-16 A(B)
项目				ϕ800			
				承插式钢筋混凝土管			
				≤3.0 m	>3.0 m	3.5 m	≤4.0 m
名称			单位	100 m	100 m	100 m	100 m
材料	04030701	砾石砂	t	49.4799	49.4799	49.4799	49.4799
	04050313	道碴 50～70	t	0.3988	0.3988	0.3988	0.3988
	04131711	蒸压灰砂砖	千块	5.7744	5.7744	7.3034	8.9463
	05350301	竹箩	个	2.5000	2.5000	2.5000	2.5000
	13057901	聚氨酯防水涂料(甲乙料)	kg	6.1370	6.1370	6.1370	6.1370
	17291012	钢筋混凝土承插管 ϕ800×2500	m	97.4850	97.4850	97.4850	97.4850
	18271113	管枕 ϕ800	块	162.9600	162.9600	162.9600	162.9600
	34110101	水	m^3	18.9298 (48.2531)	18.9782 (48.3015)	19.0576 (48.3809)	19.0992 (48.4225)
	35010102	组合钢模板	kg	21.4719	21.4719	22.3740	22.3740
	35010703	木模板成材	m^3	0.1342	0.1342	0.1398	0.1398
	35020401	钢模零配件	kg	7.9393	7.9393	8.2729	8.2729
	36012831	铸铁检查井雨污水盖座 市政90型	套	3.0000	3.0000	3.0000	3.0000
	36016631	防沉降检查井盖板 2500×2000×200	块	3.0000	3.0000	3.0000	3.0000
	36016651	高强度塑料检查井格板	只	3.0600	3.0600	3.0600	3.0600
	36016661	高强度塑料支架	只	9.1800	9.1800	9.1800	9.1800
	80060414	湿拌砌筑砂浆 WM M10.0	m^3	2.5113	2.5113	3.1762	3.8907
	80060513	预拌抹灰砂浆 WP M15.0	m^3	1.5036	1.5036	1.7650	2.0264
	80210410	预拌混凝土(泵送型) C15 粒径5～20	m^3		0.9696	0.9696	0.9696
	80210414	预拌混凝土(泵送型) C20 粒径5～20	m^3	25.7954	25.7954	26.6135	26.6135
机械	99010060	履带式单斗液压挖掘机 1 m^3	台班	2.5901	2.9597	3.3149	3.6700
	99050930	混凝土振捣器 插入式	台班	3.4990	3.6305	3.7415	3.7415
	99050940	混凝土振捣器 平板式	台班	8.5536 (15.4609)	8.6851 (15.5924)	8.7961 (15.7034)	8.7961 (15.7034)
	99070220	轮胎式装载机 1 m^3	台班	2.5518 (2.0689)	2.8775 (2.0689)	3.3501 (2.4750)	3.8258 (2.9507)
	99070540	载重汽车 6 t	台班	0.3447	0.3447	0.3470	0.3470
	99070588	载重汽车 12 t	台班	3.9091 (3.1694)	4.4081 (3.1694)	5.1320 (3.7915)	5.8608 (4.5203)
	99090360	汽车式起重机 8 t	台班	1.9458	1.9458	1.9474	1.9474
	99091700	手扳葫芦	台班	2.4299	2.4299	2.4299	2.4299
	99130350	内燃夯实机 700 N·m	台班	15.2151 (8.3078)	17.3576 (10.4503)	20.4451 (13.5378)	23.5574 (16.6501)

（续表）

定额编号				J-1-1-13 A(B)	J-1-1-14 A(B)	J-1-1-15 A(B)	J-1-1-16 A(B)
项目				ϕ800			
				承插式钢筋混凝土管			
				≤3.0 m	>3.0 m	3.5 m	≤4.0 m
名称			单位	100 m	100 m	100 m	100 m
机械	99170010	钢筋调直机	台班		0.0860	0.0875	0.0875
	99170025	钢筋切断机	台班		0.0860	0.0875	0.0875
	99210065	木工平刨床 刨削宽度 450	台班	0.0772	0.0772	0.0804	0.0804
	99440010	电动单级离心清水泵 ϕ50	台班	51.9756	58.9056	69.3000	79.6956
调整项目							
		围护支撑					
	00190101	综合人工	工日	78.7933	447.5882	447.5882	447.5882
	03150501	骑马钉	kg	25.3308			
	04131711	蒸压灰砂砖	千块	0.1545			
	05030101	成材	m^3	0.5000	0.5955	0.5955	0.5955
	35090501	列板使用费	t·d	303.0000			
	35090511	列板支撑使用费	t·d	115.0000			
	35091731	铁撑板	t	0.4181			
	35091771	铁撑柱	kg	139.6830	70.5300	70.5300	70.5300
	35090121	槽型钢板桩	t		1.3350	1.3350	1.3350
	35091901	钢桩帽摊销	kg		90.9300	90.9300	90.9300
	04030115	黄砂 中粗	t		15.8236	15.8236	15.8236
	03152501	镀锌铁丝	kg		15.0000	15.0000	15.0000
	35090131	槽型钢板桩使用费	t·d		2469.0000	2469.0000	2469.0000
	35090611	钢板桩支撑使用费	t·d		116.0000	116.0000	116.0000
	99030080	轨道式柴油打桩机 0.6 t	台班		20.1323	20.1323	20.1323
	99030690	简易拔桩架	台班		23.9558	23.9558	23.9558
	99090075	履带式起重机 8 t	台班		3.4125	3.4125	3.4125
		井点降水					
	00190101	综合人工	工日	37.7692	34.6853	30.0598	25.4338
	04030115	黄砂 中粗	t	9.4420	9.4420	9.4420	9.4420
	17270201	普通橡胶管	m	14.2440	14.2440	14.2440	14.2440
	34110101	水	m^3	152.3275	152.3275	152.3275	152.3275
	35040921	轻型井点井管 ϕ40	m	31.2437	31.2437	31.2437	31.2437
	35040941	轻型井点井管 ϕ180×4	m	1.5091	1.5091	1.5091	1.5091
	99091380	电动卷扬机单筒快速 10 kN	台班	1.9920	1.9920	1.9920	1.9920
	99350050	轻便钻机 XJ-100	台班	4.7310	4.7310	4.7310	4.7310
	99440010	电动单级离心清水泵 ϕ50	台班	−51.9756	−58.9056	−69.3000	−79.6956
	99440150	电动多级离心清水泵 ϕ150×180 m 以下	台班	3.9840	3.9840	3.9840	3.9840
	99440510	射流井点泵 9.5 m	台班	39.9420	39.9420	39.9420	39.9420

工作内容：沟槽挖土、沟槽排水、井点降水、沟槽围护和支撑(钢板桩、撑拆列板)、铺筑管道基础、铺设管道、沟槽回填(黄砂及素土)、土方场内运输、砌筑检查井等。

定额编号			J-1-1-17 A(B)	J-1-1-18 A(B)	J-1-1-19 A(B)	J-1-1-20 A(B)
项目			ϕ800			
			承插式钢筋混凝土管			
			>4.0 m	4.5 m	5.0 m	5.5 m
			100 m	100 m	100 m	100 m
预算定额编号	预算定额名称	预算定额单位	数量			
52-1-2-3	机械挖沟槽土方 深≤6 m 现场抛土	m^3	952.8800	1039.5000	1155.0000	1270.5000
52-1-3-1	沟槽回填 夯填土	m^3	692.7200 (506.5400)	776.1800 (590.0000)	887.9000 (701.7200)	998.9500 (812.7700)
53-1-3-2	场内运输 自卸汽车装运土(运距1 km以内)	m^3	883.2960 (697.1160)	984.0800 (797.9000)	1118.9000 (932.7200)	1253.0500 (1066.8700)
52-1-3-4	沟槽回填 黄砂	m^3	111.0900 (297.2700)	111.0900 (297.2700)	111.0900 (297.2700)	111.0900 (297.2700)
52-1-4-3	管道垫层 砾石砂垫层	m^3	22.3800	22.3800	22.3800	22.3800
52-1-5-1	管道基座 混凝土 C20	m^3	26.3500	26.3500	26.3500	27.1300
52-1-5-1换1	管道基座 混凝土 C15	m^3	0.9600	0.9600	0.9600	0.9600
52-1-5-2	管道基座 钢筋	t	0.1800	0.1800	0.1800	0.1830
52-1-6-2	管道铺设 承插式钢筋混凝土管 ϕ800	100 m	0.9700	0.9700	0.9700	0.9700
52-3-1-2	砖砌检查井及雨水口 检查井 深≤4 m	m^3	16.5000			
52-3-1-3	砖砌检查井及雨水口 检查井 深≤6 m	m^3		19.5600	22.5900	25.6500
52-3-2-1	水泥砂浆抹面 检查井	m^2	111.2400	127.6800	144.1200	160.5600
52-3-6-1	安装防坠格板 新建工程	只	3.0000	3.0000	3.0000	3.0000
52-3-9-3	安装盖板及盖座 铸铁盖座	套	3.0000	3.0000	3.0000	3.0000
52-3-9-4	安装盖板及盖座 防沉降检查井盖板	块	3.0000	3.0000	3.0000	3.0000
52-4-5-1	模板工程 模板 管道基座	m^2	34.9700	34.9700	34.9700	36.3800
53-9-1-1	施工排水、降水 湿土排水	m^3	721.8800	808.5000	924.0000	1039.5000
53-9-1-3	施工排水、降水 筑拆竹箩滤井	座	2.5000	2.5000	2.5000	2.5000
调整项目						
	围护支撑					
52-4-3-2	打槽型钢板桩 长 6.01～9.00 m，单面	100 m	2.0000	2.0000	2.0000	2.0000
52-4-3-7	拔槽型钢板桩 长 6.01～9.00 m，单面	100 m	2.0000	2.0000	2.0000	2.0000

(续表)

定额编号			J-1-1-17 A(B)	J-1-1-18 A(B)	J-1-1-19 A(B)	J-1-1-20 A(B)
项目			φ800			
			承插式钢筋混凝土管			
			>4.0 m	4.5 m	5.0 m	5.5 m
			100 m	100 m	100 m	100 m
预算定额编号	预算定额名称	预算定额单位	数量			
52-4-3-11	打拔沟槽钢板桩 槽型钢板桩使用费	t·d	5488.0000	5488.0000	5488.0000	5488.0000
52-4-4-2	安拆钢板桩支撑 槽宽≤3.0 m 深4.01～6.00 m	100 m	1.0000	1.0000	1.0000	1.0000
52-4-4-14	钢板桩支撑使用费	t·d	352.0000	352.0000	352.0000	352.0000
	井点降水					
53-9-1-1	施工排水、降水 湿土排水	m^3	−721.8800	−808.5000	−924.0000	−1039.5000
53-9-1-5	施工排水、降水 轻型井点安装	根	83.0000	83.0000	83.0000	83.0000
53-9-1-6	施工排水、降水 轻型井点拆除	根	83.0000	83.0000	83.0000	83.0000
53-9-1-7	施工排水、降水 轻型井点使用	套·天	33.0000	33.0000	33.0000	33.0000

工作内容:沟槽挖土、沟槽排水、井点降水、沟槽围护和支撑(钢板桩、撑拆列板)、铺筑管道基础、铺设管道、沟槽回填(黄砂及素土)、土方场内运输、砌筑检查井等。

定额编号				J-1-1-17 A(B)	J-1-1-18 A(B)	J-1-1-19 A(B)	J-1-1-20 A(B)
项目				φ800			
				承插式钢筋混凝土管			
				>4.0 m	4.5 m	5.0 m	5.5 m
名称			单位	100 m	100 m	100 m	100 m
人工	00190101	综合人工	工日	416.6038 (421.4446)	461.1266 (465.9673)	514.2447 (519.0854)	567.9563 (572.7970)
材料	01010211	热轧带肋钢筋(HRB400) φ≤10	t	0.0517	0.0517	0.0517	0.0525
	01010212	热轧带肋钢筋(HRB400) φ>10	t	0.1328	0.1328	0.1328	0.1351
	02090101	塑料薄膜	m^2	96.9983	99.5273	102.0316	106.9416
	03010811	钢塑膨胀铆钉	只	18.3600	18.3600	18.3600	18.3600
	03150101	圆钉	kg	7.1294	7.1294	7.1294	7.4169
	03152501	镀锌铁丝	kg	0.5562	0.5562	0.5562	0.5655
	04030115	黄砂 中粗	t	196.5771 (525.7434)	196.5771 (525.7434)	196.5771 (525.7434)	196.5771 (525.7434)
	04030701	砾石砂	t	49.4799	49.4799	49.4799	49.4799
	04050313	道碴 50～70	t	0.3988	0.3988	0.3988	0.3988

（续表）

定额编号				J-1-1-17 A(B)	J-1-1-18 A(B)	J-1-1-19 A(B)	J-1-1-20 A(B)
项目				ϕ800			
				承插式钢筋混凝土管			
				>4.0 m	4.5 m	5.0 m	5.5 m
名称			单位	100 m	100 m	100 m	100 m
材料	04131711	蒸压灰砂砖	千块	8.9463	10.5741	12.2122	13.8664
	05350301	竹箩	个	2.5000	2.5000	2.5000	2.5000
	13057901	聚氨酯防水涂料(甲乙料)	kg	6.1370	6.1370	6.1370	6.1370
	17291012	钢筋混凝土承插管 ϕ800×2500	m	97.4850	97.4850	97.4850	97.4850
	18271113	管枕 ϕ800	块	162.9600	162.9600	162.9600	162.9600
	34110101	水	m^3	19.0992 (48.4225)	19.1411 (48.4644)	19.1826 (48.5059)	19.2639 (48.5872)
	35010102	组合钢模板	kg	22.3740	22.3740	22.3740	23.2761
	35010703	木模板成材	m^3	0.1398	0.1398	0.1398	0.1454
	35020401	钢模零配件	kg	8.2729	8.2729	8.2729	8.6064
	36012831	铸铁检查井雨污水盖座 市政90型	套	3.0000	3.0000	3.0000	3.0000
	36016631	防沉降检查井盖板 2500×2000×200	块	3.0000	3.0000	3.0000	3.0000
	36016651	高强度塑料检查井格板	只	3.0600	3.0600	3.0600	3.0600
	36016661	高强度塑料支架	只	9.1800	9.1800	9.1800	9.1800
	80060414	湿拌砌筑砂浆 WM M10.0	m^3	3.8907	4.6553	5.3764	6.1047
	80060513	预拌抹灰砂浆 WP M15.0	m^3	2.0264	2.2878	2.5492	2.8106
	80210410	预拌混凝土(泵送型) C15 粒径5～20	m^3	0.9696	0.9696	0.9696	0.9696
	80210414	预拌混凝土(泵送型) C20 粒径5～20	m^3	26.6135	26.6135	26.6135	27.4013
机械	99010060	履带式单斗液压挖掘机 1 m^3	台班	3.9068	4.2620	4.7355	5.2091
	99050930	混凝土振捣器 插入式	台班	3.7415	3.7415	3.7415	3.8483
	99050940	混凝土振捣器 平板式	台班	8.7961 (15.7034)	8.7961 (15.7034)	8.7961 (15.7034)	8.9029 (15.8102)
	99070220	轮胎式装载机 1 m^3	台班	4.1515 (3.2764)	4.6252 (3.7501)	5.2588 (4.3838)	5.8893 (5.0143)
	99070540	载重汽车 6 t	台班	0.3470	0.3470	0.3470	0.3492
	99070588	载重汽车 12 t	台班	6.3597 (5.0192)	7.0854 (5.7449)	8.0561 (6.7156)	9.0220 (7.6815)
	99090360	汽车式起重机 8 t	台班	1.9474	1.9474	1.9474	1.9489
	99091700	手扳葫芦	台班	2.4299	2.4299	2.4299	2.4299
	99130350	内燃夯实机 700 N·m	台班	25.6999 (18.7926)	28.7963 (21.8890)	32.9411 (26.0338)	37.0610 (30.1538)

（续表）

定额编号				J-1-1-17 A(B)	J-1-1-18 A(B)	J-1-1-19 A(B)	J-1-1-20 A(B)
项目				φ800			
				承插式钢筋混凝土管			
				>4.0 m	4.5 m	5.0 m	5.5 m
名称			单位	100 m	100 m	100 m	100 m
机械	99170010	钢筋调直机	台班	0.0875	0.0875	0.0875	0.0890
	99170025	钢筋切断机	台班	0.0875	0.0875	0.0875	0.0890
	99210065	木工平刨床 刨削宽度 450	台班	0.0804	0.0804	0.0804	0.0837
	99440010	电动单级离心清水泵 φ50	台班	86.6256	97.0200	110.8800	124.7400
调整项目							
		围护支撑					
	00190101	综合人工	工日	571.2213	571.2213	571.2213	571.2213
	03152501	镀锌铁丝	kg	20.0000	20.0000	20.0000	20.0000
	04030115	黄砂 中粗	t	23.7356	23.7356	23.7356	23.7356
	05030101	成材	m^3	0.8169	0.8169	0.8169	0.8169
	35090121	槽型钢板桩	t	1.9587	1.9587	1.9587	1.9587
	35090131	槽型钢板桩使用费	t·d	5488.0000	5488.0000	5488.0000	5488.0000
	35090611	钢板桩支撑使用费	t·d	352.0000	352.0000	352.0000	352.0000
	35091771	铁撑柱	kg	141.1200	141.1200	141.1200	141.1200
	35091901	钢桩帽摊销	kg	136.2690	136.2690	136.2690	136.2690
	99030080	轨道式柴油打桩机 0.6 t	台班	27.7905	27.7905	27.7905	27.7905
	99030690	简易拔桩架	台班	29.8410	29.8410	29.8410	29.8410
	99090075	履带式起重机 8 t	台班	4.5500	4.5500	4.5500	4.5500
		井点降水					
	00190101	综合人工	工日	22.3499	17.7244	11.5567	5.3890
	04030115	黄砂 中粗	t	9.4420	9.4420	9.4420	9.4420
	17270201	普通橡胶管	m	14.2440	14.2440	14.2440	14.2440
	34110101	水	m^3	152.3275	152.3275	152.3275	152.3275
	35040921	轻型井点井管 φ40	m	31.2437	31.2437	31.2437	31.2437
	35040941	轻型井点井管 φ180×4	m	1.5091	1.5091	1.5091	1.5091
	99091380	电动卷扬机单筒快速 10 kN	台班	1.9920	1.9920	1.9920	1.9920
	99350050	轻便钻机 XJ-100	台班	4.7310	4.7310	4.7310	4.7310
	99440010	电动单级离心清水泵 φ50	台班	−86.6256	−97.0200	−110.8800	−124.7400
	99440150	电动多级离心清水泵 φ150×180 m 以下	台班	3.9840	3.9840	3.9840	3.9840
	99440510	射流井点泵 9.5 m	台班	39.9420	39.9420	39.9420	39.9420

工作内容:沟槽挖土、沟槽排水、井点降水、沟槽围护和支撑(钢板桩、撑拆列板)、铺筑管道基础、铺设管道、沟槽回填(黄砂及素土)、土方场内运输、砌筑检查井等。

定额编号			J-1-1-21 A(B)	J-1-1-22 A(B)	J-1-1-23 A(B)	J-1-1-24 A(B)
项目			ϕ1000			
			承插式钢筋混凝土管			
			2.5 m	≤3.0 m	>3.0 m	3.5 m
			100 m	100 m	100 m	100 m
预算定额编号	预算定额名称	预算定额单位	数量			
04290711	钢筋混凝土板 1300×300×160 mm	块	3.0000	3.0000	3.0000	3.0000
52-1-2-1	机械挖沟槽土方 深≤3 m 现场抛土	m^3	656.2500	754.6900		
52-1-2-3	机械挖沟槽土方 深≤6 m 现场抛土	m^3			820.3100	918.7500
52-1-3-1	沟槽回填 夯填土	m^3	332.9200 (105.6500)	423.4900 (196.2200)	489.1100 (261.8400)	584.0400 (356.7700)
53-1-3-2	场内运输 自卸汽车装运土(运距1 km以内)	m^3	464.1700 (550.6000)	574.4280 (558.4700)	653.1720 (558.4700)	767.7900 (561.9800)
52-1-3-4	沟槽回填 黄砂	m^3	138.3900 (365.6600)	138.5700 (365.8400)	138.5700 (365.8400)	138.5700 (365.8400)
52-1-4-3	管道垫层 砾石砂垫层	m^3	25.1900	25.4500	25.4500	25.4500
52-1-5-1	管道基座 混凝土 C20	m^3	28.9700	29.5400	29.5400	30.4400
52-1-5-1换1	管道基座 混凝土 C15	m^3			1.0800	1.0800
52-1-5-2	管道基座 钢筋	t			0.2040	0.2070
52-1-6-3	管道铺设 承插式钢筋混凝土管ϕ1000	100 m	0.9700	0.9700	0.9700	0.9700
52-3-1-1	砖砌检查井及雨水口 检查井深≤2.5 m	m^3	8.3400			
52-3-1-2	砖砌检查井及雨水口 检查井深≤4 m	m^3		11.3400	11.3400	13.5300
52-3-2-1	水泥砂浆抹面 检查井	m^2	68.2200	87.7200	87.7200	104.1600
52-3-6-1	安装防坠格板 新建工程	只	3.0000	3.0000	3.0000	3.0000
52-3-9-3	安装盖板及盖座 铸铁盖座	套	3.0000	3.0000	3.0000	3.0000
52-3-9-4	安装盖板及盖座 防沉降检查井盖板	块	3.0000	3.0000	3.0000	3.0000
52-4-5-1	模板工程 模板 管道基座	m^2	33.4800	33.9200	33.9200	35.4200
53-9-1-1	施工排水、降水 湿土排水	m^3	393.7500	492.1900	557.8100	656.2500
53-9-1-3	施工排水、降水 筑拆竹箩滤井	座	2.5000	2.5000	2.5000	2.5000
调整项目						
	围护支撑					
52-4-2-3	满堂撑拆列板 深≤2.5 m,双面	100 m	1.0000			
52-4-2-4	满堂撑拆列板 深≤3.0 m,双面	100 m		1.0000		

（续表）

定额编号			J-1-1-21 A(B)	J-1-1-22 A(B)	J-1-1-23 A(B)	J-1-1-24 A(B)
项目			ϕ1000			
			承插式钢筋混凝土管			
			2.5 m	≤3.0 m	>3.0 m	3.5 m
			100 m	100 m	100 m	100 m
预算定额编号	预算定额名称	预算定额单位	数量			
52-4-2-5	撑拆列板 列板使用费	t·d	273.0000	303.0000		
52-4-2-6	列板支撑使用费	t·d	96.0000	115.0000		
52-4-3-1	打槽型钢板桩 长 4.00～6.00 m，单面	100 m			2.0000	2.0000
52-4-3-6	拔槽型钢板桩 长 4.00～6.00 m，单面	100 m			2.0000	2.0000
52-4-4-1	安拆钢板桩支撑 槽宽≤3.0 m 深 3.01～4.00 m	100 m			1.0000	1.0000
52-4-3-11	打拔沟槽钢板桩 槽型钢板桩使用费	t·d			2469.0000	2469.0000
52-4-4-14	钢板桩支撑使用费	t·d			116.0000	116.0000
	井点降水					
53-9-1-1	施工排水、降水 湿土排水	m^3		−492.1900	−557.8100	−656.2500
53-9-1-5	施工排水、降水 轻型井点安装	根		83.0000	83.0000	83.0000
53-9-1-6	施工排水、降水 轻型井点拆除	根		83.0000	83.0000	83.0000
53-9-1-7	施工排水、降水 轻型井点使用	套·天		37.0000	37.0000	37.0000

工作内容：沟槽挖土、沟槽排水、井点降水、沟槽围护和支撑（钢板桩、撑拆列板）、铺筑管道基础、铺设管道、沟槽回填（黄砂及素土）、土方场内运输、砌筑检查井等。

定额编号				J-1-1-21 A(B)	J-1-1-22 A(B)	J-1-1-23 A(B)	J-1-1-24 A(B)
项目				ϕ1000			
				承插式钢筋混凝土管			
				2.5 m	≤3.0 m	>3.0 m	3.5 m
名称			单位	100 m	100 m	100 m	100 m
人工	00190101	综合人工	工日	260.3258 (276.6810)	306.5492 (319.4949)	339.7213 (350.0450)	384.8468 (391.4704)
材料	01010211	热轧带肋钢筋(HRB400) ϕ≤10	t			0.0585	0.0594
	01010212	热轧带肋钢筋(HRB400) ϕ>10	t			0.1506	0.1528
	02090101	塑料薄膜	m^2	95.3210	99.5404	102.8370	107.3942
	03010811	钢塑膨胀铆钉	只	18.3600	18.3600	18.3600	18.3600
	03150101	圆钉	kg	6.8257	6.9154	6.9154	7.2212

（续表）

定额编号				J-1-1-21 A(B)	J-1-1-22 A(B)	J-1-1-23 A(B)	J-1-1-24 A(B)
项目				ϕ1000			
				承插式钢筋混凝土管			
				2.5 m	≤3.0 m	>3.0 m	3.5 m
名称			单位	100 m	100 m	100 m	100 m
材料	03152501	镀锌铁丝	kg			0.6304	0.6396
	04030115	黄砂 中粗	t	244.8435 (646.6569)	245.1618 (646.9751)	245.1618 (646.9751)	245.1618 (646.9751)
	04030701	砾石砂	t	55.6926	56.2674	56.2674	56.2674
	04050313	道碴 50～70	t	0.3988	0.3988	0.3988	0.3988
	04131711	蒸压灰砂砖	千块	4.5445	6.1485	6.1485	7.3360
	04290711	钢筋混凝土板 1300×300×160 mm	块	3.0000	3.0000	3.0000	3.0000
	05350301	竹箩	个	2.5000	2.5000	2.5000	2.5000
	13057901	聚氨酯防水涂料(甲乙料)	kg	7.6581	7.6581	7.6581	7.6581
	17291013	钢筋混凝土承插管 ϕ1000×2500	m	97.4850	97.4850	97.4850	97.4850
	18271115	管枕 ϕ1000	块	162.9600	162.9600	162.9600	162.9600
	34110101	水	m^3	23.3708 (59.1659)	23.4690 (59.2640)	23.5234 (59.3184)	23.5988 (59.3938)
	35010102	组合钢模板	kg	21.4207	21.7022	21.7022	22.6619
	35010703	木模板成材	m^3	0.1338	0.1356	0.1356	0.1416
	35020401	钢模零配件	kg	7.9204	8.0245	8.0245	8.3793
	36012831	铸铁检查井雨污水盖座 市政 90 型	套	3.0000	3.0000	3.0000	3.0000
	36016631	防沉降检查井盖板 2500×2000×200	块	3.0000	3.0000	3.0000	3.0000
	36016651	高强度塑料检查井格板	只	3.0600	3.0600	3.0600	3.0600
	36016661	高强度塑料支架	只	9.1800	9.1800	9.1800	9.1800
	80060414	湿拌砌筑砂浆 WM M10.0	m^3	1.9315	2.6740	2.6740	3.1904
	80060513	预拌抹灰砂浆 WP M15.0	m^3	1.3424	1.6524	1.6524	1.9138
	80210410	预拌混凝土(泵送型) C15 粒径 5～20	m^3			1.0908	1.0908
	80210414	预拌混凝土(泵送型) C20 粒径 5～20	m^3	29.2597	29.8354	29.8354	30.7444
机械	99010060	履带式单斗液压挖掘机 1 m^3	台班	2.5594	2.9433	3.3633	3.7669
	99050930	混凝土振捣器 插入式	台班	3.9689	4.0470	4.1950	4.3183
	99050940	混凝土振捣器 平板式	台班	10.1536 (18.5853)	10.2492 (18.6810)	10.3972 (18.8290)	10.5205 (18.9523)
	99070220	轮胎式装载机 1 m^3	台班	2.1816 (2.5878)	2.6998 (2.6248)	3.0699 (2.6248)	3.6086 (2.6413)
	99070540	载重汽车 6 t	台班	0.4901	0.4908	0.4908	0.4932
	99070588	载重汽车 12 t	台班	3.3420 (3.9643)	4.1359 (4.0210)	4.7028 (4.0210)	5.5281 (4.0463)
	99090360	汽车式起重机 8 t	台班	2.7838	2.7843	2.7843	2.7860
	99091700	手扳葫芦	台班	3.6375	3.6375	3.6375	3.6375

（续表）

定　额　编　号				J-1-1-21 A(B)	J-1-1-22 A(B)	J-1-1-23 A(B)	J-1-1-24 A(B)
项　　目				ϕ1000			
				承插式钢筋混凝土管			
				2.5 m	≤3.0 m	>3.0 m	3.5 m
名　　称			单位	100 m	100 m	100 m	100 m
机械	99130350	内燃夯实机 700 N·m	台班	12.3513 (3.9196)	15.7115 (7.2798)	18.1460 (9.7143)	21.6679 (13.2362)
	99170010	钢筋调直机	台班			0.0992	0.1006
	99170025	钢筋切断机	台班			0.0992	0.1006
	99210065	木工平刨床 刨削宽度 450	台班	0.0770	0.0780	0.0780	0.0815
	99440010	电动单级离心清水泵 ϕ50	台班	47.2500	59.0628	66.9372	78.7500
调整项目							
		围护支撑					
	00190101	综合人工	工日	57.0282	78.7933	447.5882	447.5882
	03150501	骑马钉	kg	21.1090	25.3308		
	04131711	蒸压灰砂砖	千块	0.1545	0.1545		
	05030101	成材	m^3	0.4444	0.5000	0.5955	0.5955
	35090501	列板使用费	t·d	273.0000	303.0000		
	35090511	列板支撑使用费	t·d	96.0000	115.0000		
	35091731	铁撑板	t	0.3345	0.4181		
	35091771	铁撑柱	kg	114.6350	139.6830	70.5300	70.5300
	35090121	槽型钢板桩	t			1.3350	1.3350
	35091901	钢桩帽摊销	kg			90.9300	90.9300
	04030115	黄砂 中粗	t			15.8236	15.8236
	03152501	镀锌铁丝	kg			15.0000	15.0000
	35090131	槽型钢板桩使用费	t·d			2469.0000	2469.0000
	35090611	钢板桩支撑使用费	t·d			116.0000	116.0000
	99030080	轨道式柴油打桩机 0.6 t	台班			20.1323	20.1323
	99030690	简易拔桩架	台班			23.9558	23.9558
	99090075	履带式起重机 8 t	台班			3.4125	3.4125
		井点降水					
	00190101	综合人工	工日		36.9154	33.4112	28.1545
	04030115	黄砂 中粗	t		9.4420	9.4420	9.4420
	17270201	普通橡胶管	m		14.2440	14.2440	14.2440
	34110101	水	m^3		152.3275	152.3275	152.3275
	35040921	轻型井点井管 ϕ40	m		34.8074	34.8074	34.8074
	35040941	轻型井点井管 $\phi180\times4$	m		1.6808	1.6808	1.6808
	99091380	电动卷扬机单筒快速 10 kN	台班		1.9920	1.9920	1.9920
	99350050	轻便钻机 XJ-100	台班		4.7310	4.7310	4.7310
	99440010	电动单级离心清水泵 ϕ50	台班		−59.0628	−66.9372	−78.7500
	99440150	电动多级离心清水泵 $\phi150\times$ 180 m 以下	台班		3.9840	3.9840	3.9840
	99440510	射流井点泵 9.5 m	台班		44.5420	44.5420	44.5420

工作内容:沟槽挖土、沟槽排水、井点降水、沟槽围护和支撑(钢板桩、撑拆列板)、铺筑管道基础、铺设管道、沟槽回填(黄砂及素土)、土方场内运输、砌筑检查井等。

定额编号			J-1-1-25 A(B)	J-1-1-26 A(B)	J-1-1-27 A(B)	J-1-1-28 A(B)
项目			ϕ1000			
			承插式钢筋混凝土管			
			≤4.0 m	>4.0 m	4.5 m	5.0 m
			100 m	100 m	100 m	100 m
预算定额编号	预算定额名称	预算定额单位	数量			
04290711	钢筋混凝土板 1300×300×160 mm	块	3.0000	3.0000	3.0000	3.0000
52-1-2-3	机械挖沟槽土方 深≤6 m 现场抛土	m^3	1017.1900	1082.8100	1181.2500	1365.0000
52-1-3-1	沟槽回填 夯填土	m^3	679.7400 (452.4700)	745.3600 (518.0900)	840.6500 (613.3800)	1010.5500 (771.6200)
53-1-3-2	场内运输 自卸汽车装运土(运距1 km以内)	m^3	883.1780 (655.9080)	961.9220 (734.6520)	1076.9000 (849.6300)	1283.5500 (1044.6200)
52-1-3-4	沟槽回填 黄砂	m^3	138.5700 (365.8400)	138.5700 (365.8400)	138.5700 (365.8400)	147.7000 (386.6300)
52-1-4-3	管道垫层 砾石砂垫层	m^3	25.4500	25.4500	25.4500	26.3800
52-1-5-1	管道基座 混凝土 C20	m^3	30.4400	30.4400	30.4400	30.4400
52-1-5-1换1	管道基座 混凝土 C15	m^3	1.0800	1.0800	1.0800	1.0800
52-1-5-2	管道基座 钢筋	t	0.2070	0.2070	0.2070	0.2070
52-1-6-3	管道铺设 承插式钢筋混凝土管 ϕ1000	100 m	0.9700	0.9700	0.9700	0.9700
52-3-1-2	砖砌检查井及雨水口 检查井 深≤4 m	m^3	17.2200	17.2200		
52-3-1-3	砖砌检查井及雨水口 检查井 深≤6 m	m^3			20.3400	23.3700
52-3-2-1	水泥砂浆抹面 检查井	m^2	120.6000	120.6000	137.0400	153.4800
52-3-6-1	安装防坠格板 新建工程	只	3.0000	3.0000	3.0000	3.0000
52-3-9-3	安装盖板及盖座 铸铁盖座	套	3.0000	3.0000	3.0000	3.0000
52-3-9-4	安装盖板及盖座 防沉降检查井盖板	块	3.0000	3.0000	3.0000	3.0000
52-4-5-1	模板工程 模板 管道基座	m^2	35.4200	35.4200	35.4200	35.4200
53-9-1-1	施工排水、降水 湿土排水	m^3	754.6900	820.3100	918.7500	1092.0000
53-9-1-3	施工排水、降水 筑拆竹箩滤井	座	2.5000	2.5000	2.5000	2.5000
调整项目						
	围护支撑					
52-4-3-1	打槽型钢板桩 长 4.00～6.00 m,单面	100 m	2.0000			
52-4-3-6	拔槽型钢板桩 长 4.00～6.00 m,单面	100 m	2.0000			
52-4-3-11	打拔沟槽钢板桩 槽型钢板桩使用费	t·d	2469.0000	5488.0000	5488.0000	5488.0000

（续表）

定　额　编　号			J-1-1-25 A(B)	J-1-1-26 A(B)	J-1-1-27 A(B)	J-1-1-28 A(B)
项　　目			ϕ1000			
			承插式钢筋混凝土管			
			≤4.0 m	>4.0 m	4.5 m	5.0 m
			100 m	100 m	100 m	100 m
预算定额编号	预算定额名称	预算定额单位	数　　量			
52-4-4-1	安拆钢板桩支撑 槽宽≤3.0 m 深 3.01～4.00 m	100 m	1.0000			
52-4-4-14	钢板桩支撑使用费	t·d	116.0000	352.0000	352.0000	352.0000
52-4-3-2	打槽型钢板桩 长 6.01～9.00 m，单面	100 m		2.0000	2.0000	2.0000
52-4-3-7	拔槽型钢板桩 长 6.01～9.00 m，单面	100 m		2.0000	2.0000	2.0000
52-4-4-2	安拆钢板桩支撑 槽宽≤3.0 m 深 4.01～6.00 m	100 m		1.0000	1.0000	1.0000
	井点降水					
53-9-1-1	施工排水、降水 湿土排水	m^3	−754.6900	−820.3100	−918.7500	−1092.0000
53-9-1-5	施工排水、降水 轻型井点安装	根	83.0000	83.0000	83.0000	83.0000
53-9-1-6	施工排水、降水 轻型井点拆除	根	83.0000	83.0000	83.0000	83.0000
53-9-1-7	施工排水、降水 轻型井点使用	套·天	37.0000	37.0000	37.0000	37.0000

工作内容：沟槽挖土、沟槽排水、井点降水、沟槽围护和支撑（钢板桩、撑拆列板）、铺筑管道基础、铺设管道、沟槽回填（黄砂及素土）、土方场内运输、砌筑检查井等。

定　额　编　号				J-1-1-25 A(B)	J-1-1-26 A(B)	J-1-1-27 A(B)	J-1-1-28 A(B)
项　　目				ϕ1000			
				承插式钢筋混凝土管			
				≤4.0 m	>4.0 m	4.5 m	5.0 m
名　　称			单位	100 m	100 m	100 m	100 m
人工	00190101	综合人工	工日	432.8337 (438.7427)	458.0030 (463.9120)	507.3045 (513.2135)	586.5078 (592.7200)
材料	01010211	热轧带肋钢筋(HRB400) ϕ≤10	t	0.0594	0.0594	0.0594	0.0594
	01010212	热轧带肋钢筋(HRB400) ϕ>10	t	0.1528	0.1528	0.1528	0.1528
	02090101	塑料薄膜	m^2	110.4440	110.4440	113.0227	115.5270
	03010811	钢塑膨胀铆钉	只	18.3600	18.3600	18.3600	18.3600
	03150101	圆钉	kg	7.2212	7.2212	7.2212	7.2212
	03152501	镀锌铁丝	kg	0.6396	0.6396	0.6396	0.6396
	04030115	黄砂 中粗	t	245.1618 (646.9751)	245.1618 (646.9751)	245.1618 (646.9751)	261.3036 (683.7318)

（续表）

定额编号				J-1-1-25 A(B)	J-1-1-26 A(B)	J-1-1-27 A(B)	J-1-1-28 A(B)
项目				ϕ1000			
				承插式钢筋混凝土管			
				≤4.0 m	>4.0 m	4.5 m	5.0 m
名称			单位	100 m	100 m	100 m	100 m
材料	04030701	砾石砂	t	56.2674	56.2674	56.2674	58.3235
	04050313	道碴 50～70	t	0.3988	0.3988	0.3988	0.3988
	04131711	蒸压灰砂砖	千块	9.3367	9.3367	10.9958	12.6338
	04290711	钢筋混凝土板 1300×300×160 mm	块	3.0000	3.0000	3.0000	3.0000
	05350301	竹箩	个	2.5000	2.5000	2.5000	2.5000
	13057901	聚氨酯防水涂料(甲乙料)	kg	7.6581	7.6581	7.6581	7.6581
	17291013	钢筋混凝土承插管 ϕ1000×2500	m	97.4850	97.4850	97.4850	97.4850
	18271115	管枕 ϕ1000	块	162.9600	162.9600	162.9600	162.9600
	34110101	水	m^3	23.6493 (59.4443)	23.6493 (59.4443)	23.6921 (59.4871)	25.1716 (62.8030)
	35010102	组合钢模板	kg	22.6619	22.6619	22.6619	22.6619
	35010703	木模板成材	m^3	0.1416	0.1416	0.1416	0.1416
	35020401	钢模零配件	kg	8.3793	8.3793	8.3793	8.3793
	36012831	铸铁检查井雨污水盖座 市政90型	套	3.0000	3.0000	3.0000	3.0000
	36016631	防沉降检查井盖板 2500×2000×200	块	3.0000	3.0000	3.0000	3.0000
	36016651	高强度塑料检查井格板	只	3.0600	3.0600	3.0600	3.0600
	36016661	高强度塑料支架	只	9.1800	9.1800	9.1800	9.1800
	80060414	湿拌砌筑砂浆 WM M10.0	m^3	4.0605	4.0605	4.8409	5.5621
	80060513	预拌抹灰砂浆 WP M15.0	m^3	2.1752	2.1752	2.4366	2.6980
	80210410	预拌混凝土(泵送型) C15 粒径 5～20	m^3	1.0908	1.0908	1.0908	1.0908
	80210414	预拌混凝土(泵送型) C20 粒径 5～20	m^3	30.7444	30.7444	30.7444	30.7444
机械	99010060	履带式单斗液压挖掘机 1 m^3	台班	4.1705	4.4395	4.8431	5.5965
	99050930	混凝土振捣器 插入式	台班	4.3183	4.3183	4.3183	4.3183
	99050940	混凝土振捣器 平板式	台班	10.5205 (18.9523)	10.5205 (18.9523)	10.5205 (18.9523)	10.8980 (19.7623)
	99070220	轮胎式装载机 1 m^3	台班	4.1509 (3.0828)	4.5210 (3.4529)	5.0614 (3.9933)	6.0327 (4.9097)
	99070540	载重汽车 6 t	台班	0.4932	0.4932	0.4932	0.4932
	99070588	载重汽车 12 t	台班	6.3589 (4.7225)	6.9258 (5.2895)	7.7537 (6.1173)	9.2416 (7.5213)

（续表）

定　额　编　号				J-1-1-25 A(B)	J-1-1-26 A(B)	J-1-1-27 A(B)	J-1-1-28 A(B)
项　　目				ϕ1000			
				承插式钢筋混凝土管			
				≤4.0 m	>4.0 m	4.5 m	5.0 m
名　　称			单位	100 m	100 m	100 m	100 m
机械	99090360	汽车式起重机 8 t	台班	2.7860	2.7860	2.7860	2.7860
	99091700	手扳葫芦	台班	3.6375	3.6375	3.6375	3.6375
	99130350	内燃夯实机 700 N·m	台班	25.2184 (16.7866)	27.6529 (19.2211)	31.1881 (22.7564)	37.4914 (28.6271)
	99170010	钢筋调直机	台班	0.1006	0.1006	0.1006	0.1006
	99170025	钢筋切断机	台班	0.1006	0.1006	0.1006	0.1006
	99210065	木工平刨床 刨削宽度 450	台班	0.0815	0.0815	0.0815	0.0815
	99440010	电动单级离心清水泵 ϕ50	台班	90.5628	98.4372	110.2500	131.0400
调整项目							
		围护支撑					
	00190101	综合人工	工日	447.5882	571.2213	571.2213	571.2213
	03152501	镀锌铁丝	kg	15.0000	20.0000	20.0000	20.0000
	04030115	黄砂 中粗	t	15.8236	23.7356	23.7356	23.7356
	05030101	成材	m^3	0.5955	0.8169	0.8169	0.8169
	35090121	槽型钢板桩	t	1.3350	1.9587	1.9587	1.9587
	35090131	槽型钢板桩使用费	t·d	2469.0000	5488.0000	5488.0000	5488.0000
	35090611	钢板桩支撑使用费	t·d	116.0000	352.0000	352.0000	352.0000
	35091771	铁撑柱	kg	70.5300	141.1200	141.1200	141.1200
	35091901	钢桩帽摊销	kg	90.9300	136.2690	136.2690	136.2690
	99030080	轨道式柴油打桩机 0.6 t	台班	20.1323	27.7905	27.7905	27.7905
	99030690	简易拔桩架	台班	23.9558	29.8410	29.8410	29.8410
	99090075	履带式起重机 8 t	台班	3.4125	4.5500	4.5500	4.5500
		井点降水					
	00190101	综合人工	工日	22.8979	19.3937	14.1370	4.8855
	04030115	黄砂 中粗	t	9.4420	9.4420	9.4420	9.4420
	17270201	普通橡胶管	m	14.2440	14.2440	14.2440	14.2440
	34110101	水	m^3	152.3275	152.3275	152.3275	152.3275
	35040921	轻型井点井管 ϕ40	m	34.8074	34.8074	34.8074	34.8074
	35040941	轻型井点井管 ϕ180×4	m	1.6808	1.6808	1.6808	1.6808
	99091380	电动卷扬机单筒快速 10 kN	台班	1.9920	1.9920	1.9920	1.9920
	99350050	轻便钻机 XJ-100	台班	4.7310	4.7310	4.7310	4.7310
	99440010	电动单级离心清水泵 ϕ50	台班	−90.5628	−98.4372	−110.2500	−131.0400
	99440150	电动多级离心清水泵 ϕ150×180 m 以下	台班	3.9840	3.9840	3.9840	3.9840
	99440510	射流井点泵 9.5 m	台班	44.5420	44.5420	44.5420	44.5420

工作内容：沟槽挖土、沟槽排水、井点降水、沟槽围护和支撑(钢板桩、撑拆列板)、铺筑管道基础、铺设管道、沟槽回填(黄砂及素土)、土方场内运输、砌筑检查井等。

定额编号			J-1-1-29 A(B)	J-1-1-30 A(B)	J-1-1-31 A(B)	J-1-1-32 A(B)
项目			ϕ1000			ϕ1200
			承插式钢筋混凝土管			
			5.5 m	≤6.0 m	>6.0 m	2.5 m
			100 m	100 m	100 m	100 m
预算定额编号	预算定额名称	预算定额单位	数量			
04290711	钢筋混凝土板 1300×300×160 mm	块	3.0000	3.0000	3.0000	6.0000
52-1-2-1	机械挖沟槽土方 深≤3 m 现场抛土	m^3				708.7500
52-1-2-3	机械挖沟槽土方 深≤6 m 现场抛土	m^3	1501.5000	1603.8800	1638.0000	
52-1-2-3 系 1	机械挖沟槽土方 深≤7 m 现场抛土	m^3			34.1300	
52-1-3-1	沟槽回填 夯填土	m^3	1142.5000 (903.5700)	1241.1000 (1002.1700)	1309.3500 (1070.4200)	307.0200 (50.0100)
53-1-3-2	场内运输 自卸汽车装运土(运距 1 km 以内)	m^3	1442.8000 (1203.8700)	1561.8760 (1322.9460)	1643.7760 (1404.8460)	448.7700 (658.7400)
52-1-3-4	沟槽回填 黄砂	m^3	147.7000 (386.6300)	147.7000 (386.6300)	147.7000 (386.6300)	161.9000 (418.9100)
52-1-4-3	管道垫层 砾石砂垫层	m^3	26.3800	26.3800	26.3800	27.2800
52-1-5-1	管道基座 混凝土 C20	m^3	31.4000	31.4000	31.4000	32.8800
52-1-5-1 换 1	管道基座 混凝土 C15	m^3	1.0800	1.0800	1.0800	
52-1-5-2	管道基座 钢筋	t	0.2100	0.2100	0.2100	
52-1-6-3	管道铺设 承插式钢筋混凝土管 ϕ1000	100 m	0.9700	0.9700	0.9700	
52-1-6-4	管道铺设 承插式钢筋混凝土管 ϕ1200	100 m				0.9700
52-3-1-1	砖砌检查井及雨水口 检查井 深≤2.5 m	m^3				8.7300
52-3-1-3	砖砌检查井及雨水口 检查井 深≤6 m	m^3	26.4000	29.4600	29.4600	
52-3-2-1	水泥砂浆抹面 检查井	m^2	169.9200	186.3600	186.3600	70.4400
52-3-6-1	安装防坠格板 新建工程	只	3.0000	3.0000	3.0000	3.0000
52-3-9-3	安装盖板及盖座 铸铁盖座	套	3.0000	3.0000	3.0000	3.0000
52-3-9-4	安装盖板及盖座 防沉降检查井盖板	块	3.0000	3.0000	3.0000	3.0000
52-4-5-1	模板工程 模板 管道基座	m^2	36.9200	37.7900	37.7900	33.4800
53-9-1-1	施工排水、降水 湿土排水	m^3	1228.5000	1330.8800	1399.1300	425.2500
53-9-1-3	施工排水、降水 筑拆竹箩滤井	座	2.5000	2.5000	2.5000	2.5000

（续表）

定额编号			J-1-1-29 A(B)	J-1-1-30 A(B)	J-1-1-31 A(B)	J-1-1-32 A(B)
项目			φ1000			φ1200
			承插式钢筋混凝土管			
			5.5 m	≤6.0 m	>6.0 m	2.5 m
			100 m	100 m	100 m	100 m
预算定额编号	预算定额名称	预算定额单位	数量			
调整项目						
	围护支撑					
52-4-3-2	打槽型钢板桩 长 6.01～9.00 m，单面	100 m	2.0000	2.0000		
52-4-3-7	拔槽型钢板桩 长 6.01～9.00 m，单面	100 m	2.0000	2.0000		
52-4-3-11	打拔沟槽钢板桩 槽型钢板桩使用费	t·d	5488.0000	5488.0000	7603.0000	
52-4-4-2	安拆钢板桩支撑 槽宽≤3.0 m 深 4.01～6.00 m	100 m	1.0000	1.0000		
52-4-4-14	钢板桩支撑使用费	t·d	352.0000	352.0000	558.0000	
52-4-3-3	打槽型钢板桩 长 9.01～12.00 m，单面	100 m			2.0000	
52-4-3-8	拔槽型钢板桩 长 9.01～12.00 m，单面	100 m			2.0000	
52-4-4-3	安拆钢板桩支撑 槽宽≤3.0 m 深 6.01～8.00 m	100 m			1.0000	
52-4-2-3	满堂撑拆列板 深≤2.5 m，双面	100 m				1.0000
52-4-2-5	撑拆列板 列板使用费	t·d				273.0000
52-4-2-6	列板支撑使用费	t·d				96.0000
	井点降水					
53-9-1-1	施工排水、降水 湿土排水	m^3	−1228.5000	−1330.8800	−1399.1300	
53-9-1-5	施工排水、降水 轻型井点安装	根	83.0000	83.0000		
53-9-1-6	施工排水、降水 轻型井点拆除	根	83.0000	83.0000		
53-9-1-7	施工排水、降水 轻型井点使用	套·天	37.0000	37.0000		
53-9-1-8	施工排水、降水 喷射井点安装 10 m	根			40.0000	
53-9-1-9	施工排水、降水 喷射井点拆除 10 m	根			40.0000	
53-9-1-10	施工排水、降水 喷射井点使用 10 m	套·天			23.0000	

工作内容：沟槽挖土、沟槽排水、井点降水、沟槽围护和支撑(钢板桩、撑拆列板)、铺筑管道基础、铺设管道、沟槽回填(黄砂及素土)、土方场内运输、砌筑检查井等。

定额编号				J-1-1-29 A(B)	J-1-1-30 A(B)	J-1-1-31 A(B)	J-1-1-32 A(B)
项目				ϕ1000			ϕ1200
				承插式钢筋混凝土管			
				5.5 m	≤6.0 m	>6.0 m	2.5 m
名称			单位	100 m	100 m	100 m	100 m
人工	00190101	综合人工	工日	648.2701 (654.4823)	696.6644 (702.8765)	722.9822 (729.1944)	267.6469 (289.8796)
材料	01010211	热轧带肋钢筋(HRB400) ϕ≤10	t	0.0603	0.0603	0.0603	
	01010212	热轧带肋钢筋(HRB400) ϕ>10	t	0.1550	0.1550	0.1550	
	02090101	塑料薄膜	m^2	120.9616	123.4907	123.4907	107.5782
	03010811	钢塑膨胀铆钉	只	18.3600	18.3600	18.3600	18.3600
	03150101	圆钉	kg	7.5270	7.7043	7.7043	6.8257
	03152501	镀锌铁丝	kg	0.6489	0.6489	0.6489	
	04030115	黄砂 中粗	t	261.3036 (683.7318)	261.3036 (683.7318)	261.3036 (683.7318)	286.4092 (740.8029)
	04030701	砾石砂	t	58.3235	58.3235	58.3235	60.3134
	04050313	道碴 50～70	t	0.3988	0.3988	0.3988	0.3988
	04131711	蒸压灰砂砖	千块	14.2718	15.9261	15.9261	4.7570
	04290711	钢筋混凝土板 1300×300×160 mm	块	3.0000	3.0000	3.0000	6.0000
	05350301	竹箩	个	2.5000	2.5000	2.5000	2.5000
	13057901	聚氨酯防水涂料(甲乙料)	kg	7.6581	7.6581	7.6581	12.5887
	17291013	钢筋混凝土承插管 ϕ1000×2500	m	97.4850	97.4850	97.4850	
	17291014	钢筋混凝土承插管 ϕ1200×2500	m				97.4850
	18271115	管枕 ϕ1000	块	162.9600	162.9600	162.9600	
	18271117	管枕 ϕ1200	块				162.9600
	34110101	水	m^3	25.2615 (62.8929)	25.3034 (62.9348)	25.3034 (62.9348)	27.2761 (67.7551)
	35010102	组合钢模板	kg	23.6216	24.1782	24.1782	21.4207
	35010703	木模板成材	m^3	0.1476	0.1511	0.1511	0.1338
	35020401	钢模零配件	kg	8.7342	8.9400	8.9400	7.9204
	36012831	铸铁检查井雨污水盖座 市政90型	套	3.0000	3.0000	3.0000	3.0000
	36016631	防沉降检查井盖板 2500×2000×200	块	3.0000	3.0000	3.0000	3.0000
	36016651	高强度塑料检查井格板	只	3.0600	3.0600	3.0600	3.0600
	36016661	高强度塑料支架	只	9.1800	9.1800	9.1800	9.1800
	80060414	湿拌砌筑砂浆 WM M10.0	m^3	6.2832	7.0115	7.0115	2.0219
	80060513	预拌抹灰砂浆 WP M15.0	m^3	2.9594	3.2208	3.2208	1.3777

（续表）

定额编号				J-1-1-29 A(B)	J-1-1-30 A(B)	J-1-1-31 A(B)	J-1-1-32 A(B)
项目				ϕ1000			ϕ1200
				承插式钢筋混凝土管			
				5.5 m	≤6.0 m	>6.0 m	2.5 m
名称			单位	100 m	100 m	100 m	100 m
材料	80210410	预拌混凝土(泵送型) C15 粒径 5～20	m^3	1.0908	1.0908	1.0908	
	80210414	预拌混凝土(泵送型) C20 粒径 5～20	m^3	31.7140	31.7140	31.7140	33.2088
机械	99010060	履带式单斗液压挖掘机 1 m^3	台班	6.1562	6.5759	6.8796	2.7641
	99050930	混凝土振捣器 插入式	台班	4.4498	4.4498	4.4498	4.5046
	99050940	混凝土振捣器 平板式	台班	11.0295 (19.8938)	11.0295 (19.8938)	11.0295 (19.8938)	11.6487 (21.1838)
	99070220	轮胎式装载机 1 m^3	台班	6.7812 (5.6582)	7.3408 (6.2178)	7.7257 (6.6028)	2.1092 (3.0961)
	99070540	载重汽车 6 t	台班	0.4956	0.4970	0.4970	0.4901
	99070588	载重汽车 12 t	台班	10.3882 (8.6679)	11.2455 (9.5252)	11.8352 (10.1149)	3.2311 (4.7429)
	99090360	汽车式起重机 8 t	台班	2.7876	2.7886	2.7886	2.7838
	99091700	手扳葫芦	台班	3.6375	3.6375	3.6375	3.6375
	99130350	内燃夯实机 700 N·m	台班	42.3868 (33.5224)	46.0448 (37.1805)	48.5769 (39.7126)	11.3904 (1.8554)
	99170010	钢筋调直机	台班	0.1021	0.1021	0.1021	
	99170025	钢筋切断机	台班	0.1021	0.1021	0.1021	
	99210065	木工平刨床 刨削宽度 450	台班	0.0849	0.0869	0.0869	0.0770
	99440010	电动单级离心清水泵 ϕ50	台班	147.4200	159.7056	167.8956	51.0300
调整项目							
		围护支撑					
	00190101	综合人工	工日	571.2213	571.2213	565.7421	57.0282
	03152501	镀锌铁丝	kg	20.0000	20.0000	25.0000	
	04030115	黄砂 中粗	t	23.7356	23.7356	33.2299	
	05030101	成材	m^3	0.8169	0.8169	1.0204	0.4444
	35090121	槽型钢板桩	t	1.9587	1.9587	2.6893	
	35090131	槽型钢板桩使用费	t·d	5488.0000	5488.0000	7603.0000	
	35090611	钢板桩支撑使用费	t·d	352.0000	352.0000	558.0000	
	35091771	铁撑柱	kg	141.1200	141.1200	223.6500	114.6350
	35091901	钢桩帽摊销	kg	136.2690	136.2690	381.5700	
	99030080	轨道式柴油打桩机 0.6 t	台班	27.7905	27.7905		
	99030690	简易拔桩架	台班	29.8410	29.8410		

（续表）

定额编号			J-1-1-29 A(B)	J-1-1-30 A(B)	J-1-1-31 A(B)	J-1-1-32 A(B)
项目			ϕ1000			ϕ1200
			承插式钢筋混凝土管			
			5.5 m	≤6.0 m	>6.0 m	2.5 m
名称		单位	100 m	100 m	100 m	100 m
99090075	履带式起重机 8 t	台班	4.5500	4.5500	5.6875	
99030100	轨道式柴油打桩机 1.2 t	台班			33.5913	
99030970	震动锤 45 kW	台班			17.3680	
99090090	履带式起重机 15 t	台班			17.3680	
03150501	骑马钉	kg				21.1090
04131711	蒸压灰砂砖	千块				0.1545
35091731	铁撑板	t				0.3345
35090501	列板使用费	t·d				273.0000
35090511	列板支撑使用费	t·d				96.0000
	井点降水					
00190101	综合人工	工日	−2.4036	−7.8707	126.7305	
04030115	黄砂 中粗	t	9.4420	9.4420		
04030119	黄砂 中粗	kg			95423.8016	
17030102	镀锌焊接钢管	kg			0.1564	
17270201	普通橡胶管	m	14.2440	14.2440		
34110101	水	m^3	152.3275	152.3275	566.8908	
35040921	轻型井点井管 ϕ40	m	34.8074	34.8074		
35040941	轻型井点井管 ϕ180×4	m	1.6808	1.6808		
35040961	喷射井点总管 ϕ159×6	m			3.2077	
35040971	喷射井点井管 ϕ76	m			22.7911	
35041011	喷射井点滤网管	根			2.6328	
35041021	喷射井点回水连接件	副			1.6464	
35041031	喷射井点腰子法兰	副			0.7498	
35041041	喷射井点水箱	kg			26.3115	
35041051	喷射井点喷射器	只			3.5180	
99090080	履带式起重机 10 t	台班			11.5200	
99091380	电动卷扬机单筒快速 10 kN	台班	1.9920	1.9920		
99350050	轻便钻机 XJ-100	台班	4.7310	4.7310		
99350120	液压钻机 G-2A	台班			4.4160	
99440010	电动单级离心清水泵 ϕ50	台班	−147.4200	−159.7056	−167.8956	
99440150	电动多级离心清水泵 ϕ150×180 m以下	台班	3.9840	3.9840	33.0500	
99440210	污水泵 ϕ100	台班			11.0400	
99440510	射流井点泵 9.5 m	台班	44.5420	44.5420		

工作内容：沟槽挖土、沟槽排水、井点降水、沟槽围护和支撑（钢板桩、撑拆列板）、铺筑管道基础、铺设管道、沟槽回填（黄砂及素土）、土方场内运输、砌筑检查井等。

定　额　编　号			J-1-1-33 A(B)	J-1-1-34 A(B)	J-1-1-35 A(B)	J-1-1-36 A(B)
项　　目			ϕ1200			
			承插式钢筋混凝土管			
			≤3.0 m	>3.0 m	3.5 m	≤4.0 m
			100 m	100 m	100 m	100 m
预算定额编号	预算定额名称	预算定额单位	数　　量			
04290711	钢筋混凝土板 1300 × 300 × 160 mm	块	6.0000	6.0000	6.0000	6.0000
52-1-2-1	机械挖沟槽土方 深≤3 m 现场抛土	m^3	815.0600			
52-1-2-3	机械挖沟槽土方 深≤6 m 现场抛土	m^3		885.9400	992.2500	1098.5600
52-1-3-1	沟槽回填 夯填土	m^3	405.0700 (148.0600)	475.9500 (218.9400)	578.6700 (321.6600)	682.2500 (425.2400)
53-1-3-2	场内运输 自卸汽车装运土(运距1 km以内)	m^3	568.0820 (667.0000)	653.1380 (667.0000)	777.1200 (670.5900)	901.9620 (673.3200)
52-1-3-4	沟槽回填 黄砂	m^3	162.1100 (419.1200)	162.1100 (419.1200)	162.1100 (419.1200)	162.1100 (419.1200)
52-1-4-3	管道垫层 砾石砂垫层	m^3	27.5200	27.5200	27.5200	27.5200
52-1-5-1	管道基座 混凝土 C20	m^3	33.4200	33.4200	34.4700	34.4700
52-1-5-1 换 1	管道基座 混凝土 C15	m^3		1.2000	1.2000	1.2000
52-1-5-2	管道基座 钢筋	t		0.2250	0.2280	0.2280
52-1-6-4	管道铺设 承插式钢筋混凝土管 ϕ1200	100 m	0.9700	0.9700	0.9700	0.9700
52-3-1-2	砖砌检查井及雨水口 检查井 深≤4 m	m^3	11.7900	11.7900	14.5200	17.5800
52-3-2-1	水泥砂浆抹面 检查井	m^2	90.1200	90.1200	106.5600	123.0000
52-3-6-1	安装防坠格板 新建工程	只	3.0000	3.0000	3.0000	3.0000
52-3-9-3	安装盖板及盖座 铸铁盖座	套	3.0000	3.0000	3.0000	3.0000
52-3-9-4	安装盖板及盖座 防沉降检查井盖板	块	3.0000	3.0000	3.0000	3.0000
52-4-5-1	模板工程 模板 管道基座	m^2	33.9200	33.9200	35.4200	35.4200
53-9-1-1	施工排水、降水 湿土排水	m^3	531.5600	602.4400	708.7500	815.0600
53-9-1-3	施工排水、降水 筑拆竹箩滤井	座	2.5000	2.5000	2.5000	2.5000
调整项目						
	围护支撑					
52-4-2-4	满堂撑拆列板 深≤3.0 m，双面	100 m	1.0000			
52-4-2-5	撑拆列板 列板使用费	t·d	303.0000			
52-4-2-6	列板支撑使用费	t·d	115.0000			

（续表）

定额编号			J-1-1-33 A(B)	J-1-1-34 A(B)	J-1-1-35 A(B)	J-1-1-36 A(B)
项目			ϕ1200			
			承插式钢筋混凝土管			
			≤3.0 m	>3.0 m	3.5 m	≤4.0 m
			100 m	100 m	100 m	100 m
预算定额编号	预算定额名称	预算定额单位	数量			
52-4-3-1	打槽型钢板桩 长 4.00～6.00 m，单面	100 m		2.0000	2.0000	2.0000
52-4-3-6	拔槽型钢板桩 长 4.00～6.00 m，单面	100 m		2.0000	2.0000	2.0000
52-4-4-1	安拆钢板桩支撑 槽宽≤3.0 m 深 3.01～4.00 m	100 m		1.0000	1.0000	1.0000
52-4-3-11	打拔沟槽钢板桩 槽型钢板桩使用费	t·d		2469.0000	2469.0000	2469.0000
52-4-4-14	钢板桩支撑使用费	t·d		116.0000	116.0000	116.0000
	井点降水					
53-9-1-1	施工排水、降水 湿土排水	m^3	−531.5600	−602.4400	−708.7500	−815.0600
53-9-1-5	施工排水、降水 轻型井点安装	根	83.0000	83.0000	83.0000	83.0000
53-9-1-6	施工排水、降水 轻型井点拆除	根	83.0000	83.0000	83.0000	83.0000
53-9-1-7	施工排水、降水 轻型井点使用	套·天	37.0000	37.0000	37.0000	37.0000

工作内容：沟槽挖土、沟槽排水、井点降水、沟槽围护和支撑（钢板桩、撑拆列板）、铺筑管道基础、铺设管道、沟槽回填（黄砂及素土）、土方场内运输、砌筑检查井等。

定额编号				J-1-1-33 A(B)	J-1-1-34 A(B)	J-1-1-35 A(B)	J-1-1-36 A(B)
项目				ϕ1200			
				承插式钢筋混凝土管			
				≤3.0 m	>3.0 m	3.5 m	≤4.0 m
名称			单位	100 m	100 m	100 m	100 m
人工	00190101	综合人工	工日	316.9110 (335.4457)	352.7845 (368.4867)	402.1996 (413.8927)	451.7691 (459.3960)
材料	01010211	热轧带肋钢筋(HRB400) ϕ≤10	t		0.0646	0.0654	0.0654
	01010212	热轧带肋钢筋(HRB400) ϕ>10	t		0.1661	0.1683	0.1683
	02090101	塑料薄膜	m^2	111.7556	115.4185	120.8799	123.4090
	03010811	钢塑膨胀铆钉	只	18.3600	18.3600	18.3600	18.3600
	03150101	圆钉	kg	6.9154	6.9154	7.2212	7.2212
	03152501	镀锌铁丝	kg		0.6953	0.7045	0.7045
	04030115	黄砂 中粗	t	286.7805 (741.1742)	286.7805 (741.1742)	286.7805 (741.1742)	286.7805 (741.1742)

（续表）

定额编号				J-1-1-33 A(B)	J-1-1-34 A(B)	J-1-1-35 A(B)	J-1-1-36 A(B)
项目				ϕ1200			
				承插式钢筋混凝土管			
				≤3.0 m	>3.0 m	3.5 m	≤4.0 m
名称			单位	100 m	100 m	100 m	100 m
材料	04030701	砾石砂	t	60.8440	60.8440	60.8440	60.8440
	04050313	道碴 50～70	t	0.3988	0.3988	0.3988	0.3988
	04131711	蒸压灰砂砖	千块	6.3925	6.3925	7.8727	9.5319
	04290711	钢筋混凝土板 1300×300×160 mm	块	6.0000	6.0000	6.0000	6.0000
	05350301	竹箩	个	2.5000	2.5000	2.5000	2.5000
	13057901	聚氨酯防水涂料(甲乙料)	kg	12.5887	12.5887	12.5887	12.5887
	17291014	钢筋混凝土承插管 ϕ1200×2500	m	97.4850	97.4850	97.4850	97.4850
	18271117	管枕 ϕ1200	块	162.9600	162.9600	162.9600	162.9600
	34110101	水	m^3	27.3782 (67.8573)	27.4387 (67.9178)	27.5290 (68.0081)	27.5709 (68.0500)
	35010102	组合钢模板	kg	21.7022	21.7022	22.6619	22.6619
	35010703	木模板成材	m^3	0.1356	0.1356	0.1416	0.1416
	35020401	钢模零配件	kg	8.0245	8.0245	8.3793	8.3793
	36012831	铸铁检查井雨污水盖座 市政90型	套	3.0000	3.0000	3.0000	3.0000
	36016631	防沉降检查井盖板 2500×2000×200	块	3.0000	3.0000	3.0000	3.0000
	36016651	高强度塑料检查井格板	只	3.0600	3.0600	3.0600	3.0600
	36016661	高强度塑料支架	只	9.1800	9.1800	9.1800	9.1800
	80060414	湿拌砌筑砂浆 WM M10.0	m^3	2.7801	2.7801	3.4238	4.1454
	80060513	预拌抹灰砂浆 WP M15.0	m^3	1.6906	1.6906	1.9520	2.2134
	80210410	预拌混凝土(泵送型) C15 粒径5～20	m^3		1.2120	1.2120	1.2120
	80210414	预拌混凝土(泵送型) C20 粒径5～20	m^3	33.7542	33.7542	34.8147	34.8147
机械	99010060	履带式单斗液压挖掘机 1 m^3	台班	3.1787	3.6324	4.0682	4.5041
	99050930	混凝土振捣器 插入式	台班	4.5785	4.7429	4.8868	4.8868
	99050940	混凝土振捣器 平板式	台班	11.7404 (21.2755)	11.9048 (21.4399)	12.0487 (21.5838)	12.0487 (21.5838)
	99070220	轮胎式装载机 1 m^3	台班	2.6700 (3.1349)	3.0697 (3.1349)	3.6525 (3.1518)	4.2392 (3.1646)
	99070540	载重汽车 6 t	台班	0.4908	0.4908	0.4932	0.4932
	99070588	载重汽车 12 t	台班	4.0902 (4.8024)	4.7026 (4.8024)	5.5953 (4.8282)	6.4941 (4.8479)
	99090360	汽车式起重机 8 t	台班	2.7843	2.7843	2.7860	2.7860
	99091700	手扳葫芦	台班	3.6375	3.6375	3.6375	3.6375

（续表）

定额编号				J-1-1-33 A(B)	J-1-1-34 A(B)	J-1-1-35 A(B)	J-1-1-36 A(B)
项目				ϕ1200			
				承插式钢筋混凝土管			
				≤3.0 m	>3.0 m	3.5 m	≤4.0 m
名称			单位	100 m	100 m	100 m	100 m
机械	99130350	内燃夯实机 700 N·m	台班	15.0281 (5.4930)	17.6577 (8.1227)	21.4687 (11.9336)	25.3115 (15.7764)
	99170010	钢筋调直机	台班		0.1094	0.1108	0.1108
	99170025	钢筋切断机	台班		0.1094	0.1108	0.1108
	99210065	木工平刨床 刨削宽度 450	台班	0.0780	0.0780	0.0815	0.0815
	99440010	电动单级离心清水泵 ϕ50	台班	63.7872	72.2928	85.0500	97.8072
调整项目							
		围护支撑					
	00190101	综合人工	工日	78.7933	447.5882	447.5882	447.5882
	03150501	骑马钉	kg	25.3308			
	04131711	蒸压灰砂砖	千块	0.1545			
	05030101	成材	m^3	0.5000	0.5955	0.5955	0.5955
	35090501	列板使用费	t·d	303.0000			
	35090511	列板支撑使用费	t·d	115.0000			
	35091731	铁撑板	t	0.4181			
	35091771	铁撑柱	kg	139.6830	70.5300	70.5300	70.5300
	35090121	槽型钢板桩	t		1.3350	1.3350	1.3350
	35091901	钢桩帽摊销	kg		90.9300	90.9300	90.9300
	04030115	黄砂 中粗	t		15.8236	15.8236	15.8236
	03152501	镀锌铁丝	kg		15.0000	15.0000	15.0000
	35090131	槽型钢板桩使用费	t·d		2469.0000	2469.0000	2469.0000
	35090611	钢板桩支撑使用费	t·d		116.0000	116.0000	116.0000
	99030080	轨道式柴油打桩机 0.6 t	台班		20.1323	20.1323	20.1323
	99030690	简易拔桩架	台班		23.9558	23.9558	23.9558
	99090075	履带式起重机 8 t	台班		3.4125	3.4125	3.4125
		井点降水					
	00190101	综合人工	工日	34.8130	31.0280	25.3511	19.6741
	04030115	黄砂 中粗	t	9.4420	9.4420	9.4420	9.4420
	17270201	普通橡胶管	m	14.2440	14.2440	14.2440	14.2440
	34110101	水	m^3	152.3275	152.3275	152.3275	152.3275
	35040921	轻型井点井管 ϕ40	m	34.8074	34.8074	34.8074	34.8074
	35040941	轻型井点井管 ϕ180×4	m	1.6808	1.6808	1.6808	1.6808
	99091380	电动卷扬机单筒快速 10 kN	台班	1.9920	1.9920	1.9920	1.9920
	99350050	轻便钻机 XJ-100	台班	4.7310	4.7310	4.7310	4.7310
	99440010	电动单级离心清水泵 ϕ50	台班	−63.7872	−72.2928	−85.0500	−97.8072
	99440150	电动多级离心清水泵 ϕ150×180 m 以下	台班	3.9840	3.9840	3.9840	3.9840
	99440510	射流井点泵 9.5 m	台班	44.5420	44.5420	44.5420	44.5420

工作内容：沟槽挖土、沟槽排水、井点降水、沟槽围护和支撑(钢板桩、撑拆列板)、铺筑管道基础、铺设管道、沟槽回填(黄砂及素土)、土方场内运输、砌筑检查井等。

定 额 编 号			J-1-1-37 A(B)	J-1-1-38 A(B)	J-1-1-39 A(B)	J-1-1-40 A(B)
项 目			ϕ1200			
			承插式钢筋混凝土管			
			>4.0 m	4.5 m	5.0 m	5.5 m
			100 m	100 m	100 m	100 m
预算定额编号	预算定额名称	预算定额单位	数 量			
04290711	钢筋混凝土板 1300×300×160 mm	块	6.0000	6.0000	6.0000	6.0000
52-1-2-3	机械挖沟槽土方 深≤6 m 现场抛土	m^3	1169.4400	1275.7500	1470.0000	1617.0000
52-1-3-1	沟槽回填 夯填土	m^3	753.1300 (496.1200)	856.2800 (599.2700)	1034.5700 (764.7500)	1177.7900 (907.9700)
53-1-3-2	场内运输 自卸汽车装运土(运距1 km以内)	m^3	987.0180 (730.0080)	1111.4300 (854.4200)	1328.5700 (1058.7500)	1501.1900 (1231.3700)
52-1-3-4	沟槽回填 黄砂	m^3	162.1100 (419.1200)	162.1100 (419.1200)	172.5000 (442.3200)	172.5000 (442.3200)
52-1-4-3	管道垫层 砾石砂垫层	m^3	27.5200	27.5200	28.4500	28.4500
52-1-5-1	管道基座 混凝土 C20	m^3	34.4700	34.4700	35.4600	35.4600
52-1-5-1换1	管道基座 混凝土 C15	m^3	1.2000	1.2000	1.2000	1.2000
52-1-5-2	管道基座 钢筋	t	0.2280	0.2280	0.2310	0.2310
52-1-6-4	管道铺设 承插式钢筋混凝土管 ϕ1200	100 m	0.9700	0.9700	0.9700	0.9700
52-3-1-2	砖砌检查井及雨水口 检查井 深≤4 m	m^3	17.5800			
52-3-1-3	砖砌检查井及雨水口 检查井 深≤6 m	m^3		20.7300	23.7900	26.8200
52-3-2-1	水泥砂浆抹面 检查井	m^2	123.0000	139.4400	155.8800	172.3200
52-3-6-1	安装防坠格板 新建工程	只	3.0000	3.0000	3.0000	3.0000
52-3-9-3	安装盖板及盖座 铸铁盖座	套	3.0000	3.0000	3.0000	3.0000
52-3-9-4	安装盖板及盖座 防沉降检查井盖板	块	3.0000	3.0000	3.0000	3.0000
52-4-5-1	模板工程 模板 管道基座	m^2	35.4200	35.4200	36.9200	36.9200
53-9-1-1	施工排水、降水 湿土排水	m^3	885.9400	992.2500	1176.0000	1323.0000
53-9-1-3	施工排水、降水 筑拆竹箩滤井	座	2.5000	2.5000	2.5000	2.5000
调整项目						
	围护支撑					
52-4-3-2	打槽型钢板桩 长6.01～9.00 m,单面	100 m	2.0000	2.0000	2.0000	2.0000

(续表)

定额编号			J-1-1-37 A(B)	J-1-1-38 A(B)	J-1-1-39 A(B)	J-1-1-40 A(B)
项目			ϕ1200			
			承插式钢筋混凝土管			
			>4.0 m	4.5 m	5.0 m	5.5 m
			100 m	100 m	100 m	100 m
预算定额编号	预算定额名称	预算定额单位	数量			
52-4-3-7	拔槽型钢板桩 长 6.01～9.00 m,单面	100 m	2.0000	2.0000	2.0000	2.0000
52-4-3-11	打拔沟槽钢板桩 槽型钢板桩使用费	t·d	5488.0000	5488.0000	5488.0000	5488.0000
52-4-4-2	安拆钢板桩支撑 槽宽≤3.0 m 深 4.01～6.00 m	100 m	1.0000	1.0000	1.0000	1.0000
52-4-4-14	钢板桩支撑使用费	t·d	352.0000	352.0000	352.0000	352.0000
	井点降水					
53-9-1-1	施工排水、降水 湿土排水	m³	−885.9400	−992.2500	−1176.0000	−1323.0000
53-9-1-5	施工排水、降水 轻型井点安装	根	83.0000	83.0000	83.0000	83.0000
53-9-1-6	施工排水、降水 轻型井点拆除	根	83.0000	83.0000	83.0000	83.0000
53-9-1-7	施工排水、降水 轻型井点使用	套·天	37.0000	37.0000	37.0000	37.0000

工作内容:沟槽挖土、沟槽排水、井点降水、沟槽围护和支撑(钢板桩、撑拆列板)、铺筑管道基础、铺设管道、沟槽回填(黄砂及素土)、土方场内运输、砌筑检查井等。

定额编号				J-1-1-37 A(B)	J-1-1-38 A(B)	J-1-1-39 A(B)	J-1-1-40 A(B)
项目				ϕ1200			
				承插式钢筋混凝土管			
				>4.0 m	4.5 m	5.0 m	5.5 m
名称			单位	100 m	100 m	100 m	100 m
人工	00190101	综合人工	工日	478.9559 (485.6381)	531.3942 (538.0764)	615.3079 (622.3232)	680.5082 (687.5235)
材料	01010211	热轧带肋钢筋(HRB400) ϕ≤10	t	0.0654	0.0654	0.0663	0.0663
	01010212	热轧带肋钢筋(HRB400) ϕ>10	t	0.1683	0.1683	0.1705	0.1705
	02090101	塑料薄膜	m²	123.4090	126.0124	131.5634	134.0677
	03010811	钢塑膨胀铆钉	只	18.3600	18.3600	18.3600	18.3600
	03150101	圆钉	kg	7.2212	7.2212	7.5270	7.5270
	03152501	镀锌铁丝	kg	0.7045	0.7045	0.7138	0.7138
	04030115	黄砂 中粗	t	286.7805 (741.1742)	286.7805 (741.1742)	305.1500 (782.1918)	305.1500 (782.1918)

（续表）

定额编号				J-1-1-37 A(B)	J-1-1-38 A(B)	J-1-1-39 A(B)	J-1-1-40 A(B)
项目				φ1200			
				承插式钢筋混凝土管			
				>4.0 m	4.5 m	5.0 m	5.5 m
名称			单位	100 m	100 m	100 m	100 m
材料	04030701	砾石砂	t	60.8440	60.8440	62.9001	62.9001
	04050313	道碴 50～70	t	0.3988	0.3988	0.3988	0.3988
	04131711	蒸压灰砂砖	千块	9.5319	11.2066	12.8609	14.4989
	04290711	钢筋混凝土板 1300×300×160 mm	块	6.0000	6.0000	6.0000	6.0000
	05350301	竹箩	个	2.5000	2.5000	2.5000	2.5000
	13057901	聚氨酯防水涂料(甲乙料)	kg	12.5887	12.5887	12.5887	12.5887
	17291014	钢筋混凝土承插管 φ1200×2500	m	97.4850	97.4850	97.4850	97.4850
	18271117	管枕 φ1200	块	162.9600	162.9600	162.9600	162.9600
	34110101	水	m^3	27.5709 (68.0500)	27.6141 (68.0932)	29.3424 (71.8390)	29.3839 (71.8805)
	35010102	组合钢模板	kg	22.6619	22.6619	23.6216	23.6216
	35010703	木模板成材	m^3	0.1416	0.1416	0.1476	0.1476
	35020401	钢模零配件	kg	8.3793	8.3793	8.7342	8.7342
	36012831	铸铁检查井雨污水盖座 市政90型	套	3.0000	3.0000	3.0000	3.0000
	36016631	防沉降检查井盖板 2500×2000×200	块	3.0000	3.0000	3.0000	3.0000
	36016651	高强度塑料检查井格板	只	3.0600	3.0600	3.0600	3.0600
	36016661	高强度塑料支架	只	9.1800	9.1800	9.1800	9.1800
	80060414	湿拌砌筑砂浆 WM M10.0	m^3	4.1454	4.9337	5.6620	6.3832
	80060513	预拌抹灰砂浆 WP M15.0	m^3	2.2134	2.4748	2.7362	2.9976
	80210410	预拌混凝土(泵送型) C15 粒径5～20	m^3	1.2120	1.2120	1.2120	1.2120
	80210414	预拌混凝土(泵送型) C20 粒径5～20	m^3	34.8147	34.8147	35.8146	35.8146
机械	99010060	履带式单斗液压挖掘机 1 m^3	台班	4.7947	5.2306	6.0270	6.6297
	99050930	混凝土振捣器 插入式	台班	4.8868	4.8868	5.0224	5.0224
	99050940	混凝土振捣器 平板式	台班	12.0487 (21.5838)	12.0487 (21.5838)	12.6086 (22.6189)	12.6086 (22.6189)
	99070220	轮胎式装载机 1 m^3	台班	4.6390 (3.4310)	5.2237 (4.0158)	6.2443 (4.9761)	7.0556 (5.7874)
	99070540	载重汽车 6 t	台班	0.4932	0.4932	0.4956	0.4956
	99070588	载重汽车 12 t	台班	7.1065 (5.2561)	8.0023 (6.1518)	9.5657 (7.6230)	10.8086 (8.8659)

（续表）

定额编号				J-1-1-37 A(B)	J-1-1-38 A(B)	J-1-1-39 A(B)	J-1-1-40 A(B)
项目				ϕ1200			
				承插式钢筋混凝土管			
				>4.0 m	4.5 m	5.0 m	5.5 m
名称			单位	100 m	100 m	100 m	100 m
机械	99090360	汽车式起重机 8 t	台班	2.7860	2.7860	2.7876	2.7876
	99091700	手扳葫芦	台班	3.6375	3.6375	3.6375	3.6375
	99130350	内燃夯实机 700 N·m	台班	27.9411 (18.4061)	31.7680 (22.2329)	38.3825 (28.3722)	43.6960 (33.6857)
	99170010	钢筋调直机	台班	0.1108	0.1108	0.1123	0.1123
	99170025	钢筋切断机	台班	0.1108	0.1108	0.1123	0.1123
	99210065	木工平刨床 刨削宽度 450	台班	0.0815	0.0815	0.0849	0.0849
	99440010	电动单级离心清水泵 ϕ50	台班	106.3128	119.0700	141.1200	158.7600
调整项目							
		围护支撑					
	00190101	综合人工	工日	571.2213	571.2213	571.2213	571.2213
	03152501	镀锌铁丝	kg	20.0000	20.0000	20.0000	20.0000
	04030115	黄砂 中粗	t	23.7356	23.7356	23.7356	23.7356
	05030101	成材	m^3	0.8169	0.8169	0.8169	0.8169
	35090121	槽型钢板桩	t	1.9587	1.9587	1.9587	1.9587
	35090131	槽型钢板桩使用费	t·d	5488.0000	5488.0000	5488.0000	5488.0000
	35090611	钢板桩支撑使用费	t·d	352.0000	352.0000	352.0000	352.0000
	35091771	铁撑柱	kg	141.1200	141.1200	141.1200	141.1200
	35091901	钢桩帽摊销	kg	136.2690	136.2690	136.2690	136.2690
	99030080	轨道式柴油打桩机 0.6 t	台班	27.7905	27.7905	27.7905	27.7905
	99030690	简易拔桩架	台班	29.8410	29.8410	29.8410	29.8410
	99090075	履带式起重机 8 t	台班	4.5500	4.5500	4.5500	4.5500
		井点降水					
	00190101	综合人工	工日	15.8891	10.2121	0.3999	−7.4499
	04030115	黄砂 中粗	t	9.4420	9.4420	9.4420	9.4420
	17270201	普通橡胶管	m	14.2440	14.2440	14.2440	14.2440
	34110101	水	m^3	152.3275	152.3275	152.3275	152.3275
	35040921	轻型井点井管 ϕ40	m	34.8074	34.8074	34.8074	34.8074
	35040941	轻型井点井管 ϕ180×4	m	1.6808	1.6808	1.6808	1.6808
	99091380	电动卷扬机单筒快速 10 kN	台班	1.9920	1.9920	1.9920	1.9920
	99350050	轻便钻机 XJ-100	台班	4.7310	4.7310	4.7310	4.7310
	99440010	电动单级离心清水泵 ϕ50	台班	−106.3128	−119.0700	−141.1200	−158.7600
	99440150	电动多级离心清水泵 ϕ150×180 m 以下	台班	3.9840	3.9840	3.9840	3.9840
	99440510	射流井点泵 9.5 m	台班	44.5420	44.5420	44.5420	44.5420

工作内容:沟槽挖土、沟槽排水、井点降水、沟槽围护和支撑(钢板桩、撑拆列板)、铺筑管道基础、铺设管道、沟槽回填(黄砂及素土)、土方场内运输、砌筑检查井等。

定额编号			J-1-1-41 A(B)	J-1-1-42 A(B)	J-1-1-43 A(B)
项目			ϕ1200		
			承插式钢筋混凝土管		
			≤6.0 m	>6.0 m	6.5 m
			100 m	100 m	100 m
预算定额编号	预算定额名称	预算定额单位	数量		
04290711	钢筋混凝土板 1300×300×160 mm	块	6.0000	6.0000	6.0000
52-1-2-3	机械挖沟槽土方 深≤6 m 现场抛土	m^3	1727.2500	1764.0000	1764.0000
52-1-2-3系1	机械挖沟槽土方 深≤7 m 现场抛土	m^3		36.7500	147.0000
52-1-3-1	沟槽回填 夯填土	m^3	1284.2500 (1014.4300)	1357.7500 (1087.9300)	1461.7700 (1191.9500)
53-1-3-2	场内运输 自卸汽车装运土(运距1 km以内)	m^3	1629.7000 (1359.8800)	1717.9000 (1448.0800)	1843.9700 (1574.1500)
52-1-3-4	沟槽回填 黄砂	m^3	172.5000 (442.3200)	172.5000 (442.3200)	172.6900 (442.5100)
52-1-4-3	管道垫层 砾石砂垫层	m^3	28.4500	28.4500	28.7000
52-1-5-1	管道基座 混凝土 C20	m^3	35.4600	35.4600	36.4700
52-1-5-1换1	管道基座 混凝土 C15	m^3	1.2000	1.2000	1.4100
52-1-5-2	管道基座 钢筋	t	0.2310	0.2310	0.2730
52-1-6-4	管道铺设 承插式钢筋混凝土管 ϕ1200	100 m	0.9700	0.9700	0.9700
52-3-1-3	砖砌检查井及雨水口 检查井 深≤6 m	m^3	29.8500	29.8500	
52-3-1-4	砖砌检查井及雨水口 检查井 深≤8 m	m^3			35.5500
52-3-2-1	水泥砂浆抹面 检查井	m^2	188.7600	188.7600	210.0000
52-3-6-1	安装防坠格板 新建工程	只	3.0000	3.0000	3.0000
52-3-9-3	安装盖板及盖座 铸铁盖座	套	3.0000	3.0000	3.0000
52-3-9-4	安装盖板及盖座 防沉降检查井盖板	块	3.0000	3.0000	3.0000
52-4-5-1	模板工程 模板 管道基座	m^2	37.7900	37.7900	37.6100
53-9-1-1	施工排水、降水 湿土排水	m^3	1433.2500	1506.7500	1617.0000
53-9-1-3	施工排水、降水 筑拆竹箩滤井	座	2.5000	2.5000	2.5000
调整项目					
	围护支撑				
52-4-3-2	打槽型钢板桩 长6.01～9.00 m,单面	100 m	2.0000		
52-4-3-7	拔槽型钢板桩 长6.01～9.00 m,单面	100 m	2.0000		

（续表）

定额编号			J-1-1-41 A(B)	J-1-1-42 A(B)	J-1-1-43 A(B)
项目			ϕ1200		
			承插式钢筋混凝土管		
			≤6.0 m	>6.0 m	6.5 m
			100 m	100 m	100 m
预算定额编号	预算定额名称	预算定额单位	数量		
52-4-3-11	打拔沟槽钢板桩 槽型钢板桩使用费	t·d	5488.0000	7603.0000	7603.0000
52-4-4-2	安拆钢板桩支撑 槽宽≤3.0 m 深4.01～6.00 m	100 m	1.0000		
52-4-4-14	钢板桩支撑使用费	t·d	352.0000	558.0000	558.0000
52-4-3-3	打槽型钢板桩 长9.01～12.00 m，单面	100 m		2.0000	2.0000
52-4-3-8	拔槽型钢板桩 长9.01～12.00 m，单面	100 m		2.0000	2.0000
52-4-4-3	安拆钢板桩支撑 槽宽≤3.0 m 深6.01～8.00 m	100 m		1.0000	1.0000
	井点降水				
53-9-1-1	施工排水、降水 湿土排水	m^3	−1433.2500	−1506.7500	−1617.0000
53-9-1-5	施工排水、降水 轻型井点安装	根	83.0000		
53-9-1-6	施工排水、降水 轻型井点拆除	根	83.0000		
53-9-1-7	施工排水、降水 轻型井点使用	套·天	37.0000		
53-9-1-8	施工排水、降水 喷射井点安装 10 m	根		40.0000	40.0000
53-9-1-9	施工排水、降水 喷射井点拆除 10 m	根		40.0000	40.0000
53-9-1-10	施工排水、降水 喷射井点使用 10 m	套·天		24.0000	24.0000

工作内容：沟槽挖土、沟槽排水、井点降水、沟槽围护和支撑（钢板桩、撑拆列板）、铺筑管道基础、铺设管道、沟槽回填（黄砂及素土）、土方场内运输、砌筑检查井等。

定额编号				J-1-1-41 A(B)	J-1-1-42 A(B)	J-1-1-43 A(B)
项目				ϕ1200		
				承插式钢筋混凝土管		
				≤6.0 m	>6.0 m	6.5 m
名称			单位	100 m	100 m	100 m
人工	00190101	综合人工	工日	731.8456 (738.8609)	760.1881 (767.2034)	821.6902 (828.7056)
材料	01010211	热轧带肋钢筋(HRB400) ϕ≤10	t	0.0663	0.0663	0.0784
	01010212	热轧带肋钢筋(HRB400) ϕ>10	t	0.1705	0.1705	0.2015
	02090101	塑料薄膜	m^2	136.5720	136.5720	145.0070

（续表）

定额编号				J-1-1-41 A(B)	J-1-1-42 A(B)	J-1-1-43 A(B)
项目				ϕ1200		
				承插式钢筋混凝土管		
				≤6.0 m	>6.0 m	6.5 m
名称			单位	100 m	100 m	100 m
材料	03010811	钢塑膨胀铆钉	只	18.3600	18.3600	18.3600
	03150101	圆钉	kg	7.7043	7.7043	7.6676
	03152501	镀锌铁丝	kg	0.7138	0.7138	0.8436
	04030115	黄砂 中粗	t	305.1500 (782.1918)	305.1500 (782.1918)	305.4859 (782.5277)
	04030701	砾石砂	t	62.9001	62.9001	63.4528
	04050313	道碴 50～70	t	0.3988	0.3988	0.3988
	04131711	蒸压灰砂砖	千块	16.1369	16.1369	19.1579
	04290711	钢筋混凝土板 1300×300×160 mm	块	6.0000	6.0000	6.0000
	05350301	竹箩	个	2.5000	2.5000	2.5000
	13057901	聚氨酯防水涂料(甲乙料)	kg	12.5887	12.5887	12.5887
	17291014	钢筋混凝土承插管 ϕ1200×2500	m	97.4850	97.4850	97.4850
	18271117	管枕 ϕ1200	块	162.9600	162.9600	162.9600
	34110101	水	m^3	29.4254 (71.9220)	29.4254 (71.9220)	29.5949 (72.0915)
	35010102	组合钢模板	kg	24.1782	24.1782	24.0631
	35010703	木模板成材	m^3	0.1511	0.1511	0.1503
	35020401	钢模零配件	kg	8.9400	8.9400	8.8974
	36012831	铸铁检查井雨污水盖座 市政90型	套	3.0000	3.0000	3.0000
	36016631	防沉降检查井盖板 2500×2000×200	块	3.0000	3.0000	3.0000
	36016651	高强度塑料检查井格板	只	3.0600	3.0600	3.0600
	36016661	高强度塑料支架	只	9.1800	9.1800	9.1800
	80060414	湿拌砌筑砂浆 WM M10.0	m^3	7.1043	7.1043	8.5995
	80060513	预拌抹灰砂浆 WP M15.0	m^3	3.2590	3.2590	3.5967
	80210410	预拌混凝土(泵送型) C15 粒径5～20	m^3	1.2120	1.2120	1.4241
	80210414	预拌混凝土(泵送型) C20 粒径5～20	m^3	35.8146	35.8146	36.8347

（续表）

定额编号				J-1-1-41 A(B)	J-1-1-42 A(B)	J-1-1-43 A(B)
项目				ϕ1200		
				承插式钢筋混凝土管		
				≤6.0 m	>6.0 m	6.5 m
名称			单位	100 m	100 m	100 m
机械	99010060	履带式单斗液压挖掘机 1 m^3	台班	7.0817	7.4088	7.9380
	99050930	混凝土振捣器 插入式	台班	5.0224	5.0224	5.1896
	99050940	混凝土振捣器 平板式	台班	12.6086 (22.6189)	12.6086 (22.6189)	12.7932 (22.8035)
	99070220	轮胎式装载机 1 m^3	台班	7.6596 (6.3914)	8.0741 (6.8060)	8.6667 (7.3985)
	99070540	载重汽车 6 t	台班	0.4970	0.4970	0.4967
	99070588	载重汽车 12 t	台班	11.7338 (9.7911)	12.3689 (10.4262)	13.2766 (11.3339)
	99090360	汽车式起重机 8 t	台班	2.7886	2.7886	2.7884
	99091700	手扳葫芦	台班	3.6375	3.6375	3.6375
	99130350	内燃夯实机 700 N·m	台班	47.6457 (37.6354)	50.3725 (40.3622)	54.2317 (44.2213)
	99170010	钢筋调直机	台班	0.1123	0.1123	0.1327
	99170025	钢筋切断机	台班	0.1123	0.1123	0.1327
	99210065	木工平刨床 刨削宽度 450	台班	0.0869	0.0869	0.0865
	99440010	电动单级离心清水泵 ϕ50	台班	171.9900	180.8100	194.0400
调整项目						
		围护支撑				
	00190101	综合人工	工日	571.2213	565.7421	565.7421
	03152501	镀锌铁丝	kg	20.0000	25.0000	25.0000
	04030115	黄砂 中粗	t	23.7356	33.2299	33.2299
	05030101	成材	m^3	0.8169	1.0204	1.0204
	35090121	槽型钢板桩	t	1.9587	2.6893	2.6893
	35090131	槽型钢板桩使用费	t·d	5488.0000	7603.0000	7603.0000
	35090611	钢板桩支撑使用费	t·d	352.0000	558.0000	558.0000
	35091771	铁撑柱	kg	141.1200	223.6500	223.6500
	35091901	钢桩帽摊销	kg	136.2690	381.5700	381.5700
	99030080	轨道式柴油打桩机 0.6 t	台班	27.7905		
	99030690	简易拔桩架	台班	29.8410		
	99090075	履带式起重机 8 t	台班	4.5500	5.6875	5.6875
	99030100	轨道式柴油打桩机 1.2 t	台班		33.5913	33.5913

（续表）

定额编号			J-1-1-41 A(B)	J-1-1-42 A(B)	J-1-1-43 A(B)
项目			ϕ1200		
			承插式钢筋混凝土管		
			≤6.0 m	>6.0 m	6.5 m
名称		单位	100 m	100 m	100 m
99030970	震动锤 45 kW	台班		17.3680	17.3680
99090090	履带式起重机 15 t	台班		17.3680	17.3680
	井点降水				
00190101	综合人工	工日	−13.3373	123.2036	117.3162
04030115	黄砂 中粗	t	9.4420		
04030119	黄砂 中粗	kg		95423.8016	95423.8016
17030102	镀锌焊接钢管	kg		0.1614	0.1614
17270201	普通橡胶管	m	14.2440		
34110101	水	m^3	152.3275	566.8908	566.8908
35040921	轻型井点井管 ϕ40	m	34.8074		
35040941	轻型井点井管 ϕ180×4	m	1.6808		
35040961	喷射井点总管 ϕ159×6	m		3.3391	3.3391
35040971	喷射井点井管 ϕ76	m		23.7315	23.7315
35041011	喷射井点滤网管	根		2.7410	2.7410
35041021	喷射井点回水连接件	副		1.7141	1.7141
35041031	喷射井点腰子法兰	副		0.7802	0.7802
35041041	喷射井点水箱	kg		27.3935	27.3935
35041051	喷射井点喷射器	只		3.6626	3.6626
99090080	履带式起重机 10 t	台班		11.5200	11.5200
99091380	电动卷扬机单筒快速 10 kN	台班	1.9920		
99350050	轻便钻机 XJ-100	台班	4.7310		
99350120	液压钻机 G-2A	台班		4.4160	4.4160
99440010	电动单级离心清水泵 ϕ50	台班	−171.9900	−180.8100	−194.0400
99440150	电动多级离心清水泵 ϕ150×180 m 以下	台班	3.9840	34.1600	34.1600
99440210	污水泵 ϕ100	台班		11.0400	11.0400
99440510	射流井点泵 9.5 m	台班	44.5420		

第二节 企口式钢筋混凝土管

工作内容：沟槽挖土、沟槽排水、井点降水、沟槽围护和支撑(钢板桩、撑拆列板)、铺筑管道基础、铺设管道、沟槽回填(黄砂及素土)、土方场内运输、砌筑检查井等。

定额编号			J-1-2-1 A(B)	J-1-2-2 A(B)	J-1-2-3 A(B)	J-1-2-4 A(B)
项目			ϕ1350			
			企口式钢筋混凝土管			
			≤3.0 m	>3.0 m	3.5 m	≤4.0 m
			100 m	100 m	100 m	100 m
预算定额编号	预算定额名称	预算定额单位	数量			
04290711	钢筋混凝土板 1300×300×160 mm	块	12.0000	12.0000	12.0000	12.0000
52-1-2-1	机械挖沟槽土方 深≤3 m 现场抛土	m^3	845.2500			
52-1-2-3	机械挖沟槽土方 深≤6 m 现场抛土	m^3		918.7500	1029.0000	1139.2500
52-1-3-1	沟槽回填 夯填土	m^3	344.3900 (69.3200)	417.8900 (142.8200)	525.2200 (250.1500)	632.5500 (357.4800)
53-1-3-2	场内运输 自卸汽车装运土(运距1 km以内)	m^3	513.4400 (775.9300)	601.6400 (775.9300)	731.0200 (778.8500)	860.4000 (781.7700)
52-1-3-4	沟槽回填 黄砂	m^3	177.4000 (452.4700)	177.4000 (452.4700)	177.4000 (452.4700)	177.4000 (452.4700)
52-1-4-3	管道垫层 砾石砂垫层	m^3	28.6200	28.6200	28.6200	28.6200
52-1-5-1	管道基座 混凝土 C20	m^3	48.4300	48.4300	48.4300	48.4300
52-1-5-1换1	管道基座 混凝土 C15	m^3		1.3200	1.3200	1.3200
52-1-5-2	管道基座 钢筋	t		0.2550	0.2550	0.2550
52-1-6-5	管道铺设 企口式钢筋混凝土管 ϕ1350	100 m	0.9670	0.9670	0.9670	0.9670
52-3-1-2	砖砌检查井及雨水口 检查井 深≤4 m	m^3	13.2300	13.2300	16.0500	19.9200
52-3-2-1	水泥砂浆抹面 检查井	m^2	95.2500	95.2500	112.2900	133.0200
52-3-6-1	安装防坠格板 新建工程	只	3.0000	3.0000	3.0000	3.0000
52-3-9-3	安装盖板及盖座 铸铁盖座	套	3.0000	3.0000	3.0000	3.0000
52-3-9-4	安装盖板及盖座 防沉降检查井盖板	块	3.0000	3.0000	3.0000	3.0000
52-4-5-1	模板工程 模板 管道基座	m^2	45.4700	45.4700	45.4700	45.8300
53-9-1-1	施工排水、降水 湿土排水	m^3	551.2500	624.7500	735.0000	845.2500
53-9-1-3	施工排水、降水 筑拆竹箩滤井	座	2.5000	2.5000	2.5000	2.5000

（续表）

定额编号			J-1-2-1 A(B)	J-1-2-2 A(B)	J-1-2-3 A(B)	J-1-2-4 A(B)
项目			ϕ1350			
			企口式钢筋混凝土管			
			≤3.0 m	>3.0 m	3.5 m	≤4.0 m
			100 m	100 m	100 m	100 m
预算定额编号	预算定额名称	预算定额单位	数量			
调整项目						
	围护支撑					
52-4-2-4	满堂撑拆列板 深≤3.0 m，双面	100 m	1.0000			
52-4-2-5	撑拆列板 列板使用费	t·d	343.0000			
52-4-2-6	列板支撑使用费	t·d	130.0000			
52-4-3-1	打槽型钢板桩 长 4.00～6.00 m，单面	100 m		2.0000	2.0000	2.0000
52-4-3-6	拔槽型钢板桩 长 4.00～6.00 m，单面	100 m		2.0000	2.0000	2.0000
52-4-4-1	安拆钢板桩支撑 槽宽≤3.0 m 深 3.01～4.00 m	100 m		1.0000	1.0000	1.0000
52-4-3-11	打拔沟槽钢板桩 槽型钢板桩使用费	t·d		3291.0000	3291.0000	3291.0000
52-4-4-14	钢板桩支撑使用费	t·d		216.0000	216.0000	216.0000
	井点降水					
53-9-1-1	施工排水、降水 湿土排水	m^3	−551.2500	−624.7500	−735.0000	−845.2500
53-9-1-5	施工排水、降水 轻型井点安装	根	83.0000	83.0000	83.0000	83.0000
53-9-1-6	施工排水、降水 轻型井点拆除	根	83.0000	83.0000	83.0000	83.0000
53-9-1-7	施工排水、降水 轻型井点使用	套·天	40.0000	40.0000	40.0000	40.0000

工作内容：沟槽挖土、沟槽排水、井点降水、沟槽围护和支撑（钢板桩、撑拆列板）、铺筑管道基础、铺设管道、沟槽回填（黄砂及素土）、土方场内运输、砌筑检查井等。

定额编号				J-1-2-1 A(B)	J-1-2-2 A(B)	J-1-2-3 A(B)	J-1-2-4 A(B)
项目				ϕ1350			
				企口式钢筋混凝土管			
				≤3.0 m	>3.0 m	3.5 m	≤4.0 m
名称			单位	100 m	100 m	100 m	100 m
人工	00190101	综合人工	工日	321.5166 (346.5692)	358.8852 (381.0007)	409.4564 (427.3608)	463.1130 (476.8063)
材料	01010211	热轧带肋钢筋(HRB400) ϕ≤10	t		0.0732	0.0732	0.0732
	01010212	热轧带肋钢筋(HRB400) ϕ>10	t		0.1882	0.1882	0.1882
	02090101	塑料薄膜	m^2	158.7623	162.7915	165.1222	168.3208

(续表)

定额编号				J-1-2-1 A(B)	J-1-2-2 A(B)	J-1-2-3 A(B)	J-1-2-4 A(B)
项目				ϕ1350			
				企口式钢筋混凝土管			
				≤3.0 m	>3.0 m	3.5 m	≤4.0 m
名称			单位	100 m	100 m	100 m	100 m
材料	03010811	钢塑膨胀铆钉	只	18.3600	18.3600	18.3600	18.3600
	03150101	圆钉	kg	9.2701	9.2701	9.2701	9.3435
	03152501	镀锌铁丝	kg		0.7880	0.7880	0.7880
	04030115	黄砂 中粗	t	313.8132 (800.1370)	313.8132 (800.1370)	313.8132 (800.1370)	313.8132 (800.1370)
	04030701	砾石砂	t	63.2760	63.2760	63.2760	63.2760
	04050313	道碴 50～70	t	0.3988	0.3988	0.3988	0.3988
	04131711	蒸压灰砂砖	千块	7.1733	7.1733	8.7023	10.8006
	04290711	钢筋混凝土板 1300×300×160 mm	块	12.0000	12.0000	12.0000	12.0000
	05350301	竹箩	个	2.5000	2.5000	2.5000	2.5000
	17291111	钢筋混凝土企口管 ϕ1350×2000	m	97.2642	97.2642	97.2642	97.2642
	18271119	管枕 ϕ1350	块	193.5605	193.5605	193.5605	193.5605
	34110101	水	m^3	30.5627 (73.8862)	30.6292 (73.9527)	30.6678 (73.9913)	30.7208 (74.0443)
	35010102	组合钢模板	kg	29.0919	29.0919	29.0919	29.3223
	35010703	木模板成材	m^3	0.1818	0.1818	0.1818	0.1832
	35020401	钢模零配件	kg	10.7568	10.7568	10.7568	10.8420
	36012831	铸铁检查井雨污水盖座 市政90型	套	3.0000	3.0000	3.0000	3.0000
	36016631	防沉降检查井盖板 2500×2000×200	块	3.0000	3.0000	3.0000	3.0000
	36016651	高强度塑料检查井格板	只	3.0600	3.0600	3.0600	3.0600
	36016661	高强度塑料支架	只	9.1800	9.1800	9.1800	9.1800
	80060414	湿拌砌筑砂浆 WM M10.0	m^3	3.1196	3.1196	3.7846	4.6971
	80060513	预拌抹灰砂浆 WP M15.0	m^3	1.8041	1.8041	2.0750	2.4046
	80210410	预拌混凝土(泵送型) C15 粒径 5～20	m^3		1.3332	1.3332	1.3332
	80210414	预拌混凝土(泵送型) C20 粒径 5～20	m^3	48.9143	48.9143	48.9143	48.9143

（续表）

定额编号				J-1-2-1 A(B)	J-1-2-2 A(B)	J-1-2-3 A(B)	J-1-2-4 A(B)
项目				ϕ1350			
				企口式钢筋混凝土管			
				≤3.0 m	>3.0 m	3.5 m	≤4.0 m
名称			单位	100 m	100 m	100 m	100 m
机械	99010060	履带式单斗液压挖掘机 1 m^3	台班	3.2965	3.7669	4.2189	4.6709
	99050930	混凝土振捣器 插入式	台班	6.6349	6.8157	6.8157	6.8157
	99050940	混凝土振捣器 平板式	台班	14.4099 (24.6150)	14.5907 (24.7958)	14.5907 (24.7958)	14.5907 (24.7958)
	99070220	轮胎式装载机 1 m^3	台班	2.4132 (3.6469)	2.8277 (3.6469)	3.4358 (3.6606)	4.0439 (3.6743)
	99070540	载重汽车 6 t	台班	0.0728	0.0728	0.0728	0.0733
	99070550	载重汽车 8 t	台班	0.5802	0.5802	0.5802	0.5802
	99070588	载重汽车 12 t	台班	3.6968 (5.5867)	4.3318 (5.5867)	5.2633 (5.6077)	6.1949 (5.6287)
	99090360	汽车式起重机 8 t	台班	0.8552	0.8552	0.8552	0.8556
	99090390	汽车式起重机 12 t	台班	1.9340	1.9340	1.9340	1.9340
	99091700	手扳葫芦	台班	3.8680	3.8680	3.8680	3.8680
	99091880	千斤顶 15 t	台班	3.8680	3.8680	3.8680	3.8680
	99130350	内燃夯实机 700 N·m	台班	12.7769 (2.5718)	15.5037 (5.2986)	19.4857 (9.2806)	23.4676 (13.2625)
	99170010	钢筋调直机	台班		0.1240	0.1240	0.1240
	99170025	钢筋切断机	台班		0.1240	0.1240	0.1240
	99210065	木工平刨床 刨削宽度 450	台班	0.1046	0.1046	0.1046	0.1054
	99440010	电动单级离心清水泵 ϕ50	台班	66.1500	74.9700	88.2000	101.4300
调整项目							
		围护支撑					
	00190101	综合人工	工日	78.7933	447.5882	447.5882	447.5882
	03150501	骑马钉	kg	25.3308			
	04131711	蒸压灰砂砖	千块	0.1545			
	05030101	成材	m^3	0.5000	0.5955	0.5955	0.5955
	35090501	列板使用费	t·d	343.0000			
	35090511	列板支撑使用费	t·d	130.0000			
	35091731	铁撑板	t	0.4181			
	35091771	铁撑柱	kg	139.6830	70.5300	70.5300	70.5300
	35090121	槽型钢板桩	t		1.3350	1.3350	1.3350

（续表）

定额编号			J-1-2-1 A(B)	J-1-2-2 A(B)	J-1-2-3 A(B)	J-1-2-4 A(B)
项目			ϕ1350			
			企口式钢筋混凝土管			
			≤3.0 m	>3.0 m	3.5 m	≤4.0 m
名称		单位	100 m	100 m	100 m	100 m
35091901	钢桩帽摊销	kg		90.9300	90.9300	90.9300
04030115	黄砂 中粗	t		15.8236	15.8236	15.8236
03152501	镀锌铁丝	kg		15.0000	15.0000	15.0000
35090131	槽型钢板桩使用费	t·d		3291.0000	3291.0000	3291.0000
35090611	钢板桩支撑使用费	t·d		216.0000	216.0000	216.0000
99030080	轨道式柴油打桩机 0.6 t	台班		20.1323	20.1323	20.1323
99030690	简易拔桩架	台班		23.9558	23.9558	23.9558
99090075	履带式起重机 8 t	台班		3.4125	3.4125	3.4125
	井点降水					
00190101	综合人工	工日	35.4866	31.5616	25.6743	19.7869
04030115	黄砂 中粗	t	9.4420	9.4420	9.4420	9.4420
17270201	普通橡胶管	m	14.2440	14.2440	14.2440	14.2440
34110101	水	m^3	152.3275	152.3275	152.3275	152.3275
35040921	轻型井点井管 ϕ40	m	37.4802	37.4802	37.4802	37.4802
35040941	轻型井点井管 ϕ180×4	m	1.8096	1.8096	1.8096	1.8096
99091380	电动卷扬机单筒快速 10 kN	台班	1.9920	1.9920	1.9920	1.9920
99350050	轻便钻机 XJ-100	台班	4.7310	4.7310	4.7310	4.7310
99440010	电动单级离心清水泵 ϕ50	台班	−66.1500	−74.9700	−88.2000	−101.4300
99440150	电动多级离心清水泵 ϕ150×180 m 以下	台班	3.9840	3.9840	3.9840	3.9840
99440510	射流井点泵 9.5 m	台班	47.9920	47.9920	47.9920	47.9920

工作内容：沟槽挖土、沟槽排水、井点降水、沟槽围护和支撑(钢板桩、撑拆列板)、铺筑管道基础、铺设管道、沟槽回填(黄砂及素土)、土方场内运输、砌筑检查井等。

定额编号			J-1-2-5 A(B)	J-1-2-6 A(B)	J-1-2-7 A(B)	J-1-2-8 A(B)
项目			ϕ1350			
			企口式钢筋混凝土管			
			>4.0 m	4.5 m	5.0 m	5.5 m
			100 m	100 m	100 m	100 m
预算定额编号	预算定额名称	预算定额单位	数量			
04290711	钢筋混凝土板 1300×300×160 mm	块	12.0000			
04290712	钢筋混凝土板 1400×250×160 mm	块		12.0000	6.0000	6.0000
04290713	钢筋混凝土板 1400×300×160 mm	块			6.0000	6.0000
52-1-2-3	机械挖沟槽土方 深≤6 m 现场抛土	m^3	1212.7500	1323.0000	1522.5000	1674.7500
52-1-3-1	沟槽回填 夯填土	m^3	706.0500 (430.9800)	808.3300 (533.2600)	989.4600 (700.3200)	1136.5500 (847.4100)
53-1-3-2	场内运输 自卸汽车装运土(运距1 km以内)	m^3	948.6000 (781.7700)	1072.9300 (797.8600)	1293.9600 (1004.8200)	1471.5000 (1182.3600)
52-1-3-4	沟槽回填 黄砂	m^3	177.4000 (452.4700)	177.6700 (452.7400)	189.9600 (479.1000)	189.9600 (479.1000)
52-1-4-3	管道垫层 砾石砂垫层	m^3	28.6200	28.6600	29.5900	29.5900
52-1-5-1	管道基座 混凝土 C20	m^3	48.4300	49.9000	49.9000	49.9000
52-1-5-1换1	管道基座 混凝土 C15	m^3	1.3200	1.4100	1.4100	1.4100
52-1-5-2	管道基座 钢筋	t	0.2550	0.2790	0.2790	0.2790
52-1-6-5	管道铺设 企口式钢筋混凝土管 ϕ1350	100 m	0.9670	0.9670	0.9670	0.9670
52-3-1-2	砖砌检查井及雨水口 检查井 深≤4 m	m^3	19.9200			
52-3-1-3	砖砌检查井及雨水口 检查井 深≤6 m	m^3		22.6500	26.7000	30.9300
52-3-2-1	水泥砂浆抹面 检查井	m^2	133.0200	146.0400	166.8000	187.5600
52-3-6-1	安装防坠格板 新建工程	只	3.0000	3.0000	3.0000	3.0000
52-3-9-3	安装盖板及盖座 铸铁盖座	套	3.0000	3.0000	3.0000	3.0000
52-3-9-4	安装盖板及盖座 防沉降检查井盖板	块	3.0000	3.0000	3.0000	3.0000
52-4-5-1	模板工程 模板 管道基座	m^2	45.8300	47.3000	47.3000	47.3000
53-9-1-1	施工排水、降水 湿土排水	m^3	918.7500	1029.0000	1218.0000	1370.2500
53-9-1-3	施工排水、降水 筑拆竹箩滤井	座	2.5000	2.5000	2.5000	2.5000

（续表）

定额编号			J-1-2-5 A(B)	J-1-2-6 A(B)	J-1-2-7 A(B)	J-1-2-8 A(B)
项目			ϕ1350			
			企口式钢筋混凝土管			
			>4.0 m	4.5 m	5.0 m	5.5 m
			100 m	100 m	100 m	100 m
预算定额编号	预算定额名称	预算定额单位	数量			
调整项目						
	围护支撑					
52-4-3-2	打槽型钢板桩 长 6.01～9.00 m，单面	100 m	2.0000	2.0000	2.0000	2.0000
52-4-3-7	拔槽型钢板桩 长 6.01～9.00 m，单面	100 m	2.0000	2.0000	2.0000	2.0000
52-4-3-11	打拔沟槽钢板桩 槽型钢板桩使用费	t·d	7317.0000	7317.0000	7317.0000	7317.0000
52-4-4-2	安拆钢板桩支撑 槽宽≤3.0 m 深 4.01～6.00 m	100 m	1.0000	1.0000	1.0000	1.0000
52-4-4-14	钢板桩支撑使用费	t·d	432.0000	432.0000	432.0000	432.0000
	井点降水					
53-9-1-1	施工排水、降水 湿土排水	m^3	−918.7500	−1029.0000	−1218.0000	−1370.2500
53-9-1-5	施工排水、降水 轻型井点安装	根	83.0000	83.0000	83.0000	83.0000
53-9-1-6	施工排水、降水 轻型井点拆除	根	83.0000	83.0000	83.0000	83.0000
53-9-1-7	施工排水、降水 轻型井点使用	套·天	40.0000	40.0000	40.0000	40.0000

工作内容：沟槽挖土、沟槽排水、井点降水、沟槽围护和支撑(钢板桩、撑拆列板)、铺筑管道基础、铺设管道、沟槽回填(黄砂及素土)、土方场内运输、砌筑检查井等。

定额编号				J-1-2-5 A(B)	J-1-2-6 A(B)	J-1-2-7 A(B)	J-1-2-8 A(B)
项目				ϕ1350			
				企口式钢筋混凝土管			
				>4.0 m	4.5 m	5.0 m	5.5 m
名称			单位	100 m	100 m	100 m	100 m
人工	00190101	综合人工	工日	491.3048 (502.0609)	543.8630 (551.0148)	631.9374 (639.4551)	702.3286 (709.8463)
材料	01010211	热轧带肋钢筋(HRB400) ϕ≤10	t	0.0732	0.0801	0.0801	0.0801
	01010212	热轧带肋钢筋(HRB400) ϕ>10	t	0.1882	0.2059	0.2059	0.2059
	02090101	塑料薄膜	m^2	168.3208	175.3389	178.6863	182.1823
	03010811	钢塑膨胀铆钉	只	18.3600	18.3600	18.3600	18.3600
	03150101	圆钉	kg	9.3435	9.6432	9.6432	9.6432

（续表）

定额编号				J-1-2-5 A(B)	J-1-2-6 A(B)	J-1-2-7 A(B)	J-1-2-8 A(B)
项目				ϕ1350			
				企口式钢筋混凝土管			
				>4.0 m	4.5 m	5.0 m	5.5 m
名称			单位	100 m	100 m	100 m	100 m
材料	03152501	镀锌铁丝	kg	0.7880	0.8621	0.8621	0.8621
	04030115	黄砂 中粗	t	313.8132 (800.1370)	314.2906 (800.6143)	336.0193 (847.2188)	336.0193 (847.2188)
	04030701	砾石砂	t	63.2760	63.3644	65.4205	65.4205
	04050313	道碴 50～70	t	0.3988	0.3988	0.3988	0.3988
	04131711	蒸压灰砂砖	千块	10.8006	12.2446	14.4340	16.7208
	04290711	钢筋混凝土板 1300×300×160 mm	块	12.0000			
	04290712	钢筋混凝土板 1400×250×160 mm	块		12.0000	6.0000	6.0000
	04290713	钢筋混凝土板 1400×300×160 mm	块			6.0000	6.0000
	05350301	竹箩	个	2.5000	2.5000	2.5000	2.5000
	17291111	钢筋混凝土企口管 ϕ1350×2000	m	97.2642	97.2642	97.2642	97.2642
	18271119	管枕 ϕ1350	块	193.5605	193.5605	193.5605	193.5605
	34110101	水	m^3	30.7208 (74.0443)	30.8794 (74.2030)	32.8706 (78.4102)	32.9285 (78.4681)
	35010102	组合钢模板	kg	29.3223	30.2628	30.2628	30.2628
	35010703	木模板成材	m^3	0.1832	0.1891	0.1891	0.1891
	35020401	钢模零配件	kg	10.8420	11.1898	11.1898	11.1898
	36012831	铸铁检查井雨污水盖座 市政 90 型	套	3.0000	3.0000	3.0000	3.0000
	36016631	防沉降检查井盖板 2500×2000×200	块	3.0000	3.0000	3.0000	3.0000
	36016651	高强度塑料检查井格板	只	3.0600	3.0600	3.0600	3.0600
	36016661	高强度塑料支架	只	9.1800	9.1800	9.1800	9.1800
	80060414	湿拌砌筑砂浆 WM M10.0	m^3	4.6971	5.3907	6.3546	7.3613
	80060513	预拌抹灰砂浆 WP M15.0	m^3	2.4046	2.6116	2.9417	3.2718
	80210410	预拌混凝土(泵送型) C15 粒径 5～20	m^3	1.3332	1.4241	1.4241	1.4241
	80210414	预拌混凝土(泵送型) C20 粒径 5～20	m^3	48.9143	50.3990	50.3990	50.3990
机械	99010060	履带式单斗液压挖掘机 1 m^3	台班	4.9723	5.4243	6.2423	6.8665
	99050930	混凝土振捣器 插入式	台班	6.8157	7.0295	7.0295	7.0295
	99050940	混凝土振捣器 平板式	台班	14.5907 (24.7958)	14.8162 (25.0213)	15.3109 (26.0380)	15.3109 (26.0380)
	99070220	轮胎式装载机 1 m^3	台班	4.4584 (3.6743)	5.0428 (3.7499)	6.0816 (4.7227)	6.9161 (5.5571)
	99070540	载重汽车 6 t	台班	0.0733	0.0757	0.0757	0.0757

(续表)

定额编号				J-1-2-5 A(B)	J-1-2-6 A(B)	J-1-2-7 A(B)	J-1-2-8 A(B)
项目				ϕ1350			
				企口式钢筋混凝土管			
				>4.0 m	4.5 m	5.0 m	5.5 m
名称			单位	100 m	100 m	100 m	100 m
机械	99070550	载重汽车 8 t	台班	0.5802	0.5802	0.5802	0.5802
	99070588	载重汽车 12 t	台班	6.8299 (5.6287)	7.7251 (5.7446)	9.3165 (7.2347)	10.5948 (8.5130)
	99090360	汽车式起重机 8 t	台班	0.8556	0.8572	0.8572	0.8572
	99090390	汽车式起重机 12 t	台班	1.9340	1.9340	1.9340	1.9340
	99091700	手扳葫芦	台班	3.8680	3.8680	3.8680	3.8680
	99091880	千斤顶 15 t	台班	3.8680	3.8680	3.8680	3.8680
	99130350	内燃夯实机 700 N·m	台班	26.1945 (15.9894)	29.9890 (19.7839)	36.7090 (25.9819)	42.1660 (31.4389)
	99170010	钢筋调直机	台班	0.1240	0.1356	0.1356	0.1356
	99170025	钢筋切断机	台班	0.1240	0.1356	0.1356	0.1356
	99210065	木工平刨床 刨削宽度 450	台班	0.1054	0.1088	0.1088	0.1088
	99440010	电动单级离心清水泵 ϕ50	台班	110.2500	123.4800	146.1600	164.4300
调整项目							
		围护支撑					
	00190101	综合人工	工日	571.2213	571.2213	571.2213	571.2213
	03152501	镀锌铁丝	kg	20.0000	20.0000	20.0000	20.0000
	04030115	黄砂 中粗	t	23.7356	23.7356	23.7356	23.7356
	05030101	成材	m^3	0.8169	0.8169	0.8169	0.8169
	35090121	槽型钢板桩	t	1.9587	1.9587	1.9587	1.9587
	35090131	槽型钢板桩使用费	t·d	7317.0000	7317.0000	7317.0000	7317.0000
	35090611	钢板桩支撑使用费	t·d	432.0000	432.0000	432.0000	432.0000
	35091771	铁撑柱	kg	141.1200	141.1200	141.1200	141.1200
	35091901	钢桩帽摊销	kg	136.2690	136.2690	136.2690	136.2690
	99030080	轨道式柴油打桩机 0.6 t	台班	27.7905	27.7905	27.7905	27.7905
	99030690	简易拔桩架	台班	29.8410	29.8410	29.8410	29.8410
	99090075	履带式起重机 8 t	台班	4.5500	4.5500	4.5500	4.5500
		井点降水					
	00190101	综合人工	工日	15.8620	9.9747	−0.1179	−8.2481
	04030115	黄砂 中粗	t	9.4420	9.4420	9.4420	9.4420
	17270201	普通橡胶管	m	14.2440	14.2440	14.2440	14.2440
	34110101	水	m^3	152.3275	152.3275	152.3275	152.3275
	35040921	轻型井点井管 ϕ40	m	37.4802	37.4802	37.4802	37.4802
	35040941	轻型井点井管 ϕ180×4	m	1.8096	1.8096	1.8096	1.8096
	99091380	电动卷扬机单筒快速 10 kN	台班	1.9920	1.9920	1.9920	1.9920
	99350050	轻便钻机 XJ-100	台班	4.7310	4.7310	4.7310	4.7310
	99440010	电动单级离心清水泵 ϕ50	台班	−110.2500	−123.4800	−146.1600	−164.4300
	99440150	电动多级离心清水泵 ϕ150×180 m 以下	台班	3.9840	3.9840	3.9840	3.9840
	99440510	射流井点泵 9.5 m	台班	47.9920	47.9920	47.9920	47.9920

工作内容:沟槽挖土、沟槽排水、井点降水、沟槽围护和支撑(钢板桩、撑拆列板)、铺筑管道基础、铺设管道、沟槽回填(黄砂及素土)、土方场内运输、砌筑检查井等。

定额编号			J-1-2-9 A(B)	J-1-2-10 A(B)	J-1-2-11 A(B)	J-1-2-12 A(B)
项目			ϕ1350			
			企口式钢筋混凝土管			
			≤6.0 m	>6.0 m	6.5 m	7.0 m
			100 m	100 m	100 m	100 m
预算定额编号	预算定额名称	预算定额单位	数量			
04290712	钢筋混凝土板 1400×250×160 mm	块	6.0000	6.0000	6.0000	6.0000
04290713	钢筋混凝土板 1400×300×160 mm	块	6.0000	6.0000	6.0000	6.0000
52-1-2-3	机械挖沟槽土方 深≤6 m 现场抛土	m^3	1788.9400	1827.0000	1827.0000	1890.0000
52-1-2-3 系 1	机械挖沟槽土方 深≤7 m 现场抛土	m^3		38.0600	152.2500	315.0000
52-1-3-1	沟槽回填 夯填土	m^3	1245.5900 (956.4500)	1321.7100 (1032.5700)	1429.3700 (1140.2300)	1636.1500 (1332.9400)
53-1-3-2	场内运输 自卸汽车装运土(运距 1 km 以内)	m^3	1603.3780 (1314.2380)	1694.7220 (1405.5820)	1825.2200 (1536.0800)	2077.1500 (1773.9400)
52-1-3-4	沟槽回填 黄砂	m^3	189.9600 (479.1000)	189.9600 (479.1000)	189.9600 (479.1000)	202.2400 (505.4500)
52-1-4-3	管道垫层 砾石砂垫层	m^3	29.5900	29.5900	29.8300	30.7500
52-1-5-1	管道基座 混凝土 C20	m^3	49.9000	49.9000	50.8000	50.8000
52-1-5-1 换 1	管道基座 混凝土 C15	m^3	1.4100	1.4100	1.5300	1.5300
52-1-5-2	管道基座 钢筋	t	0.2790	0.2790	0.3030	0.3030
52-1-6-5	管道铺设 企口式钢筋混凝土管 ϕ1350	100 m	0.9670	0.9670	0.9670	0.9670
52-3-1-3	砖砌检查井及雨水口 检查井 深≤6 m	m^3	42.3000	42.3000		
52-3-1-4	砖砌检查井及雨水口 检查井 深≤8 m	m^3			46.7700	51.2400
52-3-2-1	水泥砂浆抹面 检查井	m^2	200.2800	200.2800	221.0400	241.8000
52-3-6-1	安装防坠格板 新建工程	只	3.0000	3.0000	3.0000	3.0000
52-3-9-3	安装盖板及盖座 铸铁盖座	套	3.0000	3.0000	3.0000	3.0000
52-3-9-4	安装盖板及盖座 防沉降检查井盖板	块	3.0000	3.0000	3.0000	3.0000
52-4-5-1	模板工程 模板 管道基座	m^2	47.3000	47.3000	47.7500	47.7500
53-9-1-1	施工排水、降水 湿土排水	m^3	1484.4400	1560.5600	1674.7500	1890.0000
53-9-1-3	施工排水、降水 筑拆竹箩滤井	座	2.5000	2.5000	2.5000	2.5000

（续表）

定额编号			J-1-2-9 A(B)	J-1-2-10 A(B)	J-1-2-11 A(B)	J-1-2-12 A(B)
项目			ϕ1350			
			企口式钢筋混凝土管			
			≤6.0 m	>6.0 m	6.5 m	7.0 m
			100 m	100 m	100 m	100 m
预算定额编号	预算定额名称	预算定额单位	数量			
调整项目						
	围护支撑					
52-4-3-2	打槽型钢板桩 长 6.01～9.00 m，单面	100 m	2.0000			
52-4-3-7	拔槽型钢板桩 长 6.01～9.00 m，单面	100 m	2.0000			
52-4-3-11	打拔沟槽钢板桩 槽型钢板桩使用费	t・d	7317.0000	10139.0000	10139.0000	10139.0000
52-4-4-2	安拆钢板桩支撑 槽宽≤3.0 m 深 4.01～6.00 m	100 m	1.0000			
52-4-4-14	钢板桩支撑使用费	t・d	432.0000	682.0000	682.0000	682.0000
52-4-3-3	打槽型钢板桩 长 9.01～12.00 m，单面	100 m		2.0000	2.0000	2.0000
52-4-3-8	拔槽型钢板桩 长 9.01～12.00 m，单面	100 m		2.0000	2.0000	2.0000
52-4-4-3	安拆钢板桩支撑 槽宽≤3.0 m 深 6.01～8.00 m	100 m		1.0000	1.0000	1.0000
	井点降水					
53-9-1-1	施工排水、降水 湿土排水	m^3	−1484.4400	−1560.5600	−1674.7500	−1890.0000
53-9-1-5	施工排水、降水 轻型井点安装	根	83.0000			
53-9-1-6	施工排水、降水 轻型井点拆除	根	83.0000			
53-9-1-7	施工排水、降水 轻型井点使用	套・天	40.0000			
53-9-1-8	施工排水、降水 喷射井点安装 10 m	根		40.0000	40.0000	40.0000
53-9-1-9	施工排水、降水 喷射井点拆除 10 m	根		40.0000	40.0000	40.0000
53-9-1-10	施工排水、降水 喷射井点使用 10 m	套・天		27.0000	27.0000	27.0000

工作内容：沟槽挖土、沟槽排水、井点降水、沟槽围护和支撑（钢板桩、撑拆列板）、铺筑管道基础、铺设管道、沟槽回填（黄砂及素土）、土方场内运输、砌筑检查井等。

定额编号				J-1-2-9 A(B)	J-1-2-10 A(B)	J-1-2-11 A(B)	J-1-2-12 A(B)
项目				ϕ1350			
				企口式钢筋混凝土管			
				≤6.0 m	>6.0 m	6.5 m	7.0 m
名称			单位	100 m	100 m	100 m	100 m
人工	00190101	综合人工	工日	774.1114 (781.6291)	803.4640 (810.9817)	864.0595 (871.5773)	964.0156 (971.8990)
材料	01010211	热轧带肋钢筋(HRB400) ϕ≤10	t	0.0801	0.0801	0.0870	0.0870
	01010212	热轧带肋钢筋(HRB400) ϕ>10	t	0.2059	0.2059	0.2236	0.2236
	02090101	塑料薄膜	m²	191.5797	191.5797	198.3875	202.0820
	03010811	钢塑膨胀铆钉	只	18.3600	18.3600	18.3600	18.3600
	03150101	圆钉	kg	9.6432	9.6432	9.7349	9.7349
	03152501	镀锌铁丝	kg	0.8621	0.8621	0.9363	0.9363
	04030115	黄砂 中粗	t	336.0193 (847.2188)	336.0193 (847.2188)	336.0193 (847.2188)	357.7303 (893.8056)
	04030701	砾石砂	t	65.4205	65.4205	65.9511	67.9852
	04050313	道碴 50～70	t	0.3988	0.3988	0.3988	0.3988
	04131711	蒸压灰砂砖	千块	22.8674	22.8674	25.2044	27.6132
	04290712	钢筋混凝土板 1400×250×160 mm	块	6.0000	6.0000	6.0000	6.0000
	04290713	钢筋混凝土板 1400×300×160 mm	块	6.0000	6.0000	6.0000	6.0000
	05350301	竹箩	个	2.5000	2.5000	2.5000	2.5000
	17291111	钢筋混凝土企口管 ϕ1350×2000	m	97.2642	97.2642	97.2642	97.2642
	18271119	管枕 ϕ1350	块	193.5605	193.5605	193.5605	193.5605
	34110101	水	m³	33.0843 (78.6239)	33.0843 (78.6239)	33.1968 (78.7364)	35.1922 (82.9478)
	35010102	组合钢模板	kg	30.2628	30.2628	30.5507	30.5507
	35010703	木模板成材	m³	0.1891	0.1891	0.1909	0.1909
	35020401	钢模零配件	kg	11.1898	11.1898	11.2962	11.2962
	36012831	铸铁检查井雨污水盖座 市政90型	套	3.0000	3.0000	3.0000	3.0000
	36016631	防沉降检查井盖板 2500×2000×200	块	3.0000	3.0000	3.0000	3.0000
	36016651	高强度塑料检查井格板	只	3.0600	3.0600	3.0600	3.0600
	36016661	高强度塑料支架	只	9.1800	9.1800	9.1800	9.1800
	80060414	湿拌砌筑砂浆 WM M10.0	m³	10.0674	10.0674	11.3137	12.3950
	80060513	预拌抹灰砂浆 WP M15.0	m³	3.4741	3.4741	3.8041	4.1342
	80210410	预拌混凝土(泵送型) C15 粒径5～20	m³	1.4241	1.4241	1.5453	1.5453
	80210414	预拌混凝土(泵送型) C20 粒径5～20	m³	50.3990	50.3990	51.3080	51.3080

（续表）

定额编号				J-1-2-9 A(B)	J-1-2-10 A(B)	J-1-2-11 A(B)	J-1-2-12 A(B)
项目				ϕ1350			
				企口式钢筋混凝土管			
				≤6.0 m	>6.0 m	6.5 m	7.0 m
名称			单位	100 m	100 m	100 m	100 m
机械	99010060	履带式单斗液压挖掘机 1 m^3	台班	7.3347	7.6734	8.2215	9.2610
	99050930	混凝土振捣器 插入式	台班	7.0295	7.0295	7.1692	7.1692
	99050940	混凝土振捣器 平板式	台班	15.3109 (26.0380)	15.3109 (26.0380)	15.4606 (26.1877)	15.9546 (27.2037)
	99070220	轮胎式装载机 1 m^3	台班	7.5359 (6.1769)	7.9652 (6.6062)	8.5785 (7.2196)	9.7626 (8.3375)
	99070540	载重汽车 6 t	台班	0.0757	0.0757	0.0764	0.0764
	99070550	载重汽车 8 t	台班	0.5802	0.5802	0.5802	0.5802
	99070588	载重汽车 12 t	台班	11.5443 (9.4625)	12.2020 (10.1202)	13.1416 (11.0598)	14.9555 (12.7724)
	99090360	汽车式起重机 8 t	台班	0.8572	0.8572	0.8577	0.8577
	99090390	汽车式起重机 12 t	台班	1.9340	1.9340	1.9340	1.9340
	99091700	手扳葫芦	台班	3.8680	3.8680	3.8680	3.8680
	99091880	千斤顶 15 t	台班	3.8680	3.8680	3.8680	3.8680
	99130350	内燃夯实机 700 N·m	台班	46.2114 (35.4843)	49.0354 (38.3083)	53.0296 (42.3025)	60.7012 (49.4521)
	99170010	钢筋调直机	台班	0.1356	0.1356	0.1473	0.1473
	99170025	钢筋切断机	台班	0.1356	0.1356	0.1473	0.1473
	99210065	木工平刨床 刨削宽度 450	台班	0.1088	0.1088	0.1098	0.1098
	99440010	电动单级离心清水泵 ϕ50	台班	178.1328	187.2672	200.9700	226.8000
调整项目							
		围护支撑					
	00190101	综合人工	工日	571.2213	565.7421	565.7421	565.7421
	03152501	镀锌铁丝	kg	20.0000	25.0000	25.0000	25.0000
	04030115	黄砂 中粗	t	23.7356	33.2299	33.2299	33.2299
	05030101	成材	m^3	0.8169	1.0204	1.0204	1.0204
	35090121	槽型钢板桩	t	1.9587	2.6893	2.6893	2.6893
	35090131	槽型钢板桩使用费	t·d	7317.0000	10139.0000	10139.0000	10139.0000
	35090611	钢板桩支撑使用费	t·d	432.0000	682.0000	682.0000	682.0000
	35091771	铁撑柱	kg	141.1200	223.6500	223.6500	223.6500
	35091901	钢桩帽摊销	kg	136.2690	381.5700	381.5700	381.5700
	99030080	轨道式柴油打桩机 0.6 t	台班	27.7905			

（续表）

定　额　编　号				J-1-2-9 A(B)	J-1-2-10 A(B)	J-1-2-11 A(B)	J-1-2-12 A(B)
项　　目				ϕ1350			
				企口式钢筋混凝土管			
				≤6.0 m	>6.0 m	6.5 m	7.0 m
名　　称			单位	100 m	100 m	100 m	100 m
	99030690	简易拔桩架	台班	29.8410			
	99090075	履带式起重机 8 t	台班	4.5500	5.6875	5.6875	5.6875
	99030100	轨道式柴油打桩机 1.2 t	台班		33.5913	33.5913	33.5913
	99030970	震动锤 45 kW	台班		17.3680	17.3680	17.3680
	99090090	履带式起重机 15 t	台班		17.3680	17.3680	17.3680
		井点降水					
	00190101	综合人工	工日	−14.3458	126.9901	120.8924	109.3980
	04030115	黄砂 中粗	t	9.4420			
	04030119	黄砂 中粗	kg		95423.8016	95423.8016	95423.8016
	17030102	镀锌焊接钢管	kg		0.1766	0.1766	0.1766
	17270201	普通橡胶管	m	14.2440			
	34110101	水	m^3	152.3275	566.8908	566.8908	566.8908
	35040921	轻型井点井管 ϕ40	m	37.4802			
	35040941	轻型井点井管 ϕ180×4	m	1.8096			
	35040961	喷射井点总管 ϕ159×6	m		3.7335	3.7335	3.7335
	35040971	喷射井点井管 ϕ76	m		26.5527	26.5527	26.5527
	35041011	喷射井点滤网管	根		3.0656	3.0656	3.0656
	35041021	喷射井点回水连接件	副		1.9174	1.9174	1.9174
	35041031	喷射井点腰子法兰	副		0.8712	0.8712	0.8712
	35041041	喷射井点水箱	kg		30.6395	30.6395	30.6395
	35041051	喷射井点喷射器	只		4.0964	4.0964	4.0964
	99090080	履带式起重机 10 t	台班		11.5200	11.5200	11.5200
	99091380	电动卷扬机单筒快速 10 kN	台班	1.9920			
	99350050	轻便钻机 XJ-100	台班	4.7310			
	99350120	液压钻机 G-2A	台班		4.4160	4.4160	4.4160
	99440010	电动单级离心清水泵 ϕ50	台班	−178.1328	−187.2672	−200.9700	−226.8000
	99440150	电动多级离心清水泵 ϕ150×180 m 以下	台班	3.9840	37.4900	37.4900	37.4900
	99440210	污水泵 ϕ100	台班		11.0400	11.0400	11.0400
	99440510	射流井点泵 9.5 m	台班	47.9920			

工作内容：沟槽挖土、沟槽排水、井点降水、沟槽围护和支撑(钢板桩、撑拆列板)、铺筑管道基础、铺设管道、沟槽回填(黄砂及素土)、土方场内运输、砌筑检查井等。

定 额 编 号			J-1-2-13 A(B)	J-1-2-14 A(B)	J-1-2-15 A(B)	J-1-2-16 A(B)
项 目			ϕ1500			
			企口式钢筋混凝土管			
			≤3.0 m	>3.0 m	3.5 m	≤4.0 m
			100 m	100 m	100 m	100 m
预算定额编号	预算定额名称	预算定额单位	数 量			
04290712	钢筋混凝土板 1400×250×160 mm	块	6.0000	6.0000	6.0000	6.0000
04290713	钢筋混凝土板 1400×300×160 mm	块	6.0000	6.0000	6.0000	6.0000
52-1-2-1	机械挖沟槽土方 深≤3 m 现场抛土	m^3	905.6300			
52-1-2-3	机械挖沟槽土方 深≤6 m 现场抛土	m^3		984.3800	1102.5000	1220.6300
52-1-3-1	沟槽回填 夯填土	m^3	328.8300 (20.6600)	407.5800 (99.4100)	521.7500 (213.5800)	636.9500 (328.7800)
53-1-3-2	场内运输 自卸汽车装运土(运距 1 km 以内)	m^3	576.8000 (884.9700)	604.4560 (884.9700)	742.2500 (888.9200)	881.0760 (891.8500)
52-1-3-4	沟槽回填 黄砂	m^3	199.2600 (507.4300)	199.2600 (507.4300)	199.2600 (507.4300)	199.2600 (507.4300)
52-1-4-3	管道垫层 砾石砂垫层	m^3	30.6600	30.6600	30.6600	30.6600
52-1-5-1	管道基座 混凝土 C20	m^3	51.6700	51.6700	52.9000	52.9000
52-1-5-1 换 1	管道基座 混凝土 C15	m^3		1.4100	1.4100	1.4100
52-1-5-2	管道基座 钢筋	t		0.2730	0.2760	0.2760
52-1-6-6	管道铺设 企口式钢筋混凝土管 ϕ1500	100 m	0.9670	0.9670	0.9670	0.9670
52-3-1-2	砖砌检查井及雨水口 检查井 深≤4 m	m^3	14.1000	14.1000	16.9200	20.9700
52-3-2-1	水泥砂浆抹面 检查井	m^2	99.3300	99.3300	116.3700	137.7900
52-3-6-1	安装防坠格板 新建工程	只	3.0000	3.0000	3.0000	3.0000
52-3-9-3	安装盖板及盖座 铸铁盖座	套	3.0000	3.0000	3.0000	3.0000
52-3-9-4	安装盖板及盖座 防沉降检查井盖板	块	3.0000	3.0000	3.0000	3.0000
52-4-5-1	模板工程 模板 管道基座	m^2	45.7700	45.7700	47.4800	47.4800
53-9-1-1	施工排水、降水 湿土排水	m^3	590.6300	669.3800	787.5000	905.6300
53-9-1-3	施工排水、降水 筑拆竹箩滤井	座	2.5000	2.5000	2.5000	2.5000
调整项目						
	围护支撑					
52-4-2-4	满堂撑拆列板 深≤3.0 m，双面	100 m	1.0000			
52-4-2-5	撑拆列板 列板使用费	t·d	343.0000			
52-4-2-6	列板支撑使用费	t·d	130.0000			
52-4-3-1	打槽型钢板桩 长 4.00～6.00 m，单面	100 m		2.0000	2.0000	2.0000

（续表）

定额编号			J-1-2-13 A(B)	J-1-2-14 A(B)	J-1-2-15 A(B)	J-1-2-16 A(B)
项目			ϕ1500			
			企口式钢筋混凝土管			
			≤3.0 m	>3.0 m	3.5 m	≤4.0 m
			100 m	100 m	100 m	100 m
预算定额编号	预算定额名称	预算定额单位	数量			
52-4-3-6	拔槽型钢板桩 长4.00～6.00 m，单面	100 m		2.0000	2.0000	2.0000
52-4-4-1	安拆钢板桩支撑 槽宽≤3.0 m 深3.01～4.00 m	100 m		1.0000	1.0000	1.0000
52-4-3-11	打拔沟槽钢板桩 槽型钢板桩使用费	t·d		3291.0000	3291.0000	3291.0000
52-4-4-14	钢板桩支撑使用费	t·d		216.0000	216.0000	216.0000
	井点降水					
53-9-1-1	施工排水、降水 湿土排水	m^3	−590.6300	−669.3800	−787.5000	−905.6300
53-9-1-5	施工排水、降水 轻型井点安装	根	83.0000	83.0000	83.0000	83.0000
53-9-1-6	施工排水、降水 轻型井点拆除	根	83.0000	83.0000	83.0000	83.0000
53-9-1-7	施工排水、降水 轻型井点使用	套·天	43.0000	43.0000	43.0000	43.0000

工作内容：沟槽挖土、沟槽排水、井点降水、沟槽围护和支撑（钢板桩、撑拆列板）、铺筑管道基础、铺设管道、沟槽回填（黄砂及素土）、土方场内运输、砌筑检查井等。

定额编号				J-1-2-13 A(B)	J-1-2-14 A(B)	J-1-2-15 A(B)	J-1-2-16 A(B)
项目				ϕ1500			
				企口式钢筋混凝土管			
				≤3.0 m	>3.0 m	3.5 m	≤4.0 m
名称			单位	100 m	100 m	100 m	100 m
人工	00190101	综合人工	工日	336.2116 (364.7482)	374.0206 (401.6362)	428.2899 (451.4485)	485.3896 (504.0229)
材料	01010211	热轧带肋钢筋(HRB400) ϕ≤10	t		0.0784	0.0792	0.0792
	01010212	热轧带肋钢筋(HRB400) ϕ>10	t		0.2015	0.2037	0.2037
	02090101	塑料薄膜	m^2	169.3712	173.6751	179.7603	183.1076
	03010811	钢塑膨胀铆钉	只	18.3600	18.3600	18.3600	18.3600
	03150101	圆钉	kg	9.3312	9.3312	9.6799	9.6799
	03152501	镀锌铁丝	kg		0.8436	0.8528	0.8528
	04030115	黄砂 中粗	t	352.4617 (897.3062)	352.4617 (897.3062)	352.4617 (897.3062)	352.4617 (897.3062)
	04030701	砾石砂	t	67.7862	67.7862	67.7862	67.7862
	04050313	道碴 50～70	t	0.3988	0.3988	0.3988	0.3988

（续表）

定额编号				J-1-2-13 A(B)	J-1-2-14 A(B)	J-1-2-15 A(B)	J-1-2-16 A(B)
项目				ϕ1500			
				企口式钢筋混凝土管			
				≤3.0 m	＞3.0 m	3.5 m	≤4.0 m
名称			单位	100 m	100 m	100 m	100 m
材料	04131711	蒸压灰砂砖	千块	7.6450	7.6450	9.1740	11.3699
	04290712	钢筋混凝土板 1400×250×160 mm	块	6.0000	6.0000	6.0000	6.0000
	04290713	钢筋混凝土板 1400×300×160 mm	块	6.0000	6.0000	6.0000	6.0000
	05350301	竹箩	个	2.5000	2.5000	2.5000	2.5000
	17291112	钢筋混凝土企口管 ϕ1500×2000	m	97.2554	97.2554	97.2554	97.2554
	18271121	管枕 ϕ1500	块	193.5431	193.5431	193.5431	193.5431
	34110101	水	m^3	34.1809 (82.7176)	34.2520 (82.7887)	34.3526 (82.8893)	34.4081 (82.9448)
	35010102	组合钢模板	kg	29.2839	29.2839	30.3779	30.3779
	35010703	木模板成材	m^3	0.1830	0.1830	0.1898	0.1898
	35020401	钢模零配件	kg	10.8278	10.8278	11.2323	11.2323
	36012831	铸铁检查井雨污水盖座 市政90型	套	3.0000	3.0000	3.0000	3.0000
	36016631	防沉降检查井盖板 2500×2000×200	块	3.0000	3.0000	3.0000	3.0000
	36016651	高强度塑料检查井格板	只	3.0600	3.0600	3.0600	3.0600
	36016661	高强度塑料支架	只	9.1800	9.1800	9.1800	9.1800
	80060414	湿拌砌筑砂浆 WM M10.0	m^3	3.3248	3.3248	3.9897	4.9447
	80060513	预拌抹灰砂浆 WP M15.0	m^3	1.8728	1.8728	2.1438	2.4844
	80210410	预拌混凝土(泵送型) C15 粒径5～20	m^3		1.4241	1.4241	1.4241
	80210414	预拌混凝土(泵送型) C20 粒径5～20	m^3	52.1867	52.1867	53.4290	53.4290
机械	99010060	履带式单斗液压挖掘机 1 m^3	台班	3.5320	4.0360	4.5203	5.0046
	99050930	混凝土振捣器 插入式	台班	7.0788	7.2720	7.4405	7.4405
	99050940	混凝土振捣器 平板式	台班	15.7498 (27.1830)	15.9430 (27.3762)	16.1115 (27.5447)	16.1115 (27.5447)
	99070220	轮胎式装载机 1 m^3	台班	2.7110 (4.1594)	2.8409 (4.1594)	3.4886 (4.1779)	4.1411 (4.1917)
	99070540	载重汽车 6 t	台班	0.0732	0.0732	0.0760	0.0760
	99070550	载重汽车 8 t	台班	0.6286	0.6286	0.6286	0.6286
	99070588	载重汽车 12 t	台班	4.1530 (6.3718)	4.3521 (6.3718)	5.3442 (6.4002)	6.3437 (6.4213)
	99090360	汽车式起重机 8 t	台班	0.9039	0.9039	0.9058	0.9058
	99090400	汽车式起重机 16 t	台班	2.0984	2.0984	2.0984	2.0984
	99091700	手扳葫芦	台班	4.1968	4.1968	4.1968	4.1968

（续表）

定额编号				J-1-2-13 A(B)	J-1-2-14 A(B)	J-1-2-15 A(B)	J-1-2-16 A(B)
项目				ϕ1500			
				企口式钢筋混凝土管			
				≤3.0 m	>3.0 m	3.5 m	≤4.0 m
	名称		单位	100 m	100 m	100 m	100 m
机械	99091880	千斤顶 15 t	台班	4.1968	4.1968	4.1968	4.1968
	99130350	内燃夯实机 700 N·m	台班	12.1996 (0.7665)	15.1212 (3.6881)	19.3569 (7.9238)	23.6308 (12.1977)
	99170010	钢筋调直机	台班		0.1327	0.1342	0.1342
	99170025	钢筋切断机	台班		0.1327	0.1342	0.1342
	99210065	木工平刨床 刨削宽度 450	台班	0.1053	0.1053	0.1092	0.1092
	99440010	电动单级离心清水泵 ϕ50	台班	70.8756	80.3256	94.5000	108.6756
调整项目							
		围护支撑					
	00190101	综合人工	工日	78.7933	447.5882	447.5882	447.5882
	03150501	骑马钉	kg	25.3308			
	04131711	蒸压灰砂砖	千块	0.1545			
	05030101	成材	m^3	0.5000	0.5955	0.5955	0.5955
	35090501	列板使用费	t·d	343.0000			
	35090511	列板支撑使用费	t·d	130.0000			
	35091731	铁撑板	t	0.4181			
	35091771	铁撑柱	kg	139.6830	70.5300	70.5300	70.5300
	35090121	槽型钢板桩	t		1.3350	1.3350	1.3350
	35091901	钢桩帽摊销	kg		90.9300	90.9300	90.9300
	04030115	黄砂 中粗	t		15.8236	15.8236	15.8236
	03152501	镀锌铁丝	kg		15.0000	15.0000	15.0000
	35090131	槽型钢板桩使用费	t·d		3291.0000	3291.0000	3291.0000
	35090611	钢板桩支撑使用费	t·d		216.0000	216.0000	216.0000
	99030080	轨道式柴油打桩机 0.6 t	台班		20.1323	20.1323	20.1323
	99030690	简易拔桩架	台班		23.9558	23.9558	23.9558
	99090075	履带式起重机 8 t	台班		3.4125	3.4125	3.4125
		井点降水					
	00190101	综合人工	工日	35.1087	30.9034	24.5958	18.2877
	04030115	黄砂 中粗	t	9.4420	9.4420	9.4420	9.4420
	17270201	普通橡胶管	m	14.2440	14.2440	14.2440	14.2440
	34110101	水	m^3	152.3275	152.3275	152.3275	152.3275
	35040921	轻型井点井管 ϕ40	m	40.1529	40.1529	40.1529	40.1529
	35040941	轻型井点井管 ϕ180×4	m	1.9384	1.9384	1.9384	1.9384
	99091380	电动卷扬机单筒快速 10 kN	台班	1.9920	1.9920	1.9920	1.9920
	99350050	轻便钻机 XJ-100	台班	4.7310	4.7310	4.7310	4.7310
	99440010	电动单级离心清水泵 ϕ50	台班	−70.8756	−80.3256	−94.5000	−108.6756
	99440150	电动多级离心清水泵 ϕ150×180 m 以下	台班	3.9840	3.9840	3.9840	3.9840
	99440510	射流井点泵 9.5 m	台班	51.4420	51.4420	51.4420	51.4420

工作内容: 沟槽挖土、沟槽排水、井点降水、沟槽围护和支撑(钢板桩、撑拆列板)、铺筑管道基础、铺设管道、沟槽回填(黄砂及素土)、土方场内运输、砌筑检查井等。

定额编号			J-1-2-17 A(B)	J-1-2-18 A(B)	J-1-2-19 A(B)	J-1-2-20 A(B)
项目			ϕ1500			
			企口式钢筋混凝土管			
			>4.0 m	4.5 m	5.0 m	5.5 m
			100 m	100 m	100 m	100 m
预算定额编号	预算定额名称	预算定额单位	数量			
04290712	钢筋混凝土板 1400×250×160 mm	块	6.0000	6.0000	6.0000	6.0000
04290713	钢筋混凝土板 1400×300×160 mm	块	6.0000	6.0000	6.0000	6.0000
52-1-2-3	机械挖沟槽土方 深≤6 m 现场抛土	m^3	1299.3800	1417.5000	1627.5000	1790.2500
52-1-3-1	沟槽回填 夯填土	m^3	715.7000 (407.5300)	825.7800 (517.6100)	1016.6200 (693.4400)	1174.2200 (851.0400)
53-1-3-2	场内运输 自卸汽车装运土(运距1 km以内)	m^3	975.5760 (891.8500)	1109.2800 (899.8900)	1342.1200 (1018.9400)	1532.2700 (1209.0900)
52-1-3-4	沟槽回填 黄砂	m^3	199.2600 (507.4300)	199.5500 (507.7200)	212.6800 (535.8600)	212.6800 (535.8600)
52-1-4-3	管道垫层 砾石砂垫层	m^3	30.6600	30.7200	31.6400	31.6400
52-1-5-1	管道基座 混凝土 C20	m^3	52.9000	54.5600	54.5600	54.5600
52-1-5-1换1	管道基座 混凝土 C15	m^3	1.4100	1.5300	1.5300	1.5300
52-1-5-2	管道基座 钢筋	t	0.2760	0.3000	0.3000	0.3000
52-1-6-6	管道铺设 企口式钢筋混凝土管 ϕ1500	100 m	0.9670	0.9670	0.9670	0.9670
52-3-1-2	砖砌检查井及雨水口 检查井 深≤4 m	m^3	20.9700			
52-3-1-3	砖砌检查井及雨水口 检查井 深≤6 m	m^3		24.1800	27.5100	31.5600
52-3-2-1	水泥砂浆抹面 检查井	m^2	137.7900	153.9900	169.9200	190.6800
52-3-6-1	安装防坠格板 新建工程	只	3.0000	3.0000	3.0000	3.0000
52-3-9-3	安装盖板及盖座 铸铁盖座	套	3.0000	3.0000	3.0000	3.0000
52-3-9-4	安装盖板及盖座 防沉降检查井盖板	块	3.0000	3.0000	3.0000	3.0000
52-4-5-1	模板工程 模板 管道基座	m^2	47.4800	49.4600	49.4600	49.4600
53-9-1-1	施工排水、降水 湿土排水	m^3	984.3800	1102.5000	1302.0000	1464.7500
53-9-1-3	施工排水、降水 筑拆竹箩滤井	座	2.5000	2.5000	2.5000	2.5000
调整项目						
	围护支撑					
52-4-3-2	打槽型钢板桩 长 6.01～9.00 m,单面	100 m	2.0000	2.0000	2.0000	2.0000
52-4-3-7	拔槽型钢板桩 长 6.01～9.00 m,单面	100 m	2.0000	2.0000	2.0000	2.0000

（续表）

定额编号			J-1-2-17 A(B)	J-1-2-18 A(B)	J-1-2-19 A(B)	J-1-2-20 A(B)
项目			ϕ1500			
			企口式钢筋混凝土管			
			>4.0 m	4.5 m	5.0 m	5.5 m
			100 m	100 m	100 m	100 m
预算定额编号	预算定额名称	预算定额单位	数量			
52-4-3-11	打拔沟槽钢板桩 槽型钢板桩使用费	t·d	7317.0000	7317.0000	7317.0000	7317.0000
52-4-4-2	安拆钢板桩支撑 槽宽≤3.0 m 深4.01～6.00 m	100 m	1.0000	1.0000		
52-4-4-14	钢板桩支撑使用费	t·d	432.0000	432.0000	432.0000	432.0000
52-4-4-5	安拆钢板桩支撑 槽宽≤3.8 m 深4.01～6.00 m	100 m			1.0000	1.0000
	井点降水					
53-9-1-1	施工排水、降水 湿土排水	m^3	−984.3800	−1102.5000	−1302.0000	−1464.7500
53-9-1-5	施工排水、降水 轻型井点安装	根	83.0000	83.0000	83.0000	83.0000
53-9-1-6	施工排水、降水 轻型井点拆除	根	83.0000	83.0000	83.0000	83.0000
53-9-1-7	施工排水、降水 轻型井点使用	套·天	43.0000	43.0000	43.0000	43.0000

工作内容：沟槽挖土、沟槽排水、井点降水、沟槽围护和支撑（钢板桩、撑拆列板）、铺筑管道基础、铺设管道、沟槽回填（黄砂及素土）、土方场内运输、砌筑检查井等。

定额编号				J-1-2-17 A(B)	J-1-2-18 A(B)	J-1-2-19 A(B)	J-1-2-20 A(B)
项目				ϕ1500			
				企口式钢筋混凝土管			
				>4.0 m	4.5 m	5.0 m	5.5 m
名称			单位	100 m	100 m	100 m	100 m
人工	00190101	综合人工	工日	515.5951 (531.0815)	573.2078 (584.5095)	662.8280 (671.2306)	736.8142 (745.2168)
材料	01010211	热轧带肋钢筋(HRB400) ϕ≤10	t	0.0792	0.0861	0.0861	0.0861
	01010212	热轧带肋钢筋(HRB400) ϕ>10	t	0.2037	0.2214	0.2214	0.2214
	02090101	塑料薄膜	m^2	183.1076	191.1939	193.9461	197.2934
	03010811	钢塑膨胀铆钉	只	18.3600	18.3600	18.3600	18.3600
	03150101	圆钉	kg	9.6799	10.0835	10.0835	10.0835
	03152501	镀锌铁丝	kg	0.8528	0.9270	0.9270	0.9270
	04030115	黄砂 中粗	t	352.4617 (897.3062)	352.9744 (897.8190)	376.1882 (947.5705)	376.1882 (947.5705)
	04030701	砾石砂	t	67.7862	67.9188	69.9529	69.9529
	04050313	道碴 50～70	t	0.3988	0.3988	0.3988	0.3988

（续表）

定额编号				J-1-2-17 A(B)	J-1-2-18 A(B)	J-1-2-19 A(B)	J-1-2-20 A(B)
项目				ϕ1500			
				企口式钢筋混凝土管			
				>4.0 m	4.5 m	5.0 m	5.5 m
名称			单位	100 m	100 m	100 m	100 m
材料	04131711	蒸压灰砂砖	千块	11.3699	13.0717	14.8719	17.0613
	04290712	钢筋混凝土板 1400×250×160 mm	块	6.0000	6.0000	6.0000	6.0000
	04290713	钢筋混凝土板 1400×300×160 mm	块	6.0000	6.0000	6.0000	6.0000
	05350301	竹箩	个	2.5000	2.5000	2.5000	2.5000
	17291112	钢筋混凝土企口管 ϕ1500×2000	m	97.2554	97.2554	97.2554	97.2554
	18271121	管枕 ϕ1500	块	193.5431	193.5431	193.5431	193.5431
	34110101	水	m^3	34.4081 (82.9448)	34.5873 (83.1241)	36.7009 (87.6018)	36.7564 (87.6573)
	35010102	组合钢模板	kg	30.3779	31.6448	31.6448	31.6448
	35010703	木模板成材	m^3	0.1898	0.1977	0.1977	0.1977
	35020401	钢模零配件	kg	11.2323	11.7008	11.7008	11.7008
	36012831	铸铁检查井雨污水盖座 市政90型	套	3.0000	3.0000	3.0000	3.0000
	36016631	防沉降检查井盖板 2500×2000×200	块	3.0000	3.0000	3.0000	3.0000
	36016651	高强度塑料检查井格板	只	3.0600	3.0600	3.0600	3.0600
	36016661	高强度塑料支架	只	9.1800	9.1800	9.1800	9.1800
	80060414	湿拌砌筑砂浆 WM M10.0	m^3	4.9447	5.7548	6.5474	7.5113
	80060513	预拌抹灰砂浆 WP M15.0	m^3	2.4844	2.7419	2.9952	3.3253
	80210410	预拌混凝土(泵送型) C15 粒径 5～20	m^3	1.4241	1.5453	1.5453	1.5453
	80210414	预拌混凝土(泵送型) C20 粒径 5～20	m^3	53.4290	55.1056	55.1056	55.1056
机械	99010060	履带式单斗液压挖掘机 1 m^3	台班	5.3275	5.8118	6.6728	7.3400
	99050930	混凝土振捣器 插入式	台班	7.4405	7.6843	7.6843	7.6843
	99050940	混凝土振捣器 平板式	台班	16.1115 (27.5447)	16.3686 (27.8017)	16.8941 (28.8841)	16.8941 (28.8841)
	99070220	轮胎式装载机 1 m^3	台班	4.5852 (4.1917)	5.2136 (4.2295)	6.3080 (4.7890)	7.2017 (5.6827)
	99070540	载重汽车 6 t	台班	0.0760	0.0791	0.0791	0.0791
	99070550	载重汽车 8 t	台班	0.6286	0.6286	0.6286	0.6286
	99070588	载重汽车 12 t	台班	7.0241 (6.4213)	7.9868 (6.4792)	9.6633 (7.3364)	11.0323 (8.7054)
	99090360	汽车式起重机 8 t	台班	0.9058	0.9080	0.9080	0.9080

（续表）

定额编号				J-1-2-17 A(B)	J-1-2-18 A(B)	J-1-2-19 A(B)	J-1-2-20 A(B)
项目				ϕ1500			
				企口式钢筋混凝土管			
				>4.0 m	4.5 m	5.0 m	5.5 m
名称			单位	100 m	100 m	100 m	100 m
机械	99090400	汽车式起重机 16 t	台班	2.0984	2.0984	2.0984	2.0984
	99091700	手扳葫芦	台班	4.1968	4.1968	4.1968	4.1968
	99091880	千斤顶 15 t	台班	4.1968	4.1968	4.1968	4.1968
	99130350	内燃夯实机 700 N·m	台班	26.5525 (15.1194)	30.6364 (19.2033)	37.7166 (25.7266)	43.5636 (31.5736)
	99170010	钢筋调直机	台班	0.1342	0.1458	0.1458	0.1458
	99170025	钢筋切断机	台班	0.1342	0.1458	0.1458	0.1458
	99210065	木工平刨床 刨削宽度 450	台班	0.1092	0.1138	0.1138	0.1138
	99440010	电动单级离心清水泵 ϕ50	台班	118.1256	132.3000	156.2400	175.7700
调整项目							
		围护支撑					
	00190101	综合人工	工日	571.2213	571.2213	592.1781	592.1781
	03152501	镀锌铁丝	kg	20.0000	20.0000	20.0000	20.0000
	04030115	黄砂 中粗	t	23.7356	23.7356	23.7356	23.7356
	05030101	成材	m^3	0.8169	0.8169	0.8241	0.8241
	35090121	槽型钢板桩	t	1.9587	1.9587	1.9587	1.9587
	35090131	槽型钢板桩使用费	t·d	7317.0000	7317.0000	7317.0000	7317.0000
	35090611	钢板桩支撑使用费	t·d	432.0000	432.0000	432.0000	432.0000
	35091771	铁撑柱	kg	141.1200	141.1200	173.0800	173.0800
	35091901	钢桩帽摊销	kg	136.2690	136.2690	136.2690	136.2690
	99030080	轨道式柴油打桩机 0.6 t	台班	27.7905	27.7905	27.7905	27.7905
	99030690	简易拔桩架	台班	29.8410	29.8410	29.8410	29.8410
	99090075	履带式起重机 8 t	台班	4.5500	4.5500	6.8250	6.8250
		井点降水					
	00190101	综合人工	工日	14.0824	7.7748	−2.8785	−11.5694
	04030115	黄砂 中粗	t	9.4420	9.4420	9.4420	9.4420
	17270201	普通橡胶管	m	14.2440	14.2440	14.2440	14.2440
	34110101	水	m^3	152.3275	152.3275	152.3275	152.3275
	35040921	轻型井点井管 ϕ40	m	40.1529	40.1529	40.1529	40.1529
	35040941	轻型井点井管 ϕ180×4	m	1.9384	1.9384	1.9384	1.9384
	99091380	电动卷扬机单筒快速 10 kN	台班	1.9920	1.9920	1.9920	1.9920
	99350050	轻便钻机 XJ-100	台班	4.7310	4.7310	4.7310	4.7310
	99440010	电动单级离心清水泵 ϕ50	台班	−118.1256	−132.3000	−156.2400	−175.7700
	99440150	电动多级离心清水泵 ϕ150×180 m 以下	台班	3.9840	3.9840	3.9840	3.9840
	99440510	射流井点泵 9.5 m	台班	51.4420	51.4420	51.4420	51.4420

工作内容：沟槽挖土、沟槽排水、井点降水、沟槽围护和支撑(钢板桩、撑拆列板)、铺筑管道基础、铺设管道、沟槽回填(黄砂及素土)、土方场内运输、砌筑检查井等。

定额编号			J-1-2-21 A(B)	J-1-2-22 A(B)	J-1-2-23 A(B)	J-1-2-24 A(B)
项目			ϕ1500			
			企口式钢筋混凝土管			
			≤6.0 m	>6.0 m	6.5 m	7.0 m
			100 m	100 m	100 m	100 m
预算定额编号	预算定额名称	预算定额单位	数量			
04290712	钢筋混凝土板 1400×250×160 mm	块	6.0000	6.0000	6.0000	6.0000
04290713	钢筋混凝土板 1400×300×160 mm	块	6.0000	6.0000	6.0000	6.0000
52-1-2-3	机械挖沟槽土方 深≤6 m 现场抛土	m^3	1912.3100	1953.0000	1953.0000	2016.0000
52-1-2-3 系 1	机械挖沟槽土方 深≤7 m 现场抛土	m^3		40.6900	162.7500	336.0000
52-1-3-1	沟槽回填 夯填土	m^3	1291.1300 (967.9500)	1372.5100 (1049.3300)	1487.9500 (1164.7700)	1704.3700 (1366.1700)
53-1-3-2	场内运输 自卸汽车装运土(运距1 km 以内)	m^3	1673.5920 (1350.4120)	1771.2480 (1448.0680)	1911.1000 (1587.9200)	2174.7700 (1836.5700)
52-1-3-4	沟槽回填 黄砂	m^3	212.6800 (535.8600)	212.6800 (535.8600)	212.6800 (535.8600)	225.8000 (564.0000)
52-1-4-3	管道垫层 砾石砂垫层	m^3	31.6400	31.6400	31.8800	32.8100
52-1-5-1	管道基座 混凝土 C20	m^3	54.5600	54.5600	55.3400	55.3400
52-1-5-1 换 1	管道基座 混凝土 C15	m^3	1.5300	1.5300	1.6500	1.6500
52-1-5-2	管道基座 钢筋	t	0.3000	0.3000	0.3240	0.3240
52-1-6-6	管道铺设 企口式钢筋混凝土管 ϕ1500	100 m	0.9670	0.9670	0.9670	0.9670
52-3-1-3	砖砌检查井及雨水口 检查井 深≤6 m	m^3	44.6400	44.6400		
52-3-1-4	砖砌检查井及雨水口 检查井 深≤8 m	m^3			48.7800	53.1900
52-3-2-1	水泥砂浆抹面 检查井	m^2	200.2800	200.2800	222.4500	243.2100
52-3-6-1	安装防坠格板 新建工程	只	3.0000	3.0000	3.0000	3.0000
52-3-9-3	安装盖板及盖座 铸铁盖座	套	3.0000	3.0000	3.0000	3.0000
52-3-9-4	安装盖板及盖座 防沉降检查井盖板	块	3.0000	3.0000	3.0000	3.0000
52-4-5-1	模板工程 模板 管道基座	m^2	49.4600	49.4600	49.9700	49.9700
53-9-1-1	施工排水、降水 湿土排水	m^3	1586.8100	1668.1900	1790.2500	2016.0000
53-9-1-3	施工排水、降水 筑拆竹箩滤井	座	2.5000	2.5000	2.5000	2.5000

（续表）

定　额　编　号			J-1-2-21 A(B)	J-1-2-22 A(B)	J-1-2-23 A(B)	J-1-2-24 A(B)
项　　目			ϕ1500			
			企口式钢筋混凝土管			
			≤6.0 m	>6.0 m	6.5 m	7.0 m
			100 m	100 m	100 m	100 m
预算定额编号	预算定额名称	预算定额单位	数　　量			
调整项目						
	围护支撑					
52-4-3-2	打槽型钢板桩 长 6.01～9.00 m，单面	100 m	2.0000			
52-4-3-7	拔槽型钢板桩 长 6.01～9.00 m，单面	100 m	2.0000			
52-4-3-11	打拔沟槽钢板桩 槽型钢板桩使用费	t·d	7317.0000	10139.0000	10139.0000	10139.0000
52-4-4-5	安拆钢板桩支撑 槽宽≤3.8 m 深 4.01～6.00 m	100 m	1.0000			
52-4-4-14	钢板桩支撑使用费	t·d	432.0000	682.0000	682.0000	682.0000
52-4-3-3	打槽型钢板桩 长 9.01～12.00 m，单面	100 m		2.0000	2.0000	2.0000
52-4-3-8	拔槽型钢板桩 长 9.01～12.00 m，单面	100 m		2.0000	2.0000	2.0000
52-4-4-6	安拆钢板桩支撑 槽宽≤3.8 m 深 6.01～8.00 m	100 m		1.0000	1.0000	1.0000
	井点降水					
53-9-1-1	施工排水、降水 湿土排水	m^3	−1586.8100	−1668.1900	−1790.2500	−2016.0000
53-9-1-5	施工排水、降水 轻型井点安装	根	83.0000			
53-9-1-6	施工排水、降水 轻型井点拆除	根	83.0000			
53-9-1-7	施工排水、降水 轻型井点使用	套·天	43.0000			
53-9-1-8	施工排水、降水 喷射井点安装 10 m	根		40.0000	40.0000	40.0000
53-9-1-9	施工排水、降水 喷射井点拆除 10 m	根		40.0000	40.0000	40.0000
53-9-1-10	施工排水、降水 喷射井点使用 10 m	套·天		28.0000	28.0000	28.0000

工作内容: 沟槽挖土、沟槽排水、井点降水、沟槽围护和支撑(钢板桩、撑拆列板)、铺筑管道基础、铺设管道、沟槽回填(黄砂及素土)、土方场内运输、砌筑检查井等。

定额编号				J-1-2-21 A(B)	J-1-2-22 A(B)	J-1-2-23 A(B)	J-1-2-24 A(B)
项目				ϕ1500			
				企口式钢筋混凝土管			
				≤6.0 m	>6.0 m	6.5 m	7.0 m
名称			单位	100 m	100 m	100 m	100 m
人工	00190101	综合人工	工日	815.2537 (823.6563)	846.6346 (855.0372)	909.7912 (918.1938)	1013.6893 (1022.4826)
材料	01010211	热轧带肋钢筋(HRB400) ϕ≤10	t	0.0861	0.0861	0.0930	0.0930
	01010212	热轧带肋钢筋(HRB400) ϕ>10	t	0.2214	0.2214	0.2391	0.2391
	02090101	塑料薄膜	m^2	208.1041	208.1041	214.2730	217.9178
	03010811	钢塑膨胀铆钉	只	18.3600	18.3600	18.3600	18.3600
	03150101	圆钉	kg	10.0835	10.0835	10.1875	10.1875
	03152501	镀锌铁丝	kg	0.9270	0.9270	1.0012	1.0012
	04030115	黄砂 中粗	t	376.1882 (947.5705)	376.1882 (947.5705)	376.1882 (947.5705)	399.3844 (997.3220)
	04030701	砾石砂	t	69.9529	69.9529	70.4835	72.5396
	04050313	道碴 50～70	t	0.3988	0.3988	0.3988	0.3988
	04131711	蒸压灰砂砖	千块	24.1324	24.1324	26.2875	28.6641
	04290712	钢筋混凝土板 1400×250×160 mm	块	6.0000	6.0000	6.0000	6.0000
	04290713	钢筋混凝土板 1400×300×160 mm	块	6.0000	6.0000	6.0000	6.0000
	05350301	竹箩	个	2.5000	2.5000	2.5000	2.5000
	17291112	钢筋混凝土企口管 ϕ1500×2000	m	97.2554	97.2554	97.2554	97.2554
	18271121	管枕 ϕ1500	块	193.5431	193.5431	193.5431	193.5431
	34110101	水	m^3	36.9356 (87.8365)	36.9356 (87.8365)	37.0377 (87.9386)	39.1645 (92.4310)
	35010102	组合钢模板	kg	31.6448	31.6448	31.9711	31.9711
	35010703	木模板成材	m^3	0.1977	0.1977	0.1998	0.1998
	35020401	钢模零配件	kg	11.7008	11.7008	11.8214	11.8214
	36012831	铸铁检查井雨污水盖座 市政90型	套	3.0000	3.0000	3.0000	3.0000
	36016631	防沉降检查井盖板 2500×2000×200	块	3.0000	3.0000	3.0000	3.0000
	36016651	高强度塑料检查井格板	只	3.0600	3.0600	3.0600	3.0600
	36016661	高强度塑料支架	只	9.1800	9.1800	9.1800	9.1800
	80060414	湿拌砌筑砂浆 WM M10.0	m^3	10.6243	10.6243	11.7999	12.8667
	80060513	预拌抹灰砂浆 WP M15.0	m^3	3.4780	3.4780	3.8305	4.1605
	80210410	预拌混凝土(泵送型) C15 粒径 5～20	m^3	1.5453	1.5453	1.6665	1.6665
	80210414	预拌混凝土(泵送型) C20 粒径 5～20	m^3	55.1056	55.1056	55.8934	55.8934

（续表）

定额编号				J-1-2-21 A(B)	J-1-2-22 A(B)	J-1-2-23 A(B)	J-1-2-24 A(B)
项目				ϕ1500			
				企口式钢筋混凝土管			
				≤6.0 m	>6.0 m	6.5 m	7.0 m
名称			单位	100 m	100 m	100 m	100 m
机械	99010060	履带式单斗液压挖掘机 1 m^3	台班	7.8405	8.2026	8.7885	9.8784
	99050930	混凝土振捣器 插入式	台班	7.6843	7.6843	7.8077	7.8077
	99050940	混凝土振捣器 平板式	台班	16.8941 (28.8841)	16.8941 (28.8841)	17.0275 (29.0175)	17.5531 (30.1003)
	99070220	轮胎式装载机 1 m^3	台班	7.8659 (6.3469)	8.3249 (6.8059)	8.9822 (7.4632)	10.2214 (8.6319)
	99070540	载重汽车 6 t	台班	0.0791	0.0791	0.0800	0.0800
	99070550	载重汽车 8 t	台班	0.6286	0.6286	0.6286	0.6286
	99070588	载重汽车 12 t	台班	12.0499 (9.7230)	12.7530 (10.4261)	13.7599 (11.4330)	15.6583 (13.2233)
	99090360	汽车式起重机 8 t	台班	0.9080	0.9080	0.9086	0.9086
	99090400	汽车式起重机 16 t	台班	2.0984	2.0984	2.0984	2.0984
	99091700	手扳葫芦	台班	4.1968	4.1968	4.1968	4.1968
	99091880	千斤顶 15 t	台班	4.1968	4.1968	4.1968	4.1968
	99130350	内燃夯实机 700 N·m	台班	47.9009 (35.9109)	50.9201 (38.9301)	55.2029 (43.2130)	63.2321 (50.6849)
	99170010	钢筋调直机	台班	0.1458	0.1458	0.1575	0.1575
	99170025	钢筋切断机	台班	0.1458	0.1458	0.1575	0.1575
	99210065	木工平刨床 刨削宽度 450	台班	0.1138	0.1138	0.1149	0.1149
	99440010	电动单级离心清水泵 ϕ50	台班	190.4172	200.1828	214.8300	241.9200
调整项目							
		围护支撑					
	00190101	综合人工	工日	592.1781	593.4223	593.4223	593.4223
	03152501	镀锌铁丝	kg	20.0000	25.0000	25.0000	25.0000
	04030115	黄砂 中粗	t	23.7356	33.2299	33.2299	33.2299
	05030101	成材	m^3	0.8241	1.0276	1.0276	1.0276
	35090121	槽型钢板桩	t	1.9587	2.6893	2.6893	2.6893
	35090131	槽型钢板桩使用费	t·d	7317.0000	10139.0000	10139.0000	10139.0000
	35090611	钢板桩支撑使用费	t·d	432.0000	682.0000	682.0000	682.0000
	35091771	铁撑柱	kg	173.0800	272.9800	272.9800	272.9800
	35091901	钢桩帽摊销	kg	136.2690	381.5700	381.5700	381.5700
	99030080	轨道式柴油打桩机 0.6 t	台班	27.7905			

(续表)

定额编号				J-1-2-21 A(B)	J-1-2-22 A(B)	J-1-2-23 A(B)	J-1-2-24 A(B)
项目				ϕ1500			
				企口式钢筋混凝土管			
				≤6.0 m	>6.0 m	6.5 m	7.0 m
名称			单位	100 m	100 m	100 m	100 m
	99030690	简易拔桩架	台班	29.8410			
	99090075	履带式起重机 8 t	台班	6.8250	8.5319	8.5319	8.5319
	99030100	轨道式柴油打桩机 1.2 t	台班		33.5913	33.5913	33.5913
	99030970	震动锤 45 kW	台班		17.3680	17.3680	17.3680
	99090090	履带式起重机 15 t	台班		17.3680	17.3680	17.3680
		井点降水					
	00190101	综合人工	工日	−18.0874	123.4627	116.9447	104.8896
	04030115	黄砂 中粗	t	9.4420			
	04030119	黄砂 中粗	kg		95423.8016	95423.8016	95423.8016
	17030102	镀锌焊接钢管	kg		0.1817	0.1817	0.1817
	17270201	普通橡胶管	m	14.2440			
	34110101	水	m^3	152.3275	566.8908	566.8908	566.8908
	35040921	轻型井点井管 ϕ40	m	40.1529			
	35040941	轻型井点井管 ϕ180×4	m	1.9384			
	35040961	喷射井点总管 ϕ159×6	m		3.8650	3.8650	3.8650
	35040971	喷射井点井管 ϕ76	m		27.4931	27.4931	27.4931
	35041011	喷射井点滤网管	根		3.1738	3.1738	3.1738
	35041021	喷射井点回水连接件	副		1.9851	1.9851	1.9851
	35041031	喷射井点腰子法兰	副		0.9015	0.9015	0.9015
	35041041	喷射井点水箱	kg		31.7215	31.7215	31.7215
	35041051	喷射井点喷射器	只		4.2410	4.2410	4.2410
	99090080	履带式起重机 10 t	台班		11.5200	11.5200	11.5200
	99091380	电动卷扬机单筒快速 10 kN	台班	1.9920			
	99350050	轻便钻机 XJ-100	台班	4.7310			
	99350120	液压钻机 G-2A	台班		4.4160	4.4160	4.4160
	99440010	电动单级离心清水泵 ϕ50	台班	−190.4172	−200.1828	−214.8300	−241.9200
	99440150	电动多级离心清水泵 ϕ150×180 m 以下	台班	3.9840	38.6000	38.6000	38.6000
	99440210	污水泵 ϕ100	台班		11.0400	11.0400	11.0400
	99440510	射流井点泵 9.5 m	台班	51.4420			

工作内容：沟槽挖土、沟槽排水、井点降水、沟槽围护和支撑(钢板桩、撑拆列板)、铺筑管道基础、铺设管道、沟槽回填(黄砂及素土)、土方场内运输、砌筑检查井等。

定额编号			J-1-2-25A	J-1-2-26 A(B)	J-1-2-27 A(B)	J-1-2-28 A(B)
项目			ϕ1650			
			企口式钢筋混凝土管			
			≤3.0 m	>3.0 m	3.5 m	≤4.0 m
			100 m	100 m	100 m	100 m
预算定额编号	预算定额名称	预算定额单位	数量			
04290712	钢筋混凝土板 1400×250×160 mm	块	12.0000	12.0000	12.0000	12.0000
52-1-2-1	机械挖沟槽土方 深≤3 m 现场抛土	m^3	966.0000			
52-1-2-3	机械挖沟槽土方 深≤6 m 现场抛土	m^3		1050.0000	1176.0000	1302.0000
52-1-3-1	沟槽回填 夯填土	m^3	303.0700	387.0700 (45.4800)	509.0600 (167.4700)	632.1400 (290.5500)
53-1-3-2	场内运输 自卸汽车装运土(运距1 km以内)	m^3	662.9300	662.9300 (1004.5200)	744.2600 (1008.5300)	892.5400 (1011.4500)
52-1-3-4	沟槽回填 黄砂	m^3	223.2200	223.2200 (564.8100)	223.2200 (564.8100)	223.2200 (564.8100)
52-1-4-3	管道垫层 砾石砂垫层	m^3	32.6700	32.6700	32.6700	32.6700
52-1-5-1	管道基座 混凝土 C20	m^3	55.6900	55.6900	57.0100	57.0100
52-1-5-1换1	管道基座 混凝土 C15	m^3		1.4700	1.4700	1.4700
52-1-5-2	管道基座 钢筋	t		0.2910	0.2910	0.2910
52-1-6-7	管道铺设 企口式钢筋混凝土管 ϕ1650	100 m	0.9670	0.9670	0.9670	0.9670
52-3-1-2	砖砌检查井及雨水口 检查井 深≤4 m	m^3	14.7000	14.7000	17.5200	21.6900
52-3-2-1	水泥砂浆抹面 检查井	m^2	102.1500	102.1500	119.1900	141.3000
52-3-6-1	安装防坠格板 新建工程	只	3.0000	3.0000	3.0000	3.0000
52-3-9-3	安装盖板及盖座 铸铁盖座	套	3.0000	3.0000	3.0000	3.0000
52-3-9-4	安装盖板及盖座 防沉降检查井盖板	块	3.0000	3.0000	3.0000	3.0000
52-4-5-1	模板工程 模板 管道基座	m^2	45.9800	45.9800	47.7500	47.7500
53-9-1-1	施工排水、降水 湿土排水	m^3	630.0000	714.0000	840.0000	966.0000
53-9-1-3	施工排水、降水 筑拆竹箩滤井	座	2.5000	2.5000	2.5000	2.5000
调整项目						
	围护支撑					
52-4-2-4	满堂撑拆列板 深≤3.0 m,双面	100 m	1.0000			
52-4-2-5	撑拆列板 列板使用费	t·d	343.0000			
52-4-2-6	列板支撑使用费	t·d	130.0000			
52-4-3-1	打槽型钢板桩 长 4.00～6.00 m,单面	100 m		2.0000	2.0000	2.0000
52-4-3-6	拔槽型钢板桩 长 4.00～6.00 m,单面	100 m		2.0000	2.0000	2.0000

(续表)

定额编号			J-1-2-25A	J-1-2-26 A(B)	J-1-2-27 A(B)	J-1-2-28 A(B)
项目			ϕ1650			
			企口式钢筋混凝土管			
			≤3.0 m	>3.0 m	3.5 m	≤4.0 m
			100 m	100 m	100 m	100 m
预算定额编号	预算定额名称	预算定额单位	数量			
52-4-4-4	安拆钢板桩支撑 槽宽≤3.8 m 深 3.01～4.00 m	100 m		1.0000	1.0000	1.0000
52-4-3-11	打拔沟槽钢板桩 槽型钢板桩使用费	t·d		3291.0000	3291.0000	3291.0000
52-4-4-14	钢板桩支撑使用费	t·d		216.0000	216.0000	216.0000
	井点降水					
53-9-1-1	施工排水、降水 湿土排水	m^3	−630.0000	−714.0000	−840.0000	−966.0000
53-9-1-5	施工排水、降水 轻型井点安装	根	83.0000	83.0000	83.0000	83.0000
53-9-1-6	施工排水、降水 轻型井点拆除	根	83.0000	83.0000	83.0000	83.0000
53-9-1-7	施工排水、降水 轻型井点使用	套·天	45.0000	45.0000	45.0000	45.0000

工作内容：沟槽挖土、沟槽排水、井点降水、沟槽围护和支撑(钢板桩、撑拆列板)、铺筑管道基础、铺设管道、沟槽回填(黄砂及素土)、土方场内运输、砌筑检查井等。

定额编号				J-1-2-25A	J-1-2-26 A(B)	J-1-2-27 A(B)	J-1-2-28 A(B)
项目				ϕ1650			
				企口式钢筋混凝土管			
				≤3.0 m	>3.0 m	3.5 m	≤4.0 m
名称			单位	100 m	100 m	100 m	100 m
人工	00190101	综合人工	工日	349.3503	388.6820 (420.3133)	443.7968 (472.8532)	504.3025 (528.5185)
材料	01010211	热轧带肋钢筋(HRB400) ϕ≤10	t		0.0835	0.0835	0.0835
	01010212	热轧带肋钢筋(HRB400) ϕ>10	t		0.2148	0.2148	0.2148
	02090101	塑料薄膜	m^2	182.1378	186.6248	192.9846	196.4311
	03010811	钢塑膨胀铆钉	只	18.3600	18.3600	18.3600	18.3600
	03150101	圆钉	kg	9.3741	9.3741	9.7349	9.7349
	03152501	镀锌铁丝	kg		0.8992	0.8992	0.8992
	04030115	黄砂 中粗	t	394.8230	394.8230 (998.7541)	394.8230 (998.7541)	394.8230 (998.7541)
	04030701	砾石砂	t	72.2301	72.2301	72.2301	72.2301
	04050313	道碴 50～70	t	0.3988	0.3988	0.3988	0.3988
	04131711	蒸压灰砂砖	千块	7.9703	7.9703	9.4993	11.7603
	04290712	钢筋混凝土板 1400×250×160 mm	块	12.0000	12.0000	12.0000	12.0000

（续表）

定额编号				J-1-2-25A	J-1-2-26 A(B)	J-1-2-27 A(B)	J-1-2-28 A(B)
项目				ϕ1650			
				企口式钢筋混凝土管			
				≤3.0 m	>3.0 m	3.5 m	≤4.0 m
名称			单位	100 m	100 m	100 m	100 m
材料	05350301	竹箩	个	2.5000	2.5000	2.5000	2.5000
	17291113	钢筋混凝土企口管 ϕ1650×2000	m	97.2450	97.2450	97.2450	97.2450
	18271123	管枕 ϕ1650	块	193.5224	193.5224	193.5224	193.5224
	34110101	水	m^3	38.1654	38.2395 (92.0399)	38.3446 (92.1450)	38.4018 (92.2022)
	35010102	组合钢模板	kg	29.4182	29.4182	30.5507	30.5507
	35010703	木模板成材	m^3	0.1838	0.1838	0.1909	0.1909
	35020401	钢模零配件	kg	10.8775	10.8775	11.2962	11.2962
	36012831	铸铁检查井雨污水盖座 市政90型	套	3.0000	3.0000	3.0000	3.0000
	36016631	防沉降检查井盖板 2500×2000×200	块	3.0000	3.0000	3.0000	3.0000
	36016651	高强度塑料检查井格板	只	3.0600	3.0600	3.0600	3.0600
	36016661	高强度塑料支架	只	9.1800	9.1800	9.1800	9.1800
	80060414	湿拌砌筑砂浆 WM M10.0	m^3	3.4663	3.4663	4.1312	5.1145
	80060513	预拌抹灰砂浆 WP M15.0	m^3	1.9216	1.9216	2.1925	2.5441
	80210410	预拌混凝土(泵送型) C15 粒径 5～20	m^3		1.4847	1.4847	1.4847
	80210414	预拌混凝土(泵送型) C20 粒径 5～20	m^3	56.2469	56.2469	57.5801	57.5801
机械	99010060	履带式单斗液压挖掘机 1 m^3	台班	3.7674	4.3050	4.8216	5.3382
	99050930	混凝土振捣器 插入式	台班	7.6295	7.8309	8.0118	8.0118
	99050940	混凝土振捣器 平板式	台班	17.2733	17.4747 (30.1477)	17.6556 (30.3286)	17.6556 (30.3286)
	99070220	轮胎式装载机 1 m^3	台班	3.1158	3.1158 (4.7212)	3.4980 (4.7401)	4.1949 (4.7538)
	99070540	载重汽车 6 t	台班	0.0736	0.0736	0.0764	0.0764
	99070550	载重汽车 8 t	台班	0.6914	0.6914	0.6914	0.6914
	99070588	载重汽车 12 t	台班	4.7731	4.7731 (7.2325)	5.3587 (7.2614)	6.4263 (7.2824)
	99090360	汽车式起重机 8 t	台班	0.9670	0.9670	0.9689	0.9689
	99090400	汽车式起重机 16 t	台班	2.3015	2.3015	2.3015	2.3015
	99091700	手扳葫芦	台班	4.6029	4.6029	4.6029	4.6029
	99091880	千斤顶 15 t	台班	4.6029	4.6029	4.6029	4.6029
	99130350	内燃夯实机 700 N·m	台班	11.2439	14.3603 (1.6873)	18.8861 (6.2131)	23.4524 (10.7794)
	99170010	钢筋调直机	台班		0.1415	0.1415	0.1415

（续表）

定额编号				J-1-2-25A	J-1-2-26 A(B)	J-1-2-27 A(B)	J-1-2-28 A(B)
项目				ϕ1650			
				企口式钢筋混凝土管			
				≤3.0 m	>3.0 m	3.5 m	≤4.0 m
名称			单位	100 m	100 m	100 m	100 m
机械	99170025	钢筋切断机	台班		0.1415	0.1415	0.1415
	99210065	木工平刨床 刨削宽度 450	台班	0.1058	0.1058	0.1098	0.1098
	99440010	电动单级离心清水泵 ϕ50	台班	75.6000	85.6800	100.8000	115.9200
调整项目							
		围护支撑					
	00190101	综合人工	工日	78.7933	462.6629	462.6629	462.6629
	03150501	骑马钉	kg	25.3308			
	04131711	蒸压灰砂砖	千块	0.1545			
	05030101	成材	m^3	0.5000	0.6027	0.6027	0.6027
	35090501	列板使用费	t·d	343.0000			
	35090511	列板支撑使用费	t·d	130.0000			
	35091731	铁撑板	t	0.4181			
	35091771	铁撑柱	kg	139.6830	129.8100	129.8100	129.8100
	35090121	槽型钢板桩	t		1.3350	1.3350	1.3350
	35091901	钢桩帽摊销	kg		90.9300	90.9300	90.9300
	04030115	黄砂 中粗	t		15.8236	15.8236	15.8236
	03152501	镀锌铁丝	kg		15.0000	15.0000	15.0000
	35090131	槽型钢板桩使用费	t·d		3291.0000	3291.0000	3291.0000
	35090611	钢板桩支撑使用费	t·d		216.0000	216.0000	216.0000
	99030080	轨道式柴油打桩机 0.6 t	台班		20.1323	20.1323	20.1323
	99030690	简易拔桩架	台班		23.9558	23.9558	23.9558
	99090075	履带式起重机 8 t	台班		5.1194	5.1194	5.1194
		井点降水					
	00190101	综合人工	工日	34.1563	29.6707	22.9423	16.2139
	04030115	黄砂 中粗	t	9.4420	9.4420	9.4420	9.4420
	17270201	普通橡胶管	m	14.2440	14.2440	14.2440	14.2440
	34110101	水	m^3	152.3275	152.3275	152.3275	152.3275
	35040921	轻型井点井管 ϕ40	m	41.9348	41.9348	41.9348	41.9348
	35040941	轻型井点井管 ϕ180×4	m	2.0243	2.0243	2.0243	2.0243
	99091380	电动卷扬机单筒快速 10 kN	台班	1.9920	1.9920	1.9920	1.9920
	99350050	轻便钻机 XJ-100	台班	4.7310	4.7310	4.7310	4.7310
	99440010	电动单级离心清水泵 ϕ50	台班	−75.6000	−85.6800	−100.8000	−115.9200
	99440150	电动多级离心清水泵 ϕ150×180 m 以下	台班	3.9840	3.9840	3.9840	3.9840
	99440510	射流井点泵 9.5 m	台班	53.7420	53.7420	53.7420	53.7420

工作内容：沟槽挖土、沟槽排水、井点降水、沟槽围护和支撑（钢板桩、撑拆列板）、铺筑管道基础、铺设管道、沟槽回填（黄砂及素土）、土方场内运输、砌筑检查井等。

定额编号			J-1-2-29 A(B)	J-1-2-30 A(B)	J-1-2-31 A(B)	J-1-2-32 A(B)
项目			ϕ1650			
			企口式钢筋混凝土管			
			>4.0 m	4.5 m	5.0 m	5.5 m
			100 m	100 m	100 m	100 m
预算定额编号	预算定额名称	预算定额单位	数量			
04290712	钢筋混凝土板 1400×250×160 mm	块	12.0000	12.0000	6.0000	6.0000
04290713	钢筋混凝土板 1400×300×160 mm	块			9.0000	9.0000
52-1-2-3	机械挖沟槽土方 深≤6 m 现场抛土	m^3	1386.0000	1512.0000	1732.5000	1905.7500
52-1-3-1	沟槽回填 夯填土	m^3	716.1400 (374.5500)	833.5400 (491.9500)	1034.6100 (677.0600)	1202.7000 (845.1500)
53-1-3-2	场内运输 自卸汽车装运土(运距1 km以内)	m^3	993.3400 (1011.4500)	1135.9400 (1020.0500)	1381.1100 (1055.4400)	1583.8500 (1226.3000)
52-1-3-4	沟槽回填 黄砂	m^3	223.2200 (564.8100)	223.5400 (565.1300)	237.6100 (595.1600)	237.6100 (595.1600)
52-1-4-3	管道垫层 砾石砂垫层	m^3	32.6700	32.7200	33.6400	33.6400
52-1-5-1	管道基座 混凝土 C20	m^3	57.0100	56.6900	58.7300	58.7300
52-1-5-1换1	管道基座 混凝土 C15	m^3	1.4700	1.5900	1.5900	1.5900
52-1-5-2	管道基座 钢筋	t	0.2910	0.3150	0.3150	0.3150
52-1-6-7	管道铺设 企口式钢筋混凝土管 ϕ1650	100 m	0.9670	0.9670	0.9670	0.9670
52-3-1-2	砖砌检查井及雨水口 检查井 深≤4 m	m^3	21.6900			
52-3-1-3	砖砌检查井及雨水口 检查井 深≤6 m	m^3		24.8400	27.9300	32.0700
52-3-2-1	水泥砂浆抹面 检查井	m^2	141.3000	157.5000	171.7800	192.5400
52-3-6-1	安装防坠格板 新建工程	只	3.0000	3.0000	3.0000	3.0000
52-3-9-3	安装盖板及盖座 铸铁盖座	套	3.0000	3.0000	3.0000	3.0000
52-3-9-4	安装盖板及盖座 防沉降检查井盖板	块	3.0000	3.0000	3.0000	3.0000
52-4-5-1	模板工程 模板 管道基座	m^2	47.7500	49.7600	49.7600	49.7600
53-9-1-1	施工排水、降水 湿土排水	m^3	1050.0000	1176.0000	1386.0000	1559.2500
53-9-1-3	施工排水、降水 筑拆竹箩滤井	座	2.5000	2.5000	2.5000	2.5000
调整项目						
	围护支撑					
52-4-3-2	打槽型钢板桩 长 6.01～9.00 m，单面	100 m	2.0000	2.0000	2.0000	2.0000
52-4-3-7	拔槽型钢板桩 长 6.01～9.00 m，单面	100 m	2.0000	2.0000	2.0000	2.0000

（续表）

定额编号			J-1-2-29 A(B)	J-1-2-30 A(B)	J-1-2-31 A(B)	J-1-2-32 A(B)
项目			ϕ1650			
			企口式钢筋混凝土管			
			>4.0 m	4.5 m	5.0 m	5.5 m
			100 m	100 m	100 m	100 m
预算定额编号	预算定额名称	预算定额单位	数量			
52-4-3-11	打拔沟槽钢板桩 槽型钢板桩使用费	t·d	7317.0000	7317.0000	7317.0000	7317.0000
52-4-4-5	安拆钢板桩支撑 槽宽≤3.8 m 深 4.01～6.00 m	100 m	1.0000	1.0000	1.0000	1.0000
52-4-4-14	钢板桩支撑使用费	t·d	432.0000	432.0000	432.0000	432.0000
	井点降水					
53-9-1-1	施工排水、降水 湿土排水	m^3	−1050.0000	−1176.0000	−1386.0000	−1559.2500
53-9-1-5	施工排水、降水 轻型井点安装	根	83.0000	83.0000	83.0000	83.0000
53-9-1-6	施工排水、降水 轻型井点拆除	根	83.0000	83.0000	83.0000	83.0000
53-9-1-7	施工排水、降水 轻型井点使用	套·天	45.0000	45.0000	45.0000	45.0000

工作内容：沟槽挖土、沟槽排水、井点降水、沟槽围护和支撑（钢板桩、撑拆列板）、铺筑管道基础、铺设管道、沟槽回填（黄砂及素土）、土方场内运输、砌筑检查井等。

定额编号				J-1-2-29 A(B)	J-1-2-30 A(B)	J-1-2-31 A(B)	J-1-2-32 A(B)
项目				ϕ1650			
				企口式钢筋混凝土管			
				>4.0 m	4.5 m	5.0 m	5.5 m
名称			单位	100 m	100 m	100 m	100 m
人工	00190101	综合人工	工日	536.5215 (557.3809)	596.1373 (612.5344)	690.0071 (700.3650)	768.2352 (777.5315)
材料	01010211	热轧带肋钢筋(HRB400) ϕ≤10	t	0.0835	0.0904	0.0904	0.0904
	01010212	热轧带肋钢筋(HRB400) ϕ>10	t	0.2148	0.2325	0.2325	0.2325
	02090101	塑料薄膜	m^2	196.4311	198.4242	207.2049	210.6267
	03010811	钢塑膨胀铆钉	只	18.3600	18.3600	18.3600	18.3600
	03150101	圆钉	kg	9.7349	10.1447	10.1447	10.1447
	03152501	镀锌铁丝	kg	0.8992	0.9734	0.9734	0.9734
	04030115	黄砂 中粗	t	394.8230 (998.7541)	395.3887 (999.3198)	420.2645 (1052.4129)	420.2645 (1052.4129)
	04030701	砾石砂	t	72.2301	72.3406	74.3747	74.3747
	04050313	道碴 50～70	t	0.3988	0.3988	0.3988	0.3988
	04131711	蒸压灰砂砖	千块	11.7603	13.4285	15.0990	17.3370
	04290712	钢筋混凝土板 1400×250×160 mm	块	12.0000	12.0000	6.0000	6.0000

（续表）

定额编号				J-1-2-29 A(B)	J-1-2-30 A(B)	J-1-2-31 A(B)	J-1-2-32 A(B)
项目				ϕ1650			
				企口式钢筋混凝土管			
				>4.0 m	4.5 m	5.0 m	5.5 m
名称			单位	100 m	100 m	100 m	100 m
材料	04290713	钢筋混凝土板 1400×300×160 mm	块			9.0000	9.0000
	05350301	竹箩	个	2.5000	2.5000	2.5000	2.5000
	17291113	钢筋混凝土企口管 ϕ1650×2000	m	97.2450	97.2450	97.2450	97.2450
	18271123	管枕 ϕ1650	块	193.5224	193.5224	193.5224	193.5224
	34110101	水	m^3	38.4018 (92.2022)	38.4852 (92.2856)	40.8463 (97.1604)	40.9031 (97.2172)
	35010102	组合钢模板	kg	30.5507	31.8367	31.8367	31.8367
	35010703	木模板成材	m^3	0.1909	0.1989	0.1989	0.1989
	35020401	钢模零配件	kg	11.2962	11.7717	11.7717	11.7717
	36012831	铸铁检查井雨污水盖座 市政90型	套	3.0000	3.0000	3.0000	3.0000
	36016631	防沉降检查井盖板 2500×2000×200	块	3.0000	3.0000	3.0000	3.0000
	36016651	高强度塑料检查井格板	只	3.0600	3.0600	3.0600	3.0600
	36016661	高强度塑料支架	只	9.1800	9.1800	9.1800	9.1800
	80060414	湿拌砌筑砂浆 WM M10.0	m^3	5.1145	5.9119	6.6473	7.6327
	80060513	预拌抹灰砂浆 WP M15.0	m^3	2.5441	2.8017	3.0287	3.3588
	80210410	预拌混凝土(泵送型) C15 粒径5～20	m^3	1.4847	1.6059	1.6059	1.6059
	80210414	预拌混凝土(泵送型) C20 粒径5～20	m^3	57.5801	57.2569	59.3173	59.3173
机械	99010060	履带式单斗液压挖掘机 1 m^3	台班	5.6826	6.1992	7.1033	7.8136
	99050930	混凝土振捣器 插入式	台班	8.0118	7.9843	8.2638	8.2638
	99050940	混凝土振捣器 平板式	台班	17.6556 (30.3286)	17.6420 (30.3150)	18.4819 (31.7470)	18.4819 (31.7470)
	99070220	轮胎式装载机 1 m^3	台班	4.6687 (4.7538)	5.3389 (4.7942)	6.4912 (4.9606)	7.4441 (5.7636)
	99070540	载重汽车 6 t	台班	0.0764	0.0796	0.0796	0.0796
	99070550	载重汽车 8 t	台班	0.6914	0.6914	0.6914	0.6914
	99070588	载重汽车 12 t	台班	7.1520 (7.2824)	8.1788 (7.3444)	9.9440 (7.5992)	11.4037 (8.8294)
	99090360	汽车式起重机 8 t	台班	0.9689	0.9711	0.9711	0.9711
	99090400	汽车式起重机 16 t	台班	2.3015	2.3015	2.3015	2.3015
	99091700	手扳葫芦	台班	4.6029	4.6029	4.6029	4.6029

(续表)

定额编号				J-1-2-29 A(B)	J-1-2-30 A(B)	J-1-2-31 A(B)	J-1-2-32 A(B)
项目				ϕ1650			
				企口式钢筋混凝土管			
				>4.0 m	4.5 m	5.0 m	5.5 m
名称			单位	100 m	100 m	100 m	100 m
机械	99091880	千斤顶 15 t	台班	4.6029	4.6029	4.6029	4.6029
	99130350	内燃夯实机 700 N·m	台班	26.5688 (13.8958)	30.9243 (18.2513)	38.3840 (25.1189)	44.6202 (31.3551)
	99170010	钢筋调直机	台班	0.1415	0.1531	0.1531	0.1531
	99170025	钢筋切断机	台班	0.1415	0.1531	0.1531	0.1531
	99210065	木工平刨床 刨削宽度 450	台班	0.1098	0.1144	0.1144	0.1144
	99440010	电动单级离心清水泵 ϕ50	台班	126.0000	141.1200	166.3200	187.1100
调整项目							
		围护支撑					
	00190101	综合人工	工日	592.1781	592.1781	592.1781	592.1781
	03152501	镀锌铁丝	kg	20.0000	20.0000	20.0000	20.0000
	04030115	黄砂 中粗	t	23.7356	23.7356	23.7356	23.7356
	05030101	成材	m^3	0.8241	0.8241	0.8241	0.8241
	35090121	槽型钢板桩	t	1.9587	1.9587	1.9587	1.9587
	35090131	槽型钢板桩使用费	t·d	7317.0000	7317.0000	7317.0000	7317.0000
	35090611	钢板桩支撑使用费	t·d	432.0000	432.0000	432.0000	432.0000
	35091771	铁撑柱	kg	173.0800	173.0800	173.0800	173.0800
	35091901	钢桩帽摊销	kg	136.2690	136.2690	136.2690	136.2690
	99030080	轨道式柴油打桩机 0.6 t	台班	27.7905	27.7905	27.7905	27.7905
	99030690	简易拔桩架	台班	29.8410	29.8410	29.8410	29.8410
	99090075	履带式起重机 8 t	台班	6.8250	6.8250	6.8250	6.8250
		井点降水					
	00190101	综合人工	工日	11.7283	4.9999	−6.2141	−15.4657
	04030115	黄砂 中粗	t	9.4420	9.4420	9.4420	9.4420
	17270201	普通橡胶管	m	14.2440	14.2440	14.2440	14.2440
	34110101	水	m^3	152.3275	152.3275	152.3275	152.3275
	35040921	轻型井点井管 ϕ40	m	41.9348	41.9348	41.9348	41.9348
	35040941	轻型井点井管 ϕ180×4	m	2.0243	2.0243	2.0243	2.0243
	99091380	电动卷扬机单筒快速 10 kN	台班	1.9920	1.9920	1.9920	1.9920
	99350050	轻便钻机 XJ-100	台班	4.7310	4.7310	4.7310	4.7310
	99440010	电动单级离心清水泵 ϕ50	台班	−126.0000	−141.1200	−166.3200	−187.1100
	99440150	电动多级离心清水泵 ϕ150×180 m以下	台班	3.9840	3.9840	3.9840	3.9840
	99440510	射流井点泵 9.5 m	台班	53.7420	53.7420	53.7420	53.7420

工作内容：沟槽挖土、沟槽排水、井点降水、沟槽围护和支撑（钢板桩、撑拆列板）、铺筑管道基础、铺设管道、沟槽回填（黄砂及素土）、土方场内运输、砌筑检查井等。

定额编号			J-1-2-33 A(B)	J-1-2-34 A(B)	J-1-2-35 A(B)	J-1-2-36 A(B)
项目			ϕ1650			
			企口式钢筋混凝土管			
			≤6.0 m	>6.0 m	6.5 m	7.0 m
			100 m	100 m	100 m	100 m
预算定额编号	预算定额名称	预算定额单位	数量			
04290712	钢筋混凝土板 1400×250×160 mm	块	6.0000	6.0000	6.0000	6.0000
04290713	钢筋混凝土板 1400×300×160 mm	块	9.0000	9.0000	9.0000	9.0000
52-1-2-3	机械挖沟槽土方 深≤6 m 现场抛土	m^3	2035.6900	2079.0000	2079.0000	2142.0000
52-1-2-3系1	机械挖沟槽土方 深≤7 m 现场抛土	m^3		43.3100	173.2500	357.0000
52-1-3-1	沟槽回填 夯填土	m^3	1327.4900 (969.9400)	1414.1100 (1056.5600)	1537.4300 (1179.8800)	1763.4200 (1389.9100)
53-1-3-2	场内运输 自卸汽车装运土(运距1 km以内)	m^3	1734.6280 (1377.0780)	1838.5720 (1481.0220)	1987.8800 (1630.3300)	2263.2200 (1889.7100)
52-1-3-4	沟槽回填 黄砂	m^3	237.6100 (595.1600)	237.6100 (595.1600)	237.6100 (595.1600)	251.6800 (625.1900)
52-1-4-3	管道垫层 砾石砂垫层	m^3	33.6400	33.6400	33.8800	34.8000
52-1-5-1	管道基座 混凝土 C20	m^3	58.7300	58.7300	59.5100	59.5100
52-1-5-1换1	管道基座 混凝土 C15	m^3	1.5900	1.5900	1.7100	1.7100
52-1-5-2	管道基座 钢筋	t	0.3150	0.3150	0.3390	0.3390
52-1-6-7	管道铺设 企口式钢筋混凝土管 ϕ1650	100 m	0.9670	0.9670	0.9670	0.9670
52-3-1-3	砖砌检查井及雨水口 检查井 深≤6 m	m^3	46.6200	46.6200		
52-3-1-4	砖砌检查井及雨水口 检查井 深≤8 m	m^3			50.4600	54.7800
52-3-2-1	水泥砂浆抹面 检查井	m^2	201.0600	201.0600	222.9900	243.7500
52-3-6-1	安装防坠格板 新建工程	只	3.0000	3.0000	3.0000	3.0000
52-3-9-3	安装盖板及盖座 铸铁盖座	套	3.0000	3.0000	3.0000	3.0000
52-3-9-4	安装盖板及盖座 防沉降检查井盖板	块	3.0000	3.0000	3.0000	3.0000
52-4-5-1	模板工程 模板 管道基座	m^2	49.7600	49.7600	50.2700	50.2700
53-9-1-1	施工排水、降水 湿土排水	m^3	1689.1900	1775.8100	1905.7500	2142.0000
53-9-1-3	施工排水、降水 筑拆竹箩滤井	座	2.5000	2.5000	2.5000	2.5000
调整项目						
	围护支撑					
52-4-3-2	打槽型钢板桩 长 6.01～9.00 m，单面	100 m	2.0000			
52-4-3-7	拔槽型钢板桩 长 6.01～9.00 m，单面	100 m	2.0000			
52-4-3-11	打拔沟槽钢板桩 槽型钢板桩使用费	t·d	7317.0000	10139.0000	10139.0000	10139.0000

（续表）

定额编号			J-1-2-33 A(B)	J-1-2-34 A(B)	J-1-2-35 A(B)	J-1-2-36 A(B)
项目			ϕ1650			
			企口式钢筋混凝土管			
			≤6.0 m	>6.0 m	6.5 m	7.0 m
			100 m	100 m	100 m	100 m
预算定额编号	预算定额名称	预算定额单位	数量			
52-4-4-5	安拆钢板桩支撑 槽宽≤3.8 m 深 4.01～6.00 m	100 m	1.0000			
52-4-4-14	钢板桩支撑使用费	t·d	432.0000	682.0000	682.0000	682.0000
52-4-3-3	打槽型钢板桩 长 9.01～12.00 m，单面	100 m		2.0000	2.0000	2.0000
52-4-3-8	拔槽型钢板桩 长 9.01～12.00 m，单面	100 m		2.0000	2.0000	2.0000
52-4-4-6	安拆钢板桩支撑 槽宽≤3.8 m 深 6.01～8.00 m	100 m		1.0000	1.0000	1.0000
	井点降水					
53-9-1-1	施工排水、降水 湿土排水	m^3	−1689.1900	−1775.8100	−1905.7500	−2142.0000
53-9-1-5	施工排水、降水 轻型井点安装	根	83.0000			
53-9-1-6	施工排水、降水 轻型井点拆除	根	83.0000			
53-9-1-7	施工排水、降水 轻型井点使用	套·天	45.0000			
53-9-1-8	施工排水、降水 喷射井点安装 10 m	根		40.0000	40.0000	40.0000
53-9-1-9	施工排水、降水 喷射井点拆除 10 m	根		40.0000	40.0000	40.0000
53-9-1-10	施工排水、降水 喷射井点使用 10 m	套·天		31.0000	31.0000	31.0000

工作内容：沟槽挖土、沟槽排水、井点降水、沟槽围护和支撑(钢板桩、撑拆列板)、铺筑管道基础、铺设管道、沟槽回填(黄砂及素土)、土方场内运输、砌筑检查井等。

定额编号				J-1-2-33 A(B)	J-1-2-34 A(B)	J-1-2-35 A(B)	J-1-2-36 A(B)
项目				ϕ1650			
				企口式钢筋混凝土管			
				≤6.0 m	>6.0 m	6.5 m	7.0 m
名称			单位	100 m	100 m	100 m	100 m
人工	00190101	综合人工	工日	853.0804 (862.3766)	886.4819 (895.7782)	952.0493 (961.3456)	1059.8190 (1069.5302)
材料	01010211	热轧带肋钢筋(HRB400) ϕ≤10	t	0.0904	0.0904	0.0973	0.0973
	01010212	热轧带肋钢筋(HRB400) ϕ>10	t	0.2325	0.2325	0.2502	0.2502
	02090101	塑料薄膜	m^2	222.6522	222.6522	228.5731	232.1436
	03010811	钢塑膨胀铆钉	只	18.3600	18.3600	18.3600	18.3600
	03150101	圆钉	kg	10.1447	10.1447	10.2487	10.2487

（续表）

定额编号				J-1-2-33 A(B)	J-1-2-34 A(B)	J-1-2-35 A(B)	J-1-2-36 A(B)
项目				ϕ1650			
				企口式钢筋混凝土管			
				≤6.0 m	>6.0 m	6.5 m	7.0 m
名称			单位	100 m	100 m	100 m	100 m
材料	03152501	镀锌铁丝	kg	0.9734	0.9734	1.0475	1.0475
	04030115	黄砂 中粗	t	420.2645 (1052.4129)	420.2645 (1052.4129)	420.2645 (1052.4129)	445.1402 (1105.5059)
	04030701	砾石砂	t	74.3747	74.3747	74.9053	76.9393
	04050313	道碴 50～70	t	0.3988	0.3988	0.3988	0.3988
	04131711	蒸压灰砂砖	千块	25.2028	25.2028	27.1929	29.5209
	04290712	钢筋混凝土板 1400×250×160 mm	块	6.0000	6.0000	6.0000	6.0000
	04290713	钢筋混凝土板 1400×300×160 mm	块	9.0000	9.0000	9.0000	9.0000
	05350301	竹箩	个	2.5000	2.5000	2.5000	2.5000
	17291113	钢筋混凝土企口管 ϕ1650×2000	m	97.2450	97.2450	97.2450	97.2450
	18271123	管枕 ϕ1650	块	193.5224	193.5224	193.5224	193.5224
	34110101	水	m^3	41.1024 (97.4165)	41.1024 (97.4165)	41.2004 (97.5145)	43.4756 (102.3034)
	35010102	组合钢模板	kg	31.8367	31.8367	32.1630	32.1630
	35010703	木模板成材	m^3	0.1989	0.1989	0.2010	0.2010
	35020401	钢模零配件	kg	11.7717	11.7717	11.8924	11.8924
	36012831	铸铁检查井雨污水盖座 市政 90 型	套	3.0000	3.0000	3.0000	3.0000
	36016631	防沉降检查井盖板 2500×2000×200	块	3.0000	3.0000	3.0000	3.0000
	36016651	高强度塑料检查井格板	只	3.0600	3.0600	3.0600	3.0600
	36016661	高强度塑料支架	只	9.1800	9.1800	9.1800	9.1800
	80060414	湿拌砌筑砂浆 WM M10.0	m^3	11.0956	11.0956	12.2063	13.2513
	80060513	预拌抹灰砂浆 WP M15.0	m^3	3.4943	3.4943	3.8429	4.1730
	80210410	预拌混凝土(泵送型) C15 粒径 5～20	m^3	1.6059	1.6059	1.7271	1.7271
	80210414	预拌混凝土(泵送型) C20 粒径 5～20	m^3	59.3173	59.3173	60.1051	60.1051

(续表)

定额编号				J-1-2-33 A(B)	J-1-2-34 A(B)	J-1-2-35 A(B)	J-1-2-36 A(B)
项目				ϕ1650			
				企口式钢筋混凝土管			
				≤6.0 m	>6.0 m	6.5 m	7.0 m
名称			单位	100 m	100 m	100 m	100 m
机械	99010060	履带式单斗液压挖掘机 1 m^3	台班	8.3463	8.7318	9.3555	10.4958
	99050930	混凝土振捣器 插入式	台班	8.2638	8.2638	8.3872	8.3872
	99050940	混凝土振捣器 平板式	台班	18.4819 (31.7470)	18.4819 (31.7470)	18.6153 (31.8804)	19.1757 (33.0329)
	99070220	轮胎式装载机 1 m^3	台班	8.1528 (6.4723)	8.6413 (6.9608)	9.3430 (7.6626)	10.6371 (8.8816)
	99070540	载重汽车 6 t	台班	0.0796	0.0796	0.0804	0.0804
	99070550	载重汽车 8 t	台班	0.6914	0.6914	0.6914	0.6914
	99070588	载重汽车 12 t	台班	12.4893 (9.9150)	13.2377 (10.6634)	14.3127 (11.7384)	16.2952 (13.6059)
	99090360	汽车式起重机 8 t	台班	0.9711	0.9711	0.9717	0.9717
	99090400	汽车式起重机 16 t	台班	2.3015	2.3015	2.3015	2.3015
	99091700	手扳葫芦	台班	4.6029	4.6029	4.6029	4.6029
	99091880	千斤顶 15 t	台班	4.6029	4.6029	4.6029	4.6029
	99130350	内燃夯实机 700 N·m	台班	49.2499 (35.9848)	52.4635 (39.1984)	57.0387 (43.7735)	65.4229 (51.5657)
	99170010	钢筋调直机	台班	0.1531	0.1531	0.1648	0.1648
	99170025	钢筋切断机	台班	0.1531	0.1531	0.1648	0.1648
	99210065	木工平刨床 刨削宽度 450	台班	0.1144	0.1144	0.1156	0.1156
	99440010	电动单级离心清水泵 ϕ50	台班	202.7028	213.0972	228.6900	257.0400
调整项目							
		围护支撑					
	00190101	综合人工	工日	592.1781	593.4223	593.4223	593.4223
	03152501	镀锌铁丝	kg	20.0000	25.0000	25.0000	25.0000
	04030115	黄砂 中粗	t	23.7356	33.2299	33.2299	33.2299
	05030101	成材	m^3	0.8241	1.0276	1.0276	1.0276
	35090121	槽型钢板桩	t	1.9587	2.6893	2.6893	2.6893
	35090131	槽型钢板桩使用费	t·d	7317.0000	10139.0000	10139.0000	10139.0000
	35090611	钢板桩支撑使用费	t·d	432.0000	682.0000	682.0000	682.0000
	35091771	铁撑柱	kg	173.0800	272.9800	272.9800	272.9800
	35091901	钢桩帽摊销	kg	136.2690	381.5700	381.5700	381.5700
	99030080	轨道式柴油打桩机 0.6 t	台班	27.7905			

（续表）

定额编号			J-1-2-33 A(B)	J-1-2-34 A(B)	J-1-2-35 A(B)	J-1-2-36 A(B)
项目			ϕ1650			
			企口式钢筋混凝土管			
			≤6.0 m	>6.0 m	6.5 m	7.0 m
名称		单位	100 m	100 m	100 m	100 m
99030690	简易拔桩架	台班	29.8410			
99090075	履带式起重机 8 t	台班	6.8250	8.5319	8.5319	8.5319
99030100	轨道式柴油打桩机 1.2 t	台班		33.5913	33.5913	33.5913
99030970	震动锤 45 kW	台班		17.3680	17.3680	17.3680
99090090	履带式起重机 15 t	台班		17.3680	17.3680	17.3680
	井点降水					
00190101	综合人工	工日	−22.4044	124.3757	117.4370	104.8212
04030115	黄砂 中粗	t	9.4420			
04030119	黄砂 中粗	kg		95423.8016	95423.8016	95423.8016
17030102	镀锌焊接钢管	kg		0.1968	0.1968	0.1968
17270201	普通橡胶管	m	14.2440			
34110101	水	m^3	152.3275	566.8908	566.8908	566.8908
35040921	轻型井点井管 ϕ40	m	41.9348			
35040941	轻型井点井管 ϕ180×4	m	2.0243			
35040961	喷射井点总管 ϕ159×6	m		4.2593	4.2593	4.2593
35040971	喷射井点井管 ϕ76	m		30.3144	30.3144	30.3144
35041011	喷射井点滤网管	根		3.4984	3.4984	3.4984
35041021	喷射井点回水连接件	副		2.1884	2.1884	2.1884
35041031	喷射井点腰子法兰	副		0.9925	0.9925	0.9925
35041041	喷射井点水箱	kg		34.9674	34.9674	34.9674
35041051	喷射井点喷射器	只		4.6748	4.6748	4.6748
99090080	履带式起重机 10 t	台班		11.5200	11.5200	11.5200
99091380	电动卷扬机单筒快速 10 kN	台班	1.9920			
99350050	轻便钻机 XJ-100	台班	4.7310			
99350120	液压钻机 G-2A	台班		4.4160	4.4160	4.4160
99440010	电动单级离心清水泵 ϕ50	台班	−202.7028	−213.0972	−228.6900	−257.0400
99440150	电动多级离心清水泵 ϕ150×180 m以下	台班	3.9840	41.9300	41.9300	41.9300
99440210	污水泵 ϕ100	台班		11.0400	11.0400	11.0400
99440510	射流井点泵 9.5 m	台班	53.7420			

工作内容：沟槽挖土、沟槽排水、井点降水、沟槽围护和支撑(钢板桩、撑拆列板)、铺筑管道基础、铺设管道、沟槽回填(黄砂及素土)、土方场内运输、砌筑检查井等。

定额编号			J-1-2-37A	J-1-2-38A	J-1-2-39A(B)	J-1-2-40A(B)
项目			ϕ1800			
			企口式钢筋混凝土管			
			≤3.0 m	>3.0 m	3.5 m	≤4.0 m
			100 m	100 m	100 m	100 m
预算定额编号	预算定额名称	预算定额单位	数量			
04290712	钢筋混凝土板 1400×250×160 mm	块	9.0000	9.0000	9.0000	9.0000
04290713	钢筋混凝土板 1400×300×160 mm	块	6.0000	6.0000	6.0000	6.0000
52-1-2-1	机械挖沟槽土方 深≤3 m 现场抛土	m^3	1026.3800			
52-1-2-3	机械挖沟槽土方 深≤6 m 现场抛土	m^3		1115.6300	1249.5000	1383.3800
52-1-3-1	沟槽回填 夯填土	m^3	271.0400	360.2900	491.2400 (116.8100)	622.1900 (247.7600)
53-1-3-2	场内运输 自卸汽车装运土(运距1 km以内)	m^3	755.3400	755.3400	758.2600 (1132.6900)	898.8660 (1135.6200)
52-1-3-4	沟槽回填 黄砂	m^3	250.7400	250.7400	250.7400 (625.1700)	250.7400 (625.1700)
52-1-4-3	管道垫层 砾石砂垫层	m^3	34.7100	34.7100	34.7100	34.7100
52-1-5-1	管道基座 混凝土 C20	m^3	60.3000	60.3000	60.3000	60.3000
52-1-5-1 换 1	管道基座 混凝土 C15	m^3		1.5600	1.5600	1.5600
52-1-5-2	管道基座 钢筋	t		0.3090	0.3090	0.3090
52-1-6-8	管道铺设 企口式钢筋混凝土管 ϕ1800	100 m	0.9670	0.9670	0.9670	0.9670
52-3-1-2	砖砌检查井及雨水口 检查井 深≤4 m	m^3	15.7500	15.7500	18.5400	22.9200
52-3-2-1	水泥砂浆抹面 检查井	m^2	106.8000	106.8000	123.8400	146.6400
52-3-6-1	安装防坠格板 新建工程	只	3.0000	3.0000	3.0000	3.0000
52-3-9-3	安装盖板及盖座 铸铁盖座	套	3.0000	3.0000	3.0000	3.0000
52-3-9-4	安装盖板及盖座 防沉降检查井盖板	块	3.0000	3.0000	3.0000	3.0000
52-4-5-1	模板工程 模板 管道基座	m^2	48.1100	48.1100	48.1100	48.1100
53-9-1-1	施工排水、降水 湿土排水	m^3	669.3800	758.6300	892.5000	1026.3800
53-9-1-3	施工排水、降水 筑拆竹箩滤井	座	2.5000	2.5000	2.5000	2.5000
调整项目						
	围护支撑					
52-4-2-4	满堂撑拆列板 深≤3.0 m,双面	100 m	1.0000			
52-4-2-5	撑拆列板 列板使用费	t·d	343.0000			
52-4-2-6	列板支撑使用费	t·d	130.0000			
52-4-3-1	打槽型钢板桩 长 4.00～6.00 m,单面	100 m		2.0000	2.0000	2.0000

（续表）

定额编号			J-1-2-37A	J-1-2-38A	J-1-2-39 A(B)	J-1-2-40 A(B)
项目			ϕ1800			
			企口式钢筋混凝土管			
			≤3.0 m	>3.0 m	3.5 m	≤4.0 m
			100 m	100 m	100 m	100 m
预算定额编号	预算定额名称	预算定额单位	数量			
52-4-3-6	拔槽型钢板桩 长4.00～6.00 m，单面	100 m		2.0000	2.0000	2.0000
52-4-4-4	安拆钢板桩支撑 槽宽≤3.8 m 深3.01～4.00 m	100 m		1.0000	1.0000	1.0000
52-4-3-11	打拔沟槽钢板桩 槽型钢板桩使用费	t·d		3291.0000	3291.0000	3291.0000
52-4-4-14	钢板桩支撑使用费	t·d		216.0000	216.0000	216.0000
	井点降水					
53-9-1-1	施工排水、降水 湿土排水	m^3	−669.3800	−758.6300	−892.5000	−1026.3800
53-9-1-5	施工排水、降水 轻型井点安装	根	83.0000	83.0000	83.0000	83.0000
53-9-1-6	施工排水、降水 轻型井点拆除	根	83.0000	83.0000	83.0000	83.0000
53-9-1-7	施工排水、降水 轻型井点使用	套·天	45.0000	45.0000	45.0000	45.0000

工作内容：沟槽挖土、沟槽排水、井点降水、沟槽围护和支撑（钢板桩、撑拆列板）、铺筑管道基础、铺设管道、沟槽回填（黄砂及素土）、土方场内运输、砌筑检查井等。

定额编号				J-1-2-37A	J-1-2-38A	J-1-2-39 A(B)	J-1-2-40 A(B)
项目				ϕ1800			
				企口式钢筋混凝土管			
				≤3.0 m	>3.0 m	3.5 m	≤4.0 m
名称			单位	100 m	100 m	100 m	100 m
人工	00190101	综合人工	工日	364.6549	406.4429	460.8504 (495.5226)	524.3954 (554.4830)
材料	01010211	热轧带肋钢筋(HRB400) ϕ≤10	t		0.0887	0.0887	0.0887
	01010212	热轧带肋钢筋(HRB400) ϕ>10	t		0.2280	0.2280	0.2280
	02090101	塑料薄膜	m^2	197.0771	201.8388	204.1447	207.7648
	03010811	钢塑膨胀铆钉	只	18.3600	18.3600	18.3600	18.3600
	03150101	圆钉	kg	9.8083	9.8083	9.8083	9.8083
	03152501	镀锌铁丝	kg		0.9548	0.9548	0.9548
	04030115	黄砂 中粗	t	443.4783	443.4783	443.4783 (1105.4706)	443.4783 (1105.4706)
	04030701	砾石砂	t	76.7403	76.7403	76.7403	76.7403
	04050313	道碴 50～70	t	0.3988	0.3988	0.3988	0.3988

(续表)

定额编号				J-1-2-37A	J-1-2-38A	J-1-2-39 A(B)	J-1-2-40 A(B)
项目				ϕ1800			
				企口式钢筋混凝土管			
				≤3.0 m	>3.0 m	3.5 m	≤4.0 m
名称			单位	100 m	100 m	100 m	100 m
材料	04131711	蒸压灰砂砖	千块	8.5397	8.5397	10.0524	12.4272
	04290712	钢筋混凝土板 1400×250×160 mm	块	9.0000	9.0000	9.0000	9.0000
	04290713	钢筋混凝土板 1400×300×160 mm	块	6.0000	6.0000	6.0000	6.0000
	05350301	竹箩	个	2.5000	2.5000	2.5000	2.5000
	17291114	钢筋混凝土企口管 ϕ1800×2000	m	97.2384	97.2384	97.2384	97.2384
	18271125	管枕 ϕ1800	块	193.5093	193.5093	193.5093	193.5093
	34110101	水	m^3	42.7465	42.8251	42.8633 (101.8360)	42.9233 (101.8960)
	35010102	组合钢模板	kg	30.7810	30.7810	30.7810	30.7810
	35010703	木模板成材	m^3	0.1923	0.1923	0.1923	0.1923
	35020401	钢模零配件	kg	11.3814	11.3814	11.3814	11.3814
	36012831	铸铁检查井雨污水盖座 市政90型	套	3.0000	3.0000	3.0000	3.0000
	36016631	防沉降检查井盖板 2500×2000×200	块	3.0000	3.0000	3.0000	3.0000
	36016651	高强度塑料检查井格板	只	3.0600	3.0600	3.0600	3.0600
	36016661	高强度塑料支架	只	9.1800	9.1800	9.1800	9.1800
	80060414	湿拌砌筑砂浆 WM M10.0	m^3	3.7139	3.7139	4.3717	5.4045
	80060513	预拌抹灰砂浆 WP M15.0	m^3	1.9984	1.9984	2.2694	2.6319
	80210410	预拌混凝土(泵送型) C15 粒径5～20	m^3		1.5756	1.5756	1.5756
	80210414	预拌混凝土(泵送型) C20 粒径5～20	m^3	60.9030	60.9030	60.9030	60.9030
机械	99010060	履带式单斗液压挖掘机 1 m^3	台班	4.0029	4.5741	5.1230	5.6719
	99050930	混凝土振捣器 插入式	台班	8.2611	8.4748	8.4748	8.4748
	99050940	混凝土振捣器 平板式	台班	19.0110	19.2247	19.2247 (33.1160)	19.2247 (33.1160)
	99070220	轮胎式装载机 1 m^3	台班	3.5501	3.5501	3.5638 (5.3236)	4.2247 (5.3374)
	99070540	载重汽车 6 t	台班	0.0770	0.0770	0.0770	0.0770
	99070550	载重汽车 8 t	台班	0.7639	0.7639	0.7639	0.7639
	99070588	载重汽车 12 t	台班	5.4384	5.4384	5.4595 (8.1554)	6.4718 (8.1765)
	99090360	汽车式起重机 8 t	台班	0.2779	0.2779	0.2779	0.2779
	99090390	汽车式起重机 12 t	台班	0.7639	0.7639	0.7639	0.7639
	99090410	汽车式起重机 20 t	台班	2.5432	2.5432	2.5432	2.5432

（续表）

定　额　编　号				J-1-2-37A	J-1-2-38A	J-1-2-39 A(B)	J-1-2-40 A(B)
项　　目				ϕ1800			
				企口式钢筋混凝土管			
				≤3.0 m	>3.0 m	3.5 m	≤4.0 m
名　　称			单位	100 m	100 m	100 m	100 m
机械	99091700	手扳葫芦	台班	5.0864	5.0864	5.0864	5.0864
	99091880	千斤顶 15 t	台班	5.0864	5.0864	5.0864	5.0864
	99130350	内燃夯实机 700 N·m	台班	10.0556	13.3668	18.2250 (4.3337)	23.0832 (9.1919)
	99170010	钢筋调直机	台班		0.1502	0.1502	0.1502
	99170025	钢筋切断机	台班		0.1502	0.1502	0.1502
	99210065	木工平刨床 刨削宽度 450	台班	0.1107	0.1107	0.1107	0.1107
	99440010	电动单级离心清水泵 ϕ50	台班	80.3256	91.0356	107.1000	123.1656
调整项目							
		围护支撑					
	00190101	综合人工	工日	78.7933	462.6629	462.6629	462.6629
	03150501	骑马钉	kg	25.3308			
	04131711	蒸压灰砂砖	千块	0.1545			
	05030101	成材	m^3	0.5000	0.6027	0.6027	0.6027
	35090501	列板使用费	t·d	343.0000			
	35090511	列板支撑使用费	t·d	130.0000			
	35091731	铁撑板	t	0.4181			
	35091771	铁撑柱	kg	139.6830	129.8100	129.8100	129.8100
	35090121	槽型钢板桩	t		1.3350	1.3350	1.3350
	35091901	钢桩帽摊销	kg		90.9300	90.9300	90.9300
	04030115	黄砂 中粗	t		15.8236	15.8236	15.8236
	03152501	镀锌铁丝	kg		15.0000	15.0000	15.0000
	35090131	槽型钢板桩使用费	t·d		3291.0000	3291.0000	3291.0000
	35090611	钢板桩支撑使用费	t·d		216.0000	216.0000	216.0000
	99030080	轨道式柴油打桩机 0.6 t	台班		20.1323	20.1323	20.1323
	99030690	简易拔桩架	台班		23.9558	23.9558	23.9558
	99090075	履带式起重机 8 t	台班		5.1194	5.1194	5.1194
		井点降水					
	00190101	综合人工	工日	32.0534	27.2875	20.1388	12.9896
	04030115	黄砂 中粗	t	9.4420	9.4420	9.4420	9.4420
	17270201	普通橡胶管	m	14.2440	14.2440	14.2440	14.2440
	34110101	水	m^3	152.3275	152.3275	152.3275	152.3275
	35040921	轻型井点井管 ϕ40	m	41.9348	41.9348	41.9348	41.9348
	35040941	轻型井点井管 $\phi180\times4$	m	2.0243	2.0243	2.0243	2.0243
	99091380	电动卷扬机单筒快速 10 kN	台班	1.9920	1.9920	1.9920	1.9920
	99350050	轻便钻机 XJ-100	台班	4.7310	4.7310	4.7310	4.7310
	99440010	电动单级离心清水泵 ϕ50	台班	−80.3256	−91.0356	−107.1000	−123.1656
	99440150	电动多级离心清水泵 $\phi150\times$180 m 以下	台班	3.9840	3.9840	3.9840	3.9840
	99440510	射流井点泵 9.5 m	台班	53.7420	53.7420	53.7420	53.7420

工作内容:沟槽挖土、沟槽排水、井点降水、沟槽围护和支撑(钢板桩、撑拆列板)、铺筑管道基础、铺设管道、沟槽回填(黄砂及素土)、土方场内运输、砌筑检查井等。

定额编号			J-1-2-41 A(B)	J-1-2-42 A(B)	J-1-2-43 A(B)	J-1-2-44 A(B)
项目			ϕ1800			
			企口式钢筋混凝土管			
			>4.0 m	4.5 m	5.0 m	5.5 m
			100 m	100 m	100 m	100 m
预算定额编号	预算定额名称	预算定额单位	数量			
04290712	钢筋混凝土板 1400×250×160 mm	块	9.0000	9.0000	15.0000	15.0000
04290713	钢筋混凝土板 1400×300×160 mm	块	6.0000	6.0000		
52-1-2-3	机械挖沟槽土方 深≤6 m 现场抛土	m^3	1472.6300	1606.5000	1837.5000	2021.2500
52-1-3-1	沟槽回填 夯填土	m^3	711.4400 (337.0100)	836.0200 (461.5900)	1047.3000 (656.0700)	1225.9000 (834.6700)
53-1-3-2	场内运输 自卸汽车装运土(运距1 km以内)	m^3	1005.9660 (1135.6200)	1157.3200 (1144.9100)	1414.8000 (1181.4300)	1630.1500 (1238.9200)
52-1-3-4	沟槽回填 黄砂	m^3	250.7400 (625.1700)	251.0700 (625.5000)	266.0900 (657.3200)	266.0900 (657.3200)
52-1-4-3	管道垫层 砾石砂垫层	m^3	34.7100	34.7400	35.6700	35.6700
52-1-5-1	管道基座 混凝土 C20	m^3	60.3000	62.1600	62.1600	62.1600
52-1-5-1换1	管道基座 混凝土 C15	m^3	1.5600	1.6800	1.6800	1.6800
52-1-5-2	管道基座 钢筋	t	0.3090	0.3360	0.3360	0.3360
52-1-6-8	管道铺设 企口式钢筋混凝土管 ϕ1800	100 m	0.9670	0.9670	0.9670	0.9670
52-3-1-2	砖砌检查井及雨水口 检查井 深≤4 m	m^3	22.9200			
52-3-1-3	砖砌检查井及雨水口 检查井 深≤6 m	m^3		26.0400	28.9200	33.0600
52-3-2-1	水泥砂浆抹面 检查井	m^2	146.6400	162.8400	175.4700	196.2300
52-3-6-1	安装防坠格板 新建工程	只	3.0000	3.0000	3.0000	3.0000
52-3-9-3	安装盖板及盖座 铸铁盖座	套	3.0000	3.0000	3.0000	3.0000
52-3-9-4	安装盖板及盖座 防沉降检查井盖板	块	3.0000	3.0000	3.0000	3.0000
52-4-5-1	模板工程 模板 管道基座	m^2	48.1100	50.1800	50.1800	50.1800
53-9-1-1	施工排水、降水 湿土排水	m^3	1115.6300	1249.5000	1470.0000	1653.7500
53-9-1-3	施工排水、降水 筑拆竹箩滤井	座	2.5000	2.5000	2.5000	2.5000
调整项目						
	围护支撑					
52-4-3-2	打槽型钢板桩 长 6.01～9.00 m,单面	100 m	2.0000	2.0000	2.0000	2.0000
52-4-3-7	拔槽型钢板桩 长 6.01～9.00 m,单面	100 m	2.0000	2.0000	2.0000	2.0000

（续表）

定额编号			J-1-2-41 A(B)	J-1-2-42 A(B)	J-1-2-43 A(B)	J-1-2-44 A(B)
项目			ϕ1800			
			企口式钢筋混凝土管			
			>4.0 m	4.5 m	5.0 m	5.5 m
			100 m	100 m	100 m	100 m
预算定额编号	预算定额名称	预算定额单位	数量			
52-4-3-11	打拔沟槽钢板桩 槽型钢板桩使用费	t·d	7317.0000	7317.0000	7317.0000	7317.0000
52-4-4-5	安拆钢板桩支撑 槽宽≤3.8 m 深4.01～6.00 m	100 m	1.0000	1.0000	1.0000	1.0000
52-4-4-14	钢板桩支撑使用费	t·d	432.0000	432.0000	432.0000	432.0000
	井点降水					
53-9-1-1	施工排水、降水 湿土排水	m^3	−1115.6300	−1249.5000	−1470.0000	−1653.7500
53-9-1-5	施工排水、降水 轻型井点安装	根	83.0000	83.0000	83.0000	83.0000
53-9-1-6	施工排水、降水 轻型井点拆除	根	83.0000	83.0000	83.0000	83.0000
53-9-1-7	施工排水、降水 轻型井点使用	套·天	45.0000	45.0000	45.0000	45.0000

工作内容：沟槽挖土、沟槽排水、井点降水、沟槽围护和支撑（钢板桩、撑拆列板）、铺筑管道基础、铺设管道、沟槽回填（黄砂及素土）、土方场内运输、砌筑检查井等。

定额编号				J-1-2-41 A(B)	J-1-2-42 A(B)	J-1-2-43 A(B)	J-1-2-44 A(B)
项目				ϕ1800			
				企口式钢筋混凝土管			
				>4.0 m	4.5 m	5.0 m	5.5 m
名称			单位	100 m	100 m	100 m	100 m
人工	00190101	综合人工	工日	558.6281 (585.1492)	622.0730 (643.8633)	718.5874 (734.0161)	800.8459 (811.0179)
材料	01010211	热轧带肋钢筋(HRB400) ϕ≤10	t	0.0887	0.0964	0.0964	0.0964
	01010212	热轧带肋钢筋(HRB400) ϕ>10	t	0.2280	0.2480	0.2480	0.2480
	02090101	塑料薄膜	m^2	207.7648	216.3873	218.7676	222.1893
	03010811	钢塑膨胀铆钉	只	18.3600	18.3600	18.3600	18.3600
	03150101	圆钉	kg	9.8083	10.2303	10.2303	10.2303
	03152501	镀锌铁丝	kg	0.9548	1.0382	1.0382	1.0382
	04030115	黄砂 中粗	t	443.4783 (1105.4706)	444.0618 (1106.0540)	470.6171 (1162.3118)	470.6171 (1162.3118)
	04030701	砾石砂	t	76.7403	76.8067	78.8628	78.8628
	04050313	道碴 50～70	t	0.3988	0.3988	0.3988	0.3988
	04131711	蒸压灰砂砖	千块	12.4272	14.0772	15.6342	17.8722
	04290712	钢筋混凝土板 1400×250×160 mm	块	9.0000	9.0000	15.0000	15.0000

（续表）

定额编号				J-1-2-41 A(B)	J-1-2-42 A(B)	J-1-2-43 A(B)	J-1-2-44 A(B)
项目				ϕ1800			
				企口式钢筋混凝土管			
				>4.0 m	4.5 m	5.0 m	5.5 m
名称			单位	100 m	100 m	100 m	100 m
材料	04290713	钢筋混凝土板 1400×300×160 mm	块	6.0000	6.0000		
	05350301	竹箩	个	2.5000	2.5000	2.5000	2.5000
	17291114	钢筋混凝土企口管 ϕ1800×2000	m	97.2384	97.2384	97.2384	97.2384
	18271125	管枕 ϕ1800	块	193.5093	193.5093	193.5093	193.5093
	34110101	水	m^3	42.9233 (101.8960)	43.1178 (102.0906)	45.5230 (107.1417)	45.5797 (107.1984)
	35010102	组合钢模板	kg	30.7810	32.1054	32.1054	32.1054
	35010703	木模板成材	m^3	0.1923	0.2006	0.2006	0.2006
	35020401	钢模零配件	kg	11.3814	11.8711	11.8711	11.8711
	36012831	铸铁检查井雨污水盖座 市政90型	套	3.0000	3.0000	3.0000	3.0000
	36016631	防沉降检查井盖板 2500×2000×200	块	3.0000	3.0000	3.0000	3.0000
	36016651	高强度塑料检查井格板	只	3.0600	3.0600	3.0600	3.0600
	36016661	高强度塑料支架	只	9.1800	9.1800	9.1800	9.1800
	80060414	湿拌砌筑砂浆 WM M10.0	m^3	5.4045	6.1975	6.8830	7.8683
	80060513	预拌抹灰砂浆 WP M15.0	m^3	2.6319	2.8895	3.0903	3.4204
	80210410	预拌混凝土(泵送型) C15 粒径5～20	m^3	1.5756	1.6968	1.6968	1.6968
	80210414	预拌混凝土(泵送型) C20 粒径5～20	m^3	60.9030	62.7816	62.7816	62.7816
机械	99010060	履带式单斗液压挖掘机 1 m^3	台班	6.0378	6.5867	7.5338	8.2871
	99050930	混凝土振捣器 插入式	台班	8.4748	8.7461	8.7461	8.7461
	99050940	混凝土振捣器 平板式	台班	19.2247 (33.1160)	19.5095 (33.4009)	20.1054 (34.6201)	20.1054 (34.6201)
	99070220	轮胎式装载机 1 m^3	台班	4.7280 (5.3374)	5.4394 (5.3811)	6.6496 (5.5527)	7.6617 (5.8229)
	99070540	载重汽车 6 t	台班	0.0770	0.0803	0.0803	0.0803
	99070550	载重汽车 8 t	台班	0.7639	0.7639	0.7639	0.7639
	99070588	载重汽车 12 t	台班	7.2430 (8.1765)	8.3327 (8.2434)	10.1866 (8.5063)	11.7371 (8.9202)
	99090360	汽车式起重机 8 t	台班	0.2779	0.2802	0.2802	0.2802
	99090390	汽车式起重机 12 t	台班	0.7639	0.7639	0.7639	0.7639
	99090410	汽车式起重机 20 t	台班	2.5432	2.5432	2.5432	2.5432

（续表）

定额编号				J-1-2-41 A(B)	J-1-2-42 A(B)	J-1-2-43 A(B)	J-1-2-44 A(B)
项目				ϕ1800			
				企口式钢筋混凝土管			
				>4.0 m	4.5 m	5.0 m	5.5 m
名称			单位	100 m	100 m	100 m	100 m
机械	99091700	手扳葫芦	台班	5.0864	5.0864	5.0864	5.0864
	99091880	千斤顶 15 t	台班	5.0864	5.0864	5.0864	5.0864
	99130350	内燃夯实机 700 N・m	台班	26.3944 (12.5031)	31.0163 (17.1250)	38.8548 (24.3402)	45.4809 (30.9663)
	99170010	钢筋调直机	台班	0.1502	0.1633	0.1633	0.1633
	99170025	钢筋切断机	台班	0.1502	0.1633	0.1633	0.1633
	99210065	木工平刨床 刨削宽度 450	台班	0.1107	0.1154	0.1154	0.1154
	99440010	电动单级离心清水泵 ϕ50	台班	133.8756	149.9400	176.4000	198.4500
调整项目							
		围护支撑					
	00190101	综合人工	工日	592.1781	592.1781	592.1781	592.1781
	03152501	镀锌铁丝	kg	20.0000	20.0000	20.0000	20.0000
	04030115	黄砂 中粗	t	23.7356	23.7356	23.7356	23.7356
	05030101	成材	m^3	0.8241	0.8241	0.8241	0.8241
	35090121	槽型钢板桩	t	1.9587	1.9587	1.9587	1.9587
	35090131	槽型钢板桩使用费	t・d	7317.0000	7317.0000	7317.0000	7317.0000
	35090611	钢板桩支撑使用费	t・d	432.0000	432.0000	432.0000	432.0000
	35091771	铁撑柱	kg	173.0800	173.0800	173.0800	173.0800
	35091901	钢桩帽摊销	kg	136.2690	136.2690	136.2690	136.2690
	99030080	轨道式柴油打桩机 0.6 t	台班	27.7905	27.7905	27.7905	27.7905
	99030690	简易拔桩架	台班	29.8410	29.8410	29.8410	29.8410
	99090075	履带式起重机 8 t	台班	6.8250	6.8250	6.8250	6.8250
		井点降水					
	00190101	综合人工	工日	8.2237	1.0750	−10.6997	−20.5120
	04030115	黄砂 中粗	t	9.4420	9.4420	9.4420	9.4420
	17270201	普通橡胶管	m	14.2440	14.2440	14.2440	14.2440
	34110101	水	m^3	152.3275	152.3275	152.3275	152.3275
	35040921	轻型井点井管 ϕ40	m	41.9348	41.9348	41.9348	41.9348
	35040941	轻型井点井管 ϕ180×4	m	2.0243	2.0243	2.0243	2.0243
	99091380	电动卷扬机单筒快速 10 kN	台班	1.9920	1.9920	1.9920	1.9920
	99350050	轻便钻机 XJ-100	台班	4.7310	4.7310	4.7310	4.7310
	99440010	电动单级离心清水泵 ϕ50	台班	−133.8756	−149.9400	−176.4000	−198.4500
	99440150	电动多级离心清水泵 ϕ150×180 m 以下	台班	3.9840	3.9840	3.9840	3.9840
	99440510	射流井点泵 9.5 m	台班	53.7420	53.7420	53.7420	53.7420

工作内容:沟槽挖土、沟槽排水、井点降水、沟槽围护和支撑(钢板桩、撑拆列板)、铺筑管道基础、铺设管道、沟槽回填(黄砂及素土)、土方场内运输、砌筑检查井等。

定额编号			J-1-2-45 A(B)	J-1-2-46 A(B)	J-1-2-47 A(B)	J-1-2-48 A(B)
项目			ϕ1800			
			企口式钢筋混凝土管			
			≤6.0 m	>6.0 m	6.5 m	7.0 m
			100 m	100 m	100 m	100 m
预算定额编号	预算定额名称	预算定额单位	数量			
04290712	钢筋混凝土板 1400×250×160 mm	块	15.0000	15.0000	15.0000	15.0000
52-1-2-3	机械挖沟槽土方 深≤6 m 现场抛土	m^3	2159.0600	2205.0000	2205.0000	2268.0000
52-1-2-3 系 1	机械挖沟槽土方 深≤7 m 现场抛土	m^3		45.9400	183.7500	378.0000
52-1-3-1	沟槽回填 夯填土	m^3	1358.5600 (967.3300)	1450.4400 (1059.2100)	1581.6300 (1190.4000)	1817.1700 (1409.1400)
53-1-3-2	场内运输 自卸汽车装运土(运距1 km 以内)	m^3	1790.3720 (1399.1420)	1900.6280 (1509.3980)	2059.3800 (1668.1500)	2346.3700 (1938.3400)
52-1-3-4	沟槽回填 黄砂	m^3	266.0900 (657.3200)	266.0900 (657.3200)	266.0900 (657.3200)	281.1000 (689.1300)
52-1-4-3	管道垫层 砾石砂垫层	m^3	35.6700	35.6700	35.9100	36.8300
52-1-5-1	管道基座 混凝土 C20	m^3	62.1600	62.1600	62.9400	62.9400
52-1-5-1 换 1	管道基座 混凝土 C15	m^3	1.6800	1.6800	1.8000	1.8000
52-1-5-2	管道基座 钢筋	t	0.3360	0.3360	0.3600	0.3600
52-1-6-8	管道铺设 企口式钢筋混凝土管 ϕ1800	100 m	0.9670	0.9670	0.9670	0.9670
52-3-1-3	砖砌检查井及雨水口 检查井 深≤6 m	m^3	49.4400	49.4400		
52-3-1-4	砖砌检查井及雨水口 检查井 深≤8 m	m^3			52.9200	57.1800
52-3-2-1	水泥砂浆抹面 检查井	m^2	203.3100	203.3100	225.0000	245.7600
52-3-6-1	安装防坠格板 新建工程	只	3.0000	3.0000	3.0000	3.0000
52-3-9-3	安装盖板及盖座 铸铁盖座	套	3.0000	3.0000	3.0000	3.0000
52-3-9-4	安装盖板及盖座 防沉降检查井盖板	块	3.0000	3.0000	3.0000	3.0000
52-4-5-1	模板工程 模板 管道基座	m^2	50.1800	50.1800	50.6900	50.6900
53-9-1-1	施工排水、降水 湿土排水	m^3	1791.5600	1883.4400	2021.2500	2268.0000
53-9-1-3	施工排水、降水 筑拆竹箩滤井	座	2.5000	2.5000	2.5000	2.5000

（续表）

定额编号			J-1-2-45 A(B)	J-1-2-46 A(B)	J-1-2-47 A(B)	J-1-2-48 A(B)
项目			ϕ1800			
			企口式钢筋混凝土管			
			≤6.0 m	>6.0 m	6.5 m	7.0 m
			100 m	100 m	100 m	100 m
预算定额编号	预算定额名称	预算定额单位	数量			
调整项目						
	围护支撑					
52-4-3-2	打槽型钢板桩 长 6.01～9.00 m，单面	100 m	2.0000			
52-4-3-7	拔槽型钢板桩 长 6.01～9.00 m，单面	100 m	2.0000			
52-4-3-11	打拔沟槽钢板桩 槽型钢板桩使用费	t·d	7317.0000	10139.0000	10139.0000	10139.0000
52-4-4-5	安拆钢板桩支撑 槽宽≤3.8 m 深 4.01～6.00 m	100 m	1.0000			
52-4-4-14	钢板桩支撑使用费	t·d	432.0000	682.0000	682.0000	682.0000
52-4-3-3	打槽型钢板桩 长 9.01～12.00 m，单面	100 m		2.0000	2.0000	2.0000
52-4-3-8	拔槽型钢板桩 长 9.01～12.00 m，单面	100 m		2.0000	2.0000	2.0000
52-4-4-6	安拆钢板桩支撑 槽宽≤3.8 m 深 6.01～8.00 m	100 m		1.0000	1.0000	1.0000
	井点降水					
53-9-1-1	施工排水、降水 湿土排水	m^3	−1791.5600	−1883.4400	−2021.2500	−2268.0000
53-9-1-5	施工排水、降水 轻型井点安装	根	83.0000			
53-9-1-6	施工排水、降水 轻型井点拆除	根	83.0000			
53-9-1-7	施工排水、降水 轻型井点使用	套·天	45.0000			
53-9-1-8	施工排水、降水 喷射井点安装 10 m	根		40.0000	40.0000	40.0000
53-9-1-9	施工排水、降水 喷射井点拆除 10 m	根		40.0000	40.0000	40.0000
53-9-1-10	施工排水、降水 喷射井点使用 10 m	套·天		31.0000	31.0000	31.0000

工作内容:沟槽挖土、沟槽排水、井点降水、沟槽围护和支撑(钢板桩、撑拆列板)、铺筑管道基础、铺设管道、沟槽回填(黄砂及素土)、土方场内运输、砌筑检查井等。

定额编号				J-1-2-45 A(B)	J-1-2-46 A(B)	J-1-2-47 A(B)	J-1-2-48 A(B)
项目				ϕ1800			
				企口式钢筋混凝土管			
				≤6.0 m	>6.0 m	6.5 m	7.0 m
名称			单位	100 m	100 m	100 m	100 m
人工	00190101	综合人工	工日	892.9065 (903.0784)	928.3363 (938.5083)	996.2212 (1006.3931)	1107.9332 (1118.5420)
材料	01010211	热轧带肋钢筋(HRB400) ϕ≤10	t	0.0964	0.0964	0.1033	0.1033
	01010212	热轧带肋钢筋(HRB400) ϕ>10	t	0.2480	0.2480	0.2657	0.2657
	02090101	塑料薄膜	m^2	235.7274	235.7274	241.3508	244.8717
	03010811	钢塑膨胀铆钉	只	18.3600	18.3600	18.3600	18.3600
	03150101	圆钉	kg	10.2303	10.2303	10.3343	10.3343
	03152501	镀锌铁丝	kg	1.0382	1.0382	1.1124	1.1124
	04030115	黄砂 中粗	t	470.6171 (1162.3118)	470.6171 (1162.3118)	470.6171 (1162.3118)	497.1548 (1218.5518)
	04030701	砾石砂	t	78.8628	78.8628	79.3934	81.4274
	04050313	道碴 50~70	t	0.3988	0.3988	0.3988	0.3988
	04131711	蒸压灰砂砖	千块	26.7273	26.7273	28.5186	30.8143
	04290712	钢筋混凝土板 1400×250×160 mm	块	15.0000	15.0000	15.0000	15.0000
	05350301	竹箩	个	2.5000	2.5000	2.5000	2.5000
	17291114	钢筋混凝土企口管 ϕ1800×2000	m	97.2384	97.2384	97.2384	97.2384
	18271125	管枕 ϕ1800	块	193.5093	193.5093	193.5093	193.5093
	34110101	水	m^3	45.8041 (107.4228)	45.8041 (107.4228)	45.8971 (107.5158)	48.3196 (112.5843)
	35010102	组合钢模板	kg	32.1054	32.1054	32.4317	32.4317
	35010703	木模板成材	m^3	0.2006	0.2006	0.2026	0.2026
	35020401	钢模零配件	kg	11.8711	11.8711	11.9917	11.9917
	36012831	铸铁检查井雨污水盖座 市政90型	套	3.0000	3.0000	3.0000	3.0000
	36016631	防沉降检查井盖板 2500×2000×200	块	3.0000	3.0000	3.0000	3.0000
	36016651	高强度塑料检查井格板	只	3.0600	3.0600	3.0600	3.0600
	36016661	高强度塑料支架	只	9.1800	9.1800	9.1800	9.1800
	80060414	湿拌砌筑砂浆 WM M10.0	m^3	11.7667	11.7667	12.8013	13.8318
	80060513	预拌抹灰砂浆 WP M15.0	m^3	3.5329	3.5329	3.8778	4.2079
	80210410	预拌混凝土(泵送型) C15 粒径5~20	m^3	1.6968	1.6968	1.8180	1.8180
	80210414	预拌混凝土(泵送型) C20 粒径5~20	m^3	62.7816	62.7816	63.5694	63.5694

（续表）

定额编号				J-1-2-45 A(B)	J-1-2-46 A(B)	J-1-2-47 A(B)	J-1-2-48 A(B)
项目				ϕ1800			
				企口式钢筋混凝土管			
				≤6.0 m	>6.0 m	6.5 m	7.0 m
名称			单位	100 m	100 m	100 m	100 m
机械	99010060	履带式单斗液压挖掘机 1 m^3	台班	8.8521	9.2610	9.9225	11.1132
	99050930	混凝土振捣器 插入式	台班	8.7461	8.7461	8.8694	8.8694
	99050940	混凝土振捣器 平板式	台班	20.1054 (34.6201)	20.1054 (34.6201)	20.2387 (34.7534)	20.8340 (35.9719)
	99070220	轮胎式装载机 1 m^3	台班	8.4147 (6.5760)	8.9330 (7.0942)	9.6791 (7.8403)	11.0279 (9.1102)
	99070540	载重汽车 6 t	台班	0.0803	0.0803	0.0811	0.0811
	99070550	载重汽车 8 t	台班	0.7639	0.7639	0.7639	0.7639
	99070588	载重汽车 12 t	台班	12.8907 (10.0738)	13.6845 (10.8677)	14.8275 (12.0107)	16.8939 (13.9560)
	99090360	汽车式起重机 8 t	台班	0.2802	0.2802	0.2808	0.2808
	99090390	汽车式起重机 12 t	台班	0.7639	0.7639	0.7639	0.7639
	99090410	汽车式起重机 20 t	台班	2.5432	2.5432	2.5432	2.5432
	99091700	手扳葫芦	台班	5.0864	5.0864	5.0864	5.0864
	99091880	千斤顶 15 t	台班	5.0864	5.0864	5.0864	5.0864
	99130350	内燃夯实机 700 N·m	台班	50.4026 (35.8879)	53.8113 (39.2967)	58.6785 (44.1638)	67.4170 (52.2791)
	99170010	钢筋调直机	台班	0.1633	0.1633	0.1750	0.1750
	99170025	钢筋切断机	台班	0.1633	0.1633	0.1750	0.1750
	99210065	木工平刨床 刨削宽度 450	台班	0.1154	0.1154	0.1166	0.1166
	99440010	电动单级离心清水泵 ϕ50	台班	214.9872	226.0128	242.5500	272.1600
调整项目							
		围护支撑					
	00190101	综合人工	工日	592.1781	593.4223	593.4223	593.4223
	03152501	镀锌铁丝	kg	20.0000	25.0000	25.0000	25.0000
	04030115	黄砂 中粗	t	23.7356	33.2299	33.2299	33.2299
	05030101	成材	m^3	0.8241	1.0276	1.0276	1.0276
	35090121	槽型钢板桩	t	1.9587	2.6893	2.6893	2.6893
	35090131	槽型钢板桩使用费	t·d	7317.0000	10139.0000	10139.0000	10139.0000
	35090611	钢板桩支撑使用费	t·d	432.0000	682.0000	682.0000	682.0000
	35091771	铁撑柱	kg	173.0800	272.9800	272.9800	272.9800
	35091901	钢桩帽摊销	kg	136.2690	381.5700	381.5700	381.5700

(续表)

定额编号				J-1-2-45 A(B)	J-1-2-46 A(B)	J-1-2-47 A(B)	J-1-2-48 A(B)
项目				φ1800			
				企口式钢筋混凝土管			
				≤6.0 m	>6.0 m	6.5 m	7.0 m
名称			单位	100 m	100 m	100 m	100 m
	99030080	轨道式柴油打桩机 0.6 t	台班	27.7905			
	99030690	简易拔桩架	台班	29.8410			
	99090075	履带式起重机 8 t	台班	6.8250	8.5319	8.5319	8.5319
	99030100	轨道式柴油打桩机 1.2 t	台班		33.5913	33.5913	33.5913
	99030970	震动锤 45 kW	台班		17.3680	17.3680	17.3680
	99090090	履带式起重机 15 t	台班		17.3680	17.3680	17.3680
		井点降水					
	00190101	综合人工	工日	−27.8710	118.6283	111.2693	98.0928
	04030115	黄砂 中粗	t	9.4420			
	04030119	黄砂 中粗	kg		95423.8016	95423.8016	95423.8016
	17030102	镀锌焊接钢管	kg		0.1968	0.1968	0.1968
	17270201	普通橡胶管	m	14.2440			
	34110101	水	m^3	152.3275	566.8908	566.8908	566.8908
	35040921	轻型井点井管 φ40	m	41.9348			
	35040941	轻型井点井管 φ180×4	m	2.0243			
	35040961	喷射井点总管 φ159×6	m		4.2593	4.2593	4.2593
	35040971	喷射井点井管 φ76	m		30.3144	30.3144	30.3144
	35041011	喷射井点滤网管	根		3.4984	3.4984	3.4984
	35041021	喷射井点回水连接件	副		2.1884	2.1884	2.1884
	35041031	喷射井点腰子法兰	副		0.9925	0.9925	0.9925
	35041041	喷射井点水箱	kg		34.9674	34.9674	34.9674
	35041051	喷射井点喷射器	只		4.6748	4.6748	4.6748
	99090080	履带式起重机 10 t	台班		11.5200	11.5200	11.5200
	99091380	电动卷扬机单筒快速 10 kN	台班	1.9920			
	99350050	轻便钻机 XJ-100	台班	4.7310			
	99350120	液压钻机 G-2A	台班		4.4160	4.4160	4.4160
	99440010	电动单级离心清水泵 φ50	台班	−214.9872	−226.0128	−242.5500	−272.1600
	99440150	电动多级离心清水泵 φ150×180 m 以下	台班	3.9840	41.9300	41.9300	41.9300
	99440210	污水泵 φ100	台班		11.0400	11.0400	11.0400
	99440510	射流井点泵 9.5 m	台班	53.7420			

工作内容：沟槽挖土、沟槽排水、井点降水、沟槽围护和支撑（钢板桩、撑拆列板）、铺筑管道基础、铺设管道、沟槽回填（黄砂及素土）、土方场内运输、砌筑检查井等。

定　额　编　号			J-1-2-49 A(B)	J-1-2-50 A(B)	J-1-2-51 A(B)	J-1-2-52 A(B)
项　　目			ϕ2000			
			企口式钢筋混凝土管			
			3.5 m	≤4.0 m	>4.0 m	4.5 m
			100 m	100 m	100 m	100 m
预算定额编号	预算定额名称	预算定额单位	数　　量			
04290712	钢筋混凝土板 1400×250×160 mm	块	6.0000	6.0000	6.0000	6.0000
04290713	钢筋混凝土板 1400×300×160 mm	块	12.0000	12.0000	12.0000	12.0000
52-1-2-3	机械挖沟槽土方 深≤6 m 现场抛土	m^3	1359.7500	1505.4400	1602.5600	1748.2500
52-1-3-1	沟槽回填 夯填土	m^3	470.0800 (41.2400)	611.6200 (182.7800)	708.7400 (279.9000)	845.5200 (416.6800)
53-1-3-2	场内运输 自卸汽车装运土（运距 1 km 以内）	m^3	889.6700 (1318.5100)	912.7080 (1322.6600)	1029.2520 (1322.6600)	1195.1700 (1331.5700)
52-1-3-4	沟槽回填 黄砂	m^3	291.2400 (720.0800)	291.2400 (720.0800)	291.2400 (720.0800)	291.6100 (720.4500)
52-1-4-3	管道垫层 砾石砂垫层	m^3	37.6700	37.6700	37.6700	37.7200
52-1-5-1	管道基座 混凝土 C20	m^3	65.4600	65.4600	65.4600	67.4000
52-1-5-1 换 1	管道基座 混凝土 C15	m^3	1.6500	1.6500	1.6500	1.8000
52-1-5-2	管道基座 钢筋	t	0.3270	0.3270	0.3270	0.3570
52-1-6-9	管道铺设 企口式钢筋混凝土管 ϕ2000	100 m	0.9670	0.9670	0.9670	0.9670
52-3-1-2	砖砌检查井及雨水口 检查井 深≤4 m	m^3	19.5000	24.1200	24.1200	
52-3-1-3	砖砌检查井及雨水口 检查井 深≤6 m	m^3				27.1500
52-3-2-1	水泥砂浆抹面 检查井	m^2	128.2500	151.9200	151.9200	168.1200
52-3-6-1	安装防坠格板 新建工程	只	3.0000	3.0000	3.0000	3.0000
52-3-9-3	安装盖板及盖座 铸铁盖座	套	3.0000	3.0000	3.0000	3.0000
52-3-9-4	安装盖板及盖座 防沉降检查井盖板	块	3.0000	3.0000	3.0000	3.0000
52-4-5-1	模板工程 模板 管道基座	m^2	48.4700	48.4700	48.4700	50.6000
53-9-1-1	施工排水、降水 湿土排水	m^3	971.2500	1116.9400	1214.0600	1359.7500
53-9-1-3	施工排水、降水 筑拆竹箩滤井	座	2.5000	2.5000	2.5000	2.5000
调整项目						
	围护支撑					
52-4-3-1	打槽型钢板桩 长 4.00～6.00 m，单面	100 m	2.0000	2.0000		
52-4-3-6	拔槽型钢板桩 长 4.00～6.00 m，单面	100 m	2.0000	2.0000		

(续表)

定额编号			J-1-2-49 A(B)	J-1-2-50 A(B)	J-1-2-51 A(B)	J-1-2-52 A(B)
项目			ϕ2000			
			企口式钢筋混凝土管			
			3.5 m	≤4.0 m	>4.0 m	4.5 m
			100 m	100 m	100 m	100 m
预算定额编号	预算定额名称	预算定额单位	数量			
52-4-3-11	打拔沟槽钢板桩 槽型钢板桩使用费	t·d	3456.0000	3456.0000	7683.0000	7683.0000
52-4-4-4	安拆钢板桩支撑 槽宽≤3.8 m 深3.01～4.00 m	100 m	1.0000	1.0000		
52-4-4-14	钢板桩支撑使用费	t·d	307.0000	307.0000	614.0000	614.0000
52-4-3-2	打槽型钢板桩 长6.01～9.00 m，单面	100 m			2.0000	2.0000
52-4-3-7	拔槽型钢板桩 长6.01～9.00 m，单面	100 m			2.0000	2.0000
52-4-4-5	安拆钢板桩支撑 槽宽≤3.8 m 深4.01～6.00 m	100 m			1.0000	1.0000
	井点降水					
53-9-1-1	施工排水、降水 湿土排水	m^3	−971.2500	−1116.9400	−1214.0600	−1359.7500
53-9-1-5	施工排水、降水 轻型井点安装	根	83.0000	83.0000	83.0000	83.0000
53-9-1-6	施工排水、降水 轻型井点拆除	根	83.0000	83.0000	83.0000	83.0000
53-9-1-7	施工排水、降水 轻型井点使用	套·天	53.0000	53.0000	53.0000	53.0000

工作内容：沟槽挖土、沟槽排水、井点降水、沟槽围护和支撑(钢板桩、撑拆列板)、铺筑管道基础、铺设管道、沟槽回填(黄砂及素土)、土方场内运输、砌筑检查井等。

定额编号				J-1-2-49 A(B)	J-1-2-50 A(B)	J-1-2-51 A(B)	J-1-2-52 A(B)
项目				ϕ2000			
				企口式钢筋混凝土管			
				3.5 m	≤4.0 m	>4.0 m	4.5 m
名称			单位	100 m	100 m	100 m	100 m
人工	00190101	综合人工	工日	488.9922 (528.7028)	553.0406 (592.1222)	590.2919 (625.4926)	658.4335 (688.4058)
材料	01010211	热轧带肋钢筋(HRB400) ϕ≤10	t	0.0938	0.0938	0.0938	0.1025
	01010212	热轧带肋钢筋(HRB400) ϕ>10	t	0.2413	0.2413	0.2413	0.2635
	02090101	塑料薄膜	m^2	220.9634	224.7818	224.7818	233.6656
	03010811	钢塑膨胀铆钉	只	18.3600	18.3600	18.3600	18.3600
	03150101	圆钉	kg	9.8817	9.8817	9.8817	10.3159
	03152501	镀锌铁丝	kg	1.0104	1.0104	1.0104	1.1031
	04030115	黄砂 中粗	t	515.0823 (1273.2714)	515.0823 (1273.2714)	515.0823 (1273.2714)	515.7365 (1273.9256)

（续表）

定额编号				J-1-2-49 A(B)	J-1-2-50 A(B)	J-1-2-51 A(B)	J-1-2-52 A(B)
项目				ϕ2000			
				企口式钢筋混凝土管			
				3.5 m	≤4.0 m	>4.0 m	4.5 m
名称			单位	100 m	100 m	100 m	100 m
材料	04030701	砾石砂	t	83.2846	83.2846	83.2846	83.3951
	04050313	道碴 50～70	t	0.3988	0.3988	0.3988	0.3988
	04131711	蒸压灰砂砖	千块	10.5729	13.0779	13.0779	14.6773
	04290712	钢筋混凝土板 1400×250×160 mm	块	6.0000	6.0000	6.0000	6.0000
	04290713	钢筋混凝土板 1400×300×160 mm	块	12.0000	12.0000	12.0000	12.0000
	05350301	竹箩	个	2.5000	2.5000	2.5000	2.5000
	17291115	钢筋混凝土企口管 ϕ2000×2000	m	97.2292	97.2292	97.2292	97.2292
	18271127	管枕 ϕ2000	块	193.4909	193.4909	193.4909	193.4909
	34110101	水	m^3	49.5199 (117.0622)	49.5831 (117.1254)	49.5831 (117.1254)	49.7883 (117.3306)
	35010102	组合钢模板	kg	31.0113	31.0113	31.0113	32.3741
	35010703	木模板成材	m^3	0.1938	0.1938	0.1938	0.2023
	35020401	钢模零配件	kg	11.4665	11.4665	11.4665	11.9704
	36012831	铸铁检查井雨污水盖座 市政90型	套	3.0000	3.0000	3.0000	3.0000
	36016631	防沉降检查井盖板 2500×2000×200	块	3.0000	3.0000	3.0000	3.0000
	36016651	高强度塑料检查井格板	只	3.0600	3.0600	3.0600	3.0600
	36016661	高强度塑料支架	只	9.1800	9.1800	9.1800	9.1800
	80060414	湿拌砌筑砂浆 WM M10.0	m^3	4.5981	5.6875	5.6875	6.4617
	80060513	预拌抹灰砂浆 WP M15.0	m^3	2.3443	2.7206	2.7206	2.9782
	80210410	预拌混凝土(泵送型) C15 粒径5～20	m^3	1.6665	1.6665	1.6665	1.8180
	80210414	预拌混凝土(泵送型) C20 粒径5～20	m^3	66.1146	66.1146	66.1146	68.0740
机械	99010060	履带式单斗液压挖掘机 1 m^3	台班	5.5750	6.1723	6.5705	7.1678
	99050930	混凝土振捣器 插入式	台班	9.1941	9.1941	9.1941	9.4804
	99050940	混凝土振捣器 平板式	台班	21.5699 (37.4799)	21.5699 (37.4799)	21.5699 (37.4799)	21.8720 (37.7820)
	99070220	轮胎式装载机 1 m^3	台班	4.1814 (6.1970)	4.2897 (6.2165)	4.8375 (6.2165)	5.6173 (6.2584)
	99070540	载重汽车 6 t	台班	0.0776	0.0776	0.0776	0.0810
	99070588	载重汽车 12 t	台班	6.4056 (9.4933)	6.5715 (9.5232)	7.4106 (9.5232)	8.6052 (9.5873)

(续表)

定额编号				J-1-2-49 A(B)	J-1-2-50 A(B)	J-1-2-51 A(B)	J-1-2-52 A(B)
项目				ϕ2000			
				企口式钢筋混凝土管			
				3.5 m	≤4.0 m	>4.0 m	4.5 m
名称			单位	100 m	100 m	100 m	100 m
机械	99090360	汽车式起重机 8 t	台班	0.2783	0.2783	0.2783	0.2807
	99130350	内燃夯实机 700 N·m	台班	17.4400 (1.5300)	22.6911 (6.7811)	26.2943 (10.3843)	31.3688 (15.4588)
	99170010	钢筋调直机	台班	0.1590	0.1590	0.1590	0.1735
	99170025	钢筋切断机	台班	0.1590	0.1590	0.1590	0.1735
	99210065	木工平刨床 刨削宽度 450	台班	0.1115	0.1115	0.1115	0.1164
	99440010	电动单级离心清水泵 ϕ50	台班	116.5500	134.0328	145.6872	163.1700
调整项目							
		围护支撑					
	00190101	综合人工	工日	462.6629	462.6629	592.1781	592.1781
	03152501	镀锌铁丝	kg	15.0000	15.0000	20.0000	20.0000
	04030115	黄砂 中粗	t	15.8236	15.8236	23.7356	23.7356
	05030101	成材	m^3	0.6027	0.6027	0.8241	0.8241
	35090121	槽型钢板桩	t	1.3350	1.3350	1.9587	1.9587
	35090131	槽型钢板桩使用费	t·d	3456.0000	3456.0000	7683.0000	7683.0000
	35090611	钢板桩支撑使用费	t·d	307.0000	307.0000	614.0000	614.0000
	35091771	铁撑柱	kg	129.8100	129.8100	173.0800	173.0800
	35091901	钢桩帽摊销	kg	90.9300	90.9300	136.2690	136.2690
	99030080	轨道式柴油打桩机 0.6 t	台班	20.1323	20.1323	27.7905	27.7905
	99030690	简易拔桩架	台班	23.9558	23.9558	29.8410	29.8410
	99090075	履带式起重机 8 t	台班	5.1194	5.1194	6.8250	6.8250
		井点降水					
	00190101	综合人工	工日	20.5335	12.7537	7.5675	−0.2124
	04030115	黄砂 中粗	t	9.4420	9.4420	9.4420	9.4420
	17270201	普通橡胶管	m	14.2440	14.2440	14.2440	14.2440
	34110101	水	m^3	152.3275	152.3275	152.3275	152.3275
	35040921	轻型井点井管 ϕ40	m	49.0622	49.0622	49.0622	49.0622
	35040941	轻型井点井管 ϕ180×4	m	2.3678	2.3678	2.3678	2.3678
	99091380	电动卷扬机单筒快速 10 kN	台班	1.9920	1.9920	1.9920	1.9920
	99350050	轻便钻机 XJ-100	台班	4.7310	4.7310	4.7310	4.7310
	99440010	电动单级离心清水泵 ϕ50	台班	−116.5500	−134.0328	−145.6872	−163.1700
	99440150	电动多级离心清水泵 ϕ150×180 m 以下	台班	3.9840	3.9840	3.9840	3.9840
	99440510	射流井点泵 9.5 m	台班	62.9420	62.9420	62.9420	62.9420

工作内容：沟槽挖土、沟槽排水、井点降水、沟槽围护和支撑（钢板桩、撑拆列板）、铺筑管道基础、铺设管道、沟槽回填（黄砂及素土）、土方场内运输、砌筑检查井等。

定额编号			J-1-2-53 A(B)	J-1-2-54 A(B)	J-1-2-55 A(B)	J-1-2-56 A(B)
项目			ϕ2000			
			企口式钢筋混凝土管			
			5.0 m	5.5 m	≤6.0 m	>6.0 m
			100 m	100 m	100 m	100 m
预算定额编号	预算定额名称	预算定额单位	数量			
04290712	钢筋混凝土板 1400×250×160 mm	块	6.0000	18.0000	18.0000	18.0000
04290713	钢筋混凝土板 1400×300×160 mm	块	12.0000			
52-1-2-3	机械挖沟槽土方 深≤6 m 现场抛土	m^3	1995.0000	2194.5000	2344.1300	2394.0000
52-1-2-3 系 1	机械挖沟槽土方 深≤7 m 现场抛土	m^3				49.8800
52-1-3-1	沟槽回填 夯填土	m^3	1072.2600 (625.4700)	1266.6500 (819.8600)	1411.1300 (964.3400)	1510.8800 (1064.0900)
53-1-3-2	场内运输 自卸汽车装运土（运距 1 km 以内）	m^3	1471.2600 (1369.5300)	1705.5500 (1374.6400)	1879.9560 (1433.1660)	1999.6560 (1552.8660)
52-1-3-4	沟槽回填 黄砂	m^3	307.7800 (754.5700)	307.7800 (754.5700)	307.7800 (754.5700)	307.7800 (754.5700)
52-1-4-3	管道垫层 砾石砂垫层	m^3	38.6400	38.6400	38.6400	38.6400
52-1-5-1	管道基座 混凝土 C20	m^3	67.4000	67.4000	67.4000	67.4000
52-1-5-1 换 1	管道基座 混凝土 C15	m^3	1.8000	1.8000	1.8000	1.8000
52-1-5-2	管道基座 钢筋	t	0.3570	0.3570	0.3570	0.3570
52-1-6-9	管道铺设 企口式钢筋混凝土管 ϕ2000	100 m	0.9670	0.9670	0.9670	0.9670
52-3-1-3	砖砌检查井及雨水口 检查井 深≤6 m	m^3	30.4800	33.8100	52.5900	52.5900
52-3-2-1	水泥砂浆抹面 检查井	m^2	184.3200	199.3500	204.9600	204.9600
52-3-6-1	安装防坠格板 新建工程	只	3.0000	3.0000	3.0000	3.0000
52-3-9-3	安装盖板及盖座 铸铁盖座	套	3.0000	3.0000	3.0000	3.0000
52-3-9-4	安装盖板及盖座 防沉降检查井盖板	块	3.0000	3.0000	3.0000	3.0000
52-4-5-1	模板工程 模板 管道基座	m^2	50.6000	50.6000	50.6000	50.6000
53-9-1-1	施工排水、降水 湿土排水	m^3	1596.0000	1795.5000	1945.1300	2044.8800
53-9-1-3	施工排水、降水 筑拆竹箩滤井	座	2.5000	2.5000	2.5000	2.5000
调整项目						
	围护支撑					
52-4-3-2	打槽型钢板桩 长 6.01～9.00 m，单面	100 m	2.0000	2.0000	2.0000	
52-4-3-7	拔槽型钢板桩 长 6.01～9.00 m，单面	100 m	2.0000	2.0000	2.0000	

（续表）

定额编号			J-1-2-53 A(B)	J-1-2-54 A(B)	J-1-2-55 A(B)	J-1-2-56 A(B)
项目			φ2000			
			企口式钢筋混凝土管			
			5.0 m	5.5 m	≤6.0 m	>6.0 m
			100 m	100 m	100 m	100 m
预算定额编号	预算定额名称	预算定额单位	数量			
52-4-3-11	打拔沟槽钢板桩 槽型钢板桩使用费	t·d	7683.0000	7683.0000	7683.0000	10645.0000
52-4-4-5	安拆钢板桩支撑 槽宽≤3.8 m 深4.01～6.00 m	100 m	1.0000	1.0000	1.0000	
52-4-4-14	钢板桩支撑使用费	t·d	614.0000	614.0000	614.0000	1067.0000
52-4-3-3	打槽型钢板桩 长9.01～12.00 m，单面	100 m				2.0000
52-4-3-8	拔槽型钢板桩 长9.01～12.00 m，单面	100 m				2.0000
52-4-4-6	安拆钢板桩支撑 槽宽≤3.8 m 深6.01～8.00 m	100 m				1.0000
	井点降水					
53-9-1-1	施工排水、降水 湿土排水	m^3	−1596.0000	−1795.5000	−1945.1300	−2044.8800
53-9-1-5	施工排水、降水 轻型井点安装	根	83.0000	83.0000	83.0000	
53-9-1-6	施工排水、降水 轻型井点拆除	根	83.0000	83.0000	83.0000	
53-9-1-7	施工排水、降水 轻型井点使用	套·天	53.0000	53.0000	53.0000	
53-9-1-8	施工排水、降水 喷射井点安装 10 m	根				40.0000
53-9-1-9	施工排水、降水 喷射井点拆除 10 m	根				40.0000
53-9-1-10	施工排水、降水 喷射井点使用 10 m	套·天				37.0000

工作内容：沟槽挖土、沟槽排水、井点降水、沟槽围护和支撑（钢板桩、撑拆列板）、铺筑管道基础、铺设管道、沟槽回填（黄砂及素土）、土方场内运输、砌筑检查井等。

定额编号				J-1-2-53 A(B)	J-1-2-54 A(B)	J-1-2-55 A(B)	J-1-2-56 A(B)
项目				φ2000			
				企口式钢筋混凝土管			
				5.0 m	5.5 m	≤6.0 m	>6.0 m
名称			单位	100 m	100 m	100 m	100 m
人工	00190101	综合人工	工日	762.9309 (786.0378)	848.3682 (863.8435)	950.5329 (962.1494)	988.9976 (1000.6141)
材料	01010211	热轧带肋钢筋(HRB400) φ≤10	t	0.1025	0.1025	0.1025	0.1025
	01010212	热轧带肋钢筋(HRB400) φ>10	t	0.2635	0.2635	0.2635	0.2635
	02090101	塑料薄膜	m^2	236.4178	239.1701	254.6917	254.6917

（续表）

定额编号			J-1-2-53 A(B)	J-1-2-54 A(B)	J-1-2-55 A(B)	J-1-2-56 A(B)
项目			ϕ2000			
			企口式钢筋混凝土管			
			5.0 m	5.5 m	≤6.0 m	>6.0 m
名称		单位	100 m	100 m	100 m	100 m
材料	03010811	钢塑膨胀铆钉	只	18.3600	18.3600	18.3600	18.3600
	03150101	圆钉	kg	10.3159	10.3159	10.3159	10.3159
	03152501	镀锌铁丝	kg	1.1031	1.1031	1.1031	1.1031
	04030115	黄砂 中粗	t	544.3250 (1334.2498)	544.3250 (1334.2498)	544.3250 (1334.2498)	544.3250 (1334.2498)
	04030701	砾石砂	t	85.4292	85.4292	85.4292	85.4292
	04050313	道碴 50～70	t	0.3988	0.3988	0.3988	0.3988
	04131711	蒸压灰砂砖	千块	16.4775	18.2777	28.4302	28.4302
	04290712	钢筋混凝土板 1400×250×160 mm	块	6.0000	18.0000	18.0000	18.0000
	04290713	钢筋混凝土板 1400×300×160 mm	块	12.0000			
	05350301	竹箩	个	2.5000	2.5000	2.5000	2.5000
	17291115	钢筋混凝土企口管 ϕ2000×2000	m	97.2292	97.2292	97.2292	97.2292
	18271127	管枕 ϕ2000	块	193.4909	193.4909	193.4909	193.4909
	34110101	水	m^3	52.3807 (122.7501)	52.4263 (122.7957)	52.6836 (123.0530)	52.6836 (123.0530)
	35010102	组合钢模板	kg	32.3741	32.3741	32.3741	32.3741
	35010703	木模板成材	m^3	0.2023	0.2023	0.2023	0.2023
	35020401	钢模零配件	kg	11.9704	11.9704	11.9704	11.9704
	36012831	铸铁检查井雨污水盖座 市政90型	套	3.0000	3.0000	3.0000	3.0000
	36016631	防沉降检查井盖板 2500×2000×200	块	3.0000	3.0000	3.0000	3.0000
	36016651	高强度塑料检查井格板	只	3.0600	3.0600	3.0600	3.0600
	36016661	高强度塑料支架	只	9.1800	9.1800	9.1800	9.1800
	80060414	湿拌砌筑砂浆 WM M10.0	m^3	7.2542	8.0468	12.5164	12.5164
	80060513	预拌抹灰砂浆 WP M15.0	m^3	3.2358	3.4748	3.5640	3.5640
	80210410	预拌混凝土(泵送型) C15 粒径5～20	m^3	1.8180	1.8180	1.8180	1.8180
	80210414	预拌混凝土(泵送型) C20 粒径5～20	m^3	68.0740	68.0740	68.0740	68.0740

（续表）

定额编号				J-1-2-53 A(B)	J-1-2-54 A(B)	J-1-2-55 A(B)	J-1-2-56 A(B)
项目				ϕ2000			
				企口式钢筋混凝土管			
				5.0 m	5.5 m	≤6.0 m	>6.0 m
名称			单位	100 m	100 m	100 m	100 m
机械	99010060	履带式单斗液压挖掘机 1 m^3	台班	8.1795	8.9975	9.6109	10.0548
	99050930	混凝土振捣器 插入式	台班	9.4804	9.4804	9.4804	9.4804
	99050940	混凝土振捣器 平板式	台班	22.5103 (39.0862)	22.5103 (39.0862)	22.5103 (39.0862)	22.5103 (39.0862)
	99070220	轮胎式装载机 1 m^3	台班	6.9149 (6.4368)	8.0161 (6.4608)	8.8358 (6.7359)	9.3984 (7.2985)
	99070540	载重汽车 6 t	台班	0.0810	0.0810	0.0810	0.0810
	99070588	载重汽车 12 t	台班	10.5931 (9.8606)	12.2800 (9.8974)	13.5357 (10.3188)	14.3975 (11.1806)
	99090360	汽车式起重机 8 t	台班	0.2807	0.2807	0.2807	0.2807
	99130350	内燃夯实机 700 N·m	台班	39.7808 (23.2049)	46.9927 (30.4168)	52.3529 (35.7770)	56.0536 (39.4777)
	99170010	钢筋调直机	台班	0.1735	0.1735	0.1735	0.1735
	99170025	钢筋切断机	台班	0.1735	0.1735	0.1735	0.1735
	99210065	木工平刨床 刨削宽度 450	台班	0.1164	0.1164	0.1164	0.1164
	99440010	电动单级离心清水泵 ϕ50	台班	191.5200	215.4600	233.4156	245.3856
调整项目							
		围护支撑					
	00190101	综合人工	工日	592.1781	592.1781	592.1781	593.4223
	03152501	镀锌铁丝	kg	20.0000	20.0000	20.0000	25.0000
	04030115	黄砂 中粗	t	23.7356	23.7356	23.7356	33.2299
	05030101	成材	m^3	0.8241	0.8241	0.8241	1.0276
	35090121	槽型钢板桩	t	1.9587	1.9587	1.9587	2.6893
	35090131	槽型钢板桩使用费	t·d	7683.0000	7683.0000	7683.0000	10645.0000
	35090611	钢板桩支撑使用费	t·d	614.0000	614.0000	614.0000	1067.0000
	35091771	铁撑柱	kg	173.0800	173.0800	173.0800	272.9800
	35091901	钢桩帽摊销	kg	136.2690	136.2690	136.2690	381.5700
	99030080	轨道式柴油打桩机 0.6 t	台班	27.7905	27.7905	27.7905	
	99030690	简易拔桩架	台班	29.8410	29.8410	29.8410	
	99090075	履带式起重机 8 t	台班	6.8250	6.8250	6.8250	8.5319
	99030100	轨道式柴油打桩机 1.2 t	台班				33.5913
	99030970	震动锤 45 kW	台班				17.3680

（续表）

定　额　编　号			J-1-2-53 A(B)	J-1-2-54 A(B)	J-1-2-55 A(B)	J-1-2-56 A(B)
项　　目			ϕ2000			
			企口式钢筋混凝土管			
			5.0 m	5.5 m	≤6.0 m	>6.0 m
名　　称		单位	100 m	100 m	100 m	100 m
99090090	履带式起重机 15 t	台班				17.3680
	井点降水					
00190101	综合人工	工日	−12.8281	−23.4814	−31.4716	123.3274
04030115	黄砂 中粗	t	9.4420	9.4420	9.4420	
04030119	黄砂 中粗	kg				95423.8016
17030102	镀锌焊接钢管	kg				0.2272
17270201	普通橡胶管	m	14.2440	14.2440	14.2440	
34110101	水	m^3	152.3275	152.3275	152.3275	566.8908
35040921	轻型井点井管 ϕ40	m	49.0622	49.0622	49.0622	
35040941	轻型井点井管 ϕ180×4	m	2.3678	2.3678	2.3678	
35040961	喷射井点总管 ϕ159×6	m				5.0481
35040971	喷射井点井管 ϕ76	m				35.9569
35041011	喷射井点滤网管	根				4.1475
35041021	喷射井点回水连接件	副				2.5949
35041031	喷射井点腰子法兰	副				1.1745
35041041	喷射井点水箱	kg				41.4593
35041051	喷射井点喷射器	只				5.5425
99090080	履带式起重机 10 t	台班				11.5200
99091380	电动卷扬机单筒快速 10 kN	台班	1.9920	1.9920	1.9920	
99350050	轻便钻机 XJ-100	台班	4.7310	4.7310	4.7310	
99350120	液压钻机 G-2A	台班				4.4160
99440010	电动单级离心清水泵 ϕ50	台班	−191.5200	−215.4600	−233.4156	−245.3856
99440150	电动多级离心清水泵 ϕ150×180 m 以下	台班	3.9840	3.9840	3.9840	48.5900
99440210	污水泵 ϕ100	台班				11.0400
99440510	射流井点泵 9.5 m	台班	62.9420	62.9420	62.9420	

工作内容:沟槽挖土、沟槽排水、井点降水、沟槽围护和支撑(钢板桩、撑拆列板)、铺筑管道基础、铺设管道、沟槽回填(黄砂及素土)、土方场内运输、砌筑检查井等。

定额编号			J-1-2-57 A(B)	J-1-2-58 A(B)	J-1-2-59A	J-1-2-60 A(B)
项目			φ2000		φ2200	
			企口式钢筋混凝土管			
			6.5 m	7.0 m	3.5 m	≤4.0 m
			100 m	100 m	100 m	100 m
预算定额编号	预算定额名称	预算定额单位	数量			
04290712	钢筋混凝土板 1400×250×160 mm	块	18.0000	18.0000	6.0000	6.0000
04290713	钢筋混凝土板 1400×300×160 mm	块			15.0000	15.0000
52-1-2-3	机械挖沟槽土方 深≤6 m 现场抛土	m^3	2394.0000	2457.0000	1433.2500	1586.8100
52-1-2-3 系 1	机械挖沟槽土方 深≤7 m 现场抛土	m^3	199.5000	409.5000		
52-1-3-1	沟槽回填 夯填土	m^3	1653.8800 (1207.0900)	1904.0000 (1439.2500)	417.8500	568.4800 (100.9300)
53-1-3-2	场内运输 自卸汽车装运土(运距1 km 以内)	m^3	2172.5800 (1725.7900)	2477.3000 (2012.5500)	1015.4000	1018.3300 (1485.8800)
52-1-3-4	沟槽回填 黄砂	m^3	307.7800 (754.5700)	323.9500 (788.7000)	318.7200	318.7200 (786.2700)
52-1-4-3	管道垫层 砾石砂垫层	m^3	38.8800	39.8100	39.7700	39.7700
52-1-5-1	管道基座 混凝土 C20	m^3	68.1800	68.1800	71.3700	71.3700
52-1-5-1 换 1	管道基座 混凝土 C15	m^3	1.9200	1.9200	1.7700	1.7700
52-1-5-2	管道基座 钢筋	t	0.3810	0.3810	0.3540	0.3540
52-1-6-9	管道铺设 企口式钢筋混凝土管 φ2000	100 m	0.9670	0.9670		
52-1-6-10	管道铺设 企口式钢筋混凝土管 φ2200	100 m			0.9670	0.9670
52-3-1-2	砖砌检查井及雨水口 检查井 深≤4 m	m^3			21.0000	25.8600
52-3-1-4	砖砌检查井及雨水口 检查井 深≤8 m	m^3	55.9800	59.8500		
52-3-2-1	水泥砂浆抹面 检查井	m^2	225.0000	247.0800	134.7600	159.3600
52-3-6-1	安装防坠格板 新建工程	只	3.0000	3.0000	3.0000	3.0000
52-3-9-3	安装盖板及盖座 铸铁盖座	套	3.0000	3.0000	3.0000	3.0000
52-3-9-4	安装盖板及盖座 防沉降检查井盖板	块	3.0000	3.0000	3.0000	3.0000
52-4-5-1	模板工程 模板 管道基座	m^2	51.1100	51.1100	50.8700	50.8700
53-9-1-1	施工排水、降水 湿土排水	m^3	2194.5000	2457.0000	1023.7500	1177.3100
53-9-1-3	施工排水、降水 筑拆竹箩滤井	座	2.5000	2.5000	2.5000	2.5000

（续表）

定额编号			J-1-2-57 A(B)	J-1-2-58 A(B)	J-1-2-59A	J-1-2-60 A(B)
项目			ϕ2000		ϕ2200	
			企口式钢筋混凝土管			
			6.5 m	7.0 m	3.5 m	≤4.0 m
			100 m	100 m	100 m	100 m
预算定额编号	预算定额名称	预算定额单位	数量			
调整项目						
	围护支撑					
52-4-3-3	打槽型钢板桩 长 9.01～12.00 m，单面	100 m	2.0000	2.0000		
52-4-3-8	拔槽型钢板桩 长 9.01～12.00 m，单面	100 m	2.0000	2.0000		
52-4-3-11	打拔沟槽钢板桩 槽型钢板桩使用费	t·d	10645.0000	10645.0000	3456.0000	3456.0000
52-4-4-6	安拆钢板桩支撑 槽宽≤3.8 m 深 6.01～8.00 m	100 m	1.0000			
52-4-4-14	钢板桩支撑使用费	t·d	1067.0000	1067.0000	307.0000	307.0000
52-4-4-9	安拆钢板桩支撑 槽宽≤4.5 m 深 6.01～8.00 m	100 m		1.0000		
52-4-3-1	打槽型钢板桩 长 4.00～6.00 m，单面	100 m			2.0000	2.0000
52-4-3-6	拔槽型钢板桩 长 4.00～6.00 m，单面	100 m			2.0000	2.0000
52-4-4-7	安拆钢板桩支撑 槽宽≤4.5 m 深 3.01～4.00 m	100 m			1.0000	1.0000
	井点降水					
53-9-1-1	施工排水、降水 湿土排水	m^3	−2194.5000	−2457.0000	−1023.7500	−1177.3100
53-9-1-5	施工排水、降水 轻型井点安装	根			83.0000	83.0000
53-9-1-6	施工排水、降水 轻型井点拆除	根			83.0000	83.0000
53-9-1-7	施工排水、降水 轻型井点使用	套·天			56.0000	56.0000
53-9-1-8	施工排水、降水 喷射井点安装 10 m	根	40.0000	40.0000		
53-9-1-9	施工排水、降水 喷射井点拆除 10 m	根	40.0000	40.0000		
53-9-1-10	施工排水、降水 喷射井点使用 10 m	套·天	37.0000	37.0000		

工作内容：沟槽挖土、沟槽排水、井点降水、沟槽围护和支撑(钢板桩、撑拆列板)、铺筑管道基础、铺设管道、沟槽回填(黄砂及素土)、土方场内运输、砌筑检查井等。

定额编号				J-1-2-57A(B)	J-1-2-58A(B)	J-1-2-59A	J-1-2-60A(B)
项目				ϕ2000		ϕ2200	
				企口式钢筋混凝土管			
				6.5 m	7.0 m	3.5 m	≤4.0 m
名称			单位	100 m	100 m	100 m	100 m
人工	00190101	综合人工	工日	1061.1978 (1072.8143)	1178.2880 (1190.3714)	506.8500	573.9563 (617.2515)
材料	01010211	热轧带肋钢筋(HRB400) ϕ≤10	t	0.1093	0.1093	0.1016	0.1016
	01010212	热轧带肋钢筋(HRB400) ϕ>10	t	0.2812	0.2812	0.2613	0.2613
	02090101	塑料薄膜	m^2	260.2407	263.4392	240.6090	244.6258
	03010811	钢塑膨胀铆钉	只	18.3600	18.3600	18.3600	18.3600
	03150101	圆钉	kg	10.4199	10.4199	10.3710	10.3710
	03152501	镀锌铁丝	kg	1.1773	1.1773	1.0939	1.0939
	04030115	黄砂 中粗	t	544.3250 (1334.2498)	572.9136 (1394.5916)	563.6670	563.6670 (1390.2954)
	04030701	砾石砂	t	85.9598	88.0159	87.9275	87.9275
	04050313	道碴 50～70	t	0.3988	0.3988	0.3988	0.3988
	04131711	蒸压灰砂砖	千块	30.1676	32.2532	11.3862	14.0213
	04290712	钢筋混凝土板 1400×250×160 mm	块	18.0000	18.0000	6.0000	6.0000
	04290713	钢筋混凝土板 1400×300×160 mm	块			15.0000	15.0000
	05350301	竹箩	个	2.5000	2.5000	2.5000	2.5000
	17291115	钢筋混凝土企口管 ϕ2000×2000	m	97.2292	97.2292		
	17291116	钢筋混凝土企口管 ϕ2200×2000	m			97.2224	97.2224
	18271127	管枕 ϕ2000	块	193.4909	193.4909		
	18271129	管枕 ϕ2200	块			193.4774	193.4774
	34110101	水	m^3	52.7754 (123.1448)	55.3751 (128.5733)	54.1723	54.2389 (127.8780)
	35010102	组合钢模板	kg	32.7004	32.7004	32.5469	32.5469
	35010703	木模板成材	m^3	0.2043	0.2043	0.2034	0.2034
	35020401	钢模零配件	kg	12.0911	12.0911	12.0343	12.0343
	36012831	铸铁检查井雨污水盖座 市政90型	套	3.0000	3.0000	3.0000	3.0000
	36016631	防沉降检查井盖板 2500×2000×200	块	3.0000	3.0000	3.0000	3.0000
	36016651	高强度塑料检查井格板	只	3.0600	3.0600	3.0600	3.0600
	36016661	高强度塑料支架	只	9.1800	9.1800	9.1800	9.1800

（续表）

定额编号				J-1-2-57 A(B)	J-1-2-58 A(B)	J-1-2-59A	J-1-2-60 A(B)
项目				ϕ2000		ϕ2200	
				企口式钢筋混凝土管			
				6.5 m	7.0 m	3.5 m	≤4.0 m
名称			单位	100 m	100 m	100 m	100 m
材料	80060414	湿拌砌筑砂浆 WM M10.0	m^3	13.5416	14.4777	4.9518	6.0978
	80060513	预拌抹灰砂浆 WP M15.0	m^3	3.8826	4.2337	2.4526	2.8437
	80210410	预拌混凝土(泵送型) C15 粒径 5～20	m^3	1.9392	1.9392	1.7877	1.7877
	80210414	预拌混凝土(泵送型) C20 粒径 5～20	m^3	68.8618	68.8618	72.0837	72.0837
机械	99010060	履带式单斗液压挖掘机 1 m^3	台班	10.7730	12.0393	5.8763	6.5059
	99050930	混凝土振捣器 插入式	台班	9.6037	9.6037	10.0202	10.0202
	99050940	混凝土振捣器 平板式	台班	22.6436 (39.2195)	23.2823 (40.5246)	23.5031	23.5031 (40.8492)
	99070220	轮胎式装载机 1 m^3	台班	10.2111 (8.1112)	11.6433 (9.4590)	4.7724	4.7862 (6.9836)
	99070540	载重汽车 6 t	台班	0.0818	0.0818	0.0814	0.0814
	99070588	载重汽车 12 t	台班	15.6426 (12.4257)	17.8366 (14.4904)	7.3109	7.3320 (10.6983)
	99090360	汽车式起重机 8 t	台班	0.2812	0.2812	0.2810	0.2810
	99130350	内燃夯实机 700 N·m	台班	61.3589 (44.7830)	70.6384 (53.3962)	15.5022	21.0906 (3.7445)
	99170010	钢筋调直机	台班	0.1852	0.1852	0.1721	0.1721
	99170025	钢筋切断机	台班	0.1852	0.1852	0.1721	0.1721
	99210065	木工平刨床 刨削宽度 450	台班	0.1176	0.1176	0.1170	0.1170
	99440010	电动单级离心清水泵 ϕ50	台班	263.3400	294.8400	122.8500	141.2772
调整项目							
		围护支撑					
	00190101	综合人工	工日	593.4223	621.3363	477.8779	477.8779
	03152501	镀锌铁丝	kg	25.0000	25.0000	15.0000	15.0000
	04030115	黄砂 中粗	t	33.2299	33.2299	15.8236	15.8236
	05030101	成材	m^3	1.0276	1.0276	0.6027	0.6027
	35090121	槽型钢板桩	t	2.6893	2.6893	1.3350	1.3350
	35090131	槽型钢板桩使用费	t·d	10645.0000	10645.0000	3456.0000	3456.0000
	35090611	钢板桩支撑使用费	t·d	1067.0000	1067.0000	307.0000	307.0000
	35091771	铁撑柱	kg	272.9800	427.2000	184.5000	184.5000
	35091901	钢桩帽摊销	kg	381.5700	381.5700	90.9300	90.9300
	99030100	轨道式柴油打桩机 1.2 t	台班	33.5913	33.5913		

（续表）

定额编号				J-1-2-57 A(B)	J-1-2-58 A(B)	J-1-2-59A	J-1-2-60 A(B)
项目				ϕ2000		ϕ2200	
				企口式钢筋混凝土管			
				6.5 m	7.0 m	3.5 m	≤4.0 m
	名称		单位	100 m	100 m	100 m	100 m
	99030970	震动锤 45 kW	台班	17.3680	17.3680		
	99090075	履带式起重机 8 t	台班	8.5319	11.3750	6.8250	6.8250
	99090090	履带式起重机 15 t	台班	17.3680	17.3680		
	99030080	轨道式柴油打桩机 0.6 t	台班			20.1323	20.1323
	99030690	简易拔桩架	台班			23.9558	23.9558
		井点降水					
	00190101	综合人工	工日	115.3377	101.3202	19.4550	11.2549
	04030115	黄砂 中粗	t			9.4420	9.4420
	04030119	黄砂 中粗	kg	95423.8016	95423.8016		
	17030102	镀锌焊接钢管	kg	0.2272	0.2272		
	17270201	普通橡胶管	m			14.2440	14.2440
	34110101	水	m^3	566.8908	566.8908	152.3275	152.3275
	35040921	轻型井点井管 ϕ40	m			51.7349	51.7349
	35040941	轻型井点井管 ϕ180×4	m			2.4966	2.4966
	35040961	喷射井点总管 ϕ159×6	m	5.0481	5.0481		
	35040971	喷射井点井管 ϕ76	m	35.9569	35.9569		
	35041011	喷射井点滤网管	根	4.1475	4.1475		
	35041021	喷射井点回水连接件	副	2.5949	2.5949		
	35041031	喷射井点腰子法兰	副	1.1745	1.1745		
	35041041	喷射井点水箱	kg	41.4593	41.4593		
	35041051	喷射井点喷射器	只	5.5425	5.5425		
	99090080	履带式起重机 10 t	台班	11.5200	11.5200		
	99091380	电动卷扬机单筒快速 10 kN	台班			1.9920	1.9920
	99350050	轻便钻机 XJ-100	台班			4.7310	4.7310
	99350120	液压钻机 G-2A	台班	4.4160	4.4160		
	99440010	电动单级离心清水泵 ϕ50	台班	−263.3400	−294.8400	−122.8500	−141.2772
	99440150	电动多级离心清水泵 ϕ150×180 m 以下	台班	48.5900	48.5900	3.9840	3.9840
	99440210	污水泵 ϕ100	台班	11.0400	11.0400		
	99440510	射流井点泵 9.5 m	台班			66.3920	66.3920

工作内容：沟槽挖土、沟槽排水、井点降水、沟槽围护和支撑(钢板桩、撑拆列板)、铺筑管道基础、铺设管道、沟槽回填(黄砂及素土)、土方场内运输、砌筑检查井等。

定额编号			J-1-2-61 A(B)	J-1-2-62 A(B)	J-1-2-63 A(B)	J-1-2-64 A(B)
项目			ϕ2200			
			企口式钢筋混凝土管			
			>4.0 m	4.5 m	5.0 m	5.5 m
			100 m	100 m	100 m	100 m
预算定额编号	预算定额名称	预算定额单位	数量			
04290712	钢筋混凝土板 1400×250×160 mm	块	6.0000	6.0000	6.0000	6.0000
04290713	钢筋混凝土板 1400×300×160 mm	块	15.0000	15.0000	15.0000	15.0000
52-1-2-3	机械挖沟槽土方 深≤6 m 现场抛土	m^3	1689.1900	1842.7500	2100.0000	2310.0000
52-1-3-1	沟槽回填 夯填土	m^3	670.8600 (203.3100)	814.5900 (347.0400)	1050.6700 (564.0100)	1256.4600 (769.8000)
53-1-3-2	场内运输 自卸汽车装运土(运距 1 km 以内)	m^3	1018.3300 (1485.8800)	1183.1400 (1495.7100)	1470.6700 (1535.9900)	1718.4600 (1540.2000)
52-1-3-4	沟槽回填 黄砂	m^3	318.7200 (786.2700)	319.1100 (786.6600)	336.4300 (823.0900)	336.4300 (823.0900)
52-1-4-3	管道垫层 砾石砂垫层	m^3	39.7700	39.8100	40.7300	40.7300
52-1-5-1	管道基座 混凝土 C20	m^3	71.3700	71.9100	71.9100	71.9100
52-1-5-1 换 1	管道基座 混凝土 C15	m^3	1.7700	1.9200	1.9200	1.9200
52-1-5-2	管道基座 钢筋	t	0.3540	0.3810	0.3810	0.3810
52-1-6-10	管道铺设 企口式钢筋混凝土管 ϕ2200	100 m	0.9670	0.9670	0.9670	0.9670
52-3-1-2	砖砌检查井及雨水口 检查井 深≤4 m	m^3	25.8600			
52-3-1-3	砖砌检查井及雨水口 检查井 深≤6 m	m^3		28.8300	32.1900	35.2200
52-3-2-1	水泥砂浆抹面 检查井	m^2	159.3600	175.5600	191.7600	204.6000
52-3-6-1	安装防坠格板 新建工程	只	3.0000	3.0000	3.0000	3.0000
52-3-9-3	安装盖板及盖座 铸铁盖座	套	3.0000	3.0000	3.0000	3.0000
52-3-9-4	安装盖板及盖座 防沉降检查井盖板	块	3.0000	3.0000	3.0000	3.0000
52-4-5-1	模板工程 模板 管道基座	m^2	50.8700	51.1400	51.1400	51.1400
53-9-1-1	施工排水、降水 湿土排水	m^3	1279.6900	1433.2500	1680.0000	1890.0000
53-9-1-3	施工排水、降水 筑拆竹箩滤井	座	2.5000	2.5000	2.5000	2.5000
调整项目						
	围护支撑					
52-4-3-2	打槽型钢板桩 长 6.01～9.00 m，单面	100 m	2.0000	2.0000	2.0000	2.0000
52-4-3-7	拔槽型钢板桩 长 6.01～9.00 m，单面	100 m	2.0000	2.0000	2.0000	2.0000

（续表）

定额编号			J-1-2-61 A(B)	J-1-2-62 A(B)	J-1-2-63 A(B)	J-1-2-64 A(B)
项目			ϕ2200			
			企口式钢筋混凝土管			
			>4.0 m	4.5 m	5.0 m	5.5 m
			100 m	100 m	100 m	100 m
预算定额编号	预算定额名称	预算定额单位	数量			
52-4-3-11	打拔沟槽钢板桩 槽型钢板桩使用费	t·d	7683.0000	7683.0000	7683.0000	7683.0000
52-4-4-8	安拆钢板桩支撑 槽宽≤4.5 m 深 4.01～6.00 m	100 m	1.0000	1.0000	1.0000	1.0000
52-4-4-14	钢板桩支撑使用费	t·d	614.0000	614.0000	614.0000	614.0000
	井点降水					
53-9-1-1	施工排水、降水 湿土排水	m^3	−1279.6900	−1433.2500	−1680.0000	−1890.0000
53-9-1-5	施工排水、降水 轻型井点安装	根	83.0000	83.0000	83.0000	83.0000
53-9-1-6	施工排水、降水 轻型井点拆除	根	83.0000	83.0000	83.0000	83.0000
53-9-1-7	施工排水、降水 轻型井点使用	套·天	56.0000	56.0000	56.0000	56.0000

工作内容：沟槽挖土、沟槽排水、井点降水、沟槽围护和支撑(钢板桩、撑拆列板)、铺筑管道基础、铺设管道、沟槽回填(黄砂及素土)、土方场内运输、砌筑检查井等。

定额编号				J-1-2-61 A(B)	J-1-2-62 A(B)	J-1-2-63 A(B)	J-1-2-64 A(B)
项目				ϕ2200			
				企口式钢筋混凝土管			
				>4.0 m	4.5 m	5.0 m	5.5 m
名称			单位	100 m	100 m	100 m	100 m
人工	00190101	综合人工	工日	609.1340 (652.4292)	678.6870 (716.8212)	787.3112 (818.3453)	875.9713 (898.8943)
材料	01010211	热轧带肋钢筋(HRB400) ϕ≤10	t	0.1016	0.1093	0.1093	0.1093
	01010212	热轧带肋钢筋(HRB400) ϕ>10	t	0.2613	0.2812	0.2812	0.2812
	02090101	塑料薄膜	m^2	244.6258	249.1867	251.9637	254.4680
	03010811	钢塑膨胀铆钉	只	18.3600	18.3600	18.3600	18.3600
	03150101	圆钉	kg	10.3710	10.4260	10.4260	10.4260
	03152501	镀锌铁丝	kg	1.0939	1.1773	1.1773	1.1773
	04030115	黄砂 中粗	t	563.6670 (1390.2954)	564.3565 (1390.9849)	594.9782 (1455.3931)	594.9782 (1455.3931)
	04030701	砾石砂	t	87.9275	88.0159	90.0500	90.0500
	04050313	道碴 50～70	t	0.3988	0.3988	0.3988	0.3988

（续表）

定额编号				J-1-2-61 A(B)	J-1-2-62 A(B)	J-1-2-63 A(B)	J-1-2-64 A(B)
项目				ϕ2200			
				企口式钢筋混凝土管			
				>4.0 m	4.5 m	5.0 m	5.5 m
名称			单位	100 m	100 m	100 m	100 m
材料	04131711	蒸压灰砂砖	千块	14.0213	15.5855	17.4019	19.0399
	04290712	钢筋混凝土板 1400×250×160 mm	块	6.0000	6.0000	6.0000	6.0000
	04290713	钢筋混凝土板 1400×300×160 mm	块	15.0000	15.0000	15.0000	15.0000
	05350301	竹箩	个	2.5000	2.5000	2.5000	2.5000
	17291116	钢筋混凝土企口管 ϕ2200×2000	m	97.2224	97.2224	97.2224	97.2224
	18271129	管枕 ϕ2200	块	193.4774	193.4774	193.4774	193.4774
	34110101	水	m^3	54.2389 (127.8780)	54.3759 (128.0151)	57.1498 (133.7988)	57.1913 (133.8403)
	35010102	组合钢模板	kg	32.5469	32.7196	32.7196	32.7196
	35010703	木模板成材	m^3	0.2034	0.2044	0.2044	0.2044
	35020401	钢模零配件	kg	12.0343	12.0982	12.0982	12.0982
	36012831	铸铁检查井雨污水盖座 市政90型	套	3.0000	3.0000	3.0000	3.0000
	36016631	防沉降检查井盖板 2500×2000×200	块	3.0000	3.0000	3.0000	3.0000
	36016651	高强度塑料检查井格板	只	3.0600	3.0600	3.0600	3.0600
	36016661	高强度塑料支架	只	9.1800	9.1800	9.1800	9.1800
	80060414	湿拌砌筑砂浆 WM M10.0	m^3	6.0978	6.8615	7.6612	8.3824
	80060513	预拌抹灰砂浆 WP M15.0	m^3	2.8437	3.1013	3.3589	3.5630
	80210410	预拌混凝土(泵送型) C15 粒径5～20	m^3	1.7877	1.9392	1.9392	1.9392
	80210414	预拌混凝土(泵送型) C20 粒径5～20	m^3	72.0837	72.6291	72.6291	72.6291
机械	99010060	履带式单斗液压挖掘机 1 m^3	台班	6.9257	7.5553	8.6100	9.4710
	99050930	混凝土振捣器 插入式	台班	10.0202	10.1147	10.1147	10.1147
	99050940	混凝土振捣器 平板式	台班	23.5031 (40.8492)	23.6138 (40.9599)	24.2947 (42.3497)	24.2947 (42.3497)
	99070220	轮胎式装载机 1 m^3	台班	4.7862 (6.9836)	5.5608 (7.0298)	6.9121 (7.2192)	8.0768 (7.2389)
	99070540	载重汽车 6 t	台班	0.0814	0.0818	0.0818	0.0818
	99070588	载重汽车 12 t	台班	7.3320 (10.6983)	8.5186 (10.7691)	10.5888 (11.0591)	12.3729 (11.0894)
	99090360	汽车式起重机 8 t	台班	0.2810	0.2813	0.2813	0.2813
	99130350	内燃夯实机 700 N·m	台班	24.8889 (7.5428)	30.2213 (12.8752)	38.9799 (20.9248)	46.6147 (28.5596)

（续表）

定额编号				J-1-2-61 A(B)	J-1-2-62 A(B)	J-1-2-63 A(B)	J-1-2-64 A(B)
项目				ϕ2200			
				企口式钢筋混凝土管			
				>4.0 m	4.5 m	5.0 m	5.5 m
名称			单位	100 m	100 m	100 m	100 m
机械	99170010	钢筋调直机	台班	0.1721	0.1852	0.1852	0.1852
	99170025	钢筋切断机	台班	0.1721	0.1852	0.1852	0.1852
	99210065	木工平刨床 刨削宽度 450	台班	0.1170	0.1176	0.1176	0.1176
	99440010	电动单级离心清水泵 ϕ50	台班	153.5628	171.9900	201.6000	226.8000
调整项目							
		围护支撑					
	00190101	综合人工	工日	613.3218	613.3218	613.3218	613.3218
	03152501	镀锌铁丝	kg	20.0000	20.0000	20.0000	20.0000
	04030115	黄砂 中粗	t	23.7356	23.7356	23.7356	23.7356
	05030101	成材	m^3	0.8241	0.8241	0.8241	0.8241
	35090121	槽型钢板桩	t	1.9587	1.9587	1.9587	1.9587
	35090131	槽型钢板桩使用费	t·d	7683.0000	7683.0000	7683.0000	7683.0000
	35090611	钢板桩支撑使用费	t·d	614.0000	614.0000	614.0000	614.0000
	35091771	铁撑柱	kg	246.0000	246.0000	246.0000	246.0000
	35091901	钢桩帽摊销	kg	136.2690	136.2690	136.2690	136.2690
	99030080	轨道式柴油打桩机 0.6 t	台班	27.7905	27.7905	27.7905	27.7905
	99030690	简易拔桩架	台班	29.8410	29.8410	29.8410	29.8410
	99090075	履带式起重机 8 t	台班	9.1000	9.1000	9.1000	9.1000
		井点降水					
	00190101	综合人工	工日	5.7879	−2.4123	−15.5887	−26.8027
	04030115	黄砂 中粗	t	9.4420	9.4420	9.4420	9.4420
	17270201	普通橡胶管	m	14.2440	14.2440	14.2440	14.2440
	34110101	水	m^3	152.3275	152.3275	152.3275	152.3275
	35040921	轻型井点井管 ϕ40	m	51.7349	51.7349	51.7349	51.7349
	35040941	轻型井点井管 ϕ180×4	m	2.4966	2.4966	2.4966	2.4966
	99091380	电动卷扬机单筒快速 10 kN	台班	1.9920	1.9920	1.9920	1.9920
	99350050	轻便钻机 XJ-100	台班	4.7310	4.7310	4.7310	4.7310
	99440010	电动单级离心清水泵 ϕ50	台班	−153.5628	−171.9900	−201.6000	−226.8000
	99440150	电动多级离心清水泵 ϕ150×180 m 以下	台班	3.9840	3.9840	3.9840	3.9840
	99440510	射流井点泵 9.5 m	台班	66.3920	66.3920	66.3920	66.3920

工作内容：沟槽挖土、沟槽排水、井点降水、沟槽围护和支撑（钢板桩、撑拆列板）、铺筑管道基础、铺设管道、沟槽回填（黄砂及素土）、土方场内运输、砌筑检查井等。

定额编号			J-1-2-65 A(B)	J-1-2-66 A(B)	J-1-2-67 A(B)	J-1-2-68 A(B)
项目			ϕ2200			
			企口式钢筋混凝土管			
			≤6.0 m	>6.0 m	6.5 m	7.0 m
			100 m	100 m	100 m	100 m
预算定额编号	预算定额名称	预算定额单位	数量			
04290712	钢筋混凝土板 1400×250×160 mm	块	12.0000	12.0000	12.0000	12.0000
04290713	钢筋混凝土板 1400×300×160 mm	块	9.0000	9.0000	9.0000	9.0000
52-1-2-3	机械挖沟槽土方 深≤6 m 现场抛土	m^3	2467.5000	2520.0000	2520.0000	2583.0000
52-1-2-3 系 1	机械挖沟槽土方 深≤7 m 现场抛土	m^3		52.5000	210.0000	430.5000
52-1-3-1	沟槽回填 夯填土	m^3	1408.8100 (922.1500)	1513.8100 (1027.1500)	1664.6900 (1178.0300)	1924.1600 (1418.3900)
53-1-3-2	场内运输 自卸汽车装运土（运距 1 km 以内）	m^3	1902.3100 (1545.3500)	2028.3100 (1545.3500)	2210.6900 (1724.0300)	2526.8600 (2021.0900)
52-1-3-4	沟槽回填 黄砂	m^3	336.4300 (823.0900)	336.4300 (823.0900)	336.4300 (823.0900)	353.7600 (859.5300)
52-1-4-3	管道垫层 砾石砂垫层	m^3	40.7300	40.7300	40.9700	41.8900
52-1-5-1	管道基座 混凝土 C20	m^3	71.9100	71.9100	72.6900	72.6900
52-1-5-1 换 1	管道基座 混凝土 C15	m^3	1.9200	1.9200	2.0400	2.0400
52-1-5-2	管道基座 钢筋	t	0.3810	0.3810	0.4050	0.4050
52-1-6-10	管道铺设 企口式钢筋混凝土管 ϕ2200	100 m	0.9670	0.9670	0.9670	0.9670
52-3-1-3	砖砌检查井及雨水口 检查井 深≤6 m	m^3	56.4000	56.4000		
52-3-1-4	砖砌检查井及雨水口 检查井 深≤8 m	m^3			60.0600	63.4800
52-3-2-1	水泥砂浆抹面 检查井	m^2	208.3800	208.3800	228.4200	250.2000
52-3-6-1	安装防坠格板 新建工程	只	3.0000	3.0000	3.0000	3.0000
52-3-9-3	安装盖板及盖座 铸铁盖座	套	3.0000	3.0000	3.0000	3.0000
52-3-9-4	安装盖板及盖座 防沉降检查井盖板	块	3.0000	3.0000	3.0000	3.0000
52-4-5-1	模板工程 模板 管道基座	m^2	51.1400	51.1400	51.6500	51.6500
53-9-1-1	施工排水、降水 湿土排水	m^3	2047.5000	2152.5000	2310.0000	2583.0000
53-9-1-3	施工排水、降水 筑拆竹箩滤井	座	2.5000	2.5000	2.5000	2.5000

（续表）

定额编号			J-1-2-65 A(B)	J-1-2-66 A(B)	J-1-2-67 A(B)	J-1-2-68 A(B)
项目			ϕ2200			
			企口式钢筋混凝土管			
			≤6.0 m	>6.0 m	6.5 m	7.0 m
			100 m	100 m	100 m	100 m
预算定额编号	预算定额名称	预算定额单位	数量			
调整项目						
	围护支撑					
52-4-3-2	打槽型钢板桩 长 6.01～9.00 m，单面	100 m	2.0000			
52-4-3-7	拔槽型钢板桩 长 6.01～9.00 m，单面	100 m	2.0000			
52-4-3-11	打拔沟槽钢板桩 槽型钢板桩使用费	t·d	7683.0000	10645.0000	10645.0000	10645.0000
52-4-4-8	安拆钢板桩支撑 槽宽≤4.5 m 深 4.01～6.00 m	100 m	1.0000			
52-4-4-14	钢板桩支撑使用费	t·d	614.0000	1067.0000	1067.0000	1067.0000
52-4-3-3	打槽型钢板桩 长 9.01～12.00 m，单面	100 m		2.0000	2.0000	2.0000
52-4-3-8	拔槽型钢板桩 长 9.01～12.00 m，单面	100 m		2.0000	2.0000	2.0000
52-4-4-9	安拆钢板桩支撑 槽宽≤4.5 m 深 6.01～8.00 m	100 m		1.0000	1.0000	1.0000
	井点降水					
53-9-1-1	施工排水、降水 湿土排水	m^3	−2047.5000	−2152.5000	−2310.0000	−2583.0000
53-9-1-5	施工排水、降水 轻型井点安装	根	83.0000			
53-9-1-6	施工排水、降水 轻型井点拆除	根	83.0000			
53-9-1-7	施工排水、降水 轻型井点使用	套·天	56.0000			
53-9-1-8	施工排水、降水 喷射井点安装 10 m	根		40.0000	40.0000	40.0000
53-9-1-9	施工排水、降水 喷射井点拆除 10 m	根		40.0000	40.0000	40.0000
53-9-1-10	施工排水、降水 喷射井点使用 10 m	套·天		39.0000	39.0000	39.0000

工作内容：沟槽挖土、沟槽排水、井点降水、沟槽围护和支撑(钢板桩、撑拆列板)、铺筑管道基础、铺设管道、沟槽回填(黄砂及素土)、土方场内运输、砌筑检查井等。

定额编号				J-1-2-65 A(B)	J-1-2-66 A(B)	J-1-2-67 A(B)	J-1-2-68 A(B)
项目				ϕ2200			
				企口式钢筋混凝土管			
				≤6.0 m	>6.0 m	6.5 m	7.0 m
名称			单位	100 m	100 m	100 m	100 m
人工	00190101	综合人工	工日	986.6679 (1003.6402)	1027.1569 (1039.9334)	1103.3563 (1116.0094)	1223.3758 (1236.5259)
材料	01010211	热轧带肋钢筋(HRB400) ϕ≤10	t	0.1093	0.1093	0.1162	0.1162
	01010212	热轧带肋钢筋(HRB400) ϕ>10	t	0.2812	0.2812	0.2989	0.2989
	02090101	塑料薄膜	m^2	271.9733	271.9733	277.7455	280.5721
	03010811	钢塑膨胀铆钉	只	18.3600	18.3600	18.3600	18.3600
	03150101	圆钉	kg	10.4260	10.4260	10.5300	10.5300
	03152501	镀锌铁丝	kg	1.1773	1.1773	1.2515	1.2515
	04030115	黄砂 中粗	t	594.9782 (1455.3931)	594.9782 (1455.3931)	594.9782 (1455.3931)	625.6177 (1519.8190)
	04030701	砾石砂	t	90.0500	90.0500	90.5806	92.6146
	04050313	道碴 50～70	t	0.3988	0.3988	0.3988	0.3988
	04131711	蒸压灰砂砖	千块	30.4898	30.4898	32.3663	34.2094
	04290712	钢筋混凝土板 1400×250×160 mm	块	12.0000	12.0000	12.0000	12.0000
	04290713	钢筋混凝土板 1400×300×160 mm	块	9.0000	9.0000	9.0000	9.0000
	05350301	竹箩	个	2.5000	2.5000	2.5000	2.5000
	17291116	钢筋混凝土企口管 ϕ2200×2000	m	97.2224	97.2224	97.2224	97.2224
	18271129	管枕 ϕ2200	块	193.4774	193.4774	193.4774	193.4774
	34110101	水	m^3	57.4815 (134.1305)	57.4815 (134.1305)	57.5769 (134.2259)	60.3533 (140.0121)
	35010102	组合钢模板	kg	32.7196	32.7196	33.0459	33.0459
	35010703	木模板成材	m^3	0.2044	0.2044	0.2065	0.2065
	35020401	钢模零配件	kg	12.0982	12.0982	12.2188	12.2188
	36012831	铸铁检查井雨污水盖座 市政90型	套	3.0000	3.0000	3.0000	3.0000
	36016631	防沉降检查井盖板 2500×2000×200	块	3.0000	3.0000	3.0000	3.0000
	36016651	高强度塑料检查井格板	只	3.0600	3.0600	3.0600	3.0600
	36016661	高强度塑料支架	只	9.1800	9.1800	9.1800	9.1800
	80060414	湿拌砌筑砂浆 WM M10.0	m^3	13.4232	13.4232	14.5285	15.3558
	80060513	预拌抹灰砂浆 WP M15.0	m^3	3.6231	3.6231	3.9418	4.2881

(续表)

定额编号				J-1-2-65 A(B)	J-1-2-66 A(B)	J-1-2-67 A(B)	J-1-2-68 A(B)
项目				ϕ2200			
				企口式钢筋混凝土管			
				≤6.0 m	>6.0 m	6.5 m	7.0 m
名称			单位	100 m	100 m	100 m	100 m
材料	80210410	预拌混凝土(泵送型) C15 粒径 5~20	m^3	1.9392	1.9392	2.0604	2.0604
	80210414	预拌混凝土(泵送型) C20 粒径 5~20	m^3	72.6291	72.6291	73.4169	73.4169
机械	99010060	履带式单斗液压挖掘机 1 m^3	台班	10.1168	10.5840	11.3400	12.6567
	99050930	混凝土振捣器 插入式	台班	10.1147	10.1147	10.2380	10.2380
	99050940	混凝土振捣器 平板式	台班	24.2947 (42.3497)	24.2947 (42.3497)	24.4280 (42.4830)	25.1093 (43.8734)
	99070220	轮胎式装载机 1 m^3	台班	8.9409 (7.2631)	9.5331 (7.2631)	10.3902 (8.1029)	11.8762 (9.4991)
	99070540	载重汽车 6 t	台班	0.0818	0.0818	0.0826	0.0826
	99070588	载重汽车 12 t	台班	13.6966 (11.1265)	14.6038 (11.1265)	15.9170 (12.4130)	18.1934 (14.5518)
	99090360	汽车式起重机 8 t	台班	0.2813	0.2813	0.2818	0.2818
	99130350	内燃夯实机 700 N·m	台班	52.2669 (34.2118)	56.1624 (38.1073)	61.7600 (43.7049)	71.3863 (52.6223)
	99170010	钢筋调直机	台班	0.1852	0.1852	0.1969	0.1969
	99170025	钢筋切断机	台班	0.1852	0.1852	0.1969	0.1969
	99210065	木工平刨床 刨削宽度 450	台班	0.1176	0.1176	0.1188	0.1188
	99440010	电动单级离心清水泵 ϕ50	台班	245.7000	258.3000	277.2000	309.9600
调整项目							
		围护支撑					
	00190101	综合人工	工日	613.3218	621.3363	621.3363	621.3363
	03152501	镀锌铁丝	kg	20.0000	25.0000	25.0000	25.0000
	04030115	黄砂 中粗	t	23.7356	33.2299	33.2299	33.2299
	05030101	成材	m^3	0.8241	1.0276	1.0276	1.0276
	35090121	槽型钢板桩	t	1.9587	2.6893	2.6893	2.6893
	35090131	槽型钢板桩使用费	t·d	7683.0000	10645.0000	10645.0000	10645.0000
	35090611	钢板桩支撑使用费	t·d	614.0000	1067.0000	1067.0000	1067.0000
	35091771	铁撑柱	kg	246.0000	427.2000	427.2000	427.2000
	35091901	钢桩帽摊销	kg	136.2690	381.5700	381.5700	381.5700
	99030080	轨道式柴油打桩机 0.6 t	台班	27.7905			
	99030690	简易拔桩架	台班	29.8410			
	99090075	履带式起重机 8 t	台班	9.1000	11.3750	11.3750	11.3750

（续表）

定额编号			J-1-2-65 A(B)	J-1-2-66 A(B)	J-1-2-67 A(B)	J-1-2-68 A(B)
项目			ϕ2200			
			企口式钢筋混凝土管			
			≤6.0 m	>6.0 m	6.5 m	7.0 m
名称		单位	100 m	100 m	100 m	100 m
99030100	轨道式柴油打桩机 1.2 t	台班		33.5913	33.5913	33.5913
99030970	震动锤 45 kW	台班		17.3680	17.3680	17.3680
99090090	履带式起重机 15 t	台班		17.3680	17.3680	17.3680
	井点降水					
00190101	综合人工	工日	−35.2132	122.0205	113.6100	99.0318
04030115	黄砂 中粗	t	9.4420			
04030119	黄砂 中粗	kg		95423.8016	95423.8016	95423.8016
17030102	镀锌焊接钢管	kg		0.2373	0.2373	0.2373
17270201	普通橡胶管	m	14.2440			
34110101	水	m^3	152.3275	566.8908	566.8908	566.8908
35040921	轻型井点井管 ϕ40	m	51.7349			
35040941	轻型井点井管 ϕ180×4	m	2.4966			
35040961	喷射井点总管 ϕ159×6	m		5.3110	5.3110	5.3110
35040971	喷射井点井管 ϕ76	m		37.8377	37.8377	37.8377
35041011	喷射井点滤网管	根		4.3639	4.3639	4.3639
35041021	喷射井点回水连接件	副		2.7304	2.7304	2.7304
35041031	喷射井点腰子法兰	副		1.2352	1.2352	1.2352
35041041	喷射井点水箱	kg		43.6233	43.6233	43.6233
35041051	喷射井点喷射器	只		5.8317	5.8317	5.8317
99090080	履带式起重机 10 t	台班		11.5200	11.5200	11.5200
99091380	电动卷扬机单筒快速 10 kN	台班	1.9920			
99350050	轻便钻机 XJ-100	台班	4.7310			
99350120	液压钻机 G-2A	台班		4.4160	4.4160	4.4160
99440010	电动单级离心清水泵 ϕ50	台班	−245.7000	−258.3000	−277.2000	−309.9600
99440150	电动多级离心清水泵 ϕ150×180 m 以下	台班	3.9840	50.8100	50.8100	50.8100
99440210	污水泵 ϕ100	台班		11.0400	11.0400	11.0400
99440510	射流井点泵 9.5 m	台班	66.3920			

工作内容:沟槽挖土、沟槽排水、井点降水、沟槽围护和支撑(钢板桩、撑拆列板)、铺筑管道基础、铺设管道、沟槽回填(黄砂及素土)、土方场内运输、砌筑检查井等。

定额编号			J-1-2-69 A(B)	J-1-2-70 A(B)	J-1-2-71 A(B)	J-1-2-72 A(B)
项目			ϕ2400			
			企口式钢筋混凝土管			
			≤4.0 m	>4.0 m	4.5 m	5.0 m
			100 m	100 m	100 m	100 m
预算定额编号	预算定额名称	预算定额单位	数量			
04290712	钢筋混凝土板 1400×250×160 mm	块	3.0000	3.0000	3.0000	3.0000
04290713	钢筋混凝土板 1400×300×160 mm	块	21.0000	21.0000	21.0000	21.0000
52-1-2-3	机械挖沟槽土方 深≤6 m 现场抛土	m^3	1668.1900	1775.8100	1937.2500	2205.0000
52-1-3-1	沟槽回填 夯填土	m^3	515.8800 (8.4400)	623.5000 (116.0600)	774.1200 (266.6800)	1019.5300 (491.8300)
53-1-3-2	场内运输 自卸汽车装运土(运距1 km以内)	m^3	1152.3100 (1659.7500)	1152.3100 (1659.7500)	1163.1300 (1670.5700)	1460.5300 (1713.1700)
52-1-3-4	沟槽回填 黄砂	m^3	346.3500 (853.7900)	346.3500 (853.7900)	346.7700 (854.2100)	365.2500 (892.9500)
52-1-4-3	管道垫层 砾石砂垫层	m^3	41.8100	41.8100	41.8600	42.7900
52-1-5-1	管道基座 混凝土 C20	m^3	78.2600	78.2600	78.9800	78.9800
52-1-5-1换1	管道基座 混凝土 C15	m^3	1.8600	1.8600	2.0100	2.0100
52-1-5-2	管道基座 钢筋	t	0.3750	0.3750	0.4050	0.4050
52-1-6-11	管道铺设 企口式钢筋混凝土管 ϕ2400	100 m	0.9670	0.9670	0.9670	0.9670
52-3-1-2	砖砌检查井及雨水口 检查井 深≤4 m	m^3	27.2100	27.2100		
52-3-1-3	砖砌检查井及雨水口 检查井 深≤6 m	m^3			30.1200	33.4500
52-3-2-1	水泥砂浆抹面 检查井	m^2	165.3300	165.3300	181.5300	197.7300
52-3-6-1	安装防坠格板 新建工程	只	3.0000	3.0000	3.0000	3.0000
52-3-9-3	安装盖板及盖座 铸铁盖座	套	3.0000	3.0000	3.0000	3.0000
52-3-9-4	安装盖板及盖座 防沉降检查井盖板	块	3.0000	3.0000	3.0000	3.0000
52-4-5-1	模板工程 模板 管道基座	m^2	53.3000	53.3000	53.6600	53.6600
53-9-1-1	施工排水、降水 湿土排水	m^3	1237.6900	1345.3100	1506.7500	1764.0000
53-9-1-3	施工排水、降水 筑拆竹箩滤井	座	2.5000	2.5000	2.5000	2.5000
调整项目						
	围护支撑					
52-4-3-1	打槽型钢板桩 长 4.00～6.00 m,单面	100 m	2.0000			
52-4-3-6	拔槽型钢板桩 长 4.00～6.00 m,单面	100 m	2.0000			

（续表）

定额编号			J-1-2-69 A(B)	J-1-2-70 A(B)	J-1-2-71 A(B)	J-1-2-72 A(B)
项目			ϕ2400			
			企口式钢筋混凝土管			
			≤4.0 m	>4.0 m	4.5 m	5.0 m
			100 m	100 m	100 m	100 m
预算定额编号	预算定额名称	预算定额单位	数量			
52-4-3-11	打拔沟槽钢板桩 槽型钢板桩使用费	t·d	3456.0000	7683.0000	7683.0000	7683.0000
52-4-4-7	安拆钢板桩支撑 槽宽≤4.5 m 深3.01～4.00 m	100 m	1.0000			
52-4-4-14	钢板桩支撑使用费	t·d	307.0000	614.0000	614.0000	614.0000
52-4-3-2	打槽型钢板桩 长6.01～9.00 m，单面	100 m		2.0000	2.0000	2.0000
52-4-3-7	拔槽型钢板桩 长6.01～9.00 m，单面	100 m		2.0000	2.0000	2.0000
52-4-4-8	安拆钢板桩支撑 槽宽≤4.5 m 深4.01～6.00 m	100 m		1.0000	1.0000	1.0000
	井点降水					
53-9-1-1	施工排水、降水 湿土排水	m^3	−1237.6900	−1345.3100	−1506.7500	−1764.0000
53-9-1-5	施工排水、降水 轻型井点安装	根	83.0000	83.0000	83.0000	83.0000
53-9-1-6	施工排水、降水 轻型井点拆除	根	83.0000	83.0000	83.0000	83.0000
53-9-1-7	施工排水、降水 轻型井点使用	套·天	56.0000	56.0000	56.0000	56.0000

工作内容：沟槽挖土、沟槽排水、井点降水、沟槽围护和支撑（钢板桩、撑拆列板）、铺筑管道基础、铺设管道、沟槽回填（黄砂及素土）、土方场内运输、砌筑检查井等。

定额编号				J-1-2-69 A(B)	J-1-2-70 A(B)	J-1-2-71 A(B)	J-1-2-72 A(B)
项目				ϕ2400			
				企口式钢筋混凝土管			
				≤4.0 m	>4.0 m	4.5 m	5.0 m
名称			单位	100 m	100 m	100 m	100 m
人工	00190101	综合人工	工日	592.2489 (639.2378)	629.2272 (676.2161)	696.2641 (743.2531)	808.8239 (848.5295)
材料	01010211	热轧带肋钢筋(HRB400) ϕ≤10	t	0.1076	0.1076	0.1162	0.1162
	01010212	热轧带肋钢筋(HRB400) ϕ>10	t	0.2768	0.2768	0.2989	0.2989
	02090101	塑料薄膜	m^2	267.0474	267.0474	272.1081	274.8603
	03010811	钢塑膨胀铆钉	只	18.3600	18.3600	18.3600	18.3600
	03150101	圆钉	kg	10.8664	10.8664	10.9398	10.9398

（续表）

定额编号				J-1-2-69 A(B)	J-1-2-70 A(B)	J-1-2-71 A(B)	J-1-2-72 A(B)
项目				ϕ2400			
				企口式钢筋混凝土管			
				≤4.0 m	＞4.0 m	4.5 m	5.0 m
名称			单位	100 m	100 m	100 m	100 m
材料	03152501	镀锌铁丝	kg	1.1588	1.1588	1.2515	1.2515
	04030115	黄砂 中粗	t	612.5168 (1509.6707)	612.5168 (1509.6707)	613.2594 (1510.4133)	645.9320 (1578.9056)
	04030701	砾石砂	t	92.4377	92.4377	92.5483	94.6044
	04050313	道碴 50～70	t	0.3988	0.3988	0.3988	0.3988
	04131711	蒸压灰砂砖	千块	14.7533	14.7533	16.2829	18.0831
	04290712	钢筋混凝土板 1400×250×160 mm	块	3.0000	3.0000	3.0000	3.0000
	04290713	钢筋混凝土板 1400×300×160 mm	块	21.0000	21.0000	21.0000	21.0000
	05350301	竹箩	个	2.5000	2.5000	2.5000	2.5000
	17291117	钢筋混凝土企口管 ϕ2400×2000	m	97.2200	97.2200	97.2200	97.2200
	18271131	管枕 ϕ2400	块	193.4727	193.4727	193.4727	193.4727
	34110101	水	m^3	58.9609 (138.8827)	58.9609 (138.8827)	59.1108 (139.0326)	62.0671 (145.1798)
	35010102	组合钢模板	kg	34.1016	34.1016	34.3319	34.3319
	35010703	木模板成材	m^3	0.2131	0.2131	0.2145	0.2145
	35020401	钢模零配件	kg	12.6092	12.6092	12.6943	12.6943
	36012831	铸铁检查井雨污水盖座 市政90型	套	3.0000	3.0000	3.0000	3.0000
	36016631	防沉降检查井盖板 2500×2000×200	块	3.0000	3.0000	3.0000	3.0000
	36016651	高强度塑料检查井格板	只	3.0600	3.0600	3.0600	3.0600
	36016661	高强度塑料支架	只	9.1800	9.1800	9.1800	9.1800
	80060414	湿拌砌筑砂浆 WM M10.0	m^3	6.4161	6.4161	7.1686	7.9611
	80060513	预拌抹灰砂浆 WP M15.0	m^3	2.9435	2.9435	3.2011	3.4587
	80210410	预拌混凝土(泵送型) C15 粒径5～20	m^3	1.8786	1.8786	2.0301	2.0301
	80210414	预拌混凝土(泵送型) C20 粒径5～20	m^3	79.0426	79.0426	79.7698	79.7698
机械	99010060	履带式单斗液压挖掘机 1 m^3	台班	6.8396	7.2808	7.9427	9.0405
	99050930	混凝土振捣器 插入式	台班	10.9764	10.9764	11.0957	11.0957
	99050940	混凝土振捣器 平板式	台班	25.5695 (44.3955)	25.5695 (44.3955)	25.7065 (44.5325)	26.4308 (46.0084)
	99070220	轮胎式装载机 1 m^3	台班	5.4159 (7.8008)	5.4159 (7.8008)	5.4667 (7.8517)	6.8645 (8.0519)

（续表）

定额编号				J-1-2-69 A(B)	J-1-2-70 A(B)	J-1-2-71 A(B)	J-1-2-72 A(B)
项目				ϕ2400			
				企口式钢筋混凝土管			
				≤4.0 m	>4.0 m	4.5 m	5.0 m
名称			单位	100 m	100 m	100 m	100 m
机械	99070540	载重汽车 6 t	台班	0.0853	0.0853	0.0859	0.0859
	99070588	载重汽车 12 t	台班	8.2966 (11.9502)	8.2966 (11.9502)	8.3745 (12.0281)	10.5158 (12.3348)
	99090360	汽车式起重机 8 t	台班	0.2836	0.2836	0.2840	0.2840
	99130350	内燃夯实机 700 N·m	台班	19.1391 (0.3131)	23.1319 (4.3058)	28.7199 (9.8938)	37.8246 (18.2469)
	99170010	钢筋调直机	台班	0.1823	0.1823	0.1969	0.1969
	99170025	钢筋切断机	台班	0.1823	0.1823	0.1969	0.1969
	99210065	木工平刨床 刨削宽度 450	台班	0.1226	0.1226	0.1234	0.1234
	99440010	电动单级离心清水泵 ϕ50	台班	148.5228	161.4372	180.8100	211.6800
调整项目							
		围护支撑					
	00190101	综合人工	工日	477.8779	613.3218	613.3218	613.3218
	03152501	镀锌铁丝	kg	15.0000	20.0000	20.0000	20.0000
	04030115	黄砂 中粗	t	15.8236	23.7356	23.7356	23.7356
	05030101	成材	m^3	0.6027	0.8241	0.8241	0.8241
	35090121	槽型钢板桩	t	1.3350	1.9587	1.9587	1.9587
	35090131	槽型钢板桩使用费	t·d	3456.0000	7683.0000	7683.0000	7683.0000
	35090611	钢板桩支撑使用费	t·d	307.0000	614.0000	614.0000	614.0000
	35091771	铁撑柱	kg	184.5000	246.0000	246.0000	246.0000
	35091901	钢桩帽摊销	kg	90.9300	136.2690	136.2690	136.2690
	99030080	轨道式柴油打桩机 0.6 t	台班	20.1323	27.7905	27.7905	27.7905
	99030690	简易拔桩架	台班	23.9558	29.8410	29.8410	29.8410
	99090075	履带式起重机 8 t	台班	6.8250	9.1000	9.1000	9.1000
		井点降水					
	00190101	综合人工	工日	8.0307	2.2837	−6.3372	−20.0743
	04030115	黄砂 中粗	t	9.4420	9.4420	9.4420	9.4420
	17270201	普通橡胶管	m	14.2440	14.2440	14.2440	14.2440
	34110101	水	m^3	152.3275	152.3275	152.3275	152.3275
	35040921	轻型井点井管 ϕ40	m	51.7349	51.7349	51.7349	51.7349
	35040941	轻型井点井管 ϕ180×4	m	2.4966	2.4966	2.4966	2.4966
	99091380	电动卷扬机单筒快速 10 kN	台班	1.9920	1.9920	1.9920	1.9920
	99350050	轻便钻机 XJ-100	台班	4.7310	4.7310	4.7310	4.7310
	99440010	电动单级离心清水泵 ϕ50	台班	−148.5228	−161.4372	−180.8100	−211.6800
	99440150	电动多级离心清水泵 ϕ150×180 m 以下	台班	3.9840	3.9840	3.9840	3.9840
	99440510	射流井点泵 9.5 m	台班	66.3920	66.3920	66.3920	66.3920

工作内容：沟槽挖土、沟槽排水、井点降水、沟槽围护和支撑(钢板桩、撑拆列板)、铺筑管道基础、铺设管道、沟槽回填(黄砂及素土)、土方场内运输、砌筑检查井等。

定额编号			J-1-2-73 A(B)	J-1-2-74 A(B)	J-1-2-75 A(B)	J-1-2-76 A(B)
项目			ϕ2400			
			企口式钢筋混凝土管			
			5.5 m	≤6.0 m	>6.0 m	6.5 m
			100 m	100 m	100 m	100 m
预算定额编号	预算定额名称	预算定额单位	数量			
04290712	钢筋混凝土板 1400×250×160 mm	块	3.0000	9.0000	9.0000	9.0000
04290713	钢筋混凝土板 1400×300×160 mm	块	21.0000	15.0000	15.0000	15.0000
52-1-2-3	机械挖沟槽土方 深≤6 m 现场抛土	m^3	2425.5000	2590.8800	2646.0000	2646.0000
52-1-2-3 系 1	机械挖沟槽土方 深≤7 m 现场抛土	m^3			55.1300	220.5000
52-1-3-1	沟槽回填 夯填土	m^3	1237.1100 (709.4100)	1396.9400 (869.2400)	1507.1900 (979.4900)	1665.8500 (1138.1500)
53-1-3-2	场内运输 自卸汽车装运土(运距 1 km 以内)	m^3	1722.2100 (1716.0900)	1915.1160 (1721.6400)	2047.4160 (1721.6400)	2239.1500 (1728.3500)
52-1-3-4	沟槽回填 黄砂	m^3	365.2500 (892.9500)	365.2500 (892.9500)	365.2500 (892.9500)	365.2500 (892.9500)
52-1-4-3	管道垫层 砾石砂垫层	m^3	42.7900	42.7900	42.7900	43.0300
52-1-5-1	管道基座 混凝土 C20	m^3	78.9800	78.9800	78.9800	79.8500
52-1-5-1 换 1	管道基座 混凝土 C15	m^3	2.0100	2.0100	2.0100	2.1300
52-1-5-2	管道基座 钢筋	t	0.4050	0.4050	0.4050	0.4290
52-1-6-11	管道铺设 企口式钢筋混凝土管 ϕ2400	100 m	0.9670	0.9670	0.9670	0.9670
52-3-1-3	砖砌检查井及雨水口 检查井 深≤6 m	m^3	36.9000	59.7600	59.7600	
52-3-1-4	砖砌检查井及雨水口 检查井 深≤8 m	m^3				63.7500
52-3-2-1	水泥砂浆抹面 检查井	m^2	213.9300	210.7200	210.7200	230.7600
52-3-6-1	安装防坠格板 新建工程	只	3.0000	3.0000	3.0000	3.0000
52-3-9-3	安装盖板及盖座 铸铁盖座	套	3.0000	3.0000	3.0000	3.0000
52-3-9-4	安装盖板及盖座 防沉降检查井盖板	块	3.0000	3.0000	3.0000	3.0000
52-4-5-1	模板工程 模板 管道基座	m^2	53.6600	53.6600	53.6600	54.2300
53-9-1-1	施工排水、降水 湿土排水	m^3	1984.5000	2149.8800	2260.1300	2425.5000
53-9-1-3	施工排水、降水 筑拆竹箩滤井	座	2.5000	2.5000	2.5000	2.5000

（续表）

定额编号			J-1-2-73 A(B)	J-1-2-74 A(B)	J-1-2-75 A(B)	J-1-2-76 A(B)
项目			ϕ2400			
			企口式钢筋混凝土管			
			5.5 m	≤6.0 m	>6.0 m	6.5 m
			100 m	100 m	100 m	100 m
预算定额编号	预算定额名称	预算定额单位	数量			
调整项目						
	围护支撑					
52-4-3-2	打槽型钢板桩 长 6.01～9.00 m，单面	100 m	2.0000	2.0000		
52-4-3-7	拔槽型钢板桩 长 6.01～9.00 m，单面	100 m	2.0000	2.0000		
52-4-3-11	打拔沟槽钢板桩 槽型钢板桩使用费	t·d	7683.0000	7683.0000	10645.0000	10645.0000
52-4-4-8	安拆钢板桩支撑 槽宽≤4.5 m 深 4.01～6.00 m	100 m	1.0000	1.0000		
52-4-4-14	钢板桩支撑使用费	t·d	614.0000	614.0000	1067.0000	1067.0000
52-4-3-3	打槽型钢板桩 长 9.01～12.00 m，单面	100 m			2.0000	2.0000
52-4-3-8	拔槽型钢板桩 长 9.01～12.00 m，单面	100 m			2.0000	2.0000
52-4-4-9	安拆钢板桩支撑 槽宽≤4.5 m 深 6.01～8.00 m	100 m			1.0000	1.0000
	井点降水					
53-9-1-1	施工排水、降水 湿土排水	m^3	−1984.5000	−2149.8800	−2260.1300	−2425.5000
53-9-1-5	施工排水、降水 轻型井点安装	根	83.0000	83.0000		
53-9-1-6	施工排水、降水 轻型井点拆除	根	83.0000	83.0000		
53-9-1-7	施工排水、降水 轻型井点使用	套·天	56.0000	56.0000		
53-9-1-8	施工排水、降水 喷射井点安装 10 m	根			40.0000	40.0000
53-9-1-9	施工排水、降水 喷射井点拆除 10 m	根			40.0000	40.0000
53-9-1-10	施工排水、降水 喷射井点使用 10 m	套·天			39.0000	39.0000

工作内容: 沟槽挖土、沟槽排水、井点降水、沟槽围护和支撑(钢板桩、撑拆列板)、铺筑管道基础、铺设管道、沟槽回填(黄砂及素土)、土方场内运输、砌筑检查井等。

定额编号				J-1-2-73 A(B)	J-1-2-74 A(B)	J-1-2-75 A(B)	J-1-2-76 A(B)
项目				ϕ2400			
				企口式钢筋混凝土管			
				5.5 m	≤6.0 m	>6.0 m	6.5 m
名称			单位	100 m	100 m	100 m	100 m
人工	00190101	综合人工	工日	903.4523 (934.5412)	1019.9984 (1044.8482)	1062.5120 (1082.9562)	1142.8500 (1157.1331)
材料	01010211	热轧带肋钢筋(HRB400) ϕ≤10	t	0.1162	0.1162	0.1162	0.1231
	01010212	热轧带肋钢筋(HRB400) ϕ>10	t	0.2989	0.2989	0.2989	0.3166
	02090101	塑料薄膜	m^2	277.7118	296.6055	296.6055	302.9251
	03010811	钢塑膨胀铆钉	只	18.3600	18.3600	18.3600	18.3600
	03150101	圆钉	kg	10.9398	10.9398	10.9398	11.0560
	03152501	镀锌铁丝	kg	1.2515	1.2515	1.2515	1.3256
	04030115	黄砂 中粗	t	645.9320 (1578.9056)	645.9320 (1578.9056)	645.9320 (1578.9056)	645.9320 (1578.9056)
	04030701	砾石砂	t	94.6044	94.6044	94.6044	95.1350
	04050313	道碴 50～70	t	0.3988	0.3988	0.3988	0.3988
	04131711	蒸压灰砂砖	千块	19.9481	32.3063	32.3063	34.3549
	04290712	钢筋混凝土板 1400×250×160 mm	块	3.0000	9.0000	9.0000	9.0000
	04290713	钢筋混凝土板 1400×300×160 mm	块	21.0000	15.0000	15.0000	15.0000
	05350301	竹箩	个	2.5000	2.5000	2.5000	2.5000
	17291117	钢筋混凝土企口管 ϕ2400×2000	m	97.2200	97.2200	97.2200	97.2200
	18271131	管枕 ϕ2400	块	193.4727	193.4727	193.4727	193.4727
	34110101	水	m^3	62.1143 (145.2270)	62.4275 (145.5402)	62.4275 (145.5402)	62.5321 (145.6448)
	35010102	组合钢模板	kg	34.3319	34.3319	34.3319	34.6966
	35010703	木模板成材	m^3	0.2145	0.2145	0.2145	0.2168
	35020401	钢模零配件	kg	12.6943	12.6943	12.6943	12.8292
	36012831	铸铁检查井雨污水盖座 市政90型	套	3.0000	3.0000	3.0000	3.0000
	36016631	防沉降检查井盖板 2500×2000×200	块	3.0000	3.0000	3.0000	3.0000
	36016651	高强度塑料检查井格板	只	3.0600	3.0600	3.0600	3.0600
	36016661	高强度塑料支架	只	9.1800	9.1800	9.1800	9.1800
	80060414	湿拌砌筑砂浆 WM M10.0	m^3	8.7822	14.2229	14.2229	15.4211
	80060513	预拌抹灰砂浆 WP M15.0	m^3	3.7163	3.6652	3.6652	3.9839

（续表）

定额编号				J-1-2-73 A(B)	J-1-2-74 A(B)	J-1-2-75 A(B)	J-1-2-76 A(B)
项目				ϕ2400			
				企口式钢筋混凝土管			
				5.5 m	≤6.0 m	>6.0 m	6.5 m
名称			单位	100 m	100 m	100 m	100 m
材料	80210410	预拌混凝土(泵送型) C15 粒径 5～20	m^3	2.0301	2.0301	2.0301	2.1513
	80210414	预拌混凝土(泵送型) C20 粒径 5～20	m^3	79.7698	79.7698	79.7698	80.6485
机械	99010060	履带式单斗液压挖掘机 1 m^3	台班	9.9446	10.6226	11.1132	11.9070
	99050930	混凝土振捣器 插入式	台班	11.0957	11.0957	11.0957	11.2313
	99050940	混凝土振捣器 平板式	台班	26.4308 (46.0084)	26.4308 (46.0084)	26.4308 (46.0084)	26.5765 (46.1541)
	99070220	轮胎式装载机 1 m^3	台班	8.0944 (8.0656)	9.0010 (8.0917)	9.6229 (8.0917)	10.5240 (8.1232)
	99070540	载重汽车 6 t	台班	0.0859	0.0859	0.0859	0.0868
	99070588	载重汽车 12 t	台班	12.3999 (12.3558)	13.7888 (12.3958)	14.7414 (12.3958)	16.1219 (12.4441)
	99090360	汽车式起重机 8 t	台班	0.2840	0.2840	0.2840	0.2847
	99130350	内燃夯实机 700 N·m	台班	45.8968 (26.3191)	51.8265 (32.2488)	55.9167 (36.3391)	61.8030 (42.2254)
	99170010	钢筋调直机	台班	0.1969	0.1969	0.1969	0.2085
	99170025	钢筋切断机	台班	0.1969	0.1969	0.1969	0.2085
	99210065	木工平刨床 刨削宽度 450	台班	0.1234	0.1234	0.1234	0.1247
	99440010	电动单级离心清水泵 ϕ50	台班	238.1400	257.9856	271.2156	291.0600
调整项目							
		围护支撑					
	00190101	综合人工	工日	613.3218	613.3218	621.3363	621.3363
	03152501	镀锌铁丝	kg	20.0000	20.0000	25.0000	25.0000
	04030115	黄砂 中粗	t	23.7356	23.7356	33.2299	33.2299
	05030101	成材	m^3	0.8241	0.8241	1.0276	1.0276
	35090121	槽型钢板桩	t	1.9587	1.9587	2.6893	2.6893
	35090131	槽型钢板桩使用费	t·d	7683.0000	7683.0000	10645.0000	10645.0000
	35090611	钢板桩支撑使用费	t·d	614.0000	614.0000	1067.0000	1067.0000
	35091771	铁撑柱	kg	246.0000	246.0000	427.2000	427.2000
	35091901	钢桩帽摊销	kg	136.2690	136.2690	381.5700	381.5700
	99030080	轨道式柴油打桩机 0.6 t	台班	27.7905	27.7905		
	99030690	简易拔桩架	台班	29.8410	29.8410		
	99090075	履带式起重机 8 t	台班	9.1000	9.1000	11.3750	11.3750

（续表）

定额编号				J-1-2-73 A(B)	J-1-2-74 A(B)	J-1-2-75 A(B)	J-1-2-76 A(B)
项目				ϕ2400			
				企口式钢筋混凝土管			
				5.5 m	≤6.0 m	>6.0 m	6.5 m
名称			单位	100 m	100 m	100 m	100 m
	99030100	轨道式柴油打桩机 1.2 t	台班			33.5913	33.5913
	99030970	震动锤 45 kW	台班			17.3680	17.3680
	99090090	履带式起重机 15 t	台班			17.3680	17.3680
		井点降水					
	00190101	综合人工	工日	−31.8490	−40.6803	116.2731	107.4423
	04030115	黄砂 中粗	t	9.4420	9.4420		
	04030119	黄砂 中粗	kg			95423.8016	95423.8016
	17030102	镀锌焊接钢管	kg			0.2373	0.2373
	17270201	普通橡胶管	m	14.2440	14.2440		
	34110101	水	m^3	152.3275	152.3275	566.8908	566.8908
	35040921	轻型井点井管 ϕ40	m	51.7349	51.7349		
	35040941	轻型井点井管 ϕ180×4	m	2.4966	2.4966		
	35040961	喷射井点总管 ϕ159×6	m			5.3110	5.3110
	35040971	喷射井点井管 ϕ76	m			37.8377	37.8377
	35041011	喷射井点滤网管	根			4.3639	4.3639
	35041021	喷射井点回水连接件	副			2.7304	2.7304
	35041031	喷射井点腰子法兰	副			1.2352	1.2352
	35041041	喷射井点水箱	kg			43.6233	43.6233
	35041051	喷射井点喷射器	只			5.8317	5.8317
	99090080	履带式起重机 10 t	台班			11.5200	11.5200
	99091380	电动卷扬机单筒快速 10 kN	台班	1.9920	1.9920		
	99350050	轻便钻机 XJ-100	台班	4.7310	4.7310		
	99350120	液压钻机 G-2A	台班			4.4160	4.4160
	99440010	电动单级离心清水泵 ϕ50	台班	−238.1400	−257.9856	−271.2156	−291.0600
	99440150	电动多级离心清水泵 ϕ150×180 m 以下	台班	3.9840	3.9840	50.8100	50.8100
	99440210	污水泵 ϕ100	台班			11.0400	11.0400
	99440510	射流井点泵 9.5 m	台班	66.3920	66.3920		

工作内容： 沟槽挖土、沟槽排水、井点降水、沟槽围护和支撑(钢板桩、撑拆列板)、铺筑管道基础、铺设管道、沟槽回填(黄砂及素土)、土方场内运输、砌筑检查井等。

定　额　编　号			J-1-2-77A(B)
项　　目			ϕ2400
			企口式钢筋混凝土管
			7.0 m
			100 m
预算定额编号	预算定额名称	预算定额单位	数　　量
04290712	钢筋混凝土板 1400×250×160 mm	块	9.0000
04290713	钢筋混凝土板 1400×300×160 mm	块	15.0000
52-1-2-3	机械挖沟槽土方 深≤6 m 现场抛土	m^3	2709.0000
52-1-2-3 系 1	机械挖沟槽土方 深≤7 m 现场抛土	m^3	451.5000
52-1-3-1	沟槽回填 夯填土	m^3	1934.6700 (1386.7000)
53-1-3-2	场内运输 自卸汽车装运土(运距 1 km 以内)	m^3	2566.7700 (2018.8000)
52-1-3-4	沟槽回填 黄砂	m^3	383.7300 (931.7000)
52-1-4-3	管道垫层 砾石砂垫层	m^3	43.9500
52-1-5-1	管道基座 混凝土 C20	m^3	79.8500
52-1-5-1 换 1	管道基座 混凝土 C15	m^3	2.1300
52-1-5-2	管道基座 钢筋	t	0.4290
52-1-6-11	管道铺设 企口式钢筋混凝土管 ϕ2400	100 m	0.9670
52-3-1-4	砖砌检查井及雨水口 检查井 深≤8 m	m^3	66.9600
52-3-2-1	水泥砂浆抹面 检查井	m^2	250.8000
52-3-6-1	安装防坠格板 新建工程	只	3.0000
52-3-9-3	安装盖板及盖座 铸铁盖座	套	3.0000
52-3-9-4	安装盖板及盖座 防沉降检查井盖板	块	3.0000
52-4-5-1	模板工程 模板 管道基座	m^2	54.2300
53-9-1-1	施工排水、降水 湿土排水	m^3	2709.0000
53-9-1-3	施工排水、降水 筑拆竹箩滤井	座	2.5000
调整项目			
	围护支撑		
52-4-3-3	打槽型钢板桩 长 9.01～12.00 m，单面	100 m	2.0000
52-4-3-8	拔槽型钢板桩 长 9.01～12.00 m，单面	100 m	2.0000
52-4-3-11	打拔沟槽钢板桩 槽型钢板桩使用费	t・d	10645.0000
52-4-4-9	安拆钢板桩支撑 槽宽≤4.5 m 深 6.01～8.00 m	100 m	1.0000

（续表）

定额编号			J-1-2-77A(B)
项目			ϕ2400
			企口式钢筋混凝土管
			7.0 m
			100 m
预算定额编号	预算定额名称	预算定额单位	数量
52-4-4-14	钢板桩支撑使用费	t·d	1067.0000
	井点降水		
53-9-1-1	施工排水、降水 湿土排水	m^3	−2709.0000
53-9-1-8	施工排水、降水 喷射井点安装 10 m	根	40.0000
53-9-1-9	施工排水、降水 喷射井点拆除 10 m	根	40.0000
53-9-1-10	施工排水、降水 喷射井点使用 10 m	套·天	39.0000

工作内容：沟槽挖土、沟槽排水、井点降水、沟槽围护和支撑(钢板桩、撑拆列板)、铺筑管道基础、铺设管道、沟槽回填(黄砂及素土)、土方场内运输、砌筑检查井等。

定额编号				J-1-2-77A(B)
项目				ϕ2400
				企口式钢筋混凝土管
				7.0 m
名称			单位	100 m
人工	00190101	综合人工	工日	1266.1691 (1280.4163)
材料	01010211	热轧带肋钢筋(HRB400) ϕ≤10	t	0.1231
	01010212	热轧带肋钢筋(HRB400) ϕ>10	t	0.3166
	02090101	塑料薄膜	m^2	305.5781
	03010811	钢塑膨胀铆钉	只	18.3600
	03150101	圆钉	kg	11.0560
	03152501	镀锌铁丝	kg	1.3256
	04030115	黄砂 中粗	t	678.6046 (1647.4156)
	04030701	砾石砂	t	97.1691
	04050313	道碴 50～70	t	0.3988
	04131711	蒸压灰砂砖	千块	36.0847
	04290712	钢筋混凝土板 1400×250×160 mm	块	9.0000
	04290713	钢筋混凝土板 1400×300×160 mm	块	15.0000
	05350301	竹箩	个	2.5000

（续表）

定 额 编 号				J-1-2-77A(B)
项 目				ϕ2400
				企口式钢筋混凝土管
				7.0 m
名 称			单位	100 m
材料	17291117	钢筋混凝土企口管 ϕ2400×2000	m	97.2200
	18271131	管枕 ϕ2400	块	193.4727
	34110101	水	m^3	65.4867 (151.7920)
	35010102	组合钢模板	kg	34.6966
	35010703	木模板成材	m^3	0.2168
	35020401	钢模零配件	kg	12.8292
	36012831	铸铁检查井雨污水盖座 市政90型	套	3.0000
	36016631	防沉降检查井盖板 2500×2000×200	块	3.0000
	36016651	高强度塑料检查井格板	只	3.0600
	36016661	高强度塑料支架	只	9.1800
	80060414	湿拌砌筑砂浆 WM M10.0	m^3	16.1976
	80060513	预拌抹灰砂浆 WP M15.0	m^3	4.3025
	80210410	预拌混凝土(泵送型) C15 粒径5～20	m^3	2.1513
	80210414	预拌混凝土(泵送型) C20 粒径5～20	m^3	80.6485
机械	99010060	履带式单斗液压挖掘机 1 m^3	台班	13.2741
	99050930	混凝土振捣器 插入式	台班	11.2313
	99050940	混凝土振捣器 平板式	台班	27.3004 (47.6301)
	99070220	轮胎式装载机 1 m^3	台班	12.0638 (9.4884)
	99070540	载重汽车 6 t	台班	0.0868
	99070588	载重汽车 12 t	台班	18.4807 (14.5354)
	99090360	汽车式起重机 8 t	台班	0.2847
	99130350	内燃夯实机 700 N·m	台班	71.7763 (51.4466)
	99170010	钢筋调直机	台班	0.2085
	99170025	钢筋切断机	台班	0.2085
	99210065	木工平刨床 刨削宽度 450	台班	0.1247
	99440010	电动单级离心清水泵 ϕ50	台班	325.0800

(续表)

定额编号				J-1-2-77A(B)
项目				ϕ2400
				企口式钢筋混凝土管
				7.0 m
名称			单位	100 m
调整项目				
		围护支撑		
	00190101	综合人工	工日	621.3363
	03152501	镀锌铁丝	kg	25.0000
	04030115	黄砂 中粗	t	33.2299
	05030101	成材	m^3	1.0276
	35090121	槽型钢板桩	t	2.6893
	35090131	槽型钢板桩使用费	t·d	10645.0000
	35090611	钢板桩支撑使用费	t·d	1067.0000
	35091771	铁撑柱	kg	427.2000
	35091901	钢桩帽摊销	kg	381.5700
	99030100	轨道式柴油打桩机 1.2 t	台班	33.5913
	99030970	震动锤 45 kW	台班	17.3680
	99090075	履带式起重机 8 t	台班	11.3750
	99090090	履带式起重机 15 t	台班	17.3680
		井点降水		
	00190101	综合人工	工日	92.3034
	04030119	黄砂 中粗	kg	95423.8016
	17030102	镀锌焊接钢管	kg	0.2373
	34110101	水	m^3	566.8908
	35040961	喷射井点总管 ϕ159×6	m	5.3110
	35040971	喷射井点井管 ϕ76	m	37.8377
	35041011	喷射井点滤网管	根	4.3639
	35041021	喷射井点回水连接件	副	2.7304
	35041031	喷射井点腰子法兰	副	1.2352
	35041041	喷射井点水箱	kg	43.6233
	35041051	喷射井点喷射器	只	5.8317
	99090080	履带式起重机 10 t	台班	11.5200
	99350120	液压钻机 G-2A	台班	4.4160
	99440010	电动单级离心清水泵 ϕ50	台班	−325.0800
	99440150	电动多级离心清水泵 ϕ150×180 m 以下	台班	50.8100
	99440210	污水泵 ϕ100	台班	11.0400

第三节 F型钢承口式钢筋混凝土管

工作内容：沟槽挖土、沟槽排水、井点降水、沟槽围护和支撑(钢板桩、撑拆列板)、铺筑管道基础、铺设管道、沟槽回填(素土)、土方场内运输、砌筑检查井等。

定额编号			J-1-3-1	J-1-3-2	J-1-3-3	J-1-3-4
项目			ϕ600			
			F型钢承口式钢筋混凝土管			
			2.0 m	2.5 m	≤3.0 m	>3.0 m
			100 m	100 m	100 m	100 m
预算定额编号	预算定额名称	预算定额单位	数量			
52-1-2-1	机械挖沟槽土方 深≤3 m 现场抛土	m^3	420.0000	525.0000	603.7500	
52-1-2-3	机械挖沟槽土方 深≤6 m 现场抛土	m^3				656.2500
52-1-3-1	沟槽回填 夯填土	m^3	329.6200	434.6200	513.6900	566.1900
53-1-3-2	场内运输 自卸汽车装运土(运距1 km以内)	m^3	408.6500	534.6500	629.5000	692.5000
52-1-4-3	管道垫层 砾石砂垫层	m^3	20.2600	20.2600	20.5200	20.5200
52-1-5-1	管道基座 混凝土 C20	m^3	29.8800	29.8800	30.3800	30.3800
52-1-5-1换1	管道基座 混凝土 C15	m^3				0.9600
52-1-5-2	管道基座 钢筋	t				0.1770
52-1-6-12	管道铺设 F型钢承口式钢筋混凝土管 ϕ600	100 m	0.9700	0.9700	0.9700	0.9700
52-3-1-1	砖砌检查井及雨水口 检查井深≤2.5 m	m^3	6.1200	8.1000		
52-3-1-2	砖砌检查井及雨水口 检查井深≤4 m	m^3			11.0400	11.0400
52-3-2-1	水泥砂浆抹面 检查井	m^2	44.0400	62.6100	81.7800	81.7800
52-3-6-1	安装防坠格板 新建工程	只	3.0000	3.0000	3.0000	3.0000
52-3-9-3	安装盖板及盖座 铸铁盖座	套	3.0000	3.0000	3.0000	3.0000
52-3-9-4	安装盖板及盖座 防沉降检查井盖板	块	3.0000	3.0000	3.0000	3.0000
52-4-5-1	模板工程 模板 管道基座	m^2	76.2700	76.2700	76.4000	76.4000
53-9-1-1	施工排水、降水 湿土排水	m^3	210.0000	315.0000	393.7500	446.2500
53-9-1-3	施工排水、降水 筑拆竹箩滤井	座	2.5000	2.5000	2.5000	2.5000
调整项目						
	围护支撑					
52-4-2-2	满堂撑拆列板 深≤2.0 m,双面	100 m	1.0000			
52-4-2-3	满堂撑拆列板 深≤2.5 m,双面	100 m		1.0000		

（续表）

定额编号			J-1-3-1	J-1-3-2	J-1-3-3	J-1-3-4
项目			ϕ600			
			F型钢承口式钢筋混凝土管			
			2.0 m	2.5 m	≤3.0 m	>3.0 m
			100 m	100 m	100 m	100 m
预算定额编号	预算定额名称	预算定额单位	数量			
52-4-2-4	满堂撑拆列板 深≤3.0 m,双面	100 m			1.0000	
52-4-2-5	撑拆列板 列板使用费	t·d	254.0000	290.0000	350.0000	
52-4-2-6	列板支撑使用费	t·d	89.0000	111.0000	133.0000	
52-4-3-1	打槽型钢板桩 长 4.00～6.00 m,单面	100 m				2.0000
52-4-3-6	拔槽型钢板桩 长 4.00～6.00 m,单面	100 m				2.0000
52-4-4-1	安拆钢板桩支撑 槽宽≤3.0 m 深 3.01～4.00 m	100 m				1.0000
52-4-3-11	打拔沟槽钢板桩 槽型钢板桩使用费	t·d				3086.0000
52-4-4-14	钢板桩支撑使用费	t·d				145.0000
	井点降水					
53-9-1-1	施工排水、降水 湿土排水	m^3			−393.7500	−446.2500
53-9-1-5	施工排水、降水 轻型井点安装	根			83.0000	83.0000
53-9-1-6	施工排水、降水 轻型井点拆除	根			83.0000	83.0000
53-9-1-7	施工排水、降水 轻型井点使用	套·天			37.0000	37.0000

工作内容：沟槽挖土、沟槽排水、井点降水、沟槽围护和支撑(钢板桩、撑拆列板)、铺筑管道基础、铺设管道、沟槽回填(素土)、土方场内运输、砌筑检查井等。

定额编号				J-1-3-1	J-1-3-2	J-1-3-3	J-1-3-4
项目				ϕ600			
				F型钢承口式钢筋混凝土管			
				2.0 m	2.5 m	≤3.0 m	>3.0 m
名称			单位	100 m	100 m	100 m	100 m
人工	00190101	综合人工	工日	197.8608	244.4835	285.3904	312.0567
材料	01010211	热轧带肋钢筋(HRB400) ϕ≤10	t				0.0508
	01010212	热轧带肋钢筋(HRB400) ϕ>10	t				0.1306
	02090101	塑料薄膜	m^2	96.2639	97.9004	101.8565	104.7868
	03010811	钢塑膨胀铆钉	只	18.3600	18.3600	18.3600	18.3600
	03150101	圆钉	kg	15.5494	15.5494	15.5759	15.5759
	03152501	镀锌铁丝	kg				0.5469
	04030115	黄砂 中粗	t	0.1700	0.1700	0.1700	0.1700

（续表）

定额编号				J-1-3-1	J-1-3-2	J-1-3-3	J-1-3-4
项目				ϕ600			
				F型钢承口式钢筋混凝土管			
				2.0 m	2.5 m	≤3.0 m	>3.0 m
名称			单位	100 m	100 m	100 m	100 m
材料	04030701	砾石砂	t	44.7928	44.7928	45.3677	45.3677
	04050313	道碴 50～70	t	0.3988	0.3988	0.3988	0.3988
	04131711	蒸压灰砂砖	千块	3.3348	4.4137	5.9859	5.9859
	05350301	竹箩	个	2.5000	2.5000	2.5000	2.5000
	14412801	环氧密封胶	kg	44.6340	44.6340	44.6340	44.6340
	17291251	F型钢筋混凝土管(开槽) ϕ600×2500	m	97.0305	97.0305	97.0305	97.0305
	34110101	水	m^3	1.5898	1.6170	1.6824	1.7308
	35010102	组合钢模板	kg	48.7979	48.7979	48.8811	48.8811
	35010703	木模板成材	m^3	0.3049	0.3049	0.3054	0.3054
	35020401	钢模零配件	kg	18.0432	18.0432	18.0739	18.0739
	36012831	铸铁检查井雨污水盖座 市政90型	套	3.0000	3.0000	3.0000	3.0000
	36016631	防沉降检查井盖板 2500×2000×200	块	3.0000	3.0000	3.0000	3.0000
	36016651	高强度塑料检查井格板	只	3.0600	3.0600	3.0600	3.0600
	36016661	高强度塑料支架	只	9.1800	9.1800	9.1800	9.1800
	80060414	湿拌砌筑砂浆 WM M10.0	m^3	1.4174	1.8760	2.6032	2.6032
	80060513	预拌抹灰砂浆 WP M15.0	m^3	0.9579	1.2532	1.5580	1.5580
	80210410	预拌混凝土(泵送型) C15 粒径5～20	m^3				0.9696
	80210414	预拌混凝土(泵送型) C20 粒径5～20	m^3	30.1788	30.1788	30.6838	30.6838
机械	99010060	履带式单斗液压挖掘机 1 m^3	台班	1.6380	2.0475	2.3546	2.6906
	99050930	混凝土振捣器 插入式	台班	4.0936	4.0936	4.1621	4.2936
	99050940	混凝土振捣器 平板式	台班	4.9384	4.9384	5.0178	5.1493
	99070220	轮胎式装载机 1 m^3	台班	1.9207	2.5129	2.9587	3.2548
	99070540	载重汽车 6 t	台班	0.3854	0.3854	0.3856	0.3856
	99070588	载重汽车 12 t	台班	2.9423	3.8495	4.5324	4.9860
	99090360	汽车式起重机 8 t	台班	1.6943	1.6943	1.6944	1.6944
	99091700	手扳葫芦	台班	2.1324	2.1324	2.1324	2.1324
	99091880	千斤顶 15 t	台班	2.1324	2.1324	2.1324	2.1324
	99130350	内燃夯实机 700 N·m	台班	12.2289	16.1244	19.0579	21.0056
	99170010	钢筋调直机	台班				0.0860
	99170025	钢筋切断机	台班				0.0860
	99210065	木工平刨床 刨削宽度 450	台班	0.1754	0.1754	0.1757	0.1757
	99440010	电动单级离心清水泵 ϕ50	台班	25.2000	37.8000	47.2500	53.5500

（续表）

定额编号			J-1-3-1	J-1-3-2	J-1-3-3	J-1-3-4
项目			ϕ600			
			F型钢承口式钢筋混凝土管			
			2.0 m	2.5 m	≤3.0 m	>3.0 m
名称		单位	100 m	100 m	100 m	100 m
调整项目						
	围护支撑					
00190101	综合人工	工日	37.3728	57.0282	78.7933	447.5882
03150501	骑马钉	kg	16.8872	21.1090	25.3308	
04131711	蒸压灰砂砖	千块	0.1545	0.1545	0.1545	
05030101	成材	m^3	0.3333	0.4444	0.5000	0.5955
35090501	列板使用费	t・d	254.0000	290.0000	350.0000	
35090511	列板支撑使用费	t・d	89.0000	111.0000	133.0000	
35091731	铁撑板	t	0.2788	0.3345	0.4181	
35091771	铁撑柱	kg	93.1220	114.6350	139.6830	70.5300
35090121	槽型钢板桩	t				1.3350
35091901	钢桩帽摊销	kg				90.9300
04030115	黄砂 中粗	t				15.8236
03152501	镀锌铁丝	kg				15.0000
35090131	槽型钢板桩使用费	t・d				3086.0000
35090611	钢板桩支撑使用费	t・d				145.0000
99030080	轨道式柴油打桩机 0.6 t	台班				20.1323
99030690	简易拔桩架	台班				23.9558
99090075	履带式起重机 8 t	台班				3.4125
	井点降水					
00190101	综合人工	工日			42.1721	39.3686
04030115	黄砂 中粗	t			9.4420	9.4420
17270201	普通橡胶管	m			14.2440	14.2440
34110101	水	m^3			152.3275	152.3275
35040921	轻型井点井管 ϕ40	m			34.8074	34.8074
35040941	轻型井点井管 $\phi180\times4$	m			1.6808	1.6808
99091380	电动卷扬机单筒快速 10 kN	台班			1.9920	1.9920
99350050	轻便钻机 XJ-100	台班			4.7310	4.7310
99440010	电动单级离心清水泵 ϕ50	台班			−47.2500	−53.5500
99440150	电动多级离心清水泵 $\phi150\times$ 180 m 以下	台班			3.9840	3.9840
99440510	射流井点泵 9.5 m	台班			44.5420	44.5420

工作内容：沟槽挖土、沟槽排水、井点降水、沟槽围护和支撑（钢板桩、撑拆列板）、铺筑管道基础、铺设管道、沟槽回填（素土）、土方场内运输、砌筑检查井等。

定额编号			J-1-3-5	J-1-3-6	J-1-3-7	J-1-3-8
项目			ϕ600			
			F 型钢承口式钢筋混凝土管			
			3.5 m	≤4.0 m	>4.0 m	4.5 m
			100 m	100 m	100 m	100 m
预算定额编号	预算定额名称	预算定额单位	数量			
52-1-2-3	机械挖沟槽土方 深≤6 m 现场抛土	m^3	735.0000	813.7500	866.2500	945.0000
52-1-3-1	沟槽回填 夯填土	m^3	644.9400	723.6900	776.1900	854.9400
53-1-3-2	场内运输 自卸汽车装运土（运距1 km以内）	m^3	787.0000	881.5000	944.5000	1039.0000
52-1-4-3	管道垫层 砾石砂垫层	m^3	20.5200	20.5200	20.5200	20.5200
52-1-5-1	管道基座 混凝土 C20	m^3	31.1900	31.1900	31.1900	31.1900
52-1-5-1换1	管道基座 混凝土 C15	m^3	0.9600	0.9600	0.9600	0.9600
52-1-5-2	管道基座 钢筋	t	0.1800	0.1800	0.1800	0.1800
52-1-6-12	管道铺设 F型钢承口式钢筋混凝土管 ϕ600	100 m	0.9700	0.9700	0.9700	0.9700
52-3-1-2	砖砌检查井及雨水口 检查井 深≤4 m	m^3	14.0100	17.0700	17.0700	
52-3-1-3	砖砌检查井及雨水口 检查井 深≤6 m	m^3				20.1000
52-3-2-1	水泥砂浆抹面 检查井	m^2	98.2200	114.6600	114.6600	131.1000
52-3-6-1	安装防坠格板 新建工程	只	3.0000	3.0000	3.0000	3.0000
52-3-9-3	安装盖板及盖座 铸铁盖座	套	3.0000	3.0000	3.0000	3.0000
52-3-9-4	安装盖板及盖座 防沉降检查井盖板	块	3.0000	3.0000	3.0000	3.0000
52-4-5-1	模板工程 模板 管道基座	m^2	76.4000	76.4000	76.4000	76.4000
53-9-1-1	施工排水、降水 湿土排水	m^3	525.0000	603.7500	656.2500	735.0000
53-9-1-3	施工排水、降水 筑拆竹箩滤井	座	2.5000	2.5000	2.5000	2.5000
调整项目						
	围护支撑					
52-4-3-1	打槽型钢板桩 长4.00～6.00 m，单面	100 m	2.0000	2.0000		
52-4-3-6	拔槽型钢板桩 长4.00～6.00 m，单面	100 m	2.0000	2.0000		
52-4-3-11	打拔沟槽钢板桩 槽型钢板桩使用费	t·d	3086.0000	3086.0000	6860.0000	6860.0000
52-4-4-1	安拆钢板桩支撑 槽宽≤3.0 m 深3.01～4.00 m	100 m	1.0000	1.0000		
52-4-4-14	钢板桩支撑使用费	t·d	145.0000	145.0000	440.0000	440.0000

（续表）

定额编号			J-1-3-5	J-1-3-6	J-1-3-7	J-1-3-8
项目			ϕ600			
			F 型钢承口式钢筋混凝土管			
			3.5 m	≤4.0 m	>4.0 m	4.5 m
			100 m	100 m	100 m	100 m
预算定额编号	预算定额名称	预算定额单位	数量			
52-4-3-2	打槽型钢板桩 长 6.01～9.00 m，单面	100 m			2.0000	2.0000
52-4-3-7	拔槽型钢板桩 长 6.01～9.00 m，单面	100 m			2.0000	2.0000
52-4-4-2	安拆钢板桩支撑 槽宽≤3.0 m 深 4.01～6.00 m	100 m			1.0000	1.0000
	井点降水					
53-9-1-1	施工排水、降水 湿土排水	m^3	−525.0000	−603.7500	−656.2500	−735.0000
53-9-1-5	施工排水、降水 轻型井点安装	根	83.0000	83.0000	83.0000	83.0000
53-9-1-6	施工排水、降水 轻型井点拆除	根	83.0000	83.0000	83.0000	83.0000
53-9-1-7	施工排水、降水 轻型井点使用	套·天	37.0000	37.0000	37.0000	37.0000

工作内容：沟槽挖土、沟槽排水、井点降水、沟槽围护和支撑（钢板桩、撑拆列板）、铺筑管道基础、铺设管道、沟槽回填（素土）、土方场内运输、砌筑检查井等。

定额编号				J-1-3-5	J-1-3-6	J-1-3-7	J-1-3-8
项目				ϕ600			
				F 型钢承口式钢筋混凝土管			
				3.5 m	≤4.0 m	>4.0 m	4.5 m
名称			单位	100 m	100 m	100 m	100 m
人工	00190101	综合人工	工日	352.0238	391.8445	411.9814	454.4407
材料	01010211	热轧带肋钢筋（HRB400）ϕ≤10	t	0.0517	0.0517	0.0517	0.0517
	01010212	热轧带肋钢筋（HRB400）ϕ>10	t	0.1328	0.1328	0.1328	0.1328
	02090101	塑料薄膜	m^2	109.7140	112.2431	112.2431	114.7474
	03010811	钢塑膨胀铆钉	只	18.3600	18.3600	18.3600	18.3600
	03150101	圆钉	kg	15.5759	15.5759	15.5759	15.5759
	03152501	镀锌铁丝	kg	0.5562	0.5562	0.5562	0.5562
	04030115	黄砂 中粗	t	0.1700	0.1700	0.1700	0.1700
	04030701	砾石砂	t	45.3677	45.3677	45.3677	45.3677
	04050313	道碴 50～70	t	0.3988	0.3988	0.3988	0.3988
	04131711	蒸压灰砂砖	千块	7.5962	9.2554	9.2554	10.8661
	05350301	竹箩	个	2.5000	2.5000	2.5000	2.5000
	14412801	环氧密封胶	kg	44.6340	44.6340	44.6340	44.6340

（续表）

定 额 编 号				J-1-3-5	J-1-3-6	J-1-3-7	J-1-3-8
项 目				ϕ600			
				F 型钢承口式钢筋混凝土管			
				3.5 m	≤4.0 m	>4.0 m	4.5 m
名 称			单位	100 m	100 m	100 m	100 m
材料	17291251	F 型钢筋混凝土管(开槽) ϕ600×2500	m	97.0305	97.0305	97.0305	97.0305
	34110101	水	m^3	1.8123	1.8543	1.8543	1.8958
	35010102	组合钢模板	kg	48.8811	48.8811	48.8811	48.8811
	35010703	木模板成材	m^3	0.3054	0.3054	0.3054	0.3054
	35020401	钢模零配件	kg	18.0739	18.0739	18.0739	18.0739
	36012831	铸铁检查井雨污水盖座 市政 90 型	套	3.0000	3.0000	3.0000	3.0000
	36016631	防沉降检查井盖板 2500×2000×200	块	3.0000	3.0000	3.0000	3.0000
	36016651	高强度塑料检查井格板	只	3.0600	3.0600	3.0600	3.0600
	36016661	高强度塑料支架	只	9.1800	9.1800	9.1800	9.1800
	80060414	湿拌砌筑砂浆 WM M10.0	m^3	3.3036	4.0251	4.0251	4.7838
	80060513	预拌抹灰砂浆 WP M15.0	m^3	1.8194	2.0808	2.0808	2.3422
	80210410	预拌混凝土(泵送型) C15 粒径 5～20	m^3	0.9696	0.9696	0.9696	0.9696
	80210414	预拌混凝土(泵送型) C20 粒径 5～20	m^3	31.5019	31.5019	31.5019	31.5019
机械	99010060	履带式单斗液压挖掘机 1 m^3	台班	3.0135	3.3364	3.5516	3.8745
	99050930	混凝土振捣器 插入式	台班	4.4045	4.4045	4.4045	4.4045
	99050940	混凝土振捣器 平板式	台班	5.2602	5.2602	5.2602	5.2602
	99070220	轮胎式装载机 1 m^3	台班	3.6989	4.1431	4.4392	4.8833
	99070540	载重汽车 6 t	台班	0.3856	0.3856	0.3856	0.3856
	99070588	载重汽车 12 t	台班	5.6664	6.3468	6.8004	7.4808
	99090360	汽车式起重机 8 t	台班	1.6944	1.6944	1.6944	1.6944
	99091700	手扳葫芦	台班	2.1324	2.1324	2.1324	2.1324
	99091880	千斤顶 15 t	台班	2.1324	2.1324	2.1324	2.1324
	99130350	内燃夯实机 700 N·m	台班	23.9273	26.8489	28.7966	31.7183
	99170010	钢筋调直机	台班	0.0875	0.0875	0.0875	0.0875
	99170025	钢筋切断机	台班	0.0875	0.0875	0.0875	0.0875
	99210065	木工平刨床 刨削宽度 450	台班	0.1757	0.1757	0.1757	0.1757
	99440010	电动单级离心清水泵 ϕ50	台班	63.0000	72.4500	78.7500	88.2000

(续表)

定额编号			J-1-3-5	J-1-3-6	J-1-3-7	J-1-3-8
项目			ϕ600			
			F 型钢承口式钢筋混凝土管			
			3.5 m	≤4.0 m	>4.0 m	4.5 m
名称		单位	100 m	100 m	100 m	100 m
调整项目						
	围护支撑					
00190101	综合人工	工日	447.5882	447.5882	571.2213	571.2213
03152501	镀锌铁丝	kg	15.0000	15.0000	20.0000	20.0000
04030115	黄砂 中粗	t	15.8236	15.8236	23.7356	23.7356
05030101	成材	m^3	0.5955	0.5955	0.8169	0.8169
35090121	槽型钢板桩	t	1.3350	1.3350	1.9587	1.9587
35090131	槽型钢板桩使用费	t·d	3086.0000	3086.0000	6860.0000	6860.0000
35090611	钢板桩支撑使用费	t·d	145.0000	145.0000	440.0000	440.0000
35091771	铁撑柱	kg	70.5300	70.5300	141.1200	141.1200
35091901	钢桩帽摊销	kg	90.9300	90.9300	136.2690	136.2690
99030080	轨道式柴油打桩机 0.6 t	台班	20.1323	20.1323	27.7905	27.7905
99030690	简易拔桩架	台班	23.9558	23.9558	29.8410	29.8410
99090075	履带式起重机 8 t	台班	3.4125	3.4125	4.5500	4.5500
	井点降水					
00190101	综合人工	工日	35.1633	30.9580	28.1545	23.9493
04030115	黄砂 中粗	t	9.4420	9.4420	9.4420	9.4420
17270201	普通橡胶管	m	14.2440	14.2440	14.2440	14.2440
34110101	水	m^3	152.3275	152.3275	152.3275	152.3275
35040921	轻型井点井管 ϕ40	m	34.8074	34.8074	34.8074	34.8074
35040941	轻型井点井管 ϕ180×4	m	1.6808	1.6808	1.6808	1.6808
99091380	电动卷扬机单筒快速 10 kN	台班	1.9920	1.9920	1.9920	1.9920
99350050	轻便钻机 XJ-100	台班	4.7310	4.7310	4.7310	4.7310
99440010	电动单级离心清水泵 ϕ50	台班	−63.0000	−72.4500	−78.7500	−88.2000
99440150	电动多级离心清水泵 ϕ150×180 m 以下	台班	3.9840	3.9840	3.9840	3.9840
99440510	射流井点泵 9.5 m	台班	44.5420	44.5420	44.5420	44.5420

工作内容：沟槽挖土、沟槽排水、井点降水、沟槽围护和支撑（钢板桩、撑拆列板）、铺筑管道基础、铺设管道、沟槽回填（素土）、土方场内运输、砌筑检查井等。

定额编号			J-1-3-9	J-1-3-10	J-1-3-11	J-1-3-12
项目			ϕ600		ϕ800	
			F型钢承口式钢筋混凝土管			
			5.0 m	5.5 m	2.0 m	2.5 m
			100 m	100 m	100 m	100 m
预算定额编号	预算定额名称	预算定额单位	数量			
52-1-2-1	机械挖沟槽土方 深≤3 m 现场抛土	m^3			462.0000	577.5000
52-1-2-3	机械挖沟槽土方 深≤6 m 现场抛土	m^3	1050.0000	1155.0000		
52-1-3-1	沟槽回填 夯填土	m^3	959.9400	1064.9400	335.3300	450.8300
53-1-3-2	场内运输 自卸汽车装运土（运距1 km以内）	m^3	1165.0000	1291.0000	421.8200	560.4200
52-1-4-3	管道垫层 砾石砂垫层	m^3	20.5200	20.5200	22.1400	22.1400
52-1-5-1	管道基座 混凝土 C20	m^3	31.1900	31.9700	37.9500	37.9500
52-1-5-1换1	管道基座 混凝土 C15	m^3	0.9600	0.9600		
52-1-5-2	管道基座 钢筋	t	0.1800	0.1830		
52-1-6-12	管道铺设 F型钢承口式钢筋混凝土管 ϕ600	100 m	0.9700	0.9700		
52-1-6-13	管道铺设 F型钢承口式钢筋混凝土管 ϕ800	100 m			0.9700	0.9700
52-3-1-1	砖砌检查井及雨水口 检查井深≤2.5 m	m^3			5.6100	7.7400
52-3-1-3	砖砌检查井及雨水口 检查井深≤6 m	m^3	23.1300	25.6500		
52-3-2-1	水泥砂浆抹面 检查井	m^2	147.5400	160.5600	40.2900	60.3600
52-3-6-1	安装防坠格板 新建工程	只	3.0000	3.0000	3.0000	3.0000
52-3-9-3	安装盖板及盖座 铸铁盖座	套	3.0000	3.0000	3.0000	3.0000
52-3-9-4	安装盖板及盖座 防沉降检查井盖板	块	3.0000	3.0000	3.0000	3.0000
52-4-5-1	模板工程 模板 管道基座	m^2	76.4000	79.2200	87.5200	87.5200
53-9-1-1	施工排水、降水 湿土排水	m^3	840.0000	945.0000	231.0000	346.5000
53-9-1-3	施工排水、降水 筑拆竹箩滤井	座	2.5000	2.5000	2.5000	2.5000
调整项目						
	围护支撑					
52-4-3-2	打槽型钢板桩 长6.01～9.00 m，单面	100 m	2.0000	2.0000		
52-4-3-7	拔槽型钢板桩 长6.01～9.00 m，单面	100 m	2.0000	2.0000		
52-4-3-11	打拔沟槽钢板桩 槽型钢板桩使用费	t·d	6860.0000	6860.0000		

(续表)

定额编号			J-1-3-9	J-1-3-10	J-1-3-11	J-1-3-12
项目			ϕ600		ϕ800	
			F型钢承口式钢筋混凝土管			
			5.0 m	5.5 m	2.0 m	2.5 m
			100 m	100 m	100 m	100 m
预算定额编号	预算定额名称	预算定额单位	数量			
52-4-4-2	安拆钢板桩支撑 槽宽≤3.0 m 深 4.01～6.00 m	100 m	1.0000	1.0000		
52-4-4-14	钢板桩支撑使用费	t·d	440.0000	440.0000		
52-4-2-2	满堂撑拆列板 深≤2.0 m,双面	100 m			1.0000	
52-4-2-5	撑拆列板 列板使用费	t·d			275.0000	341.0000
52-4-2-6	列板支撑使用费	t·d			96.0000	120.0000
52-4-2-3	满堂撑拆列板 深≤2.5 m,双面	100 m				1.0000
	井点降水					
53-9-1-1	施工排水、降水 湿土排水	m^3	−840.0000	−945.0000		
53-9-1-5	施工排水、降水 轻型井点安装	根	83.0000	83.0000		
53-9-1-6	施工排水、降水 轻型井点拆除	根	83.0000	83.0000		
53-9-1-7	施工排水、降水 轻型井点使用	套·天	37.0000	37.0000		

工作内容:沟槽挖土、沟槽排水、井点降水、沟槽围护和支撑(钢板桩、撑拆列板)、铺筑管道基础、铺设管道、沟槽回填(素土)、土方场内运输、砌筑检查井等。

定额编号				J-1-3-9	J-1-3-10	J-1-3-11	J-1-3-12
项目				ϕ600		ϕ800	
				F型钢承口式钢筋混凝土管			
				5.0 m	5.5 m	2.0 m	2.5 m
名称			单位	100 m	100 m	100 m	100 m
人工	00190101	综合人工	工日	504.6692	554.2229	207.8764	259.0014
材料	01010211	热轧带肋钢筋(HRB400) ϕ≤10	t	0.0517	0.0525		
	01010212	热轧带肋钢筋(HRB400) ϕ>10	t	0.1328	0.1351		
	02090101	塑料薄膜	m^2	117.2516	121.7152	120.4753	122.2357
	03010811	钢塑膨胀铆钉	只	18.3600	18.3600	18.3600	18.3600
	03150101	圆钉	kg	15.5759	16.1508	17.8429	17.8429
	03152501	镀锌铁丝	kg	0.5562	0.5655		
	04030115	黄砂 中粗	t	0.1700	0.1700	0.1700	0.1700
	04030701	砾石砂	t	45.3677	45.3677	48.9493	48.9493
	04050313	道碴 50～70	t	0.3988	0.3988	0.3988	0.3988
	04131711	蒸压灰砂砖	千块	12.5041	13.8664	3.0569	4.2175
	05350301	竹箩	个	2.5000	2.5000	2.5000	2.5000

（续表）

定额编号				J-1-3-9	J-1-3-10	J-1-3-11	J-1-3-12
项目				ϕ600		ϕ800	
				F型钢承口式钢筋混凝土管			
				5.0 m	5.5 m	2.0 m	2.5 m
名称			单位	100 m	100 m	100 m	100 m
材料	14412801	环氧密封胶	kg	44.6340	44.6340	59.1886	59.1886
	17291251	F型钢筋混凝土管(开槽) ϕ600×2500	m	97.0305	97.0305		
	17291252	F型钢筋混凝土管(开槽) ϕ800×2500	m			97.0305	97.0305
	34110101	水	m^3	1.9373	2.0111	1.9896	2.0187
	35010102	组合钢模板	kg	48.8811	50.6854	55.9957	55.9957
	35010703	木模板成材	m^3	0.3054	0.3167	0.3499	0.3499
	35020401	钢模零配件	kg	18.0739	18.7411	20.7046	20.7046
	36012831	铸铁检查井雨污水盖座 市政90型	套	3.0000	3.0000	3.0000	3.0000
	36016631	防沉降检查井盖板 2500×2000×200	块	3.0000	3.0000	3.0000	3.0000
	36016651	高强度塑料检查井格板	只	3.0600	3.0600	3.0600	3.0600
	36016661	高强度塑料支架	只	9.1800	9.1800	9.1800	9.1800
	80060414	湿拌砌筑砂浆 WM M10.0	m^3	5.5049	6.1047	1.2993	1.7926
	80060513	预拌抹灰砂浆 WP M15.0	m^3	2.6036	2.8106	0.8983	1.2174
	80210410	预拌混凝土(泵送型) C15 粒径5～20	m^3	0.9696	0.9696		
	80210414	预拌混凝土(泵送型) C20 粒径5～20	m^3	31.5019	32.2897	38.3295	38.3295
机械	99010060	履带式单斗液压挖掘机 1 m^3	台班	4.3050	4.7355	1.8018	2.2523
	99050930	混凝土振捣器 插入式	台班	4.4045	4.5114	5.1992	5.1992
	99050940	混凝土振捣器 平板式	台班	5.2602	5.3671	6.1224	6.1224
	99070220	轮胎式装载机 1 m^3	台班	5.4755	6.0677	1.9826	2.6340
	99070540	载重汽车 6 t	台班	0.3856	0.3902	0.4229	0.4229
	99070588	载重汽车 12 t	台班	8.3880	9.2952	3.0371	4.0350
	99090360	汽车式起重机 8 t	台班	1.6944	1.6975	1.8433	1.8433
	99091700	手扳葫芦	台班	2.1324	2.1324	2.3457	2.3457
	99091880	千斤顶 15 t	台班	2.1324	2.1324	2.3457	2.3457
	99130350	内燃夯实机 700 N·m	台班	35.6138	39.5093	12.4407	16.7258
	99170010	钢筋调直机	台班	0.0875	0.0890		
	99170025	钢筋切断机	台班	0.0875	0.0890		
	99210065	木工平刨床 刨削宽度 450	台班	0.1757	0.1822	0.2013	0.2013
	99440010	电动单级离心清水泵 ϕ50	台班	100.8000	113.4000	27.7200	41.5800

（续表）

定额编号			J-1-3-9	J-1-3-10	J-1-3-11	J-1-3-12
项目			ϕ600		ϕ800	
			F型钢承口式钢筋混凝土管			
			5.0 m	5.5 m	2.0 m	2.5 m
名称		单位	100 m	100 m	100 m	100 m
调整项目						
	围护支撑					
00190101	综合人工	工日	571.2213	571.2213	37.3728	57.0282
03152501	镀锌铁丝	kg	20.0000	20.0000		
04030115	黄砂 中粗	t	23.7356	23.7356		
05030101	成材	m^3	0.8169	0.8169	0.3333	0.4444
35090121	槽型钢板桩	t	1.9587	1.9587		
35090131	槽型钢板桩使用费	t·d	6860.0000	6860.0000		
35090611	钢板桩支撑使用费	t·d	440.0000	440.0000		
35091771	铁撑柱	kg	141.1200	141.1200	93.1220	114.6350
35091901	钢桩帽摊销	kg	136.2690	136.2690		
99030080	轨道式柴油打桩机 0.6 t	台班	27.7905	27.7905		
99030690	简易拔桩架	台班	29.8410	29.8410		
99090075	履带式起重机 8 t	台班	4.5500	4.5500		
03150501	骑马钉	kg			16.8872	21.1090
04131711	蒸压灰砂砖	千块			0.1545	0.1545
35091731	铁撑板	t			0.2788	0.3345
35090501	列板使用费	t·d			275.0000	341.0000
35090511	列板支撑使用费	t·d			96.0000	120.0000
	井点降水					
00190101	综合人工	工日	18.3423	12.7353		
04030115	黄砂 中粗	t	9.4420	9.4420		
17270201	普通橡胶管	m	14.2440	14.2440		
34110101	水	m^3	152.3275	152.3275		
35040921	轻型井点井管 ϕ40	m	34.8074	34.8074		
35040941	轻型井点井管 ϕ180×4	m	1.6808	1.6808		
99091380	电动卷扬机单筒快速 10 kN	台班	1.9920	1.9920		
99350050	轻便钻机 XJ-100	台班	4.7310	4.7310		
99440010	电动单级离心清水泵 ϕ50	台班	−100.8000	−113.4000		
99440150	电动多级离心清水泵 ϕ150×180 m以下	台班	3.9840	3.9840		
99440510	射流井点泵 9.5 m	台班	44.5420	44.5420		

工作内容: 沟槽挖土、沟槽排水、井点降水、沟槽围护和支撑(钢板桩、撑拆列板)、铺筑管道基础、铺设管道、沟槽回填(素土)、土方场内运输、砌筑检查井等。

定　额　编　号			J-1-3-13	J-1-3-14	J-1-3-15	J-1-3-16
项　　目			φ800			
			F 型钢承口式钢筋混凝土管			
			≤3.0 m	>3.0 m	3.5 m	≤4.0 m
			100 m	100 m	100 m	100 m
预算定额编号	预算定额名称	预算定额单位	数　　量			
52-1-2-1	机械挖沟槽土方 深≤3 m 现场抛土	m^3	664.1300			
52-1-2-3	机械挖沟槽土方 深≤6 m 现场抛土	m^3		721.8800	808.5000	895.1300
52-1-3-1	沟槽回填 夯填土	m^3	537.8600	595.6100	682.2300	768.8600
53-1-3-2	场内运输 自卸汽车装运土(运距1 km 以内)	m^3	664.8160	734.1160	838.0600	942.0160
52-1-4-3	管道垫层 砾石砂垫层	m^3	22.3800	22.3800	22.3800	22.3800
52-1-5-1	管道基座 混凝土 C20	m^3	38.3900	38.3900	39.2000	39.2000
52-1-5-1 换 1	管道基座 混凝土 C15	m^3		0.9600	0.9600	0.9600
52-1-5-2	管道基座 钢筋	t		0.1770	0.1800	0.1800
52-1-6-13	管道铺设 F 型钢承口式钢筋混凝土管 φ800	100 m	0.9700	0.9700	0.9700	0.9700
52-3-1-2	砖砌检查井及雨水口 检查井深≤4 m	m^3	10.6500	10.6500	13.4700	16.5000
52-3-2-1	水泥砂浆抹面 检查井	m^2	78.3600	78.3600	94.8000	111.2400
52-3-6-1	安装防坠格板 新建工程	只	3.0000	3.0000	3.0000	3.0000
52-3-9-3	安装盖板及盖座 铸铁盖座	套	3.0000	3.0000	3.0000	3.0000
52-3-9-4	安装盖板及盖座 防沉降检查井盖板	块	3.0000	3.0000	3.0000	3.0000
52-4-5-1	模板工程 模板 管道基座	m^2	87.5800	87.5800	88.9900	88.9900
53-9-1-1	施工排水、降水 湿土排水	m^3	433.1300	490.8800	577.5000	664.1300
53-9-1-3	施工排水、降水 筑拆竹箩滤井	座	2.5000	2.5000	2.5000	2.5000
调整项目						
	围护支撑					
52-4-2-4	满堂撑拆列板 深≤3.0 m,双面	100 m	1.0000			
52-4-2-5	撑拆列板 列板使用费	t·d	379.0000			
52-4-2-6	列板支撑使用费	t·d	144.0000			
52-4-3-1	打槽型钢板桩 长 4.00～6.00 m,单面	100 m		2.0000	2.0000	2.0000
52-4-3-6	拔槽型钢板桩 长 4.00～6.00 m,单面	100 m		2.0000	2.0000	2.0000

（续表）

定额编号			J-1-3-13	J-1-3-14	J-1-3-15	J-1-3-16
项目			ϕ800			
			F型钢承口式钢筋混凝土管			
			≤3.0 m	>3.0 m	3.5 m	≤4.0 m
			100 m	100 m	100 m	100 m
预算定额编号	预算定额名称	预算定额单位	数量			
52-4-4-1	安拆钢板桩支撑 槽宽≤3.0 m 深3.01～4.00 m	100 m		1.0000	1.0000	1.0000
52-4-3-11	打拔沟槽钢板桩 槽型钢板桩使用费	t·d		3086.0000	3086.0000	3086.0000
52-4-4-14	钢板桩支撑使用费	t·d		145.0000	145.0000	145.0000
	井点降水					
53-9-1-1	施工排水、降水 湿土排水	m^3	−433.1300	−490.8800	−577.5000	−664.1300
53-9-1-5	施工排水、降水 轻型井点安装	根	83.0000	83.0000	83.0000	83.0000
53-9-1-6	施工排水、降水 轻型井点拆除	根	83.0000	83.0000	83.0000	83.0000
53-9-1-7	施工排水、降水 轻型井点使用	套·天	42.0000	42.0000	42.0000	42.0000

工作内容：沟槽挖土、沟槽排水、井点降水、沟槽围护和支撑（钢板桩、撑拆列板）、铺筑管道基础、铺设管道、沟槽回填（素土）、土方场内运输、砌筑检查井等。

定额编号				J-1-3-13	J-1-3-14	J-1-3-15	J-1-3-16
项目				ϕ800			
				F型钢承口式钢筋混凝土管			
				≤3.0 m	>3.0 m	3.5 m	≤4.0 m
名称			单位	100 m	100 m	100 m	100 m
人工	00190101	综合人工	工日	302.5306	331.7119	374.7379	417.5120
材料	01010211	热轧带肋钢筋(HRB400) ϕ≤10	t		0.0508	0.0517	0.0517
	01010212	热轧带肋钢筋(HRB400) ϕ>10	t		0.1306	0.1328	0.1328
	02090101	塑料薄膜	m^2	125.9838	128.9141	133.7174	136.2217
	03010811	钢塑膨胀铆钉	只	18.3600	18.3600	18.3600	18.3600
	03150101	圆钉	kg	17.8552	17.8552	18.1426	18.1426
	03152501	镀锌铁丝	kg		0.5469	0.5562	0.5562
	04030115	黄砂 中粗	t	0.1700	0.1700	0.1700	0.1700
	04030701	砾石砂	t	49.4799	49.4799	49.4799	49.4799
	04050313	道碴 50～70	t	0.3988	0.3988	0.3988	0.3988
	04131711	蒸压灰砂砖	千块	5.7744	5.7744	7.3034	8.9463
	05350301	竹箩	个	2.5000	2.5000	2.5000	2.5000

（续表）

定额编号				J-1-3-13	J-1-3-14	J-1-3-15	J-1-3-16
项目				ϕ800			
				F 型钢承口式钢筋混凝土管			
				≤3.0 m	>3.0 m	3.5 m	≤4.0 m
名称			单位	100 m	100 m	100 m	100 m
材料	14412801	环氧密封胶	kg	59.1886	59.1886	59.1886	59.1886
	17291252	F 型钢筋混凝土管(开槽) ϕ800×2500	m	97.0305	97.0305	97.0305	97.0305
	34110101	水	m^3	2.0808	2.1292	2.2086	2.2502
	35010102	组合钢模板	kg	56.0341	56.0341	56.9362	56.9362
	35010703	木模板成材	m^3	0.3501	0.3501	0.3557	0.3557
	35020401	钢模零配件	kg	20.7188	20.7188	21.0524	21.0524
	36012831	铸铁检查井雨污水盖座 市政 90 型	套	3.0000	3.0000	3.0000	3.0000
	36016631	防沉降检查井盖板 2500×2000×200	块	3.0000	3.0000	3.0000	3.0000
	36016651	高强度塑料检查井格板	只	3.0600	3.0600	3.0600	3.0600
	36016661	高强度塑料支架	只	9.1800	9.1800	9.1800	9.1800
	80060414	湿拌砌筑砂浆 WM M10.0	m^3	2.5113	2.5113	3.1762	3.8907
	80060513	预拌抹灰砂浆 WP M15.0	m^3	1.5036	1.5036	1.7650	2.0264
	80210410	预拌混凝土(泵送型) C15 粒径 5～20	m^3		0.9696	0.9696	0.9696
	80210414	预拌混凝土(泵送型) C20 粒径 5～20	m^3	38.7739	38.7739	39.5920	39.5920
机械	99010060	履带式单斗液压挖掘机 1 m^3	台班	2.5901	2.9597	3.3149	3.6700
	99050930	混凝土振捣器 插入式	台班	5.2594	5.3909	5.5019	5.5019
	99050940	混凝土振捣器 平板式	台班	6.1926	6.3241	6.4351	6.4351
	99070220	轮胎式装载机 1 m^3	台班	3.1246	3.4503	3.9389	4.4275
	99070540	载重汽车 6 t	台班	0.4230	0.4230	0.4253	0.4253
	99070588	载重汽车 12 t	台班	4.7867	5.2856	6.0340	6.7825
	99090360	汽车式起重机 8 t	台班	1.8433	1.8433	1.8449	1.8449
	99091700	手扳葫芦	台班	2.3457	2.3457	2.3457	2.3457
	99091880	千斤顶 15 t	台班	2.3457	2.3457	2.3457	2.3457
	99130350	内燃夯实机 700 N·m	台班	19.9546	22.0971	25.3107	28.5247
	99170010	钢筋调直机	台班		0.0860	0.0875	0.0875
	99170025	钢筋切断机	台班		0.0860	0.0875	0.0875
	99210065	木工平刨床 刨削宽度 450	台班	0.2014	0.2014	0.2047	0.2047
	99440010	电动单级离心清水泵 ϕ50	台班	51.9756	58.9056	69.3000	79.6956

（续表）

定额编号			J-1-3-13	J-1-3-14	J-1-3-15	J-1-3-16
项目			ϕ800			
			F 型钢承口式钢筋混凝土管			
			≤3.0 m	>3.0 m	3.5 m	≤4.0 m
名称		单位	100 m	100 m	100 m	100 m
调整项目						
	围护支撑					
00190101	综合人工	工日	78.7933	447.5882	447.5882	447.5882
03150501	骑马钉	kg	25.3308			
04131711	蒸压灰砂砖	千块	0.1545			
05030101	成材	m^3	0.5000	0.5955	0.5955	0.5955
35090501	列板使用费	t·d	379.0000			
35090511	列板支撑使用费	t·d	144.0000			
35091731	铁撑板	t	0.4181			
35091771	铁撑柱	kg	139.6830	70.5300	70.5300	70.5300
35090121	槽型钢板桩	t		1.3350	1.3350	1.3350
35091901	钢桩帽摊销	kg		90.9300	90.9300	90.9300
04030115	黄砂 中粗	t		15.8236	15.8236	15.8236
03152501	镀锌铁丝	kg		15.0000	15.0000	15.0000
35090131	槽型钢板桩使用费	t·d		3086.0000	3086.0000	3086.0000
35090611	钢板桩支撑使用费	t·d		145.0000	145.0000	145.0000
99030080	轨道式柴油打桩机 0.6 t	台班		20.1323	20.1323	20.1323
99030690	简易拔桩架	台班		23.9558	23.9558	23.9558
99090075	履带式起重机 8 t	台班		3.4125	3.4125	3.4125
	井点降水					
00190101	综合人工	工日	42.9442	39.8603	35.2348	30.6088
04030115	黄砂 中粗	t	9.4420	9.4420	9.4420	9.4420
17270201	普通橡胶管	m	14.2440	14.2440	14.2440	14.2440
34110101	水	m^3	152.3275	152.3275	152.3275	152.3275
35040921	轻型井点井管 ϕ40	m	39.2620	39.2620	39.2620	39.2620
35040941	轻型井点井管 $\phi180\times4$	m	1.8955	1.8955	1.8955	1.8955
99091380	电动卷扬机单筒快速 10 kN	台班	1.9920	1.9920	1.9920	1.9920
99350050	轻便钻机 XJ-100	台班	4.7310	4.7310	4.7310	4.7310
99440010	电动单级离心清水泵 ϕ50	台班	−51.9756	−58.9056	−69.3000	−79.6956
99440150	电动多级离心清水泵 $\phi150\times$ 180 m 以下	台班	3.9840	3.9840	3.9840	3.9840
99440510	射流井点泵 9.5 m	台班	50.2920	50.2920	50.2920	50.2920

工作内容：沟槽挖土、沟槽排水、井点降水、沟槽围护和支撑（钢板桩、撑拆列板）、铺筑管道基础、铺设管道、沟槽回填（素土）、土方场内运输、砌筑检查井等。

定额编号			J-1-3-17	J-1-3-18	J-1-3-19	J-1-3-20
项目			ϕ800			
			F型钢承口式钢筋混凝土管			
			>4.0 m	4.5 m	5.0 m	5.5 m
			100 m	100 m	100 m	100 m
预算定额编号	预算定额名称	预算定额单位	数量			
52-1-2-3	机械挖沟槽土方 深≤6 m 现场抛土	m^3	952.8800	1039.5000	1155.0000	1270.5000
52-1-3-1	沟槽回填 夯填土	m^3	826.6100	913.2300	1028.7300	1144.2300
53-1-3-2	场内运输 自卸汽车装运土（运距1 km以内）	m^3	1011.3160	1115.2600	1253.8600	1392.4600
52-1-4-3	管道垫层 砾石砂垫层	m^3	22.3800	22.3800	22.3800	22.3800
52-1-5-1	管道基座 混凝土 C20	m^3	39.2000	39.2000	39.2000	39.9800
52-1-5-1换1	管道基座 混凝土 C15	m^3	0.9600	0.9600	0.9600	0.9600
52-1-5-2	管道基座 钢筋	t	0.1800	0.1800	0.1800	0.1830
52-1-6-13	管道铺设 F型钢承口式钢筋混凝土管 ϕ800	100 m	0.9700	0.9700	0.9700	0.9700
52-3-1-2	砖砌检查井及雨水口 检查井 深≤4 m	m^3	16.5000			
52-3-1-3	砖砌检查井及雨水口 检查井 深≤6 m	m^3		19.5600	22.5900	25.6500
52-3-2-1	水泥砂浆抹面 检查井	m^2	111.2400	127.6800	144.1200	160.5600
52-3-6-1	安装防坠格板 新建工程	只	3.0000	3.0000	3.0000	3.0000
52-3-9-3	安装盖板及盖座 铸铁盖座	套	3.0000	3.0000	3.0000	3.0000
52-3-9-4	安装盖板及盖座 防沉降检查井盖板	块	3.0000	3.0000	3.0000	3.0000
52-4-5-1	模板工程 模板 管道基座	m^2	88.9900	88.9900	88.9900	90.4000
53-9-1-1	施工排水、降水 湿土排水	m^3	721.8800	808.5000	924.0000	1039.5000
53-9-1-3	施工排水、降水 筑拆竹箩滤井	座	2.5000	2.5000	2.5000	2.5000
调整项目						
	围护支撑					
52-4-3-2	打槽型钢板桩 长6.01～9.00 m，单面	100 m	2.0000	2.0000	2.0000	2.0000
52-4-3-7	拔槽型钢板桩 长6.01～9.00 m，单面	100 m	2.0000	2.0000	2.0000	2.0000
52-4-3-11	打拔沟槽钢板桩 槽型钢板桩使用费	t·d	6860.0000	6860.0000	6860.0000	6860.0000
52-4-4-2	安拆钢板桩支撑 槽宽≤3.0 m 深4.01～6.00 m	100 m	1.0000	1.0000	1.0000	1.0000
52-4-4-14	钢板桩支撑使用费	t·d	440.0000	440.0000	440.0000	440.0000

（续表）

定额编号			J-1-3-17	J-1-3-18	J-1-3-19	J-1-3-20
项目			ϕ800			
			F型钢承口式钢筋混凝土管			
			>4.0 m	4.5 m	5.0 m	5.5 m
			100 m	100 m	100 m	100 m
预算定额编号	预算定额名称	预算定额单位	数量			
	井点降水					
53-9-1-1	施工排水、降水 湿土排水	m^3	−721.8800	−808.5000	−924.0000	−1039.5000
53-9-1-5	施工排水、降水 轻型井点安装	根	83.0000	83.0000	83.0000	83.0000
53-9-1-6	施工排水、降水 轻型井点拆除	根	83.0000	83.0000	83.0000	83.0000
53-9-1-7	施工排水、降水 轻型井点使用	套·天	42.0000	42.0000	42.0000	42.0000

工作内容：沟槽挖土、沟槽排水、井点降水、沟槽围护和支撑（钢板桩、撑拆列板）、铺筑管道基础、铺设管道、沟槽回填（素土）、土方场内运输、砌筑检查井等。

定额编号				J-1-3-17	J-1-3-18	J-1-3-19	J-1-3-20
项目				ϕ800			
				F型钢承口式钢筋混凝土管			
				>4.0 m	4.5 m	5.0 m	5.5 m
名称			单位	100 m	100 m	100 m	100 m
人工	00190101	综合人工	工日	439.6627	485.1367	539.3925	594.4436
材料	01010211	热轧带肋钢筋(HRB400) ϕ≤10	t	0.0517	0.0517	0.0517	0.0525
	01010212	热轧带肋钢筋(HRB400) ϕ>10	t	0.1328	0.1328	0.1328	0.1351
	02090101	塑料薄膜	m^2	136.2217	138.7507	141.2550	146.1650
	03010811	钢塑膨胀铆钉	只	18.3600	18.3600	18.3600	18.3600
	03150101	圆钉	kg	18.1426	18.1426	18.1426	18.4301
	03152501	镀锌铁丝	kg	0.5562	0.5562	0.5562	0.5655
	04030115	黄砂 中粗	t	0.1700	0.1700	0.1700	0.1700
	04030701	砾石砂	t	49.4799	49.4799	49.4799	49.4799
	04050313	道碴 50～70	t	0.3988	0.3988	0.3988	0.3988
	04131711	蒸压灰砂砖	千块	8.9463	10.5741	12.2122	13.8664
	05350301	竹箩	个	2.5000	2.5000	2.5000	2.5000
	14412801	环氧密封胶	kg	59.1886	59.1886	59.1886	59.1886
	17291252	F型钢筋混凝土管(开槽) ϕ800×2500	m	97.0305	97.0305	97.0305	97.0305
	34110101	水	m^3	2.2502	2.2921	2.3336	2.4148
	35010102	组合钢模板	kg	56.9362	56.9362	56.9362	57.8384

（续表）

定额编号				J-1-3-17	J-1-3-18	J-1-3-19	J-1-3-20
项目				ϕ800			
				F型钢承口式钢筋混凝土管			
				>4.0 m	4.5 m	5.0 m	5.5 m
名称			单位	100 m	100 m	100 m	100 m
材料	35010703	木模板成材	m^3	0.3557	0.3557	0.3557	0.3614
	35020401	钢模零配件	kg	21.0524	21.0524	21.0524	21.3859
	36012831	铸铁检查井雨污水盖座 市政90型	套	3.0000	3.0000	3.0000	3.0000
	36016631	防沉降检查井盖板 2500×2000×200	块	3.0000	3.0000	3.0000	3.0000
	36016651	高强度塑料检查井格板	只	3.0600	3.0600	3.0600	3.0600
	36016661	高强度塑料支架	只	9.1800	9.1800	9.1800	9.1800
	80060414	湿拌砌筑砂浆 WM M10.0	m^3	3.8907	4.6553	5.3764	6.1047
	80060513	预拌抹灰砂浆 WP M15.0	m^3	2.0264	2.2878	2.5492	2.8106
	80210410	预拌混凝土(泵送型) C15 粒径5～20	m^3	0.9696	0.9696	0.9696	0.9696
	80210414	预拌混凝土(泵送型) C20 粒径5～20	m^3	39.5920	39.5920	39.5920	40.3798
机械	99010060	履带式单斗液压挖掘机 1 m^3	台班	3.9068	4.2620	4.7355	5.2091
	99050930	混凝土振捣器 插入式	台班	5.5019	5.5019	5.5019	5.6088
	99050940	混凝土振捣器 平板式	台班	6.4351	6.4351	6.4351	6.5420
	99070220	轮胎式装载机 1 m^3	台班	4.7532	5.2417	5.8931	6.5446
	99070540	载重汽车 6 t	台班	0.4253	0.4253	0.4253	0.4275
	99070588	载重汽车 12 t	台班	7.2815	8.0299	9.0278	10.0257
	99090360	汽车式起重机 8 t	台班	1.8449	1.8449	1.8449	1.8464
	99091700	手扳葫芦	台班	2.3457	2.3457	2.3457	2.3457
	99091880	千斤顶 15 t	台班	2.3457	2.3457	2.3457	2.3457
	99130350	内燃夯实机 700 N·m	台班	30.6672	33.8808	38.1659	42.4509
	99170010	钢筋调直机	台班	0.0875	0.0875	0.0875	0.0890
	99170025	钢筋切断机	台班	0.0875	0.0875	0.0875	0.0890
	99210065	木工平刨床 刨削宽度 450	台班	0.2047	0.2047	0.2047	0.2079
	99440010	电动单级离心清水泵 ϕ50	台班	86.6256	97.0200	110.8800	124.7400

(续表)

定额编号			J-1-3-17	J-1-3-18	J-1-3-19	J-1-3-20
项目			ϕ800			
			F型钢承口式钢筋混凝土管			
			>4.0 m	4.5 m	5.0 m	5.5 m
名称		单位	100 m	100 m	100 m	100 m
调整项目						
	围护支撑					
00190101	综合人工	工日	571.2213	571.2213	571.2213	571.2213
03152501	镀锌铁丝	kg	20.0000	20.0000	20.0000	20.0000
04030115	黄砂 中粗	t	23.7356	23.7356	23.7356	23.7356
05030101	成材	m^3	0.8169	0.8169	0.8169	0.8169
35090121	槽型钢板桩	t	1.9587	1.9587	1.9587	1.9587
35090131	槽型钢板桩使用费	t·d	6860.0000	6860.0000	6860.0000	6860.0000
35090611	钢板桩支撑使用费	t·d	440.0000	440.0000	440.0000	440.0000
35091771	铁撑柱	kg	141.1200	141.1200	141.1200	141.1200
35091901	钢桩帽摊销	kg	136.2690	136.2690	136.2690	136.2690
99030080	轨道式柴油打桩机 0.6 t	台班	27.7905	27.7905	27.7905	27.7905
99030690	简易拔桩架	台班	29.8410	29.8410	29.8410	29.8410
99090075	履带式起重机 8 t	台班	4.5500	4.5500	4.5500	4.5500
	井点降水					
00190101	综合人工	工日	27.5249	22.8994	16.7317	10.5640
04030115	黄砂 中粗	t	9.4420	9.4420	9.4420	9.4420
17270201	普通橡胶管	m	14.2440	14.2440	14.2440	14.2440
34110101	水	m^3	152.3275	152.3275	152.3275	152.3275
35040921	轻型井点井管 ϕ40	m	39.2620	39.2620	39.2620	39.2620
35040941	轻型井点井管 ϕ180×4	m	1.8955	1.8955	1.8955	1.8955
99091380	电动卷扬机单筒快速 10 kN	台班	1.9920	1.9920	1.9920	1.9920
99350050	轻便钻机 XJ-100	台班	4.7310	4.7310	4.7310	4.7310
99440010	电动单级离心清水泵 ϕ50	台班	−86.6256	−97.0200	−110.8800	−124.7400
99440150	电动多级离心清水泵 ϕ150×180 m 以下	台班	3.9840	3.9840	3.9840	3.9840
99440510	射流井点泵 9.5 m	台班	50.2920	50.2920	50.2920	50.2920

工作内容:沟槽挖土、沟槽排水、井点降水、沟槽围护和支撑(钢板桩、撑拆列板)、铺筑管道基础、铺设管道、沟槽回填(素土)、土方场内运输、砌筑检查井等。

定额编号			J-1-3-21	J-1-3-22	J-1-3-23	J-1-3-24
项目			ϕ1000			
			F 型钢承口式钢筋混凝土管			
			2.5 m	≤3.0 m	>3.0 m	3.5 m
			100 m	100 m	100 m	100 m
预算定额编号	预算定额名称	预算定额单位	数量			
04290711	钢筋混凝土板 1300×300×160 mm	块	3.0000	3.0000	3.0000	3.0000
52-1-2-1	机械挖沟槽土方 深≤3 m 现场抛土	m^3	656.2500	754.6900		
52-1-2-3	机械挖沟槽土方 深≤6 m 现场抛土	m^3			820.3100	918.7500
52-1-3-1	沟槽回填 夯填土	m^3	476.2900	575.2100	640.8300	739.2700
53-1-3-2	场内运输 自卸汽车装运土(运距1 km 以内)	m^3	600.5000	719.1580	797.9020	916.0300
52-1-4-3	管道垫层 砾石砂垫层	m^3	25.1900	25.4500	25.4500	25.4500
52-1-5-1	管道基座 混凝土 C20	m^3	49.1800	49.6100	49.6100	50.5100
52-1-5-1 换 1	管道基座 混凝土 C15	m^3			1.0800	1.0800
52-1-5-2	管道基座 钢筋	t			0.2040	0.2070
52-1-6-14	管道铺设 F 型钢承口式钢筋混凝土管 ϕ1000	100 m	0.9700	0.9700	0.9700	0.9700
52-3-1-1	砖砌检查井及雨水口 检查井 深≤2.5 m	m^3	8.3400			
52-3-1-2	砖砌检查井及雨水口 检查井 深≤4 m	m^3		11.3400	11.3400	13.5300
52-3-2-1	水泥砂浆抹面 检查井	m^2	68.2200	87.7200	87.7200	104.1600
52-3-6-1	安装防坠格板 新建工程	只	3.0000	3.0000	3.0000	3.0000
52-3-9-3	安装盖板及盖座 铸铁盖座	套	3.0000	3.0000	3.0000	3.0000
52-3-9-4	安装盖板及盖座 防沉降检查井盖板	块	3.0000	3.0000	3.0000	3.0000
52-4-5-1	模板工程 模板 管道基座	m^2	101.0200	100.9800	100.9800	102.4800
53-9-1-1	施工排水、降水 湿土排水	m^3	393.7500	492.1900	557.8100	656.2500
53-9-1-3	施工排水、降水 筑拆竹箩滤井	座	2.5000	2.5000	2.5000	2.5000
调整项目						
	围护支撑					
52-4-2-3	满堂撑拆列板 深≤2.5 m,双面	100 m	1.0000			
52-4-2-4	满堂撑拆列板 深≤3.0 m,双面	100 m		1.0000		
52-4-2-5	撑拆列板 列板使用费	t·d	341.0000	379.0000		
52-4-2-6	列板支撑使用费	t·d	120.0000	144.0000		
52-4-3-1	打槽型钢板桩 长 4.00~6.00 m,单面	100 m			2.0000	2.0000

（续表）

定额编号			J-1-3-21	J-1-3-22	J-1-3-23	J-1-3-24
项目			ϕ1000			
			F型钢承口式钢筋混凝土管			
			2.5 m	≤3.0 m	>3.0 m	3.5 m
			100 m	100 m	100 m	100 m
预算定额编号	预算定额名称	预算定额单位	数量			
52-4-3-6	拔槽型钢板桩 长 4.00～6.00 m，单面	100 m			2.0000	2.0000
52-4-4-1	安拆钢板桩支撑 槽宽≤3.0 m 深 3.01～4.00 m	100 m			1.0000	1.0000
52-4-3-11	打拔沟槽钢板桩 槽型钢板桩使用费	t·d			3086.0000	3086.0000
52-4-4-14	钢板桩支撑使用费	t·d			145.0000	145.0000
	井点降水					
53-9-1-1	施工排水、降水 湿土排水	m^3		−492.1900	−557.8100	−656.2500
53-9-1-5	施工排水、降水 轻型井点安装	根		83.0000	83.0000	83.0000
53-9-1-6	施工排水、降水 轻型井点拆除	根		83.0000	83.0000	83.0000
53-9-1-7	施工排水、降水 轻型井点使用	套·天		45.0000	45.0000	45.0000

工作内容：沟槽挖土、沟槽排水、井点降水、沟槽围护和支撑（钢板桩、撑拆列板）、铺筑管道基础、铺设管道、沟槽回填（素土）、土方场内运输、砌筑检查井等。

定额编号				J-1-3-21	J-1-3-22	J-1-3-23	J-1-3-24
项目				ϕ1000			
				F型钢承口式钢筋混凝土管			
				2.5 m	≤3.0 m	>3.0 m	3.5 m
名称			单位	100 m	100 m	100 m	100 m
人工	00190101	综合人工	工日	283.9365	332.4282	365.6004	411.7824
材料	01010211	热轧带肋钢筋(HRB400) ϕ≤10	t			0.0585	0.0594
	01010212	热轧带肋钢筋(HRB400) ϕ>10	t			0.1506	0.1528
	02090101	塑料薄膜	m^2	157.0100	160.8021	164.0987	168.6558
	03010811	钢塑膨胀铆钉	只	18.3600	18.3600	18.3600	18.3600
	03150101	圆钉	kg	20.5952	20.5870	20.5870	20.8929
	03152501	镀锌铁丝	kg			0.6304	0.6396
	04030115	黄砂 中粗	t	0.1700	0.1700	0.1700	0.1700
	04030701	砾石砂	t	55.6926	56.2674	56.2674	56.2674
	04050313	道碴 50～70	t	0.3988	0.3988	0.3988	0.3988
	04131711	蒸压灰砂砖	千块	4.5445	6.1485	6.1485	7.3360
	04290711	钢筋混凝土板 1300×300×160 mm	块	3.0000	3.0000	3.0000	3.0000

（续表）

定额编号				J-1-3-21	J-1-3-22	J-1-3-23	J-1-3-24
项目				ϕ1000			
				F型钢承口式钢筋混凝土管			
				2.5 m	≤3.0 m	>3.0 m	3.5 m
名称			单位	100 m	100 m	100 m	100 m
材料	05350301	竹箩	个	2.5000	2.5000	2.5000	2.5000
	14412801	环氧密封胶	kg	74.7135	74.7135	74.7135	74.7135
	17291253	F型钢筋混凝土管(开槽) ϕ1000×2500	m	97.0305	97.0305	97.0305	97.0305
	34110101	水	m^3	2.5930	2.6557	2.7101	2.7855
	35010102	组合钢模板	kg	64.6331	64.6075	64.6075	65.5672
	35010703	木模板成材	m^3	0.4038	0.4037	0.4037	0.4097
	35020401	钢模零配件	kg	23.8983	23.8888	23.8888	24.2437
	36012831	铸铁检查井雨污水盖座 市政 90 型	套	3.0000	3.0000	3.0000	3.0000
	36016631	防沉降检查井盖板 2500×2000×200	块	3.0000	3.0000	3.0000	3.0000
	36016651	高强度塑料检查井格板	只	3.0600	3.0600	3.0600	3.0600
	36016661	高强度塑料支架	只	9.1800	9.1800	9.1800	9.1800
	80060414	湿拌砌筑砂浆 WM M10.0	m^3	1.9315	2.6740	2.6740	3.1904
	80060513	预拌抹灰砂浆 WP M15.0	m^3	1.3424	1.6524	1.6524	1.9138
	80210410	预拌混凝土(泵送型) C15 粒径 5～20	m^3			1.0908	1.0908
	80210414	预拌混凝土(泵送型) C20 粒径 5～20	m^3	49.6718	50.1061	50.1061	51.0151
机械	99010060	履带式单斗液压挖掘机 1 m^3	台班	2.5594	2.9433	3.3633	3.7669
	99050930	混凝土振捣器 插入式	台班	6.7377	6.7966	6.9446	7.0679
	99050940	混凝土振捣器 平板式	台班	7.7881	7.8579	8.0059	8.1292
	99070220	轮胎式装载机 1 m^3	台班	2.8224	3.3800	3.7501	4.3053
	99070540	载重汽车 6 t	台班	0.5519	0.5519	0.5519	0.5543
	99070588	载重汽车 12 t	台班	4.3236	5.1779	5.7449	6.5954
	99090360	汽车式起重机 8 t	台班	0.7264	0.7264	0.7264	0.7280
	99090390	汽车式起重机 12 t	台班	1.2879	1.2879	1.2879	1.2879
	99091700	手扳葫芦	台班	2.5802	2.5802	2.5802	2.5802
	99091880	千斤顶 15 t	台班	2.5802	2.5802	2.5802	2.5802
	99130350	内燃夯实机 700 N·m	台班	17.6704	21.3403	23.7748	27.4269
	99170010	钢筋调直机	台班			0.0992	0.1006
	99170025	钢筋切断机	台班			0.0992	0.1006
	99210065	木工平刨床 刨削宽度 450	台班	0.2323	0.2323	0.2323	0.2357
	99440010	电动单级离心清水泵 ϕ50	台班	47.2500	59.0628	66.9372	78.7500

（续表）

定额编号			J-1-3-21	J-1-3-22	J-1-3-23	J-1-3-24
项目			ϕ1000			
			F型钢承口式钢筋混凝土管			
			2.5 m	≤3.0 m	>3.0 m	3.5 m
名称		单位	100 m	100 m	100 m	100 m
调整项目						
	围护支撑					
00190101	综合人工	工日	57.0282	78.7933	447.5882	447.5882
03150501	骑马钉	kg	21.1090	25.3308		
04131711	蒸压灰砂砖	千块	0.1545	0.1545		
05030101	成材	m^3	0.4444	0.5000	0.5955	0.5955
35090501	列板使用费	t·d	341.0000	379.0000		
35090511	列板支撑使用费	t·d	120.0000	144.0000		
35091731	铁撑板	t	0.3345	0.4181		
35091771	铁撑柱	kg	114.6350	139.6830	70.5300	70.5300
35090121	槽型钢板桩	t			1.3350	1.3350
35091901	钢桩帽摊销	kg			90.9300	90.9300
04030115	黄砂 中粗	t			15.8236	15.8236
03152501	镀锌铁丝	kg			15.0000	15.0000
35090131	槽型钢板桩使用费	t·d			3086.0000	3086.0000
35090611	钢板桩支撑使用费	t·d			145.0000	145.0000
99030080	轨道式柴油打桩机 0.6 t	台班			20.1323	20.1323
99030690	简易拔桩架	台班			23.9558	23.9558
99090075	履带式起重机 8 t	台班			3.4125	3.4125
	井点降水					
00190101	综合人工	工日		41.5154	38.0112	32.7545
04030115	黄砂 中粗	t		9.4420	9.4420	9.4420
17270201	普通橡胶管	m		14.2440	14.2440	14.2440
34110101	水	m^3		152.3275	152.3275	152.3275
35040921	轻型井点井管 ϕ40	m		41.9348	41.9348	41.9348
35040941	轻型井点井管 ϕ180×4	m		2.0243	2.0243	2.0243
99091380	电动卷扬机单筒快速 10 kN	台班		1.9920	1.9920	1.9920
99350050	轻便钻机 XJ-100	台班		4.7310	4.7310	4.7310
99440010	电动单级离心清水泵 ϕ50	台班		−59.0628	−66.9372	−78.7500
99440150	电动多级离心清水泵 ϕ150×180 m 以下	台班		3.9840	3.9840	3.9840
99440510	射流井点泵 9.5 m	台班		53.7420	53.7420	53.7420

工作内容:沟槽挖土、沟槽排水、井点降水、沟槽围护和支撑(钢板桩、撑拆列板)、铺筑管道基础、铺设管道、沟槽回填(素土)、土方场内运输、砌筑检查井等。

定　额　编　号			J-1-3-25	J-1-3-26	J-1-3-27	J-1-3-28
项　　目			ϕ1000			
			F型钢承口式钢筋混凝土管			
			≤4.0 m	>4.0 m	4.5 m	5.0 m
			100 m	100 m	100 m	100 m
预算定额编号	预算定额名称	预算定额单位	数　量			
04290711	钢筋混凝土板 1300×300×160 mm	块	3.0000	3.0000	3.0000	3.0000
52-1-2-3	机械挖沟槽土方 深≤6 m 现场抛土	m^3	1017.1900	1082.8100	1181.2500	1365.0000
52-1-3-1	沟槽回填 夯填土	m^3	837.7100	903.3300	1001.7700	1184.5900
53-1-3-2	场内运输 自卸汽车装运土(运距1 km以内)	m^3	1034.1580	1112.9020	1231.0300	1450.6000
52-1-4-3	管道垫层 砾石砂垫层	m^3	25.4500	25.4500	25.4500	26.3800
52-1-5-1	管道基座 混凝土 C20	m^3	50.5100	50.5100	50.5100	50.5100
52-1-5-1换1	管道基座 混凝土 C15	m^3	1.0800	1.0800	1.0800	1.0800
52-1-5-2	管道基座 钢筋	t	0.2070	0.2070	0.2070	0.2070
52-1-6-14	管道铺设 F型钢承口式钢筋混凝土管 ϕ1000	100 m	0.9700	0.9700	0.9700	0.9700
52-3-1-2	砖砌检查井及雨水口 检查井深≤4 m	m^3	17.2200	17.2200		
52-3-1-3	砖砌检查井及雨水口 检查井深≤6 m	m^3			20.3400	23.3700
52-3-2-1	水泥砂浆抹面 检查井	m^2	120.6000	120.6000	137.0400	153.4800
52-3-6-1	安装防坠格板 新建工程	只	3.0000	3.0000	3.0000	3.0000
52-3-9-3	安装盖板及盖座 铸铁盖座	套	3.0000	3.0000	3.0000	3.0000
52-3-9-4	安装盖板及盖座 防沉降检查井盖板	块	3.0000	3.0000	3.0000	3.0000
52-4-5-1	模板工程 模板 管道基座	m^2	102.4800	102.4800	102.4800	102.4800
53-9-1-1	施工排水、降水 湿土排水	m^3	754.6900	820.3100	918.7500	1092.0000
53-9-1-3	施工排水、降水 筑拆竹箩滤井	座	2.5000	2.5000	2.5000	2.5000
调整项目						
	围护支撑					
52-4-3-1	打槽型钢板桩 长4.00～6.00 m,单面	100 m	2.0000			
52-4-3-6	拔槽型钢板桩 长4.00～6.00 m,单面	100 m	2.0000			
52-4-3-11	打拔沟槽钢板桩 槽型钢板桩使用费	t·d	3086.0000	6860.0000	6860.0000	6860.0000
52-4-4-1	安拆钢板桩支撑 槽宽≤3.0 m 深3.01～4.00 m	100 m	1.0000			

(续表)

定　额　编　号			J-1-3-25	J-1-3-26	J-1-3-27	J-1-3-28
项　　目			ϕ1000			
			F 型钢承口式钢筋混凝土管			
			≤4.0 m	>4.0 m	4.5 m	5.0 m
			100 m	100 m	100 m	100 m
预算定额编号	预算定额名称	预算定额单位	数　　量			
52-4-4-14	钢板桩支撑使用费	t·d	145.0000	440.0000	440.0000	440.0000
52-4-3-2	打槽型钢板桩 长 6.01～9.00 m，单面	100 m		2.0000	2.0000	2.0000
52-4-3-7	拔槽型钢板桩 长 6.01～9.00 m，单面	100 m		2.0000	2.0000	2.0000
52-4-4-2	安拆钢板桩支撑 槽宽≤3.0 m 深 4.01～6.00 m	100 m		1.0000	1.0000	1.0000
	井点降水					
53-9-1-1	施工排水、降水 湿土排水	m^3	−754.6900	−820.3100	−918.7500	−1092.0000
53-9-1-5	施工排水、降水 轻型井点安装	根	83.0000	83.0000	83.0000	83.0000
53-9-1-6	施工排水、降水 轻型井点拆除	根	83.0000	83.0000	83.0000	83.0000
53-9-1-7	施工排水、降水 轻型井点使用	套·天	45.0000	45.0000	45.0000	45.0000

工作内容：沟槽挖土、沟槽排水、井点降水、沟槽围护和支撑(钢板桩、撑拆列板)、铺筑管道基础、铺设管道、沟槽回填(素土)、土方场内运输、砌筑检查井等。

定　额　编　号				J-1-3-25	J-1-3-26	J-1-3-27	J-1-3-28
项　　目				ϕ1000			
				F 型钢承口式钢筋混凝土管			
				≤4.0 m	>4.0 m	4.5 m	5.0 m
名　　称			单位	100 m	100 m	100 m	100 m
人工	00190101	综合人工	工日	460.5941	485.7632	536.0129	616.1197
材料	01010211	热轧带肋钢筋(HRB400) ϕ≤10	t	0.0594	0.0594	0.0594	0.0594
	01010212	热轧带肋钢筋(HRB400) ϕ>10	t	0.1528	0.1528	0.1528	0.1528
	02090101	塑料薄膜	m^2	171.7056	171.7056	174.2843	176.7886
	03010811	钢塑膨胀铆钉	只	18.3600	18.3600	18.3600	18.3600
	03150101	圆钉	kg	20.8929	20.8929	20.8929	20.8929
	03152501	镀锌铁丝	kg	0.6396	0.6396	0.6396	0.6396
	04030115	黄砂 中粗	t	0.1700	0.1700	0.1700	0.1700
	04030701	砾石砂	t	56.2674	56.2674	56.2674	58.3235
	04050313	道碴 50～70	t	0.3988	0.3988	0.3988	0.3988
	04131711	蒸压灰砂砖	千块	9.3367	9.3367	10.9958	12.6338
	04290711	钢筋混凝土板 1300×300×160 mm	块	3.0000	3.0000	3.0000	3.0000

（续表）

定额编号				J-1-3-25	J-1-3-26	J-1-3-27	J-1-3-28
项目				ϕ1000			
				F型钢承口式钢筋混凝土管			
				≤4.0 m	>4.0 m	4.5 m	5.0 m
名称			单位	100 m	100 m	100 m	100 m
材料	05350301	竹箩	个	2.5000	2.5000	2.5000	2.5000
	14412801	环氧密封胶	kg	74.7135	74.7135	74.7135	74.7135
	17291253	F型钢筋混凝土管(开槽) ϕ1000×2500	m	97.0305	97.0305	97.0305	97.0305
	34110101	水	m^3	2.8360	2.8360	2.8788	2.9203
	35010102	组合钢模板	kg	65.5672	65.5672	65.5672	65.5672
	35010703	木模板成材	m^3	0.4097	0.4097	0.4097	0.4097
	35020401	钢模零配件	kg	24.2437	24.2437	24.2437	24.2437
	36012831	铸铁检查井雨污水盖座 市政90型	套	3.0000	3.0000	3.0000	3.0000
	36016631	防沉降检查井盖板 2500×2000×200	块	3.0000	3.0000	3.0000	3.0000
	36016651	高强度塑料检查井格板	只	3.0600	3.0600	3.0600	3.0600
	36016661	高强度塑料支架	只	9.1800	9.1800	9.1800	9.1800
	80060414	湿拌砌筑砂浆 WM M10.0	m^3	4.0605	4.0605	4.8409	5.5621
	80060513	预拌抹灰砂浆 WP M15.0	m^3	2.1752	2.1752	2.4366	2.6980
	80210410	预拌混凝土(泵送型) C15 粒径5～20	m^3	1.0908	1.0908	1.0908	1.0908
	80210414	预拌混凝土(泵送型) C20 粒径5～20	m^3	51.0151	51.0151	51.0151	51.0151
机械	99010060	履带式单斗液压挖掘机 1 m^3	台班	4.1705	4.4395	4.8431	5.5965
	99050930	混凝土振捣器 插入式	台班	7.0679	7.0679	7.0679	7.0679
	99050940	混凝土振捣器 平板式	台班	8.1292	8.1292	8.1292	8.1679
	99070220	轮胎式装载机 1 m^3	台班	4.8605	5.2306	5.7858	6.8178
	99070540	载重汽车 6 t	台班	0.5543	0.5543	0.5543	0.5543
	99070588	载重汽车 12 t	台班	7.4459	8.0129	8.8634	10.4443
	99090360	汽车式起重机 8 t	台班	0.7280	0.7280	0.7280	0.7280
	99090390	汽车式起重机 12 t	台班	1.2879	1.2879	1.2879	1.2879
	99091700	手扳葫芦	台班	2.5802	2.5802	2.5802	2.5802
	99091880	千斤顶 15 t	台班	2.5802	2.5802	2.5802	2.5802
	99130350	内燃夯实机 700 N·m	台班	31.0790	33.5135	37.1657	43.9483
	99170010	钢筋调直机	台班	0.1006	0.1006	0.1006	0.1006
	99170025	钢筋切断机	台班	0.1006	0.1006	0.1006	0.1006
	99210065	木工平刨床 刨削宽度 450	台班	0.2357	0.2357	0.2357	0.2357
	99440010	电动单级离心清水泵 ϕ50	台班	90.5628	98.4372	110.2500	131.0400

（续表）

定　额　编　号			J-1-3-25	J-1-3-26	J-1-3-27	J-1-3-28
项　　目			ϕ1000			
			F型钢承口式钢筋混凝土管			
			≤4.0 m	>4.0 m	4.5 m	5.0 m
名　　称		单位	100 m	100 m	100 m	100 m
调整项目						
	围护支撑					
00190101	综合人工	工日	447.5882	571.2213	571.2213	571.2213
03152501	镀锌铁丝	kg	15.0000	20.0000	20.0000	20.0000
04030115	黄砂 中粗	t	15.8236	23.7356	23.7356	23.7356
05030101	成材	m^3	0.5955	0.8169	0.8169	0.8169
35090121	槽型钢板桩	t	1.3350	1.9587	1.9587	1.9587
35090131	槽型钢板桩使用费	t·d	3086.0000	6860.0000	6860.0000	6860.0000
35090611	钢板桩支撑使用费	t·d	145.0000	440.0000	440.0000	440.0000
35091771	铁撑柱	kg	70.5300	141.1200	141.1200	141.1200
35091901	钢桩帽摊销	kg	90.9300	136.2690	136.2690	136.2690
99030080	轨道式柴油打桩机 0.6 t	台班	20.1323	27.7905	27.7905	27.7905
99030690	简易拔桩架	台班	23.9558	29.8410	29.8410	29.8410
99090075	履带式起重机 8 t	台班	3.4125	4.5500	4.5500	4.5500
	井点降水					
00190101	综合人工	工日	27.4979	23.9937	18.7370	9.4855
04030115	黄砂 中粗	t	9.4420	9.4420	9.4420	9.4420
17270201	普通橡胶管	m	14.2440	14.2440	14.2440	14.2440
34110101	水	m^3	152.3275	152.3275	152.3275	152.3275
35040921	轻型井点井管 ϕ40	m	41.9348	41.9348	41.9348	41.9348
35040941	轻型井点井管 ϕ180×4	m	2.0243	2.0243	2.0243	2.0243
99091380	电动卷扬机单筒快速 10 kN	台班	1.9920	1.9920	1.9920	1.9920
99350050	轻便钻机 XJ-100	台班	4.7310	4.7310	4.7310	4.7310
99440010	电动单级离心清水泵 ϕ50	台班	−90.5628	−98.4372	−110.2500	−131.0400
99440150	电动多级离心清水泵 ϕ150×180 m 以下	台班	3.9840	3.9840	3.9840	3.9840
99440510	射流井点泵 9.5 m	台班	53.7420	53.7420	53.7420	53.7420

工作内容：沟槽挖土、沟槽排水、井点降水、沟槽围护和支撑（钢板桩、撑拆列板）、铺筑管道基础、铺设管道、沟槽回填（素土）、土方场内运输、砌筑检查井等。

定　额　编　号			J-1-3-29	J-1-3-30	J-1-3-31	J-1-3-32
项　　目			ϕ1000			ϕ1200
			F型钢承口式钢筋混凝土管			
			5.5 m	≤6.0 m	>6.0 m	2.5 m
			100 m	100 m	100 m	100 m
预算定额编号	预算定额名称	预算定额单位	数　　量			
04290711	钢筋混凝土板 1300×300×160 mm	块	3.0000	3.0000	3.0000	6.0000
52-1-2-1	机械挖沟槽土方 深≤3 m 现场抛土	m^3				708.7500
52-1-2-3	机械挖沟槽土方 深≤6 m 现场抛土	m^3	1501.5000	1603.8800	1638.0000	
52-1-2-3系1	机械挖沟槽土方 深≤7 m 现场抛土	m^3			34.1300	
52-1-3-1	沟槽回填 夯填土	m^3	1321.0900	1423.4700	1491.7200	458.7800
53-1-3-2	场内运输 自卸汽车装运土（运距1 km以内）	m^3	1614.4000	1737.2560	1819.1560	592.3700
52-1-4-3	管道垫层 砾石砂垫层	m^3	26.3800	26.3800	26.3800	27.2800
52-1-5-1	管道基座 混凝土 C20	m^3	51.4700	51.4700	51.4700	69.1800
52-1-5-1换1	管道基座 混凝土 C15	m^3	1.0800	1.0800	1.0800	
52-1-5-2	管道基座 钢筋	t	0.2100	0.2100	0.2100	
52-1-6-14	管道铺设 F型钢承口式钢筋混凝土管 ϕ1000	100 m	0.9700	0.9700	0.9700	
52-1-6-15	管道铺设 F型钢承口式钢筋混凝土管 ϕ1200	100 m				0.9700
52-3-1-1	砖砌检查井及雨水口 检查井 深≤2.5 m	m^3				8.7300
52-3-1-3	砖砌检查井及雨水口 检查井 深≤6 m	m^3	26.4000	29.4600	29.4600	
52-3-2-1	水泥砂浆抹面 检查井	m^2	169.9200	186.3600	186.3600	70.4400
52-3-6-1	安装防坠格板 新建工程	只	3.0000	3.0000	3.0000	3.0000
52-3-9-3	安装盖板及盖座 铸铁盖座	套	3.0000	3.0000	3.0000	3.0000
52-3-9-4	安装盖板及盖座 防沉降检查井盖板	块	3.0000	3.0000	3.0000	3.0000
52-4-5-1	模板工程 模板 管道基座	m^2	103.9800	104.8500	104.8500	123.5300
53-9-1-1	施工排水、降水 湿土排水	m^3	1228.5000	1330.8800	1399.1300	425.2500
53-9-1-3	施工排水、降水 筑拆竹箩滤井	座	2.5000	2.5000	2.5000	2.5000

（续表）

定额编号			J-1-3-29	J-1-3-30	J-1-3-31	J-1-3-32
项目			ϕ1000			ϕ1200
			F型钢承口式钢筋混凝土管			
			5.5 m	≤6.0 m	>6.0 m	2.5 m
			100 m	100 m	100 m	100 m
预算定额编号	预算定额名称	预算定额单位	数量			
调整项目						
	围护支撑					
52-4-3-2	打槽型钢板桩 长6.01～9.00 m，单面	100 m	2.0000	2.0000		
52-4-3-7	拔槽型钢板桩 长6.01～9.00 m，单面	100 m	2.0000	2.0000		
52-4-3-11	打拔沟槽钢板桩 槽型钢板桩使用费	t·d	6860.0000	6860.0000	9504.0000	
52-4-4-2	安拆钢板桩支撑 槽宽≤3.0 m 深4.01～6.00 m	100 m	1.0000	1.0000		
52-4-4-14	钢板桩支撑使用费	t·d	440.0000	440.0000	698.0000	
52-4-3-3	打槽型钢板桩 长9.01～12.00 m，单面	100 m			2.0000	
52-4-3-8	拔槽型钢板桩 长9.01～12.00 m，单面	100 m			2.0000	
52-4-4-3	安拆钢板桩支撑 槽宽≤3.0 m 深6.01～8.00 m	100 m			1.0000	
52-4-2-3	满堂撑拆列板 深≤2.5 m，双面	100 m				1.0000
52-4-2-5	撑拆列板 列板使用费	t·d				341.0000
52-4-2-6	列板支撑使用费	t·d				120.0000
	井点降水					
53-9-1-1	施工排水、降水 湿土排水	m^3	－1228.5000	－1330.8800	－1399.1300	
53-9-1-5	施工排水、降水 轻型井点安装	根	83.0000	83.0000		
53-9-1-6	施工排水、降水 轻型井点拆除	根	83.0000	83.0000		
53-9-1-7	施工排水、降水 轻型井点使用	套·天	45.0000	45.0000		
53-9-1-8	施工排水、降水 喷射井点安装 10 m	根			40.0000	
53-9-1-9	施工排水、降水 喷射井点拆除 10 m	根			40.0000	
53-9-1-10	施工排水、降水 喷射井点使用 10 m	套·天			29.0000	

工作内容：沟槽挖土、沟槽排水、井点降水、沟槽围护和支撑（钢板桩、撑拆列板）、铺筑管道基础、铺设管道、沟槽回填（素土）、土方场内运输、砌筑检查井等。

定额编号				J-1-3-29	J-1-3-30	J-1-3-31	J-1-3-32
项目				ϕ1000			ϕ1200
				F型钢承口式钢筋混凝土管			
				5.5 m	≤6.0 m	>6.0 m	2.5 m
名称			单位	100 m	100 m	100 m	100 m
人工	00190101	综合人工	工日	679.2515	728.7835	755.1014	298.7537
材料	01010211	热轧带肋钢筋(HRB400) ϕ≤10	t	0.0603	0.0603	0.0603	
	01010212	热轧带肋钢筋(HRB400) ϕ>10	t	0.1550	0.1550	0.1550	
	02090101	塑料薄膜	m^2	182.2232	184.7523	184.7523	218.3803
	03010811	钢塑膨胀铆钉	只	18.3600	18.3600	18.3600	18.3600
	03150101	圆钉	kg	21.1987	21.3760	21.3760	25.1844
	03152501	镀锌铁丝	kg	0.6489	0.6489	0.6489	
	04030115	黄砂 中粗	t	0.1700	0.1700	0.1700	0.1700
	04030701	砾石砂	t	58.3235	58.3235	58.3235	60.3134
	04050313	道碴 50～70	t	0.3988	0.3988	0.3988	0.3988
	04131711	蒸压灰砂砖	千块	14.2718	15.9261	15.9261	4.7570
	04290711	钢筋混凝土板 1300×300×160 mm	块	3.0000	3.0000	3.0000	6.0000
	05350301	竹箩	个	2.5000	2.5000	2.5000	2.5000
	14412801	环氧密封胶	kg	74.7135	74.7135	74.7135	89.2680
	17291253	F型钢筋混凝土管(开槽) ϕ1000×2500	m	97.0305	97.0305	97.0305	
	17291254	F型钢筋混凝土管(开槽) ϕ1200×2500	m				97.0305
	34110101	水	m^3	3.0102	3.0521	3.0521	3.6063
	35010102	组合钢模板	kg	66.5269	67.0836	67.0836	79.0351
	35010703	木模板成材	m^3	0.4157	0.4191	0.4191	0.4938
	35020401	钢模零配件	kg	24.5985	24.8044	24.8044	29.2235
	36012831	铸铁检查井雨污水盖座 市政90型	套	3.0000	3.0000	3.0000	3.0000
	36016631	防沉降检查井盖板 2500×2000×200	块	3.0000	3.0000	3.0000	3.0000
	36016651	高强度塑料检查井格板	只	3.0600	3.0600	3.0600	3.0600
	36016661	高强度塑料支架	只	9.1800	9.1800	9.1800	9.1800
	80060414	湿拌砌筑砂浆 WM M10.0	m^3	6.2832	7.0115	7.0115	2.0219
	80060513	预拌抹灰砂浆 WP M15.0	m^3	2.9594	3.2208	3.2208	1.3777
	80210410	预拌混凝土(泵送型) C15 粒径5～20	m^3	1.0908	1.0908	1.0908	
	80210414	预拌混凝土(泵送型) C20 粒径5～20	m^3	51.9847	51.9847	51.9847	69.8718

（续表）

定额编号				J-1-3-29	J-1-3-30	J-1-3-31	J-1-3-32
项目				ϕ1000			ϕ1200
				F型钢承口式钢筋混凝土管			
				5.5 m	≤6.0 m	>6.0 m	2.5 m
名称			单位	100 m	100 m	100 m	100 m
机械	99010060	履带式单斗液压挖掘机 1 m^3	台班	6.1562	6.5759	6.8796	2.7641
	99050930	混凝土振捣器 插入式	台班	7.1994	7.1994	7.1994	9.4777
	99050940	混凝土振捣器 平板式	台班	8.2994	8.2994	8.2994	10.6153
	99070220	轮胎式装载机 1 m^3	台班	7.5877	8.1651	8.5500	2.7841
	99070540	载重汽车 6 t	台班	0.5567	0.5581	0.5581	0.6269
	99070588	载重汽车 12 t	台班	11.6237	12.5082	13.0979	4.2651
	99090360	汽车式起重机 8 t	台班	0.7297	0.7306	0.7306	0.3609
	99090390	汽车式起重机 12 t	台班	1.2879	1.2879	1.2879	0.4293
	99090400	汽车式起重机 16 t	台班				1.4196
	99091700	手扳葫芦	台班	2.5802	2.5802	2.5802	2.8383
	99091880	千斤顶 15 t	台班	2.5802	2.5802	2.5802	2.8383
	99130350	内燃夯实机 700 N·m	台班	49.0124	52.8107	55.3428	17.0207
	99170010	钢筋调直机	台班	0.1021	0.1021	0.1021	
	99170025	钢筋切断机	台班	0.1021	0.1021	0.1021	
	99210065	木工平刨床 刨削宽度 450	台班	0.2392	0.2412	0.2412	0.2841
	99440010	电动单级离心清水泵 ϕ50	台班	147.4200	159.7056	167.8956	51.0300
调整项目							
		围护支撑					
	00190101	综合人工	工日	571.2213	571.2213	565.7421	57.0282
	03152501	镀锌铁丝	kg	20.0000	20.0000	25.0000	
	04030115	黄砂 中粗	t	23.7356	23.7356	33.2299	
	05030101	成材	m^3	0.8169	0.8169	1.0204	0.4444
	35090121	槽型钢板桩	t	1.9587	1.9587	2.6893	
	35090131	槽型钢板桩使用费	t·d	6860.0000	6860.0000	9504.0000	
	35090611	钢板桩支撑使用费	t·d	440.0000	440.0000	698.0000	
	35091771	铁撑柱	kg	141.1200	141.1200	223.6500	114.6350
	35091901	钢桩帽摊销	kg	136.2690	136.2690	381.5700	
	99030080	轨道式柴油打桩机 0.6 t	台班	27.7905	27.7905		
	99030690	简易拔桩架	台班	29.8410	29.8410		
	99090075	履带式起重机 8 t	台班	4.5500	4.5500	5.6875	
	99030100	轨道式柴油打桩机 1.2 t	台班			33.5913	
	99030970	震动锤 45 kW	台班			17.3680	

（续表）

定　额　编　号				J-1-3-29	J-1-3-30	J-1-3-31	J-1-3-32
项　　目				ϕ1000			ϕ1200
				F 型钢承口式钢筋混凝土管			
				5.5 m	≤6.0 m	>6.0 m	2.5 m
	名　　称		单位	100 m	100 m	100 m	100 m
	99090090	履带式起重机 15 t	台班			17.3680	
	03150501	骑马钉	kg				21.1090
	04131711	蒸压灰砂砖	千块				0.1545
	35091731	铁撑板	t				0.3345
	35090501	列板使用费	t·d				341.0000
	35090511	列板支撑使用费	t·d				120.0000
		井点降水					
	00190101	综合人工	工日	2.1964	−3.2707	140.0505	
	04030115	黄砂 中粗	t	9.4420	9.4420		
	04030119	黄砂 中粗	kg			95423.8016	
	17030102	镀锌焊接钢管	kg			0.1867	
	17270201	普通橡胶管	m	14.2440	14.2440		
	34110101	水	m^3	152.3275	152.3275	566.8908	
	35040921	轻型井点井管 ϕ40	m	41.9348	41.9348		
	35040941	轻型井点井管 $\phi180\times4$	m	2.0243	2.0243		
	35040961	喷射井点总管 $\phi159\times6$	m			3.9964	
	35040971	喷射井点井管 ϕ76	m			28.4336	
	35041011	喷射井点滤网管	根			3.2820	
	35041021	喷射井点回水连接件	副			2.0529	
	35041031	喷射井点腰子法兰	副			0.9318	
	35041041	喷射井点水箱	kg			32.8034	
	35041051	喷射井点喷射器	只			4.3856	
	99090080	履带式起重机 10 t	台班			11.5200	
	99091380	电动卷扬机单筒快速 10 kN	台班	1.9920	1.9920		
	99350050	轻便钻机 XJ-100	台班	4.7310	4.7310		
	99350120	液压钻机 G-2A	台班			4.4160	
	99440010	电动单级离心清水泵 ϕ50	台班	−147.4200	−159.7056	−167.8956	
	99440150	电动多级离心清水泵 $\phi150\times$ 180 m 以下	台班	3.9840	3.9840	39.7100	
	99440210	污水泵 ϕ100	台班			11.0400	
	99440510	射流井点泵 9.5 m	台班	53.7420	53.7420		

工作内容：沟槽挖土、沟槽排水、井点降水、沟槽围护和支撑（钢板桩、撑拆列板）、铺筑管道基础、铺设管道、沟槽回填（素土）、土方场内运输、砌筑检查井等。

定　额　编　号			J-1-3-33	J-1-3-34	J-1-3-35	J-1-3-36
项　　目			ϕ1200			
			F 型钢承口式钢筋混凝土管			
			≤3.0 m	>3.0 m	3.5 m	≤4.0 m
			100 m	100 m	100 m	100 m
预算定额编号	预算定额名称	预算定额单位	数　　量			
04290711	钢筋混凝土板 1300×300×160 mm	块	6.0000	6.0000	6.0000	6.0000
52-1-2-1	机械挖沟槽土方 深≤3 m 现场抛土	m^3	815.0600			
52-1-2-3	机械挖沟槽土方 深≤6 m 现场抛土	m^3		885.9400	992.2500	1098.5600
52-1-3-1	沟槽回填 夯填土	m^3	565.7300	636.6100	742.9200	849.2300
53-1-3-2	场内运输 自卸汽车装运土（运距 1 km 以内）	m^3	720.6420	805.6980	933.2700	1060.8420
52-1-4-3	管道垫层 砾石砂垫层	m^3	27.5200	27.5200	27.5200	27.5200
52-1-5-1	管道基座 混凝土 C20	m^3	69.4700	69.4700	70.5200	70.5200
52-1-5-1 换 1	管道基座 混凝土 C15	m^3		1.2000	1.2000	1.2000
52-1-5-2	管道基座 钢筋	t		0.2250	0.2280	0.2280
52-1-6-15	管道铺设 F 型钢承口式钢筋混凝土管 ϕ1200	100 m	0.9700	0.9700	0.9700	0.9700
52-3-1-2	砖砌检查井及雨水口 检查井 深≤4 m	m^3	11.7900	11.7900	14.5200	17.5800
52-3-2-1	水泥砂浆抹面 检查井	m^2	90.1200	90.1200	106.5600	123.0000
52-3-6-1	安装防坠格板 新建工程	只	3.0000	3.0000	3.0000	3.0000
52-3-9-3	安装盖板及盖座 铸铁盖座	套	3.0000	3.0000	3.0000	3.0000
52-3-9-4	安装盖板及盖座 防沉降检查井盖板	块	3.0000	3.0000	3.0000	3.0000
52-4-5-1	模板工程 模板 管道基座	m^2	123.3400	123.3400	124.8400	124.8400
53-9-1-1	施工排水、降水 湿土排水	m^3	531.5600	602.4400	708.7500	815.0600
53-9-1-3	施工排水、降水 筑拆竹箩滤井	座	2.5000	2.5000	2.5000	2.5000
调整项目						
	围护支撑					
52-4-2-4	满堂撑拆列板 深≤3.0 m，双面	100 m	1.0000			
52-4-2-5	撑拆列板 列板使用费	t·d	379.0000			
52-4-2-6	列板支撑使用费	t·d	144.0000			
52-4-3-1	打槽型钢板桩 长 4.00～6.00 m，单面	100 m		2.0000	2.0000	2.0000
52-4-3-6	拔槽型钢板桩 长 4.00～6.00 m，单面	100 m		2.0000	2.0000	2.0000
52-4-4-1	安拆钢板桩支撑 槽宽≤3.0 m 深 3.01～4.00 m	100 m		1.0000	1.0000	1.0000

（续表）

定额编号			J-1-3-33	J-1-3-34	J-1-3-35	J-1-3-36
项目			φ1200			
			F 型钢承口式钢筋混凝土管			
			≤3.0 m	>3.0 m	3.5 m	≤4.0 m
			100 m	100 m	100 m	100 m
预算定额编号	预算定额名称	预算定额单位	数量			
52-4-3-11	打拔沟槽钢板桩 槽型钢板桩使用费	t·d		3086.0000	3086.0000	3086.0000
52-4-4-14	钢板桩支撑使用费	t·d		145.0000	145.0000	145.0000
	井点降水					
53-9-1-1	施工排水、降水 湿土排水	m^3	−531.5600	−602.4400	−708.7500	−815.0600
53-9-1-5	施工排水、降水 轻型井点安装	根	83.0000	83.0000	83.0000	83.0000
53-9-1-6	施工排水、降水 轻型井点拆除	根	83.0000	83.0000	83.0000	83.0000
53-9-1-7	施工排水、降水 轻型井点使用	套·天	46.0000	46.0000	46.0000	46.0000

工作内容：沟槽挖土、沟槽排水、井点降水、沟槽围护和支撑（钢板桩、撑拆列板）、铺筑管道基础、铺设管道、沟槽回填（素土）、土方场内运输、砌筑检查井等。

定额编号				J-1-3-33	J-1-3-34	J-1-3-35	J-1-3-36
项目				φ1200			
				F 型钢承口式钢筋混凝土管			
				≤3.0 m	>3.0 m	3.5 m	≤4.0 m
名称			单位	100 m	100 m	100 m	100 m
人工	00190101	综合人工	工日	350.3563	386.2297	436.7255	487.1168
材料	01010211	热轧带肋钢筋(HRB400) φ≤10	t		0.0646	0.0654	0.0654
	01010212	热轧带肋钢筋(HRB400) φ>10	t		0.1661	0.1683	0.1683
	02090101	塑料薄膜	m^2	221.7946	225.4575	230.9189	233.4480
	03010811	钢塑膨胀铆钉	只	18.3600	18.3600	18.3600	18.3600
	03150101	圆钉	kg	25.1456	25.1456	25.4514	25.4514
	03152501	镀锌铁丝	kg		0.6953	0.7045	0.7045
	04030115	黄砂 中粗	t	0.1700	0.1700	0.1700	0.1700
	04030701	砾石砂	t	60.8440	60.8440	60.8440	60.8440
	04050313	道碴 50～70	t	0.3988	0.3988	0.3988	0.3988
	04131711	蒸压灰砂砖	千块	6.3925	6.3925	7.8727	9.5319
	04290711	钢筋混凝土板 1300×300×160 mm	块	6.0000	6.0000	6.0000	6.0000
	05350301	竹箩	个	2.5000	2.5000	2.5000	2.5000
	14412801	环氧密封胶	kg	89.2680	89.2680	89.2680	89.2680

(续表)

定额编号				J-1-3-33	J-1-3-34	J-1-3-35	J-1-3-36
项目				φ1200			
				F型钢承口式钢筋混凝土管			
				≤3.0 m	>3.0 m	3.5 m	≤4.0 m
名称			单位	100 m	100 m	100 m	100 m
材料	17291254	F型钢筋混凝土管(开槽) φ1200×2500	m	97.0305	97.0305	97.0305	97.0305
	34110101	水	m^3	3.6628	3.7233	3.8136	3.8555
	35010102	组合钢模板	kg	78.9135	78.9135	79.8733	79.8733
	35010703	木模板成材	m^3	0.4931	0.4931	0.4990	0.4990
	35020401	钢模零配件	kg	29.1785	29.1785	29.5334	29.5334
	36012831	铸铁检查井雨污水盖座 市政90型	套	3.0000	3.0000	3.0000	3.0000
	36016631	防沉降检查井盖板 2500×2000×200	块	3.0000	3.0000	3.0000	3.0000
	36016651	高强度塑料检查井格板	只	3.0600	3.0600	3.0600	3.0600
	36016661	高强度塑料支架	只	9.1800	9.1800	9.1800	9.1800
	80060414	湿拌砌筑砂浆 WM M10.0	m^3	2.7801	2.7801	3.4238	4.1454
	80060513	预拌抹灰砂浆 WP M15.0	m^3	1.6906	1.6906	1.9520	2.2134
	80210410	预拌混凝土(泵送型) C15 粒径 5～20	m^3		1.2120	1.2120	1.2120
	80210414	预拌混凝土(泵送型) C20 粒径 5～20	m^3	70.1647	70.1647	71.2252	71.2252
机械	99010060	履带式单斗液压挖掘机 1 m^3	台班	3.1787	3.6324	4.0682	4.5041
	99050930	混凝土振捣器 插入式	台班	9.5174	9.6818	9.8256	9.8256
	99050940	混凝土振捣器 平板式	台班	10.6650	10.8294	10.9732	10.9732
	99070220	轮胎式装载机 1 m^3	台班	3.3870	3.7868	4.3864	4.9860
	99070540	载重汽车 6 t	台班	0.6266	0.6266	0.6290	0.6290
	99070588	载重汽车 12 t	台班	5.1886	5.8010	6.7195	7.6381
	99090360	汽车式起重机 8 t	台班	0.3607	0.3607	0.3623	0.3623
	99090390	汽车式起重机 12 t	台班	0.4293	0.4293	0.4293	0.4293
	99090400	汽车式起重机 16 t	台班	1.4196	1.4196	1.4196	1.4196
	99091700	手扳葫芦	台班	2.8383	2.8383	2.8383	2.8383
	99091880	千斤顶 15 t	台班	2.8383	2.8383	2.8383	2.8383
	99130350	内燃夯实机 700 N·m	台班	20.9886	23.6182	27.5623	31.5064
	99170010	钢筋调直机	台班		0.1094	0.1108	0.1108
	99170025	钢筋切断机	台班		0.1094	0.1108	0.1108
	99210065	木工平刨床 刨削宽度 450	台班	0.2837	0.2837	0.2871	0.2871
	99440010	电动单级离心清水泵 φ50	台班	63.7872	72.2928	85.0500	97.8072

（续表）

定　额　编　号			J-1-3-33	J-1-3-34	J-1-3-35	J-1-3-36
项　　目			ϕ1200			
			F 型钢承口式钢筋混凝土管			
			≤3.0 m	>3.0 m	3.5 m	≤4.0 m
名　　称		单位	100 m	100 m	100 m	100 m
调整项目						
	围护支撑					
00190101	综合人工	工日	78.7933	447.5882	447.5882	447.5882
03150501	骑马钉	kg	25.3308			
04131711	蒸压灰砂砖	千块	0.1545			
05030101	成材	m^3	0.5000	0.5955	0.5955	0.5955
35090501	列板使用费	t·d	379.0000			
35090511	列板支撑使用费	t·d	144.0000			
35091731	铁撑板	t	0.4181			
35091771	铁撑柱	kg	139.6830	70.5300	70.5300	70.5300
35090121	槽型钢板桩	t		1.3350	1.3350	1.3350
35091901	钢桩帽摊销	kg		90.9300	90.9300	90.9300
04030115	黄砂 中粗	t		15.8236	15.8236	15.8236
03152501	镀锌铁丝	kg		15.0000	15.0000	15.0000
35090131	槽型钢板桩使用费	t·d		3086.0000	3086.0000	3086.0000
35090611	钢板桩支撑使用费	t·d		145.0000	145.0000	145.0000
99030080	轨道式柴油打桩机 0.6 t	台班		20.1323	20.1323	20.1323
99030690	简易拔桩架	台班		23.9558	23.9558	23.9558
99090075	履带式起重机 8 t	台班		3.4125	3.4125	3.4125
	井点降水					
00190101	综合人工	工日	39.9880	36.2030	30.5261	24.8491
04030115	黄砂 中粗	t	9.4420	9.4420	9.4420	9.4420
17270201	普通橡胶管	m	14.2440	14.2440	14.2440	14.2440
34110101	水	m^3	152.3275	152.3275	152.3275	152.3275
35040921	轻型井点井管 ϕ40	m	42.8257	42.8257	42.8257	42.8257
35040941	轻型井点井管 ϕ180×4	m	2.0673	2.0673	2.0673	2.0673
99091380	电动卷扬机单筒快速 10 kN	台班	1.9920	1.9920	1.9920	1.9920
99350050	轻便钻机 XJ-100	台班	4.7310	4.7310	4.7310	4.7310
99440010	电动单级离心清水泵 ϕ50	台班	−63.7872	−72.2928	−85.0500	−97.8072
99440150	电动多级离心清水泵 ϕ150×180 m 以下	台班	3.9840	3.9840	3.9840	3.9840
99440510	射流井点泵 9.5 m	台班	54.8920	54.8920	54.8920	54.8920

工作内容：沟槽挖土、沟槽排水、井点降水、沟槽围护和支撑（钢板桩、撑拆列板）、铺筑管道基础、铺设管道、沟槽回填（素土）、土方场内运输、砌筑检查井等。

定 额 编 号			J-1-3-37	J-1-3-38	J-1-3-39	J-1-3-40
项 目			ϕ1200			
			F 型钢承口式钢筋混凝土管			
			>4.0 m	4.5 m	5.0 m	5.5 m
			100 m	100 m	100 m	100 m
预算定额编号	预算定额名称	预算定额单位	数 量			
04290711	钢筋混凝土板 1300×300×160 mm	块	6.0000	6.0000	6.0000	6.0000
52-1-2-3	机械挖沟槽土方 深≤6 m 现场抛土	m^3	1169.4400	1275.7500	1470.0000	1617.0000
52-1-3-1	沟槽回填 夯填土	m^3	920.1100	1026.4200	1219.7400	1366.7400
53-1-3-2	场内运输 自卸汽车装运土（运距 1 km 以内）	m^3	1145.8980	1273.4700	1505.6400	1682.0400
52-1-4-3	管道垫层 砾石砂垫层	m^3	27.5200	27.5200	28.4500	28.4500
52-1-5-1	管道基座 混凝土 C20	m^3	70.5200	70.5200	71.5100	71.5100
52-1-5-1 换 1	管道基座 混凝土 C15	m^3	1.2000	1.2000	1.2000	1.2000
52-1-5-2	管道基座 钢筋	t	0.2280	0.2280	0.2310	0.2310
52-1-6-15	管道铺设 F 型钢承口式钢筋混凝土管 ϕ1200	100 m	0.9700	0.9700	0.9700	0.9700
52-3-1-2	砖砌检查井及雨水口 检查井 深≤4 m	m^3	17.5800			
52-3-1-3	砖砌检查井及雨水口 检查井 深≤6 m	m^3		20.7300	23.7900	26.8200
52-3-2-1	水泥砂浆抹面 检查井	m^2	123.0000	139.4400	155.8800	172.3200
52-3-6-1	安装防坠格板 新建工程	只	3.0000	3.0000	3.0000	3.0000
52-3-9-3	安装盖板及盖座 铸铁盖座	套	3.0000	3.0000	3.0000	3.0000
52-3-9-4	安装盖板及盖座 防沉降检查井盖板	块	3.0000	3.0000	3.0000	3.0000
52-4-5-1	模板工程 模板 管道基座	m^2	124.8400	124.8400	126.3400	126.3400
53-9-1-1	施工排水、降水 湿土排水	m^3	885.9400	992.2500	1176.0000	1323.0000
53-9-1-3	施工排水、降水 筑拆竹箩滤井	座	2.5000	2.5000	2.5000	2.5000
调整项目						
	围护支撑					
52-4-3-2	打槽型钢板桩 长 6.01～9.00 m，单面	100 m	2.0000	2.0000	2.0000	2.0000
52-4-3-7	拔槽型钢板桩 长 6.01～9.00 m，单面	100 m	2.0000	2.0000	2.0000	2.0000
52-4-3-11	打拔沟槽钢板桩 槽型钢板桩使用费	t·d	6860.0000	6860.0000	6860.0000	6860.0000
52-4-4-2	安拆钢板桩支撑 槽宽≤3.0 m 深 4.01～6.00 m	100 m	1.0000	1.0000	1.0000	1.0000

（续表）

定额编号			J-1-3-37	J-1-3-38	J-1-3-39	J-1-3-40
项目			ϕ1200			
			F型钢承口式钢筋混凝土管			
			>4.0 m	4.5 m	5.0 m	5.5 m
			100 m	100 m	100 m	100 m
预算定额编号	预算定额名称	预算定额单位	数量			
52-4-4-14	钢板桩支撑使用费	t·d	440.0000	440.0000	440.0000	440.0000
	井点降水					
53-9-1-1	施工排水、降水 湿土排水	m^3	−885.9400	−992.2500	−1176.0000	−1323.0000
53-9-1-5	施工排水、降水 轻型井点安装	根	83.0000	83.0000	83.0000	83.0000
53-9-1-6	施工排水、降水 轻型井点拆除	根	83.0000	83.0000	83.0000	83.0000
53-9-1-7	施工排水、降水 轻型井点使用	套·天	46.0000	46.0000	46.0000	46.0000

工作内容：沟槽挖土、沟槽排水、井点降水、沟槽围护和支撑（钢板桩、撑拆列板）、铺筑管道基础、铺设管道、沟槽回填（素土）、土方场内运输、砌筑检查井等。

定额编号				J-1-3-37	J-1-3-38	J-1-3-39	J-1-3-40
项目				ϕ1200			
				F型钢承口式钢筋混凝土管			
				>4.0 m	4.5 m	5.0 m	5.5 m
名称			单位	100 m	100 m	100 m	100 m
人工	00190101	综合人工	工日	514.3035	567.6930	652.7332	719.0713
材料	01010211	热轧带肋钢筋(HRB400) $\phi\leqslant10$	t	0.0654	0.0654	0.0663	0.0663
	01010212	热轧带肋钢筋(HRB400) $\phi>10$	t	0.1683	0.1683	0.1705	0.1705
	02090101	塑料薄膜	m^2	233.4480	236.0514	241.6024	244.1067
	03010811	钢塑膨胀铆钉	只	18.3600	18.3600	18.3600	18.3600
	03150101	圆钉	kg	25.4514	25.4514	25.7573	25.7573
	03152501	镀锌铁丝	kg	0.7045	0.7045	0.7138	0.7138
	04030115	黄砂 中粗	t	0.1700	0.1700	0.1700	0.1700
	04030701	砾石砂	t	60.8440	60.8440	62.9001	62.9001
	04050313	道碴 50～70	t	0.3988	0.3988	0.3988	0.3988
	04131711	蒸压灰砂砖	千块	9.5319	11.2066	12.8609	14.4989
	04290711	钢筋混凝土板 1300×300×160 mm	块	6.0000	6.0000	6.0000	6.0000
	05350301	竹箩	个	2.5000	2.5000	2.5000	2.5000
	14412801	环氧密封胶	kg	89.2680	89.2680	89.2680	89.2680
	17291254	F型钢筋混凝土管(开槽) ϕ1200×2500	m	97.0305	97.0305	97.0305	97.0305
	34110101	水	m^3	3.8555	3.8987	3.9905	4.0320

（续表）

定额编号				J-1-3-37	J-1-3-38	J-1-3-39	J-1-3-40
项目				ϕ1200			
				F型钢承口式钢筋混凝土管			
				＞4.0 m	4.5 m	5.0 m	5.5 m
名称			单位	100 m	100 m	100 m	100 m
材料	35010102	组合钢模板	kg	79.8733	79.8733	80.8330	80.8330
	35010703	木模板成材	m^3	0.4990	0.4990	0.5050	0.5050
	35020401	钢模零配件	kg	29.5334	29.5334	29.8883	29.8883
	36012831	铸铁检查井雨污水盖座 市政90型	套	3.0000	3.0000	3.0000	3.0000
	36016631	防沉降检查井盖板 2500×2000×200	块	3.0000	3.0000	3.0000	3.0000
	36016651	高强度塑料检查井格板	只	3.0600	3.0600	3.0600	3.0600
	36016661	高强度塑料支架	只	9.1800	9.1800	9.1800	9.1800
	80060414	湿拌砌筑砂浆 WM M10.0	m^3	4.1454	4.9337	5.6620	6.3832
	80060513	预拌抹灰砂浆 WP M15.0	m^3	2.2134	2.4748	2.7362	2.9976
	80210410	预拌混凝土(泵送型) C15 粒径5～20	m^3	1.2120	1.2120	1.2120	1.2120
	80210414	预拌混凝土(泵送型) C20 粒径5～20	m^3	71.2252	71.2252	72.2251	72.2251
机械	99010060	履带式单斗液压挖掘机 1 m^3	台班	4.7947	5.2306	6.0270	6.6297
	99050930	混凝土振捣器 插入式	台班	9.8256	9.8256	9.9613	9.9613
	99050940	混凝土振捣器 平板式	台班	10.9732	10.9732	11.1477	11.1477
	99070220	轮胎式装载机 1 m^3	台班	5.3857	5.9853	7.0765	7.9056
	99070540	载重汽车 6 t	台班	0.6290	0.6290	0.6314	0.6314
	99070588	载重汽车 12 t	台班	8.2505	9.1690	10.8406	12.1107
	99090360	汽车式起重机 8 t	台班	0.3623	0.3623	0.3640	0.3640
	99090390	汽车式起重机 12 t	台班	0.4293	0.4293	0.4293	0.4293
	99090400	汽车式起重机 16 t	台班	1.4196	1.4196	1.4196	1.4196
	99091700	手扳葫芦	台班	2.8383	2.8383	2.8383	2.8383
	99091880	千斤顶 15 t	台班	2.8383	2.8383	2.8383	2.8383
	99130350	内燃夯实机 700 N·m	台班	34.1361	38.0802	45.2524	50.7061
	99170010	钢筋调直机	台班	0.1108	0.1108	0.1123	0.1123
	99170025	钢筋切断机	台班	0.1108	0.1108	0.1123	0.1123
	99210065	木工平刨床 刨削宽度 450	台班	0.2871	0.2871	0.2906	0.2906
	99440010	电动单级离心清水泵 ϕ50	台班	106.3128	119.0700	141.1200	158.7600

（续表）

定　额　编　号			J-1-3-37	J-1-3-38	J-1-3-39	J-1-3-40
项　　目			ϕ1200			
			F 型钢承口式钢筋混凝土管			
			>4.0 m	4.5 m	5.0 m	5.5 m
名　　称		单位	100 m	100 m	100 m	100 m
调整项目						
	围护支撑					
00190101	综合人工	工日	571.2213	571.2213	571.2213	571.2213
03152501	镀锌铁丝	kg	20.0000	20.0000	20.0000	20.0000
04030115	黄砂 中粗	t	23.7356	23.7356	23.7356	23.7356
05030101	成材	m^3	0.8169	0.8169	0.8169	0.8169
35090121	槽型钢板桩	t	1.9587	1.9587	1.9587	1.9587
35090131	槽型钢板桩使用费	t·d	6860.0000	6860.0000	6860.0000	6860.0000
35090611	钢板桩支撑使用费	t·d	440.0000	440.0000	440.0000	440.0000
35091771	铁撑柱	kg	141.1200	141.1200	141.1200	141.1200
35091901	钢桩帽摊销	kg	136.2690	136.2690	136.2690	136.2690
99030080	轨道式柴油打桩机 0.6 t	台班	27.7905	27.7905	27.7905	27.7905
99030690	简易拔桩架	台班	29.8410	29.8410	29.8410	29.8410
99090075	履带式起重机 8 t	台班	4.5500	4.5500	4.5500	4.5500
	井点降水					
00190101	综合人工	工日	21.0641	15.3871	5.5749	−2.2749
04030115	黄砂 中粗	t	9.4420	9.4420	9.4420	9.4420
17270201	普通橡胶管	m	14.2440	14.2440	14.2440	14.2440
34110101	水	m^3	152.3275	152.3275	152.3275	152.3275
35040921	轻型井点井管 ϕ40	m	42.8257	42.8257	42.8257	42.8257
35040941	轻型井点井管 $\phi180\times4$	m	2.0673	2.0673	2.0673	2.0673
99091380	电动卷扬机单筒快速 10 kN	台班	1.9920	1.9920	1.9920	1.9920
99350050	轻便钻机 XJ-100	台班	4.7310	4.7310	4.7310	4.7310
99440010	电动单级离心清水泵 ϕ50	台班	−106.3128	−119.0700	−141.1200	−158.7600
99440150	电动多级离心清水泵 $\phi150\times$180 m 以下	台班	3.9840	3.9840	3.9840	3.9840
99440510	射流井点泵 9.5 m	台班	54.8920	54.8920	54.8920	54.8920

工作内容： 沟槽挖土、沟槽排水、井点降水、沟槽围护和支撑(钢板桩、撑拆列板)、铺筑管道基础、铺设管道、沟槽回填(素土)、土方场内运输、砌筑检查井等。

定额编号			J-1-3-41	J-1-3-42	J-1-3-43	J-1-3-44
项目			ϕ1200			ϕ1350
			F型钢承口式钢筋混凝土管			
			≤6.0 m	>6.0 m	6.5 m	≤3.0 m
			100 m	100 m	100 m	100 m
预算定额编号	预算定额名称	预算定额单位	数量			
04290711	钢筋混凝土板 1300×300×160 mm	块	6.0000	6.0000	6.0000	12.0000
52-1-2-1	机械挖沟槽土方 深≤3 m 现场抛土	m^3				845.2500
52-1-2-3	机械挖沟槽土方 深≤6 m 现场抛土	m^3	1727.2500	1764.0000	1764.0000	
52-1-2-3 系 1	机械挖沟槽土方 深≤7 m 现场抛土	m^3		36.7500	147.0000	
52-1-3-1	沟槽回填 夯填土	m^3	1476.9900	1550.4900	1661.3300	520.6200
53-1-3-2	场内运输 自卸汽车装运土(运距1 km以内)	m^3	1814.3400	1902.5400	2035.4800	680.1900
52-1-4-3	管道垫层 砾石砂垫层	m^3	28.4500	28.4500	28.7000	28.6200
52-1-5-1	管道基座 混凝土 C20	m^3	71.5100	71.5100	72.2900	88.7500
52-1-5-1 换 1	管道基座 混凝土 C15	m^3	1.2000	1.2000	1.4100	
52-1-5-2	管道基座 钢筋	t	0.2310	0.2310	0.2730	
52-1-6-15	管道铺设 F型钢承口式钢筋混凝土管 ϕ1200	100 m	0.9700	0.9700	0.9700	
52-1-6-16	管道铺设 F型钢承口式钢筋混凝土管 ϕ1350	100 m				0.9670
52-3-1-2	砖砌检查井及雨水口 检查井 深≤4 m	m^3				13.2300
52-3-1-3	砖砌检查井及雨水口 检查井 深≤6 m	m^3	29.8500	29.8500		
52-3-1-4	砖砌检查井及雨水口 检查井 深≤8 m	m^3			35.5500	
52-3-2-1	水泥砂浆抹面 检查井	m^2	188.7600	188.7600	210.0000	95.2500
52-3-6-1	安装防坠格板 新建工程	只	3.0000	3.0000	3.0000	3.0000
52-3-9-3	安装盖板及盖座 铸铁盖座	套	3.0000	3.0000	3.0000	3.0000
52-3-9-4	安装盖板及盖座 防沉降检查井盖板	块	3.0000	3.0000	3.0000	3.0000
52-4-5-1	模板工程 模板 管道基座	m^2	127.2100	127.2100	126.4500	136.5100
53-9-1-1	施工排水、降水 湿土排水	m^3	1433.2500	1506.7500	1617.0000	551.2500
53-9-1-3	施工排水、降水 筑拆竹箩滤井	座	2.5000	2.5000	2.5000	2.5000

（续表）

定额编号			J-1-3-41	J-1-3-42	J-1-3-43	J-1-3-44
项目			ϕ1200			ϕ1350
			F型钢承口式钢筋混凝土管			
			≤6.0 m	>6.0 m	6.5 m	≤3.0 m
			100 m	100 m	100 m	100 m
预算定额编号	预算定额名称	预算定额单位	数量			
	调整项目					
	围护支撑					
52-4-3-2	打槽型钢板桩 长6.01～9.00 m，单面	100 m	2.0000			
52-4-3-7	拔槽型钢板桩 长6.01～9.00 m，单面	100 m	2.0000			
52-4-3-11	打拔沟槽钢板桩 槽型钢板桩使用费	t•d	6860.0000	9504.0000	9504.0000	
52-4-4-2	安拆钢板桩支撑 槽宽≤3.0 m 深4.01～6.00 m	100 m	1.0000			
52-4-4-14	钢板桩支撑使用费	t•d	440.0000	698.0000	698.0000	
52-4-3-3	打槽型钢板桩 长9.01～12.00 m，单面	100 m		2.0000	2.0000	
52-4-3-8	拔槽型钢板桩 长9.01～12.00 m，单面	100 m		2.0000	2.0000	
52-4-4-3	安拆钢板桩支撑 槽宽≤3.0 m 深6.01～8.00 m	100 m		1.0000	1.0000	
52-4-2-4	满堂撑拆列板 深≤3.0 m，双面	100 m				1.0000
52-4-2-5	撑拆列板 列板使用费	t•d				429.0000
52-4-2-6	列板支撑使用费	t•d				163.0000
	井点降水					
53-9-1-1	施工排水、降水 湿土排水	m^3	−1433.2500	−1506.7500	−1617.0000	−551.2500
53-9-1-5	施工排水、降水 轻型井点安装	根	83.0000			83.0000
53-9-1-6	施工排水、降水 轻型井点拆除	根	83.0000			83.0000
53-9-1-7	施工排水、降水 轻型井点使用	套•天	46.0000			50.0000
53-9-1-8	施工排水、降水 喷射井点安装10 m	根		40.0000	40.0000	
53-9-1-9	施工排水、降水 喷射井点拆除10 m	根		40.0000	40.0000	
53-9-1-10	施工排水、降水 喷射井点使用10 m	套•天		31.0000	31.0000	

工作内容:沟槽挖土、沟槽排水、井点降水、沟槽围护和支撑(钢板桩、撑折列板)、铺筑管道基础、铺设管道、沟槽回填(素土)、土方场内运输、砌筑检查井等。

定额编号				J-1-3-41	J-1-3-42	J-1-3-43	J-1-3-44
项目				ϕ1200			ϕ1350
				F 型钢承口式钢筋混凝土管			
				≤6.0 m	>6.0 m	6.5 m	≤3.0 m
名称			单位	100 m	100 m	100 m	100 m
人工	00190101	综合人工	工日	771.5496	799.8921	863.1345	355.0169
材料	01010211	热轧带肋钢筋(HRB400) ϕ≤10	t	0.0663	0.0663	0.0784	
	01010212	热轧带肋钢筋(HRB400) ϕ>10	t	0.1705	0.1705	0.2015	
	02090101	塑料薄膜	m^2	246.6110	246.6110	254.3440	281.8351
	03010811	钢塑膨胀铆钉	只	18.3600	18.3600	18.3600	18.3600
	03150101	圆钉	kg	25.9346	25.9346	25.7797	27.8306
	03152501	镀锌铁丝	kg	0.7138	0.7138	0.8436	
	04030115	黄砂 中粗	t	0.1700	0.1700	0.1700	0.1700
	04030701	砾石砂	t	62.9001	62.9001	63.4528	63.2760
	04050313	道碴 50～70	t	0.3988	0.3988	0.3988	0.3988
	04131711	蒸压灰砂砖	千块	16.1369	16.1369	19.1579	7.1733
	04290711	钢筋混凝土板 1300×300×160 mm	块	6.0000	6.0000	6.0000	12.0000
	05350301	竹箩	个	2.5000	2.5000	2.5000	2.5000
	14412801	环氧密封胶	kg	89.2680	89.2680	89.2680	100.5996
	17291254	F 型钢筋混凝土管(开槽) ϕ1200×2500	m	97.0305	97.0305	97.0305	
	17291255	F 型钢筋混凝土管(开槽) ϕ1350×2500	m				96.7304
	34110101	水	m^3	4.0735	4.0735	4.2015	4.6543
	35010102	组合钢模板	kg	81.3896	81.3896	80.9033	87.3398
	35010703	木模板成材	m^3	0.5085	0.5085	0.5055	0.5457
	35020401	钢模零配件	kg	30.0941	30.0941	29.9143	32.2942
	36012831	铸铁检查井雨污水盖座 市政90型	套	3.0000	3.0000	3.0000	3.0000
	36016631	防沉降检查井盖板 2500×2000×200	块	3.0000	3.0000	3.0000	3.0000
	36016651	高强度塑料检查井格板	只	3.0600	3.0600	3.0600	3.0600
	36016661	高强度塑料支架	只	9.1800	9.1800	9.1800	9.1800
	80060414	湿拌砌筑砂浆 WM M10.0	m^3	7.1043	7.1043	8.5995	3.1196
	80060513	预拌抹灰砂浆 WP M15.0	m^3	3.2590	3.2590	3.5967	1.7722
	80210410	预拌混凝土(泵送型) C15 粒径5～20	m^3	1.2120	1.2120	1.4241	
	80210414	预拌混凝土(泵送型) C20 粒径5～20	m^3	72.2251	72.2251	73.0129	89.6375

（续表）

定额编号				J-1-3-41	J-1-3-42	J-1-3-43	J-1-3-44
项目				ϕ1200			ϕ1350
				F 型钢承口式钢筋混凝土管			
				≤6.0 m	>6.0 m	6.5 m	≤3.0 m
名称			单位	100 m	100 m	100 m	100 m
机械	99010060	履带式单斗液压挖掘机 1 m^3	台班	7.0817	7.4088	7.9380	3.2965
	99050930	混凝土振捣器 插入式	台班	9.9613	9.9613	10.0969	12.1588
	99050940	混凝土振捣器 平板式	台班	11.1477	11.1477	11.2937	13.3523
	99070220	轮胎式装载机 1 m^3	台班	8.5274	8.9419	9.5668	3.1969
	99070540	载重汽车 6 t	台班	0.6328	0.6328	0.6316	0.6853
	99070588	载重汽车 12 t	台班	13.0632	13.6983	14.6555	4.8974
	99090360	汽车式起重机 8 t	台班	0.3649	0.3649	0.3641	0.3752
	99090390	汽车式起重机 12 t	台班	0.4293	0.4293	0.4293	0.4669
	99090400	汽车式起重机 16 t	台班	1.4196	1.4196	1.4196	1.5562
	99091700	手扳葫芦	台班	2.8383	2.8383	2.8383	3.1125
	99091880	千斤顶 15 t	台班	2.8383	2.8383	2.8383	3.1125
	99130350	内燃夯实机 700 N·m	台班	54.7963	57.5232	61.6353	19.3150
	99170010	钢筋调直机	台班	0.1123	0.1123	0.1327	
	99170025	钢筋切断机	台班	0.1123	0.1123	0.1327	
	99210065	木工平刨床 刨削宽度 450	台班	0.2926	0.2926	0.2908	0.3140
	99440010	电动单级离心清水泵 ϕ50	台班	171.9900	180.8100	194.0400	66.1500
调整项目							
		围护支撑					
	00190101	综合人工	工日	571.2213	565.7421	565.7421	78.7933
	03152501	镀锌铁丝	kg	20.0000	25.0000	25.0000	
	04030115	黄砂 中粗	t	23.7356	33.2299	33.2299	
	05030101	成材	m^3	0.8169	1.0204	1.0204	0.5000
	35090121	槽型钢板桩	t	1.9587	2.6893	2.6893	
	35090131	槽型钢板桩使用费	t·d	6860.0000	9504.0000	9504.0000	
	35090611	钢板桩支撑使用费	t·d	440.0000	698.0000	698.0000	
	35091771	铁撑柱	kg	141.1200	223.6500	223.6500	139.6830
	35091901	钢桩帽摊销	kg	136.2690	381.5700	381.5700	
	99030080	轨道式柴油打桩机 0.6 t	台班	27.7905			
	99030690	简易拔桩架	台班	29.8410			
	99090075	履带式起重机 8 t	台班	4.5500	5.6875	5.6875	
	99030100	轨道式柴油打桩机 1.2 t	台班		33.5913	33.5913	
	99030970	震动锤 45 kW	台班		17.3680	17.3680	

(续表)

定额编号				J-1-3-41	J-1-3-42	J-1-3-43	J-1-3-44
项目				ϕ1200			ϕ1350
				F型钢承口式钢筋混凝土管			
				≤6.0 m	>6.0 m	6.5 m	≤3.0 m
名称			单位	100 m	100 m	100 m	100 m
	99090090	履带式起重机 15 t	台班		17.3680	17.3680	
	03150501	骑马钉	kg				25.3308
	04131711	蒸压灰砂砖	千块				0.1545
	35091731	铁撑板	t				0.4181
	35090501	列板使用费	t·d				429.0000
	35090511	列板支撑使用费	t·d				163.0000
		井点降水					
	00190101	综合人工	工日	−8.1623	138.7436	132.8562	41.2366
	04030115	黄砂 中粗	t	9.4420			9.4420
	04030119	黄砂 中粗	kg		95423.8016	95423.8016	
	17030102	镀锌焊接钢管	kg		0.1968	0.1968	
	17270201	普通橡胶管	m	14.2440			14.2440
	34110101	水	m^3	152.3275	566.8908	566.8908	152.3275
	35040921	轻型井点井管 ϕ40	m	42.8257			46.3894
	35040941	轻型井点井管 ϕ180×4	m	2.0673			2.2390
	35040961	喷射井点总管 ϕ159×6	m		4.2593	4.2593	
	35040971	喷射井点井管 ϕ76	m		30.3144	30.3144	
	35041011	喷射井点滤网管	根		3.4984	3.4984	
	35041021	喷射井点回水连接件	副		2.1884	2.1884	
	35041031	喷射井点腰子法兰	副		0.9925	0.9925	
	35041041	喷射井点水箱	kg		34.9674	34.9674	
	35041051	喷射井点喷射器	只		4.6748	4.6748	
	99090080	履带式起重机 10 t	台班		11.5200	11.5200	
	99091380	电动卷扬机单筒快速 10 kN	台班	1.9920			1.9920
	99350050	轻便钻机 XJ-100	台班	4.7310			4.7310
	99350120	液压钻机 G-2A	台班		4.4160	4.4160	
	99440010	电动单级离心清水泵 ϕ50	台班	−171.9900	−180.8100	−194.0400	−66.1500
	99440150	电动多级离心清水泵 ϕ150×180 m以下	台班	3.9840	41.9300	41.9300	3.9840
	99440210	污水泵 ϕ100	台班		11.0400	11.0400	
	99440510	射流井点泵 9.5 m	台班	54.8920			59.4920

工作内容：沟槽挖土、沟槽排水、井点降水、沟槽围护和支撑（钢板桩、撑拆列板）、铺筑管道基础、铺设管道、沟槽回填（素土）、土方场内运输、砌筑检查井等。

定额编号			J-1-3-45	J-1-3-46	J-1-3-47	J-1-3-48
项目			ϕ1350			
			F型钢承口式钢筋混凝土管			
			>3.0 m	3.5 m	≤4.0 m	>4.0 m
			100 m	100 m	100 m	100 m
预算定额编号	预算定额名称	预算定额单位	数量			
04290711	钢筋混凝土板 1300×300×160 mm	块	12.0000	12.0000	12.0000	12.0000
52-1-2-3	机械挖沟槽土方 深≤6 m 现场抛土	m^3	918.7500	1029.0000	1139.2500	1212.7500
52-1-3-1	沟槽回填 夯填土	m^3	594.1200	704.3700	814.6200	888.1200
53-1-3-2	场内运输 自卸汽车装运土（运距1 km以内）	m^3	768.3900	900.6900	1032.9900	1121.1900
52-1-4-3	管道垫层 砾石砂垫层	m^3	28.6200	28.6200	28.6200	28.6200
52-1-5-1	管道基座 混凝土 C20	m^3	88.7500	88.7500	88.7500	88.7500
52-1-5-1换1	管道基座 混凝土 C15	m^3	1.3200	1.3200	1.3200	1.3200
52-1-5-2	管道基座 钢筋	t	0.2550	0.2550	0.2550	0.2550
52-1-6-16	管道铺设 F型钢承口式钢筋混凝土管 ϕ1350	100 m	0.9670	0.9670	0.9670	0.9670
52-3-1-2	砖砌检查井及雨水口 检查井 深≤4 m	m^3	13.2300	16.0500	19.9200	19.9200
52-3-2-1	水泥砂浆抹面 检查井	m^2	95.2500	112.2900	133.0200	133.0200
52-3-6-1	安装防坠格板 新建工程	只	3.0000	3.0000	3.0000	3.0000
52-3-9-3	安装盖板及盖座 铸铁盖座	套	3.0000	3.0000	3.0000	3.0000
52-3-9-4	安装盖板及盖座 防沉降检查井盖板	块	3.0000	3.0000	3.0000	3.0000
52-4-5-1	模板工程 模板 管道基座	m^2	136.5100	136.5100	136.8700	136.8700
53-9-1-1	施工排水、降水 湿土排水	m^3	624.7500	735.0000	845.2500	918.7500
53-9-1-3	施工排水、降水 筑拆竹箩滤井	座	2.5000	2.5000	2.5000	2.5000
调整项目						
	围护支撑					
52-4-3-1	打槽型钢板桩 长 4.00～6.00 m，单面	100 m	2.0000	2.0000	2.0000	
52-4-3-6	拔槽型钢板桩 长 4.00～6.00 m，单面	100 m	2.0000	2.0000	2.0000	
52-4-3-11	打拔沟槽钢板桩 槽型钢板桩使用费	t·d	4114.0000	4114.0000	4114.0000	9146.0000
52-4-4-1	安拆钢板桩支撑 槽宽≤3.0 m 深 3.01～4.00 m	100 m	1.0000	1.0000	1.0000	
52-4-4-14	钢板桩支撑使用费	t·d	270.0000	270.0000	270.0000	540.0000

(续表)

定额编号			J-1-3-45	J-1-3-46	J-1-3-47	J-1-3-48
项目			ϕ1350			
			F型钢承口式钢筋混凝土管			
			>3.0 m	3.5 m	≤4.0 m	>4.0 m
			100 m	100 m	100 m	100 m
预算定额编号	预算定额名称	预算定额单位	数量			
52-4-3-2	打槽型钢板桩 长 6.01～9.00 m,单面	100 m				2.0000
52-4-3-7	拔槽型钢板桩 长 6.01～9.00 m,单面	100 m				2.0000
52-4-4-2	安拆钢板桩支撑 槽宽≤3.0 m 深 4.01～6.00 m	100 m				1.0000
	井点降水					
53-9-1-1	施工排水、降水 湿土排水	m^3	−624.7500	−735.0000	−845.2500	−918.7500
53-9-1-5	施工排水、降水 轻型井点安装	根	83.0000	83.0000	83.0000	83.0000
53-9-1-6	施工排水、降水 轻型井点拆除	根	83.0000	83.0000	83.0000	83.0000
53-9-1-7	施工排水、降水 轻型井点使用	套·天	50.0000	50.0000	50.0000	50.0000

工作内容:沟槽挖土、沟槽排水、井点降水、沟槽围护和支撑(钢板桩、撑拆列板)、铺筑管道基础、铺设管道、沟槽回填(素土)、土方场内运输、砌筑检查井等。

定额编号				J-1-3-45	J-1-3-46	J-1-3-47	J-1-3-48
项目				ϕ1350			
				F型钢承口式钢筋混凝土管			
				>3.0 m	3.5 m	≤4.0 m	>4.0 m
名称			单位	100 m	100 m	100 m	100 m
人工	00190101	综合人工	工日	392.3855	443.8356	498.3713	526.5629
材料	01010211	热轧带肋钢筋(HRB400) ϕ≤10	t	0.0732	0.0732	0.0732	0.0732
	01010212	热轧带肋钢筋(HRB400) ϕ>10	t	0.1882	0.1882	0.1882	0.1882
	02090101	塑料薄膜	m^2	285.8643	288.1950	291.3936	291.3936
	03010811	钢塑膨胀铆钉	只	18.3600	18.3600	18.3600	18.3600
	03150101	圆钉	kg	27.8306	27.8306	27.9040	27.9040
	03152501	镀锌铁丝	kg	0.7880	0.7880	0.7880	0.7880
	04030115	黄砂 中粗	t	0.1700	0.1700	0.1700	0.1700
	04030701	砾石砂	t	63.2760	63.2760	63.2760	63.2760
	04050313	道碴 50～70	t	0.3988	0.3988	0.3988	0.3988
	04131711	蒸压灰砂砖	千块	7.1733	8.7023	10.8006	10.8006
	04290711	钢筋混凝土板 1300×300×160 mm	块	12.0000	12.0000	12.0000	12.0000

（续表）

定额编号				J-1-3-45	J-1-3-46	J-1-3-47	J-1-3-48
项目				ϕ1350			
				F型钢承口式钢筋混凝土管			
				>3.0 m	3.5 m	≤4.0 m	>4.0 m
名称			单位	100 m	100 m	100 m	100 m
材料	05350301	竹箩	个	2.5000	2.5000	2.5000	2.5000
	14412801	环氧密封胶	kg	100.5996	100.5996	100.5996	100.5996
	17291255	F型钢筋混凝土管(开槽) ϕ1350×2500	m	96.7304	96.7304	96.7304	96.7304
	34110101	水	m^3	4.7208	4.7594	4.8124	4.8124
	35010102	组合钢模板	kg	87.3398	87.3398	87.5701	87.5701
	35010703	木模板成材	m^3	0.5457	0.5457	0.5471	0.5471
	35020401	钢模零配件	kg	32.2942	32.2942	32.3793	32.3793
	36012831	铸铁检查井雨污水盖座 市政90型	套	3.0000	3.0000	3.0000	3.0000
	36016631	防沉降检查井盖板 2500×2000×200	块	3.0000	3.0000	3.0000	3.0000
	36016651	高强度塑料检查井格板	只	3.0600	3.0600	3.0600	3.0600
	36016661	高强度塑料支架	只	9.1800	9.1800	9.1800	9.1800
	80060414	湿拌砌筑砂浆 WM M10.0	m^3	3.1196	3.7846	4.6971	4.6971
	80060513	预拌抹灰砂浆 WP M15.0	m^3	1.7722	2.0431	2.3727	2.3727
	80210410	预拌混凝土(泵送型) C15 粒径5～20	m^3	1.3332	1.3332	1.3332	1.3332
	80210414	预拌混凝土(泵送型) C20 粒径5～20	m^3	89.6375	89.6375	89.6375	89.6375
机械	99010060	履带式单斗液压挖掘机 1 m^3	台班	3.7669	4.2189	4.6709	4.9723
	99050930	混凝土振捣器 插入式	台班	12.3396	12.3396	12.3396	12.3396
	99050940	混凝土振捣器 平板式	台班	13.5331	13.5331	13.5331	13.5331
	99070220	轮胎式装载机 1 m^3	台班	3.6114	4.2332	4.8551	5.2696
	99070540	载重汽车 6 t	台班	0.6853	0.6853	0.6859	0.6859
	99070588	载重汽车 12 t	台班	5.5324	6.4850	7.4375	8.0726
	99090360	汽车式起重机 8 t	台班	0.3752	0.3752	0.3756	0.3756
	99090390	汽车式起重机 12 t	台班	0.4669	0.4669	0.4669	0.4669
	99090400	汽车式起重机 16 t	台班	1.5562	1.5562	1.5562	1.5562
	99091700	手扳葫芦	台班	3.1125	3.1125	3.1125	3.1125
	99091880	千斤顶 15 t	台班	3.1125	3.1125	3.1125	3.1125
	99130350	内燃夯实机 700 N·m	台班	22.0419	26.1321	30.2224	32.9493
	99170010	钢筋调直机	台班	0.1240	0.1240	0.1240	0.1240

（续表）

定额编号				J-1-3-45	J-1-3-46	J-1-3-47	J-1-3-48
项目				ϕ1350			
				F型钢承口式钢筋混凝土管			
				>3.0 m	3.5 m	≤4.0 m	>4.0 m
名称			单位	100 m	100 m	100 m	100 m
机械	99170025	钢筋切断机	台班	0.1240	0.1240	0.1240	0.1240
	99210065	木工平刨床 刨削宽度 450	台班	0.3140	0.3140	0.3148	0.3148
	99440010	电动单级离心清水泵 ϕ50	台班	74.9700	88.2000	101.4300	110.2500
调整项目							
		围护支撑					
	00190101	综合人工	工日	447.5882	447.5882	447.5882	571.2213
	03152501	镀锌铁丝	kg	15.0000	15.0000	15.0000	20.0000
	04030115	黄砂 中粗	t	15.8236	15.8236	15.8236	23.7356
	05030101	成材	m^3	0.5955	0.5955	0.5955	0.8169
	35090121	槽型钢板桩	t	1.3350	1.3350	1.3350	1.9587
	35090131	槽型钢板桩使用费	t·d	4114.0000	4114.0000	4114.0000	9146.0000
	35090611	钢板桩支撑使用费	t·d	270.0000	270.0000	270.0000	540.0000
	35091771	铁撑柱	kg	70.5300	70.5300	70.5300	141.1200
	35091901	钢桩帽摊销	kg	90.9300	90.9300	90.9300	136.2690
	99030080	轨道式柴油打桩机 0.6 t	台班	20.1323	20.1323	20.1323	27.7905
	99030690	简易拔桩架	台班	23.9558	23.9558	23.9558	29.8410
	99090075	履带式起重机 8 t	台班	3.4125	3.4125	3.4125	4.5500
		井点降水					
	00190101	综合人工	工日	37.3116	31.4243	25.5369	21.6120
	04030115	黄砂 中粗	t	9.4420	9.4420	9.4420	9.4420
	17270201	普通橡胶管	m	14.2440	14.2440	14.2440	14.2440
	34110101	水	m^3	152.3275	152.3275	152.3275	152.3275
	35040921	轻型井点井管 ϕ40	m	46.3894	46.3894	46.3894	46.3894
	35040941	轻型井点井管 ϕ180×4	m	2.2390	2.2390	2.2390	2.2390
	99091380	电动卷扬机单筒快速 10 kN	台班	1.9920	1.9920	1.9920	1.9920
	99350050	轻便钻机 XJ-100	台班	4.7310	4.7310	4.7310	4.7310
	99440010	电动单级离心清水泵 ϕ50	台班	−74.9700	−88.2000	−101.4300	−110.2500
	99440150	电动多级离心清水泵 ϕ150×180 m 以下	台班	3.9840	3.9840	3.9840	3.9840
	99440510	射流井点泵 9.5 m	台班	59.4920	59.4920	59.4920	59.4920

工作内容：沟槽挖土、沟槽排水、井点降水、沟槽围护和支撑（钢板桩、撑拆列板）、铺筑管道基础、铺设管道、沟槽回填（素土）、土方场内运输、砌筑检查井等。

定额编号			J-1-3-49	J-1-3-50	J-1-3-51	J-1-3-52
项目			ϕ1350			
			F 型钢承口式钢筋混凝土管			
			4.5 m	5.0 m	5.5 m	≤6.0 m
			100 m	100 m	100 m	100 m
预算定额编号	预算定额名称	预算定额单位	数量			
04290712	钢筋混凝土板 1400×250×160 mm	块	12.0000	6.0000	6.0000	6.0000
04290713	钢筋混凝土板 1400×300×160 mm	块		6.0000	6.0000	6.0000
52-1-2-3	机械挖沟槽土方 深≤6 m 现场抛土	m^3	1323.0000	1522.5000	1674.7500	1788.9400
52-1-3-1	沟槽回填 夯填土	m^3	999.0700	1197.6400	1349.8900	1464.0800
53-1-3-2	场内运输 自卸汽车装运土（运距 1 km 以内）	m^3	1254.2600	1492.7300	1675.4300	1812.4580
52-1-4-3	管道垫层 砾石砂垫层	m^3	28.6600	29.5900	29.5900	29.5900
52-1-5-1	管道基座 混凝土 C20	m^3	89.9600	89.9600	89.9600	89.9600
52-1-5-1 换 1	管道基座 混凝土 C15	m^3	1.4100	1.4100	1.4100	1.4100
52-1-5-2	管道基座 钢筋	t	0.2790	0.2790	0.2790	0.2790
52-1-6-16	管道铺设 F 型钢承口式钢筋混凝土管 ϕ1350	100 m	0.9670	0.9670	0.9670	0.9670
52-3-1-3	砖砌检查井及雨水口 检查井 深≤6 m	m^3	22.6500	26.7000	30.9300	42.3000
52-3-2-1	水泥砂浆抹面 检查井	m^2	146.0400	166.8000	187.5600	200.2800
52-3-6-1	安装防坠格板 新建工程	只	3.0000	3.0000	3.0000	3.0000
52-3-9-3	安装盖板及盖座 铸铁盖座	套	3.0000	3.0000	3.0000	3.0000
52-3-9-4	安装盖板及盖座 防沉降检查井盖板	块	3.0000	3.0000	3.0000	3.0000
52-4-5-1	模板工程 模板 管道基座	m^2	137.7500	137.7500	137.7500	137.7500
53-9-1-1	施工排水、降水 湿土排水	m^3	1029.0000	1218.0000	1370.2500	1484.4400
53-9-1-3	施工排水、降水 筑拆竹箩滤井	座	2.5000	2.5000	2.5000	2.5000
调整项目						
	围护支撑					
52-4-3-2	打槽型钢板桩 长 6.01～9.00 m，单面	100 m	2.0000	2.0000	2.0000	2.0000
52-4-3-7	拔槽型钢板桩 长 6.01～9.00 m，单面	100 m	2.0000	2.0000	2.0000	2.0000
52-4-3-11	打拔沟槽钢板桩 槽型钢板桩使用费	t·d	9146.0000	9146.0000	9146.0000	9146.0000
52-4-4-2	安拆钢板桩支撑 槽宽≤3.0 m 深 4.01～6.00 m	100 m	1.0000	1.0000	1.0000	1.0000

(续表)

定额编号			J-1-3-49	J-1-3-50	J-1-3-51	J-1-3-52
项目			ϕ1350			
			F型钢承口式钢筋混凝土管			
			4.5 m	5.0 m	5.5 m	≤6.0 m
			100 m	100 m	100 m	100 m
预算定额编号	预算定额名称	预算定额单位	数量			
52-4-4-14	钢板桩支撑使用费	t·d	540.0000	540.0000	540.0000	540.0000
	井点降水					
53-9-1-1	施工排水、降水 湿土排水	m^3	—1029.0000	—1218.0000	—1370.2500	—1484.4400
53-9-1-5	施工排水、降水 轻型井点安装	根	83.0000	83.0000	83.0000	83.0000
53-9-1-6	施工排水、降水 轻型井点拆除	根	83.0000	83.0000	83.0000	83.0000
53-9-1-7	施工排水、降水 轻型井点使用	套·天	50.0000	50.0000	50.0000	50.0000

工作内容：沟槽挖土、沟槽排水、井点降水、沟槽围护和支撑(钢板桩、撑拆列板)、铺筑管道基础、铺设管道、沟槽回填(素土)、土方场内运输、砌筑检查井等。

定额编号				J-1-3-49	J-1-3-50	J-1-3-51	J-1-3-52
项目				ϕ1350			
				F型钢承口式钢筋混凝土管			
				4.5 m	5.0 m	5.5 m	≤6.0 m
名称			单位	100 m	100 m	100 m	100 m
人工	00190101	综合人工	工日	581.3778	670.6828	742.6272	815.9602
材料	01010211	热轧带肋钢筋(HRB400) $\phi\leqslant10$	t	0.0801	0.0801	0.0801	0.0801
	01010212	热轧带肋钢筋(HRB400) $\phi>10$	t	0.2059	0.2059	0.2059	0.2059
	02090101	塑料薄膜	m^2	297.6180	300.9654	304.4614	313.8588
	03010811	钢塑膨胀铆钉	只	18.3600	18.3600	18.3600	18.3600
	03150101	圆钉	kg	28.0834	28.0834	28.0834	28.0834
	03152501	镀锌铁丝	kg	0.8621	0.8621	0.8621	0.8621
	04030115	黄砂 中粗	t	0.1700	0.1700	0.1700	0.1700
	04030701	砾石砂	t	63.3644	65.4205	65.4205	65.4205
	04050313	道碴 50～70	t	0.3988	0.3988	0.3988	0.3988
	04131711	蒸压灰砂砖	千块	12.2446	14.4340	16.7208	22.8674
	04290712	钢筋混凝土板 1400×250×160 mm	块	12.0000	6.0000	6.0000	6.0000
	04290713	钢筋混凝土板 1400×300×160 mm	块		6.0000	6.0000	6.0000
	05350301	竹箩	个	2.5000	2.5000	2.5000	2.5000
	14412801	环氧密封胶	kg	100.5996	100.5996	100.5996	100.5996
	17291255	F型钢筋混凝土管(开槽) ϕ1350×2500	m	96.7304	96.7304	96.7304	96.7304

（续表）

定额编号				J-1-3-49	J-1-3-50	J-1-3-51	J-1-3-52
项目				ϕ1350			
				F型钢承口式钢筋混凝土管			
				4.5 m	5.0 m	5.5 m	≤6.0 m
名称			单位	100 m	100 m	100 m	100 m
材料	34110101	水	m^3	4.9154	4.9709	5.0288	5.1846
	35010102	组合钢模板	kg	88.1331	88.1331	88.1331	88.1331
	35010703	木模板成材	m^3	0.5507	0.5507	0.5507	0.5507
	35020401	钢模零配件	kg	32.5875	32.5875	32.5875	32.5875
	36012831	铸铁检查井雨污水盖座 市政90型	套	3.0000	3.0000	3.0000	3.0000
	36016631	防沉降检查井盖板 2500×2000×200	块	3.0000	3.0000	3.0000	3.0000
	36016651	高强度塑料检查井格板	只	3.0600	3.0600	3.0600	3.0600
	36016661	高强度塑料支架	只	9.1800	9.1800	9.1800	9.1800
	80060414	湿拌砌筑砂浆 WM M10.0	m^3	5.3907	6.3546	7.3613	10.0674
	80060513	预拌抹灰砂浆 WP M15.0	m^3	2.5797	2.9098	3.2399	3.4422
	80210410	预拌混凝土(泵送型) C15 粒径5～20	m^3	1.4241	1.4241	1.4241	1.4241
	80210414	预拌混凝土(泵送型) C20 粒径5～20	m^3	90.8596	90.8596	90.8596	90.8596
机械	99010060	履带式单斗液压挖掘机 1 m^3	台班	5.4243	6.2423	6.8665	7.3347
	99050930	混凝土振捣器 插入式	台班	12.5177	12.5177	12.5177	12.5177
	99050940	混凝土振捣器 平板式	台班	13.7128	13.7516	13.7516	13.7516
	99070220	轮胎式装载机 1 m^3	台班	5.8950	7.0158	7.8745	8.5186
	99070540	载重汽车 6 t	台班	0.6873	0.6873	0.6873	0.6873
	99070588	载重汽车 12 t	台班	9.0307	10.7477	12.0631	13.0497
	99090360	汽车式起重机 8 t	台班	0.3765	0.3765	0.3765	0.3765
	99090390	汽车式起重机 12 t	台班	0.4669	0.4669	0.4669	0.4669
	99090400	汽车式起重机 16 t	台班	1.5562	1.5562	1.5562	1.5562
	99091700	手扳葫芦	台班	3.1125	3.1125	3.1125	3.1125
	99091880	千斤顶 15 t	台班	3.1125	3.1125	3.1125	3.1125
	99130350	内燃夯实机 700 N·m	台班	37.0655	44.4324	50.0809	54.3174
	99170010	钢筋调直机	台班	0.1356	0.1356	0.1356	0.1356
	99170025	钢筋切断机	台班	0.1356	0.1356	0.1356	0.1356
	99210065	木工平刨床 刨削宽度 450	台班	0.3168	0.3168	0.3168	0.3168
	99440010	电动单级离心清水泵 ϕ50	台班	123.4800	146.1600	164.4300	178.1328

(续表)

定 额 编 号			J-1-3-49	J-1-3-50	J-1-3-51	J-1-3-52
项 目			ϕ1350			
			F 型钢承口式钢筋混凝土管			
			4.5 m	5.0 m	5.5 m	≤6.0 m
名 称		单位	100 m	100 m	100 m	100 m
调整项目						
	围护支撑					
00190101	综合人工	工日	571.2213	571.2213	571.2213	571.2213
03152501	镀锌铁丝	kg	20.0000	20.0000	20.0000	20.0000
04030115	黄砂 中粗	t	23.7356	23.7356	23.7356	23.7356
05030101	成材	m^3	0.8169	0.8169	0.8169	0.8169
35090121	槽型钢板桩	t	1.9587	1.9587	1.9587	1.9587
35090131	槽型钢板桩使用费	t·d	9146.0000	9146.0000	9146.0000	9146.0000
35090611	钢板桩支撑使用费	t·d	540.0000	540.0000	540.0000	540.0000
35091771	铁撑柱	kg	141.1200	141.1200	141.1200	141.1200
35091901	钢桩帽摊销	kg	136.2690	136.2690	136.2690	136.2690
99030080	轨道式柴油打桩机 0.6 t	台班	27.7905	27.7905	27.7905	27.7905
99030690	简易拔桩架	台班	29.8410	29.8410	29.8410	29.8410
99090075	履带式起重机 8 t	台班	4.5500	4.5500	4.5500	4.5500
	井点降水					
00190101	综合人工	工日	15.7247	5.6321	−2.4981	−8.5958
04030115	黄砂 中粗	t	9.4420	9.4420	9.4420	9.4420
17270201	普通橡胶管	m	14.2440	14.2440	14.2440	14.2440
34110101	水	m^3	152.3275	152.3275	152.3275	152.3275
35040921	轻型井点井管 ϕ40	m	46.3894	46.3894	46.3894	46.3894
35040941	轻型井点井管 ϕ180×4	m	2.2390	2.2390	2.2390	2.2390
99091380	电动卷扬机单筒快速 10 kN	台班	1.9920	1.9920	1.9920	1.9920
99350050	轻便钻机 XJ-100	台班	4.7310	4.7310	4.7310	4.7310
99440010	电动单级离心清水泵 ϕ50	台班	−123.4800	−146.1600	−164.4300	−178.1328
99440150	电动多级离心清水泵 ϕ150×180 m 以下	台班	3.9840	3.9840	3.9840	3.9840
99440510	射流井点泵 9.5 m	台班	59.4920	59.4920	59.4920	59.4920

工作内容：沟槽挖土、沟槽排水、井点降水、沟槽围护和支撑（钢板桩、撑拆列板）、铺筑管道基础、铺设管道、沟槽回填（素土）、土方场内运输、砌筑检查井等。

定额编号			J-1-3-53	J-1-3-54	J-1-3-55	J-1-3-56
项目			ϕ1350			ϕ1500
			F型钢承口式钢筋混凝土管			
			>6.0 m	6.5 m	7.0 m	≤3.0 m
			100 m	100 m	100 m	100 m
预算定额编号	预算定额名称	预算定额单位	数量			
04290712	钢筋混凝土板 1400×250×160 mm	块	6.0000	6.0000	6.0000	6.0000
04290713	钢筋混凝土板 1400×300×160 mm	块	6.0000	6.0000	6.0000	6.0000
52-1-2-1	机械挖沟槽土方 深≤3 m 现场抛土	m^3				905.6300
52-1-2-3	机械挖沟槽土方 深≤6 m 现场抛土	m^3	1827.0000	1827.0000	1890.0000	
52-1-2-3系1	机械挖沟槽土方 深≤7 m 现场抛土	m^3	38.0600	152.2500	315.0000	
52-1-3-1	沟槽回填 夯填土	m^3	1540.2000	1654.3900	1879.2200	522.5200
53-1-3-2	场内运输 自卸汽车装运土(运距1 km以内)	m^3	1903.8020	2040.8300	2310.8100	693.3760
52-1-4-3	管道垫层 砾石砂垫层	m^3	29.5900	29.8300	30.7500	30.6600
52-1-5-1	管道基座 混凝土 C20	m^3	89.9600	90.8600	90.8600	99.9800
52-1-5-1换1	管道基座 混凝土 C15	m^3	1.4100	1.5300	1.5300	
52-1-5-2	管道基座 钢筋	t	0.2790	0.3030	0.3030	
52-1-6-16	管道铺设 F型钢承口式钢筋混凝土管 ϕ1350	100 m	0.9670	0.9670	0.9670	
52-1-6-17	管道铺设 F型钢承口式钢筋混凝土管 ϕ1500	100 m				0.9670
52-3-1-2	砖砌检查井及雨水口 检查井 深≤4 m	m^3				14.1000
52-3-1-3	砖砌检查井及雨水口 检查井 深≤6 m	m^3	42.3000			
52-3-1-4	砖砌检查井及雨水口 检查井 深≤8 m	m^3		46.7700	51.2400	
52-3-2-1	水泥砂浆抹面 检查井	m^2	200.2800	221.0400	241.8000	99.3300
52-3-6-1	安装防坠格板 新建工程	只	3.0000	3.0000	3.0000	3.0000
52-3-9-3	安装盖板及盖座 铸铁盖座	套	3.0000	3.0000	3.0000	3.0000
52-3-9-4	安装盖板及盖座 防沉降检查井盖板	块	3.0000	3.0000	3.0000	3.0000
52-4-5-1	模板工程 模板 管道基座	m^2	137.7500	138.2000	138.2000	146.1000
53-9-1-1	施工排水、降水 湿土排水	m^3	1560.5600	1674.7500	1890.0000	590.6300
53-9-1-3	施工排水、降水 筑拆竹箩滤井	座	2.5000	2.5000	2.5000	2.5000
调整项目						
	围护支撑					
52-4-3-3	打槽型钢板桩 长 9.01～12.00 m，单面	100 m	2.0000	2.0000	2.0000	

(续表)

定额编号			J-1-3-53	J-1-3-54	J-1-3-55	J-1-3-56
项目			ϕ1350			ϕ1500
			F型钢承口式钢筋混凝土管			
			>6.0 m	6.5 m	7.0 m	≤3.0 m
			100 m	100 m	100 m	100 m
预算定额编号	预算定额名称	预算定额单位	数量			
52-4-3-8	拔槽型钢板桩 长9.01～12.00 m，单面	100 m	2.0000	2.0000	2.0000	
52-4-3-11	打拔沟槽钢板桩 槽型钢板桩使用费	t·d	12674.0000	12674.0000	12674.0000	
52-4-4-3	安拆钢板桩支撑 槽宽≤3.0 m 深6.01～8.00 m	100 m	1.0000	1.0000	1.0000	
52-4-4-14	钢板桩支撑使用费	t·d	852.0000	852.0000	852.0000	
52-4-2-4	满堂撑拆列板 深≤3.0 m,双面	100 m				1.0000
52-4-2-5	撑拆列板 列板使用费	t·d				429.0000
52-4-2-6	列板支撑使用费	t·d				163.0000
	井点降水					
53-9-1-1	施工排水、降水 湿土排水	m^3	−1560.5600	−1674.7500	−1890.0000	−590.6300
53-9-1-5	施工排水、降水 轻型井点安装	根				83.0000
53-9-1-6	施工排水、降水 轻型井点拆除	根				83.0000
53-9-1-7	施工排水、降水 轻型井点使用	套·天				53.0000
53-9-1-8	施工排水、降水 喷射井点安装 10 m	根	40.0000	40.0000	40.0000	
53-9-1-9	施工排水、降水 喷射井点拆除 10 m	根	40.0000	40.0000	40.0000	
53-9-1-10	施工排水、降水 喷射井点使用 10 m	套·天	33.0000	33.0000	33.0000	

工作内容:沟槽挖土、沟槽排水、井点降水、沟槽围护和支撑(钢板桩、撑拆列板)、铺筑管道基础、铺设管道、沟槽回填(素土)、土方场内运输、砌筑检查井等。

定额编号				J-1-3-53	J-1-3-54	J-1-3-55	J-1-3-56
项目				ϕ1350			ϕ1500
				F型钢承口式钢筋混凝土管			
				>6.0 m	6.5 m	7.0 m	≤3.0 m
名称			单位	100 m	100 m	100 m	100 m
人工	00190101	综合人工	工日	845.3127	907.8738	1009.2473	371.1576
材料	01010211	热轧带肋钢筋(HRB400) ϕ≤10	t	0.0801	0.0870	0.0870	
	01010212	热轧带肋钢筋(HRB400) ϕ>10	t	0.2059	0.2236	0.2236	
	02090101	塑料薄膜	m^2	313.8588	320.6667	324.3612	316.8327
	03010811	钢塑膨胀铆钉	只	18.3600	18.3600	18.3600	18.3600
	03150101	圆钉	kg	28.0834	28.1752	28.1752	29.7858

（续表）

定　额　编　号				J-1-3-53	J-1-3-54	J-1-3-55	J-1-3-56
项　　目				ϕ1350			ϕ1500
				F 型钢承口式钢筋混凝土管			
				＞6.0 m	6.5 m	7.0 m	≤3.0 m
名　　称			单位	100 m	100 m	100 m	100 m
材料	03152501	镀锌铁丝	kg	0.8621	0.9363	0.9363	
	04030115	黄砂 中粗	t	0.1700	0.1700	0.1700	0.1700
	04030701	砾石砂	t	65.4205	65.9511	67.9852	67.7862
	04050313	道碴 50～70	t	0.3988	0.3988	0.3988	0.3988
	04131711	蒸压灰砂砖	千块	22.8674	25.2044	27.6132	7.6450
	04290712	钢筋混凝土板 1400×250×160 mm	块	6.0000	6.0000	6.0000	6.0000
	04290713	钢筋混凝土板 1400×300×160 mm	块	6.0000	6.0000	6.0000	6.0000
	05350301	竹箩	个	2.5000	2.5000	2.5000	2.5000
	14412801	环氧密封胶	kg	100.5996	100.5996	100.5996	111.2399
	17291255	F 型钢筋混凝土管(开槽) ϕ1350×2500	m	96.7304	96.7304	96.7304	
	17291256	F 型钢筋混凝土管(开槽) ϕ1500×2500	m				96.7304
	34110101	水	m^3	5.1846	5.2971	5.3584	5.2322
	35010102	组合钢模板	kg	88.1331	88.4211	88.4211	93.4755
	35010703	木模板成材	m^3	0.5507	0.5525	0.5525	0.5840
	35020401	钢模零配件	kg	32.5875	32.6940	32.6940	34.5629
	36012831	铸铁检查井雨污水盖座 市政 90 型	套	3.0000	3.0000	3.0000	3.0000
	36016631	防沉降检查井盖板 2500×2000×200	块	3.0000	3.0000	3.0000	3.0000
	36016651	高强度塑料检查井格板	只	3.0600	3.0600	3.0600	3.0600
	36016661	高强度塑料支架	只	9.1800	9.1800	9.1800	9.1800
	80060414	湿拌砌筑砂浆 WM M10.0	m^3	10.0674	11.3137	12.3950	3.3248
	80060513	预拌抹灰砂浆 WP M15.0	m^3	3.4422	3.7722	4.1023	1.8370
	80210410	预拌混凝土(泵送型) C15 粒径 5～20	m^3	1.4241	1.5453	1.5453	
	80210414	预拌混凝土(泵送型) C20 粒径 5～20	m^3	90.8596	91.7686	91.7686	100.9798

(续表)

定额编号				J-1-3-53	J-1-3-54	J-1-3-55	J-1-3-56
项目				ϕ1350			ϕ1500
				F型钢承口式钢筋混凝土管			
				>6.0 m	6.5 m	7.0 m	≤3.0 m
名称			单位	100 m	100 m	100 m	100 m
机械	99010060	履带式单斗液压挖掘机 1 m^3	台班	7.6734	8.2215	9.2610	3.5320
	99050930	混凝土振捣器 插入式	台班	12.5177	12.6574	12.6574	13.6973
	99050940	混凝土振捣器 平板式	台班	13.7516	13.9013	13.9397	14.9758
	99070220	轮胎式装载机 1 m^3	台班	8.9479	9.5919	10.8608	3.2589
	99070540	载重汽车 6 t	台班	0.6873	0.6880	0.6880	0.7396
	99070588	载重汽车 12 t	台班	13.7074	14.6940	16.6378	4.9923
	99090360	汽车式起重机 8 t	台班	0.3765	0.3770	0.3770	0.3857
	99090390	汽车式起重机 12 t	台班	0.4669	0.4669	0.4669	0.5058
	99090400	汽车式起重机 16 t	台班	1.5562	1.5562	1.5562	
	99090410	汽车式起重机 20 t	台班				1.6885
	99091700	手扳葫芦	台班	3.1125	3.1125	3.1125	3.3770
	99091880	千斤顶 15 t	台班	3.1125	3.1125	3.1125	3.3770
	99130350	内燃夯实机 700 N·m	台班	57.1414	61.3779	69.7191	19.3855
	99170010	钢筋调直机	台班	0.1356	0.1473	0.1473	
	99170025	钢筋切断机	台班	0.1356	0.1473	0.1473	
	99210065	木工平刨床 刨削宽度 450	台班	0.3168	0.3179	0.3179	0.3360
	99440010	电动单级离心清水泵 ϕ50	台班	187.2672	200.9700	226.8000	70.8756
调整项目							
		围护支撑					
	00190101	综合人工	工日	565.7421	565.7421	565.7421	78.7933
	03152501	镀锌铁丝	kg	25.0000	25.0000	25.0000	
	04030115	黄砂 中粗	t	33.2299	33.2299	33.2299	
	05030101	成材	m^3	1.0204	1.0204	1.0204	0.5000
	35090121	槽型钢板桩	t	2.6893	2.6893	2.6893	
	35090131	槽型钢板桩使用费	t·d	12674.0000	12674.0000	12674.0000	
	35090611	钢板桩支撑使用费	t·d	852.0000	852.0000	852.0000	
	35091771	铁撑柱	kg	223.6500	223.6500	223.6500	139.6830
	35091901	钢桩帽摊销	kg	381.5700	381.5700	381.5700	
	99030100	轨道式柴油打桩机 1.2 t	台班	33.5913	33.5913	33.5913	
	99030970	震动锤 45 kW	台班	17.3680	17.3680	17.3680	
	99090075	履带式起重机 8 t	台班	5.6875	5.6875	5.6875	

（续表）

定额编号				J-1-3-53	J-1-3-54	J-1-3-55	J-1-3-56
项目				ϕ1350			ϕ1500
				F 型钢承口式钢筋混凝土管			
				>6.0 m	6.5 m	7.0 m	≤3.0 m
名称			单位	100 m	100 m	100 m	100 m
	99090090	履带式起重机 15 t	台班	17.3680	17.3680	17.3680	
	03150501	骑马钉	kg				25.3308
	04131711	蒸压灰砂砖	千块				0.1545
	35091731	铁撑板	t				0.4181
	35090501	列板使用费	t·d				429.0000
	35090511	列板支撑使用费	t·d				163.0000
		井点降水					
	00190101	综合人工	工日	140.3101	134.2124	122.7180	40.8587
	04030115	黄砂 中粗	t				9.4420
	04030119	黄砂 中粗	kg	95423.8016	95423.8016	95423.8016	
	17030102	镀锌焊接钢管	kg	0.2069	0.2069	0.2069	
	17270201	普通橡胶管	m				14.2440
	34110101	水	m^3	566.8908	566.8908	566.8908	152.3275
	35040921	轻型井点井管 ϕ40	m				49.0622
	35040941	轻型井点井管 ϕ180×4	m				2.3678
	35040961	喷射井点总管 ϕ159×6	m	4.5222	4.5222	4.5222	
	35040971	喷射井点井管 ϕ76	m	32.1952	32.1952	32.1952	
	35041011	喷射井点滤网管	根	3.7147	3.7147	3.7147	
	35041021	喷射井点回水连接件	副	2.3239	2.3239	2.3239	
	35041031	喷射井点腰子法兰	副	1.0532	1.0532	1.0532	
	35041041	喷射井点水箱	kg	37.1314	37.1314	37.1314	
	35041051	喷射井点喷射器	只	4.9641	4.9641	4.9641	
	99090080	履带式起重机 10 t	台班	11.5200	11.5200	11.5200	
	99091380	电动卷扬机单筒快速 10 kN	台班				1.9920
	99350050	轻便钻机 XJ-100	台班				4.7310
	99350120	液压钻机 G-2A	台班	4.4160	4.4160	4.4160	
	99440010	电动单级离心清水泵 ϕ50	台班	−187.2672	−200.9700	−226.8000	−70.8756
	99440150	电动多级离心清水泵 ϕ150×180 m 以下	台班	44.1500	44.1500	44.1500	3.9840
	99440210	污水泵 ϕ100	台班	11.0400	11.0400	11.0400	
	99440510	射流井点泵 9.5 m	台班				62.9420

工作内容：沟槽挖土、沟槽排水、井点降水、沟槽围护和支撑(钢板桩、撑拆列板)、铺筑管道基础、铺设管道、沟槽回填(素土)、土方场内运输、砌筑检查井等。

定额编号			J-1-3-57	J-1-3-58	J-1-3-59	J-1-3-60
项目			ϕ1500			
			F型钢承口式钢筋混凝土管			
			>3.0 m	3.5 m	≤4.0 m	>4.0 m
			100 m	100 m	100 m	100 m
预算定额编号	预算定额名称	预算定额单位	数量			
04290712	钢筋混凝土板 1400×250×160 mm	块	6.0000	6.0000	6.0000	6.0000
04290713	钢筋混凝土板 1400×300×160 mm	块	6.0000	6.0000	6.0000	6.0000
52-1-2-3	机械挖沟槽土方 深≤6 m 现场抛土	m^3	984.3800	1102.5000	1220.6300	1299.3800
52-1-3-1	沟槽回填 夯填土	m^3	601.2700	719.3900	837.5200	916.2700
53-1-3-2	场内运输 自卸汽车装运土(运距1 km以内)	m^3	787.8760	929.6200	1071.3760	1165.8760
52-1-4-3	管道垫层 砾石砂垫层	m^3	30.6600	30.6600	30.6600	30.6600
52-1-5-1	管道基座 混凝土 C20	m^3	99.9800	101.2100	101.2100	101.2100
52-1-5-1换1	管道基座 混凝土 C15	m^3	1.4100	1.4100	1.4100	1.4100
52-1-5-2	管道基座 钢筋	t	0.2730	0.2760	0.2760	0.2760
52-1-6-17	管道铺设 F型钢承口式钢筋混凝土管 ϕ1500	100 m	0.9670	0.9670	0.9670	0.9670
52-3-1-2	砖砌检查井及雨水口 检查井深≤4 m	m^3	14.1000	16.9200	20.9700	20.9700
52-3-2-1	水泥砂浆抹面 检查井	m^2	99.3300	116.3700	137.7900	137.7900
52-3-6-1	安装防坠格板 新建工程	只	3.0000	3.0000	3.0000	3.0000
52-3-9-3	安装盖板及盖座 铸铁盖座	套	3.0000	3.0000	3.0000	3.0000
52-3-9-4	安装盖板及盖座 防沉降检查井盖板	块	3.0000	3.0000	3.0000	3.0000
52-4-5-1	模板工程 模板 管道基座	m^2	146.1000	147.8100	147.8100	147.8100
53-9-1-1	施工排水、降水 湿土排水	m^3	669.3800	787.5000	905.6300	984.3800
53-9-1-3	施工排水、降水 筑拆竹箩滤井	座	2.5000	2.5000	2.5000	2.5000
调整项目						
	围护支撑					
52-4-3-1	打槽型钢板桩 长4.00~6.00 m,单面	100 m	2.0000	2.0000	2.0000	
52-4-3-6	拔槽型钢板桩 长4.00~6.00 m,单面	100 m	2.0000	2.0000	2.0000	
52-4-3-11	打拔沟槽钢板桩 槽型钢板桩使用费	t·d	4114.0000	4114.0000	4114.0000	9146.0000
52-4-4-1	安拆钢板桩支撑 槽宽≤3.0 m 深3.01~4.00 m	100 m	1.0000	1.0000	1.0000	

（续表）

定　额　编　号			J-1-3-57	J-1-3-58	J-1-3-59	J-1-3-60
项　　目			ϕ1500			
			F型钢承口式钢筋混凝土管			
			>3.0 m	3.5 m	≤4.0 m	>4.0 m
			100 m	100 m	100 m	100 m
预算定额编号	预算定额名称	预算定额单位	数　　量			
52-4-4-14	钢板桩支撑使用费	t·d	270.0000	270.0000	270.0000	540.0000
52-4-3-2	打槽型钢板桩 长 6.01～9.00 m，单面	100 m				2.0000
52-4-3-7	拔槽型钢板桩 长 6.01～9.00 m，单面	100 m				2.0000
52-4-4-2	安拆钢板桩支撑 槽宽≤3.0 m 深 4.01～6.00 m	100 m				1.0000
	井点降水					
53-9-1-1	施工排水、降水 湿土排水	m^3	−669.3800	−787.5000	−905.6300	−984.3800
53-9-1-5	施工排水、降水 轻型井点安装	根	83.0000	83.0000	83.0000	83.0000
53-9-1-6	施工排水、降水 轻型井点拆除	根	83.0000	83.0000	83.0000	83.0000
53-9-1-7	施工排水、降水 轻型井点使用	套·天	53.0000	53.0000	53.0000	53.0000

工作内容：沟槽挖土、沟槽排水、井点降水、沟槽围护和支撑（钢板桩、撑拆列板）、铺筑管道基础、铺设管道、沟槽回填（素土）、土方场内运输、砌筑检查井等。

定　额　编　号				J-1-3-57	J-1-3-58	J-1-3-59	J-1-3-60
项　　目				ϕ1500			
				F型钢承口式钢筋混凝土管			
				>3.0 m	3.5 m	≤4.0 m	>4.0 m
名　　称			单位	100 m	100 m	100 m	100 m
人工	00190101	综合人工	工日	411.1925	466.6507	524.6324	554.8379
材料	01010211	热轧带肋钢筋（HRB400）ϕ≤10	t	0.0784	0.0792	0.0792	0.0792
	01010212	热轧带肋钢筋（HRB400）ϕ>10	t	0.2015	0.2037	0.2037	0.2037
	02090101	塑料薄膜	m^2	321.1366	327.2217	330.5690	330.5690
	03010811	钢塑膨胀铆钉	只	18.3600	18.3600	18.3600	18.3600
	03150101	圆钉	kg	29.7858	30.1344	30.1344	30.1344
	03152501	镀锌铁丝	kg	0.8436	0.8528	0.8528	0.8528
	04030115	黄砂 中粗	t	0.1700	0.1700	0.1700	0.1700
	04030701	砾石砂	t	67.7862	67.7862	67.7862	67.7862
	04050313	道碴 50～70	t	0.3988	0.3988	0.3988	0.3988
	04131711	蒸压灰砂砖	千块	7.6450	9.1740	11.3699	11.3699
	04290712	钢筋混凝土板 1400×250×160 mm	块	6.0000	6.0000	6.0000	6.0000

（续表）

定额编号				J-1-3-57	J-1-3-58	J-1-3-59	J-1-3-60
项目				ϕ1500			
				F型钢承口式钢筋混凝土管			
				>3.0 m	3.5 m	≤4.0 m	>4.0 m
名称			单位	100 m	100 m	100 m	100 m
材料	04290713	钢筋混凝土板 1400×300×160 mm	块	6.0000	6.0000	6.0000	6.0000
	05350301	竹箩	个	2.5000	2.5000	2.5000	2.5000
	14412801	环氧密封胶	kg	111.2399	111.2399	111.2399	111.2399
	17291256	F型钢筋混凝土管(开槽) ϕ1500×2500	m	96.7304	96.7304	96.7304	96.7304
	34110101	水	m^3	5.3033	5.4039	5.4594	5.4594
	35010102	组合钢模板	kg	93.4755	94.5696	94.5696	94.5696
	35010703	木模板成材	m^3	0.5840	0.5909	0.5909	0.5909
	35020401	钢模零配件	kg	34.5629	34.9674	34.9674	34.9674
	36012831	铸铁检查井雨污水盖座 市政90型	套	3.0000	3.0000	3.0000	3.0000
	36016631	防沉降检查井盖板 2500×2000×200	块	3.0000	3.0000	3.0000	3.0000
	36016651	高强度塑料检查井格板	只	3.0600	3.0600	3.0600	3.0600
	36016661	高强度塑料支架	只	9.1800	9.1800	9.1800	9.1800
	80060414	湿拌砌筑砂浆 WM M10.0	m^3	3.3248	3.9897	4.9447	4.9447
	80060513	预拌抹灰砂浆 WP M15.0	m^3	1.8370	2.1080	2.4486	2.4486
	80210410	预拌混凝土(泵送型) C15 粒径5～20	m^3	1.4241	1.4241	1.4241	1.4241
	80210414	预拌混凝土(泵送型) C20 粒径5～20	m^3	100.9798	102.2221	102.2221	102.2221
机械	99010060	履带式单斗液压挖掘机 1 m^3	台班	4.0360	4.5203	5.0046	5.3275
	99050930	混凝土振捣器 插入式	台班	13.8905	14.0590	14.0590	14.0590
	99050940	混凝土振捣器 平板式	台班	15.1690	15.3375	15.3375	15.3375
	99070220	轮胎式装载机 1 m^3	台班	3.7030	4.3692	5.0355	5.4796
	99070540	载重汽车 6 t	台班	0.7396	0.7423	0.7423	0.7423
	99070588	载重汽车 12 t	台班	5.6727	6.6933	7.7139	8.3943
	99090360	汽车式起重机 8 t	台班	0.3857	0.3876	0.3876	0.3876
	99090390	汽车式起重机 12 t	台班	0.5058	0.5058	0.5058	0.5058
	99090410	汽车式起重机 20 t	台班	1.6885	1.6885	1.6885	1.6885
	99091700	手扳葫芦	台班	3.3770	3.3770	3.3770	3.3770
	99091880	千斤顶 15 t	台班	3.3770	3.3770	3.3770	3.3770
	99130350	内燃夯实机 700 N·m	台班	22.3071	26.6894	31.0720	33.9936

（续表）

定额编号				J-1-3-57	J-1-3-58	J-1-3-59	J-1-3-60
项目				ϕ1500			
				F型钢承口式钢筋混凝土管			
				>3.0 m	3.5 m	≤4.0 m	>4.0 m
名称			单位	100 m	100 m	100 m	100 m
机械	99170010	钢筋调直机	台班	0.1327	0.1342	0.1342	0.1342
	99170025	钢筋切断机	台班	0.1327	0.1342	0.1342	0.1342
	99210065	木工平刨床 刨削宽度450	台班	0.3360	0.3400	0.3400	0.3400
	99440010	电动单级离心清水泵 ϕ50	台班	80.3256	94.5000	108.6756	118.1256
调整项目							
		围护支撑					
	00190101	综合人工	工日	447.5882	447.5882	447.5882	571.2213
	03152501	镀锌铁丝	kg	15.0000	15.0000	15.0000	20.0000
	04030115	黄砂 中粗	t	15.8236	15.8236	15.8236	23.7356
	05030101	成材	m^3	0.5955	0.5955	0.5955	0.8169
	35090121	槽型钢板桩	t	1.3350	1.3350	1.3350	1.9587
	35090131	槽型钢板桩使用费	t·d	4114.0000	4114.0000	4114.0000	9146.0000
	35090611	钢板桩支撑使用费	t·d	270.0000	270.0000	270.0000	540.0000
	35091771	铁撑柱	kg	70.5300	70.5300	70.5300	141.1200
	35091901	钢桩帽摊销	kg	90.9300	90.9300	90.9300	136.2690
	99030080	轨道式柴油打桩机 0.6 t	台班	20.1323	20.1323	20.1323	27.7905
	99030690	简易拔桩架	台班	23.9558	23.9558	23.9558	29.8410
	99090075	履带式起重机 8 t	台班	3.4125	3.4125	3.4125	4.5500
		井点降水					
	00190101	综合人工	工日	36.6534	30.3458	24.0377	19.8324
	04030115	黄砂 中粗	t	9.4420	9.4420	9.4420	9.4420
	17270201	普通橡胶管	m	14.2440	14.2440	14.2440	14.2440
	34110101	水	m^3	152.3275	152.3275	152.3275	152.3275
	35040921	轻型井点井管 ϕ40	m	49.0622	49.0622	49.0622	49.0622
	35040941	轻型井点井管 $\phi180\times4$	m	2.3678	2.3678	2.3678	2.3678
	99091380	电动卷扬机单筒快速 10 kN	台班	1.9920	1.9920	1.9920	1.9920
	99350050	轻便钻机 XJ-100	台班	4.7310	4.7310	4.7310	4.7310
	99440010	电动单级离心清水泵 ϕ50	台班	−80.3256	−94.5000	−108.6756	−118.1256
	99440150	电动多级离心清水泵 $\phi150\times$180 m 以下	台班	3.9840	3.9840	3.9840	3.9840
	99440510	射流井点泵 9.5 m	台班	62.9420	62.9420	62.9420	62.9420

工作内容：沟槽挖土、沟槽排水、井点降水、沟槽围护和支撑(钢板桩、撑拆列板)、铺筑管道基础、铺设管道、沟槽回填(素土)、土方场内运输、砌筑检查井等。

定额编号			J-1-3-61	J-1-3-62	J-1-3-63	J-1-3-64
项目			φ1500			
			F型钢承口式钢筋混凝土管			
			4.5 m	5.0 m	5.5 m	≤6.0 m
			100 m	100 m	100 m	100 m
预算定额编号	预算定额名称	预算定额单位	数量			
04290712	钢筋混凝土板 1400×250×160 mm	块	6.0000	6.0000	6.0000	6.0000
04290713	钢筋混凝土板 1400×300×160 mm	块	6.0000	6.0000	6.0000	6.0000
52-1-2-3	机械挖沟槽土方 深≤6 m 现场抛土	m^3	1417.5000	1627.5000	1790.2500	1912.3100
52-1-3-1	沟槽回填 夯填土	m^3	1035.1800	1244.2600	1407.0100	1529.0700
53-1-3-2	场内运输 自卸汽车装运土(运距1 km以内)	m^3	1308.4800	1559.5600	1754.8600	1901.3320
52-1-4-3	管道垫层 砾石砂垫层	m^3	30.7200	31.6400	31.6400	31.6400
52-1-5-1	管道基座 混凝土 C20	m^3	102.5500	102.5500	102.5500	102.5500
52-1-5-1换1	管道基座 混凝土 C15	m^3	1.5300	1.5300	1.5300	1.5300
52-1-5-2	管道基座 钢筋	t	0.3000	0.3000	0.3000	0.3000
52-1-6-17	管道铺设 F型钢承口式钢筋混凝土管 φ1500	100 m	0.9670	0.9670	0.9670	0.9670
52-3-1-3	砖砌检查井及雨水口 检查井深≤6 m	m^3	24.1800	27.5100	31.5600	44.6400
52-3-2-1	水泥砂浆抹面 检查井	m^2	153.9900	169.9200	190.6800	200.2800
52-3-6-1	安装防坠格板 新建工程	只	3.0000	3.0000	3.0000	3.0000
52-3-9-3	安装盖板及盖座 铸铁盖座	套	3.0000	3.0000	3.0000	3.0000
52-3-9-4	安装盖板及盖座 防沉降检查井盖板	块	3.0000	3.0000	3.0000	3.0000
52-4-5-1	模板工程 模板 管道基座	m^2	149.1400	149.1400	149.1400	149.1400
53-9-1-1	施工排水、降水 湿土排水	m^3	1102.5000	1302.0000	1464.7500	1586.8100
53-9-1-3	施工排水、降水 筑拆竹箩滤井	座	2.5000	2.5000	2.5000	2.5000
调整项目						
	围护支撑					
52-4-3-2	打槽型钢板桩 长 6.01～9.00 m，单面	100 m	2.0000	2.0000	2.0000	2.0000
52-4-3-7	拔槽型钢板桩 长 6.01～9.00 m，单面	100 m	2.0000	2.0000	2.0000	2.0000
52-4-3-11	打拔沟槽钢板桩 槽型钢板桩使用费	t・d	9146.0000	9146.0000	9146.0000	9146.0000
52-4-4-2	安拆钢板桩支撑 槽宽≤3.0 m 深 4.01～6.00 m	100 m	1.0000			

（续表）

定 额 编 号			J-1-3-61	J-1-3-62	J-1-3-63	J-1-3-64
项 目			φ1500			
			F 型钢承口式钢筋混凝土管			
			4.5 m	5.0 m	5.5 m	≤6.0 m
			100 m	100 m	100 m	100 m
预算定额编号	预算定额名称	预算定额单位	数 量			
52-4-4-14	钢板桩支撑使用费	t·d	540.0000	540.0000	540.0000	540.0000
52-4-4-5	安拆钢板桩支撑 槽宽≤3.8 m 深 4.01～6.00 m	100 m		1.0000	1.0000	1.0000
	井点降水					
53-9-1-1	施工排水、降水 湿土排水	m^3	−1102.5000	−1302.0000	−1464.7500	−1586.8100
53-9-1-5	施工排水、降水 轻型井点安装	根	83.0000	83.0000	83.0000	83.0000
53-9-1-6	施工排水、降水 轻型井点拆除	根	83.0000	83.0000	83.0000	83.0000
53-9-1-7	施工排水、降水 轻型井点使用	套·天	53.0000	53.0000	53.0000	53.0000

工作内容：沟槽挖土、沟槽排水、井点降水、沟槽围护和支撑（钢板桩、撑拆列板）、铺筑管道基础、铺设管道、沟槽回填（素土）、土方场内运输、砌筑检查井等。

定 额 编 号				J-1-3-61	J-1-3-62	J-1-3-63	J-1-3-64
项 目				φ1500			
				F 型钢承口式钢筋混凝土管			
				4.5 m	5.0 m	5.5 m	≤6.0 m
名 称			单位	100 m	100 m	100 m	100 m
人工	00190101	综合人工	工日	614.7078	705.5246	781.0610	861.0507
材料	01010211	热轧带肋钢筋(HRB400) φ≤10	t	0.0861	0.0861	0.0861	0.0861
	01010212	热轧带肋钢筋(HRB400) φ>10	t	0.2214	0.2214	0.2214	0.2214
	02090101	塑料薄膜	m^2	337.6786	340.4308	343.7781	354.5888
	03010811	钢塑膨胀铆钉	只	18.3600	18.3600	18.3600	18.3600
	03150101	圆钉	kg	30.4055	30.4055	30.4055	30.4055
	03152501	镀锌铁丝	kg	0.9270	0.9270	0.9270	0.9270
	04030115	黄砂 中粗	t	0.1700	0.1700	0.1700	0.1700
	04030701	砾石砂	t	67.9188	69.9529	69.9529	69.9529
	04050313	道碴 50～70	t	0.3988	0.3988	0.3988	0.3988
	04131711	蒸压灰砂砖	千块	13.0717	14.8719	17.0613	24.1324
	04290712	钢筋混凝土板 1400×250×160 mm	块	6.0000	6.0000	6.0000	6.0000
	04290713	钢筋混凝土板 1400×300×160 mm	块	6.0000	6.0000	6.0000	6.0000
	05350301	竹箩	个	2.5000	2.5000	2.5000	2.5000

（续表）

定额编号				J-1-3-61	J-1-3-62	J-1-3-63	J-1-3-64
项目				ϕ1500			
				F型钢承口式钢筋混凝土管			
				4.5 m	5.0 m	5.5 m	≤6.0 m
名称			单位	100 m	100 m	100 m	100 m
材料	14412801	环氧密封胶	kg	111.2399	111.2399	111.2399	111.2399
	17291256	F型钢筋混凝土管(开槽) ϕ1500×2500	m	96.7304	96.7304	96.7304	96.7304
	34110101	水	m^3	5.5769	5.6225	5.6780	5.8572
	35010102	组合钢模板	kg	95.4205	95.4205	95.4205	95.4205
	35010703	木模板成材	m^3	0.5962	0.5962	0.5962	0.5962
	35020401	钢模零配件	kg	35.2820	35.2820	35.2820	35.2820
	36012831	铸铁检查井雨污水盖座 市政90型	套	3.0000	3.0000	3.0000	3.0000
	36016631	防沉降检查井盖板 2500×2000×200	块	3.0000	3.0000	3.0000	3.0000
	36016651	高强度塑料检查井格板	只	3.0600	3.0600	3.0600	3.0600
	36016661	高强度塑料支架	只	9.1800	9.1800	9.1800	9.1800
	80060414	湿拌砌筑砂浆 WM M10.0	m^3	5.7548	6.5474	7.5113	10.6243
	80060513	预拌抹灰砂浆 WP M15.0	m^3	2.7061	2.9594	3.2895	3.4422
	80210410	预拌混凝土(泵送型) C15 粒径5～20	m^3	1.5453	1.5453	1.5453	1.5453
	80210414	预拌混凝土(泵送型) C20 粒径5～20	m^3	103.5755	103.5755	103.5755	103.5755
机械	99010060	履带式单斗液压挖掘机 1 m^3	台班	5.8118	6.6728	7.3400	7.8405
	99050930	混凝土振捣器 插入式	台班	14.2590	14.2590	14.2590	14.2590
	99050940	混凝土振捣器 平板式	台班	15.5400	15.5784	15.5784	15.5784
	99070220	轮胎式装载机 1 m^3	台班	6.1499	7.3299	8.2478	8.9363
	99070540	载重汽车 6 t	台班	0.7444	0.7444	0.7444	0.7444
	99070588	载重汽车 12 t	台班	9.4211	11.2288	12.6350	13.6896
	99090360	汽车式起重机 8 t	台班	0.3891	0.3891	0.3891	0.3891
	99090390	汽车式起重机 12 t	台班	0.5058	0.5058	0.5058	0.5058
	99090410	汽车式起重机 20 t	台班	1.6885	1.6885	1.6885	1.6885
	99091700	手扳葫芦	台班	3.3770	3.3770	3.3770	3.3770
	99091880	千斤顶 15 t	台班	3.3770	3.3770	3.3770	3.3770
	99130350	内燃夯实机 700 N·m	台班	38.4052	46.1620	52.2001	56.7285
	99170010	钢筋调直机	台班	0.1458	0.1458	0.1458	0.1458
	99170025	钢筋切断机	台班	0.1458	0.1458	0.1458	0.1458
	99210065	木工平刨床 刨削宽度 450	台班	0.3430	0.3430	0.3430	0.3430
	99440010	电动单级离心清水泵 ϕ50	台班	132.3000	156.2400	175.7700	190.4172

（续表）

定额编号			J-1-3-61	J-1-3-62	J-1-3-63	J-1-3-64
项目			ϕ1500			
			F型钢承口式钢筋混凝土管			
			4.5 m	5.0 m	5.5 m	≤6.0 m
名称		单位	100 m	100 m	100 m	100 m
调整项目						
	围护支撑					
00190101	综合人工	工日	571.2213	592.1781	592.1781	592.1781
03152501	镀锌铁丝	kg	20.0000	20.0000	20.0000	20.0000
04030115	黄砂 中粗	t	23.7356	23.7356	23.7356	23.7356
05030101	成材	m^3	0.8169	0.8241	0.8241	0.8241
35090121	槽型钢板桩	t	1.9587	1.9587	1.9587	1.9587
35090131	槽型钢板桩使用费	t·d	9146.0000	9146.0000	9146.0000	9146.0000
35090611	钢板桩支撑使用费	t·d	540.0000	540.0000	540.0000	540.0000
35091771	铁撑柱	kg	141.1200	173.0800	173.0800	173.0800
35091901	钢桩帽摊销	kg	136.2690	136.2690	136.2690	136.2690
99030080	轨道式柴油打桩机 0.6 t	台班	27.7905	27.7905	27.7905	27.7905
99030690	简易拔桩架	台班	29.8410	29.8410	29.8410	29.8410
99090075	履带式起重机 8 t	台班	4.5500	6.8250	6.8250	6.8250
	井点降水					
00190101	综合人工	工日	13.5248	2.8715	−5.8194	−12.3374
04030115	黄砂 中粗	t	9.4420	9.4420	9.4420	9.4420
17270201	普通橡胶管	m	14.2440	14.2440	14.2440	14.2440
34110101	水	m^3	152.3275	152.3275	152.3275	152.3275
35040921	轻型井点井管 ϕ40	m	49.0622	49.0622	49.0622	49.0622
35040941	轻型井点井管 ϕ180×4	m	2.3678	2.3678	2.3678	2.3678
99091380	电动卷扬机单筒快速 10 kN	台班	1.9920	1.9920	1.9920	1.9920
99350050	轻便钻机 XJ-100	台班	4.7310	4.7310	4.7310	4.7310
99440010	电动单级离心清水泵 ϕ50	台班	−132.3000	−156.2400	−175.7700	−190.4172
99440150	电动多级离心清水泵 ϕ150×180 m以下	台班	3.9840	3.9840	3.9840	3.9840
99440510	射流井点泵 9.5 m	台班	62.9420	62.9420	62.9420	62.9420

工作内容：沟槽挖土、沟槽排水、井点降水、沟槽围护和支撑（钢板桩、撑拆列板）、铺筑管道基础、铺设管道、沟槽回填（素土）、土方场内运输、砌筑检查井等。

定额编号			J-1-3-65	J-1-3-66	J-1-3-67	J-1-3-68
项目			ϕ1500			ϕ1650
			F型钢承口式钢筋混凝土管			
			>6.0 m	6.5 m	7.0 m	≤3.0 m
			100 m	100 m	100 m	100 m
预算定额编号	预算定额名称	预算定额单位	数量			
04290712	钢筋混凝土板 1400×250×160 mm	块	6.0000	6.0000	6.0000	12.0000
04290713	钢筋混凝土板 1400×300×160 mm	块	6.0000	6.0000	6.0000	
52-1-2-1	机械挖沟槽土方 深≤3 m 现场抛土	m^3				966.0000
52-1-2-3	机械挖沟槽土方 深≤6 m 现场抛土	m^3	1953.0000	1953.0000	2016.0000	
52-1-2-3 系 1	机械挖沟槽土方 深≤7 m 现场抛土	m^3	40.6900	162.7500	336.0000	
52-1-3-1	沟槽回填 夯填土	m^3	1610.4500	1732.5100	1967.8300	511.2500
53-1-3-2	场内运输 自卸汽车装运土（运距 1 km 以内）	m^3	1998.9880	2145.4600	2428.0300	693.0700
52-1-4-3	管道垫层 砾石砂垫层	m^3	31.6400	31.8800	32.8100	32.6700
52-1-5-1	管道基座 混凝土 C20	m^3	102.5500	103.3300	103.3300	116.7200
52-1-5-1 换 1	管道基座 混凝土 C15	m^3	1.5300	1.6500	1.6500	
52-1-5-2	管道基座 钢筋	t	0.3000	0.3240	0.3240	
52-1-6-17	管道铺设 F型钢承口式钢筋混凝土管 ϕ1500	100 m	0.9670	0.9670	0.9670	
52-1-6-18	管道铺设 F型钢承口式钢筋混凝土管 ϕ1650	100 m				0.9670
52-3-1-2	砖砌检查井及雨水口 检查井 深≤4 m	m^3				14.7000
52-3-1-3	砖砌检查井及雨水口 检查井 深≤6 m	m^3	44.6400			
52-3-1-4	砖砌检查井及雨水口 检查井 深≤8 m	m^3		48.7800	53.1900	
52-3-2-1	水泥砂浆抹面 检查井	m^2	200.2800	222.4500	243.2100	102.1500
52-3-6-1	安装防坠格板 新建工程	只	3.0000	3.0000	3.0000	3.0000
52-3-9-3	安装盖板及盖座 铸铁盖座	套	3.0000	3.0000	3.0000	3.0000
52-3-9-4	安装盖板及盖座 防沉降检查井盖板	块	3.0000	3.0000	3.0000	3.0000
52-4-5-1	模板工程 模板 管道基座	m^2	149.1400	149.6500	149.6500	153.7400
53-9-1-1	施工排水、降水 湿土排水	m^3	1668.1900	1790.2500	2016.0000	630.0000
53-9-1-3	施工排水、降水 筑拆竹箩滤井	座	2.5000	2.5000	2.5000	2.5000

（续表）

定　额　编　号			J-1-3-65	J-1-3-66	J-1-3-67	J-1-3-68
项　　目			ϕ1500			ϕ1650
			F 型钢承口式钢筋混凝土管			
			>6.0 m	6.5 m	7.0 m	≤3.0 m
			100 m	100 m	100 m	100 m
预算定额编号	预算定额名称	预算定额单位	数　　量			
调整项目						
	围护支撑					
52-4-3-3	打槽型钢板桩 长 9.01～12.00 m，单面	100 m	2.0000	2.0000	2.0000	
52-4-3-8	拔槽型钢板桩 长 9.01～12.00 m，单面	100 m	2.0000	2.0000	2.0000	
52-4-3-11	打拔沟槽钢板桩 槽型钢板桩使用费	t·d	12674.0000	12674.0000	12674.0000	
52-4-4-6	安拆钢板桩支撑 槽宽≤3.8 m 深 6.01～8.00 m	100 m	1.0000	1.0000	1.0000	
52-4-4-14	钢板桩支撑使用费	t·d	852.0000	852.0000	852.0000	
52-4-2-4	满堂撑拆列板 深≤3.0 m，双面	100 m				1.0000
52-4-2-5	撑拆列板 列板使用费	t·d				429.0000
52-4-2-6	列板支撑使用费	t·d				163.0000
	井点降水					
53-9-1-1	施工排水、降水 湿土排水	m^3	−1668.1900	−1790.2500	−2016.0000	−630.0000
53-9-1-5	施工排水、降水 轻型井点安装	根				83.0000
53-9-1-6	施工排水、降水 轻型井点拆除	根				83.0000
53-9-1-7	施工排水、降水 轻型井点使用	套·天				56.0000
53-9-1-8	施工排水、降水 喷射井点安装 10 m	根	40.0000	40.0000	40.0000	
53-9-1-9	施工排水、降水 喷射井点拆除 10 m	根	40.0000	40.0000	40.0000	
53-9-1-10	施工排水、降水 喷射井点使用 10 m	套·天	36.0000	36.0000	36.0000	

工作内容：沟槽挖土、沟槽排水、井点降水、沟槽围护和支撑(钢板桩、撑拆列板)、铺筑管道基础、铺设管道、沟槽回填(素土)、土方场内运输、砌筑检查井等。

定额编号				J-1-3-65	J-1-3-66	J-1-3-67	J-1-3-68
项目				ϕ1500			ϕ1650
				F型钢承口式钢筋混凝土管			
				＞6.0 m	6.5 m	7.0 m	≤3.0 m
名称			单位	100 m	100 m	100 m	100 m
人工	00190101	综合人工	工日	892.4316	957.5808	1062.8777	384.4558
材料	01010211	热轧带肋钢筋(HRB400) ϕ≤10	t	0.0861	0.0930	0.0930	
	01010212	热轧带肋钢筋(HRB400) ϕ＞10	t	0.2214	0.2391	0.2391	
	02090101	塑料薄膜	m^2	354.5888	360.7577	364.4025	368.4257
	03010811	钢塑膨胀铆钉	只	18.3600	18.3600	18.3600	18.3600
	03150101	圆钉	kg	30.4055	30.5095	30.5095	31.3434
	03152501	镀锌铁丝	kg	0.9270	1.0012	1.0012	
	04030115	黄砂 中粗	t	0.1700	0.1700	0.1700	0.1700
	04030701	砾石砂	t	69.9529	70.4835	72.5396	72.2301
	04050313	道碴 50～70	t	0.3988	0.3988	0.3988	0.3988
	04131711	蒸压灰砂砖	千块	24.1324	26.2875	28.6641	7.9703
	04290712	钢筋混凝土板 1400×250×160 mm	块	6.0000	6.0000	6.0000	12.0000
	04290713	钢筋混凝土板 1400×300×160 mm	块	6.0000	6.0000	6.0000	
	05350301	竹箩	个	2.5000	2.5000	2.5000	2.5000
	14412801	环氧密封胶	kg	111.2399	111.2399	111.2399	122.8476
	17291256	F型钢筋混凝土管(开槽) ϕ1500×2500	m	96.7304	96.7304	96.7304	
	17291257	F型钢筋混凝土管(开槽) ϕ1650×2500	m				96.7304
	34110101	水	m^3	5.8572	5.9593	6.0197	6.0841
	35010102	组合钢模板	kg	95.4205	95.7468	95.7468	98.3636
	35010703	木模板成材	m^3	0.5962	0.5982	0.5982	0.6146
	35020401	钢模零配件	kg	35.2820	35.4027	35.4027	36.3703
	36012831	铸铁检查井雨污水盖座 市政90型	套	3.0000	3.0000	3.0000	3.0000
	36016631	防沉降检查井盖板 2500×2000×200	块	3.0000	3.0000	3.0000	3.0000
	36016651	高强度塑料检查井格板	只	3.0600	3.0600	3.0600	3.0600
	36016661	高强度塑料支架	只	9.1800	9.1800	9.1800	9.1800
	80060414	湿拌砌筑砂浆 WM M10.0	m^3	10.6243	11.7999	12.8667	3.4663

（续表）

定额编号				J-1-3-65	J-1-3-66	J-1-3-67	J-1-3-68
项目				ϕ1500			ϕ1650
				F型钢承口式钢筋混凝土管			
				>6.0 m	6.5 m	7.0 m	≤3.0 m
名称			单位	100 m	100 m	100 m	100 m
材料	80060513	预拌抹灰砂浆 WP M15.0	m³	3.4422	3.7947	4.1247	1.8819
	80210410	预拌混凝土(泵送型) C15 粒径 5～20	m³	1.5453	1.6665	1.6665	
	80210414	预拌混凝土(泵送型) C20 粒径 5～20	m³	103.5755	104.3633	104.3633	117.8872
机械	99010060	履带式单斗液压挖掘机 1 m³	台班	8.2026	8.7885	9.8784	3.7674
	99050930	混凝土振捣器 插入式	台班	14.2590	14.3823	14.3823	15.9906
	99050940	混凝土振捣器 平板式	台班	15.5784	15.7117	15.7505	17.3529
	99070220	轮胎式装载机 1 m³	台班	9.3952	10.0837	11.4117	3.2574
	99070540	载重汽车 6 t	台班	0.7444	0.7452	0.7452	0.2460
	99070550	载重汽车 8 t	台班				0.5564
	99070588	载重汽车 12 t	台班	14.3927	15.4473	17.4818	4.9901
	99090360	汽车式起重机 8 t	台班	0.3891	0.3896	0.3896	0.3941
	99090390	汽车式起重机 12 t	台班	0.5058	0.5058	0.5058	
	99090400	汽车式起重机 16 t	台班				0.5564
	99090410	汽车式起重机 20 t	台班	1.6885	1.6885	1.6885	
	99090430	汽车式起重机 30 t	台班				1.8519
	99091700	手扳葫芦	台班	3.3770	3.3770	3.3770	3.7038
	99091880	千斤顶 15 t	台班	3.3770	3.3770	3.3770	3.7038
	99130350	内燃夯实机 700 N·m	台班	59.7477	64.2761	73.0065	18.9674
	99170010	钢筋调直机	台班	0.1458	0.1575	0.1575	
	99170025	钢筋切断机	台班	0.1458	0.1575	0.1575	
	99210065	木工平刨床 刨削宽度 450	台班	0.3430	0.3442	0.3442	0.3536
	99440010	电动单级离心清水泵 ϕ50	台班	200.1828	214.8300	241.9200	75.6000
调整项目							
		围护支撑					
	00190101	综合人工	工日	593.4223	593.4223	593.4223	78.7933
	03152501	镀锌铁丝	kg	25.0000	25.0000	25.0000	
	04030115	黄砂 中粗	t	33.2299	33.2299	33.2299	
	05030101	成材	m³	1.0276	1.0276	1.0276	0.5000
	35090121	槽型钢板桩	t	2.6893	2.6893	2.6893	
	35090131	槽型钢板桩使用费	t·d	12674.0000	12674.0000	12674.0000	
	35090611	钢板桩支撑使用费	t·d	852.0000	852.0000	852.0000	
	35091771	铁撑柱	kg	272.9800	272.9800	272.9800	139.6830

（续表）

定额编号				J-1-3-65	J-1-3-66	J-1-3-67	J-1-3-68
项目				ϕ1500			ϕ1650
				F 型钢承口式钢筋混凝土管			
				>6.0 m	6.5 m	7.0 m	≤3.0 m
名称			单位	100 m	100 m	100 m	100 m
	35091901	钢桩帽摊销	kg	381.5700	381.5700	381.5700	
	99030100	轨道式柴油打桩机 1.2 t	台班	33.5913	33.5913	33.5913	
	99030970	震动锤 45 kW	台班	17.3680	17.3680	17.3680	
	99090075	履带式起重机 8 t	台班	8.5319	8.5319	8.5319	
	99090090	履带式起重机 15 t	台班	17.3680	17.3680	17.3680	
	03150501	骑马钉	kg				25.3308
	04131711	蒸压灰砂砖	千块				0.1545
	35091731	铁撑板	t				0.4181
	35090501	列板使用费	t・d				429.0000
	35090511	列板支撑使用费	t・d				163.0000
		井点降水					
	00190101	综合人工	工日	141.2227	134.7047	122.6496	40.4813
	04030115	黄砂 中粗	t				9.4420
	04030119	黄砂 中粗	kg	95423.8016	95423.8016	95423.8016	
	17030102	镀锌焊接钢管	kg	0.2221	0.2221	0.2221	
	17270201	普通橡胶管	m				14.2440
	34110101	水	m^3	566.8908	566.8908	566.8908	152.3275
	35040921	轻型井点井管 ϕ40	m				51.7349
	35040941	轻型井点井管 ϕ180×4	m				2.4966
	35040961	喷射井点总管 ϕ159×6	m	4.9166	4.9166	4.9166	
	35040971	喷射井点井管 ϕ76	m	35.0165	35.0165	35.0165	
	35041011	喷射井点滤网管	根	4.0393	4.0393	4.0393	
	35041021	喷射井点回水连接件	副	2.5271	2.5271	2.5271	
	35041031	喷射井点腰子法兰	副	1.1442	1.1442	1.1442	
	35041041	喷射井点水箱	kg	40.3773	40.3773	40.3773	
	35041051	喷射井点喷射器	只	5.3979	5.3979	5.3979	
	99090080	履带式起重机 10 t	台班	11.5200	11.5200	11.5200	
	99091380	电动卷扬机单筒快速 10 kN	台班				1.9920
	99350050	轻便钻机 XJ-100	台班				4.7310
	99350120	液压钻机 G-2A	台班	4.4160	4.4160	4.4160	
	99440010	电动单级离心清水泵 ϕ50	台班	−200.1828	−214.8300	−241.9200	−75.6000
	99440150	电动多级离心清水泵 ϕ150×180 m 以下	台班	47.4800	47.4800	47.4800	3.9840
	99440210	污水泵 ϕ100	台班	11.0400	11.0400	11.0400	
	99440510	射流井点泵 9.5 m	台班				66.3920

工作内容:沟槽挖土、沟槽排水、井点降水、沟槽围护和支撑(钢板桩、撑拆列板)、铺筑管道基础、铺设管道、沟槽回填(素土)、土方场内运输、砌筑检查井等。

定　额　编　号			J-1-3-69	J-1-3-70	J-1-3-71	J-1-3-72
项　目			ϕ1650			
			F型钢承口式钢筋混凝土管			
			>3.0 m	3.5 m	≤4.0 m	>4.0 m
			100 m	100 m	100 m	100 m
预算定额编号	预算定额名称	预算定额单位	数　量			
04290712	钢筋混凝土板 1400×250×160 mm	块	12.0000	12.0000	12.0000	12.0000
52-1-2-3	机械挖沟槽土方 深≤6 m 现场抛土	m^3	1050.0000	1176.0000	1302.0000	1386.0000
52-1-3-1	沟槽回填 夯填土	m^3	595.2500	721.2500	847.2500	931.2500
53-1-3-2	场内运输 自卸汽车装运土(运距1 km以内)	m^3	793.8700	945.0700	1096.2700	1197.0700
52-1-4-3	管道垫层 砾石砂垫层	m^3	32.6700	32.6700	32.6700	32.6700
52-1-5-1	管道基座 混凝土 C20	m^3	116.7200	118.0400	118.0400	118.0400
52-1-5-1换1	管道基座 混凝土 C15	m^3	1.4700	1.4700	1.4700	1.4700
52-1-5-2	管道基座 钢筋	t	0.2910	0.2910	0.2910	0.2910
52-1-6-18	管道铺设 F型钢承口式钢筋混凝土管 ϕ1650	100 m	0.9670	0.9670	0.9670	0.9670
52-3-1-2	砖砌检查井及雨水口 检查井深≤4 m	m^3	14.7000	17.5200	21.6900	21.6900
52-3-2-1	水泥砂浆抹面 检查井	m^2	102.1500	119.1900	141.3000	141.3000
52-3-6-1	安装防坠格板 新建工程	只	3.0000	3.0000	3.0000	3.0000
52-3-9-3	安装盖板及盖座 铸铁盖座	套	3.0000	3.0000	3.0000	3.0000
52-3-9-4	安装盖板及盖座 防沉降检查井盖板	块	3.0000	3.0000	3.0000	3.0000
52-4-5-1	模板工程 模板 管道基座	m^2	153.7400	155.5100	155.5100	155.5100
53-9-1-1	施工排水、降水 湿土排水	m^3	714.0000	840.0000	966.0000	1050.0000
53-9-1-3	施工排水、降水 筑拆竹箩滤井	座	2.5000	2.5000	2.5000	2.5000
调整项目						
	围护支撑					
52-4-3-1	打槽型钢板桩 长 4.00～6.00 m,单面	100 m	2.0000	2.0000	2.0000	
52-4-3-6	拔槽型钢板桩 长 4.00～6.00 m,单面	100 m	2.0000	2.0000	2.0000	
52-4-3-11	打拔沟槽钢板桩 槽型钢板桩使用费	t·d	4114.0000	4114.0000	4114.0000	9146.0000
52-4-4-4	安拆钢板桩支撑 槽宽≤3.8 m 深 3.01～4.00 m	100 m	1.0000	1.0000	1.0000	
52-4-4-14	钢板桩支撑使用费	t·d	270.0000	270.0000	270.0000	540.0000

(续表)

定额编号			J-1-3-69	J-1-3-70	J-1-3-71	J-1-3-72
项目			ϕ1650			
			F 型钢承口式钢筋混凝土管			
			>3.0 m	3.5 m	≤4.0 m	>4.0 m
			100 m	100 m	100 m	100 m
预算定额编号	预算定额名称	预算定额单位	数量			
52-4-3-2	打槽型钢板桩 长 6.01～9.00 m,单面	100 m				2.0000
52-4-3-7	拔槽型钢板桩 长 6.01～9.00 m,单面	100 m				2.0000
52-4-4-5	安拆钢板桩支撑 槽宽≤3.8 m 深 4.01～6.00 m	100 m				1.0000
	井点降水					
53-9-1-1	施工排水、降水 湿土排水	m^3	−714.0000	−840.0000	−966.0000	−1050.0000
53-9-1-5	施工排水、降水 轻型井点安装	根	83.0000	83.0000	83.0000	83.0000
53-9-1-6	施工排水、降水 轻型井点拆除	根	83.0000	83.0000	83.0000	83.0000
53-9-1-7	施工排水、降水 轻型井点使用	套·天	56.0000	56.0000	56.0000	56.0000

工作内容: 沟槽挖土、沟槽排水、井点降水、沟槽围护和支撑(钢板桩、撑拆列板)、铺筑管道基础、铺设管道、沟槽回填(素土)、土方场内运输、砌筑检查井等。

定额编号				J-1-3-69	J-1-3-70	J-1-3-71	J-1-3-72
项目				ϕ1650			
				F 型钢承口式钢筋混凝土管			
				>3.0 m	3.5 m	≤4.0 m	>4.0 m
名称			单位	100 m	100 m	100 m	100 m
人工	00190101	综合人工	工日	427.1442	485.6590	547.0437	579.2627
材料	01010211	热轧带肋钢筋(HRB400) ϕ≤10	t	0.0835	0.0835	0.0835	0.0835
	01010212	热轧带肋钢筋(HRB400) ϕ>10	t	0.2148	0.2148	0.2148	0.2148
	02090101	塑料薄膜	m^2	372.9127	379.2726	382.7191	382.7191
	03010811	钢塑膨胀铆钉	只	18.3600	18.3600	18.3600	18.3600
	03150101	圆钉	kg	31.3434	31.7042	31.7042	31.7042
	03152501	镀锌铁丝	kg	0.8992	0.8992	0.8992	0.8992
	04030115	黄砂 中粗	t	0.1700	0.1700	0.1700	0.1700
	04030701	砾石砂	t	72.2301	72.2301	72.2301	72.2301
	04050313	道碴 50～70	t	0.3988	0.3988	0.3988	0.3988
	04131711	蒸压灰砂砖	千块	7.9703	9.4993	11.7603	11.7603
	04290712	钢筋混凝土板 1400×250×160 mm	块	12.0000	12.0000	12.0000	12.0000

（续表）

定额编号				J-1-3-69	J-1-3-70	J-1-3-71	J-1-3-72
项目				φ1650			
				F型钢承口式钢筋混凝土管			
				>3.0 m	3.5 m	≤4.0 m	>4.0 m
名称			单位	100 m	100 m	100 m	100 m
材料	05350301	竹箩	个	2.5000	2.5000	2.5000	2.5000
	14412801	环氧密封胶	kg	122.8476	122.8476	122.8476	122.8476
	17291257	F型钢筋混凝土管(开槽) φ1650×2500	m	96.7304	96.7304	96.7304	96.7304
	34110101	水	m^3	6.1582	6.2633	6.3205	6.3205
	35010102	组合钢模板	kg	98.3636	99.4961	99.4961	99.4961
	35010703	木模板成材	m^3	0.6146	0.6217	0.6217	0.6217
	35020401	钢模零配件	kg	36.3703	36.7890	36.7890	36.7890
	36012831	铸铁检查井雨污水盖座 市政90型	套	3.0000	3.0000	3.0000	3.0000
	36016631	防沉降检查井盖板 2500×2000×200	块	3.0000	3.0000	3.0000	3.0000
	36016651	高强度塑料检查井格板	只	3.0600	3.0600	3.0600	3.0600
	36016661	高强度塑料支架	只	9.1800	9.1800	9.1800	9.1800
	80060414	湿拌砌筑砂浆 WM M10.0	m^3	3.4663	4.1312	5.1145	5.1145
	80060513	预拌抹灰砂浆 WP M15.0	m^3	1.8819	2.1528	2.5044	2.5044
	80210410	预拌混凝土(泵送型) C15 粒径5～20	m^3	1.4847	1.4847	1.4847	1.4847
	80210414	预拌混凝土(泵送型) C20 粒径5～20	m^3	117.8872	119.2204	119.2204	119.2204
机械	99010060	履带式单斗液压挖掘机 1 m^3	台班	4.3050	4.8216	5.3382	5.6826
	99050930	混凝土振捣器 插入式	台班	16.1920	16.3729	16.3729	16.3729
	99050940	混凝土振捣器 平板式	台班	17.5543	17.7352	17.7352	17.7352
	99070220	轮胎式装载机 1 m^3	台班	3.7312	4.4418	5.1525	5.6262
	99070540	载重汽车 6 t	台班	0.2460	0.2488	0.2488	0.2488
	99070550	载重汽车 8 t	台班	0.5564	0.5564	0.5564	0.5564
	99070588	载重汽车 12 t	台班	5.7159	6.8045	7.8931	8.6189
	99090360	汽车式起重机 8 t	台班	0.3941	0.3961	0.3961	0.3961
	99090400	汽车式起重机 16 t	台班	0.5564	0.5564	0.5564	0.5564
	99090430	汽车式起重机 30 t	台班	1.8519	1.8519	1.8519	1.8519
	99091700	手扳葫芦	台班	3.7038	3.7038	3.7038	3.7038
	99091880	千斤顶 15 t	台班	3.7038	3.7038	3.7038	3.7038
	99130350	内燃夯实机 700 N·m	台班	22.0838	26.7584	31.4330	34.5494

（续表）

定额编号				J-1-3-69	J-1-3-70	J-1-3-71	J-1-3-72
项目				ϕ1650			
				F型钢承口式钢筋混凝土管			
				>3.0 m	3.5 m	≤4.0 m	>4.0 m
名称			单位	100 m	100 m	100 m	100 m
机械	99170010	钢筋调直机	台班	0.1415	0.1415	0.1415	0.1415
	99170025	钢筋切断机	台班	0.1415	0.1415	0.1415	0.1415
	99210065	木工平刨床 刨削宽度 450	台班	0.3536	0.3577	0.3577	0.3577
	99440010	电动单级离心清水泵 ϕ50	台班	85.6800	100.8000	115.9200	126.0000
调整项目							
		围护支撑					
	00190101	综合人工	工日	462.6629	462.6629	462.6629	592.1781
	03152501	镀锌铁丝	kg	15.0000	15.0000	15.0000	20.0000
	04030115	黄砂 中粗	t	15.8236	15.8236	15.8236	23.7356
	05030101	成材	m^3	0.6027	0.6027	0.6027	0.8241
	35090121	槽型钢板桩	t	1.3350	1.3350	1.3350	1.9587
	35090131	槽型钢板桩使用费	t·d	4114.0000	4114.0000	4114.0000	9146.0000
	35090611	钢板桩支撑使用费	t·d	270.0000	270.0000	270.0000	540.0000
	35091771	铁撑柱	kg	129.8100	129.8100	129.8100	173.0800
	35091901	钢桩帽摊销	kg	90.9300	90.9300	90.9300	136.2690
	99030080	轨道式柴油打桩机 0.6 t	台班	20.1323	20.1323	20.1323	27.7905
	99030690	简易拔桩架	台班	23.9558	23.9558	23.9558	29.8410
	99090075	履带式起重机 8 t	台班	5.1194	5.1194	5.1194	6.8250
		井点降水					
	00190101	综合人工	工日	35.9957	29.2673	22.5389	18.0533
	04030115	黄砂 中粗	t	9.4420	9.4420	9.4420	9.4420
	17270201	普通橡胶管	m	14.2440	14.2440	14.2440	14.2440
	34110101	水	m^3	152.3275	152.3275	152.3275	152.3275
	35040921	轻型井点井管 ϕ40	m	51.7349	51.7349	51.7349	51.7349
	35040941	轻型井点井管 ϕ180×4	m	2.4966	2.4966	2.4966	2.4966
	99091380	电动卷扬机单筒快速 10 kN	台班	1.9920	1.9920	1.9920	1.9920
	99350050	轻便钻机 XJ-100	台班	4.7310	4.7310	4.7310	4.7310
	99440010	电动单级离心清水泵 ϕ50	台班	−85.6800	−100.8000	−115.9200	−126.0000
	99440150	电动多级离心清水泵 ϕ150×180 m 以下	台班	3.9840	3.9840	3.9840	3.9840
	99440510	射流井点泵 9.5 m	台班	66.3920	66.3920	66.3920	66.3920

工作内容: 沟槽挖土、沟槽排水、井点降水、沟槽围护和支撑(钢板桩、撑拆列板)、铺筑管道基础、铺设管道、沟槽回填(素土)、土方场内运输、砌筑检查井等。

定额编号			J-1-3-73	J-1-3-74	J-1-3-75	J-1-3-76
项目			ϕ1650			
			F型钢承口式钢筋混凝土管			
			4.5 m	5.0 m	5.5 m	≤6.0 m
			100 m	100 m	100 m	100 m
预算定额编号	预算定额名称	预算定额单位	数量			
04290712	钢筋混凝土板 1400×250×160 mm	块	12.0000	6.0000	6.0000	6.0000
04290713	钢筋混凝土板 1400×300×160 mm	块		9.0000	9.0000	9.0000
52-1-2-3	机械挖沟槽土方 深≤6 m 现场抛土	m^3	1512.0000	1732.5000	1905.7500	2035.6900
52-1-3-1	沟槽回填 夯填土	m^3	1058.1500	1277.7300	1450.9800	1580.9200
53-1-3-2	场内运输 自卸汽车装运土(运距1 km以内)	m^3	1349.2400	1612.9200	1820.8200	1976.7480
52-1-4-3	管道垫层 砾石砂垫层	m^3	32.7200	33.6400	33.6400	33.6400
52-1-5-1	管道基座 混凝土 C20	m^3	117.3300	119.3700	119.3700	119.3700
52-1-5-1换1	管道基座 混凝土 C15	m^3	1.5900	1.5900	1.5900	1.5900
52-1-5-2	管道基座 钢筋	t	0.3150	0.3150	0.3150	0.3150
52-1-6-18	管道铺设 F型钢承口式钢筋混凝土管 ϕ1650	100 m	0.9670	0.9670	0.9670	0.9670
52-3-1-3	砖砌检查井及雨水口 检查井 深≤6 m	m^3	24.8400	27.9300	32.0700	46.6200
52-3-2-1	水泥砂浆抹面 检查井	m^2	157.5000	171.7800	192.5400	201.0600
52-3-6-1	安装防坠格板 新建工程	只	3.0000	3.0000	3.0000	3.0000
52-3-9-3	安装盖板及盖座 铸铁盖座	套	3.0000	3.0000	3.0000	3.0000
52-3-9-4	安装盖板及盖座 防沉降检查井盖板	块	3.0000	3.0000	3.0000	3.0000
52-4-5-1	模板工程 模板 管道基座	m^2	156.8300	156.8300	156.8300	156.8300
53-9-1-1	施工排水、降水 湿土排水	m^3	1176.0000	1386.0000	1559.2500	1689.1900
53-9-1-3	施工排水、降水 筑拆竹箩滤井	座	2.5000	2.5000	2.5000	2.5000
调整项目						
	围护支撑					
52-4-3-2	打槽型钢板桩 长6.01～9.00 m,单面	100 m	2.0000	2.0000	2.0000	2.0000
52-4-3-7	拔槽型钢板桩 长6.01～9.00 m,单面	100 m	2.0000	2.0000	2.0000	2.0000
52-4-3-11	打拔沟槽钢板桩 槽型钢板桩使用费	t·d	9146.0000	9146.0000	9146.0000	9146.0000
52-4-4-5	安拆钢板桩支撑 槽宽≤3.8 m 深4.01～6.00 m	100 m	1.0000	1.0000	1.0000	1.0000

（续表）

定额编号			J-1-3-73	J-1-3-74	J-1-3-75	J-1-3-76
项目			ϕ1650			
			F型钢承口式钢筋混凝土管			
			4.5 m	5.0 m	5.5 m	≤6.0 m
			100 m	100 m	100 m	100 m
预算定额编号	预算定额名称	预算定额单位	数量			
52-4-4-14	钢板桩支撑使用费	t·d	540.0000	540.0000	540.0000	540.0000
	井点降水					
53-9-1-1	施工排水、降水 湿土排水	m^3	—1176.0000	—1386.0000	—1559.2500	—1689.1900
53-9-1-5	施工排水、降水 轻型井点安装	根	83.0000	83.0000	83.0000	83.0000
53-9-1-6	施工排水、降水 轻型井点拆除	根	83.0000	83.0000	83.0000	83.0000
53-9-1-7	施工排水、降水 轻型井点使用	套·天	56.0000	56.0000	56.0000	56.0000

工作内容：沟槽挖土、沟槽排水、井点降水、沟槽围护和支撑（钢板桩、撑拆列板）、铺筑管道基础、铺设管道、沟槽回填（素土）、土方场内运输、砌筑检查井等。

定额编号				J-1-3-73	J-1-3-74	J-1-3-75	J-1-3-76
项目				ϕ1650			
				F型钢承口式钢筋混凝土管			
				4.5 m	5.0 m	5.5 m	≤6.0 m
名称			单位	100 m	100 m	100 m	100 m
人工	00190101	综合人工	工日	641.2880	736.1283	815.9096	902.3050
材料	01010211	热轧带肋钢筋(HRB400) $\phi\leqslant10$	t	0.0904	0.0904	0.0904	0.0904
	01010212	热轧带肋钢筋(HRB400) $\phi>10$	t	0.2325	0.2325	0.2325	0.2325
	02090101	塑料薄膜	m^2	383.5217	392.3024	395.7242	407.7497
	03010811	钢塑膨胀铆钉	只	18.3600	18.3600	18.3600	18.3600
	03150101	圆钉	kg	31.9733	31.9733	31.9733	31.9733
	03152501	镀锌铁丝	kg	0.9734	0.9734	0.9734	0.9734
	04030115	黄砂 中粗	t	0.1700	0.1700	0.1700	0.1700
	04030701	砾石砂	t	72.3406	74.3747	74.3747	74.3747
	04050313	道碴 50～70	t	0.3988	0.3988	0.3988	0.3988
	04131711	蒸压灰砂砖	千块	13.4285	15.0990	17.3370	25.2028
	04290712	钢筋混凝土板 1400×250×160 mm	块	12.0000	6.0000	6.0000	6.0000
	04290713	钢筋混凝土板 1400×300×160 mm	块		9.0000	9.0000	9.0000
	05350301	竹箩	个	2.5000	2.5000	2.5000	2.5000

（续表）

定额编号				J-1-3-73	J-1-3-74	J-1-3-75	J-1-3-76
项目				ϕ1650			
				F 型钢承口式钢筋混凝土管			
				4.5 m	5.0 m	5.5 m	≤6.0 m
名称			单位	100 m	100 m	100 m	100 m
材料	14412801	环氧密封胶	kg	122.8476	122.8476	122.8476	122.8476
	17291257	F 型钢筋混凝土管(开槽) ϕ1650×2500	m	96.7304	96.7304	96.7304	96.7304
	34110101	水	m^3	6.3338	6.4789	6.5357	6.7350
	35010102	组合钢模板	kg	100.3406	100.3406	100.3406	100.3406
	35010703	木模板成材	m^3	0.6269	0.6269	0.6269	0.6269
	35020401	钢模零配件	kg	37.1013	37.1013	37.1013	37.1013
	36012831	铸铁检查井雨污水盖座 市政 90 型	套	3.0000	3.0000	3.0000	3.0000
	36016631	防沉降检查井盖板 2500×2000×200	块	3.0000	3.0000	3.0000	3.0000
	36016651	高强度塑料检查井格板	只	3.0600	3.0600	3.0600	3.0600
	36016661	高强度塑料支架	只	9.1800	9.1800	9.1800	9.1800
	80060414	湿拌砌筑砂浆 WM M10.0	m^3	5.9119	6.6473	7.6327	11.0956
	80060513	预拌抹灰砂浆 WP M15.0	m^3	2.7620	2.9890	3.3191	3.4546
	80210410	预拌混凝土(泵送型) C15 粒径 5～20	m^3	1.6059	1.6059	1.6059	1.6059
	80210414	预拌混凝土(泵送型) C20 粒径 5～20	m^3	118.5033	120.5637	120.5637	120.5637
机械	99010060	履带式单斗液压挖掘机 1 m^3	台班	6.1992	7.1033	7.8136	8.3463
	99050930	混凝土振捣器 插入式	台班	16.2920	16.5715	16.5715	16.5715
	99050940	混凝土振捣器 平板式	台班	17.6564	17.9743	17.9743	17.9743
	99070220	轮胎式装载机 1 m^3	台班	6.3414	7.5807	8.5579	9.2907
	99070540	载重汽车 6 t	台班	0.2509	0.2509	0.2509	0.2509
	99070550	载重汽车 8 t	台班	0.5564	0.5564	0.5564	0.5564
	99070588	载重汽车 12 t	台班	9.7145	11.6130	13.1099	14.2326
	99090360	汽车式起重机 8 t	台班	0.3975	0.3975	0.3975	0.3975
	99090400	汽车式起重机 16 t	台班	0.5564	0.5564	0.5564	0.5564
	99090430	汽车式起重机 30 t	台班	1.8519	1.8519	1.8519	1.8519
	99091700	手扳葫芦	台班	3.7038	3.7038	3.7038	3.7038
	99091880	千斤顶 15 t	台班	3.7038	3.7038	3.7038	3.7038
	99130350	内燃夯实机 700 N·m	台班	39.2574	47.4038	53.8314	58.6521
	99170010	钢筋调直机	台班	0.1531	0.1531	0.1531	0.1531

(续表)

定　额　编　号				J-1-3-73	J-1-3-74	J-1-3-75	J-1-3-76
项　　目				ϕ1650			
				F 型钢承口式钢筋混凝土管			
				4.5 m	5.0 m	5.5 m	≤6.0 m
名　　称			单位	100 m	100 m	100 m	100 m
机械	99170025	钢筋切断机	台班	0.1531	0.1531	0.1531	0.1531
	99210065	木工平刨床 刨削宽度 450	台班	0.3607	0.3607	0.3607	0.3607
	99440010	电动单级离心清水泵 ϕ50	台班	141.1200	166.3200	187.1100	202.7028
调整项目							
		围护支撑					
	00190101	综合人工	工日	592.1781	592.1781	592.1781	592.1781
	03152501	镀锌铁丝	kg	20.0000	20.0000	20.0000	20.0000
	04030115	黄砂 中粗	t	23.7356	23.7356	23.7356	23.7356
	05030101	成材	m^3	0.8241	0.8241	0.8241	0.8241
	35090121	槽型钢板桩	t	1.9587	1.9587	1.9587	1.9587
	35090131	槽型钢板桩使用费	t·d	9146.0000	9146.0000	9146.0000	9146.0000
	35090611	钢板桩支撑使用费	t·d	540.0000	540.0000	540.0000	540.0000
	35091771	铁撑柱	kg	173.0800	173.0800	173.0800	173.0800
	35091901	钢桩帽摊销	kg	136.2690	136.2690	136.2690	136.2690
	99030080	轨道式柴油打桩机 0.6 t	台班	27.7905	27.7905	27.7905	27.7905
	99030690	简易拔桩架	台班	29.8410	29.8410	29.8410	29.8410
	99090075	履带式起重机 8 t	台班	6.8250	6.8250	6.8250	6.8250
		井点降水					
	00190101	综合人工	工日	11.3249	0.1109	−9.1407	−16.0794
	04030115	黄砂 中粗	t	9.4420	9.4420	9.4420	9.4420
	17270201	普通橡胶管	m	14.2440	14.2440	14.2440	14.2440
	34110101	水	m^3	152.3275	152.3275	152.3275	152.3275
	35040921	轻型井点井管 ϕ40	m	51.7349	51.7349	51.7349	51.7349
	35040941	轻型井点井管 ϕ180×4	m	2.4966	2.4966	2.4966	2.4966
	99091380	电动卷扬机单筒快速 10 kN	台班	1.9920	1.9920	1.9920	1.9920
	99350050	轻便钻机 XJ-100	台班	4.7310	4.7310	4.7310	4.7310
	99440010	电动单级离心清水泵 ϕ50	台班	−141.1200	−166.3200	−187.1100	−202.7028
	99440150	电动多级离心清水泵 ϕ150×180 m 以下	台班	3.9840	3.9840	3.9840	3.9840
	99440510	射流井点泵 9.5 m	台班	66.3920	66.3920	66.3920	66.3920

工作内容：沟槽挖土、沟槽排水、井点降水、沟槽围护和支撑(钢板桩、撑拆列板)、铺筑管道基础、铺设管道、沟槽回填(素土)、土方场内运输、砌筑检查井等。

定　额　编　号			J-1-3-77	J-1-3-78	J-1-3-79	J-1-3-80
项　目			ϕ1650			ϕ1800
			F型钢承口式钢筋混凝土管			
			>6.0 m	6.5 m	7.0 m	≤3.0 m
			100 m	100 m	100 m	100 m
预算定额编号	预算定额名称	预算定额单位	数　量			
04290712	钢筋混凝土板 1400×250×160 mm	块	6.0000	6.0000	6.0000	9.0000
04290713	钢筋混凝土板 1400×300×160 mm	块	9.0000	9.0000	9.0000	6.0000
52-1-2-1	机械挖沟槽土方 深≤3 m 现场抛土	m^3				1026.3800
52-1-2-3	机械挖沟槽土方 深≤6 m 现场抛土	m^3	2079.0000	2079.0000	2142.0000	
52-1-2-3 系 1	机械挖沟槽土方 深≤7 m 现场抛土	m^3	43.3100	173.2500	357.0000	
52-1-3-1	沟槽回填 夯填土	m^3	1667.5400	1797.4800	2043.3100	490.8700
53-1-3-2	场内运输 自卸汽车装运土(运距1 km以内)	m^3	2080.6920	2236.6200	2531.8000	683.9760
52-1-4-3	管道垫层 砾石砂垫层	m^3	33.6400	33.8800	34.8000	34.7100
52-1-5-1	管道基座 混凝土 C20	m^3	119.3700	120.1500	120.1500	142.5200
52-1-5-1 换 1	管道基座 混凝土 C15	m^3	1.5900	1.7100	1.7100	
52-1-5-2	管道基座 钢筋	t	0.3150	0.3390	0.3390	
52-1-6-18	管道铺设 F型钢承口式钢筋混凝土管 ϕ1650	100 m	0.9670	0.9670	0.9670	
52-1-6-19	管道铺设 F型钢承口式钢筋混凝土管 ϕ1800	100 m				0.9670
52-3-1-2	砖砌检查井及雨水口 检查井 深≤4 m	m^3				15.7500
52-3-1-3	砖砌检查井及雨水口 检查井 深≤6 m	m^3	46.6200			
52-3-1-4	砖砌检查井及雨水口 检查井 深≤8 m	m^3		50.4600	54.7800	
52-3-2-1	水泥砂浆抹面 检查井	m^2	201.0600	222.9900	243.7500	106.8000
52-3-6-1	安装防坠格板 新建工程	只	3.0000	3.0000	3.0000	3.0000
52-3-9-3	安装盖板及盖座 铸铁盖座	套	3.0000	3.0000	3.0000	3.0000
52-3-9-4	安装盖板及盖座 防沉降检查井盖板	块	3.0000	3.0000	3.0000	3.0000
52-4-5-1	模板工程 模板 管道基座	m^2	156.8300	157.3400	157.3400	174.4500
53-9-1-1	施工排水、降水 湿土排水	m^3	1775.8100	1905.7500	2142.0000	669.3800
53-9-1-3	施工排水、降水 筑拆竹箩滤井	座	2.5000	2.5000	2.5000	2.5000

（续表）

定额编号			J-1-3-77	J-1-3-78	J-1-3-79	J-1-3-80
项目			ϕ1650			ϕ1800
			F型钢承口式钢筋混凝土管			
			＞6.0 m	6.5 m	7.0 m	≤3.0 m
			100 m	100 m	100 m	100 m
预算定额编号	预算定额名称	预算定额单位	数量			
调整项目						
	围护支撑					
52-4-3-3	打槽型钢板桩 长 9.01～12.00 m，单面	100 m	2.0000	2.0000	2.0000	
52-4-3-8	拔槽型钢板桩 长 9.01～12.00 m，单面	100 m	2.0000	2.0000	2.0000	
52-4-3-11	打拔沟槽钢板桩 槽型钢板桩使用费	t·d	12674.0000	12674.0000	12674.0000	
52-4-4-6	安拆钢板桩支撑 槽宽≤3.8 m 深 6.01～8.00 m	100 m	1.0000	1.0000	1.0000	
52-4-4-14	钢板桩支撑使用费	t·d	852.0000	852.0000	852.0000	
52-4-2-4	满堂撑拆列板 深≤3.0 m,双面	100 m				1.0000
52-4-2-5	撑拆列板 列板使用费	t·d				429.0000
52-4-2-6	列板支撑使用费	t·d				163.0000
	井点降水					
53-9-1-1	施工排水、降水 湿土排水	m^3	−1775.8100	−1905.7500	−2142.0000	−669.3800
53-9-1-5	施工排水、降水 轻型井点安装	根				83.0000
53-9-1-6	施工排水、降水 轻型井点拆除	根				83.0000
53-9-1-7	施工排水、降水 轻型井点使用	套·天				56.0000
53-9-1-8	施工排水、降水 喷射井点安装 10 m	根	40.0000	40.0000	40.0000	
53-9-1-9	施工排水、降水 喷射井点拆除 10 m	根	40.0000	40.0000	40.0000	
53-9-1-10	施工排水、降水 喷射井点使用 10 m	套·天	39.0000	39.0000	39.0000	

工作内容：沟槽挖土、沟槽排水、井点降水、沟槽围护和支撑(钢板桩、撑拆列板)、铺筑管道基础、铺设管道、沟槽回填(素土)、土方场内运输、砌筑检查井等。

定额编号				J-1-3-77	J-1-3-78	J-1-3-79	J-1-3-80
项目				ϕ1650			ϕ1800
				F型钢承口式钢筋混凝土管			
				>6.0 m	6.5 m	7.0 m	≤3.0 m
名称			单位	100 m	100 m	100 m	100 m
人工	00190101	综合人工	工日	935.7066	1003.2665	1112.4072	403.9501
材料	01010211	热轧带肋钢筋(HRB400) ϕ≤10	t	0.0904	0.0973	0.0973	
	01010212	热轧带肋钢筋(HRB400) ϕ>10	t	0.2325	0.2502	0.2502	
	02090101	塑料薄膜	m^2	407.7497	413.6707	417.2412	448.0454
	03010811	钢塑膨胀铆钉	只	18.3600	18.3600	18.3600	18.3600
	03150101	圆钉	kg	31.9733	32.0773	32.0773	35.5656
	03152501	镀锌铁丝	kg	0.9734	1.0475	1.0475	
	04030115	黄砂 中粗	t	0.1700	0.1700	0.1700	0.1700
	04030701	砾石砂	t	74.3747	74.9053	76.9393	76.7403
	04050313	道碴 50～70	t	0.3988	0.3988	0.3988	0.3988
	04131711	蒸压灰砂砖	千块	25.2028	27.1929	29.5209	8.5397
	04290712	钢筋混凝土板 1400×250×160 mm	块	6.0000	6.0000	6.0000	9.0000
	04290713	钢筋混凝土板 1400×300×160 mm	块	9.0000	9.0000	9.0000	6.0000
	05350301	竹箩	个	2.5000	2.5000	2.5000	2.5000
	14412801	环氧密封胶	kg	122.8476	122.8476	122.8476	133.4879
	17291257	F型钢筋混凝土管(开槽) ϕ1650×2500	m	96.7304	96.7304	96.7304	
	17291258	F型钢筋混凝土管(开槽) ϕ1800×2500	m				96.7304
	34110101	水	m^3	6.7350	6.8331	6.8923	7.3988
	35010102	组合钢模板	kg	100.3406	100.6669	100.6669	111.6140
	35010703	木模板成材	m^3	0.6269	0.6290	0.6290	0.6974
	35020401	钢模零配件	kg	37.1013	37.2219	37.2219	41.2696
	36012831	铸铁检查井雨污水盖座 市政90型	套	3.0000	3.0000	3.0000	3.0000
	36016631	防沉降检查井盖板 2500×2000×200	块	3.0000	3.0000	3.0000	3.0000
	36016651	高强度塑料检查井格板	只	3.0600	3.0600	3.0600	3.0600
	36016661	高强度塑料支架	只	9.1800	9.1800	9.1800	9.1800
	80060414	湿拌砌筑砂浆 WM M10.0	m^3	11.0956	12.2063	13.2513	3.7139
	80060513	预拌抹灰砂浆 WP M15.0	m^3	3.4546	3.8032	4.1333	1.9558
	80210410	预拌混凝土(泵送型) C15 粒径5～20	m^3	1.6059	1.7271	1.7271	
	80210414	预拌混凝土(泵送型) C20 粒径5～20	m^3	120.5637	121.3515	121.3515	143.9452

（续表）

定额编号				J-1-3-77	J-1-3-78	J-1-3-79	J-1-3-80
项目				ϕ1650			ϕ1800
				F型钢承口式钢筋混凝土管			
				>6.0 m	6.5 m	7.0 m	≤3.0 m
名称			单位	100 m	100 m	100 m	100 m
机械	99010060	履带式单斗液压挖掘机 1 m^3	台班	8.7318	9.3555	10.4958	4.0029
	99050930	混凝土振捣器 插入式	台班	16.5715	16.6949	16.6949	19.5252
	99050940	混凝土振捣器 平板式	台班	17.9743	18.1077	18.1461	20.9726
	99070220	轮胎式装载机 1 m^3	台班	9.7793	10.5121	11.8995	3.2147
	99070540	载重汽车 6 t	台班	0.2509	0.2517	0.2517	0.2791
	99070550	载重汽车 8 t	台班	0.5564	0.5564	0.5564	0.6147
	99070588	载重汽车 12 t	台班	14.9810	16.1037	18.2290	4.9246
	99090360	汽车式起重机 8 t	台班	0.3975	0.3981	0.3981	0.4169
	99090400	汽车式起重机 16 t	台班	0.5564	0.5564	0.5564	0.6147
	99090430	汽车式起重机 30 t	台班	1.8519	1.8519	1.8519	2.0464
	99091700	手扳葫芦	台班	3.7038	3.7038	3.7038	4.0929
	99091880	千斤顶 15 t	台班	3.7038	3.7038	3.7038	4.0929
	99130350	内燃夯实机 700 N·m	台班	61.8657	66.6865	75.8068	18.2113
	99170010	钢筋调直机	台班	0.1531	0.1648	0.1648	
	99170025	钢筋切断机	台班	0.1531	0.1648	0.1648	
	99210065	木工平刨床 刨削宽度 450	台班	0.3607	0.3619	0.3619	0.4012
	99440010	电动单级离心清水泵 ϕ50	台班	213.0972	228.6900	257.0400	80.3256
调整项目							
		围护支撑					
	00190101	综合人工	工日	593.4223	593.4223	593.4223	78.7933
	03152501	镀锌铁丝	kg	25.0000	25.0000	25.0000	
	04030115	黄砂 中粗	t	33.2299	33.2299	33.2299	
	05030101	成材	m^3	1.0276	1.0276	1.0276	0.5000
	35090121	槽型钢板桩	t	2.6893	2.6893	2.6893	
	35090131	槽型钢板桩使用费	t·d	12674.0000	12674.0000	12674.0000	
	35090611	钢板桩支撑使用费	t·d	852.0000	852.0000	852.0000	
	35091771	铁撑柱	kg	272.9800	272.9800	272.9800	139.6830
	35091901	钢桩帽摊销	kg	381.5700	381.5700	381.5700	
	99030100	轨道式柴油打桩机 1.2 t	台班	33.5913	33.5913	33.5913	
	99030970	震动锤 45 kW	台班	17.3680	17.3680	17.3680	
	99090075	履带式起重机 8 t	台班	8.5319	8.5319	8.5319	

（续表）

定额编号			J-1-3-77	J-1-3-78	J-1-3-79	J-1-3-80
项目			φ1650			φ1800
			F 型钢承口式钢筋混凝土管			
			>6.0 m	6.5 m	7.0 m	≤3.0 m
名称		单位	100 m	100 m	100 m	100 m
99090090	履带式起重机 15 t	台班	17.3680	17.3680	17.3680	
03150501	骑马钉	kg				25.3308
04131711	蒸压灰砂砖	千块				0.1545
35091731	铁撑板	t				0.4181
35090501	列板使用费	t·d				429.0000
35090511	列板支撑使用费	t·d				163.0000
	井点降水					
00190101	综合人工	工日	142.1357	135.1970	122.5812	38.3784
04030115	黄砂 中粗	t				9.4420
04030119	黄砂 中粗	kg	95423.8016	95423.8016	95423.8016	
17030102	镀锌焊接钢管	kg	0.2373	0.2373	0.2373	
17270201	普通橡胶管	m				14.2440
34110101	水	m^3	566.8908	566.8908	566.8908	152.3275
35040921	轻型井点井管 φ40	m				51.7349
35040941	轻型井点井管 φ180×4	m				2.4966
35040961	喷射井点总管 φ159×6	m	5.3110	5.3110	5.3110	
35040971	喷射井点井管 φ76	m	37.8377	37.8377	37.8377	
35041011	喷射井点滤网管	根	4.3639	4.3639	4.3639	
35041021	喷射井点回水连接件	副	2.7304	2.7304	2.7304	
35041031	喷射井点腰子法兰	副	1.2352	1.2352	1.2352	
35041041	喷射井点水箱	kg	43.6233	43.6233	43.6233	
35041051	喷射井点喷射器	只	5.8317	5.8317	5.8317	
99090080	履带式起重机 10 t	台班	11.5200	11.5200	11.5200	
99091380	电动卷扬机单筒快速 10 kN	台班				1.9920
99350050	轻便钻机 XJ-100	台班				4.7310
99350120	液压钻机 G-2A	台班	4.4160	4.4160	4.4160	
99440010	电动单级离心清水泵 φ50	台班	−213.0972	−228.6900	−257.0400	−80.3256
99440150	电动多级离心清水泵 φ150×180 m 以下	台班	50.8100	50.8100	50.8100	3.9840
99440210	污水泵 φ100	台班	11.0400	11.0400	11.0400	
99440510	射流井点泵 9.5 m	台班				66.3920

工作内容:沟槽挖土、沟槽排水、井点降水、沟槽围护和支撑(钢板桩、撑拆列板)、铺筑管道基础、铺设管道、沟槽回填(素土)、土方场内运输、砌筑检查井等。

定额编号			J-1-3-81	J-1-3-82	J-1-3-83	J-1-3-84
项目			ϕ1800			
			F型钢承口式钢筋混凝土管			
			>3.0 m	3.5 m	≤4.0 m	>4.0 m
			100 m	100 m	100 m	100 m
预算定额编号	预算定额名称	预算定额单位	数量			
04290712	钢筋混凝土板 1400×250×160 mm	块	9.0000	9.0000	9.0000	9.0000
04290713	钢筋混凝土板 1400×300×160 mm	块	6.0000	6.0000	6.0000	6.0000
52-1-2-3	机械挖沟槽土方 深≤6 m 现场抛土	m^3	1115.6300	1249.5000	1383.3800	1472.6300
52-1-3-1	沟槽回填 夯填土	m^3	580.1200	713.9900	847.8700	937.1200
53-1-3-2	场内运输 自卸汽车装运土(运距1 km以内)	m^3	791.0760	951.7200	1112.3760	1219.4760
52-1-4-3	管道垫层 砾石砂垫层	m^3	34.7100	34.7100	34.7100	34.7100
52-1-5-1	管道基座 混凝土 C20	m^3	142.5200	142.5200	142.5200	142.5200
52-1-5-1换1	管道基座 混凝土 C15	m^3	1.5600	1.5600	1.5600	1.5600
52-1-5-2	管道基座 钢筋	t	0.3090	0.3090	0.3090	0.3090
52-1-6-19	管道铺设 F型钢承口式钢筋混凝土管 ϕ1800	100 m	0.9670	0.9670	0.9670	0.9670
52-3-1-2	砖砌检查井及雨水口 检查井深≤4 m	m^3	15.7500	18.5400	22.9200	22.9200
52-3-2-1	水泥砂浆抹面 检查井	m^2	106.8000	123.8400	146.6400	146.6400
52-3-6-1	安装防坠格板 新建工程	只	3.0000	3.0000	3.0000	3.0000
52-3-9-3	安装盖板及盖座 铸铁盖座	套	3.0000	3.0000	3.0000	3.0000
52-3-9-4	安装盖板及盖座 防沉降检查井盖板	块	3.0000	3.0000	3.0000	3.0000
52-4-5-1	模板工程 模板 管道基座	m^2	174.4500	174.4500	174.4500	174.4500
53-9-1-1	施工排水、降水 湿土排水	m^3	758.6300	892.5000	1026.3800	1115.6300
53-9-1-3	施工排水、降水 筑拆竹箩滤井	座	2.5000	2.5000	2.5000	2.5000
调整项目						
	围护支撑					
52-4-3-1	打槽型钢板桩 长4.00~6.00 m,单面	100 m	2.0000	2.0000	2.0000	
52-4-3-6	拔槽型钢板桩 长4.00~6.00 m,单面	100 m	2.0000	2.0000	2.0000	
52-4-3-11	打拔沟槽钢板桩 槽型钢板桩使用费	t·d	4114.0000	4114.0000	4114.0000	9146.0000
52-4-4-4	安拆钢板桩支撑 槽宽≤3.8 m 深3.01~4.00 m	100 m	1.0000	1.0000	1.0000	

（续表）

定　额　编　号			J-1-3-81	J-1-3-82	J-1-3-83	J-1-3-84
项　　目			ϕ1800			
			F 型钢承口式钢筋混凝土管			
			>3.0 m	3.5 m	≤4.0 m	>4.0 m
			100 m	100 m	100 m	100 m
预算定额编号	预算定额名称	预算定额单位	数　　量			
52-4-4-14	钢板桩支撑使用费	t·d	270.0000	270.0000	270.0000	540.0000
52-4-3-2	打槽型钢板桩 长 6.01～9.00 m，单面	100 m				2.0000
52-4-3-7	拔槽型钢板桩 长 6.01～9.00 m，单面	100 m				2.0000
52-4-4-5	安拆钢板桩支撑 槽宽≤3.8 m 深 4.01～6.00 m	100 m				1.0000
	井点降水					
53-9-1-1	施工排水、降水 湿土排水	m^3	−758.6300	−892.5000	−1026.3800	−1115.6300
53-9-1-5	施工排水、降水 轻型井点安装	根	83.0000	83.0000	83.0000	83.0000
53-9-1-6	施工排水、降水 轻型井点拆除	根	83.0000	83.0000	83.0000	83.0000
53-9-1-7	施工排水、降水 轻型井点使用	套·天	56.0000	56.0000	56.0000	56.0000

工作内容：沟槽挖土、沟槽排水、井点降水、沟槽围护和支撑（钢板桩、撑拆列板）、铺筑管道基础、铺设管道、沟槽回填（素土）、土方场内运输、砌筑检查井等。

定　额　编　号				J-1-3-81	J-1-3-82	J-1-3-83	J-1-3-84
项　　目				ϕ1800			
				F 型钢承口式钢筋混凝土管			
				>3.0 m	3.5 m	≤4.0 m	>4.0 m
名　　称			单位	100 m	100 m	100 m	100 m
人工	00190101	综合人工	工日	449.3045	509.7459	574.7429	608.9756
材料	01010211	热轧带肋钢筋（HRB400） ϕ≤10	t	0.0887	0.0887	0.0887	0.0887
	01010212	热轧带肋钢筋（HRB400） ϕ>10	t	0.2280	0.2280	0.2280	0.2280
	02090101	塑料薄膜	m^2	452.8071	455.1130	458.7331	458.7331
	03010811	钢塑膨胀铆钉	只	18.3600	18.3600	18.3600	18.3600
	03150101	圆钉	kg	35.5656	35.5656	35.5656	35.5656
	03152501	镀锌铁丝	kg	0.9548	0.9548	0.9548	0.9548
	04030115	黄砂 中粗	t	0.1700	0.1700	0.1700	0.1700
	04030701	砾石砂	t	76.7403	76.7403	76.7403	76.7403
	04050313	道碴 50～70	t	0.3988	0.3988	0.3988	0.3988
	04131711	蒸压灰砂砖	千块	8.5397	10.0524	12.4272	12.4272
	04290712	钢筋混凝土板 1400×250×160 mm	块	9.0000	9.0000	9.0000	9.0000

（续表）

定额编号				J-1-3-81	J-1-3-82	J-1-3-83	J-1-3-84
项目				ϕ1800			
				F型钢承口式钢筋混凝土管			
				>3.0 m	3.5 m	≤4.0 m	>4.0 m
名称			单位	100 m	100 m	100 m	100 m
材料	04290713	钢筋混凝土板 1400×300×160 mm	块	6.0000	6.0000	6.0000	6.0000
	05350301	竹箩	个	2.5000	2.5000	2.5000	2.5000
	14412801	环氧密封胶	kg	133.4879	133.4879	133.4879	133.4879
	17291258	F型钢筋混凝土管(开槽) ϕ1800×2500	m	96.7304	96.7304	96.7304	96.7304
	34110101	水	m^3	7.4774	7.5156	7.5756	7.5756
	35010102	组合钢模板	kg	111.6140	111.6140	111.6140	111.6140
	35010703	木模板成材	m^3	0.6974	0.6974	0.6974	0.6974
	35020401	钢模零配件	kg	41.2696	41.2696	41.2696	41.2696
	36012831	铸铁检查井雨污水盖座 市政90型	套	3.0000	3.0000	3.0000	3.0000
	36016631	防沉降检查井盖板 2500×2000×200	块	3.0000	3.0000	3.0000	3.0000
	36016651	高强度塑料检查井格板	只	3.0600	3.0600	3.0600	3.0600
	36016661	高强度塑料支架	只	9.1800	9.1800	9.1800	9.1800
	80060414	湿拌砌筑砂浆 WM M10.0	m^3	3.7139	4.3717	5.4045	5.4045
	80060513	预拌抹灰砂浆 WP M15.0	m^3	1.9558	2.2268	2.5893	2.5893
	80210410	预拌混凝土(泵送型) C15 粒径5～20	m^3	1.5756	1.5756	1.5756	1.5756
	80210414	预拌混凝土(泵送型) C20 粒径5～20	m^3	143.9452	143.9452	143.9452	143.9452
机械	99010060	履带式单斗液压挖掘机 1 m^3	台班	4.5741	5.1230	5.6719	6.0378
	99050930	混凝土振捣器 插入式	台班	19.7389	19.7389	19.7389	19.7389
	99050940	混凝土振捣器 平板式	台班	21.1863	21.1863	21.1863	21.1863
	99070220	轮胎式装载机 1 m^3	台班	3.7181	4.4731	5.2282	5.7315
	99070540	载重汽车 6 t	台班	0.2791	0.2791	0.2791	0.2791
	99070550	载重汽车 8 t	台班	0.6147	0.6147	0.6147	0.6147
	99070588	载重汽车 12 t	台班	5.6957	6.8524	8.0091	8.7802
	99090360	汽车式起重机 8 t	台班	0.4169	0.4169	0.4169	0.4169
	99090400	汽车式起重机 16 t	台班	0.6147	0.6147	0.6147	0.6147
	99090430	汽车式起重机 30 t	台班	2.0464	2.0464	2.0464	2.0464
	99091700	手扳葫芦	台班	4.0929	4.0929	4.0929	4.0929
	99091880	千斤顶 15 t	台班	4.0929	4.0929	4.0929	4.0929
	99130350	内燃夯实机 700 N·m	台班	21.5225	26.4890	31.4560	34.7672
	99170010	钢筋调直机	台班	0.1502	0.1502	0.1502	0.1502

（续表）

定额编号				J-1-3-81	J-1-3-82	J-1-3-83	J-1-3-84
项目				ϕ1800			
				F 型钢承口式钢筋混凝土管			
				>3.0 m	3.5 m	≤4.0 m	>4.0 m
名称			单位	100 m	100 m	100 m	100 m
机械	99170025	钢筋切断机	台班	0.1502	0.1502	0.1502	0.1502
	99210065	木工平刨床 刨削宽度 450	台班	0.4012	0.4012	0.4012	0.4012
	99440010	电动单级离心清水泵 ϕ50	台班	91.0356	107.1000	123.1656	133.8756
调整项目							
		围护支撑					
	00190101	综合人工	工日	462.6629	462.6629	462.6629	592.1781
	03152501	镀锌铁丝	kg	15.0000	15.0000	15.0000	20.0000
	04030115	黄砂 中粗	t	15.8236	15.8236	15.8236	23.7356
	05030101	成材	m^3	0.6027	0.6027	0.6027	0.8241
	35090121	槽型钢板桩	t	1.3350	1.3350	1.3350	1.9587
	35090131	槽型钢板桩使用费	t·d	4114.0000	4114.0000	4114.0000	9146.0000
	35090611	钢板桩支撑使用费	t·d	270.0000	270.0000	270.0000	540.0000
	35091771	铁撑柱	kg	129.8100	129.8100	129.8100	173.0800
	35091901	钢桩帽摊销	kg	90.9300	90.9300	90.9300	136.2690
	99030080	轨道式柴油打桩机 0.6 t	台班	20.1323	20.1323	20.1323	27.7905
	99030690	简易拔桩架	台班	23.9558	23.9558	23.9558	29.8410
	99090075	履带式起重机 8 t	台班	5.1194	5.1194	5.1194	6.8250
		井点降水					
	00190101	综合人工	工日	33.6125	26.4638	19.3146	14.5487
	04030115	黄砂 中粗	t	9.4420	9.4420	9.4420	9.4420
	17270201	普通橡胶管	m	14.2440	14.2440	14.2440	14.2440
	34110101	水	m^3	152.3275	152.3275	152.3275	152.3275
	35040921	轻型井点井管 ϕ40	m	51.7349	51.7349	51.7349	51.7349
	35040941	轻型井点井管 ϕ180×4	m	2.4966	2.4966	2.4966	2.4966
	99091380	电动卷扬机单筒快速 10 kN	台班	1.9920	1.9920	1.9920	1.9920
	99350050	轻便钻机 XJ-100	台班	4.7310	4.7310	4.7310	4.7310
	99440010	电动单级离心清水泵 ϕ50	台班	−91.0356	−107.1000	−123.1656	−133.8756
	99440150	电动多级离心清水泵 ϕ150×180 m 以下	台班	3.9840	3.9840	3.9840	3.9840
	99440510	射流井点泵 9.5 m	台班	66.3920	66.3920	66.3920	66.3920

工作内容：沟槽挖土、沟槽排水、井点降水、沟槽围护和支撑(钢板桩、撑拆列板)、铺筑管道基础、铺设管道、沟槽回填(素土)、土方场内运输、砌筑检查井等。

定额编号			J-1-3-85	J-1-3-86	J-1-3-87	J-1-3-88
项目			ϕ1800			
			F型钢承口式钢筋混凝土管			
			4.5 m	5.0 m	5.5 m	≤6.0 m
			100 m	100 m	100 m	100 m
预算定额编号	预算定额名称	预算定额单位	数量			
04290712	钢筋混凝土板 1400×250×160 mm	块	9.0000	15.0000	15.0000	15.0000
04290713	钢筋混凝土板 1400×300×160 mm	块	6.0000			
52-1-2-3	机械挖沟槽土方 深≤6 m 现场抛土	m^3	1606.5000	1837.5000	2021.2500	2159.0600
52-1-3-1	沟槽回填 夯填土	m^3	1072.0700	1302.1400	1485.8900	1623.7000
53-1-3-2	场内运输 自卸汽车装运土(运距1 km以内)	m^3	1381.2800	1657.5500	1878.0500	2043.4220
52-1-4-3	管道垫层 砾石砂垫层	m^3	34.7400	35.6700	35.6700	35.6700
52-1-5-1	管道基座 混凝土 C20	m^3	143.8400	143.8400	143.8400	143.8400
52-1-5-1换1	管道基座 混凝土 C15	m^3	1.6800	1.6800	1.6800	1.6800
52-1-5-2	管道基座 钢筋	t	0.3360	0.3360	0.3360	0.3360
52-1-6-19	管道铺设 F型钢承口式钢筋混凝土管 ϕ1800	100 m	0.9670	0.9670	0.9670	0.9670
52-3-1-3	砖砌检查井及雨水口 检查井深≤6 m	m^3	26.0400	28.9200	33.0600	49.4400
52-3-2-1	水泥砂浆抹面 检查井	m^2	162.8400	175.4700	196.2300	203.3100
52-3-6-1	安装防坠格板 新建工程	只	3.0000	3.0000	3.0000	3.0000
52-3-9-3	安装盖板及盖座 铸铁盖座	套	3.0000	3.0000	3.0000	3.0000
52-3-9-4	安装盖板及盖座 防沉降检查井盖板	块	3.0000	3.0000	3.0000	3.0000
52-4-5-1	模板工程 模板 管道基座	m^2	175.7100	175.7100	175.7100	175.7100
53-9-1-1	施工排水、降水 湿土排水	m^3	1249.5000	1470.0000	1653.7500	1791.5600
53-9-1-3	施工排水、降水 筑拆竹箩滤井	座	2.5000	2.5000	2.5000	2.5000
调整项目						
	围护支撑					
52-4-3-2	打槽型钢板桩 长6.01～9.00 m，单面	100 m	2.0000	2.0000	2.0000	2.0000
52-4-3-7	拔槽型钢板桩 长6.01～9.00 m，单面	100 m	2.0000	2.0000	2.0000	2.0000
52-4-3-11	打拔沟槽钢板桩 槽型钢板桩使用费	t·d	9146.0000	9146.0000	9146.0000	9146.0000
52-4-4-5	安拆钢板桩支撑 槽宽≤3.8 m 深4.01～6.00 m	100 m	1.0000	1.0000	1.0000	1.0000

（续表）

定额编号			J-1-3-85	J-1-3-86	J-1-3-87	J-1-3-88
项目			φ1800			
			F型钢承口式钢筋混凝土管			
			4.5 m	5.0 m	5.5 m	≤6.0 m
			100 m	100 m	100 m	100 m
预算定额编号	预算定额名称	预算定额单位	数量			
52-4-4-14	钢板桩支撑使用费	t·d	540.0000	540.0000	540.0000	540.0000
	井点降水					
53-9-1-1	施工排水、降水 湿土排水	m^3	−1249.5000	−1470.0000	−1653.7500	−1791.5600
53-9-1-5	施工排水、降水 轻型井点安装	根	83.0000	83.0000	83.0000	83.0000
53-9-1-6	施工排水、降水 轻型井点拆除	根	83.0000	83.0000	83.0000	83.0000
53-9-1-7	施工排水、降水 轻型井点使用	套·天	56.0000	56.0000	56.0000	56.0000

工作内容：沟槽挖土、沟槽排水、井点降水、沟槽围护和支撑（钢板桩、撑拆列板）、铺筑管道基础、铺设管道、沟槽回填（素土）、土方场内运输、砌筑检查井等。

定额编号				J-1-3-85	J-1-3-86	J-1-3-87	J-1-3-88
项目				φ1800			
				F型钢承口式钢筋混凝土管			
				4.5 m	5.0 m	5.5 m	≤6.0 m
名称			单位	100 m	100 m	100 m	100 m
人工	00190101	综合人工	工日	674.9945	772.2534	856.0621	949.6728
材料	01010211	热轧带肋钢筋(HRB400) φ≤10	t	0.0964	0.0964	0.0964	0.0964
	01010212	热轧带肋钢筋(HRB400) φ>10	t	0.2480	0.2480	0.2480	0.2480
	02090101	塑料薄膜	m^2	465.7073	468.0876	471.5093	485.0474
	03010811	钢塑膨胀铆钉	只	18.3600	18.3600	18.3600	18.3600
	03150101	圆钉	kg	35.8224	35.8224	35.8224	35.8224
	03152501	镀锌铁丝	kg	1.0382	1.0382	1.0382	1.0382
	04030115	黄砂 中粗	t	0.1700	0.1700	0.1700	0.1700
	04030701	砾石砂	t	76.8067	78.8628	78.8628	78.8628
	04050313	道碴 50～70	t	0.3988	0.3988	0.3988	0.3988
	04131711	蒸压灰砂砖	千块	14.0772	15.6342	17.8722	26.7273
	04290712	钢筋混凝土板 1400×250×160 mm	块	9.0000	15.0000	15.0000	15.0000
	04290713	钢筋混凝土板 1400×300×160 mm	块	6.0000			
	05350301	竹箩	个	2.5000	2.5000	2.5000	2.5000
	14412801	环氧密封胶	kg	133.4879	133.4879	133.4879	133.4879
	17291258	F型钢筋混凝土管(开槽) φ1800×2500	m	96.7304	96.7304	96.7304	96.7304

（续表）

定额编号				J-1-3-85	J-1-3-86	J-1-3-87	J-1-3-88
项目				ϕ1800			
				F型钢承口式钢筋混凝土管			
				4.5 m	5.0 m	5.5 m	≤6.0 m
名称			单位	100 m	100 m	100 m	100 m
材料	34110101	水	m^3	7.6909	7.7304	7.7871	8.0115
	35010102	组合钢模板	kg	112.4201	112.4201	112.4201	112.4201
	35010703	木模板成材	m^3	0.7024	0.7024	0.7024	0.7024
	35020401	钢模零配件	kg	41.5677	41.5677	41.5677	41.5677
	36012831	铸铁检查井雨污水盖座 市政90型	套	3.0000	3.0000	3.0000	3.0000
	36016631	防沉降检查井盖板 2500×2000×200	块	3.0000	3.0000	3.0000	3.0000
	36016651	高强度塑料检查井格板	只	3.0600	3.0600	3.0600	3.0600
	36016661	高强度塑料支架	只	9.1800	9.1800	9.1800	9.1800
	80060414	湿拌砌筑砂浆 WM M10.0	m^3	6.1975	6.8830	7.8683	11.7667
	80060513	预拌抹灰砂浆 WP M15.0	m^3	2.8469	3.0477	3.3778	3.4903
	80210410	预拌混凝土(泵送型) C15 粒径5～20	m^3	1.6968	1.6968	1.6968	1.6968
	80210414	预拌混凝土(泵送型) C20 粒径5～20	m^3	145.2784	145.2784	145.2784	145.2784
机械	99010060	履带式单斗液压挖掘机 1 m^3	台班	6.5867	7.5338	8.2871	8.8521
	99050930	混凝土振捣器 插入式	台班	19.9363	19.9363	19.9363	19.9363
	99050940	混凝土振捣器 平板式	台班	21.3850	21.4237	21.4237	21.4237
	99070220	轮胎式装载机 1 m^3	台班	6.4920	7.7905	8.8268	9.6041
	99070540	载重汽车 6 t	台班	0.2811	0.2811	0.2811	0.2811
	99070550	载重汽车 8 t	台班	0.6147	0.6147	0.6147	0.6147
	99070588	载重汽车 12 t	台班	9.9452	11.9344	13.5220	14.7126
	99090360	汽车式起重机 8 t	台班	0.4183	0.4183	0.4183	0.4183
	99090400	汽车式起重机 16 t	台班	0.6147	0.6147	0.6147	0.6147
	99090430	汽车式起重机 30 t	台班	2.0464	2.0464	2.0464	2.0464
	99091700	手扳葫芦	台班	4.0929	4.0929	4.0929	4.0929
	99091880	千斤顶 15 t	台班	4.0929	4.0929	4.0929	4.0929
	99130350	内燃夯实机 700 N·m	台班	39.7738	48.3094	55.1265	60.2393
	99170010	钢筋调直机	台班	0.1633	0.1633	0.1633	0.1633
	99170025	钢筋切断机	台班	0.1633	0.1633	0.1633	0.1633
	99210065	木工平刨床 刨削宽度 450	台班	0.4041	0.4041	0.4041	0.4041
	99440010	电动单级离心清水泵 ϕ50	台班	149.9400	176.4000	198.4500	214.9872

（续表）

定额编号			J-1-3-85	J-1-3-86	J-1-3-87	J-1-3-88
项目			ϕ1800			
			F型钢承口式钢筋混凝土管			
			4.5 m	5.0 m	5.5 m	≤6.0 m
名称		单位	100 m	100 m	100 m	100 m
调整项目						
	围护支撑					
00190101	综合人工	工日	592.1781	592.1781	592.1781	592.1781
03152501	镀锌铁丝	kg	20.0000	20.0000	20.0000	20.0000
04030115	黄砂 中粗	t	23.7356	23.7356	23.7356	23.7356
05030101	成材	m^3	0.8241	0.8241	0.8241	0.8241
35090121	槽型钢板桩	t	1.9587	1.9587	1.9587	1.9587
35090131	槽型钢板桩使用费	t·d	9146.0000	9146.0000	9146.0000	9146.0000
35090611	钢板桩支撑使用费	t·d	540.0000	540.0000	540.0000	540.0000
35091771	铁撑柱	kg	173.0800	173.0800	173.0800	173.0800
35091901	钢桩帽摊销	kg	136.2690	136.2690	136.2690	136.2690
99030080	轨道式柴油打桩机 0.6 t	台班	27.7905	27.7905	27.7905	27.7905
99030690	简易拔桩架	台班	29.8410	29.8410	29.8410	29.8410
99090075	履带式起重机 8 t	台班	6.8250	6.8250	6.8250	6.8250
	井点降水					
00190101	综合人工	工日	7.4000	−4.3747	−14.1870	−21.5460
04030115	黄砂 中粗	t	9.4420	9.4420	9.4420	9.4420
17270201	普通橡胶管	m	14.2440	14.2440	14.2440	14.2440
34110101	水	m^3	152.3275	152.3275	152.3275	152.3275
35040921	轻型井点井管 ϕ40	m	51.7349	51.7349	51.7349	51.7349
35040941	轻型井点井管 $\phi180\times4$	m	2.4966	2.4966	2.4966	2.4966
99091380	电动卷扬机单筒快速 10 kN	台班	1.9920	1.9920	1.9920	1.9920
99350050	轻便钻机 XJ-100	台班	4.7310	4.7310	4.7310	4.7310
99440010	电动单级离心清水泵 ϕ50	台班	−149.9400	−176.4000	−198.4500	−214.9872
99440150	电动多级离心清水泵 $\phi150\times$180 m 以下	台班	3.9840	3.9840	3.9840	3.9840
99440510	射流井点泵 9.5 m	台班	66.3920	66.3920	66.3920	66.3920

工作内容：沟槽挖土、沟槽排水、井点降水、沟槽围护和支撑(钢板桩、撑拆列板)、铺筑管道基础、铺设管道、沟槽回填(素土)、土方场内运输、砌筑检查井等。

定额编号			J-1-3-89	J-1-3-90	J-1-3-91	J-1-3-92
项目			ϕ1800			ϕ2000
			F型钢承口式钢筋混凝土管			
			>6.0 m	6.5 m	7.0 m	3.5 m
			100 m	100 m	100 m	100 m
预算定额编号	预算定额名称	预算定额单位	数量			
04290712	钢筋混凝土板 1400×250×160 mm	块	15.0000	15.0000	15.0000	6.0000
04290713	钢筋混凝土板 1400×300×160 mm	块				12.0000
52-1-2-3	机械挖沟槽土方 深≤6 m 现场抛土	m^3	2205.0000	2205.0000	2268.0000	1359.7500
52-1-2-3 系 1	机械挖沟槽土方 深≤7 m 现场抛土	m^3	45.9400	183.7500	378.0000	
52-1-3-1	沟槽回填 夯填土	m^3	1715.5800	1853.3900	2109.7200	726.1800
53-1-3-2	场内运输 自卸汽车装运土(运距1 km以内)	m^3	2153.6780	2319.0500	2626.8300	984.9400
52-1-4-3	管道垫层 砾石砂垫层	m^3	35.6700	35.9100	36.8300	37.6700
52-1-5-1	管道基座 混凝土 C20	m^3	143.8400	144.6200	144.6200	160.6800
52-1-5-1 换 1	管道基座 混凝土 C15	m^3	1.6800	1.8000	1.8000	1.6500
52-1-5-2	管道基座 钢筋	t	0.3360	0.3600	0.3600	0.3270
52-1-6-19	管道铺设 F型钢承口式钢筋混凝土管 ϕ1800	100 m	0.9670	0.9670	0.9670	
52-1-6-20	管道铺设 F型钢承口式钢筋混凝土管 ϕ2000	100 m				0.9670
52-3-1-2	砖砌检查井及雨水口 检查井 深≤4 m	m^3				19.5000
52-3-1-3	砖砌检查井及雨水口 检查井 深≤6 m	m^3	49.4400			
52-3-1-4	砖砌检查井及雨水口 检查井 深≤8 m	m^3		52.9200	57.1800	
52-3-2-1	水泥砂浆抹面 检查井	m^2	203.3100	225.0000	245.7600	128.2500
52-3-6-1	安装防坠格板 新建工程	只	3.0000	3.0000	3.0000	3.0000
52-3-9-3	安装盖板及盖座 铸铁盖座	套	3.0000	3.0000	3.0000	3.0000
52-3-9-4	安装盖板及盖座 防沉降检查井盖板	块	3.0000	3.0000	3.0000	3.0000
52-4-5-1	模板工程 模板 管道基座	m^2	175.7100	176.2200	176.2200	185.9600
53-9-1-1	施工排水、降水 湿土排水	m^3	1883.4400	2021.2500	2268.0000	971.2500
53-9-1-3	施工排水、降水 筑拆竹箩滤井	座	2.5000	2.5000	2.5000	2.5000

(续表)

定额编号			J-1-3-89	J-1-3-90	J-1-3-91	J-1-3-92
项目			ϕ1800			ϕ2000
			F型钢承口式钢筋混凝土管			
			>6.0 m	6.5 m	7.0 m	3.5 m
			100 m	100 m	100 m	100 m
预算定额编号	预算定额名称	预算定额单位	数量			
	调整项目					
	围护支撑					
52-4-3-3	打槽型钢板桩 长9.01～12.00 m，单面	100 m	2.0000	2.0000	2.0000	
52-4-3-8	拔槽型钢板桩 长9.01～12.00 m，单面	100 m	2.0000	2.0000	2.0000	
52-4-3-11	打拔沟槽钢板桩 槽型钢板桩使用费	t·d	12674.0000	12674.0000	12674.0000	4320.0000
52-4-4-6	安拆钢板桩支撑 槽宽≤3.8 m 深6.01～8.00 m	100 m	1.0000	1.0000	1.0000	
52-4-4-14	钢板桩支撑使用费	t·d	852.0000	852.0000	852.0000	384.0000
52-4-3-1	打槽型钢板桩 长4.00～6.00 m，单面	100 m				2.0000
52-4-3-6	拔槽型钢板桩 长4.00～6.00 m，单面	100 m				2.0000
52-4-4-4	安拆钢板桩支撑 槽宽≤3.8 m 深3.01～4.00 m	100 m				1.0000
	井点降水					
53-9-1-1	施工排水、降水 湿土排水	m^3	−1883.4400	−2021.2500	−2268.0000	−971.2500
53-9-1-5	施工排水、降水 轻型井点安装	根				83.0000
53-9-1-6	施工排水、降水 轻型井点拆除	根				83.0000
53-9-1-7	施工排水、降水 轻型井点使用	套·天				66.0000
53-9-1-8	施工排水、降水 喷射井点安装10 m	根	40.0000	40.0000	40.0000	
53-9-1-9	施工排水、降水 喷射井点拆除10 m	根	40.0000	40.0000	40.0000	
53-9-1-10	施工排水、降水 喷射井点使用10 m	套·天	39.0000	39.0000	39.0000	

工作内容：沟槽挖土、沟槽排水、井点降水、沟槽围护和支撑（钢板桩、撑拆列板）、铺筑管道基础、铺设管道、沟槽回填（素土）、土方场内运输、砌筑检查井等。

定额编号				J-1-3-89	J-1-3-90	J-1-3-91	J-1-3-92
项目				ϕ1800			ϕ2000
				F型钢承口式钢筋混凝土管			
				＞6.0 m	6.5 m	7.0 m	3.5 m
名称			单位	100 m	100 m	100 m	100 m
人工	00190101	综合人工	工日	985.1026	1054.9800	1168.0415	538.2902
材料	01010211	热轧带肋钢筋(HRB400) $\phi\leqslant$10	t	0.0964	0.1033	0.1033	0.0938
	01010212	热轧带肋钢筋(HRB400) $\phi>$10	t	0.2480	0.2657	0.2657	0.2413
	02090101	塑料薄膜	m^2	485.0474	490.6708	494.1917	511.6129
	03010811	钢塑膨胀铆钉	只	18.3600	18.3600	18.3600	18.3600
	03150101	圆钉	kg	35.8224	35.9264	35.9264	37.9121
	03152501	镀锌铁丝	kg	1.0382	1.1124	1.1124	1.0104
	04030115	黄砂 中粗	t	0.1700	0.1700	0.1700	0.1700
	04030701	砾石砂	t	78.8628	79.3934	81.4274	83.2846
	04050313	道碴 50～70	t	0.3988	0.3988	0.3988	0.3988
	04131711	蒸压灰砂砖	千块	26.7273	28.5186	30.8143	10.5729
	04290712	钢筋混凝土板 1400×250×160 mm	块	15.0000	15.0000	15.0000	6.0000
	04290713	钢筋混凝土板 1400×300×160 mm	块				12.0000
	05350301	竹箩	个	2.5000	2.5000	2.5000	2.5000
	14412801	环氧密封胶	kg	133.4879	133.4879	133.4879	148.9648
	17291258	F型钢筋混凝土管(开槽) ϕ1800×2500	m	96.7304	96.7304	96.7304	
	17291259	F型钢筋混凝土管(开槽) ϕ2000×2500	m				96.7304
	34110101	水	m^3	8.0115	8.1045	8.1629	8.4487
	35010102	组合钢模板	kg	112.4201	112.7464	112.7464	118.9781
	35010703	木模板成材	m^3	0.7024	0.7044	0.7044	0.7434
	35020401	钢模零配件	kg	41.5677	41.6884	41.6884	43.9926
	36012831	铸铁检查井雨污水盖座 市政90型	套	3.0000	3.0000	3.0000	3.0000
	36016631	防沉降检查井盖板 2500×2000×200	块	3.0000	3.0000	3.0000	3.0000
	36016651	高强度塑料检查井格板	只	3.0600	3.0600	3.0600	3.0600
	36016661	高强度塑料支架	只	9.1800	9.1800	9.1800	9.1800
	80060414	湿拌砌筑砂浆 WM M10.0	m^3	11.7667	12.8013	13.8318	4.5981
	80060513	预拌抹灰砂浆 WP M15.0	m^3	3.4903	3.8352	4.1653	2.2969
	80210410	预拌混凝土(泵送型) C15 粒径5～20	m^3	1.6968	1.8180	1.8180	1.6665
	80210414	预拌混凝土(泵送型) C20 粒径5～20	m^3	145.2784	146.0662	146.0662	162.2868

（续表）

定额编号				J-1-3-89	J-1-3-90	J-1-3-91	J-1-3-92
项目				φ1800			φ2000
				F型钢承口式钢筋混凝土管			
				>6.0 m	6.5 m	7.0 m	3.5 m
名称			单位	100 m	100 m	100 m	100 m
机械	99010060	履带式单斗液压挖掘机 1 m^3	台班	9.2610	9.9225	11.1132	5.5750
	99050930	混凝土振捣器 插入式	台班	19.9363	20.0595	20.0595	22.2393
	99050940	混凝土振捣器 平板式	台班	21.4237	21.5569	21.5953	23.8101
	99070220	轮胎式装载机 1 m^3	台班	10.1223	10.8995	12.3461	4.6292
	99070540	载重汽车 6 t	台班	0.2811	0.2820	0.2820	0.2975
	99070550	载重汽车 8 t	台班	0.6147	0.6147	0.6147	
	99070588	载重汽车 12 t	台班	15.5065	16.6972	18.9132	7.0916
	99070730	平板拖车组 10 t	台班				0.6847
	99090360	汽车式起重机 8 t	台班	0.4183	0.4188	0.4188	0.4296
	99090400	汽车式起重机 16 t	台班	0.6147	0.6147	0.6147	
	99090410	汽车式起重机 20 t	台班				0.6847
	99090430	汽车式起重机 30 t	台班	2.0464	2.0464	2.0464	2.2877
	99091700	手扳葫芦	台班	4.0929	4.0929	4.0929	4.5753
	99091880	千斤顶 15 t	台班	4.0929	4.0929	4.0929	4.5753
	99130350	内燃夯实机 700 N·m	台班	63.6480	68.7608	78.2706	26.9413
	99170010	钢筋调直机	台班	0.1633	0.1750	0.1750	0.1590
	99170025	钢筋切断机	台班	0.1633	0.1750	0.1750	0.1590
	99210065	木工平刨床 刨削宽度 450	台班	0.4041	0.4053	0.4053	0.4277
	99440010	电动单级离心清水泵 φ50	台班	226.0128	242.5500	272.1600	116.5500
调整项目							
		围护支撑					
	00190101	综合人工	工日	593.4223	593.4223	593.4223	462.6629
	03152501	镀锌铁丝	kg	25.0000	25.0000	25.0000	15.0000
	04030115	黄砂 中粗	t	33.2299	33.2299	33.2299	15.8236
	05030101	成材	m^3	1.0276	1.0276	1.0276	0.6027
	35090121	槽型钢板桩	t	2.6893	2.6893	2.6893	1.3350
	35090131	槽型钢板桩使用费	t·d	12674.0000	12674.0000	12674.0000	4320.0000
	35090611	钢板桩支撑使用费	t·d	852.0000	852.0000	852.0000	384.0000
	35091771	铁撑柱	kg	272.9800	272.9800	272.9800	129.8100
	35091901	钢桩帽摊销	kg	381.5700	381.5700	381.5700	90.9300
	99030100	轨道式柴油打桩机 1.2 t	台班	33.5913	33.5913	33.5913	

(续表)

定额编号			J-1-3-89	J-1-3-90	J-1-3-91	J-1-3-92
项目			ϕ1800			ϕ2000
			F型钢承口式钢筋混凝土管			
			>6.0 m	6.5 m	7.0 m	3.5 m
名称		单位	100 m	100 m	100 m	100 m
99030970	震动锤 45 kW	台班	17.3680	17.3680	17.3680	
99090075	履带式起重机 8 t	台班	8.5319	8.5319	8.5319	5.1194
99090090	履带式起重机 15 t	台班	17.3680	17.3680	17.3680	
99030080	轨道式柴油打桩机 0.6 t	台班				20.1323
99030690	简易拔桩架	台班				23.9558
	井点降水					
00190101	综合人工	工日	136.3883	129.0293	115.8528	28.0085
04030115	黄砂 中粗	t				9.4420
04030119	黄砂 中粗	kg	95423.8016	95423.8016	95423.8016	
17030102	镀锌焊接钢管	kg	0.2373	0.2373	0.2373	
17270201	普通橡胶管	m				14.2440
34110101	水	m^3	566.8908	566.8908	566.8908	152.3275
35040921	轻型井点井管 ϕ40	m				60.6442
35040941	轻型井点井管 ϕ180×4	m				2.9260
35040961	喷射井点总管 ϕ159×6	m	5.3110	5.3110	5.3110	
35040971	喷射井点井管 ϕ76	m	37.8377	37.8377	37.8377	
35041011	喷射井点滤网管	根	4.3639	4.3639	4.3639	
35041021	喷射井点回水连接件	副	2.7304	2.7304	2.7304	
35041031	喷射井点腰子法兰	副	1.2352	1.2352	1.2352	
35041041	喷射井点水箱	kg	43.6233	43.6233	43.6233	
35041051	喷射井点喷射器	只	5.8317	5.8317	5.8317	
99090080	履带式起重机 10 t	台班	11.5200	11.5200	11.5200	
99091380	电动卷扬机单筒快速 10 kN	台班				1.9920
99350050	轻便钻机 XJ-100	台班				4.7310
99350120	液压钻机 G-2A	台班	4.4160	4.4160	4.4160	
99440010	电动单级离心清水泵 ϕ50	台班	−226.0128	−242.5500	−272.1600	−116.5500
99440150	电动多级离心清水泵 ϕ150×180 m以下	台班	50.8100	50.8100	50.8100	3.9840
99440210	污水泵 ϕ100	台班	11.0400	11.0400	11.0400	
99440510	射流井点泵 9.5 m	台班				77.8920

工作内容：沟槽挖土、沟槽排水、井点降水、沟槽围护和支撑（钢板桩、撑拆列板）、铺筑管道基础、铺设管道、沟槽回填（素土）、土方场内运输、砌筑检查井等。

定额编号			J-1-3-93	J-1-3-94	J-1-3-95	J-1-3-96
项目			ϕ2000			
			F 型钢承口式钢筋混凝土管			
			≤4.0 m	>4.0 m	4.5 m	5.0 m
			100 m	100 m	100 m	100 m
预算定额编号	预算定额名称	预算定额单位	数量			
04290712	钢筋混凝土板 1400×250×160 mm	块	6.0000	6.0000	6.0000	6.0000
04290713	钢筋混凝土板 1400×300×160 mm	块	12.0000	12.0000	12.0000	12.0000
52-1-2-3	机械挖沟槽土方 深≤6 m 现场抛土	m^3	1505.4400	1602.5600	1748.2500	1995.0000
52-1-3-1	沟槽回填 夯填土	m^3	871.8700	968.9900	1115.8800	1361.7100
53-1-3-2	场内运输 自卸汽车装运土（运距1 km 以内）	m^3	1159.7680	1276.3120	1452.4200	1747.6000
52-1-4-3	管道垫层 砾石砂垫层	m^3	37.6700	37.6700	37.7200	38.6400
52-1-5-1	管道基座 混凝土 C20	m^3	160.6800	160.6800	162.0100	162.0100
52-1-5-1换1	管道基座 混凝土 C15	m^3	1.6500	1.6500	1.8000	1.8000
52-1-5-2	管道基座 钢筋	t	0.3270	0.3270	0.3570	0.3570
52-1-6-20	管道铺设 F 型钢承口式钢筋混凝土管 ϕ2000	100 m	0.9670	0.9670	0.9670	0.9670
52-3-1-2	砖砌检查井及雨水口 检查井深≤4 m	m^3	24.1200	24.1200		
52-3-1-3	砖砌检查井及雨水口 检查井深≤6 m	m^3			27.1500	30.4800
52-3-2-1	水泥砂浆抹面 检查井	m^2	151.9200	151.9200	168.1200	184.3200
52-3-6-1	安装防坠格板 新建工程	只	3.0000	3.0000	3.0000	3.0000
52-3-9-3	安装盖板及盖座 铸铁盖座	套	3.0000	3.0000	3.0000	3.0000
52-3-9-4	安装盖板及盖座 防沉降检查井盖板	块	3.0000	3.0000	3.0000	3.0000
52-4-5-1	模板工程 模板 管道基座	m^2	185.9600	185.9600	187.2000	187.2000
53-9-1-1	施工排水、降水 湿土排水	m^3	1116.9400	1214.0600	1359.7500	1596.0000
53-9-1-3	施工排水、降水 筑拆竹箩滤井	座	2.5000	2.5000	2.5000	2.5000
调整项目						
	围护支撑					
52-4-3-1	打槽型钢板桩 长 4.00～6.00 m，单面	100 m	2.0000			
52-4-3-6	拔槽型钢板桩 长 4.00～6.00 m，单面	100 m	2.0000			
52-4-3-11	打拔沟槽钢板桩 槽型钢板桩使用费	t・d	4320.0000	9604.0000	9604.0000	9604.0000
52-4-4-4	安拆钢板桩支撑 槽宽≤3.8 m 深 3.01～4.00 m	100 m	1.0000			
52-4-4-14	钢板桩支撑使用费	t・d	384.0000	767.0000	767.0000	767.0000

（续表）

定额编号			J-1-3-93	J-1-3-94	J-1-3-95	J-1-3-96
项目			ϕ2000			
			F型钢承口式钢筋混凝土管			
			≤4.0 m	>4.0 m	4.5 m	5.0 m
			100 m	100 m	100 m	100 m
预算定额编号	预算定额名称	预算定额单位	数量			
52-4-3-2	打槽型钢板桩 长 6.01～9.00 m，单面	100 m		2.0000	2.0000	2.0000
52-4-3-7	拔槽型钢板桩 长 6.01～9.00 m，单面	100 m		2.0000	2.0000	2.0000
52-4-4-5	安拆钢板桩支撑 槽宽≤3.8 m 深 4.01～6.00 m	100 m		1.0000	1.0000	1.0000
	井点降水					
53-9-1-1	施工排水、降水 湿土排水	m^3	−1116.9400	−1214.0600	−1359.7500	−1596.0000
53-9-1-5	施工排水、降水 轻型井点安装	根	83.0000	83.0000	83.0000	83.0000
53-9-1-6	施工排水、降水 轻型井点拆除	根	83.0000	83.0000	83.0000	83.0000
53-9-1-7	施工排水、降水 轻型井点使用	套·天	66.0000	66.0000	66.0000	66.0000

工作内容：沟槽挖土、沟槽排水、井点降水、沟槽围护和支撑（钢板桩、撑拆列板）、铺筑管道基础、铺设管道、沟槽回填（素土）、土方场内运输、砌筑检查井等。

定额编号				J-1-3-93	J-1-3-94	J-1-3-95	J-1-3-96
项目				ϕ2000			
				F型钢承口式钢筋混凝土管			
				≤4.0 m	>4.0 m	4.5 m	5.0 m
名称			单位	100 m	100 m	100 m	100 m
人工	00190101	综合人工	工日	608.5041	645.7554	716.3292	821.2851
材料	01010211	热轧带肋钢筋(HRB400) ϕ≤10	t	0.0938	0.0938	0.1025	0.1025
	01010212	热轧带肋钢筋(HRB400) ϕ>10	t	0.2413	0.2413	0.2635	0.2635
	02090101	塑料薄膜	m^2	515.4313	515.4313	522.4531	525.2053
	03010811	钢塑膨胀铆钉	只	18.3600	18.3600	18.3600	18.3600
	03150101	圆钉	kg	37.9121	37.9121	38.1649	38.1649
	03152501	镀锌铁丝	kg	1.0104	1.0104	1.1031	1.1031
	04030115	黄砂 中粗	t	0.1700	0.1700	0.1700	0.1700
	04030701	砾石砂	t	83.2846	83.2846	83.3951	85.4292
	04050313	道碴 50～70	t	0.3988	0.3988	0.3988	0.3988
	04131711	蒸压灰砂砖	千块	13.0779	13.0779	14.6773	16.4775
	04290712	钢筋混凝土板 1400×250×160 mm	块	6.0000	6.0000	6.0000	6.0000

（续表）

定额编号				J-1-3-93	J-1-3-94	J-1-3-95	J-1-3-96
项目				ϕ2000			
				F 型钢承口式钢筋混凝土管			
				≤4.0 m	>4.0 m	4.5 m	5.0 m
名称			单位	100 m	100 m	100 m	100 m
材料	04290713	钢筋混凝土板 1400×300×160 mm	块	12.0000	12.0000	12.0000	12.0000
	05350301	竹箩	个	2.5000	2.5000	2.5000	2.5000
	14412801	环氧密封胶	kg	148.9648	148.9648	148.9648	148.9648
	17291259	F 型钢筋混凝土管(开槽) ϕ2000×2500	m	96.7304	96.7304	96.7304	96.7304
	34110101	水	m^3	8.5119	8.5119	8.6280	8.6736
	35010102	组合钢模板	kg	118.9781	118.9781	119.7715	119.7715
	35010703	木模板成材	m^3	0.7434	0.7434	0.7483	0.7483
	35020401	钢模零配件	kg	43.9926	43.9926	44.2859	44.2859
	36012831	铸铁检查井雨污水盖座 市政90 型	套	3.0000	3.0000	3.0000	3.0000
	36016631	防沉降检查井盖板 2500×2000×200	块	3.0000	3.0000	3.0000	3.0000
	36016651	高强度塑料检查井格板	只	3.0600	3.0600	3.0600	3.0600
	36016661	高强度塑料支架	只	9.1800	9.1800	9.1800	9.1800
	80060414	湿拌砌筑砂浆 WM M10.0	m^3	5.6875	5.6875	6.4617	7.2542
	80060513	预拌抹灰砂浆 WP M15.0	m^3	2.6732	2.6732	2.9308	3.1884
	80210410	预拌混凝土(泵送型) C15 粒径5～20	m^3	1.6665	1.6665	1.8180	1.8180
	80210414	预拌混凝土(泵送型) C20 粒径5～20	m^3	162.2868	162.2868	163.6301	163.6301
机械	99010060	履带式单斗液压挖掘机 1 m^3	台班	6.1723	6.5705	7.1678	8.1795
	99050930	混凝土振捣器 插入式	台班	22.2393	22.2393	22.4420	22.4420
	99050940	混凝土振捣器 平板式	台班	23.8101	23.8101	24.0149	24.0533
	99070220	轮胎式装载机 1 m^3	台班	5.4509	5.9987	6.8264	8.2137
	99070540	载重汽车 6 t	台班	0.2975	0.2975	0.2995	0.2995
	99070588	载重汽车 12 t	台班	8.3503	9.1894	10.4574	12.5827
	99070730	平板拖车组 10 t	台班	0.6847	0.6847	0.6847	0.6847
	99090360	汽车式起重机 8 t	台班	0.4296	0.4296	0.4309	0.4309
	99090410	汽车式起重机 20 t	台班	0.6847	0.6847	0.6847	0.6847
	99090430	汽车式起重机 30 t	台班	2.2877	2.2877	2.2877	2.2877
	99091700	手扳葫芦	台班	4.5753	4.5753	4.5753	4.5753
	99091880	千斤顶 15 t	台班	4.5753	4.5753	4.5753	4.5753

（续表）

定额编号				J-1-3-93	J-1-3-94	J-1-3-95	J-1-3-96
项目				ϕ2000			
				F 型钢承口式钢筋混凝土管			
				≤4.0 m	>4.0 m	4.5 m	5.0 m
名称			单位	100 m	100 m	100 m	100 m
材料	99130350	内燃夯实机 700 N·m	台班	32.3464	35.9495	41.3991	50.5194
	99170010	钢筋调直机	台班	0.1590	0.1590	0.1735	0.1735
	99170025	钢筋切断机	台班	0.1590	0.1590	0.1735	0.1735
	99210065	木工平刨床 刨削宽度 450	台班	0.4277	0.4277	0.4306	0.4306
	99440010	电动单级离心清水泵 ϕ50	台班	134.0328	145.6872	163.1700	191.5200
调整项目							
		围护支撑					
	00190101	综合人工	工日	462.6629	592.1781	592.1781	592.1781
	03152501	镀锌铁丝	kg	15.0000	20.0000	20.0000	20.0000
	04030115	黄砂 中粗	t	15.8236	23.7356	23.7356	23.7356
	05030101	成材	m^3	0.6027	0.8241	0.8241	0.8241
	35090121	槽型钢板桩	t	1.3350	1.9587	1.9587	1.9587
	35090131	槽型钢板桩使用费	t·d	4320.0000	9604.0000	9604.0000	9604.0000
	35090611	钢板桩支撑使用费	t·d	384.0000	767.0000	767.0000	767.0000
	35091771	铁撑柱	kg	129.8100	173.0800	173.0800	173.0800
	35091901	钢桩帽摊销	kg	90.9300	136.2690	136.2690	136.2690
	99030080	轨道式柴油打桩机 0.6 t	台班	20.1323	27.7905	27.7905	27.7905
	99030690	简易拔桩架	台班	23.9558	29.8410	29.8410	29.8410
	99090075	履带式起重机 8 t	台班	5.1194	6.8250	6.8250	6.8250
		井点降水					
	00190101	综合人工	工日	20.2287	15.0425	7.2626	−5.3531
	04030115	黄砂 中粗	t	9.4420	9.4420	9.4420	9.4420
	17270201	普通橡胶管	m	14.2440	14.2440	14.2440	14.2440
	34110101	水	m^3	152.3275	152.3275	152.3275	152.3275
	35040921	轻型井点井管 ϕ40	m	60.6442	60.6442	60.6442	60.6442
	35040941	轻型井点井管 $\phi180\times4$	m	2.9260	2.9260	2.9260	2.9260
	99091380	电动卷扬机单筒快速 10 kN	台班	1.9920	1.9920	1.9920	1.9920
	99350050	轻便钻机 XJ-100	台班	4.7310	4.7310	4.7310	4.7310
	99440010	电动单级离心清水泵 ϕ50	台班	−134.0328	−145.6872	−163.1700	−191.5200
	99440150	电动多级离心清水泵 $\phi150\times$180 m 以下	台班	3.9840	3.9840	3.9840	3.9840
	99440510	射流井点泵 9.5 m	台班	77.8920	77.8920	77.8920	77.8920

工作内容：沟槽挖土、沟槽排水、井点降水、沟槽围护和支撑(钢板桩、撑拆列板)、铺筑管道基础、铺设管道、沟槽回填(素土)、土方场内运输、砌筑检查井等。

定额编号			J-1-3-97	J-1-3-98	J-1-3-99	J-1-3-100
项目			ϕ2000			
			F型钢承口式钢筋混凝土管			
			5.5 m	≤6.0 m	>6.0 m	6.5 m
			100 m	100 m	100 m	100 m
预算定额编号	预算定额名称	预算定额单位	数量			
04290712	钢筋混凝土板 1400×250×160 mm	块	18.0000	18.0000	18.0000	18.0000
52-1-2-3	机械挖沟槽土方 深≤6 m 现场抛土	m^3	2194.5000	2344.1300	2394.0000	2394.0000
52-1-2-3 系 1	机械挖沟槽土方 深≤7 m 现场抛土	m^3			49.8800	199.5000
52-1-3-1	沟槽回填 夯填土	m^3	1561.2100	1710.8400	1810.5900	1960.2100
53-1-3-2	场内运输 自卸汽车装运土(运距1 km以内)	m^3	1987.0000	2166.5560	2286.2560	2465.8000
52-1-4-3	管道垫层 砾石砂垫层	m^3	38.6400	38.6400	38.6400	38.8800
52-1-5-1	管道基座 混凝土 C20	m^3	162.0100	162.0100	162.0100	162.7900
52-1-5-1 换 1	管道基座 混凝土 C15	m^3	1.8000	1.8000	1.8000	1.9200
52-1-5-2	管道基座 钢筋	t	0.3570	0.3570	0.3570	0.3810
52-1-6-20	管道铺设 F型钢承口式钢筋混凝土管 ϕ2000	100 m	0.9670	0.9670	0.9670	0.9670
52-3-1-3	砖砌检查井及雨水口 检查井 深≤6 m	m^3	33.8100	52.5900	52.5900	
52-3-1-4	砖砌检查井及雨水口 检查井 深≤8 m	m^3				55.9800
52-3-2-1	水泥砂浆抹面 检查井	m^2	199.3500	204.9600	204.9600	225.0000
52-3-6-1	安装防坠格板 新建工程	只	3.0000	3.0000	3.0000	3.0000
52-3-9-3	安装盖板及盖座 铸铁盖座	套	3.0000	3.0000	3.0000	3.0000
52-3-9-4	安装盖板及盖座 防沉降检查井盖板	块	3.0000	3.0000	3.0000	3.0000
52-4-5-1	模板工程 模板 管道基座	m^2	187.2000	187.2000	187.2000	187.7100
53-9-1-1	施工排水、降水 湿土排水	m^3	1795.5000	1945.1300	2044.8800	2194.5000
53-9-1-3	施工排水、降水 筑拆竹箩滤井	座	2.5000	2.5000	2.5000	2.5000

(续表)

定额编号			J-1-3-97	J-1-3-98	J-1-3-99	J-1-3-100
项目			ϕ2000			
			F型钢承口式钢筋混凝土管			
			5.5 m	≤6.0 m	>6.0 m	6.5 m
			100 m	100 m	100 m	100 m
预算定额编号	预算定额名称	预算定额单位	数量			
调整项目						
	围护支撑					
52-4-3-2	打槽型钢板桩 长 6.01～9.00 m,单面	100 m	2.0000	2.0000		
52-4-3-7	拔槽型钢板桩 长 6.01～9.00 m,单面	100 m	2.0000	2.0000		
52-4-3-11	打拔沟槽钢板桩 槽型钢板桩使用费	t·d	9604.0000	9604.0000	13306.0000	13306.0000
52-4-4-5	安拆钢板桩支撑 槽宽≤3.8 m 深 4.01～6.00 m	100 m	1.0000	1.0000		
52-4-4-14	钢板桩支撑使用费	t·d	767.0000	767.0000	1334.0000	1334.0000
52-4-3-3	打槽型钢板桩 长 9.01～12.00 m,单面	100 m			2.0000	2.0000
52-4-3-8	拔槽型钢板桩 长 9.01～12.00 m,单面	100 m			2.0000	2.0000
52-4-4-6	安拆钢板桩支撑 槽宽≤3.8 m 深 6.01～8.00 m	100 m			1.0000	1.0000
	井点降水					
53-9-1-1	施工排水、降水 湿土排水	m^3	-1795.5000	-1945.1300	-2044.8800	-2194.5000
53-9-1-5	施工排水、降水 轻型井点安装	根	83.0000	83.0000		
53-9-1-6	施工排水、降水 轻型井点拆除	根	83.0000	83.0000		
53-9-1-7	施工排水、降水 轻型井点使用	套·天	66.0000	66.0000		
53-9-1-8	施工排水、降水 喷射井点安装 10 m	根			40.0000	40.0000
53-9-1-9	施工排水、降水 喷射井点拆除 10 m	根			40.0000	40.0000
53-9-1-10	施工排水、降水 喷射井点使用 10 m	套·天			47.0000	47.0000

工作内容:沟槽挖土、沟槽排水、井点降水、沟槽围护和支撑(钢板桩、撑拆列板)、铺筑管道基础、铺设管道、沟槽回填(素土)、土方场内运输、砌筑检查井等。

定额编号				J-1-3-97	J-1-3-98	J-1-3-99	J-1-3-100
项目				ϕ2000			
				F型钢承口式钢筋混凝土管			
				5.5 m	≤6.0 m	>6.0 m	6.5 m
名称			单位	100 m	100 m	100 m	100 m
人工	00190101	综合人工	工日	908.2605	1011.9754	1050.4400	1124.6329
材料	01010211	热轧带肋钢筋(HRB400) $\phi \leq 10$	t	0.1025	0.1025	0.1025	0.1093
	01010212	热轧带肋钢筋(HRB400) $\phi > 10$	t	0.2635	0.2635	0.2635	0.2812
	02090101	塑料薄膜	m^2	527.9576	543.4792	543.4792	549.0283
	03010811	钢塑膨胀铆钉	只	18.3600	18.3600	18.3600	18.3600
	03150101	圆钉	kg	38.1649	38.1649	38.1649	38.2689
	03152501	镀锌铁丝	kg	1.1031	1.1031	1.1031	1.1773
	04030115	黄砂 中粗	t	0.1700	0.1700	0.1700	0.1700
	04030701	砾石砂	t	85.4292	85.4292	85.4292	85.9598
	04050313	道碴 50～70	t	0.3988	0.3988	0.3988	0.3988
	04131711	蒸压灰砂砖	千块	18.2777	28.4302	28.4302	30.1676
	04290712	钢筋混凝土板 1400×250×160 mm	块	18.0000	18.0000	18.0000	18.0000
	05350301	竹箩	个	2.5000	2.5000	2.5000	2.5000
	14412801	环氧密封胶	kg	148.9648	148.9648	148.9648	148.9648
	17291259	F型钢筋混凝土管(开槽) ϕ2000×2500	m	96.7304	96.7304	96.7304	96.7304
	34110101	水	m^3	8.7192	8.9765	8.9765	9.0683
	35010102	组合钢模板	kg	119.7715	119.7715	119.7715	120.0978
	35010703	木模板成材	m^3	0.7483	0.7483	0.7483	0.7504
	35020401	钢模零配件	kg	44.2859	44.2859	44.2859	44.4066
	36012831	铸铁检查井雨污水盖座 市政90型	套	3.0000	3.0000	3.0000	3.0000
	36016631	防沉降检查井盖板 2500×2000×200	块	3.0000	3.0000	3.0000	3.0000
	36016651	高强度塑料检查井格板	只	3.0600	3.0600	3.0600	3.0600
	36016661	高强度塑料支架	只	9.1800	9.1800	9.1800	9.1800
	80060414	湿拌砌筑砂浆 WM M10.0	m^3	8.0468	12.5164	12.5164	13.5416
	80060513	预拌抹灰砂浆 WP M15.0	m^3	3.4274	3.5166	3.5166	3.8352
	80210410	预拌混凝土(泵送型) C15 粒径5～20	m^3	1.8180	1.8180	1.8180	1.9392
	80210414	预拌混凝土(泵送型) C20 粒径5～20	m^3	163.6301	163.6301	163.6301	164.4179

（续表）

定额编号				J-1-3-97	J-1-3-98	J-1-3-99	J-1-3-100
项目				ϕ2000			
				F型钢承口式钢筋混凝土管			
				5.5 m	≤6.0 m	>6.0 m	6.5 m
名称			单位	100 m	100 m	100 m	100 m
机械	99010060	履带式单斗液压挖掘机 1 m^3	台班	8.9975	9.6109	10.0548	10.7730
	99050930	混凝土振捣器 插入式	台班	22.4420	22.4420	22.4420	22.5652
	99050940	混凝土振捣器 平板式	台班	24.0533	24.0533	24.0533	24.1865
	99070220	轮胎式装载机 1 m^3	台班	9.3389	10.1828	10.7454	11.5893
	99070540	载重汽车 6 t	台班	0.2995	0.2995	0.2995	0.3003
	99070588	载重汽车 12 t	台班	14.3064	15.5992	16.4610	17.7538
	99070730	平板拖车组 10 t	台班	0.6847	0.6847	0.6847	0.6847
	99090360	汽车式起重机 8 t	台班	0.4309	0.4309	0.4309	0.4315
	99090410	汽车式起重机 20 t	台班	0.6847	0.6847	0.6847	0.6847
	99090430	汽车式起重机 30 t	台班	2.2877	2.2877	2.2877	2.2877
	99091700	手扳葫芦	台班	4.5753	4.5753	4.5753	4.5753
	99091880	千斤顶 15 t	台班	4.5753	4.5753	4.5753	4.5753
	99130350	内燃夯实机 700 N·m	台班	57.9209	63.4722	67.1729	72.7238
	99170010	钢筋调直机	台班	0.1735	0.1735	0.1735	0.1852
	99170025	钢筋切断机	台班	0.1735	0.1735	0.1735	0.1852
	99210065	木工平刨床 刨削宽度 450	台班	0.4306	0.4306	0.4306	0.4317
	99440010	电动单级离心清水泵 ϕ50	台班	215.4600	233.4156	245.3856	263.3400
调整项目							
		围护支撑					
	00190101	综合人工	工日	592.1781	592.1781	593.4223	593.4223
	03152501	镀锌铁丝	kg	20.0000	20.0000	25.0000	25.0000
	04030115	黄砂 中粗	t	23.7356	23.7356	33.2299	33.2299
	05030101	成材	m^3	0.8241	0.8241	1.0276	1.0276
	35090121	槽型钢板桩	t	1.9587	1.9587	2.6893	2.6893
	35090131	槽型钢板桩使用费	t·d	9604.0000	9604.0000	13306.0000	13306.0000
	35090611	钢板桩支撑使用费	t·d	767.0000	767.0000	1334.0000	1334.0000
	35091771	铁撑柱	kg	173.0800	173.0800	272.9800	272.9800
	35091901	钢桩帽摊销	kg	136.2690	136.2690	381.5700	381.5700
	99030080	轨道式柴油打桩机 0.6 t	台班	27.7905	27.7905		
	99030690	简易拔桩架	台班	29.8410	29.8410		
	99090075	履带式起重机 8 t	台班	6.8250	6.8250	8.5319	8.5319

（续表）

定额编号			J-1-3-97	J-1-3-98	J-1-3-99	J-1-3-100
项目			ϕ2000			
			F型钢承口式钢筋混凝土管			
			5.5 m	≤6.0 m	>6.0 m	6.5 m
名称		单位	100 m	100 m	100 m	100 m
99030100	轨道式柴油打桩机 1.2 t	台班			33.5913	33.5913
99030970	震动锤 45 kW	台班			17.3680	17.3680
99090090	履带式起重机 15 t	台班			17.3680	17.3680
	井点降水					
00190101	综合人工	工日	−16.0064	−23.9966	145.5274	137.5377
04030115	黄砂 中粗	t	9.4420	9.4420		
04030119	黄砂 中粗	kg			95423.8016	95423.8016
17030102	镀锌焊接钢管	kg			0.2777	0.2777
17270201	普通橡胶管	m	14.2440	14.2440		
34110101	水	m^3	152.3275	152.3275	566.8908	566.8908
35040921	轻型井点井管 ϕ40	m	60.6442	60.6442		
35040941	轻型井点井管 ϕ180×4	m	2.9260	2.9260		
35040961	喷射井点总管 ϕ159×6	m			6.3626	6.3626
35040971	喷射井点井管 ϕ76	m			45.3611	45.3611
35041011	喷射井点滤网管	根			5.2295	5.2295
35041021	喷射井点回水连接件	副			3.2724	3.2724
35041031	喷射井点腰子法兰	副			1.4779	1.4779
35041041	喷射井点水箱	kg			52.2791	52.2791
35041051	喷射井点喷射器	只			6.9885	6.9885
99090080	履带式起重机 10 t	台班			11.5200	11.5200
99091380	电动卷扬机单筒快速 10 kN	台班	1.9920	1.9920		
99350050	轻便钻机 XJ-100	台班	4.7310	4.7310		
99350120	液压钻机 G-2A	台班			4.4160	4.4160
99440010	电动单级离心清水泵 ϕ50	台班	−215.4600	−233.4156	−245.3856	−263.3400
99440150	电动多级离心清水泵 ϕ150×180 m以下	台班	3.9840	3.9840	59.6900	59.6900
99440210	污水泵 ϕ100	台班			11.0400	11.0400
99440510	射流井点泵 9.5 m	台班	77.8920	77.8920		

工作内容:沟槽挖土、沟槽排水、井点降水、沟槽围护和支撑(钢板桩、撑拆列板)、铺筑管道基础、铺设管道、沟槽回填(素土)、土方场内运输、砌筑检查井等。

定额编号			J-1-3-101	J-1-3-102	J-1-3-103	J-1-3-104
项目			ϕ2000	ϕ2200		
			F型钢承口式钢筋混凝土管			
			7.0 m	3.5 m	≤4.0 m	>4.0 m
			100 m	100 m	100 m	100 m
预算定额编号	预算定额名称	预算定额单位	数量			
04290712	钢筋混凝土板 1400×250×160 mm	块	18.0000	6.0000	6.0000	6.0000
04290713	钢筋混凝土板 1400×300×160 mm	块		15.0000	15.0000	15.0000
52-1-2-3	机械挖沟槽土方 深≤6 m 现场抛土	m^3	2457.0000	1433.2500	1586.8100	1689.1900
52-1-2-3 系 1	机械挖沟槽土方 深≤7 m 现场抛土	m^3	409.5000			
52-1-3-1	沟槽回填 夯填土	m^3	2232.2800	680.4600	834.0200	936.4000
53-1-3-2	场内运输 自卸汽车装运土(运距1 km以内)	m^3	2792.4700	952.9000	1137.1720	1260.0280
52-1-4-3	管道垫层 砾石砂垫层	m^3	39.8100	39.7700	39.7700	39.7700
52-1-5-1	管道基座 混凝土 C20	m^3	162.7900	195.2000	195.2000	195.2000
52-1-5-1 换 1	管道基座 混凝土 C15	m^3	1.9200	1.7700	1.7700	1.7700
52-1-5-2	管道基座 钢筋	t	0.3810	0.3540	0.3540	0.3540
52-1-6-20	管道铺设 F型钢承口式钢筋混凝土管 ϕ2000	100 m	0.9670			
52-1-6-21	管道铺设 F型钢承口式钢筋混凝土管 ϕ2200	100 m		0.9670	0.9670	0.9670
52-3-1-2	砖砌检查井及雨水口 检查井深≤4 m	m^3		21.0000	25.8600	25.8600
52-3-1-4	砖砌检查井及雨水口 检查井深≤8 m	m^3	59.8500			
52-3-2-1	水泥砂浆抹面 检查井	m^2	247.0800	134.7600	159.3600	159.3600
52-3-6-1	安装防坠格板 新建工程	只	3.0000	3.0000	3.0000	3.0000
52-3-9-3	安装盖板及盖座 铸铁盖座	套	3.0000	3.0000	3.0000	3.0000
52-3-9-4	安装盖板及盖座 防沉降检查井盖板	块	3.0000	3.0000	3.0000	3.0000
52-4-5-1	模板工程 模板 管道基座	m^2	187.7100	210.6600	210.6600	210.6600
53-9-1-1	施工排水、降水 湿土排水	m^3	2457.0000	1023.7500	1177.3100	1279.6900
53-9-1-3	施工排水、降水 筑拆竹箩滤井	座	2.5000	2.5000	2.5000	2.5000

（续表）

定额编号			J-1-3-101	J-1-3-102	J-1-3-103	J-1-3-104
项目			ϕ2000	ϕ2200		
			F型钢承口式钢筋混凝土管			
			7.0 m	3.5 m	≤4.0 m	>4.0 m
			100 m	100 m	100 m	100 m
预算定额编号	预算定额名称	预算定额单位	数量			
调整项目						
	围护支撑					
52-4-3-3	打槽型钢板桩 长 9.01～12.00 m，单面	100 m	2.0000			
52-4-3-8	拔槽型钢板桩 长 9.01～12.00 m，单面	100 m	2.0000			
52-4-3-11	打拔沟槽钢板桩 槽型钢板桩使用费	t·d	13306.0000	4320.0000	4320.0000	9604.0000
52-4-4-9	安拆钢板桩支撑 槽宽≤4.5 m 深 6.01～8.00 m	100 m	1.0000			
52-4-4-14	钢板桩支撑使用费	t·d	1334.0000	384.0000	384.0000	767.0000
52-4-3-1	打槽型钢板桩 长 4.00～6.00 m，单面	100 m		2.0000	2.0000	
52-4-3-6	拔槽型钢板桩 长 4.00～6.00 m，单面	100 m		2.0000	2.0000	
52-4-4-7	安拆钢板桩支撑 槽宽≤4.5 m 深 3.01～4.00 m	100 m		1.0000	1.0000	
52-4-3-2	打槽型钢板桩 长 6.01～9.00 m，单面	100 m				2.0000
52-4-3-7	拔槽型钢板桩 长 6.01～9.00 m，单面	100 m				2.0000
52-4-4-8	安拆钢板桩支撑 槽宽≤4.5 m 深 4.01～6.00 m	100 m				1.0000
	井点降水					
53-9-1-1	施工排水、降水 湿土排水	m^3	−2457.0000	−1023.7500	−1177.3100	−1279.6900
53-9-1-5	施工排水、降水 轻型井点安装	根		83.0000	83.0000	83.0000
53-9-1-6	施工排水、降水 轻型井点拆除	根		83.0000	83.0000	83.0000
53-9-1-7	施工排水、降水 轻型井点使用	套·天		70.0000	70.0000	70.0000
53-9-1-8	施工排水、降水 喷射井点安装 10 m	根	40.0000			
53-9-1-9	施工排水、降水 喷射井点拆除 10 m	根	40.0000			
53-9-1-10	施工排水、降水 喷射井点使用 10 m	套·天	47.0000			

工作内容:沟槽挖土、沟槽排水、井点降水、沟槽围护和支撑(钢板桩、撑拆列板)、铺筑管道基础、铺设管道、沟槽回填(素土)、土方场内运输、砌筑检查井等。

定额编号				J-1-3-101	J-1-3-102	J-1-3-103	J-1-3-104
项目				ϕ2000	ϕ2200		
				F型钢承口式钢筋混凝土管			
				7.0 m	3.5 m	≤4.0 m	>4.0 m
名称			单位	100 m	100 m	100 m	100 m
人工	00190101	综合人工	工日	1243.0426	560.6887	634.6180	673.8868
材料	01010211	热轧带肋钢筋(HRB400) ϕ≤10	t	0.1093	0.1016	0.1016	0.1016
	01010212	热轧带肋钢筋(HRB400) ϕ>10	t	0.2812	0.2613	0.2613	0.2613
	02090101	塑料薄膜	m^2	552.2268	618.5877	622.6045	622.6045
	03010811	钢塑膨胀铆钉	只	18.3600	18.3600	18.3600	18.3600
	03150101	圆钉	kg	38.2689	42.9478	42.9478	42.9478
	03152501	镀锌铁丝	kg	1.1773	1.0939	1.0939	1.0939
	04030115	黄砂 中粗	t	0.1700	0.1700	0.1700	0.1700
	04030701	砾石砂	t	88.0159	87.9275	87.9275	87.9275
	04050313	道碴 50～70	t	0.3988	0.3988	0.3988	0.3988
	04131711	蒸压灰砂砖	千块	32.2532	11.3862	14.0213	14.0213
	04290712	钢筋混凝土板 1400×250×160 mm	块	18.0000	6.0000	6.0000	6.0000
	04290713	钢筋混凝土板 1400×300×160 mm	块		15.0000	15.0000	15.0000
	05350301	竹箩	个	2.5000	2.5000	2.5000	2.5000
	14412801	环氧密封胶	kg	148.9648	163.4743	163.4743	163.4743
	17291259	F型钢筋混凝土管(开槽) ϕ2000×2500	m	96.7304			
	17291260	F型钢筋混凝土管(开槽) ϕ2200×2500	m		96.7304	96.7304	96.7304
	34110101	水	m^3	9.1213	10.2150	10.2816	10.2816
	35010102	组合钢模板	kg	120.0978	134.7813	134.7813	134.7813
	35010703	木模板成材	m^3	0.7504	0.8421	0.8421	0.8421
	35020401	钢模零配件	kg	44.4066	49.8358	49.8358	49.8358
	36012831	铸铁检查井雨污水盖座 市政90型	套	3.0000	3.0000	3.0000	3.0000
	36016631	防沉降检查井盖板 2500×2000×200	块	3.0000	3.0000	3.0000	3.0000
	36016651	高强度塑料检查井格板	只	3.0600	3.0600	3.0600	3.0600
	36016661	高强度塑料支架	只	9.1800	9.1800	9.1800	9.1800
	80060414	湿拌砌筑砂浆 WM M10.0	m^3	14.4777	4.9518	6.0978	6.0978

（续表）

定额编号				J-1-3-101	J-1-3-102	J-1-3-103	J-1-3-104
项目				ϕ2000	ϕ2200		
				F 型钢承口式钢筋混凝土管			
				7.0 m	3.5 m	≤4.0 m	>4.0 m
		名称	单位	100 m	100 m	100 m	100 m
材料	80060513	预拌抹灰砂浆 WP M15.0	m^3	4.1863	2.4004	2.7915	2.7915
	80210410	预拌混凝土(泵送型) C15 粒径 5～20	m^3	1.9392	1.7877	1.7877	1.7877
	80210414	预拌混凝土(泵送型) C20 粒径 5～20	m^3	164.4179	197.1520	197.1520	197.1520
机械	99010060	履带式单斗液压挖掘机 1 m^3	台班	12.0393	5.8763	6.5059	6.9257
	99050930	混凝土振捣器 插入式	台班	22.5652	26.9849	26.9849	26.9849
	99050940	混凝土振捣器 平板式	台班	24.2253	28.6433	28.6433	28.6433
	99070220	轮胎式装载机 1 m^3	台班	13.1246	4.4786	5.3447	5.9221
	99070540	载重汽车 6 t	台班	0.3003	0.3371	0.3371	0.3371
	99070588	载重汽车 12 t	台班	20.1058	6.8609	8.1876	9.0722
	99070730	平板拖车组 10 t	台班	0.6847			
	99070740	平板拖车组 15 t	台班		0.8326	0.8326	0.8326
	99090360	汽车式起重机 8 t	台班	0.4315	0.4567	0.4567	0.4567
	99090410	汽车式起重机 20 t	台班	0.6847			
	99090430	汽车式起重机 30 t	台班	2.2877	0.8326	0.8326	0.8326
	99090450	汽车式起重机 40 t	台班		2.7779	2.7779	2.7779
	99091700	手扳葫芦	台班	4.5753	5.5557	5.5557	5.5557
	99091880	千斤顶 15 t	台班	4.5753	5.5557	5.5557	5.5557
	99130350	内燃夯实机 700 N·m	台班	82.8176	25.2451	30.9421	34.7404
	99170010	钢筋调直机	台班	0.1852	0.1721	0.1721	0.1721
	99170025	钢筋切断机	台班	0.1852	0.1721	0.1721	0.1721
	99210065	木工平刨床 刨削宽度 450	台班	0.4317	0.4845	0.4845	0.4845
	99440010	电动单级离心清水泵 ϕ50	台班	294.8400	122.8500	141.2772	153.5628
调整项目							
		围护支撑					
	00190101	综合人工	工日	621.3363	477.8779	477.8779	613.3218
	03152501	镀锌铁丝	kg	25.0000	15.0000	15.0000	20.0000
	04030115	黄砂 中粗	t	33.2299	15.8236	15.8236	23.7356
	05030101	成材	m^3	1.0276	0.6027	0.6027	0.8241
	35090121	槽型钢板桩	t	2.6893	1.3350	1.3350	1.9587
	35090131	槽型钢板桩使用费	t·d	13306.0000	4320.0000	4320.0000	9604.0000
	35090611	钢板桩支撑使用费	t·d	1334.0000	384.0000	384.0000	767.0000
	35091771	铁撑柱	kg	427.2000	184.5000	184.5000	246.0000

（续表）

定额编号			J-1-3-101	J-1-3-102	J-1-3-103	J-1-3-104
项目			ϕ2000	ϕ2200		
			F型钢承口式钢筋混凝土管			
			7.0 m	3.5 m	≤4.0 m	>4.0 m
	名称	单位	100 m	100 m	100 m	100 m
35091901	钢桩帽摊销	kg	381.5700	90.9300	90.9300	136.2690
99030100	轨道式柴油打桩机 1.2 t	台班	33.5913			
99030970	震动锤 45 kW	台班	17.3680			
99090075	履带式起重机 8 t	台班	11.3750	6.8250	6.8250	9.1000
99090090	履带式起重机 15 t	台班	17.3680			
99030080	轨道式柴油打桩机 0.6 t	台班		20.1323	20.1323	27.7905
99030690	简易拔桩架	台班		23.9558	23.9558	29.8410
	井点降水					
00190101	综合人工	工日	123.5202	27.5050	19.3049	13.8379
04030115	黄砂 中粗	t		9.4420	9.4420	9.4420
04030119	黄砂 中粗	kg	95423.8016			
17030102	镀锌焊接钢管	kg	0.2777			
17270201	普通橡胶管	m		14.2440	14.2440	14.2440
34110101	水	m^3	566.8908	152.3275	152.3275	152.3275
35040921	轻型井点井管 ϕ40	m		64.2078	64.2078	64.2078
35040941	轻型井点井管 ϕ180×4	m		3.0977	3.0977	3.0977
35040961	喷射井点总管 ϕ159×6	m	6.3626			
35040971	喷射井点井管 ϕ76	m	45.3611			
35041011	喷射井点滤网管	根	5.2295			
35041021	喷射井点回水连接件	副	3.2724			
35041031	喷射井点腰子法兰	副	1.4779			
35041041	喷射井点水箱	kg	52.2791			
35041051	喷射井点喷射器	只	6.9885			
99090080	履带式起重机 10 t	台班	11.5200			
99091380	电动卷扬机单筒快速 10 kN	台班		1.9920	1.9920	1.9920
99350050	轻便钻机 XJ-100	台班		4.7310	4.7310	4.7310
99350120	液压钻机 G-2A	台班	4.4160			
99440010	电动单级离心清水泵 ϕ50	台班	−294.8400	−122.8500	−141.2772	−153.5628
99440150	电动多级离心清水泵 ϕ150×180 m以下	台班	59.6900	3.9840	3.9840	3.9840
99440210	污水泵 ϕ100	台班	11.0400			
99440510	射流井点泵 9.5 m	台班		82.4920	82.4920	82.4920

工作内容:沟槽挖土、沟槽排水、井点降水、沟槽围护和支撑(钢板桩、撑拆列板)、铺筑管道基础、铺设管道、沟槽回填(素土)、土方场内运输、砌筑检查井等。

定　额　编　号			J-1-3-105	J-1-3-106	J-1-3-107	J-1-3-108
项　目			ϕ2200			
			F 型钢承口式钢筋混凝土管			
			4.5 m	5.0 m	5.5 m	≤6.0 m
			100 m	100 m	100 m	100 m
预算定额编号	预算定额名称	预算定额单位	数　量			
04290712	钢筋混凝土板 1400×250×160 mm	块	6.0000	6.0000	6.0000	12.0000
04290713	钢筋混凝土板 1400×300×160 mm	块	15.0000	15.0000	15.0000	9.0000
52-1-2-3	机械挖沟槽土方 深≤6 m 现场抛土	m^3	1842.7500	2100.0000	2310.0000	2467.5000
52-1-3-1	沟槽回填 夯填土	m^3	1091.3800	1347.7100	1557.7100	1715.2100
53-1-3-2	场内运输 自卸汽车装运土(运距 1 km 以内)	m^3	1445.8100	1753.5900	2005.5900	2194.5900
52-1-4-3	管道垫层 砾石砂垫层	m^3	39.8100	40.7300	40.7300	40.7300
52-1-5-1	管道基座 混凝土 C20	m^3	194.9400	194.9400	194.9400	194.9400
52-1-5-1 换 1	管道基座 混凝土 C15	m^3	1.9200	1.9200	1.9200	1.9200
52-1-5-2	管道基座 钢筋	t	0.3810	0.3810	0.3810	0.3810
52-1-6-21	管道铺设 F 型钢承口式钢筋混凝土管 ϕ2200	100 m	0.9670	0.9670	0.9670	0.9670
52-3-1-3	砖砌检查井及雨水口 检查井 深≤6 m	m^3	28.8300	32.1900	35.2200	56.4000
52-3-2-1	水泥砂浆抹面 检查井	m^2	175.5600	191.7600	204.6000	208.3800
52-3-6-1	安装防坠格板 新建工程	只	3.0000	3.0000	3.0000	3.0000
52-3-9-3	安装盖板及盖座 铸铁盖座	套	3.0000	3.0000	3.0000	3.0000
52-3-9-4	安装盖板及盖座 防沉降检查井盖板	块	3.0000	3.0000	3.0000	3.0000
52-4-5-1	模板工程 模板 管道基座	m^2	209.9000	209.9000	209.9000	209.9000
53-9-1-1	施工排水、降水 湿土排水	m^3	1433.2500	1680.0000	1890.0000	2047.5000
53-9-1-3	施工排水、降水 筑拆竹箩滤井	座	2.5000	2.5000	2.5000	2.5000
调整项目						
	围护支撑					
52-4-3-2	打槽型钢板桩 长 6.01～9.00 m,单面	100 m	2.0000	2.0000	2.0000	2.0000
52-4-3-7	拔槽型钢板桩 长 6.01～9.00 m,单面	100 m	2.0000	2.0000	2.0000	2.0000
52-4-3-11	打拔沟槽钢板桩 槽型钢板桩使用费	t·d	9604.0000	9604.0000	9604.0000	9604.0000
52-4-4-8	安拆钢板桩支撑 槽宽≤4.5 m 深 4.01～6.00 m	100 m	1.0000	1.0000	1.0000	1.0000

（续表）

定额编号			J-1-3-105	J-1-3-106	J-1-3-107	J-1-3-108
项目			ϕ2200			
			F型钢承口式钢筋混凝土管			
			4.5 m	5.0 m	5.5 m	≤6.0 m
			100 m	100 m	100 m	100 m
预算定额编号	预算定额名称	预算定额单位	数量			
52-4-4-14	钢板桩支撑使用费	t·d	767.0000	767.0000	767.0000	767.0000
	井点降水					
53-9-1-1	施工排水、降水 湿土排水	m^3	−1433.2500	−1680.0000	−1890.0000	−2047.5000
53-9-1-5	施工排水、降水 轻型井点安装	根	83.0000	83.0000	83.0000	83.0000
53-9-1-6	施工排水、降水 轻型井点拆除	根	83.0000	83.0000	83.0000	83.0000
53-9-1-7	施工排水、降水 轻型井点使用	套·天	70.0000	70.0000	70.0000	70.0000

工作内容：沟槽挖土、沟槽排水、井点降水、沟槽围护和支撑(钢板桩、撑拆列板)、铺筑管道基础、铺设管道、沟槽回填(素土)、土方场内运输、砌筑检查井等。

定额编号				J-1-3-105	J-1-3-106	J-1-3-107	J-1-3-108
项目				ϕ2200			
				F型钢承口式钢筋混凝土管			
				4.5 m	5.0 m	5.5 m	≤6.0 m
名称			单位	100 m	100 m	100 m	100 m
人工	00190101	综合人工	工日	746.4134	855.4692	945.3966	1057.6433
材料	01010211	热轧带肋钢筋(HRB400) $\phi\leqslant10$	t	0.1093	0.1093	0.1093	0.1093
	01010212	热轧带肋钢筋(HRB400) $\phi>10$	t	0.2812	0.2812	0.2812	0.2812
	02090101	塑料薄膜	m^2	624.7235	627.5005	630.0048	647.5101
	03010811	钢塑膨胀铆钉	只	18.3600	18.3600	18.3600	18.3600
	03150101	圆钉	kg	42.7928	42.7928	42.7928	42.7928
	03152501	镀锌铁丝	kg	1.1773	1.1773	1.1773	1.1773
	04030115	黄砂 中粗	t	0.1700	0.1700	0.1700	0.1700
	04030701	砾石砂	t	88.0159	90.0500	90.0500	90.0500
	04050313	道碴 50～70	t	0.3988	0.3988	0.3988	0.3988
	04131711	蒸压灰砂砖	千块	15.5855	17.4019	19.0399	30.4898
	04290712	钢筋混凝土板 1400×250×160 mm	块	6.0000	6.0000	6.0000	12.0000
	04290713	钢筋混凝土板 1400×300×160 mm	块	15.0000	15.0000	15.0000	9.0000
	05350301	竹箩	个	2.5000	2.5000	2.5000	2.5000

（续表）

定 额 编 号				J-1-3-105	J-1-3-106	J-1-3-107	J-1-3-108
项 目				ϕ2200			
				F 型钢承口式钢筋混凝土管			
				4.5 m	5.0 m	5.5 m	≤6.0 m
名 称			单位	100 m	100 m	100 m	100 m
材料	14412801	环氧密封胶	kg	163.4743	163.4743	163.4743	163.4743
	17291260	F 型钢筋混凝土管(开槽) ϕ2200×2500	m	96.7304	96.7304	96.7304	96.7304
	34110101	水	m^3	10.3168	10.3628	10.4043	10.6945
	35010102	组合钢模板	kg	134.2951	134.2951	134.2951	134.2951
	35010703	木模板成材	m^3	0.8391	0.8391	0.8391	0.8391
	35020401	钢模零配件	kg	49.6560	49.6560	49.6560	49.6560
	36012831	铸铁检查井雨污水盖座 市政 90 型	套	3.0000	3.0000	3.0000	3.0000
	36016631	防沉降检查井盖板 2500×2000×200	块	3.0000	3.0000	3.0000	3.0000
	36016651	高强度塑料检查井格板	只	3.0600	3.0600	3.0600	3.0600
	36016661	高强度塑料支架	只	9.1800	9.1800	9.1800	9.1800
	80060414	湿拌砌筑砂浆 WM M10.0	m^3	6.8615	7.6612	8.3824	13.4232
	80060513	预拌抹灰砂浆 WP M15.0	m^3	3.0491	3.3067	3.5108	3.5709
	80210410	预拌混凝土(泵送型) C15 粒径 5～20	m^3	1.9392	1.9392	1.9392	1.9392
	80210414	预拌混凝土(泵送型) C20 粒径 5～20	m^3	196.8894	196.8894	196.8894	196.8894
机械	99010060	履带式单斗液压挖掘机 1 m^3	台班	7.5553	8.6100	9.4710	10.1168
	99050930	混凝土振捣器 插入式	台班	26.9698	26.9698	26.9698	26.9698
	99050940	混凝土振捣器 平板式	台班	28.6299	28.6682	28.6682	28.6682
	99070220	轮胎式装载机 1 m^3	台班	6.7953	8.2419	9.4263	10.3146
	99070540	载重汽车 6 t	台班	0.3358	0.3358	0.3358	0.3358
	99070588	载重汽车 12 t	台班	10.4098	12.6258	14.4402	15.8010
	99070740	平板拖车组 15 t	台班	0.8326	0.8326	0.8326	0.8326
	99090360	汽车式起重机 8 t	台班	0.4559	0.4559	0.4559	0.4559
	99090430	汽车式起重机 30 t	台班	0.8326	0.8326	0.8326	0.8326
	99090450	汽车式起重机 40 t	台班	2.7779	2.7779	2.7779	2.7779
	99091700	手扳葫芦	台班	5.5557	5.5557	5.5557	5.5557
	99091880	千斤顶 15 t	台班	5.5557	5.5557	5.5557	5.5557

（续表）

定额编号				J-1-3-105	J-1-3-106	J-1-3-107	J-1-3-108
项目				ϕ2200			
				F型钢承口式钢筋混凝土管			
				4.5 m	5.0 m	5.5 m	≤6.0 m
名称			单位	100 m	100 m	100 m	100 m
机械	99130350	内燃夯实机 700 N·m	台班	40.4902	50.0000	57.7910	63.6343
	99170010	钢筋调直机	台班	0.1852	0.1852	0.1852	0.1852
	99170025	钢筋切断机	台班	0.1852	0.1852	0.1852	0.1852
	99210065	木工平刨床 刨削宽度 450	台班	0.4828	0.4828	0.4828	0.4828
	99440010	电动单级离心清水泵 ϕ50	台班	171.9900	201.6000	226.8000	245.7000
调整项目							
		围护支撑					
	00190101	综合人工	工日	613.3218	613.3218	613.3218	613.3218
	03152501	镀锌铁丝	kg	20.0000	20.0000	20.0000	20.0000
	04030115	黄砂 中粗	t	23.7356	23.7356	23.7356	23.7356
	05030101	成材	m^3	0.8241	0.8241	0.8241	0.8241
	35090121	槽型钢板桩	t	1.9587	1.9587	1.9587	1.9587
	35090131	槽型钢板桩使用费	t·d	9604.0000	9604.0000	9604.0000	9604.0000
	35090611	钢板桩支撑使用费	t·d	767.0000	767.0000	767.0000	767.0000
	35091771	铁撑柱	kg	246.0000	246.0000	246.0000	246.0000
	35091901	钢桩帽摊销	kg	136.2690	136.2690	136.2690	136.2690
	99030080	轨道式柴油打桩机 0.6 t	台班	27.7905	27.7905	27.7905	27.7905
	99030690	简易拔桩架	台班	29.8410	29.8410	29.8410	29.8410
	99090075	履带式起重机 8 t	台班	9.1000	9.1000	9.1000	9.1000
		井点降水					
	00190101	综合人工	工日	5.6377	−7.5387	−18.7527	−27.1632
	04030115	黄砂 中粗	t	9.4420	9.4420	9.4420	9.4420
	17270201	普通橡胶管	m	14.2440	14.2440	14.2440	14.2440
	34110101	水	m^3	152.3275	152.3275	152.3275	152.3275
	35040921	轻型井点井管 ϕ40	m	64.2078	64.2078	64.2078	64.2078
	35040941	轻型井点井管 ϕ180×4	m	3.0977	3.0977	3.0977	3.0977
	99091380	电动卷扬机单筒快速 10 kN	台班	1.9920	1.9920	1.9920	1.9920
	99350050	轻便钻机 XJ-100	台班	4.7310	4.7310	4.7310	4.7310
	99440010	电动单级离心清水泵 ϕ50	台班	−171.9900	−201.6000	−226.8000	−245.7000
	99440150	电动多级离心清水泵 ϕ150×180 m 以下	台班	3.9840	3.9840	3.9840	3.9840
	99440510	射流井点泵 9.5 m	台班	82.4920	82.4920	82.4920	82.4920

工作内容：沟槽挖土、沟槽排水、井点降水、沟槽围护和支撑（钢板桩、撑拆列板）、铺筑管道基础、铺设管道、沟槽回填（素土）、土方场内运输、砌筑检查井等。

定额编号			J-1-3-109	J-1-3-110	J-1-3-111	J-1-3-112
项目			ϕ2200			ϕ2400
			F型钢承口式钢筋混凝土管			
			>6.0 m	6.5 m	7.0 m	≤4.0 m
			100 m	100 m	100 m	100 m
预算定额编号	预算定额名称	预算定额单位	数量			
04290712	钢筋混凝土板 1400×250×160 mm	块	12.0000	12.0000	12.0000	3.0000
04290713	钢筋混凝土板 1400×300×160 mm	块	9.0000	9.0000	9.0000	21.0000
52-1-2-3	机械挖沟槽土方 深≤6 m 现场抛土	m^3	2520.0000	2520.0000	2583.0000	1668.1900
52-1-2-3系1	机械挖沟槽土方 深≤7 m 现场抛土	m^3	52.5000	210.0000	430.5000	
52-1-3-1	沟槽回填 夯填土	m^3	1820.2100	1977.7100	2260.2900	789.8700
53-1-3-2	场内运输 自卸汽车装运土（运距1 km以内）	m^3	2320.5900	2509.5900	2848.8700	1108.1780
52-1-4-3	管道垫层 砾石砂垫层	m^3	40.7300	40.9700	41.8900	41.8100
52-1-5-1	管道基座 混凝土 C20	m^3	194.9400	195.7200	195.7200	219.9300
52-1-5-1换1	管道基座 混凝土 C15	m^3	1.9200	2.0400	2.0400	1.8600
52-1-5-2	管道基座 钢筋	t	0.3810	0.4050	0.4050	0.3750
52-1-6-21	管道铺设 F型钢承口式钢筋混凝土管 ϕ2200	100 m	0.9670	0.9670	0.9670	
52-1-6-22	管道铺设 F型钢承口式钢筋混凝土管 ϕ2400	100 m				0.9670
52-3-1-2	砖砌检查井及雨水口 检查井 深≤4 m	m^3				27.2100
52-3-1-3	砖砌检查井及雨水口 检查井 深≤6 m	m^3	56.4000			
52-3-1-4	砖砌检查井及雨水口 检查井 深≤8 m	m^3		60.0600	63.4800	
52-3-2-1	水泥砂浆抹面 检查井	m^2	208.3800	228.4200	250.2000	165.3300
52-3-6-1	安装防坠格板 新建工程	只	3.0000	3.0000	3.0000	3.0000
52-3-9-3	安装盖板及盖座 铸铁盖座	套	3.0000	3.0000	3.0000	3.0000
52-3-9-4	安装盖板及盖座 防沉降检查井盖板	块	3.0000	3.0000	3.0000	3.0000
52-4-5-1	模板工程 模板 管道基座	m^2	209.9000	210.4100	210.4100	226.0900
53-9-1-1	施工排水、降水 湿土排水	m^3	2152.5000	2310.0000	2583.0000	1237.6900
53-9-1-3	施工排水、降水 筑拆竹箩滤井	座	2.5000	2.5000	2.5000	2.5000

（续表）

定额编号			J-1-3-109	J-1-3-110	J-1-3-111	J-1-3-112
项目			ϕ2200			ϕ2400
			F型钢承口式钢筋混凝土管			
			>6.0 m	6.5 m	7.0 m	≤4.0 m
			100 m	100 m	100 m	100 m
预算定额编号	预算定额名称	预算定额单位	数量			
	调整项目					
	围护支撑					
52-4-3-3	打槽型钢板桩 长 9.01～12.00 m，单面	100 m	2.0000	2.0000	2.0000	
52-4-3-8	拔槽型钢板桩 长 9.01～12.00 m，单面	100 m	2.0000	2.0000	2.0000	
52-4-3-11	打拔沟槽钢板桩 槽型钢板桩使用费	t·d	13306.0000	13306.0000	13306.0000	4320.0000
52-4-4-9	安拆钢板桩支撑 槽宽≤4.5 m 深 6.01～8.00 m	100 m	1.0000	1.0000	1.0000	
52-4-4-14	钢板桩支撑使用费	t·d	1334.0000	1334.0000	1334.0000	384.0000
52-4-3-1	打槽型钢板桩 长 4.00～6.00 m，单面	100 m				2.0000
52-4-3-6	拔槽型钢板桩 长 4.00～6.00 m，单面	100 m				2.0000
52-4-4-7	安拆钢板桩支撑 槽宽≤4.5 m 深 3.01～4.00 m	100 m				1.0000
	井点降水					
53-9-1-1	施工排水、降水 湿土排水	m^3	−2152.5000	−2310.0000	−2583.0000	−1237.6900
53-9-1-5	施工排水、降水 轻型井点安装	根				83.0000
53-9-1-6	施工排水、降水 轻型井点拆除	根				83.0000
53-9-1-7	施工排水、降水 轻型井点使用	套·天				70.0000
53-9-1-8	施工排水、降水 喷射井点安装 10 m	根	40.0000	40.0000	40.0000	
53-9-1-9	施工排水、降水 喷射井点拆除 10 m	根	40.0000	40.0000	40.0000	
53-9-1-10	施工排水、降水 喷射井点使用 10 m	套·天	49.0000	49.0000	49.0000	

工作内容:沟槽挖土、沟槽排水、井点降水、沟槽围护和支撑(钢板桩、撑拆列板)、铺筑管道基础、铺设管道、沟槽回填(素土)、土方场内运输、砌筑检查井等。

定额编号				J-1-3-109	J-1-3-110	J-1-3-111	J-1-3-112
项目				ϕ2200			ϕ2400
				F型钢承口式钢筋混凝土管			
				>6.0 m	6.5 m	7.0 m	≤4.0 m
名称			单位	100 m	100 m	100 m	100 m
人工	00190101	综合人工	工日	1098.1323	1176.3243	1297.6331	650.8337
材料	01010211	热轧带肋钢筋(HRB400) ϕ≤10	t	0.1093	0.1162	0.1162	0.1076
	01010212	热轧带肋钢筋(HRB400) ϕ>10	t	0.2812	0.2989	0.2989	0.2768
	02090101	塑料薄膜	m^2	647.5101	653.2822	656.1088	699.4809
	03010811	钢塑膨胀铆钉	只	18.3600	18.3600	18.3600	18.3600
	03150101	圆钉	kg	42.7928	42.8968	42.8968	46.0935
	03152501	镀锌铁丝	kg	1.1773	1.2515	1.2515	1.1588
	04030115	黄砂 中粗	t	0.1700	0.1700	0.1700	0.1700
	04030701	砾石砂	t	90.0500	90.5806	92.6146	92.4377
	04050313	道碴 50～70	t	0.3988	0.3988	0.3988	0.3988
	04131711	蒸压灰砂砖	千块	30.4898	32.3663	34.2094	14.7533
	04290712	钢筋混凝土板 1400×250×160 mm	块	12.0000	12.0000	12.0000	3.0000
	04290713	钢筋混凝土板 1400×300×160 mm	块	9.0000	9.0000	9.0000	21.0000
	05350301	竹箩	个	2.5000	2.5000	2.5000	2.5000
	14412801	环氧密封胶	kg	163.4743	163.4743	163.4743	177.9839
	17291260	F型钢筋混凝土管(开槽) ϕ2200×2500	m	96.7304	96.7304	96.7304	
	17291261	F型钢筋混凝土管(开槽) ϕ2400×2500	m				96.7304
	34110101	水	m^3	10.6945	10.7899	10.8368	11.5510
	35010102	组合钢模板	kg	134.2951	134.6214	134.6214	144.6535
	35010703	木模板成材	m^3	0.8391	0.8411	0.8411	0.9038
	35020401	钢模零配件	kg	49.6560	49.7767	49.7767	53.4861
	36012831	铸铁检查井雨污水盖座 市政90型	套	3.0000	3.0000	3.0000	3.0000
	36016631	防沉降检查井盖板 2500×2000×200	块	3.0000	3.0000	3.0000	3.0000
	36016651	高强度塑料检查井格板	只	3.0600	3.0600	3.0600	3.0600
	36016661	高强度塑料支架	只	9.1800	9.1800	9.1800	9.1800
	80060414	湿拌砌筑砂浆 WM M10.0	m^3	13.4232	14.5285	15.3558	6.4161
	80060513	预拌抹灰砂浆 WP M15.0	m^3	3.5709	3.8896	4.2359	2.8864
	80210410	预拌混凝土(泵送型) C15 粒径5～20	m^3	1.9392	2.0604	2.0604	1.8786
	80210414	预拌混凝土(泵送型) C20 粒径5～20	m^3	196.8894	197.6772	197.6772	222.1293

(续表)

定额编号				J-1-3-109	J-1-3-110	J-1-3-111	J-1-3-112
项目				ϕ2200			ϕ2400
				F 型钢承口式钢筋混凝土管			
				>6.0 m	6.5 m	7.0 m	≤4.0 m
名称			单位	100 m	100 m	100 m	100 m
机械	99010060	履带式单斗液压挖掘机 1 m^3	台班	10.5840	11.3400	12.6567	6.8396
	99050930	混凝土振捣器 插入式	台班	26.9698	27.0931	27.0931	30.3852
	99050940	混凝土振捣器 平板式	台班	28.6682	28.8015	28.8399	32.1287
	99070220	轮胎式装载机 1 m^3	台班	10.9068	11.7951	13.3897	5.2084
	99070540	载重汽车 6 t	台班	0.3358	0.3367	0.3367	0.3617
	99070588	载重汽车 12 t	台班	16.7082	18.0690	20.5119	7.9789
	99070740	平板拖车组 15 t	台班	0.8326	0.8326	0.8326	0.9726
	99090360	汽车式起重机 8 t	台班	0.4559	0.4565	0.4565	0.4737
	99090430	汽车式起重机 30 t	台班	0.8326	0.8326	0.8326	0.9726
	99090450	汽车式起重机 40 t	台班	2.7779	2.7779	2.7779	
	99090460	汽车式起重机 50 t	台班				3.2447
	99091700	手扳葫芦	台班	5.5557	5.5557	5.5557	6.4895
	99091880	千斤顶 15 t	台班	5.5557	5.5557	5.5557	6.4895
	99130350	内燃夯实机 700 N·m	台班	67.5298	73.3730	83.8568	29.3042
	99170010	钢筋调直机	台班	0.1852	0.1969	0.1969	0.1823
	99170025	钢筋切断机	台班	0.1852	0.1969	0.1969	0.1823
	99210065	木工平刨床 刨削宽度 450	台班	0.4828	0.4839	0.4839	0.5200
	99440010	电动单级离心清水泵 ϕ50	台班	258.3000	277.2000	309.9600	148.5228
调整项目							
		围护支撑					
	00190101	综合人工	工日	621.3363	621.3363	621.3363	477.8779
	03152501	镀锌铁丝	kg	25.0000	25.0000	25.0000	15.0000
	04030115	黄砂 中粗	t	33.2299	33.2299	33.2299	15.8236
	05030101	成材	m^3	1.0276	1.0276	1.0276	0.6027
	35090121	槽型钢板桩	t	2.6893	2.6893	2.6893	1.3350
	35090131	槽型钢板桩使用费	t·d	13306.0000	13306.0000	13306.0000	4320.0000
	35090611	钢板桩支撑使用费	t·d	1334.0000	1334.0000	1334.0000	384.0000
	35091771	铁撑柱	kg	427.2000	427.2000	427.2000	184.5000
	35091901	钢桩帽摊销	kg	381.5700	381.5700	381.5700	90.9300
	99030100	轨道式柴油打桩机 1.2 t	台班	33.5913	33.5913	33.5913	
	99030970	震动锤 45 kW	台班	17.3680	17.3680	17.3680	

（续表）

定额编号				J-1-3-109	J-1-3-110	J-1-3-111	J-1-3-112
项目				ϕ2200			ϕ2400
				F型钢承口式钢筋混凝土管			
				>6.0 m	6.5 m	7.0 m	≤4.0 m
名称			单位	100 m	100 m	100 m	100 m
	99090075	履带式起重机 8 t	台班	11.3750	11.3750	11.3750	6.8250
	99090090	履带式起重机 15 t	台班	17.3680	17.3680	17.3680	
	99030080	轨道式柴油打桩机 0.6 t	台班				20.1323
	99030690	简易拔桩架	台班				23.9558
		井点降水					
	00190101	综合人工	工日	144.2205	135.8100	121.2318	16.0807
	04030115	黄砂 中粗	t				9.4420
	04030119	黄砂 中粗	kg	95423.8016	95423.8016	95423.8016	
	17030102	镀锌焊接钢管	kg	0.2878	0.2878	0.2878	
	17270201	普通橡胶管	m				14.2440
	34110101	水	m^3	566.8908	566.8908	566.8908	152.3275
	35040921	轻型井点井管 ϕ40	m				64.2078
	35040941	轻型井点井管 $\phi180\times4$	m				3.0977
	35040961	喷射井点总管 $\phi159\times6$	m	6.6255	6.6255	6.6255	
	35040971	喷射井点井管 ϕ76	m	47.2419	47.2419	47.2419	
	35041011	喷射井点滤网管	根	5.4459	5.4459	5.4459	
	35041021	喷射井点回水连接件	副	3.4079	3.4079	3.4079	
	35041031	喷射井点腰子法兰	副	1.5386	1.5386	1.5386	
	35041041	喷射井点水箱	kg	54.4431	54.4431	54.4431	
	35041051	喷射井点喷射器	只	7.2777	7.2777	7.2777	
	99090080	履带式起重机 10 t	台班	11.5200	11.5200	11.5200	
	99091380	电动卷扬机单筒快速 10 kN	台班				1.9920
	99350050	轻便钻机 XJ-100	台班				4.7310
	99350120	液压钻机 G-2A	台班	4.4160	4.4160	4.4160	
	99440010	电动单级离心清水泵 ϕ50	台班	−258.3000	−277.2000	−309.9600	−148.5228
	99440150	电动多级离心清水泵 $\phi150\times$180 m以下	台班	61.9100	61.9100	61.9100	3.9840
	99440210	污水泵 ϕ100	台班	11.0400	11.0400	11.0400	
	99440510	射流井点泵 9.5 m	台班				82.4920

工作内容：沟槽挖土、沟槽排水、井点降水、沟槽围护和支撑(钢板桩、撑拆列板)、铺筑管道基础、铺设管道、沟槽回填(素土)、土方场内运输、砌筑检查井等。

定额编号			J-1-3-113	J-1-3-114	J-1-3-115	J-1-3-116
项目			ϕ2400			
			F型钢承口式钢筋混凝土管			
			＞4.0 m	4.5 m	5.0 m	5.5 m
			100 m	100 m	100 m	100 m
预算定额编号	预算定额名称	预算定额单位	数量			
04290712	钢筋混凝土板 1400×250×160 mm	块	3.0000	3.0000	3.0000	3.0000
04290713	钢筋混凝土板 1400×300×160 mm	块	21.0000	21.0000	21.0000	21.0000
52-1-2-3	机械挖沟槽土方 深≤6 m 现场抛土	m^3	1775.8100	1937.2500	2205.0000	2425.5000
52-1-3-1	沟槽回填 夯填土	m^3	897.4900	1060.5100	1327.3300	1547.8300
53-1-3-2	场内运输 自卸汽车装运土(运距1 km以内)	m^3	1237.3220	1432.7300	1753.1000	2017.7000
52-1-4-3	管道垫层 砾石砂垫层	m^3	41.8100	41.8600	42.7900	42.7900
52-1-5-1	管道基座 混凝土 C20	m^3	219.9300	219.7400	219.7400	219.7400
52-1-5-1换1	管道基座 混凝土 C15	m^3	1.8600	2.0100	2.0100	2.0100
52-1-5-2	管道基座 钢筋	t	0.3750	0.4050	0.4050	0.4050
52-1-6-22	管道铺设 F型钢承口式钢筋混凝土管 ϕ2400	100 m	0.9670	0.9670	0.9670	0.9670
52-3-1-2	砖砌检查井及雨水口 检查井深≤4 m	m^3	27.2100			
52-3-1-3	砖砌检查井及雨水口 检查井深≤6 m	m^3		30.1200	33.4500	36.9000
52-3-2-1	水泥砂浆抹面 检查井	m^2	165.3300	181.5300	197.7300	213.9300
52-3-6-1	安装防坠格板 新建工程	只	3.0000	3.0000	3.0000	3.0000
52-3-9-3	安装盖板及盖座 铸铁盖座	套	3.0000	3.0000	3.0000	3.0000
52-3-9-4	安装盖板及盖座 防沉降检查井盖板	块	3.0000	3.0000	3.0000	3.0000
52-4-5-1	模板工程 模板 管道基座	m^2	226.0900	225.3400	225.3400	225.3400
53-9-1-1	施工排水、降水 湿土排水	m^3	1345.3100	1506.7500	1764.0000	1984.5000
53-9-1-3	施工排水、降水 筑拆竹箩滤井	座	2.5000	2.5000	2.5000	2.5000
调整项目						
	围护支撑					
52-4-3-2	打槽型钢板桩 长 6.01～9.00 m，单面	100 m	2.0000	2.0000	2.0000	2.0000
52-4-3-7	拔槽型钢板桩 长 6.01～9.00 m，单面	100 m	2.0000	2.0000	2.0000	2.0000
52-4-3-11	打拔沟槽钢板桩 槽型钢板桩使用费	t·d	9604.0000	9604.0000	9604.0000	9604.0000

（续表）

定额编号			J-1-3-113	J-1-3-114	J-1-3-115	J-1-3-116
项目			ϕ2400			
			F型钢承口式钢筋混凝土管			
			>4.0 m	4.5 m	5.0 m	5.5 m
			100 m	100 m	100 m	100 m
预算定额编号	预算定额名称	预算定额单位	数量			
52-4-4-8	安拆钢板桩支撑 槽宽≤4.5 m 深4.01～6.00 m	100 m	1.0000	1.0000	1.0000	1.0000
52-4-4-14	钢板桩支撑使用费	t·d	767.0000	767.0000	767.0000	767.0000
	井点降水					
53-9-1-1	施工排水、降水 湿土排水	m^3	−1345.3100	−1506.7500	−1764.0000	−1984.5000
53-9-1-5	施工排水、降水 轻型井点安装	根	83.0000	83.0000	83.0000	83.0000
53-9-1-6	施工排水、降水 轻型井点拆除	根	83.0000	83.0000	83.0000	83.0000
53-9-1-7	施工排水、降水 轻型井点使用	套·天	70.0000	70.0000	70.0000	70.0000

工作内容：沟槽挖土、沟槽排水、井点降水、沟槽围护和支撑（钢板桩、撑拆列板）、铺筑管道基础、铺设管道、沟槽回填（素土）、土方场内运输、砌筑检查井等。

定额编号				J-1-3-113	J-1-3-114	J-1-3-115	J-1-3-116
项目				ϕ2400			
				F型钢承口式钢筋混凝土管			
				>4.0 m	4.5 m	5.0 m	5.5 m
名称			单位	100 m	100 m	100 m	100 m
人工	00190101	综合人工	工日	692.1125	767.8026	880.8157	976.3231
材料	01010211	热轧带肋钢筋(HRB400) ϕ≤10	t	0.1076	0.1162	0.1162	0.1162
	01010212	热轧带肋钢筋(HRB400) ϕ>10	t	0.2768	0.2989	0.2989	0.2989
	02090101	塑料薄膜	m^2	699.4809	701.7639	704.5161	707.3676
	03010811	钢塑膨胀铆钉	只	18.3600	18.3600	18.3600	18.3600
	03150101	圆钉	kg	46.0935	45.9406	45.9406	45.9406
	03152501	镀锌铁丝	kg	1.1588	1.2515	1.2515	1.2515
	04030115	黄砂 中粗	t	0.1700	0.1700	0.1700	0.1700
	04030701	砾石砂	t	92.4377	92.5483	94.6044	94.6044
	04050313	道碴 50～70	t	0.3988	0.3988	0.3988	0.3988
	04131711	蒸压灰砂砖	千块	14.7533	16.2829	18.0831	19.9481
	04290712	钢筋混凝土板 1400×250×160 mm	块	3.0000	3.0000	3.0000	3.0000
	04290713	钢筋混凝土板 1400×300×160 mm	块	21.0000	21.0000	21.0000	21.0000
	05350301	竹箩	个	2.5000	2.5000	2.5000	2.5000

（续表）

定额编号				J-1-3-113	J-1-3-114	J-1-3-115	J-1-3-116
项目				ϕ2400			
				F 型钢承口式钢筋混凝土管			
				>4.0 m	4.5 m	5.0 m	5.5 m
名称			单位	100 m	100 m	100 m	100 m
材料	14412801	环氧密封胶	kg	177.9839	177.9839	177.9839	177.9839
	17291261	F 型钢筋混凝土管(开槽) ϕ2400×2500	m	96.7304	96.7304	96.7304	96.7304
	34110101	水	m^3	11.5510	11.5888	11.6345	11.6817
	35010102	组合钢模板	kg	144.6535	144.1737	144.1737	144.1737
	35010703	木模板成材	m^3	0.9038	0.9008	0.9008	0.9008
	35020401	钢模零配件	kg	53.4861	53.3087	53.3087	53.3087
	36012831	铸铁检查井雨污水盖座 市政 90 型	套	3.0000	3.0000	3.0000	3.0000
	36016631	防沉降检查井盖板 2500×2000×200	块	3.0000	3.0000	3.0000	3.0000
	36016651	高强度塑料检查井格板	只	3.0600	3.0600	3.0600	3.0600
	36016661	高强度塑料支架	只	9.1800	9.1800	9.1800	9.1800
	80060414	湿拌砌筑砂浆 WM M10.0	m^3	6.4161	7.1686	7.9611	8.7822
	80060513	预拌抹灰砂浆 WP M15.0	m^3	2.8864	3.1440	3.4016	3.6592
	80210410	预拌混凝土(泵送型) C15 粒径 5～20	m^3	1.8786	2.0301	2.0301	2.0301
	80210414	预拌混凝土(泵送型) C20 粒径 5～20	m^3	222.1293	221.9374	221.9374	221.9374
机械	99010060	履带式单斗液压挖掘机 1 m^3	台班	7.2808	7.9427	9.0405	9.9446
	99050930	混凝土振捣器 插入式	台班	30.3852	30.3798	30.3798	30.3798
	99050940	混凝土振捣器 平板式	台班	32.1287	32.1254	32.1641	32.1641
	99070220	轮胎式装载机 1 m^3	台班	5.8154	6.7338	8.2396	9.4832
	99070540	载重汽车 6 t	台班	0.3617	0.3605	0.3605	0.3605
	99070588	载重汽车 12 t	台班	8.9087	10.3157	12.6223	14.5274
	99070740	平板拖车组 15 t	台班	0.9726	0.9726	0.9726	0.9726
	99090360	汽车式起重机 8 t	台班	0.4737	0.4729	0.4729	0.4729
	99090430	汽车式起重机 30 t	台班	0.9726	0.9726	0.9726	0.9726
	99090460	汽车式起重机 50 t	台班	3.2447	3.2447	3.2447	3.2447
	99091700	手扳葫芦	台班	6.4895	6.4895	6.4895	6.4895
	99091880	千斤顶 15 t	台班	6.4895	6.4895	6.4895	6.4895

（续表）

定额编号				J-1-3-113	J-1-3-114	J-1-3-115	J-1-3-116
项目				ϕ2400			
				F型钢承口式钢筋混凝土管			
				>4.0 m	4.5 m	5.0 m	5.5 m
名称			单位	100 m	100 m	100 m	100 m
机械	99130350	内燃夯实机 700 N·m	台班	33.2969	39.3449	49.2439	57.4245
	99170010	钢筋调直机	台班	0.1823	0.1969	0.1969	0.1969
	99170025	钢筋切断机	台班	0.1823	0.1969	0.1969	0.1969
	99210065	木工平刨床 刨削宽度 450	台班	0.5200	0.5183	0.5183	0.5183
	99440010	电动单级离心清水泵 ϕ50	台班	161.4372	180.8100	211.6800	238.1400
调整项目							
		围护支撑					
	00190101	综合人工	工日	613.3218	613.3218	613.3218	613.3218
	03152501	镀锌铁丝	kg	20.0000	20.0000	20.0000	20.0000
	04030115	黄砂 中粗	t	23.7356	23.7356	23.7356	23.7356
	05030101	成材	m^3	0.8241	0.8241	0.8241	0.8241
	35090121	槽型钢板桩	t	1.9587	1.9587	1.9587	1.9587
	35090131	槽型钢板桩使用费	t·d	9604.0000	9604.0000	9604.0000	9604.0000
	35090611	钢板桩支撑使用费	t·d	767.0000	767.0000	767.0000	767.0000
	35091771	铁撑柱	kg	246.0000	246.0000	246.0000	246.0000
	35091901	钢桩帽摊销	kg	136.2690	136.2690	136.2690	136.2690
	99030080	轨道式柴油打桩机 0.6 t	台班	27.7905	27.7905	27.7905	27.7905
	99030690	简易拔桩架	台班	29.8410	29.8410	29.8410	29.8410
	99090075	履带式起重机 8 t	台班	9.1000	9.1000	9.1000	9.1000
		井点降水					
	00190101	综合人工	工日	10.3337	1.7128	−12.0243	−23.7990
	04030115	黄砂 中粗	t	9.4420	9.4420	9.4420	9.4420
	17270201	普通橡胶管	m	14.2440	14.2440	14.2440	14.2440
	34110101	水	m^3	152.3275	152.3275	152.3275	152.3275
	35040921	轻型井点井管 ϕ40	m	64.2078	64.2078	64.2078	64.2078
	35040941	轻型井点井管 ϕ180×4	m	3.0977	3.0977	3.0977	3.0977
	99091380	电动卷扬机单筒快速 10 kN	台班	1.9920	1.9920	1.9920	1.9920
	99350050	轻便钻机 XJ-100	台班	4.7310	4.7310	4.7310	4.7310
	99440010	电动单级离心清水泵 ϕ50	台班	−161.4372	−180.8100	−211.6800	−238.1400
	99440150	电动多级离心清水泵 ϕ150×180 m 以下	台班	3.9840	3.9840	3.9840	3.9840
	99440510	射流井点泵 9.5 m	台班	82.4920	82.4920	82.4920	82.4920

工作内容:沟槽挖土、沟槽排水、井点降水、沟槽围护和支撑(钢板桩、撑折列板)、铺筑管道基础、铺设管道、沟槽回填(素土)、土方场内运输、砌筑检查井等。

定额编号			J-1-3-117	J-1-3-118	J-1-3-119	J-1-3-120
项目			ϕ2400			
			F型钢承口式钢筋混凝土管			
			≤6.0 m	>6.0 m	6.5 m	7.0 m
			100 m	100 m	100 m	100 m
预算定额编号	预算定额名称	预算定额单位	数量			
04290712	钢筋混凝土板 1400×250×160 mm	块	9.0000	9.0000	9.0000	9.0000
04290713	钢筋混凝土板 1400×300×160 mm	块	15.0000	15.0000	15.0000	15.0000
52-1-2-3	机械挖沟槽土方 深≤6 m 现场抛土	m^3	2590.8800	2646.0000	2646.0000	2709.0000
52-1-2-3系1	机械挖沟槽土方 深≤7 m 现场抛土	m^3		55.1300	220.5000	451.5000
52-1-3-1	沟槽回填 夯填土	m^3	1713.2100	1823.4600	1988.8300	2281.9100
53-1-3-2	场内运输 自卸汽车装运土(运距1 km以内)	m^3	2216.1560	2348.4560	2546.9000	2898.7800
52-1-4-3	管道垫层 砾石砂垫层	m^3	42.7900	42.7900	43.0300	43.9500
52-1-5-1	管道基座 混凝土 C20	m^3	219.7400	219.7400	220.6100	220.6100
52-1-5-1换1	管道基座 混凝土 C15	m^3	2.0100	2.0100	2.1300	2.1300
52-1-5-2	管道基座 钢筋	t	0.4050	0.4050	0.4290	0.4290
52-1-6-22	管道铺设 F型钢承口式钢筋混凝土管 ϕ2400	100 m	0.9670	0.9670	0.9670	0.9670
52-3-1-3	砖砌检查井及雨水口 检查井 深≤6 m	m^3	59.7600	59.7600		
52-3-1-4	砖砌检查井及雨水口 检查井 深≤8 m	m^3			63.7500	66.9600
52-3-2-1	水泥砂浆抹面 检查井	m^2	210.7200	210.7200	230.7600	250.8000
52-3-6-1	安装防坠格板 新建工程	只	3.0000	3.0000	3.0000	3.0000
52-3-9-3	安装盖板及盖座 铸铁盖座	套	3.0000	3.0000	3.0000	3.0000
52-3-9-4	安装盖板及盖座 防沉降检查井盖板	块	3.0000	3.0000	3.0000	3.0000
52-4-5-1	模板工程 模板 管道基座	m^2	225.3400	225.3400	225.9100	225.9100
53-9-1-1	施工排水、降水 湿土排水	m^3	2149.8800	2260.1300	2425.5000	2709.0000
53-9-1-3	施工排水、降水 筑拆竹箩滤井	座	2.5000	2.5000	2.5000	2.5000
调整项目						
	围护支撑					
52-4-3-2	打槽型钢板桩 长6.01~9.00 m,单面	100 m	2.0000			
52-4-3-7	拔槽型钢板桩 长6.01~9.00 m,单面	100 m	2.0000			

（续表）

定额编号			J-1-3-117	J-1-3-118	J-1-3-119	J-1-3-120
项目			ϕ2400			
			F 型钢承口式钢筋混凝土管			
			≤6.0 m	>6.0 m	6.5 m	7.0 m
			100 m	100 m	100 m	100 m
预算定额编号	预算定额名称	预算定额单位	数量			
52-4-3-11	打拔沟槽钢板桩 槽型钢板桩使用费	t·d	9604.0000	13306.0000	13306.0000	13306.0000
52-4-4-8	安拆钢板桩支撑 槽宽≤4.5 m 深 4.01～6.00 m	100 m	1.0000			
52-4-4-14	钢板桩支撑使用费	t·d	767.0000	1334.0000	1334.0000	1334.0000
52-4-3-3	打槽型钢板桩 长 9.01～12.00 m，单面	100 m		2.0000	2.0000	2.0000
52-4-3-8	拔槽型钢板桩 长 9.01～12.00 m，单面	100 m		2.0000	2.0000	2.0000
52-4-4-9	安拆钢板桩支撑 槽宽≤4.5 m 深 6.01～8.00 m	100 m		1.0000	1.0000	1.0000
	井点降水					
53-9-1-1	施工排水、降水 湿土排水	m^3	−2149.8800	−2260.1300	−2425.5000	−2709.0000
53-9-1-5	施工排水、降水 轻型井点安装	根	83.0000			
53-9-1-6	施工排水、降水 轻型井点拆除	根	83.0000			
53-9-1-7	施工排水、降水 轻型井点使用	套·天	70.0000			
53-9-1-8	施工排水、降水 喷射井点安装 10 m	根		40.0000	40.0000	40.0000
53-9-1-9	施工排水、降水 喷射井点拆除 10 m	根		40.0000	40.0000	40.0000
53-9-1-10	施工排水、降水 喷射井点使用 10 m	套·天		49.0000	49.0000	49.0000

工作内容：沟槽挖土、沟槽排水、井点降水、沟槽围护和支撑（钢板桩、撑拆列板）、铺筑管道基础、铺设管道、沟槽回填（素土）、土方场内运输、砌筑检查井等。

定额编号				J-1-3-117	J-1-3-118	J-1-3-119	J-1-3-120
项目				ϕ2400			
				F 型钢承口式钢筋混凝土管			
				≤6.0 m	>6.0 m	6.5 m	7.0 m
名称			单位	100 m	100 m	100 m	100 m
人工	00190101	综合人工	工日	1094.5397	1137.0532	1219.4112	1343.9896
材料	01010211	热轧带肋钢筋(HRB400) ϕ≤10	t	0.1162	0.1162	0.1231	0.1231
	01010212	热轧带肋钢筋(HRB400) ϕ>10	t	0.2989	0.2989	0.3166	0.3166
	02090101	塑料薄膜	m^2	726.2613	726.2613	732.5810	735.2340

(续表)

定额编号				J-1-3-117	J-1-3-118	J-1-3-119	J-1-3-120
项目				ϕ2400			
				F 型钢承口式钢筋混凝土管			
				≤6.0 m	>6.0 m	6.5 m	7.0 m
名称			单位	100 m	100 m	100 m	100 m
材料	03010811	钢塑膨胀铆钉	只	18.3600	18.3600	18.3600	18.3600
	03150101	圆钉	kg	45.9406	45.9406	46.0568	46.0568
	03152501	镀锌铁丝	kg	1.2515	1.2515	1.3256	1.3256
	04030115	黄砂 中粗	t	0.1700	0.1700	0.1700	0.1700
	04030701	砾石砂	t	94.6044	94.6044	95.1350	97.1691
	04050313	道碴 50～70	t	0.3988	0.3988	0.3988	0.3988
	04131711	蒸压灰砂砖	千块	32.3063	32.3063	34.3549	36.0847
	04290712	钢筋混凝土板 1400×250×160 mm	块	9.0000	9.0000	9.0000	9.0000
	04290713	钢筋混凝土板 1400×300×160 mm	块	15.0000	15.0000	15.0000	15.0000
	05350301	竹箩	个	2.5000	2.5000	2.5000	2.5000
	14412801	环氧密封胶	kg	177.9839	177.9839	177.9839	177.9839
	17291261	F 型钢筋混凝土管(开槽) ϕ2400×2500	m	96.7304	96.7304	96.7304	96.7304
	34110101	水	m^3	11.9949	11.9949	12.0995	12.1435
	35010102	组合钢模板	kg	144.1737	144.1737	144.5383	144.5383
	35010703	木模板成材	m^3	0.9008	0.9008	0.9031	0.9031
	35020401	钢模零配件	kg	53.3087	53.3087	53.4435	53.4435
	36012831	铸铁检查井雨污水盖座 市政 90 型	套	3.0000	3.0000	3.0000	3.0000
	36016631	防沉降检查井盖板 2500×2000×200	块	3.0000	3.0000	3.0000	3.0000
	36016651	高强度塑料检查井格板	只	3.0600	3.0600	3.0600	3.0600
	36016661	高强度塑料支架	只	9.1800	9.1800	9.1800	9.1800
	80060414	湿拌砌筑砂浆 WM M10.0	m^3	14.2229	14.2229	15.4211	16.1976
	80060513	预拌抹灰砂浆 WP M15.0	m^3	3.6081	3.6081	3.9268	4.2454
	80210410	预拌混凝土(泵送型) C15 粒径 5～20	m^3	2.0301	2.0301	2.1513	2.1513
	80210414	预拌混凝土(泵送型) C20 粒径 5～20	m^3	221.9374	221.9374	222.8161	222.8161

（续表）

定　额　编　号				J-1-3-117	J-1-3-118	J-1-3-119	J-1-3-120
项　　目				ϕ2400			
				F 型钢承口式钢筋混凝土管			
				≤6.0 m	>6.0 m	6.5 m	7.0 m
名　　称			单位	100 m	100 m	100 m	100 m
机械	99010060	履带式单斗液压挖掘机 1 m^3	台班	10.6226	11.1132	11.9070	13.2741
	99050930	混凝土振捣器 插入式	台班	30.3798	30.3798	30.5154	30.5154
	99050940	混凝土振捣器 平板式	台班	32.1641	32.1641	32.3098	32.3481
	99070220	轮胎式装载机 1 m^3	台班	10.4159	11.0377	11.9704	13.6243
	99070540	载重汽车 6 t	台班	0.3605	0.3605	0.3615	0.3615
	99070588	载重汽车 12 t	台班	15.9563	16.9089	18.3377	20.8712
	99070740	平板拖车组 15 t	台班	0.9726	0.9726	0.9726	0.9726
	99090360	汽车式起重机 8 t	台班	0.4729	0.4729	0.4735	0.4735
	99090430	汽车式起重机 30 t	台班	0.9726	0.9726	0.9726	0.9726
	99090460	汽车式起重机 50 t	台班	3.2447	3.2447	3.2447	3.2447
	99091700	手扳葫芦	台班	6.4895	6.4895	6.4895	6.4895
	99091880	千斤顶 15 t	台班	6.4895	6.4895	6.4895	6.4895
	99130350	内燃夯实机 700 N·m	台班	63.5601	67.6504	73.7856	84.6589
	99170010	钢筋调直机	台班	0.1969	0.1969	0.2085	0.2085
	99170025	钢筋切断机	台班	0.1969	0.1969	0.2085	0.2085
	99210065	木工平刨床 刨削宽度 450	台班	0.5183	0.5183	0.5196	0.5196
	99440010	电动单级离心清水泵 ϕ50	台班	257.9856	271.2156	291.0600	325.0800
调整项目							
		围护支撑					
	00190101	综合人工	工日	613.3218	621.3363	621.3363	621.3363
	03152501	镀锌铁丝	kg	20.0000	25.0000	25.0000	25.0000
	04030115	黄砂 中粗	t	23.7356	33.2299	33.2299	33.2299
	05030101	成材	m^3	0.8241	1.0276	1.0276	1.0276
	35090121	槽型钢板桩	t	1.9587	2.6893	2.6893	2.6893
	35090131	槽型钢板桩使用费	t·d	9604.0000	13306.0000	13306.0000	13306.0000
	35090611	钢板桩支撑使用费	t·d	767.0000	1334.0000	1334.0000	1334.0000
	35091771	铁撑柱	kg	246.0000	427.2000	427.2000	427.2000
	35091901	钢桩帽摊销	kg	136.2690	381.5700	381.5700	381.5700
	99030080	轨道式柴油打桩机 0.6 t	台班	27.7905			
	99030690	简易拔桩架	台班	29.8410			

（续表）

定额编号				J-1-3-117	J-1-3-118	J-1-3-119	J-1-3-120
项目				ϕ2400			
				F型钢承口式钢筋混凝土管			
				≤6.0 m	>6.0 m	6.5 m	7.0 m
名称			单位	100 m	100 m	100 m	100 m
	99090075	履带式起重机 8 t	台班	9.1000	11.3750	11.3750	11.3750
	99030100	轨道式柴油打桩机 1.2 t	台班		33.5913	33.5913	33.5913
	99030970	震动锤 45 kW	台班		17.3680	17.3680	17.3680
	99090090	履带式起重机 15 t	台班		17.3680	17.3680	17.3680
		井点降水					
	00190101	综合人工	工日	−32.6303	138.4731	129.6423	114.5034
	04030115	黄砂 中粗	t	9.4420			
	04030119	黄砂 中粗	kg		95423.8016	95423.8016	95423.8016
	17030102	镀锌焊接钢管	kg		0.2878	0.2878	0.2878
	17270201	普通橡胶管	m	14.2440			
	34110101	水	m^3	152.3275	566.8908	566.8908	566.8908
	35040921	轻型井点井管 ϕ40	m	64.2078			
	35040941	轻型井点井管 ϕ180×4	m	3.0977			
	35040961	喷射井点总管 ϕ159×6	m		6.6255	6.6255	6.6255
	35040971	喷射井点井管 ϕ76	m		47.2419	47.2419	47.2419
	35041011	喷射井点滤网管	根		5.4459	5.4459	5.4459
	35041021	喷射井点回水连接件	副		3.4079	3.4079	3.4079
	35041031	喷射井点腰子法兰	副		1.5386	1.5386	1.5386
	35041041	喷射井点水箱	kg		54.4431	54.4431	54.4431
	35041051	喷射井点喷射器	只		7.2777	7.2777	7.2777
	99090080	履带式起重机 10 t	台班		11.5200	11.5200	11.5200
	99091380	电动卷扬机单筒快速 10 kN	台班	1.9920			
	99350050	轻便钻机 XJ-100	台班	4.7310			
	99350120	液压钻机 G-2A	台班		4.4160	4.4160	4.4160
	99440010	电动单级离心清水泵 ϕ50	台班	−257.9856	−271.2156	−291.0600	−325.0800
	99440150	电动多级离心清水泵 ϕ150×180 m以下	台班	3.9840	61.9100	61.9100	61.9100
	99440210	污水泵 ϕ100	台班		11.0400	11.0400	11.0400
	99440510	射流井点泵 9.5 m	台班	82.4920			

工作内容：沟槽挖土、沟槽排水、井点降水、沟槽围护和支撑(钢板桩、撑拆列板)、铺筑管道基础、铺设管道、沟槽回填(素土)、土方场内运输、砌筑检查井等。

定额编号			J-1-3-121	J-1-3-122	J-1-3-123	J-1-3-124
项目			ϕ2700			
			F型钢承口式钢筋混凝土管			
			4.5 m	5.0 m	5.5 m	≤6.0 m
			100 m	100 m	100 m	100 m
预算定额编号	预算定额名称	预算定额单位	数量			
04290712	钢筋混凝土板 1400×250×160 mm	块	24.0000	24.0000	24.0000	24.0000
52-1-2-3	机械挖沟槽土方 深≤6 m 现场抛土	m^3	2173.5000	2467.5000	2714.2500	2899.3100
52-1-3-1	沟槽回填 夯填土	m^3	1101.4500	1394.5300	1641.2800	1826.3400
53-1-3-2	场内运输 自卸汽车装运土(运距1 km以内)	m^3	1519.5400	1871.4200	2167.5200	2389.5920
52-1-4-3	管道垫层 砾石砂垫层	m^3	46.8100	47.7300	47.7300	47.7300
52-1-5-1	管道基座 混凝土 C20	m^3	265.0700	265.0700	265.0700	265.0700
52-1-5-1换1	管道基座 混凝土 C15	m^3	2.1900	2.1900	2.1900	2.1900
52-1-5-2	管道基座 钢筋	t	0.4740	0.4740	0.4740	0.4740
52-1-6-23	管道铺设 F型钢承口式钢筋混凝土管 ϕ2700	100 m	0.9670	0.9670	0.9670	0.9670
52-3-1-3	砖砌检查井及雨水口 检查井深≤6 m	m^3	32.7300	36.0600	39.5400	65.9100
52-3-2-1	水泥砂浆抹面 检查井	m^2	192.4500	208.6500	224.8500	215.9400
52-3-6-1	安装防坠格板 新建工程	只	3.0000	3.0000	3.0000	3.0000
52-3-9-3	安装盖板及盖座 铸铁盖座	套	3.0000	3.0000	3.0000	3.0000
52-3-9-4	安装盖板及盖座 防沉降检查井盖板	块	3.0000	3.0000	3.0000	3.0000
52-4-5-1	模板工程 模板 管道基座	m^2	254.2100	254.2100	254.2100	254.2100
53-9-1-1	施工排水、降水 湿土排水	m^3	1690.5000	1974.0000	2220.7500	2405.8100
53-9-1-3	施工排水、降水 筑拆竹箩滤井	座	2.5000	2.5000	2.5000	2.5000
调整项目						
	围护支撑					
52-4-3-2	打槽型钢板桩 长6.01～9.00 m，单面	100 m	2.0000	2.0000	2.0000	2.0000
52-4-3-7	拔槽型钢板桩 长6.01～9.00 m，单面	100 m	2.0000	2.0000	2.0000	2.0000
52-4-3-11	打拔沟槽钢板桩 槽型钢板桩使用费	t·d	10384.0000	10384.0000	10384.0000	10384.0000
52-4-4-10	安拆钢板桩支撑 槽宽≤6.0 m 深4.01～6.00 m	100 m	1.0000	1.0000	1.0000	1.0000
52-4-4-14	钢板桩支撑使用费	t·d	1400.0000	1400.0000	1400.0000	1400.0000

（续表）

定额编号			J-1-3-121	J-1-3-122	J-1-3-123	J-1-3-124
项目			ϕ2700			
			F 型钢承口式钢筋混凝土管			
			4.5 m	5.0 m	5.5 m	≤6.0 m
			100 m	100 m	100 m	100 m
预算定额编号	预算定额名称	预算定额单位	数量			
	井点降水					
53-9-1-1	施工排水、降水 湿土排水	m^3	−1690.5000	−1974.0000	−2220.7500	−2405.8100
53-9-1-5	施工排水、降水 轻型井点安装	根	83.0000	83.0000	83.0000	83.0000
53-9-1-6	施工排水、降水 轻型井点拆除	根	83.0000	83.0000	83.0000	83.0000
53-9-1-7	施工排水、降水 轻型井点使用	套·天	73.0000	73.0000	73.0000	73.0000

工作内容：沟槽挖土、沟槽排水、井点降水、沟槽围护和支撑(钢板桩、撑拆列板)、铺筑管道基础、铺设管道、沟槽回填(素土)、土方场内运输、砌筑检查井等。

定额编号				J-1-3-121	J-1-3-122	J-1-3-123	J-1-3-124
项目				ϕ2700			
				F 型钢承口式钢筋混凝土管			
				4.5 m	5.0 m	5.5 m	≤6.0 m
名称			单位	100 m	100 m	100 m	100 m
人工	00190101	综合人工	工日	841.9983	965.0773	1070.7256	1204.0707
材料	01010211	热轧带肋钢筋(HRB400) ϕ≤10	t	0.1360	0.1360	0.1360	0.1360
	01010212	热轧带肋钢筋(HRB400) ϕ>10	t	0.3498	0.3498	0.3498	0.3498
	02090101	塑料薄膜	m^2	842.8358	845.5881	848.4643	870.2591
	03010811	钢塑膨胀铆钉	只	18.3600	18.3600	18.3600	18.3600
	03150101	圆钉	kg	51.8264	51.8264	51.8264	51.8264
	03152501	镀锌铁丝	kg	1.4647	1.4647	1.4647	1.4647
	04030115	黄砂 中粗	t	0.1700	0.1700	0.1700	0.1700
	04030701	砾石砂	t	103.4922	105.5263	105.5263	105.5263
	04050313	道碴 50～70	t	0.3988	0.3988	0.3988	0.3988
	04131711	蒸压灰砂砖	千块	17.6938	19.4940	21.3753	35.6309
	04290712	钢筋混凝土板 1400×250×160 mm	块	24.0000	24.0000	24.0000	24.0000
	05350301	竹箩	个	2.5000	2.5000	2.5000	2.5000
	14412801	环氧密封胶	kg	200.2319	200.2319	200.2319	200.2319
	17291262	F 型钢筋混凝土管(开槽) ϕ2700×2500	m	96.7304	96.7304	96.7304	96.7304
	34110101	水	m^3	13.9183	13.9639	14.0116	14.3729

（续表）

定额编号				J-1-3-121	J-1-3-122	J-1-3-123	J-1-3-124
项目				ϕ2700			
				F型钢承口式钢筋混凝土管			
				4.5 m	5.0 m	5.5 m	≤6.0 m
名称			单位	100 m	100 m	100 m	100 m
材料	35010102	组合钢模板	kg	162.6448	162.6448	162.6448	162.6448
	35010703	木模板成材	m^3	1.0162	1.0162	1.0162	1.0162
	35020401	钢模零配件	kg	60.1385	60.1385	60.1385	60.1385
	36012831	铸铁检查井雨污水盖座 市政90型	套	3.0000	3.0000	3.0000	3.0000
	36016631	防沉降检查井盖板 2500×2000×200	块	3.0000	3.0000	3.0000	3.0000
	36016651	高强度塑料检查井格板	只	3.0600	3.0600	3.0600	3.0600
	36016661	高强度塑料支架	只	9.1800	9.1800	9.1800	9.1800
	80060414	湿拌砌筑砂浆 WM M10.0	m^3	7.7897	8.5823	9.4105	15.6866
	80060513	预拌抹灰砂浆 WP M15.0	m^3	3.3177	3.5752	3.8328	3.6911
	80210410	预拌混凝土(泵送型) C15 粒径5～20	m^3	2.2119	2.2119	2.2119	2.2119
	80210414	预拌混凝土(泵送型) C20 粒径5～20	m^3	267.7207	267.7207	267.7207	267.7207
机械	99010060	履带式单斗液压挖掘机 1 m^3	台班	8.9114	10.1168	11.1284	11.8872
	99050930	混凝土振捣器 插入式	台班	36.6146	36.6146	36.6146	36.6146
	99050940	混凝土振捣器 平板式	台班	38.5666	38.6049	38.6049	38.6049
	99070220	轮胎式装载机 1 m^3	台班	7.1418	8.7957	10.1873	11.2311
	99070540	载重汽车 6 t	台班	0.4067	0.4067	0.4067	0.4067
	99070588	载重汽车 12 t	台班	10.9407	13.4742	15.6061	17.2051
	99070740	平板拖车组 15 t	台班	1.4590	1.4590	1.4590	1.4590
	99090360	汽车式起重机 8 t	台班	0.5046	0.5046	0.5046	0.5046
	99090430	汽车式起重机 30 t	台班	1.4590	1.4590	1.4590	1.4590
	99090460	汽车式起重机 50 t	台班	4.8632	4.8632	4.8632	4.8632
	99091700	手扳葫芦	台班	9.7264	9.7264	9.7264	9.7264
	99091880	千斤顶 15 t	台班	9.7264	9.7264	9.7264	9.7264
	99130350	内燃夯实机 700 N·m	台班	40.8638	51.7371	60.8915	67.7572
	99170010	钢筋调直机	台班	0.2304	0.2304	0.2304	0.2304
	99170025	钢筋切断机	台班	0.2304	0.2304	0.2304	0.2304
	99210065	木工平刨床 刨削宽度 450	台班	0.5847	0.5847	0.5847	0.5847
	99440010	电动单级离心清水泵 ϕ50	台班	202.8600	236.8800	266.4900	288.6972

（续表）

定　额　编　号			J-1-3-121	J-1-3-122	J-1-3-123	J-1-3-124
项　　目			ϕ2700			
			F 型钢承口式钢筋混凝土管			
			4.5 m	5.0 m	5.5 m	≤6.0 m
名　　称		单位	100 m	100 m	100 m	100 m
调整项目						
	围护支撑					
00190101	综合人工	工日	604.0707	604.0707	604.0707	604.0707
03130101	电焊条	kg	19.5322	19.5322	19.5322	19.5322
04030115	黄砂 中粗	t	23.7356	23.7356	23.7356	23.7356
05030101	成材	m^3	0.8781	0.8781	0.8781	0.8781
35020101	钢支撑	kg	618.1200	618.1200	618.1200	618.1200
35090121	槽型钢板桩	t	1.8711	1.8711	1.8711	1.8711
35090131	槽型钢板桩使用费	t·d	10384.0000	10384.0000	10384.0000	10384.0000
35090611	钢板桩支撑使用费	t·d	1400.0000	1400.0000	1400.0000	1400.0000
35091901	钢桩帽摊销	kg	136.2690	136.2690	136.2690	136.2690
99030080	轨道式柴油打桩机 0.6 t	台班	27.7905	27.7905	27.7905	27.7905
99030690	简易拔桩架	台班	29.8410	29.8410	29.8410	29.8410
99070540	载重汽车 6 t	台班	4.5000	4.5000	4.5000	4.5000
99090090	履带式起重机 15 t	台班	9.2820	9.2820	9.2820	9.2820
99091320	立式油压千斤顶 100 t	台班	9.2820	9.2820	9.2820	9.2820
99250020	交流弧焊机 32kVA	台班	5.0825	5.0825	5.0825	5.0825
	井点降水					
00190101	综合人工	工日	−6.3744	−21.5133	−34.6898	−44.5720
04030115	黄砂 中粗	t	9.4420	9.4420	9.4420	9.4420
17270201	普通橡胶管	m	14.2440	14.2440	14.2440	14.2440
34110101	水	m^3	152.3275	152.3275	152.3275	152.3275
35040921	轻型井点井管 ϕ40	m	66.8806	66.8806	66.8806	66.8806
35040941	轻型井点井管 ϕ180×4	m	3.2265	3.2265	3.2265	3.2265
99091380	电动卷扬机单筒快速 10 kN	台班	1.9920	1.9920	1.9920	1.9920
99350050	轻便钻机 XJ-100	台班	4.7310	4.7310	4.7310	4.7310
99440010	电动单级离心清水泵 ϕ50	台班	−202.8600	−236.8800	−266.4900	−288.6972
99440150	电动多级离心清水泵 ϕ150×180 m 以下	台班	3.9840	3.9840	3.9840	3.9840
99440510	射流井点泵 9.5 m	台班	85.9420	85.9420	85.9420	85.9420

工作内容：沟槽挖土、沟槽排水、井点降水、沟槽围护和支撑（钢板桩、撑拆列板）、铺筑管道基础、铺设管道、沟槽回填（素土）、土方场内运输、砌筑检查井等。

定额编号			J-1-3-125	J-1-3-126	J-1-3-127	J-1-3-128
项目			ϕ2700			ϕ3000
			F 型钢承口式钢筋混凝土管			
			>6.0 m	6.5 m	7.0 m	5.0 m
			100 m	100 m	100 m	100 m
预算定额编号	预算定额名称	预算定额单位	数量			
04290712	钢筋混凝土板 1400×250×160 mm	块	24.0000	15.0000	15.0000	15.0000
04290713	钢筋混凝土板 1400×300×160 mm	块		12.0000	12.0000	15.0000
52-1-2-3	机械挖沟槽土方 深≤6 m 现场抛土	m^3	2961.0000	2961.0000	3024.0000	2572.5000
52-1-2-3 系 1	机械挖沟槽土方 深≤7 m 现场抛土	m^3	61.6900	246.7500	504.0000	
52-1-3-1	沟槽回填 夯填土	m^3	1949.7200	2134.7800	2454.1100	1264.2300
53-1-3-2	场内运输 自卸汽车装运土（运距 1 km 以内）	m^3	2537.6480	2759.7200	3143.1000	1760.2700
52-1-4-3	管道垫层 砾石砂垫层	m^3	47.7300	47.9700	48.8900	49.9400
52-1-5-1	管道基座 混凝土 C20	m^3	265.0700	266.0600	266.0600	324.9600
52-1-5-1 换 1	管道基座 混凝土 C15	m^3	2.1900	2.3100	2.3100	2.3700
52-1-5-2	管道基座 钢筋	t	0.4740	0.4740	0.4740	0.5100
52-1-6-23	管道铺设 F 型钢承口式钢筋混凝土管 ϕ2700	100 m	0.9670	0.9670	0.9670	
52-1-6-24	管道铺设 F 型钢承口式钢筋混凝土管 ϕ3000	100 m				0.9670
52-3-1-3	砖砌检查井及雨水口 检查井 深≤6 m	m^3	65.9100			39.0000
52-3-1-4	砖砌检查井及雨水口 检查井 深≤8 m	m^3		69.9900	73.5600	
52-3-2-1	水泥砂浆抹面 检查井	m^2	215.9400	235.9800	256.0200	220.4700
52-3-6-1	安装防坠格板 新建工程	只	3.0000	3.0000	3.0000	3.0000
52-3-9-3	安装盖板及盖座 铸铁盖座	套	3.0000	3.0000	3.0000	3.0000
52-3-9-4	安装盖板及盖座 防沉降检查井盖板	块	3.0000	3.0000	3.0000	3.0000
52-4-5-1	模板工程 模板 管道基座	m^2	254.2100	254.8400	254.8400	277.2900
53-9-1-1	施工排水、降水 湿土排水	m^3	2529.1900	2714.2500	3024.0000	2058.0000
53-9-1-3	施工排水、降水 筑拆竹箩滤井	座	2.5000	2.5000	2.5000	2.5000

（续表）

定额编号			J-1-3-125	J-1-3-126	J-1-3-127	J-1-3-128
项目			ϕ2700			ϕ3000
			F 型钢承口式钢筋混凝土管			
			>6.0 m	6.5 m	7.0 m	5.0 m
			100 m	100 m	100 m	100 m
预算定额编号	预算定额名称	预算定额单位	数量			
调整项目						
	围护支撑					
52-4-3-3	打槽型钢板桩 长 9.01～12.00 m，单面	100 m	2.0000	2.0000	2.0000	
52-4-3-8	拔槽型钢板桩 长 9.01～12.00 m，单面	100 m	2.0000	2.0000	2.0000	
52-4-3-11	打拔沟槽钢板桩 槽型钢板桩使用费	t·d	14536.0000	14536.0000	14536.0000	10384.0000
52-4-4-11	安拆钢板桩支撑 槽宽≤6.0 m 深 6.01～8.00 m	100 m	1.0000	1.0000	1.0000	
52-4-4-14	钢板桩支撑使用费	t·d	2798.0000	2798.0000	2798.0000	1400.0000
52-4-3-2	打槽型钢板桩 长 6.01～9.00 m，单面	100 m				2.0000
52-4-3-7	拔槽型钢板桩 长 6.01～9.00 m，单面	100 m				2.0000
52-4-4-10	安拆钢板桩支撑 槽宽≤6.0 m 深 4.01～6.00 m	100 m				1.0000
	井点降水					
53-9-1-1	施工排水、降水 湿土排水	m^3	−2529.1900	−2714.2500	−3024.0000	−2058.0000
53-9-1-5	施工排水、降水 轻型井点安装	根				83.0000
53-9-1-6	施工排水、降水 轻型井点拆除	根				83.0000
53-9-1-7	施工排水、降水 轻型井点使用	套·天				78.0000
53-9-1-8	施工排水、降水 喷射井点安装 10 m	根	40.0000	40.0000	40.0000	
53-9-1-9	施工排水、降水 喷射井点拆除 10 m	根	40.0000	40.0000	40.0000	
53-9-1-10	施工排水、降水 喷射井点使用 10 m	套·天	52.0000	52.0000	52.0000	

工作内容:沟槽挖土、沟槽排水、井点降水、沟槽围护和支撑(钢板桩、撑拆列板)、铺筑管道基础、铺设管道、沟槽回填(素土)、土方场内运输、砌筑检查井等。

定额编号				J-1-3-125	J-1-3-126	J-1-3-127	J-1-3-128
项目				ϕ2700			ϕ3000
				F型钢承口式钢筋混凝土管			
				>6.0 m	6.5 m	7.0 m	5.0 m
名称			单位	100 m	100 m	100 m	100 m
人工	00190101	综合人工	工日	1251.6472	1342.2150	1477.8659	984.0599
材料	01010211	热轧带肋钢筋(HRB400) ϕ≤10	t	0.1360	0.1360	0.1360	0.1464
	01010212	热轧带肋钢筋(HRB400) ϕ>10	t	0.3498	0.3498	0.3498	0.3764
	02090101	塑料薄膜	m^2	870.2591	877.0192	879.9698	1031.3756
	03010811	钢塑膨胀铆钉	只	18.3600	18.3600	18.3600	18.3600
	03150101	圆钉	kg	51.8264	51.9549	51.9549	56.5318
	03152501	镀锌铁丝	kg	1.4647	1.4647	1.4647	1.5759
	04030115	黄砂 中粗	t	0.1700	0.1700	0.1700	0.1700
	04030701	砾石砂	t	105.5263	106.0569	108.0909	110.4123
	04050313	道碴 50～70	t	0.3988	0.3988	0.3988	0.3988
	04131711	蒸压灰砂砖	千块	35.6309	37.7176	39.6415	21.0834
	04290712	钢筋混凝土板 1400×250×160 mm	块	24.0000	15.0000	15.0000	15.0000
	04290713	钢筋混凝土板 1400×300×160 mm	块		12.0000	12.0000	15.0000
	05350301	竹箩	个	2.5000	2.5000	2.5000	2.5000
	14412801	环氧密封胶	kg	200.2319	200.2319	200.2319	222.4798
	17291262	F型钢筋混凝土管(开槽) ϕ2700×2500	m	96.7304	96.7304	96.7304	
	17291263	F型钢筋混凝土管(开槽) ϕ3000×2500	m				96.7304
	34110101	水	m^3	14.3729	14.4847	14.5336	17.0317
	35010102	组合钢模板	kg	162.6448	163.0479	163.0479	177.4115
	35010703	木模板成材	m^3	1.0162	1.0187	1.0187	1.1085
	35020401	钢模零配件	kg	60.1385	60.2875	60.2875	65.5985
	36012831	铸铁检查井雨污水盖座 市政90型	套	3.0000	3.0000	3.0000	3.0000
	36016631	防沉降检查井盖板 2500×2000×200	块	3.0000	3.0000	3.0000	3.0000
	36016651	高强度塑料检查井格板	只	3.0600	3.0600	3.0600	3.0600
	36016661	高强度塑料支架	只	9.1800	9.1800	9.1800	9.1800
	80060414	湿拌砌筑砂浆 WM M10.0	m^3	15.6866	16.9306	17.7942	9.2820
	80060513	预拌抹灰砂浆 WP M15.0	m^3	3.6911	4.0098	4.3284	3.7632
	80210410	预拌混凝土(泵送型) C15 粒径5～20	m^3	2.2119	2.3331	2.3331	2.3937
	80210414	预拌混凝土(泵送型) C20 粒径5～20	m^3	267.7207	268.7206	268.7206	328.2096

（续表）

定额编号				J-1-3-125	J-1-3-126	J-1-3-127	J-1-3-128
项目				ϕ2700			ϕ3000
				F型钢承口式钢筋混凝土管			
				>6.0 m	6.5 m	7.0 m	5.0 m
名称			单位	100 m	100 m	100 m	100 m
机械	99010060	履带式单斗液压挖掘机 1 m^3	台班	12.4362	13.3245	14.8176	10.5473
	99050930	混凝土振捣器 插入式	台班	36.6146	36.7667	36.7667	44.8442
	99050940	混凝土振捣器 平板式	台班	38.6049	38.7670	38.8054	46.9267
	99070220	轮胎式装载机 1 m^3	台班	11.9269	12.9707	14.7726	8.2733
	99070540	载重汽车 6 t	台班	0.4067	0.4077	0.4077	0.4437
	99070588	载重汽车 12 t	台班	18.2711	19.8700	22.6303	12.6739
	99070740	平板拖车组 15 t	台班	1.4590	1.4590	1.4590	
	99070760	平板拖车组 30 t	台班				1.4590
	99090360	汽车式起重机 8 t	台班	0.5046	0.5053	0.5053	0.5300
	99090430	汽车式起重机 30 t	台班	1.4590	1.4590	1.4590	1.4590
	99090460	汽车式起重机 50 t	台班	4.8632	4.8632	4.8632	
	99090490	汽车式起重机 75 t	台班				4.8632
	99091700	手扳葫芦	台班	9.7264	9.7264	9.7264	9.7264
	99091880	千斤顶 15 t	台班	9.7264	9.7264	9.7264	9.7264
	99130350	内燃夯实机 700 N·m	台班	72.3346	79.2003	91.0475	46.9029
	99170010	钢筋调直机	台班	0.2304	0.2304	0.2304	0.2479
	99170025	钢筋切断机	台班	0.2304	0.2304	0.2304	0.2479
	99210065	木工平刨床 刨削宽度 450	台班	0.5847	0.5861	0.5861	0.6378
	99440010	电动单级离心清水泵 ϕ50	台班	303.5028	325.7100	362.8800	246.9600
调整项目							
		围护支撑					
	00190101	综合人工	工日	616.8189	616.8189	616.8189	604.0707
	03130101	电焊条	kg	25.5321	25.5321	25.5321	19.5322
	04030115	黄砂 中粗	t	33.2299	33.2299	33.2299	23.7356
	05030101	成材	m^3	0.7566	0.7566	0.7566	0.8781
	35020101	钢支撑	kg	1648.3199	1648.3199	1648.3199	618.1200
	35050502	钢围檩	kg	708.0100	708.0100	708.0100	
	35090121	槽型钢板桩	t	2.2512	2.2512	2.2512	1.8711
	35090131	槽型钢板桩使用费	t·d	14536.0000	14536.0000	14536.0000	10384.0000
	35090611	钢板桩支撑使用费	t·d	2798.0000	2798.0000	2798.0000	1400.0000
	35091901	钢桩帽摊销	kg	381.5700	381.5700	381.5700	136.2690

（续表）

定额编号			J-1-3-125	J-1-3-126	J-1-3-127	J-1-3-128
项目			ϕ2700			ϕ3000
			F 型钢承口式钢筋混凝土管			
			>6.0 m	6.5 m	7.0 m	5.0 m
名称		单位	100 m	100 m	100 m	100 m
99030100	轨道式柴油打桩机 1.2 t	台班	33.5913	33.5913	33.5913	
99030970	震动锤 45 kW	台班	17.3680	17.3680	17.3680	
99070540	载重汽车 6 t	台班	11.5000	11.5000	11.5000	4.5000
99090090	履带式起重机 15 t	台班	29.7440	29.7440	29.7440	9.2820
99091320	立式油压千斤顶 100 t	台班	12.3760	12.3760	12.3760	9.2820
99250020	交流弧焊机 32kVA	台班	6.7701	6.7701	6.7701	5.0825
99030080	轨道式柴油打桩机 0.6 t	台班				27.7905
99030690	简易拔桩架	台班				29.8410
	井点降水					
00190101	综合人工	工日	130.7653	120.8830	104.3424	−23.1239
04030115	黄砂 中粗	t				9.4420
04030119	黄砂 中粗	kg	95423.8016	95423.8016	95423.8016	
17030102	镀锌焊接钢管	kg	0.3030	0.3030	0.3030	
17270201	普通橡胶管	m				14.2440
34110101	水	m^3	566.8908	566.8908	566.8908	152.3275
35040921	轻型井点井管 ϕ40	m				71.3352
35040941	轻型井点井管 ϕ180×4	m				3.4412
35040961	喷射井点总管 ϕ159×6	m	7.0199	7.0199	7.0199	
35040971	喷射井点井管 ϕ76	m	50.0631	50.0631	50.0631	
35041011	喷射井点滤网管	根	5.7705	5.7705	5.7705	
35041021	喷射井点回水连接件	副	3.6111	3.6111	3.6111	
35041031	喷射井点腰子法兰	副	1.6296	1.6296	1.6296	
35041041	喷射井点水箱	kg	57.6891	57.6891	57.6891	
35041051	喷射井点喷射器	只	7.7115	7.7115	7.7115	
99090080	履带式起重机 10 t	台班	11.5200	11.5200	11.5200	
99091380	电动卷扬机单筒快速 10 kN	台班				1.9920
99350050	轻便钻机 XJ-100	台班				4.7310
99350120	液压钻机 G-2A	台班	4.4160	4.4160	4.4160	
99440010	电动单级离心清水泵 ϕ50	台班	−303.5028	−325.7100	−362.8800	−246.9600
99440150	电动多级离心清水泵 ϕ150×180 m 以下	台班	65.2400	65.2400	65.2400	3.9840
99440210	污水泵 ϕ100	台班	11.0400	11.0400	11.0400	
99440510	射流井点泵 9.5 m	台班				91.6920

工作内容：沟槽挖土、沟槽排水、井点降水、沟槽围护和支撑(钢板桩、撑拆列板)、铺筑管道基础、铺设管道、沟槽回填(素土)、土方场内运输、砌筑检查井等。

定 额 编 号			J-1-3-129	J-1-3-130	J-1-3-131	J-1-3-132
项 目			ϕ3000			
			F 型钢承口式钢筋混凝土管			
			5.5 m	≤6.0 m	>6.0 m	6.5 m
			100 m	100 m	100 m	100 m
预算定额编号	预算定额名称	预算定额单位	数 量			
04290712	钢筋混凝土板 1400×250×160 mm	块	15.0000	15.0000	15.0000	15.0000
04290713	钢筋混凝土板 1400×300×160 mm	块	15.0000	15.0000	15.0000	15.0000
52-1-2-3	机械挖沟槽土方 深≤6 m 现场抛土	m^3	2829.7500	3022.6900	3087.0000	3087.0000
52-1-2-3 系 1	机械挖沟槽土方 深≤7 m 现场抛土	m^3			64.3100	257.2500
52-1-3-1	沟槽回填 夯填土	m^3	1521.4800	1714.4200	1843.0400	2035.9800
53-1-3-2	场内运输 自卸汽车装运土(运距 1 km 以内)	m^3	2068.9700	2300.4980	2454.8420	2686.3700
52-1-4-3	管道垫层 砾石砂垫层	m^3	49.9400	49.9400	49.9400	50.1500
52-1-5-1	管道基座 混凝土 C20	m^3	324.9600	324.9600	324.9600	325.9500
52-1-5-1 换 1	管道基座 混凝土 C15	m^3	2.3700	2.3700	2.3700	2.4600
52-1-5-2	管道基座 钢筋	t	0.5100	0.5100	0.5100	0.5100
52-1-6-24	管道铺设 F 型钢承口式钢筋混凝土管 ϕ3000	100 m	0.9670	0.9670	0.9670	0.9670
52-3-1-3	砖砌检查井及雨水口 检查井 深≤6 m	m^3	42.4500	72.6300	72.6300	
52-3-1-4	砖砌检查井及雨水口 检查井 深≤8 m	m^3				76.8000
52-3-2-1	水泥砂浆抹面 检查井	m^2	236.6700	222.0300	222.0300	242.0700
52-3-6-1	安装防坠格板 新建工程	只	3.0000	3.0000	3.0000	3.0000
52-3-9-3	安装盖板及盖座 铸铁盖座	套	3.0000	3.0000	3.0000	3.0000
52-3-9-4	安装盖板及盖座 防沉降检查井盖板	块	3.0000	3.0000	3.0000	3.0000
52-4-5-1	模板工程 模板 管道基座	m^2	277.2900	277.2900	277.2900	277.9500
53-9-1-1	施工排水、降水 湿土排水	m^3	2315.2500	2508.1900	2636.8100	2829.7500
53-9-1-3	施工排水、降水 筑拆竹箩滤井	座	2.5000	2.5000	2.5000	2.5000
调整项目						
	围护支撑					
52-4-3-2	打槽型钢板桩 长 6.01～9.00 m，单面	100 m	2.0000	2.0000		
52-4-3-7	拔槽型钢板桩 长 6.01～9.00 m，单面	100 m	2.0000	2.0000		

（续表）

定额编号			J-1-3-129	J-1-3-130	J-1-3-131	J-1-3-132
项目			φ3000			
			F型钢承口式钢筋混凝土管			
			5.5 m	≤6.0 m	>6.0 m	6.5 m
			100 m	100 m	100 m	100 m
预算定额编号	预算定额名称	预算定额单位	数量			
52-4-3-11	打拔沟槽钢板桩 槽型钢板桩使用费	t·d	10384.0000	10384.0000	14536.0000	14536.0000
52-4-4-10	安拆钢板桩支撑 槽宽≤6.0 m 深4.01～6.00 m	100 m	1.0000	1.0000		
52-4-4-14	钢板桩支撑使用费	t·d	1400.0000	1400.0000	2798.0000	2798.0000
52-4-3-3	打槽型钢板桩 长9.01～12.00 m，单面	100 m			2.0000	2.0000
52-4-3-8	拔槽型钢板桩 长9.01～12.00 m，单面	100 m			2.0000	2.0000
52-4-4-11	安拆钢板桩支撑 槽宽≤6.0 m 深6.01～8.00 m	100 m			1.0000	1.0000
	井点降水					
53-9-1-1	施工排水、降水 湿土排水	m^3	-2315.2500	-2508.1900	-2636.8100	-2829.7500
53-9-1-5	施工排水、降水 轻型井点安装	根	83.0000	83.0000		
53-9-1-6	施工排水、降水 轻型井点拆除	根	83.0000	83.0000		
53-9-1-7	施工排水、降水 轻型井点使用	套·天	78.0000	78.0000		
53-9-1-8	施工排水、降水 喷射井点安装 10 m	根			40.0000	40.0000
53-9-1-9	施工排水、降水 喷射井点拆除 10 m	根			40.0000	40.0000
53-9-1-10	施工排水、降水 喷射井点使用 10 m	套·天			56.0000	56.0000

工作内容：沟槽挖土、沟槽排水、井点降水、沟槽围护和支撑（钢板桩、撑拆列板）、铺筑管道基础、铺设管道、沟槽回填（素土）、土方场内运输、砌筑检查井等。

定额编号				J-1-3-129	J-1-3-130	J-1-3-131	J-1-3-132
项目				φ3000			
				F型钢承口式钢筋混凝土管			
				5.5 m	≤6.0 m	>6.0 m	6.5 m
名称			单位	100 m	100 m	100 m	100 m
人工	00190101	综合人工	工日	1093.6630	1238.3313	1287.9285	1382.2340
材料	01010211	热轧带肋钢筋(HRB400) φ≤10	t	0.1464	0.1464	0.1464	0.1464
	01010212	热轧带肋钢筋(HRB400) φ>10	t	0.3764	0.3764	0.3764	0.3764
	02090101	塑料薄膜	m^2	1034.2270	1059.1708	1059.1708	1065.9139

（续表）

定额编号				J-1-3-129	J-1-3-130	J-1-3-131	J-1-3-132
项目				ϕ3000			
				F型钢承口式钢筋混凝土管			
				5.5 m	≤6.0 m	>6.0 m	6.5 m
名称			单位	100 m	100 m	100 m	100 m
材料	03010811	钢塑膨胀铆钉	只	18.3600	18.3600	18.3600	18.3600
	03150101	圆钉	kg	56.5318	56.5318	56.5318	56.6664
	03152501	镀锌铁丝	kg	1.5759	1.5759	1.5759	1.5759
	04030115	黄砂 中粗	t	0.1700	0.1700	0.1700	0.1700
	04030701	砾石砂	t	110.4123	110.4123	110.4123	110.8766
	04050313	道碴 50～70	t	0.3988	0.3988	0.3988	0.3988
	04131711	蒸压灰砂砖	千块	22.9485	39.2638	39.2638	41.3875
	04290712	钢筋混凝土板 1400×250×160 mm	块	15.0000	15.0000	15.0000	15.0000
	04290713	钢筋混凝土板 1400×300×160 mm	块	15.0000	15.0000	15.0000	15.0000
	05350301	竹箩	个	2.5000	2.5000	2.5000	2.5000
	14412801	环氧密封胶	kg	222.4798	222.4798	222.4798	222.4798
	17291263	F型钢筋混凝土管(开槽) ϕ3000×2500	m	96.7304	96.7304	96.7304	96.7304
	34110101	水	m^3	17.0790	17.4924	17.4924	17.6041
	35010102	组合钢模板	kg	177.4115	177.4115	177.4115	177.8338
	35010703	木模板成材	m^3	1.1085	1.1085	1.1085	1.1111
	35020401	钢模零配件	kg	65.5985	65.5985	65.5985	65.7546
	36012831	铸铁检查井雨污水盖座 市政90型	套	3.0000	3.0000	3.0000	3.0000
	36016631	防沉降检查井盖板 2500×2000×200	块	3.0000	3.0000	3.0000	3.0000
	36016651	高强度塑料检查井格板	只	3.0600	3.0600	3.0600	3.0600
	36016661	高强度塑料支架	只	9.1800	9.1800	9.1800	9.1800
	80060414	湿拌砌筑砂浆 WM M10.0	m^3	10.1031	17.2859	17.2859	18.5779
	80060513	预拌抹灰砂浆 WP M15.0	m^3	4.0208	3.7880	3.7880	4.1066
	80210410	预拌混凝土(泵送型) C15 粒径5～20	m^3	2.3937	2.3937	2.3937	2.4846
	80210414	预拌混凝土(泵送型) C20 粒径5～20	m^3	328.2096	328.2096	328.2096	329.2095

（续表）

定　额　编　号				J-1-3-129	J-1-3-130	J-1-3-131	J-1-3-132
项　　目				ϕ3000			
				F 型钢承口式钢筋混凝土管			
				5.5 m	≤6.0 m	＞6.0 m	6.5 m
名　　称			单位	100 m	100 m	100 m	100 m
机械	99010060	履带式单斗液压挖掘机 1 m^3	台班	11.6020	12.3930	12.9654	13.8915
	99050930	混凝土振捣器 插入式	台班	44.8442	44.8442	44.8442	44.9922
	99050940	混凝土振捣器 平板式	台班	46.9267	46.9267	46.9267	47.0835
	99070220	轮胎式装载机 1 m^3	台班	9.7242	10.8123	11.5378	12.6259
	99070540	载重汽车 6 t	台班	0.4437	0.4437	0.4437	0.4447
	99070588	载重汽车 12 t	台班	14.8966	16.5636	17.6749	19.3419
	99070760	平板拖车组 30 t	台班	1.4590	1.4590	1.4590	1.4590
	99090360	汽车式起重机 8 t	台班	0.5300	0.5300	0.5300	0.5307
	99090430	汽车式起重机 30 t	台班	1.4590	1.4590	1.4590	1.4590
	99090490	汽车式起重机 75 t	台班	4.8632	4.8632	4.8632	4.8632
	99091700	手扳葫芦	台班	9.7264	9.7264	9.7264	9.7264
	99091880	千斤顶 15 t	台班	9.7264	9.7264	9.7264	9.7264
	99130350	内燃夯实机 700 N·m	台班	56.4469	63.6050	68.3768	75.5349
	99170010	钢筋调直机	台班	0.2479	0.2479	0.2479	0.2479
	99170025	钢筋切断机	台班	0.2479	0.2479	0.2479	0.2479
	99210065	木工平刨床 刨削宽度 450	台班	0.6378	0.6378	0.6378	0.6393
	99440010	电动单级离心清水泵 ϕ50	台班	277.8300	300.9828	316.4172	339.5700
调整项目							
		围护支撑					
	00190101	综合人工	工日	604.0707	604.0707	616.8189	616.8189
	03130101	电焊条	kg	19.5322	19.5322	25.5321	25.5321
	04030115	黄砂 中粗	t	23.7356	23.7356	33.2299	33.2299
	05030101	成材	m^3	0.8781	0.8781	0.7566	0.7566
	35020101	钢支撑	kg	618.1200	618.1200	1648.3199	1648.3199
	35090121	槽型钢板桩	t	1.8711	1.8711	2.2512	2.2512
	35090131	槽型钢板桩使用费	t·d	10384.0000	10384.0000	14536.0000	14536.0000
	35090611	钢板桩支撑使用费	t·d	1400.0000	1400.0000	2798.0000	2798.0000
	35091901	钢桩帽摊销	kg	136.2690	136.2690	381.5700	381.5700
	99030080	轨道式柴油打桩机 0.6 t	台班	27.7905	27.7905		
	99030690	简易拔桩架	台班	29.8410	29.8410		

（续表）

定　额　编　号			J-1-3-129	J-1-3-130	J-1-3-131	J-1-3-132
项　　目			ϕ3000			
			F型钢承口式钢筋混凝土管			
			5.5 m	≤6.0 m	>6.0 m	6.5 m
名　　称		单位	100 m	100 m	100 m	100 m
99070540	载重汽车 6 t	台班	4.5000	4.5000	11.5000	11.5000
99090090	履带式起重机 15 t	台班	9.2820	9.2820	29.7440	29.7440
99091320	立式油压千斤顶 100 t	台班	9.2820	9.2820	12.3760	12.3760
99250020	交流弧焊机 32kVA	台班	5.0825	5.0825	6.7701	6.7701
35050502	钢围檩	kg			708.0100	708.0100
99030100	轨道式柴油打桩机 1.2 t	台班			33.5913	33.5913
99030970	震动锤 45 kW	台班			17.3680	17.3680
	井点降水					
00190101	综合人工	工日	−36.8611	−47.1640	133.8983	123.5953
04030115	黄砂 中粗	t	9.4420	9.4420		
04030119	黄砂 中粗	kg			95423.8016	95423.8016
17030102	镀锌焊接钢管	kg			0.3232	0.3232
17270201	普通橡胶管	m	14.2440	14.2440		
34110101	水	m^3	152.3275	152.3275	566.8908	566.8908
35040921	轻型井点井管 ϕ40	m	71.3352	71.3352		
35040941	轻型井点井管 ϕ180×4	m	3.4412	3.4412		
35040961	喷射井点总管 ϕ159×6	m			7.5457	7.5457
35040971	喷射井点井管 ϕ76	m			53.8248	53.8248
35041011	喷射井点滤网管	根			6.2033	6.2033
35041021	喷射井点回水连接件	副			3.8821	3.8821
35041031	喷射井点腰子法兰	副			1.7509	1.7509
35041041	喷射井点水箱	kg			62.0170	62.0170
35041051	喷射井点喷射器	只			8.2899	8.2899
99090080	履带式起重机 10 t	台班			11.5200	11.5200
99091380	电动卷扬机单筒快速 10 kN	台班	1.9920	1.9920		
99350050	轻便钻机 XJ-100	台班	4.7310	4.7310		
99350120	液压钻机 G-2A	台班			4.4160	4.4160
99440010	电动单级离心清水泵 ϕ50	台班	−277.8300	−300.9828	−316.4172	−339.5700
99440150	电动多级离心清水泵 ϕ150×180 m以下	台班	3.9840	3.9840	69.6800	69.6800
99440210	污水泵 ϕ100	台班			11.0400	11.0400
99440510	射流井点泵 9.5 m	台班	91.6920	91.6920		

工作内容：沟槽挖土、沟槽排水、井点降水、沟槽围护和支撑(钢板桩、撑拆列板)、铺筑管道基础、铺设管道、沟槽回填(素土)、土方场内运输、砌筑检查井等。

定额编号			J-1-3-133
项目			ϕ3000
			F型钢承口式钢筋混凝土管
			7.0 m
			100 m
预算定额编号	预算定额名称	预算定额单位	数量
04290712	钢筋混凝土板 1400×250×160 mm	块	21.0000
04290713	钢筋混凝土板 1400×300×160 mm	块	9.0000
52-1-2-3	机械挖沟槽土方 深≤6 m 现场抛土	m^3	3150.0000
52-1-2-3系1	机械挖沟槽土方 深≤7 m 现场抛土	m^3	525.0000
52-1-3-1	沟槽回填 夯填土	m^3	2365.8100
53-1-3-2	场内运输 自卸汽车装运土(运距1 km以内)	m^3	3082.3500
52-1-4-3	管道垫层 砾石砂垫层	m^3	51.0700
52-1-5-1	管道基座 混凝土 C20	m^3	325.9500
52-1-5-1换1	管道基座 混凝土 C15	m^3	2.4600
52-1-5-2	管道基座 钢筋	t	0.5100
52-1-6-24	管道铺设 F型钢承口式钢筋混凝土管 ϕ3000	100 m	0.9670
52-3-1-4	砖砌检查井及雨水口 检查井深≤8 m	m^3	80.7900
52-3-2-1	水泥砂浆抹面 检查井	m^2	262.1100
52-3-6-1	安装防坠格板 新建工程	只	3.0000
52-3-9-3	安装盖板及盖座 铸铁盖座	套	3.0000
52-3-9-4	安装盖板及盖座 防沉降检查井盖板	块	3.0000
52-4-5-1	模板工程 模板 管道基座	m^2	277.9500
53-9-1-1	施工排水、降水 湿土排水	m^3	3150.0000
53-9-1-3	施工排水、降水 筑拆竹箩滤井	座	2.5000
调整项目			
	围护支撑		
52-4-3-3	打槽型钢板桩 长 9.01～12.00 m，单面	100 m	2.0000
52-4-3-8	拔槽型钢板桩 长 9.01～12.00 m，单面	100 m	2.0000
52-4-3-11	打拔沟槽钢板桩 槽型钢板桩使用费	t·d	14536.0000

(续表)

定　额　编　号			J-1-3-133
项　　目			ϕ3000
			F 型钢承口式钢筋混凝土管
			7.0 m
			100 m
预算定额编号	预算定额名称	预算定额单位	数　　量
52-4-4-11	安拆钢板桩支撑 槽宽≤6.0 m 深 6.01～8.00 m	100 m	1.0000
52-4-4-14	钢板桩支撑使用费	t·d	2798.0000
	井点降水		
53-9-1-1	施工排水、降水 湿土排水	m^3	−3150.0000
53-9-1-8	施工排水、降水 喷射井点安装 10 m	根	40.0000
53-9-1-9	施工排水、降水 喷射井点拆除 10 m	根	40.0000
53-9-1-10	施工排水、降水 喷射井点使用 10 m	套·天	56.0000

工作内容：沟槽挖土、沟槽排水、井点降水、沟槽围护和支撑(钢板桩、撑拆列板)、铺筑管道基础、铺设管道、沟槽回填(素土)、土方场内运输、砌筑检查井等。

定　额　编　号				J-1-3-133
项　　目				ϕ3000
				F 型钢承口式钢筋混凝土管
				7.0 m
名　　称			单位	100 m
人工	00190101	综合人工	工日	1523.0014
材料	01010211	热轧带肋钢筋(HRB400) ϕ≤10	t	0.1464
	01010212	热轧带肋钢筋(HRB400) ϕ>10	t	0.3764
	02090101	塑料薄膜	m^2	1069.2116
	03010811	钢塑膨胀铆钉	只	18.3600
	03150101	圆钉	kg	56.6664
	03152501	镀锌铁丝	kg	1.5759
	04030115	黄砂 中粗	t	0.1700
	04030701	砾石砂	t	112.9107
	04050313	道碴 50～70	t	0.3988
	04131711	蒸压灰砂砖	千块	43.5377
	04290712	钢筋混凝土板 1400×250×160 mm	块	21.0000
	04290713	钢筋混凝土板 1400×300×160 mm	块	9.0000
	05350301	竹箩	个	2.5000

（续表）

定　额　编　号				J-1-3-133
项　　目				ϕ3000
				F型钢承口式钢筋混凝土管
				7.0 m
名　　称			单位	100 m
材料	14412801	环氧密封胶	kg	222.4798
	17291263	F型钢筋混凝土管(开槽) ϕ3000×2500	m	96.7304
	34110101	水	m^3	17.6587
	35010102	组合钢模板	kg	177.8338
	35010703	木模板成材	m^3	1.1111
	35020401	钢模零配件	kg	65.7546
	36012831	铸铁检查井雨污水盖座 市政90型	套	3.0000
	36016631	防沉降检查井盖板 2500×2000×200	块	3.0000
	36016651	高强度塑料检查井格板	只	3.0600
	36016661	高强度塑料支架	只	9.1800
	80060414	湿拌砌筑砂浆 WM M10.0	m^3	19.5431
	80060513	预拌抹灰砂浆 WP M15.0	m^3	4.4252
	80210410	预拌混凝土(泵送型) C15 粒径5～20	m^3	2.4846
	80210414	预拌混凝土(泵送型) C20 粒径5～20	m^3	329.2095
机械	99010060	履带式单斗液压挖掘机 1 m^3	台班	15.4350
	99050930	混凝土振捣器 插入式	台班	44.9922
	99050940	混凝土振捣器 平板式	台班	47.1218
	99070220	轮胎式装载机 1 m^3	台班	14.4870
	99070540	载重汽车 6 t	台班	0.4447
	99070588	载重汽车 12 t	台班	22.1929
	99070760	平板拖车组 30 t	台班	1.4590
	99090360	汽车式起重机 8 t	台班	0.5307
	99090430	汽车式起重机 30 t	台班	1.4590
	99090490	汽车式起重机 75 t	台班	4.8632
	99091700	手扳葫芦	台班	9.7264
	99091880	千斤顶 15 t	台班	9.7264
	99130350	内燃夯实机 700 N·m	台班	87.7716
	99170010	钢筋调直机	台班	0.2479
	99170025	钢筋切断机	台班	0.2479
	99210065	木工平刨床 刨削宽度 450	台班	0.6393
	99440010	电动单级离心清水泵 ϕ50	台班	378.0000

（续表）

定 额 编 号			J-1-3-133
项 目			ϕ3000
			F型钢承口式钢筋混凝土管
			7.0 m
名 称		单位	100 m
调整项目			
	围护支撑		
00190101	综合人工	工日	616.8189
03130101	电焊条	kg	25.5321
04030115	黄砂 中粗	t	33.2299
05030101	成材	m^3	0.7566
35020101	钢支撑	kg	1648.3199
35050502	钢围檩	kg	708.0100
35090121	槽型钢板桩	t	2.2512
35090131	槽型钢板桩使用费	t·d	14536.0000
35090611	钢板桩支撑使用费	t·d	2798.0000
35091901	钢桩帽摊销	kg	381.5700
99030100	轨道式柴油打桩机 1.2 t	台班	33.5913
99030970	震动锤 45 kW	台班	17.3680
99070540	载重汽车 6 t	台班	11.5000
99090090	履带式起重机 15 t	台班	29.7440
99091320	立式油压千斤顶 100 t	台班	12.3760
99250020	交流弧焊机 32kVA	台班	6.7701
	井点降水		
00190101	综合人工	工日	106.4940
04030119	黄砂 中粗	kg	95423.8016
17030102	镀锌焊接钢管	kg	0.3232
34110101	水	m^3	566.8908
35040961	喷射井点总管 ϕ159×6	m	7.5457
35040971	喷射井点井管 ϕ76	m	53.8248
35041011	喷射井点滤网管	根	6.2033
35041021	喷射井点回水连接件	副	3.8821
35041031	喷射井点腰子法兰	副	1.7509
35041041	喷射井点水箱	kg	62.0170
35041051	喷射井点喷射器	只	8.2899
99090080	履带式起重机 10 t	台班	11.5200
99350120	液压钻机 G-2A	台班	4.4160
99440010	电动单级离心清水泵 ϕ50	台班	−378.0000
99440150	电动多级离心清水泵 ϕ150×180 m以下	台班	69.6800
99440210	污水泵 ϕ100	台班	11.0400

第四节　硬聚氯乙烯加筋管

工作内容：沟槽挖土、沟槽排水、井点降水、沟槽围护和支撑（钢板桩、撑拆列板）、铺筑管道基础、铺设管道、沟槽回填（黄砂及素土）、土方场内运输、砌筑检查井等。

定额编号			J-1-4-1 A(B)	J-1-4-2 A(B)	J-1-4-3 A(B)	J-1-4-4 A(B)
项目			DN225			
			硬聚氯乙烯加筋管(PVC-U)			
			1.5 m	2.0 m	2.5 m	≤3.0 m
			100 m	100 m	100 m	100 m
预算定额编号	预算定额名称	预算定额单位	数量			
52-1-2-1	机械挖沟槽土方 深≤3 m 现场抛土	m^3	189.0000	252.0000	315.0000	362.2500
52-1-3-1	沟槽回填 夯填土	m^3	132.5250 (70.9850)	194.0650 (132.5250)	255.6050 (194.0650)	301.3950 (239.8550)
53-1-3-2	场内运输 自卸汽车装运土(运距1 km以内)	m^3	176.1500 (114.6100)	250.2900 (188.7500)	324.4300 (262.8900)	379.6700 (318.1300)
52-1-3-4	沟槽回填 黄砂	m^3	23.7600 (85.3000)	23.7600 (85.3000)	23.7600 (85.3000)	23.7600 (85.3000)
52-1-4-1	管道垫层 黄砂垫层	m^3	5.8200	5.8200	5.8200	5.8200
52-1-4-3	管道垫层 砾石砂垫层	m^3	17.9550	17.9550	17.9550	18.3450
52-1-5-1	管道基座 混凝土 C20	m^3	0.6300			
52-1-5-1换1	管道基座 混凝土 C15	m^3	0.2400	0.6300	0.6300	1.1400
52-1-5-2	管道基座 钢筋	t	0.0360			
52-1-6-25	管道铺设 硬聚氯乙烯加筋管(PVC-U) DN225	100 m	0.9820	0.9820	0.9820	0.9820
52-3-1-1	砖砌检查井及雨水口 检查井 深≤2.5 m	m^3	3.5100	4.1700	5.4000	
52-3-1-2	砖砌检查井及雨水口 检查井 深≤4 m	m^3				9.0000
52-3-2-1	水泥砂浆抹面 检查井	m^2	29.0400	33.9300	44.0100	66.0900
52-3-6-1	安装防坠格板 新建工程	只	3.0000	3.0000	3.0000	3.0000
52-3-9-3	安装盖板及盖座 铸铁盖座	套	3.0000	3.0000	3.0000	3.0000
52-3-9-4	安装盖板及盖座 防沉降检查井盖板	块	3.0000	3.0000	3.0000	3.0000
52-4-5-1	模板工程 模板 管道基座	m^2	2.1300	2.1300	2.1300	2.8500
53-9-1-1	施工排水、降水 湿土排水	m^3	63.0000	126.0000	189.0000	236.2500
53-9-1-3	施工排水、降水 筑拆竹箩滤井	座	2.5000	2.5000	2.5000	2.5000

(续表)

定额编号			J-1-4-1 A(B)	J-1-4-2 A(B)	J-1-4-3 A(B)	J-1-4-4 A(B)
项目			DN225			
			硬聚氯乙烯加筋管(PVC-U)			
			1.5 m	2.0 m	2.5 m	≤3.0 m
			100 m	100 m	100 m	100 m
预算定额编号	预算定额名称	预算定额单位	数量			
调整项目						
	围护支撑					
52-4-2-1	满堂撑拆列板 深≤1.5 m,双面	100 m	1.0000			
52-4-2-2	满堂撑拆列板 深≤2.0 m,双面	100 m		1.0000		
52-4-2-3	满堂撑拆列板 深≤2.5 m,双面	100 m			1.0000	
52-4-2-4	满堂撑拆列板 深≤3.0 m,双面	100 m				1.0000
52-4-2-5	撑拆列板 列板使用费	t·d	109.0000	152.0000	174.0000	210.0000
52-4-2-6	列板支撑使用费	t·d	39.0000	53.0000	67.0000	80.0000
	井点降水					
53-9-1-1	施工排水、降水 湿土排水	m^3				−236.2500
53-9-1-5	施工排水、降水 轻型井点安装	根				83.0000
53-9-1-6	施工排水、降水 轻型井点拆除	根				83.0000
53-9-1-7	施工排水、降水 轻型井点使用	套·天				22.0000

工作内容:沟槽挖土、沟槽排水、井点降水、沟槽围护和支撑(钢板桩、撑拆列板)、铺筑管道基础、铺设管道、沟槽回填(黄砂及素土)、土方场内运输、砌筑检查井等。

定额编号				J-1-4-1 A(B)	J-1-4-2 A(B)	J-1-4-3 A(B)	J-1-4-4 A(B)
项目				DN225			
				硬聚氯乙烯加筋管(PVC-U)			
				1.5 m	2.0 m	2.5 m	≤3.0 m
名称			单位	100 m	100 m	100 m	100 m
人工	00190101	综合人工	工日	86.2687 (87.8688)	111.2782 (112.8782)	138.7331 (140.3331)	169.1252 (170.7253)
材料	01010211	热轧带肋钢筋(HRB400) ϕ≤10	t	0.0103			
	01010212	热轧带肋钢筋(HRB400) ϕ>10	t	0.0266			
	02090101	塑料薄膜	m^2	5.5814	5.3695	6.3861	10.9182
	03010811	钢塑膨胀铆钉	只	18.3600	18.3600	18.3600	18.3600
	03150101	圆钉	kg	0.4342	0.4342	0.4342	0.5810

（续表）

定额编号				J-1-4-1 A(B)	J-1-4-2 A(B)	J-1-4-3 A(B)	J-1-4-4 A(B)
项目				DN225			
				硬聚氯乙烯加筋管(PVC-U)			
				1.5 m	2.0 m	2.5 m	≤3.0 m
名称			单位	100 m	100 m	100 m	100 m
材料	03152501	镀锌铁丝	kg	0.1112			
	04030115	黄砂 中粗	t	52.4675 (161.2702)	52.4675 (161.2702)	52.4675 (161.2702)	52.4675 (161.2702)
	04030701	砾石砂	t	39.6967	39.6967	39.6967	40.5590
	04050313	道碴 50～70	t	0.3988	0.3988	0.3988	0.3988
	04131711	蒸压灰砂砖	千块	1.9289	2.2722	2.9425	4.8798
	05350301	竹箩	个	2.5000	2.5000	2.5000	2.5000
	17250317	硬聚氯乙烯加筋管(PVC-U) DN225×3000	m	39.5396	39.5396	39.5396	39.5396
	17250318	硬聚氯乙烯加筋管(PVC-U) DN225×6000	m	59.3093	59.3093	59.3093	59.3093
	34110101	水	m^3	3.8346 (13.5272)	3.8311 (13.5237)	3.8480 (13.5406)	3.9230 (13.6156)
	35010102	组合钢模板	kg	1.3628	1.3628	1.3628	1.8234
	35010703	木模板成材	m^3	0.0085	0.0085	0.0085	0.0114
	35020401	钢模零配件	kg	0.5039	0.5039	0.5039	0.6742
	36012831	铸铁检查井雨污水盖座 市政90型	套	3.0000	3.0000	3.0000	3.0000
	36016631	防沉降检查井盖板 2500×2000×200	块	3.0000	3.0000	3.0000	3.0000
	36016651	高强度塑料检查井格板	只	3.0600	3.0600	3.0600	3.0600
	36016661	高强度塑料支架	只	9.1800	9.1800	9.1800	9.1800
	80060414	湿拌砌筑砂浆 WM M10.0	m^3	0.8199	0.9658	1.2506	2.1222
	80060513	预拌抹灰砂浆 WP M15.0	m^3	0.7194	0.7972	0.9575	1.3085
	80210410	预拌混凝土(泵送型) C15 粒径5～20	m^3	0.2424	0.6363	0.6363	1.1514
	80210414	预拌混凝土(泵送型) C20 粒径5～20	m^3	0.6363			
机械	99010060	履带式单斗液压挖掘机 1 m^3	台班	0.7371	0.9828	1.2285	1.4128
	99050930	混凝土振捣器 插入式	台班	0.1192	0.0863	0.0863	0.1562
	99050940	混凝土振捣器 平板式	台班	1.9432 (4.2263)	1.9103 (4.1934)	1.9103 (4.1934)	1.9965 (4.2796)
	99070220	轮胎式装载机 1 m^3	台班	0.8279 (0.5387)	1.1764 (0.8871)	1.5248 (1.2356)	1.7844 (1.4952)
	99070540	载重汽车 6 t	台班	0.0034	0.0034	0.0034	0.0046
	99070588	载重汽车 12 t	台班	1.2683 (0.8252)	1.8021 (1.3590)	2.3359 (1.8928)	2.7336 (2.2905)

（续表）

定额编号				J-1-4-1 A(B)	J-1-4-2 A(B)	J-1-4-3 A(B)	J-1-4-4 A(B)
项目				DN225			
				硬聚氯乙烯加筋管(PVC-U)			
				1.5 m	2.0 m	2.5 m	≤3.0 m
名称			单位	100 m	100 m	100 m	100 m
机械	99090360	汽车式起重机 8 t	台班	0.2273	0.2273	0.2273	0.2281
	99130350	内燃夯实机 700 N·m	台班	4.9167 (2.6335)	7.1998 (4.9167)	9.4829 (7.1998)	11.1818 (8.8986)
	99170010	钢筋调直机	台班	0.0175			
	99170025	钢筋切断机	台班	0.0175			
	99210065	木工平刨床 刨削宽度 450	台班	0.0049	0.0049	0.0049	0.0066
	99440010	电动单级离心清水泵 ϕ50	台班	7.5600	15.1200	22.6800	28.3500
调整项目							
		围护支撑					
	00190101	综合人工	工日	21.0741	37.3728	57.0282	78.7933
	03150501	骑马钉	kg	12.6654	16.8872	21.1090	25.3308
	04131711	蒸压灰砂砖	千块	0.1545	0.1545	0.1545	0.1545
	05030101	成材	m^3	0.2778	0.3333	0.4444	0.5000
	35090501	列板使用费	t·d	109.0000	152.0000	174.0000	210.0000
	35090511	列板支撑使用费	t·d	39.0000	53.0000	67.0000	80.0000
	35091731	铁撑板	t	0.1951	0.2788	0.3345	0.4181
	35091771	铁撑柱	kg	69.8920	93.1220	114.6350	139.6830
		井点降水					
	00190101	综合人工	工日				41.9576
	04030115	黄砂 中粗	t				9.4420
	17270201	普通橡胶管	m				14.2440
	34110101	水	m^3				152.3275
	35040921	轻型井点井管 ϕ40	m				21.4436
	35040941	轻型井点井管 $\phi180\times4$	m				1.0368
	99091380	电动卷扬机单筒快速 10 kN	台班				1.9920
	99350050	轻便钻机 XJ-100	台班				4.7310
	99440010	电动单级离心清水泵 ϕ50	台班				−28.3500
	99440150	电动多级离心清水泵 $\phi150\times$180 m 以下	台班				3.9840
	99440510	射流井点泵 9.5 m	台班				27.2920

工作内容: 沟槽挖土、沟槽排水、井点降水、沟槽围护和支撑(钢板桩、撑拆列板)、铺筑管道基础、铺设管道、沟槽回填(黄砂及素土)、土方场内运输、砌筑检查井等。

定额编号			J-1-4-5 A(B)	J-1-4-6 A(B)	J-1-4-7 A(B)	J-1-4-8 A(B)
项目			DN225		DN300	
			硬聚氯乙烯加筋管(PVC-U)			
			>3.0 m	3.5 m	1.5 m	2.0 m
			100 m	100 m	100 m	100 m
预算定额编号	预算定额名称	预算定额单位	数量			
52-1-2-1	机械挖沟槽土方 深≤3 m 现场抛土	m^3			204.7500	273.0000
52-1-2-3	机械挖沟槽土方 深≤6 m 现场抛土	m^3	393.7500	441.0000		
52-1-3-1	沟槽回填 夯填土	m^3	332.8950 (271.3550)	378.6850 (317.1450)	133.4000 (66.6000)	200.1900 (133.3900)
53-1-3-2	场内运输 自卸汽车装运土(运距1 km以内)	m^3	417.4700 (355.9300)	472.7100 (411.1700)	180.6600 (131.8400)	261.1000 (194.3000)
52-1-3-4	沟槽回填 黄砂	m^3	23.7600 (85.3000)	23.7600 (85.3000)	33.5000 (100.3000)	33.5000 (100.3000)
52-1-4-1	管道垫层 黄砂垫层	m^3	5.8200	5.8200	6.3100	6.3100
52-1-4-3	管道垫层 砾石砂垫层	m^3	18.3450	18.3450	19.4100	19.4100
52-1-5-1	管道基座 混凝土 C20	m^3	1.1400	1.1400	0.6300	
52-1-5-1换1	管道基座 混凝土 C15	m^3	0.4200	0.4200	0.2400	0.6300
52-1-5-2	管道基座 钢筋	t	0.0570	0.0570	0.0360	
52-1-6-25	管道铺设 硬聚氯乙烯加筋管(PVC-U) DN225	100 m	0.9820	0.9820		
52-1-6-26	管道铺设 硬聚氯乙烯加筋管(PVC-U) DN300	100 m			0.9820	0.9820
52-3-1-1	砖砌检查井及雨水口 检查井 深≤2.5 m	m^3			3.5400	4.1700
52-3-1-2	砖砌检查井及雨水口 检查井 深≤4 m	m^3	9.0000	11.4600		
52-3-2-1	水泥砂浆抹面 检查井	m^2	66.0900	79.5300	29.0400	33.9300
52-3-6-1	安装防坠格板 新建工程	只	3.0000	3.0000	3.0000	3.0000
52-3-9-3	安装盖板及盖座 铸铁盖座	套	3.0000	3.0000	3.0000	3.0000
52-3-9-4	安装盖板及盖座 防沉降检查井盖板	块	3.0000	3.0000	3.0000	3.0000
52-4-5-1	模板工程 模板 管道基座	m^2	2.8500	2.8500	2.1300	2.1300
53-9-1-1	施工排水、降水 湿土排水	m^3	267.7500	315.0000	68.2500	136.5000
53-9-1-3	施工排水、降水 筑拆竹箩滤井	座	2.5000	2.5000	2.5000	2.5000
调整项目						
	围护支撑					
52-4-3-1	打槽型钢板桩 长4.00～6.00 m,单面	100 m	2.0000	2.0000		
52-4-3-6	拔槽型钢板桩 长4.00～6.00 m,单面	100 m	2.0000	2.0000		
52-4-3-11	打拔沟槽钢板桩 槽型钢板桩使用费	t·d	1852.0000	1852.0000		

(续表)

定额编号			J-1-4-5 A(B)	J-1-4-6 A(B)	J-1-4-7 A(B)	J-1-4-8 A(B)
项目			DN225		DN300	
			硬聚氯乙烯加筋管(PVC-U)			
			>3.0 m	3.5 m	1.5 m	2.0 m
			100 m	100 m	100 m	100 m
预算定额编号	预算定额名称	预算定额单位	数量			
52-4-4-1	安拆钢板桩支撑 槽宽≤3.0 m 深 3.01～4.00 m	100 m	1.0000	1.0000		
52-4-4-14	钢板桩支撑使用费	t·d	87.0000	87.0000		
52-4-2-1	满堂撑拆列板 深≤1.5 m,双面	100 m			1.0000	
52-4-2-5	撑拆列板 列板使用费	t·d			109.0000	152.0000
52-4-2-6	列板支撑使用费	t·d			39.0000	53.0000
52-4-2-2	满堂撑拆列板 深≤2.0 m,双面	100 m				1.0000
	井点降水					
53-9-1-1	施工排水、降水 湿土排水	m^3	−267.7500	−315.0000		
53-9-1-5	施工排水、降水 轻型井点安装	根	83.0000	83.0000		
53-9-1-6	施工排水、降水 轻型井点拆除	根	83.0000	83.0000		
53-9-1-7	施工排水、降水 轻型井点使用	套·天	22.0000	22.0000		

工作内容:沟槽挖土、沟槽排水、井点降水、沟槽围护和支撑(钢板桩、撑拆列板)、铺筑管道基础、铺设管道、沟槽回填(黄砂及素土)、土方场内运输、砌筑检查井等。

定额编号				J-1-4-5 A(B)	J-1-4-6 A(B)	J-1-4-7 A(B)	J-1-4-8 A(B)
项目				DN225		DN300	
				硬聚氯乙烯加筋管(PVC-U)			
				>3.0 m	3.5 m	1.5 m	2.0 m
名称			单位	100 m	100 m	100 m	100 m
人工	00190101	综合人工	工日	184.7487 (186.3487)	210.1977 (211.7978)	91.8412 (94.1767)	118.8206 (120.5574)
材料	01010211	热轧带肋钢筋(HRB400) $\phi\leq10$	t	0.0164	0.0164	0.0103	
	01010212	热轧带肋钢筋(HRB400) $\phi>10$	t	0.0421	0.0421	0.0266	
	02090101	塑料薄膜	m^2	12.2002	14.2334	5.5814	5.3695
	03010811	钢塑膨胀铆钉	只	18.3600	18.3600	18.3600	18.3600
	03150101	圆钉	kg	0.5810	0.5810	0.4342	0.4342
	03152501	镀锌铁丝	kg	0.1761	0.1761	0.1112	
	04030115	黄砂 中粗	t	52.4675 (161.2702)	52.4675 (161.2702)	70.5541 (188.6565)	70.5541 (188.6565)
	04030701	砾石砂	t	40.5590	40.5590	42.9136	42.9136
	04050313	道碴 50～70	t	0.3988	0.3988	0.3988	0.3988

（续表）

定额编号				J-1-4-5 A(B)	J-1-4-6 A(B)	J-1-4-7 A(B)	J-1-4-8 A(B)
项目				DN225		DN300	
				硬聚氯乙烯加筋管(PVC-U)			
				>3.0 m	3.5 m	1.5 m	2.0 m
名称			单位	100 m	100 m	100 m	100 m
材料	04131711	蒸压灰砂砖	千块	4.8798	6.2136	1.9289	2.2722
	05350301	竹箩	个	2.5000	2.5000	2.5000	2.5000
	17250317	硬聚氯乙烯加筋管(PVC-U) DN225×3000	m	39.5396	39.5396		
	17250318	硬聚氯乙烯加筋管(PVC-U) DN225×6000	m	59.3093	59.3093		
	17250319	硬聚氯乙烯加筋管(PVC-U) DN300×3000	m			39.5096	39.5096
	17250320	硬聚氯乙烯加筋管(PVC-U) DN300×6000	m			59.2643	59.2643
	34110101	水	m^3	3.9442 (13.6368)	3.9779 (13.6705)	5.3687 (15.8897)	5.3652 (15.8862)
	35010102	组合钢模板	kg	1.8234	1.8234	1.3628	1.3628
	35010703	木模板成材	m^3	0.0114	0.0114	0.0085	0.0085
	35020401	钢模零配件	kg	0.6742	0.6742	0.5039	0.5039
	36012831	铸铁检查井雨污水盖座 市政90型	套	3.0000	3.0000	3.0000	3.0000
	36016631	防沉降检查井盖板 2500×2000×200	块	3.0000	3.0000	3.0000	3.0000
	36016651	高强度塑料检查井格板	只	3.0600	3.0600	3.0600	3.0600
	36016661	高强度塑料支架	只	9.1800	9.1800	9.1800	9.1800
	80060414	湿拌砌筑砂浆 WM M10.0	m^3	2.1222	2.7023	0.8199	0.9658
	80060513	预拌抹灰砂浆 WP M15.0	m^3	1.3085	1.5222	0.7194	0.7972
	80210410	预拌混凝土(泵送型) C15 粒径5～20	m^3	0.4242	0.4242	0.2424	0.6363
	80210414	预拌混凝土(泵送型) C20 粒径5～20	m^3	1.1514	1.1514	0.6363	
机械	99010060	履带式单斗液压挖掘机 1 m^3	台班	1.6144	1.8081	0.7985	1.0647
	99050930	混凝土振捣器 插入式	台班	0.2137	0.2137	0.1192	0.0863
	99050940	混凝土振捣器 平板式	台班	2.0540 (4.3371)	2.0540 (4.3371)	2.3816 (4.8598)	2.3487 (4.8269)
	99070220	轮胎式装载机 1 m^3	台班	1.9621 (1.6729)	2.2217 (1.9325)	0.8491 (0.6196)	1.2272 (0.9132)
	99070540	载重汽车 6 t	台班	0.0046	0.0046	0.0034	0.0034
	99070588	载重汽车 12 t	台班	3.0058 (2.5627)	3.4035 (2.9604)	1.3008 (0.9492)	1.8799 (1.3990)
	99090360	汽车式起重机 8 t	台班	0.2281	0.2281	0.2273	0.2273
	99130350	内燃夯实机 700 N·m	台班	12.3504 (10.0673)	14.0492 (11.7661)	4.9491 (2.4709)	7.4270 (4.9488)

（续表）

定额编号				J-1-4-5 A(B)	J-1-4-6 A(B)	J-1-4-7 A(B)	J-1-4-8 A(B)
项目				DN225		DN300	
				硬聚氯乙烯加筋管(PVC-U)			
				>3.0 m	3.5 m	1.5 m	2.0 m
名称			单位	100 m	100 m	100 m	100 m
机械	99170010	钢筋调直机	台班	0.0277	0.0277	0.0175	
	99170025	钢筋切断机	台班	0.0277	0.0277	0.0175	
	99210065	木工平刨床 刨削宽度 450	台班	0.0066	0.0066	0.0049	0.0049
	99440010	电动单级离心清水泵 ϕ50	台班	32.1300	37.8000	8.1900	16.3800
调整项目							
		围护支撑					
	00190101	综合人工	工日	447.5882	447.5882	21.0741	37.3728
	03152501	镀锌铁丝	kg	15.0000	15.0000		
	04030115	黄砂 中粗	t	15.8236	15.8236		
	05030101	成材	m^3	0.5955	0.5955	0.2778	0.3333
	35090121	槽型钢板桩	t	1.3350	1.3350		
	35090131	槽型钢板桩使用费	t·d	1852.0000	1852.0000		
	35090611	钢板桩支撑使用费	t·d	87.0000	87.0000		
	35091771	铁撑柱	kg	70.5300	70.5300	69.8920	93.1220
	35091901	钢桩帽摊销	kg	90.9300	90.9300		
	99030080	轨道式柴油打桩机 0.6 t	台班	20.1323	20.1323		
	99030690	简易拔桩架	台班	23.9558	23.9558		
	99090075	履带式起重机 8 t	台班	3.4125	3.4125		
	03150501	骑马钉	kg			12.6654	16.8872
	04131711	蒸压灰砂砖	千块			0.1545	0.1545
	35091731	铁撑板	t			0.1951	0.2788
	35090501	列板使用费	t·d			109.0000	152.0000
	35090511	列板支撑使用费	t·d			39.0000	53.0000
		井点降水					
	00190101	综合人工	工日	40.2755	37.7523		
	04030115	黄砂 中粗	t	9.4420	9.4420		
	17270201	普通橡胶管	m	14.2440	14.2440		
	34110101	水	m^3	152.3275	152.3275		
	35040921	轻型井点井管 ϕ40	m	21.4436	21.4436		
	35040941	轻型井点井管 ϕ180×4	m	1.0368	1.0368		
	99091380	电动卷扬机单筒快速 10 kN	台班	1.9920	1.9920		
	99350050	轻便钻机 XJ-100	台班	4.7310	4.7310		
	99440010	电动单级离心清水泵 ϕ50	台班	−32.1300	−37.8000		
	99440150	电动多级离心清水泵 ϕ150×180 m 以下	台班	3.9840	3.9840		
	99440510	射流井点泵 9.5 m	台班	27.2920	27.2920		

工作内容:沟槽挖土、沟槽排水、井点降水、沟槽围护和支撑(钢板桩、撑拆列板)、铺筑管道基础、铺设管道、沟槽回填(黄砂及素土)、土方场内运输、砌筑检查井等。

定　额　编　号			J-1-4-9 A(B)	J-1-4-10 A(B)	J-1-4-11 A(B)	J-1-4-12 A(B)
项　　目			DN300			
			硬聚氯乙烯加筋管(PVC-U)			
			2.5 m	≤3.0 m	>3.0 m	3.5 m
			100 m	100 m	100 m	100 m
预算定额编号	预算定额名称	预算定额单位	数　　量			
52-1-2-1	机械挖沟槽土方 深≤3 m 现场抛土	m^3	341.2500	392.4400		
52-1-2-3	机械挖沟槽土方 深≤6 m 现场抛土	m^3			426.5600	477.7500
52-1-3-1	沟槽回填 夯填土	m^3	266.9800 (200.1800)	316.7100 (249.9100)	350.8300 (284.0300)	400.5600 (333.7600)
53-1-3-2	场内运输 自卸汽车装运土(运距1 km以内)	m^3	341.5400 (274.7400)	401.5080 (334.7080)	442.4520 (375.6520)	502.4200 (435.6200)
52-1-3-4	沟槽回填 黄砂	m^3	33.5000 (100.3000)	33.5000 (100.3000)	33.5000 (100.3000)	33.5000 (100.3000)
52-1-4-1	管道垫层 黄砂垫层	m^3	6.3100	6.3100	6.3100	6.3100
52-1-4-3	管道垫层 砾石砂垫层	m^3	19.4100	19.8000	19.8000	19.8000
52-1-5-1	管道基座 混凝土 C20	m^3			1.1400	1.1400
52-1-5-1换1	管道基座 混凝土 C15	m^3	0.6300	1.1400	0.4200	0.4200
52-1-5-2	管道基座 钢筋	t			0.0570	0.0570
52-1-6-26	管道铺设 硬聚氯乙烯加筋管(PVC-U) DN300	100 m	0.9820	0.9820	0.9820	0.9820
52-3-1-1	砖砌检查井及雨水口 检查井 深≤2.5 m	m^3	5.4000			
52-3-1-2	砖砌检查井及雨水口 检查井 深≤4 m	m^3		9.0000	9.0000	11.4600
52-3-2-1	水泥砂浆抹面 检查井	m^2	44.0100	66.0900	66.0900	79.5300
52-3-6-1	安装防坠格板 新建工程	只	3.0000	3.0000	3.0000	3.0000
52-3-9-3	安装盖板及盖座 铸铁盖座	套	3.0000	3.0000	3.0000	3.0000
52-3-9-4	安装盖板及盖座 防沉降检查井盖板	块	3.0000	3.0000	3.0000	3.0000
52-4-5-1	模板工程 模板 管道基座	m^2	2.1300	2.8500	2.8500	2.8500
53-9-1-1	施工排水、降水 湿土排水	m^3	204.7500	255.9400	290.0600	341.2500
53-9-1-3	施工排水、降水 筑拆竹箩滤井	座	2.5000	2.5000	2.5000	2.5000
调整项目						
	围护支撑					
52-4-2-3	满堂撑拆列板 深≤2.5 m,双面	100 m	1.0000			
52-4-2-4	满堂撑拆列板 深≤3.0 m,双面	100 m		1.0000		
52-4-2-5	撑拆列板 列板使用费	t·d	174.0000	210.0000		
52-4-2-6	列板支撑使用费	t·d	67.0000	80.0000		

(续表)

定额编号			J-1-4-9 A(B)	J-1-4-10 A(B)	J-1-4-11 A(B)	J-1-4-12 A(B)
项目			DN300			
			硬聚氯乙烯加筋管(PVC-U)			
			2.5 m	≤3.0 m	>3.0 m	3.5 m
			100 m	100 m	100 m	100 m
预算定额编号	预算定额名称	预算定额单位	数量			
52-4-3-1	打槽型钢板桩 长 4.00～6.00 m,单面	100 m			2.0000	2.0000
52-4-3-6	拔槽型钢板桩 长 4.00～6.00 m,单面	100 m			2.0000	2.0000
52-4-4-1	安拆钢板桩支撑 槽宽≤3.0 m 深 3.01～4.00 m	100 m			1.0000	1.0000
52-4-3-11	打拔沟槽钢板桩 槽型钢板桩使用费	t・d			1852.0000	1852.0000
52-4-4-14	钢板桩支撑使用费	t・d			87.0000	87.0000
	井点降水					
53-9-1-1	施工排水、降水 湿土排水	m^3		−255.9400	−290.0600	−341.2500
53-9-1-5	施工排水、降水 轻型井点安装	根		83.0000	83.0000	83.0000
53-9-1-6	施工排水、降水 轻型井点拆除	根		83.0000	83.0000	83.0000
53-9-1-7	施工排水、降水 轻型井点使用	套・天		22.0000	22.0000	22.0000

工作内容:沟槽挖土、沟槽排水、井点降水、沟槽围护和支撑(钢板桩、撑拆列板)、铺筑管道基础、铺设管道、沟槽回填(黄砂及素土)、土方场内运输、砌筑检查井等。

定额编号				J-1-4-9 A(B)	J-1-4-10 A(B)	J-1-4-11 A(B)	J-1-4-12 A(B)
项目				DN300			
				硬聚氯乙烯加筋管(PVC-U)			
				2.5 m	≤3.0 m	>3.0 m	3.5 m
名称			单位	100 m	100 m	100 m	100 m
人工	00190101	综合人工	工日	148.2457 (149.9825)	180.1163 (181.8531)	196.9953 (198.7320)	223.9557 (225.6925)
材料	01010211	热轧带肋钢筋(HRB400) ϕ≤10	t			0.0164	0.0164
	01010212	热轧带肋钢筋(HRB400) ϕ>10	t			0.0421	0.0421
	02090101	塑料薄膜	m^2	6.3861	10.9182	12.2002	14.2334
	03010811	钢塑膨胀铆钉	只	18.3600	18.3600	18.3600	18.3600
	03150101	圆钉	kg	0.4342	0.5810	0.5810	0.5810
	03152501	镀锌铁丝	kg			0.1761	0.1761
	04030115	黄砂 中粗	t	70.5541 (188.6565)	70.5541 (188.6565)	70.5541 (188.6565)	70.5541 (188.6565)

（续表）

定额编号				J-1-4-9 A(B)	J-1-4-10 A(B)	J-1-4-11 A(B)	J-1-4-12 A(B)
项目				DN300			
				硬聚氯乙烯加筋管(PVC-U)			
				2.5 m	≤3.0 m	>3.0 m	3.5 m
名称			单位	100 m	100 m	100 m	100 m
材料	04030701	砾石砂	t	42.9136	43.7758	43.7758	43.7758
	04050313	道碴 50～70	t	0.3988	0.3988	0.3988	0.3988
	04131711	蒸压灰砂砖	千块	2.9425	4.8798	4.8798	6.2136
	05350301	竹箩	个	2.5000	2.5000	2.5000	2.5000
	17250319	硬聚氯乙烯加筋管(PVC-U) DN300×3000	m	39.5096	39.5096	39.5096	39.5096
	17250320	硬聚氯乙烯加筋管(PVC-U) DN300×6000	m	59.2643	59.2643	59.2643	59.2643
	34110101	水	m^3	5.3821 (15.9031)	5.4571 (15.9781)	5.4783 (15.9993)	5.5120 (16.0330)
	35010102	组合钢模板	kg	1.3628	1.8234	1.8234	1.8234
	35010703	木模板成材	m^3	0.0085	0.0114	0.0114	0.0114
	35020401	钢模零配件	kg	0.5039	0.6742	0.6742	0.6742
	36012831	铸铁检查井雨污水盖座 市政 90 型	套	3.0000	3.0000	3.0000	3.0000
	36016631	防沉降检查井盖板 2500×2000×200	块	3.0000	3.0000	3.0000	3.0000
	36016651	高强度塑料检查井格板	只	3.0600	3.0600	3.0600	3.0600
	36016661	高强度塑料支架	只	9.1800	9.1800	9.1800	9.1800
	80060414	湿拌砌筑砂浆 WM M10.0	m^3	1.2506	2.1222	2.1222	2.7023
	80060513	预拌抹灰砂浆 WP M15.0	m^3	0.9575	1.3085	1.3085	1.5222
	80210410	预拌混凝土(泵送型) C15 粒径 5～20	m^3	0.6363	1.1514	0.4242	0.4242
	80210414	预拌混凝土(泵送型) C20 粒径 5～20	m^3			1.1514	1.1514
机械	99010060	履带式单斗液压挖掘机 1 m^3	台班	1.3309	1.5305	1.7489	1.9588
	99050930	混凝土振捣器 插入式	台班	0.0863	0.1562	0.2137	0.2137
	99050940	混凝土振捣器 平板式	台班	2.3487 (4.8269)	2.4349 (4.9131)	2.4924 (4.9706)	2.4924 (4.9706)
	99070220	轮胎式装载机 1 m^3	台班	1.6052 (1.2913)	1.8871 (1.5731)	2.0795 (1.7656)	2.3614 (2.0474)
	99070540	载重汽车 6 t	台班	0.0034	0.0046	0.0046	0.0046
	99070588	载重汽车 12 t	台班	2.4591 (1.9781)	2.8909 (2.4099)	3.1857 (2.7047)	3.6174 (3.1365)
	99090360	汽车式起重机 8 t	台班	0.2273	0.2281	0.2281	0.2281
	99130350	内燃夯实机 700 N·m	台班	9.9050 (7.4267)	11.7499 (9.2717)	13.0158 (10.5375)	14.8608 (12.3825)

(续表)

定额编号				J-1-4-9 A(B)	J-1-4-10 A(B)	J-1-4-11 A(B)	J-1-4-12 A(B)
项目				DN300			
				硬聚氯乙烯加筋管(PVC-U)			
				2.5 m	≤3.0 m	>3.0 m	3.5 m
名称			单位	100 m	100 m	100 m	100 m
机械	99170010	钢筋调直机	台班			0.0277	0.0277
	99170025	钢筋切断机	台班			0.0277	0.0277
	99210065	木工平刨床 刨削宽度 450	台班	0.0049	0.0066	0.0066	0.0066
	99440010	电动单级离心清水泵 ϕ50	台班	24.5700	30.7128	34.8072	40.9500
调整项目							
		围护支撑					
	00190101	综合人工	工日	57.0282	78.7933	447.5882	447.5882
	03150501	骑马钉	kg	21.1090	25.3308		
	04131711	蒸压灰砂砖	千块	0.1545	0.1545		
	05030101	成材	m^3	0.4444	0.5000	0.5955	0.5955
	35090501	列板使用费	t·d	174.0000	210.0000		
	35090511	列板支撑使用费	t·d	67.0000	80.0000		
	35091731	铁撑板	t	0.3345	0.4181		
	35091771	铁撑柱	kg	114.6350	139.6830	70.5300	70.5300
	35090121	槽型钢板桩	t			1.3350	1.3350
	35091901	钢桩帽摊销	kg			90.9300	90.9300
	04030115	黄砂 中粗	t			15.8236	15.8236
	03152501	镀锌铁丝	kg			15.0000	15.0000
	35090131	槽型钢板桩使用费	t·d			1852.0000	1852.0000
	35090611	钢板桩支撑使用费	t·d			87.0000	87.0000
	99030080	轨道式柴油打桩机 0.6 t	台班			20.1323	20.1323
	99030690	简易拔桩架	台班			23.9558	23.9558
	99090075	履带式起重机 8 t	台班			3.4125	3.4125
		井点降水					
	00190101	综合人工	工日		40.9061	39.0841	36.3506
	04030115	黄砂 中粗	t		9.4420	9.4420	9.4420
	17270201	普通橡胶管	m		14.2440	14.2440	14.2440
	34110101	水	m^3		152.3275	152.3275	152.3275
	35040921	轻型井点井管 ϕ40	m		21.4436	21.4436	21.4436
	35040941	轻型井点井管 ϕ180×4	m		1.0368	1.0368	1.0368
	99091380	电动卷扬机单筒快速 10 kN	台班		1.9920	1.9920	1.9920
	99350050	轻便钻机 XJ-100	台班		4.7310	4.7310	4.7310
	99440010	电动单级离心清水泵 ϕ50	台班		−30.7128	−34.8072	−40.9500
	99440150	电动多级离心清水泵 ϕ150×180 m 以下	台班		3.9840	3.9840	3.9840
	99440510	射流井点泵 9.5 m	台班		27.2920	27.2920	27.2920

工作内容：沟槽挖土、沟槽排水、井点降水、沟槽围护和支撑(钢板桩、撑拆列板)、铺筑管道基础、铺设管道、沟槽回填(黄砂及素土)、土方场内运输、砌筑检查井等。

定额编号			J-1-4-13 A(B)	J-1-4-14 A(B)	J-1-4-15 A(B)	J-1-4-16 A(B)
项目			DN300	DN400		
			硬聚氯乙烯加筋管(PVC-U)			
			≤4.0 m	1.5 m	2.0 m	2.5 m
			100 m	100 m	100 m	100 m
预算定额编号	预算定额名称	预算定额单位	数量			
52-1-2-1	机械挖沟槽土方 深≤3 m 现场抛土	m^3		220.5000	294.0000	367.5000
52-1-2-3	机械挖沟槽土方 深≤6 m 现场抛土	m^3	528.9400			
52-1-3-1	沟槽回填 夯填土	m^3	450.3000 (383.5000)	128.2950 (56.6850)	199.9050 (128.2950)	271.5150 (199.9050)
53-1-3-2	场内运输 自卸汽车装运土(运距1 km以内)	m^3	562.3980 (495.5980)	179.1600 (157.0500)	265.4700 (193.8600)	351.7800 (280.1700)
52-1-3-4	沟槽回填 黄砂	m^3	33.5000 (100.3000)	45.2800 (116.8900)	45.2800 (116.8900)	45.2800 (116.8900)
52-1-4-1	管道垫层 黄砂垫层	m^3	6.3100	6.7700	6.7700	6.7700
52-1-4-3	管道垫层 砾石砂垫层	m^3	19.8000	20.9250	20.9250	20.9250
52-1-5-1	管道基座 混凝土 C20	m^3	1.1400	0.8100		
52-1-5-1换1	管道基座 混凝土 C15	m^3	0.4200	0.3300	0.8100	0.8100
52-1-5-2	管道基座 钢筋	t	0.0570	0.0480		
52-1-6-26	管道铺设 硬聚氯乙烯加筋管(PVC-U) DN300	100 m	0.9820			
52-1-6-27	管道铺设 硬聚氯乙烯加筋管(PVC-U) DN400	100 m		0.9775	0.9775	0.9775
52-3-1-1	砖砌检查井及雨水口 检查井 深≤2.5 m	m^3		3.6000	5.0100	6.4500
52-3-1-2	砖砌检查井及雨水口 检查井 深≤4 m	m^3	13.9500			
52-3-2-1	水泥砂浆抹面 检查井	m^2	92.9700	27.7200	39.6000	51.4800
52-3-6-1	安装防坠格板 新建工程	只	3.0000	3.0000	3.0000	3.0000
52-3-9-3	安装盖板及盖座 铸铁盖座	套	3.0000	3.0000	3.0000	3.0000
52-3-9-4	安装盖板及盖座 防沉降检查井盖板	块	3.0000	3.0000	3.0000	3.0000
52-4-5-1	模板工程 模板 管道基座	m^2	2.8500	2.4000	2.4000	2.4000
53-9-1-1	施工排水、降水 湿土排水	m^3	392.4400	73.5000	147.0000	220.5000
53-9-1-3	施工排水、降水 筑拆竹箩滤井	座	2.5000	2.5000	2.5000	2.5000
调整项目						
	围护支撑					
52-4-3-1	打槽型钢板桩 长4.00～6.00 m，单面	100 m	2.0000			
52-4-3-6	拔槽型钢板桩 长4.00～6.00 m，单面	100 m	2.0000			
52-4-3-11	打拔沟槽钢板桩 槽型钢板桩使用费	t·d	1852.0000			

(续表)

定额编号			J-1-4-13 A(B)	J-1-4-14 A(B)	J-1-4-15 A(B)	J-1-4-16 A(B)
项目			DN300	DN400		
			硬聚氯乙烯加筋管(PVC-U)			
			≤4.0 m	1.5 m	2.0 m	2.5 m
			100 m	100 m	100 m	100 m
预算定额编号	预算定额名称	预算定额单位	数量			
52-4-4-1	安拆钢板桩支撑 槽宽≤3.0 m 深3.01～4.00 m	100 m	1.0000			
52-4-4-14	钢板桩支撑使用费	t·d	87.0000			
52-4-2-1	满堂撑拆列板 深≤1.5 m,双面	100 m		1.0000		
52-4-2-5	撑拆列板 列板使用费	t·d		109.0000	152.0000	174.0000
52-4-2-6	列板支撑使用费	t·d		39.0000	53.0000	67.0000
52-4-2-2	满堂撑拆列板 深≤2.0 m,双面	100 m			1.0000	
52-4-2-3	满堂撑拆列板 深≤2.5 m,双面	100 m				1.0000
	井点降水					
53-9-1-1	施工排水、降水 湿土排水	m^3	−392.4400			
53-9-1-5	施工排水、降水 轻型井点安装	根	83.0000			
53-9-1-6	施工排水、降水 轻型井点拆除	根	83.0000			
53-9-1-7	施工排水、降水 轻型井点使用	套·天	22.0000			

工作内容:沟槽挖土、沟槽排水、井点降水、沟槽围护和支撑(钢板桩、撑拆列板)、铺筑管道基础、铺设管道、沟槽回填(黄砂及素土)、土方场内运输、砌筑检查井等。

定额编号				J-1-4-13 A(B)	J-1-4-14 A(B)	J-1-4-15 A(B)	J-1-4-16 A(B)
项目				DN300	DN400		
				硬聚氯乙烯加筋管(PVC-U)			
				≤4.0 m	1.5 m	2.0 m	2.5 m
名称			单位	100 m	100 m	100 m	100 m
人工	00190101	综合人工	工日	250.9878 (252.7246)	96.5458 (100.0560)	128.0454 (129.9071)	160.0498 (161.9116)
材料	01010211	热轧带肋钢筋(HRB400) ϕ≤10	t	0.0164	0.0138		
	01010212	热轧带肋钢筋(HRB400) ϕ>10	t	0.0421	0.0354		
	02090101	塑料薄膜	m^2	16.2914	6.4551	6.6132	7.8033
	03010811	钢塑膨胀铆钉	只	18.3600	18.3600	18.3600	18.3600
	03150101	圆钉	kg	0.5810	0.4893	0.4893	0.4893
	03152501	镀锌铁丝	kg	0.1761	0.1483		
	04030115	黄砂 中粗	t	70.5541 (188.6565)	92.1944 (218.8009)	92.1944 (218.8009)	92.1944 (218.8009)
	04030701	砾石砂	t	43.7758	46.2631	46.2631	46.2631
	04050313	道碴 50～70	t	0.3988	0.3988	0.3988	0.3988

（续表）

定额编号				J-1-4-13 A(B)	J-1-4-14 A(B)	J-1-4-15 A(B)	J-1-4-16 A(B)
项目				DN300	DN400		
				硬聚氯乙烯加筋管(PVC-U)			
				≤4.0 m	1.5 m	2.0 m	2.5 m
名称			单位	100 m	100 m	100 m	100 m
材料	04131711	蒸压灰砂砖	千块	7.5637	1.9616	2.7299	3.5146
	05350301	竹箩	个	2.5000	2.5000	2.5000	2.5000
	17250319	硬聚氯乙烯加筋管(PVC-U) DN300×3000	m	39.5096			
	17250320	硬聚氯乙烯加筋管(PVC-U) DN300×6000	m	59.2643			
	17250321	硬聚氯乙烯加筋管(PVC-U) DN400×3000	m		39.3151	39.3151	39.3151
	17250322	硬聚氯乙烯加筋管(PVC-U) DN400×6000	m		58.9727	58.9727	58.9727
	34110101	水	m^3	5.5461 (16.0671)	7.2383 (18.5169)	7.2410 (18.5196)	7.2608 (18.5394)
	35010102	组合钢模板	kg	1.8234	1.5355	1.5355	1.5355
	35010703	木模板成材	m^3	0.0114	0.0096	0.0096	0.0096
	35020401	钢模零配件	kg	0.6742	0.5678	0.5678	0.5678
	36012831	铸铁检查井雨污水盖座 市政90型	套	3.0000	3.0000	3.0000	3.0000
	36016631	防沉降检查井盖板 2500×2000×200	块	3.0000	3.0000	3.0000	3.0000
	36016651	高强度塑料检查井格板	只	3.0600	3.0600	3.0600	3.0600
	36016661	高强度塑料支架	只	9.1800	9.1800	9.1800	9.1800
	80060414	湿拌砌筑砂浆 WM M10.0	m^3	3.2894	0.8338	1.1603	1.4938
	80060513	预拌抹灰砂浆 WP M15.0	m^3	1.7359	0.6984	0.8873	1.0762
	80210410	预拌混凝土(泵送型) C15 粒径 5～20	m^3	0.4242	0.3333	0.8181	0.8181
	80210414	预拌混凝土(泵送型) C20 粒径 5～20	m^3	1.1514	0.8181		
机械	99010060	履带式单斗液压挖掘机 1 m^3	台班	2.1687	0.8600	1.1466	1.4333
	99050930	混凝土振捣器 插入式	台班	0.2137	0.1562	0.1110	0.1110
	99050940	混凝土振捣器 平板式	台班	2.4924 (4.9706)	2.9341 (5.5908)	2.8889 (5.5456)	2.8889 (5.5456)
	99070220	轮胎式装载机 1 m^3	台班	2.6433 (2.3293)	0.8421 (0.7381)	1.2477 (0.9111)	1.6534 (1.3168)
	99070540	载重汽车 6 t	台班	0.0046	0.0038	0.0038	0.0038
	99070588	载重汽车 12 t	台班	4.0493 (3.5683)	1.2900 (1.1308)	1.9114 (1.3958)	2.5328 (2.0172)
	99090360	汽车式起重机 8 t	台班	0.2281	0.2276	0.2276	0.2276
	99130350	内燃夯实机 700 N·m	台班	16.7061 (14.2279)	4.7597 (2.1030)	7.4165 (4.7597)	10.0732 (7.4165)

(续表)

定额编号			J-1-4-17 A(B)	J-1-4-18 A(B)	J-1-4-19 A(B)	J-1-4-20 A(B)
项目			DN400			
			硬聚氯乙烯加筋管(PVC-U)			
			≤3.0 m	>3.0 m	3.5 m	≤4.0 m
			100 m	100 m	100 m	100 m
预算定额编号	预算定额名称	预算定额单位	数量			
52-4-4-1	安拆钢板桩支撑 槽宽≤3.0 m 深3.01～4.00 m	100 m		1.0000	1.0000	1.0000
52-4-3-11	打拔沟槽钢板桩 槽型钢板桩使用费	t·d		1852.0000	1852.0000	1852.0000
52-4-4-14	钢板桩支撑使用费	t·d		87.0000	87.0000	87.0000
	井点降水					
53-9-1-1	施工排水、降水 湿土排水	m^3	−275.6300	−312.3800	−367.5000	−422.6300
53-9-1-5	施工排水、降水 轻型井点安装	根	83.0000	83.0000	83.0000	83.0000
53-9-1-6	施工排水、降水 轻型井点拆除	根	83.0000	83.0000	83.0000	83.0000
53-9-1-7	施工排水、降水 轻型井点使用	套·天	22.0000	22.0000	22.0000	22.0000

工作内容：沟槽挖土、沟槽排水、井点降水、沟槽围护和支撑(钢板桩、撑拆列板)、铺筑管道基础、铺设管道、沟槽回填(黄砂及素土)、土方场内运输、砌筑检查井等。

定额编号				J-1-4-17 A(B)	J-1-4-18 A(B)	J-1-4-19 A(B)	J-1-4-20 A(B)
项目				DN400			
				硬聚氯乙烯加筋管(PVC-U)			
				≤3.0 m	>3.0 m	3.5 m	≤4.0 m
名称			单位	100 m	100 m	100 m	100 m
人工	00190101	综合人工	工日	189.1112 (190.9730)	207.2495 (209.1114)	235.3201 (237.1818)	263.4659 (265.3277)
材料	01010211	热轧带肋钢筋(HRB400) $\phi\leq10$	t		0.0164	0.0164	0.0164
	01010212	热轧带肋钢筋(HRB400) $\phi>10$	t		0.0421	0.0421	0.0421
	02090101	塑料薄膜	m^2	10.9182	12.2002	14.2334	16.2914
	03010811	钢塑膨胀铆钉	只	18.3600	18.3600	18.3600	18.3600
	03150101	圆钉	kg	0.5810	0.5810	0.5810	0.5810
	03152501	镀锌铁丝	kg		0.1761	0.1761	0.1761
	04030115	黄砂 中粗	t	92.1060 (218.7125)	92.1060 (218.7125)	92.1060 (218.7125)	92.1060 (218.7125)
	04030701	砾石砂	t	46.4952	46.4952	46.4952	46.4952
	04050313	道碴 50～70	t	0.3988	0.3988	0.3988	0.3988
	04131711	蒸压灰砂砖	千块	4.8798	4.8798	6.2136	7.5637
	05350301	竹箩	个	2.5000	2.5000	2.5000	2.5000

（续表）

		定额编号		J-1-4-17 A(B)	J-1-4-18 A(B)	J-1-4-19 A(B)	J-1-4-20 A(B)
		项目		DN400			
				硬聚氯乙烯加筋管(PVC-U)			
				≤3.0 m	>3.0 m	3.5 m	≤4.0 m
		名称	单位	100 m	100 m	100 m	100 m
材料	17250321	硬聚氯乙烯加筋管(PVC-U) DN400×3000	m	39.3151	39.3151	39.3151	39.3151
	17250322	硬聚氯乙烯加筋管(PVC-U) DN400×6000	m	58.9727	58.9727	58.9727	58.9727
	34110101	水	m^3	7.3124 (18.5910)	7.3336 (18.6122)	7.3673 (18.6459)	7.4014 (18.6800)
	35010102	组合钢模板	kg	1.8234	1.8234	1.8234	1.8234
	35010703	木模板成材	m^3	0.0114	0.0114	0.0114	0.0114
	35020401	钢模零配件	kg	0.6742	0.6742	0.6742	0.6742
	36012831	铸铁检查井雨污水盖座 市政90型	套	3.0000	3.0000	3.0000	3.0000
	36016631	防沉降检查井盖板 2500×2000×200	块	3.0000	3.0000	3.0000	3.0000
	36016651	高强度塑料检查井格板	只	3.0600	3.0600	3.0600	3.0600
	36016661	高强度塑料支架	只	9.1800	9.1800	9.1800	9.1800
	80060414	湿拌砌筑砂浆 WM M10.0	m^3	2.1222	2.1222	2.7023	3.2894
	80060513	预拌抹灰砂浆 WP M15.0	m^3	1.3085	1.3085	1.5222	1.7359
	80210410	预拌混凝土(泵送型) C15 粒径5～20	m^3	1.1514	0.4242	0.4242	0.4242
	80210414	预拌混凝土(泵送型) C20 粒径5～20	m^3		1.1514	1.1514	1.1514
机械	99010060	履带式单斗液压挖掘机 1 m^3	台班	1.6483	1.8835	2.1095	2.3355
	99050930	混凝土振捣器 插入式	台班	0.1562	0.2137	0.2137	0.2137
	99050940	混凝土振捣器 平板式	台班	2.9369 (5.5936)	2.9944 (5.6511)	2.9944 (5.6511)	2.9944 (5.6511)
	99070220	轮胎式装载机 1 m^3	台班	1.9493 (1.6127)	2.1565 (1.8200)	2.4543 (2.1178)	2.7523 (2.4157)
	99070540	载重汽车 6 t	台班	0.0046	0.0046	0.0046	0.0046
	99070588	载重汽车 12 t	台班	2.9861 (2.4705)	3.3036 (2.7880)	3.7598 (3.2442)	4.2162 (3.7006)
	99090360	汽车式起重机 8 t	台班	0.2281	0.2281	0.2281	0.2281
	99130350	内燃夯实机 700 N·m	台班	12.0015 (9.3447)	13.3649 (10.7082)	15.3067 (12.6500)	17.2493 (14.5925)
	99170010	钢筋调直机	台班		0.0277	0.0277	0.0277
	99170025	钢筋切断机	台班		0.0277	0.0277	0.0277
	99210065	木工平刨床 刨削宽度 450	台班	0.0066	0.0066	0.0066	0.0066
	99440010	电动单级离心清水泵 ϕ50	台班	33.0756	37.4856	44.1000	50.7156

（续表）

定额编号			J-1-4-17 A(B)	J-1-4-18 A(B)	J-1-4-19 A(B)	J-1-4-20 A(B)
项目			DN400			
			硬聚氯乙烯加筋管(PVC-U)			
			≤3.0 m	>3.0 m	3.5 m	≤4.0 m
名称		单位	100 m	100 m	100 m	100 m
调整项目						
	围护支撑					
00190101	综合人工	工日	78.7933	447.5882	447.5882	447.5882
03150501	骑马钉	kg	25.3308			
04131711	蒸压灰砂砖	千块	0.1545			
05030101	成材	m^3	0.5000	0.5955	0.5955	0.5955
35090501	列板使用费	t·d	210.0000			
35090511	列板支撑使用费	t·d	80.0000			
35091731	铁撑板	t	0.4181			
35091771	铁撑柱	kg	139.6830	70.5300	70.5300	70.5300
35090121	槽型钢板桩	t		1.3350	1.3350	1.3350
35091901	钢桩帽摊销	kg		90.9300	90.9300	90.9300
04030115	黄砂 中粗	t		15.8236	15.8236	15.8236
03152501	镀锌铁丝	kg		15.0000	15.0000	15.0000
35090131	槽型钢板桩使用费	t·d		1852.0000	1852.0000	1852.0000
35090611	钢板桩支撑使用费	t·d		87.0000	87.0000	87.0000
99030080	轨道式柴油打桩机 0.6 t	台班		20.1323	20.1323	20.1323
99030690	简易拔桩架	台班		23.9558	23.9558	23.9558
99090075	履带式起重机 8 t	台班		3.4125	3.4125	3.4125
	井点降水					
00190101	综合人工	工日	39.8547	37.8922	34.9488	32.0049
04030115	黄砂 中粗	t	9.4420	9.4420	9.4420	9.4420
17270201	普通橡胶管	m	14.2440	14.2440	14.2440	14.2440
34110101	水	m^3	152.3275	152.3275	152.3275	152.3275
35040921	轻型井点井管 ϕ40	m	21.4436	21.4436	21.4436	21.4436
35040941	轻型井点井管 ϕ180×4	m	1.0368	1.0368	1.0368	1.0368
99091380	电动卷扬机单筒快速 10 kN	台班	1.9920	1.9920	1.9920	1.9920
99350050	轻便钻机 XJ-100	台班	4.7310	4.7310	4.7310	4.7310
99440010	电动单级离心清水泵 ϕ50	台班	−33.0756	−37.4856	−44.1000	−50.7156
99440150	电动多级离心清水泵 ϕ150×180 m 以下	台班	3.9840	3.9840	3.9840	3.9840
99440510	射流井点泵 9.5 m	台班	27.2920	27.2920	27.2920	27.2920

第五节　高密度聚乙烯双壁缠绕管

工作内容：沟槽挖土、沟槽排水、井点降水、沟槽围护和支撑（钢板桩、撑拆列板）、铺筑管道基础、铺设管道、沟槽回填（黄砂及素土）、土方场内运输、砌筑检查井等。

定额编号			J-1-5-1 A(B)	J-1-5-2 A(B)	J-1-5-3 A(B)	J-1-5-4 A(B)
项目			DN225			
			高密度聚乙烯双壁缠绕管(HDPE)			
			1.5 m	2.0 m	2.5 m	≤3.0 m
			100 m	100 m	100 m	100 m
预算定额编号	预算定额名称	预算定额单位	数量			
52-1-2-1	机械挖沟槽土方 深≤3 m 现场抛土	m^3	189.0000	252.0000	315.0000	362.2500
52-1-3-1	沟槽回填 夯填土	m^3	133.2850 (71.7350)	194.8250 (133.2750)	256.3650 (194.8150)	302.1550 (240.6050)
53-1-3-2	场内运输 自卸汽车装运土（运距1 km以内）	m^3	176.9100 (115.3600)	251.0500 (189.5000)	325.1900 (263.6400)	380.4300 (318.8800)
52-1-3-4	沟槽回填 黄砂	m^3	23.2100 (84.7600)	23.2100 (84.7600)	23.2100 (84.7600)	23.2100 (84.7600)
52-1-4-1	管道垫层 黄砂垫层	m^3	5.8200	5.8200	5.8200	5.8200
52-1-4-3	管道垫层 砾石砂垫层	m^3	17.9550	17.9550	17.9550	18.3450
52-1-5-1	管道基座 混凝土 C20	m^3	0.6300			
52-1-5-1换1	管道基座 混凝土 C15	m^3	0.2400	0.6300	0.6300	1.1400
52-1-5-2	管道基座 钢筋	t	0.0360			
52-1-6-67	管道铺设 高密度聚乙烯双壁缠绕管(HDPE)每节 3 m以下 DN225	100 m	0.0982	0.0982	0.0982	0.0982
52-1-6-84	管道铺设 高密度聚乙烯双壁缠绕管(HDPE)每节 3 m以上 DN225	100 m	0.8838	0.8838	0.8838	0.8838
52-3-1-1	砖砌检查井及雨水口 检查井 深≤2.5 m	m^3	3.5400	4.1700	5.4000	
52-3-1-2	砖砌检查井及雨水口 检查井 深≤4 m	m^3				9.0000
52-3-2-1	水泥砂浆抹面 检查井	m^2	29.0400	33.9300	44.0100	66.0900
52-3-6-1	安装防坠格板 新建工程	只	3.0000	3.0000	3.0000	3.0000
52-3-9-3	安装盖板及盖座 铸铁盖座	套	3.0000	3.0000	3.0000	3.0000
52-3-9-4	安装盖板及盖座 防沉降检查井盖板	块	3.0000	3.0000	3.0000	3.0000
52-4-5-1	模板工程 模板 管道基座	m^2	2.1300	2.1300	2.1300	2.8500
53-9-1-1	施工排水、降水 湿土排水	m^3	63.0000	126.0000	189.0000	236.2500
53-9-1-3	施工排水、降水 筑拆竹箩滤井	座	2.5000	2.5000	2.5000	2.5000

（续表）

定 额 编 号			J-1-5-1 A(B)	J-1-5-2 A(B)	J-1-5-3 A(B)	J-1-5-4 A(B)
项 目			DN225			
			高密度聚乙烯双壁缠绕管(HDPE)			
			1.5 m	2.0 m	2.5 m	≤3.0 m
			100 m	100 m	100 m	100 m
预算定额编号	预算定额名称	预算定额单位	数 量			
	调整项目					
	围护支撑					
52-4-2-1	满堂撑拆列板 深≤1.5 m,双面	100 m	1.0000			
52-4-2-2	满堂撑拆列板 深≤2.0 m,双面	100 m		1.0000		
52-4-2-3	满堂撑拆列板 深≤2.5 m,双面	100 m			1.0000	
52-4-2-4	满堂撑拆列板 深≤3.0 m,双面	100 m				1.0000
52-4-2-5	撑拆列板 列板使用费	t·d	109.0000	152.0000	174.0000	210.0000
52-4-2-6	列板支撑使用费	t·d	39.0000	53.0000	67.0000	80.0000
	井点降水					
53-9-1-1	施工排水、降水 湿土排水	m^3				−236.2500
53-9-1-5	施工排水、降水 轻型井点安装	根				83.0000
53-9-1-6	施工排水、降水 轻型井点拆除	根				83.0000
53-9-1-7	施工排水、降水 轻型井点使用	套·天				22.0000

工作内容：沟槽挖土、沟槽排水、井点降水、沟槽围护和支撑(钢板桩、撑拆列板)、铺筑管道基础、铺设管道、沟槽回填(黄砂及素土)、土方场内运输、砌筑检查井等。

定 额 编 号				J-1-5-1 A(B)	J-1-5-2 A(B)	J-1-5-3 A(B)	J-1-5-4 A(B)
项 目				DN225			
				高密度聚乙烯双壁缠绕管(HDPE)			
				1.5 m	2.0 m	2.5 m	≤3.0 m
名 称			单位	100 m	100 m	100 m	100 m
人工	00190101	综合人工	工日	86.1124 (87.7127)	111.1219 (112.7221)	138.5767 (140.1770)	168.9689 (170.5692)
材料	01010211	热轧带肋钢筋(HRB400) ϕ≤10	t	0.0103			
	01010212	热轧带肋钢筋(HRB400) ϕ>10	t	0.0266			
	02090101	塑料薄膜	m^2	5.5814	5.3695	6.3861	10.9182
	03010811	钢塑膨胀铆钉	只	18.3600	18.3600	18.3600	18.3600
	03150101	圆钉	kg	0.4342	0.4342	0.4342	0.5810
	03152501	镀锌铁丝	kg	0.1112			
	04030115	黄砂 中粗	t	51.4951 (160.3155)	51.4951 (160.3155)	51.4951 (160.3155)	51.4951 (160.3155)

（续表）

定额编号				J-1-5-1 A(B)	J-1-5-2 A(B)	J-1-5-3 A(B)	J-1-5-4 A(B)
项目				DN225			
				高密度聚乙烯双壁缠绕管(HDPE)			
				1.5 m	2.0 m	2.5 m	≤3.0 m
名称			单位	100 m	100 m	100 m	100 m
材料	04030701	砾石砂	t	39.6967	39.6967	39.6967	40.5590
	04050313	道碴 50～70	t	0.3988	0.3988	0.3988	0.3988
	04131711	蒸压灰砂砖	千块	1.9289	2.2722	2.9425	4.8798
	05350301	竹箩	个	2.5000	2.5000	2.5000	2.5000
	17250743	高密度聚乙烯双壁缠绕管(HDPE) DN225 每节长 3 m 以下	m	98.2000	98.2000	98.2000	98.2000
	34110101	水	m^3	3.7480 (13.4421)	3.7445 (13.4386)	3.7614 (13.4555)	3.8364 (13.5305)
	35010102	组合钢模板	kg	1.3628	1.3628	1.3628	1.8234
	35010703	木模板成材	m^3	0.0085	0.0085	0.0085	0.0114
	35020401	钢模零配件	kg	0.5039	0.5039	0.5039	0.6742
	36012831	铸铁检查井雨污水盖座 市政 90 型	套	3.0000	3.0000	3.0000	3.0000
	36016631	防沉降检查井盖板 2500×2000×200	块	3.0000	3.0000	3.0000	3.0000
	36016651	高强度塑料检查井格板	只	3.0600	3.0600	3.0600	3.0600
	36016661	高强度塑料支架	只	9.1800	9.1800	9.1800	9.1800
	80060414	湿拌砌筑砂浆 WM M10.0	m^3	0.8199	0.9658	1.2506	2.1222
	80060513	预拌抹灰砂浆 WP M15.0	m^3	0.7194	0.7972	0.9575	1.3085
	80210410	预拌混凝土(泵送型) C15 粒径 5～20	m^3	0.2424	0.6363	0.6363	1.1514
	80210414	预拌混凝土(泵送型) C20 粒径 5～20	m^3	0.6363			
机械	99010060	履带式单斗液压挖掘机 1 m^3	台班	0.7371	0.9828	1.2285	1.4128
	99050930	混凝土振捣器 插入式	台班	0.1192	0.0863	0.0863	0.1562
	99050940	混凝土振捣器 平板式	台班	1.9228 (4.2063)	1.8899 (4.1734)	1.8899 (4.1734)	1.9761 (4.2596)
	99070220	轮胎式装载机 1 m^3	台班	0.8315 (0.5422)	1.1799 (0.8907)	1.5284 (1.2391)	1.7880 (1.4987)
	99070540	载重汽车 6 t	台班	0.0034	0.0034	0.0034	0.0046
	99070588	载重汽车 12 t	台班	1.2738 (0.8306)	1.8076 (1.3644)	2.3414 (1.8982)	2.7391 (2.2959)
	99090360	汽车式起重机 8 t	台班	0.2273	0.2273	0.2273	0.2281

(续表)

定额编号				J-1-5-1 A(B)	J-1-5-2 A(B)	J-1-5-3 A(B)	J-1-5-4 A(B)
项目				DN225			
				高密度聚乙烯双壁缠绕管(HDPE)			
				1.5 m	2.0 m	2.5 m	≤3.0 m
名称			单位	100 m	100 m	100 m	100 m
机械	99130350	内燃夯实机 700 N·m	台班	4.9449 (2.6614)	7.2280 (4.9445)	9.5111 (7.2276)	11.2100 (8.9264)
	99170010	钢筋调直机	台班	0.0175			
	99170025	钢筋切断机	台班	0.0175			
	99210065	木工平刨床 刨削宽度 450	台班	0.0049	0.0049	0.0049	0.0066
	99440010	电动单级离心清水泵 ϕ50	台班	7.5600	15.1200	22.6800	28.3500
调整项目							
		围护支撑					
	00190101	综合人工	工日	21.0741	37.3728	57.0282	78.7933
	03150501	骑马钉	kg	12.6654	16.8872	21.1090	25.3308
	04131711	蒸压灰砂砖	千块	0.1545	0.1545	0.1545	0.1545
	05030101	成材	m^3	0.2778	0.3333	0.4444	0.5000
	35090501	列板使用费	t·d	109.0000	152.0000	174.0000	210.0000
	35090511	列板支撑使用费	t·d	39.0000	53.0000	67.0000	80.0000
	35091731	铁撑板	t	0.1951	0.2788	0.3345	0.4181
	35091771	铁撑柱	kg	69.8920	93.1220	114.6350	139.6830
		井点降水					
	00190101	综合人工	工日				41.9576
	04030115	黄砂 中粗	t				9.4420
	17270201	普通橡胶管	m				14.2440
	34110101	水	m^3				152.3275
	35040921	轻型井点井管 ϕ40	m				21.4436
	35040941	轻型井点井管 ϕ180×4	m				1.0368
	99091380	电动卷扬机单筒快速 10 kN	台班				1.9920
	99350050	轻便钻机 XJ-100	台班				4.7310
	99440010	电动单级离心清水泵 ϕ50	台班				−28.3500
	99440150	电动多级离心清水泵 ϕ150×180 m 以下	台班				3.9840
	99440510	射流井点泵 9.5 m	台班				27.2920

工作内容：沟槽挖土、沟槽排水、井点降水、沟槽围护和支撑（钢板桩、撑拆列板）、铺筑管道基础、铺设管道、沟槽回填（黄砂及素土）、土方场内运输、砌筑检查井等。

定额编号			J-1-5-5 A(B)	J-1-5-6 A(B)	J-1-5-7 A(B)	J-1-5-8 A(B)
项目			DN225		DN300	
			高密度聚乙烯双壁缠绕管(HDPE)			
			>3.0 m	3.5 m	1.5 m	2.0 m
			100 m	100 m	100 m	100 m
预算定额编号	预算定额名称	预算定额单位	数量			
52-1-2-1	机械挖沟槽土方 深≤3 m 现场抛土	m^3			204.7500	273.0000
52-1-2-3	机械挖沟槽土方 深≤6 m 现场抛土	m^3	393.7500	441.0000		
52-1-3-1	沟槽回填 夯填土	m^3	333.6550 (272.1050)	379.4450 (317.8950)	134.4100 (67.6100)	201.2000 (134.4000)
53-1-3-2	场内运输 自卸汽车装运土(运距1 km以内)	m^3	418.2300 (356.6800)	473.4700 (411.9200)	181.6700 (130.8300)	262.1100 (195.3100)
52-1-3-4	沟槽回填 黄砂	m^3	23.2100 (84.7600)	23.2100 (84.7600)	32.8400 (99.6400)	32.8400 (99.6400)
52-1-4-1	管道垫层 黄砂垫层	m^3	5.8200	5.8200	6.3100	6.3100
52-1-4-3	管道垫层 砾石砂垫层	m^3	18.3450	18.3450	19.4100	19.4100
52-1-5-1	管道基座 混凝土 C20	m^3	1.1400	1.1400	0.6300	
52-1-5-1换1	管道基座 混凝土 C15	m^3	0.4200	0.4200	0.2400	0.6300
52-1-5-2	管道基座 钢筋	t	0.0570	0.0570	0.0360	
52-1-6-67	管道铺设 高密度聚乙烯双壁缠绕管(HDPE)每节3 m以下 DN225	100 m	0.0982	0.0982		
52-1-6-68	管道铺设 高密度聚乙烯双壁缠绕管(HDPE)每节3 m以下 DN300	100 m			0.0982	0.0982
52-1-6-84	管道铺设 高密度聚乙烯双壁缠绕管(HDPE)每节3 m以上 DN225	100 m	0.8838	0.8838		
52-1-6-85	管道铺设 高密度聚乙烯双壁缠绕管(HDPE)每节3 m以上 DN300	100 m			0.8838	0.8838
52-3-1-1	砖砌检查井及雨水口 检查井 深≤2.5 m	m^3			3.5400	4.1700
52-3-1-2	砖砌检查井及雨水口 检查井 深≤4 m	m^3	9.0000	11.4600		
52-3-2-1	水泥砂浆抹面 检查井	m^2	66.0900	79.5300	29.0400	33.9300
52-3-6-1	安装防坠格板 新建工程	只	3.0000	3.0000	3.0000	3.0000

(续表)

定额编号			J-1-5-5 A(B)	J-1-5-6 A(B)	J-1-5-7 A(B)	J-1-5-8 A(B)
项目			DN225		DN300	
			高密度聚乙烯双壁缠绕管(HDPE)			
			>3.0 m	3.5 m	1.5 m	2.0 m
			100 m	100 m	100 m	100 m
预算定额编号	预算定额名称	预算定额单位	数量			
52-3-9-3	安装盖板及盖座 铸铁盖座	套	3.0000	3.0000	3.0000	3.0000
52-3-9-4	安装盖板及盖座 防沉降检查井盖板	块	3.0000	3.0000	3.0000	3.0000
52-4-5-1	模板工程 模板 管道基座	m^2	2.8500	2.8500	2.1300	2.1300
53-9-1-1	施工排水、降水 湿土排水	m^3	267.7500	315.0000	68.2500	136.5000
53-9-1-3	施工排水、降水 筑拆竹箩滤井	座	2.5000	2.5000	2.5000	2.5000
调整项目						
	围护支撑					
52-4-3-1	打槽型钢板桩 长 4.00～6.00 m,单面	100 m	2.0000	2.0000		
52-4-3-6	拔槽型钢板桩 长 4.00～6.00 m,单面	100 m	2.0000	2.0000		
52-4-3-11	打拔沟槽钢板桩 槽型钢板桩使用费	t·d	1852.0000	1852.0000		
52-4-4-1	安拆钢板桩支撑 槽宽≤3.0 m 深 3.01～4.00 m	100 m	1.0000	1.0000		
52-4-4-14	钢板桩支撑使用费	t·d	87.0000	87.0000		
52-4-2-1	满堂撑拆列板 深≤1.5 m,双面	100 m			1.0000	
52-4-2-5	撑拆列板 列板使用费	t·d			109.0000	152.0000
52-4-2-6	列板支撑使用费	t·d			39.0000	53.0000
52-4-2-2	满堂撑拆列板 深≤2.0 m,双面	100 m				1.0000
	井点降水					
53-9-1-1	施工排水、降水 湿土排水	m^3	−267.7500	−315.0000		
53-9-1-5	施工排水、降水 轻型井点安装	根	83.0000	83.0000		
53-9-1-6	施工排水、降水 轻型井点拆除	根	83.0000	83.0000		
53-9-1-7	施工排水、降水 轻型井点使用	套·天	22.0000	22.0000		

工作内容：沟槽挖土、沟槽排水、井点降水、沟槽围护和支撑（钢板桩、撑拆列板）、铺筑管道基础、铺设管道、沟槽回填（黄砂及素土）、土方场内运输、砌筑检查井等。

定额编号				J-1-5-5 A(B)	J-1-5-6 A(B)	J-1-5-7 A(B)	J-1-5-8 A(B)
项目				DN225		DN300	
				高密度聚乙烯双壁缠绕管(HDPE)			
				>3.0 m	3.5 m	1.5 m	2.0 m
名称			单位	100 m	100 m	100 m	100 m
人工	00190101	综合人工	工日	184.5923 (186.1925)	210.0414 (211.6416)	91.6878 (93.9560)	118.6672 (120.4040)
材料	01010211	热轧带肋钢筋(HRB400) $\phi \leqslant 10$	t	0.0164	0.0164	0.0103	
	01010212	热轧带肋钢筋(HRB400) $\phi > 10$	t	0.0421	0.0421	0.0266	
	02090101	塑料薄膜	m^2	12.2002	14.2334	5.5814	5.3695
	03010811	钢塑膨胀铆钉	只	18.3600	18.3600	18.3600	18.3600
	03150101	圆钉	kg	0.5810	0.5810	0.4342	0.4342
	03152501	镀锌铁丝	kg	0.1761	0.1761	0.1112	
	04030115	黄砂 中粗	t	51.4951 (160.3155)	51.4951 (160.3155)	69.3872 (187.4896)	69.3872 (187.4896)
	04030701	砾石砂	t	40.5590	40.5590	42.9136	42.9136
	04050313	道碴 50～70	t	0.3988	0.3988	0.3988	0.3988
	04131711	蒸压灰砂砖	千块	4.8798	6.2136	1.9289	2.2722
	05350301	竹箩	个	2.5000	2.5000	2.5000	2.5000
	17250743	高密度聚乙烯双壁缠绕管(HDPE) DN225 每节长 3 m 以下	m	98.2000	98.2000		
	17250744	高密度聚乙烯双壁缠绕管(HDPE) DN300 每节长 3 m 以下	m			98.2000	98.2000
	34110101	水	m^3	3.8576 (13.5517)	3.8913 (13.5854)	5.2647 (15.7857)	5.2612 (15.7822)
	35010102	组合钢模板	kg	1.8234	1.8234	1.3628	1.3628
	35010703	木模板成材	m^3	0.0114	0.0114	0.0085	0.0085
	35020401	钢模零配件	kg	0.6742	0.6742	0.5039	0.5039
	36012831	铸铁检查井雨污水盖座 市政 90 型	套	3.0000	3.0000	3.0000	3.0000
	36016631	防沉降检查井盖板 2500×2000×200	块	3.0000	3.0000	3.0000	3.0000
	36016651	高强度塑料检查井格板	只	3.0600	3.0600	3.0600	3.0600
	36016661	高强度塑料支架	只	9.1800	9.1800	9.1800	9.1800

(续表)

定额编号				J-1-5-5 A(B)	J-1-5-6 A(B)	J-1-5-7 A(B)	J-1-5-8 A(B)
项目				DN225		DN300	
				高密度聚乙烯双壁缠绕管(HDPE)			
				>3.0 m	3.5 m	1.5 m	2.0 m
名称			单位	100 m	100 m	100 m	100 m
材料	80060414	湿拌砌筑砂浆 WM M10.0	m^3	2.1222	2.7023	0.8199	0.9658
	80060513	预拌抹灰砂浆 WP M15.0	m^3	1.3085	1.5222	0.7194	0.7972
	80210410	预拌混凝土(泵送型) C15 粒径 5~20	m^3	0.4242	0.4242	0.2424	0.6363
	80210414	预拌混凝土(泵送型) C20 粒径 5~20	m^3	1.1514	1.1514	0.6363	
机械	99010060	履带式单斗液压挖掘机 1 m^3	台班	1.6144	1.8081	0.7985	1.0647
	99050930	混凝土振捣器 插入式	台班	0.2137	0.2137	0.1192	0.0863
	99050940	混凝土振捣器 平板式	台班	2.0336 (4.3171)	2.0336 (4.3171)	2.3571 (4.8353)	2.3242 (4.8024)
	99070220	轮胎式装载机 1 m^3	台班	1.9657 (1.6764)	2.2253 (1.9360)	0.8538 (0.6149)	1.2319 (0.9180)
	99070540	载重汽车 6 t	台班	0.0046	0.0046	0.0034	0.0034
	99070588	载重汽车 12 t	台班	3.0113 (2.5681)	3.4090 (2.9658)	1.3080 (0.9420)	1.8872 (1.4062)
	99090360	汽车式起重机 8 t	台班	0.2281	0.2281	0.2273	0.2273
	99130350	内燃夯实机 700 N·m	台班	12.3786 (10.0951)	14.0774 (11.7939)	4.9866 (2.5083)	7.4645 (4.9862)
	99170010	钢筋调直机	台班	0.0277	0.0277	0.0175	
	99170025	钢筋切断机	台班	0.0277	0.0277	0.0175	
	99210065	木工平刨床 刨削宽度 450	台班	0.0066	0.0066	0.0049	0.0049
	99440010	电动单级离心清水泵 ϕ50	台班	32.1300	37.8000	8.1900	16.3800
调整项目							
		围护支撑					
	00190101	综合人工	工日	447.5882	447.5882	21.0741	37.3728
	03152501	镀锌铁丝	kg	15.0000	15.0000		
	04030115	黄砂 中粗	t	15.8236	15.8236		
	05030101	成材	m^3	0.5955	0.5955	0.2778	0.3333
	35090121	槽型钢板桩	t	1.3350	1.3350		
	35090131	槽型钢板桩使用费	t·d	1852.0000	1852.0000		

（续表）

定额编号				J-1-5-5 A(B)	J-1-5-6 A(B)	J-1-5-7 A(B)	J-1-5-8 A(B)
项目				DN225		DN300	
				高密度聚乙烯双壁缠绕管(HDPE)			
				>3.0 m	3.5 m	1.5 m	2.0 m
名称			单位	100 m	100 m	100 m	100 m
	35090611	钢板桩支撑使用费	t·d	87.0000	87.0000		
	35091771	铁撑柱	kg	70.5300	70.5300	69.8920	93.1220
	35091901	钢桩帽摊销	kg	90.9300	90.9300		
	99030080	轨道式柴油打桩机 0.6 t	台班	20.1323	20.1323		
	99030690	简易拔桩架	台班	23.9558	23.9558		
	99090075	履带式起重机 8 t	台班	3.4125	3.4125		
	03150501	骑马钉	kg			12.6654	16.8872
	04131711	蒸压灰砂砖	千块			0.1545	0.1545
	35091731	铁撑板	t			0.1951	0.2788
	35090501	列板使用费	t·d			109.0000	152.0000
	35090511	列板支撑使用费	t·d			39.0000	53.0000
		井点降水					
	00190101	综合人工	工日	40.2755	37.7523		
	04030115	黄砂 中粗	t	9.4420	9.4420		
	17270201	普通橡胶管	m	14.2440	14.2440		
	34110101	水	m^3	152.3275	152.3275		
	35040921	轻型井点井管 ϕ40	m	21.4436	21.4436		
	35040941	轻型井点井管 ϕ180×4	m	1.0368	1.0368		
	99091380	电动卷扬机单筒快速 10 kN	台班	1.9920	1.9920		
	99350050	轻便钻机 XJ-100	台班	4.7310	4.7310		
	99440010	电动单级离心清水泵 ϕ50	台班	−32.1300	−37.8000		
	99440150	电动多级离心清水泵 ϕ150×180 m 以下	台班	3.9840	3.9840		
	99440510	射流井点泵 9.5 m	台班	27.2920	27.2920		

工作内容:沟槽挖土、沟槽排水、井点降水、沟槽围护和支撑(钢板桩、撑拆列板)、铺筑管道基础、铺设管道、沟槽回填(黄砂及素土)、土方场内运输、砌筑检查井等。

定额编号			J-1-5-9 A(B)	J-1-5-10 A(B)	J-1-5-11 A(B)	J-1-5-12 A(B)
项目			DN300			
			高密度聚乙烯双壁缠绕管(HDPE)			
			2.5 m	≤3.0 m	>3.0 m	3.5 m
			100 m	100 m	100 m	100 m
预算定额编号	预算定额名称	预算定额单位	数量			
52-1-2-1	机械挖沟槽土方 深≤3 m 现场抛土	m^3	341.2500	392.4400		
52-1-2-3	机械挖沟槽土方 深≤6 m 现场抛土	m^3			426.5600	477.7500
52-1-3-1	沟槽回填 夯填土	m^3	267.9900 (201.1900)	317.7200 (250.9200)	351.8400 (285.0400)	401.5700 (334.7700)
53-1-3-2	场内运输 自卸汽车装运土(运距1 km以内)	m^3	342.5500 (275.7500)	402.5180 (335.7180)	443.4620 (376.6620)	503.4300 (436.6300)
52-1-3-4	沟槽回填 黄砂	m^3	32.8400 (99.6400)	32.8400 (99.6400)	32.8400 (99.6400)	32.8400 (99.6400)
52-1-4-1	管道垫层 黄砂垫层	m^3	6.3100	6.3100	6.3100	6.3100
52-1-4-3	管道垫层 砾石砂垫层	m^3	19.4100	19.8000	19.8000	19.8000
52-1-5-1	管道基座 混凝土 C20	m^3			1.1400	1.1400
52-1-5-1换1	管道基座 混凝土 C15	m^3	0.6300	1.1400	0.4200	0.4200
52-1-5-2	管道基座 钢筋	t			0.0570	0.0570
52-1-6-68	管道铺设 高密度聚乙烯双壁缠绕管(HDPE)每节3 m以下 DN300	100 m	0.0982	0.0982	0.0982	0.0982
52-1-6-85	管道铺设 高密度聚乙烯双壁缠绕管(HDPE)每节3 m以上 DN300	100 m	0.8838	0.8838	0.8838	0.8838
52-3-1-1	砖砌检查井及雨水口 检查井深≤2.5 m	m^3	5.4000			
52-3-1-2	砖砌检查井及雨水口 检查井深≤4 m	m^3		9.0000	9.0000	11.4600
52-3-2-1	水泥砂浆抹面 检查井	m^2	44.0100	66.0900	66.0900	79.5300
52-3-6-1	安装防坠格板 新建工程	只	3.0000	3.0000	3.0000	3.0000
52-3-9-3	安装盖板及盖座 铸铁盖座	套	3.0000	3.0000	3.0000	3.0000
52-3-9-4	安装盖板及盖座 防沉降检查井盖板	块	3.0000	3.0000	3.0000	3.0000
52-4-5-1	模板工程 模板 管道基座	m^2	2.1300	2.8500	2.8500	2.8500
53-9-1-1	施工排水、降水 湿土排水	m^3	204.7500	255.9400	290.0600	341.2500
53-9-1-3	施工排水、降水 筑拆竹箩滤井	座	2.5000	2.5000	2.5000	2.5000
调整项目						
	围护支撑					
52-4-2-3	满堂撑拆列板 深≤2.5 m,双面	100 m	1.0000			
52-4-2-4	满堂撑拆列板 深≤3.0 m,双面	100 m		1.0000		
52-4-2-5	撑拆列板 列板使用费	t · d	174.0000	210.0000		

（续表）

定额编号			J-1-5-9 A(B)	J-1-5-10 A(B)	J-1-5-11 A(B)	J-1-5-12 A(B)
项　　目			DN300			
			高密度聚乙烯双壁缠绕管(HDPE)			
			2.5 m	≤3.0 m	>3.0 m	3.5 m
			100 m	100 m	100 m	100 m
预算定额编号	预算定额名称	预算定额单位	数　　量			
52-4-2-6	列板支撑使用费	t·d	67.0000	80.0000		
52-4-3-1	打槽型钢板桩 长 4.00～6.00 m，单面	100 m			2.0000	2.0000
52-4-3-6	拔槽型钢板桩 长 4.00～6.00 m，单面	100 m			2.0000	2.0000
52-4-4-1	安拆钢板桩支撑 槽宽≤3.0 m 深 3.01～4.00 m	100 m			1.0000	1.0000
52-4-3-11	打拔沟槽钢板桩 槽型钢板桩使用费	t·d			1852.0000	1852.0000
52-4-4-14	钢板桩支撑使用费	t·d			87.0000	87.0000
	井点降水					
53-9-1-1	施工排水、降水 湿土排水	m^3		−255.9400	−290.0600	−341.2500
53-9-1-5	施工排水、降水 轻型井点安装	根		83.0000	83.0000	83.0000
53-9-1-6	施工排水、降水 轻型井点拆除	根		83.0000	83.0000	83.0000
53-9-1-7	施工排水、降水 轻型井点使用	套·天		22.0000	22.0000	22.0000

工作内容：沟槽挖土、沟槽排水、井点降水、沟槽围护和支撑（钢板桩、撑拆列板）、铺筑管道基础、铺设管道、沟槽回填（黄砂及素土）、土方场内运输、砌筑检查井等。

定额编号				J-1-5-9 A(B)	J-1-5-10 A(B)	J-1-5-11 A(B)	J-1-5-12 A(B)
项　　目				DN300			
				高密度聚乙烯双壁缠绕管(HDPE)			
				2.5 m	≤3.0 m	>3.0 m	3.5 m
名　　称			单位	100 m	100 m	100 m	100 m
人工	00190101	综合人工	工日	148.0923 (149.8292)	179.9628 (181.6997)	196.8419 (198.5786)	223.8023 (225.5391)
材料	01010211	热轧带肋钢筋(HRB400) $\phi\leqslant10$	t			0.0164	0.0164
	01010212	热轧带肋钢筋(HRB400) $\phi>10$	t			0.0421	0.0421
	02090101	塑料薄膜	m^2	6.3861	10.9182	12.2002	14.2334
	03010811	钢塑膨胀铆钉	只	18.3600	18.3600	18.3600	18.3600
	03150101	圆钉	kg	0.4342	0.5810	0.5810	0.5810
	03152501	镀锌铁丝	kg			0.1761	0.1761
	04030115	黄砂 中粗	t	69.3872 (187.4896)	69.3872 (187.4896)	69.3872 (187.4896)	69.3872 (187.4896)

（续表）

定额编号				J-1-5-9 A(B)	J-1-5-10 A(B)	J-1-5-11 A(B)	J-1-5-12 A(B)
项目				DN300			
				高密度聚乙烯双壁缠绕管(HDPE)			
				2.5 m	≤3.0 m	>3.0 m	3.5 m
名称			单位	100 m	100 m	100 m	100 m
材料	04030701	砾石砂	t	42.9136	43.7758	43.7758	43.7758
	04050313	道碴 50～70	t	0.3988	0.3988	0.3988	0.3988
	04131711	蒸压灰砂砖	千块	2.9425	4.8798	4.8798	6.2136
	05350301	竹箩	个	2.5000	2.5000	2.5000	2.5000
	17250744	高密度聚乙烯双壁缠绕管(HDPE) DN300 每节长 3 m 以下	m	98.2000	98.2000	98.2000	98.2000
	34110101	水	m^3	5.2781 (15.7991)	5.3531 (15.8741)	5.3743 (15.8953)	5.4080 (15.9290)
	35010102	组合钢模板	kg	1.3628	1.8234	1.8234	1.8234
	35010703	木模板成材	m^3	0.0085	0.0114	0.0114	0.0114
	35020401	钢模零配件	kg	0.5039	0.6742	0.6742	0.6742
	36012831	铸铁检查井雨污水盖座 市政 90 型	套	3.0000	3.0000	3.0000	3.0000
	36016631	防沉降检查井盖板 2500×2000×200	块	3.0000	3.0000	3.0000	3.0000
	36016651	高强度塑料检查井格板	只	3.0600	3.0600	3.0600	3.0600
	36016661	高强度塑料支架	只	9.1800	9.1800	9.1800	9.1800
	80060414	湿拌砌筑砂浆 WM M10.0	m^3	1.2506	2.1222	2.1222	2.7023
	80060513	预拌抹灰砂浆 WP M15.0	m^3	0.9575	1.3085	1.3085	1.5222
	80210410	预拌混凝土(泵送型) C15 粒径 5～20	m^3	0.6363	1.1514	0.4242	0.4242
	80210414	预拌混凝土(泵送型) C20 粒径 5～20	m^3			1.1514	1.1514
机械	99010060	履带式单斗液压挖掘机 1 m^3	台班	1.3309	1.5305	1.7489	1.9588
	99050930	混凝土振捣器 插入式	台班	0.0863	0.1562	0.2137	0.2137
	99050940	混凝土振捣器 平板式	台班	2.3242 (4.8024)	2.4104 (4.8886)	2.4679 (4.9461)	2.4679 (4.9461)
	99070220	轮胎式装载机 1 m^3	台班	1.6100 (1.2960)	1.8918 (1.5779)	2.0843 (1.7703)	2.3661 (2.0522)
	99070540	载重汽车 6 t	台班	0.0034	0.0046	0.0046	0.0046
	99070588	载重汽车 12 t	台班	2.4664 (1.9854)	2.8981 (2.4172)	3.1929 (2.7120)	3.6247 (3.1437)
	99090360	汽车式起重机 8 t	台班	0.2273	0.2281	0.2281	0.2281
	99130350	内燃夯实机 700 N·m	台班	9.9424 (7.4641)	11.7874 (9.3091)	13.0533 (10.5750)	14.8982 (12.4200)
	99170010	钢筋调直机	台班			0.0277	0.0277

（续表）

定额编号				J-1-5-9 A(B)	J-1-5-10 A(B)	J-1-5-11 A(B)	J-1-5-12 A(B)
项目				DN300			
				高密度聚乙烯双壁缠绕管(HDPE)			
				2.5 m	≤3.0 m	>3.0 m	3.5 m
名称			单位	100 m	100 m	100 m	100 m
机械	99170025	钢筋切断机	台班			0.0277	0.0277
	99210065	木工平刨床 刨削宽度 450	台班	0.0049	0.0066	0.0066	0.0066
	99440010	电动单级离心清水泵 ϕ50	台班	24.5700	30.7128	34.8072	40.9500
调整项目							
		围护支撑					
	00190101	综合人工	工日	57.0282	78.7933	447.5882	447.5882
	03150501	骑马钉	kg	21.1090	25.3308		
	04131711	蒸压灰砂砖	千块	0.1545	0.1545		
	05030101	成材	m^3	0.4444	0.5000	0.5955	0.5955
	35090501	列板使用费	t·d	174.0000	210.0000		
	35090511	列板支撑使用费	t·d	67.0000	80.0000		
	35091731	铁撑板	t	0.3345	0.4181		
	35091771	铁撑柱	kg	114.6350	139.6830	70.5300	70.5300
	35090121	槽型钢板桩	t			1.3350	1.3350
	35091901	钢桩帽摊销	kg			90.9300	90.9300
	04030115	黄砂 中粗	t			15.8236	15.8236
	03152501	镀锌铁丝	kg			15.0000	15.0000
	35090131	槽型钢板桩使用费	t·d			1852.0000	1852.0000
	35090611	钢板桩支撑使用费	t·d			87.0000	87.0000
	99030080	轨道式柴油打桩机 0.6 t	台班			20.1323	20.1323
	99030690	简易拔桩架	台班			23.9558	23.9558
	99090075	履带式起重机 8 t	台班			3.4125	3.4125
		井点降水					
	00190101	综合人工	工日		40.9061	39.0841	36.3506
	04030115	黄砂 中粗	t		9.4420	9.4420	9.4420
	17270201	普通橡胶管	m		14.2440	14.2440	14.2440
	34110101	水	m^3		152.3275	152.3275	152.3275
	35040921	轻型井点井管 ϕ40	m		21.4436	21.4436	21.4436
	35040941	轻型井点井管 ϕ180×4	m		1.0368	1.0368	1.0368
	99091380	电动卷扬机单筒快速 10 kN	台班		1.9920	1.9920	1.9920
	99350050	轻便钻机 XJ-100	台班		4.7310	4.7310	4.7310
	99440010	电动单级离心清水泵 ϕ50	台班		−30.7128	−34.8072	−40.9500
	99440150	电动多级离心清水泵 ϕ150×180 m 以下	台班		3.9840	3.9840	3.9840
	99440510	射流井点泵 9.5 m	台班		27.2920	27.2920	27.2920

工作内容:沟槽挖土、沟槽排水、井点降水、沟槽围护和支撑(钢板桩、撑拆列板)、铺筑管道基础、铺设管道、沟槽回填(黄砂及素土)、土方场内运输、砌筑检查井等。

定额编号			J-1-5-13 A(B)	J-1-5-14 A(B)	J-1-5-15 A(B)	J-1-5-16 A(B)
项目			DN300	DN400		
			高密度聚乙烯双壁缠绕管(HDPE)			
			≤4.0 m	1.5 m	2.0 m	2.5 m
			100 m	100 m	100 m	100 m
预算定额编号	预算定额名称	预算定额单位	数量			
52-1-2-1	机械挖沟槽土方 深≤3 m 现场抛土	m^3		220.5000	294.0000	367.5000
52-1-2-3	机械挖沟槽土方 深≤6 m 现场抛土	m^3	528.9400			
52-1-3-1	沟槽回填 夯填土	m^3	451.3100 (384.5100)	129.9250 (58.3150)	201.5350 (129.9250)	273.1450 (201.5350)
53-1-3-2	场内运输 自卸汽车装运土(运距1 km以内)	m^3	563.4080 (496.6080)	180.7900 (155.4200)	267.1000 (195.4900)	353.4100 (281.8000)
52-1-3-4	沟槽回填 黄砂	m^3	32.8400 (99.6400)	44.3400 (115.9500)	44.3400 (115.9500)	44.3400 (115.9500)
52-1-4-1	管道垫层 黄砂垫层	m^3	6.3100	6.7700	6.7700	6.7700
52-1-4-3	管道垫层 砾石砂垫层	m^3	19.8000	20.9250	20.9250	20.9250
52-1-5-1	管道基座 混凝土 C20	m^3	1.1400	0.8100		
52-1-5-1换1	管道基座 混凝土 C15	m^3	0.4200	0.3300	0.8100	0.8100
52-1-5-2	管道基座 钢筋	t	0.0570	0.0480		
52-1-6-68	管道铺设 高密度聚乙烯双壁缠绕管(HDPE)每节3 m以下 DN300	100 m	0.0982			
52-1-6-69	管道铺设 高密度聚乙烯双壁缠绕管(HDPE)每节3 m以下 DN400	100 m		0.0978	0.0978	0.0978
52-1-6-85	管道铺设 高密度聚乙烯双壁缠绕管(HDPE)每节3 m以上 DN300	100 m	0.8838			
52-1-6-86	管道铺设 高密度聚乙烯双壁缠绕管(HDPE)每节3 m以上 DN400	100 m		0.8798	0.8798	0.8798
52-3-1-1	砖砌检查井及雨水口 检查井 深≤2.5 m	m^3		3.6000	5.0100	6.4500
52-3-1-2	砖砌检查井及雨水口 检查井 深≤4 m	m^3	13.9500			
52-3-2-1	水泥砂浆抹面 检查井	m^2	92.9700	27.7200	39.6000	51.4800
52-3-6-1	安装防坠格板 新建工程	只	3.0000	3.0000	3.0000	3.0000

（续表）

定额编号			J-1-5-13 A(B)	J-1-5-14 A(B)	J-1-5-15 A(B)	J-1-5-16 A(B)
项目			DN300	DN400		
			高密度聚乙烯双壁缠绕管(HDPE)			
			≤4.0 m	1.5 m	2.0 m	2.5 m
			100 m	100 m	100 m	100 m
预算定额编号	预算定额名称	预算定额单位	数量			
52-3-9-3	安装盖板及盖座 铸铁盖座	套	3.0000	3.0000	3.0000	3.0000
52-3-9-4	安装盖板及盖座 防沉降检查井盖板	块	3.0000	3.0000	3.0000	3.0000
52-4-5-1	模板工程 模板 管道基座	m^2	2.8500	2.4000	2.4000	2.4000
53-9-1-1	施工排水、降水 湿土排水	m^3	392.4400	73.5000	147.0000	220.5000
53-9-1-3	施工排水、降水 筑拆竹箩滤井	座	2.5000	2.5000	2.5000	2.5000
调整项目						
	围护支撑					
52-4-3-1	打槽型钢板桩 长 4.00～6.00 m，单面	100 m	2.0000			
52-4-3-6	拔槽型钢板桩 长 4.00～6.00 m，单面	100 m	2.0000			
52-4-3-11	打拔沟槽钢板桩 槽型钢板桩使用费	t・d	1852.0000			
52-4-4-1	安拆钢板桩支撑 槽宽≤3.0 m 深 3.01～4.00 m	100 m	1.0000			
52-4-4-14	钢板桩支撑使用费	t・d	87.0000			
52-4-2-1	满堂撑拆列板 深≤1.5 m，双面	100 m		1.0000		
52-4-2-5	撑拆列板 列板使用费	t・d		109.0000	152.0000	174.0000
52-4-2-6	列板支撑使用费	t・d		39.0000	53.0000	67.0000
52-4-2-2	满堂撑拆列板 深≤2.0 m，双面	100 m			1.0000	
52-4-2-3	满堂撑拆列板 深≤2.5 m，双面	100 m				1.0000
	井点降水					
53-9-1-1	施工排水、降水 湿土排水	m^3	−392.4400			
53-9-1-5	施工排水、降水 轻型井点安装	根	83.0000			
53-9-1-6	施工排水、降水 轻型井点拆除	根	83.0000			
53-9-1-7	施工排水、降水 轻型井点使用	套・天	22.0000			

工作内容:沟槽挖土、沟槽排水、井点降水、沟槽围护和支撑(钢板桩、撑拆列板)、铺筑管道基础、铺设管道、沟槽回填(黄砂及素土)、土方场内运输、砌筑检查井等。

定额编号				J-1-5-13 A(B)	J-1-5-14 A(B)	J-1-5-15 A(B)	J-1-5-16 A(B)
项目				DN300	DN400		
				高密度聚乙烯双壁缠绕管(HDPE)			
				≤4.0 m	1.5 m	2.0 m	2.5 m
名称			单位	100 m	100 m	100 m	100 m
人工	00190101	综合人工	工日	250.8344 (252.5711)	96.4464 (99.8481)	127.9459 (129.8078)	159.9504 (161.8122)
材料	01010211	热轧带肋钢筋(HRB400) $\phi\leqslant10$	t	0.0164	0.0138		
	01010212	热轧带肋钢筋(HRB400) $\phi>10$	t	0.0421	0.0354		
	02090101	塑料薄膜	m^2	16.2914	6.4551	6.6132	7.8033
	03010811	钢塑膨胀铆钉	只	18.3600	18.3600	18.3600	18.3600
	03150101	圆钉	kg	0.5810	0.4893	0.4893	0.4893
	03152501	镀锌铁丝	kg	0.1761	0.1483		
	04030115	黄砂 中粗	t	69.3872 (187.4896)	90.5325 (217.1390)	90.5325 (217.1390)	90.5325 (217.1390)
	04030701	砾石砂	t	43.7758	46.2631	46.2631	46.2631
	04050313	道碴 50～70	t	0.3988	0.3988	0.3988	0.3988
	04131711	蒸压灰砂砖	千块	7.5637	1.9616	2.7299	3.5146
	05350301	竹箩	个	2.5000	2.5000	2.5000	2.5000
	17250744	高密度聚乙烯双壁缠绕管(HDPE) DN300 每节长 3 m 以下	m	98.2000			
	17250745	高密度聚乙烯双壁缠绕管(HDPE) DN400 每节长 3 m 以下	m		97.7600	97.7600	97.7600
	34110101	水	m^3	5.4421 (15.9631)	7.0903 (18.3688)	7.0930 (18.3715)	7.1128 (18.3913)
	35010102	组合钢模板	kg	1.8234	1.5355	1.5355	1.5355
	35010703	木模板成材	m^3	0.0114	0.0096	0.0096	0.0096
	35020401	钢模零配件	kg	0.6742	0.5678	0.5678	0.5678
	36012831	铸铁检查井雨污水盖座 市政 90 型	套	3.0000	3.0000	3.0000	3.0000
	36016631	防沉降检查井盖板 2500×2000×200	块	3.0000	3.0000	3.0000	3.0000
	36016651	高强度塑料检查井格板	只	3.0600	3.0600	3.0600	3.0600
	36016661	高强度塑料支架	只	9.1800	9.1800	9.1800	9.1800

（续表）

定　额　编　号				J-1-5-13 A(B)	J-1-5-14 A(B)	J-1-5-15 A(B)	J-1-5-16 A(B)
项　　目				DN300	DN400		
				高密度聚乙烯双壁缠绕管(HDPE)			
				≤4.0 m	1.5 m	2.0 m	2.5 m
名　　称			单位	100 m	100 m	100 m	100 m
材料	80060414	湿拌砌筑砂浆 WM M10.0	m^3	3.2894	0.8338	1.1603	1.4938
	80060513	预拌抹灰砂浆 WP M15.0	m^3	1.7359	0.6984	0.8873	1.0762
	80210410	预拌混凝土(泵送型) C15 粒径 5～20	m^3	0.4242	0.3333	0.8181	0.8181
	80210414	预拌混凝土(泵送型) C20 粒径 5～20	m^3	1.1514	0.8181		
机械	99010060	履带式单斗液压挖掘机 1 m^3	台班	2.1687	0.8600	1.1466	1.4333
	99050930	混凝土振捣器 插入式	台班	0.2137	0.1562	0.1110	0.1110
	99050940	混凝土振捣器 平板式	台班	2.4679 (4.9461)	2.8992 (5.5559)	2.8540 (5.5107)	2.8540 (5.5107)
	99070220	轮胎式装载机 1 m^3	台班	2.6480 (2.3341)	0.8497 (0.7305)	1.2554 (0.9188)	1.6610 (1.3245)
	99070540	载重汽车 6 t	台班	0.0046	0.0038	0.0038	0.0038
	99070588	载重汽车 12 t	台班	4.0565 (3.5756)	1.3017 (1.1190)	1.9231 (1.4075)	2.5446 (2.0290)
	99090360	汽车式起重机 8 t	台班	0.2281	0.2276	0.2276	0.2276
	99130350	内燃夯实机 700 N・m	台班	16.7436 (14.2653)	4.8202 (2.1635)	7.4769 (4.8202)	10.1337 (7.4769)
	99170010	钢筋调直机	台班	0.0277	0.0233		
	99170025	钢筋切断机	台班	0.0277	0.0233		
	99210065	木工平刨床 刨削宽度 450	台班	0.0066	0.0055	0.0055	0.0055
	99440010	电动单级离心清水泵 ϕ50	台班	47.0928	8.8200	17.6400	26.4600
调整项目							
		围护支撑					
	00190101	综合人工	工日	447.5882	21.0741	37.3728	57.0282
	03152501	镀锌铁丝	kg	15.0000			
	04030115	黄砂 中粗	t	15.8236			
	05030101	成材	m^3	0.5955	0.2778	0.3333	0.4444

(续表)

定 额 编 号				J-1-5-13 A(B)	J-1-5-14 A(B)	J-1-5-15 A(B)	J-1-5-16 A(B)
项 目				DN300	DN400		
				高密度聚乙烯双壁缠绕管(HDPE)			
				≤4.0 m	1.5 m	2.0 m	2.5 m
名 称			单位	100 m	100 m	100 m	100 m
	35090121	槽型钢板桩	t	1.3350			
	35090131	槽型钢板桩使用费	t·d	1852.0000			
	35090611	钢板桩支撑使用费	t·d	87.0000			
	35091771	铁撑柱	kg	70.5300	69.8920	93.1220	114.6350
	35091901	钢桩帽摊销	kg	90.9300			
	99030080	轨道式柴油打桩机 0.6 t	台班	20.1323			
	99030690	简易拔桩架	台班	23.9558			
	99090075	履带式起重机 8 t	台班	3.4125			
	03150501	骑马钉	kg		12.6654	16.8872	21.1090
	04131711	蒸压灰砂砖	千块		0.1545	0.1545	0.1545
	35091731	铁撑板	t		0.1951	0.2788	0.3345
	35090501	列板使用费	t·d		109.0000	152.0000	174.0000
	35090511	列板支撑使用费	t·d		39.0000	53.0000	67.0000
		井点降水					
	00190101	综合人工	工日	33.6170			
	04030115	黄砂 中粗	t	9.4420			
	17270201	普通橡胶管	m	14.2440			
	34110101	水	m^3	152.3275			
	35040921	轻型井点井管 ϕ40	m	21.4436			
	35040941	轻型井点井管 ϕ180×4	m	1.0368			
	99091380	电动卷扬机单筒快速 10 kN	台班	1.9920			
	99350050	轻便钻机 XJ-100	台班	4.7310			
	99440010	电动单级离心清水泵 ϕ50	台班	−47.0928			
	99440150	电动多级离心清水泵 ϕ150×180 m 以下	台班	3.9840			
	99440510	射流井点泵 9.5 m	台班	27.2920			

工作内容:沟槽挖土、沟槽排水、井点降水、沟槽围护和支撑(钢板桩、撑拆列板)、铺筑管道基础、铺设管道、沟槽回填(黄砂及素土)、土方场内运输、砌筑检查井等。

定额编号			J-1-5-17 A(B)	J-1-5-18 A(B)	J-1-5-19 A(B)	J-1-5-20 A(B)
项目			DN400			
			高密度聚乙烯双壁缠绕管(HDPE)			
			≤3.0 m	>3.0 m	3.5 m	≤4.0 m
			100 m	100 m	100 m	100 m
预算定额编号	预算定额名称	预算定额单位	数量			
52-1-2-1	机械挖沟槽土方 深≤3 m 现场抛土	m^3	422.6300			
52-1-2-3	机械挖沟槽土方 深≤6 m 现场抛土	m^3		459.3800	514.5000	569.6300
52-1-3-1	沟槽回填 夯填土	m^3	325.1200 (253.5100)	361.8700 (290.2600)	414.2100 (342.6000)	466.5700 (394.9600)
53-1-3-2	场内运输 自卸汽车装运土(运距1 km以内)	m^3	416.3660 (344.7560)	460.4660 (388.8560)	523.8300 (452.2200)	587.2160 (515.6060)
52-1-3-4	沟槽回填 黄砂	m^3	44.3400 (115.9500)	44.3400 (115.9500)	44.3400 (115.9500)	44.3400 (115.9500)
52-1-4-1	管道垫层 黄砂垫层	m^3	6.7200	6.7200	6.7200	6.7200
52-1-4-3	管道垫层 砾石砂垫层	m^3	21.0300	21.0300	21.0300	21.0300
52-1-5-1	管道基座 混凝土 C20	m^3		1.1400	1.1400	1.1400
52-1-5-1换1	管道基座 混凝土 C15	m^3	1.1400	0.4200	0.4200	0.4200
52-1-5-2	管道基座 钢筋	t		0.0570	0.0570	0.0570
52-1-6-69	管道铺设 高密度聚乙烯双壁缠绕管(HDPE)每节3 m以下 DN400	100 m	0.0978	0.0978	0.0978	0.0978
52-1-6-86	管道铺设 高密度聚乙烯双壁缠绕管(HDPE)每节3 m以上 DN400	100 m	0.8798	0.8798	0.8798	0.8798
52-3-1-2	砖砌检查井及雨水口 检查井 深≤4 m	m^3	9.0000	9.0000	11.4600	13.9500
52-3-2-1	水泥砂浆抹面 检查井	m^2	66.0900	66.0900	79.5300	92.9700
52-3-6-1	安装防坠格板 新建工程	只	3.0000	3.0000	3.0000	3.0000
52-3-9-3	安装盖板及盖座 铸铁盖座	套	3.0000	3.0000	3.0000	3.0000
52-3-9-4	安装盖板及盖座 防沉降检查井盖板	块	3.0000	3.0000	3.0000	3.0000
52-4-5-1	模板工程 模板 管道基座	m^2	2.8500	2.8500	2.8500	2.8500
53-9-1-1	施工排水、降水 湿土排水	m^3	275.6300	312.3800	367.5000	422.6300
53-9-1-3	施工排水、降水 筑拆竹箩滤井	座	2.5000	2.5000	2.5000	2.5000
调整项目						
	围护支撑					
52-4-2-4	满堂撑拆列板 深≤3.0 m,双面	100 m	1.0000			
52-4-2-5	撑拆列板 列板使用费	t·d	210.0000			
52-4-2-6	列板支撑使用费	t·d	80.0000			

(续表)

定额编号			J-1-5-17 A(B)	J-1-5-18 A(B)	J-1-5-19 A(B)	J-1-5-20 A(B)
项目			DN400			
			高密度聚乙烯双壁缠绕管(HDPE)			
			≤3.0 m	>3.0 m	3.5 m	≤4.0 m
			100 m	100 m	100 m	100 m
预算定额编号	预算定额名称	预算定额单位	数量			
52-4-3-1	打槽型钢板桩 长 4.00～6.00 m,单面	100 m		2.0000	2.0000	2.0000
52-4-3-6	拔槽型钢板桩 长 4.00～6.00 m,单面	100 m		2.0000	2.0000	2.0000
52-4-4-1	安拆钢板桩支撑 槽宽≤3.0 m 深 3.01～4.00 m	100 m		1.0000	1.0000	1.0000
52-4-3-11	打拔沟槽钢板桩 槽型钢板桩使用费	t·d		1852.0000	1852.0000	1852.0000
52-4-4-14	钢板桩支撑使用费	t·d		87.0000	87.0000	87.0000
	井点降水					
53-9-1-1	施工排水、降水 湿土排水	m^3	−275.6300	−312.3800	−367.5000	−422.6300
53-9-1-5	施工排水、降水 轻型井点安装	根	83.0000	83.0000	83.0000	83.0000
53-9-1-6	施工排水、降水 轻型井点拆除	根	83.0000	83.0000	83.0000	83.0000
53-9-1-7	施工排水、降水 轻型井点使用	套·天	22.0000	22.0000	22.0000	22.0000

工作内容:沟槽挖土、沟槽排水、井点降水、沟槽围护和支撑(钢板桩、撑拆列板)、铺筑管道基础、铺设管道、沟槽回填(黄砂及素土)、土方场内运输、砌筑检查井等。

定额编号				J-1-5-17 A(B)	J-1-5-18 A(B)	J-1-5-19 A(B)	J-1-5-20 A(B)
项目				DN400			
				高密度聚乙烯双壁缠绕管(HDPE)			
				≤3.0 m	>3.0 m	3.5 m	≤4.0 m
名称			单位	100 m	100 m	100 m	100 m
人工	00190101	综合人工	工日	189.0118 (190.8737)	207.1502 (209.0121)	235.2206 (237.0825)	263.3666 (265.2285)
材料	01010211	热轧带肋钢筋(HRB400) ϕ≤10	t		0.0164	0.0164	0.0164
	01010212	热轧带肋钢筋(HRB400) ϕ>10	t		0.0421	0.0421	0.0421
	02090101	塑料薄膜	m^2	10.9182	12.2002	14.2334	16.2914
	03010811	钢塑膨胀铆钉	只	18.3600	18.3600	18.3600	18.3600
	03150101	圆钉	kg	0.5810	0.5810	0.5810	0.5810
	03152501	镀锌铁丝	kg		0.1761	0.1761	0.1761
	04030115	黄砂 中粗	t	90.4441 (217.0506)	90.4441 (217.0506)	90.4441 (217.0506)	90.4441 (217.0506)

（续表）

定额编号				J-1-5-17 A(B)	J-1-5-18 A(B)	J-1-5-19 A(B)	J-1-5-20 A(B)
项目				DN400			
				高密度聚乙烯双壁缠绕管(HDPE)			
				≤3.0 m	>3.0 m	3.5 m	≤4.0 m
名称			单位	100 m	100 m	100 m	100 m
材料	04030701	砾石砂	t	46.4952	46.4952	46.4952	46.4952
	04050313	道碴 50～70	t	0.3988	0.3988	0.3988	0.3988
	04131711	蒸压灰砂砖	千块	4.8798	4.8798	6.2136	7.5637
	05350301	竹箩	个	2.5000	2.5000	2.5000	2.5000
	17250745	高密度聚乙烯双壁缠绕管(HDPE) DN400 每节长 3 m 以下	m	97.7600	97.7600	97.7600	97.7600
	34110101	水	m^3	7.1644 (18.4429)	7.1856 (18.4641)	7.2193 (18.4978)	7.2534 (18.5319)
	35010102	组合钢模板	kg	1.8234	1.8234	1.8234	1.8234
	35010703	木模板成材	m^3	0.0114	0.0114	0.0114	0.0114
	35020401	钢模零配件	kg	0.6742	0.6742	0.6742	0.6742
	36012831	铸铁检查井雨污水盖座 市政 90 型	套	3.0000	3.0000	3.0000	3.0000
	36016631	防沉降检查井盖板 2500×2000×200	块	3.0000	3.0000	3.0000	3.0000
	36016651	高强度塑料检查井格板	只	3.0600	3.0600	3.0600	3.0600
	36016661	高强度塑料支架	只	9.1800	9.1800	9.1800	9.1800
	80060414	湿拌砌筑砂浆 WM M10.0	m^3	2.1222	2.1222	2.7023	3.2894
	80060513	预拌抹灰砂浆 WP M15.0	m^3	1.3085	1.3085	1.5222	1.7359
	80210410	预拌混凝土(泵送型) C15 粒径 5～20	m^3	1.1514	0.4242	0.4242	0.4242
	80210414	预拌混凝土(泵送型) C20 粒径 5～20	m^3		1.1514	1.1514	1.1514
机械	99010060	履带式单斗液压挖掘机 1 m^3	台班	1.6483	1.8835	2.1095	2.3355
	99050930	混凝土振捣器 插入式	台班	0.1562	0.2137	0.2137	0.2137
	99050940	混凝土振捣器 平板式	台班	2.9020 (5.5587)	2.9595 (5.6162)	2.9595 (5.6162)	2.9595 (5.6162)
	99070220	轮胎式装载机 1 m^3	台班	1.9569 (1.6204)	2.1642 (1.8276)	2.4620 (2.1254)	2.7599 (2.4233)
	99070540	载重汽车 6 t	台班	0.0046	0.0046	0.0046	0.0046
	99070588	载重汽车 12 t	台班	2.9978 (2.4822)	3.3154 (2.7998)	3.7716 (3.2560)	4.2280 (3.7124)
	99090360	汽车式起重机 8 t	台班	0.2281	0.2281	0.2281	0.2281
	99130350	内燃夯实机 700 N・m	台班	12.0620 (9.4052)	13.4254 (10.7686)	15.3672 (12.7105)	17.3097 (14.6530)
	99170010	钢筋调直机	台班		0.0277	0.0277	0.0277
	99170025	钢筋切断机	台班		0.0277	0.0277	0.0277
	99210065	木工平刨床 刨削宽度 450	台班	0.0066	0.0066	0.0066	0.0066
	99440010	电动单级离心清水泵 ϕ50	台班	33.0756	37.4856	44.1000	50.7156

（续表）

定额编号			J-1-5-17 A(B)	J-1-5-18 A(B)	J-1-5-19 A(B)	J-1-5-20 A(B)
项目			DN400			
			高密度聚乙烯双壁缠绕管(HDPE)			
			≤3.0 m	>3.0 m	3.5 m	≤4.0 m
名称		单位	100 m	100 m	100 m	100 m
调整项目						
	围护支撑					
00190101	综合人工	工日	78.7933	447.5882	447.5882	447.5882
03150501	骑马钉	kg	25.3308			
04131711	蒸压灰砂砖	千块	0.1545			
05030101	成材	m^3	0.5000	0.5955	0.5955	0.5955
35090501	列板使用费	t·d	210.0000			
35090511	列板支撑使用费	t·d	80.0000			
35091731	铁撑板	t	0.4181			
35091771	铁撑柱	kg	139.6830	70.5300	70.5300	70.5300
35090121	槽型钢板桩	t		1.3350	1.3350	1.3350
35091901	钢桩帽摊销	kg		90.9300	90.9300	90.9300
04030115	黄砂 中粗	t		15.8236	15.8236	15.8236
03152501	镀锌铁丝	kg		15.0000	15.0000	15.0000
35090131	槽型钢板桩使用费	t·d		1852.0000	1852.0000	1852.0000
35090611	钢板桩支撑使用费	t·d		87.0000	87.0000	87.0000
99030080	轨道式柴油打桩机 0.6 t	台班		20.1323	20.1323	20.1323
99030690	简易拔桩架	台班		23.9558	23.9558	23.9558
99090075	履带式起重机 8 t	台班		3.4125	3.4125	3.4125
	井点降水					
00190101	综合人工	工日	39.8547	37.8922	34.9488	32.0049
04030115	黄砂 中粗	t	9.4420	9.4420	9.4420	9.4420
17270201	普通橡胶管	m	14.2440	14.2440	14.2440	14.2440
34110101	水	m^3	152.3275	152.3275	152.3275	152.3275
35040921	轻型井点井管 ϕ40	m	21.4436	21.4436	21.4436	21.4436
35040941	轻型井点井管 $\phi180\times4$	m	1.0368	1.0368	1.0368	1.0368
99091380	电动卷扬机单筒快速 10 kN	台班	1.9920	1.9920	1.9920	1.9920
99350050	轻便钻机 XJ-100	台班	4.7310	4.7310	4.7310	4.7310
99440010	电动单级离心清水泵 ϕ50	台班	−33.0756	−37.4856	−44.1000	−50.7156
99440150	电动多级离心清水泵 $\phi150\times$180 m 以下	台班	3.9840	3.9840	3.9840	3.9840
99440510	射流井点泵 9.5 m	台班	27.2920	27.2920	27.2920	27.2920

工作内容：沟槽挖土、沟槽排水、井点降水、沟槽围护和支撑（钢板桩、撑拆列板）、铺筑管道基础、铺设管道、沟槽回填（黄砂及素土）、土方场内运输、砌筑检查井等。

定额编号			J-1-5-21 A(B)	J-1-5-22 A(B)	J-1-5-23 A(B)	J-1-5-24 A(B)
项目			DN500			
			高密度聚乙烯双壁缠绕管(HDPE)			
			1.5 m	2.0 m	2.5 m	≤3.0 m
			100 m	100 m	100 m	100 m
预算定额编号	预算定额名称	预算定额单位	数量			
52-1-2-1	机械挖沟槽土方 深≤3 m 现场抛土	m^3	252.0000	336.0000	420.0000	483.0000
52-1-3-1	沟槽回填 夯填土	m^3	132.5850 (50.4850)	214.6950 (132.5950)	296.8050 (214.7050)	356.6800 (274.5800)
53-1-3-2	场内运输 自卸汽车装运土(运距1 km以内)	m^3	190.7200 (193.7800)	289.6300 (207.5300)	388.5400 (306.4400)	460.9600 (378.8600)
52-1-3-4	沟槽回填 黄砂	m^3	62.6200 (144.7200)	62.6200 (144.7200)	62.6200 (144.7200)	62.6200 (144.7200)
52-1-4-1	管道垫层 黄砂垫层	m^3	7.7300	7.7300	7.7300	7.6800
52-1-4-3	管道垫层 砾石砂垫层	m^3	24.7050	24.7050	24.7050	24.9300
52-1-5-1	管道基座 混凝土 C20	m^3	2.4900	2.4900	2.4900	3.1800
52-1-5-1换1	管道基座 混凝土 C15	m^3	0.7500			
52-1-5-2	管道基座 钢筋	t	0.1410			
52-1-6-70	管道铺设 高密度聚乙烯双壁缠绕管(HDPE)每节3 m以下 DN500	100 m	0.0970	0.0970	0.0970	0.0970
52-1-6-87	管道铺设 高密度聚乙烯双壁缠绕管(HDPE)每节3 m以上 DN500	100 m	0.8730	0.8730	0.8730	0.8730
52-3-1-1	砖砌检查井及雨水口 检查井 深≤2.5 m	m^3	4.3500	6.1200	8.1000	
52-3-1-2	砖砌检查井及雨水口 检查井 深≤4 m	m^3				11.0400
52-3-2-1	水泥砂浆抹面 检查井	m^2	29.1600	44.0400	62.6100	81.7800
52-3-6-1	安装防坠格板 新建工程	只	3.0000	3.0000	3.0000	3.0000
52-3-9-3	安装盖板及盖座 铸铁盖座	套	3.0000	3.0000	3.0000	3.0000
52-3-9-4	安装盖板及盖座 防沉降检查井盖板	块	3.0000	3.0000	3.0000	3.0000
52-4-5-1	模板工程 模板 管道基座	m^2	4.9800	4.9800	4.9800	5.6100
53-9-1-1	施工排水、降水 湿土排水	m^3	84.0000	168.0000	252.0000	315.0000
53-9-1-3	施工排水、降水 筑拆竹箩滤井	座	2.5000	2.5000	2.5000	2.5000
调整项目						
	围护支撑					
52-4-2-1	满堂撑拆列板 深≤1.5 m,双面	100 m	1.0000			
52-4-2-2	满堂撑拆列板 深≤2.0 m,双面	100 m		1.0000		

(续表)

定额编号			J-1-5-21 A(B)	J-1-5-22 A(B)	J-1-5-23 A(B)	J-1-5-24 A(B)
项目			DN500			
			高密度聚乙烯双壁缠绕管(HDPE)			
			1.5 m	2.0 m	2.5 m	≤3.0 m
			100 m	100 m	100 m	100 m
预算定额编号	预算定额名称	预算定额单位	数量			
52-4-2-3	满堂撑拆列板 深≤2.5 m,双面	100 m			1.0000	
52-4-2-4	满堂撑拆列板 深≤3.0 m,双面	100 m				1.0000
52-4-2-5	撑拆列板 列板使用费	t·d	109.0000	152.0000	174.0000	210.0000
52-4-2-6	列板支撑使用费	t·d	39.0000	53.0000	67.0000	80.0000
	井点降水					
53-9-1-1	施工排水、降水 湿土排水	m^3				−315.0000
53-9-1-5	施工排水、降水 轻型井点安装	根				83.0000
53-9-1-6	施工排水、降水 轻型井点拆除	根				83.0000
53-9-1-7	施工排水、降水 轻型井点使用	套·天				22.0000

工作内容:沟槽挖土、沟槽排水、井点降水、沟槽围护和支撑(钢板桩、撑拆列板)、铺筑管道基础、铺设管道、沟槽回填(黄砂及素土)、土方场内运输、砌筑检查井等。

定额编号				J-1-5-21 A(B)	J-1-5-22 A(B)	J-1-5-23 A(B)	J-1-5-24 A(B)
项目				DN500			
				高密度聚乙烯双壁缠绕管(HDPE)			
				1.5 m	2.0 m	2.5 m	≤3.0 m
名称			单位	100 m	100 m	100 m	100 m
人工	00190101	综合人工	工日	111.7770 (116.7474)	147.7064 (149.8409)	185.8797 (188.0143)	220.0088 (222.1434)
材料	01010211	热轧带肋钢筋(HRB400) $\phi\leq10$	t	0.0405			
	01010212	热轧带肋钢筋(HRB400) $\phi>10$	t	0.1041			
	02090101	塑料薄膜	m^2	13.4851	12.6587	14.2952	18.8312
	03010811	钢塑膨胀铆钉	只	18.3600	18.3600	18.3600	18.3600
	03150101	圆钉	kg	1.0153	1.0153	1.0153	1.1437
	03152501	镀锌铁丝	kg	0.4357			
	04030115	黄砂 中粗	t	124.5488 (269.7016)	124.5488 (269.7016)	124.5488 (269.7016)	124.4604 (269.6132)
	04030701	砾石砂	t	54.6203	54.6203	54.6203	55.1177
	04050313	道碴 50~70	t	0.3988	0.3988	0.3988	0.3988
	04131711	蒸压灰砂砖	千块	2.3703	3.3348	4.4137	5.9859
	05350301	竹箩	个	2.5000	2.5000	2.5000	2.5000

（续表）

定额编号				J-1-5-21 A(B)	J-1-5-22 A(B)	J-1-5-23 A(B)	J-1-5-24 A(B)
项目				DN500			
				高密度聚乙烯双壁缠绕管(HDPE)			
				1.5 m	2.0 m	2.5 m	≤3.0 m
名称			单位	100 m	100 m	100 m	100 m
材料	17250746	高密度聚乙烯双壁缠绕管(HDPE) DN500 每节长 3 m 以下	m	97.0000	97.0000	97.0000	97.0000
	34110101	水	m^3	10.0856 (23.0163)	10.0720 (23.0027)	10.0992 (23.0299)	10.1742 (23.1049)
	35010102	组合钢模板	kg	3.1862	3.1862	3.1862	3.5893
	35010703	木模板成材	m^3	0.0199	0.0199	0.0199	0.0224
	35020401	钢模零配件	kg	1.1781	1.1781	1.1781	1.3272
	36012831	铸铁检查井雨污水盖座 市政 90 型	套	3.0000	3.0000	3.0000	3.0000
	36016631	防沉降检查井盖板 2500×2000×200	块	3.0000	3.0000	3.0000	3.0000
	36016651	高强度塑料检查井格板	只	3.0600	3.0600	3.0600	3.0600
	36016661	高强度塑料支架	只	9.1800	9.1800	9.1800	9.1800
	80060414	湿拌砌筑砂浆 WM M10.0	m^3	1.0075	1.4174	1.8760	2.6032
	80060513	预拌抹灰砂浆 WP M15.0	m^3	0.7213	0.9579	1.2532	1.5580
	80210410	预拌混凝土(泵送型) C15 粒径 5～20	m^3	0.7575			
	80210414	预拌混凝土(泵送型) C20 粒径 5～20	m^3	2.5149	2.5149	2.5149	3.2118
机械	99010060	履带式单斗液压挖掘机 1 m^3	台班	0.9828	1.3104	1.6380	1.8837
	99050930	混凝土振捣器 插入式	台班	0.4439	0.3411	0.3411	0.4357
	99050940	混凝土振捣器 平板式	台班	4.0547 (7.1006)	3.9519 (6.9978)	3.9519 (6.9978)	4.0542 (7.1001)
	99070220	轮胎式装载机 1 m^3	台班	0.8964 (0.9108)	1.3613 (0.9754)	1.8261 (1.4403)	2.1665 (1.7806)
	99070540	载重汽车 6 t	台班	0.0080	0.0080	0.0080	0.0090
	99070588	载重汽车 12 t	台班	1.3732 (1.3952)	2.0853 (1.4942)	2.7975 (2.2064)	3.3189 (2.7278)
	99090360	汽车式起重机 8 t	台班	0.2305	0.2305	0.2305	0.2312
	99091700	手扳葫芦	台班	1.7460	1.7460	1.7460	1.7460
	99130350	内燃夯实机 700 N·m	台班	4.9189 (1.8730)	7.9652 (4.9193)	11.0115 (7.9656)	13.2328 (10.1869)

（续表）

定额编号				J-1-5-21 A(B)	J-1-5-22 A(B)	J-1-5-23 A(B)	J-1-5-24 A(B)
项目				DN500			
				高密度聚乙烯双壁缠绕管(HDPE)			
				1.5 m	2.0 m	2.5 m	≤3.0 m
名称			单位	100 m	100 m	100 m	100 m
机械	99170010	钢筋调直机	台班	0.0685			
	99170025	钢筋切断机	台班	0.0685			
	99210065	木工平刨床 刨削宽度 450	台班	0.0115	0.0115	0.0115	0.0129
	99440010	电动单级离心清水泵 φ50	台班	10.0800	20.1600	30.2400	37.8000
调整项目							
		围护支撑					
	00190101	综合人工	工日	21.0741	37.3728	57.0282	78.7933
	03150501	骑马钉	kg	12.6654	16.8872	21.1090	25.3308
	04131711	蒸压灰砂砖	千块	0.1545	0.1545	0.1545	0.1545
	05030101	成材	m^3	0.2778	0.3333	0.4444	0.5000
	35090501	列板使用费	t·d	109.0000	152.0000	174.0000	210.0000
	35090511	列板支撑使用费	t·d	39.0000	53.0000	67.0000	80.0000
	35091731	铁撑板	t	0.1951	0.2788	0.3345	0.4181
	35091771	铁撑柱	kg	69.8920	93.1220	114.6350	139.6830
		井点降水					
	00190101	综合人工	工日				37.7523
	04030115	黄砂 中粗	t				9.4420
	17270201	普通橡胶管	m				14.2440
	34110101	水	m^3				152.3275
	35040921	轻型井点井管 φ40	m				21.4436
	35040941	轻型井点井管 φ180×4	m				1.0368
	99091380	电动卷扬机单筒快速 10 kN	台班				1.9920
	99350050	轻便钻机 XJ-100	台班				4.7310
	99440010	电动单级离心清水泵 φ50	台班				−37.8000
	99440150	电动多级离心清水泵 φ150×180 m 以下	台班				3.9840
	99440510	射流井点泵 9.5 m	台班				27.2920

工作内容：沟槽挖土、沟槽排水、井点降水、沟槽围护和支撑（钢板桩、撑拆列板）、铺筑管道基础、铺设管道、沟槽回填（黄砂及素土）、土方场内运输、砌筑检查井等。

定额编号			J-1-5-25 A(B)	J-1-5-26 A(B)	J-1-5-27 A(B)	J-1-5-28 A(B)
项目			DN500			
			高密度聚乙烯双壁缠绕管(HDPE)			
			>3.0 m	3.5 m	≤4.0 m	>4.0 m
			100 m	100 m	100 m	100 m
预算定额编号	预算定额名称	预算定额单位	数量			
52-1-2-3	机械挖沟槽土方 深≤6 m 现场抛土	m^3	525.0000	588.0000	651.0000	693.0000
52-1-3-1	沟槽回填 夯填土	m^3	398.6800 (316.5800)	458.9000 (376.8000)	519.1300 (437.0300)	558.3500 (476.2500)
53-1-3-2	场内运输 自卸汽车装运土(运距1 km以内)	m^3	511.3600 (429.2600)	584.1800 (502.0800)	657.0100 (574.9100)	704.6300 (622.5300)
52-1-3-4	沟槽回填 黄砂	m^3	62.6200 (144.7200)	62.6200 (144.7200)	62.6200 (144.7200)	62.6200 (144.7200)
52-1-4-1	管道垫层 黄砂垫层	m^3	7.6800	7.6800	7.6800	7.6800
52-1-4-3	管道垫层 砾石砂垫层	m^3	24.9300	24.9300	24.9300	24.9300
52-1-5-1	管道基座 混凝土 C20	m^3	3.1800	3.9900	3.9900	3.9900
52-1-5-1换1	管道基座 混凝土 C15	m^3	0.9600	0.9600	0.9600	0.9600
52-1-5-2	管道基座 钢筋	t	0.1770	0.1800	0.1800	0.1800
52-1-6-70	管道铺设 高密度聚乙烯双壁缠绕管(HDPE)每节3 m以下 DN500	100 m	0.0970	0.0970	0.0970	0.0970
52-1-6-87	管道铺设 高密度聚乙烯双壁缠绕管(HDPE)每节3 m以上 DN500	100 m	0.8730	0.8730	0.8730	0.8730
52-3-1-2	砖砌检查井及雨水口 检查井深≤4 m	m^3	11.0400	14.0100	17.0700	17.0700
52-3-2-1	水泥砂浆抹面 检查井	m^2	81.7800	98.2200	114.6600	114.6600
52-3-6-1	安装防坠格板 新建工程	只	3.0000	3.0000	3.0000	3.0000
52-3-9-3	安装盖板及盖座 铸铁盖座	套	3.0000	3.0000	3.0000	3.0000
52-3-9-4	安装盖板及盖座 防沉降检查井盖板	块	3.0000	3.0000	3.0000	3.0000
52-4-5-1	模板工程 模板 管道基座	m^2	5.6100	5.6100	5.6100	5.6100
53-9-1-1	施工排水、降水 湿土排水	m^3	357.0000	420.0000	483.0000	525.0000
53-9-1-3	施工排水、降水 筑拆竹箩滤井	座	2.5000	2.5000	2.5000	2.5000
调整项目						
	围护支撑					
52-4-3-1	打槽型钢板桩 长4.00～6.00 m，单面	100 m	2.0000	2.0000	2.0000	
52-4-3-6	拔槽型钢板桩 长4.00～6.00 m，单面	100 m	2.0000	2.0000	2.0000	
52-4-3-11	打拔沟槽钢板桩 槽型钢板桩使用费	t·d	1852.0000	1852.0000	1852.0000	4116.0000

（续表）

定额编号			J-1-5-25 A(B)	J-1-5-26 A(B)	J-1-5-27 A(B)	J-1-5-28 A(B)
项目			DN500			
			高密度聚乙烯双壁缠绕管(HDPE)			
			>3.0 m	3.5 m	≤4.0 m	>4.0 m
			100 m	100 m	100 m	100 m
预算定额编号	预算定额名称	预算定额单位	数量			
52-4-4-1	安拆钢板桩支撑 槽宽≤3.0 m 深 3.01～4.00 m	100 m	1.0000	1.0000	1.0000	
52-4-4-14	钢板桩支撑使用费	t·d	87.0000	87.0000	87.0000	264.0000
52-4-3-2	打槽型钢板桩 长 6.01～9.00 m，单面	100 m				2.0000
52-4-3-7	拔槽型钢板桩 长 6.01～9.00 m，单面	100 m				2.0000
52-4-4-2	安拆钢板桩支撑 槽宽≤3.0 m 深 4.01～6.00 m	100 m				1.0000
	井点降水					
53-9-1-1	施工排水、降水 湿土排水	m^3	−357.0000	−420.0000	−483.0000	−525.0000
53-9-1-5	施工排水、降水 轻型井点安装	根	83.0000	83.0000	83.0000	83.0000
53-9-1-6	施工排水、降水 轻型井点拆除	根	83.0000	83.0000	83.0000	83.0000
53-9-1-7	施工排水、降水 轻型井点使用	套·天	22.0000	22.0000	22.0000	22.0000

工作内容：沟槽挖土、沟槽排水、井点降水、沟槽围护和支撑(钢板桩、撑拆列板)、铺筑管道基础、铺设管道、沟槽回填(黄砂及素土)、土方场内运输、砌筑检查井等。

定额编号				J-1-5-25 A(B)	J-1-5-26 A(B)	J-1-5-27 A(B)	J-1-5-28 A(B)
项目				DN500			
				高密度聚乙烯双壁缠绕管(HDPE)			
				>3.0 m	3.5 m	≤4.0 m	>4.0 m
名称			单位	100 m	100 m	100 m	100 m
人工	00190101	综合人工	工日	241.6455 (243.7802)	274.7350 (276.8697)	307.6807 (309.8153)	322.9535 (325.0880)
材料	01010211	热轧带肋钢筋(HRB400) $\phi\leq10$	t	0.0508	0.0517	0.0517	0.0517
	01010212	热轧带肋钢筋(HRB400) $\phi>10$	t	0.1306	0.1328	0.1328	0.1328
	02090101	塑料薄膜	m^2	21.7615	26.6887	29.2178	29.2178
	03010811	钢塑膨胀铆钉	只	18.3600	18.3600	18.3600	18.3600
	03150101	圆钉	kg	1.1437	1.1437	1.1437	1.1437
	03152501	镀锌铁丝	kg	0.5469	0.5562	0.5562	0.5562
	04030115	黄砂 中粗	t	124.4604 (269.6132)	124.4604 (269.6132)	124.4604 (269.6132)	124.4604 (269.6132)

（续表）

定额编号				J-1-5-25 A(B)	J-1-5-26 A(B)	J-1-5-27 A(B)	J-1-5-28 A(B)
项目				DN500			
				高密度聚乙烯双壁缠绕管(HDPE)			
				>3.0 m	3.5 m	≤4.0 m	>4.0 m
名称			单位	100 m	100 m	100 m	100 m
材料	04030701	砾石砂	t	55.1177	55.1177	55.1177	55.1177
	04050313	道碴 50～70	t	0.3988	0.3988	0.3988	0.3988
	04131711	蒸压灰砂砖	千块	5.9859	7.5962	9.2554	9.2554
	05350301	竹箩	个	2.5000	2.5000	2.5000	2.5000
	17250746	高密度聚乙烯双壁缠绕管(HDPE) DN500 每节长 3 m 以下	m	97.0000	97.0000	97.0000	97.0000
	34110101	水	m^3	10.2226 (23.1533)	10.3041 (23.2348)	10.3461 (23.2768)	10.3461 (23.2768)
	35010102	组合钢模板	kg	3.5893	3.5893	3.5893	3.5893
	35010703	木模板成材	m^3	0.0224	0.0224	0.0224	0.0224
	35020401	钢模零配件	kg	1.3272	1.3272	1.3272	1.3272
	36012831	铸铁检查井雨污水盖座 市政 90 型	套	3.0000	3.0000	3.0000	3.0000
	36016631	防沉降检查井盖板 2500×2000×200	块	3.0000	3.0000	3.0000	3.0000
	36016651	高强度塑料检查井格板	只	3.0600	3.0600	3.0600	3.0600
	36016661	高强度塑料支架	只	9.1800	9.1800	9.1800	9.1800
	80060414	湿拌砌筑砂浆 WM M10.0	m^3	2.6032	3.3036	4.0251	4.0251
	80060513	预拌抹灰砂浆 WP M15.0	m^3	1.5580	1.8194	2.0808	2.0808
	80210410	预拌混凝土(泵送型) C15 粒径 5～20	m^3	0.9696	0.9696	0.9696	0.9696
	80210414	预拌混凝土(泵送型) C20 粒径 5～20	m^3	3.2118	4.0299	4.0299	4.0299
机械	99010060	履带式单斗液压挖掘机 1 m^3	台班	2.1525	2.4108	2.6691	2.8413
	99050930	混凝土振捣器 插入式	台班	0.5672	0.6781	0.6781	0.6781
	99050940	混凝土振捣器 平板式	台班	4.1857 (7.2316)	4.2966 (7.3425)	4.2966 (7.3425)	4.2966 (7.3425)
	99070220	轮胎式装载机 1 m^3	台班	2.4034 (2.0175)	2.7456 (2.3598)	3.0879 (2.7021)	3.3118 (2.9259)
	99070540	载重汽车 6 t	台班	0.0090	0.0090	0.0090	0.0090
	99070588	载重汽车 12 t	台班	3.6818 (3.0907)	4.2061 (3.6150)	4.7305 (4.1394)	5.0733 (4.4822)
	99090360	汽车式起重机 8 t	台班	0.2312	0.2312	0.2312	0.2312
	99091700	手扳葫芦	台班	1.7460	1.7460	1.7460	1.7460
	99130350	内燃夯实机 700 N·m	台班	14.7910 (11.7451)	17.0252 (13.9793)	19.2597 (16.2138)	20.7148 (17.6689)

（续表）

定额编号				J-1-5-25 A(B)	J-1-5-26 A(B)	J-1-5-27 A(B)	J-1-5-28 A(B)
项目				DN500			
				高密度聚乙烯双壁缠绕管(HDPE)			
				>3.0 m	3.5 m	≤4.0 m	>4.0 m
名称			单位	100 m	100 m	100 m	100 m
机械	99170010	钢筋调直机	台班	0.0860	0.0875	0.0875	0.0875
	99170025	钢筋切断机	台班	0.0860	0.0875	0.0875	0.0875
	99210065	木工平刨床 刨削宽度 450	台班	0.0129	0.0129	0.0129	0.0129
	99440010	电动单级离心清水泵 ϕ50	台班	42.8400	50.4000	57.9600	63.0000
调整项目							
		围护支撑					
	00190101	综合人工	工日	447.5882	447.5882	447.5882	571.2213
	03152501	镀锌铁丝	kg	15.0000	15.0000	15.0000	20.0000
	04030115	黄砂 中粗	t	15.8236	15.8236	15.8236	23.7356
	05030101	成材	m^3	0.5955	0.5955	0.5955	0.8169
	35090121	槽型钢板桩	t	1.3350	1.3350	1.3350	1.9587
	35090131	槽型钢板桩使用费	t·d	1852.0000	1852.0000	1852.0000	4116.0000
	35090611	钢板桩支撑使用费	t·d	87.0000	87.0000	87.0000	264.0000
	35091771	铁撑柱	kg	70.5300	70.5300	70.5300	141.1200
	35091901	钢桩帽摊销	kg	90.9300	90.9300	90.9300	136.2690
	99030080	轨道式柴油打桩机 0.6 t	台班	20.1323	20.1323	20.1323	27.7905
	99030690	简易拔桩架	台班	23.9558	23.9558	23.9558	29.8410
	99090075	履带式起重机 8 t	台班	3.4125	3.4125	3.4125	4.5500
		井点降水					
	00190101	综合人工	工日	35.5095	32.1453	28.7811	26.5383
	04030115	黄砂 中粗	t	9.4420	9.4420	9.4420	9.4420
	17270201	普通橡胶管	m	14.2440	14.2440	14.2440	14.2440
	34110101	水	m^3	152.3275	152.3275	152.3275	152.3275
	35040921	轻型井点井管 ϕ40	m	21.4436	21.4436	21.4436	21.4436
	35040941	轻型井点井管 ϕ180×4	m	1.0368	1.0368	1.0368	1.0368
	99091380	电动卷扬机单筒快速 10 kN	台班	1.9920	1.9920	1.9920	1.9920
	99350050	轻便钻机 XJ-100	台班	4.7310	4.7310	4.7310	4.7310
	99440010	电动单级离心清水泵 ϕ50	台班	−42.8400	−50.4000	−57.9600	−63.0000
	99440150	电动多级离心清水泵 ϕ150×180 m 以下	台班	3.9840	3.9840	3.9840	3.9840
	99440510	射流井点泵 9.5 m	台班	27.2920	27.2920	27.2920	27.2920

工作内容：沟槽挖土、沟槽排水、井点降水、沟槽围护和支撑(钢板桩、撑拆列板)、铺筑管道基础、铺设管道、沟槽回填(黄砂及素土)、土方场内运输、砌筑检查井等。

定额编号			J-1-5-29 A(B)	J-1-5-30 A(B)	J-1-5-31 A(B)	J-1-5-32 A(B)
项目			DN500		DN600	
			高密度聚乙烯双壁缠绕管(HDPE)			
			4.5 m	5.0 m	1.5 m	2.0 m
			100 m	100 m	100 m	100 m
预算定额编号	预算定额名称	预算定额单位	数量			
52-1-2-1	机械挖沟槽土方 深≤3 m 现场抛土	m^3			283.5000	378.0000
52-1-2-3	机械挖沟槽土方 深≤6 m 现场抛土	m^3	756.0000	892.5000		
52-1-3-1	沟槽回填 夯填土	m^3	618.5800 (536.4800)	745.1800 (657.8200)	129.0100 (37.2500)	220.7800 (129.0200)
53-1-3-2	场内运输 自卸汽车装运土(运距1 km以内)	m^3	777.4600 (695.3600)	931.8400 (844.4800)	194.1500 (237.8100)	304.8200 (240.5400)
52-1-3-4	沟槽回填 黄砂	m^3	62.6200 (144.7200)	67.8200 (155.1800)	81.7300 (173.4900)	81.7300 (173.4900)
52-1-4-1	管道垫层 黄砂垫层	m^3	7.6800	8.1600	8.4400	8.4400
52-1-4-3	管道垫层 砾石砂垫层	m^3	24.9300	26.3700	26.8200	26.8200
52-1-5-1	管道基座 混凝土 C20	m^3	3.9900	3.9900	2.4900	2.4900
52-1-5-1换1	管道基座 混凝土 C15	m^3	0.9600	0.9600	0.7500	
52-1-5-2	管道基座 钢筋	t	0.1800	0.1800	0.1410	
52-1-6-70	管道铺设 高密度聚乙烯双壁缠绕管(HDPE)每节3 m以下 DN500	100 m	0.0970	0.0970		
52-1-6-71	管道铺设 高密度聚乙烯双壁缠绕管(HDPE)每节3 m以下 DN600	100 m			0.0970	0.0970
52-1-6-87	管道铺设 高密度聚乙烯双壁缠绕管(HDPE)每节3 m以上 DN500	100 m	0.8730	0.8730		
52-1-6-88	管道铺设 高密度聚乙烯双壁缠绕管(HDPE)每节3 m以上 DN600	100 m			0.8730	0.8730
52-3-1-1	砖砌检查井及雨水口 检查井 深≤2.5 m	m^3			4.3500	6.1200
52-3-1-3	砖砌检查井及雨水口 检查井 深≤6 m	m^3	20.1000	23.1300		
52-3-2-1	水泥砂浆抹面 检查井	m^2	131.1000	147.5400	29.1600	44.0400
52-3-6-1	安装防坠格板 新建工程	只	3.0000	3.0000	3.0000	3.0000
52-3-9-3	安装盖板及盖座 铸铁盖座	套	3.0000	3.0000	3.0000	3.0000
52-3-9-4	安装盖板及盖座 防沉降检查井盖板	块	3.0000	3.0000	3.0000	3.0000

(续表)

定额编号			J-1-5-29 A(B)	J-1-5-30 A(B)	J-1-5-31 A(B)	J-1-5-32 A(B)
项目			DN500		DN600	
			高密度聚乙烯双壁缠绕管(HDPE)			
			4.5 m	5.0 m	1.5 m	2.0 m
			100 m	100 m	100 m	100 m
预算定额编号	预算定额名称	预算定额单位	数量			
52-4-5-1	模板工程 模板 管道基座	m^2	5.6100	5.6100	4.9800	4.9800
53-9-1-1	施工排水、降水 湿土排水	m^3	588.0000	714.0000	94.5000	189.0000
53-9-1-3	施工排水、降水 筑拆竹箩滤井	座	2.5000	2.5000	2.5000	2.5000
	调整项目					
	围护支撑					
52-4-3-2	打槽型钢板桩 长 6.01～9.00 m,单面	100 m	2.0000	2.0000		
52-4-3-7	拔槽型钢板桩 长 6.01～9.00 m,单面	100 m	2.0000	2.0000		
52-4-3-11	打拔沟槽钢板桩 槽型钢板桩使用费	t·d	4116.0000	4116.0000		
52-4-4-2	安拆钢板桩支撑 槽宽≤3.0 m 深 4.01～6.00 m	100 m	1.0000	1.0000		
52-4-4-14	钢板桩支撑使用费	t·d	264.0000	264.0000		
52-4-2-1	满堂撑拆列板 深≤1.5 m,双面	100 m			1.0000	
52-4-2-5	撑拆列板 列板使用费	t·d			109.0000	152.0000
52-4-2-6	列板支撑使用费	t·d			39.0000	53.0000
52-4-2-2	满堂撑拆列板 深≤2.0 m,双面	100 m				1.0000
	井点降水					
53-9-1-1	施工排水、降水 湿土排水	m^3	—588.0000	—714.0000		
53-9-1-5	施工排水、降水 轻型井点安装	根	83.0000	83.0000		
53-9-1-6	施工排水、降水 轻型井点拆除	根	83.0000	83.0000		
53-9-1-7	施工排水、降水 轻型井点使用	套·天	22.0000	22.0000		

工作内容：沟槽挖土、沟槽排水、井点降水、沟槽围护和支撑（钢板桩、撑拆列板）、铺筑管道基础、铺设管道、沟槽回填（黄砂及素土）、土方场内运输、砌筑检查井等。

定额编号				J-1-5-29 A(B)	J-1-5-30 A(B)	J-1-5-31 A(B)	J-1-5-32 A(B)
项目				DN500		DN600	
				高密度聚乙烯双壁缠绕管(HDPE)			
				4.5 m	5.0 m	1.5 m	2.0 m
名称			单位	100 m	100 m	100 m	100 m
人工	00190101	综合人工	工日	358.5381 (360.6727)	420.0299 (422.3013)	120.6243 (127.5195)	160.2410 (163.5419)
材料	01010211	热轧带肋钢筋(HRB400) $\phi\leqslant10$	t	0.0517	0.0517	0.0405	
	01010212	热轧带肋钢筋(HRB400) $\phi>10$	t	0.1328	0.1328	0.1041	
	02090101	塑料薄膜	m^2	31.7221	34.2263	13.4851	12.6587
	03010811	钢塑膨胀铆钉	只	18.3600	18.3600	18.3600	18.3600
	03150101	圆钉	kg	1.1437	1.1437	1.0153	1.0153
	03152501	镀锌铁丝	kg	0.5562	0.5562	0.4357	
	04030115	黄砂 中粗	t	124.4604 (269.6132)	134.5027 (288.9551)	159.5905 (321.8222)	159.5905 (321.8222)
	04030701	砾石砂	t	55.1177	58.3014	59.2963	59.2963
	04050313	道碴 50～70	t	0.3988	0.3988	0.3988	0.3988
	04131711	蒸压灰砂砖	千块	10.8661	12.5041	2.3703	3.3348
	05350301	竹箩	个	2.5000	2.5000	2.5000	2.5000
	17250746	高密度聚乙烯双壁缠绕管(HDPE) DN500 每节长 3 m 以下	m	97.0000	97.0000		
	17250747	高密度聚乙烯双壁缠绕管(HDPE) DN600 每节长 3 m 以下	m			97.0000	97.0000
	34110101	水	m^3	10.3876 (23.3183)	11.2481 (25.0073)	13.0954 (27.5476)	13.0818 (27.5340)
	35010102	组合钢模板	kg	3.5893	3.5893	3.1862	3.1862
	35010703	木模板成材	m^3	0.0224	0.0224	0.0199	0.0199
	35020401	钢模零配件	kg	1.3272	1.3272	1.1781	1.1781
	36012831	铸铁检查井雨污水盖座 市政 90 型	套	3.0000	3.0000	3.0000	3.0000
	36016631	防沉降检查井盖板 2500×2000×200	块	3.0000	3.0000	3.0000	3.0000
	36016651	高强度塑料检查井格板	只	3.0600	3.0600	3.0600	3.0600
	36016661	高强度塑料支架	只	9.1800	9.1800	9.1800	9.1800
	80060414	湿拌砌筑砂浆 WM M10.0	m^3	4.7838	5.5049	1.0075	1.4174
	80060513	预拌抹灰砂浆 WP M15.0	m^3	2.3422	2.6036	0.7213	0.9579
	80210410	预拌混凝土(泵送型) C15 粒径 5～20	m^3	0.9696	0.9696	0.7575	
	80210414	预拌混凝土(泵送型) C20 粒径 5～20	m^3	4.0299	4.0299	2.5149	2.5149

（续表）

定额编号				J-1-5-29 A(B)	J-1-5-30 A(B)	J-1-5-31 A(B)	J-1-5-32 A(B)
项目				DN500		DN600	
				高密度聚乙烯双壁缠绕管(HDPE)			
				4.5 m	5.0 m	1.5 m	2.0 m
名称			单位	100 m	100 m	100 m	100 m
机械	99010060	履带式单斗液压挖掘机 1 m^3	台班	3.0996	3.6593	1.1057	1.4742
	99050930	混凝土振捣器 插入式	台班	0.6781	0.6781	0.4439	0.3411
	99050940	混凝土振捣器 平板式	台班	4.2966 (7.3425)	4.5655 (7.8066)	4.8756 (8.2799)	4.7728 (8.1771)
	99070220	轮胎式装载机 1 m^3	台班	3.6541 (3.2682)	4.3796 (3.9691)	0.9125 (1.1177)	1.4327 (1.1305)
	99070540	载重汽车 6 t	台班	0.0090	0.0090	0.0080	0.0080
	99070588	载重汽车 12 t	台班	5.5977 (5.0066)	6.7092 (6.0803)	1.3979 (1.7122)	2.1947 (1.7319)
	99090360	汽车式起重机 8 t	台班	0.2312	0.2312	0.2305	0.2305
	99091700	手扳葫芦	台班	1.7460	1.7460	1.8092	1.8092
	99130350	内燃夯实机 700 N·m	台班	22.9493 (19.9034)	27.6462 (24.4051)	4.7863 (1.3820)	8.1909 (4.7866)
	99170010	钢筋调直机	台班	0.0875	0.0875	0.0685	
	99170025	钢筋切断机	台班	0.0875	0.0875	0.0685	
	99210065	木工平刨床 刨削宽度 450	台班	0.0129	0.0129	0.0115	0.0115
	99440010	电动单级离心清水泵 ϕ50	台班	70.5600	85.6800	11.3400	22.6800
调整项目							
		围护支撑					
	00190101	综合人工	工日	571.2213	571.2213	21.0741	37.3728
	03152501	镀锌铁丝	kg	20.0000	20.0000		
	04030115	黄砂 中粗	t	23.7356	23.7356		
	05030101	成材	m^3	0.8169	0.8169	0.2778	0.3333
	35090121	槽型钢板桩	t	1.9587	1.9587		
	35090131	槽型钢板桩使用费	t·d	4116.0000	4116.0000		
	35090611	钢板桩支撑使用费	t·d	264.0000	264.0000		

（续表）

定额编号			J-1-5-29 A(B)	J-1-5-30 A(B)	J-1-5-31 A(B)	J-1-5-32 A(B)
项目			DN500		DN600	
			高密度聚乙烯双壁缠绕管(HDPE)			
			4.5 m	5.0 m	1.5 m	2.0 m
名称		单位	100 m	100 m	100 m	100 m
35091771	铁撑柱	kg	141.1200	141.1200	69.8920	93.1220
35091901	钢桩帽摊销	kg	136.2690	136.2690		
99030080	轨道式柴油打桩机 0.6 t	台班	27.7905	27.7905		
99030690	简易拔桩架	台班	29.8410	29.8410		
99090075	履带式起重机 8 t	台班	4.5500	4.5500		
03150501	骑马钉	kg			12.6654	16.8872
04131711	蒸压灰砂砖	千块			0.1545	0.1545
35091731	铁撑板	t			0.1951	0.2788
35090501	列板使用费	t·d			109.0000	152.0000
35090511	列板支撑使用费	t·d			39.0000	53.0000
	井点降水					
00190101	综合人工	工日	23.1741	16.4457		
04030115	黄砂 中粗	t	9.4420	9.4420		
17270201	普通橡胶管	m	14.2440	14.2440		
34110101	水	m^3	152.3275	152.3275		
35040921	轻型井点井管 ϕ40	m	21.4436	21.4436		
35040941	轻型井点井管 $\phi180\times4$	m	1.0368	1.0368		
99091380	电动卷扬机单筒快速 10 kN	台班	1.9920	1.9920		
99350050	轻便钻机 XJ-100	台班	4.7310	4.7310		
99440010	电动单级离心清水泵 ϕ50	台班	−70.5600	−85.6800		
99440150	电动多级离心清水泵 $\phi150\times$180 m 以下	台班	3.9840	3.9840		
99440510	射流井点泵 9.5 m	台班	27.2920	27.2920		

工作内容：沟槽挖土、沟槽排水、井点降水、沟槽围护和支撑(钢板桩、撑拆列板)、铺筑管道基础、铺设管道、沟槽回填(黄砂及素土)、土方场内运输、砌筑检查井等。

定额编号			J-1-5-33 A(B)	J-1-5-34 A(B)	J-1-5-35 A(B)	J-1-5-36 A(B)
项目			DN600			
			高密度聚乙烯双壁缠绕管(HDPE)			
			2.5 m	≤3.0 m	>3.0 m	3.5 m
			100 m	100 m	100 m	100 m
预算定额编号	预算定额名称	预算定额单位	数量			
52-1-2-1	机械挖沟槽土方 深≤3 m 现场抛土	m^3	472.5000	543.3800		
52-1-2-3	机械挖沟槽土方 深≤6 m 现场抛土	m^3			590.6300	661.5000
52-1-3-1	沟槽回填 夯填土	m^3	312.5400 (220.7800)	376.1250 (284.3650)	423.3750 (331.6150)	490.8450 (399.0850)
53-1-3-2	场内运输 自卸汽车装运土(运距1 km以内)	m^3	415.4800 (323.7200)	493.1860 (401.4260)	549.8860 (458.1260)	631.5300 (539.7700)
52-1-3-4	沟槽回填 黄砂	m^3	81.7300 (173.4900)	81.7300 (173.4900)	81.7300 (173.4900)	81.7300 (173.4900)
52-1-4-1	管道垫层 黄砂垫层	m^3	8.4400	8.3800	8.3800	8.3800
52-1-4-3	管道垫层 砾石砂垫层	m^3	26.8200	27.0450	27.0450	27.0450
52-1-5-1	管道基座 混凝土 C20	m^3	2.4900	3.1800	3.1800	3.9900
52-1-5-1换1	管道基座 混凝土 C15	m^3			0.9600	0.9600
52-1-5-2	管道基座 钢筋	t			0.1770	0.1800
52-1-6-71	管道铺设 高密度聚乙烯双壁缠绕管(HDPE)每节3 m以下 DN600	100 m	0.0970	0.0970	0.0970	0.0970
52-1-6-88	管道铺设 高密度聚乙烯双壁缠绕管(HDPE)每节3 m以上 DN600	100 m	0.8730	0.8730	0.8730	0.8730
52-3-1-1	砖砌检查井及雨水口 检查井深≤2.5 m	m^3	8.1000			
52-3-1-2	砖砌检查井及雨水口 检查井深≤4 m	m^3		11.0400	11.0400	14.0100
52-3-2-1	水泥砂浆抹面 检查井	m^2	62.6100	81.7800	81.7800	98.2200
52-3-6-1	安装防坠格板 新建工程	只	3.0000	3.0000	3.0000	3.0000
52-3-9-3	安装盖板及盖座 铸铁盖座	套	3.0000	3.0000	3.0000	3.0000
52-3-9-4	安装盖板及盖座 防沉降检查井盖板	块	3.0000	3.0000	3.0000	3.0000
52-4-5-1	模板工程 模板 管道基座	m^2	4.9800	5.6100	5.6100	5.6100
53-9-1-1	施工排水、降水 湿土排水	m^3	283.5000	354.3800	401.6300	472.5000
53-9-1-3	施工排水、降水 筑拆竹箩滤井	座	2.5000	2.5000	2.5000	2.5000
	调整项目					
	围护支撑					
52-4-2-3	满堂撑拆列板 深≤2.5 m,双面	100 m	1.0000			
52-4-2-4	满堂撑拆列板 深≤3.0 m,双面	100 m		1.0000		
52-4-2-5	撑拆列板 列板使用费	t·d	174.0000	210.0000		

（续表）

定额编号			J-1-5-33 A(B)	J-1-5-34 A(B)	J-1-5-35 A(B)	J-1-5-36 A(B)
项目			DN600			
			高密度聚乙烯双壁缠绕管(HDPE)			
			2.5 m	≤3.0 m	>3.0 m	3.5 m
			100 m	100 m	100 m	100 m
预算定额编号	预算定额名称	预算定额单位	数量			
52-4-2-6	列板支撑使用费	t·d	67.0000	80.0000		
52-4-3-1	打槽型钢板桩 长 4.00～6.00 m，单面	100 m			2.0000	2.0000
52-4-3-6	拔槽型钢板桩 长 4.00～6.00 m，单面	100 m			2.0000	2.0000
52-4-4-1	安拆钢板桩支撑 槽宽≤3.0 m 深 3.01～4.00 m	100 m			1.0000	1.0000
52-4-3-11	打拔沟槽钢板桩 槽型钢板桩使用费	t·d			1852.0000	1852.0000
52-4-4-14	钢板桩支撑使用费	t·d			87.0000	87.0000
	井点降水					
53-9-1-1	施工排水、降水 湿土排水	m^3		−354.3800	−401.6300	−472.5000
53-9-1-5	施工排水、降水 轻型井点安装	根		83.0000	83.0000	83.0000
53-9-1-6	施工排水、降水 轻型井点拆除	根		83.0000	83.0000	83.0000
53-9-1-7	施工排水、降水 轻型井点使用	套·天		22.0000	22.0000	22.0000

工作内容：沟槽挖土、沟槽排水、井点降水、沟槽围护和支撑（钢板桩、撑拆列板）、铺筑管道基础、铺设管道、沟槽回填（黄砂及素土）、土方场内运输、砌筑检查井等。

定额编号				J-1-5-33 A(B)	J-1-5-34 A(B)	J-1-5-35 A(B)	J-1-5-36 A(B)
项目				DN600			
				高密度聚乙烯双壁缠绕管(HDPE)			
				2.5 m	≤3.0 m	>3.0 m	3.5 m
名称			单位	100 m	100 m	100 m	100 m
人工	00190101	综合人工	工日	202.0988 (204.4845)	237.9255 (240.3112)	262.0770 (264.4627)	297.9985 (300.3843)
材料	01010211	热轧带肋钢筋(HRB400) $\phi\leqslant10$	t			0.0508	0.0517
	01010212	热轧带肋钢筋(HRB400) $\phi>10$	t			0.1306	0.1328
	02090101	塑料薄膜	m^2	14.2952	18.8312	21.7615	26.6887
	03010811	钢塑膨胀铆钉	只	18.3600	18.3600	18.3600	18.3600
	03150101	圆钉	kg	1.0153	1.1437	1.1437	1.1437
	03152501	镀锌铁丝	kg			0.5469	0.5562
	04030115	黄砂 中粗	t	159.5905 (321.8222)	159.4844 (321.7161)	159.4844 (321.7161)	159.4844 (321.7161)

（续表）

定额编号				J-1-5-33 A(B)	J-1-5-34 A(B)	J-1-5-35 A(B)	J-1-5-36 A(B)
项目				DN600			
				高密度聚乙烯双壁缠绕管(HDPE)			
				2.5 m	≤3.0 m	>3.0 m	3.5 m
名称			单位	100 m	100 m	100 m	100 m
材料	04030701	砾石砂	t	59.2963	59.7938	59.7938	59.7938
	04050313	道碴 50～70	t	0.3988	0.3988	0.3988	0.3988
	04131711	蒸压灰砂砖	千块	4.4137	5.9859	5.9859	7.5962
	05350301	竹箩	个	2.5000	2.5000	2.5000	2.5000
	17250747	高密度聚乙烯双壁缠绕管(HDPE) DN600 每节长 3 m 以下	m	97.0000	97.0000	97.0000	97.0000
	34110101	水	m^3	13.1090 (27.5612)	13.1840 (27.6362)	13.2324 (27.6846)	13.3139 (27.7661)
	35010102	组合钢模板	kg	3.1862	3.5893	3.5893	3.5893
	35010703	木模板成材	m^3	0.0199	0.0224	0.0224	0.0224
	35020401	钢模零配件	kg	1.1781	1.3272	1.3272	1.3272
	36012831	铸铁检查井雨污水盖座 市政 90 型	套	3.0000	3.0000	3.0000	3.0000
	36016631	防沉降检查井盖板 2500×2000×200	块	3.0000	3.0000	3.0000	3.0000
	36016651	高强度塑料检查井格板	只	3.0600	3.0600	3.0600	3.0600
	36016661	高强度塑料支架	只	9.1800	9.1800	9.1800	9.1800
	80060414	湿拌砌筑砂浆 WM M10.0	m^3	1.8760	2.6032	2.6032	3.3036
	80060513	预拌抹灰砂浆 WP M15.0	m^3	1.2532	1.5580	1.5580	1.8194
	80210410	预拌混凝土(泵送型) C15 粒径 5～20	m^3			0.9696	0.9696
	80210414	预拌混凝土(泵送型) C20 粒径 5～20	m^3	2.5149	3.2118	3.2118	4.0299
机械	99010060	履带式单斗液压挖掘机 1 m^3	台班	1.8428	2.1192	2.4216	2.7122
	99050930	混凝土振捣器 插入式	台班	0.3411	0.4357	0.5672	0.6781
	99050940	混凝土振捣器 平板式	台班	4.7728 (8.1771)	4.8748 (8.2791)	5.0063 (8.4106)	5.1172 (8.5215)
	99070220	轮胎式装载机 1 m^3	台班	1.9528 (1.5215)	2.3180 (1.8867)	2.5845 (2.1532)	2.9682 (2.5369)
	99070540	载重汽车 6 t	台班	0.0080	0.0090	0.0090	0.0090
	99070588	载重汽车 12 t	台班	2.9915 (2.3308)	3.5509 (2.8903)	3.9592 (3.2985)	4.5470 (3.8863)
	99090360	汽车式起重机 8 t	台班	0.2305	0.2312	0.2312	0.2312
	99091700	手扳葫芦	台班	1.8092	1.8092	1.8092	1.8092
	99130350	内燃夯实机 700 N·m	台班	11.5952 (8.1909)	13.9542 (10.5499)	15.7072 (12.3029)	18.2103 (14.8061)

（续表）

定额编号				J-1-5-33 A(B)	J-1-5-34 A(B)	J-1-5-35 A(B)	J-1-5-36 A(B)
项目				DN600			
				高密度聚乙烯双壁缠绕管(HDPE)			
				2.5 m	≤3.0 m	>3.0 m	3.5 m
名称			单位	100 m	100 m	100 m	100 m
机械	99170010	钢筋调直机	台班			0.0860	0.0875
	99170025	钢筋切断机	台班			0.0860	0.0875
	99210065	木工平刨床 刨削宽度 450	台班	0.0115	0.0129	0.0129	0.0129
	99440010	电动单级离心清水泵 ϕ50	台班	34.0200	42.5256	48.1956	56.7000
调整项目							
		围护支撑					
	00190101	综合人工	工日	57.0282	78.7933	447.5882	447.5882
	03150501	骑马钉	kg	21.1090	25.3308		
	04131711	蒸压灰砂砖	千块	0.1545	0.1545		
	05030101	成材	m^3	0.4444	0.5000	0.5955	0.5955
	35090501	列板使用费	t·d	174.0000	210.0000		
	35090511	列板支撑使用费	t·d	67.0000	80.0000		
	35091731	铁撑板	t	0.3345	0.4181		
	35091771	铁撑柱	kg	114.6350	139.6830	70.5300	70.5300
	35090121	槽型钢板桩	t			1.3350	1.3350
	35091901	钢桩帽摊销	kg			90.9300	90.9300
	04030115	黄砂 中粗	t			15.8236	15.8236
	03152501	镀锌铁丝	kg			15.0000	15.0000
	35090131	槽型钢板桩使用费	t·d			1852.0000	1852.0000
	35090611	钢板桩支撑使用费	t·d			87.0000	87.0000
	99030080	轨道式柴油打桩机 0.6 t	台班			20.1323	20.1323
	99030690	简易拔桩架	台班			23.9558	23.9558
	99090075	履带式起重机 8 t	台班			3.4125	3.4125
		井点降水					
	00190101	综合人工	工日		35.6494	33.1263	29.3418
	04030115	黄砂 中粗	t		9.4420	9.4420	9.4420
	17270201	普通橡胶管	m		14.2440	14.2440	14.2440
	34110101	水	m^3		152.3275	152.3275	152.3275
	35040921	轻型井点井管 ϕ40	m		21.4436	21.4436	21.4436
	35040941	轻型井点井管 $\phi180\times4$	m		1.0368	1.0368	1.0368
	99091380	电动卷扬机单筒快速 10 kN	台班		1.9920	1.9920	1.9920
	99350050	轻便钻机 XJ-100	台班		4.7310	4.7310	4.7310
	99440010	电动单级离心清水泵 ϕ50	台班		−42.5256	−48.1956	−56.7000
	99440150	电动多级离心清水泵 $\phi150\times$180 m 以下	台班		3.9840	3.9840	3.9840
	99440510	射流井点泵 9.5 m	台班		27.2920	27.2920	27.2920

工作内容:沟槽挖土、沟槽排水、井点降水、沟槽围护和支撑(钢板桩、撑拆列板)、铺筑管道基础、铺设管道、沟槽回填(黄砂及素土)、土方场内运输、砌筑检查井等。

定额编号			J-1-5-37 A(B)	J-1-5-38 A(B)	J-1-5-39 A(B)	J-1-5-40 A(B)
项目			DN600			
			高密度聚乙烯双壁缠绕管(HDPE)			
			≤4.0 m	>4.0 m	4.5 m	5.0 m
			100 m	100 m	100 m	100 m
预算定额编号	预算定额名称	预算定额单位	数量			
52-1-2-3	机械挖沟槽土方 深≤6 m 现场抛土	m^3	732.3800	779.6300	850.5000	997.5000
52-1-3-1	沟槽回填 夯填土	m^3	558.9850 (467.2250)	606.2350 (514.4750)	673.9450 (582.1850)	809.0500 (712.0400)
53-1-3-2	场内运输 自卸汽车装运土(运距1 km以内)	m^3	713.8460 (622.0860)	770.5460 (678.7860)	852.4300 (760.6700)	1017.4000 (920.3900)
52-1-3-4	沟槽回填 黄砂	m^3	81.7300 (173.4900)	81.7300 (173.4900)	81.7300 (173.4900)	87.9800 (184.9900)
52-1-4-1	管道垫层 黄砂垫层	m^3	8.3800	8.3800	8.3800	8.8500
52-1-4-3	管道垫层 砾石砂垫层	m^3	27.0450	27.0450	27.0450	28.4400
52-1-5-1	管道基座 混凝土 C20	m^3	3.9900	3.9900	3.9900	3.9900
52-1-5-1换1	管道基座 混凝土 C15	m^3	0.9600	0.9600	0.9600	0.9600
52-1-5-2	管道基座 钢筋	t	0.1800	0.1800	0.1800	0.1800
52-1-6-71	管道铺设 高密度聚乙烯双壁缠绕管(HDPE)每节3 m以下 DN600	100 m	0.0970	0.0970	0.0970	0.0970
52-1-6-88	管道铺设 高密度聚乙烯双壁缠绕管(HDPE)每节3 m以上 DN600	100 m	0.8730	0.8730	0.8730	0.8730
52-3-1-2	砖砌检查井及雨水口 检查井深≤4 m	m^3	17.0700	17.0700		
52-3-1-3	砖砌检查井及雨水口 检查井深≤6 m	m^3			20.1000	23.1300
52-3-2-1	水泥砂浆抹面 检查井	m^2	114.6600	114.6600	131.1000	147.5400
52-3-6-1	安装防坠格板 新建工程	只	3.0000	3.0000	3.0000	3.0000
52-3-9-3	安装盖板及盖座 铸铁盖座	套	3.0000	3.0000	3.0000	3.0000
52-3-9-4	安装盖板及盖座 防沉降检查井盖板	块	3.0000	3.0000	3.0000	3.0000
52-4-5-1	模板工程 模板 管道基座	m^2	5.6100	5.6100	5.6100	5.6100
53-9-1-1	施工排水、降水 湿土排水	m^3	543.3800	590.6300	661.5000	798.0000
53-9-1-3	施工排水、降水 筑拆竹箩滤井	座	2.5000	2.5000	2.5000	2.5000
调整项目						
	围护支撑					
52-4-3-1	打槽型钢板桩 长4.00～6.00 m,单面	100 m	2.0000			
52-4-3-6	拔槽型钢板桩 长4.00～6.00 m,单面	100 m	2.0000			

（续表）

定额编号			J-1-5-37 A(B)	J-1-5-38 A(B)	J-1-5-39 A(B)	J-1-5-40 A(B)
项目			DN600			
			高密度聚乙烯双壁缠绕管(HDPE)			
			≤4.0 m	>4.0 m	4.5 m	5.0 m
			100 m	100 m	100 m	100 m
预算定额编号	预算定额名称	预算定额单位	数量			
52-4-3-11	打拔沟槽钢板桩 槽型钢板桩使用费	t·d	1852.0000	4116.0000	4116.0000	4116.0000
52-4-4-1	安拆钢板桩支撑 槽宽≤3.0 m 深 3.01～4.00 m	100 m	1.0000			
52-4-4-14	钢板桩支撑使用费	t·d	87.0000	264.0000	264.0000	264.0000
52-4-3-2	打槽型钢板桩 长 6.01～9.00 m，单面	100 m		2.0000	2.0000	2.0000
52-4-3-7	拔槽型钢板桩 长 6.01～9.00 m，单面	100 m		2.0000	2.0000	2.0000
52-4-4-2	安拆钢板桩支撑 槽宽≤3.0 m 深 4.01～6.00 m	100 m		1.0000	1.0000	1.0000
	井点降水					
53-9-1-1	施工排水、降水 湿土排水	m^3	−543.3800	−590.6300	−661.5000	−798.0000
53-9-1-5	施工排水、降水 轻型井点安装	根	83.0000	83.0000	83.0000	83.0000
53-9-1-6	施工排水、降水 轻型井点拆除	根	83.0000	83.0000	83.0000	83.0000
53-9-1-7	施工排水、降水 轻型井点使用	套·天	22.0000	22.0000	22.0000	22.0000

工作内容：沟槽挖土、沟槽排水、井点降水、沟槽围护和支撑（钢板桩、撑拆列板）、铺筑管道基础、铺设管道、沟槽回填（黄砂及素土）、土方场内运输、砌筑检查井等。

定额编号				J-1-5-37 A(B)	J-1-5-38 A(B)	J-1-5-39 A(B)	J-1-5-40 A(B)
项目				DN600			
				高密度聚乙烯双壁缠绕管(HDPE)			
				≤4.0 m	>4.0 m	4.5 m	5.0 m
名称			单位	100 m	100 m	100 m	100 m
人工	00190101	综合人工	工日	333.9758 (336.3615)	352.0989 (354.4847)	390.5848 (392.9705)	455.8171 (458.3393)
材料	01010211	热轧带肋钢筋(HRB400) $\phi\leq10$	t	0.0517	0.0517	0.0517	0.0517
	01010212	热轧带肋钢筋(HRB400) $\phi>10$	t	0.1328	0.1328	0.1328	0.1328
	02090101	塑料薄膜	m^2	29.2178	29.2178	31.7221	34.2263
	03010811	钢塑膨胀铆钉	只	18.3600	18.3600	18.3600	18.3600
	03150101	圆钉	kg	1.1437	1.1437	1.1437	1.1437

（续表）

定额编号				J-1-5-37 A(B)	J-1-5-38 A(B)	J-1-5-39 A(B)	J-1-5-40 A(B)
项目				DN600			
				高密度聚乙烯双壁缠绕管(HDPE)			
				≤4.0 m	>4.0 m	4.5 m	5.0 m
名称			单位	100 m	100 m	100 m	100 m
材料	03152501	镀锌铁丝	kg	0.5562	0.5562	0.5562	0.5562
	04030115	黄砂 中粗	t	159.4844 (321.7161)	159.4844 (321.7161)	159.4844 (321.7161)	171.3654 (342.8791)
	04030701	砾石砂	t	59.7938	59.7938	59.7938	62.8780
	04050313	道碴 50～70	t	0.3988	0.3988	0.3988	0.3988
	04131711	蒸压灰砂砖	千块	9.2554	9.2554	10.8661	12.5041
	05350301	竹箩	个	2.5000	2.5000	2.5000	2.5000
	17250747	高密度聚乙烯双壁缠绕管(HDPE) DN600 每节长 3 m 以下	m	97.0000	97.0000	97.0000	97.0000
	34110101	水	m^3	13.3559 (27.8081)	13.3559 (27.8081)	13.3974 (27.8496)	14.4233 (29.7023)
	35010102	组合钢模板	kg	3.5893	3.5893	3.5893	3.5893
	35010703	木模板成材	m^3	0.0224	0.0224	0.0224	0.0224
	35020401	钢模零配件	kg	1.3272	1.3272	1.3272	1.3272
	36012831	铸铁检查井雨污水盖座 市政 90 型	套	3.0000	3.0000	3.0000	3.0000
	36016631	防沉降检查井盖板 2500×2000×200	块	3.0000	3.0000	3.0000	3.0000
	36016651	高强度塑料检查井格板	只	3.0600	3.0600	3.0600	3.0600
	36016661	高强度塑料支架	只	9.1800	9.1800	9.1800	9.1800
	80060414	湿拌砌筑砂浆 WM M10.0	m^3	4.0251	4.0251	4.7838	5.5049
	80060513	预拌抹灰砂浆 WP M15.0	m^3	2.0808	2.0808	2.3422	2.6036
	80210410	预拌混凝土(泵送型) C15 粒径 5～20	m^3	0.9696	0.9696	0.9696	0.9696
	80210414	预拌混凝土(泵送型) C20 粒径 5～20	m^3	4.0299	4.0299	4.0299	4.0299
机械	99010060	履带式单斗液压挖掘机 1 m^3	台班	3.0028	3.1965	3.4871	4.0898
	99050930	混凝土振捣器 插入式	台班	0.6781	0.6781	0.6781	0.6781
	99050940	混凝土振捣器 平板式	台班	5.1172 (8.5215)	5.1172 (8.5215)	5.1172 (8.5215)	5.4228 (9.0218)
	99070220	轮胎式装载机 1 m^3	台班	3.3551 (2.9238)	3.6216 (3.1903)	4.0064 (3.5751)	4.7818 (4.3258)
	99070540	载重汽车 6 t	台班	0.0090	0.0090	0.0090	0.0090
	99070588	载重汽车 12 t	台班	5.1397 (4.4790)	5.5479 (4.8873)	6.1375 (5.4768)	7.3253 (6.6268)
	99090360	汽车式起重机 8 t	台班	0.2312	0.2312	0.2312	0.2312

（续表）

定　额　编　号				J-1-5-37 A(B)	J-1-5-38 A(B)	J-1-5-39 A(B)	J-1-5-40 A(B)
项　　目				DN600			
				高密度聚乙烯双壁缠绕管(HDPE)			
				≤4.0 m	>4.0 m	4.5 m	5.0 m
名　　称			单位	100 m	100 m	100 m	100 m
机械	99091700	手扳葫芦	台班	1.8092	1.8092	1.8092	1.8092
	99130350	内燃夯实机 700 N·m	台班	20.7383 (17.3340)	22.4913 (19.0870)	25.0034 (21.5991)	30.0158 (26.4167)
	99170010	钢筋调直机	台班	0.0875	0.0875	0.0875	0.0875
	99170025	钢筋切断机	台班	0.0875	0.0875	0.0875	0.0875
	99210065	木工平刨床 刨削宽度 450	台班	0.0129	0.0129	0.0129	0.0129
	99440010	电动单级离心清水泵 ϕ50	台班	65.2056	70.8756	79.3800	95.7600
调整项目							
		围护支撑					
	00190101	综合人工	工日	447.5882	571.2213	571.2213	571.2213
	03152501	镀锌铁丝	kg	15.0000	20.0000	20.0000	20.0000
	04030115	黄砂 中粗	t	15.8236	23.7356	23.7356	23.7356
	05030101	成材	m^3	0.5955	0.8169	0.8169	0.8169
	35090121	槽型钢板桩	t	1.3350	1.9587	1.9587	1.9587
	35090131	槽型钢板桩使用费	t·d	1852.0000	4116.0000	4116.0000	4116.0000
	35090611	钢板桩支撑使用费	t·d	87.0000	264.0000	264.0000	264.0000
	35091771	铁撑柱	kg	70.5300	141.1200	141.1200	141.1200
	35091901	钢桩帽摊销	kg	90.9300	136.2690	136.2690	136.2690
	99030080	轨道式柴油打桩机 0.6 t	台班	20.1323	27.7905	27.7905	27.7905
	99030690	简易拔桩架	台班	23.9558	29.8410	29.8410	29.8410
	99090075	履带式起重机 8 t	台班	3.4125	4.5500	4.5500	4.5500
		井点降水					
	00190101	综合人工	工日	25.5568	23.0337	19.2492	11.9601
	04030115	黄砂 中粗	t	9.4420	9.4420	9.4420	9.4420
	17270201	普通橡胶管	m	14.2440	14.2440	14.2440	14.2440
	34110101	水	m^3	152.3275	152.3275	152.3275	152.3275
	35040921	轻型井点井管 ϕ40	m	21.4436	21.4436	21.4436	21.4436
	35040941	轻型井点井管 ϕ180×4	m	1.0368	1.0368	1.0368	1.0368
	99091380	电动卷扬机单筒快速 10 kN	台班	1.9920	1.9920	1.9920	1.9920
	99350050	轻便钻机 XJ-100	台班	4.7310	4.7310	4.7310	4.7310
	99440010	电动单级离心清水泵 ϕ50	台班	−65.2056	−70.8756	−79.3800	−95.7600
	99440150	电动多级离心清水泵 ϕ150×180 m 以下	台班	3.9840	3.9840	3.9840	3.9840
	99440510	射流井点泵 9.5 m	台班	27.2920	27.2920	27.2920	27.2920

工作内容：沟槽挖土、沟槽排水、井点降水、沟槽围护和支撑（钢板桩、撑拆列板）、铺筑管道基础、铺设管道、沟槽回填（黄砂及素土）、土方场内运输、砌筑检查井等。

定额编号			J-1-5-41 A(B)	J-1-5-42 A(B)	J-1-5-43 A(B)	J-1-5-44 A(B)
项目			DN700			
			高密度聚乙烯双壁缠绕管(HDPE)			
			2.0 m	2.5 m	≤3.0 m	>3.0 m
			100 m	100 m	100 m	100 m
预算定额编号	预算定额名称	预算定额单位	数量			
52-1-2-1	机械挖沟槽土方 深≤3 m 现场抛土	m^3	399.0000	498.7500	573.5600	
52-1-2-3	机械挖沟槽土方 深≤6 m 现场抛土	m^3				623.4400
52-1-3-1	沟槽回填 夯填土	m^3	217.5900 (120.5800)	314.6000 (217.5900)	382.0900 (285.0800)	431.9700 (334.9600)
53-1-3-2	场内运输 自卸汽车装运土(运距1 km以内)	m^3	306.3000 (269.5100)	423.2600 (326.2500)	505.6520 (408.6420)	565.5080 (468.4980)
52-1-3-4	沟槽回填 黄砂	m^3	95.5300 (192.5400)	95.5300 (192.5400)	95.5300 (192.5400)	95.5300 (192.5400)
52-1-4-1	管道垫层 黄砂垫层	m^3	8.9100	8.9100	8.8500	8.8500
52-1-4-3	管道垫层 砾石砂垫层	m^3	28.2300	28.2300	28.4400	28.4400
52-1-5-1	管道基座 混凝土 C20	m^3	2.4900	2.4900	3.1800	3.1800
52-1-5-1换1	管道基座 混凝土 C15	m^3				0.9600
52-1-5-2	管道基座 钢筋	t				0.1770
52-1-6-72	管道铺设 高密度聚乙烯双壁缠绕管(HDPE)每节3 m以下 DN700	100 m	0.0970	0.0970	0.0970	0.0970
52-1-6-89	管道铺设 高密度聚乙烯双壁缠绕管(HDPE)每节3 m以上 DN700	100 m	0.8730	0.8730	0.8730	0.8730
52-3-1-1	砖砌检查井及雨水口 检查井 深≤2.5 m	m^3	5.6100	7.7400		
52-3-1-2	砖砌检查井及雨水口 检查井 深≤4 m	m^3			10.6500	10.6500
52-3-2-1	水泥砂浆抹面 检查井	m^2	40.2900	60.3600	78.3600	78.3600
52-3-6-1	安装防坠格板 新建工程	只	3.0000	3.0000	3.0000	3.0000
52-3-9-3	安装盖板及盖座 铸铁盖座	套	3.0000	3.0000	3.0000	3.0000
52-3-9-4	安装盖板及盖座 防沉降检查井盖板	块	3.0000	3.0000	3.0000	3.0000
52-4-5-1	模板工程 模板 管道基座	m^2	4.9800	4.9800	5.6100	5.6100
53-9-1-1	施工排水、降水 湿土排水	m^3	199.5000	299.2500	374.0600	423.9400
53-9-1-3	施工排水、降水 筑拆竹箩滤井	座	2.5000	2.5000	2.5000	2.5000
调整项目						
	围护支撑					
52-4-2-2	满堂撑拆列板 深≤2.0 m,双面	100 m	1.0000			
52-4-2-3	满堂撑拆列板 深≤2.5 m,双面	100 m		1.0000		
52-4-2-4	满堂撑拆列板 深≤3.0 m,双面	100 m			1.0000	

（续表）

定额编号			J-1-5-41 A(B)	J-1-5-42 A(B)	J-1-5-43 A(B)	J-1-5-44 A(B)
项目			DN700			
			高密度聚乙烯双壁缠绕管(HDPE)			
			2.0 m	2.5 m	≤3.0 m	>3.0 m
			100 m	100 m	100 m	100 m
预算定额编号	预算定额名称	预算定额单位	数量			
52-4-2-5	撑拆列板 列板使用费	t·d	165.0000	205.0000	227.0000	
52-4-2-6	列板支撑使用费	t·d	58.0000	72.0000	86.0000	
52-4-3-1	打槽型钢板桩 长 4.00～6.00 m,单面	100 m				2.0000
52-4-3-6	拔槽型钢板桩 长 4.00～6.00 m,单面	100 m				2.0000
52-4-4-1	安拆钢板桩支撑 槽宽≤3.0 m 深 3.01～4.00 m	100 m				1.0000
52-4-3-11	打拔沟槽钢板桩 槽型钢板桩使用费	t·d				1852.0000
52-4-4-14	钢板桩支撑使用费	t·d				87.0000
	井点降水					
53-9-1-1	施工排水、降水 湿土排水	m^3			−374.0600	−423.9400
53-9-1-5	施工排水、降水 轻型井点安装	根			83.0000	83.0000
53-9-1-6	施工排水、降水 轻型井点拆除	根			83.0000	83.0000
53-9-1-7	施工排水、降水 轻型井点使用	套·天			25.0000	25.0000

工作内容:沟槽挖土、沟槽排水、井点降水、沟槽围护和支撑(钢板桩、撑拆列板)、铺筑管道基础、铺设管道、沟槽回填(黄砂及素土)、土方场内运输、砌筑检查井等。

定额编号				J-1-5-41 A(B)	J-1-5-42 A(B)	J-1-5-43 A(B)	J-1-5-44 A(B)
项目				DN700			
				高密度聚乙烯双壁缠绕管(HDPE)			
				2.0 m	2.5 m	≤3.0 m	>3.0 m
名称			单位	100 m	100 m	100 m	100 m
人工	00190101	综合人工	工日	165.7588 (170.2865)	210.1488 (212.6710)	247.1300 (249.6523)	272.5408 (275.0631)
材料	01010211	热轧带肋钢筋(HRB400) $\phi \leq 10$	t				0.0508
	01010212	热轧带肋钢筋(HRB400) $\phi > 10$	t				0.1306
	02090101	塑料薄膜	m^2	12.2372	13.9976	18.5088	21.4391
	03010811	钢塑膨胀铆钉	只	18.3600	18.3600	18.3600	18.3600
	03150101	圆钉	kg	1.0153	1.0153	1.1437	1.1437
	03152501	镀锌铁丝	kg				0.5469

（续表）

定额编号				J-1-5-41 A(B)	J-1-5-42 A(B)	J-1-5-43 A(B)	J-1-5-44 A(B)
项目				DN700			
				高密度聚乙烯双壁缠绕管(HDPE)			
				2.0 m	2.5 m	≤3.0 m	>3.0 m
名称			单位	100 m	100 m	100 m	100 m
材料	04030115	黄砂 中粗	t	184.8199 (356.3336)	184.8199 (356.3336)	184.7138 (356.2275)	184.7138 (356.2275)
	04030701	砾石砂	t	62.4137	62.4137	62.8780	62.8780
	04050313	道碴 50～70	t	0.3988	0.3988	0.3988	0.3988
	04131711	蒸压灰砂砖	千块	3.0569	4.2175	5.7744	5.7744
	05350301	竹箩	个	2.5000	2.5000	2.5000	2.5000
	17250748	高密度聚乙烯双壁缠绕管(HDPE) DN700 每节长 3 m 以下	m	97.0000	97.0000	97.0000	97.0000
	34110101	水	m^3	15.2484 (30.5275)	15.2775 (30.5566)	15.3522 (30.6313)	15.4006 (30.6797)
	35010102	组合钢模板	kg	3.1862	3.1862	3.5893	3.5893
	35010703	木模板成材	m^3	0.0199	0.0199	0.0224	0.0224
	35020401	钢模零配件	kg	1.1781	1.1781	1.3272	1.3272
	36012831	铸铁检查井雨污水盖座 市政 90 型	套	3.0000	3.0000	3.0000	3.0000
	36016631	防沉降检查井盖板 2500×2000×200	块	3.0000	3.0000	3.0000	3.0000
	36016651	高强度塑料检查井格板	只	3.0600	3.0600	3.0600	3.0600
	36016661	高强度塑料支架	只	9.1800	9.1800	9.1800	9.1800
	80060414	湿拌砌筑砂浆 WM M10.0	m^3	1.2993	1.7926	2.5113	2.5113
	80060513	预拌抹灰砂浆 WP M15.0	m^3	0.8983	1.2174	1.5036	1.5036
	80210410	预拌混凝土(泵送型) C15 粒径 5～20	m^3				0.9696
	80210414	预拌混凝土(泵送型) C20 粒径 5～20	m^3	2.5149	2.5149	3.2118	3.2118
机械	99010060	履带式单斗液压挖掘机 1 m^3	台班	1.5561	1.9451	2.2369	2.5561
	99050930	混凝土振捣器 插入式	台班	0.3411	0.3411	0.4357	0.5672
	99050940	混凝土振捣器 平板式	台班	5.3592 (8.9582)	5.3592 (8.9582)	5.4605 (9.0595)	5.5920 (9.1910)
	99070220	轮胎式装载机 1 m^3	台班	1.4396 (1.2667)	1.9893 (1.5334)	2.3766 (1.9206)	2.6579 (2.2019)
	99070540	载重汽车 6 t	台班	0.0080	0.0080	0.0090	0.0090
	99070588	载重汽车 12 t	台班	2.2054 (1.9405)	3.0475 (2.3490)	3.6407 (2.9422)	4.0717 (3.3732)
	99090360	汽车式起重机 8 t	台班	0.2305	0.2305	0.2312	0.2312
	99091700	手扳葫芦	台班	2.3830	2.3830	2.3830	2.3830
	99130350	内燃夯实机 700 N·m	台班	8.0726 (4.4735)	11.6717 (8.0726)	14.1755 (10.5765)	16.0261 (12.4270)

（续表）

定额编号				J-1-5-41 A(B)	J-1-5-42 A(B)	J-1-5-43 A(B)	J-1-5-44 A(B)
项目				DN700			
				高密度聚乙烯双壁缠绕管(HDPE)			
				2.0 m	2.5 m	≤3.0 m	>3.0 m
名称			单位	100 m	100 m	100 m	100 m
机械	99170010	钢筋调直机	台班				0.0860
	99170025	钢筋切断机	台班				0.0860
	99210065	木工平刨床 刨削宽度 450	台班	0.0115	0.0115	0.0129	0.0129
	99440010	电动单级离心清水泵 ϕ50	台班	23.9400	35.9100	44.8872	50.8728
调整项目							
		围护支撑					
	00190101	综合人工	工日	37.3728	57.0282	78.7933	447.5882
	03150501	骑马钉	kg	16.8872	21.1090	25.3308	
	04131711	蒸压灰砂砖	千块	0.1545	0.1545	0.1545	
	05030101	成材	m^3	0.3333	0.4444	0.5000	0.5955
	35090501	列板使用费	t·d	165.0000	205.0000	227.0000	
	35090511	列板支撑使用费	t·d	58.0000	72.0000	86.0000	
	35091731	铁撑板	t	0.2788	0.3345	0.4181	
	35091771	铁撑柱	kg	93.1220	114.6350	139.6830	70.5300
	35090121	槽型钢板桩	t				1.3350
	35091901	钢桩帽摊销	kg				90.9300
	04030115	黄砂 中粗	t				15.8236
	03152501	镀锌铁丝	kg				15.0000
	35090131	槽型钢板桩使用费	t·d				1852.0000
	35090611	钢板桩支撑使用费	t·d				87.0000
	99030080	轨道式柴油打桩机 0.6 t	台班				20.1323
	99030690	简易拔桩架	台班				23.9558
	99090075	履带式起重机 8 t	台班				3.4125
		井点降水					
	00190101	综合人工	工日			36.3235	33.6599
	04030115	黄砂 中粗	t			9.4420	9.4420
	17270201	普通橡胶管	m			14.2440	14.2440
	34110101	水	m^3			152.3275	152.3275
	35040921	轻型井点井管 ϕ40	m			24.1164	24.1164
	35040941	轻型井点井管 ϕ180×4	m			1.1656	1.1656
	99091380	电动卷扬机单筒快速 10 kN	台班			1.9920	1.9920
	99350050	轻便钻机 XJ-100	台班			4.7310	4.7310
	99440010	电动单级离心清水泵 ϕ50	台班			−44.8872	−50.8728
	99440150	电动多级离心清水泵 ϕ150×180 m 以下	台班			3.9840	3.9840
	99440510	射流井点泵 9.5 m	台班			30.7420	30.7420

工作内容：沟槽挖土、沟槽排水、井点降水、沟槽围护和支撑(钢板桩、撑拆列板)、铺筑管道基础、铺设管道、沟槽回填(黄砂及素土)、土方场内运输、砌筑检查井等。

定额编号			J-1-5-45 A(B)	J-1-5-46 A(B)	J-1-5-47 A(B)	J-1-5-48 A(B)
项目			DN700			
			高密度聚乙烯双壁缠绕管(HDPE)			
			3.5 m	≤4.0 m	>4.0 m	4.5 m
			100 m	100 m	100 m	100 m
预算定额编号	预算定额名称	预算定额单位	数量			
52-1-2-3	机械挖沟槽土方 深≤6 m 现场抛土	m^3	698.2500	773.0600	822.9400	897.7500
52-1-3-1	沟槽回填 夯填土	m^3	503.3800 (406.3700)	575.4500 (478.4400)	625.3300 (528.3200)	696.9800 (599.9700)
53-1-3-2	场内运输 自卸汽车装运土(运距1 km以内)	m^3	651.8800 (554.8700)	738.9120 (641.9020)	798.7680 (701.7580)	885.3800 (788.3700)
52-1-3-4	沟槽回填 黄砂	m^3	95.5300 (192.5400)	95.5300 (192.5400)	95.5300 (192.5400)	95.5300 (192.5400)
52-1-4-1	管道垫层 黄砂垫层	m^3	8.8500	8.8500	8.8500	8.8500
52-1-4-3	管道垫层 砾石砂垫层	m^3	28.4400	28.4400	28.4400	28.4400
52-1-5-1	管道基座 混凝土 C20	m^3	3.9900	3.9900	3.9900	3.9900
52-1-5-1换1	管道基座 混凝土 C15	m^3	0.9600	0.9600	0.9600	0.9600
52-1-5-2	管道基座 钢筋	t	0.1800	0.1800	0.1800	0.1800
52-1-6-72	管道铺设 高密度聚乙烯双壁缠绕管(HDPE)每节3 m以下 DN700	100 m	0.0970	0.0970	0.0970	0.0970
52-1-6-89	管道铺设 高密度聚乙烯双壁缠绕管(HDPE)每节3 m以上 DN700	100 m	0.8730	0.8730	0.8730	0.8730
52-3-1-2	砖砌检查井及雨水口 检查井深≤4 m	m^3	13.4700	16.5000	16.5000	
52-3-1-3	砖砌检查井及雨水口 检查井深≤6 m	m^3				19.5600
52-3-2-1	水泥砂浆抹面 检查井	m^2	94.8000	111.2400	111.2400	127.6800
52-3-6-1	安装防坠格板 新建工程	只	3.0000	3.0000	3.0000	3.0000
52-3-9-3	安装盖板及盖座 铸铁盖座	套	3.0000	3.0000	3.0000	3.0000
52-3-9-4	安装盖板及盖座 防沉降检查井盖板	块	3.0000	3.0000	3.0000	3.0000
52-4-5-1	模板工程 模板 管道基座	m^2	7.0200	7.0200	7.0200	7.0200
53-9-1-1	施工排水、降水 湿土排水	m^3	498.7500	573.5600	623.4400	698.2500
53-9-1-3	施工排水、降水 筑拆竹箩滤井	座	2.5000	2.5000	2.5000	2.5000
调整项目						
	围护支撑					
52-4-3-1	打槽型钢板桩 长4.00～6.00 m,单面	100 m	2.0000	2.0000		
52-4-3-6	拔槽型钢板桩 长4.00～6.00 m,单面	100 m	2.0000	2.0000		

（续表）

定额编号			J-1-5-45 A(B)	J-1-5-46 A(B)	J-1-5-47 A(B)	J-1-5-48 A(B)
项目			DN700			
			高密度聚乙烯双壁缠绕管(HDPE)			
			3.5 m	≤4.0 m	>4.0 m	4.5 m
			100 m	100 m	100 m	100 m
预算定额编号	预算定额名称	预算定额单位	数量			
52-4-3-11	打拔沟槽钢板桩 槽型钢板桩使用费	t·d	1852.0000	1852.0000	4116.0000	4116.0000
52-4-4-1	安拆钢板桩支撑 槽宽≤3.0 m 深 3.01～4.00 m	100 m	1.0000	1.0000		
52-4-4-14	钢板桩支撑使用费	t·d	87.0000	87.0000	264.0000	264.0000
52-4-3-2	打槽型钢板桩 长 6.01～9.00 m，单面	100 m			2.0000	2.0000
52-4-3-7	拔槽型钢板桩 长 6.01～9.00 m，单面	100 m			2.0000	2.0000
52-4-4-2	安拆钢板桩支撑 槽宽≤3.0 m 深 4.01～6.00 m	100 m			1.0000	1.0000
	井点降水					
53-9-1-1	施工排水、降水 湿土排水	m^3	−498.7500	−573.5600	−623.4400	−698.2500
53-9-1-5	施工排水、降水 轻型井点安装	根	83.0000	83.0000	83.0000	83.0000
53-9-1-6	施工排水、降水 轻型井点拆除	根	83.0000	83.0000	83.0000	83.0000
53-9-1-7	施工排水、降水 轻型井点使用	套·天	25.0000	25.0000	25.0000	25.0000

工作内容：沟槽挖土、沟槽排水、井点降水、沟槽围护和支撑（钢板桩、撑拆列板）、铺筑管道基础、铺设管道、沟槽回填（黄砂及素土）、土方场内运输、砌筑检查井等。

定额编号				J-1-5-45 A(B)	J-1-5-46 A(B)	J-1-5-47 A(B)	J-1-5-48 A(B)
项目				DN700			
				高密度聚乙烯双壁缠绕管(HDPE)			
				3.5 m	≤4.0 m	>4.0 m	4.5 m
名称			单位	100 m	100 m	100 m	100 m
人工	00190101	综合人工	工日	310.0135 (312.5358)	347.4295 (349.9517)	366.5614 (369.0837)	406.5543 (409.0766)
材料	01010211	热轧带肋钢筋(HRB400) $\phi\leqslant10$	t	0.0517	0.0517	0.0517	0.0517
	01010212	热轧带肋钢筋(HRB400) $\phi>10$	t	0.1328	0.1328	0.1328	0.1328
	02090101	塑料薄膜	m^2	26.2424	28.7467	28.7467	31.2757
	03010811	钢塑膨胀铆钉	只	18.3600	18.3600	18.3600	18.3600
	03150101	圆钉	kg	1.4312	1.4312	1.4312	1.4312

（续表）

定额编号				J-1-5-45 A(B)	J-1-5-46 A(B)	J-1-5-47 A(B)	J-1-5-48 A(B)
项目				DN700			
				高密度聚乙烯双壁缠绕管(HDPE)			
				3.5 m	≤4.0 m	>4.0 m	4.5 m
名称			单位	100 m	100 m	100 m	100 m
材料	03152501	镀锌铁丝	kg	0.5562	0.5562	0.5562	0.5562
	04030115	黄砂 中粗	t	184.7138 (356.2275)	184.7138 (356.2275)	184.7138 (356.2275)	184.7138 (356.2275)
	04030701	砾石砂	t	62.8780	62.8780	62.8780	62.8780
	04050313	道碴 50～70	t	0.3988	0.3988	0.3988	0.3988
	04131711	蒸压灰砂砖	千块	7.3034	8.9463	8.9463	10.5741
	05350301	竹箩	个	2.5000	2.5000	2.5000	2.5000
	17250748	高密度聚乙烯双壁缠绕管(HDPE) DN700 每节长 3 m 以下	m	97.0000	97.0000	97.0000	97.0000
	34110101	水	m^3	15.4800 (30.7591)	15.5216 (30.8007)	15.5216 (30.8007)	15.5635 (30.8426)
	35010102	组合钢模板	kg	4.4914	4.4914	4.4914	4.4914
	35010703	木模板成材	m^3	0.0281	0.0281	0.0281	0.0281
	35020401	钢模零配件	kg	1.6607	1.6607	1.6607	1.6607
	36012831	铸铁检查井雨污水盖座 市政 90 型	套	3.0000	3.0000	3.0000	3.0000
	36016631	防沉降检查井盖板 2500×2000×200	块	3.0000	3.0000	3.0000	3.0000
	36016651	高强度塑料检查井格板	只	3.0600	3.0600	3.0600	3.0600
	36016661	高强度塑料支架	只	9.1800	9.1800	9.1800	9.1800
	80060414	湿拌砌筑砂浆 WM M10.0	m^3	3.1762	3.8907	3.8907	4.6553
	80060513	预拌抹灰砂浆 WP M15.0	m^3	1.7650	2.0264	2.0264	2.2878
	80210410	预拌混凝土(泵送型) C15 粒径 5～20	m^3	0.9696	0.9696	0.9696	0.9696
	80210414	预拌混凝土(泵送型) C20 粒径 5～20	m^3	4.0299	4.0299	4.0299	4.0299
机械	99010060	履带式单斗液压挖掘机 1 m^3	台班	2.8628	3.1695	3.3741	3.6808
	99050930	混凝土振捣器 插入式	台班	0.6781	0.6781	0.6781	0.6781
	99050940	混凝土振捣器 平板式	台班	5.7029 (9.3019)	5.7029 (9.3019)	5.7029 (9.3019)	5.7029 (9.3019)
	99070220	轮胎式装载机 1 m^3	台班	3.0638 (2.6079)	3.4729 (3.0169)	3.7542 (3.2983)	4.1613 (3.7053)
	99070540	载重汽车 6 t	台班	0.0112	0.0112	0.0112	0.0112
	99070588	载重汽车 12 t	台班	4.6935 (3.9951)	5.3202 (4.6217)	5.7511 (5.0527)	6.3747 (5.6763)
	99090360	汽车式起重机 8 t	台班	0.2327	0.2327	0.2327	0.2327

（续表）

定额编号				J-1-5-45 A(B)	J-1-5-46 A(B)	J-1-5-47 A(B)	J-1-5-48 A(B)
项目				DN700			
				高密度聚乙烯双壁缠绕管(HDPE)			
				3.5 m	≤4.0 m	>4.0 m	4.5 m
名称			单位	100 m	100 m	100 m	100 m
机械	99091700	手扳葫芦	台班	2.3830	2.3830	2.3830	2.3830
	99130350	内燃夯实机 700 N·m	台班	18.6754 (15.0763)	21.3492 (17.7501)	23.1997 (19.6007)	25.8580 (22.2589)
	99170010	钢筋调直机	台班	0.0875	0.0875	0.0875	0.0875
	99170025	钢筋切断机	台班	0.0875	0.0875	0.0875	0.0875
	99210065	木工平刨床 刨削宽度 450	台班	0.0161	0.0161	0.0161	0.0161
	99440010	电动单级离心清水泵 ϕ50	台班	59.8500	68.8272	74.8128	83.7900
调整项目							
		围护支撑					
	00190101	综合人工	工日	447.5882	447.5882	571.2213	571.2213
	03152501	镀锌铁丝	kg	15.0000	15.0000	20.0000	20.0000
	04030115	黄砂 中粗	t	15.8236	15.8236	23.7356	23.7356
	05030101	成材	m^3	0.5955	0.5955	0.8169	0.8169
	35090121	槽型钢板桩	t	1.3350	1.3350	1.9587	1.9587
	35090131	槽型钢板桩使用费	t·d	1852.0000	1852.0000	4116.0000	4116.0000
	35090611	钢板桩支撑使用费	t·d	87.0000	87.0000	264.0000	264.0000
	35091771	铁撑柱	kg	70.5300	70.5300	141.1200	141.1200
	35091901	钢桩帽摊销	kg	90.9300	90.9300	136.2690	136.2690
	99030080	轨道式柴油打桩机 0.6 t	台班	20.1323	20.1323	27.7905	27.7905
	99030690	简易拔桩架	台班	23.9558	23.9558	29.8410	29.8410
	99090075	履带式起重机 8 t	台班	3.4125	3.4125	4.5500	4.5500
		井点降水					
	00190101	综合人工	工日	29.6651	25.6702	23.0066	19.0117
	04030115	黄砂 中粗	t	9.4420	9.4420	9.4420	9.4420
	17270201	普通橡胶管	m	14.2440	14.2440	14.2440	14.2440
	34110101	水	m^3	152.3275	152.3275	152.3275	152.3275
	35040921	轻型井点井管 ϕ40	m	24.1164	24.1164	24.1164	24.1164
	35040941	轻型井点井管 ϕ180×4	m	1.1656	1.1656	1.1656	1.1656
	99091380	电动卷扬机单筒快速 10 kN	台班	1.9920	1.9920	1.9920	1.9920
	99350050	轻便钻机 XJ-100	台班	4.7310	4.7310	4.7310	4.7310
	99440010	电动单级离心清水泵 ϕ50	台班	−59.8500	−68.8272	−74.8128	−83.7900
	99440150	电动多级离心清水泵 ϕ150×180 m 以下	台班	3.9840	3.9840	3.9840	3.9840
	99440510	射流井点泵 9.5 m	台班	30.7420	30.7420	30.7420	30.7420

工作内容: 沟槽挖土、沟槽排水、井点降水、沟槽围护和支撑(钢板桩、撑拆列板)、铺筑管道基础、铺设管道、沟槽回填(黄砂及素土)、土方场内运输、砌筑检查井等。

定额编号			J-1-5-49 A(B)	J-1-5-50 A(B)	J-1-5-51 A(B)	J-1-5-52 A(B)
项目			DN700	DN800		
			高密度聚乙烯双壁缠绕管(HDPE)			
			5.0 m	2.0 m	2.5 m	≤3.0 m
			100 m	100 m	100 m	100 m
预算定额编号	预算定额名称	预算定额单位	数量			
52-1-2-1	机械挖沟槽土方 深≤3 m 现场抛土	m^3		420.0000	525.0000	603.7500
52-1-2-3	机械挖沟槽土方 深≤6 m 现场抛土	m^3	1050.0000			
52-1-3-1	沟槽回填 夯填土	m^3	836.4350 (734.1750)	205.8300 (103.5700)	308.0900 (205.8300)	379.5350 (277.2750)
53-1-3-2	场内运输 自卸汽车装运土(运距1 km以内)	m^3	1055.7500 (953.4900)	299.2100 (307.0500)	422.4700 (320.2100)	509.6000 (407.3400)
52-1-3-4	沟槽回填 黄砂	m^3	102.6800 (204.9400)	113.6400 (215.9000)	113.6400 (215.9000)	113.6400 (215.9000)
52-1-4-1	管道垫层 黄砂垫层	m^3	9.3200	9.3800	9.3800	9.3200
52-1-4-3	管道垫层 砾石砂垫层	m^3	29.8350	29.6400	29.6400	29.8350
52-1-5-1	管道基座 混凝土 C20	m^3	3.9900	2.4900	2.4900	3.1800
52-1-5-1换1	管道基座 混凝土 C15	m^3	0.9600			
52-1-5-2	管道基座 钢筋	t	0.1800			
52-1-6-72	管道铺设 高密度聚乙烯双壁缠绕管(HDPE)每节3 m以下 DN700	100 m	0.0970			
52-1-6-73	管道铺设 高密度聚乙烯双壁缠绕管(HDPE)每节3 m以下 DN800	100 m		0.0970	0.0970	0.0970
52-1-6-89	管道铺设 高密度聚乙烯双壁缠绕管(HDPE)每节3 m以上 DN700	100 m	0.8730			
52-1-6-90	管道铺设 高密度聚乙烯双壁缠绕管(HDPE)每节3 m以上 DN800	100 m		0.8730	0.8730	0.8730
52-3-1-1	砖砌检查井及雨水口 检查井 深≤2.5 m	m^3		5.6100	7.7400	
52-3-1-2	砖砌检查井及雨水口 检查井 深≤4 m	m^3				10.6500
52-3-1-3	砖砌检查井及雨水口 检查井 深≤6 m	m^3	22.5900			
52-3-2-1	水泥砂浆抹面 检查井	m^2	144.1200	40.2900	60.3600	78.3600

（续表）

定额编号			J-1-5-49 A(B)	J-1-5-50 A(B)	J-1-5-51 A(B)	J-1-5-52 A(B)
项目			DN700	DN800		
			高密度聚乙烯双壁缠绕管(HDPE)			
			5.0 m	2.0 m	2.5 m	≤3.0 m
			100 m	100 m	100 m	100 m
预算定额编号	预算定额名称	预算定额单位	数量			
52-3-6-1	安装防坠格板 新建工程	只	3.0000	3.0000	3.0000	3.0000
52-3-9-3	安装盖板及盖座 铸铁盖座	套	3.0000	3.0000	3.0000	3.0000
52-3-9-4	安装盖板及盖座 防沉降检查井盖板	块	3.0000	3.0000	3.0000	3.0000
52-4-5-1	模板工程 模板 管道基座	m^2	7.0200	4.9800	4.9800	5.6100
53-9-1-1	施工排水、降水 湿土排水	m^3	840.0000	210.0000	315.0000	393.7500
53-9-1-3	施工排水、降水 筑拆竹箩滤井	座	2.5000	2.5000	2.5000	2.5000
调整项目						
	围护支撑					
52-4-3-2	打槽型钢板桩 长 6.01～9.00 m，单面	100 m	2.0000			
52-4-3-7	拔槽型钢板桩 长 6.01～9.00 m，单面	100 m	2.0000			
52-4-3-11	打拔沟槽钢板桩 槽型钢板桩使用费	t·d	4116.0000			
52-4-4-2	安拆钢板桩支撑 槽宽≤3.0 m 深 4.01～6.00 m	100 m	1.0000			
52-4-4-14	钢板桩支撑使用费	t·d	264.0000			
52-4-2-2	满堂撑拆列板 深≤2.0 m，双面	100 m		1.0000		
52-4-2-5	撑拆列板 列板使用费	t·d		165.0000	205.0000	227.0000
52-4-2-6	列板支撑使用费	t·d		58.0000	72.0000	86.0000
52-4-2-3	满堂撑拆列板 深≤2.5 m，双面	100 m			1.0000	
52-4-2-4	满堂撑拆列板 深≤3.0 m，双面	100 m				1.0000
	井点降水					
53-9-1-1	施工排水、降水 湿土排水	m^3	−840.0000			−393.7500
53-9-1-5	施工排水、降水 轻型井点安装	根	83.0000			83.0000
53-9-1-6	施工排水、降水 轻型井点拆除	根	83.0000			83.0000
53-9-1-7	施工排水、降水 轻型井点使用	套·天	25.0000			25.0000

工作内容：沟槽挖土、沟槽排水、井点降水、沟槽围护和支撑(钢板桩、撑拆列板)、铺筑管道基础、铺设管道、沟槽回填(黄砂及素土)、土方场内运输、砌筑检查井等。

定额编号				J-1-5-49 A(B)	J-1-5-50 A(B)	J-1-5-51 A(B)	J-1-5-52 A(B)
项目				DN700	DN800		
				高密度聚乙烯双壁缠绕管(HDPE)			
				5.0 m	2.0 m	2.5 m	≤3.0 m
名称			单位	100 m	100 m	100 m	100 m
人工	00190101	综合人工	工日	473.8237 (476.4824)	170.3827 (176.7078)	216.7427 (219.4014)	255.1986 (257.8573)
材料	01010211	热轧带肋钢筋(HRB400) $\phi \leqslant 10$	t	0.0517			
	01010212	热轧带肋钢筋(HRB400) $\phi > 10$	t	0.1328			
	02090101	塑料薄膜	m^2	33.7800	12.2372	13.9976	18.5088
	03010811	钢塑膨胀铆钉	只	18.3600	18.3600	18.3600	18.3600
	03150101	圆钉	kg	1.4312	1.0153	1.0153	1.1437
	03152501	镀锌铁丝	kg	0.5562			
	04030115	黄砂 中粗	t	198.1860 (378.9817)	217.6693 (398.4650)	217.6693 (398.4650)	217.5633 (398.3590)
	04030701	砾石砂	t	65.9622	65.5311	65.5311	65.9622
	04050313	道碴 50～70	t	0.3988	0.3988	0.3988	0.3988
	04131711	蒸压灰砂砖	千块	12.2122	3.0569	4.2175	5.7744
	05350301	竹箩	个	2.5000	2.5000	2.5000	2.5000
	17250748	高密度聚乙烯双壁缠绕管(HDPE) DN700 每节长 3 m 以下	m	97.0000			
	17250749	高密度聚乙烯双壁缠绕管(HDPE) DN800 每节长 3 m 以下	m		97.0000	97.0000	97.0000
	34110101	水	m^3	16.7311 (32.8371)	18.1007 (34.2067)	18.1298 (34.2358)	18.2045 (34.3105)
	35010102	组合钢模板	kg	4.4914	3.1862	3.1862	3.5893
	35010703	木模板成材	m^3	0.0281	0.0199	0.0199	0.0224
	35020401	钢模零配件	kg	1.6607	1.1781	1.1781	1.3272
	36012831	铸铁检查井雨污水盖座 市政 90 型	套	3.0000	3.0000	3.0000	3.0000
	36016631	防沉降检查井盖板 2500×2000×200	块	3.0000	3.0000	3.0000	3.0000
	36016651	高强度塑料检查井格板	只	3.0600	3.0600	3.0600	3.0600
	36016661	高强度塑料支架	只	9.1800	9.1800	9.1800	9.1800

（续表）

定额编号				J-1-5-49 A(B)	J-1-5-50 A(B)	J-1-5-51 A(B)	J-1-5-52 A(B)
项目				DN700	DN800		
				高密度聚乙烯双壁缠绕管(HDPE)			
				5.0 m	2.0 m	2.5 m	≤3.0 m
名称			单位	100 m	100 m	100 m	100 m
材料	80060414	湿拌砌筑砂浆 WM M10.0	m^3	5.3764	1.2993	1.7926	2.5113
	80060513	预拌抹灰砂浆 WP M15.0	m^3	2.5492	0.8983	1.2174	1.5036
	80210410	预拌混凝土(泵送型) C15 粒径 5～20	m^3	0.9696			
	80210414	预拌混凝土(泵送型) C20 粒径 5～20	m^3	4.0299	2.5149	2.5149	3.2118
机械	99010060	履带式单斗液压挖掘机 1 m^3	台班	4.3050	1.6380	2.0475	2.3546
	99050930	混凝土振捣器 插入式	台班	0.6781	0.3411	0.3411	0.4357
	99050940	混凝土振捣器 平板式	台班	6.0420 (9.8359)	6.1055 (9.8994)	6.1055 (9.8994)	6.2062 (10.0001)
	99070220	轮胎式装载机 1 m^3	台班	4.9620 (4.4814)	1.4063 (1.4431)	1.9856 (1.5050)	2.3951 (1.9145)
	99070540	载重汽车 6 t	台班	0.0112	0.0080	0.0080	0.0090
	99070588	载重汽车 12 t	台班	7.6014 (6.8651)	2.1543 (2.2108)	3.0418 (2.3055)	3.6691 (2.9328)
	99090360	汽车式起重机 8 t	台班	0.2327	1.4428	1.4428	1.4435
	99091700	手扳葫芦	台班	2.3830	2.4246	2.4246	2.4246
	99130350	内燃夯实机 700 N・m	台班	31.0317 (27.2379)	7.6363 (3.8424)	11.4301 (7.6363)	14.0807 (10.2869)
	99170010	钢筋调直机	台班	0.0875			
	99170025	钢筋切断机	台班	0.0875			
	99210065	木工平刨床 刨削宽度 450	台班	0.0161	0.0115	0.0115	0.0129
	99440010	电动单级离心清水泵 φ50	台班	100.8000	25.2000	37.8000	47.2500
调整项目							
		围护支撑					
	00190101	综合人工	工日	571.2213	37.3728	57.0282	78.7933
	03152501	镀锌铁丝	kg	20.0000			
	04030115	黄砂 中粗	t	23.7356			
	05030101	成材	m^3	0.8169	0.3333	0.4444	0.5000
	35090121	槽型钢板桩	t	1.9587			

(续表)

定额编号			J-1-5-49 A(B)	J-1-5-50 A(B)	J-1-5-51 A(B)	J-1-5-52 A(B)
项目			DN700	DN800		
			高密度聚乙烯双壁缠绕管(HDPE)			
			5.0 m	2.0 m	2.5 m	≤3.0 m
	名称	单位	100 m	100 m	100 m	100 m
35090131	槽型钢板桩使用费	t·d	4116.0000			
35090611	钢板桩支撑使用费	t·d	264.0000			
35091771	铁撑柱	kg	141.1200	93.1220	114.6350	139.6830
35091901	钢桩帽摊销	kg	136.2690			
99030080	轨道式柴油打桩机 0.6 t	台班	27.7905			
99030690	简易拔桩架	台班	29.8410			
99090075	履带式起重机 8 t	台班	4.5500			
03150501	骑马钉	kg		16.8872	21.1090	25.3308
04131711	蒸压灰砂砖	千块		0.1545	0.1545	0.1545
35091731	铁撑板	t		0.2788	0.3345	0.4181
35090501	列板使用费	t·d		165.0000	205.0000	227.0000
35090511	列板支撑使用费	t·d		58.0000	72.0000	86.0000
	井点降水					
00190101	综合人工	工日	11.4423			35.2721
04030115	黄砂 中粗	t	9.4420			9.4420
17270201	普通橡胶管	m	14.2440			14.2440
34110101	水	m^3	152.3275			152.3275
35040921	轻型井点井管 ϕ40	m	24.1164			24.1164
35040941	轻型井点井管 ϕ180×4	m	1.1656			1.1656
99091380	电动卷扬机单筒快速 10 kN	台班	1.9920			1.9920
99350050	轻便钻机 XJ-100	台班	4.7310			4.7310
99440010	电动单级离心清水泵 ϕ50	台班	−100.8000			−47.2500
99440150	电动多级离心清水泵 ϕ150×180 m以下	台班	3.9840			3.9840
99440510	射流井点泵 9.5 m	台班	30.7420			30.7420

工作内容：沟槽挖土、沟槽排水、井点降水、沟槽围护和支撑(钢板桩、撑拆列板)、铺筑管道基础、铺设管道、沟槽回填(黄砂及素土)、土方场内运输、砌筑检查井等。

定额编号			J-1-5-53 A(B)	J-1-5-54 A(B)	J-1-5-55 A(B)	J-1-5-56 A(B)
项目			DN800			
			高密度聚乙烯双壁缠绕管(HDPE)			
			>3.0 m	3.5 m	≤4.0 m	>4.0 m
			100 m	100 m	100 m	100 m
预算定额编号	预算定额名称	预算定额单位	数量			
52-1-2-3	机械挖沟槽土方 深≤6 m 现场抛土	m^3	656.2500	735.0000	813.7500	866.2500
52-1-3-1	沟槽回填 夯填土	m^3	432.0350 (329.7750)	507.3850 (405.1250)	583.3950 (481.1350)	635.8950 (533.6350)
53-1-3-2	场内运输 自卸汽车装运土(运距1 km以内)	m^3	572.6000 (470.3400)	663.7000 (561.4400)	755.4600 (653.2000)	818.4600 (716.2000)
52-1-3-4	沟槽回填 黄砂	m^3	113.6400 (215.9000)	113.6400 (215.9000)	113.6400 (215.9000)	113.6400 (215.9000)
52-1-4-1	管道垫层 黄砂垫层	m^3	9.3200	9.3200	9.3200	9.3200
52-1-4-3	管道垫层 砾石砂垫层	m^3	29.8350	29.8350	29.8350	29.8350
52-1-5-1	管道基座 混凝土 C20	m^3	3.1800	3.9900	3.9900	3.9900
52-1-5-1换1	管道基座 混凝土 C15	m^3	0.9600	0.9600	0.9600	0.9600
52-1-5-2	管道基座 钢筋	t	0.1770	0.1800	0.1800	0.1800
52-1-6-73	管道铺设 高密度聚乙烯双壁缠绕管(HDPE)每节3 m以下 DN800	100 m	0.0970	0.0970	0.0970	0.0970
52-1-6-90	管道铺设 高密度聚乙烯双壁缠绕管(HDPE)每节3 m以上 DN800	100 m	0.8730	0.8730	0.8730	0.8730
52-3-1-2	砖砌检查井及雨水口 检查井 深≤4 m	m^3	10.6500	13.4700	16.5000	16.5000
52-3-2-1	水泥砂浆抹面 检查井	m^2	78.3600	94.8000	111.2400	111.2400
52-3-6-1	安装防坠格板 新建工程	只	3.0000	3.0000	3.0000	3.0000
52-3-9-3	安装盖板及盖座 铸铁盖座	套	3.0000	3.0000	3.0000	3.0000
52-3-9-4	安装盖板及盖座 防沉降检查井盖板	块	3.0000	3.0000	3.0000	3.0000
52-4-5-1	模板工程 模板 管道基座	m^2	5.6100	7.0200	7.0200	7.0200
53-9-1-1	施工排水、降水 湿土排水	m^3	446.2500	525.0000	603.7500	656.2500
53-9-1-3	施工排水、降水 筑拆竹箩滤井	座	2.5000	2.5000	2.5000	2.5000
调整项目						
	围护支撑					
52-4-3-1	打槽型钢板桩 长4.00～6.00 m，单面	100 m	2.0000	2.0000	2.0000	
52-4-3-6	拔槽型钢板桩 长4.00～6.00 m，单面	100 m	2.0000	2.0000	2.0000	
52-4-3-11	打拔沟槽钢板桩 槽型钢板桩使用费	t·d	1852.0000	1852.0000	1852.0000	4116.0000

（续表）

定额编号			J-1-5-53 A(B)	J-1-5-54 A(B)	J-1-5-55 A(B)	J-1-5-56 A(B)
项目			DN800			
			高密度聚乙烯双壁缠绕管(HDPE)			
			>3.0 m	3.5 m	≤4.0 m	>4.0 m
			100 m	100 m	100 m	100 m
预算定额编号	预算定额名称	预算定额单位	数量			
52-4-4-1	安拆钢板桩支撑 槽宽≤3.0 m 深 3.01～4.00 m	100 m	1.0000	1.0000	1.0000	
52-4-4-14	钢板桩支撑使用费	t·d	87.0000	87.0000	87.0000	264.0000
52-4-3-2	打槽型钢板桩 长 6.01～9.00 m，单面	100 m				2.0000
52-4-3-7	拔槽型钢板桩 长 6.01～9.00 m，单面	100 m				2.0000
52-4-4-2	安拆钢板桩支撑 槽宽≤3.0 m 深 4.01～6.00 m	100 m				1.0000
	井点降水					
53-9-1-1	施工排水、降水 湿土排水	m^3	−446.2500	−525.0000	−603.7500	−656.2500
53-9-1-5	施工排水、降水 轻型井点安装	根	83.0000	83.0000	83.0000	83.0000
53-9-1-6	施工排水、降水 轻型井点拆除	根	83.0000	83.0000	83.0000	83.0000
53-9-1-7	施工排水、降水 轻型井点使用	套·天	25.0000	25.0000	25.0000	25.0000

工作内容：沟槽挖土、沟槽排水、井点降水、沟槽围护和支撑(钢板桩、撑拆列板)、铺筑管道基础、铺设管道、沟槽回填(黄砂及素土)、土方场内运输、砌筑检查井等。

定额编号				J-1-5-53 A(B)	J-1-5-54 A(B)	J-1-5-55 A(B)	J-1-5-56 A(B)
项目				DN800			
				高密度聚乙烯双壁缠绕管(HDPE)			
				>3.0 m	3.5 m	≤4.0 m	>4.0 m
名称			单位	100 m	100 m	100 m	100 m
人工	00190101	综合人工	工日	281.8649 (284.5236)	320.8488 (323.5076)	359.7759 (362.4347)	379.9128 (382.5716)
材料	01010211	热轧带肋钢筋(HRB400) ϕ≤10	t	0.0508	0.0517	0.0517	0.0517
	01010212	热轧带肋钢筋(HRB400) ϕ>10	t	0.1306	0.1328	0.1328	0.1328
	02090101	塑料薄膜	m^2	21.4391	26.2424	28.7467	28.7467
	03010811	钢塑膨胀铆钉	只	18.3600	18.3600	18.3600	18.3600
	03150101	圆钉	kg	1.1437	1.4312	1.4312	1.4312
	03152501	镀锌铁丝	kg	0.5469	0.5562	0.5562	0.5562
	04030115	黄砂 中粗	t	217.5633 (398.3590)	217.5633 (398.3590)	217.5633 (398.3590)	217.5633 (398.3590)

（续表）

定额编号				J-1-5-53 A(B)	J-1-5-54 A(B)	J-1-5-55 A(B)	J-1-5-56 A(B)
项目				DN800			
				高密度聚乙烯双壁缠绕管(HDPE)			
				>3.0 m	3.5 m	≤4.0 m	>4.0 m
名称			单位	100 m	100 m	100 m	100 m
材料	04030701	砾石砂	t	65.9622	65.9622	65.9622	65.9622
	04050313	道碴 50～70	t	0.3988	0.3988	0.3988	0.3988
	04131711	蒸压灰砂砖	千块	5.7744	7.3034	8.9463	8.9463
	05350301	竹箩	个	2.5000	2.5000	2.5000	2.5000
	17250749	高密度聚乙烯双壁缠绕管(HDPE) DN800 每节长 3 m 以下	m	97.0000	97.0000	97.0000	97.0000
	34110101	水	m^3	18.2529 (34.3589)	18.3323 (34.4383)	18.3739 (34.4799)	18.3739 (34.4799)
	35010102	组合钢模板	kg	3.5893	4.4914	4.4914	4.4914
	35010703	木模板成材	m^3	0.0224	0.0281	0.0281	0.0281
	35020401	钢模零配件	kg	1.3272	1.6607	1.6607	1.6607
	36012831	铸铁检查井雨污水盖座 市政 90 型	套	3.0000	3.0000	3.0000	3.0000
	36016631	防沉降检查井盖板 2500×2000×200	块	3.0000	3.0000	3.0000	3.0000
	36016651	高强度塑料检查井格板	只	3.0600	3.0600	3.0600	3.0600
	36016661	高强度塑料支架	只	9.1800	9.1800	9.1800	9.1800
	80060414	湿拌砌筑砂浆 WM M10.0	m^3	2.5113	3.1762	3.8907	3.8907
	80060513	预拌抹灰砂浆 WP M15.0	m^3	1.5036	1.7650	2.0264	2.0264
	80210410	预拌混凝土(泵送型) C15 粒径 5～20	m^3	0.9696	0.9696	0.9696	0.9696
	80210414	预拌混凝土(泵送型) C20 粒径 5～20	m^3	3.2118	4.0299	4.0299	4.0299
机械	99010060	履带式单斗液压挖掘机 1 m^3	台班	2.6906	3.0135	3.3364	3.5516
	99050930	混凝土振捣器 插入式	台班	0.5672	0.6781	0.6781	0.6781
	99050940	混凝土振捣器 平板式	台班	6.3377 (10.1316)	6.4486 (10.2425)	6.4486 (10.2425)	6.4486 (10.2425)
	99070220	轮胎式装载机 1 m^3	台班	2.6912 (2.2106)	3.1194 (2.6388)	3.5507 (3.0700)	3.8468 (3.3661)
	99070540	载重汽车 6 t	台班	0.0090	0.0112	0.0112	0.0112
	99070588	载重汽车 12 t	台班	4.1227 (3.3864)	4.7786 (4.0424)	5.4393 (4.7030)	5.8929 (5.1566)
	99090360	汽车式起重机 8 t	台班	1.4435	1.4450	1.4450	1.4450
	99091700	手扳葫芦	台班	2.4246	2.4246	2.4246	2.4246
	99130350	内燃夯实机 700 N·m	台班	16.0285 (12.2347)	18.8240 (15.0301)	21.6440 (17.8501)	23.5917 (19.7979)

（续表）

定额编号				J-1-5-53 A(B)	J-1-5-54 A(B)	J-1-5-55 A(B)	J-1-5-56 A(B)
项目				DN800			
				高密度聚乙烯双壁缠绕管(HDPE)			
				>3.0 m	3.5 m	≤4.0 m	>4.0 m
名称			单位	100 m	100 m	100 m	100 m
机械	99170010	钢筋调直机	台班	0.0860	0.0875	0.0875	0.0875
	99170025	钢筋切断机	台班	0.0860	0.0875	0.0875	0.0875
	99210065	木工平刨床 刨削宽度 450	台班	0.0129	0.0161	0.0161	0.0161
	99440010	电动单级离心清水泵 ϕ50	台班	53.5500	63.0000	72.4500	78.7500
调整项目							
		围护支撑					
	00190101	综合人工	工日	447.5882	447.5882	447.5882	571.2213
	03152501	镀锌铁丝	kg	15.0000	15.0000	15.0000	20.0000
	04030115	黄砂 中粗	t	15.8236	15.8236	15.8236	23.7356
	05030101	成材	m^3	0.5955	0.5955	0.5955	0.8169
	35090121	槽型钢板桩	t	1.3350	1.3350	1.3350	1.9587
	35090131	槽型钢板桩使用费	t·d	1852.0000	1852.0000	1852.0000	4116.0000
	35090611	钢板桩支撑使用费	t·d	87.0000	87.0000	87.0000	264.0000
	35091771	铁撑柱	kg	70.5300	70.5300	70.5300	141.1200
	35091901	钢桩帽摊销	kg	90.9300	90.9300	90.9300	136.2690
	99030080	轨道式柴油打桩机 0.6 t	台班	20.1323	20.1323	20.1323	27.7905
	99030690	简易拔桩架	台班	23.9558	23.9558	23.9558	29.8410
	99090075	履带式起重机 8 t	台班	3.4125	3.4125	3.4125	4.5500
		井点降水					
	00190101	综合人工	工日	32.4686	28.2633	24.0580	21.2545
	04030115	黄砂 中粗	t	9.4420	9.4420	9.4420	9.4420
	17270201	普通橡胶管	m	14.2440	14.2440	14.2440	14.2440
	34110101	水	m^3	152.3275	152.3275	152.3275	152.3275
	35040921	轻型井点井管 ϕ40	m	24.1164	24.1164	24.1164	24.1164
	35040941	轻型井点井管 $\phi180\times4$	m	1.1656	1.1656	1.1656	1.1656
	99091380	电动卷扬机单筒快速 10 kN	台班	1.9920	1.9920	1.9920	1.9920
	99350050	轻便钻机 XJ-100	台班	4.7310	4.7310	4.7310	4.7310
	99440010	电动单级离心清水泵 ϕ50	台班	−53.5500	−63.0000	−72.4500	−78.7500
	99440150	电动多级离心清水泵 $\phi150\times$180 m 以下	台班	3.9840	3.9840	3.9840	3.9840
	99440510	射流井点泵 9.5 m	台班	30.7420	30.7420	30.7420	30.7420

工作内容：沟槽挖土、沟槽排水、井点降水、沟槽围护和支撑（钢板桩、撑拆列板）、铺筑管道基础、铺设管道、沟槽回填（黄砂及素土）、土方场内运输、砌筑检查井等。

定额编号			J-1-5-57 A(B)	J-1-5-58 A(B)	J-1-5-59 A(B)	J-1-5-60 A(B)
项目			DN800		DN1000	
			高密度聚乙烯双壁缠绕管(HDPE)			
			4.5 m	5.0 m	2.0 m	2.5 m
			100 m	100 m	100 m	100 m
预算定额编号	预算定额名称	预算定额单位	数量			
04290711	钢筋混凝土板 1300×300×160 mm	块			3.0000	3.0000
52-1-2-1	机械挖沟槽土方 深≤3 m 现场抛土	m^3			462.0000	577.5000
52-1-2-3	机械挖沟槽土方 深≤6 m 现场抛土	m^3	945.0000	1102.5000		
52-1-3-1	沟槽回填 夯填土	m^3	711.4850 (609.2250)	855.0100 (747.5000)	180.6000 (68.3900)	293.3600 (181.1500)
53-1-3-2	场内运输 自卸汽车装运土(运距1 km以内)	m^3	909.8000 (807.5400)	1085.2900 (977.7800)	283.3200 (383.2900)	419.1800 (386.0300)
52-1-3-4	沟槽回填 黄砂	m^3	113.6400 (215.9000)	121.9800 (229.4900)	146.7900 (259.0000)	146.7900 (259.0000)
52-1-4-1	管道垫层 黄砂垫层	m^3	9.3200	9.7800	10.3200	10.3200
52-1-4-3	管道垫层 砾石砂垫层	m^3	29.8350	31.2300	32.7000	32.7000
52-1-5-1	管道基座 混凝土 C20	m^3	3.9900	3.9900	2.9400	2.9400
52-1-5-1换1	管道基座 混凝土 C15	m^3	0.9600	0.9600		
52-1-5-2	管道基座 钢筋	t	0.1800	0.1800		
52-1-6-73	管道铺设 高密度聚乙烯双壁缠绕管(HDPE)每节3 m以下 DN800	100 m	0.0970	0.0970		
52-1-6-74	管道铺设 高密度聚乙烯双壁缠绕管(HDPE)每节3 m以下 DN1000	100 m			0.0970	0.0970
52-1-6-90	管道铺设 高密度聚乙烯双壁缠绕管(HDPE)每节3 m以上 DN800	100 m	0.8730	0.8730		
52-1-6-91	管道铺设 高密度聚乙烯双壁缠绕管(HDPE)每节3 m以上 DN1000	100 m			0.8730	0.8730
52-3-1-1	砖砌检查井及雨水口 检查井 深≤2.5 m	m^3			6.5400	8.3400
52-3-1-3	砖砌检查井及雨水口 检查井 深≤6 m	m^3	19.5600	22.5900		
52-3-2-1	水泥砂浆抹面 检查井	m^2	127.6800	144.1200	42.2700	68.2200

（续表）

定额编号			J-1-5-57 A(B)	J-1-5-58 A(B)	J-1-5-59 A(B)	J-1-5-60 A(B)
项目			DN800		DN1000	
			高密度聚乙烯双壁缠绕管(HDPE)			
			4.5 m	5.0 m	2.0 m	2.5 m
			100 m	100 m	100 m	100 m
预算定额编号	预算定额名称	预算定额单位	数量			
52-3-6-1	安装防坠格板 新建工程	只	3.0000	3.0000	3.0000	3.0000
52-3-9-3	安装盖板及盖座 铸铁盖座	套	3.0000	3.0000	3.0000	3.0000
52-3-9-4	安装盖板及盖座 防沉降检查井盖板	块	3.0000	3.0000	3.0000	3.0000
52-4-5-1	模板工程 模板 管道基座	m^2	7.0200	7.0200	5.3400	5.3400
53-9-1-1	施工排水、降水 湿土排水	m^3	735.0000	882.0000	231.0000	346.5000
53-9-1-3	施工排水、降水 筑拆竹箩滤井	座	2.5000	2.5000	2.5000	2.5000
	调整项目					
	围护支撑					
52-4-3-2	打槽型钢板桩 长 6.01～9.00 m,单面	100 m	2.0000	2.0000		
52-4-3-7	拔槽型钢板桩 长 6.01～9.00 m,单面	100 m	2.0000	2.0000		
52-4-3-11	打拔沟槽钢板桩 槽型钢板桩使用费	t·d	4116.0000	4116.0000		
52-4-4-2	安拆钢板桩支撑 槽宽≤3.0 m 深 4.01～6.00 m	100 m	1.0000	1.0000		
52-4-4-14	钢板桩支撑使用费	t·d	264.0000	264.0000		
52-4-2-2	满堂撑拆列板 深≤2.0 m,双面	100 m			1.0000	
52-4-2-5	撑拆列板 列板使用费	t·d			165.0000	205.0000
52-4-2-6	列板支撑使用费	t·d			58.0000	72.0000
52-4-2-3	满堂撑拆列板 深≤2.5 m,双面	100 m				1.0000
	井点降水					
53-9-1-1	施工排水、降水 湿土排水	m^3	−735.0000	−882.0000		
53-9-1-5	施工排水、降水 轻型井点安装	根	83.0000	83.0000		
53-9-1-6	施工排水、降水 轻型井点拆除	根	83.0000	83.0000		
53-9-1-7	施工排水、降水 轻型井点使用	套·天	25.0000	25.0000		

工作内容:沟槽挖土、沟槽排水、井点降水、沟槽围护和支撑(钢板桩、撑拆列板)、铺筑管道基础、铺设管道、沟槽回填(黄砂及素土)、土方场内运输、砌筑检查井等。

定额编号				J-1-5-57 A(B)	J-1-5-58 A(B)	J-1-5-59 A(B)	J-1-5-60 A(B)
项目				DN800		DN1000	
				高密度聚乙烯双壁缠绕管(HDPE)			
				4.5 m	5.0 m	2.0 m	2.5 m
名称			单位	100 m	100 m	100 m	100 m
人工	00190101	综合人工	工日	421.4168 (424.0756)	490.7297 (493.5249)	181.2689 (191.2520)	231.7989 (237.3491)
材料	01010211	热轧带肋钢筋(HRB400) $\phi\leqslant10$	t	0.0517	0.0517		
	01010212	热轧带肋钢筋(HRB400) $\phi>10$	t	0.1328	0.1328		
	02090101	塑料薄膜	m^2	31.2757	33.7800	14.3794	15.8671
	03010811	钢塑膨胀铆钉	只	18.3600	18.3600	18.3600	18.3600
	03150101	圆钉	kg	1.4312	1.4312	1.0887	1.0887
	03152501	镀锌铁丝	kg	0.5562	0.5562		
	04030115	黄砂 中粗	t	217.5633 (398.3590)	233.1216 (423.1993)	277.9405 (476.3278)	277.9405 (476.3278)
	04030701	砾石砂	t	65.9622	69.0464	72.2964	72.2964
	04050313	道碴 50~70	t	0.3988	0.3988	0.3988	0.3988
	04131711	蒸压灰砂砖	千块	10.5741	12.2122	3.5636	4.5445
	04290711	钢筋混凝土板 1300×300×160 mm	块			3.0000	3.0000
	05350301	竹箩	个	2.5000	2.5000	2.5000	2.5000
	17250749	高密度聚乙烯双壁缠绕管(HDPE) DN800 每节长 3 m 以下	m	97.0000	97.0000		
	17250751	高密度聚乙烯双壁缠绕管(HDPE) DN1000 每节长 3 m 以下	m			97.0000	97.0000
	34110101	水	m^3	18.4158 (34.5218)	19.7709 (36.7037)	23.3572 (41.0303)	23.3819 (41.0550)
	35010102	组合钢模板	kg	4.4914	4.4914	3.4166	3.4166
	35010703	木模板成材	m^3	0.0281	0.0281	0.0213	0.0213
	35020401	钢模零配件	kg	1.6607	1.6607	1.2633	1.2633
	36012831	铸铁检查井雨污水盖座 市政 90 型	套	3.0000	3.0000	3.0000	3.0000
	36016631	防沉降检查井盖板 2500×2000×200	块	3.0000	3.0000	3.0000	3.0000
	36016651	高强度塑料检查井格板	只	3.0600	3.0600	3.0600	3.0600

（续表）

定额编号				J-1-5-57 A(B)	J-1-5-58 A(B)	J-1-5-59 A(B)	J-1-5-60 A(B)
项目				DN800		DN1000	
				高密度聚乙烯双壁缠绕管(HDPE)			
				4.5 m	5.0 m	2.0 m	2.5 m
名称			单位	100 m	100 m	100 m	100 m
材料	36016661	高强度塑料支架	只	9.1800	9.1800	9.1800	9.1800
	80060414	湿拌砌筑砂浆 WM M10.0	m^3	4.6553	5.3764	1.5147	1.9315
	80060513	预拌抹灰砂浆 WP M15.0	m^3	2.2878	2.5492	0.9298	1.3424
	80210410	预拌混凝土(泵送型) C15 粒径 5～20	m^3	0.9696	0.9696		
	80210414	预拌混凝土(泵送型) C20 粒径 5～20	m^3	4.0299	4.0299	2.9694	2.9694
机械	99010060	履带式单斗液压挖掘机 1 m^3	台班	3.8745	4.5203	1.8018	2.2523
	99050930	混凝土振捣器 插入式	台班	0.6781	0.6781	0.4028	0.4028
	99050940	混凝土振捣器 平板式	台班	6.4486 (10.2425)	6.8316 (10.8202)	7.5560 (11.7190)	7.5560 (11.7190)
	99070220	轮胎式装载机 1 m^3	台班	4.2761 (3.7954)	5.1009 (4.5956)	1.3316 (1.8015)	1.9701 (1.8143)
	99070540	载重汽车 6 t	台班	0.0112	0.0112	0.0085	0.0085
	99070588	载重汽车 12 t	台班	6.5506 (5.8143)	7.8141 (7.0400)	2.0399 (2.7597)	3.0181 (2.7794)
	99090360	汽车式起重机 8 t	台班	1.4450	1.4450	1.5132	1.5132
	99091700	手扳葫芦	台班	2.4246	2.4246	2.5645	2.5645
	99130350	内燃夯实机 700 N·m	台班	26.3961 (22.6022)	31.7209 (27.7323)	6.7003 (2.5373)	10.8837 (6.7207)
	99170010	钢筋调直机	台班	0.0875	0.0875		
	99170025	钢筋切断机	台班	0.0875	0.0875		
	99210065	木工平刨床 刨削宽度 450	台班	0.0161	0.0161	0.0123	0.0123
	99440010	电动单级离心清水泵 ϕ50	台班	88.2000	105.8400	27.7200	41.5800
调整项目							
		围护支撑					
	00190101	综合人工	工日	571.2213	571.2213	37.3728	57.0282
	03152501	镀锌铁丝	kg	20.0000	20.0000		
	04030115	黄砂 中粗	t	23.7356	23.7356		
	05030101	成材	m^3	0.8169	0.8169	0.3333	0.4444

（续表）

定额编号			J-1-5-57 A(B)	J-1-5-58 A(B)	J-1-5-59 A(B)	J-1-5-60 A(B)
项目			DN800		DN1000	
			高密度聚乙烯双壁缠绕管(HDPE)			
			4.5 m	5.0 m	2.0 m	2.5 m
名称		单位	100 m	100 m	100 m	100 m
35090121	槽型钢板桩	t	1.9587	1.9587		
35090131	槽型钢板桩使用费	t·d	4116.0000	4116.0000		
35090611	钢板桩支撑使用费	t·d	264.0000	264.0000		
35091771	铁撑柱	kg	141.1200	141.1200	93.1220	114.6350
35091901	钢桩帽摊销	kg	136.2690	136.2690		
99030080	轨道式柴油打桩机 0.6 t	台班	27.7905	27.7905		
99030690	简易拔桩架	台班	29.8410	29.8410		
99090075	履带式起重机 8 t	台班	4.5500	4.5500		
03150501	骑马钉	kg			16.8872	21.1090
04131711	蒸压灰砂砖	千块			0.1545	0.1545
35091731	铁撑板	t			0.2788	0.3345
35090501	列板使用费	t·d			165.0000	205.0000
35090511	列板支撑使用费	t·d			58.0000	72.0000
	井点降水					
00190101	综合人工	工日	17.0493	9.1995		
04030115	黄砂 中粗	t	9.4420	9.4420		
17270201	普通橡胶管	m	14.2440	14.2440		
34110101	水	m^3	152.3275	152.3275		
35040921	轻型井点井管 ϕ40	m	24.1164	24.1164		
35040941	轻型井点井管 ϕ180×4	m	1.1656	1.1656		
99091380	电动卷扬机单筒快速 10 kN	台班	1.9920	1.9920		
99350050	轻便钻机 XJ-100	台班	4.7310	4.7310		
99440010	电动单级离心清水泵 ϕ50	台班	−88.2000	−105.8400		
99440150	电动多级离心清水泵 ϕ150×180 m 以下	台班	3.9840	3.9840		
99440510	射流井点泵 9.5 m	台班	30.7420	30.7420		

工作内容：沟槽挖土、沟槽排水、井点降水、沟槽围护和支撑(钢板桩、撑拆列板)、铺筑管道基础、铺设管道、沟槽回填(黄砂及素土)、土方场内运输、砌筑检查井等。

定额编号			J-1-5-61 A(B)	J-1-5-62 A(B)	J-1-5-63 A(B)	J-1-5-64 A(B)
项目			DN1000			
			高密度聚乙烯双壁缠绕管(HDPE)			
			≤3.0 m	>3.0 m	3.5 m	≤4.0 m
			100 m	100 m	100 m	100 m
预算定额编号	预算定额名称	预算定额单位	数量			
04290711	钢筋混凝土板 1300×300×160 mm	块	3.0000	3.0000	3.0000	3.0000
52-1-2-1	机械挖沟槽土方 深≤3 m 现场抛土	m^3	664.1300			
52-1-2-3	机械挖沟槽土方 深≤6 m 现场抛土	m^3		721.8800	808.5000	895.1300
52-1-3-1	沟槽回填 夯填土	m^3	372.2550 (260.0450)	430.0050 (317.7950)	513.1150 (400.9050)	597.0050 (484.7950)
53-1-3-2	场内运输 自卸汽车装运土(运距1 km以内)	m^3	515.3260 (403.1160)	584.6260 (472.4160)	685.0600 (572.8500)	786.2760 (674.0660)
52-1-3-4	沟槽回填 黄砂	m^3	146.7900 (259.0000)	146.7900 (259.0000)	146.7900 (259.0000)	146.7900 (259.0000)
52-1-4-1	管道垫层 黄砂垫层	m^3	10.2500	10.2500	10.2500	10.2500
52-1-4-3	管道垫层 砾石砂垫层	m^3	32.8950	32.8950	32.8950	32.8950
52-1-5-1	管道基座 混凝土 C20	m^3	3.6900	3.6900	4.5900	4.5900
52-1-5-1换1	管道基座 混凝土 C15	m^3		1.0800	1.0800	1.0800
52-1-5-2	管道基座 钢筋	t		0.2040	0.2070	0.2070
52-1-6-74	管道铺设 高密度聚乙烯双壁缠绕管(HDPE)每节3 m以下 DN1000	100 m	0.0970	0.0970	0.0970	0.0970
52-1-6-91	管道铺设 高密度聚乙烯双壁缠绕管(HDPE)每节3 m以上 DN1000	100 m	0.8730	0.8730	0.8730	0.8730
52-3-1-2	砖砌检查井及雨水口 检查井 深≤4 m	m^3	11.3400	11.3400	13.5300	17.2200
52-3-2-1	水泥砂浆抹面 检查井	m^2	87.7200	87.7200	104.1600	120.6000
52-3-6-1	安装防坠格板 新建工程	只	3.0000	3.0000	3.0000	3.0000
52-3-9-3	安装盖板及盖座 铸铁盖座	套	3.0000	3.0000	3.0000	3.0000
52-3-9-4	安装盖板及盖座 防沉降检查井盖板	块	3.0000	3.0000	3.0000	3.0000
52-4-5-1	模板工程 模板 管道基座	m^2	5.9700	5.9700	7.4700	7.4700
53-9-1-1	施工排水、降水 湿土排水	m^3	433.1300	490.8800	577.5000	664.1300
53-9-1-3	施工排水、降水 筑拆竹箩滤井	座	2.5000	2.5000	2.5000	2.5000
调整项目						
	围护支撑					
52-4-2-4	满堂撑拆列板 深≤3.0 m,双面	100 m	1.0000			

（续表）

定额编号			J-1-5-61 A(B)	J-1-5-62 A(B)	J-1-5-63 A(B)	J-1-5-64 A(B)
项目			DN1000			
			高密度聚乙烯双壁缠绕管(HDPE)			
			≤3.0 m	>3.0 m	3.5 m	≤4.0 m
			100 m	100 m	100 m	100 m
预算定额编号	预算定额名称	预算定额单位	数量			
52-4-2-5	撑拆列板 列板使用费	t·d	227.0000			
52-4-2-6	列板支撑使用费	t·d	86.0000			
52-4-3-1	打槽型钢板桩 长 4.00～6.00 m，单面	100 m		2.0000	2.0000	2.0000
52-4-3-6	拔槽型钢板桩 长 4.00～6.00 m，单面	100 m		2.0000	2.0000	2.0000
52-4-4-1	安拆钢板桩支撑 槽宽≤3.0 m 深 3.01～4.00 m	100 m		1.0000	1.0000	1.0000
52-4-3-11	打拔沟槽钢板桩 槽型钢板桩使用费	t·d		1852.0000	1852.0000	1852.0000
52-4-4-14	钢板桩支撑使用费	t·d		87.0000	87.0000	87.0000
	井点降水					
53-9-1-1	施工排水、降水 湿土排水	m^3	−433.1300	−490.8800	−577.5000	−664.1300
53-9-1-5	施工排水、降水 轻型井点安装	根	83.0000	83.0000	83.0000	83.0000
53-9-1-6	施工排水、降水 轻型井点拆除	根	83.0000	83.0000	83.0000	83.0000
53-9-1-7	施工排水、降水 轻型井点使用	套·天	27.0000	27.0000	27.0000	27.0000

工作内容：沟槽挖土、沟槽排水、井点降水、沟槽围护和支撑(钢板桩、撑拆列板)、铺筑管道基础、铺设管道、沟槽回填(黄砂及素土)、土方场内运输、砌筑检查井等。

定额编号				J-1-5-61 A(B)	J-1-5-62 A(B)	J-1-5-63 A(B)	J-1-5-64 A(B)
项目				DN1000			
				高密度聚乙烯双壁缠绕管(HDPE)			
				≤3.0 m	>3.0 m	3.5 m	≤4.0 m
名称			单位	100 m	100 m	100 m	100 m
人工	00190101	综合人工	工日	273.6289 (276.5463)	303.0307 (305.9483)	343.6227 (346.5402)	387.0797 (389.9972)
材料	01010211	热轧带肋钢筋(HRB400) $\phi\leqslant10$	t		0.0585	0.0594	0.0594
	01010212	热轧带肋钢筋(HRB400) $\phi>10$	t		0.1506	0.1528	0.1528
	02090101	塑料薄膜	m^2	20.6359	23.9325	28.4896	31.5394
	03010811	钢塑膨胀铆钉	只	18.3600	18.3600	18.3600	18.3600
	03150101	圆钉	kg	1.2171	1.2171	1.5229	1.5229

（续表）

定额编号				J-1-5-61 A(B)	J-1-5-62 A(B)	J-1-5-63 A(B)	J-1-5-64 A(B)
项目				DN1000			
				高密度聚乙烯双壁缠绕管(HDPE)			
				≤3.0 m	>3.0 m	3.5 m	≤4.0 m
名称			单位	100 m	100 m	100 m	100 m
材料	03152501	镀锌铁丝	kg		0.6304	0.6396	0.6396
	04030115	黄砂 中粗	t	277.8167 (476.2040)	277.8167 (476.2040)	277.8167 (476.2040)	277.8167 (476.2040)
	04030701	砾石砂	t	72.7276	72.7276	72.7276	72.7276
	04050313	道碴 50～70	t	0.3988	0.3988	0.3988	0.3988
	04131711	蒸压灰砂砖	千块	6.1485	6.1485	7.3360	9.3367
	04290711	钢筋混凝土板 1300×300×160 mm	块	3.0000	3.0000	3.0000	3.0000
	05350301	竹箩	个	2.5000	2.5000	2.5000	2.5000
	17250751	高密度聚乙烯双壁缠绕管(HDPE) DN1000 每节长 3 m 以下	m	97.0000	97.0000	97.0000	97.0000
	34110101	水	m^3	23.4608 (41.1339)	23.5152 (41.1883)	23.5905 (41.2636)	23.6410 (41.3141)
	35010102	组合钢模板	kg	3.8196	3.8196	4.7793	4.7793
	35010703	木模板成材	m^3	0.0239	0.0239	0.0299	0.0299
	35020401	钢模零配件	kg	1.4123	1.4123	1.7672	1.7672
	36012831	铸铁检查井雨污水盖座 市政 90 型	套	3.0000	3.0000	3.0000	3.0000
	36016631	防沉降检查井盖板 2500×2000×200	块	3.0000	3.0000	3.0000	3.0000
	36016651	高强度塑料检查井格板	只	3.0600	3.0600	3.0600	3.0600
	36016661	高强度塑料支架	只	9.1800	9.1800	9.1800	9.1800
	80060414	湿拌砌筑砂浆 WM M10.0	m^3	2.6740	2.6740	3.1904	4.0605
	80060513	预拌抹灰砂浆 WP M15.0	m^3	1.6524	1.6524	1.9138	2.1752
	80210410	预拌混凝土(泵送型) C15 粒径 5～20	m^3		1.0908	1.0908	1.0908
	80210414	预拌混凝土(泵送型) C20 粒径 5～20	m^3	3.7269	3.7269	4.6359	4.6359
机械	99010060	履带式单斗液压挖掘机 1 m^3	台班	2.5901	2.9597	3.3149	3.6700
	99050930	混凝土振捣器 插入式	台班	0.5055	0.6535	0.7768	0.7768
	99050940	混凝土振捣器 平板式	台班	7.6644 (11.8274)	7.8124 (11.9754)	7.9357 (12.0987)	7.9357 (12.0987)
	99070220	轮胎式装载机 1 m^3	台班	2.4220 (1.8946)	2.7477 (2.2204)	3.2198 (2.6924)	3.6955 (3.1681)
	99070540	载重汽车 6 t	台班	0.0096	0.0096	0.0120	0.0120
	99070588	载重汽车 12 t	台班	3.7103 (2.9024)	4.2093 (3.4014)	4.9324 (4.1245)	5.6612 (4.8533)
	99090360	汽车式起重机 8 t	台班	1.5139	1.5139	1.5155	1.5155
	99091700	手扳葫芦	台班	2.5645	2.5645	2.5645	2.5645

（续表）

定　额　编　号				J-1-5-61 A(B)	J-1-5-62 A(B)	J-1-5-63 A(B)	J-1-5-64 A(B)
项　　目				DN1000			
				高密度聚乙烯双壁缠绕管(HDPE)			
				≤3.0 m	>3.0 m	3.5 m	≤4.0 m
名　　称			单位	100 m	100 m	100 m	100 m
机械	99130350	内燃夯实机 700 N·m	台班	13.8107 (9.6477)	15.9532 (11.7902)	19.0366 (14.8736)	22.1489 (17.9859)
	99170010	钢筋调直机	台班		0.0992	0.1006	0.1006
	99170025	钢筋切断机	台班		0.0992	0.1006	0.1006
	99210065	木工平刨床 刨削宽度 450	台班	0.0137	0.0137	0.0172	0.0172
	99440010	电动单级离心清水泵 ϕ50	台班	51.9756	58.9056	69.3000	79.6956
调整项目							
		围护支撑					
	00190101	综合人工	工日	78.7933	447.5882	447.5882	447.5882
	03150501	骑马钉	kg	25.3308			
	04131711	蒸压灰砂砖	千块	0.1545			
	05030101	成材	m^3	0.5000	0.5955	0.5955	0.5955
	35090501	列板使用费	t·d	227.0000			
	35090511	列板支撑使用费	t·d	86.0000			
	35091731	铁撑板	t	0.4181			
	35091771	铁撑柱	kg	139.6830	70.5300	70.5300	70.5300
	35090121	槽型钢板桩	t		1.3350	1.3350	1.3350
	35091901	钢桩帽摊销	kg		90.9300	90.9300	90.9300
	04030115	黄砂 中粗	t		15.8236	15.8236	15.8236
	03152501	镀锌铁丝	kg		15.0000	15.0000	15.0000
	35090131	槽型钢板桩使用费	t·d		1852.0000	1852.0000	1852.0000
	35090611	钢板桩支撑使用费	t·d		87.0000	87.0000	87.0000
	99030080	轨道式柴油打桩机 0.6 t	台班		20.1323	20.1323	20.1323
	99030690	简易拔桩架	台班		23.9558	23.9558	23.9558
	99090075	履带式起重机 8 t	台班		3.4125	3.4125	3.4125
		井点降水					
	00190101	综合人工	工日	34.3192	31.2353	26.6098	21.9838
	04030115	黄砂 中粗	t	9.4420	9.4420	9.4420	9.4420
	17270201	普通橡胶管	m	14.2440	14.2440	14.2440	14.2440
	34110101	水	m^3	152.3275	152.3275	152.3275	152.3275
	35040921	轻型井点井管 ϕ40	m	25.8982	25.8982	25.8982	25.8982
	35040941	轻型井点井管 ϕ180×4	m	1.2515	1.2515	1.2515	1.2515
	99091380	电动卷扬机单筒快速 10 kN	台班	1.9920	1.9920	1.9920	1.9920
	99350050	轻便钻机 XJ-100	台班	4.7310	4.7310	4.7310	4.7310
	99440010	电动单级离心清水泵 ϕ50	台班	-51.9756	-58.9056	-69.3000	-79.6956
	99440150	电动多级离心清水泵 ϕ150×180 m 以下	台班	3.9840	3.9840	3.9840	3.9840
	99440510	射流井点泵 9.5 m	台班	33.0420	33.0420	33.0420	33.0420

工作内容: 沟槽挖土、沟槽排水、井点降水、沟槽围护和支撑(钢板桩、撑拆列板)、铺筑管道基础、铺设管道、沟槽回填(黄砂及素土)、土方场内运输、砌筑检查井等。

定额编号			J-1-5-65 A(B)	J-1-5-66 A(B)	J-1-5-67 A(B)	J-1-5-68 A(B)
项目			DN1000			
			高密度聚乙烯双壁缠绕管(HDPE)			
			>4.0 m	4.5 m	5.0 m	5.5 m
			100 m	100 m	100 m	100 m
预算定额编号	预算定额名称	预算定额单位	数量			
04290711	钢筋混凝土板 1300×300×160 mm	块	3.0000	3.0000	3.0000	3.0000
52-1-2-3	机械挖沟槽土方 深≤6 m 现场抛土	m^3	952.8800	1039.5000	1207.5000	1328.2500
52-1-3-1	沟槽回填 夯填土	m^3	654.7550 (542.5450)	738.2250 (626.0150)	890.1300 (772.6800)	1006.3300 (888.8800)
53-1-3-2	场内运输 自卸汽车装运土(运距1 km以内)	m^3	855.5760 (743.3660)	956.3700 (844.1600)	1142.3400 (1024.8900)	1282.6900 (1165.2400)
52-1-3-4	沟槽回填 黄砂	m^3	146.7900 (259.0000)	146.7900 (259.0000)	157.2400 (274.6900)	157.2400 (274.6900)
52-1-4-1	管道垫层 黄砂垫层	m^3	10.2500	10.2500	10.7100	10.7100
52-1-4-3	管道垫层 砾石砂垫层	m^3	32.8950	32.8950	34.2900	34.2900
52-1-5-1	管道基座 混凝土 C20	m^3	4.5900	4.5900	4.5900	5.5500
52-1-5-1换1	管道基座 混凝土 C15	m^3	1.0800	1.0800	1.0800	1.0800
52-1-5-2	管道基座 钢筋	t	0.2070	0.2070	0.2070	0.2100
52-1-6-74	管道铺设 高密度聚乙烯双壁缠绕管(HDPE)每节3 m以下 DN1000	100 m	0.0970	0.0970	0.0970	0.0970
52-1-6-91	管道铺设 高密度聚乙烯双壁缠绕管(HDPE)每节3 m以上 DN1000	100 m	0.8730	0.8730	0.8730	0.8730
52-3-1-2	砖砌检查井及雨水口 检查井 深≤4 m	m^3	17.2200			
52-3-1-3	砖砌检查井及雨水口 检查井 深≤6 m	m^3		20.3400	23.3700	26.4000
52-3-2-1	水泥砂浆抹面 检查井	m^2	120.6000	137.0400	153.4800	169.9200
52-3-6-1	安装防坠格板 新建工程	只	3.0000	3.0000	3.0000	3.0000
52-3-9-3	安装盖板及盖座 铸铁盖座	套	3.0000	3.0000	3.0000	3.0000
52-3-9-4	安装盖板及盖座 防沉降检查井盖板	块	3.0000	3.0000	3.0000	3.0000
52-4-5-1	模板工程 模板 管道基座	m^2	7.4700	7.4700	7.4700	8.9700
53-9-1-1	施工排水、降水 湿土排水	m^3	721.8800	808.5000	966.0000	1086.7500
53-9-1-3	施工排水、降水 筑拆竹箩滤井	座	2.5000	2.5000	2.5000	2.5000
调整项目						
	围护支撑					
52-4-3-2	打槽型钢板桩 长6.01～9.00 m,单面	100 m	2.0000	2.0000	2.0000	2.0000

（续表）

定 额 编 号			J-1-5-65 A(B)	J-1-5-66 A(B)	J-1-5-67 A(B)	J-1-5-68 A(B)
项 目			DN1000			
			高密度聚乙烯双壁缠绕管(HDPE)			
			>4.0 m	4.5 m	5.0 m	5.5 m
			100 m	100 m	100 m	100 m
预算定额编号	预算定额名称	预算定额单位	数 量			
52-4-3-7	拔槽型钢板桩 长 6.01～9.00 m，单面	100 m	2.0000	2.0000	2.0000	2.0000
52-4-3-11	打拔沟槽钢板桩 槽型钢板桩使用费	t·d	4116.0000	4116.0000	4116.0000	4116.0000
52-4-4-2	安拆钢板桩支撑 槽宽≤3.0 m 深 4.01～6.00 m	100 m	1.0000	1.0000	1.0000	1.0000
52-4-4-14	钢板桩支撑使用费	t·d	264.0000	264.0000	264.0000	264.0000
	井点降水					
53-9-1-1	施工排水、降水 湿土排水	m^3	−721.8800	−808.5000	−966.0000	−1086.7500
53-9-1-5	施工排水、降水 轻型井点安装	根	83.0000	83.0000	83.0000	83.0000
53-9-1-6	施工排水、降水 轻型井点拆除	根	83.0000	83.0000	83.0000	83.0000
53-9-1-7	施工排水、降水 轻型井点使用	套·天	27.0000	27.0000	27.0000	27.0000

工作内容：沟槽挖土、沟槽排水、井点降水、沟槽围护和支撑（钢板桩、撑拆列板）、铺筑管道基础、铺设管道、沟槽回填（黄砂及素土）、土方场内运输、砌筑检查井等。

定 额 编 号				J-1-5-65 A(B)	J-1-5-66 A(B)	J-1-5-67 A(B)	J-1-5-68 A(B)
项 目				DN1000			
				高密度聚乙烯双壁缠绕管(HDPE)			
				>4.0 m	4.5 m	5.0 m	5.5 m
名 称			单位	100 m	100 m	100 m	100 m
人工	00190101	综合人工	工日	409.2304 (412.1479)	453.9982 (456.9157)	527.3901 (530.4437)	583.1112 (586.1649)
材料	01010211	热轧带肋钢筋(HRB400) $\phi\leqslant10$	t	0.0594	0.0594	0.0594	0.0603
	01010212	热轧带肋钢筋(HRB400) $\phi>10$	t	0.1528	0.1528	0.1528	0.1550
	02090101	塑料薄膜	m^2	31.5394	34.1181	36.6224	42.0570
	03010811	钢塑膨胀铆钉	只	18.3600	18.3600	18.3600	18.3600
	03150101	圆钉	kg	1.5229	1.5229	1.5229	1.8287
	03152501	镀锌铁丝	kg	0.6396	0.6396	0.6396	0.6489
	04030115	黄砂 中粗	t	277.8167 (476.2040)	277.8167 (476.2040)	297.1056 (504.7572)	297.1056 (504.7572)
	04030701	砾石砂	t	72.7276	72.7276	75.8118	75.8118
	04050313	道碴 50～70	t	0.3988	0.3988	0.3988	0.3988

(续表)

定额编号				J-1-5-65 A(B)	J-1-5-66 A(B)	J-1-5-67 A(B)	J-1-5-68 A(B)
项目				DN1000			
				高密度聚乙烯双壁缠绕管(HDPE)			
				>4.0 m	4.5 m	5.0 m	5.5 m
名称			单位	100 m	100 m	100 m	100 m
材料	04131711	蒸压灰砂砖	千块	9.3367	10.9958	12.6338	14.2718
	04290711	钢筋混凝土板 1300×300×160 mm	块	3.0000	3.0000	3.0000	3.0000
	05350301	竹箩	个	2.5000	2.5000	2.5000	2.5000
	17250751	高密度聚乙烯双壁缠绕管(HDPE) DN1000 每节长3米以下	m	97.0000	97.0000	97.0000	97.0000
	34110101	水	m^3	23.6410 (41.3141)	23.6838 (41.3569)	25.3712 (43.8696)	25.4611 (43.9595)
	35010102	组合钢模板	kg	4.7793	4.7793	4.7793	5.7391
	35010703	木模板成材	m^3	0.0299	0.0299	0.0299	0.0359
	35020401	钢模零配件	kg	1.7672	1.7672	1.7672	2.1220
	36012831	铸铁检查井雨污水盖座 市政90型	套	3.0000	3.0000	3.0000	3.0000
	36016631	防沉降检查井盖板 2500×2000×200	块	3.0000	3.0000	3.0000	3.0000
	36016651	高强度塑料检查井格板	只	3.0600	3.0600	3.0600	3.0600
	36016661	高强度塑料支架	只	9.1800	9.1800	9.1800	9.1800
	80060414	湿拌砌筑砂浆 WM M10.0	m^3	4.0605	4.8409	5.5621	6.2832
	80060513	预拌抹灰砂浆 WP M15.0	m^3	2.1752	2.4366	2.6980	2.9594
	80210410	预拌混凝土(泵送型) C15 粒径5～20	m^3	1.0908	1.0908	1.0908	1.0908
	80210414	预拌混凝土(泵送型) C20 粒径5～20	m^3	4.6359	4.6359	4.6359	5.6055
机械	99010060	履带式单斗液压挖掘机 1 m^3	台班	3.9068	4.2620	4.9508	5.4458
	99050930	混凝土振捣器 插入式	台班	0.7768	0.7768	0.7768	0.9084
	99050940	混凝土振捣器 平板式	台班	7.9357 (12.0987)	7.9357 (12.0987)	8.3969 (12.7543)	8.5285 (12.8859)
	99070220	轮胎式装载机 1 m^3	台班	4.0212 (3.4938)	4.4949 (3.9676)	5.3690 (4.8170)	6.0286 (5.4766)
	99070540	载重汽车 6 t	台班	0.0120	0.0120	0.0120	0.0144
	99070588	载重汽车 12 t	台班	6.1601 (5.3522)	6.8859 (6.0780)	8.2248 (7.3792)	9.2354 (8.3897)
	99090360	汽车式起重机 8 t	台班	1.5155	1.5155	1.5155	1.5172
	99091700	手扳葫芦	台班	2.5645	2.5645	2.5645	2.5645
	99130350	内燃夯实机 700 N·m	台班	24.2914 (20.1284)	27.3881 (23.2252)	33.0238 (28.6664)	37.3348 (32.9774)
	99170010	钢筋调直机	台班	0.1006	0.1006	0.1006	0.1021

（续表）

定　额　编　号				J-1-5-65 A(B)	J-1-5-66 A(B)	J-1-5-67 A(B)	J-1-5-68 A(B)
项　　目				DN1000			
				高密度聚乙烯双壁缠绕管（HDPE）			
				>4.0 m	4.5 m	5.0 m	5.5 m
名　　称			单位	100 m	100 m	100 m	100 m
机械	99170025	钢筋切断机	台班	0.1006	0.1006	0.1006	0.1021
	99210065	木工平刨床 刨削宽度 450	台班	0.0172	0.0172	0.0172	0.0206
	99440010	电动单级离心清水泵 ϕ50	台班	86.6256	97.0200	115.9200	130.4100
调整项目							
		围护支撑					
	00190101	综合人工	工日	571.2213	571.2213	571.2213	571.2213
	03152501	镀锌铁丝	kg	20.0000	20.0000	20.0000	20.0000
	04030115	黄砂 中粗	t	23.7356	23.7356	23.7356	23.7356
	05030101	成材	m^3	0.8169	0.8169	0.8169	0.8169
	35090121	槽型钢板桩	t	1.9587	1.9587	1.9587	1.9587
	35090131	槽型钢板桩使用费	t·d	4116.0000	4116.0000	4116.0000	4116.0000
	35090611	钢板桩支撑使用费	t·d	264.0000	264.0000	264.0000	264.0000
	35091771	铁撑柱	kg	141.1200	141.1200	141.1200	141.1200
	35091901	钢桩帽摊销	kg	136.2690	136.2690	136.2690	136.2690
	99030080	轨道式柴油打桩机 0.6 t	台班	27.7905	27.7905	27.7905	27.7905
	99030690	简易拔桩架	台班	29.8410	29.8410	29.8410	29.8410
	99090075	履带式起重机 8 t	台班	4.5500	4.5500	4.5500	4.5500
		井点降水					
	00190101	综合人工	工日	18.8999	14.2744	5.8639	−0.5842
	04030115	黄砂 中粗	t	9.4420	9.4420	9.4420	9.4420
	17270201	普通橡胶管	m	14.2440	14.2440	14.2440	14.2440
	34110101	水	m^3	152.3275	152.3275	152.3275	152.3275
	35040921	轻型井点井管 ϕ40	m	25.8982	25.8982	25.8982	25.8982
	35040941	轻型井点井管 ϕ180×4	m	1.2515	1.2515	1.2515	1.2515
	99091380	电动卷扬机单筒快速 10 kN	台班	1.9920	1.9920	1.9920	1.9920
	99350050	轻便钻机 XJ-100	台班	4.7310	4.7310	4.7310	4.7310
	99440010	电动单级离心清水泵 ϕ50	台班	−86.6256	−97.0200	−115.9200	−130.4100
	99440150	电动多级离心清水泵 ϕ150×180 m 以下	台班	3.9840	3.9840	3.9840	3.9840
	99440510	射流井点泵 9.5 m	台班	33.0420	33.0420	33.0420	33.0420

工作内容:沟槽挖土、沟槽排水、井点降水、沟槽围护和支撑(钢板桩、撑折列板)、铺筑管道基础、铺设管道、沟槽回填(黄砂及素土)、土方场内运输、砌筑检查井等。

定额编号			J-1-5-69 A(B)	J-1-5-70 A(B)	J-1-5-71 A(B)	J-1-5-72 A(B)
项目			DN1000	DN1200		
			高密度聚乙烯双壁缠绕管(HDPE)			
			≤6.0 m	2.0 m	2.5 m	≤3.0 m
			100 m	100 m	100 m	100 m
预算定额编号	预算定额名称	预算定额单位	数量			
04290711	钢筋混凝土板 1300×300×160 mm	块	3.0000	6.0000	6.0000	6.0000
52-1-2-1	机械挖沟槽土方 深≤3 m 现场抛土	m^3		546.0000	682.5000	784.8800
52-1-2-3	机械挖沟槽土方 深≤6 m 现场抛土	m^3	1418.8100			
52-1-3-1	沟槽回填 夯填土	m^3	1093.1100 (975.6600)	160.9950 (28.2050)	294.7550 (161.9650)	389.0300 (256.2400)
53-1-3-2	场内运输 自卸汽车装运土(运距1 km以内)	m^3	1387.5820 (1270.1320)	372.8100 (505.6000)	443.4500 (508.3400)	558.1160 (516.5300)
52-1-3-4	沟槽回填 黄砂	m^3	157.2400 (274.6900)	206.9700 (339.7600)	206.9700 (339.7600)	206.9700 (339.7600)
52-1-4-1	管道垫层 黄砂垫层	m^3	10.7100	12.1900	12.1900	12.1100
52-1-4-3	管道垫层 砾石砂垫层	m^3	34.2900	38.5350	38.5350	38.7000
52-1-5-1	管道基座 混凝土 C20	m^3	5.5500	3.3300	3.3300	4.0800
52-1-5-1换1	管道基座 混凝土 C15	m^3	1.0800			
52-1-5-2	管道基座 钢筋	t	0.2100			
52-1-6-74	管道铺设 高密度聚乙烯双壁缠绕管(HDPE)每节 3 m 以下 DN1000	100 m	0.0970			
52-1-6-75	管道铺设 高密度聚乙烯双壁缠绕管(HDPE)每节 3 m 以下 DN1200	100 m		0.0970	0.0970	0.0970
52-1-6-91	管道铺设 高密度聚乙烯双壁缠绕管(HDPE)每节 3 m 以上 DN1000	100 m	0.8730			
52-1-6-92	管道铺设 高密度聚乙烯双壁缠绕管(HDPE)每节 3 m 以上 DN1200	100 m		0.8730	0.8730	0.8730
52-3-1-1	砖砌检查井及雨水口 检查井深≤2.5 m	m^3		6.8700	8.7300	
52-3-1-2	砖砌检查井及雨水口 检查井深≤4 m	m^3				11.7900
52-3-1-3	砖砌检查井及雨水口 检查井深≤6 m	m^3	29.4600			

（续表）

定额编号			J-1-5-69 A(B)	J-1-5-70 A(B)	J-1-5-71 A(B)	J-1-5-72 A(B)
项目			DN1000	DN1200		
			高密度聚乙烯双壁缠绕管(HDPE)			
			≤6.0 m	2.0 m	2.5 m	≤3.0 m
			100 m	100 m	100 m	100 m
预算定额编号	预算定额名称	预算定额单位	数量			
52-3-2-1	水泥砂浆抹面 检查井	m^2	186.3600	43.1100	70.4400	90.1200
52-3-6-1	安装防坠格板 新建工程	只	3.0000	3.0000	3.0000	3.0000
52-3-9-3	安装盖板及盖座 铸铁盖座	套	3.0000	3.0000	3.0000	3.0000
52-3-9-4	安装盖板及盖座 防沉降检查井盖板	块	3.0000	3.0000	3.0000	3.0000
52-4-5-1	模板工程 模板 管道基座	m^2	9.8400	5.3400	5.3400	5.9700
53-9-1-1	施工排水、降水 湿土排水	m^3	1177.3100	273.0000	409.5000	511.8800
53-9-1-3	施工排水、降水 筑拆竹箩滤井	座	2.5000	2.5000	2.5000	2.5000
调整项目						
	围护支撑					
52-4-3-2	打槽型钢板桩 长 6.01～9.00 m，单面	100 m	2.0000			
52-4-3-7	拔槽型钢板桩 长 6.01～9.00 m，单面	100 m	2.0000			
52-4-3-11	打拔沟槽钢板桩 槽型钢板桩使用费	t·d	4116.0000			
52-4-4-2	安拆钢板桩支撑 槽宽≤3.0 m 深 4.01～6.00 m	100 m	1.0000			
52-4-4-14	钢板桩支撑使用费	t·d	264.0000			
52-4-2-2	满堂撑拆列板 深≤2.0 m，双面	100 m		1.0000		
52-4-2-5	撑拆列板 列板使用费	t·d		165.0000	205.0000	227.0000
52-4-2-6	列板支撑使用费	t·d		58.0000	72.0000	86.0000
52-4-2-3	满堂撑拆列板 深≤2.5 m，双面	100 m			1.0000	
52-4-2-4	满堂撑拆列板 深≤3.0 m，双面	100 m				1.0000
	井点降水					
53-9-1-1	施工排水、降水 湿土排水	m^3	−1177.3100			−511.8800
53-9-1-5	施工排水、降水 轻型井点安装	根	83.0000			83.0000
53-9-1-6	施工排水、降水 轻型井点拆除	根	83.0000			83.0000
53-9-1-7	施工排水、降水 轻型井点使用	套·天	27.0000			28.0000

工作内容:沟槽挖土、沟槽排水、井点降水、沟槽围护和支撑(钢板桩、撑拆列板)、铺筑管道基础、铺设管道、沟槽回填(黄砂及素土)、土方场内运输、砌筑检查井等。

定额编号				J-1-5-69 A(B)	J-1-5-70 A(B)	J-1-5-71 A(B)	J-1-5-72 A(B)
项目				DN1000	DN1200		
				高密度聚乙烯双壁缠绕管(HDPE)			
				≤6.0 m	2.0 m	2.5 m	≤3.0 m
名称			单位	100 m	100 m	100 m	100 m
人工	00190101	综合人工	工日	626.9718 (630.0255)	208.0535 (220.3498)	263.8023 (273.8375)	311.6285 (318.1180)
材料	01010211	热轧带肋钢筋(HRB400) $\phi\leqslant10$	t	0.0603			
	01010212	热轧带肋钢筋(HRB400) $\phi>10$	t	0.1550			
	02090101	塑料薄膜	m^2	44.5861	15.8426	17.3798	22.1982
	03010811	钢塑膨胀铆钉	只	18.3600	18.3600	18.3600	18.3600
	03150101	圆钉	kg	2.0061	1.0887	1.0887	1.2171
	03152501	镀锌铁丝	kg	0.6489			
	04030115	黄砂 中粗	t	297.1056 (504.7572)	387.6449 (622.4176)	387.6449 (622.4176)	387.5035 (622.2762)
	04030701	砾石砂	t	75.8118	85.1970	85.1970	85.5618
	04050313	道碴 50～70	t	0.3988	0.3988	0.3988	0.3988
	04131711	蒸压灰砂砖	千块	15.9261	3.7435	4.7570	6.3925
	04290711	钢筋混凝土板 1300×300×160 mm	块	3.0000	6.0000	6.0000	6.0000
	05350301	竹箩	个	2.5000	2.5000	2.5000	2.5000
	17250751	高密度聚乙烯双壁缠绕管(HDPE) DN1000 每节长 3 m 以下	m	97.0000			
	17250753	高密度聚乙烯双壁缠绕管(HDPE) DN1200 每节长 3 m 以下	m		97.0000	97.0000	97.0000
	34110101	水	m^3	25.5030 (44.0014)	32.8597 (53.7741)	32.8852 (53.7996)	32.9649 (53.8793)
	35010102	组合钢模板	kg	6.2957	3.4166	3.4166	3.8196
	35010703	木模板成材	m^3	0.0393	0.0213	0.0213	0.0239
	35020401	钢模零配件	kg	2.3278	1.2633	1.2633	1.4123
	36012831	铸铁检查井雨污水盖座 市政90型	套	3.0000	3.0000	3.0000	3.0000
	36016631	防沉降检查井盖板 2500×2000×200	块	3.0000	3.0000	3.0000	3.0000
	36016651	高强度塑料检查井格板	只	3.0600	3.0600	3.0600	3.0600

（续表）

定　额　编　号				J-1-5-69 A(B)	J-1-5-70 A(B)	J-1-5-71 A(B)	J-1-5-72 A(B)
项　　目				DN1000	DN1200		
				高密度聚乙烯双壁缠绕管(HDPE)			
				≤6.0 m	2.0 m	2.5 m	≤3.0 m
名　　称			单位	100 m	100 m	100 m	100 m
材料	36016661	高强度塑料支架	只	9.1800	9.1800	9.1800	9.1800
	80060414	湿拌砌筑砂浆 WM M10.0	m^3	7.0115	1.5911	2.0219	2.7801
	80060513	预拌抹灰砂浆 WP M15.0	m^3	3.2208	0.9431	1.3777	1.6906
	80210410	预拌混凝土(泵送型) C15 粒径 5～20	m^3	1.0908			
	80210414	预拌混凝土(泵送型) C20 粒径 5～20	m^3	5.6055	3.3633	3.3633	4.1208
机械	99010060	履带式单斗液压挖掘机 1 m^3	台班	5.8171	2.1294	2.6618	3.0610
	99050930	混凝土振捣器 插入式	台班	0.9084	0.4562	0.4562	0.5590
	99050940	混凝土振捣器 平板式	台班	8.5285 (12.8859)	10.1476 (15.0741)	10.1476 (15.0741)	10.2547 (15.1812)
	99070220	轮胎式装载机 1 m^3	台班	6.5216 (5.9696)	1.7522 (2.3763)	2.0842 (2.3892)	2.6231 (2.4277)
	99070540	载重汽车 6 t	台班	0.0157	0.0085	0.0085	0.0096
	99070588	载重汽车 12 t	台班	9.9906 (9.1450)	2.6842 (3.6403)	3.1928 (3.6600)	4.0184 (3.7190)
	99090360	汽车式起重机 8 t	台班	1.5181	1.5732	1.5732	1.5739
	99091700	手扳葫芦	台班	2.5645	2.6845	2.6845	2.6845
	99130350	内燃夯实机 700 N·m	台班	40.5544 (36.1970)	5.9729 (1.0464)	10.9354 (6.0089)	14.4330 (9.5065)
	99170010	钢筋调直机	台班	0.1021			
	99170025	钢筋切断机	台班	0.1021			
	99210065	木工平刨床 刨削宽度 450	台班	0.0226	0.0123	0.0123	0.0137
	99440010	电动单级离心清水泵 φ50	台班	141.2772	32.7600	49.1400	61.4256
调整项目							
		围护支撑					
	00190101	综合人工	工日	571.2213	37.3728	57.0282	78.7933
	03152501	镀锌铁丝	kg	20.0000			
	04030115	黄砂 中粗	t	23.7356			
	05030101	成材	m^3	0.8169	0.3333	0.4444	0.5000

（续表）

定额编号				J-1-5-69 A(B)	J-1-5-70 A(B)	J-1-5-71 A(B)	J-1-5-72 A(B)
项目				DN1000	DN1200		
				高密度聚乙烯双壁缠绕管(HDPE)			
				≤6.0 m	2.0 m	2.5 m	≤3.0 m
		名称	单位	100 m	100 m	100 m	100 m
	35090121	槽型钢板桩	t	1.9587			
	35090131	槽型钢板桩使用费	t·d	4116.0000			
	35090611	钢板桩支撑使用费	t·d	264.0000			
	35091771	铁撑柱	kg	141.1200	93.1220	114.6350	139.6830
	35091901	钢桩帽摊销	kg	136.2690			
	99030080	轨道式柴油打桩机 0.6 t	台班	27.7905			
	99030690	简易拔桩架	台班	29.8410			
	99090075	履带式起重机 8 t	台班	4.5500			
	03150501	骑马钉	kg		16.8872	21.1090	25.3308
	04131711	蒸压灰砂砖	千块		0.1545	0.1545	0.1545
	35091731	铁撑板	t		0.2788	0.3345	0.4181
	35090501	列板使用费	t·d		165.0000	205.0000	227.0000
	35090511	列板支撑使用费	t·d		58.0000	72.0000	86.0000
		井点降水					
	00190101	综合人工	工日	−5.4201			30.6889
	04030115	黄砂 中粗	t	9.4420			9.4420
	17270201	普通橡胶管	m	14.2440			14.2440
	34110101	水	m^3	152.3275			152.3275
	35040921	轻型井点井管 ϕ40	m	25.8982			26.7891
	35040941	轻型井点井管 ϕ180×4	m	1.2515			1.2944
	99091380	电动卷扬机单筒快速 10 kN	台班	1.9920			1.9920
	99350050	轻便钻机 XJ-100	台班	4.7310			4.7310
	99440010	电动单级离心清水泵 ϕ50	台班	−141.2772			−61.4256
	99440150	电动多级离心清水泵 ϕ150×180 m 以下	台班	3.9840			3.9840
	99440510	射流井点泵 9.5 m	台班	33.0420			34.1920

工作内容：沟槽挖土、沟槽排水、井点降水、沟槽围护和支撑（钢板桩、撑拆列板）、铺筑管道基础、铺设管道、沟槽回填（黄砂及素土）、土方场内运输、砌筑检查井等。

定额编号			J-1-5-73 A(B)	J-1-5-74 A(B)	J-1-5-75 A(B)	J-1-5-76 A(B)
项目			DN1200			
			高密度聚乙烯双壁缠绕管（HDPE）			
			>3.0 m	3.5 m	≤4.0 m	>4.0 m
			100 m	100 m	100 m	100 m
预算定额编号	预算定额名称	预算定额单位	数量			
04290711	钢筋混凝土板 1300×300×160 mm	块	6.0000	6.0000	6.0000	6.0000
52-1-2-3	机械挖沟槽土方 深≤6 m 现场抛土	m^3	853.1300	955.5000	1057.8800	1126.1300
52-1-3-1	沟槽回填 夯填土	m^3	457.2800 (324.4900)	556.0600 (423.2700)	655.7100 (522.9200)	723.9600 (591.1700)
53-1-3-2	场内运输 自卸汽车装运土（运距 1 km 以内）	m^3	640.0160 (516.5300)	759.2700 (626.4800)	879.3960 (746.6060)	961.2960 (828.5060)
52-1-3-4	沟槽回填 黄砂	m^3	206.9700 (339.7600)	206.9700 (339.7600)	206.9700 (339.7600)	206.9700 (339.7600)
52-1-4-1	管道垫层 黄砂垫层	m^3	12.1100	12.1100	12.1100	12.1100
52-1-4-3	管道垫层 砾石砂垫层	m^3	38.7000	38.7000	38.7000	38.7000
52-1-5-1	管道基座 混凝土 C20	m^3	4.0800	5.1300	5.1300	5.1300
52-1-5-1 换 1	管道基座 混凝土 C15	m^3	1.2000	1.2000	1.2000	1.2000
52-1-5-2	管道基座 钢筋	t	0.2250	0.2280	0.2280	0.2280
52-1-6-75	管道铺设 高密度聚乙烯双壁缠绕管（HDPE）每节 3 m 以下 DN1200	100 m	0.0970	0.0970	0.0970	0.0970
52-1-6-92	管道铺设 高密度聚乙烯双壁缠绕管（HDPE）每节 3 m 以上 DN1200	100 m	0.8730	0.8730	0.8730	0.8730
52-3-1-2	砖砌检查井及雨水口 检查井 深≤4 m	m^3	11.7900	14.5200	17.5800	17.5800
52-3-2-1	水泥砂浆抹面 检查井	m^2	90.1200	106.5600	123.0000	123.0000
52-3-6-1	安装防坠格板 新建工程	只	3.0000	3.0000	3.0000	3.0000
52-3-9-3	安装盖板及盖座 铸铁盖座	套	3.0000	3.0000	3.0000	3.0000
52-3-9-4	安装盖板及盖座 防沉降检查井盖板	块	3.0000	3.0000	3.0000	3.0000
52-4-5-1	模板工程 模板 管道基座	m^2	5.9700	7.4700	7.4700	7.4700
53-9-1-1	施工排水、降水 湿土排水	m^3	580.1300	682.5000	784.8800	853.1300
53-9-1-3	施工排水、降水 筑拆竹箩滤井	座	2.5000	2.5000	2.5000	2.5000
调整项目						
	围护支撑					
52-4-3-1	打槽型钢板桩 长 4.00～6.00 m，单面	100 m	2.0000	2.0000	2.0000	
52-4-3-6	拔槽型钢板桩 长 4.00～6.00 m，单面	100 m	2.0000	2.0000	2.0000	

（续表）

定额编号			J-1-5-73 A(B)	J-1-5-74 A(B)	J-1-5-75 A(B)	J-1-5-76 A(B)
项目			DN1200			
			高密度聚乙烯双壁缠绕管(HDPE)			
			>3.0 m	3.5 m	≤4.0 m	>4.0 m
			100 m	100 m	100 m	100 m
预算定额编号	预算定额名称	预算定额单位	数量			
52-4-3-11	打拔沟槽钢板桩 槽型钢板桩使用费	t·d	1852.0000	1852.0000	1852.0000	4116.0000
52-4-4-1	安拆钢板桩支撑 槽宽≤3.0 m 深 3.01～4.00 m	100 m	1.0000	1.0000	1.0000	
52-4-4-14	钢板桩支撑使用费	t·d	87.0000	87.0000	87.0000	264.0000
52-4-3-2	打槽型钢板桩 长 6.01～9.00 m，单面	100 m				2.0000
52-4-3-7	拔槽型钢板桩 长 6.01～9.00 m，单面	100 m				2.0000
52-4-4-2	安拆钢板桩支撑 槽宽≤3.0 m 深 4.01～6.00 m	100 m				1.0000
	井点降水					
53-9-1-1	施工排水、降水 湿土排水	m^3	−580.1300	−682.5000	−784.8800	−853.1300
53-9-1-5	施工排水、降水 轻型井点安装	根	83.0000	83.0000	83.0000	83.0000
53-9-1-6	施工排水、降水 轻型井点拆除	根	83.0000	83.0000	83.0000	83.0000
53-9-1-7	施工排水、降水 轻型井点使用	套·天	28.0000	28.0000	28.0000	28.0000

工作内容：沟槽挖土、沟槽排水、井点降水、沟槽围护和支撑(钢板桩、撑拆列板)、铺筑管道基础、铺设管道、沟槽回填(黄砂及素土)、土方场内运输、砌筑检查井等。

定额编号				J-1-5-73 A(B)	J-1-5-74 A(B)	J-1-5-75 A(B)	J-1-5-76 A(B)
项目				DN1200			
				高密度聚乙烯双壁缠绕管(HDPE)			
				>3.0 m	3.5 m	≤4.0 m	>4.0 m
名称			单位	100 m	100 m	100 m	100 m
人工	00190101	综合人工	工日	346.2426 (350.0049)	394.1467 (397.5992)	442.2089 (445.6614)	468.3868 (471.8392)
材料	01010211	热轧带肋钢筋(HRB400) ϕ≤10	t	0.0646	0.0654	0.0654	0.0654
	01010212	热轧带肋钢筋(HRB400) ϕ>10	t	0.1661	0.1683	0.1683	0.1683
	02090101	塑料薄膜	m^2	25.8611	31.3225	33.8516	33.8516
	03010811	钢塑膨胀铆钉	只	18.3600	18.3600	18.3600	18.3600
	03150101	圆钉	kg	1.2171	1.5229	1.5229	1.5229
	03152501	镀锌铁丝	kg	0.6953	0.7045	0.7045	0.7045
	04030115	黄砂 中粗	t	387.5035 (622.2762)	387.5035 (622.2762)	387.5035 (622.2762)	387.5035 (622.2762)

（续表）

定额编号				J-1-5-73 A(B)	J-1-5-74 A(B)	J-1-5-75 A(B)	J-1-5-76 A(B)
项目				DN1200			
				高密度聚乙烯双壁缠绕管(HDPE)			
				>3.0 m	3.5 m	≤4.0 m	>4.0 m
名称			单位	100 m	100 m	100 m	100 m
材料	04030701	砾石砂	t	85.5618	85.5618	85.5618	85.5618
	04050313	道碴 50～70	t	0.3988	0.3988	0.3988	0.3988
	04131711	蒸压灰砂砖	千块	6.3925	7.8727	9.5319	9.5319
	04290711	钢筋混凝土板 1300×300×160 mm	块	6.0000	6.0000	6.0000	6.0000
	05350301	竹箩	个	2.5000	2.5000	2.5000	2.5000
	17250753	高密度聚乙烯双壁缠绕管(HDPE) DN1200 每节长 3 m 以下	m	97.0000	97.0000	97.0000	97.0000
	34110101	水	m^3	33.0254 (53.9398)	33.1158 (54.0302)	33.1577 (54.0721)	33.1577 (54.0721)
	35010102	组合钢模板	kg	3.8196	4.7793	4.7793	4.7793
	35010703	木模板成材	m^3	0.0239	0.0299	0.0299	0.0299
	35020401	钢模零配件	kg	1.4123	1.7672	1.7672	1.7672
	36012831	铸铁检查井雨污水盖座 市政 90 型	套	3.0000	3.0000	3.0000	3.0000
	36016631	防沉降检查井盖板 2500×2000×200	块	3.0000	3.0000	3.0000	3.0000
	36016651	高强度塑料检查井格板	只	3.0600	3.0600	3.0600	3.0600
	36016661	高强度塑料支架	只	9.1800	9.1800	9.1800	9.1800
	80060414	湿拌砌筑砂浆 WM M10.0	m^3	2.7801	3.4238	4.1454	4.1454
	80060513	预拌抹灰砂浆 WP M15.0	m^3	1.6906	1.9520	2.2134	2.2134
	80210410	预拌混凝土(泵送型) C15 粒径 5～20	m^3	1.2120	1.2120	1.2120	1.2120
	80210414	预拌混凝土(泵送型) C20 粒径 5～20	m^3	4.1208	5.1813	5.1813	5.1813
机械	99010060	履带式单斗液压挖掘机 1 m^3	台班	3.4978	3.9176	4.3373	4.6171
	99050930	混凝土振捣器 插入式	台班	0.7234	0.8672	0.8672	0.8672
	99050940	混凝土振捣器 平板式	台班	10.4191 (15.3456)	10.5629 (15.4894)	10.5629 (15.4894)	10.5629 (15.4894)
	99070220	轮胎式装载机 1 m^3	台班	3.0081 (2.4277)	3.5686 (2.9445)	4.1332 (3.5090)	4.5181 (3.8940)
	99070540	载重汽车 6 t	台班	0.0096	0.0120	0.0120	0.0120
	99070588	载重汽车 12 t	台班	4.6081 (3.7190)	5.4667 (4.5107)	6.3317 (5.3756)	6.9213 (5.9652)
	99090360	汽车式起重机 8 t	台班	1.5739	1.5755	1.5755	1.5755
	99091700	手扳葫芦	台班	2.6845	2.6845	2.6845	2.6845

（续表）

定额编号				J-1-5-73 A(B)	J-1-5-74 A(B)	J-1-5-75 A(B)	J-1-5-76 A(B)
项目				DN1200			
				高密度聚乙烯双壁缠绕管(HDPE)			
				>3.0 m	3.5 m	≤4.0 m	>4.0 m
名称			单位	100 m	100 m	100 m	100 m
材料	99130350	内燃夯实机 700 N·m	台班	16.9651 (12.0386)	20.6298 (15.7033)	24.3268 (19.4003)	26.8589 (21.9324)
	99170010	钢筋调直机	台班	0.1094	0.1108	0.1108	0.1108
	99170025	钢筋切断机	台班	0.1094	0.1108	0.1108	0.1108
	99210065	木工平刨床 刨削宽度 450	台班	0.0137	0.0172	0.0172	0.0172
	99440010	电动单级离心清水泵 ϕ50	台班	69.6156	81.9000	94.1856	102.3756
调整项目							
		围护支撑					
	00190101	综合人工	工日	447.5882	447.5882	447.5882	571.2213
	03152501	镀锌铁丝	kg	15.0000	15.0000	15.0000	20.0000
	04030115	黄砂 中粗	t	15.8236	15.8236	15.8236	23.7356
	05030101	成材	m^3	0.5955	0.5955	0.5955	0.8169
	35090121	槽型钢板桩	t	1.3350	1.3350	1.3350	1.9587
	35090131	槽型钢板桩使用费	t·d	1852.0000	1852.0000	1852.0000	4116.0000
	35090611	钢板桩支撑使用费	t·d	87.0000	87.0000	87.0000	264.0000
	35091771	铁撑柱	kg	70.5300	70.5300	70.5300	141.1200
	35091901	钢桩帽摊销	kg	90.9300	90.9300	90.9300	136.2690
	99030080	轨道式柴油打桩机 0.6 t	台班	20.1323	20.1323	20.1323	27.7905
	99030690	简易拔桩架	台班	23.9558	23.9558	23.9558	29.8410
	99090075	履带式起重机 8 t	台班	3.4125	3.4125	3.4125	4.5500
		井点降水					
	00190101	综合人工	工日	27.0444	21.5778	16.1107	12.4662
	04030115	黄砂 中粗	t	9.4420	9.4420	9.4420	9.4420
	17270201	普通橡胶管	m	14.2440	14.2440	14.2440	14.2440
	34110101	水	m^3	152.3275	152.3275	152.3275	152.3275
	35040921	轻型井点井管 ϕ40	m	26.7891	26.7891	26.7891	26.7891
	35040941	轻型井点井管 $\phi180\times4$	m	1.2944	1.2944	1.2944	1.2944
	99091380	电动卷扬机单筒快速 10 kN	台班	1.9920	1.9920	1.9920	1.9920
	99350050	轻便钻机 XJ-100	台班	4.7310	4.7310	4.7310	4.7310
	99440010	电动单级离心清水泵 ϕ50	台班	−69.6156	−81.9000	−94.1856	−102.3756
	99440150	电动多级离心清水泵 $\phi150\times$180 m 以下	台班	3.9840	3.9840	3.9840	3.9840
	99440510	射流井点泵 9.5 m	台班	34.1920	34.1920	34.1920	34.1920

工作内容:沟槽挖土、沟槽排水、井点降水、沟槽围护和支撑(钢板桩、撑折列板)、铺筑管道基础、铺设管道、沟槽回填(黄砂及素土)、土方场内运输、砌筑检查井等。

定额编号			J-1-5-77 A(B)	J-1-5-78 A(B)	J-1-5-79 A(B)	J-1-5-80 A(B)
项目			DN1200			
			高密度聚乙烯双壁缠绕管(HDPE)			
			4.5 m	5.0 m	5.5 m	≤6.0 m
			100 m	100 m	100 m	100 m
预算定额 编号	预算定额 名称	预算定额 单位	数量			
04290711	钢筋混凝土板 1300×300×160 mm	块	6.0000	6.0000	6.0000	6.0000
52-1-2-3	机械挖沟槽土方 深≤6 m 现场抛土	m^3	1228.5000	1417.5000	1559.2500	1665.5600
52-1-3-1	沟槽回填 夯填土	m^3	823.1700 (690.3800)	993.1150 (855.0850)	1131.0850 (993.0550)	1233.6050 (1095.5750)
53-1-3-2	场内运输 自卸汽车装运土(运距1 km以内)	m^3	1080.9800 (948.1900)	1289.1900 (1151.1600)	1455.5100 (1317.4800)	1579.2920 (1441.2620)
52-1-3-4	沟槽回填 黄砂	m^3	206.9700 (339.7600)	219.5200 (357.5500)	219.5200 (357.5500)	219.5200 (357.5500)
52-1-4-1	管道垫层 黄砂垫层	m^3	12.1100	12.5800	12.5800	12.5800
52-1-4-3	管道垫层 砾石砂垫层	m^3	38.7000	40.0950	40.0950	40.0950
52-1-5-1	管道基座 混凝土 C20	m^3	5.1300	6.1200	6.1200	6.1200
52-1-5-1换1	管道基座 混凝土 C15	m^3	1.2000	1.2000	1.2000	1.2000
52-1-5-2	管道基座 钢筋	t	0.2280	0.2310	0.2310	0.2310
52-1-6-75	管道铺设 高密度聚乙烯双壁缠绕管(HDPE)每节3 m以下 DN1200	100 m	0.0970	0.0970	0.0970	0.0970
52-1-6-92	管道铺设 高密度聚乙烯双壁缠绕管(HDPE)每节3 m以上 DN1200	100 m	0.8730	0.8730	0.8730	0.8730
52-3-1-3	砖砌检查井及雨水口 检查井深≤6 m	m^3	20.7300	23.7900	26.8200	29.8500
52-3-2-1	水泥砂浆抹面 检查井	m^2	139.4400	155.8800	172.3200	188.7600
52-3-6-1	安装防坠格板 新建工程	只	3.0000	3.0000	3.0000	3.0000
52-3-9-3	安装盖板及盖座 铸铁盖座	套	3.0000	3.0000	3.0000	3.0000
52-3-9-4	安装盖板及盖座 防沉降检查井盖板	块	3.0000	3.0000	3.0000	3.0000
52-4-5-1	模板工程 模板 管道基座	m^2	7.4700	8.9700	8.9700	9.8400
53-9-1-1	施工排水、降水 湿土排水	m^3	955.5000	1134.0000	1275.7500	1382.0600
53-9-1-3	施工排水、降水 筑拆竹箩滤井	座	2.5000	2.5000	2.5000	2.5000
调整项目						
	围护支撑					
52-4-3-2	打槽型钢板桩 长6.01~9.00 m,单面	100 m	2.0000	2.0000	2.0000	2.0000
52-4-3-7	拔槽型钢板桩 长6.01~9.00 m,单面	100 m	2.0000	2.0000	2.0000	2.0000

(续表)

定额编号			J-1-5-77 A(B)	J-1-5-78 A(B)	J-1-5-79 A(B)	J-1-5-80 A(B)
项目			DN1200			
			高密度聚乙烯双壁缠绕管(HDPE)			
			4.5 m	5.0 m	5.5 m	≤6.0 m
			100 m	100 m	100 m	100 m
预算定额编号	预算定额名称	预算定额单位	数量			
52-4-3-11	打拔沟槽钢板桩 槽型钢板桩使用费	t·d	4116.0000	4116.0000	4116.0000	4116.0000
52-4-4-2	安拆钢板桩支撑 槽宽≤3.0 m 深4.01～6.00 m	100 m	1.0000	1.0000	1.0000	1.0000
52-4-4-14	钢板桩支撑使用费	t·d	264.0000	264.0000	264.0000	264.0000
	井点降水					
53-9-1-1	施工排水、降水 湿土排水	m^3	−955.5000	−1134.0000	−1275.7500	−1382.0600
53-9-1-5	施工排水、降水 轻型井点安装	根	83.0000	83.0000	83.0000	83.0000
53-9-1-6	施工排水、降水 轻型井点拆除	根	83.0000	83.0000	83.0000	83.0000
53-9-1-7	施工排水、降水 轻型井点使用	套·天	28.0000	28.0000	28.0000	28.0000

工作内容:沟槽挖土、沟槽排水、井点降水、沟槽围护和支撑(钢板桩、撑拆列板)、铺筑管道基础、铺设管道、沟槽回填(黄砂及素土)、土方场内运输、砌筑检查井等。

定额编号				J-1-5-77 A(B)	J-1-5-78 A(B)	J-1-5-79 A(B)	J-1-5-80 A(B)
项目				DN1200			
				高密度聚乙烯双壁缠绕管(HDPE)			
				4.5 m	5.0 m	5.5 m	≤6.0 m
名称			单位	100 m	100 m	100 m	100 m
人工	00190101	综合人工	工日	519.3138 (522.7663)	601.4666 (605.0555)	664.6533 (668.2421)	714.4794 (718.0682)
材料	01010211	热轧带肋钢筋(HRB400) $\phi\leq10$	t	0.0654	0.0663	0.0663	0.0663
	01010212	热轧带肋钢筋(HRB400) $\phi>10$	t	0.1683	0.1705	0.1705	0.1705
	02090101	塑料薄膜	m^2	36.4550	42.0060	44.5103	47.0146
	03010811	钢塑膨胀铆钉	只	18.3600	18.3600	18.3600	18.3600
	03150101	圆钉	kg	1.5229	1.8287	1.8287	2.0061
	03152501	镀锌铁丝	kg	0.7045	0.7138	0.7138	0.7138
	04030115	黄砂 中粗	t	387.5035 (622.2762)	410.5228 (654.5598)	410.5228 (654.5598)	410.5228 (654.5598)
	04030701	砾石砂	t	85.5618	88.6460	88.6460	88.6460
	04050313	道碴 50～70	t	0.3988	0.3988	0.3988	0.3988
	04131711	蒸压灰砂砖	千块	11.2066	12.8609	14.4989	16.1369
	04290711	钢筋混凝土板 1300×300×160 mm	块	6.0000	6.0000	6.0000	6.0000

（续表）

定额编号				J-1-5-77 A(B)	J-1-5-78 A(B)	J-1-5-79 A(B)	J-1-5-80 A(B)
项目				DN1200			
				高密度聚乙烯双壁缠绕管(HDPE)			
				4.5 m	5.0 m	5.5 m	≤6.0 m
名称			单位	100 m	100 m	100 m	100 m
材料	05350301	竹箩	个	2.5000	2.5000	2.5000	2.5000
	17250753	高密度聚乙烯双壁缠绕管(HDPE) DN1200 每节长 3 m 以下	m	97.0000	97.0000	97.0000	97.0000
	34110101	水	m^3	33.2009 (54.1153)	35.2692 (57.0089)	35.3107 (57.0504)	35.3522 (57.0919)
	35010102	组合钢模板	kg	4.7793	5.7391	5.7391	6.2957
	35010703	木模板成材	m^3	0.0299	0.0359	0.0359	0.0393
	35020401	钢模零配件	kg	1.7672	2.1220	2.1220	2.3278
	36012831	铸铁检查井雨污水盖座 市政 90 型	套	3.0000	3.0000	3.0000	3.0000
	36016631	防沉降检查井盖板 2500×2000×200	块	3.0000	3.0000	3.0000	3.0000
	36016651	高强度塑料检查井格板	只	3.0600	3.0600	3.0600	3.0600
	36016661	高强度塑料支架	只	9.1800	9.1800	9.1800	9.1800
	80060414	湿拌砌筑砂浆 WM M10.0	m^3	4.9337	5.6620	6.3832	7.1043
	80060513	预拌抹灰砂浆 WP M15.0	m^3	2.4748	2.7362	2.9976	3.2590
	80210410	预拌混凝土(泵送型) C15 粒径 5～20	m^3	1.2120	1.2120	1.2120	1.2120
	80210414	预拌混凝土(泵送型) C20 粒径 5～20	m^3	5.1813	6.1812	6.1812	6.1812
机械	99010060	履带式单斗液压挖掘机 1 m^3	台班	5.0369	5.8118	6.3929	6.8288
	99050930	混凝土振捣器 插入式	台班	0.8672	1.0028	1.0028	1.0028
	99050940	混凝土振捣器 平板式	台班	10.5629 (15.4894)	11.2379 (16.3588)	11.2379 (16.3588)	11.2379 (16.3588)
	99070220	轮胎式装载机 1 m^3	台班	5.0806 (4.4565)	6.0592 (5.4105)	6.8409 (6.1922)	7.4227 (6.7739)
	99070540	载重汽车 6 t	台班	0.0120	0.0144	0.0144	0.0157
	99070588	载重汽车 12 t	台班	7.7831 (6.8270)	9.2822 (8.2884)	10.4797 (9.4859)	11.3709 (10.3771)
	99090360	汽车式起重机 8 t	台班	1.5755	1.5772	1.5772	1.5781
	99091700	手扳葫芦	台班	2.6845	2.6845	2.6845	2.6845
	99130350	内燃夯实机 700 N・m	台班	30.5396 (25.6131)	36.8446 (31.7237)	41.9633 (36.8423)	45.7667 (40.6458)
	99170010	钢筋调直机	台班	0.1108	0.1123	0.1123	0.1123

（续表）

定额编号				J-1-5-77 A(B)	J-1-5-78 A(B)	J-1-5-79 A(B)	J-1-5-80 A(B)
项目				DN1200			
				高密度聚乙烯双壁缠绕管(HDPE)			
				4.5 m	5.0 m	5.5 m	≤6.0 m
名称			单位	100 m	100 m	100 m	100 m
机械	99170025	钢筋切断机	台班	0.1108	0.1123	0.1123	0.1123
	99210065	木工平刨床 刨削宽度 450	台班	0.0172	0.0206	0.0206	0.0226
	99440010	电动单级离心清水泵 ϕ50	台班	114.6600	136.0800	153.0900	165.8472
调整项目							
		围护支撑					
	00190101	综合人工	工日	571.2213	571.2213	571.2213	571.2213
	03152501	镀锌铁丝	kg	20.0000	20.0000	20.0000	20.0000
	04030115	黄砂 中粗	t	23.7356	23.7356	23.7356	23.7356
	05030101	成材	m^3	0.8169	0.8169	0.8169	0.8169
	35090121	槽型钢板桩	t	1.9587	1.9587	1.9587	1.9587
	35090131	槽型钢板桩使用费	t·d	4116.0000	4116.0000	4116.0000	4116.0000
	35090611	钢板桩支撑使用费	t·d	264.0000	264.0000	264.0000	264.0000
	35091771	铁撑柱	kg	141.1200	141.1200	141.1200	141.1200
	35091901	钢桩帽摊销	kg	136.2690	136.2690	136.2690	136.2690
	99030080	轨道式柴油打桩机 0.6 t	台班	27.7905	27.7905	27.7905	27.7905
	99030690	简易拔桩架	台班	29.8410	29.8410	29.8410	29.8410
	99090075	履带式起重机 8 t	台班	4.5500	4.5500	4.5500	4.5500
		井点降水					
	00190101	综合人工	工日	6.9996	−2.5323	−10.1018	−15.7787
	04030115	黄砂 中粗	t	9.4420	9.4420	9.4420	9.4420
	17270201	普通橡胶管	m	14.2440	14.2440	14.2440	14.2440
	34110101	水	m^3	152.3275	152.3275	152.3275	152.3275
	35040921	轻型井点井管 ϕ40	m	26.7891	26.7891	26.7891	26.7891
	35040941	轻型井点井管 $\phi180\times4$	m	1.2944	1.2944	1.2944	1.2944
	99091380	电动卷扬机单筒快速 10 kN	台班	1.9920	1.9920	1.9920	1.9920
	99350050	轻便钻机 XJ-100	台班	4.7310	4.7310	4.7310	4.7310
	99440010	电动单级离心清水泵 ϕ50	台班	−114.6600	−136.0800	−153.0900	−165.8472
	99440150	电动多级离心清水泵 $\phi150\times$180 m 以下	台班	3.9840	3.9840	3.9840	3.9840
	99440510	射流井点泵 9.5 m	台班	34.1920	34.1920	34.1920	34.1920

工作内容：沟槽挖土、沟槽排水、井点降水、沟槽围护和支撑（钢板桩、撑拆列板）、铺筑管道基础、铺设管道、沟槽回填（黄砂及素土）、土方场内运输、砌筑检查井等。

定　额　编　号			J-1-5-81 A(B)	J-1-5-82 A(B)	J-1-5-83 A(B)	J-1-5-84 A(B)
项　　目			DN1400			
			高密度聚乙烯双壁缠绕管(HDPE)			
			2.5 m	≤3.0 m	>3.0 m	3.5 m
			100 m	100 m	100 m	100 m
预算定额编号	预算定额名称	预算定额单位	数　　量			
04290711	钢筋混凝土板 1300×300×160 mm	块	12.0000	12.0000	12.0000	12.0000
52-1-2-1	机械挖沟槽土方 深≤3 m 现场抛土	m^3	735.0000	845.2500		
52-1-2-3	机械挖沟槽土方 深≤6 m 现场抛土	m^3			918.7500	1029.0000
52-1-3-1	沟槽回填 夯填土	m^3	256.0050 (112.7750)	363.5250 (220.2950)	437.0250 (293.7950)	543.3250 (400.0950)
53-1-3-2	场内运输 自卸汽车装运土(运距1 km以内)	m^3	465.9900 (609.2200)	545.5800 (611.9500)	633.7800 (611.9500)	762.1300 (618.9000)
52-1-3-4	沟槽回填 黄砂	m^3	241.0700 (384.3000)	241.0700 (384.3000)	241.0700 (384.3000)	241.0700 (384.3000)
52-1-4-1	管道垫层 黄砂垫层	m^3	13.0100	13.0100	13.0100	13.0100
52-1-4-3	管道垫层 砾石砂垫层	m^3	41.6250	41.6250	41.6250	41.6250
52-1-5-1	管道基座 混凝土 C20	m^3	5.7000	5.7000	5.7000	5.7000
52-1-5-1换1	管道基座 混凝土 C15	m^3			1.3200	1.3200
52-1-5-2	管道基座 钢筋	t			0.2550	0.2550
52-1-6-76	管道铺设 高密度聚乙烯双壁缠绕管(HDPE)每节 3 m 以下 DN1400	100 m	0.0967	0.0967	0.0967	0.0967
52-1-6-93	管道铺设 高密度聚乙烯双壁缠绕管(HDPE)每节 3 m 以上 DN1400	100 m	0.8703	0.8703	0.8703	0.8703
52-3-1-1	砖砌检查井及雨水口 检查井深≤2.5 m	m^3	10.2900			
52-3-1-2	砖砌检查井及雨水口 检查井深≤4 m	m^3		13.2300	13.2300	16.0500
52-3-2-1	水泥砂浆抹面 检查井	m^2	64.4700	95.2500	95.2500	112.2900
52-3-6-1	安装防坠格板 新建工程	只	3.0000	3.0000	3.0000	3.0000
52-3-9-3	安装盖板及盖座 铸铁盖座	套	3.0000	3.0000	3.0000	3.0000

（续表）

定额编号			J-1-5-81 A(B)	J-1-5-82 A(B)	J-1-5-83 A(B)	J-1-5-84 A(B)
项目			DN1400			
			高密度聚乙烯双壁缠绕管(HDPE)			
			2.5 m	≤3.0 m	>3.0 m	3.5 m
			100 m	100 m	100 m	100 m
预算定额编号	预算定额名称	预算定额单位	数量			
52-3-9-4	安装盖板及盖座 防沉降检查井盖板	块	3.0000	3.0000	3.0000	3.0000
52-4-5-1	模板工程 模板 管道基座	m^2	7.5300	8.3100	8.3100	8.3100
53-9-1-1	施工排水、降水 湿土排水	m^3	441.0000	551.2500	624.7500	735.0000
53-9-1-3	施工排水、降水 筑拆竹箩滤井	座	2.5000	2.5000	2.5000	2.5000
	调整项目					
	围护支撑					
52-4-2-3	满堂撑拆列板 深≤2.5 m,双面	100 m	1.0000			
52-4-2-4	满堂撑拆列板 深≤3.0 m,双面	100 m		1.0000		
52-4-2-5	撑拆列板 列板使用费	t·d	213.0000	257.0000		
52-4-2-6	列板支撑使用费	t·d	81.0000	98.0000		
52-4-3-1	打槽型钢板桩 长 4.00～6.00 m,单面	100 m			2.0000	2.0000
52-4-3-6	拔槽型钢板桩 长 4.00～6.00 m,单面	100 m			2.0000	2.0000
52-4-4-1	安拆钢板桩支撑 槽宽≤3.0 m 深 3.01～4.00 m	100 m			1.0000	1.0000
52-4-3-11	打拔沟槽钢板桩 槽型钢板桩使用费	t·d			2468.0000	2468.0000
52-4-4-14	钢板桩支撑使用费	t·d			162.0000	162.0000
	井点降水					
53-9-1-1	施工排水、降水 湿土排水	m^3		−551.2500	−624.7500	−735.0000
53-9-1-5	施工排水、降水 轻型井点安装	根		83.0000	83.0000	83.0000
53-9-1-6	施工排水、降水 轻型井点拆除	根		83.0000	83.0000	83.0000
53-9-1-7	施工排水、降水 轻型井点使用	套·天		30.0000	30.0000	30.0000

工作内容：沟槽挖土、沟槽排水、井点降水、沟槽围护和支撑（钢板桩、撑拆列板）、铺筑管道基础、铺设管道、沟槽回填（黄砂及素土）、土方场内运输、砌筑检查井等。

定额编号				J-1-5-81 A(B)	J-1-5-82 A(B)	J-1-5-83 A(B)	J-1-5-84 A(B)
项目				DN1400			
				高密度聚乙烯双壁缠绕管(HDPE)			
				2.5 m	≤3.0 m	>3.0 m	3.5 m
名称			单位	100 m	100 m	100 m	100 m
人工	00190101	综合人工	工日	276.3636 (289.6267)	328.4849 (339.1886)	365.8536 (373.6201)	416.1147 (419.8387)
材料	01010211	热轧带肋钢筋(HRB400) $\phi \leqslant 10$	t			0.0732	0.0732
	01010212	热轧带肋钢筋(HRB400) $\phi > 10$	t			0.1882	0.1882
	02090101	塑料薄膜	m^2	25.9034	28.3333	32.3625	34.6932
	03010811	钢塑膨胀铆钉	只	18.3600	18.3600	18.3600	18.3600
	03150101	圆钉	kg	1.5352	1.6942	1.6942	1.6942
	03152501	镀锌铁丝	kg			0.7880	0.7880
	04030115	黄砂 中粗	t	449.3835 (702.6141)	449.3835 (702.6141)	449.3835 (702.6141)	449.3835 (702.6141)
	04030701	砾石砂	t	92.0287	92.0287	92.0287	92.0287
	04050313	道碴 50～70	t	0.3988	0.3988	0.3988	0.3988
	04131711	蒸压灰砂砖	千块	5.6070	7.1733	7.1733	8.7023
	04290711	钢筋混凝土板 1300×300×160 mm	块	12.0000	12.0000	12.0000	12.0000
	05350301	竹箩	个	2.5000	2.5000	2.5000	2.5000
	17250755	高密度聚乙烯双壁缠绕管(HDPE) DN1400 每节长 3 m 以下	m	96.7000	96.7000	96.7000	96.7000
	34110101	水	m^3	38.3968 (60.9556)	38.4371 (60.9959)	38.5036 (61.0624)	38.5422 (61.1010)
	35010102	组合钢模板	kg	4.8177	5.3168	5.3168	5.3168
	35010703	木模板成材	m^3	0.0301	0.0332	0.0332	0.0332
	35020401	钢模零配件	kg	1.7814	1.9659	1.9659	1.9659
	36012831	铸铁检查井雨污水盖座 市政 90 型	套	3.0000	3.0000	3.0000	3.0000
	36016631	防沉降检查井盖板 2500×2000×200	块	3.0000	3.0000	3.0000	3.0000
	36016651	高强度塑料检查井格板	只	3.0600	3.0600	3.0600	3.0600
	36016661	高强度塑料支架	只	9.1800	9.1800	9.1800	9.1800

工作内容：沟槽挖土、沟槽排水、井点降水、沟槽围护和支撑(钢板桩、撑拚列板)、铺筑管道基础、铺设管道、沟槽回填(黄砂及素土)、土方场内运输、砌筑检查井等。

定额编号			J-1-5-85 A(B)	J-1-5-86 A(B)	J-1-5-87 A(B)	J-1-5-88 A(B)
项目			DN1400			
			高密度聚乙烯双壁缠绕管(HDPE)			
			≤4.0 m	>4.0 m	4.5 m	5.0 m
			100 m	100 m	100 m	100 m
预算定额编号	预算定额名称	预算定额单位	数量			
04290711	钢筋混凝土板 1300×300×160 mm	块	12.0000	12.0000		
04290712	钢筋混凝土板 1400×250×160 mm	块			12.0000	6.0000
04290713	钢筋混凝土板 1400×300×160 mm	块				6.0000
52-1-2-3	机械挖沟槽土方 深≤6 m 现场抛土	m^3	1139.2500	1212.7500	1323.0000	1522.5000
52-1-3-1	沟槽回填 夯填土	m^3	650.6450 (507.4150)	724.1450 (580.9150)	826.5200 (683.2900)	1004.4050 (855.9250)
53-1-3-2	场内运输 自卸汽车装运土(运距 1 km 以内)	m^3	891.5000 (748.2700)	979.7000 (836.4700)	1104.0400 (960.8100)	1322.2900 (1173.8100)
52-1-3-4	沟槽回填 黄砂	m^3	241.0700 (384.3000)	241.0700 (384.3000)	241.0700 (384.3000)	255.7200 (404.2000)
52-1-4-1	管道垫层 黄砂垫层	m^3	13.0100	13.0100	12.9200	13.3800
52-1-4-3	管道垫层 砾石砂垫层	m^3	41.6250	41.6250	41.5800	42.9750
52-1-5-1	管道基座 混凝土 C20	m^3	5.7000	5.7000	7.4400	7.4400
52-1-5-1 换 1	管道基座 混凝土 C15	m^3	1.3200	1.3200	1.4100	1.4100
52-1-5-2	管道基座 钢筋	t	0.2550	0.2550	0.2790	0.2790
52-1-6-76	管道铺设 高密度聚乙烯双壁缠绕管(HDPE)每节 3 m 以下 DN1400	100 m	0.0967	0.0967	0.0967	0.0967
52-1-6-93	管道铺设 高密度聚乙烯双壁缠绕管(HDPE)每节 3 m 以上 DN1400	100 m	0.8703	0.8703	0.8703	0.8703
52-3-1-2	砖砌检查井及雨水口 检查井 深≤4 m	m^3	19.9200	19.9200		
52-3-1-3	砖砌检查井及雨水口 检查井 深≤6 m	m^3			22.6500	26.7000
52-3-2-1	水泥砂浆抹面 检查井	m^2	133.0200	133.0200	146.0400	166.8000
52-3-6-1	安装防坠格板 新建工程	只	3.0000	3.0000	3.0000	3.0000

（续表）

定额编号			J-1-5-85 A(B)	J-1-5-86 A(B)	J-1-5-87 A(B)	J-1-5-88 A(B)
项目			DN1400			
			高密度聚乙烯双壁缠绕管(HDPE)			
			≤4.0 m	>4.0 m	4.5 m	5.0 m
			100 m	100 m	100 m	100 m
预算定额编号	预算定额名称	预算定额单位	数量			
52-3-9-3	安装盖板及盖座 铸铁盖座	套	3.0000	3.0000	3.0000	3.0000
52-3-9-4	安装盖板及盖座 防沉降检查井盖板	块	3.0000	3.0000	3.0000	3.0000
52-4-5-1	模板工程 模板 管道基座	m^2	8.6700	8.6700	10.3800	10.3800
53-9-1-1	施工排水、降水 湿土排水	m^3	845.2500	918.7500	1029.0000	1218.0000
53-9-1-3	施工排水、降水 筑拆竹箩滤井	座	2.5000	2.5000	2.5000	2.5000
调整项目						
	围护支撑					
52-4-3-1	打槽型钢板桩 长4.00～6.00 m，单面	100 m	2.0000			
52-4-3-6	拔槽型钢板桩 长4.00～6.00 m，单面	100 m	2.0000			
52-4-3-11	打拔沟槽钢板桩 槽型钢板桩使用费	t・d	2468.0000	5488.0000	5488.0000	5488.0000
52-4-4-1	安拆钢板桩支撑 槽宽≤3.0 m 深3.01～4.00 m	100 m	1.0000			
52-4-4-14	钢板桩支撑使用费	t・d	162.0000	324.0000	324.0000	324.0000
52-4-3-2	打槽型钢板桩 长6.01～9.00 m，单面	100 m		2.0000	2.0000	2.0000
52-4-3-7	拔槽型钢板桩 长6.01～9.00 m，单面	100 m		2.0000	2.0000	2.0000
52-4-4-2	安拆钢板桩支撑 槽宽≤3.0 m 深4.01～6.00 m	100 m		1.0000	1.0000	1.0000
	井点降水					
53-9-1-1	施工排水、降水 湿土排水	m^3	−845.2500	−918.7500	−1029.0000	−1218.0000
53-9-1-5	施工排水、降水 轻型井点安装	根	83.0000	83.0000	83.0000	83.0000
53-9-1-6	施工排水、降水 轻型井点拆除	根	83.0000	83.0000	83.0000	83.0000
53-9-1-7	施工排水、降水 轻型井点使用	套・天	30.0000	30.0000	30.0000	30.0000

工作内容：沟槽挖土、沟槽排水、井点降水、沟槽围护和支撑(钢板桩、撑拆列板)、铺筑管道基础、铺设管道、沟槽回填(黄砂及素土)、土方场内运输、砌筑检查井等。

定额编号				J-1-5-85 A(B)	J-1-5-86 A(B)	J-1-5-87 A(B)	J-1-5-88 A(B)
项目				DN1400			
				高密度聚乙烯双壁缠绕管(HDPE)			
				≤4.0 m	>4.0 m	4.5 m	5.0 m
名称			单位	100 m	100 m	100 m	100 m
人工	00190101	综合人工	工日	469.7685 (473.4924)	497.9601 (501.6841)	550.5458 (554.2698)	638.8889 (642.7494)
材料	01010211	热轧带肋钢筋(HRB400) $\phi\leqslant10$	t	0.0732	0.0732	0.0801	0.0801
	01010212	热轧带肋钢筋(HRB400) $\phi>10$	t	0.1882	0.1882	0.2059	0.2059
	02090101	塑料薄膜	m^2	37.8918	37.8918	45.7340	49.0814
	03010811	钢塑膨胀铆钉	只	18.3600	18.3600	18.3600	18.3600
	03150101	圆钉	kg	1.7676	1.7676	2.1162	2.1162
	03152501	镀锌铁丝	kg	0.7880	0.7880	0.8621	0.8621
	04030115	黄砂 中粗	t	449.3835 (702.6141)	449.3835 (702.6141)	449.2244 (702.4550)	475.9388 (738.4514)
	04030701	砾石砂	t	92.0287	92.0287	91.9292	95.0134
	04050313	道碴 50～70	t	0.3988	0.3988	0.3988	0.3988
	04131711	蒸压灰砂砖	千块	10.8006	10.8006	12.2446	14.4340
	04290711	钢筋混凝土板 1300×300×160 mm	块	12.0000	12.0000		
	04290712	钢筋混凝土板 1400×250×160 mm	块			12.0000	6.0000
	04290713	钢筋混凝土板 1400×300×160 mm	块				6.0000
	05350301	竹箩	个	2.5000	2.5000	2.5000	2.5000
	17250755	高密度聚乙烯双壁缠绕管(HDPE) DN1400 每节长 3 m 以下	m	96.7000	96.7000	96.7000	96.7000
	34110101	水	m^3	38.5952 (61.1540)	38.5952 (61.1540)	38.7249 (61.2837)	41.0878 (64.4734)
	35010102	组合钢模板	kg	5.5471	5.5471	6.6412	6.6412
	35010703	木模板成材	m^3	0.0347	0.0347	0.0415	0.0415
	35020401	钢模零配件	kg	2.0511	2.0511	2.4556	2.4556

（续表）

定额编号				J-1-5-85 A(B)	J-1-5-86 A(B)	J-1-5-87 A(B)	J-1-5-88 A(B)
项目				DN1400			
				高密度聚乙烯双壁缠绕管(HDPE)			
				≤4.0 m	>4.0 m	4.5 m	5.0 m
名称			单位	100 m	100 m	100 m	100 m
材料	36012831	铸铁检查井雨污水盖座 市政90型	套	3.0000	3.0000	3.0000	3.0000
	36016631	防沉降检查井盖板 2500×2000×200	块	3.0000	3.0000	3.0000	3.0000
	36016651	高强度塑料检查井格板	只	3.0600	3.0600	3.0600	3.0600
	36016661	高强度塑料支架	只	9.1800	9.1800	9.1800	9.1800
	80060414	湿拌砌筑砂浆 WM M10.0	m^3	4.6971	4.6971	5.3907	6.3546
	80060513	预拌抹灰砂浆 WP M15.0	m^3	2.3727	2.3727	2.5797	2.9098
	80210410	预拌混凝土(泵送型) C15 粒径5～20	m^3	1.3332	1.3332	1.4241	1.4241
	80210414	预拌混凝土(泵送型) C20 粒径5～20	m^3	5.7570	5.7570	7.5144	7.5144
机械	99010060	履带式单斗液压挖掘机 1 m^3	台班	4.6709	4.9723	5.4243	6.2423
	99050930	混凝土振捣器 插入式	台班	0.9617	0.9617	1.2125	1.2125
	99050940	混凝土振捣器 平板式	台班	12.0744 (17.3882)	12.0744 (17.3882)	12.3203 (17.6341)	12.9374 (18.4460)
	99070220	轮胎式装载机 1 m^3	台班	4.1901 (3.5169)	4.6046 (3.9314)	5.1890 (4.5158)	6.2148 (5.5169)
	99070540	载重汽车 6 t	台班	0.0139	0.0139	0.0166	0.0166
	99070588	载重汽车 12 t	台班	6.4188 (5.3875)	7.0538 (6.0226)	7.9491 (6.9178)	9.5205 (8.4514)
	99090360	汽车式起重机 8 t	台班	1.6140	1.6140	1.6159	1.6159
	99091700	手扳葫芦	台班	2.7588	2.7588	2.7588	2.7588
	99130350	内燃夯实机 700 N·m	台班	24.1389 (18.8251)	26.8658 (21.5519)	30.6639 (25.3501)	37.2634 (31.7548)
	99170010	钢筋调直机	台班	0.1240	0.1240	0.1356	0.1356
	99170025	钢筋切断机	台班	0.1240	0.1240	0.1356	0.1356
	99210065	木工平刨床 刨削宽度 450	台班	0.0199	0.0199	0.0239	0.0239
	99440010	电动单级离心清水泵 ϕ50	台班	101.4300	110.2500	123.4800	146.1600

（续表）

定额编号			J-1-5-85 A(B)	J-1-5-86 A(B)	J-1-5-87 A(B)	J-1-5-88 A(B)
项目			DN1400			
			高密度聚乙烯双壁缠绕管(HDPE)			
			≤4.0 m	>4.0 m	4.5 m	5.0 m
名称		单位	100 m	100 m	100 m	100 m
调整项目						
	围护支撑					
00190101	综合人工	工日	447.5882	571.2213	571.2213	571.2213
03152501	镀锌铁丝	kg	15.0000	20.0000	20.0000	20.0000
04030115	黄砂 中粗	t	15.8236	23.7356	23.7356	23.7356
05030101	成材	m^3	0.5955	0.8169	0.8169	0.8169
35090121	槽型钢板桩	t	1.3350	1.9587	1.9587	1.9587
35090131	槽型钢板桩使用费	t·d	2468.0000	5488.0000	5488.0000	5488.0000
35090611	钢板桩支撑使用费	t·d	162.0000	324.0000	324.0000	324.0000
35091771	铁撑柱	kg	70.5300	141.1200	141.1200	141.1200
35091901	钢桩帽摊销	kg	90.9300	136.2690	136.2690	136.2690
99030080	轨道式柴油打桩机 0.6 t	台班	20.1323	27.7905	27.7905	27.7905
99030690	简易拔桩架	台班	23.9558	29.8410	29.8410	29.8410
99090075	履带式起重机 8 t	台班	3.4125	4.5500	4.5500	4.5500
	井点降水					
00190101	综合人工	工日	14.0369	10.1120	4.2247	−5.8679
04030115	黄砂 中粗	t	9.4420	9.4420	9.4420	9.4420
17270201	普通橡胶管	m	14.2440	14.2440	14.2440	14.2440
34110101	水	m^3	152.3275	152.3275	152.3275	152.3275
35040921	轻型井点井管 φ40	m	28.5710	28.5710	28.5710	28.5710
35040941	轻型井点井管 φ180×4	m	1.3803	1.3803	1.3803	1.3803
99091380	电动卷扬机单筒快速 10 kN	台班	1.9920	1.9920	1.9920	1.9920
99350050	轻便钻机 XJ-100	台班	4.7310	4.7310	4.7310	4.7310
99440010	电动单级离心清水泵 φ50	台班	−101.4300	−110.2500	−123.4800	−146.1600
99440150	电动多级离心清水泵 φ150×180 m 以下	台班	3.9840	3.9840	3.9840	3.9840
99440510	射流井点泵 9.5 m	台班	36.4920	36.4920	36.4920	36.4920

工作内容:沟槽挖土、沟槽排水、井点降水、沟槽围护和支撑(钢板桩、撑拆列板)、铺筑管道基础、铺设管道、沟槽回填(黄砂及素土)、土方场内运输、砌筑检查井等。

定额编号			J-1-5-89 A(B)	J-1-5-90 A(B)	J-1-5-91 A(B)	J-1-5-92 A(B)
项目			DN1400			
			高密度聚乙烯双壁缠绕管(HDPE)			
			5.5 m	≤6.0 m	>6.0 m	6.5 m
			100 m	100 m	100 m	100 m
预算定额编号	预算定额名称	预算定额单位	数量			
04290712	钢筋混凝土板 1400×250×160 mm	块	6.0000	6.0000	6.0000	6.0000
04290713	钢筋混凝土板 1400×300×160 mm	块	6.0000	6.0000	6.0000	6.0000
52-1-2-3	机械挖沟槽土方 深≤6 m 现场抛土	m^3	1674.7500	1788.9400	1827.0000	1827.0000
52-1-2-3 系 1	机械挖沟槽土方 深≤7 m 现场抛土	m^3			38.0600	152.2500
52-1-3-1	沟槽回填 夯填土	m^3	1151.5050 (1003.0250)	1260.5450 (1112.0650)	1336.6650 (1188.1850)	1444.2350 (1295.7550)
53-1-3-2	场内运输 自卸汽车装运土(运距1 km以内)	m^3	1499.8400 (1351.3600)	1631.7180 (1483.2380)	1723.0620 (1574.5820)	1853.4700 (1704.9900)
52-1-3-4	沟槽回填 黄砂	m^3	255.7200 (404.2000)	255.7200 (404.2000)	255.7200 (404.2000)	255.7200 (404.2000)
52-1-4-1	管道垫层 黄砂垫层	m^3	13.3800	13.3800	13.3800	13.3800
52-1-4-3	管道垫层 砾石砂垫层	m^3	42.9750	42.9750	42.9750	43.2150
52-1-5-1	管道基座 混凝土 C20	m^3	7.4400	7.4400	7.4400	8.3400
52-1-5-1 换 1	管道基座 混凝土 C15	m^3	1.4100	1.4100	1.4100	1.5300
52-1-5-2	管道基座 钢筋	t	0.2790	0.2790	0.2790	0.3030
52-1-6-76	管道铺设 高密度聚乙烯双壁缠绕管(HDPE)每节3 m以下 DN1400	100 m	0.0967	0.0967	0.0967	0.0967
52-1-6-93	管道铺设 高密度聚乙烯双壁缠绕管(HDPE)每节3 m以上 DN1400	100 m	0.8703	0.8703	0.8703	0.8703
52-3-1-3	砖砌检查井及雨水口 检查井 深≤6 m	m^3	30.9300	42.3000	42.3000	
52-3-1-4	砖砌检查井及雨水口 检查井 深≤8 m	m^3				46.7700
52-3-2-1	水泥砂浆抹面 检查井	m^2	187.5600	200.2800	200.2800	221.0400
52-3-6-1	安装防坠格板 新建工程	只	3.0000	3.0000	3.0000	3.0000
52-3-9-3	安装盖板及盖座 铸铁盖座	套	3.0000	3.0000	3.0000	3.0000
52-3-9-4	安装盖板及盖座 防沉降检查井盖板	块	3.0000	3.0000	3.0000	3.0000

（续表）

定　额　编　号			J-1-5-89 A(B)	J-1-5-90 A(B)	J-1-5-91 A(B)	J-1-5-92 A(B)
项　　目			DN1400			
			高密度聚乙烯双壁缠绕管(HDPE)			
			5.5 m	≤6.0 m	>6.0 m	6.5 m
			100 m	100 m	100 m	100 m
预算定额编号	预算定额名称	预算定额单位	数　　量			
52-4-5-1	模板工程 模板 管道基座	m^2	10.3800	10.3800	10.3800	10.8300
53-9-1-1	施工排水、降水 湿土排水	m^3	1370.2500	1484.4400	1560.5600	1674.7500
53-9-1-3	施工排水、降水 筑拆竹箩滤井	座	2.5000	2.5000	2.5000	2.5000
调整项目						
	围护支撑					
52-4-3-2	打槽型钢板桩 长 6.01～9.00 m，单面	100 m	2.0000	2.0000		
52-4-3-7	拔槽型钢板桩 长 6.01～9.00 m，单面	100 m	2.0000	2.0000		
52-4-3-11	打拔沟槽钢板桩 槽型钢板桩使用费	t·d	5488.0000	5488.0000	7604.0000	7604.0000
52-4-4-2	安拆钢板桩支撑 槽宽≤3.0 m 深 4.01～6.00 m	100 m	1.0000	1.0000		
52-4-4-14	钢板桩支撑使用费	t·d	324.0000	324.0000	511.0000	511.0000
52-4-3-3	打槽型钢板桩 长 9.01～12.00 m，单面	100 m			2.0000	2.0000
52-4-3-8	拔槽型钢板桩 长 9.01～12.00 m，单面	100 m			2.0000	2.0000
52-4-4-3	安拆钢板桩支撑 槽宽≤3.0 m 深 6.01～8.00 m	100 m			1.0000	1.0000
	井点降水					
53-9-1-1	施工排水、降水 湿土排水	m^3	−1370.2500	−1484.4400	−1560.5600	−1674.7500
53-9-1-5	施工排水、降水 轻型井点安装	根	83.0000	83.0000		
53-9-1-6	施工排水、降水 轻型井点拆除	根	83.0000	83.0000		
53-9-1-7	施工排水、降水 轻型井点使用	套·天	30.0000	30.0000		
53-9-1-8	施工排水、降水喷射井点安装 10 m	根			40.0000	40.0000
53-9-1-9	施工排水、降水喷射井点拆除 10 m	根			40.0000	40.0000
53-9-1-10	施工排水、降水喷射井点使用 10 m	套·天			20.0000	20.0000

工作内容：沟槽挖土、沟槽排水、井点降水、沟槽围护和支撑(钢板桩、撑拆列板)、铺筑管道基础、铺设管道、沟槽回填(黄砂及素土)、土方场内运输、砌筑检查井等。

定额编号				J-1-5-89 A(B)	J-1-5-90 A(B)	J-1-5-91 A(B)	J-1-5-92 A(B)
项目				DN1400			
				高密度聚乙烯双壁缠绕管(HDPE)			
				5.5 m	≤6.0 m	>6.0 m	6.5 m
名称			单位	100 m	100 m	100 m	100 m
人工	00190101	综合人工	工日	709.2831 (713.1436)	781.0659 (784.9264)	810.4185 (814.2790)	870.9870 (874.8475)
材料	01010211	热轧带肋钢筋(HRB400) $\phi\leqslant10$	t	0.0801	0.0801	0.0801	0.0870
	01010212	热轧带肋钢筋(HRB400) $\phi>10$	t	0.2059	0.2059	0.2059	0.2236
	02090101	塑料薄膜	m^2	52.5774	61.9748	61.9748	68.7826
	03010811	钢塑膨胀铆钉	只	18.3600	18.3600	18.3600	18.3600
	03150101	圆钉	kg	2.1162	2.1162	2.1162	2.2079
	03152501	镀锌铁丝	kg	0.8621	0.8621	0.8621	0.9363
	04030115	黄砂 中粗	t	475.9388 (738.4514)	475.9388 (738.4514)	475.9388 (738.4514)	475.9388 (738.4514)
	04030701	砾石砂	t	95.0134	95.0134	95.0134	95.5440
	04050313	道碴 50～70	t	0.3988	0.3988	0.3988	0.3988
	04131711	蒸压灰砂砖	千块	16.7208	22.8674	22.8674	25.2044
	04290712	钢筋混凝土板 1400×250×160 mm	块	6.0000	6.0000	6.0000	6.0000
	04290713	钢筋混凝土板 1400×300×160 mm	块	6.0000	6.0000	6.0000	6.0000
	05350301	竹箩	个	2.5000	2.5000	2.5000	2.5000
	17250755	高密度聚乙烯双壁缠绕管(HDPE) DN1400 每节长 3 m 以下	m	96.7000	96.7000	96.7000	96.7000
	34110101	水	m^3	41.1457 (64.5313)	41.3015 (64.6871)	41.3015 (64.6871)	41.4140 (64.7996)
	35010102	组合钢模板	kg	6.6412	6.6412	6.6412	6.9291
	35010703	木模板成材	m^3	0.0415	0.0415	0.0415	0.0433
	35020401	钢模零配件	kg	2.4556	2.4556	2.4556	2.5621
	36012831	铸铁检查井雨污水盖座 市政 90 型	套	3.0000	3.0000	3.0000	3.0000
	36016631	防沉降检查井盖板 2500×2000×200	块	3.0000	3.0000	3.0000	3.0000
	36016651	高强度塑料检查井格板	只	3.0600	3.0600	3.0600	3.0600
	36016661	高强度塑料支架	只	9.1800	9.1800	9.1800	9.1800
	80060414	湿拌砌筑砂浆 WM M10.0	m^3	7.3613	10.0674	10.0674	11.3137

（续表）

定额编号				J-1-5-89 A(B)	J-1-5-90 A(B)	J-1-5-91 A(B)	J-1-5-92 A(B)
项目				DN1400			
				高密度聚乙烯双壁缠绕管(HDPE)			
				5.5 m	≤6.0 m	>6.0 m	6.5 m
名称			单位	100 m	100 m	100 m	100 m
材料	80060513	预拌抹灰砂浆 WP M15.0	m^3	3.2399	3.4422	3.4422	3.7722
	80210410	预拌混凝土(泵送型) C15 粒径 5～20	m^3	1.4241	1.4241	1.4241	1.5453
	80210414	预拌混凝土(泵送型) C20 粒径 5～20	m^3	7.5144	7.5144	7.5144	8.4234
机械	99010060	履带式单斗液压挖掘机 1 m^3	台班	6.8665	7.3347	7.6734	8.2215
	99050930	混凝土振捣器 插入式	台班	1.2125	1.2125	1.2125	1.3522
	99050940	混凝土振捣器 平板式	台班	12.9374 (18.4460)	12.9374 (18.4460)	12.9374 (18.4460)	13.0871 (18.5957)
	99070220	轮胎式装载机 1 m^3	台班	7.0492 (6.3514)	7.6691 (6.9712)	8.0984 (7.4005)	8.7113 (8.0135)
	99070540	载重汽车 6 t	台班	0.0166	0.0166	0.0166	0.0173
	99070588	载重汽车 12 t	台班	10.7988 (9.7298)	11.7484 (10.6793)	12.4060 (11.3370)	13.3450 (12.2759)
	99090360	汽车式起重机 8 t	台班	1.6159	1.6159	1.6159	1.6164
	99091700	手扳葫芦	台班	2.7588	2.7588	2.7588	2.7588
	99130350	内燃夯实机 700 N·m	台班	42.7208 (37.2122)	46.7662 (41.2576)	49.5903 (44.0817)	53.5811 (48.0725)
	99170010	钢筋调直机	台班	0.1356	0.1356	0.1356	0.1473
	99170025	钢筋切断机	台班	0.1356	0.1356	0.1356	0.1473
	99210065	木工平刨床 刨削宽度 450	台班	0.0239	0.0239	0.0239	0.0249
	99440010	电动单级离心清水泵 $\phi 50$	台班	164.4300	178.1328	187.2672	200.9700
调整项目							
		围护支撑					
	00190101	综合人工	工日	571.2213	571.2213	565.7421	565.7421
	03152501	镀锌铁丝	kg	20.0000	20.0000	25.0000	25.0000
	04030115	黄砂 中粗	t	23.7356	23.7356	33.2299	33.2299
	05030101	成材	m^3	0.8169	0.8169	1.0204	1.0204
	35090121	槽型钢板桩	t	1.9587	1.9587	2.6893	2.6893
	35090131	槽型钢板桩使用费	t·d	5488.0000	5488.0000	7604.0000	7604.0000
	35090611	钢板桩支撑使用费	t·d	324.0000	324.0000	511.0000	511.0000
	35091771	铁撑柱	kg	141.1200	141.1200	223.6500	223.6500
	35091901	钢桩帽摊销	kg	136.2690	136.2690	381.5700	381.5700
	99030080	轨道式柴油打桩机 0.6 t	台班	27.7905	27.7905		

（续表）

定　额　编　号			J-1-5-89 A(B)	J-1-5-90 A(B)	J-1-5-91 A(B)	J-1-5-92 A(B)
项　　目			DN1400			
			高密度聚乙烯双壁缠绕管(HDPE)			
			5.5 m	≤6.0 m	>6.0 m	6.5 m
名　　称		单位	100 m	100 m	100 m	100 m
99030690	简易拔桩架	台班	29.8410	29.8410		
99090075	履带式起重机 8 t	台班	4.5500	4.5500	5.6875	5.6875
99030100	轨道式柴油打桩机 1.2 t	台班			33.5913	33.5913
99030970	震动锤 45 kW	台班			17.3680	17.3680
99090090	履带式起重机 15 t	台班			17.3680	17.3680
	井点降水					
00190101	综合人工	工日	−13.9981	−20.0958	111.4501	105.3524
04030115	黄砂 中粗	t	9.4420	9.4420		
04030119	黄砂 中粗	kg			95423.8016	95423.8016
17030102	镀锌焊接钢管	kg			0.1412	0.1412
17270201	普通橡胶管	m	14.2440	14.2440		
34110101	水	m^3	152.3275	152.3275	566.8908	566.8908
35040921	轻型井点井管 ϕ40	m	28.5710	28.5710		
35040941	轻型井点井管 ϕ180×4	m	1.3803	1.3803		
35040961	喷射井点总管 ϕ159×6	m			2.8133	2.8133
35040971	喷射井点井管 ϕ76	m			19.9698	19.9698
35041011	喷射井点滤网管	根			2.3082	2.3082
35041021	喷射井点回水连接件	副			1.4431	1.4431
35041031	喷射井点腰子法兰	副			0.6588	0.6588
35041041	喷射井点水箱	kg			23.0656	23.0656
35041051	喷射井点喷射器	只			3.0842	3.0842
99090080	履带式起重机 10 t	台班			11.5200	11.5200
99091380	电动卷扬机单筒快速 10 kN	台班	1.9920	1.9920		
99350050	轻便钻机 XJ-100	台班	4.7310	4.7310		
99350120	液压钻机 G-2A	台班			4.4160	4.4160
99440010	电动单级离心清水泵 ϕ50	台班	−164.4300	−178.1328	−187.2672	−200.9700
99440150	电动多级离心清水泵 ϕ150×180 m 以下	台班	3.9840	3.9840	29.7200	29.7200
99440210	污水泵 ϕ100	台班			11.0400	11.0400
99440510	射流井点泵 9.5 m	台班	36.4920	36.4920		

工作内容:沟槽挖土、沟槽排水、井点降水、沟槽围护和支撑(钢板桩、撑拆列板)、铺筑管道基础、铺设管道、沟槽回填(黄砂及素土)、土方场内运输、砌筑检查井等。

定额编号			J-1-5-93 A(B)	J-1-5-94 A(B)	J-1-5-95 A(B)	J-1-5-96 A(B)
项目			DN1500			
			高密度聚乙烯双壁缠绕管(HDPE)			
			2.5 m	≤3.0 m	>3.0 m	3.5 m
			100 m	100 m	100 m	100 m
预算定额编号	预算定额名称	预算定额单位	数量			
04290712	钢筋混凝土板 1400×250×160 mm	块	6.0000	6.0000	6.0000	6.0000
04290713	钢筋混凝土板 1400×300×160 mm	块	6.0000	6.0000	6.0000	6.0000
52-1-2-1	机械挖沟槽土方 深≤3 m 现场抛土	m^3	840.0000	966.0000		
52-1-2-3	机械挖沟槽土方 深≤6 m 现场抛土	m^3			1050.0000	1176.0000
52-1-3-1	沟槽回填 夯填土	m^3	261.3850 (97.1550)	384.6550 (220.4250)	468.6550 (304.4250)	590.7050 (426.4750)
53-1-3-2	场内运输 自卸汽车装运土(运距1 km以内)	m^3	563.7500 (727.9800)	592.7200 (730.7100)	693.5200 (730.7100)	840.7700 (734.6600)
52-1-3-4	沟槽回填 黄砂	m^3	311.1900 (475.4200)	311.1900 (475.4200)	311.1900 (475.4200)	311.1900 (475.4200)
52-1-4-1	管道垫层 黄砂垫层	m^3	14.8600	14.8600	14.8600	14.8600
52-1-4-3	管道垫层 砾石砂垫层	m^3	47.3850	47.3850	47.3850	47.3850
52-1-5-1	管道基座 混凝土 C20	m^3	6.1500	6.1500	6.1500	7.3800
52-1-5-1换1	管道基座 混凝土 C15	m^3			1.4100	1.4100
52-1-5-2	管道基座 钢筋	t			0.2730	0.2760
52-1-6-77	管道铺设 高密度聚乙烯双壁缠绕管(HDPE)每节3 m以下 DN1500	100 m	0.0967	0.0967	0.0967	0.0967
52-1-6-94	管道铺设 高密度聚乙烯双壁缠绕管(HDPE)每节3 m以上 DN1500	100 m	0.8703	0.8703	0.8703	0.8703
52-3-1-2	砖砌检查井及雨水口 检查井 深≤4 m	m^3	14.1000	14.1000	14.1000	16.9200
52-3-2-1	水泥砂浆抹面 检查井	m^2	99.3300	99.3300	99.3300	116.3700
52-3-6-1	安装防坠格板 新建工程	只	3.0000	3.0000	3.0000	3.0000
52-3-9-3	安装盖板及盖座 铸铁盖座	套	3.0000	3.0000	3.0000	3.0000
52-3-9-4	安装盖板及盖座 防沉降检查井盖板	块	3.0000	3.0000	3.0000	3.0000
52-4-5-1	模板工程 模板 管道基座	m^2	8.6100	8.6100	8.6100	10.3200
53-9-1-1	施工排水、降水 湿土排水	m^3	504.0000	630.0000	714.0000	840.0000
53-9-1-3	施工排水、降水 筑拆竹箩滤井	座	2.5000	2.5000	2.5000	2.5000
	调整项目					
	围护支撑					
52-4-2-3	满堂撑拆列板 深≤2.5 m,双面	100 m	1.0000			
52-4-2-4	满堂撑拆列板 深≤3.0 m,双面	100 m		1.0000		

（续表）

定额编号			J-1-5-93 A(B)	J-1-5-94 A(B)	J-1-5-95 A(B)	J-1-5-96 A(B)
项目			DN1500			
			高密度聚乙烯双壁缠绕管(HDPE)			
			2.5 m	≤3.0 m	>3.0 m	3.5 m
			100 m	100 m	100 m	100 m
预算定额编号	预算定额名称	预算定额单位	数量			
52-4-2-5	撑拆列板 列板使用费	t·d	213.0000	257.0000		
52-4-2-6	列板支撑使用费	t·d	81.0000	98.0000		
52-4-3-1	打槽型钢板桩 长 4.00～6.00 m，单面	100 m			2.0000	2.0000
52-4-3-6	拔槽型钢板桩 长 4.00～6.00 m，单面	100 m			2.0000	2.0000
52-4-4-4	安拆钢板桩支撑 槽宽≤3.8 m 深 3.01～4.00 m	100 m			1.0000	1.0000
52-4-3-11	打拔沟槽钢板桩 槽型钢板桩使用费	t·d			2468.0000	2468.0000
52-4-4-14	钢板桩支撑使用费	t·d			162.0000	162.0000
	井点降水					
53-9-1-1	施工排水、降水 湿土排水	m^3		−630.0000	−714.0000	−840.0000
53-9-1-5	施工排水、降水 轻型井点安装	根		83.0000	83.0000	83.0000
53-9-1-6	施工排水、降水 轻型井点拆除	根		83.0000	83.0000	83.0000
53-9-1-7	施工排水、降水 轻型井点使用	套·天		32.0000	32.0000	32.0000

工作内容：沟槽挖土、沟槽排水、井点降水、沟槽围护和支撑(钢板桩、撑拆列板)、铺筑管道基础、铺设管道、沟槽回填(黄砂及素土)、土方场内运输、砌筑检查井等。

定额编号				J-1-5-93 A(B)	J-1-5-94 A(B)	J-1-5-95 A(B)	J-1-5-96 A(B)
项目				DN1500			
				高密度聚乙烯双壁缠绕管(HDPE)			
				2.5 m	≤3.0 m	>3.0 m	3.5 m
名称			单位	100 m	100 m	100 m	100 m
人工	00190101	综合人工	工日	330.2535 (345.4611)	372.7351 (387.0690)	415.2845 (426.2618)	472.5763 (478.7818)
材料	01010211	热轧带肋钢筋(HRB400) $\phi\leqslant10$	t			0.0784	0.0792
	01010212	热轧带肋钢筋(HRB400) $\phi>10$	t			0.2015	0.2037
	02090101	塑料薄膜	m^2	30.4260	30.4260	34.7299	40.8150
	03010811	钢塑膨胀铆钉	只	18.3600	18.3600	18.3600	18.3600
	03150101	圆钉	kg	1.7553	1.7553	1.7553	2.1040

（续表）

定额编号				J-1-5-93 A(B)	J-1-5-94 A(B)	J-1-5-95 A(B)	J-1-5-96 A(B)
项目				DN1500			
				高密度聚乙烯双壁缠绕管(HDPE)			
				2.5 m	≤3.0 m	>3.0 m	3.5 m
名称			单位	100 m	100 m	100 m	100 m
材料	03152501	镀锌铁丝	kg			0.8436	0.8528
	04030115	黄砂 中粗	t	576.6264 (866.9851)	576.6264 (866.9851)	576.6264 (866.9851)	576.6264 (866.9851)
	04030701	砾石砂	t	104.7635	104.7635	104.7635	104.7635
	04050313	道碴 50～70	t	0.3988	0.3988	0.3988	0.3988
	04131711	蒸压灰砂砖	千块	7.6450	7.6450	7.6450	9.1740
	04290712	钢筋混凝土板 1400×250×160 mm	块	6.0000	6.0000	6.0000	6.0000
	04290713	钢筋混凝土板 1400×300×160 mm	块	6.0000	6.0000	6.0000	6.0000
	05350301	竹箩	个	2.5000	2.5000	2.5000	2.5000
	17250756	高密度聚乙烯双壁缠绕管(HDPE) DN1500 每节长 3 m 以下	m	96.7000	96.7000	96.7000	96.7000
	34110101	水	m^3	49.5156 (75.3819)	49.5156 (75.3819)	49.5867 (75.4530)	49.6873 (75.5536)
	35010102	组合钢模板	kg	5.5087	5.5087	5.5087	6.6028
	35010703	木模板成材	m^3	0.0344	0.0344	0.0344	0.0413
	35020401	钢模零配件	kg	2.0369	2.0369	2.0369	2.4414
	36012831	铸铁检查井雨污水盖座 市政 90 型	套	3.0000	3.0000	3.0000	3.0000
	36016631	防沉降检查井盖板 2500×2000×200	块	3.0000	3.0000	3.0000	3.0000
	36016651	高强度塑料检查井格板	只	3.0600	3.0600	3.0600	3.0600
	36016661	高强度塑料支架	只	9.1800	9.1800	9.1800	9.1800
	80060414	湿拌砌筑砂浆 WM M10.0	m^3	3.3248	3.3248	3.3248	3.9897
	80060513	预拌抹灰砂浆 WP M15.0	m^3	1.8370	1.8370	1.8370	2.1080
	80210410	预拌混凝土(泵送型) C15 粒径 5～20	m^3			1.4241	1.4241
	80210414	预拌混凝土(泵送型) C20 粒径 5～20	m^3	6.2115	6.2115	6.2115	7.4538

（续表）

定额编号				J-1-5-93 A(B)	J-1-5-94 A(B)	J-1-5-95 A(B)	J-1-5-96 A(B)
项目				DN1500			
				高密度聚乙烯双壁缠绕管(HDPE)			
				2.5 m	≤3.0 m	>3.0 m	3.5 m
名称			单位	100 m	100 m	100 m	100 m
机械	99010060	履带式单斗液压挖掘机 1 m^3	台班	3.2760	3.7674	4.3050	4.8216
	99050930	混凝土振捣器 插入式	台班	0.8426	0.8426	1.0358	1.2043
	99050940	混凝土振捣器 平板式	台班	14.8585 (20.9515)	14.8585 (20.9515)	15.0517 (21.1447)	15.2202 (21.3132)
	99070220	轮胎式装载机 1 m^3	台班	2.6496 (3.4215)	2.7858 (3.4343)	3.2595 (3.4343)	3.9516 (3.4529)
	99070540	载重汽车 6 t	台班	0.0138	0.0138	0.0138	0.0165
	99070588	载重汽车 12 t	台班	4.0590 (5.2415)	4.2676 (5.2611)	4.9933 (5.2611)	6.0535 (5.2896)
	99090360	汽车式起重机 8 t	台班	1.6536	1.6536	1.6536	1.6555
	99091700	手扳葫芦	台班	2.8383	2.8383	2.8383	2.8383
	99130350	内燃夯实机 700 N·m	台班	9.6974 (3.6045)	14.2707 (8.1778)	17.3871 (11.2942)	21.9152 (15.8222)
	99170010	钢筋调直机	台班			0.1327	0.1342
	99170025	钢筋切断机	台班			0.1327	0.1342
	99210065	木工平刨床 刨削宽度 450	台班	0.0198	0.0198	0.0198	0.0237
	99440010	电动单级离心清水泵 ϕ50	台班	60.4800	75.6000	85.6800	100.8000
调整项目							
		围护支撑					
	00190101	综合人工	工日	57.0282	78.7933	462.6629	462.6629
	03150501	骑马钉	kg	21.1090	25.3308		
	04131711	蒸压灰砂砖	千块	0.1545	0.1545		
	05030101	成材	m^3	0.4444	0.5000	0.6027	0.6027
	35090501	列板使用费	t·d	213.0000	257.0000		
	35090511	列板支撑使用费	t·d	81.0000	98.0000		
	35091731	铁撑板	t	0.3345	0.4181		
	35091771	铁撑柱	kg	114.6350	139.6830	129.8100	129.8100

(续表)

定额编号				J-1-5-93 A(B)	J-1-5-94 A(B)	J-1-5-95 A(B)	J-1-5-96 A(B)
项目				DN1500			
				高密度聚乙烯双壁缠绕管(HDPE)			
				2.5 m	≤3.0 m	>3.0 m	3.5 m
名称			单位	100 m	100 m	100 m	100 m
	35090121	槽型钢板桩	t			1.3350	1.3350
	35091901	钢桩帽摊销	kg			90.9300	90.9300
	04030115	黄砂 中粗	t			15.8236	15.8236
	03152501	镀锌铁丝	kg			15.0000	15.0000
	35090131	槽型钢板桩使用费	t·d			2468.0000	2468.0000
	35090611	钢板桩支撑使用费	t·d			162.0000	162.0000
	99030080	轨道式柴油打桩机 0.6 t	台班			20.1323	20.1323
	99030690	简易拔桩架	台班			23.9558	23.9558
	99090075	履带式起重机 8 t	台班			5.1194	5.1194
		井点降水					
	00190101	综合人工	工日		26.6813	22.1957	15.4673
	04030115	黄砂 中粗	t		9.4420	9.4420	9.4420
	17270201	普通橡胶管	m		14.2440	14.2440	14.2440
	34110101	水	m^3		152.3275	152.3275	152.3275
	35040921	轻型井点井管 ϕ40	m		30.3528	30.3528	30.3528
	35040941	轻型井点井管 ϕ180×4	m		1.4662	1.4662	1.4662
	99091380	电动卷扬机单筒快速 10 kN	台班		1.9920	1.9920	1.9920
	99350050	轻便钻机 XJ-100	台班		4.7310	4.7310	4.7310
	99440010	电动单级离心清水泵 ϕ50	台班		−75.6000	−85.6800	−100.8000
	99440150	电动多级离心清水泵 ϕ150×180 m以下	台班		3.9840	3.9840	3.9840
	99440510	射流井点泵 9.5 m	台班		38.7920	38.7920	38.7920

工作内容:沟槽挖土、沟槽排水、井点降水、沟槽围护和支撑(钢板桩、撑拆列板)、铺筑管道基础、铺设管道、沟槽回填(黄砂及素土)、土方场内运输、砌筑检查井等。

定　额　编　号			J-1-5-97 A(B)	J-1-5-98 A(B)	J-1-5-99 A(B)	J-1-5-100 A(B)
项　　目			DN1500			
			高密度聚乙烯双壁缠绕管(HDPE)			
			≤4.0 m	>4.0 m	4.5 m	5.0 m
			100 m	100 m	100 m	100 m
预算定额编号	预算定额名称	预算定额单位	数　　量			
04290712	钢筋混凝土板 1400×250×160 mm	块	6.0000	6.0000	6.0000	6.0000
04290713	钢筋混凝土板 1400×300×160 mm	块	6.0000	6.0000	6.0000	6.0000
52-1-2-3	机械挖沟槽土方 深≤6 m 现场抛土	m^3	1302.0000	1386.0000	1512.0000	1732.5000
52-1-3-1	沟槽回填 夯填土	m^3	713.7750 (549.5450)	797.7750 (633.5450)	915.9300 (751.7000)	1113.7800 (944.3000)
53-1-3-2	场内运输 自卸汽车装运土(运距 1 km 以内)	m^3	989.0400 (824.8100)	1089.8400 (925.6100)	1233.1000 (1068.8700)	1475.5100 (1306.0300)
52-1-3-4	沟槽回填 黄砂	m^3	311.1900 (475.4200)	311.1900 (475.4200)	311.1900 (475.4200)	326.8900 (496.3700)
52-1-4-1	管道垫层 黄砂垫层	m^3	14.8600	14.8600	14.7700	15.2300
52-1-4-3	管道垫层 砾石砂垫层	m^3	47.3850	47.3850	47.3400	48.7200
52-1-5-1	管道基座 混凝土 C20	m^3	7.3800	7.3800	9.3300	9.3300
52-1-5-1 换 1	管道基座 混凝土 C15	m^3	1.4100	1.4100	1.5300	1.5300
52-1-5-2	管道基座 钢筋	t	0.2760	0.2760	0.3000	0.3000
52-1-6-77	管道铺设 高密度聚乙烯双壁缠绕管(HDPE)每节 3 m 以下 DN1500	100 m	0.0967	0.0967	0.0967	0.0967
52-1-6-94	管道铺设 高密度聚乙烯双壁缠绕管(HDPE)每节 3 m 以上 DN1500	100 m	0.8703	0.8703	0.8703	0.8703
52-3-1-2	砖砌检查井及雨水口 检查井 深≤4 m	m^3	20.9700	20.9700		
52-3-1-3	砖砌检查井及雨水口 检查井 深≤6 m	m^3			24.1800	27.5100
52-3-2-1	水泥砂浆抹面 检查井	m^2	137.7900	137.7900	153.9900	169.9200
52-3-6-1	安装防坠格板 新建工程	只	3.0000	3.0000	3.0000	3.0000
52-3-9-3	安装盖板及盖座 铸铁盖座	套	3.0000	3.0000	3.0000	3.0000

（续表）

定额编号			J-1-5-97 A(B)	J-1-5-98 A(B)	J-1-5-99 A(B)	J-1-5-100 A(B)
项目			DN1500			
			高密度聚乙烯双壁缠绕管(HDPE)			
			≤4.0 m	>4.0 m	4.5 m	5.0 m
			100 m	100 m	100 m	100 m
预算定额编号	预算定额名称	预算定额单位	数量			
52-3-9-4	安装盖板及盖座 防沉降检查井盖板	块	3.0000	3.0000	3.0000	3.0000
52-4-5-1	模板工程 模板 管道基座	m^2	10.3200	10.3200	12.5400	12.5400
53-9-1-1	施工排水、降水 湿土排水	m^3	966.0000	1050.0000	1176.0000	1386.0000
53-9-1-3	施工排水、降水 筑拆竹箩滤井	座	2.5000	2.5000	2.5000	2.5000
	调整项目					
	围护支撑					
52-4-3-1	打槽型钢板桩 长 4.00～6.00 m，单面	100 m	2.0000			
52-4-3-6	拔槽型钢板桩 长 4.00～6.00 m，单面	100 m	2.0000			
52-4-3-11	打拔沟槽钢板桩 槽型钢板桩使用费	t·d	2468.0000	5488.0000	5488.0000	5488.0000
52-4-4-4	安拆钢板桩支撑 槽宽≤3.8 m 深 3.01～4.00 m	100 m	1.0000			
52-4-4-14	钢板桩支撑使用费	t·d	162.0000	324.0000	324.0000	324.0000
52-4-3-2	打槽型钢板桩 长 6.01～9.00 m，单面	100 m		2.0000	2.0000	2.0000
52-4-3-7	拔槽型钢板桩 长 6.01～9.00 m，单面	100 m		2.0000	2.0000	2.0000
52-4-4-5	安拆钢板桩支撑 槽宽≤3.8 m 深 4.01～6.00 m	100 m		1.0000	1.0000	1.0000
	井点降水					
53-9-1-1	施工排水、降水 湿土排水	m^3	−966.0000	−1050.0000	−1176.0000	−1386.0000
53-9-1-5	施工排水、降水 轻型井点安装	根	83.0000	83.0000	83.0000	83.0000
53-9-1-6	施工排水、降水 轻型井点拆除	根	83.0000	83.0000	83.0000	83.0000
53-9-1-7	施工排水、降水 轻型井点使用	套·天	32.0000	32.0000	32.0000	32.0000

工作内容：沟槽挖土、沟槽排水、井点降水、沟槽围护和支撑(钢板桩、撑折列板)、铺筑管道基础、铺设管道、沟槽回填(黄砂及素土)、土方场内运输、砌筑检查井等。

定额编号				J-1-5-97 A(B)	J-1-5-98 A(B)	J-1-5-99 A(B)	J-1-5-100 A(B)
项目				DN1500			
				高密度聚乙烯双壁缠绕管(HDPE)			
				≤4.0 m	>4.0 m	4.5 m	5.0 m
名称			单位	100 m	100 m	100 m	100 m
人工	00190101	综合人工	工日	532.6948 (536.9648)	564.9139 (569.1838)	625.5967 (629.8667)	719.5050 (723.9115)
材料	01010211	热轧带肋钢筋(HRB400) $\phi \leqslant 10$	t	0.0792	0.0792	0.0861	0.0861
	01010212	热轧带肋钢筋(HRB400) $\phi > 10$	t	0.2037	0.2037	0.2214	0.2214
	02090101	塑料薄膜	m^2	44.1623	44.1623	53.1339	55.8861
	03010811	钢塑膨胀铆钉	只	18.3600	18.3600	18.3600	18.3600
	03150101	圆钉	kg	2.1040	2.1040	2.5566	2.5566
	03152501	镀锌铁丝	kg	0.8528	0.8528	0.9270	0.9270
	04030115	黄砂 中粗	t	576.6264 (866.9851)	576.6264 (866.9851)	576.4673 (866.8260)	605.0381 (904.6788)
	04030701	砾石砂	t	104.7635	104.7635	104.6640	107.7150
	04050313	道碴 50～70	t	0.3988	0.3988	0.3988	0.3988
	04131711	蒸压灰砂砖	千块	11.3699	11.3699	13.0717	14.8719
	04290712	钢筋混凝土板 1400×250×160 mm	块	6.0000	6.0000	6.0000	6.0000
	04290713	钢筋混凝土板 1400×300×160 mm	块	6.0000	6.0000	6.0000	6.0000
	05350301	竹箩	个	2.5000	2.5000	2.5000	2.5000
	17250756	高密度聚乙烯双壁缠绕管(HDPE) DN1500 每节长 3 m 以下	m	96.7000	96.7000	96.7000	96.7000
	34110101	水	m^3	49.7428 (75.6091)	49.7428 (75.6091)	49.8910 (75.7573)	52.4094 (79.1025)
	35010102	组合钢模板	kg	6.6028	6.6028	8.0232	8.0232
	35010703	木模板成材	m^3	0.0413	0.0413	0.0501	0.0501
	35020401	钢模零配件	kg	2.4414	2.4414	2.9666	2.9666
	36012831	铸铁检查井雨污水盖座 市政 90 型	套	3.0000	3.0000	3.0000	3.0000
	36016631	防沉降检查井盖板 2500×2000×200	块	3.0000	3.0000	3.0000	3.0000
	36016651	高强度塑料检查井格板	只	3.0600	3.0600	3.0600	3.0600

（续表）

定额编号				J-1-5-97 A(B)	J-1-5-98 A(B)	J-1-5-99 A(B)	J-1-5-100 A(B)
项目				DN1500			
				高密度聚乙烯双壁缠绕管(HDPE)			
				≤4.0 m	>4.0 m	4.5 m	5.0 m
名称			单位	100 m	100 m	100 m	100 m
材料	36016661	高强度塑料支架	只	9.1800	9.1800	9.1800	9.1800
	80060414	湿拌砌筑砂浆 WM M10.0	m^3	4.9447	4.9447	5.7548	6.5474
	80060513	预拌抹灰砂浆 WP M15.0	m^3	2.4486	2.4486	2.7061	2.9594
	80210410	预拌混凝土(泵送型) C15 粒径 5～20	m^3	1.4241	1.4241	1.5453	1.5453
	80210414	预拌混凝土(泵送型) C20 粒径 5～20	m^3	7.4538	7.4538	9.4233	9.4233
机械	99010060	履带式单斗液压挖掘机 1 m^3	台班	5.3382	5.6826	6.1992	7.1033
	99050930	混凝土振捣器 插入式	台班	1.2043	1.2043	1.4878	1.4878
	99050940	混凝土振捣器 平板式	台班	15.2202 (21.3132)	15.2202 (21.3132)	15.4988 (21.5918)	16.1542 (22.4419)
	99070220	轮胎式装载机 1 m^3	台班	4.6485 (3.8766)	5.1222 (4.3504)	5.7956 (5.0237)	6.9349 (6.1383)
	99070540	载重汽车 6 t	台班	0.0165	0.0165	0.0201	0.0201
	99070588	载重汽车 12 t	台班	7.1211 (5.9386)	7.8468 (6.6644)	8.8783 (7.6959)	10.6237 (9.4034)
	99090360	汽车式起重机 8 t	台班	1.6555	1.6555	1.6579	1.6579
	99091700	手扳葫芦	台班	2.8383	2.8383	2.8383	2.8383
	99130350	内燃夯实机 700 N·m	台班	26.4811 (20.3881)	29.5975 (23.5045)	33.9810 (27.8881)	41.3212 (35.0335)
	99170010	钢筋调直机	台班	0.1342	0.1342	0.1458	0.1458
	99170025	钢筋切断机	台班	0.1342	0.1342	0.1458	0.1458
	99210065	木工平刨床 刨削宽度 450	台班	0.0237	0.0237	0.0288	0.0288
	99440010	电动单级离心清水泵 ϕ50	台班	115.9200	126.0000	141.1200	166.3200
调整项目							
		围护支撑					
	00190101	综合人工	工日	462.6629	592.1781	592.1781	592.1781
	03152501	镀锌铁丝	kg	15.0000	20.0000	20.0000	20.0000
	04030115	黄砂 中粗	t	15.8236	23.7356	23.7356	23.7356
	05030101	成材	m^3	0.6027	0.8241	0.8241	0.8241

（续表）

定额编号				J-1-5-97 A(B)	J-1-5-98 A(B)	J-1-5-99 A(B)	J-1-5-100 A(B)
项目				DN1500			
				高密度聚乙烯双壁缠绕管(HDPE)			
				≤4.0 m	>4.0 m	4.5 m	5.0 m
名称			单位	100 m	100 m	100 m	100 m
	35090121	槽型钢板桩	t	1.3350	1.9587	1.9587	1.9587
	35090131	槽型钢板桩使用费	t·d	2468.0000	5488.0000	5488.0000	5488.0000
	35090611	钢板桩支撑使用费	t·d	162.0000	324.0000	324.0000	324.0000
	35091771	铁撑柱	kg	129.8100	173.0800	173.0800	173.0800
	35091901	钢桩帽摊销	kg	90.9300	136.2690	136.2690	136.2690
	99030080	轨道式柴油打桩机 0.6 t	台班	20.1323	27.7905	27.7905	27.7905
	99030690	简易拔桩架	台班	23.9558	29.8410	29.8410	29.8410
	99090075	履带式起重机 8 t	台班	5.1194	6.8250	6.8250	6.8250
		井点降水					
	00190101	综合人工	工日	8.7389	4.2533	−2.4751	−13.6891
	04030115	黄砂 中粗	t	9.4420	9.4420	9.4420	9.4420
	17270201	普通橡胶管	m	14.2440	14.2440	14.2440	14.2440
	34110101	水	m^3	152.3275	152.3275	152.3275	152.3275
	35040921	轻型井点井管 φ40	m	30.3528	30.3528	30.3528	30.3528
	35040941	轻型井点井管 φ180×4	m	1.4662	1.4662	1.4662	1.4662
	99091380	电动卷扬机单筒快速 10 kN	台班	1.9920	1.9920	1.9920	1.9920
	99350050	轻便钻机 XJ-100	台班	4.7310	4.7310	4.7310	4.7310
	99440010	电动单级离心清水泵 φ50	台班	−115.9200	−126.0000	−141.1200	−166.3200
	99440150	电动多级离心清水泵 φ150×180 m 以下	台班	3.9840	3.9840	3.9840	3.9840
	99440510	射流井点泵 9.5 m	台班	38.7920	38.7920	38.7920	38.7920

工作内容：沟槽挖土、沟槽排水、井点降水、沟槽围护和支撑(钢板桩、撑拆列板)、铺筑管道基础、铺设管道、沟槽回填(黄砂及素土)、土方场内运输、砌筑检查井等。

定额编号			J-1-5-101 A(B)	J-1-5-102 A(B)	J-1-5-103 A(B)	J-1-5-104 A(B)
项目			DN1500			
			高密度聚乙烯双壁缠绕管(HDPE)			
			5.5 m	≤6.0 m	>6.0 m	6.5 m
			100 m	100 m	100 m	100 m
预算定额编号	预算定额名称	预算定额单位	数量			
04290712	钢筋混凝土板 1400×250×160 mm	块	6.0000	6.0000	6.0000	6.0000
04290713	钢筋混凝土板 1400×300×160 mm	块	6.0000	6.0000	6.0000	6.0000
52-1-2-3	机械挖沟槽土方 深≤6 m 现场抛土	m^3	1905.7500	2035.6900	2079.0000	2079.0000
52-1-2-3 系 1	机械挖沟槽土方 深≤7 m 现场抛土	m^3			43.3100	173.2500
52-1-3-1	沟槽回填 夯填土	m^3	1281.8800 (1112.4000)	1406.6700 (1237.1900)	1493.2900 (1323.8100)	1616.6100 (1447.1300)
53-1-3-2	场内运输 自卸汽车装运土(运距 1 km 以内)	m^3	1678.2600 (1508.7800)	1829.0380 (1659.5580)	1932.9820 (1763.5020)	2082.2900 (1912.8100)
52-1-3-4	沟槽回填 黄砂	m^3	326.8900 (496.3700)	326.8900 (496.3700)	326.8900 (496.3700)	326.8900 (496.3700)
52-1-4-1	管道垫层 黄砂垫层	m^3	15.2300	15.2300	15.2300	15.2300
52-1-4-3	管道垫层 砾石砂垫层	m^3	48.7200	48.7200	48.7200	48.9600
52-1-5-1	管道基座 混凝土 C20	m^3	9.3300	9.3300	9.3300	10.1100
52-1-5-1 换 1	管道基座 混凝土 C15	m^3	1.5300	1.5300	1.5300	1.6500
52-1-5-2	管道基座 钢筋	t	0.3000	0.3000	0.3000	0.3240
52-1-6-77	管道铺设 高密度聚乙烯双壁缠绕管(HDPE)每节 3 m 以下 DN1500	100 m	0.0967	0.0967	0.0967	0.0967
52-1-6-94	管道铺设 高密度聚乙烯双壁缠绕管(HDPE)每节 3 m 以上 DN1500	100 m	0.8703	0.8703	0.8703	0.8703
52-3-1-3	砖砌检查井及雨水口 检查井 深≤6 m	m^3	31.5600	44.6400	44.6400	
52-3-1-4	砖砌检查井及雨水口 检查井 深≤8 m	m^3				48.7800
52-3-2-1	水泥砂浆抹面 检查井	m^2	190.6800	200.2800	200.2800	222.4500
52-3-6-1	安装防坠格板 新建工程	只	3.0000	3.0000	3.0000	3.0000
52-3-9-3	安装盖板及盖座 铸铁盖座	套	3.0000	3.0000	3.0000	3.0000
52-3-9-4	安装盖板及盖座 防沉降检查井盖板	块	3.0000	3.0000	3.0000	3.0000

（续表）

定额编号			J-1-5-101 A(B)	J-1-5-102 A(B)	J-1-5-103 A(B)	J-1-5-104 A(B)
项目			DN1500			
			高密度聚乙烯双壁缠绕管(HDPE)			
			5.5 m	≤6.0 m	>6.0 m	6.5 m
			100 m	100 m	100 m	100 m
预算定额编号	预算定额名称	预算定额单位	数量			
52-4-5-1	模板工程 模板 管道基座	m^2	12.5400	12.5400	12.5400	13.0500
53-9-1-1	施工排水、降水 湿土排水	m^3	1559.2500	1689.1900	1775.8100	1905.7500
53-9-1-3	施工排水、降水 筑拆竹箩滤井	座	2.5000	2.5000	2.5000	2.5000
调整项目						
	围护支撑					
52-4-3-2	打槽型钢板桩 长 6.01～9.00 m，单面	100 m	2.0000	2.0000		
52-4-3-7	拔槽型钢板桩 长 6.01～9.00 m，单面	100 m	2.0000	2.0000		
52-4-3-11	打拔沟槽钢板桩 槽型钢板桩使用费	t·d	5488.0000	5488.0000	7604.0000	7604.0000
52-4-4-5	安拆钢板桩支撑 槽宽≤3.8 m 深 4.01～6.00 m	100 m	1.0000	1.0000		
52-4-4-14	钢板桩支撑使用费	t·d	324.0000	324.0000	511.0000	511.0000
52-4-3-3	打槽型钢板桩 长 9.01～12.00 m，单面	100 m			2.0000	2.0000
52-4-3-8	拔槽型钢板桩 长 9.01～12.00 m，单面	100 m			2.0000	2.0000
52-4-4-6	安拆钢板桩支撑 槽宽≤3.8 m 深 6.01～8.00 m	100 m			1.0000	1.0000
	井点降水					
53-9-1-1	施工排水、降水 湿土排水	m^3	−1559.2500	−1689.1900	−1775.8100	−1905.7500
53-9-1-5	施工排水、降水 轻型井点安装	根	83.0000	83.0000		
53-9-1-6	施工排水、降水 轻型井点拆除	根	83.0000	83.0000		
53-9-1-7	施工排水、降水 轻型井点使用	套·天	32.0000	32.0000		
53-9-1-8	施工排水、降水喷射井点安装 10 m	根			40.0000	40.0000
53-9-1-9	施工排水、降水喷射井点拆除 10 m	根			40.0000	40.0000
53-9-1-10	施工排水、降水喷射井点使用 10 m	套·天			21.0000	21.0000

工作内容：沟槽挖土、沟槽排水、井点降水、沟槽围护和支撑(钢板桩、撑拆列板)、铺筑管道基础、铺设管道、沟槽回填(黄砂及素土)、土方场内运输、砌筑检查井等。

定额编号				J-1-5-101 A(B)	J-1-5-102 A(B)	J-1-5-103 A(B)	J-1-5-104 A(B)
项目				DN1500			
				高密度聚乙烯双壁缠绕管(HDPE)			
				5.5 m	≤6.0 m	>6.0 m	6.5 m
名称			单位	100 m	100 m	100 m	100 m
人工	00190101	综合人工	工日	797.5187 (801.9252)	878.9805 (883.3870)	912.3820 (916.7885)	978.5936 (983.0001)
材料	01010211	热轧带肋钢筋(HRB400) $\phi\leqslant10$	t	0.0861	0.0861	0.0861	0.0930
	01010212	热轧带肋钢筋(HRB400) $\phi>10$	t	0.2214	0.2214	0.2214	0.2391
	02090101	塑料薄膜	m^2	59.2334	70.0441	70.0441	76.2130
	03010811	钢塑膨胀铆钉	只	18.3600	18.3600	18.3600	18.3600
	03150101	圆钉	kg	2.5566	2.5566	2.5566	2.6605
	03152501	镀锌铁丝	kg	0.9270	0.9270	0.9270	1.0012
	04030115	黄砂 中粗	t	605.0381 (904.6788)	605.0381 (904.6788)	605.0381 (904.6788)	605.0381 (904.6788)
	04030701	砾石砂	t	107.7150	107.7150	107.7150	108.2457
	04050313	道碴 50～70	t	0.3988	0.3988	0.3988	0.3988
	04131711	蒸压灰砂砖	千块	17.0613	24.1324	24.1324	26.2875
	04290712	钢筋混凝土板 1400×250×160 mm	块	6.0000	6.0000	6.0000	6.0000
	04290713	钢筋混凝土板 1400×300×160 mm	块	6.0000	6.0000	6.0000	6.0000
	05350301	竹箩	个	2.5000	2.5000	2.5000	2.5000
	17250756	高密度聚乙烯双壁缠绕管(HDPE) DN1500 每节长 3 m 以下	m	96.7000	96.7000	96.7000	96.7000
	34110101	水	m^3	52.4649 (79.1580)	52.6441 (79.3372)	52.6441 (79.3372)	52.7462 (79.4393)
	35010102	组合钢模板	kg	8.0232	8.0232	8.0232	8.3495
	35010703	木模板成材	m^3	0.0501	0.0501	0.0501	0.0522
	35020401	钢模零配件	kg	2.9666	2.9666	2.9666	3.0872
	36012831	铸铁检查井雨污水盖座 市政 90 型	套	3.0000	3.0000	3.0000	3.0000
	36016631	防沉降检查井盖板 2500×2000×200	块	3.0000	3.0000	3.0000	3.0000
	36016651	高强度塑料检查井格板	只	3.0600	3.0600	3.0600	3.0600

（续表）

定额编号				J-1-5-101 A(B)	J-1-5-102 A(B)	J-1-5-103 A(B)	J-1-5-104 A(B)
项目				DN1500			
				高密度聚乙烯双壁缠绕管(HDPE)			
				5.5 m	≤6.0 m	>6.0 m	6.5 m
名称			单位	100 m	100 m	100 m	100 m
材料	36016661	高强度塑料支架	只	9.1800	9.1800	9.1800	9.1800
	80060414	湿拌砌筑砂浆 WM M10.0	m^3	7.5113	10.6243	10.6243	11.7999
	80060513	预拌抹灰砂浆 WP M15.0	m^3	3.2895	3.4422	3.4422	3.7947
	80210410	预拌混凝土(泵送型) C15 粒径 5～20	m^3	1.5453	1.5453	1.5453	1.6665
	80210414	预拌混凝土(泵送型) C20 粒径 5～20	m^3	9.4233	9.4233	9.4233	10.2111
机械	99010060	履带式单斗液压挖掘机 1 m^3	台班	7.8136	8.3463	8.7318	9.3555
	99050930	混凝土振捣器 插入式	台班	1.4878	1.4878	1.4878	1.6112
	99050940	混凝土振捣器 平板式	台班	16.1542 (22.4419)	16.1542 (22.4419)	16.1542 (22.4419)	16.2876 (22.5753)
	99070220	轮胎式装载机 1 m^3	台班	7.8878 (7.0913)	8.5965 (7.7999)	9.0850 (8.2885)	9.7868 (8.9902)
	99070540	载重汽车 6 t	台班	0.0201	0.0201	0.0201	0.0209
	99070588	载重汽车 12 t	台班	12.0835 (10.8632)	13.1691 (11.9488)	13.9175 (12.6972)	14.9925 (13.7722)
	99090360	汽车式起重机 8 t	台班	1.6579	1.6579	1.6579	1.6585
	99091700	手扳葫芦	台班	2.8383	2.8383	2.8383	2.8383
	99130350	内燃夯实机 700 N・m	台班	47.5577 (41.2700)	52.1875 (45.8997)	55.4011 (49.1134)	59.9762 (53.6885)
	99170010	钢筋调直机	台班	0.1458	0.1458	0.1458	0.1575
	99170025	钢筋切断机	台班	0.1458	0.1458	0.1458	0.1575
	99210065	木工平刨床 刨削宽度 450	台班	0.0288	0.0288	0.0288	0.0300
	99440010	电动单级离心清水泵 ϕ50	台班	187.1100	202.7028	213.0972	228.6900
调整项目							
		围护支撑					
	00190101	综合人工	工日	592.1781	592.1781	593.4223	593.4223
	03152501	镀锌铁丝	kg	20.0000	20.0000	25.0000	25.0000
	04030115	黄砂 中粗	t	23.7356	23.7356	33.2299	33.2299
	05030101	成材	m^3	0.8241	0.8241	1.0276	1.0276
	35090121	槽型钢板桩	t	1.9587	1.9587	2.6893	2.6893
	35090131	槽型钢板桩使用费	t・d	5488.0000	5488.0000	7604.0000	7604.0000

（续表）

定额编号				J-1-5-101 A(B)	J-1-5-102 A(B)	J-1-5-103 A(B)	J-1-5-104 A(B)
项目				DN1500			
				高密度聚乙烯双壁缠绕管(HDPE)			
				5.5 m	≤6.0 m	>6.0 m	6.5 m
名称			单位	100 m	100 m	100 m	100 m
	35090611	钢板桩支撑使用费	t・d	324.0000	324.0000	511.0000	511.0000
	35091771	铁撑柱	kg	173.0800	173.0800	272.9800	272.9800
	35091901	钢桩帽摊销	kg	136.2690	136.2690	381.5700	381.5700
	99030080	轨道式柴油打桩机 0.6 t	台班	27.7905	27.7905		
	99030690	简易拔桩架	台班	29.8410	29.8410		
	99090075	履带式起重机 8 t	台班	6.8250	6.8250	8.5319	8.5319
	99030100	轨道式柴油打桩机 1.2 t	台班			33.5913	33.5913
	99030970	震动锤 45 kW	台班			17.3680	17.3680
	99090090	履带式起重机 15 t	台班			17.3680	17.3680
		井点降水					
	00190101	综合人工	工日	−22.9407	−29.8794	102.1757	95.2370
	04030115	黄砂 中粗	t	9.4420	9.4420		
	04030119	黄砂 中粗	kg			95423.8016	95423.8016
	17030102	镀锌焊接钢管	kg			0.1463	0.1463
	17270201	普通橡胶管	m	14.2440	14.2440		
	34110101	水	m^3	152.3275	152.3275	566.8908	566.8908
	35040921	轻型井点井管 ϕ40	m	30.3528	30.3528		
	35040941	轻型井点井管 ϕ180×4	m	1.4662	1.4662		
	35040961	喷射井点总管 ϕ159×6	m			2.9448	2.9448
	35040971	喷射井点井管 ϕ76	m			20.9102	20.9102
	35041011	喷射井点滤网管	根			2.4164	2.4164
	35041021	喷射井点回水连接件	副			1.5109	1.5109
	35041031	喷射井点腰子法兰	副			0.6892	0.6892
	35041041	喷射井点水箱	kg			24.1476	24.1476
	35041051	喷射井点喷射器	只			3.2288	3.2288
	99090080	履带式起重机 10 t	台班			11.5200	11.5200
	99091380	电动卷扬机单筒快速 10 kN	台班	1.9920	1.9920		
	99350050	轻便钻机 XJ-100	台班	4.7310	4.7310		
	99350120	液压钻机 G-2A	台班			4.4160	4.4160
	99440010	电动单级离心清水泵 ϕ50	台班	−187.1100	−202.7028	−213.0972	−228.6900
	99440150	电动多级离心清水泵 ϕ150×180 m 以下	台班	3.9840	3.9840	30.8300	30.8300
	99440210	污水泵 ϕ100	台班			11.0400	11.0400
	99440510	射流井点泵 9.5 m	台班	38.7920	38.7920		

工作内容：沟槽挖土、沟槽排水、井点降水、沟槽围护和支撑（钢板桩、撑拆列板）、铺筑管道基础、铺设管道、沟槽回填（黄砂及素土）、土方场内运输、砌筑检查井等。

定额编号			J-1-5-105 A(B)	J-1-5-106 A(B)	J-1-5-107 A(B)	J-1-5-108 A(B)
项目			DN1600			
			高密度聚乙烯双壁缠绕管(HDPE)			
			2.5 m	≤3.0 m	>3.0 m	3.5 m
			100 m	100 m	100 m	100 m
预算定额编号	预算定额名称	预算定额单位	数量			
04290712	钢筋混凝土板 1400×250×160 mm	块	12.0000	12.0000	12.0000	12.0000
52-1-2-1	机械挖沟槽土方 深≤3 m 现场抛土	m^3	866.2500	996.1900		
52-1-2-3	机械挖沟槽土方 深≤6 m 现场抛土	m^3			1082.8100	1212.7500
52-1-3-1	沟槽回填 夯填土	m^3	235.1100 (64.6000)	362.3100 (191.8000)	448.9300 (278.4200)	574.8600 (404.3500)
53-1-3-2	场内运输 自卸汽车装运土(运距 1 km 以内)	m^3	615.8100 (786.3200)	618.5500 (789.0600)	680.8220 (789.0600)	832.7400 (793.0700)
52-1-3-4	沟槽回填 黄砂	m^3	334.8600 (505.3700)	334.8600 (505.3700)	334.8600 (505.3700)	334.8600 (505.3700)
52-1-4-1	管道垫层 黄砂垫层	m^3	15.3300	15.3300	15.3300	15.3300
52-1-4-3	管道垫层 砾石砂垫层	m^3	48.9300	48.9300	48.9300	48.9300
52-1-5-1	管道基座 混凝土 C20	m^3	6.4500	6.4500	6.4500	7.7700
52-1-5-1 换 1	管道基座 混凝土 C15	m^3			1.4700	1.4700
52-1-5-2	管道基座 钢筋	t			0.2910	0.2910
52-1-6-78	管道铺设 高密度聚乙烯双壁缠绕管(HDPE)每节 3 m 以下 DN1600	100 m	0.0967	0.0967	0.0967	0.0967
52-1-6-95	管道铺设 高密度聚乙烯双壁缠绕管(HDPE)每节 3 m 以上 DN1600	100 m	0.8703	0.8703	0.8703	0.8703
52-3-1-2	砖砌检查井及雨水口 检查井 深≤4 m	m^3	14.7000	14.7000	14.7000	17.5200
52-3-2-1	水泥砂浆抹面 检查井	m^2	102.1500	102.1500	102.1500	119.1900
52-3-6-1	安装防坠格板 新建工程	只	3.0000	3.0000	3.0000	3.0000
52-3-9-3	安装盖板及盖座 铸铁盖座	套	3.0000	3.0000	3.0000	3.0000
52-3-9-4	安装盖板及盖座 防沉降检查井盖板	块	3.0000	3.0000	3.0000	3.0000
52-4-5-1	模板工程 模板 管道基座	m^2	8.8200	8.8200	8.8200	10.5900
53-9-1-1	施工排水、降水 湿土排水	m^3	519.7500	649.6900	736.3100	866.2500
53-9-1-3	施工排水、降水 筑拆竹箩滤井	座	2.5000	2.5000	2.5000	2.5000
调整项目						
	围护支撑					
52-4-2-3	满堂撑拆列板 深≤2.5 m，双面	100 m	1.0000			
52-4-2-4	满堂撑拆列板 深≤3.0 m，双面	100 m		1.0000		
52-4-2-5	撑拆列板 列板使用费	t·d	213.0000	257.0000		

（续表）

定额编号			J-1-5-105 A(B)	J-1-5-106 A(B)	J-1-5-107 A(B)	J-1-5-108 A(B)
项目			DN1600			
			高密度聚乙烯双壁缠绕管(HDPE)			
			2.5 m	≤3.0 m	>3.0 m	3.5 m
			100 m	100 m	100 m	100 m
预算定额编号	预算定额名称	预算定额单位	数量			
52-4-2-6	列板支撑使用费	t·d	81.0000	98.0000		
52-4-3-1	打槽型钢板桩 长 4.00～6.00 m，单面	100 m			2.0000	2.0000
52-4-3-6	拔槽型钢板桩 长 4.00～6.00 m，单面	100 m			2.0000	2.0000
52-4-4-4	安拆钢板桩支撑 槽宽≤3.8 m 深 3.01～4.00 m	100 m			1.0000	1.0000
52-4-3-11	打拔沟槽钢板桩 槽型钢板桩使用费	t·d			2468.0000	2468.0000
52-4-4-14	钢板桩支撑使用费	t·d			162.0000	162.0000
	井点降水					
53-9-1-1	施工排水、降水 湿土排水	m^3		−649.6900	−736.3100	−866.2500
53-9-1-5	施工排水、降水 轻型井点安装	根		83.0000	83.0000	83.0000
53-9-1-6	施工排水、降水 轻型井点拆除	根		83.0000	83.0000	83.0000
53-9-1-7	施工排水、降水 轻型井点使用	套·天		32.0000	32.0000	32.0000

工作内容：沟槽挖土、沟槽排水、井点降水、沟槽围护和支撑(钢板桩、撑拆列板)、铺筑管道基础、铺设管道、沟槽回填(黄砂及素土)、土方场内运输、砌筑检查井等。

定额编号				J-1-5-105 A(B)	J-1-5-106 A(B)	J-1-5-107 A(B)	J-1-5-108 A(B)
项目				DN1600			
				高密度聚乙烯双壁缠绕管(HDPE)			
				2.5 m	≤3.0 m	>3.0 m	3.5 m
名称			单位	100 m	100 m	100 m	100 m
人工	00190101	综合人工	工日	338.0954 (353.8847)	381.0219 (396.8112)	423.5782 (437.2937)	482.3972 (491.1875)
材料	01010211	热轧带肋钢筋(HRB400) $\phi\leqslant10$	t			0.0835	0.0835
	01010212	热轧带肋钢筋(HRB400) $\phi>10$	t			0.2148	0.2148
	02090101	塑料薄膜	m^2	31.8376	31.8376	36.3246	42.6844
	03010811	钢塑膨胀铆钉	只	18.3600	18.3600	18.3600	18.3600
	03150101	圆钉	kg	1.7982	1.7982	1.7982	2.1590
	03152501	镀锌铁丝	kg			0.8992	0.8992
	04030115	黄砂 中粗	t	619.3059 (920.7676)	619.3059 (920.7676)	619.3059 (920.7676)	619.3059 (920.7676)

（续表）

定额编号				J-1-5-105 A(B)	J-1-5-106 A(B)	J-1-5-107 A(B)	J-1-5-108 A(B)
项目				DN1600			
				高密度聚乙烯双壁缠绕管(HDPE)			
				2.5 m	≤3.0 m	>3.0 m	3.5 m
名称			单位	100 m	100 m	100 m	100 m
材料	04030701	砾石砂	t	108.1793	108.1793	108.1793	108.1793
	04050313	道碴 50～70	t	0.3988	0.3988	0.3988	0.3988
	04131711	蒸压灰砂砖	千块	7.9703	7.9703	7.9703	9.4993
	04290712	钢筋混凝土板 1400×250×160 mm	块	12.0000	12.0000	12.0000	12.0000
	05350301	竹箩	个	2.5000	2.5000	2.5000	2.5000
	17250757	高密度聚乙烯双壁缠绕管(HDPE) DN1600 每节长 3 m 以下	m	96.7000	96.7000	96.7000	96.7000
	34110101	水	m^3	53.2670 (80.1223)	53.2670 (80.1223)	53.3411 (80.1964)	53.4462 (80.3015)
	35010102	组合钢模板	kg	5.6431	5.6431	5.6431	6.7755
	35010703	木模板成材	m^3	0.0353	0.0353	0.0353	0.0423
	35020401	钢模零配件	kg	2.0865	2.0865	2.0865	2.5053
	36012831	铸铁检查井雨污水盖座 市政 90 型	套	3.0000	3.0000	3.0000	3.0000
	36016631	防沉降检查井盖板 2500×2000×200	块	3.0000	3.0000	3.0000	3.0000
	36016651	高强度塑料检查井格板	只	3.0600	3.0600	3.0600	3.0600
	36016661	高强度塑料支架	只	9.1800	9.1800	9.1800	9.1800
	80060414	湿拌砌筑砂浆 WM M10.0	m^3	3.4663	3.4663	3.4663	4.1312
	80060513	预拌抹灰砂浆 WP M15.0	m^3	1.8819	1.8819	1.8819	2.1528
	80210410	预拌混凝土(泵送型) C15 粒径 5～20	m^3			1.4847	1.4847
	80210414	预拌混凝土(泵送型) C20 粒径 5～20	m^3	6.5145	6.5145	6.5145	7.8477
机械	99010060	履带式单斗液压挖掘机 1 m^3	台班	3.3784	3.8851	4.4395	4.9723
	99050930	混凝土振捣器 插入式	台班	0.8837	0.8837	1.0851	1.2659
	99050940	混凝土振捣器 平板式	台班	15.8579 (22.1838)	15.8579 (22.1838)	16.0593 (22.3852)	16.2401 (22.5660)
	99070220	轮胎式装载机 1 m^3	台班	2.8943 (3.6957)	2.9072 (3.7086)	3.1999 (3.7086)	3.9139 (3.7274)
	99070540	载重汽车 6 t	台班	0.6603	0.6603	0.6603	0.6631
	99070588	载重汽车 12 t	台班	4.4338 (5.6615)	4.4536 (5.6812)	4.9019 (5.6812)	5.9957 (5.7101)
	99090360	汽车式起重机 8 t	台班	1.6994	1.6994	1.6994	1.7013
	99091700	手扳葫芦	台班	2.9294	2.9294	2.9294	2.9294
	99130350	内燃夯实机 700 N·m	台班	8.7226 (2.3967)	13.4417 (7.1158)	16.6553 (10.3294)	21.3273 (15.0014)
	99170010	钢筋调直机	台班			0.1415	0.1415

（续表）

定额编号				J-1-5-105 A(B)	J-1-5-106 A(B)	J-1-5-107 A(B)	J-1-5-108 A(B)
项目				DN1600			
				高密度聚乙烯双壁缠绕管(HDPE)			
				2.5 m	≤3.0 m	>3.0 m	3.5 m
名称			单位	100 m	100 m	100 m	100 m
材料	99170025	钢筋切断机	台班			0.1415	0.1415
	99210065	木工平刨床 刨削宽度 450	台班	0.0203	0.0203	0.0203	0.0244
	99440010	电动单级离心清水泵 ϕ50	台班	62.3700	77.9628	88.3572	103.9500
调整项目							
		围护支撑					
	00190101	综合人工	工日	57.0282	78.7933	462.6629	462.6629
	03150501	骑马钉	kg	21.1090	25.3308		
	04131711	蒸压灰砂砖	千块	0.1545	0.1545		
	05030101	成材	m^3	0.4444	0.5000	0.6027	0.6027
	35090501	列板使用费	t·d	213.0000	257.0000		
	35090511	列板支撑使用费	t·d	81.0000	98.0000		
	35091731	铁撑板	t	0.3345	0.4181		
	35091771	铁撑柱	kg	114.6350	139.6830	129.8100	129.8100
	35090121	槽型钢板桩	t			1.3350	1.3350
	35091901	钢桩帽摊销	kg			90.9300	90.9300
	04030115	黄砂 中粗	t			15.8236	15.8236
	03152501	镀锌铁丝	kg			15.0000	15.0000
	35090131	槽型钢板桩使用费	t·d			2468.0000	2468.0000
	35090611	钢板桩支撑使用费	t·d			162.0000	162.0000
	99030080	轨道式柴油打桩机 0.6 t	台班			20.1323	20.1323
	99030690	简易拔桩架	台班			23.9558	23.9558
	99090075	履带式起重机 8 t	台班			5.1194	5.1194
		井点降水					
	00190101	综合人工	工日		25.6299	21.0043	14.0655
	04030115	黄砂 中粗	t		9.4420	9.4420	9.4420
	17270201	普通橡胶管	m		14.2440	14.2440	14.2440
	34110101	水	m^3		152.3275	152.3275	152.3275
	35040921	轻型井点井管 ϕ40	m		30.3528	30.3528	30.3528
	35040941	轻型井点井管 ϕ180×4	m		1.4662	1.4662	1.4662
	99091380	电动卷扬机单筒快速 10 kN	台班		1.9920	1.9920	1.9920
	99350050	轻便钻机 XJ-100	台班		4.7310	4.7310	4.7310
	99440010	电动单级离心清水泵 ϕ50	台班		−77.9628	−88.3572	−103.9500
	99440150	电动多级离心清水泵 ϕ150×180 m 以下	台班		3.9840	3.9840	3.9840
	99440510	射流井点泵 9.5 m	台班		38.7920	38.7920	38.7920

工作内容：沟槽挖土、沟槽排水、井点降水、沟槽围护和支撑（钢板桩、撑拆列板）、铺筑管道基础、铺设管道、沟槽回填（黄砂及素土）、土方场内运输、砌筑检查井等。

定　额　编　号			J-1-5-109 A(B)	J-1-5-110 A(B)	J-1-5-111 A(B)	J-1-5-112 A(B)
项　　目			DN1600			
			高密度聚乙烯双壁缠绕管(HDPE)			
			≤4.0 m	>4.0 m	4.5 m	5.0 m
			100 m	100 m	100 m	100 m
预算定额编号	预算定额名称	预算定额单位	数　　量			
04290712	钢筋混凝土板 1400×250×160 mm	块	12.0000	12.0000	12.0000	6.0000
04290713	钢筋混凝土板 1400×300×160 mm	块				9.0000
52-1-2-3	机械挖沟槽土方 深≤6 m 现场抛土	m^3	1342.6900	1429.3100	1559.2500	1785.0000
52-1-3-1	沟槽回填 夯填土	m^3	701.8800 (531.3700)	788.5000 (617.9900)	910.0500 (739.5400)	1112.7700 (937.0000)
53-1-3-2	场内运输 自卸汽车装运土(运距1 km以内)	m^3	985.7480 (815.2380)	1089.6920 (919.1820)	1237.1300 (1066.6200)	1485.4600 (1309.6900)
52-1-3-4	沟槽回填 黄砂	m^3	334.8600 (505.3700)	334.8600 (505.3700)	334.8600 (505.3700)	351.6100 (527.3800)
52-1-4-1	管道垫层 黄砂垫层	m^3	15.3300	15.3300	15.2300	15.6900
52-1-4-3	管道垫层 砾石砂垫层	m^3	48.9300	48.9300	48.8700	50.2500
52-1-5-1	管道基座 混凝土 C20	m^3	7.7700	7.7700	7.7700	9.8100
52-1-5-1换1	管道基座 混凝土 C15	m^3	1.4700	1.4700	1.5900	1.5900
52-1-5-2	管道基座 钢筋	t	0.2910	0.2910	0.3150	0.3150
52-1-6-78	管道铺设 高密度聚乙烯双壁缠绕管(HDPE)每节3 m以下 DN1600	100 m	0.0967	0.0967	0.0967	0.0967
52-1-6-95	管道铺设 高密度聚乙烯双壁缠绕管(HDPE)每节3 m以上 DN1600	100 m	0.8703	0.8703	0.8703	0.8703
52-3-1-2	砖砌检查井及雨水口 检查井深≤4 m	m^3	21.6900	21.6900		
52-3-1-3	砖砌检查井及雨水口 检查井深≤6 m	m^3			24.8400	27.9300
52-3-2-1	水泥砂浆抹面 检查井	m^2	141.3000	141.3000	157.5000	171.7800
52-3-6-1	安装防坠格板 新建工程	只	3.0000	3.0000	3.0000	3.0000
52-3-9-3	安装盖板及盖座 铸铁盖座	套	3.0000	3.0000	3.0000	3.0000
52-3-9-4	安装盖板及盖座 防沉降检查井盖板	块	3.0000	3.0000	3.0000	3.0000
52-4-5-1	模板工程 模板 管道基座	m^2	10.5900	10.5900	12.8400	12.8400
53-9-1-1	施工排水、降水 湿土排水	m^3	996.1900	1082.8100	1212.7500	1428.0000
53-9-1-3	施工排水、降水 筑拆竹箩滤井	座	2.5000	2.5000	2.5000	2.5000
调整项目						
	围护支撑					
52-4-3-1	打槽型钢板桩 长 4.00～6.00 m，单面	100 m	2.0000			
52-4-3-6	拔槽型钢板桩 长 4.00～6.00 m，单面	100 m	2.0000			

(续表)

定额编号			J-1-5-109 A(B)	J-1-5-110 A(B)	J-1-5-111 A(B)	J-1-5-112 A(B)
项目			DN1600			
			高密度聚乙烯双壁缠绕管(HDPE)			
			≤4.0 m	>4.0 m	4.5 m	5.0 m
			100 m	100 m	100 m	100 m
预算定额编号	预算定额名称	预算定额单位	数量			
52-4-3-11	打拔沟槽钢板桩 槽型钢板桩使用费	t·d	2468.0000	5488.0000	5488.0000	5488.0000
52-4-4-4	安拆钢板桩支撑 槽宽≤3.8 m 深 3.01～4.00 m	100 m	1.0000			
52-4-4-14	钢板桩支撑使用费	t·d	162.0000	324.0000	324.0000	324.0000
52-4-3-2	打槽型钢板桩 长 6.01～9.00 m,单面	100 m		2.0000	2.0000	2.0000
52-4-3-7	拔槽型钢板桩 长 6.01～9.00 m,单面	100 m		2.0000	2.0000	2.0000
52-4-4-5	安拆钢板桩支撑 槽宽≤3.8 m 深 4.01～6.00 m	100 m		1.0000	1.0000	1.0000
	井点降水					
53-9-1-1	施工排水、降水 湿土排水	m^3	−996.1900	−1082.8100	−1212.7500	−1428.0000
53-9-1-5	施工排水、降水 轻型井点安装	根	83.0000	83.0000	83.0000	83.0000
53-9-1-6	施工排水、降水 轻型井点拆除	根	83.0000	83.0000	83.0000	83.0000
53-9-1-7	施工排水、降水 轻型井点使用	套·天	32.0000	32.0000	32.0000	32.0000

工作内容:沟槽挖土、沟槽排水、井点降水、沟槽围护和支撑(钢板桩、撑拆列板)、铺筑管道基础、铺设管道、沟槽回填(黄砂及素土)、土方场内运输、砌筑检查井等。

定额编号				J-1-5-109 A(B)	J-1-5-110 A(B)	J-1-5-111 A(B)	J-1-5-112 A(B)
项目				DN1600			
				高密度聚乙烯双壁缠绕管(HDPE)			
				≤4.0 m	>4.0 m	4.5 m	5.0 m
名称			单位	100 m	100 m	100 m	100 m
人工	00190101	综合人工	工日	544.4141 (548.8473)	577.6382 (582.0715)	638.8127 (643.2460)	734.9597 (739.5298)
材料	01010211	热轧带肋钢筋(HRB400) ϕ≤10	t	0.0835	0.0835	0.0904	0.0904
	01010212	热轧带肋钢筋(HRB400) ϕ>10	t	0.2148	0.2148	0.2325	0.2325
	02090101	塑料薄膜	m^2	46.1309	46.1309	49.1007	57.8814
	03010811	钢塑膨胀铆钉	只	18.3600	18.3600	18.3600	18.3600
	03150101	圆钉	kg	2.1590	2.1590	2.6177	2.6177
	03152501	镀锌铁丝	kg	0.8992	0.8992	0.9734	0.9734
	04030115	黄砂 中粗	t	619.3059 (920.7676)	619.3059 (920.7676)	619.1291 (920.5908)	649.5564 (960.3177)

（续表）

定额编号				J-1-5-109 A(B)	J-1-5-110 A(B)	J-1-5-111 A(B)	J-1-5-112 A(B)
项目				DN1600			
				高密度聚乙烯双壁缠绕管(HDPE)			
				≤4.0 m	>4.0 m	4.5 m	5.0 m
名称			单位	100 m	100 m	100 m	100 m
材料	04030701	砾石砂	t	108.1793	108.1793	108.0467	111.0977
	04050313	道碴 50～70	t	0.3988	0.3988	0.3988	0.3988
	04131711	蒸压灰砂砖	千块	11.7603	11.7603	13.4285	15.0990
	04290712	钢筋混凝土板 1400×250×160 mm	块	12.0000	12.0000	12.0000	6.0000
	04290713	钢筋混凝土板 1400×300×160 mm	块				9.0000
	05350301	竹箩	个	2.5000	2.5000	2.5000	2.5000
	17250757	高密度聚乙烯双壁缠绕管(HDPE) DN1600 每节长 3 m 以下	m	96.7000	96.7000	96.7000	96.7000
	34110101	水	m^3	53.5034 (80.3587)	53.5034 (80.3587)	53.5525 (80.4078)	56.3357 (84.0195)
	35010102	组合钢模板	kg	6.7755	6.7755	8.2151	8.2151
	35010703	木模板成材	m^3	0.0423	0.0423	0.0513	0.0513
	35020401	钢模零配件	kg	2.5053	2.5053	3.0376	3.0376
	36012831	铸铁检查井雨污水盖座 市政 90 型	套	3.0000	3.0000	3.0000	3.0000
	36016631	防沉降检查井盖板 2500×2000×200	块	3.0000	3.0000	3.0000	3.0000
	36016651	高强度塑料检查井格板	只	3.0600	3.0600	3.0600	3.0600
	36016661	高强度塑料支架	只	9.1800	9.1800	9.1800	9.1800
	80060414	湿拌砌筑砂浆 WM M10.0	m^3	5.1145	5.1145	5.9119	6.6473
	80060513	预拌抹灰砂浆 WP M15.0	m^3	2.5044	2.5044	2.7620	2.9890
	80210410	预拌混凝土(泵送型) C15 粒径 5～20	m^3	1.4847	1.4847	1.6059	1.6059
	80210414	预拌混凝土(泵送型) C20 粒径 5～20	m^3	7.8477	7.8477	7.8477	9.9081
机械	99010060	履带式单斗液压挖掘机 1 m^3	台班	5.5050	5.8602	6.3929	7.3185
	99050930	混凝土振捣器 插入式	台班	1.2659	1.2659	1.2823	1.5618
	99050940	混凝土振捣器 平板式	台班	16.2401 (22.5660)	16.2401 (22.5660)	16.2507 (22.5766)	17.2244 (23.7455)
	99070220	轮胎式装载机 1 m^3	台班	4.6330 (3.8316)	5.1216 (4.3202)	5.8145 (5.0131)	6.9817 (6.1555)
	99070540	载重汽车 6 t	台班	0.6631	0.6631	0.6667	0.6667
	99070588	载重汽车 12 t	台班	7.0974 (5.8697)	7.8458 (6.6181)	8.9073 (7.6797)	10.6953 (9.4298)
	99090360	汽车式起重机 8 t	台班	1.7013	1.7013	1.7038	1.7038

（续表）

定额编号				J-1-5-109 A(B)	J-1-5-110 A(B)	J-1-5-111 A(B)	J-1-5-112 A(B)
项目				DN1600			
				高密度聚乙烯双壁缠绕管(HDPE)			
				≤4.0 m	>4.0 m	4.5 m	5.0 m
名称			单位	100 m	100 m	100 m	100 m
机械	99091700	手扳葫芦	台班	2.9294	2.9294	2.9294	2.9294
	99130350	内燃夯实机 700 N·m	台班	26.0397 (19.7138)	29.2534 (22.9274)	33.7629 (27.4369)	41.2838 (34.7627)
	99170010	钢筋调直机	台班	0.1415	0.1415	0.1531	0.1531
	99170025	钢筋切断机	台班	0.1415	0.1415	0.1531	0.1531
	99210065	木工平刨床 刨削宽度 450	台班	0.0244	0.0244	0.0295	0.0295
	99440010	电动单级离心清水泵 ϕ50	台班	119.5428	129.9372	145.5300	171.3600
调整项目							
		围护支撑					
	00190101	综合人工	工日	462.6629	592.1781	592.1781	592.1781
	03152501	镀锌铁丝	kg	15.0000	20.0000	20.0000	20.0000
	04030115	黄砂 中粗	t	15.8236	23.7356	23.7356	23.7356
	05030101	成材	m^3	0.6027	0.8241	0.8241	0.8241
	35090121	槽型钢板桩	t	1.3350	1.9587	1.9587	1.9587
	35090131	槽型钢板桩使用费	t·d	2468.0000	5488.0000	5488.0000	5488.0000
	35090611	钢板桩支撑使用费	t·d	162.0000	324.0000	324.0000	324.0000
	35091771	铁撑柱	kg	129.8100	173.0800	173.0800	173.0800
	35091901	钢桩帽摊销	kg	90.9300	136.2690	136.2690	136.2690
	99030080	轨道式柴油打桩机 0.6 t	台班	20.1323	27.7905	27.7905	27.7905
	99030690	简易拔桩架	台班	23.9558	29.8410	29.8410	29.8410
	99090075	履带式起重机 8 t	台班	5.1194	6.8250	6.8250	6.8250
		井点降水					
	00190101	综合人工	工日	7.1268	2.5012	−4.4376	−15.9319
	04030115	黄砂 中粗	t	9.4420	9.4420	9.4420	9.4420
	17270201	普通橡胶管	m	14.2440	14.2440	14.2440	14.2440
	34110101	水	m^3	152.3275	152.3275	152.3275	152.3275
	35040921	轻型井点井管 ϕ40	m	30.3528	30.3528	30.3528	30.3528
	35040941	轻型井点井管 ϕ180×4	m	1.4662	1.4662	1.4662	1.4662
	99091380	电动卷扬机单筒快速 10 kN	台班	1.9920	1.9920	1.9920	1.9920
	99350050	轻便钻机 XJ-100	台班	4.7310	4.7310	4.7310	4.7310
	99440010	电动单级离心清水泵 ϕ50	台班	−119.5428	−129.9372	−145.5300	−171.3600
	99440150	电动多级离心清水泵 ϕ150×180 m 以下	台班	3.9840	3.9840	3.9840	3.9840
	99440510	射流井点泵 9.5 m	台班	38.7920	38.7920	38.7920	38.7920

工作内容:沟槽挖土、沟槽排水、井点降水、沟槽围护和支撑(钢板桩、撑拆列板)、铺筑管道基础、铺设管道、沟槽回填(黄砂及素土)、土方场内运输、砌筑检查井等。

定额编号			J-1-5-113 A(B)	J-1-5-114 A(B)	J-1-5-115 A(B)	J-1-5-116 A(B)
项目			DN1600			
			高密度聚乙烯双壁缠绕管(HDPE)			
			5.5 m	≤6.0 m	>6.0 m	6.5 m
			100 m	100 m	100 m	100 m
预算定额编号	预算定额名称	预算定额单位	数量			
04290712	钢筋混凝土板 1400×250×160 mm	块	6.0000	6.0000	6.0000	6.0000
04290713	钢筋混凝土板 1400×300×160 mm	块	9.0000	9.0000	9.0000	9.0000
52-1-2-3	机械挖沟槽土方 深≤6 m 现场抛土	m^3	1963.5000	2097.3800	2142.0000	2142.0000
52-1-2-3 系 1	机械挖沟槽土方 深≤7 m 现场抛土	m^3			44.6300	178.5000
52-1-3-1	沟槽回填 夯填土	m^3	1286.1100 (1110.3400)	1414.8400 (1239.0700)	1504.0900 (1328.3200)	1631.3400 (1455.5700)
53-1-3-2	场内运输 自卸汽车装运土(运距 1 km 以内)	m^3	1694.5000 (1518.7300)	1850.0060 (1674.2360)	1957.1060 (1781.3360)	2111.1300 (1935.3600)
52-1-3-4	沟槽回填 黄砂	m^3	351.6100 (527.3800)	351.6100 (527.3800)	351.6100 (527.3800)	351.6100 (527.3800)
52-1-4-1	管道垫层 黄砂垫层	m^3	15.6900	15.6900	15.6900	15.6900
52-1-4-3	管道垫层 砾石砂垫层	m^3	50.2500	50.2500	50.2500	50.4900
52-1-5-1	管道基座 混凝土 C20	m^3	9.8100	9.8100	9.8100	10.5900
52-1-5-1 换 1	管道基座 混凝土 C15	m^3	1.5900	1.5900	1.5900	1.7100
52-1-5-2	管道基座 钢筋	t	0.3150	0.3150	0.3150	0.3390
52-1-6-78	管道铺设 高密度聚乙烯双壁缠绕管(HDPE)每节 3 m 以下 DN1600	100 m	0.0967	0.0967	0.0967	0.0967
52-1-6-95	管道铺设 高密度聚乙烯双壁缠绕管(HDPE)每节 3 m 以上 DN1600	100 m	0.8703	0.8703	0.8703	0.8703
52-3-1-3	砖砌检查井及雨水口 检查井 深≤6 m	m^3	32.0700	46.6200	46.6200	
52-3-1-4	砖砌检查井及雨水口 检查井 深≤8 m	m^3				50.4600
52-3-2-1	水泥砂浆抹面 检查井	m^2	192.5400	201.0600	201.0600	222.9900
52-3-6-1	安装防坠格板 新建工程	只	3.0000	3.0000	3.0000	3.0000
52-3-9-3	安装盖板及盖座 铸铁盖座	套	3.0000	3.0000	3.0000	3.0000
52-3-9-4	安装盖板及盖座 防沉降检查井盖板	块	3.0000	3.0000	3.0000	3.0000

（续表）

定额编号			J-1-5-113 A(B)	J-1-5-114 A(B)	J-1-5-115 A(B)	J-1-5-116 A(B)
项目			DN1600			
			高密度聚乙烯双壁缠绕管(HDPE)			
			5.5 m	≤6.0 m	>6.0 m	6.5 m
			100 m	100 m	100 m	100 m
预算定额编号	预算定额名称	预算定额单位	数量			
52-4-5-1	模板工程 模板 管道基座	m^2	12.8400	12.8400	12.8400	13.3500
53-9-1-1	施工排水、降水 湿土排水	m^3	1606.5000	1740.3800	1829.6300	1963.5000
53-9-1-3	施工排水、降水 筑拆竹箩滤井	座	2.5000	2.5000	2.5000	2.5000
调整项目						
	围护支撑					
52-4-3-2	打槽型钢板桩 长 6.01～9.00 m，单面	100 m	2.0000	2.0000		
52-4-3-7	拔槽型钢板桩 长 6.01～9.00 m，单面	100 m	2.0000	2.0000		
52-4-3-11	打拔沟槽钢板桩 槽型钢板桩使用费	t・d	5488.0000	5488.0000	7604.0000	7604.0000
52-4-4-5	安拆钢板桩支撑 槽宽≤3.8 m 深 4.01～6.00 m	100 m	1.0000	1.0000		
52-4-4-14	钢板桩支撑使用费	t・d	324.0000	324.0000	511.0000	511.0000
52-4-3-3	打槽型钢板桩 长 9.01～12.00 m，单面	100 m			2.0000	2.0000
52-4-3-8	拔槽型钢板桩 长 9.01～12.00 m，单面	100 m			2.0000	2.0000
52-4-4-6	安拆钢板桩支撑 槽宽≤3.8 m 深 6.01～8.00 m	100 m			1.0000	1.0000
	井点降水					
53-9-1-1	施工排水、降水 湿土排水	m^3	−1606.5000	−1740.3800	−1829.6300	−1963.5000
53-9-1-5	施工排水、降水 轻型井点安装	根	83.0000	83.0000		
53-9-1-6	施工排水、降水 轻型井点拆除	根	83.0000	83.0000		
53-9-1-7	施工排水、降水 轻型井点使用	套・天	32.0000	32.0000		
53-9-1-8	施工排水、降水喷射井点安装 10 m	根			40.0000	40.0000
53-9-1-9	施工排水、降水喷射井点拆除 10 m	根			40.0000	40.0000
53-9-1-10	施工排水、降水喷射井点使用 10 m	套・天			21.0000	21.0000

工作内容：沟槽挖土、沟槽排水、井点降水、沟槽围护和支撑（钢板桩、撑拆列板）、铺筑管道基础、铺设管道、沟槽回填（黄砂及素土）、土方场内运输、砌筑检查井等。

定额编号				J-1-5-113 A(B)	J-1-5-114 A(B)	J-1-5-115 A(B)	J-1-5-116 A(B)
项目				DN1600			
				高密度聚乙烯双壁缠绕管(HDPE)			
				5.5 m	≤6.0 m	>6.0 m	6.5 m
名称			单位	100 m	100 m	100 m	100 m
人工	00190101	综合人工	工日	815.2016 (819.7716)	901.5582 (906.1282)	935.9738 (940.5439)	1003.0645 (1007.6346)
材料	01010211	热轧带肋钢筋(HRB400) ϕ≤10	t	0.0904	0.0904	0.0904	0.0973
	01010212	热轧带肋钢筋(HRB400) ϕ>10	t	0.2325	0.2325	0.2325	0.2502
	02090101	塑料薄膜	m^2	61.3032	73.3287	73.3287	79.2497
	03010811	钢塑膨胀铆钉	只	18.3600	18.3600	18.3600	18.3600
	03150101	圆钉	kg	2.6177	2.6177	2.6177	2.7217
	03152501	镀锌铁丝	kg	0.9734	0.9734	0.9734	1.0475
	04030115	黄砂 中粗	t	649.5564 (960.3177)	649.5564 (960.3177)	649.5564 (960.3177)	649.5564 (960.3177)
	04030701	砾石砂	t	111.0977	111.0977	111.0977	111.6283
	04050313	道碴 50～70	t	0.3988	0.3988	0.3988	0.3988
	04131711	蒸压灰砂砖	千块	17.3370	25.2028	25.2028	27.1929
	04290712	钢筋混凝土板 1400×250×160 mm	块	6.0000	6.0000	6.0000	6.0000
	04290713	钢筋混凝土板 1400×300×160 mm	块	9.0000	9.0000	9.0000	9.0000
	05350301	竹箩	个	2.5000	2.5000	2.5000	2.5000
	17250757	高密度聚乙烯双壁缠绕管(HDPE) DN1600 每节长 3 m 以下	m	96.7000	96.7000	96.7000	96.7000
	34110101	水	m^3	56.3925 (84.0763)	56.5918 (84.2756)	56.5918 (84.2756)	56.6898 (84.3736)
	35010102	组合钢模板	kg	8.2151	8.2151	8.2151	8.5414
	35010703	木模板成材	m^3	0.0513	0.0513	0.0513	0.0534
	35020401	钢模零配件	kg	3.0376	3.0376	3.0376	3.1582
	36012831	铸铁检查井雨污水盖座 市政 90 型	套	3.0000	3.0000	3.0000	3.0000
	36016631	防沉降检查井盖板 2500×2000×200	块	3.0000	3.0000	3.0000	3.0000
	36016651	高强度塑料检查井格板	只	3.0600	3.0600	3.0600	3.0600

（续表）

定额编号				J-1-5-113 A(B)	J-1-5-114 A(B)	J-1-5-115 A(B)	J-1-5-116 A(B)
项目				DN1600			
				高密度聚乙烯双壁缠绕管(HDPE)			
				5.5 m	≤6.0 m	>6.0 m	6.5 m
名称			单位	100 m	100 m	100 m	100 m
材料	36016661	高强度塑料支架	只	9.1800	9.1800	9.1800	9.1800
	80060414	湿拌砌筑砂浆 WM M10.0	m^3	7.6327	11.0956	11.0956	12.2063
	80060513	预拌抹灰砂浆 WP M15.0	m^3	3.3191	3.4546	3.4546	3.8032
	80210410	预拌混凝土(泵送型) C15 粒径 5～20	m^3	1.6059	1.6059	1.6059	1.7271
	80210414	预拌混凝土(泵送型) C20 粒径 5～20	m^3	9.9081	9.9081	9.9081	10.6959
机械	99010060	履带式单斗液压挖掘机 1 m^3	台班	8.0504	8.5993	8.9964	9.6390
	99050930	混凝土振捣器 插入式	台班	1.5618	1.5618	1.5618	1.6851
	99050940	混凝土振捣器 平板式	台班	17.2244 (23.7455)	17.2244 (23.7455)	17.2244 (23.7455)	17.3577 (23.8788)
	99070220	轮胎式装载机 1 m^3	台班	7.9642 (7.1380)	8.6950 (7.8689)	9.1984 (8.3723)	9.9223 (9.0962)
	99070540	载重汽车 6 t	台班	0.6667	0.6667	0.6667	0.6676
	99070588	载重汽车 12 t	台班	12.2004 (10.9349)	13.3200 (12.0545)	14.0912 (12.8256)	15.2001 (13.9346)
	99090360	汽车式起重机 8 t	台班	1.7038	1.7038	1.7038	1.7044
	99091700	手扳葫芦	台班	2.9294	2.9294	2.9294	2.9294
	99130350	内燃夯实机 700 N·m	台班	47.7147 (41.1936)	52.4906 (45.9695)	55.8017 (49.2807)	60.5227 (54.0016)
	99170010	钢筋调直机	台班	0.1531	0.1531	0.1531	0.1648
	99170025	钢筋切断机	台班	0.1531	0.1531	0.1531	0.1648
	99210065	木工平刨床 刨削宽度 450	台班	0.0295	0.0295	0.0295	0.0307
	99440010	电动单级离心清水泵 ϕ50	台班	192.7800	208.8456	219.5556	235.6200
调整项目							
		围护支撑					
	00190101	综合人工	工日	592.1781	592.1781	593.4223	593.4223
	03152501	镀锌铁丝	kg	20.0000	20.0000	25.0000	25.0000
	04030115	黄砂 中粗	t	23.7356	23.7356	33.2299	33.2299
	05030101	成材	m^3	0.8241	0.8241	1.0276	1.0276
	35090121	槽型钢板桩	t	1.9587	1.9587	2.6893	2.6893
	35090131	槽型钢板桩使用费	t·d	5488.0000	5488.0000	7604.0000	7604.0000

（续表）

定额编号			J-1-5-113 A(B)	J-1-5-114 A(B)	J-1-5-115 A(B)	J-1-5-116 A(B)
项目			DN1600			
			高密度聚乙烯双壁缠绕管(HDPE)			
			5.5 m	≤6.0 m	>6.0 m	6.5 m
名称		单位	100 m	100 m	100 m	100 m
35090611	钢板桩支撑使用费	t·d	324.0000	324.0000	511.0000	511.0000
35091771	铁撑柱	kg	173.0800	173.0800	272.9800	272.9800
35091901	钢桩帽摊销	kg	136.2690	136.2690	381.5700	381.5700
99030080	轨道式柴油打桩机 0.6 t	台班	27.7905	27.7905		
99030690	简易拔桩架	台班	29.8410	29.8410		
99090075	履带式起重机 8 t	台班	6.8250	6.8250	8.5319	8.5319
99030100	轨道式柴油打桩机 1.2 t	台班			33.5913	33.5913
99030970	震动锤 45 kW	台班			17.3680	17.3680
99090090	履带式起重机 15 t	台班			17.3680	17.3680
	井点降水					
00190101	综合人工	工日	−25.4638	−32.6130	99.3018	92.1531
04030115	黄砂 中粗	t	9.4420	9.4420		
04030119	黄砂 中粗	kg			95423.8016	95423.8016
17030102	镀锌焊接钢管	kg			0.1463	0.1463
17270201	普通橡胶管	m	14.2440	14.2440		
34110101	水	m^3	152.3275	152.3275	566.8908	566.8908
35040921	轻型井点井管 ϕ40	m	30.3528	30.3528		
35040941	轻型井点井管 ϕ180×4	m	1.4662	1.4662		
35040961	喷射井点总管 ϕ159×6	m			2.9448	2.9448
35040971	喷射井点井管 ϕ76	m			20.9102	20.9102
35041011	喷射井点滤网管	根			2.4164	2.4164
35041021	喷射井点回水连接件	副			1.5109	1.5109
35041031	喷射井点腰子法兰	副			0.6892	0.6892
35041041	喷射井点水箱	kg			24.1476	24.1476
35041051	喷射井点喷射器	只			3.2288	3.2288
99090080	履带式起重机 10 t	台班			11.5200	11.5200
99091380	电动卷扬机单筒快速 10 kN	台班	1.9920	1.9920		
99350050	轻便钻机 XJ-100	台班	4.7310	4.7310		
99350120	液压钻机 G-2A	台班			4.4160	4.4160
99440010	电动单级离心清水泵 ϕ50	台班	−192.7800	−208.8456	−219.5556	−235.6200
99440150	电动多级离心清水泵 ϕ150×180 m 以下	台班	3.9840	3.9840	30.8300	30.8300
99440210	污水泵 ϕ100	台班			11.0400	11.0400
99440510	射流井点泵 9.5 m	台班	38.7920	38.7920		

工作内容:沟槽挖土、沟槽排水、井点降水、沟槽围护和支撑(钢板桩、撑拆列板)、铺筑管道基础、铺设管道、沟槽回填(黄砂及素土)、土方场内运输、砌筑检查井等。

定额编号			J-1-5-117 A(B)	J-1-5-118 A(B)	J-1-5-119 A(B)	J-1-5-120 A(B)
项目			DN1600	DN1800		
			高密度聚乙烯双壁缠绕管(HDPE)			
			7.0 m	>3.0 m	3.5 m	≤4.0 m
			100 m	100 m	100 m	100 m
预算定额编号	预算定额名称	预算定额单位	数量			
04290712	钢筋混凝土板 1400×250×160 mm	块	6.0000	9.0000	9.0000	9.0000
04290713	钢筋混凝土板 1400×300×160 mm	块	9.0000	6.0000	6.0000	6.0000
52-1-2-3	机械挖沟槽土方 深≤6 m 现场抛土	m^3	2142.0000	1148.4400	1286.2500	1424.0600
52-1-2-3 系 1	机械挖沟槽土方 深≤7 m 现场抛土	m^3	357.0000			
52-1-3-1	沟槽回填 夯填土	m^3	1804.0700 (1628.3000)	400.7900 (219.7800)	535.6800 (354.6700)	670.5600 (489.5500)
53-1-3-2	场内运输 自卸汽车装运土(运距 1 km 以内)	m^3	2319.5600 (2143.7900)	731.3900 (912.4000)	809.1900 (915.3200)	971.6320 (918.2500)
52-1-3-4	沟槽回填 黄砂	m^3	351.6100 (527.3800)	387.5900 (568.6000)	387.5900 (568.6000)	387.5900 (568.6000)
52-1-4-1	管道垫层 黄砂垫层	m^3	15.6900	16.2600	16.2600	16.2600
52-1-4-3	管道垫层 砾石砂垫层	m^3	50.4900	51.9000	51.9000	51.9000
52-1-5-1	管道基座 混凝土 C20	m^3	10.5900	8.2800	8.2800	8.2800
52-1-5-1 换 1	管道基座 混凝土 C15	m^3	1.7100	1.5600	1.5600	1.5600
52-1-5-2	管道基座 钢筋	t	0.3390	0.3090	0.3090	0.3090
52-1-6-78	管道铺设 高密度聚乙烯双壁缠绕管(HDPE)每节 3 m 以下 DN1600	100 m	0.0967			
52-1-6-79	管道铺设 高密度聚乙烯双壁缠绕管(HDPE)每节 3 m 以下 DN1800	100 m		0.0967	0.0967	0.0967
52-1-6-95	管道铺设 高密度聚乙烯双壁缠绕管(HDPE)每节 3 m 以上 DN1600	100 m	0.8703			
52-1-6-96	管道铺设 高密度聚乙烯双壁缠绕管(HDPE)每节 3 m 以上 DN1800	100 m		0.8703	0.8703	0.8703
52-3-1-2	砖砌检查井及雨水口 检查井 深≤4 m	m^3		15.7500	18.5400	22.9200
52-3-1-4	砖砌检查井及雨水口 检查井 深≤8 m	m^3	54.7800			
52-3-2-1	水泥砂浆抹面 检查井	m^2	243.7500	106.8000	123.8400	146.6400
52-3-6-1	安装防坠格板 新建工程	只	3.0000	3.0000	3.0000	3.0000

（续表）

定　额　编　号			J-1-5-117 A(B)	J-1-5-118 A(B)	J-1-5-119 A(B)	J-1-5-120 A(B)
项　　目			DN1600	DN1800		
			高密度聚乙烯双壁缠绕管(HDPE)			
			7.0 m	>3.0 m	3.5 m	≤4.0 m
			100 m	100 m	100 m	100 m
预算定额编号	预算定额名称	预算定额单位	数　　量			
52-3-9-3	安装盖板及盖座 铸铁盖座	套	3.0000	3.0000	3.0000	3.0000
52-3-9-4	安装盖板及盖座 防沉降检查井盖板	块	3.0000	3.0000	3.0000	3.0000
52-4-5-1	模板工程 模板 管道基座	m^2	13.3500	10.9500	10.9500	10.9500
53-9-1-1	施工排水、降水 湿土排水	m^3	2142.0000	780.9400	918.7500	1056.5600
53-9-1-3	施工排水、降水 筑拆竹箩滤井	座	2.5000	2.5000	2.5000	2.5000
调整项目						
	围护支撑					
52-4-3-3	打槽型钢板桩 长 9.01～12.00 m，单面	100 m	2.0000			
52-4-3-8	拔槽型钢板桩 长 9.01～12.00 m，单面	100 m	2.0000			
52-4-3-11	打拔沟槽钢板桩 槽型钢板桩使用费	t·d	7604.0000	2468.0000	2468.0000	2468.0000
52-4-4-6	安拆钢板桩支撑 槽宽≤3.8 m 深 6.01～8.00 m	100 m	1.0000			
52-4-4-14	钢板桩支撑使用费	t·d	511.0000	162.0000	162.0000	162.0000
52-4-3-1	打槽型钢板桩 长 4.00～6.00 m，单面	100 m		2.0000	2.0000	2.0000
52-4-3-6	拔槽型钢板桩 长 4.00～6.00 m，单面	100 m		2.0000	2.0000	2.0000
52-4-4-4	安拆钢板桩支撑 槽宽≤3.8 m 深 3.01～4.00 m	100 m		1.0000	1.0000	1.0000
	井点降水					
53-9-1-1	施工排水、降水 湿土排水	m^3	−2142.0000	−780.9400	−918.7500	−1056.5600
53-9-1-5	施工排水、降水 轻型井点安装	根		83.0000	83.0000	83.0000
53-9-1-6	施工排水、降水 轻型井点拆除	根		83.0000	83.0000	83.0000
53-9-1-7	施工排水、降水 轻型井点使用	套·天		33.0000	33.0000	33.0000
53-9-1-8	施工排水、降水喷射井点安装 10 m	根	40.0000			
53-9-1-9	施工排水、降水喷射井点拆除 10 m	根	40.0000			
53-9-1-10	施工排水、降水喷射井点使用 10 m	套·天	21.0000			

工作内容：沟槽挖土、沟槽排水、井点降水、沟槽围护和支撑(钢板桩、撑拆列板)、铺筑管道基础、铺设管道、沟槽回填(黄砂及素土)、土方场内运输、砌筑检查井等。

定额编号				J-1-5-117 A(B)	J-1-5-118 A(B)	J-1-5-119 A(B)	J-1-5-120 A(B)
项目				DN1600	DN1800		
				高密度聚乙烯双壁缠绕管(HDPE)			
				7.0 m	>3.0 m	3.5 m	≤4.0 m
名称			单位	100 m	100 m	100 m	100 m
人工	00190101	综合人工	工日	1084.5985 (1089.1686)	441.3695 (458.1310)	499.6241 (513.8923)	565.2466 (574.2029)
材料	01010211	热轧带肋钢筋(HRB400) $\phi \leq 10$	t	0.0973	0.0887	0.0887	0.0887
	01010212	热轧带肋钢筋(HRB400) $\phi > 10$	t	0.2502	0.2280	0.2280	0.2280
	02090101	塑料薄膜	m^2	82.8202	43.0530	45.3589	48.9790
	03010811	钢塑膨胀铆钉	只	18.3600	18.3600	18.3600	18.3600
	03150101	圆钉	kg	2.7217	2.2324	2.2324	2.2324
	03152501	镀锌铁丝	kg	1.0475	0.9548	0.9548	0.9548
	04030115	黄砂 中粗	t	649.5564 (960.3177)	714.1768 (1034.2025)	714.1768 (1034.2025)	714.1768 (1034.2025)
	04030701	砾石砂	t	111.6283	114.7457	114.7457	114.7457
	04050313	道碴 50～70	t	0.3988	0.3988	0.3988	0.3988
	04131711	蒸压灰砂砖	千块	29.5209	8.5397	10.0524	12.4272
	04290712	钢筋混凝土板 1400×250×160 mm	块	6.0000	9.0000	9.0000	9.0000
	04290713	钢筋混凝土板 1400×300×160 mm	块	9.0000	6.0000	6.0000	6.0000
	05350301	竹箩	个	2.5000	2.5000	2.5000	2.5000
	17250757	高密度聚乙烯双壁缠绕管(HDPE) DN1600 每节长 3 m 以下	m	96.7000			
	17250759	高密度聚乙烯双壁缠绕管(HDPE) DN1800 每节长 3 m 以下	m		96.7000	96.7000	96.7000
	34110101	水	m^3	56.7490 (84.4328)	61.7571 (90.2662)	61.7953 (90.3044)	61.8553 (90.3644)
	35010102	组合钢模板	kg	8.5414	7.0059	7.0059	7.0059
	35010703	木模板成材	m^3	0.0534	0.0438	0.0438	0.0438
	35020401	钢模零配件	kg	3.1582	2.5904	2.5904	2.5904
	36012831	铸铁检查井雨污水盖座 市政90型	套	3.0000	3.0000	3.0000	3.0000
	36016631	防沉降检查井盖板 2500×2000×200	块	3.0000	3.0000	3.0000	3.0000
	36016651	高强度塑料检查井格板	只	3.0600	3.0600	3.0600	3.0600

（续表）

定额编号				J-1-5-117 A(B)	J-1-5-118 A(B)	J-1-5-119 A(B)	J-1-5-120 A(B)
项目				DN1600	DN1800		
				高密度聚乙烯双壁缠绕管(HDPE)			
				7.0 m	>3.0 m	3.5 m	≤4.0 m
名称			单位	100 m	100 m	100 m	100 m
材料	36016661	高强度塑料支架	只	9.1800	9.1800	9.1800	9.1800
	80060414	湿拌砌筑砂浆 WM M10.0	m^3	13.2513	3.7139	4.3717	5.4045
	80060513	预拌抹灰砂浆 WP M15.0	m^3	4.1333	1.9558	2.2268	2.5893
	80210410	预拌混凝土(泵送型) C15 粒径 5～20	m^3	1.7271	1.5756	1.5756	1.5756
	80210414	预拌混凝土(泵送型) C20 粒径 5～20	m^3	10.6959	8.3628	8.3628	8.3628
机械	99010060	履带式单斗液压挖掘机 1 m^3	台班	10.4958	4.7086	5.2736	5.8386
	99050930	混凝土振捣器 插入式	台班	1.6851	1.3481	1.3481	1.3481
	99050940	混凝土振捣器 平板式	台班	17.3577 (23.8788)	18.4334 (25.1489)	18.4334 (25.1489)	18.4334 (25.1489)
	99070220	轮胎式装载机 1 m^3	台班	10.9019 (10.0758)	3.4375 (4.2883)	3.8032 (4.3020)	4.5667 (4.3158)
	99070540	载重汽车 6 t	台班	0.6676	0.6833	0.6833	0.6833
	99070588	载重汽车 12 t	台班	16.7008 (15.4353)	5.2660 (6.5693)	5.8262 (6.5903)	6.9958 (6.6114)
	99090360	汽车式起重机 8 t	台班	1.7044	1.7427	1.7427	1.7427
	99091700	手扳葫芦	台班	2.9294	3.0112	3.0112	3.0112
	99130350	内燃夯实机 700 N・m	台班	66.9310 (60.4099)	14.8693 (8.1538)	19.8737 (13.1583)	24.8778 (18.1623)
	99170010	钢筋调直机	台班	0.1648	0.1502	0.1502	0.1502
	99170025	钢筋切断机	台班	0.1648	0.1502	0.1502	0.1502
	99210065	木工平刨床 刨削宽度 450	台班	0.0307	0.0252	0.0252	0.0252
	99440010	电动单级离心清水泵 ϕ50	台班	257.0400	93.7128	110.2500	126.7872
调整项目							
		围护支撑					
	00190101	综合人工	工日	593.4223	462.6629	462.6629	462.6629
	03152501	镀锌铁丝	kg	25.0000	15.0000	15.0000	15.0000
	04030115	黄砂 中粗	t	33.2299	15.8236	15.8236	15.8236
	05030101	成材	m^3	1.0276	0.6027	0.6027	0.6027
	35090121	槽型钢板桩	t	2.6893	1.3350	1.3350	1.3350
	35090131	槽型钢板桩使用费	t・d	7604.0000	2468.0000	2468.0000	2468.0000
	35090611	钢板桩支撑使用费	t・d	511.0000	162.0000	162.0000	162.0000

(续表)

定额编号			J-1-5-117 A(B)	J-1-5-118 A(B)	J-1-5-119 A(B)	J-1-5-120 A(B)
项目			DN1600	DN1800		
			高密度聚乙烯双壁缠绕管(HDPE)			
			7.0 m	>3.0 m	3.5 m	≤4.0 m
名称		单位	100 m	100 m	100 m	100 m
35091771	铁撑柱	kg	272.9800	129.8100	129.8100	129.8100
35091901	钢桩帽摊销	kg	381.5700	90.9300	90.9300	90.9300
99030100	轨道式柴油打桩机 1.2 t	台班	33.5913			
99030970	震动锤 45 kW	台班	17.3680			
99090075	履带式起重机 8 t	台班	8.5319	5.1194	5.1194	5.1194
99090090	履带式起重机 15 t	台班	17.3680			
99030080	轨道式柴油打桩机 0.6 t	台班		20.1323	20.1323	20.1323
99030690	简易拔桩架	台班		23.9558	23.9558	23.9558
	井点降水					
00190101	综合人工	工日	82.6212	19.1961	11.8370	4.4780
04030115	黄砂 中粗	t		9.4420	9.4420	9.4420
04030119	黄砂 中粗	kg	95423.8016			
17030102	镀锌焊接钢管	kg	0.1463			
17270201	普通橡胶管	m		14.2440	14.2440	14.2440
34110101	水	m^3	566.8908	152.3275	152.3275	152.3275
35040921	轻型井点井管 ϕ40	m		31.2437	31.2437	31.2437
35040941	轻型井点井管 ϕ180×4	m		1.5091	1.5091	1.5091
35040961	喷射井点总管 ϕ159×6	m	2.9448			
35040971	喷射井点井管 ϕ76	m	20.9102			
35041011	喷射井点滤网管	根	2.4164			
35041021	喷射井点回水连接件	副	1.5109			
35041031	喷射井点腰子法兰	副	0.6892			
35041041	喷射井点水箱	kg	24.1476			
35041051	喷射井点喷射器	只	3.2288			
99090080	履带式起重机 10 t	台班	11.5200			
99091380	电动卷扬机单筒快速 10 kN	台班		1.9920	1.9920	1.9920
99350050	轻便钻机 XJ-100	台班		4.7310	4.7310	4.7310
99350120	液压钻机 G-2A	台班	4.4160			
99440010	电动单级离心清水泵 ϕ50	台班	−257.0400	−93.7128	−110.2500	−126.7872
99440150	电动多级离心清水泵 ϕ150×180 m 以下	台班	30.8300	3.9840	3.9840	3.9840
99440210	污水泵 ϕ100	台班	11.0400			
99440510	射流井点泵 9.5 m	台班		39.9420	39.9420	39.9420

工作内容：沟槽挖土、沟槽排水、井点降水、沟槽围护和支撑（钢板桩、撑拆列板）、铺筑管道基础、铺设管道、沟槽回填（黄砂及素土）、土方场内运输、砌筑检查井等。

定额编号			J-1-5-121 A(B)	J-1-5-122 A(B)	J-1-5-123 A(B)	J-1-5-124 A(B)
项目			DN1800			
			高密度聚乙烯双壁缠绕管(HDPE)			
			>4.0 m	4.5 m	5.0 m	5.5 m
			100 m	100 m	100 m	100 m
预算定额编号	预算定额名称	预算定额单位	数量			
04290712	钢筋混凝土板 1400×250×160 mm	块	9.0000	9.0000	15.0000	15.0000
04290713	钢筋混凝土板 1400×300×160 mm	块	6.0000	6.0000		
52-1-2-3	机械挖沟槽土方 深≤6 m 现场抛土	m^3	1515.9400	1653.7500	1890.0000	2079.0000
52-1-3-1	沟槽回填 夯填土	m^3	762.4400 (581.4300)	891.1750 (710.1650)	1102.9450 (916.6850)	1286.7950 (1100.5350)
53-1-3-2	场内运输 自卸汽车装运土(运距1 km以内)	m^3	1081.8880 (918.2500)	1238.0800 (1057.0700)	1497.5600 (1311.3000)	1719.2100 (1532.9500)
52-1-3-4	沟槽回填 黄砂	m^3	387.5900 (568.6000)	387.5900 (568.6000)	406.4600 (592.7200)	406.4600 (592.7200)
52-1-4-1	管道垫层 黄砂垫层	m^3	16.2600	16.1500	16.6100	16.6100
52-1-4-3	管道垫层 砾石砂垫层	m^3	51.9000	51.8250	53.2050	53.2050
52-1-5-1	管道基座 混凝土 C20	m^3	8.2800	10.4700	10.4700	10.4700
52-1-5-1换1	管道基座 混凝土 C15	m^3	1.5600	1.6800	1.6800	1.6800
52-1-5-2	管道基座 钢筋	t	0.3090	0.3360	0.3360	0.3360
52-1-6-79	管道铺设 高密度聚乙烯双壁缠绕管(HDPE)每节3 m以下 DN1800	100 m	0.0967	0.0967	0.0967	0.0967
52-1-6-96	管道铺设 高密度聚乙烯双壁缠绕管(HDPE)每节3 m以上 DN1800	100 m	0.8703	0.8703	0.8703	0.8703
52-3-1-2	砖砌检查井及雨水口 检查井深≤4 m	m^3	22.9200			
52-3-1-3	砖砌检查井及雨水口 检查井深≤6 m	m^3		26.0400	28.9200	33.0600
52-3-2-1	水泥砂浆抹面 检查井	m^2	146.6400	162.8400	175.4700	196.2300
52-3-6-1	安装防坠格板 新建工程	只	3.0000	3.0000	3.0000	3.0000
52-3-9-3	安装盖板及盖座 铸铁盖座	套	3.0000	3.0000	3.0000	3.0000
52-3-9-4	安装盖板及盖座 防沉降检查井盖板	块	3.0000	3.0000	3.0000	3.0000
52-4-5-1	模板工程 模板 管道基座	m^2	10.9500	13.2600	13.2600	13.2600
53-9-1-1	施工排水、降水 湿土排水	m^3	1148.4400	1286.2500	1512.0000	1701.0000
53-9-1-3	施工排水、降水 筑拆竹箩滤井	座	2.5000	2.5000	2.5000	2.5000
调整项目						
	围护支撑					
52-4-3-2	打槽型钢板桩 长6.01～9.00 m，单面	100 m	2.0000	2.0000	2.0000	2.0000

（续表）

定额编号			J-1-5-121 A(B)	J-1-5-122 A(B)	J-1-5-123 A(B)	J-1-5-124 A(B)
项目			DN1800			
			高密度聚乙烯双壁缠绕管(HDPE)			
			>4.0 m	4.5 m	5.0 m	5.5 m
			100 m	100 m	100 m	100 m
预算定额编号	预算定额名称	预算定额单位	数量			
52-4-3-7	拔槽型钢板桩 长 6.01～9.00 m，单面	100 m	2.0000	2.0000	2.0000	2.0000
52-4-3-11	打拔沟槽钢板桩 槽型钢板桩使用费	t·d	5488.0000	5488.0000	5488.0000	5488.0000
52-4-4-5	安拆钢板桩支撑 槽宽≤3.8 m 深 4.01～6.00 m	100 m	1.0000	1.0000	1.0000	1.0000
52-4-4-14	钢板桩支撑使用费	t·d	324.0000	324.0000	324.0000	324.0000
	井点降水					
53-9-1-1	施工排水、降水 湿土排水	m^3	−1148.4400	−1286.2500	−1512.0000	−1701.0000
53-9-1-5	施工排水、降水 轻型井点安装	根	83.0000	83.0000	83.0000	83.0000
53-9-1-6	施工排水、降水 轻型井点拆除	根	83.0000	83.0000	83.0000	83.0000
53-9-1-7	施工排水、降水 轻型井点使用	套·天	33.0000	33.0000	33.0000	33.0000

工作内容：沟槽挖土、沟槽排水、井点降水、沟槽围护和支撑(钢板桩、撑拆列板)、铺筑管道基础、铺设管道、沟槽回填(黄砂及素土)、土方场内运输、砌筑检查井等。

定额编号				J-1-5-121 A(B)	J-1-5-122 A(B)	J-1-5-123 A(B)	J-1-5-124 A(B)
项目				DN1800			
				高密度聚乙烯双壁缠绕管(HDPE)			
				>4.0 m	4.5 m	5.0 m	5.5 m
名称			单位	100 m	100 m	100 m	100 m
人工	00190101	综合人工	工日	600.4882 (605.7729)	665.4924 (670.1987)	764.3119 (769.1547)	848.5841 (853.4268)
材料	01010211	热轧带肋钢筋(HRB400) ϕ≤10	t	0.0887	0.0964	0.0964	0.0964
	01010212	热轧带肋钢筋(HRB400) ϕ>10	t	0.2280	0.2480	0.2480	0.2480
	02090101	塑料薄膜	m^2	48.9790	58.6087	60.9890	64.4107
	03010811	钢塑膨胀铆钉	只	18.3600	18.3600	18.3600	18.3600
	03150101	圆钉	kg	2.2324	2.7033	2.7033	2.7033
	03152501	镀锌铁丝	kg	0.9548	1.0382	1.0382	1.0382
	04030115	黄砂 中粗	t	714.1768 (1034.2025)	713.9823 (1034.0080)	748.1578 (1077.4655)	748.1578 (1077.4655)
	04030701	砾石砂	t	114.7457	114.5799	117.6309	117.6309
	04050313	道碴 50～70	t	0.3988	0.3988	0.3988	0.3988

（续表）

定额编号				J-1-5-121 A(B)	J-1-5-122 A(B)	J-1-5-123 A(B)	J-1-5-124 A(B)
项目				DN1800			
				高密度聚乙烯双壁缠绕管(HDPE)			
				>4.0 m	4.5 m	5.0 m	5.5 m
名称			单位	100 m	100 m	100 m	100 m
材料	04131711	蒸压灰砂砖	千块	12.4272	14.0772	15.6342	17.8722
	04290712	钢筋混凝土板 1400×250×160 mm	块	9.0000	9.0000	15.0000	15.0000
	04290713	钢筋混凝土板 1400×300×160 mm	块	6.0000	6.0000		
	05350301	竹箩	个	2.5000	2.5000	2.5000	2.5000
	17250759	高密度聚乙烯双壁缠绕管(HDPE) DN1800 每节长 3 m 以下	m	96.7000	96.7000	96.7000	96.7000
	34110101	水	m^3	61.8553 (90.3644)	62.0145 (90.5236)	65.0261 (94.3620)	65.0828 (94.4187)
	35010102	组合钢模板	kg	7.0059	8.4838	8.4838	8.4838
	35010703	木模板成材	m^3	0.0438	0.0530	0.0530	0.0530
	35020401	钢模零配件	kg	2.5904	3.1369	3.1369	3.1369
	36012831	铸铁检查井雨污水盖座 市政 90 型	套	3.0000	3.0000	3.0000	3.0000
	36016631	防沉降检查井盖板 2500×2000×200	块	3.0000	3.0000	3.0000	3.0000
	36016651	高强度塑料检查井格板	只	3.0600	3.0600	3.0600	3.0600
	36016661	高强度塑料支架	只	9.1800	9.1800	9.1800	9.1800
	80060414	湿拌砌筑砂浆 WM M10.0	m^3	5.4045	6.1975	6.8830	7.8683
	80060513	预拌抹灰砂浆 WP M15.0	m^3	2.5893	2.8469	3.0477	3.3778
	80210410	预拌混凝土(泵送型) C15 粒径 5～20	m^3	1.5756	1.6968	1.6968	1.6968
	80210414	预拌混凝土(泵送型) C20 粒径 5～20	m^3	8.3628	10.5747	10.5747	10.5747
机械	99010060	履带式单斗液压挖掘机 1 m^3	台班	6.2154	6.7804	7.7490	8.5239
	99050930	混凝土振捣器 插入式	台班	1.3481	1.6646	1.6646	1.6646
	99050940	混凝土振捣器 平板式	台班	18.4334 (25.1489)	18.7431 (25.4586)	19.5160 (26.4262)	19.5160 (26.4262)
	99070220	轮胎式装载机 1 m^3	台班	5.0849 (4.3158)	5.8190 (4.9682)	7.0385 (6.1631)	8.0803 (7.2049)
	99070540	载重汽车 6 t	台班	0.6833	0.6870	0.6870	0.6870
	99070588	载重汽车 12 t	台班	7.7896 (6.6114)	8.9142 (7.6109)	10.7824 (9.4414)	12.3783 (11.0372)
	99090360	汽车式起重机 8 t	台班	1.7427	1.7453	1.7453	1.7453

(续表)

定额编号				J-1-5-121 A(B)	J-1-5-122 A(B)	J-1-5-123 A(B)	J-1-5-124 A(B)
项目				DN1800			
				高密度聚乙烯双壁缠绕管(HDPE)			
				>4.0 m	4.5 m	5.0 m	5.5 m
名称			单位	100 m	100 m	100 m	100 m
机械	99091700	手扳葫芦	台班	3.0112	3.0112	3.0112	3.0112
	99130350	内燃夯实机 700 N·m	台班	28.2865 (21.5711)	33.0626 (26.3471)	40.9193 (34.0090)	47.7401 (40.8298)
	99170010	钢筋调直机	台班	0.1502	0.1633	0.1633	0.1633
	99170025	钢筋切断机	台班	0.1502	0.1633	0.1633	0.1633
	99210065	木工平刨床 刨削宽度 450	台班	0.0252	0.0305	0.0305	0.0305
	99440010	电动单级离心清水泵 ϕ50	台班	137.8128	154.3500	181.4400	204.1200
调整项目							
		围护支撑					
	00190101	综合人工	工日	592.1781	592.1781	592.1781	592.1781
	03152501	镀锌铁丝	kg	20.0000	20.0000	20.0000	20.0000
	04030115	黄砂 中粗	t	23.7356	23.7356	23.7356	23.7356
	05030101	成材	m^3	0.8241	0.8241	0.8241	0.8241
	35090121	槽型钢板桩	t	1.9587	1.9587	1.9587	1.9587
	35090131	槽型钢板桩使用费	t·d	5488.0000	5488.0000	5488.0000	5488.0000
	35090611	钢板桩支撑使用费	t·d	324.0000	324.0000	324.0000	324.0000
	35091771	铁撑柱	kg	173.0800	173.0800	173.0800	173.0800
	35091901	钢桩帽摊销	kg	136.2690	136.2690	136.2690	136.2690
	99030080	轨道式柴油打桩机 0.6 t	台班	27.7905	27.7905	27.7905	27.7905
	99030690	简易拔桩架	台班	29.8410	29.8410	29.8410	29.8410
	99090075	履带式起重机 8 t	台班	6.8250	6.8250	6.8250	6.8250
		井点降水					
	00190101	综合人工	工日	−0.4284	−7.7875	−19.8425	−29.9351
	04030115	黄砂 中粗	t	9.4420	9.4420	9.4420	9.4420
	17270201	普通橡胶管	m	14.2440	14.2440	14.2440	14.2440
	34110101	水	m^3	152.3275	152.3275	152.3275	152.3275
	35040921	轻型井点井管 ϕ40	m	31.2437	31.2437	31.2437	31.2437
	35040941	轻型井点井管 $\phi180\times4$	m	1.5091	1.5091	1.5091	1.5091
	99091380	电动卷扬机单筒快速 10 kN	台班	1.9920	1.9920	1.9920	1.9920
	99350050	轻便钻机 XJ-100	台班	4.7310	4.7310	4.7310	4.7310
	99440010	电动单级离心清水泵 ϕ50	台班	−137.8128	−154.3500	−181.4400	−204.1200
	99440150	电动多级离心清水泵 $\phi150\times$180 m以下	台班	3.9840	3.9840	3.9840	3.9840
	99440510	射流井点泵 9.5 m	台班	39.9420	39.9420	39.9420	39.9420

工作内容：沟槽挖土、沟槽排水、井点降水、沟槽围护和支撑（钢板桩、撑折列板）、铺筑管道基础、铺设管道、沟槽回填（黄砂及素土）、土方场内运输、砌筑检查井等。

定额编号			J-1-5-125 A(B)	J-1-5-126 A(B)	J-1-5-127 A(B)	J-1-5-128 A(B)
项目			DN1800			
			高密度聚乙烯双壁缠绕管(HDPE)			
			≤6.0 m	>6.0 m	6.5 m	7.0 m
			100 m	100 m	100 m	100 m
预算定额编号	预算定额名称	预算定额单位	数量			
04290712	钢筋混凝土板 1400×250×160 mm	块	15.0000	15.0000	15.0000	15.0000
52-1-2-3	机械挖沟槽土方 深≤6 m 现场抛土	m^3	2220.7500	2268.0000	2268.0000	2268.0000
52-1-2-3 系 1	机械挖沟槽土方 深≤7 m 现场抛土	m^3		47.2500	189.0000	378.0000
52-1-3-1	沟槽回填 夯填土	m^3	1423.3950 (1237.1350)	1517.8950 (1331.6350)	1653.0250 (1466.7650)	1836.2450 (1649.9850)
53-1-3-2	场内运输 自卸汽车装运土(运距 1 km 以内)	m^3	1884.1600 (1697.9000)	1997.5600 (1811.3000)	2161.0400 (1974.7800)	2382.0600 (2195.8000)
52-1-3-4	沟槽回填 黄砂	m^3	406.4600 (592.7200)	406.4600 (592.7200)	406.4600 (592.7200)	406.4600 (592.7200)
52-1-4-1	管道垫层 黄砂垫层	m^3	16.6100	16.6100	16.6100	16.6100
52-1-4-3	管道垫层 砾石砂垫层	m^3	53.2050	53.2050	53.4450	53.4450
52-1-5-1	管道基座 混凝土 C20	m^3	10.4700	10.4700	11.2500	11.2500
52-1-5-1 换 1	管道基座 混凝土 C15	m^3	1.6800	1.6800	1.8000	1.8000
52-1-5-2	管道基座 钢筋	t	0.3360	0.3360	0.3600	0.3600
52-1-6-79	管道铺设 高密度聚乙烯双壁缠绕管(HDPE)每节 3 m 以下 DN1800	100 m	0.0967	0.0967	0.0967	0.0967
52-1-6-96	管道铺设 高密度聚乙烯双壁缠绕管(HDPE)每节 3 m 以上 DN1800	100 m	0.8703	0.8703	0.8703	0.8703
52-3-1-3	砖砌检查井及雨水口 检查井 深≤6 m	m^3	49.4400	49.4400		
52-3-1-4	砖砌检查井及雨水口 检查井 深≤8 m	m^3			52.9200	57.1800
52-3-2-1	水泥砂浆抹面 检查井	m^2	203.3100	203.3100	225.0000	245.7600
52-3-6-1	安装防坠格板 新建工程	只	3.0000	3.0000	3.0000	3.0000
52-3-9-3	安装盖板及盖座 铸铁盖座	套	3.0000	3.0000	3.0000	3.0000
52-3-9-4	安装盖板及盖座 防沉降检查井盖板	块	3.0000	3.0000	3.0000	3.0000

(续表)

定额编号			J-1-5-125 A(B)	J-1-5-126 A(B)	J-1-5-127 A(B)	J-1-5-128 A(B)
项目			DN1800			
			高密度聚乙烯双壁缠绕管(HDPE)			
			≤6.0 m	>6.0 m	6.5 m	7.0 m
			100 m	100 m	100 m	100 m
预算定额编号	预算定额名称	预算定额单位	数量			
52-4-5-1	模板工程 模板 管道基座	m^2	13.2600	13.2600	13.7700	13.7700
53-9-1-1	施工排水、降水 湿土排水	m^3	1842.7500	1937.2500	2079.0000	2268.0000
53-9-1-3	施工排水、降水 筑拆竹箩滤井	座	2.5000	2.5000	2.5000	2.5000
调整项目						
	围护支撑					
52-4-3-2	打槽型钢板桩 长 6.01～9.00 m,单面	100 m	2.0000			
52-4-3-7	拔槽型钢板桩 长 6.01～9.00 m,单面	100 m	2.0000			
52-4-3-11	打拔沟槽钢板桩 槽型钢板桩使用费	t·d	5488.0000	7604.0000	7604.0000	7604.0000
52-4-4-5	安拆钢板桩支撑 槽宽≤3.8 m 深 4.01～6.00 m	100 m	1.0000			
52-4-4-14	钢板桩支撑使用费	t·d	324.0000	511.0000	511.0000	511.0000
52-4-3-3	打槽型钢板桩 长 9.01～12.00 m,单面	100 m		2.0000	2.0000	2.0000
52-4-3-8	拔槽型钢板桩 长 9.01～12.00 m,单面	100 m		2.0000	2.0000	2.0000
52-4-4-6	安拆钢板桩支撑 槽宽≤3.8 m 深 6.01～8.00 m	100 m		1.0000	1.0000	1.0000
	井点降水					
53-9-1-1	施工排水、降水 湿土排水	m^3	−1842.7500	−1937.2500	−2079.0000	−2268.0000
53-9-1-5	施工排水、降水 轻型井点安装	根	83.0000			
53-9-1-6	施工排水、降水 轻型井点拆除	根	83.0000			
53-9-1-7	施工排水、降水 轻型井点使用	套·天	33.0000			
53-9-1-8	施工排水、降水喷射井点安装 10 m	根		40.0000	40.0000	40.0000
53-9-1-9	施工排水、降水喷射井点拆除 10 m	根		40.0000	40.0000	40.0000
53-9-1-10	施工排水、降水喷射井点使用 10 m	套·天		23.0000	23.0000	23.0000

工作内容：沟槽挖土、沟槽排水、井点降水、沟槽围护和支撑（钢板桩、撑拆列板）、铺筑管道基础、铺设管道、沟槽回填（黄砂及素土）、土方场内运输、砌筑检查井等。

定额编号				J-1-5-125 A(B)	J-1-5-126 A(B)	J-1-5-127 A(B)	J-1-5-128 A(B)
项目				DN1800			
				高密度聚乙烯双壁缠绕管(HDPE)			
				≤6.0 m	>6.0 m	6.5 m	7.0 m
名称			单位	100 m	100 m	100 m	100 m
人工	00190101	综合人工	工日	942.1559 (946.9987)	978.5961 (983.4389)	1048.0082 (1052.8510)	1133.4603 (1138.3030)
材料	01010211	热轧带肋钢筋(HRB400) ϕ≤10	t	0.0964	0.0964	0.1033	0.1033
	01010212	热轧带肋钢筋(HRB400) ϕ>10	t	0.2480	0.2480	0.2657	0.2657
	02090101	塑料薄膜	m^2	77.9488	77.9488	83.5722	87.0931
	03010811	钢塑膨胀铆钉	只	18.3600	18.3600	18.3600	18.3600
	03150101	圆钉	kg	2.7033	2.7033	2.8073	2.8073
	03152501	镀锌铁丝	kg	1.0382	1.0382	1.1124	1.1124
	04030115	黄砂 中粗	t	748.1578 (1077.4655)	748.1578 (1077.4655)	748.1578 (1077.4655)	748.1578 (1077.4655)
	04030701	砾石砂	t	117.6309	117.6309	118.1616	118.1616
	04050313	道碴 50～70	t	0.3988	0.3988	0.3988	0.3988
	04131711	蒸压灰砂砖	千块	26.7273	26.7273	28.5186	30.8143
	04290712	钢筋混凝土板 1400×250×160 mm	块	15.0000	15.0000	15.0000	15.0000
	05350301	竹箩	个	2.5000	2.5000	2.5000	2.5000
	17250759	高密度聚乙烯双壁缠绕管(HDPE) DN1800 每节长 3 m 以下	m	96.7000	96.7000	96.7000	96.7000
	34110101	水	m^3	65.3072 (94.6431)	65.3072 (94.6431)	65.4002 (94.7361)	65.4586 (94.7945)
	35010102	组合钢模板	kg	8.4838	8.4838	8.8101	8.8101
	35010703	木模板成材	m^3	0.0530	0.0530	0.0550	0.0550
	35020401	钢模零配件	kg	3.1369	3.1369	3.2576	3.2576
	36012831	铸铁检查井雨污水盖座 市政 90 型	套	3.0000	3.0000	3.0000	3.0000
	36016631	防沉降检查井盖板 2500×2000×200	块	3.0000	3.0000	3.0000	3.0000
	36016651	高强度塑料检查井格板	只	3.0600	3.0600	3.0600	3.0600
	36016661	高强度塑料支架	只	9.1800	9.1800	9.1800	9.1800

(续表)

定额编号				J-1-5-125 A(B)	J-1-5-126 A(B)	J-1-5-127 A(B)	J-1-5-128 A(B)
项目				DN1800			
				高密度聚乙烯双壁缠绕管(HDPE)			
				≤6.0 m	>6.0 m	6.5 m	7.0 m
名称			单位	100 m	100 m	100 m	100 m
材料	80060414	湿拌砌筑砂浆 WM M10.0	m^3	11.7667	11.7667	12.8013	13.8318
	80060513	预拌抹灰砂浆 WP M15.0	m^3	3.4903	3.4903	3.8352	4.1653
	80210410	预拌混凝土(泵送型) C15 粒径 5~20	m^3	1.6968	1.6968	1.8180	1.8180
	80210414	预拌混凝土(泵送型) C20 粒径 5~20	m^3	10.5747	10.5747	11.3625	11.3625
机械	99010060	履带式单斗液压挖掘机 1 m^3	台班	9.1051	9.5256	10.2060	11.1132
	99050930	混凝土振捣器 插入式	台班	1.6646	1.6646	1.7879	1.7879
	99050940	混凝土振捣器 平板式	台班	19.5160 (26.4262)	19.5160 (26.4262)	19.6494 (26.5596)	19.6494 (26.5596)
	99070220	轮胎式装载机 1 m^3	台班	8.8556 (7.9801)	9.3885 (8.5131)	10.1569 (9.2815)	11.1957 (10.3203)
	99070540	载重汽车 6 t	台班	0.6870	0.6870	0.6878	0.6878
	99070588	载重汽车 12 t	台班	13.5660 (12.2249)	14.3824 (13.0414)	15.5595 (14.2184)	17.1508 (15.8098)
	99090360	汽车式起重机 8 t	台班	1.7453	1.7453	1.7458	1.7458
	99091700	手扳葫芦	台班	3.0112	3.0112	3.0112	3.0112
	99130350	内燃夯实机 700 N·m	台班	52.8080 (45.8977)	56.3139 (49.4037)	61.3272 (54.4170)	68.1247 (61.2144)
	99170010	钢筋调直机	台班	0.1633	0.1633	0.1750	0.1750
	99170025	钢筋切断机	台班	0.1633	0.1633	0.1750	0.1750
	99210065	木工平刨床 刨削宽度 450	台班	0.0305	0.0305	0.0317	0.0317
	99440010	电动单级离心清水泵 ϕ50	台班	221.1300	232.4700	249.4800	272.1600
调整项目							
		围护支撑					
	00190101	综合人工	工日	592.1781	593.4223	593.4223	593.4223
	03152501	镀锌铁丝	kg	20.0000	25.0000	25.0000	25.0000
	04030115	黄砂 中粗	t	23.7356	33.2299	33.2299	33.2299
	05030101	成材	m^3	0.8241	1.0276	1.0276	1.0276
	35090121	槽型钢板桩	t	1.9587	2.6893	2.6893	2.6893
	35090131	槽型钢板桩使用费	t·d	5488.0000	7604.0000	7604.0000	7604.0000
	35090611	钢板桩支撑使用费	t·d	324.0000	511.0000	511.0000	511.0000

（续表）

定额编号				J-1-5-125 A(B)	J-1-5-126 A(B)	J-1-5-127 A(B)	J-1-5-128 A(B)
项目				DN1800			
				高密度聚乙烯双壁缠绕管(HDPE)			
				≤6.0 m	>6.0 m	6.5 m	7.0 m
名称			单位	100 m	100 m	100 m	100 m
	35091771	铁撑柱	kg	173.0800	272.9800	272.9800	272.9800
	35091901	钢桩帽摊销	kg	136.2690	381.5700	381.5700	381.5700
	99030080	轨道式柴油打桩机 0.6 t	台班	27.7905			
	99030690	简易拔桩架	台班	29.8410			
	99090075	履带式起重机 8 t	台班	6.8250	8.5319	8.5319	8.5319
	99030100	轨道式柴油打桩机 1.2 t	台班		33.5913	33.5913	33.5913
	99030970	震动锤 45 kW	台班		17.3680	17.3680	17.3680
	99090090	履带式起重机 15 t	台班		17.3680	17.3680	17.3680
		井点降水					
	00190101	综合人工	工日	−37.5046	97.9949	90.4254	80.3328
	04030115	黄砂 中粗	t	9.4420			
	04030119	黄砂 中粗	kg		95423.8016	95423.8016	95423.8016
	17030102	镀锌焊接钢管	kg		0.1564	0.1564	0.1564
	17270201	普通橡胶管	m	14.2440			
	34110101	水	m^3	152.3275	566.8908	566.8908	566.8908
	35040921	轻型井点井管 ϕ40	m	31.2437			
	35040941	轻型井点井管 ϕ180×4	m	1.5091			
	35040961	喷射井点总管 ϕ159×6	m		3.2077	3.2077	3.2077
	35040971	喷射井点井管 ϕ76	m		22.7911	22.7911	22.7911
	35041011	喷射井点滤网管	根		2.6328	2.6328	2.6328
	35041021	喷射井点回水连接件	副		1.6464	1.6464	1.6464
	35041031	喷射井点腰子法兰	副		0.7498	0.7498	0.7498
	35041041	喷射井点水箱	kg		26.3115	26.3115	26.3115
	35041051	喷射井点喷射器	只		3.5180	3.5180	3.5180
	99090080	履带式起重机 10 t	台班		11.5200	11.5200	11.5200
	99091380	电动卷扬机单筒快速 10 kN	台班	1.9920			
	99350050	轻便钻机 XJ-100	台班	4.7310			
	99350120	液压钻机 G-2A	台班		4.4160	4.4160	4.4160
	99440010	电动单级离心清水泵 ϕ50	台班	−221.1300	−232.4700	−249.4800	−272.1600
	99440150	电动多级离心清水泵 ϕ150×180 m以下	台班	3.9840	33.0500	33.0500	33.0500
	99440210	污水泵 ϕ100	台班		11.0400	11.0400	11.0400
	99440510	射流井点泵 9.5 m	台班	39.9420			

工作内容：沟槽挖土、沟槽排水、井点降水、沟槽围护和支撑(钢板桩、撑拆列板)、铺筑管道基础、铺设管道、沟槽回填(黄砂及素土)、土方场内运输、砌筑检查井等。

定额编号			J-1-5-129 A(B)	J-1-5-130 A(B)	J-1-5-131 A(B)	J-1-5-132 A(B)
项目			DN2000			
			高密度聚乙烯双壁缠绕管(HDPE)			
			>3.0 m	3.5 m	≤4.0 m	>4.0 m
			100 m	100 m	100 m	100 m
预算定额编号	预算定额名称	预算定额单位	数量			
04290712	钢筋混凝土板 1400×250×160 mm	块	6.0000	6.0000	6.0000	6.0000
04290713	钢筋混凝土板 1400×300×160 mm	块	12.0000	12.0000	12.0000	12.0000
52-1-2-3	机械挖沟槽土方 深≤6 m 现场抛土	m^3	1214.0600	1359.7500	1505.4400	1602.5600
52-1-3-1	沟槽回填 夯填土	m^3	344.9650 (153.4550)	487.9150 (296.4050)	629.4550 (437.9450)	726.5750 (535.0650)
53-1-3-2	场内运输 自卸汽车装运土(运距1 km以内)	m^3	851.9100 (1043.4200)	854.6500 (1046.1600)	947.7280 (1050.3100)	1064.2720 (1050.3100)
52-1-3-4	沟槽回填 黄砂	m^3	442.2200 (633.7300)	442.2200 (633.7300)	442.2200 (633.7300)	442.2200 (633.7300)
52-1-4-1	管道垫层 黄砂垫层	m^3	17.1900	17.1900	17.1900	17.1900
52-1-4-3	管道垫层 砾石砂垫层	m^3	54.8550	54.8550	54.8550	54.8550
52-1-5-1	管道基座 混凝土 C20	m^3	8.7900	8.7900	8.7900	8.7900
52-1-5-1换1	管道基座 混凝土 C15	m^3	1.6500	1.6500	1.6500	1.6500
52-1-5-2	管道基座 钢筋	t	0.3270	0.3270	0.3270	0.3270
52-1-6-80	管道铺设 高密度聚乙烯双壁缠绕管(HDPE)每节3 m以下 DN2000	100 m	0.0967	0.0967	0.0967	0.0967
52-1-6-97	管道铺设 高密度聚乙烯双壁缠绕管(HDPE)每节3 m以上 DN2000	100 m	0.8703	0.8703	0.8703	0.8703
52-3-1-2	砖砌检查井及雨水口 检查井深≤4 m	m^3	15.6000	19.5000	24.1200	24.1200
52-3-2-1	水泥砂浆抹面 检查井	m^2	84.0900	128.2500	151.9200	151.9200
52-3-6-1	安装防坠格板 新建工程	只	3.0000	3.0000	3.0000	3.0000
52-3-9-3	安装盖板及盖座 铸铁盖座	套	3.0000	3.0000	3.0000	3.0000
52-3-9-4	安装盖板及盖座 防沉降检查井盖板	块	3.0000	3.0000	3.0000	3.0000
52-4-5-1	模板工程 模板 管道基座	m^2	11.3100	11.3100	11.3100	11.3100
53-9-1-1	施工排水、降水 湿土排水	m^3	825.5600	971.2500	1116.9400	1214.0600
53-9-1-3	施工排水、降水 筑拆竹箩滤井	座	2.5000	2.5000	2.5000	2.5000
调整项目						
	围护支撑					
52-4-3-1	打槽型钢板桩 长 4.00～6.00 m，单面	100 m	2.0000	2.0000	2.0000	

（续表）

定额编号			J-1-5-129 A(B)	J-1-5-130 A(B)	J-1-5-131 A(B)	J-1-5-132 A(B)
项目			DN2000			
			高密度聚乙烯双壁缠绕管(HDPE)			
			>3.0 m	3.5 m	≤4.0 m	>4.0 m
			100 m	100 m	100 m	100 m
预算定额编号	预算定额名称	预算定额单位	数量			
52-4-3-6	拔槽型钢板桩 长 4.00～6.00 m，单面	100 m	2.0000	2.0000	2.0000	
52-4-3-11	打拔沟槽钢板桩 槽型钢板桩使用费	t·d	2592.0000	2592.0000	2592.0000	5762.0000
52-4-4-4	安拆钢板桩支撑 槽宽≤3.8 m 深 3.01～4.00 m	100 m	1.0000	1.0000	1.0000	
52-4-4-14	钢板桩支撑使用费	t·d	230.0000	230.0000	230.0000	460.0000
52-4-3-2	打槽型钢板桩 长 6.01～9.00 m，单面	100 m				2.0000
52-4-3-7	拔槽型钢板桩 长 6.01～9.00 m，单面	100 m				2.0000
52-4-4-5	安拆钢板桩支撑 槽宽≤3.8 m 深 4.01～6.00 m	100 m				1.0000
	井点降水					
53-9-1-1	施工排水、降水 湿土排水	m^3	−825.5600	−971.2500	−1116.9400	−1214.0600
53-9-1-5	施工排水、降水 轻型井点安装	根	83.0000	83.0000	83.0000	83.0000
53-9-1-6	施工排水、降水 轻型井点拆除	根	83.0000	83.0000	83.0000	83.0000
53-9-1-7	施工排水、降水 轻型井点使用	套·天	40.0000	40.0000	40.0000	40.0000

工作内容：沟槽挖土、沟槽排水、井点降水、沟槽围护和支撑（钢板桩、撑拆列板）、铺筑管道基础、铺设管道、沟槽回填（黄砂及素土）、土方场内运输、砌筑检查井等。

定额编号				J-1-5-129 A(B)	J-1-5-130 A(B)	J-1-5-131 A(B)	J-1-5-132 A(B)
项目				DN2000			
				高密度聚乙烯双壁缠绕管(HDPE)			
				>3.0 m	3.5 m	≤4.0 m	>4.0 m
名称			单位	100 m	100 m	100 m	100 m
人工	00190101	综合人工	工日	452.7073 (470.4412)	518.0848 (535.8187)	584.4655 (599.2381)	621.7169 (632.6085)
材料	01010211	热轧带肋钢筋(HRB400) $\phi\leq10$	t	0.0938	0.0938	0.0938	0.0938
	01010212	热轧带肋钢筋(HRB400) $\phi>10$	t	0.2413	0.2413	0.2413	0.2413
	02090101	塑料薄膜	m^2	44.7605	47.9839	51.8023	51.8023

（续表）

定额编号				J-1-5-129 A(B)	J-1-5-130 A(B)	J-1-5-131 A(B)	J-1-5-132 A(B)
项目				DN2000			
				高密度聚乙烯双壁缠绕管(HDPE)			
				＞3.0 m	3.5 m	≤4.0 m	＞4.0 m
名称			单位	100 m	100 m	100 m	100 m
材料	03010811	钢塑膨胀铆钉	只	18.3600	18.3600	18.3600	18.3600
	03150101	圆钉	kg	2.3058	2.3058	2.3058	2.3058
	03152501	镀锌铁丝	kg	1.0104	1.0104	1.0104	1.0104
	04030115	黄砂 中粗	t	812.4069 (1150.9965)	812.4069 (1150.9965)	812.4069 (1150.9965)	812.4069 (1150.9965)
	04030701	砾石砂	t	121.2789	121.2789	121.2789	121.2789
	04050313	道碴 50～70	t	0.3988	0.3988	0.3988	0.3988
	04131711	蒸压灰砂砖	千块	8.4583	10.5729	13.0779	13.0779
	04290712	钢筋混凝土板 1400×250×160 mm	块	6.0000	6.0000	6.0000	6.0000
	04290713	钢筋混凝土板 1400×300×160 mm	块	12.0000	12.0000	12.0000	12.0000
	05350301	竹箩	个	2.5000	2.5000	2.5000	2.5000
	17250761	高密度聚乙烯双壁缠绕管(HDPE) DN2000 每节长 3 m 以下	m	96.7000	96.7000	96.7000	96.7000
	34110101	水	m^3	70.3896 (100.5524)	70.4431 (100.6059)	70.5063 (100.6691)	70.5063 (100.6691)
	35010102	组合钢模板	kg	7.2362	7.2362	7.2362	7.2362
	35010703	木模板成材	m^3	0.0452	0.0452	0.0452	0.0452
	35020401	钢模零配件	kg	2.6756	2.6756	2.6756	2.6756
	36012831	铸铁检查井雨污水盖座 市政 90 型	套	3.0000	3.0000	3.0000	3.0000
	36016631	防沉降检查井盖板 2500×2000×200	块	3.0000	3.0000	3.0000	3.0000
	36016651	高强度塑料检查井格板	只	3.0600	3.0600	3.0600	3.0600
	36016661	高强度塑料支架	只	9.1800	9.1800	9.1800	9.1800
	80060414	湿拌砌筑砂浆 WM M10.0	m^3	3.6785	4.5981	5.6875	5.6875
	80060513	预拌抹灰砂浆 WP M15.0	m^3	1.5947	2.2969	2.6732	2.6732
	80210410	预拌混凝土(泵送型) C15 粒径 5～20	m^3	1.6665	1.6665	1.6665	1.6665
	80210414	预拌混凝土(泵送型) C20 粒径 5～20	m^3	8.8779	8.8779	8.8779	8.8779
机械	99010060	履带式单斗液压挖掘机 1 m^3	台班	4.9776	5.5750	6.1723	6.5705
	99050930	混凝土振捣器 插入式	台班	1.4303	1.4303	1.4303	1.4303
	99050940	混凝土振捣器 平板式	台班	20.6966 (27.8016)	20.6966 (27.8016)	20.6966 (27.8016)	20.6966 (27.8016)
	99070220	轮胎式装载机 1 m^3	台班	4.0040 (4.9041)	4.0169 (4.9170)	4.4543 (4.9365)	5.0021 (4.9365)
	99070540	载重汽车 6 t	台班	0.6901	0.6901	0.6901	0.6901

（续表）

定额编号				J-1-5-129 A(B)	J-1-5-130 A(B)	J-1-5-131 A(B)	J-1-5-132 A(B)
项目				DN2000			
				高密度聚乙烯双壁缠绕管(HDPE)			
				>3.0 m	3.5 m	≤4.0 m	>4.0 m
名称			单位	100 m	100 m	100 m	100 m
机械	99070588	载重汽车 12 t	台班	6.1338 (7.5126)	6.1535 (7.5324)	6.8236 (7.5622)	7.6628 (7.5622)
	99090360	汽车式起重机 8 t	台班	1.7580	1.7580	1.7580	1.7580
	99091700	手扳葫芦	台班	3.0412	3.0412	3.0412	3.0412
	99130350	内燃夯实机 700 N·m	台班	12.7982 (5.6932)	18.1016 (10.9966)	23.3528 (16.2478)	26.9559 (19.8509)
	99170010	钢筋调直机	台班	0.1590	0.1590	0.1590	0.1590
	99170025	钢筋切断机	台班	0.1590	0.1590	0.1590	0.1590
	99210065	木工平刨床 刨削宽度 450	台班	0.0260	0.0260	0.0260	0.0260
	99440010	电动单级离心清水泵 ϕ50	台班	99.0672	116.5500	134.0328	145.6872
调整项目							
		围护支撑					
	00190101	综合人工	工日	462.6629	462.6629	462.6629	592.1781
	03152501	镀锌铁丝	kg	15.0000	15.0000	15.0000	20.0000
	04030115	黄砂 中粗	t	15.8236	15.8236	15.8236	23.7356
	05030101	成材	m^3	0.6027	0.6027	0.6027	0.8241
	35090121	槽型钢板桩	t	1.3350	1.3350	1.3350	1.9587
	35090131	槽型钢板桩使用费	t·d	2592.0000	2592.0000	2592.0000	5762.0000
	35090611	钢板桩支撑使用费	t·d	230.0000	230.0000	230.0000	460.0000
	35091771	铁撑柱	kg	129.8100	129.8100	129.8100	173.0800
	35091901	钢桩帽摊销	kg	90.9300	90.9300	90.9300	136.2690
	99030080	轨道式柴油打桩机 0.6 t	台班	20.1323	20.1323	20.1323	27.7905
	99030690	简易拔桩架	台班	23.9558	23.9558	23.9558	29.8410
	99090075	履带式起重机 8 t	台班	5.1194	5.1194	5.1194	6.8250
		井点降水					
	00190101	综合人工	工日	20.8384	13.0585	5.2787	0.0925
	04030115	黄砂 中粗	t	9.4420	9.4420	9.4420	9.4420
	17270201	普通橡胶管	m	14.2440	14.2440	14.2440	14.2440
	34110101	水	m^3	152.3275	152.3275	152.3275	152.3275
	35040921	轻型井点井管 ϕ40	m	37.4802	37.4802	37.4802	37.4802
	35040941	轻型井点井管 ϕ180×4	m	1.8096	1.8096	1.8096	1.8096
	99091380	电动卷扬机单筒快速 10 kN	台班	1.9920	1.9920	1.9920	1.9920
	99350050	轻便钻机 XJ-100	台班	4.7310	4.7310	4.7310	4.7310
	99440010	电动单级离心清水泵 ϕ50	台班	−99.0672	−116.5500	−134.0328	−145.6872
	99440150	电动多级离心清水泵 ϕ150×180 m 以下	台班	3.9840	3.9840	3.9840	3.9840
	99440510	射流井点泵 9.5 m	台班	47.9920	47.9920	47.9920	47.9920

工作内容:沟槽挖土、沟槽排水、井点降水、沟槽围护和支撑(钢板桩、撑拆列板)、铺筑管道基础、铺设管道、沟槽回填(黄砂及素土)、土方场内运输、砌筑检查井等。

定额编号			J-1-5-133 A(B)	J-1-5-134 A(B)	J-1-5-135 A(B)	J-1-5-136 A(B)
项目			DN2000			
			高密度聚乙烯双壁缠绕管(HDPE)			
			4.5 m	5.0 m	5.5 m	≤6.0 m
			100 m	100 m	100 m	100 m
预算定额编号	预算定额名称	预算定额单位	数量			
04290712	钢筋混凝土板 1400×250×160 mm	块	6.0000	6.0000	18.0000	18.0000
04290713	钢筋混凝土板 1400×300×160 mm	块	12.0000	12.0000		
52-1-2-3	机械挖沟槽土方 深≤6 m 现场抛土	m^3	1748.2500	1995.0000	2194.5000	2344.1300
52-1-3-1	沟槽回填 夯填土	m^3	863.5750 (672.0650)	1084.5950 (887.8350)	1278.9850 (1082.2250)	1423.4650 (1226.7050)
53-1-3-2	场内运输 自卸汽车装运土(运距1 km以内)	m^3	1230.3000 (1059.1100)	1501.1300 (1304.3700)	1735.4200 (1538.6600)	1909.8260 (1713.0660)
52-1-3-4	沟槽回填 黄砂	m^3	442.2200 (633.7300)	463.1900 (659.9500)	463.1900 (659.9500)	463.1900 (659.9500)
52-1-4-1	管道垫层 黄砂垫层	m^3	17.0800	17.5400	17.5400	17.5400
52-1-4-3	管道垫层 砾石砂垫层	m^3	54.7950	56.1750	56.1750	56.1750
52-1-5-1	管道基座 混凝土 C20	m^3	11.1000	11.1000	11.1000	11.1000
52-1-5-1换1	管道基座 混凝土 C15	m^3	1.8000	1.8000	1.8000	1.8000
52-1-5-2	管道基座 钢筋	t	0.3570	0.3570	0.3570	0.3570
52-1-6-80	管道铺设 高密度聚乙烯双壁缠绕管(HDPE)每节 3 m以下 DN2000	100 m	0.0967	0.0967	0.0967	0.0967
52-1-6-97	管道铺设 高密度聚乙烯双壁缠绕管(HDPE)每节 3 m以上 DN2000	100 m	0.8703	0.8703	0.8703	0.8703
52-3-1-3	砖砌检查井及雨水口 检查井 深≤6 m	m^3	27.1500	30.4800	33.8100	52.5900
52-3-2-1	水泥砂浆抹面 检查井	m^2	168.1200	184.3200	199.3500	204.9600
52-3-6-1	安装防坠格板 新建工程	只	3.0000	3.0000	3.0000	3.0000
52-3-9-3	安装盖板及盖座 铸铁盖座	套	3.0000	3.0000	3.0000	3.0000
52-3-9-4	安装盖板及盖座 防沉降检查井盖板	块	3.0000	3.0000	3.0000	3.0000
52-4-5-1	模板工程 模板 管道基座	m^2	13.6800	13.6800	13.6800	13.6800
53-9-1-1	施工排水、降水 湿土排水	m^3	1359.7500	1596.0000	1795.5000	1945.1300
53-9-1-3	施工排水、降水 筑拆竹箩滤井	座	2.5000	2.5000	2.5000	2.5000
调整项目						
	围护支撑					
52-4-3-2	打槽型钢板桩 长 6.01～9.00 m,单面	100 m	2.0000	2.0000	2.0000	2.0000

(续表)

定额编号			J-1-5-133 A(B)	J-1-5-134 A(B)	J-1-5-135 A(B)	J-1-5-136 A(B)
项目			DN2000			
			高密度聚乙烯双壁缠绕管(HDPE)			
			4.5 m	5.0 m	5.5 m	≤6.0 m
			100 m	100 m	100 m	100 m
预算定额编号	预算定额名称	预算定额单位	数量			
52-4-3-7	拔槽型钢板桩 长 6.01～9.00 m,单面	100 m	2.0000	2.0000	2.0000	2.0000
52-4-3-11	打拔沟槽钢板桩 槽型钢板桩使用费	t·d	5762.0000	5762.0000	5762.0000	5762.0000
52-4-4-5	安拆钢板桩支撑 槽宽≤3.8 m 深 4.01～6.00 m	100 m	1.0000	1.0000	1.0000	1.0000
52-4-4-14	钢板桩支撑使用费	t·d	460.0000	460.0000	460.0000	460.0000
	井点降水					
53-9-1-1	施工排水、降水 湿土排水	m^3	−1359.7500	−1596.0000	−1795.5000	−1945.1300
53-9-1-5	施工排水、降水 轻型井点安装	根	83.0000	83.0000	83.0000	83.0000
53-9-1-6	施工排水、降水 轻型井点拆除	根	83.0000	83.0000	83.0000	83.0000
53-9-1-7	施工排水、降水 轻型井点使用	套·天	40.0000	40.0000	40.0000	40.0000

工作内容:沟槽挖土、沟槽排水、井点降水、沟槽围护和支撑(钢板桩、撑拆列板)、铺筑管道基础、铺设管道、沟槽回填(黄砂及素土)、土方场内运输、砌筑检查井等。

定额编号				J-1-5-133 A(B)	J-1-5-134 A(B)	J-1-5-135 A(B)	J-1-5-136 A(B)
项目				DN2000			
				高密度聚乙烯双壁缠绕管(HDPE)			
				4.5 m	5.0 m	5.5 m	≤6.0 m
名称			单位	100 m	100 m	100 m	100 m
人工	00190101	综合人工	工日	689.9086 (695.5646)	794.7246 (799.8404)	880.1620 (885.2778)	982.3267 (987.4425)
材料	01010211	热轧带肋钢筋(HRB400) $\phi\leqslant10$	t	0.1025	0.1025	0.1025	0.1025
	01010212	热轧带肋钢筋(HRB400) $\phi>10$	t	0.2635	0.2635	0.2635	0.2635
	02090101	塑料薄膜	m^2	61.8154	64.5676	67.3199	82.8415
	03010811	钢塑膨胀铆钉	只	18.3600	18.3600	18.3600	18.3600
	03150101	圆钉	kg	2.7890	2.7890	2.7890	2.7890
	03152501	镀锌铁丝	kg	1.1031	1.1031	1.1031	1.1031
	04030115	黄砂 中粗	t	812.2124 (1150.8020)	850.1006 (1197.9723)	850.1006 (1197.9723)	850.1006 (1197.9723)
	04030701	砾石砂	t	121.1463	124.1973	124.1973	124.1973
	04050313	道碴 50～70	t	0.3988	0.3988	0.3988	0.3988

（续表）

定额编号				J-1-5-133 A(B)	J-1-5-134 A(B)	J-1-5-135 A(B)	J-1-5-136 A(B)
项目				DN2000			
				高密度聚乙烯双壁缠绕管(HDPE)			
				4.5 m	5.0 m	5.5 m	≤6.0 m
名称			单位	100 m	100 m	100 m	100 m
材料	04131711	蒸压灰砂砖	千块	14.6773	16.4775	18.2777	28.4302
	04290712	钢筋混凝土板 1400×250×160 mm	块	6.0000	6.0000	18.0000	18.0000
	04290713	钢筋混凝土板 1400×300×160 mm	块	12.0000	12.0000		
	05350301	竹箩	个	2.5000	2.5000	2.5000	2.5000
	17250761	高密度聚乙烯双壁缠绕管(HDPE) DN2000 每节长 3 m 以下	m	96.7000	96.7000	96.7000	96.7000
	34110101	水	m^3	70.6718 (100.8346)	74.0201 (105.0098)	74.0657 (105.0554)	74.3230 (105.3127)
	35010102	组合钢模板	kg	8.7525	8.7525	8.7525	8.7525
	35010703	木模板成材	m^3	0.0547	0.0547	0.0547	0.0547
	35020401	钢模零配件	kg	3.2363	3.2363	3.2363	3.2363
	36012831	铸铁检查井雨污水盖座 市政 90 型	套	3.0000	3.0000	3.0000	3.0000
	36016631	防沉降检查井盖板 2500×2000×200	块	3.0000	3.0000	3.0000	3.0000
	36016651	高强度塑料检查井格板	只	3.0600	3.0600	3.0600	3.0600
	36016661	高强度塑料支架	只	9.1800	9.1800	9.1800	9.1800
	80060414	湿拌砌筑砂浆 WM M10.0	m^3	6.4617	7.2542	8.0468	12.5164
	80060513	预拌抹灰砂浆 WP M15.0	m^3	2.9308	3.1884	3.4274	3.5166
	80210410	预拌混凝土(泵送型) C15 粒径 5～20	m^3	1.8180	1.8180	1.8180	1.8180
	80210414	预拌混凝土(泵送型) C20 粒径 5～20	m^3	11.2110	11.2110	11.2110	11.2110
机械	99010060	履带式单斗液压挖掘机 1 m^3	台班	7.1678	8.1795	8.9975	9.6109
	99050930	混凝土振捣器 插入式	台班	1.7673	1.7673	1.7673	1.7673
	99050940	混凝土振捣器 平板式	台班	21.0275 (28.1325)	21.8782 (29.1780)	21.8782 (29.1780)	21.8782 (29.1780)
	99070220	轮胎式装载机 1 m^3	台班	5.7824 (4.9778)	7.0553 (6.1305)	8.1565 (7.2317)	8.9762 (8.0514)
	99070540	载重汽车 6 t	台班	0.6939	0.6939	0.6939	0.6939
	99070588	载重汽车 12 t	台班	8.8582 (7.6256)	10.8081 (9.3915)	12.4950 (11.0784)	13.7507 (12.3341)
	99090360	汽车式起重机 8 t	台班	1.7606	1.7606	1.7606	1.7606

（续表）

定额编号				J-1-5-133 A(B)	J-1-5-134 A(B)	J-1-5-135 A(B)	J-1-5-136 A(B)
项目				DN2000			
				高密度聚乙烯双壁缠绕管(HDPE)			
				4.5 m	5.0 m	5.5 m	≤6.0 m
	名称		单位	100 m	100 m	100 m	100 m
机械	99091700	手扳葫芦	台班	3.0412	3.0412	3.0412	3.0412
	99130350	内燃夯实机 700 N·m	台班	32.0386 (24.9336)	40.2385 (32.9387)	47.4503 (40.1505)	52.8106 (45.5108)
	99170010	钢筋调直机	台班	0.1735	0.1735	0.1735	0.1735
	99170025	钢筋切断机	台班	0.1735	0.1735	0.1735	0.1735
	99210065	木工平刨床 刨削宽度 450	台班	0.0315	0.0315	0.0315	0.0315
	99440010	电动单级离心清水泵 ϕ50	台班	163.1700	191.5200	215.4600	233.4156
	调整项目						
		围护支撑					
	00190101	综合人工	工日	592.1781	592.1781	592.1781	592.1781
	03152501	镀锌铁丝	kg	20.0000	20.0000	20.0000	20.0000
	04030115	黄砂 中粗	t	23.7356	23.7356	23.7356	23.7356
	05030101	成材	m^3	0.8241	0.8241	0.8241	0.8241
	35090121	槽型钢板桩	t	1.9587	1.9587	1.9587	1.9587
	35090131	槽型钢板桩使用费	t·d	5762.0000	5762.0000	5762.0000	5762.0000
	35090611	钢板桩支撑使用费	t·d	460.0000	460.0000	460.0000	460.0000
	35091771	铁撑柱	kg	173.0800	173.0800	173.0800	173.0800
	35091901	钢桩帽摊销	kg	136.2690	136.2690	136.2690	136.2690
	99030080	轨道式柴油打桩机 0.6 t	台班	27.7905	27.7905	27.7905	27.7905
	99030690	简易拔桩架	台班	29.8410	29.8410	29.8410	29.8410
	99090075	履带式起重机 8 t	台班	6.8250	6.8250	6.8250	6.8250
		井点降水					
	00190101	综合人工	工日	−7.6874	−20.3031	−30.9564	−38.9466
	04030115	黄砂 中粗	t	9.4420	9.4420	9.4420	9.4420
	17270201	普通橡胶管	m	14.2440	14.2440	14.2440	14.2440
	34110101	水	m^3	152.3275	152.3275	152.3275	152.3275
	35040921	轻型井点井管 ϕ40	m	37.4802	37.4802	37.4802	37.4802
	35040941	轻型井点井管 $\phi180\times4$	m	1.8096	1.8096	1.8096	1.8096
	99091380	电动卷扬机单筒快速 10 kN	台班	1.9920	1.9920	1.9920	1.9920
	99350050	轻便钻机 XJ-100	台班	4.7310	4.7310	4.7310	4.7310
	99440010	电动单级离心清水泵 ϕ50	台班	−163.1700	−191.5200	−215.4600	−233.4156
	99440150	电动多级离心清水泵 $\phi150\times$180 m 以下	台班	3.9840	3.9840	3.9840	3.9840
	99440510	射流井点泵 9.5 m	台班	47.9920	47.9920	47.9920	47.9920

工作内容:沟槽挖土、沟槽排水、井点降水、沟槽围护和支撑(钢板桩、撑拆列板)、铺筑管道基础、铺设管道、沟槽回填(黄砂及素土)、土方场内运输、砌筑检查井等。

定额编号			J-1-5-137 A(B)	J-1-5-138 A(B)	J-1-5-139 A(B)	J-1-5-140 A(B)
项目			DN2000			DN2200
			高密度聚乙烯双壁缠绕管(HDPE)			
			>6.0 m	6.5 m	7.0 m	>3.0 m
			100 m	100 m	100 m	100 m
预算定额编号	预算定额名称	预算定额单位	数量			
04290712	钢筋混凝土板 1400×250×160 mm	块	18.0000	18.0000	18.0000	6.0000
04290713	钢筋混凝土板 1400×300×160 mm	块				15.0000
52-1-2-3	机械挖沟槽土方 深≤6 m 现场抛土	m^3	2394.0000	2394.0000	2394.0000	1279.6900
52-1-2-3 系 1	机械挖沟槽土方 深≤7 m 现场抛土	m^3	49.8800	199.5000	399.0000	
52-1-3-1	沟槽回填 夯填土	m^3	1523.2150 (1326.4550)	1666.2150 (1469.4550)	1859.9350 (1663.1750)	277.9850 (75.9750)
53-1-3-2	场内运输 自卸汽车装运土(运距 1 km 以内)	m^3	2029.5260 (1832.7660)	2202.4500 (2005.6900)	2436.0700 (2239.3100)	983.5900 (1185.6000)
52-1-3-4	沟槽回填 黄砂	m^3	463.1900 (659.9500)	463.1900 (659.9500)	463.1900 (659.9500)	498.8600 (700.8700)
52-1-4-1	管道垫层 黄砂垫层	m^3	17.5400	17.5400	17.5400	18.1200
52-1-4-3	管道垫层 砾石砂垫层	m^3	56.1750	56.4150	56.4150	57.8850
52-1-5-1	管道基座 混凝土 C20	m^3	11.1000	11.8800	11.8800	10.9800
52-1-5-1 换 1	管道基座 混凝土 C15	m^3	1.8000	1.9200	1.9200	1.7700
52-1-5-2	管道基座 钢筋	t	0.3570	0.3810	0.3810	0.3540
52-1-6-80	管道铺设 高密度聚乙烯双壁缠绕管(HDPE)每节 3 m 以下 DN2000	100 m	0.0967	0.0967	0.0967	
52-1-6-81	管道铺设 高密度聚乙烯双壁缠绕管(HDPE)每节 3 m 以下 DN2200	100 m				0.0967
52-1-6-97	管道铺设 高密度聚乙烯双壁缠绕管(HDPE)每节 3 m 以上 DN2000	100 m	0.8703	0.8703	0.8703	
52-1-6-98	管道铺设 高密度聚乙烯双壁缠绕管(HDPE)每节 3 m 以上 DN2200	100 m				0.8703
52-3-1-2	砖砌检查井及雨水口 检查井 深≤4 m	m^3				16.5900
52-3-1-3	砖砌检查井及雨水口 检查井 深≤6 m	m^3	52.5900			
52-3-1-4	砖砌检查井及雨水口 检查井 深≤8 m	m^3		55.9800	59.8500	
52-3-2-1	水泥砂浆抹面 检查井	m^2	204.9600	225.0000	247.0800	84.7200

（续表）

预算定额编号	预算定额名称	预算定额单位	J-1-5-137 A(B)	J-1-5-138 A(B)	J-1-5-139 A(B)	J-1-5-140 A(B)
项目			DN2000			DN2200
			高密度聚乙烯双壁缠绕管(HDPE)			
			>6.0 m	6.5 m	7.0 m	>3.0 m
			100 m	100 m	100 m	100 m
			数量			
52-3-6-1	安装防坠格板 新建工程	只	3.0000	3.0000	3.0000	3.0000
52-3-9-3	安装盖板及盖座 铸铁盖座	套	3.0000	3.0000	3.0000	3.0000
52-3-9-4	安装盖板及盖座 防沉降检查井盖板	块	3.0000	3.0000	3.0000	3.0000
52-4-5-1	模板工程 模板 管道基座	m^2	13.6800	14.1900	14.1900	13.7100
53-9-1-1	施工排水、降水 湿土排水	m^3	2044.8800	2194.5000	2394.0000	870.1900
53-9-1-3	施工排水、降水 筑拆竹箩滤井	座	2.5000	2.5000	2.5000	2.5000
调整项目						
	围护支撑					
52-4-3-3	打槽型钢板桩 长 9.01～12.00 m，单面	100 m	2.0000	2.0000	2.0000	
52-4-3-8	拔槽型钢板桩 长 9.01～12.00 m，单面	100 m	2.0000	2.0000	2.0000	
52-4-3-11	打拔沟槽钢板桩 槽型钢板桩使用费	t·d	7984.0000	7984.0000	7984.0000	2592.0000
52-4-4-6	安拆钢板桩支撑 槽宽≤3.8 m 深 6.01～8.00 m	100 m	1.0000	1.0000	1.0000	
52-4-4-14	钢板桩支撑使用费	t·d	800.0000	800.0000	800.0000	230.0000
52-4-3-1	打槽型钢板桩 长 4.00～6.00 m，单面	100 m				2.0000
52-4-3-6	拔槽型钢板桩 长 4.00～6.00 m，单面	100 m				2.0000
52-4-4-7	安拆钢板桩支撑 槽宽≤4.5 m 深 3.01～4.00 m	100 m				1.0000
	井点降水					
53-9-1-1	施工排水、降水 湿土排水	m^3	−2044.8800	−2194.5000	−2394.0000	−870.1900
53-9-1-5	施工排水、降水 轻型井点安装	根				83.0000
53-9-1-6	施工排水、降水 轻型井点拆除	根				83.0000
53-9-1-7	施工排水、降水 轻型井点使用	套·天				42.0000
53-9-1-8	施工排水、降水喷射井点安装 10 m	根	40.0000	40.0000	40.0000	
53-9-1-9	施工排水、降水喷射井点拆除 10 m	根	40.0000	40.0000	40.0000	
53-9-1-10	施工排水、降水喷射井点使用 10 m	套·天	28.0000	28.0000	28.0000	

工作内容：沟槽挖土、沟槽排水、井点降水、沟槽围护和支撑(钢板桩、撑拆列板)、铺筑管道基础、铺设管道、沟槽回填(黄砂及素土)、土方场内运输、砌筑检查井等。

定额编号				J-1-5-137 A(B)	J-1-5-138 A(B)	J-1-5-139 A(B)	J-1-5-140 A(B)
项目				DN2000			DN2200
				高密度聚乙烯双壁缠绕管(HDPE)			
				>6.0 m	6.5 m	7.0 m	>3.0 m
名称			单位	100 m	100 m	100 m	100 m
人工	00190101	综合人工	工日	1020.7914 (1025.9072)	1092.9917 (1098.1075)	1181.7537 (1186.8695)	471.1927 (489.8989)
材料	01010211	热轧带肋钢筋(HRB400) φ≤10	t	0.1025	0.1093	0.1093	0.1016
	01010212	热轧带肋钢筋(HRB400) φ>10	t	0.2635	0.2812	0.2812	0.2613
	02090101	塑料薄膜	m^2	82.8415	88.3906	91.5891	52.6297
	03010811	钢塑膨胀铆钉	只	18.3600	18.3600	18.3600	18.3600
	03150101	圆钉	kg	2.7890	2.8930	2.8930	2.7951
	03152501	镀锌铁丝	kg	1.1031	1.1773	1.1773	1.0939
	04030115	黄砂 中粗	t	850.1006 (1197.9723)	850.1006 (1197.9723)	850.1006 (1197.9723)	914.1907 (1271.3444)
	04030701	砾石砂	t	124.1973	124.7279	124.7279	127.9779
	04050313	道碴 50～70	t	0.3988	0.3988	0.3988	0.3988
	04131711	蒸压灰砂砖	千块	28.4302	30.1676	32.2532	8.9951
	04290712	钢筋混凝土板 1400×250×160 mm	块	18.0000	18.0000	18.0000	6.0000
	04290713	钢筋混凝土板 1400×300×160 mm	块				15.0000
	05350301	竹箩	个	2.5000	2.5000	2.5000	2.5000
	17250761	高密度聚乙烯双壁缠绕管(HDPE) DN2000 每节长 3 m 以下	m	96.7000	96.7000	96.7000	
	17250763	高密度聚乙烯双壁缠绕管(HDPE) DN2200 每节长 3 m 以下	m				96.7000
	34110101	水	m^3	74.3230 (105.3127)	74.4149 (105.4046)	74.4679 (105.4576)	79.4404 (111.2569)
	35010102	组合钢模板	kg	8.7525	9.0788	9.0788	8.7717
	35010703	木模板成材	m^3	0.0547	0.0567	0.0567	0.0548
	35020401	钢模零配件	kg	3.2363	3.3569	3.3569	3.2434
	36012831	铸铁检查井雨污水盖座 市政 90 型	套	3.0000	3.0000	3.0000	3.0000
	36016631	防沉降检查井盖板 2500×2000×200	块	3.0000	3.0000	3.0000	3.0000
	36016651	高强度塑料检查井格板	只	3.0600	3.0600	3.0600	3.0600
	36016661	高强度塑料支架	只	9.1800	9.1800	9.1800	9.1800

(续表)

定额编号				J-1-5-137 A(B)	J-1-5-138 A(B)	J-1-5-139 A(B)	J-1-5-140 A(B)
项目				DN2000			DN2200
				高密度聚乙烯双壁缠绕管(HDPE)			
				>6.0 m	6.5 m	7.0 m	>3.0 m
名称			单位	100 m	100 m	100 m	100 m
材料	80060414	湿拌砌筑砂浆 WM M10.0	m^3	12.5164	13.5416	14.4777	3.9119
	80060513	预拌抹灰砂浆 WP M15.0	m^3	3.5166	3.8352	4.1863	1.6047
	80210410	预拌混凝土(泵送型) C15 粒径 5~20	m^3	1.8180	1.9392	1.9392	1.7877
	80210414	预拌混凝土(泵送型) C20 粒径 5~20	m^3	11.2110	11.9988	11.9988	11.0898
机械	99010060	履带式单斗液压挖掘机 1 m^3	台班	10.0548	10.7730	11.7306	5.2467
	99050930	混凝土振捣器 插入式	台班	1.7673	1.8906	1.8906	1.7468
	99050940	混凝土振捣器 平板式	台班	21.8782 (29.1780)	22.0115 (29.3113)	22.0115 (29.3113)	23.2717 (30.7663)
	99070220	轮胎式装载机 1 m^3	台班	9.5388 (8.6140)	10.3515 (9.4267)	11.4495 (10.5248)	4.6229 (5.5723)
	99070540	载重汽车 6 t	台班	0.6939	0.6947	0.6947	0.9547
	99070588	载重汽车 12 t	台班	14.6126 (13.1959)	15.8576 (14.4410)	17.5397 (16.1230)	7.0818 (8.5363)
	99090360	汽车式起重机 8 t	台班	1.7606	1.7612	1.7612	2.1056
	99091700	手扳葫芦	台班	3.0412	3.0412	3.0412	3.7312
	99130350	内燃夯实机 700 N·m	台班	56.5113 (49.2115)	61.8166 (54.5168)	69.0036 (61.7038)	10.3132 (2.8187)
	99170010	钢筋调直机	台班	0.1735	0.1852	0.1852	0.1721
	99170025	钢筋切断机	台班	0.1735	0.1852	0.1852	0.1721
	99210065	木工平刨床 刨削宽度 450	台班	0.0315	0.0326	0.0326	0.0315
	99440010	电动单级离心清水泵 $\phi 50$	台班	245.3856	263.3400	287.2800	104.4228
调整项目							
		围护支撑					
	00190101	综合人工	工日	593.4223	593.4223	593.4223	477.8779
	03152501	镀锌铁丝	kg	25.0000	25.0000	25.0000	15.0000
	04030115	黄砂 中粗	t	33.2299	33.2299	33.2299	15.8236
	05030101	成材	m^3	1.0276	1.0276	1.0276	0.6027
	35090121	槽型钢板桩	t	2.6893	2.6893	2.6893	1.3350
	35090131	槽型钢板桩使用费	t·d	7984.0000	7984.0000	7984.0000	2592.0000
	35090611	钢板桩支撑使用费	t·d	800.0000	800.0000	800.0000	230.0000

(续表)

定额编号			J-1-5-137 A(B)	J-1-5-138 A(B)	J-1-5-139 A(B)	J-1-5-140 A(B)
项目			DN2000			DN2200
			高密度聚乙烯双壁缠绕管(HDPE)			
			>6.0 m	6.5 m	7.0 m	>3.0 m
名称		单位	100 m	100 m	100 m	100 m
35091771	铁撑柱	kg	272.9800	272.9800	272.9800	184.5000
35091901	钢桩帽摊销	kg	381.5700	381.5700	381.5700	90.9300
99030100	轨道式柴油打桩机 1.2 t	台班	33.5913	33.5913	33.5913	
99030970	震动锤 45 kW	台班	17.3680	17.3680	17.3680	
99090075	履带式起重机 8 t	台班	8.5319	8.5319	8.5319	6.8250
99090090	履带式起重机 15 t	台班	17.3680	17.3680	17.3680	
99030080	轨道式柴油打桩机 0.6 t	台班				20.1323
99030690	简易拔桩架	台班				23.9558
	井点降水					
00190101	综合人工	工日	103.3474	95.3577	84.7044	19.6052
04030115	黄砂 中粗	t				9.4420
04030119	黄砂 中粗	kg	95423.8016	95423.8016	95423.8016	
17030102	镀锌焊接钢管	kg	0.1817	0.1817	0.1817	
17270201	普通橡胶管	m				14.2440
34110101	水	m^3	566.8908	566.8908	566.8908	152.3275
35040921	轻型井点井管 ϕ40	m				39.2620
35040941	轻型井点井管 ϕ180×4	m				1.8955
35040961	喷射井点总管 ϕ159×6	m	3.8650	3.8650	3.8650	
35040971	喷射井点井管 ϕ76	m	27.4931	27.4931	27.4931	
35041011	喷射井点滤网管	根	3.1738	3.1738	3.1738	
35041021	喷射井点回水连接件	副	1.9851	1.9851	1.9851	
35041031	喷射井点腰子法兰	副	0.9015	0.9015	0.9015	
35041041	喷射井点水箱	kg	31.7215	31.7215	31.7215	
35041051	喷射井点喷射器	只	4.2410	4.2410	4.2410	
99090080	履带式起重机 10 t	台班	11.5200	11.5200	11.5200	
99091380	电动卷扬机单筒快速 10 kN	台班				1.9920
99350050	轻便钻机 XJ-100	台班				4.7310
99350120	液压钻机 G-2A	台班	4.4160	4.4160	4.4160	
99440010	电动单级离心清水泵 ϕ50	台班	−245.3856	−263.3400	−287.2800	−104.4228
99440150	电动多级离心清水泵 ϕ150×180 m 以下	台班	38.6000	38.6000	38.6000	3.9840
99440210	污水泵 ϕ100	台班	11.0400	11.0400	11.0400	
99440510	射流井点泵 9.5 m	台班				50.2920

工作内容:沟槽挖土、沟槽排水、井点降水、沟槽围护和支撑(钢板桩、撑拆列板)、铺筑管道基础、铺设管道、沟槽回填(黄砂及素土)、土方场内运输、砌筑检查井等。

定额编号			J-1-5-141 A(B)	J-1-5-142 A(B)	J-1-5-143 A(B)	J-1-5-144 A(B)
项目			DN2200			
			高密度聚乙烯双壁缠绕管(HDPE)			
			3.5 m	≤4.0 m	>4.0 m	4.5 m
			100 m	100 m	100 m	100 m
预算定额编号	预算定额名称	预算定额单位	数量			
04290712	钢筋混凝土板 1400×250×160 mm	块	6.0000	6.0000	6.0000	6.0000
04290713	钢筋混凝土板 1400×300×160 mm	块	15.0000	15.0000	15.0000	15.0000
52-1-2-3	机械挖沟槽土方 深≤6 m 现场抛土	m^3	1433.2500	1586.8100	1689.1900	1842.7500
52-1-3-1	沟槽回填 夯填土	m^3	428.8050 (226.7950)	579.4350 (377.4250)	681.8150 (479.8050)	825.7800 (623.7700)
53-1-3-2	场内运输 自卸汽车装运土(运距1 km以内)	m^3	986.3300 (1188.3400)	989.2600 (1191.2700)	1037.7680 (1191.2700)	1212.3300 (1200.9800)
52-1-3-4	沟槽回填 黄砂	m^3	498.8600 (700.8700)	498.8600 (700.8700)	498.8600 (700.8700)	498.8600 (700.8700)
52-1-4-1	管道垫层 黄砂垫层	m^3	18.1200	18.1200	18.1200	18.0000
52-1-4-3	管道垫层 砾石砂垫层	m^3	57.8850	57.8850	57.8850	57.8100
52-1-5-1	管道基座 混凝土 C20	m^3	10.9800	10.9800	10.9800	11.9100
52-1-5-1换1	管道基座 混凝土 C15	m^3	1.7700	1.7700	1.7700	1.9200
52-1-5-2	管道基座 钢筋	t	0.3540	0.3540	0.3540	0.3810
52-1-6-81	管道铺设 高密度聚乙烯双壁缠绕管(HDPE)每节3 m以下 DN2200	100 m	0.0967	0.0967	0.0967	0.0967
52-1-6-98	管道铺设 高密度聚乙烯双壁缠绕管(HDPE)每节3 m以上 DN2200	100 m	0.8703	0.8703	0.8703	0.8703
52-3-1-2	砖砌检查井及雨水口 检查井 深≤4 m	m^3	21.0000	25.8600	25.8600	
52-3-1-3	砖砌检查井及雨水口 检查井 深≤6 m	m^3				28.8300
52-3-2-1	水泥砂浆抹面 检查井	m^2	134.7600	159.3600	159.3600	175.5600
52-3-6-1	安装防坠格板 新建工程	只	3.0000	3.0000	3.0000	3.0000
52-3-9-3	安装盖板及盖座 铸铁盖座	套	3.0000	3.0000	3.0000	3.0000
52-3-9-4	安装盖板及盖座 防沉降检查井盖板	块	3.0000	3.0000	3.0000	3.0000
52-4-5-1	模板工程 模板 管道基座	m^2	13.7100	13.7100	13.7100	14.2200
53-9-1-1	施工排水、降水 湿土排水	m^3	1023.7500	1177.3100	1279.6900	1433.2500
53-9-1-3	施工排水、降水 筑拆竹箩滤井	座	2.5000	2.5000	2.5000	2.5000
调整项目						
	围护支撑					
52-4-3-1	打槽型钢板桩 长4.00～6.00 m,单面	100 m	2.0000	2.0000		
52-4-3-6	拔槽型钢板桩 长4.00～6.00 m,单面	100 m	2.0000	2.0000		

（续表）

定额编号			J-1-5-141 A(B)	J-1-5-142 A(B)	J-1-5-143 A(B)	J-1-5-144 A(B)
项目			DN2200			
			高密度聚乙烯双壁缠绕管(HDPE)			
			3.5 m	≤4.0 m	>4.0 m	4.5 m
			100 m	100 m	100 m	100 m
预算定额编号	预算定额名称	预算定额单位	数量			
52-4-3-11	打拔沟槽钢板桩 槽型钢板桩使用费	t·d	2592.0000	2592.0000	5762.0000	5762.0000
52-4-4-7	安拆钢板桩支撑 槽宽≤4.5 m 深3.01～4.00 m	100 m	1.0000	1.0000		
52-4-4-14	钢板桩支撑使用费	t·d	230.0000	230.0000	460.0000	460.0000
52-4-3-2	打槽型钢板桩 长6.01～9.00 m,单面	100 m			2.0000	2.0000
52-4-3-7	拔槽型钢板桩 长6.01～9.00 m,单面	100 m			2.0000	2.0000
52-4-4-8	安拆钢板桩支撑 槽宽≤4.5 m 深4.01～6.00 m	100 m			1.0000	1.0000
	井点降水					
53-9-1-1	施工排水、降水 湿土排水	m^3	−1023.7500	−1177.3100	−1279.6900	−1433.2500
53-9-1-5	施工排水、降水 轻型井点安装	根	83.0000	83.0000	83.0000	83.0000
53-9-1-6	施工排水、降水 轻型井点拆除	根	83.0000	83.0000	83.0000	83.0000
53-9-1-7	施工排水、降水 轻型井点使用	套·天	42.0000	42.0000	42.0000	42.0000

工作内容:沟槽挖土、沟槽排水、井点降水、沟槽围护和支撑(钢板桩、撑拆列板)、铺筑管道基础、铺设管道、沟槽回填(黄砂及素土)、土方场内运输、砌筑检查井等。

定额编号				J-1-5-141 A(B)	J-1-5-142 A(B)	J-1-5-143 A(B)	J-1-5-144 A(B)
项目				DN2200			
				高密度聚乙烯双壁缠绕管(HDPE)			
				3.5 m	≤4.0 m	>4.0 m	4.5 m
名称			单位	100 m	100 m	100 m	100 m
人工	00190101	综合人工	工日	541.3785 (560.0846)	608.4847 (627.1909)	645.2778 (662.3686)	715.2004 (726.8016)
材料	01010211	热轧带肋钢筋(HRB400) $\phi\leq10$	t	0.1016	0.1016	0.1016	0.1093
	01010212	热轧带肋钢筋(HRB400) $\phi>10$	t	0.2613	0.2613	0.2613	0.2812
	02090101	塑料薄膜	m^2	56.2746	60.2914	60.2914	66.0427
	03010811	钢塑膨胀铆钉	只	18.3600	18.3600	18.3600	18.3600
	03150101	圆钉	kg	2.7951	2.7951	2.7951	2.8991
	03152501	镀锌铁丝	kg	1.0939	1.0939	1.0939	1.1773
	04030115	黄砂 中粗	t	914.1907 (1271.3444)	914.1907 (1271.3444)	914.1907 (1271.3444)	913.9785 (1271.1322)

（续表）

定额编号				J-1-5-141 A(B)	J-1-5-142 A(B)	J-1-5-143 A(B)	J-1-5-144 A(B)
项目				DN2200			
				高密度聚乙烯双壁缠绕管(HDPE)			
				3.5 m	≤4.0 m	>4.0 m	4.5 m
名称			单位	100 m	100 m	100 m	100 m
材料	04030701	砾石砂	t	127.9779	127.9779	127.9779	127.8121
	04050313	道碴 50～70	t	0.3988	0.3988	0.3988	0.3988
	04131711	蒸压灰砂砖	千块	11.3862	14.0213	14.0213	15.5855
	04290712	钢筋混凝土板 1400×250×160 mm	块	6.0000	6.0000	6.0000	6.0000
	04290713	钢筋混凝土板 1400×300×160 mm	块	15.0000	15.0000	15.0000	15.0000
	05350301	竹箩	个	2.5000	2.5000	2.5000	2.5000
	17250763	高密度聚乙烯双壁缠绕管(HDPE) DN2200 每节长 3 m 以下	m	96.7000	96.7000	96.7000	96.7000
	34110101	水	m^3	79.5008 (111.3173)	79.5674 (111.3839)	79.5674 (111.3839)	79.6626 (111.4791)
	35010102	组合钢模板	kg	8.7717	8.7717	8.7717	9.0980
	35010703	木模板成材	m^3	0.0548	0.0548	0.0548	0.0568
	35020401	钢模零配件	kg	3.2434	3.2434	3.2434	3.3640
	36012831	铸铁检查井雨污水盖座 市政 90 型	套	3.0000	3.0000	3.0000	3.0000
	36016631	防沉降检查井盖板 2500×2000×200	块	3.0000	3.0000	3.0000	3.0000
	36016651	高强度塑料检查井格板	只	3.0600	3.0600	3.0600	3.0600
	36016661	高强度塑料支架	只	9.1800	9.1800	9.1800	9.1800
	80060414	湿拌砌筑砂浆 WM M10.0	m^3	4.9518	6.0978	6.0978	6.8615
	80060513	预拌抹灰砂浆 WP M15.0	m^3	2.4004	2.7915	2.7915	3.0491
	80210410	预拌混凝土(泵送型) C15 粒径 5～20	m^3	1.7877	1.7877	1.7877	1.9392
	80210414	预拌混凝土(泵送型) C20 粒径 5～20	m^3	11.0898	11.0898	11.0898	12.0291
机械	99010060	履带式单斗液压挖掘机 1 m^3	台班	5.8763	6.5059	6.9257	7.5553
	99050930	混凝土振捣器 插入式	台班	1.7468	1.7468	1.7468	1.8947
	99050940	混凝土振捣器 平板式	台班	23.2717 (30.7663)	23.2717 (30.7663)	23.2717 (30.7663)	23.4125 (30.9071)
	99070220	轮胎式装载机 1 m^3	台班	4.6358 (5.5852)	4.6495 (5.5990)	4.8775 (5.5990)	5.6980 (5.6446)
	99070540	载重汽车 6 t	台班	0.9547	0.9547	0.9547	0.9556
	99070588	载重汽车 12 t	台班	7.1016 (8.5560)	7.1227 (8.5771)	7.4719 (8.5771)	8.7288 (8.6471)
	99090360	汽车式起重机 8 t	台班	2.1056	2.1056	2.1056	2.1061

（续表）

定额编号				J-1-5-141 A(B)	J-1-5-142 A(B)	J-1-5-143 A(B)	J-1-5-144 A(B)
项目				DN2200			
				高密度聚乙烯双壁缠绕管(HDPE)			
				3.5 m	≤4.0 m	>4.0 m	4.5 m
名称			单位	100 m	100 m	100 m	100 m
机械	99091700	手扳葫芦	台班	3.7312	3.7312	3.7312	3.7312
	99130350	内燃夯实机 700 N·m	台班	15.9087 (8.4141)	21.4970 (14.0025)	25.2953 (17.8008)	30.6364 (23.1419)
	99170010	钢筋调直机	台班	0.1721	0.1721	0.1721	0.1852
	99170025	钢筋切断机	台班	0.1721	0.1721	0.1721	0.1852
	99210065	木工平刨床 刨削宽度 450	台班	0.0315	0.0315	0.0315	0.0327
	99440010	电动单级离心清水泵 ϕ50	台班	122.8500	141.2772	153.5628	171.9900
调整项目							
		围护支撑					
	00190101	综合人工	工日	477.8779	477.8779	613.3218	613.3218
	03152501	镀锌铁丝	kg	15.0000	15.0000	20.0000	20.0000
	04030115	黄砂 中粗	t	15.8236	15.8236	23.7356	23.7356
	05030101	成材	m^3	0.6027	0.6027	0.8241	0.8241
	35090121	槽型钢板桩	t	1.3350	1.3350	1.9587	1.9587
	35090131	槽型钢板桩使用费	t·d	2592.0000	2592.0000	5762.0000	5762.0000
	35090611	钢板桩支撑使用费	t·d	230.0000	230.0000	460.0000	460.0000
	35091771	铁撑柱	kg	184.5000	184.5000	246.0000	246.0000
	35091901	钢桩帽摊销	kg	90.9300	90.9300	136.2690	136.2690
	99030080	轨道式柴油打桩机 0.6 t	台班	20.1323	20.1323	27.7905	27.7905
	99030690	简易拔桩架	台班	23.9558	23.9558	29.8410	29.8410
	99090075	履带式起重机 8 t	台班	6.8250	6.8250	9.1000	9.1000
		井点降水					
	00190101	综合人工	工日	11.4050	3.2049	−2.2621	−10.4623
	04030115	黄砂 中粗	t	9.4420	9.4420	9.4420	9.4420
	17270201	普通橡胶管	m	14.2440	14.2440	14.2440	14.2440
	34110101	水	m^3	152.3275	152.3275	152.3275	152.3275
	35040921	轻型井点井管 ϕ40	m	39.2620	39.2620	39.2620	39.2620
	35040941	轻型井点井管 ϕ180×4	m	1.8955	1.8955	1.8955	1.8955
	99091380	电动卷扬机单筒快速 10 kN	台班	1.9920	1.9920	1.9920	1.9920
	99350050	轻便钻机 XJ-100	台班	4.7310	4.7310	4.7310	4.7310
	99440010	电动单级离心清水泵 ϕ50	台班	−122.8500	−141.2772	−153.5628	−171.9900
	99440150	电动多级离心清水泵 ϕ150×180 m以下	台班	3.9840	3.9840	3.9840	3.9840
	99440510	射流井点泵 9.5 m	台班	50.2920	50.2920	50.2920	50.2920

工作内容：沟槽挖土、沟槽排水、井点降水、沟槽围护和支撑（钢板桩、撑折列板）、铺筑管道基础、铺设管道、沟槽回填（黄砂及素土）、土方场内运输、砌筑检查井等。

定额编号			J-1-5-145 A(B)	J-1-5-146 A(B)	J-1-5-147 A(B)	J-1-5-148 A(B)
项目			DN2200			
			高密度聚乙烯双壁缠绕管(HDPE)			
			5.0 m	5.5 m	≤6.0 m	>6.0 m
			100 m	100 m	100 m	100 m
预算定额编号	预算定额名称	预算定额单位	数量			
04290712	钢筋混凝土板 1400×250×160 mm	块	6.0000	6.0000	12.0000	12.0000
04290713	钢筋混凝土板 1400×300×160 mm	块	15.0000	15.0000	9.0000	9.0000
52-1-2-3	机械挖沟槽土方 深≤6 m 现场抛土	m^3	2100.0000	2310.0000	2467.5000	2520.0000
52-1-2-3 系 1	机械挖沟槽土方 深≤7 m 现场抛土	m^3				52.5000
52-1-3-1	沟槽回填 夯填土	m^3	1055.1700 (847.9100)	1260.9600 (1053.7000)	1413.3100 (1206.0500)	1518.3100 (1311.0500)
53-1-3-2	场内运输 自卸汽车装运土(运距1 km 以内)	m^3	1493.6300 (1286.3700)	1741.4200 (1534.1600)	1925.2700 (1718.0100)	2051.2700 (1844.0100)
52-1-3-4	沟槽回填 黄砂	m^3	521.9500 (729.2100)	521.9500 (729.2100)	521.9500 (729.2100)	521.9500 (729.2100)
52-1-4-1	管道垫层 黄砂垫层	m^3	18.4600	18.4600	18.4600	18.4600
52-1-4-3	管道垫层 砾石砂垫层	m^3	59.1900	59.1900	59.1900	59.1900
52-1-5-1	管道基座 混凝土 C20	m^3	11.9100	11.9100	11.9100	11.9100
52-1-5-1 换 1	管道基座 混凝土 C15	m^3	1.9200	1.9200	1.9200	1.9200
52-1-5-2	管道基座 钢筋	t	0.3810	0.3810	0.3810	0.3810
52-1-6-81	管道铺设 高密度聚乙烯双壁缠绕管(HDPE)每节 3 m 以下 DN2200	100 m	0.0967	0.0967	0.0967	0.0967
52-1-6-98	管道铺设 高密度聚乙烯双壁缠绕管(HDPE)每节 3 m 以上 DN2200	100 m	0.8703	0.8703	0.8703	0.8703
52-3-1-3	砖砌检查井及雨水口 检查井深≤6 m	m^3	32.1900	35.2200	56.4000	56.4000
52-3-2-1	水泥砂浆抹面 检查井	m^2	191.7600	204.6000	208.3800	208.3800
52-3-6-1	安装防坠格板 新建工程	只	3.0000	3.0000	3.0000	3.0000
52-3-9-3	安装盖板及盖座 铸铁盖座	套	3.0000	3.0000	3.0000	3.0000
52-3-9-4	安装盖板及盖座 防沉降检查井盖板	块	3.0000	3.0000	3.0000	3.0000
52-4-5-1	模板工程 模板 管道基座	m^2	14.2200	14.2200	14.2200	14.2200

（续表）

定额编号			J-1-5-145 A(B)	J-1-5-146 A(B)	J-1-5-147 A(B)	J-1-5-148 A(B)
项目			DN2200			
			高密度聚乙烯双壁缠绕管(HDPE)			
			5.0 m	5.5 m	≤6.0 m	>6.0 m
			100 m	100 m	100 m	100 m
预算定额编号	预算定额名称	预算定额单位	数量			
53-9-1-1	施工排水、降水 湿土排水	m^3	1680.0000	1890.0000	2047.5000	2152.5000
53-9-1-3	施工排水、降水 筑拆竹箩滤井	座	2.5000	2.5000	2.5000	2.5000
调整项目						
	围护支撑					
52-4-3-2	打槽型钢板桩 长 6.01～9.00 m，单面	100 m	2.0000	2.0000	2.0000	
52-4-3-7	拔槽型钢板桩 长 6.01～9.00 m，单面	100 m	2.0000	2.0000	2.0000	
52-4-3-11	打拔沟槽钢板桩 槽型钢板桩使用费	t·d	5762.0000	5762.0000	5762.0000	7984.0000
52-4-4-8	安拆钢板桩支撑 槽宽≤4.5 m 深 4.01～6.00 m	100 m	1.0000	1.0000	1.0000	
52-4-4-14	钢板桩支撑使用费	t·d	460.0000	460.0000	460.0000	800.0000
52-4-3-3	打槽型钢板桩 长 9.01～12.00 m，单面	100 m				2.0000
52-4-3-8	拔槽型钢板桩 长 9.01～12.00 m，单面	100 m				2.0000
52-4-4-9	安拆钢板桩支撑 槽宽≤4.5 m 深 6.01～8.00 m	100 m				1.0000
	井点降水					
53-9-1-1	施工排水、降水 湿土排水	m^3	−1680.0000	−1890.0000	−2047.5000	−2152.5000
53-9-1-5	施工排水、降水 轻型井点安装	根	83.0000	83.0000	83.0000	
53-9-1-6	施工排水、降水 轻型井点拆除	根	83.0000	83.0000	83.0000	
53-9-1-7	施工排水、降水 轻型井点使用	套·天	42.0000	42.0000	42.0000	
53-9-1-8	施工排水、降水喷射井点安装 10 m	根				40.0000
53-9-1-9	施工排水、降水喷射井点拆除 10 m	根				40.0000
53-9-1-10	施工排水、降水喷射井点使用 10 m	套·天				29.0000

工作内容：沟槽挖土、沟槽排水、井点降水、沟槽围护和支撑（钢板桩、撑拆列板）、铺筑管道基础、铺设管道、沟槽回填（黄砂及素土）、土方场内运输、砌筑检查井等。

定额编号				J-1-5-145 A(B)	J-1-5-146 A(B)	J-1-5-147 A(B)	J-1-5-148 A(B)
项目				DN2200			
				高密度聚乙烯双壁缠绕管(HDPE)			
				5.0 m	5.5 m	≤6.0 m	>6.0 m
名称			单位	100 m	100 m	100 m	100 m
人工	00190101	综合人工	工日	824.1685 (829.5572)	912.8287 (918.2174)	1023.5253 (1028.9140)	1064.0143 (1069.4030)
材料	01010211	热轧带肋钢筋(HRB400) ϕ≤10	t	0.1093	0.1093	0.1093	0.1093
	01010212	热轧带肋钢筋(HRB400) ϕ>10	t	0.2812	0.2812	0.2812	0.2812
	02090101	塑料薄膜	m^2	68.8197	71.3240	88.8293	88.8293
	03010811	钢塑膨胀铆钉	只	18.3600	18.3600	18.3600	18.3600
	03150101	圆钉	kg	2.8991	2.8991	2.8991	2.8991
	03152501	镀锌铁丝	kg	1.1773	1.1773	1.1773	1.1773
	04030115	黄砂 中粗	t	955.6149 (1322.0506)	955.6149 (1322.0506)	955.6149 (1322.0506)	955.6149 (1322.0506)
	04030701	砾石砂	t	130.8632	130.8632	130.8632	130.8632
	04050313	道碴 50～70	t	0.3988	0.3988	0.3988	0.3988
	04131711	蒸压灰砂砖	千块	17.4019	19.0399	30.4898	30.4898
	04290712	钢筋混凝土板 1400×250×160 mm	块	6.0000	6.0000	12.0000	12.0000
	04290713	钢筋混凝土板 1400×300×160 mm	块	15.0000	15.0000	9.0000	9.0000
	05350301	竹箩	个	2.5000	2.5000	2.5000	2.5000
	17250763	高密度聚乙烯双壁缠绕管(HDPE) DN2200 每节长 3 m 以下	m	96.7000	96.7000	96.7000	96.7000
	34110101	水	m^3	83.3452 (115.9887)	83.3867 (116.0302)	83.6769 (116.3204)	83.6769 (116.3204)
	35010102	组合钢模板	kg	9.0980	9.0980	9.0980	9.0980
	35010703	木模板成材	m^3	0.0568	0.0568	0.0568	0.0568
	35020401	钢模零配件	kg	3.3640	3.3640	3.3640	3.3640
	36012831	铸铁检查井雨污水盖座 市政90型	套	3.0000	3.0000	3.0000	3.0000
	36016631	防沉降检查井盖板 2500×2000×200	块	3.0000	3.0000	3.0000	3.0000
	36016651	高强度塑料检查井格板	只	3.0600	3.0600	3.0600	3.0600
	36016661	高强度塑料支架	只	9.1800	9.1800	9.1800	9.1800
	80060414	湿拌砌筑砂浆 WM M10.0	m^3	7.6612	8.3824	13.4232	13.4232

（续表）

定额编号				J-1-5-145 A(B)	J-1-5-146 A(B)	J-1-5-147 A(B)	J-1-5-148 A(B)
项目				DN2200			
				高密度聚乙烯双壁缠绕管(HDPE)			
				5.0 m	5.5 m	≤6.0 m	>6.0 m
名称			单位	100 m	100 m	100 m	100 m
材料	80060513	预拌抹灰砂浆 WP M15.0	m^3	3.3067	3.5108	3.5709	3.5709
	80210410	预拌混凝土(泵送型) C15 粒径 5～20	m^3	1.9392	1.9392	1.9392	1.9392
	80210414	预拌混凝土(泵送型) C20 粒径 5～20	m^3	12.0291	12.0291	12.0291	12.0291
机械	99010060	履带式单斗液压挖掘机 1 m^3	台班	8.6100	9.4710	10.1168	10.5840
	99050930	混凝土振捣器 插入式	台班	1.8947	1.8947	1.8947	1.8947
	99050940	混凝土振捣器 平板式	台班	24.3419 (32.0313)	24.3419 (32.0313)	24.3419 (32.0313)	24.3419 (32.0313)
	99070220	轮胎式装载机 1 m^3	台班	7.0201 (6.0459)	8.1847 (7.2106)	9.0488 (8.0746)	9.6410 (8.6668)
	99070540	载重汽车 6 t	台班	0.9556	0.9556	0.9556	0.9556
	99070588	载重汽车 12 t	台班	10.7541 (9.2619)	12.5382 (11.0460)	13.8619 (12.3697)	14.7691 (13.2769)
	99090360	汽车式起重机 8 t	台班	2.1061	2.1061	2.1061	2.1061
	99091700	手扳葫芦	台班	3.7312	3.7312	3.7312	3.7312
	99130350	内燃夯实机 700 N·m	台班	39.1468 (31.4575)	46.7816 (39.0923)	52.4338 (44.7445)	56.3293 (48.6400)
	99170010	钢筋调直机	台班	0.1852	0.1852	0.1852	0.1852
	99170025	钢筋切断机	台班	0.1852	0.1852	0.1852	0.1852
	99210065	木工平刨床 刨削宽度 450	台班	0.0327	0.0327	0.0327	0.0327
	99440010	电动单级离心清水泵 ϕ50	台班	201.6000	226.8000	245.7000	258.3000
调整项目							
		围护支撑					
	00190101	综合人工	工日	613.3218	613.3218	613.3218	621.3363
	03152501	镀锌铁丝	kg	20.0000	20.0000	20.0000	25.0000
	04030115	黄砂 中粗	t	23.7356	23.7356	23.7356	33.2299
	05030101	成材	m^3	0.8241	0.8241	0.8241	1.0276
	35090121	槽型钢板桩	t	1.9587	1.9587	1.9587	2.6893
	35090131	槽型钢板桩使用费	t·d	5762.0000	5762.0000	5762.0000	7984.0000
	35090611	钢板桩支撑使用费	t·d	460.0000	460.0000	460.0000	800.0000
	35091771	铁撑柱	kg	246.0000	246.0000	246.0000	427.2000

（续表）

定额编号			J-1-5-145 A(B)	J-1-5-146 A(B)	J-1-5-147 A(B)	J-1-5-148 A(B)
项目			DN2200			
			高密度聚乙烯双壁缠绕管(HDPE)			
			5.0 m	5.5 m	≤6.0 m	>6.0 m
名称		单位	100 m	100 m	100 m	100 m
35091901	钢桩帽摊销	kg	136.2690	136.2690	136.2690	381.5700
99030080	轨道式柴油打桩机 0.6 t	台班	27.7905	27.7905	27.7905	
99030690	简易拔桩架	台班	29.8410	29.8410	29.8410	
99090075	履带式起重机 8 t	台班	9.1000	9.1000	9.1000	11.3750
99030100	轨道式柴油打桩机 1.2 t	台班				33.5913
99030970	震动锤 45 kW	台班				17.3680
99090090	履带式起重机 15 t	台班				17.3680
	井点降水					
00190101	综合人工	工日	-23.6387	-34.8527	-43.2632	99.8205
04030115	黄砂 中粗	t	9.4420	9.4420	9.4420	
04030119	黄砂 中粗	kg				95423.8016
17030102	镀锌焊接钢管	kg				0.1867
17270201	普通橡胶管	m	14.2440	14.2440	14.2440	
34110101	水	m^3	152.3275	152.3275	152.3275	566.8908
35040921	轻型井点井管 $\phi40$	m	39.2620	39.2620	39.2620	
35040941	轻型井点井管 $\phi180\times4$	m	1.8955	1.8955	1.8955	
35040961	喷射井点总管 $\phi159\times6$	m				3.9964
35040971	喷射井点井管 $\phi76$	m				28.4336
35041011	喷射井点滤网管	根				3.2820
35041021	喷射井点回水连接件	副				2.0529
35041031	喷射井点腰子法兰	副				0.9318
35041041	喷射井点水箱	kg				32.8034
35041051	喷射井点喷射器	只				4.3856
99090080	履带式起重机 10 t	台班				11.5200
99091380	电动卷扬机单筒快速 10 kN	台班	1.9920	1.9920	1.9920	
99350050	轻便钻机 XJ-100	台班	4.7310	4.7310	4.7310	
99350120	液压钻机 G-2A	台班				4.4160
99440010	电动单级离心清水泵 $\phi50$	台班	-201.6000	-226.8000	-245.7000	-258.3000
99440150	电动多级离心清水泵 $\phi150\times$ 180 m 以下	台班	3.9840	3.9840	3.9840	39.7100
99440210	污水泵 $\phi100$	台班				11.0400
99440510	射流井点泵 9.5 m	台班	50.2920	50.2920	50.2920	

工作内容：沟槽挖土、沟槽排水、井点降水、沟槽围护和支撑(钢板桩、撑拆列板)、铺筑管道基础、铺设管道、沟槽回填(黄砂及素土)、土方场内运输、砌筑检查井等。

定额编号			J-1-5-149 A(B)	J-1-5-150 A(B)	J-1-5-151 A(B)	J-1-5-152 A(B)
项目			DN2200		DN2400	
			高密度聚乙烯双壁缠绕管(HDPE)			
			6.5 m	7.0 m	3.5 m	≤4.0 m
			100 m	100 m	100 m	100 m
预算定额编号	预算定额名称	预算定额单位	数量			
04290712	钢筋混凝土板 1400×250×160 mm	块	12.0000	12.0000	3.0000	3.0000
04290713	钢筋混凝土板 1400×300×160 mm	块	9.0000	9.0000	21.0000	21.0000
52-1-2-3	机械挖沟槽土方 深≤6 m 现场抛土	m^3	2520.0000	2520.0000	1506.7500	1668.1900
52-1-2-3 系 1	机械挖沟槽土方 深≤7 m 现场抛土	m^3	210.0000	420.0000		
52-1-3-1	沟槽回填 夯填土	m^3	1669.1900 (1461.9300)	1873.4100 (1666.1500)	359.9750 (147.4650)	518.6750 (306.1650)
53-1-3-2	场内运输 自卸汽车装运土(运距1 km以内)	m^3	2233.6500 (2026.3900)	2479.8700 (2272.6100)	1127.7300 (1340.2400)	1130.4700 (1342.9800)
52-1-3-4	沟槽回填 黄砂	m^3	521.9500 (729.2100)	521.9500 (729.2100)	558.2900 (770.8000)	558.2900 (770.8000)
52-1-4-1	管道垫层 黄砂垫层	m^3	18.4600	18.4600	19.0400	19.0400
52-1-4-3	管道垫层 砾石砂垫层	m^3	59.4300	59.4300	60.8550	60.8550
52-1-5-1	管道基座 混凝土 C20	m^3	12.6900	12.6900	13.2300	13.2300
52-1-5-1 换 1	管道基座 混凝土 C15	m^3	2.0400	2.0400	1.8600	1.8600
52-1-5-2	管道基座 钢筋	t	0.4050	0.4050	0.3750	0.3750
52-1-6-81	管道铺设 高密度聚乙烯双壁缠绕管(HDPE)每节 3 m 以下 DN2200	100 m	0.0967	0.0967		
52-1-6-82	管道铺设 高密度聚乙烯双壁缠绕管(HDPE)每节 3 m 以下 DN2400	100 m			0.0967	0.0967
52-1-6-98	管道铺设 高密度聚乙烯双壁缠绕管(HDPE)每节 3 m 以上 DN2200	100 m	0.8703	0.8703		
52-1-6-99	管道铺设 高密度聚乙烯双壁缠绕管(HDPE)每节 3 m 以上 DN2400	100 m			0.8703	0.8703
52-3-1-2	砖砌检查井及雨水口 检查井 深≤4 m	m^3			21.2100	27.2100
52-3-1-4	砖砌检查井及雨水口 检查井 深≤8 m	m^3	60.0600	63.4800		
52-3-2-1	水泥砂浆抹面 检查井	m^2	228.4200	250.2000	104.7900	165.3300
52-3-6-1	安装防坠格板 新建工程	只	3.0000	3.0000	3.0000	3.0000

（续表）

定　额　编　号			J-1-5-149 A(B)	J-1-5-150 A(B)	J-1-5-151 A(B)	J-1-5-152 A(B)
项　　目			DN2200		DN2400	
			高密度聚乙烯双壁缠绕管(HDPE)			
			6.5 m	7.0 m	3.5 m	≤4.0 m
			100 m	100 m	100 m	100 m
预算定额编号	预算定额名称	预算定额单位	数　　量			
52-3-9-3	安装盖板及盖座 铸铁盖座	套	3.0000	3.0000	3.0000	3.0000
52-3-9-4	安装盖板及盖座 防沉降检查井盖板	块	3.0000	3.0000	3.0000	3.0000
52-4-5-1	模板工程 模板 管道基座	m^2	14.7300	14.7300	16.1400	16.1400
53-9-1-1	施工排水、降水 湿土排水	m^3	2310.0000	2520.0000	1076.2500	1237.6900
53-9-1-3	施工排水、降水 筑拆竹箩滤井	座	2.5000	2.5000	2.5000	2.5000
调整项目						
	围护支撑					
52-4-3-3	打槽型钢板桩 长 9.01～12.00 m，单面	100 m	2.0000	2.0000		
52-4-3-8	拔槽型钢板桩 长 9.01～12.00 m，单面	100 m	2.0000	2.0000		
52-4-3-11	打拔沟槽钢板桩 槽型钢板桩使用费	t・d	7984.0000	7984.0000	2592.0000	2592.0000
52-4-4-9	安拆钢板桩支撑 槽宽≤4.5 m 深 6.01～8.00 m	100 m	1.0000	1.0000		
52-4-4-14	钢板桩支撑使用费	t・d	800.0000	800.0000	230.0000	230.0000
52-4-3-1	打槽型钢板桩 长 4.00～6.00 m，单面	100 m			2.0000	2.0000
52-4-3-6	拔槽型钢板桩 长 4.00～6.00 m，单面	100 m			2.0000	2.0000
52-4-4-7	安拆钢板桩支撑 槽宽≤4.5 m 深 3.01～4.00 m	100 m			1.0000	1.0000
	井点降水					
53-9-1-1	施工排水、降水 湿土排水	m^3	−2310.0000	−2520.0000	−1076.2500	−1237.6900
53-9-1-5	施工排水、降水 轻型井点安装	根			83.0000	83.0000
53-9-1-6	施工排水、降水 轻型井点拆除	根			83.0000	83.0000
53-9-1-7	施工排水、降水 轻型井点使用	套・天			42.0000	42.0000
53-9-1-8	施工排水、降水喷射井点安装 10 m	根	40.0000	40.0000		
53-9-1-9	施工排水、降水喷射井点拆除 10 m	根	40.0000	40.0000		
53-9-1-10	施工排水、降水喷射井点使用 10 m	套・天	29.0000	29.0000		

工作内容:沟槽挖土、沟槽排水、井点降水、沟槽围护和支撑(钢板桩、撑拆列板)、铺筑管道基础、铺设管道、沟槽回填(黄砂及素土)、土方场内运输、砌筑检查井等。

定额编号				J-1-5-149 A(B)	J-1-5-150 A(B)	J-1-5-151 A(B)	J-1-5-152 A(B)
项目				DN2200		DN2400	
				高密度聚乙烯双壁缠绕管(HDPE)			
				6.5 m	7.0 m	3.5 m	≤4.0 m
名称			单位	100 m	100 m	100 m	100 m
人工	00190101	综合人工	工日	1140.2136 (1145.6024)	1231.8775 (1237.2662)	555.2150 (574.8935)	633.4169 (653.0953)
材料	01010211	热轧带肋钢筋(HRB400) $\phi\leqslant10$	t	0.1162	0.1162	0.1076	0.1076
	01010212	热轧带肋钢筋(HRB400) $\phi>10$	t	0.2989	0.2989	0.2768	0.2768
	02090101	塑料薄膜	m^2	94.6015	97.4281	63.5909	68.5499
	03010811	钢塑膨胀铆钉	只	18.3600	18.3600	18.3600	18.3600
	03150101	圆钉	kg	3.0030	3.0030	3.2905	3.2905
	03152501	镀锌铁丝	kg	1.2515	1.2515	1.1588	1.1588
	04030115	黄砂 中粗	t	955.6149 (1322.0506)	955.6149 (1322.0506)	1020.8894 (1396.6071)	1020.8894 (1396.6071)
	04030701	砾石砂	t	131.3938	131.3938	134.5443	134.5443
	04050313	道碴 50～70	t	0.3988	0.3988	0.3988	0.3988
	04131711	蒸压灰砂砖	千块	32.3663	34.2094	11.5001	14.7533
	04290712	钢筋混凝土板 1400×250×160 mm	块	12.0000	12.0000	3.0000	3.0000
	04290713	钢筋混凝土板 1400×300×160 mm	块	9.0000	9.0000	21.0000	21.0000
	05350301	竹箩	个	2.5000	2.5000	2.5000	2.5000
	17250763	高密度聚乙烯双壁缠绕管(HDPE) DN2200 每节长 3 m 以下	m	96.7000	96.7000		
	17250765	高密度聚乙烯双壁缠绕管(HDPE) DN2400 每节长 3 m 以下	m			96.7000	96.7000
	34110101	水	m^3	83.7723 (116.4158)	83.8192 (116.4627)	88.9818 (122.4521)	89.0640 (122.5343)
	35010102	组合钢模板	kg	9.4243	9.4243	10.3265	10.3265
	35010703	木模板成材	m^3	0.0589	0.0589	0.0645	0.0645
	35020401	钢模零配件	kg	3.4847	3.4847	3.8182	3.8182
	36012831	铸铁检查井雨污水盖座 市政90型	套	3.0000	3.0000	3.0000	3.0000
	36016631	防沉降检查井盖板 2500×2000×200	块	3.0000	3.0000	3.0000	3.0000

（续表）

定　额　编　号				J-1-5-149 A(B)	J-1-5-150 A(B)	J-1-5-151 A(B)	J-1-5-152 A(B)
项　　目				DN2200		DN2400	
				高密度聚乙烯双壁缠绕管(HDPE)			
				6.5 m	7.0 m	3.5 m	≤4.0 m
名　　称			单位	100 m	100 m	100 m	100 m
材料	36016651	高强度塑料检查井格板	只	3.0600	3.0600	3.0600	3.0600
	36016661	高强度塑料支架	只	9.1800	9.1800	9.1800	9.1800
	80060414	湿拌砌筑砂浆 WM M10.0	m^3	14.5285	15.3558	5.0013	6.4161
	80060513	预拌抹灰砂浆 WP M15.0	m^3	3.8896	4.2359	1.9239	2.8864
	80210410	预拌混凝土(泵送型) C15 粒径 5～20	m^3	2.0604	2.0604	1.8786	1.8786
	80210414	预拌混凝土(泵送型) C20 粒径 5～20	m^3	12.8169	12.8169	13.3623	13.3623
机械	99010060	履带式单斗液压挖掘机 1 m^3	台班	11.3400	12.3480	6.1777	6.8396
	99050930	混凝土振捣器 插入式	台班	2.0180	2.0180	2.0673	2.0673
	99050940	混凝土振捣器 平板式	台班	24.4752 (32.1646)	24.4752 (32.1646)	25.9516 (33.8357)	25.9516 (33.8357)
	99070220	轮胎式装载机 1 m^3	台班	10.4982 (9.5240)	11.6554 (10.6813)	5.3003 (6.2991)	5.3132 (6.3120)
	99070540	载重汽车 6 t	台班	0.9564	0.9564	1.1475	1.1475
	99070588	载重汽车 12 t	台班	16.0823 (14.5900)	17.8551 (16.3628)	8.1197 (9.6497)	8.1394 (9.6695)
	99090360	汽车式起重机 8 t	台班	2.1067	2.1067	2.4864	2.4864
	99091700	手扳葫芦	台班	3.7312	3.7312	4.4871	4.4871
	99130350	内燃夯实机 700 N·m	台班	61.9269 (54.2376)	69.5035 (61.8142)	13.3551 (5.4710)	19.2428 (11.3587)
	99170010	钢筋调直机	台班	0.1969	0.1969	0.1823	0.1823
	99170025	钢筋切断机	台班	0.1969	0.1969	0.1823	0.1823
	99210065	木工平刨床 刨削宽度 450	台班	0.0339	0.0339	0.0371	0.0371
	99440010	电动单级离心清水泵 ϕ50	台班	277.2000	302.4000	129.1500	148.5228
调整项目							
		围护支撑					
	00190101	综合人工	工日	621.3363	621.3363	477.8779	477.8779
	03152501	镀锌铁丝	kg	25.0000	25.0000	15.0000	15.0000
	04030115	黄砂 中粗	t	33.2299	33.2299	15.8236	15.8236
	05030101	成材	m^3	1.0276	1.0276	0.6027	0.6027
	35090121	槽型钢板桩	t	2.6893	2.6893	1.3350	1.3350
	35090131	槽型钢板桩使用费	t·d	7984.0000	7984.0000	2592.0000	2592.0000
	35090611	钢板桩支撑使用费	t·d	800.0000	800.0000	230.0000	230.0000

(续表)

定额编号			J-1-5-149 A(B)	J-1-5-150 A(B)	J-1-5-151 A(B)	J-1-5-152 A(B)
项目			DN2200		DN2400	
			高密度聚乙烯双壁缠绕管(HDPE)			
			6.5 m	7.0 m	3.5 m	≤4.0 m
名称		单位	100 m	100 m	100 m	100 m
35091771	铁撑柱	kg	427.2000	427.2000	184.5000	184.5000
35091901	钢桩帽摊销	kg	381.5700	381.5700	90.9300	90.9300
99030100	轨道式柴油打桩机 1.2 t	台班	33.5913	33.5913		
99030970	震动锤 45 kW	台班	17.3680	17.3680		
99090075	履带式起重机 8 t	台班	11.3750	11.3750	6.8250	6.8250
99090090	履带式起重机 15 t	台班	17.3680	17.3680		
99030080	轨道式柴油打桩机 0.6 t	台班			20.1323	20.1323
99030690	简易拔桩架	台班			23.9558	23.9558
	井点降水					
00190101	综合人工	工日	91.4100	80.1960	8.6015	−0.0193
04030115	黄砂 中粗	t			9.4420	9.4420
04030119	黄砂 中粗	kg	95423.8016	95423.8016		
17030102	镀锌焊接钢管	kg	0.1867	0.1867		
17270201	普通橡胶管	m			14.2440	14.2440
34110101	水	m^3	566.8908	566.8908	152.3275	152.3275
35040921	轻型井点井管 ϕ40	m			39.2620	39.2620
35040941	轻型井点井管 ϕ180×4	m			1.8955	1.8955
35040961	喷射井点总管 ϕ159×6	m	3.9964	3.9964		
35040971	喷射井点井管 ϕ76	m	28.4336	28.4336		
35041011	喷射井点滤网管	根	3.2820	3.2820		
35041021	喷射井点回水连接件	副	2.0529	2.0529		
35041031	喷射井点腰子法兰	副	0.9318	0.9318		
35041041	喷射井点水箱	kg	32.8034	32.8034		
35041051	喷射井点喷射器	只	4.3856	4.3856		
99090080	履带式起重机 10 t	台班	11.5200	11.5200		
99091380	电动卷扬机单筒快速 10 kN	台班			1.9920	1.9920
99350050	轻便钻机 XJ-100	台班			4.7310	4.7310
99350120	液压钻机 G-2A	台班	4.4160	4.4160		
99440010	电动单级离心清水泵 ϕ50	台班	−277.2000	−302.4000	−129.1500	−148.5228
99440150	电动多级离心清水泵 ϕ150×180 m以下	台班	39.7100	39.7100	3.9840	3.9840
99440210	污水泵 ϕ100	台班	11.0400	11.0400		
99440510	射流井点泵 9.5 m	台班			50.2920	50.2920

工作内容：沟槽挖土、沟槽排水、井点降水、沟槽围护和支撑(钢板桩、撑拆列板)、铺筑管道基础、铺设管道、沟槽回填(黄砂及素土)、土方场内运输、砌筑检查井等。

定额编号			J-1-5-153 A(B)	J-1-5-154 A(B)	J-1-5-155 A(B)	J-1-5-156 A(B)
项目			DN2400			
			高密度聚乙烯双壁缠绕管(HDPE)			
			>4.0 m	4.5 m	5.0 m	5.5 m
			100 m	100 m	100 m	100 m
预算定额编号	预算定额名称	预算定额单位	数量			
04290712	钢筋混凝土板 1400×250×160 mm	块	3.0000	3.0000	3.0000	3.0000
04290713	钢筋混凝土板 1400×300×160 mm	块	21.0000	21.0000	21.0000	21.0000
52-1-2-3	机械挖沟槽土方 深≤6 m 现场抛土	m^3	1775.8100	1937.2500	2205.0000	2425.5000
52-1-3-1	沟槽回填 夯填土	m^3	626.2950 (413.7850)	777.1600 (564.6500)	1014.8950 (797.1350)	1232.4750 (1014.7150)
53-1-3-2	场内运输 自卸汽车装运土(运距1 km以内)	m^3	1130.4700 (1342.9800)	1183.5300 (1353.6800)	1475.2800 (1388.4800)	1736.9600 (1519.2000)
52-1-3-4	沟槽回填 黄砂	m^3	558.2900 (770.8000)	558.2900 (770.8000)	583.5200 (801.2800)	583.5200 (801.2800)
52-1-4-1	管道垫层 黄砂垫层	m^3	19.0400	18.9200	19.3800	19.3800
52-1-4-3	管道垫层 砾石砂垫层	m^3	60.8550	60.7800	62.1750	62.1750
52-1-5-1	管道基座 混凝土 C20	m^3	13.2300	14.3700	14.3700	14.3700
52-1-5-1换1	管道基座 混凝土 C15	m^3	1.8600	2.0100	2.0100	2.0100
52-1-5-2	管道基座 钢筋	t	0.3750	0.4050	0.4050	0.4050
52-1-6-82	管道铺设 高密度聚乙烯双壁缠绕管(HDPE)每节3 m以下 DN2400	100 m	0.0967	0.0967	0.0967	0.0967
52-1-6-99	管道铺设 高密度聚乙烯双壁缠绕管(HDPE)每节3 m以上 DN2400	100 m	0.8703	0.8703	0.8703	0.8703
52-3-1-2	砖砌检查井及雨水口 检查井 深≤4 m	m^3	27.2100			
52-3-1-3	砖砌检查井及雨水口 检查井 深≤6 m	m^3		30.1200	33.4500	36.9000
52-3-2-1	水泥砂浆抹面 检查井	m^2	165.3300	181.5300	197.7300	213.9300
52-3-6-1	安装防坠格板 新建工程	只	3.0000	3.0000	3.0000	3.0000
52-3-9-3	安装盖板及盖座 铸铁盖座	套	3.0000	3.0000	3.0000	3.0000
52-3-9-4	安装盖板及盖座 防沉降检查井盖板	块	3.0000	3.0000	3.0000	3.0000
52-4-5-1	模板工程 模板 管道基座	m^2	16.1400	16.7400	16.7400	16.7400
53-9-1-1	施工排水、降水 湿土排水	m^3	1345.3100	1506.7500	1764.0000	1984.5000
53-9-1-3	施工排水、降水 筑拆竹箩滤井	座	2.5000	2.5000	2.5000	2.5000
调整项目						
	围护支撑					
52-4-3-2	打槽型钢板桩 长6.01～9.00 m，单面	100 m	2.0000	2.0000	2.0000	2.0000
52-4-3-7	拔槽型钢板桩 长6.01～9.00 m，单面	100 m	2.0000	2.0000	2.0000	2.0000

(续表)

定额编号			J-1-5-153 A(B)	J-1-5-154 A(B)	J-1-5-155 A(B)	J-1-5-156 A(B)
项目			DN2400			
			高密度聚乙烯双壁缠绕管(HDPE)			
			>4.0 m	4.5 m	5.0 m	5.5 m
			100 m	100 m	100 m	100 m
预算定额编号	预算定额名称	预算定额单位	数量			
52-4-3-11	打拔沟槽钢板桩 槽型钢板桩使用费	t·d	5762.0000	5762.0000	5762.0000	5762.0000
52-4-4-8	安拆钢板桩支撑 槽宽≤4.5 m 深 4.01～6.00 m	100 m	1.0000	1.0000	1.0000	1.0000
52-4-4-14	钢板桩支撑使用费	t·d	460.0000	460.0000	460.0000	460.0000
	井点降水					
53-9-1-1	施工排水、降水 湿土排水	m^3	−1345.3100	−1506.7500	−1764.0000	−1984.5000
53-9-1-5	施工排水、降水 轻型井点安装	根	83.0000	83.0000	83.0000	83.0000
53-9-1-6	施工排水、降水 轻型井点拆除	根	83.0000	83.0000	83.0000	83.0000
53-9-1-7	施工排水、降水 轻型井点使用	套·天	42.0000	42.0000	42.0000	42.0000

工作内容:沟槽挖土、沟槽排水、井点降水、沟槽围护和支撑(钢板桩、撑拆列板)、铺筑管道基础、铺设管道、沟槽回填(黄砂及素土)、土方场内运输、砌筑检查井等。

定额编号				J-1-5-153 A(B)	J-1-5-154 A(B)	J-1-5-155 A(B)	J-1-5-156 A(B)
项目				DN2400			
				高密度聚乙烯双壁缠绕管(HDPE)			
				>4.0 m	4.5 m	5.0 m	5.5 m
名称			单位	100 m	100 m	100 m	100 m
人工	00190101	综合人工	工日	670.3952 (690.0735)	738.8835 (757.1514)	851.8660 (861.8888)	946.4945 (952.1563)
材料	01010211	热轧带肋钢筋(HRB400) ϕ≤10	t	0.1076	0.1162	0.1162	0.1162
	01010212	热轧带肋钢筋(HRB400) ϕ>10	t	0.2768	0.2989	0.2989	0.2989
	02090101	塑料薄膜	m^2	68.5499	74.8925	77.6447	80.4962
	03010811	钢塑膨胀铆钉	只	18.3600	18.3600	18.3600	18.3600
	03150101	圆钉	kg	3.2905	3.4128	3.4128	3.4128
	03152501	镀锌铁丝	kg	1.1588	1.2515	1.2515	1.2515
	04030115	黄砂 中粗	t	1020.8894 (1396.6071)	1020.6773 (1396.3950)	1066.0972 (1451.0968)	1066.0972 (1451.0968)
	04030701	砾石砂	t	134.5443	134.3785	137.4627	137.4627
	04050313	道碴 50～70	t	0.3988	0.3988	0.3988	0.3988
	04131711	蒸压灰砂砖	千块	14.7533	16.2829	18.0831	19.9481
	04290712	钢筋混凝土板 1400×250×160 mm	块	3.0000	3.0000	3.0000	3.0000

（续表）

定额编号				J-1-5-153 A(B)	J-1-5-154 A(B)	J-1-5-155 A(B)	J-1-5-156 A(B)
项目				DN2400			
				高密度聚乙烯双壁缠绕管(HDPE)			
				>4.0 m	4.5 m	5.0 m	5.5 m
名称			单位	100 m	100 m	100 m	100 m
材料	04290713	钢筋混凝土板 1400×300×160 mm	块	21.0000	21.0000	21.0000	21.0000
	05350301	竹箩	个	2.5000	2.5000	2.5000	2.5000
	17250765	高密度聚乙烯双壁缠绕管(HDPE) DN2400 每节长 3 m 以下	m	96.7000	96.7000	96.7000	96.7000
	34110101	水	m^3	89.0640 (122.5343)	89.1688 (122.6391)	93.1882 (127.4854)	93.2354 (127.5326)
	35010102	组合钢模板	kg	10.3265	10.7103	10.7103	10.7103
	35010703	木模板成材	m^3	0.0645	0.0669	0.0669	0.0669
	35020401	钢模零配件	kg	3.8182	3.9602	3.9602	3.9602
	36012831	铸铁检查井雨污水盖座 市政 90 型	套	3.0000	3.0000	3.0000	3.0000
	36016631	防沉降检查井盖板 2500×2000×200	块	3.0000	3.0000	3.0000	3.0000
	36016651	高强度塑料检查井格板	只	3.0600	3.0600	3.0600	3.0600
	36016661	高强度塑料支架	只	9.1800	9.1800	9.1800	9.1800
	80060414	湿拌砌筑砂浆 WM M10.0	m^3	6.4161	7.1686	7.9611	8.7822
	80060513	预拌抹灰砂浆 WP M15.0	m^3	2.8864	3.1440	3.4016	3.6592
	80210410	预拌混凝土(泵送型) C15 粒径 5～20	m^3	1.8786	2.0301	2.0301	2.0301
	80210414	预拌混凝土(泵送型) C20 粒径 5～20	m^3	13.3623	14.5137	14.5137	14.5137
机械	99010060	履带式单斗液压挖掘机 1 m^3	台班	7.2808	7.9427	9.0405	9.9446
	99050930	混凝土振捣器 插入式	台班	2.0673	2.2441	2.2441	2.2441
	99050940	混凝土振捣器 平板式	台班	25.9516 (33.8357)	26.1212 (34.0053)	27.1308 (35.2097)	27.1308 (35.2097)
	99070220	轮胎式装载机 1 m^3	台班	5.3132 (6.3120)	5.5626 (6.3623)	6.9338 (6.5259)	8.1637 (7.1402)
	99070540	载重汽车 6 t	台班	1.1475	1.1485	1.1485	1.1485
	99070588	载重汽车 12 t	台班	8.1394 (9.6695)	8.5214 (9.7465)	10.6220 (9.9971)	12.5061 (10.9382)
	99090360	汽车式起重机 8 t	台班	2.4864	2.4870	2.4870	2.4870
	99091700	手扳葫芦	台班	4.4871	4.4871	4.4871	4.4871
	99130350	内燃夯实机 700 N·m	台班	23.2355 (15.3514)	28.8326 (20.9485)	37.6526 (29.5737)	45.7248 (37.6459)

（续表）

定额编号				J-1-5-153 A(B)	J-1-5-154 A(B)	J-1-5-155 A(B)	J-1-5-156 A(B)
项目				DN2400			
				高密度聚乙烯双壁缠绕管(HDPE)			
				＞4.0 m	4.5 m	5.0 m	5.5 m
名称			单位	100 m	100 m	100 m	100 m
机械	99170010	钢筋调直机	台班	0.1823	0.1969	0.1969	0.1969
	99170025	钢筋切断机	台班	0.1823	0.1969	0.1969	0.1969
	99210065	木工平刨床 刨削宽度 450	台班	0.0371	0.0385	0.0385	0.0385
	99440010	电动单级离心清水泵 ϕ50	台班	161.4372	180.8100	211.6800	238.1400
调整项目							
		围护支撑					
	00190101	综合人工	工日	613.3218	613.3218	613.3218	613.3218
	03152501	镀锌铁丝	kg	20.0000	20.0000	20.0000	20.0000
	04030115	黄砂 中粗	t	23.7356	23.7356	23.7356	23.7356
	05030101	成材	m^3	0.8241	0.8241	0.8241	0.8241
	35090121	槽型钢板桩	t	1.9587	1.9587	1.9587	1.9587
	35090131	槽型钢板桩使用费	t·d	5762.0000	5762.0000	5762.0000	5762.0000
	35090611	钢板桩支撑使用费	t·d	460.0000	460.0000	460.0000	460.0000
	35091771	铁撑柱	kg	246.0000	246.0000	246.0000	246.0000
	35091901	钢桩帽摊销	kg	136.2690	136.2690	136.2690	136.2690
	99030080	轨道式柴油打桩机 0.6 t	台班	27.7905	27.7905	27.7905	27.7905
	99030690	简易拔桩架	台班	29.8410	29.8410	29.8410	29.8410
	99090075	履带式起重机 8 t	台班	9.1000	9.1000	9.1000	9.1000
		井点降水					
	00190101	综合人工	工日	−5.7663	−14.3872	−28.1243	−39.8990
	04030115	黄砂 中粗	t	9.4420	9.4420	9.4420	9.4420
	17270201	普通橡胶管	m	14.2440	14.2440	14.2440	14.2440
	34110101	水	m^3	152.3275	152.3275	152.3275	152.3275
	35040921	轻型井点井管 ϕ40	m	39.2620	39.2620	39.2620	39.2620
	35040941	轻型井点井管 $\phi180\times4$	m	1.8955	1.8955	1.8955	1.8955
	99091380	电动卷扬机单筒快速 10 kN	台班	1.9920	1.9920	1.9920	1.9920
	99350050	轻便钻机 XJ-100	台班	4.7310	4.7310	4.7310	4.7310
	99440010	电动单级离心清水泵 ϕ50	台班	−161.4372	−180.8100	−211.6800	−238.1400
	99440150	电动多级离心清水泵 $\phi150\times$180 m 以下	台班	3.9840	3.9840	3.9840	3.9840
	99440510	射流井点泵 9.5 m	台班	50.2920	50.2920	50.2920	50.2920

工作内容：沟槽挖土、沟槽排水、井点降水、沟槽围护和支撑(钢板桩、撑拆列板)、铺筑管道基础、铺设管道、沟槽回填(黄砂及素土)、土方场内运输、砌筑检查井等。

定额编号			J-1-5-157 A(B)	J-1-5-158 A(B)	J-1-5-159 A(B)	J-1-5-160 A(B)
项目			DN2400			
			高密度聚乙烯双壁缠绕管(HDPE)			
			≤6.0 m	>6.0 m	6.5 m	7.0 m
			100 m	100 m	100 m	100 m
预算定额编号	预算定额名称	预算定额单位	数量			
04290712	钢筋混凝土板 1400×250×160 mm	块	9.0000	9.0000	9.0000	9.0000
04290713	钢筋混凝土板 1400×300×160 mm	块	15.0000	15.0000	15.0000	15.0000
52-1-2-3	机械挖沟槽土方 深≤6 m 现场抛土	m^3	2590.8800	2646.0000	2646.0000	2646.0000
52-1-2-3 系 1	机械挖沟槽土方 深≤7 m 现场抛土	m^3		55.1300	220.5000	441.0000
52-1-3-1	沟槽回填 夯填土	m^3	1392.3050 (1174.5450)	1502.5550 (1284.7950)	1661.2150 (1443.4550)	1875.9350 (1658.1750)
53-1-3-2	场内运输 自卸汽车装运土(运距 1 km 以内)	m^3	1929.8660 (1712.1060)	2062.1660 (1844.4060)	2253.9000 (2036.1400)	2512.7200 (2294.9600)
52-1-3-4	沟槽回填 黄砂	m^3	583.5200 (801.2800)	583.5200 (801.2800)	583.5200 (801.2800)	583.5200 (801.2800)
52-1-4-1	管道垫层 黄砂垫层	m^3	19.3800	19.3800	19.3800	19.3800
52-1-4-3	管道垫层 砾石砂垫层	m^3	62.1750	62.1750	62.4150	62.4150
52-1-5-1	管道基座 混凝土 C20	m^3	14.3700	14.3700	15.2400	15.2400
52-1-5-1 换 1	管道基座 混凝土 C15	m^3	2.0100	2.0100	2.1300	2.1300
52-1-5-2	管道基座 钢筋	t	0.4050	0.4050	0.4290	0.4290
52-1-6-82	管道铺设 高密度聚乙烯双壁缠绕管(HDPE)每节 3 m 以下 DN2400	100 m	0.0967	0.0967	0.0967	0.0967
52-1-6-99	管道铺设 高密度聚乙烯双壁缠绕管(HDPE)每节 3 m 以上 DN2400	100 m	0.8703	0.8703	0.8703	0.8703
52-3-1-3	砖砌检查井及雨水口 检查井 深≤6 m	m^3	59.7600	59.7600		
52-3-1-4	砖砌检查井及雨水口 检查井 深≤8 m	m^3			63.7500	66.9600
52-3-2-1	水泥砂浆抹面 检查井	m^2	210.7200	210.7200	230.7600	250.8000
52-3-6-1	安装防坠格板 新建工程	只	3.0000	3.0000	3.0000	3.0000
52-3-9-3	安装盖板及盖座 铸铁盖座	套	3.0000	3.0000	3.0000	3.0000
52-3-9-4	安装盖板及盖座 防沉降检查井盖板	块	3.0000	3.0000	3.0000	3.0000

（续表）

定额编号			J-1-5-157 A(B)	J-1-5-158 A(B)	J-1-5-159 A(B)	J-1-5-160 A(B)
项目			DN2400			
			高密度聚乙烯双壁缠绕管(HDPE)			
			≤6.0 m	>6.0 m	6.5 m	7.0 m
			100 m	100 m	100 m	100 m
预算定额编号	预算定额名称	预算定额单位	数量			
52-4-5-1	模板工程 模板 管道基座	m^2	16.7400	16.7400	17.3100	17.3100
53-9-1-1	施工排水、降水 湿土排水	m^3	2149.8800	2260.1300	2425.5000	2646.0000
53-9-1-3	施工排水、降水 筑拆竹箩滤井	座	2.5000	2.5000	2.5000	2.5000
调整项目						
	围护支撑					
52-4-3-2	打槽型钢板桩 长6.01～9.00 m,单面	100 m	2.0000			
52-4-3-7	拔槽型钢板桩 长6.01～9.00 m,单面	100 m	2.0000			
52-4-3-11	打拔沟槽钢板桩 槽型钢板桩使用费	t·d	5762.0000	7984.0000	7984.0000	7984.0000
52-4-4-8	安拆钢板桩支撑 槽宽≤4.5 m 深4.01～6.00 m	100 m	1.0000			
52-4-4-14	钢板桩支撑使用费	t·d	460.0000	800.0000	800.0000	800.0000
52-4-3-3	打槽型钢板桩 长9.01～12.00 m,单面	100 m		2.0000	2.0000	2.0000
52-4-3-8	拔槽型钢板桩 长9.01～12.00 m,单面	100 m		2.0000	2.0000	2.0000
52-4-4-9	安拆钢板桩支撑 槽宽≤4.5 m 深6.01～8.00 m	100 m		1.0000	1.0000	1.0000
	井点降水					
53-9-1-1	施工排水、降水 湿土排水	m^3	−2149.8800	−2260.1300	−2425.5000	−2646.0000
53-9-1-5	施工排水、降水 轻型井点安装	根	83.0000			
53-9-1-6	施工排水、降水 轻型井点拆除	根	83.0000			
53-9-1-7	施工排水、降水 轻型井点使用	套·天	42.0000			
53-9-1-8	施工排水、降水喷射井点安装 10 m	根		40.0000	40.0000	40.0000
53-9-1-9	施工排水、降水喷射井点拆除 10 m	根		40.0000	40.0000	40.0000
53-9-1-10	施工排水、降水喷射井点使用 10 m	套·天		29.0000	29.0000	29.0000

工作内容：沟槽挖土、沟槽排水、井点降水、沟槽围护和支撑（钢板桩、撑拆列板）、铺筑管道基础、铺设管道、沟槽回填（黄砂及素土）、土方场内运输、砌筑检查井等。

定额编号				J-1-5-157 A(B)	J-1-5-158 A(B)	J-1-5-159 A(B)	J-1-5-160 A(B)
项目				DN2400			
				高密度聚乙烯双壁缠绕管(HDPE)			
				≤6.0 m	>6.0 m	6.5 m	7.0 m
名称			单位	100 m	100 m	100 m	100 m
人工	00190101	综合人工	工日	1063.0404 (1068.7023)	1105.5540 (1111.2158)	1185.8922 (1191.5540)	1280.8257 (1286.4875)
材料	01010211	热轧带肋钢筋(HRB400) $\phi\leqslant10$	t	0.1162	0.1162	0.1231	0.1231
	01010212	热轧带肋钢筋(HRB400) $\phi>10$	t	0.2989	0.2989	0.3166	0.3166
	02090101	塑料薄膜	m^2	99.3899	99.3899	105.7096	108.3626
	03010811	钢塑膨胀铆钉	只	18.3600	18.3600	18.3600	18.3600
	03150101	圆钉	kg	3.4128	3.4128	3.5290	3.5290
	03152501	镀锌铁丝	kg	1.2515	1.2515	1.3256	1.3256
	04030115	黄砂 中粗	t	1066.0972 (1451.0968)	1066.0972 (1451.0968)	1066.0972 (1451.0968)	1066.0972 (1451.0968)
	04030701	砾石砂	t	137.4627	137.4627	137.9933	137.9933
	04050313	道碴 50～70	t	0.3988	0.3988	0.3988	0.3988
	04131711	蒸压灰砂砖	千块	32.3063	32.3063	34.3549	36.0847
	04290712	钢筋混凝土板 1400×250×160 mm	块	9.0000	9.0000	9.0000	9.0000
	04290713	钢筋混凝土板 1400×300×160 mm	块	15.0000	15.0000	15.0000	15.0000
	05350301	竹箩	个	2.5000	2.5000	2.5000	2.5000
	17250765	高密度聚乙烯双壁缠绕管(HDPE) DN2400 每节长 3 m 以下	m	96.7000	96.7000	96.7000	96.7000
	34110101	水	m^3	93.5486 (127.8458)	93.5486 (127.8458)	93.6533 (127.9505)	93.6973 (127.9945)
	35010102	组合钢模板	kg	10.7103	10.7103	11.0750	11.0750
	35010703	木模板成材	m^3	0.0669	0.0669	0.0692	0.0692
	35020401	钢模零配件	kg	3.9602	3.9602	4.0950	4.0950
	36012831	铸铁检查井雨污水盖座 市政90型	套	3.0000	3.0000	3.0000	3.0000
	36016631	防沉降检查井盖板 2500×2000×200	块	3.0000	3.0000	3.0000	3.0000
	36016651	高强度塑料检查井格板	只	3.0600	3.0600	3.0600	3.0600
	36016661	高强度塑料支架	只	9.1800	9.1800	9.1800	9.1800
	80060414	湿拌砌筑砂浆 WM M10.0	m^3	14.2229	14.2229	15.4211	16.1976

（续表）

定额编号				J-1-5-157 A(B)	J-1-5-158 A(B)	J-1-5-159 A(B)	J-1-5-160 A(B)
项目				DN2400			
				高密度聚乙烯双壁缠绕管(HDPE)			
				≤6.0 m	>6.0 m	6.5 m	7.0 m
名称			单位	100 m	100 m	100 m	100 m
材料	80060513	预拌抹灰砂浆 WP M15.0	m^3	3.6081	3.6081	3.9268	4.2454
	80210410	预拌混凝土(泵送型) C15 粒径 5～20	m^3	2.0301	2.0301	2.1513	2.1513
	80210414	预拌混凝土(泵送型) C20 粒径 5～20	m^3	14.5137	14.5137	15.3924	15.3924
机械	99010060	履带式单斗液压挖掘机 1 m^3	台班	10.6226	11.1132	11.9070	12.9654
	99050930	混凝土振捣器 插入式	台班	2.2441	2.2441	2.3797	2.3797
	99050940	混凝土振捣器 平板式	台班	27.1308 (35.2097)	27.1308 (35.2097)	27.2764 (35.3553)	27.2764 (35.3553)
	99070220	轮胎式装载机 1 m^3	台班	9.0704 (8.0469)	9.6922 (8.6687)	10.5933 (9.5699)	11.8098 (10.7863)
	99070540	载重汽车 6 t	台班	1.1485	1.1485	1.1494	1.1494
	99070588	载重汽车 12 t	台班	13.8950 (12.3272)	14.8476 (13.2797)	16.2281 (14.6602)	18.0916 (16.5237)
	99090360	汽车式起重机 8 t	台班	2.4870	2.4870	2.4876	2.4876
	99091700	手扳葫芦	台班	4.4871	4.4871	4.4871	4.4871
	99130350	内燃夯实机 700 N·m	台班	51.6545 (43.5756)	55.7448 (47.6659)	61.6311 (53.5522)	69.5972 (61.5183)
	99170010	钢筋调直机	台班	0.1969	0.1969	0.2085	0.2085
	99170025	钢筋切断机	台班	0.1969	0.1969	0.2085	0.2085
	99210065	木工平刨床 刨削宽度 450	台班	0.0385	0.0385	0.0398	0.0398
	99440010	电动单级离心清水泵 ϕ50	台班	257.9856	271.2156	291.0600	317.5200
调整项目							
		围护支撑					
	00190101	综合人工	工日	613.3218	621.3363	621.3363	621.3363
	03152501	镀锌铁丝	kg	20.0000	25.0000	25.0000	25.0000
	04030115	黄砂 中粗	t	23.7356	33.2299	33.2299	33.2299
	05030101	成材	m^3	0.8241	1.0276	1.0276	1.0276
	35090121	槽型钢板桩	t	1.9587	2.6893	2.6893	2.6893
	35090131	槽型钢板桩使用费	t·d	5762.0000	7984.0000	7984.0000	7984.0000
	35090611	钢板桩支撑使用费	t·d	460.0000	800.0000	800.0000	800.0000
	35091771	铁撑柱	kg	246.0000	427.2000	427.2000	427.2000

（续表）

定额编号				J-1-5-157 A(B)	J-1-5-158 A(B)	J-1-5-159 A(B)	J-1-5-160 A(B)
项目				DN2400			
				高密度聚乙烯双壁缠绕管(HDPE)			
				≤6.0 m	>6.0 m	6.5 m	7.0 m
名称			单位	100 m	100 m	100 m	100 m
	35091901	钢桩帽摊销	kg	136.2690	381.5700	381.5700	381.5700
	99030080	轨道式柴油打桩机 0.6 t	台班	27.7905			
	99030690	简易拔桩架	台班	29.8410			
	99090075	履带式起重机 8 t	台班	9.1000	11.3750	11.3750	11.3750
	99030100	轨道式柴油打桩机 1.2 t	台班		33.5913	33.5913	33.5913
	99030970	震动锤 45 kW	台班		17.3680	17.3680	17.3680
	99090090	履带式起重机 15 t	台班		17.3680	17.3680	17.3680
		井点降水					
	00190101	综合人工	工日	−48.7303	94.0731	85.2423	73.4676
	04030115	黄砂 中粗	t	9.4420			
	04030119	黄砂 中粗	kg		95423.8016	95423.8016	95423.8016
	17030102	镀锌焊接钢管	kg		0.1867	0.1867	0.1867
	17270201	普通橡胶管	m	14.2440			
	34110101	水	m^3	152.3275	566.8908	566.8908	566.8908
	35040921	轻型井点井管 ϕ40	m	39.2620			
	35040941	轻型井点井管 ϕ180×4	m	1.8955			
	35040961	喷射井点总管 ϕ159×6	m		3.9964	3.9964	3.9964
	35040971	喷射井点井管 ϕ76	m		28.4336	28.4336	28.4336
	35041011	喷射井点滤网管	根		3.2820	3.2820	3.2820
	35041021	喷射井点回水连接件	副		2.0529	2.0529	2.0529
	35041031	喷射井点腰子法兰	副		0.9318	0.9318	0.9318
	35041041	喷射井点水箱	kg		32.8034	32.8034	32.8034
	35041051	喷射井点喷射器	只		4.3856	4.3856	4.3856
	99090080	履带式起重机 10 t	台班		11.5200	11.5200	11.5200
	99091380	电动卷扬机单筒快速 10 kN	台班	1.9920			
	99350050	轻便钻机 XJ-100	台班	4.7310			
	99350120	液压钻机 G-2A	台班		4.4160	4.4160	4.4160
	99440010	电动单级离心清水泵 ϕ50	台班	−257.9856	−271.2156	−291.0600	−317.5200
	99440150	电动多级离心清水泵 ϕ150×180 m 以下	台班	3.9840	39.7100	39.7100	39.7100
	99440210	污水泵 ϕ100	台班		11.0400	11.0400	11.0400
	99440510	射流井点泵 9.5 m	台班	50.2920			

工作内容：沟槽挖土、沟槽排水、井点降水、沟槽围护和支撑(钢板桩、撑拆列板)、铺筑管道基础、铺设管道、沟槽回填(黄砂及素土)、土方场内运输、砌筑检查井等。

定额编号			J-1-5-161 A(B)	J-1-5-162 A(B)	J-1-5-163 A(B)	J-1-5-164 A(B)
项目			DN2500			
			高密度聚乙烯双壁缠绕管(HDPE)			
			3.5 m	≤4.0 m	>4.0 m	4.5 m
			100 m	100 m	100 m	100 m
预算定额编号	预算定额名称	预算定额单位	数量			
04290712	钢筋混凝土板 1400×250×160 mm	块	24.0000	24.0000	24.0000	24.0000
52-1-2-3	机械挖沟槽土方 深≤6 m 现场抛土	m^3	1543.5000	1708.8800	1819.1300	1984.5000
52-1-3-1	沟槽回填 夯填土	m^3	316.9550 (99.1950)	479.5950 (261.8350)	587.1150 (369.3550)	749.7450 (531.9850)
53-1-3-2	场内运输 自卸汽车装运土(运距1 km以内)	m^3	1207.1600 (1424.9200)	1209.9000 (1427.6600)	1212.6300 (1430.3900)	1215.3700 (1433.1300)
52-1-3-4	沟槽回填 黄砂	m^3	578.9500 (796.7100)	578.9500 (796.7100)	578.9500 (796.7100)	578.9500 (796.7100)
52-1-4-1	管道垫层 黄砂垫层	m^3	19.3800	19.3800	19.3800	19.3800
52-1-4-3	管道垫层 砾石砂垫层	m^3	62.5050	62.5050	62.5050	62.5050
52-1-5-1	管道基座 混凝土 C20	m^3	17.6100	17.6100	17.6100	17.6100
52-1-5-1换1	管道基座 混凝土 C15	m^3	2.1900	2.1900	2.1900	2.1900
52-1-5-2	管道基座 钢筋	t	0.4740	0.4740	0.4740	0.4740
52-1-6-83	管道铺设 高密度聚乙烯双壁缠绕管(HDPE)每节3 m以下 DN2500	100 m	0.0967	0.0967	0.0967	0.0967
52-1-6-100	管道铺设 高密度聚乙烯双壁缠绕管(HDPE)每节3 m以上 DN2500	100 m	0.8703	0.8703	0.8703	0.8703
52-3-1-3	砖砌检查井及雨水口 检查井 深≤6 m	m^3	32.7300	32.7300	32.7300	32.7300
52-3-2-1	水泥砂浆抹面 检查井	m^2	192.4500	192.4500	192.4500	192.4500
52-3-6-1	安装防坠格板 新建工程	只	3.0000	3.0000	3.0000	3.0000
52-3-9-3	安装盖板及盖座 铸铁盖座	套	3.0000	3.0000	3.0000	3.0000
52-3-9-4	安装盖板及盖座 防沉降检查井盖板	块	3.0000	3.0000	3.0000	3.0000
52-4-5-1	模板工程 模板 管道基座	m^2	19.7700	19.7700	19.7700	19.7700
53-9-1-1	施工排水、降水 湿土排水	m^3	1102.5000	1267.8800	1378.1300	1543.5000
53-9-1-3	施工排水、降水 筑拆竹箩滤井	座	2.5000	2.5000	2.5000	2.5000
	调整项目					
	围护支撑					
52-4-3-1	打槽型钢板桩 长 4.00～6.00 m，单面	100 m	2.0000	2.0000		
52-4-3-6	拔槽型钢板桩 长 4.00～6.00 m，单面	100 m	2.0000	2.0000		

（续表）

定额编号			J-1-5-161 A(B)	J-1-5-162 A(B)	J-1-5-163 A(B)	J-1-5-164 A(B)
项目			DN2500			
			高密度聚乙烯双壁缠绕管(HDPE)			
			3.5 m	≤4.0 m	>4.0 m	4.5 m
			100 m	100 m	100 m	100 m
预算定额编号	预算定额名称	预算定额单位	数量			
52-4-3-11	打拔沟槽钢板桩 槽型钢板桩使用费	t·d	3114.0000	3114.0000	6230.0000	6230.0000
52-4-4-7	安拆钢板桩支撑 槽宽≤4.5 m 深3.01～4.00 m	100 m	1.0000	1.0000		
52-4-4-14	钢板桩支撑使用费	t·d	322.0000	322.0000	840.0000	840.0000
52-4-3-2	打槽型钢板桩 长6.01～9.00 m，单面	100 m			2.0000	2.0000
52-4-3-7	拔槽型钢板桩 长6.01～9.00 m，单面	100 m			2.0000	2.0000
52-4-4-8	安拆钢板桩支撑 槽宽≤4.5 m 深4.01～6.00 m	100 m			1.0000	1.0000
	井点降水					
53-9-1-1	施工排水、降水 湿土排水	m^3	−1102.5000	−1267.8800	−1378.1300	−1543.5000
53-9-1-5	施工排水、降水 轻型井点安装	根	83.0000	83.0000	83.0000	83.0000
53-9-1-6	施工排水、降水 轻型井点拆除	根	83.0000	83.0000	83.0000	83.0000
53-9-1-7	施工排水、降水 轻型井点使用	套·天	43.0000	43.0000	43.0000	43.0000

工作内容：沟槽挖土、沟槽排水、井点降水、沟槽围护和支撑（钢板桩、撑拆列板）、铺筑管道基础、铺设管道、沟槽回填（黄砂及素土）、土方场内运输、砌筑检查井等。

定额编号				J-1-5-161 A(B)	J-1-5-162 A(B)	J-1-5-163 A(B)	J-1-5-164 A(B)
项目				DN2500			
				高密度聚乙烯双壁缠绕管(HDPE)			
				3.5 m	≤4.0 m	>4.0 m	4.5 m
名称			单位	100 m	100 m	100 m	100 m
人工	00190101	综合人工	工日	608.6509 (628.8154)	664.8332 (684.9977)	702.0751 (722.2396)	758.2540 (778.4186)
材料	01010211	热轧带肋钢筋(HRB400) $\phi \leq 10$	t	0.1360	0.1360	0.1360	0.1360
	01010212	热轧带肋钢筋(HRB400) $\phi > 10$	t	0.3498	0.3498	0.3498	0.3498
	02090101	塑料薄膜	m^2	87.4889	87.4889	87.4889	87.4889
	03010811	钢塑膨胀铆钉	只	18.3600	18.3600	18.3600	18.3600
	03150101	圆钉	kg	4.0306	4.0306	4.0306	4.0306

（续表）

定额编号				J-1-5-161 A(B)	J-1-5-162 A(B)	J-1-5-163 A(B)	J-1-5-164 A(B)
项目				DN2500			
				高密度聚乙烯双壁缠绕管(HDPE)			
				3.5 m	≤4.0 m	>4.0 m	4.5 m
名称			单位	100 m	100 m	100 m	100 m
材料	03152501	镀锌铁丝	kg	1.4647	1.4647	1.4647	1.4647
	04030115	黄砂 中粗	t	1058.0174 (1443.0171)	1058.0174 (1443.0171)	1058.0174 (1443.0171)	1058.0174 (1443.0171)
	04030701	砾石砂	t	138.1923	138.1923	138.1923	138.1923
	04050313	道碴 50～70	t	0.3988	0.3988	0.3988	0.3988
	04131711	蒸压灰砂砖	千块	17.6938	17.6938	17.6938	17.6938
	04290712	钢筋混凝土板 1400×250×160 mm	块	24.0000	24.0000	24.0000	24.0000
	05350301	竹箩	个	2.5000	2.5000	2.5000	2.5000
	17250766	高密度聚乙烯双壁缠绕管(HDPE) DN2500 每节长 3 m 以下	m	96.7000	96.7000	96.7000	96.7000
	34110101	水	m^3	92.6309 (126.9281)	92.6309 (126.9281)	92.6309 (126.9281)	92.6309 (126.9281)
	35010102	组合钢模板	kg	12.6489	12.6489	12.6489	12.6489
	35010703	木模板成材	m^3	0.0790	0.0790	0.0790	0.0790
	35020401	钢模零配件	kg	4.6770	4.6770	4.6770	4.6770
	36012831	铸铁检查井雨污水盖座 市政 90 型	套	3.0000	3.0000	3.0000	3.0000
	36016631	防沉降检查井盖板 2500×2000×200	块	3.0000	3.0000	3.0000	3.0000
	36016651	高强度塑料检查井格板	只	3.0600	3.0600	3.0600	3.0600
	36016661	高强度塑料支架	只	9.1800	9.1800	9.1800	9.1800
	80060414	湿拌砌筑砂浆 WM M10.0	m^3	7.7897	7.7897	7.7897	7.7897
	80060513	预拌抹灰砂浆 WP M15.0	m^3	3.3177	3.3177	3.3177	3.3177
	80210410	预拌混凝土(泵送型) C15 粒径 5～20	m^3	2.2119	2.2119	2.2119	2.2119
	80210414	预拌混凝土(泵送型) C20 粒径 5～20	m^3	17.7861	17.7861	17.7861	17.7861
机械	99010060	履带式单斗液压挖掘机 1 m^3	台班	6.3284	7.0064	7.4584	8.1365
	99050930	混凝土振捣器 插入式	台班	2.7126	2.7126	2.7126	2.7126
	99050940	混凝土振捣器 平板式	台班	27.4435 (35.5224)	27.4435 (35.5224)	27.4435 (35.5224)	27.4435 (35.5224)
	99070220	轮胎式装载机 1 m^3	台班	5.6737 (6.6971)	5.6865 (6.7100)	5.6994 (6.7228)	5.7122 (6.7357)
	99070540	载重汽车 6 t	台班	1.3673	1.3673	1.3673	1.3673
	99070588	载重汽车 12 t	台班	8.6916 (10.2594)	8.7113 (10.2792)	8.7309 (10.2988)	8.7507 (10.3185)

（续表）

定额编号				J-1-5-161 A(B)	J-1-5-162 A(B)	J-1-5-163 A(B)	J-1-5-164 A(B)
项目				DN2500			
				高密度聚乙烯双壁缠绕管(HDPE)			
				3.5 m	≤4.0 m	>4.0 m	4.5 m
名称			单位	100 m	100 m	100 m	100 m
机械	99090360	汽车式起重机 8 t	台班	2.9181	2.9181	2.9181	2.9181
	99091700	手扳葫芦	台班	5.3428	5.3428	5.3428	5.3428
	99130350	内燃夯实机 700 N·m	台班	11.7590 (3.6801)	17.7930 (9.7141)	21.7820 (13.7031)	27.8155 (19.7366)
	99170010	钢筋调直机	台班	0.2304	0.2304	0.2304	0.2304
	99170025	钢筋切断机	台班	0.2304	0.2304	0.2304	0.2304
	99210065	木工平刨床 刨削宽度 450	台班	0.0455	0.0455	0.0455	0.0455
	99440010	电动单级离心清水泵 ϕ50	台班	132.3000	152.1456	165.3756	185.2200
调整项目							
		围护支撑					
	00190101	综合人工	工日	477.8779	477.8779	613.3218	613.3218
	03152501	镀锌铁丝	kg	15.0000	15.0000	20.0000	20.0000
	04030115	黄砂 中粗	t	15.8236	15.8236	23.7356	23.7356
	05030101	成材	m^3	0.6027	0.6027	0.8241	0.8241
	35090121	槽型钢板桩	t	1.3350	1.3350	1.9587	1.9587
	35090131	槽型钢板桩使用费	t·d	3114.0000	3114.0000	6230.0000	6230.0000
	35090611	钢板桩支撑使用费	t·d	322.0000	322.0000	840.0000	840.0000
	35091771	铁撑柱	kg	184.5000	184.5000	246.0000	246.0000
	35091901	钢桩帽摊销	kg	90.9300	90.9300	136.2690	136.2690
	99030080	轨道式柴油打桩机 0.6 t	台班	20.1323	20.1323	27.7905	27.7905
	99030690	简易拔桩架	台班	23.9558	23.9558	29.8410	29.8410
	99090075	履带式起重机 8 t	台班	6.8250	6.8250	9.1000	9.1000
		井点降水					
	00190101	综合人工	工日	7.7748	−1.0565	−6.9438	−15.7746
	04030115	黄砂 中粗	t	9.4420	9.4420	9.4420	9.4420
	17270201	普通橡胶管	m	14.2440	14.2440	14.2440	14.2440
	34110101	水	m^3	152.3275	152.3275	152.3275	152.3275
	35040921	轻型井点井管 ϕ40	m	40.1529	40.1529	40.1529	40.1529
	35040941	轻型井点井管 ϕ180×4	m	1.9384	1.9384	1.9384	1.9384
	99091380	电动卷扬机单筒快速 10 kN	台班	1.9920	1.9920	1.9920	1.9920
	99350050	轻便钻机 XJ-100	台班	4.7310	4.7310	4.7310	4.7310
	99440010	电动单级离心清水泵 ϕ50	台班	−132.3000	−152.1456	−165.3756	−185.2200
	99440150	电动多级离心清水泵 ϕ150×180 m 以下	台班	3.9840	3.9840	3.9840	3.9840
	99440510	射流井点泵 9.5 m	台班	51.4420	51.4420	51.4420	51.4420

工作内容:沟槽挖土、沟槽排水、井点降水、沟槽围护和支撑(钢板桩、撑拆列板)、铺筑管道基础、铺设管道、沟槽回填(黄砂及素土)、土方场内运输、砌筑检查井等。

定额编号			J-1-5-165 A(B)	J-1-5-166 A(B)	J-1-5-167 A(B)	J-1-5-168 A(B)
项目			DN2500			
			高密度聚乙烯双壁缠绕管(HDPE)			
			5.0 m	5.5 m	≤6.0 m	>6.0 m
			100 m	100 m	100 m	100 m
预算定额编号	预算定额名称	预算定额单位	数量			
04290712	钢筋混凝土板 1400×250×160 mm	块	24.0000	24.0000	24.0000	24.0000
52-1-2-3	机械挖沟槽土方 深≤6 m 现场抛土	m^3	2257.5000	2483.2500	2652.5600	2709.0000
52-1-2-3 系 1	机械挖沟槽土方 深≤7 m 现场抛土	m^3				56.4400
52-1-3-1	沟槽回填 夯填土	m^3	991.6850 (768.6750)	1214.5050 (991.4950)	1379.6050 (1156.5950)	1492.4850 (1269.4750)
53-1-3-2	场内运输 自卸汽车装运土(运距 1 km 以内)	m^3	1463.0300 (1468.9800)	1731.0000 (1507.9900)	1929.9620 (1706.9520)	2065.4180 (1842.4080)
52-1-3-4	沟槽回填 黄砂	m^3	605.2500 (828.2600)	605.2500 (828.2600)	605.2500 (828.2600)	605.2500 (828.2600)
52-1-4-1	管道垫层 黄砂垫层	m^3	19.8400	19.8400	19.8400	19.8400
52-1-4-3	管道垫层 砾石砂垫层	m^3	63.8850	63.8850	63.8850	63.8850
52-1-5-1	管道基座 混凝土 C20	m^3	17.6100	17.6100	17.6100	17.6100
52-1-5-1 换 1	管道基座 混凝土 C15	m^3	2.1900	2.1900	2.1900	2.1900
52-1-5-2	管道基座 钢筋	t	0.4740	0.4740	0.4740	0.4740
52-1-6-83	管道铺设 高密度聚乙烯双壁缠绕管(HDPE)每节 3 m 以下 DN2500	100 m	0.0967	0.0967	0.0967	0.0967
52-1-6-100	管道铺设 高密度聚乙烯双壁缠绕管(HDPE)每节 3 m 以上 DN2500	100 m	0.8703	0.8703	0.8703	0.8703
52-3-1-3	砖砌检查井及雨水口 检查井 深≤6 m	m^3	36.0600	39.5400	65.9100	65.9100
52-3-2-1	水泥砂浆抹面 检查井	m^2	208.6500	224.8500	215.9400	215.9400
52-3-6-1	安装防坠格板 新建工程	只	3.0000	3.0000	3.0000	3.0000
52-3-9-3	安装盖板及盖座 铸铁盖座	套	3.0000	3.0000	3.0000	3.0000
52-3-9-4	安装盖板及盖座 防沉降检查井盖板	块	3.0000	3.0000	3.0000	3.0000
52-4-5-1	模板工程 模板 管道基座	m^2	19.7700	19.7700	19.7700	19.7700
53-9-1-1	施工排水、降水 湿土排水	m^3	1806.0000	2031.7500	2201.0600	2313.9400
53-9-1-3	施工排水、降水 筑拆竹箩滤井	座	2.5000	2.5000	2.5000	2.5000

（续表）

定额编号			J-1-5-165 A(B)	J-1-5-166 A(B)	J-1-5-167 A(B)	J-1-5-168 A(B)
项目			DN2500			
			高密度聚乙烯双壁缠绕管(HDPE)			
			5.0 m	5.5 m	≤6.0 m	>6.0 m
			100 m	100 m	100 m	100 m
预算定额编号	预算定额名称	预算定额单位	数量			
调整项目						
	围护支撑					
52-4-3-2	打槽型钢板桩 长 6.01～9.00 m，单面	100 m	2.0000	2.0000	2.0000	
52-4-3-7	拔槽型钢板桩 长 6.01～9.00 m，单面	100 m	2.0000	2.0000	2.0000	
52-4-3-11	打拔沟槽钢板桩 槽型钢板桩使用费	t·d	6230.0000	6230.0000	6230.0000	8722.0000
52-4-4-8	安拆钢板桩支撑 槽宽≤4.5 m 深 4.01～6.00 m	100 m	1.0000	1.0000	1.0000	
52-4-4-14	钢板桩支撑使用费	t·d	840.0000	840.0000	840.0000	1679.0000
52-4-3-3	打槽型钢板桩 长 9.01～12.00 m，单面	100 m				2.0000
52-4-3-8	拔槽型钢板桩 长 9.01～12.00 m，单面	100 m				2.0000
52-4-4-9	安拆钢板桩支撑 槽宽≤4.5 m 深 6.01～8.00 m	100 m				1.0000
	井点降水					
53-9-1-1	施工排水、降水 湿土排水	m^3	−1806.0000	−2031.7500	−2201.0600	−2313.9400
53-9-1-5	施工排水、降水 轻型井点安装	根	83.0000	83.0000	83.0000	
53-9-1-6	施工排水、降水 轻型井点拆除	根	83.0000	83.0000	83.0000	
53-9-1-7	施工排水、降水 轻型井点使用	套·天	43.0000	43.0000	43.0000	
53-9-1-8	施工排水、降水 喷射井点安装 10 m	根				40.0000
53-9-1-9	施工排水、降水 喷射井点拆除 10 m	根				40.0000
53-9-1-10	施工排水、降水 喷射井点使用 10 m	套·天				31.0000

工作内容:沟槽挖土、沟槽排水、井点降水、沟槽围护和支撑(钢板桩、撑拆列板)、铺筑管道基础、铺设管道、沟槽回填(黄砂及素土)、土方场内运输、砌筑检查井等。

定 额 编 号				J-1-5-165 A(B)	J-1-5-166 A(B)	J-1-5-167 A(B)	J-1-5-168 A(B)
项 目				DN2500			
				高密度聚乙烯双壁缠绕管(HDPE)			
				5.0 m	5.5 m	≤6.0 m	>6.0 m
名 称			单位	100 m	100 m	100 m	100 m
人工	00190101	综合人工	工日	871.6340 (885.0565)	968.3456 (974.1438)	1094.3824 (1100.1806)	1137.9100 (1143.7083)
材料	01010211	热轧带肋钢筋(HRB400) $\phi\leqslant10$	t	0.1360	0.1360	0.1360	0.1360
	01010212	热轧带肋钢筋(HRB400) $\phi>10$	t	0.3498	0.3498	0.3498	0.3498
	02090101	塑料薄膜	m^2	90.2412	93.1174	114.9122	114.9122
	03010811	钢塑膨胀铆钉	只	18.3600	18.3600	18.3600	18.3600
	03150101	圆钉	kg	4.0306	4.0306	4.0306	4.0306
	03152501	镀锌铁丝	kg	1.4647	1.4647	1.4647	1.4647
	04030115	黄砂 中粗	t	1105.3291 (1499.6108)	1105.3291 (1499.6108)	1105.3291 (1499.6108)	1105.3291 (1499.6108)
	04030701	砾石砂	t	141.2433	141.2433	141.2433	141.2433
	04050313	道碴 50～70	t	0.3988	0.3988	0.3988	0.3988
	04131711	蒸压灰砂砖	千块	19.4940	21.3753	35.6309	35.6309
	04290712	钢筋混凝土板 1400×250×160 mm	块	24.0000	24.0000	24.0000	24.0000
	05350301	竹箩	个	2.5000	2.5000	2.5000	2.5000
	17250766	高密度聚乙烯双壁缠绕管(HDPE) DN2500 每节长 3 m 以下	m	96.7000	96.7000	96.7000	96.7000
	34110101	水	m^3	96.8188 (131.9429)	96.8665 (131.9906)	97.2278 (132.3519)	97.2278 (132.3519)
	35010102	组合钢模板	kg	12.6489	12.6489	12.6489	12.6489
	35010703	木模板成材	m^3	0.0790	0.0790	0.0790	0.0790
	35020401	钢模零配件	kg	4.6770	4.6770	4.6770	4.6770
	36012831	铸铁检查井雨污水盖座 市政 90 型	套	3.0000	3.0000	3.0000	3.0000
	36016631	防沉降检查井盖板 2500×2000×200	块	3.0000	3.0000	3.0000	3.0000
	36016651	高强度塑料检查井格板	只	3.0600	3.0600	3.0600	3.0600
	36016661	高强度塑料支架	只	9.1800	9.1800	9.1800	9.1800

（续表）

定额编号				J-1-5-165 A(B)	J-1-5-166 A(B)	J-1-5-167 A(B)	J-1-5-168 A(B)
项目				DN2500			
				高密度聚乙烯双壁缠绕管(HDPE)			
				5.0 m	5.5 m	≤6.0 m	>6.0 m
名称			单位	100 m	100 m	100 m	100 m
材料	80060414	湿拌砌筑砂浆 WM M10.0	m^3	8.5823	9.4105	15.6866	15.6866
	80060513	预拌抹灰砂浆 WP M15.0	m^3	3.5752	3.8328	3.6911	3.6911
	80210410	预拌混凝土(泵送型) C15 粒径5～20	m^3	2.2119	2.2119	2.2119	2.2119
	80210414	预拌混凝土(泵送型) C20 粒径5～20	m^3	17.7861	17.7861	17.7861	17.7861
机械	99010060	履带式单斗液压挖掘机 1 m^3	台班	9.2558	10.1813	10.8755	11.3778
	99050930	混凝土振捣器 插入式	台班	2.7126	2.7126	2.7126	2.7126
	99050940	混凝土振捣器 平板式	台班	28.4921 (36.7657)	28.4921 (36.7657)	28.4921 (36.7657)	28.4921 (36.7657)
	99070220	轮胎式装载机 1 m^3	台班	6.8762 (6.9042)	8.1357 (7.0876)	9.0708 (8.0227)	9.7075 (8.6593)
	99070540	载重汽车 6 t	台班	1.3673	1.3673	1.3673	1.3673
	99070588	载重汽车 12 t	台班	10.5338 (10.5767)	12.4632 (10.8575)	13.8957 (12.2901)	14.8710 (13.2653)
	99090360	汽车式起重机 8 t	台班	2.9181	2.9181	2.9181	2.9181
	99091700	手扳葫芦	台班	5.3428	5.3428	5.3428	5.3428
	99130350	内燃夯实机 700 N·m	台班	36.7915 (28.5178)	45.0581 (36.7845)	51.1833 (42.9097)	55.3712 (47.0975)
	99170010	钢筋调直机	台班	0.2304	0.2304	0.2304	0.2304
	99170025	钢筋切断机	台班	0.2304	0.2304	0.2304	0.2304
	99210065	木工平刨床 刨削宽度 450	台班	0.0455	0.0455	0.0455	0.0455
	99440010	电动单级离心清水泵 ϕ50	台班	216.7200	243.8100	264.1272	277.6728
调整项目							
		围护支撑					
	00190101	综合人工	工日	613.3218	613.3218	613.3218	621.3363
	03152501	镀锌铁丝	kg	20.0000	20.0000	20.0000	25.0000
	04030115	黄砂 中粗	t	23.7356	23.7356	23.7356	33.2299
	05030101	成材	m^3	0.8241	0.8241	0.8241	1.0276
	35090121	槽型钢板桩	t	1.9587	1.9587	1.9587	2.6893
	35090131	槽型钢板桩使用费	t·d	6230.0000	6230.0000	6230.0000	8722.0000
	35090611	钢板桩支撑使用费	t·d	840.0000	840.0000	840.0000	1679.0000

(续表)

定额编号			J-1-5-165 A(B)	J-1-5-166 A(B)	J-1-5-167 A(B)	J-1-5-168 A(B)
项目			DN2500			
			高密度聚乙烯双壁缠绕管(HDPE)			
			5.0 m	5.5 m	≤6.0 m	>6.0 m
名称		单位	100 m	100 m	100 m	100 m
35091771	铁撑柱	kg	246.0000	246.0000	246.0000	427.2000
35091901	钢桩帽摊销	kg	136.2690	136.2690	136.2690	381.5700
99030080	轨道式柴油打桩机 0.6 t	台班	27.7905	27.7905	27.7905	
99030690	简易拔桩架	台班	29.8410	29.8410	29.8410	
99090075	履带式起重机 8 t	台班	9.1000	9.1000	9.1000	11.3750
99030100	轨道式柴油打桩机 1.2 t	台班				33.5913
99030970	震动锤 45 kW	台班				17.3680
99090090	履带式起重机 15 t	台班				17.3680
	井点降水					
00190101	综合人工	工日	−29.7921	−41.8472	−50.8883	95.6396
04030115	黄砂 中粗	t	9.4420	9.4420	9.4420	
04030119	黄砂 中粗	kg				95423.8016
17030102	镀锌焊接钢管	kg				0.1968
17270201	普通橡胶管	m	14.2440	14.2440	14.2440	
34110101	水	m^3	152.3275	152.3275	152.3275	566.8908
35040921	轻型井点井管 ϕ40	m	40.1529	40.1529	40.1529	
35040941	轻型井点井管 ϕ180×4	m	1.9384	1.9384	1.9384	
35040961	喷射井点总管 ϕ159×6	m				4.2593
35040971	喷射井点井管 ϕ76	m				30.3144
35041011	喷射井点滤网管	根				3.4984
35041021	喷射井点回水连接件	副				2.1884
35041031	喷射井点腰子法兰	副				0.9925
35041041	喷射井点水箱	kg				34.9674
35041051	喷射井点喷射器	只				4.6748
99090080	履带式起重机 10 t	台班				11.5200
99091380	电动卷扬机单筒快速 10 kN	台班	1.9920	1.9920	1.9920	
99350050	轻便钻机 XJ-100	台班	4.7310	4.7310	4.7310	
99350120	液压钻机 G-2A	台班				4.4160
99440010	电动单级离心清水泵 ϕ50	台班	−216.7200	−243.8100	−264.1272	−277.6728
99440150	电动多级离心清水泵 ϕ150×180 m以下	台班	3.9840	3.9840	3.9840	41.9300
99440210	污水泵 ϕ100	台班				11.0400
99440510	射流井点泵 9.5 m	台班	51.4420	51.4420	51.4420	

工作内容:沟槽挖土、沟槽排水、井点降水、沟槽围护和支撑(钢板桩、撑拆列板)、铺筑管道基础、铺设管道、沟槽回填(黄砂及素土)、土方场内运输、砌筑检查井等。

定　额　编　号			J-1-5-169 A(B)	J-1-5-170 A(B)
项　　目			DN2500	
			高密度聚乙烯双壁缠绕管(HDPE)	
			6.5 m	7.0 m
			100 m	100 m
预算定额 编号	预算定额 名称	预算定额 单位	数　　量	
04290712	钢筋混凝土板 1400×250×160 mm	块	15.0000	15.0000
04290713	钢筋混凝土板 1400×300×160 mm	块	12.0000	12.0000
52-1-2-3	机械挖沟槽土方 深≤6 m 现场抛土	m^3	2709.0000	2709.0000
52-1-2-3 系 1	机械挖沟槽土方 深≤7 m 现场抛土	m^3	225.7500	451.5000
52-1-3-1	沟槽回填 夯填土	m^3	1654.9850 (1431.9750)	1874.9650 (1651.9550)
53-1-3-2	场内运输 自卸汽车装运土(运距 1 km 以内)	m^3	2261.7800 (2038.7700)	2526.9100 (2303.9000)
52-1-3-4	沟槽回填 黄砂	m^3	605.2500 (828.2600)	605.2500 (828.2600)
52-1-4-1	管道垫层 黄砂垫层	m^3	19.8400	19.8400
52-1-4-3	管道垫层 砾石砂垫层	m^3	64.1250	64.1250
52-1-5-1	管道基座 混凝土 C20	m^3	18.6000	18.6000
52-1-5-1 换 1	管道基座 混凝土 C15	m^3	2.3100	2.3100
52-1-5-2	管道基座 钢筋	t	0.4740	0.4740
52-1-6-83	管道铺设 高密度聚乙烯双壁缠绕管(HDPE)每节 3 m 以下 DN2500	100 m	0.0967	0.0967
52-1-6-100	管道铺设 高密度聚乙烯双壁缠绕管(HDPE)每节 3 m 以上 DN2500	100 m	0.8703	0.8703
52-3-1-4	砖砌检查井及雨水口 检查井 深≤8 m	m^3	69.9900	73.5600
52-3-2-1	水泥砂浆抹面 检查井	m^2	235.9800	256.0200
52-3-6-1	安装防坠格板 新建工程	只	3.0000	3.0000
52-3-9-3	安装盖板及盖座 铸铁盖座	套	3.0000	3.0000
52-3-9-4	安装盖板及盖座 防沉降检查井盖板	块	3.0000	3.0000
52-4-5-1	模板工程 模板 管道基座	m^2	20.4000	20.4000
53-9-1-1	施工排水、降水 湿土排水	m^3	2483.2500	2709.0000
53-9-1-3	施工排水、降水 筑拆竹箩滤井	座	2.5000	2.5000
调整项目				
	围护支撑			
52-4-3-3	打槽型钢板桩 长 9.01～12.00 m,单面	100 m	2.0000	2.0000

（续表）

定额编号			J-1-5-169 A(B)	J-1-5-170 A(B)
项目			DN2500	
			高密度聚乙烯双壁缠绕管(HDPE)	
			6.5 m	7.0 m
			100 m	100 m
预算定额编号	预算定额名称	预算定额单位	数量	
52-4-3-8	拔槽型钢板桩 长 9.01～12.00 m，单面	100 m	2.0000	2.0000
52-4-3-11	打拔沟槽钢板桩 槽型钢板桩使用费	t·d	8722.0000	8722.0000
52-4-4-9	安拆钢板桩支撑 槽宽≤4.5 m 深 6.01～8.00 m	100 m	1.0000	1.0000
52-4-4-14	钢板桩支撑使用费	t·d	1679.0000	1679.0000
	井点降水			
53-9-1-1	施工排水、降水 湿土排水	m^3	—2483.2500	—2709.0000
53-9-1-8	施工排水、降水 喷射井点安装 10 m	根	40.0000	40.0000
53-9-1-9	施工排水、降水 喷射井点拆除 10 m	根	40.0000	40.0000
53-9-1-10	施工排水、降水 喷射井点使用 10 m	套·天	31.0000	31.0000

工作内容：沟槽挖土、沟槽排水、井点降水、沟槽围护和支撑(钢板桩、撑拆列板)、铺筑管道基础、铺设管道、沟槽回填(黄砂及素土)、土方场内运输、砌筑检查井等。

定额编号				J-1-5-169 A(B)	J-1-5-170 A(B)
项目				DN2500	
				高密度聚乙烯双壁缠绕管(HDPE)	
				6.5 m	7.0 m
名称			单位	100 m	100 m
人工	00190101	综合人工	工日	1220.3225 (1226.1206)	1318.1906 (1323.9889)
材料	01010211	热轧带肋钢筋(HRB400) $\phi\leqslant10$	t	0.1360	0.1360
	01010212	热轧带肋钢筋(HRB400) $\phi>10$	t	0.3498	0.3498
	02090101	塑料薄膜	m^2	121.6723	124.6229
	03010811	钢塑膨胀铆钉	只	18.3600	18.3600
	03150101	圆钉	kg	4.1590	4.1590
	03152501	镀锌铁丝	kg	1.4647	1.4647
	04030115	黄砂 中粗	t	1105.3291 (1499.6108)	1105.3291 (1499.6108)
	04030701	砾石砂	t	141.7740	141.7740
	04050313	道碴 50～70	t	0.3988	0.3988

（续表）

定额编号				J-1-5-169 A(B)	J-1-5-170 A(B)
项目				DN2500	
				高密度聚乙烯双壁缠绕管（HDPE）	
				6.5 m	7.0 m
名称			单位	100 m	100 m
材料	04131711	蒸压灰砂砖	千块	37.7176	39.6415
	04290712	钢筋混凝土板 1400×250×160 mm	块	15.0000	15.0000
	04290713	钢筋混凝土板 1400×300×160 mm	块	12.0000	12.0000
	05350301	竹箩	个	2.5000	2.5000
	17250766	高密度聚乙烯双壁缠绕管（HDPE）DN2500 每节长 3 m 以下	m	96.7000	96.7000
	34110101	水	m^3	97.3396 (132.4637)	97.3885 (132.5126)
	35010102	组合钢模板	kg	13.0520	13.0520
	35010703	木模板成材	m^3	0.0815	0.0815
	35020401	钢模零配件	kg	4.8260	4.8260
	36012831	铸铁检查井雨污水盖座 市政 90 型	套	3.0000	3.0000
	36016631	防沉降检查井盖板 2500×2000×200	块	3.0000	3.0000
	36016651	高强度塑料检查井格板	只	3.0600	3.0600
	36016661	高强度塑料支架	只	9.1800	9.1800
	80060414	湿拌砌筑砂浆 WM M10.0	m^3	16.9306	17.7942
	80060513	预拌抹灰砂浆 WP M15.0	m^3	4.0098	4.3284
	80210410	预拌混凝土(泵送型) C15 粒径 5～20	m^3	2.3331	2.3331
	80210414	预拌混凝土(泵送型) C20 粒径 5～20	m^3	18.7860	18.7860
机械	99010060	履带式单斗液压挖掘机 1 m^3	台班	12.1905	13.2741
	99050930	混凝土振捣器 插入式	台班	2.8647	2.8647
	99050940	混凝土振捣器 平板式	台班	28.6542 (36.9278)	28.6542 (36.9278)
	99070220	轮胎式装载机 1 m^3	台班	10.6304 (9.5822)	11.8765 (10.8283)
	99070540	载重汽车 6 t	台班	1.3683	1.3683
	99070588	载重汽车 12 t	台班	16.2848 (14.6791)	18.1938 (16.5881)
	99090360	汽车式起重机 8 t	台班	2.9188	2.9188
	99091700	手扳葫芦	台班	5.3428	5.3428
	99130350	内燃夯实机 700 N·m	台班	61.3999 (53.1263)	69.5612 (61.2875)

（续表）

定额编号				J-1-5-169 A(B)	J-1-5-170 A(B)
项目				DN2500	
				高密度聚乙烯双壁缠绕管(HDPE)	
				6.5 m	7.0 m
名称			单位	100 m	100 m
机械	99170010	钢筋调直机	台班	0.2304	0.2304
	99170025	钢筋切断机	台班	0.2304	0.2304
	99210065	木工平刨床 刨削宽度 450	台班	0.0469	0.0469
	99440010	电动单级离心清水泵 ϕ50	台班	297.9900	325.0800
调整项目					
		围护支撑			
	00190101	综合人工	工日	621.3363	621.3363
	03152501	镀锌铁丝	kg	25.0000	25.0000
	04030115	黄砂 中粗	t	33.2299	33.2299
	05030101	成材	m^3	1.0276	1.0276
	35090121	槽型钢板桩	t	2.6893	2.6893
	35090131	槽型钢板桩使用费	t·d	8722.0000	8722.0000
	35090611	钢板桩支撑使用费	t·d	1679.0000	1679.0000
	35091771	铁撑柱	kg	427.2000	427.2000
	35091901	钢桩帽摊销	kg	381.5700	381.5700
	99030100	轨道式柴油打桩机 1.2 t	台班	33.5913	33.5913
	99030970	震动锤 45 kW	台班	17.3680	17.3680
	99090075	履带式起重机 8 t	台班	11.3750	11.3750
	99090090	履带式起重机 15 t	台班	17.3680	17.3680
		井点降水			
	00190101	综合人工	工日	86.5985	74.5434
	04030119	黄砂 中粗	kg	95423.8016	95423.8016
	17030102	镀锌焊接钢管	kg	0.1968	0.1968
	34110101	水	m^3	566.8908	566.8908
	35040961	喷射井点总管 ϕ159×6	m	4.2593	4.2593
	35040971	喷射井点井管 ϕ76	m	30.3144	30.3144
	35041011	喷射井点滤网管	根	3.4984	3.4984
	35041021	喷射井点回水连接件	副	2.1884	2.1884
	35041031	喷射井点腰子法兰	副	0.9925	0.9925
	35041041	喷射井点水箱	kg	34.9674	34.9674
	35041051	喷射井点喷射器	只	4.6748	4.6748
	99090080	履带式起重机 10 t	台班	11.5200	11.5200
	99350120	液压钻机 G-2A	台班	4.4160	4.4160
	99440010	电动单级离心清水泵 ϕ50	台班	−297.9900	−325.0800
	99440150	电动多级离心清水泵 ϕ150×180 m 以下	台班	41.9300	41.9300
	99440210	污水泵 ϕ100	台班	11.0400	11.0400

第六节　玻璃纤维增强塑料夹砂管

工作内容:沟槽挖土、沟槽排水、井点降水、沟槽围护和支撑(钢板桩、撑拆列板)、铺筑管道基础、铺设管道、沟槽回填(黄砂及素土)、土方场内运输、砌筑检查井等。

定　额　编　号			J-1-6-1 A(B)	J-1-6-2 A(B)	J-1-6-3 A(B)	J-1-6-4 A(B)
项　　目			DN300			
			玻璃纤维增强塑料夹砂管(FRPM)			
			1.5 m	2.0 m	2.5 m	≤3.0 m
			100 m	100 m	100 m	100 m
预算定额编号	预算定额名称	预算定额单位	数　量			
52-1-2-1	机械挖沟槽土方 深≤3 m 现场抛土	m^3	204.7500	273.0000	341.2500	392.4400
52-1-3-1	沟槽回填 夯填土	m^3	132.7700 (65.9800)	199.5600 (132.7700)	266.3500 (199.5600)	316.0800 (249.2900)
53-1-3-2	场内运输 自卸汽车装运土(运距1 km以内)	m^3	180.0300 (132.4600)	260.4700 (193.6800)	340.9100 (274.1200)	400.8780 (334.0880)
52-1-3-4	沟槽回填 黄砂	m^3	33.9200 (100.7100)	33.9200 (100.7100)	33.9200 (100.7100)	33.9200 (100.7100)
52-1-4-1	管道垫层 黄砂垫层	m^3	6.3100	6.3100	6.3100	6.3100
52-1-4-3	管道垫层 砾石砂垫层	m^3	19.4100	19.4100	19.4100	19.8000
52-1-5-1	管道基座 混凝土 C20	m^3	0.6300			
52-1-5-1换1	管道基座 混凝土 C15	m^3	0.2400	0.6300	0.6300	1.1400
52-1-5-2	管道基座 钢筋	t	0.0360			
52-1-6-33	管道铺设 玻璃纤维增强塑料夹砂管(FRPM)每节 3 m以下 DN300	100 m	0.0982	0.0982	0.0982	0.0982
52-1-6-50	管道铺设 玻璃纤维增强塑料夹砂管(FRPM)每节 3 m以上 DN300	100 m	0.8838	0.8838	0.8838	0.8838
52-3-1-1	砖砌检查井及雨水口 检查井深≤2.5 m	m^3	3.5400	4.1700	5.4000	
52-3-1-2	砖砌检查井及雨水口 检查井深≤4 m	m^3				9.0000
52-3-2-1	水泥砂浆抹面 检查井	m^2	29.0400	33.9300	44.0100	66.0900
52-3-6-1	安装防坠格板 新建工程	只	3.0000	3.0000	3.0000	3.0000
52-3-9-3	安装盖板及盖座 铸铁盖座	套	3.0000	3.0000	3.0000	3.0000
52-3-9-4	安装盖板及盖座 防沉降检查井盖板	块	3.0000	3.0000	3.0000	3.0000
52-4-5-1	模板工程 模板 管道基座	m^2	2.1300	2.1300	2.1300	2.8500
53-9-1-1	施工排水、降水 湿土排水	m^3	68.2500	136.5000	204.7500	255.9400
53-9-1-3	施工排水、降水 筑拆竹箩滤井	座	2.5000	2.5000	2.5000	2.5000

(续表)

定额编号			J-1-6-1 A(B)	J-1-6-2 A(B)	J-1-6-3 A(B)	J-1-6-4 A(B)
项目			DN300			
			玻璃纤维增强塑料夹砂管(FRPM)			
			1.5 m	2.0 m	2.5 m	≤3.0 m
			100 m	100 m	100 m	100 m
预算定额编号	预算定额名称	预算定额单位	数量			
	调整项目					
	围护支撑					
52-4-2-1	满堂撑拆列板 深≤1.5 m,双面	100 m	1.0000			
52-4-2-2	满堂撑拆列板 深≤2.0 m,双面	100 m		1.0000		
52-4-2-3	满堂撑拆列板 深≤2.5 m,双面	100 m			1.0000	
52-4-2-4	满堂撑拆列板 深≤3.0 m,双面	100 m				1.0000
52-4-2-5	撑拆列板 列板使用费	t·d	109.0000	152.0000	174.0000	210.0000
52-4-2-6	列板支撑使用费	t·d	39.0000	53.0000	67.0000	80.0000
	井点降水					
53-9-1-1	施工排水、降水 湿土排水	m^3				−255.9400
53-9-1-5	施工排水、降水 轻型井点安装	根				83.0000
53-9-1-6	施工排水、降水 轻型井点拆除	根				83.0000
53-9-1-7	施工排水、降水 轻型井点使用	套·天				22.0000

工作内容:沟槽挖土、沟槽排水、井点降水、沟槽围护和支撑(钢板桩、撑拆列板)、铺筑管道基础、铺设管道、沟槽回填(黄砂及素土)、土方场内运输、砌筑检查井等。

定额编号				J-1-6-1 A(B)	J-1-6-2 A(B)	J-1-6-3 A(B)	J-1-6-4 A(B)
项目				DN300			
				玻璃纤维增强塑料夹砂管(FRPM)			
				1.5 m	2.0 m	2.5 m	≤3.0 m
名称			单位	100 m	100 m	100 m	100 m
人工	00190101	综合人工	工日	92.0703 (94.4469)	119.0498 (120.7863)	148.4749 (150.2115)	180.3454 (182.0820)
材料	01010211	热轧带肋钢筋(HRB400) ϕ≤10	t	0.0103			
	01010212	热轧带肋钢筋(HRB400) ϕ>10	t	0.0266			
	02090101	塑料薄膜	m^2	5.5814	5.3695	6.3861	10.9182
	03010811	钢塑膨胀铆钉	只	18.3600	18.3600	18.3600	18.3600
	03150101	圆钉	kg	0.4342	0.4342	0.4342	0.5810
	03152501	镀锌铁丝	kg	0.1112			
	04030115	黄砂 中粗	t	71.2967 (189.3814)	71.2967 (189.3814)	71.2967 (189.3814)	71.2967 (189.3814)

（续表）

定　额　编　号				J-1-6-1 A(B)	J-1-6-2 A(B)	J-1-6-3 A(B)	J-1-6-4 A(B)
项　　目				DN300			
				玻璃纤维增强塑料夹砂管(FRPM)			
				1.5 m	2.0 m	2.5 m	≤3.0 m
名　　称			单位	100 m	100 m	100 m	100 m
材料	04030701	砾石砂	t	42.9136	42.9136	42.9136	43.7758
	04050313	道碴 50～70	t	0.3988	0.3988	0.3988	0.3988
	04131711	蒸压灰砂砖	千块	1.9289	2.2722	2.9425	4.8798
	05350301	竹箩	个	2.5000	2.5000	2.5000	2.5000
	17311031	玻璃纤维增强塑料夹砂管(FRPM) DN300 每节长 3 m 以下	m	98.2000	98.2000	98.2000	98.2000
	34110101	水	m^3	5.4348 (15.9542)	5.4313 (15.9507)	5.4482 (15.9676)	5.5232 (16.0426)
	35010102	组合钢模板	kg	1.3628	1.3628	1.3628	1.8234
	35010703	木模板成材	m^3	0.0085	0.0085	0.0085	0.0114
	35020401	钢模零配件	kg	0.5039	0.5039	0.5039	0.6742
	36012831	铸铁检查井雨污水盖座 市政 90 型	套	3.0000	3.0000	3.0000	3.0000
	36016631	防沉降检查井盖板 2500×2000×200	块	3.0000	3.0000	3.0000	3.0000
	36016651	高强度塑料检查井格板	只	3.0600	3.0600	3.0600	3.0600
	36016661	高强度塑料支架	只	9.1800	9.1800	9.1800	9.1800
	80060414	湿拌砌筑砂浆 WM M10.0	m^3	0.8199	0.9658	1.2506	2.1222
	80060513	预拌抹灰砂浆 WP M15.0	m^3	0.7194	0.7972	0.9575	1.3085
	80210410	预拌混凝土(泵送型) C15 粒径 5～20	m^3	0.2424	0.6363	0.6363	1.1514
	80210414	预拌混凝土(泵送型) C20 粒径 5～20	m^3	0.6363			
机械	99010060	履带式单斗液压挖掘机 1 m^3	台班	0.7985	1.0647	1.3309	1.5305
	99050930	混凝土振捣器 插入式	台班	0.1192	0.0863	0.0863	0.1562
	99050940	混凝土振捣器 平板式	台班	2.3971 (4.8750)	2.3642 (4.8421)	2.3642 (4.8421)	2.4504 (4.9283)
	99070220	轮胎式装载机 1 m^3	台班	0.8461 (0.6226)	1.2242 (0.9103)	1.6023 (1.2884)	1.8841 (1.5702)
	99070540	载重汽车 6 t	台班	0.0034	0.0034	0.0034	0.0046
	99070588	载重汽车 12 t	台班	1.2962 (0.9537)	1.8754 (1.3945)	2.4546 (1.9737)	2.8863 (2.4054)
	99090360	汽车式起重机 8 t	台班	0.2273	0.2273	0.2273	0.2281

(续表)

定额编号				J-1-6-1 A(B)	J-1-6-2 A(B)	J-1-6-3 A(B)	J-1-6-4 A(B)
项目				DN300			
				玻璃纤维增强塑料夹砂管(FRPM)			
				1.5 m	2.0 m	2.5 m	≤3.0 m
名称			单位	100 m	100 m	100 m	100 m
机械	99091700	手扳葫芦	台班	1.9640	1.9640	1.9640	1.9640
	99130350	内燃夯实机 700 N·m	台班	4.9258 (2.4479)	7.4037 (4.9258)	9.8816 (7.4037)	11.7266 (9.2487)
	99170010	钢筋调直机	台班	0.0175			
	99170025	钢筋切断机	台班	0.0175			
	99210065	木工平刨床 刨削宽度 450	台班	0.0049	0.0049	0.0049	0.0066
	99440010	电动单级离心清水泵 ϕ50	台班	8.1900	16.3800	24.5700	30.7128
调整项目							
		围护支撑					
	00190101	综合人工	工日	21.0741	37.3728	57.0282	78.7933
	03150501	骑马钉	kg	12.6654	16.8872	21.1090	25.3308
	04131711	蒸压灰砂砖	千块	0.1545	0.1545	0.1545	0.1545
	05030101	成材	m^3	0.2778	0.3333	0.4444	0.5000
	35090501	列板使用费	t·d	109.0000	152.0000	174.0000	210.0000
	35090511	列板支撑使用费	t·d	39.0000	53.0000	67.0000	80.0000
	35091731	铁撑板	t	0.1951	0.2788	0.3345	0.4181
	35091771	铁撑柱	kg	69.8920	93.1220	114.6350	139.6830
		井点降水					
	00190101	综合人工	工日				40.9061
	04030115	黄砂 中粗	t				9.4420
	17270201	普通橡胶管	m				14.2440
	34110101	水	m^3				152.3275
	35040921	轻型井点井管 ϕ40	m				21.4436
	35040941	轻型井点井管 ϕ180×4	m				1.0368
	99091380	电动卷扬机单筒快速 10 kN	台班				1.9920
	99350050	轻便钻机 XJ-100	台班				4.7310
	99440010	电动单级离心清水泵 ϕ50	台班				−30.7128
	99440150	电动多级离心清水泵 ϕ150×180 m 以下	台班				3.9840
	99440510	射流井点泵 9.5 m	台班				27.2920

工作内容:沟槽挖土、沟槽排水、井点降水、沟槽围护和支撑(钢板桩、撑拆列板)、铺筑管道基础、铺设管道、沟槽回填(黄砂及素土)、土方场内运输、砌筑检查井等。

定额编号			J-1-6-5 A(B)	J-1-6-6 A(B)	J-1-6-7 A(B)	J-1-6-8 A(B)
项目			DN300			DN400
			玻璃纤维增强塑料夹砂管(FRPM)			
			>3.0 m	3.5 m	≤4.0 m	1.5 m
			100 m	100 m	100 m	100 m
预算定额编号	预算定额名称	预算定额单位	数量			
52-1-2-1	机械挖沟槽土方 深≤3 m 现场抛土	m^3				220.5000
52-1-2-3	机械挖沟槽土方 深≤6 m 现场抛土	m^3	426.5600	477.7500	528.9400	
52-1-3-1	沟槽回填 夯填土	m^3	350.2000 (283.4100)	399.9300 (333.1400)	449.6700 (382.8800)	127.7250 (56.1150)
53-1-3-2	场内运输 自卸汽车装运土(运距1 km以内)	m^3	441.8220 (375.0320)	501.7900 (435.0000)	561.7680 (494.9780)	178.5900 (157.6200)
52-1-3-4	沟槽回填 黄砂	m^3	33.9200 (100.7100)	33.9200 (100.7100)	33.9200 (100.7100)	45.6100 (117.2200)
52-1-4-1	管道垫层 黄砂垫层	m^3	6.3100	6.3100	6.3100	6.7700
52-1-4-3	管道垫层 砾石砂垫层	m^3	19.8000	19.8000	19.8000	20.9250
52-1-5-1	管道基座 混凝土 C20	m^3	1.1400	1.1400	1.1400	0.8100
52-1-5-1换1	管道基座 混凝土 C15	m^3	0.4200	0.4200	0.4200	0.3300
52-1-5-2	管道基座 钢筋	t	0.0570	0.0570	0.0570	0.0480
52-1-6-33	管道铺设 玻璃纤维增强塑料夹砂管(FRPM)每节3 m以下 DN300	100 m	0.0982	0.0982	0.0982	
52-1-6-34	管道铺设 玻璃纤维增强塑料夹砂管(FRPM)每节3 m以下 DN400	100 m				0.0978
52-1-6-50	管道铺设 玻璃纤维增强塑料夹砂管(FRPM)每节3 m以上 DN300	100 m	0.8838	0.8838	0.8838	
52-1-6-51	管道铺设 玻璃纤维增强塑料夹砂管(FRPM)每节3 m以上 DN400	100 m				0.8798
52-3-1-1	砖砌检查井及雨水口 检查井 深≤2.5 m	m^3				3.6000
52-3-1-2	砖砌检查井及雨水口 检查井 深≤4 m	m^3	9.0000	11.4600	13.9500	
52-3-2-1	水泥砂浆抹面 检查井	m^2	66.0900	79.5300	92.9700	27.7200
52-3-6-1	安装防坠格板 新建工程	只	3.0000	3.0000	3.0000	3.0000

（续表）

定额编号			J-1-6-5 A(B)	J-1-6-6 A(B)	J-1-6-7 A(B)	J-1-6-8 A(B)
项目			DN300			DN400
			玻璃纤维增强塑料夹砂管(FRPM)			
			＞3.0 m	3.5 m	≤4.0 m	1.5 m
			100 m	100 m	100 m	100 m
预算定额编号	预算定额名称	预算定额单位	数量			
52-3-9-3	安装盖板及盖座 铸铁盖座	套	3.0000	3.0000	3.0000	3.0000
52-3-9-4	安装盖板及盖座 防沉降检查井盖板	块	3.0000	3.0000	3.0000	3.0000
52-4-5-1	模板工程 模板 管道基座	m^2	2.8500	2.8500	2.8500	2.4000
53-9-1-1	施工排水、降水 湿土排水	m^3	290.0600	341.2500	392.4400	73.5000
53-9-1-3	施工排水、降水 筑拆竹箩滤井	座	2.5000	2.5000	2.5000	2.5000
调整项目						
	围护支撑					
52-4-3-1	打槽型钢板桩 长 4.00～6.00 m，单面	100 m	2.0000	2.0000	2.0000	
52-4-3-6	拔槽型钢板桩 长 4.00～6.00 m，单面	100 m	2.0000	2.0000	2.0000	
52-4-3-11	打拔沟槽钢板桩 槽型钢板桩使用费	t·d	1852.0000	1852.0000	1852.0000	
52-4-4-1	安拆钢板桩支撑 槽宽≤3.0 m 深 3.01～4.00 m	100 m	1.0000	1.0000	1.0000	
52-4-4-14	钢板桩支撑使用费	t·d	87.0000	87.0000	87.0000	
52-4-2-1	满堂撑拆列板 深≤1.5 m，双面	100 m				1.0000
52-4-2-5	撑拆列板 列板使用费	t·d				109.0000
52-4-2-6	列板支撑使用费	t·d				39.0000
	井点降水					
53-9-1-1	施工排水、降水 湿土排水	m^3	−290.0600	−341.2500	−392.4400	
53-9-1-5	施工排水、降水 轻型井点安装	根	83.0000	83.0000	83.0000	
53-9-1-6	施工排水、降水 轻型井点拆除	根	83.0000	83.0000	83.0000	
53-9-1-7	施工排水、降水 轻型井点使用	套·天	22.0000	22.0000	22.0000	

工作内容：沟槽挖土、沟槽排水、井点降水、沟槽围护和支撑(钢板桩、撑拆列板)、铺筑管道基础、铺设管道、沟槽回填(黄砂及素土)、土方场内运输、砌筑检查井等。

定额编号				J-1-6-5 A(B)	J-1-6-6 A(B)	J-1-6-7 A(B)	J-1-6-8 A(B)
项目				DN300			DN400
				玻璃纤维增强塑料夹砂管(FRPM)			
				>3.0 m	3.5 m	≤4.0 m	1.5 m
名称			单位	100 m	100 m	100 m	100 m
人工	00190101	综合人工	工日	197.2244 (198.9611)	224.1849 (225.9215)	251.2170 (252.9536)	96.8123 (100.3604)
材料	01010211	热轧带肋钢筋(HRB400) $\phi\leqslant10$	t	0.0164	0.0164	0.0164	0.0138
	01010212	热轧带肋钢筋(HRB400) $\phi>10$	t	0.0421	0.0421	0.0421	0.0354
	02090101	塑料薄膜	m^2	12.2002	14.2334	16.2914	6.4551
	03010811	钢塑膨胀铆钉	只	18.3600	18.3600	18.3600	18.3600
	03150101	圆钉	kg	0.5810	0.5810	0.5810	0.4893
	03152501	镀锌铁丝	kg	0.1761	0.1761	0.1761	0.1483
	04030115	黄砂 中粗	t	71.2967 (189.3814)	71.2967 (189.3814)	71.2967 (189.3814)	92.7779 (219.3844)
	04030701	砾石砂	t	43.7758	43.7758	43.7758	46.2631
	04050313	道碴 50～70	t	0.3988	0.3988	0.3988	0.3988
	04131711	蒸压灰砂砖	千块	4.8798	6.2136	7.5637	1.9616
	05350301	竹箩	个	2.5000	2.5000	2.5000	2.5000
	17311031	玻璃纤维增强塑料夹砂管(FRPM) DN300 每节长 3 m 以下	m	98.2000	98.2000	98.2000	
	17311033	玻璃纤维增强塑料夹砂管(FRPM) DN400 每节长 3 m 以下	m				97.7600
	34110101	水	m^3	5.5444 (16.0638)	5.5781 (16.0975)	5.6122 (16.1316)	7.2903 (18.5689)
	35010102	组合钢模板	kg	1.8234	1.8234	1.8234	1.5355
	35010703	木模板成材	m^3	0.0114	0.0114	0.0114	0.0096
	35020401	钢模零配件	kg	0.6742	0.6742	0.6742	0.5678
	36012831	铸铁检查井雨污水盖座 市政 90 型	套	3.0000	3.0000	3.0000	3.0000
	36016631	防沉降检查井盖板 2500×2000×200	块	3.0000	3.0000	3.0000	3.0000
	36016651	高强度塑料检查井格板	只	3.0600	3.0600	3.0600	3.0600
	36016661	高强度塑料支架	只	9.1800	9.1800	9.1800	9.1800

（续表）

定额编号				J-1-6-5 A(B)	J-1-6-6 A(B)	J-1-6-7 A(B)	J-1-6-8 A(B)
项目				DN300			DN400
				玻璃纤维增强塑料夹砂管(FRPM)			
				>3.0 m	3.5 m	≤4.0 m	1.5 m
名称			单位	100 m	100 m	100 m	100 m
材料	80060414	湿拌砌筑砂浆 WM M10.0	m^3	2.1222	2.7023	3.2894	0.8338
	80060513	预拌抹灰砂浆 WP M15.0	m^3	1.3085	1.5222	1.7359	0.6984
	80210410	预拌混凝土(泵送型) C15 粒径 5～20	m^3	0.4242	0.4242	0.4242	0.3333
	80210414	预拌混凝土(泵送型) C20 粒径 5～20	m^3	1.1514	1.1514	1.1514	0.8181
机械	99010060	履带式单斗液压挖掘机 1 m^3	台班	1.7489	1.9588	2.1687	0.8600
	99050930	混凝土振捣器 插入式	台班	0.2137	0.2137	0.2137	0.1562
	99050940	混凝土振捣器 平板式	台班	2.5079 (4.9858)	2.5079 (4.9858)	2.5079 (4.9858)	2.9463 (5.6031)
	99070220	轮胎式装载机 1 m^3	台班	2.0766 (1.7627)	2.3584 (2.0445)	2.6403 (2.3264)	0.8394 (0.7408)
	99070540	载重汽车 6 t	台班	0.0046	0.0046	0.0046	0.0038
	99070588	载重汽车 12 t	台班	3.1811 (2.7002)	3.6129 (3.1320)	4.0447 (3.5638)	1.2858 (1.1349)
	99090360	汽车式起重机 8 t	台班	0.2281	0.2281	0.2281	0.2276
	99091700	手扳葫芦	台班	1.9640	1.9640	1.9640	1.9552
	99130350	内燃夯实机 700 N·m	台班	12.9924 (10.5145)	14.8374 (12.3595)	16.6828 (14.2048)	4.7386 (2.0819)
	99170010	钢筋调直机	台班	0.0277	0.0277	0.0277	0.0233
	99170025	钢筋切断机	台班	0.0277	0.0277	0.0277	0.0233
	99210065	木工平刨床 刨削宽度 450	台班	0.0066	0.0066	0.0066	0.0055
	99440010	电动单级离心清水泵 ϕ50	台班	34.8072	40.9500	47.0928	8.8200
调整项目							
		围护支撑					
	00190101	综合人工	工日	447.5882	447.5882	447.5882	21.0741
	03152501	镀锌铁丝	kg	15.0000	15.0000	15.0000	
	04030115	黄砂 中粗	t	15.8236	15.8236	15.8236	
	05030101	成材	m^3	0.5955	0.5955	0.5955	0.2778
	35090121	槽型钢板桩	t	1.3350	1.3350	1.3350	

（续表）

定额编号			J-1-6-5 A(B)	J-1-6-6 A(B)	J-1-6-7 A(B)	J-1-6-8 A(B)
项目			DN300			DN400
			玻璃纤维增强塑料夹砂管(FRPM)			
			>3.0 m	3.5 m	≤4.0 m	1.5 m
名称		单位	100 m	100 m	100 m	100 m
35090131	槽型钢板桩使用费	t·d	1852.0000	1852.0000	1852.0000	
35090611	钢板桩支撑使用费	t·d	87.0000	87.0000	87.0000	
35091771	铁撑柱	kg	70.5300	70.5300	70.5300	69.8920
35091901	钢桩帽摊销	kg	90.9300	90.9300	90.9300	
99030080	轨道式柴油打桩机 0.6 t	台班	20.1323	20.1323	20.1323	
99030690	简易拔桩架	台班	23.9558	23.9558	23.9558	
99090075	履带式起重机 8 t	台班	3.4125	3.4125	3.4125	
03150501	骑马钉	kg				12.6654
04131711	蒸压灰砂砖	千块				0.1545
35091731	铁撑板	t				0.1951
35090501	列板使用费	t·d				109.0000
35090511	列板支撑使用费	t·d				39.0000
	井点降水					
00190101	综合人工	工日	39.0841	36.3506	33.6170	
04030115	黄砂 中粗	t	9.4420	9.4420	9.4420	
17270201	普通橡胶管	m	14.2440	14.2440	14.2440	
34110101	水	m^3	152.3275	152.3275	152.3275	
35040921	轻型井点井管 ϕ40	m	21.4436	21.4436	21.4436	
35040941	轻型井点井管 ϕ180×4	m	1.0368	1.0368	1.0368	
99091380	电动卷扬机单筒快速 10 kN	台班	1.9920	1.9920	1.9920	
99350050	轻便钻机 XJ-100	台班	4.7310	4.7310	4.7310	
99440010	电动单级离心清水泵 ϕ50	台班	−34.8072	−40.9500	−47.0928	
99440150	电动多级离心清水泵 ϕ150×180 m以下	台班	3.9840	3.9840	3.9840	
99440510	射流井点泵 9.5 m	台班	27.2920	27.2920	27.2920	

工作内容：沟槽挖土、沟槽排水、井点降水、沟槽围护和支撑(钢板桩、撑拆列板)、铺筑管道基础、铺设管道、沟槽回填(黄砂及素土)、土方场内运输、砌筑检查井等。

定额编号			J-1-6-9 A(B)	J-1-6-10 A(B)	J-1-6-11 A(B)	J-1-6-12 A(B)
项目			DN400			
			玻璃纤维增强塑料夹砂管(FRPM)			
			2.0 m	2.5 m	≤3.0 m	>3.0 m
			100 m	100 m	100 m	100 m
预算定额编号	预算定额名称	预算定额单位	数量			
52-1-2-1	机械挖沟槽土方 深≤3 m 现场抛土	m^3	294.0000	367.5000	422.6300	
52-1-2-3	机械挖沟槽土方 深≤6 m 现场抛土	m^3				459.3800
52-1-3-1	沟槽回填 夯填土	m^3	199.3350 (127.7250)	270.9450 (199.3350)	322.9200 (251.3100)	359.6700 (288.0600)
53-1-3-2	场内运输 自卸汽车装运土(运距1 km以内)	m^3	264.9000 (193.2900)	351.2100 (279.6000)	414.1660 (342.5560)	458.2660 (386.6560)
52-1-3-4	沟槽回填 黄砂	m^3	45.6100 (117.2200)	45.6100 (117.2200)	45.6100 (117.2200)	45.6100 (117.2200)
52-1-4-1	管道垫层 黄砂垫层	m^3	6.7700	6.7700	6.7200	6.7200
52-1-4-3	管道垫层 砾石砂垫层	m^3	20.9250	20.9250	21.0300	21.0300
52-1-5-1	管道基座 混凝土 C20	m^3				1.1400
52-1-5-1换1	管道基座 混凝土 C15	m^3	0.8100	0.8100	1.1400	0.4200
52-1-5-2	管道基座 钢筋	t				0.0570
52-1-6-34	管道铺设 玻璃纤维增强塑料夹砂管(FRPM)每节3 m以下 DN400	100 m	0.0978	0.0978	0.0978	0.0978
52-1-6-51	管道铺设 玻璃纤维增强塑料夹砂管(FRPM)每节3 m以上 DN400	100 m	0.8798	0.8798	0.8798	0.8798
52-3-1-1	砖砌检查井及雨水口 检查井深≤2.5 m	m^3	5.0100	6.4500		
52-3-1-2	砖砌检查井及雨水口 检查井深≤4 m	m^3			9.0000	9.0000
52-3-2-1	水泥砂浆抹面 检查井	m^2	39.6000	51.4800	66.0900	66.0900
52-3-6-1	安装防坠格板 新建工程	只	3.0000	3.0000	3.0000	3.0000
52-3-9-3	安装盖板及盖座 铸铁盖座	套	3.0000	3.0000	3.0000	3.0000
52-3-9-4	安装盖板及盖座 防沉降检查井盖板	块	3.0000	3.0000	3.0000	3.0000

（续表）

定额编号			J-1-6-9 A(B)	J-1-6-10 A(B)	J-1-6-11 A(B)	J-1-6-12 A(B)
项目			DN400			
			玻璃纤维增强塑料夹砂管(FRPM)			
			2.0 m	2.5 m	≤3.0 m	>3.0 m
			100 m	100 m	100 m	100 m
预算定额编号	预算定额名称	预算定额单位	数量			
52-4-5-1	模板工程 模板 管道基座	m^2	2.4000	2.4000	2.8500	2.8500
53-9-1-1	施工排水、降水 湿土排水	m^3	147.0000	220.5000	275.6300	312.3800
53-9-1-3	施工排水、降水 筑拆竹箩滤井	座	2.5000	2.5000	2.5000	2.5000
调整项目						
	围护支撑					
52-4-2-2	满堂撑拆列板 深≤2.0 m,双面	100 m	1.0000			
52-4-2-3	满堂撑拆列板 深≤2.5 m,双面	100 m		1.0000		
52-4-2-4	满堂撑拆列板 深≤3.0 m,双面	100 m			1.0000	
52-4-2-5	撑拆列板 列板使用费	t·d	152.0000	174.0000	210.0000	
52-4-2-6	列板支撑使用费	t·d	53.0000	67.0000	80.0000	
52-4-3-1	打槽型钢板桩 长 4.00～6.00 m,单面	100 m				2.0000
52-4-3-6	拔槽型钢板桩 长 4.00～6.00 m,单面	100 m				2.0000
52-4-4-1	安拆钢板桩支撑 槽宽≤3.0 m 深 3.01～4.00 m	100 m				1.0000
52-4-3-11	打拔沟槽钢板桩 槽型钢板桩使用费	t·d				1852.0000
52-4-4-14	钢板桩支撑使用费	t·d				87.0000
	井点降水					
53-9-1-1	施工排水、降水 湿土排水	m^3			−275.6300	−312.3800
53-9-1-5	施工排水、降水 轻型井点安装	根			83.0000	83.0000
53-9-1-6	施工排水、降水 轻型井点拆除	根			83.0000	83.0000
53-9-1-7	施工排水、降水 轻型井点使用	套·天			22.0000	22.0000

工作内容：沟槽挖土、沟槽排水、井点降水、沟槽围护和支撑（钢板桩、撑拆列板）、铺筑管道基础、铺设管道、沟槽回填（黄砂及素土）、土方场内运输、砌筑检查井等。

定额编号				J-1-6-9 A(B)	J-1-6-10 A(B)	J-1-6-11 A(B)	J-1-6-12 A(B)
项目				DN400			
				玻璃纤维增强塑料夹砂管(FRPM)			
				2.0 m	2.5 m	≤3.0 m	>3.0 m
名称			单位	100 m	100 m	100 m	100 m
人工	00190101	综合人工	工日	128.3119 (130.1737)	160.3163 (162.1781)	189.3777 (191.2395)	207.5162 (209.3779)
材料	01010211	热轧带肋钢筋(HRB400) $\phi\leqslant10$	t				0.0164
	01010212	热轧带肋钢筋(HRB400) $\phi>10$	t				0.0421
	02090101	塑料薄膜	m^2	6.6132	7.8033	10.9182	12.2002
	03010811	钢塑膨胀铆钉	只	18.3600	18.3600	18.3600	18.3600
	03150101	圆钉	kg	0.4893	0.4893	0.5810	0.5810
	03152501	镀锌铁丝	kg				0.1761
	04030115	黄砂 中粗	t	92.7779 (219.3844)	92.7779 (219.3844)	92.6895 (219.2960)	92.6895 (219.2960)
	04030701	砾石砂	t	46.2631	46.2631	46.4952	46.4952
	04050313	道碴 50～70	t	0.3988	0.3988	0.3988	0.3988
	04131711	蒸压灰砂砖	千块	2.7299	3.5146	4.8798	4.8798
	05350301	竹箩	个	2.5000	2.5000	2.5000	2.5000
	17311033	玻璃纤维增强塑料夹砂管(FRPM) DN400 每节长 3 m 以下	m	97.7600	97.7600	97.7600	97.7600
	34110101	水	m^3	7.2930 (18.5716)	7.3128 (18.5914)	7.3644 (18.6430)	7.3856 (18.6642)
	35010102	组合钢模板	kg	1.5355	1.5355	1.8234	1.8234
	35010703	木模板成材	m^3	0.0096	0.0096	0.0114	0.0114
	35020401	钢模零配件	kg	0.5678	0.5678	0.6742	0.6742
	36012831	铸铁检查井雨污水盖座 市政 90 型	套	3.0000	3.0000	3.0000	3.0000
	36016631	防沉降检查井盖板 2500×2000×200	块	3.0000	3.0000	3.0000	3.0000
	36016651	高强度塑料检查井格板	只	3.0600	3.0600	3.0600	3.0600
	36016661	高强度塑料支架	只	9.1800	9.1800	9.1800	9.1800
	80060414	湿拌砌筑砂浆 WM M10.0	m^3	1.1603	1.4938	2.1222	2.1222
	80060513	预拌抹灰砂浆 WP M15.0	m^3	0.8873	1.0762	1.3085	1.3085
	80210410	预拌混凝土(泵送型) C15 粒径 5～20	m^3	0.8181	0.8181	1.1514	0.4242
	80210414	预拌混凝土(泵送型) C20 粒径 5～20	m^3				1.1514

（续表）

定额编号				J-1-6-9 A(B)	J-1-6-10 A(B)	J-1-6-11 A(B)	J-1-6-12 A(B)
项目				DN400			
				玻璃纤维增强塑料夹砂管(FRPM)			
				2.0 m	2.5 m	≤3.0 m	>3.0 m
名称			单位	100 m	100 m	100 m	100 m
机械	99010060	履带式单斗液压挖掘机 1 m^3	台班	1.1466	1.4333	1.6483	1.8835
	99050930	混凝土振捣器 插入式	台班	0.1110	0.1110	0.1562	0.2137
	99050940	混凝土振捣器 平板式	台班	2.9011 (5.5579)	2.9011 (5.5579)	2.9491 (5.6059)	3.0066 (5.6634)
	99070220	轮胎式装载机 1 m^3	台班	1.2450 (0.9085)	1.6507 (1.3141)	1.9466 (1.6100)	2.1539 (1.8173)
	99070540	载重汽车 6 t	台班	0.0038	0.0038	0.0046	0.0046
	99070588	载重汽车 12 t	台班	1.9073 (1.3917)	2.5287 (2.0131)	2.9820 (2.4664)	3.2995 (2.7839)
	99090360	汽车式起重机 8 t	台班	0.2276	0.2276	0.2281	0.2281
	99091700	手扳葫芦	台班	1.9552	1.9552	1.9552	1.9552
	99130350	内燃夯实机 700 N·m	台班	7.3953 (4.7386)	10.0521 (7.3953)	11.9803 (9.3236)	13.3438 (10.6870)
	99170010	钢筋调直机	台班				0.0277
	99170025	钢筋切断机	台班				0.0277
	99210065	木工平刨床 刨削宽度 450	台班	0.0055	0.0055	0.0066	0.0066
	99440010	电动单级离心清水泵 ϕ50	台班	17.6400	26.4600	33.0756	37.4856
调整项目							
		围护支撑					
	00190101	综合人工	工日	37.3728	57.0282	78.7933	447.5882
	03150501	骑马钉	kg	16.8872	21.1090	25.3308	
	04131711	蒸压灰砂砖	千块	0.1545	0.1545	0.1545	
	05030101	成材	m^3	0.3333	0.4444	0.5000	0.5955
	35090501	列板使用费	t·d	152.0000	174.0000	210.0000	
	35090511	列板支撑使用费	t·d	53.0000	67.0000	80.0000	
	35091731	铁撑板	t	0.2788	0.3345	0.4181	
	35091771	铁撑柱	kg	93.1220	114.6350	139.6830	70.5300

（续表）

定额编号				J-1-6-9 A(B)	J-1-6-10 A(B)	J-1-6-11 A(B)	J-1-6-12 A(B)
项目				DN400			
				玻璃纤维增强塑料夹砂管(FRPM)			
				2.0 m	2.5 m	≤3.0 m	>3.0 m
名称			单位	100 m	100 m	100 m	100 m
	35090121	槽型钢板桩	t				1.3350
	35091901	钢桩帽摊销	kg				90.9300
	04030115	黄砂 中粗	t				15.8236
	03152501	镀锌铁丝	kg				15.0000
	35090131	槽型钢板桩使用费	t·d				1852.0000
	35090611	钢板桩支撑使用费	t·d				87.0000
	99030080	轨道式柴油打桩机 0.6 t	台班				20.1323
	99030690	简易拔桩架	台班				23.9558
	99090075	履带式起重机 8 t	台班				3.4125
		井点降水					
	00190101	综合人工	工日			39.8547	37.8922
	04030115	黄砂 中粗	t			9.4420	9.4420
	17270201	普通橡胶管	m			14.2440	14.2440
	34110101	水	m^3			152.3275	152.3275
	35040921	轻型井点井管 ϕ40	m			21.4436	21.4436
	35040941	轻型井点井管 ϕ180×4	m			1.0368	1.0368
	99091380	电动卷扬机单筒快速 10 kN	台班			1.9920	1.9920
	99350050	轻便钻机 XJ-100	台班			4.7310	4.7310
	99440010	电动单级离心清水泵 ϕ50	台班			−33.0756	−37.4856
	99440150	电动多级离心清水泵 ϕ150×180 m 以下	台班			3.9840	3.9840
	99440510	射流井点泵 9.5 m	台班			27.2920	27.2920

工作内容:沟槽挖土、沟槽排水、井点降水、沟槽围护和支撑(钢板桩、撑拆列板)、铺筑管道基础、铺设管道、沟槽回填(黄砂及素土)、土方场内运输、砌筑检查井等。

定 额 编 号			J-1-6-13 A(B)	J-1-6-14 A(B)	J-1-6-15 A(B)	J-1-6-16 A(B)
项 目			DN400		DN500	
			玻璃纤维增强塑料夹砂管(FRPM)			
			3.5 m	≤4.0 m	1.5 m	2.0 m
			100 m	100 m	100 m	100 m
预算定额编号	预算定额名称	预算定额单位	数 量			
52-1-2-1	机械挖沟槽土方 深≤3 m 现场抛土	m^3			267.7500	357.0000
52-1-2-3	机械挖沟槽土方 深≤6 m 现场抛土	m^3	514.5000	569.6300		
52-1-3-1	沟槽回填 夯填土	m^3	412.0100 (340.4000)	464.3700 (392.7600)	137.9850 (50.6250)	225.3450 (137.9850)
53-1-3-2	场内运输 自卸汽车装运土(运距1 km以内)	m^3	521.6300 (450.0200)	585.0160 (513.4060)	199.7500 (208.9100)	304.9600 (217.6000)
52-1-3-4	沟槽回填 黄砂	m^3	45.6100 (117.2200)	45.6100 (117.2200)	69.6500 (157.0100)	69.6500 (157.0100)
52-1-4-1	管道垫层 黄砂垫层	m^3	6.7200	6.7200	8.2200	8.2200
52-1-4-3	管道垫层 砾石砂垫层	m^3	21.0300	21.0300	26.1450	26.1450
52-1-5-1	管道基座 混凝土 C20	m^3	1.1400	1.1400	2.4900	2.4900
52-1-5-1换1	管道基座 混凝土 C15	m^3	0.4200	0.4200	0.7500	
52-1-5-2	管道基座 钢筋	t	0.0570	0.0570	0.1410	
52-1-6-34	管道铺设 玻璃纤维增强塑料夹砂管(FRPM)每节3 m以下 DN400	100 m	0.0978	0.0978		
52-1-6-35	管道铺设 玻璃纤维增强塑料夹砂管(FRPM)每节3 m以下 DN500	100 m			0.0970	0.0970
52-1-6-51	管道铺设 玻璃纤维增强塑料夹砂管(FRPM)每节3 m以上 DN400	100 m	0.8798	0.8798		
52-1-6-52	管道铺设 玻璃纤维增强塑料夹砂管(FRPM)每节3 m以上 DN500	100 m			0.8730	0.8730
52-3-1-1	砖砌检查井及雨水口 检查井深≤2.5 m	m^3			4.3500	6.1200
52-3-1-2	砖砌检查井及雨水口 检查井深≤4 m	m^3	11.4600	13.9500		
52-3-2-1	水泥砂浆抹面 检查井	m^2	79.5300	92.9700	29.1600	44.0400
52-3-6-1	安装防坠格板 新建工程	只	3.0000	3.0000	3.0000	3.0000

(续表)

定 额 编 号			J-1-6-13 A(B)	J-1-6-14 A(B)	J-1-6-15 A(B)	J-1-6-16 A(B)
项 目			DN400		DN500	
			玻璃纤维增强塑料夹砂管(FRPM)			
			3.5 m	≤4.0 m	1.5 m	2.0 m
			100 m	100 m	100 m	100 m
预算定额编号	预算定额名称	预算定额单位	数 量			
52-3-9-3	安装盖板及盖座 铸铁盖座	套	3.0000	3.0000	3.0000	3.0000
52-3-9-4	安装盖板及盖座 防沉降检查井盖板	块	3.0000	3.0000	3.0000	3.0000
52-4-5-1	模板工程 模板 管道基座	m^2	2.8500	2.8500	4.9800	4.9800
53-9-1-1	施工排水、降水 湿土排水	m^3	367.5000	422.6300	89.2500	178.5000
53-9-1-3	施工排水、降水 筑拆竹箩滤井	座	2.5000	2.5000	2.5000	2.5000
调整项目						
	围护支撑					
52-4-3-1	打槽型钢板桩 长 4.00～6.00 m,单面	100 m	2.0000	2.0000		
52-4-3-6	拔槽型钢板桩 长 4.00～6.00 m,单面	100 m	2.0000	2.0000		
52-4-3-11	打拔沟槽钢板桩 槽型钢板桩使用费	t·d	1852.0000	1852.0000		
52-4-4-1	安拆钢板桩支撑 槽宽≤3.0 m 深 3.01～4.00 m	100 m	1.0000	1.0000		
52-4-4-14	钢板桩支撑使用费	t·d	87.0000	87.0000		
52-4-2-1	满堂撑拆列板 深≤1.5 m,双面	100 m			1.0000	
52-4-2-5	撑拆列板 列板使用费	t·d			109.0000	152.0000
52-4-2-6	列板支撑使用费	t·d			39.0000	53.0000
52-4-2-2	满堂撑拆列板 深≤2.0 m,双面	100 m				1.0000
	井点降水					
53-9-1-1	施工排水、降水 湿土排水	m^3	−367.5000	−422.6300		
53-9-1-5	施工排水、降水 轻型井点安装	根	83.0000	83.0000		
53-9-1-6	施工排水、降水 轻型井点拆除	根	83.0000	83.0000		
53-9-1-7	施工排水、降水 轻型井点使用	套·天	22.0000	22.0000		

工作内容：沟槽挖土、沟槽排水、井点降水、沟槽围护和支撑（钢板桩、撑拆列板）、铺筑管道基础、铺设管道、沟槽回填（黄砂及素土）、土方场内运输、砌筑检查井等。

定额编号				J-1-6-13 A(B)	J-1-6-14 A(B)	J-1-6-15 A(B)	J-1-6-16 A(B)
项目				DN400		DN500	
				玻璃纤维增强塑料夹砂管(FRPM)			
				3.5 m	≤4.0 m	1.5 m	2.0 m
名称			单位	100 m	100 m	100 m	100 m
人工	00190101	综合人工	工日	235.5866 (237.4484)	263.7324 (265.5943)	118.0895 (123.5749)	155.9889 (158.2602)
材料	01010211	热轧带肋钢筋(HRB400) $\phi\leqslant10$	t	0.0164	0.0164	0.0405	
	01010212	热轧带肋钢筋(HRB400) $\phi>10$	t	0.0421	0.0421	0.1041	
	02090101	塑料薄膜	m^2	14.2334	16.2914	13.4851	12.6587
	03010811	钢塑膨胀铆钉	只	18.3600	18.3600	18.3600	18.3600
	03150101	圆钉	kg	0.5810	0.5810	1.0153	1.0153
	03152501	镀锌铁丝	kg	0.1761	0.1761	0.4357	
	04030115	黄砂 中粗	t	92.6895 (219.2960)	92.6895 (219.2960)	137.8442 (292.2967)	137.8442 (292.2967)
	04030701	砾石砂	t	46.4952	46.4952	57.8040	57.8040
	04050313	道碴 50～70	t	0.3988	0.3988	0.3988	0.3988
	04131711	蒸压灰砂砖	千块	6.2136	7.5637	2.3703	3.3348
	05350301	竹箩	个	2.5000	2.5000	2.5000	2.5000
	17311033	玻璃纤维增强塑料夹砂管(FRPM) DN400 每节长 3 m 以下	m	97.7600	97.7600		
	17311035	玻璃纤维增强塑料夹砂管(FRPM) DN500 每节长 3 m 以下	m			97.0000	97.0000
	34110101	水	m^3	7.4193 (18.6979)	7.4534 (18.7320)	11.1928 (24.9520)	11.1792 (24.9384)
	35010102	组合钢模板	kg	1.8234	1.8234	3.1862	3.1862
	35010703	木模板成材	m^3	0.0114	0.0114	0.0199	0.0199
	35020401	钢模零配件	kg	0.6742	0.6742	1.1781	1.1781
	36012831	铸铁检查井雨污水盖座 市政 90 型	套	3.0000	3.0000	3.0000	3.0000
	36016631	防沉降检查井盖板 2500×2000×200	块	3.0000	3.0000	3.0000	3.0000

（续表）

定额编号				J-1-6-13 A(B)	J-1-6-14 A(B)	J-1-6-15 A(B)	J-1-6-16 A(B)
项目				DN400		DN500	
				玻璃纤维增强塑料夹砂管(FRPM)			
				3.5 m	≤4.0 m	1.5 m	2.0 m
名称			单位	100 m	100 m	100 m	100 m
材料	36016651	高强度塑料检查井格板	只	3.0600	3.0600	3.0600	3.0600
	36016661	高强度塑料支架	只	9.1800	9.1800	9.1800	9.1800
	80060414	湿拌砌筑砂浆 WM M10.0	m^3	2.7023	3.2894	1.0075	1.4174
	80060513	预拌抹灰砂浆 WP M15.0	m^3	1.5222	1.7359	0.7213	0.9579
	80210410	预拌混凝土(泵送型) C15 粒径 5～20	m^3	0.4242	0.4242	0.7575	
	80210414	预拌混凝土(泵送型) C20 粒径 5～20	m^3	1.1514	1.1514	2.5149	2.5149
机械	99010060	履带式单斗液压挖掘机 1 m^3	台班	2.1095	2.3355	1.0442	1.3923
	99050930	混凝土振捣器 插入式	台班	0.2137	0.2137	0.4439	0.3411
	99050940	混凝土振捣器 平板式	台班	3.0066 (5.6634)	3.0066 (5.6634)	4.3918 (7.6329)	4.2890 (7.5301)
	99070220	轮胎式装载机 1 m^3	台班	2.4517 (2.1151)	2.7496 (2.4130)	0.9388 (0.9819)	1.4333 (1.0227)
	99070540	载重汽车 6 t	台班	0.0046	0.0046	0.0080	0.0080
	99070588	载重汽车 12 t	台班	3.7557 (3.2401)	4.2121 (3.6965)	1.4382 (1.5042)	2.1957 (1.5667)
	99090360	汽车式起重机 8 t	台班	0.2281	0.2281	0.2305	0.2305
	99091700	手扳葫芦	台班	1.9552	1.9552	1.9400	1.9400
	99130350	内燃夯实机 700 N·m	台班	15.2856 (12.6288)	17.2281 (14.5714)	5.1192 (1.8782)	8.3603 (5.1192)
	99170010	钢筋调直机	台班	0.0277	0.0277	0.0685	
	99170025	钢筋切断机	台班	0.0277	0.0277	0.0685	
	99210065	木工平刨床 刨削宽度 450	台班	0.0066	0.0066	0.0115	0.0115
	99440010	电动单级离心清水泵 $\phi 50$	台班	44.1000	50.7156	10.7100	21.4200
调整项目							
		围护支撑					
	00190101	综合人工	工日	447.5882	447.5882	21.0741	37.3728
	03152501	镀锌铁丝	kg	15.0000	15.0000		
	04030115	黄砂 中粗	t	15.8236	15.8236		
	05030101	成材	m^3	0.5955	0.5955	0.2778	0.3333
	35090121	槽型钢板桩	t	1.3350	1.3350		

（续表）

定额编号			J-1-6-13 A(B)	J-1-6-14 A(B)	J-1-6-15 A(B)	J-1-6-16 A(B)
项目			DN400		DN500	
			玻璃纤维增强塑料夹砂管(FRPM)			
			3.5 m	≤4.0 m	1.5 m	2.0 m
名称		单位	100 m	100 m	100 m	100 m
	35090131	槽型钢板桩使用费	t·d	1852.0000	1852.0000		
	35090611	钢板桩支撑使用费	t·d	87.0000	87.0000		
	35091771	铁撑柱	kg	70.5300	70.5300	69.8920	93.1220
	35091901	钢桩帽摊销	kg	90.9300	90.9300		
	99030080	轨道式柴油打桩机 0.6 t	台班	20.1323	20.1323		
	99030690	简易拔桩架	台班	23.9558	23.9558		
	99090075	履带式起重机 8 t	台班	3.4125	3.4125		
	03150501	骑马钉	kg			12.6654	16.8872
	04131711	蒸压灰砂砖	千块			0.1545	0.1545
	35091731	铁撑板	t			0.1951	0.2788
	35090501	列板使用费	t·d			109.0000	152.0000
	35090511	列板支撑使用费	t·d			39.0000	53.0000
		井点降水					
	00190101	综合人工	工日	34.9488	32.0049		
	04030115	黄砂 中粗	t	9.4420	9.4420		
	17270201	普通橡胶管	m	14.2440	14.2440		
	34110101	水	m^3	152.3275	152.3275		
	35040921	轻型井点井管 ϕ40	m	21.4436	21.4436		
	35040941	轻型井点井管 ϕ180×4	m	1.0368	1.0368		
	99091380	电动卷扬机单筒快速 10 kN	台班	1.9920	1.9920		
	99350050	轻便钻机 XJ-100	台班	4.7310	4.7310		
	99440010	电动单级离心清水泵 ϕ50	台班	−44.1000	−50.7156		
	99440150	电动多级离心清水泵 ϕ150×180 m 以下	台班	3.9840	3.9840		
	99440510	射流井点泵 9.5 m	台班	27.2920	27.2920		

工作内容:沟槽挖土、沟槽排水、井点降水、沟槽围护和支撑(钢板桩、撑拆列板)、铺筑管道基础、铺设管道、沟槽回填(黄砂及素土)、土方场内运输、砌筑检查井等。

定额编号			J-1-6-17 A(B)	J-1-6-18 A(B)	J-1-6-19 A(B)	J-1-6-20 A(B)
项目			DN500			
			玻璃纤维增强塑料夹砂管(FRPM)			
			2.5 m	≤3.0 m	>3.0 m	3.5 m
			100 m	100 m	100 m	100 m
预算定额编号	预算定额名称	预算定额单位	数量			
52-1-2-1	机械挖沟槽土方 深≤3 m 现场抛土	m^3	446.2500	513.1900		
52-1-2-3	机械挖沟槽土方 深≤6 m 现场抛土	m^3			557.8100	624.7500
52-1-3-1	沟槽回填 夯填土	m^3	312.7050 (225.3450)	376.5300 (289.1700)	421.1500 (333.7900)	485.3100 (397.9500)
53-1-3-2	场内运输 自卸汽车装运土(运距1 km以内)	m^3	410.1700 (322.8100)	487.3280 (399.9680)	540.8720 (453.5120)	618.4200 (531.0600)
52-1-3-4	沟槽回填 黄砂	m^3	69.6500 (157.0100)	69.6500 (157.0100)	69.6500 (157.0100)	69.6500 (157.0100)
52-1-4-1	管道垫层 黄砂垫层	m^3	8.2200	8.1600	8.1600	8.1600
52-1-4-3	管道垫层 砾石砂垫层	m^3	26.1450	26.3700	26.3700	26.3700
52-1-5-1	管道基座 混凝土 C20	m^3	2.4900	3.1800	3.1800	3.9900
52-1-5-1换1	管道基座 混凝土 C15	m^3			0.9600	0.9600
52-1-5-2	管道基座 钢筋	t			0.1770	0.1800
52-1-6-35	管道铺设 玻璃纤维增强塑料夹砂管(FRPM)每节3 m以下 DN500	100 m	0.0970	0.0970	0.0970	0.0970
52-1-6-52	管道铺设 玻璃纤维增强塑料夹砂管(FRPM)每节3 m以上 DN500	100 m	0.8730	0.8730	0.8730	0.8730
52-3-1-1	砖砌检查井及雨水口 检查井 深≤2.5 m	m^3	8.1000			
52-3-1-2	砖砌检查井及雨水口 检查井 深≤4 m	m^3		11.0400	11.0400	14.0100
52-3-2-1	水泥砂浆抹面 检查井	m^2	62.6100	81.7800	81.7800	98.2200
52-3-6-1	安装防坠格板 新建工程	只	3.0000	3.0000	3.0000	3.0000
52-3-9-3	安装盖板及盖座 铸铁盖座	套	3.0000	3.0000	3.0000	3.0000
52-3-9-4	安装盖板及盖座 防沉降检查井盖板	块	3.0000	3.0000	3.0000	3.0000

（续表）

定额编号			J-1-6-17 A(B)	J-1-6-18 A(B)	J-1-6-19 A(B)	J-1-6-20 A(B)
项目			DN500			
			玻璃纤维增强塑料夹砂管(FRPM)			
			2.5 m	≤3.0 m	>3.0 m	3.5 m
			100 m	100 m	100 m	100 m
预算定额编号	预算定额名称	预算定额单位	数量			
52-4-5-1	模板工程 模板 管道基座	m^2	4.9800	5.6100	5.6100	5.6100
53-9-1-1	施工排水、降水 湿土排水	m^3	267.7500	334.6900	379.3100	446.2500
53-9-1-3	施工排水、降水 筑拆竹箩滤井	座	2.5000	2.5000	2.5000	2.5000
调整项目						
	围护支撑					
52-4-2-3	满堂撑拆列板 深≤2.5 m,双面	100 m	1.0000			
52-4-2-4	满堂撑拆列板 深≤3.0 m,双面	100 m		1.0000		
52-4-2-5	撑拆列板 列板使用费	t·d	174.0000	210.0000		
52-4-2-6	列板支撑使用费	t·d	67.0000	80.0000		
52-4-3-1	打槽型钢板桩 长4.00～6.00 m,单面	100 m			2.0000	2.0000
52-4-3-6	拔槽型钢板桩 长4.00～6.00 m,单面	100 m			2.0000	2.0000
52-4-4-1	安拆钢板桩支撑 槽宽≤3.0 m 深3.01～4.00 m	100 m			1.0000	1.0000
52-4-3-11	打拔沟槽钢板桩 槽型钢板桩使用费	t·d			1852.0000	1852.0000
52-4-4-14	钢板桩支撑使用费	t·d			87.0000	87.0000
	井点降水					
53-9-1-1	施工排水、降水 湿土排水	m^3		−334.6900	−379.3100	−446.2500
53-9-1-5	施工排水、降水 轻型井点安装	根		83.0000	83.0000	83.0000
53-9-1-6	施工排水、降水 轻型井点拆除	根		83.0000	83.0000	83.0000
53-9-1-7	施工排水、降水 轻型井点使用	套·天		22.0000	22.0000	22.0000

工作内容：沟槽挖土、沟槽排水、井点降水、沟槽围护和支撑(钢板桩、撑拆列板)、铺筑管道基础、铺设管道、沟槽回填(黄砂及素土)、土方场内运输、砌筑检查井等。

定额编号				J-1-6-17 A(B)	J-1-6-18 A(B)	J-1-6-19 A(B)	J-1-6-20 A(B)
项目				DN500			
				玻璃纤维增强塑料夹砂管(FRPM)			
				2.5 m	≤3.0 m	>3.0 m	3.5 m
名称			单位	100 m	100 m	100 m	100 m
人工	00190101	综合人工	工日	196.1324 (198.4038)	231.7385 (234.0098)	254.6308 (256.9021)	289.2316 (291.5029)
材料	01010211	热轧带肋钢筋(HRB400) $\phi\leqslant10$	t			0.0508	0.0517
	01010212	热轧带肋钢筋(HRB400) $\phi>10$	t			0.1306	0.1328
	02090101	塑料薄膜	m^2	14.2952	18.8312	21.7615	26.6887
	03010811	钢塑膨胀铆钉	只	18.3600	18.3600	18.3600	18.3600
	03150101	圆钉	kg	1.0153	1.1437	1.1437	1.1437
	03152501	镀锌铁丝	kg			0.5469	0.5562
	04030115	黄砂 中粗	t	137.8442 (292.2967)	137.7381 (292.1906)	137.7381 (292.1906)	137.7381 (292.1906)
	04030701	砾石砂	t	57.8040	58.3014	58.3014	58.3014
	04050313	道碴 50～70	t	0.3988	0.3988	0.3988	0.3988
	04131711	蒸压灰砂砖	千块	4.4137	5.9859	5.9859	7.5962
	05350301	竹箩	个	2.5000	2.5000	2.5000	2.5000
	17311035	玻璃纤维增强塑料夹砂管(FRPM) DN500 每节长 3 m 以下	m	97.0000	97.0000	97.0000	97.0000
	34110101	水	m^3	11.2064 (24.9656)	11.2814 (25.0406)	11.3298 (25.0890)	11.4113 (25.1705)
	35010102	组合钢模板	kg	3.1862	3.5893	3.5893	3.5893
	35010703	木模板成材	m^3	0.0199	0.0224	0.0224	0.0224
	35020401	钢模零配件	kg	1.1781	1.3272	1.3272	1.3272
	36012831	铸铁检查井雨污水盖座 市政 90 型	套	3.0000	3.0000	3.0000	3.0000
	36016631	防沉降检查井盖板 2500×2000×200	块	3.0000	3.0000	3.0000	3.0000
	36016651	高强度塑料检查井格板	只	3.0600	3.0600	3.0600	3.0600
	36016661	高强度塑料支架	只	9.1800	9.1800	9.1800	9.1800
	80060414	湿拌砌筑砂浆 WM M10.0	m^3	1.8760	2.6032	2.6032	3.3036
	80060513	预拌抹灰砂浆 WP M15.0	m^3	1.2532	1.5580	1.5580	1.8194
	80210410	预拌混凝土(泵送型) C15 粒径 5～20	m^3			0.9696	0.9696
	80210414	预拌混凝土(泵送型) C20 粒径 5～20	m^3	2.5149	3.2118	3.2118	4.0299

（续表）

定额编号				J-1-6-17 A(B)	J-1-6-18 A(B)	J-1-6-19 A(B)	J-1-6-20 A(B)
项目				DN500			
				玻璃纤维增强塑料夹砂管(FRPM)			
				2.5 m	≤3.0 m	>3.0 m	3.5 m
名称			单位	100 m	100 m	100 m	100 m
机械	99010060	履带式单斗液压挖掘机 1 m^3	台班	1.7404	2.0014	2.2870	2.5615
	99050930	混凝土振捣器 插入式	台班	0.3411	0.4357	0.5672	0.6781
	99050940	混凝土振捣器 平板式	台班	4.2890 (7.5301)	4.3910 (7.6321)	4.5225 (7.7636)	4.6334 (7.8745)
	99070220	轮胎式装载机 1 m^3	台班	1.9278 (1.5172)	2.2904 (1.8798)	2.5421 (2.1315)	2.9066 (2.4960)
	99070540	载重汽车 6 t	台班	0.0080	0.0090	0.0090	0.0090
	99070588	载重汽车 12 t	台班	2.9532 (2.3242)	3.5088 (2.8798)	3.8943 (3.2653)	4.4526 (3.8236)
	99090360	汽车式起重机 8 t	台班	0.2305	0.2312	0.2312	0.2312
	99091700	手扳葫芦	台班	1.9400	1.9400	1.9400	1.9400
	99130350	内燃夯实机 700 N·m	台班	11.6014 (8.3603)	13.9693 (10.7282)	15.6247 (12.3836)	18.0050 (14.7639)
	99170010	钢筋调直机	台班			0.0860	0.0875
	99170025	钢筋切断机	台班			0.0860	0.0875
	99210065	木工平刨床 刨削宽度 450	台班	0.0115	0.0129	0.0129	0.0129
	99440010	电动单级离心清水泵 ϕ50	台班	32.1300	40.1628	45.5172	53.5500
调整项目							
		围护支撑					
	00190101	综合人工	工日	57.0282	78.7933	447.5882	447.5882
	03150501	骑马钉	kg	21.1090	25.3308		
	04131711	蒸压灰砂砖	千块	0.1545	0.1545		
	05030101	成材	m^3	0.4444	0.5000	0.5955	0.5955
	35090501	列板使用费	t·d	174.0000	210.0000		
	35090511	列板支撑使用费	t·d	67.0000	80.0000		
	35091731	铁撑板	t	0.3345	0.4181		
	35091771	铁撑柱	kg	114.6350	139.6830	70.5300	70.5300

（续表）

定额编号			J-1-6-17 A(B)	J-1-6-18 A(B)	J-1-6-19 A(B)	J-1-6-20 A(B)
项目			DN500			
			玻璃纤维增强塑料夹砂管(FRPM)			
			2.5 m	≤3.0 m	>3.0 m	3.5 m
名称		单位	100 m	100 m	100 m	100 m
35090121	槽型钢板桩	t			1.3350	1.3350
35091901	钢桩帽摊销	kg			90.9300	90.9300
04030115	黄砂 中粗	t			15.8236	15.8236
03152501	镀锌铁丝	kg			15.0000	15.0000
35090131	槽型钢板桩使用费	t·d			1852.0000	1852.0000
35090611	钢板桩支撑使用费	t·d			87.0000	87.0000
99030080	轨道式柴油打桩机 0.6 t	台班			20.1323	20.1323
99030690	简易拔桩架	台班			23.9558	23.9558
99090075	履带式起重机 8 t	台班			3.4125	3.4125
	井点降水					
00190101	综合人工	工日		36.7009	34.3181	30.7436
04030115	黄砂 中粗	t		9.4420	9.4420	9.4420
17270201	普通橡胶管	m		14.2440	14.2440	14.2440
34110101	水	m^3		152.3275	152.3275	152.3275
35040921	轻型井点井管 ϕ40	m		21.4436	21.4436	21.4436
35040941	轻型井点井管 ϕ180×4	m		1.0368	1.0368	1.0368
99091380	电动卷扬机单筒快速 10 kN	台班		1.9920	1.9920	1.9920
99350050	轻便钻机 XJ-100	台班		4.7310	4.7310	4.7310
99440010	电动单级离心清水泵 ϕ50	台班		−40.1628	−45.5172	−53.5500
99440150	电动多级离心清水泵 ϕ150×180 m以下	台班		3.9840	3.9840	3.9840
99440510	射流井点泵 9.5 m	台班		27.2920	27.2920	27.2920

工作内容：沟槽挖土、沟槽排水、井点降水、沟槽围护和支撑（钢板桩、撑拆列板）、铺筑管道基础、铺设管道、沟槽回填（黄砂及素土）、土方场内运输、砌筑检查井等。

定额编号			J-1-6-21 A(B)	J-1-6-22 A(B)	J-1-6-23 A(B)	J-1-6-24 A(B)
项目			DN500			DN600
			玻璃纤维增强塑料夹砂管(FRPM)			
			≤4.0 m	>4.0 m	4.5 m	1.5 m
			100 m	100 m	100 m	100 m
预算定额编号	预算定额名称	预算定额单位	数量			
52-1-2-1	机械挖沟槽土方 深≤3 m 现场抛土	m^3				283.5000
52-1-2-3	机械挖沟槽土方 深≤6 m 现场抛土	m^3	691.6900	736.3100	803.2500	
52-1-3-1	沟槽回填 夯填土	m^3	549.4800 (462.1200)	591.3200 (503.9600)	655.4900 (568.1300)	125.0400 (33.2800)
53-1-3-2	场内运输 自卸汽车装运土（运距1 km以内）	m^3	695.9780 (608.6180)	746.7420 (659.3820)	824.3000 (736.9400)	190.1800 (241.7800)
52-1-3-4	沟槽回填 黄砂	m^3	69.6500 (157.0100)	69.6500 (157.0100)	69.6500 (157.0100)	83.7500 (175.5100)
52-1-4-1	管道垫层 黄砂垫层	m^3	8.1600	8.1600	8.1600	8.4400
52-1-4-3	管道垫层 砾石砂垫层	m^3	26.3700	26.3700	26.3700	26.8200
52-1-5-1	管道基座 混凝土 C20	m^3	3.9900	3.9900	3.9900	2.4900
52-1-5-1换1	管道基座 混凝土 C15	m^3	0.9600	0.9600	0.9600	0.7500
52-1-5-2	管道基座 钢筋	t	0.1800	0.1800	0.1800	0.1410
52-1-6-35	管道铺设 玻璃纤维增强塑料夹砂管(FRPM)每节3 m以下 DN500	100 m	0.0970	0.0970	0.0970	
52-1-6-36	管道铺设 玻璃纤维增强塑料夹砂管(FRPM)每节3 m以下 DN600	100 m				0.0970
52-1-6-52	管道铺设 玻璃纤维增强塑料夹砂管(FRPM)每节3 m以上 DN500	100 m	0.8730	0.8730	0.8730	
52-1-6-53	管道铺设 玻璃纤维增强塑料夹砂管(FRPM)每节3 m以上 DN600	100 m				0.8730
52-3-1-1	砖砌检查井及雨水口 检查井 深≤2.5 m	m^3				4.3500
52-3-1-2	砖砌检查井及雨水口 检查井 深≤4 m	m^3	17.0700	17.0700		
52-3-1-3	砖砌检查井及雨水口 检查井 深≤6 m	m^3			20.1000	
52-3-2-1	水泥砂浆抹面 检查井	m^2	114.6600	114.6600	131.1000	29.1600
52-3-6-1	安装防坠格板 新建工程	只	3.0000	3.0000	3.0000	3.0000
52-3-9-3	安装盖板及盖座 铸铁盖座	套	3.0000	3.0000	3.0000	3.0000

(续表)

定额编号			J-1-6-21 A(B)	J-1-6-22 A(B)	J-1-6-23 A(B)	J-1-6-24 A(B)
项目			DN500			DN600
			玻璃纤维增强塑料夹砂管(FRPM)			
			≤4.0 m	>4.0 m	4.5 m	1.5 m
			100 m	100 m	100 m	100 m
预算定额编号	预算定额名称	预算定额单位	数量			
52-3-9-4	安装盖板及盖座 防沉降检查井盖板	块	3.0000	3.0000	3.0000	3.0000
52-4-5-1	模板工程 模板 管道基座	m^2	5.6100	5.6100	5.6100	4.9800
53-9-1-1	施工排水、降水 湿土排水	m^3	513.1900	557.8100	624.7500	94.5000
53-9-1-3	施工排水、降水 筑拆竹箩滤井	座	2.5000	2.5000	2.5000	2.5000
调整项目						
	围护支撑					
52-4-3-1	打槽型钢板桩 长 4.00～6.00 m,单面	100 m	2.0000			
52-4-3-6	拔槽型钢板桩 长 4.00～6.00 m,单面	100 m	2.0000			
52-4-3-11	打拔沟槽钢板桩 槽型钢板桩使用费	t·d	1852.0000	4116.0000	4116.0000	
52-4-4-1	安拆钢板桩支撑 槽宽≤3.0 m 深 3.01～4.00 m	100 m	1.0000			
52-4-4-14	钢板桩支撑使用费	t·d	87.0000	264.0000	264.0000	
52-4-3-2	打槽型钢板桩 长 6.01～9.00 m,单面	100 m		2.0000	2.0000	
52-4-3-7	拔槽型钢板桩 长 6.01～9.00 m,单面	100 m		2.0000	2.0000	
52-4-4-2	安拆钢板桩支撑 槽宽≤3.0 m 深 4.01～6.00 m	100 m		1.0000	1.0000	
52-4-2-1	满堂撑拆列板 深≤1.5 m,双面	100 m				1.0000
52-4-2-5	撑拆列板 列板使用费	t·d				109.0000
52-4-2-6	列板支撑使用费	t·d				39.0000
	井点降水					
53-9-1-1	施工排水、降水 湿土排水	m^3	−513.1900	−557.8100	−624.7500	
53-9-1-5	施工排水、降水 轻型井点安装	根	83.0000	83.0000	83.0000	
53-9-1-6	施工排水、降水 轻型井点拆除	根	83.0000	83.0000	83.0000	
53-9-1-7	施工排水、降水 轻型井点使用	套·天	22.0000	22.0000	22.0000	

工作内容：沟槽挖土、沟槽排水、井点降水、沟槽围护和支撑（钢板桩、撑拆列板）、铺筑管道基础、铺设管道、沟槽回填（黄砂及素土）、土方场内运输、砌筑检查井等。

定额编号				J-1-6-21 A(B)	J-1-6-22 A(B)	J-1-6-23 A(B)	J-1-6-24 A(B)
项目				DN500			DN600
				玻璃纤维增强塑料夹砂管(FRPM)			
				≤4.0 m	>4.0 m	4.5 m	1.5 m
名称			单位	100 m	100 m	100 m	100 m
人工	00190101	综合人工	工日	323.6884 (325.9597)	339.9662 (342.2375)	377.0620 (379.3333)	121.0119 (128.1716)
材料	01010211	热轧带肋钢筋(HRB400) ϕ≤10	t	0.0517	0.0517	0.0517	0.0405
	01010212	热轧带肋钢筋(HRB400) ϕ>10	t	0.1328	0.1328	0.1328	0.1041
	02090101	塑料薄膜	m^2	29.2178	29.2178	31.7221	13.4851
	03010811	钢塑膨胀铆钉	只	18.3600	18.3600	18.3600	18.3600
	03150101	圆钉	kg	1.1437	1.1437	1.1437	1.0153
	03152501	镀锌铁丝	kg	0.5562	0.5562	0.5562	0.4357
	04030115	黄砂 中粗	t	137.7381 (292.1906)	137.7381 (292.1906)	137.7381 (292.1906)	163.1619 (325.3936)
	04030701	砾石砂	t	58.3014	58.3014	58.3014	59.2963
	04050313	道碴 50～70	t	0.3988	0.3988	0.3988	0.3988
	04131711	蒸压灰砂砖	千块	9.2554	9.2554	10.8661	2.3703
	05350301	竹箩	个	2.5000	2.5000	2.5000	2.5000
	17311035	玻璃纤维增强塑料夹砂管(FRPM) DN500 每节长 3 m 以下	m	97.0000	97.0000	97.0000	
	17311037	玻璃纤维增强塑料夹砂管(FRPM) DN600 每节长 3 m 以下	m				97.0000
	34110101	水	m^3	11.4533 (25.2125)	11.4533 (25.2125)	11.4948 (25.2540)	13.4135 (27.8657)
	35010102	组合钢模板	kg	3.5893	3.5893	3.5893	3.1862
	35010703	木模板成材	m^3	0.0224	0.0224	0.0224	0.0199
	35020401	钢模零配件	kg	1.3272	1.3272	1.3272	1.1781
	36012831	铸铁检查井雨污水盖座 市政 90 型	套	3.0000	3.0000	3.0000	3.0000
	36016631	防沉降检查井盖板 2500×2000×200	块	3.0000	3.0000	3.0000	3.0000

（续表）

定额编号				J-1-6-21 A(B)	J-1-6-22 A(B)	J-1-6-23 A(B)	J-1-6-24 A(B)
项目				DN500			DN600
				玻璃纤维增强塑料夹砂管(FRPM)			
				≤4.0 m	>4.0 m	4.5 m	1.5 m
名称			单位	100 m	100 m	100 m	100 m
材料	36016651	高强度塑料检查井格板	只	3.0600	3.0600	3.0600	3.0600
	36016661	高强度塑料支架	只	9.1800	9.1800	9.1800	9.1800
	80060414	湿拌砌筑砂浆 WM M10.0	m^3	4.0251	4.0251	4.7838	1.0075
	80060513	预拌抹灰砂浆 WP M15.0	m^3	2.0808	2.0808	2.3422	0.7213
	80210410	预拌混凝土(泵送型) C15 粒径 5～20	m^3	0.9696	0.9696	0.9696	0.7575
	80210414	预拌混凝土(泵送型) C20 粒径 5～20	m^3	4.0299	4.0299	4.0299	2.5149
机械	99010060	履带式单斗液压挖掘机 1 m^3	台班	2.8359	3.0189	3.2933	1.1057
	99050930	混凝土振捣器 插入式	台班	0.6781	0.6781	0.6781	0.4439
	99050940	混凝土振捣器 平板式	台班	4.6334 (7.8745)	4.6334 (7.8745)	4.6334 (7.8745)	4.9505 (8.3548)
	99070220	轮胎式装载机 1 m^3	台班	3.2711 (2.8605)	3.5097 (3.0991)	3.8742 (3.4636)	0.8938 (1.1364)
	99070540	载重汽车 6 t	台班	0.0090	0.0090	0.0090	0.0080
	99070588	载重汽车 12 t	台班	5.0110 (4.3820)	5.3765 (4.7476)	5.9350 (5.3060)	1.3693 (1.7408)
	99090360	汽车式起重机 8 t	台班	0.2312	0.2312	0.2312	0.2305
	99091700	手扳葫芦	台班	1.9400	1.9400	1.9400	2.0103
	99130350	内燃夯实机 700 N·m	台班	20.3857 (17.1447)	21.9380 (18.6969)	24.3187 (21.0776)	4.6390 (1.2347)
	99170010	钢筋调直机	台班	0.0875	0.0875	0.0875	0.0685
	99170025	钢筋切断机	台班	0.0875	0.0875	0.0875	0.0685
	99210065	木工平刨床 刨削宽度 450	台班	0.0129	0.0129	0.0129	0.0115
	99440010	电动单级离心清水泵 ϕ50	台班	61.5828	66.9372	74.9700	11.3400

（续表）

定额编号			J-1-6-21 A(B)	J-1-6-22 A(B)	J-1-6-23 A(B)	J-1-6-24 A(B)
项目			DN500			DN600
			玻璃纤维增强塑料夹砂管(FRPM)			
			≤4.0 m	>4.0 m	4.5 m	1.5 m
名称		单位	100 m	100 m	100 m	100 m
调整项目						
	围护支撑					
00190101	综合人工	工日	447.5882	571.2213	571.2213	21.0741
03152501	镀锌铁丝	kg	15.0000	20.0000	20.0000	
04030115	黄砂 中粗	t	15.8236	23.7356	23.7356	
05030101	成材	m^3	0.5955	0.8169	0.8169	0.2778
35090121	槽型钢板桩	t	1.3350	1.9587	1.9587	
35090131	槽型钢板桩使用费	t·d	1852.0000	4116.0000	4116.0000	
35090611	钢板桩支撑使用费	t·d	87.0000	264.0000	264.0000	
35091771	铁撑柱	kg	70.5300	141.1200	141.1200	69.8920
35091901	钢桩帽摊销	kg	90.9300	136.2690	136.2690	
99030080	轨道式柴油打桩机 0.6 t	台班	20.1323	27.7905	27.7905	
99030690	简易拔桩架	台班	23.9558	29.8410	29.8410	
99090075	履带式起重机 8 t	台班	3.4125	4.5500	4.5500	
03150501	骑马钉	kg				12.6654
04131711	蒸压灰砂砖	千块				0.1545
35091731	铁撑板	t				0.1951
35090501	列板使用费	t·d				109.0000
35090511	列板支撑使用费	t·d				39.0000
	井点降水					
00190101	综合人工	工日	27.1690	24.7862	21.2116	
04030115	黄砂 中粗	t	9.4420	9.4420	9.4420	
17270201	普通橡胶管	m	14.2440	14.2440	14.2440	
34110101	水	m^3	152.3275	152.3275	152.3275	
35040921	轻型井点井管 ϕ40	m	21.4436	21.4436	21.4436	
35040941	轻型井点井管 ϕ180×4	m	1.0368	1.0368	1.0368	
99091380	电动卷扬机单筒快速 10 kN	台班	1.9920	1.9920	1.9920	
99350050	轻便钻机 XJ-100	台班	4.7310	4.7310	4.7310	
99440010	电动单级离心清水泵 ϕ50	台班	−61.5828	−66.9372	−74.9700	
99440150	电动多级离心清水泵 ϕ150×180 m 以下	台班	3.9840	3.9840	3.9840	
99440510	射流井点泵 9.5 m	台班	27.2920	27.2920	27.2920	

工作内容：沟槽挖土、沟槽排水、井点降水、沟槽围护和支撑(钢板桩、撑拆列板)、铺筑管道基础、铺设管道、沟槽回填(黄砂及素土)、土方场内运输、砌筑检查井等。

定额编号			J-1-6-25 A(B)	J-1-6-26 A(B)	J-1-6-27 A(B)	J-1-6-28 A(B)
项目			DN600			
			玻璃纤维增强塑料夹砂管(FRPM)			
			2.0 m	2.5 m	≤3.0 m	>3.0 m
			100 m	100 m	100 m	100 m
预算定额编号	预算定额名称	预算定额单位	数量			
52-1-2-1	机械挖沟槽土方 深≤3 m 现场抛土	m^3	378.0000	472.5000	543.3800	
52-1-2-3	机械挖沟槽土方 深≤6 m 现场抛土	m^3				590.6300
52-1-3-1	沟槽回填 夯填土	m^3	216.8100 (125.0500)	308.5700 (216.8100)	372.1550 (280.3950)	419.4050 (327.6450)
53-1-3-2	场内运输 自卸汽车装运土(运距1 km以内)	m^3	300.8500 (244.5100)	411.5100 (319.7500)	489.2160 (397.4560)	545.9160 (454.1560)
52-1-3-4	沟槽回填 黄砂	m^3	83.7500 (175.5100)	83.7500 (175.5100)	83.7500 (175.5100)	83.7500 (175.5100)
52-1-4-1	管道垫层 黄砂垫层	m^3	8.4400	8.4400	8.3800	8.3800
52-1-4-3	管道垫层 砾石砂垫层	m^3	26.8200	26.8200	27.0450	27.0450
52-1-5-1	管道基座 混凝土 C20	m^3	2.4900	2.4900	3.1800	3.1800
52-1-5-1换1	管道基座 混凝土 C15	m^3				0.9600
52-1-5-2	管道基座 钢筋	t				0.1770
52-1-6-36	管道铺设 玻璃纤维增强塑料夹砂管(FRPM)每节3 m以下 DN600	100 m	0.0970	0.0970	0.0970	0.0970
52-1-6-53	管道铺设 玻璃纤维增强塑料夹砂管(FRPM)每节3 m以上 DN600	100 m	0.8730	0.8730	0.8730	0.8730
52-3-1-1	砖砌检查井及雨水口 检查井 深≤2.5 m	m^3	6.1200	8.1000		
52-3-1-2	砖砌检查井及雨水口 检查井 深≤4 m	m^3			11.0400	11.0400
52-3-2-1	水泥砂浆抹面 检查井	m^2	44.0400	62.6100	81.7800	81.7800
52-3-6-1	安装防坠格板 新建工程	只	3.0000	3.0000	3.0000	3.0000
52-3-9-3	安装盖板及盖座 铸铁盖座	套	3.0000	3.0000	3.0000	3.0000
52-3-9-4	安装盖板及盖座 防沉降检查井盖板	块	3.0000	3.0000	3.0000	3.0000

（续表）

定额编号			J-1-6-25 A(B)	J-1-6-26 A(B)	J-1-6-27 A(B)	J-1-6-28 A(B)
项目			DN600			
			玻璃纤维增强塑料夹砂管(FRPM)			
			2.0 m	2.5 m	≤3.0 m	>3.0 m
			100 m	100 m	100 m	100 m
预算定额编号	预算定额名称	预算定额单位	数量			
52-4-5-1	模板工程 模板 管道基座	m^2	4.9800	4.9800	5.6100	5.6100
53-9-1-1	施工排水、降水 湿土排水	m^3	189.0000	283.5000	354.3800	401.6300
53-9-1-3	施工排水、降水 筑拆竹箩滤井	座	2.5000	2.5000	2.5000	2.5000
调整项目						
	围护支撑					
52-4-2-2	满堂撑拆列板 深≤2.0 m,双面	100 m	1.0000			
52-4-2-3	满堂撑拆列板 深≤2.5 m,双面	100 m		1.0000		
52-4-2-4	满堂撑拆列板 深≤3.0 m,双面	100 m			1.0000	
52-4-2-5	撑拆列板 列板使用费	t·d	152.0000	174.0000	210.0000	
52-4-2-6	列板支撑使用费	t·d	53.0000	67.0000	80.0000	
52-4-3-1	打槽型钢板桩 长 4.00～6.00 m,单面	100 m				2.0000
52-4-3-6	拔槽型钢板桩 长 4.00～6.00 m,单面	100 m				2.0000
52-4-4-1	安拆钢板桩支撑 槽宽≤3.0 m 深 3.01～4.00 m	100 m				1.0000
52-4-3-11	打拔沟槽钢板桩 槽型钢板桩使用费	t·d				1852.0000
52-4-4-14	钢板桩支撑使用费	t·d				87.0000
	井点降水					
53-9-1-1	施工排水、降水 湿土排水	m^3			−354.3800	−401.6300
53-9-1-5	施工排水、降水 轻型井点安装	根			83.0000	83.0000
53-9-1-6	施工排水、降水 轻型井点拆除	根			83.0000	83.0000
53-9-1-7	施工排水、降水 轻型井点使用	套·天			22.0000	22.0000

工作内容：沟槽挖土、沟槽排水、井点降水、沟槽围护和支撑(钢板桩、撑拆列板)、铺筑管道基础、铺设管道、沟槽回填(黄砂及素土)、土方场内运输、砌筑检查井等。

定额编号				J-1-6-25 A(B)	J-1-6-26 A(B)	J-1-6-27 A(B)	J-1-6-28 A(B)
项目				DN600			
				玻璃纤维增强塑料夹砂管(FRPM)			
				2.0 m	2.5 m	≤3.0 m	>3.0 m
名称			单位	100 m	100 m	100 m	100 m
人工	00190101	综合人工	工日	160.6286 (164.1939)	202.4864 (204.8721)	238.3131 (240.6988)	262.4646 (264.8504)
材料	01010211	热轧带肋钢筋(HRB400) $\phi\leqslant10$	t				0.0508
	01010212	热轧带肋钢筋(HRB400) $\phi>10$	t				0.1306
	02090101	塑料薄膜	m^2	12.6587	14.2952	18.8312	21.7615
	03010811	钢塑膨胀铆钉	只	18.3600	18.3600	18.3600	18.3600
	03150101	圆钉	kg	1.0153	1.0153	1.1437	1.1437
	03152501	镀锌铁丝	kg				0.5469
	04030115	黄砂 中粗	t	163.1619 (325.3936)	163.1619 (325.3936)	163.0558 (325.2875)	163.0558 (325.2875)
	04030701	砾石砂	t	59.2963	59.2963	59.7938	59.7938
	04050313	道碴 50～70	t	0.3988	0.3988	0.3988	0.3988
	04131711	蒸压灰砂砖	千块	3.3348	4.4137	5.9859	5.9859
	05350301	竹箩	个	2.5000	2.5000	2.5000	2.5000
	17311037	玻璃纤维增强塑料夹砂管(FRPM) DN600 每节长 3 m 以下	m	97.0000	97.0000	97.0000	97.0000
	34110101	水	m^3	13.3999 (27.8521)	13.4271 (27.8793)	13.5021 (27.9543)	13.5505 (28.0027)
	35010102	组合钢模板	kg	3.1862	3.1862	3.5893	3.5893
	35010703	木模板成材	m^3	0.0199	0.0199	0.0224	0.0224
	35020401	钢模零配件	kg	1.1781	1.1781	1.3272	1.3272
	36012831	铸铁检查井雨污水盖座 市政90型	套	3.0000	3.0000	3.0000	3.0000
	36016631	防沉降检查井盖板 2500×2000×200	块	3.0000	3.0000	3.0000	3.0000
	36016651	高强度塑料检查井格板	只	3.0600	3.0600	3.0600	3.0600
	36016661	高强度塑料支架	只	9.1800	9.1800	9.1800	9.1800
	80060414	湿拌砌筑砂浆 WM M10.0	m^3	1.4174	1.8760	2.6032	2.6032
	80060513	预拌抹灰砂浆 WP M15.0	m^3	0.9579	1.2532	1.5580	1.5580
	80210410	预拌混凝土(泵送型) C15 粒径 5～20	m^3				0.9696
	80210414	预拌混凝土(泵送型) C20 粒径 5～20	m^3	2.5149	2.5149	3.2118	3.2118

（续表）

定额编号				J-1-6-25 A(B)	J-1-6-26 A(B)	J-1-6-27 A(B)	J-1-6-28 A(B)
项目				DN600			
				玻璃纤维增强塑料夹砂管(FRPM)			
				2.0 m	2.5 m	≤3.0 m	>3.0 m
名称			单位	100 m	100 m	100 m	100 m
机械	99010060	履带式单斗液压挖掘机 1 m^3	台班	1.4742	1.8428	2.1192	2.4216
	99050930	混凝土振捣器 插入式	台班	0.3411	0.3411	0.4357	0.5672
	99050940	混凝土振捣器 平板式	台班	4.8477 (8.2520)	4.8477 (8.2520)	4.9497 (8.3540)	5.0812 (8.4855)
	99070220	轮胎式装载机 1 m^3	台班	1.4140 (1.1492)	1.9341 (1.5028)	2.2993 (1.8680)	2.5658 (2.1345)
	99070540	载重汽车 6 t	台班	0.0080	0.0080	0.0090	0.0090
	99070588	载重汽车 12 t	台班	2.1661 (1.7605)	2.9629 (2.3022)	3.5224 (2.8617)	3.9306 (3.2699)
	99090360	汽车式起重机 8 t	台班	0.2305	0.2305	0.2312	0.2312
	99091700	手扳葫芦	台班	2.0103	2.0103	2.0103	2.0103
	99130350	内燃夯实机 700 N·m	台班	8.0437 (4.6394)	11.4479 (8.0437)	13.8070 (10.4027)	15.5599 (12.1556)
	99170010	钢筋调直机	台班				0.0860
	99170025	钢筋切断机	台班				0.0860
	99210065	木工平刨床 刨削宽度 450	台班	0.0115	0.0115	0.0129	0.0129
	99440010	电动单级离心清水泵 ϕ50	台班	22.6800	34.0200	42.5256	48.1956
调整项目							
		围护支撑					
	00190101	综合人工	工日	37.3728	57.0282	78.7933	447.5882
	03150501	骑马钉	kg	16.8872	21.1090	25.3308	
	04131711	蒸压灰砂砖	千块	0.1545	0.1545	0.1545	
	05030101	成材	m^3	0.3333	0.4444	0.5000	0.5955
	35090501	列板使用费	t·d	152.0000	174.0000	210.0000	
	35090511	列板支撑使用费	t·d	53.0000	67.0000	80.0000	
	35091731	铁撑板	t	0.2788	0.3345	0.4181	
	35091771	铁撑柱	kg	93.1220	114.6350	139.6830	70.5300

(续表)

定额编号			J-1-6-25 A(B)	J-1-6-26 A(B)	J-1-6-27 A(B)	J-1-6-28 A(B)
项目			DN600			
			玻璃纤维增强塑料夹砂管(FRPM)			
			2.0 m	2.5 m	≤3.0 m	>3.0 m
名称		单位	100 m	100 m	100 m	100 m
35090121	槽型钢板桩	t				1.3350
35091901	钢桩帽摊销	kg				90.9300
04030115	黄砂 中粗	t				15.8236
03152501	镀锌铁丝	kg				15.0000
35090131	槽型钢板桩使用费	t·d				1852.0000
35090611	钢板桩支撑使用费	t·d				87.0000
99030080	轨道式柴油打桩机 0.6 t	台班				20.1323
99030690	简易拔桩架	台班				23.9558
99090075	履带式起重机 8 t	台班				3.4125
	井点降水					
00190101	综合人工	工日			35.6494	33.1263
04030115	黄砂 中粗	t			9.4420	9.4420
17270201	普通橡胶管	m			14.2440	14.2440
34110101	水	m^3			152.3275	152.3275
35040921	轻型井点井管 ϕ40	m			21.4436	21.4436
35040941	轻型井点井管 $\phi180\times4$	m			1.0368	1.0368
99091380	电动卷扬机单筒快速 10 kN	台班			1.9920	1.9920
99350050	轻便钻机 XJ-100	台班			4.7310	4.7310
99440010	电动单级离心清水泵 ϕ50	台班			−42.5256	−48.1956
99440150	电动多级离心清水泵 $\phi150\times$180 m 以下	台班			3.9840	3.9840
99440510	射流井点泵 9.5 m	台班			27.2920	27.2920

工作内容：沟槽挖土、沟槽排水、井点降水、沟槽围护和支撑(钢板桩、撑拆列板)、铺筑管道基础、铺设管道、沟槽回填(黄砂及素土)、土方场内运输、砌筑检查井等。

定额编号			J-1-6-29 A(B)	J-1-6-30 A(B)	J-1-6-31 A(B)	J-1-6-32 A(B)
项目			DN600			
			玻璃纤维增强塑料夹砂管(FRPM)			
			3.5 m	≤4.0 m	>4.0 m	4.5 m
			100 m	100 m	100 m	100 m
预算定额编号	预算定额名称	预算定额单位	数量			
52-1-2-3	机械挖沟槽土方 深≤6 m 现场抛土	m^3	661.5000	732.3800	779.6300	850.5000
52-1-3-1	沟槽回填 夯填土	m^3	486.8750 (395.1150)	555.0150 (463.2550)	602.2650 (510.5050)	669.9750 (578.2150)
53-1-3-2	场内运输 自卸汽车装运土(运距1 km以内)	m^3	627.5600 (535.8000)	709.8760 (618.1160)	766.5760 (674.8160)	848.4600 (756.7000)
52-1-3-4	沟槽回填 黄砂	m^3	83.7500 (175.5100)	83.7500 (175.5100)	83.7500 (175.5100)	83.7500 (175.5100)
52-1-4-1	管道垫层 黄砂垫层	m^3	8.3800	8.3800	8.3800	8.3800
52-1-4-3	管道垫层 砾石砂垫层	m^3	27.0450	27.0450	27.0450	27.0450
52-1-5-1	管道基座 混凝土 C20	m^3	3.9900	3.9900	3.9900	3.9900
52-1-5-1换1	管道基座 混凝土 C15	m^3	0.9600	0.9600	0.9600	0.9600
52-1-5-2	管道基座 钢筋	t	0.1800	0.1800	0.1800	0.1800
52-1-6-36	管道铺设 玻璃纤维增强塑料夹砂管(FRPM)每节3 m以下 DN600	100 m	0.0970	0.0970	0.0970	0.0970
52-1-6-53	管道铺设 玻璃纤维增强塑料夹砂管(FRPM)每节3 m以上 DN600	100 m	0.8730	0.8730	0.8730	0.8730
52-3-1-2	砖砌检查井及雨水口 检查井 深≤4 m	m^3	14.0100	17.0700	17.0700	
52-3-1-3	砖砌检查井及雨水口 检查井 深≤6 m	m^3				20.1000
52-3-2-1	水泥砂浆抹面 检查井	m^2	98.2200	114.6600	114.6600	131.1000
52-3-6-1	安装防坠格板 新建工程	只	3.0000	3.0000	3.0000	3.0000
52-3-9-3	安装盖板及盖座 铸铁盖座	套	3.0000	3.0000	3.0000	3.0000
52-3-9-4	安装盖板及盖座 防沉降检查井盖板	块	3.0000	3.0000	3.0000	3.0000
52-4-5-1	模板工程 模板 管道基座	m^2	5.6100	5.6100	5.6100	5.6100
53-9-1-1	施工排水、降水 湿土排水	m^3	472.5000	543.3800	590.6300	661.5000
53-9-1-3	施工排水、降水 筑拆竹箩滤井	座	2.5000	2.5000	2.5000	2.5000
调整项目						
	围护支撑					
52-4-3-1	打槽型钢板桩 长4.00～6.00 m，单面	100 m	2.0000	2.0000		
52-4-3-6	拔槽型钢板桩 长4.00～6.00 m，单面	100 m	2.0000	2.0000		

(续表)

定额编号			J-1-6-29 A(B)	J-1-6-30 A(B)	J-1-6-31 A(B)	J-1-6-32 A(B)
项目			DN600			
			玻璃纤维增强塑料夹砂管(FRPM)			
			3.5 m	≤4.0 m	>4.0 m	4.5 m
			100 m	100 m	100 m	100 m
预算定额编号	预算定额名称	预算定额单位	数量			
52-4-3-11	打拔沟槽钢板桩 槽型钢板桩使用费	t·d	1852.0000	1852.0000	4116.0000	4116.0000
52-4-4-1	安拆钢板桩支撑 槽宽≤3.0 m 深 3.01～4.00 m	100 m	1.0000	1.0000		
52-4-4-14	钢板桩支撑使用费	t·d	87.0000	87.0000	264.0000	264.0000
52-4-3-2	打槽型钢板桩 长 6.01～9.00 m,单面	100 m			2.0000	2.0000
52-4-3-7	拔槽型钢板桩 长 6.01～9.00 m,单面	100 m			2.0000	2.0000
52-4-4-2	安拆钢板桩支撑 槽宽≤3.0 m 深 4.01～6.00 m	100 m			1.0000	1.0000
	井点降水					
53-9-1-1	施工排水、降水 湿土排水	m³	−472.5000	−543.3800	−590.6300	−661.5000
53-9-1-5	施工排水、降水 轻型井点安装	根	83.0000	83.0000	83.0000	83.0000
53-9-1-6	施工排水、降水 轻型井点拆除	根	83.0000	83.0000	83.0000	83.0000
53-9-1-7	施工排水、降水 轻型井点使用	套·天	22.0000	22.0000	22.0000	22.0000

工作内容:沟槽挖土、沟槽排水、井点降水、沟槽围护和支撑(钢板桩、撑拆列板)、铺筑管道基础、铺设管道、沟槽回填(黄砂及素土)、土方场内运输、砌筑检查井等。

定额编号				J-1-6-29 A(B)	J-1-6-30 A(B)	J-1-6-31 A(B)	J-1-6-32 A(B)
项目				DN600			
				玻璃纤维增强塑料夹砂管(FRPM)			
				3.5 m	≤4.0 m	>4.0 m	4.5 m
名称			单位	100 m	100 m	100 m	100 m
人工	00190101	综合人工	工日	298.3861 (300.7719)	334.3634 (336.7492)	352.4865 (354.8723)	390.9724 (393.3582)
材料	01010211	热轧带肋钢筋(HRB400) $\phi\leqslant10$	t	0.0517	0.0517	0.0517	0.0517
	01010212	热轧带肋钢筋(HRB400) $\phi>10$	t	0.1328	0.1328	0.1328	0.1328
	02090101	塑料薄膜	m²	26.6887	29.2178	29.2178	31.7221
	03010811	钢塑膨胀铆钉	只	18.3600	18.3600	18.3600	18.3600
	03150101	圆钉	kg	1.1437	1.1437	1.1437	1.1437

（续表）

定额编号				J-1-6-29 A(B)	J-1-6-30 A(B)	J-1-6-31 A(B)	J-1-6-32 A(B)
项目				DN600			
				玻璃纤维增强塑料夹砂管(FRPM)			
				3.5 m	≤4.0 m	>4.0 m	4.5 m
名称			单位	100 m	100 m	100 m	100 m
材料	03152501	镀锌铁丝	kg	0.5562	0.5562	0.5562	0.5562
	04030115	黄砂 中粗	t	163.0558 (325.2875)	163.0558 (325.2875)	163.0558 (325.2875)	163.0558 (325.2875)
	04030701	砾石砂	t	59.7938	59.7938	59.7938	59.7938
	04050313	道碴 50～70	t	0.3988	0.3988	0.3988	0.3988
	04131711	蒸压灰砂砖	千块	7.5962	9.2554	9.2554	10.8661
	05350301	竹箩	个	2.5000	2.5000	2.5000	2.5000
	17311037	玻璃纤维增强塑料夹砂管(FRPM) DN600 每节长 3 m 以下	m	97.0000	97.0000	97.0000	97.0000
	34110101	水	m^3	13.6320 (28.0842)	13.6740 (28.1262)	13.6740 (28.1262)	13.7155 (28.1677)
	35010102	组合钢模板	kg	3.5893	3.5893	3.5893	3.5893
	35010703	木模板成材	m^3	0.0224	0.0224	0.0224	0.0224
	35020401	钢模零配件	kg	1.3272	1.3272	1.3272	1.3272
	36012831	铸铁检查井雨污水盖座 市政 90 型	套	3.0000	3.0000	3.0000	3.0000
	36016631	防沉降检查井盖板 2500×2000×200	块	3.0000	3.0000	3.0000	3.0000
	36016651	高强度塑料检查井格板	只	3.0600	3.0600	3.0600	3.0600
	36016661	高强度塑料支架	只	9.1800	9.1800	9.1800	9.1800
	80060414	湿拌砌筑砂浆 WM M10.0	m^3	3.3036	4.0251	4.0251	4.7838
	80060513	预拌抹灰砂浆 WP M15.0	m^3	1.8194	2.0808	2.0808	2.3422
	80210410	预拌混凝土(泵送型) C15 粒径 5～20	m^3	0.9696	0.9696	0.9696	0.9696
	80210414	预拌混凝土(泵送型) C20 粒径 5～20	m^3	4.0299	4.0299	4.0299	4.0299
机械	99010060	履带式单斗液压挖掘机 1 m^3	台班	2.7122	3.0028	3.1965	3.4871
	99050930	混凝土振捣器 插入式	台班	0.6781	0.6781	0.6781	0.6781
	99050940	混凝土振捣器 平板式	台班	5.1921 (8.5964)	5.1921 (8.5964)	5.1921 (8.5964)	5.1921 (8.5964)
	99070220	轮胎式装载机 1 m^3	台班	2.9495 (2.5183)	3.3364 (2.9051)	3.6029 (3.1716)	3.9878 (3.5565)
	99070540	载重汽车 6 t	台班	0.0090	0.0090	0.0090	0.0090
	99070588	载重汽车 12 t	台班	4.5184 (3.8578)	5.1111 (4.4504)	5.5193 (4.8587)	6.1089 (5.4482)
	99090360	汽车式起重机 8 t	台班	0.2312	0.2312	0.2312	0.2312

（续表）

定额编号				J-1-6-29 A(B)	J-1-6-30 A(B)	J-1-6-31 A(B)	J-1-6-32 A(B)
项目				DN600			
				玻璃纤维增强塑料夹砂管(FRPM)			
				3.5 m	≤4.0 m	＞4.0 m	4.5 m
		名称	单位	100 m	100 m	100 m	100 m
机械	99091700	手扳葫芦	台班	2.0103	2.0103	2.0103	2.0103
	99130350	内燃夯实机 700 N・m	台班	18.0631 (14.6588)	20.5911 (17.1868)	22.3440 (18.9397)	24.8561 (21.4518)
	99170010	钢筋调直机	台班	0.0875	0.0875	0.0875	0.0875
	99170025	钢筋切断机	台班	0.0875	0.0875	0.0875	0.0875
	99210065	木工平刨床 刨削宽度 450	台班	0.0129	0.0129	0.0129	0.0129
	99440010	电动单级离心清水泵 ϕ50	台班	56.7000	65.2056	70.8756	79.3800
调整项目							
		围护支撑					
	00190101	综合人工	工日	447.5882	447.5882	571.2213	571.2213
	03152501	镀锌铁丝	kg	15.0000	15.0000	20.0000	20.0000
	04030115	黄砂 中粗	t	15.8236	15.8236	23.7356	23.7356
	05030101	成材	m^3	0.5955	0.5955	0.8169	0.8169
	35090121	槽型钢板桩	t	1.3350	1.3350	1.9587	1.9587
	35090131	槽型钢板桩使用费	t・d	1852.0000	1852.0000	4116.0000	4116.0000
	35090611	钢板桩支撑使用费	t・d	87.0000	87.0000	264.0000	264.0000
	35091771	铁撑柱	kg	70.5300	70.5300	141.1200	141.1200
	35091901	钢桩帽摊销	kg	90.9300	90.9300	136.2690	136.2690
	99030080	轨道式柴油打桩机 0.6 t	台班	20.1323	20.1323	27.7905	27.7905
	99030690	简易拔桩架	台班	23.9558	23.9558	29.8410	29.8410
	99090075	履带式起重机 8 t	台班	3.4125	3.4125	4.5500	4.5500
		井点降水					
	00190101	综合人工	工日	29.3418	25.5568	23.0337	19.2492
	04030115	黄砂 中粗	t	9.4420	9.4420	9.4420	9.4420
	17270201	普通橡胶管	m	14.2440	14.2440	14.2440	14.2440
	34110101	水	m^3	152.3275	152.3275	152.3275	152.3275
	35040921	轻型井点井管 ϕ40	m	21.4436	21.4436	21.4436	21.4436
	35040941	轻型井点井管 $\phi180\times4$	m	1.0368	1.0368	1.0368	1.0368
	99091380	电动卷扬机单筒快速 10 kN	台班	1.9920	1.9920	1.9920	1.9920
	99350050	轻便钻机 XJ-100	台班	4.7310	4.7310	4.7310	4.7310
	99440010	电动单级离心清水泵 ϕ50	台班	−56.7000	−65.2056	−70.8756	−79.3800
	99440150	电动多级离心清水泵 $\phi150\times$180 m 以下	台班	3.9840	3.9840	3.9840	3.9840
	99440510	射流井点泵 9.5 m	台班	27.2920	27.2920	27.2920	27.2920

工作内容:沟槽挖土、沟槽排水、井点降水、沟槽围护和支撑(钢板桩、撑拆列板)、铺筑管道基础、铺设管道、沟槽回填(黄砂及素土)、土方场内运输、砌筑检查井等。

定额编号			J-1-6-33 A(B)	J-1-6-34 A(B)	J-1-6-35 A(B)	J-1-6-36 A(B)
项目			DN700			
			玻璃纤维增强塑料夹砂管(FRPM)			
			2.0 m	2.5 m	≤3.0 m	>3.0 m
			100 m	100 m	100 m	100 m
预算定额编号	预算定额名称	预算定额单位	数量			
52-1-2-1	机械挖沟槽土方 深≤3 m 现场抛土	m^3	399.0000	498.7500	573.5600	
52-1-2-3	机械挖沟槽土方 深≤6 m 现场抛土	m^3				623.4400
52-1-3-1	沟槽回填 夯填土	m^3	210.2100 (113.2000)	307.2200 (210.2100)	374.7100 (277.7000)	424.5900 (327.5800)
53-1-3-2	场内运输 自卸汽车装运土(运距1 km以内)	m^3	298.9200 (276.8900)	415.8800 (318.8700)	498.2720 (401.2620)	558.1280 (461.1180)
52-1-3-4	沟槽回填 黄砂	m^3	98.9400 (195.9500)	98.9400 (195.9500)	98.9400 (195.9500)	98.9400 (195.9500)
52-1-4-1	管道垫层 黄砂垫层	m^3	8.9100	8.9100	8.8500	8.8500
52-1-4-3	管道垫层 砾石砂垫层	m^3	28.2300	28.2300	28.4400	28.4400
52-1-5-1	管道基座 混凝土 C20	m^3	2.4900	2.4900	3.1800	3.1800
52-1-5-1换1	管道基座 混凝土 C15	m^3				0.9600
52-1-5-2	管道基座 钢筋	t				0.1770
52-1-6-37	管道铺设 玻璃纤维增强塑料夹砂管(FRPM)每节3 m以下 DN700	100 m	0.0970	0.0970	0.0970	0.0970
52-1-6-54	管道铺设 玻璃纤维增强塑料夹砂管(FRPM)每节3 m以上 DN700	100 m	0.8730	0.8730	0.8730	0.8730
52-3-1-1	砖砌检查井及雨水口 检查井深≤2.5 m	m^3	5.6100	7.7400		
52-3-1-2	砖砌检查井及雨水口 检查井深≤4 m	m^3			10.6500	10.6500
52-3-2-1	水泥砂浆抹面 检查井	m^2	40.2900	60.3600	78.3600	78.3600
52-3-6-1	安装防坠格板 新建工程	只	3.0000	3.0000	3.0000	3.0000
52-3-9-3	安装盖板及盖座 铸铁盖座	套	3.0000	3.0000	3.0000	3.0000
52-3-9-4	安装盖板及盖座 防沉降检查井盖板	块	3.0000	3.0000	3.0000	3.0000

（续表）

定额编号			J-1-6-33 A(B)	J-1-6-34 A(B)	J-1-6-35 A(B)	J-1-6-36 A(B)
项目			DN700			
			玻璃纤维增强塑料夹砂管(FRPM)			
			2.0 m	2.5 m	≤3.0 m	>3.0 m
			100 m	100 m	100 m	100 m
预算定额编号	预算定额名称	预算定额单位	数量			
52-4-5-1	模板工程 模板 管道基座	m^2	4.9800	4.9800	5.6100	5.6100
53-9-1-1	施工排水、降水 湿土排水	m^3	199.5000	299.2500	374.0600	423.9400
53-9-1-3	施工排水、降水 筑拆竹箩滤井	座	2.5000	2.5000	2.5000	2.5000
调整项目						
	围护支撑					
52-4-2-2	满堂撑拆列板 深≤2.0 m,双面	100 m	1.0000			
52-4-2-3	满堂撑拆列板 深≤2.5 m,双面	100 m		1.0000		
52-4-2-4	满堂撑拆列板 深≤3.0 m,双面	100 m			1.0000	
52-4-2-5	撑拆列板 列板使用费	t·d	165.0000	205.0000	227.0000	
52-4-2-6	列板支撑使用费	t·d	58.0000	72.0000	86.0000	
52-4-3-1	打槽型钢板桩 长 4.00～6.00 m,单面	100 m				2.0000
52-4-3-6	拔槽型钢板桩 长 4.00～6.00 m,单面	100 m				2.0000
52-4-4-1	安拆钢板桩支撑 槽宽≤3.0 m 深 3.01～4.00 m	100 m				1.0000
52-4-3-11	打拔沟槽钢板桩 槽型钢板桩使用费	t·d				1852.0000
52-4-4-14	钢板桩支撑使用费	t·d				87.0000
	井点降水					
53-9-1-1	施工排水、降水 湿土排水	m^3			−374.0600	−423.9400
53-9-1-5	施工排水、降水 轻型井点安装	根			83.0000	83.0000
53-9-1-6	施工排水、降水 轻型井点拆除	根			83.0000	83.0000
53-9-1-7	施工排水、降水 轻型井点使用	套·天			25.0000	25.0000

工作内容：沟槽挖土、沟槽排水、井点降水、沟槽围护和支撑（钢板桩、撑拆列板）、铺筑管道基础、铺设管道、沟槽回填（黄砂及素土）、土方场内运输、砌筑检查井等。

定　额　编　号				J-1-6-33 A(B)	J-1-6-34 A(B)	J-1-6-35 A(B)	J-1-6-36 A(B)
项　　目				DN700			
				玻璃纤维增强塑料夹砂管(FRPM)			
				2.0 m	2.5 m	≤3.0 m	>3.0 m
名　　称			单位	100 m	100 m	100 m	100 m
人工	00190101	综合人工	工日	165.8677 (170.8868)	210.2577 (212.7800)	247.2390 (249.7612)	272.6497 (275.1720)
材料	01010211	热轧带肋钢筋(HRB400) $\phi\leqslant10$	t				0.0508
	01010212	热轧带肋钢筋(HRB400) $\phi>10$	t				0.1306
	02090101	塑料薄膜	m^2	12.2372	13.9976	18.5088	21.4391
	03010811	钢塑膨胀铆钉	只	18.3600	18.3600	18.3600	18.3600
	03150101	圆钉	kg	1.0153	1.0153	1.1437	1.1437
	03152501	镀锌铁丝	kg				0.5469
	04030115	黄砂 中粗	t	190.8488 (362.3625)	190.8488 (362.3625)	190.7427 (362.2564)	190.7427 (362.2564)
	04030701	砾石砂	t	62.4137	62.4137	62.8780	62.8780
	04050313	道碴 50～70	t	0.3988	0.3988	0.3988	0.3988
	04131711	蒸压灰砂砖	千块	3.0569	4.2175	5.7744	5.7744
	05350301	竹箩	个	2.5000	2.5000	2.5000	2.5000
	17311039	玻璃纤维增强塑料夹砂管(FRPM) DN700 每节长 3 m 以下	m	97.0000	97.0000	97.0000	97.0000
	34110101	水	m^3	15.7855 (31.0645)	15.8146 (31.0936)	15.8893 (31.1683)	15.9377 (31.2167)
	35010102	组合钢模板	kg	3.1862	3.1862	3.5893	3.5893
	35010703	木模板成材	m^3	0.0199	0.0199	0.0224	0.0224
	35020401	钢模零配件	kg	1.1781	1.1781	1.3272	1.3272
	36012831	铸铁检查井雨污水盖座 市政 90 型	套	3.0000	3.0000	3.0000	3.0000
	36016631	防沉降检查井盖板 2500×2000×200	块	3.0000	3.0000	3.0000	3.0000
	36016651	高强度塑料检查井格板	只	3.0600	3.0600	3.0600	3.0600
	36016661	高强度塑料支架	只	9.1800	9.1800	9.1800	9.1800
	80060414	湿拌砌筑砂浆 WM M10.0	m^3	1.2993	1.7926	2.5113	2.5113
	80060513	预拌抹灰砂浆 WP M15.0	m^3	0.8983	1.2174	1.5036	1.5036
	80210410	预拌混凝土(泵送型) C15 粒径 5～20	m^3				0.9696
	80210414	预拌混凝土(泵送型) C20 粒径 5～20	m^3	2.5149	2.5149	3.2118	3.2118

（续表）

定额编号				J-1-6-33 A(B)	J-1-6-34 A(B)	J-1-6-35 A(B)	J-1-6-36 A(B)
项目				DN700			
				玻璃纤维增强塑料夹砂管(FRPM)			
				2.0 m	2.5 m	≤3.0 m	>3.0 m
名称			单位	100 m	100 m	100 m	100 m
机械	99010060	履带式单斗液压挖掘机 1 m^3	台班	1.5561	1.9451	2.2369	2.5561
	99050930	混凝土振捣器 插入式	台班	0.3411	0.3411	0.4357	0.5672
	99050940	混凝土振捣器 平板式	台班	5.4857 (9.0847)	5.4857 (9.0847)	5.5870 (9.1860)	5.7185 (9.3175)
	99070220	轮胎式装载机 1 m^3	台班	1.4049 (1.3014)	1.9546 (1.4987)	2.3419 (1.8859)	2.6232 (2.1673)
	99070540	载重汽车 6 t	台班	0.0080	0.0080	0.0090	0.0090
	99070588	载重汽车 12 t	台班	2.1522 (1.9936)	2.9943 (2.2959)	3.5876 (2.8891)	4.0185 (3.3200)
	99090360	汽车式起重机 8 t	台班	0.2305	0.2305	0.2312	0.2312
	99091700	手扳葫芦	台班	2.6477	2.6477	2.6477	2.6477
	99130350	内燃夯实机 700 N·m	台班	7.7988 (4.1997)	11.3979 (7.7988)	13.9017 (10.3027)	15.7523 (12.1532)
	99170010	钢筋调直机	台班				0.0860
	99170025	钢筋切断机	台班				0.0860
	99210065	木工平刨床 刨削宽度 450	台班	0.0115	0.0115	0.0129	0.0129
	99440010	电动单级离心清水泵 ϕ50	台班	23.9400	35.9100	44.8872	50.8728
调整项目							
		围护支撑					
	00190101	综合人工	工日	37.3728	57.0282	78.7933	447.5882
	03150501	骑马钉	kg	16.8872	21.1090	25.3308	
	04131711	蒸压灰砂砖	千块	0.1545	0.1545	0.1545	
	05030101	成材	m^3	0.3333	0.4444	0.5000	0.5955
	35090501	列板使用费	t·d	165.0000	205.0000	227.0000	
	35090511	列板支撑使用费	t·d	58.0000	72.0000	86.0000	
	35091731	铁撑板	t	0.2788	0.3345	0.4181	
	35091771	铁撑柱	kg	93.1220	114.6350	139.6830	70.5300

（续表）

定　额　编　号			J-1-6-33 A(B)	J-1-6-34 A(B)	J-1-6-35 A(B)	J-1-6-36 A(B)
项　　目			DN700			
			玻璃纤维增强塑料夹砂管(FRPM)			
			2.0 m	2.5 m	≤3.0 m	>3.0 m
名　　称		单位	100 m	100 m	100 m	100 m
35090121	槽型钢板桩	t				1.3350
35091901	钢桩帽摊销	kg				90.9300
04030115	黄砂 中粗	t				15.8236
03152501	镀锌铁丝	kg				15.0000
35090131	槽型钢板桩使用费	t·d				1852.0000
35090611	钢板桩支撑使用费	t·d				87.0000
99030080	轨道式柴油打桩机 0.6 t	台班				20.1323
99030690	简易拔桩架	台班				23.9558
99090075	履带式起重机 8 t	台班				3.4125
	井点降水					
00190101	综合人工	工日			36.3235	33.6599
04030115	黄砂 中粗	t			9.4420	9.4420
17270201	普通橡胶管	m			14.2440	14.2440
34110101	水	m^3			152.3275	152.3275
35040921	轻型井点井管 ϕ40	m			24.1164	24.1164
35040941	轻型井点井管 ϕ180×4	m			1.1656	1.1656
99091380	电动卷扬机单筒快速 10 kN	台班			1.9920	1.9920
99350050	轻便钻机 XJ-100	台班			4.7310	4.7310
99440010	电动单级离心清水泵 ϕ50	台班			−44.8872	−50.8728
99440150	电动多级离心清水泵 ϕ150×180 m 以下	台班			3.9840	3.9840
99440510	射流井点泵 9.5 m	台班			30.7420	30.7420

工作内容：沟槽挖土、沟槽排水、井点降水、沟槽围护和支撑(钢板桩、撑拆列板)、铺筑管道基础、铺设管道、沟槽回填(黄砂及素土)、土方场内运输、砌筑检查井等。

定　额　编　号			J-1-6-37 A(B)	J-1-6-38 A(B)	J-1-6-39 A(B)	J-1-6-40 A(B)
项　　目			DN700			
			玻璃纤维增强塑料夹砂管(FRPM)			
			3.5 m	≤4.0 m	>4.0 m	4.5 m
			100 m	100 m	100 m	100 m
预算定额编号	预算定额名称	预算定额单位	数　　量			
52-1-2-3	机械挖沟槽土方 深≤6 m 现场抛土	m^3	698.2500	773.0600	822.9400	897.7500
52-1-3-1	沟槽回填 夯填土	m^3	496.0000 (398.9900)	568.0700 (471.0600)	617.9500 (520.9400)	689.6000 (592.5900)
53-1-3-2	场内运输 自卸汽车装运土(运距1 km以内)	m^3	644.5000 (547.4900)	731.5320 (634.5220)	791.3880 (694.3780)	878.0000 (780.9900)
52-1-3-4	沟槽回填 黄砂	m^3	98.9400 (195.9500)	98.9400 (195.9500)	98.9400 (195.9500)	98.9400 (195.9500)
52-1-4-1	管道垫层 黄砂垫层	m^3	8.8500	8.8500	8.8500	8.8500
52-1-4-3	管道垫层 砾石砂垫层	m^3	28.4400	28.4400	28.4400	28.4400
52-1-5-1	管道基座 混凝土 C20	m^3	3.9900	3.9900	3.9900	3.9900
52-1-5-1换1	管道基座 混凝土 C15	m^3	0.9600	0.9600	0.9600	0.9600
52-1-5-2	管道基座 钢筋	t	0.1800	0.1800	0.1800	0.1800
52-1-6-37	管道铺设 玻璃纤维增强塑料夹砂管(FRPM)每节3 m以下 DN700	100 m	0.0970	0.0970	0.0970	0.0970
52-1-6-54	管道铺设 玻璃纤维增强塑料夹砂管(FRPM)每节3 m以上 DN700	100 m	0.8730	0.8730	0.8730	0.8730
52-3-1-2	砖砌检查井及雨水口 检查井深≤4 m	m^3	13.4700	16.5000	16.5000	
52-3-1-3	砖砌检查井及雨水口 检查井深≤6 m	m^3				19.5600
52-3-2-1	水泥砂浆抹面 检查井	m^2	94.8000	111.2400	111.2400	127.6800
52-3-6-1	安装防坠格板 新建工程	只	3.0000	3.0000	3.0000	3.0000
52-3-9-3	安装盖板及盖座 铸铁盖座	套	3.0000	3.0000	3.0000	3.0000
52-3-9-4	安装盖板及盖座 防沉降检查井盖板	块	3.0000	3.0000	3.0000	3.0000
52-4-5-1	模板工程 模板 管道基座	m^2	7.0200	7.0200	7.0200	7.0200
53-9-1-1	施工排水、降水 湿土排水	m^3	498.7500	573.5600	623.4400	698.2500
53-9-1-3	施工排水、降水 筑拆竹箩滤井	座	2.5000	2.5000	2.5000	2.5000
	调整项目					
	围护支撑					
52-4-3-1	打槽型钢板桩 长4.00～6.00 m，单面	100 m	2.0000	2.0000		
52-4-3-6	拔槽型钢板桩 长4.00～6.00 m，单面	100 m	2.0000	2.0000		

（续表）

定额编号			J-1-6-37 A(B)	J-1-6-38 A(B)	J-1-6-39 A(B)	J-1-6-40 A(B)
项目			DN700			
			玻璃纤维增强塑料夹砂管(FRPM)			
			3.5 m	≤4.0 m	>4.0 m	4.5 m
			100 m	100 m	100 m	100 m
预算定额编号	预算定额名称	预算定额单位	数量			
52-4-3-11	打拔沟槽钢板桩 槽型钢板桩使用费	t·d	1852.0000	1852.0000	4116.0000	4116.0000
52-4-4-1	安拆钢板桩支撑 槽宽≤3.0 m 深3.01～4.00 m	100 m	1.0000	1.0000		
52-4-4-14	钢板桩支撑使用费	t·d	87.0000	87.0000	264.0000	264.0000
52-4-3-2	打槽型钢板桩 长6.01～9.00 m，单面	100 m			2.0000	2.0000
52-4-3-7	拔槽型钢板桩 长6.01～9.00 m，单面	100 m			2.0000	2.0000
52-4-4-2	安拆钢板桩支撑 槽宽≤3.0 m 深4.01～6.00 m	100 m			1.0000	1.0000
	井点降水					
53-9-1-1	施工排水、降水 湿土排水	m^3	−498.7500	−573.5600	−623.4400	−698.2500
53-9-1-5	施工排水、降水 轻型井点安装	根	83.0000	83.0000	83.0000	83.0000
53-9-1-6	施工排水、降水 轻型井点拆除	根	83.0000	83.0000	83.0000	83.0000
53-9-1-7	施工排水、降水 轻型井点使用	套·天	25.0000	25.0000	25.0000	25.0000

工作内容：沟槽挖土、沟槽排水、井点降水、沟槽围护和支撑(钢板桩、撑拆列板)、铺筑管道基础、铺设管道、沟槽回填(黄砂及素土)、土方场内运输、砌筑检查井等。

定额编号				J-1-6-37 A(B)	J-1-6-38 A(B)	J-1-6-39 A(B)	J-1-6-40 A(B)
项目				DN700			
				玻璃纤维增强塑料夹砂管(FRPM)			
				3.5 m	≤4.0 m	>4.0 m	4.5 m
名称			单位	100 m	100 m	100 m	100 m
人工	00190101	综合人工	工日	310.1225 (312.6447)	347.5383 (350.0607)	366.6703 (369.1926)	406.6632 (409.1855)
材料	01010211	热轧带肋钢筋(HRB400) $\phi\leqslant10$	t	0.0517	0.0517	0.0517	0.0517
	01010212	热轧带肋钢筋(HRB400) $\phi>10$	t	0.1328	0.1328	0.1328	0.1328
	02090101	塑料薄膜	m^2	26.2424	28.7467	28.7467	31.2757
	03010811	钢塑膨胀铆钉	只	18.3600	18.3600	18.3600	18.3600
	03150101	圆钉	kg	1.4312	1.4312	1.4312	1.4312
	03152501	镀锌铁丝	kg	0.5562	0.5562	0.5562	0.5562
	04030115	黄砂 中粗	t	190.7427 (362.2564)	190.7427 (362.2564)	190.7427 (362.2564)	190.7427 (362.2564)

（续表）

定额编号				J-1-6-37 A(B)	J-1-6-38 A(B)	J-1-6-39 A(B)	J-1-6-40 A(B)
项目				DN700			
				玻璃纤维增强塑料夹砂管(FRPM)			
				3.5 m	≤4.0 m	>4.0 m	4.5 m
名称			单位	100 m	100 m	100 m	100 m
材料	04030701	砾石砂	t	62.8780	62.8780	62.8780	62.8780
	04050313	道碴 50～70	t	0.3988	0.3988	0.3988	0.3988
	04131711	蒸压灰砂砖	千块	7.3034	8.9463	8.9463	10.5741
	05350301	竹箩	个	2.5000	2.5000	2.5000	2.5000
	17311039	玻璃纤维增强塑料夹砂管(FRPM) DN700 每节长 3 m 以下	m	97.0000	97.0000	97.0000	97.0000
	34110101	水	m^3	16.0171 (31.2961)	16.0587 (31.3377)	16.0587 (31.3377)	16.1006 (31.3796)
	35010102	组合钢模板	kg	4.4914	4.4914	4.4914	4.4914
	35010703	木模板成材	m^3	0.0281	0.0281	0.0281	0.0281
	35020401	钢模零配件	kg	1.6607	1.6607	1.6607	1.6607
	36012831	铸铁检查井雨污水盖座 市政 90 型	套	3.0000	3.0000	3.0000	3.0000
	36016631	防沉降检查井盖板 2500×2000×200	块	3.0000	3.0000	3.0000	3.0000
	36016651	高强度塑料检查井格板	只	3.0600	3.0600	3.0600	3.0600
	36016661	高强度塑料支架	只	9.1800	9.1800	9.1800	9.1800
	80060414	湿拌砌筑砂浆 WM M10.0	m^3	3.1762	3.8907	3.8907	4.6553
	80060513	预拌抹灰砂浆 WP M15.0	m^3	1.7650	2.0264	2.0264	2.2878
	80210410	预拌混凝土(泵送型) C15 粒径 5～20	m^3	0.9696	0.9696	0.9696	0.9696
	80210414	预拌混凝土(泵送型) C20 粒径 5～20	m^3	4.0299	4.0299	4.0299	4.0299
机械	99010060	履带式单斗液压挖掘机 1 m^3	台班	2.8628	3.1695	3.3741	3.6808
	99050930	混凝土振捣器 插入式	台班	0.6781	0.6781	0.6781	0.6781
	99050940	混凝土振捣器 平板式	台班	5.8294 (9.4284)	5.8294 (9.4284)	5.8294 (9.4284)	5.8294 (9.4284)
	99070220	轮胎式装载机 1 m^3	台班	3.0292 (2.5732)	3.4382 (2.9823)	3.7195 (3.2636)	4.1266 (3.6707)
	99070540	载重汽车 6 t	台班	0.0112	0.0112	0.0112	0.0112
	99070588	载重汽车 12 t	台班	4.6404 (3.9419)	5.2670 (4.5686)	5.6980 (4.9995)	6.3216 (5.6231)
	99090360	汽车式起重机 8 t	台班	0.2327	0.2327	0.2327	0.2327
	99091700	手扳葫芦	台班	2.6477	2.6477	2.6477	2.6477
	99130350	内燃夯实机 700 N·m	台班	18.4016 (14.8025)	21.0754 (17.4763)	22.9259 (19.3269)	25.5842 (21.9851)

（续表）

定额编号				J-1-6-37 A(B)	J-1-6-38 A(B)	J-1-6-39 A(B)	J-1-6-40 A(B)
项目				DN700			
				玻璃纤维增强塑料夹砂管(FRPM)			
				3.5 m	≤4.0 m	>4.0 m	4.5 m
名称			单位	100 m	100 m	100 m	100 m
机械	99170010	钢筋调直机	台班	0.0875	0.0875	0.0875	0.0875
	99170025	钢筋切断机	台班	0.0875	0.0875	0.0875	0.0875
	99210065	木工平刨床 刨削宽度 450	台班	0.0161	0.0161	0.0161	0.0161
	99440010	电动单级离心清水泵 ϕ50	台班	59.8500	68.8272	74.8128	83.7900
调整项目							
		围护支撑					
	00190101	综合人工	工日	447.5882	447.5882	571.2213	571.2213
	03152501	镀锌铁丝	kg	15.0000	15.0000	20.0000	20.0000
	04030115	黄砂 中粗	t	15.8236	15.8236	23.7356	23.7356
	05030101	成材	m^3	0.5955	0.5955	0.8169	0.8169
	35090121	槽型钢板桩	t	1.3350	1.3350	1.9587	1.9587
	35090131	槽型钢板桩使用费	t·d	1852.0000	1852.0000	4116.0000	4116.0000
	35090611	钢板桩支撑使用费	t·d	87.0000	87.0000	264.0000	264.0000
	35091771	铁撑柱	kg	70.5300	70.5300	141.1200	141.1200
	35091901	钢桩帽摊销	kg	90.9300	90.9300	136.2690	136.2690
	99030080	轨道式柴油打桩机 0.6 t	台班	20.1323	20.1323	27.7905	27.7905
	99030690	简易拔桩架	台班	23.9558	23.9558	29.8410	29.8410
	99090075	履带式起重机 8 t	台班	3.4125	3.4125	4.5500	4.5500
		井点降水					
	00190101	综合人工	工日	29.6651	25.6702	23.0066	19.0117
	04030115	黄砂 中粗	t	9.4420	9.4420	9.4420	9.4420
	17270201	普通橡胶管	m	14.2440	14.2440	14.2440	14.2440
	34110101	水	m^3	152.3275	152.3275	152.3275	152.3275
	35040921	轻型井点井管 ϕ40	m	24.1164	24.1164	24.1164	24.1164
	35040941	轻型井点井管 $\phi180\times4$	m	1.1656	1.1656	1.1656	1.1656
	99091380	电动卷扬机单筒快速 10 kN	台班	1.9920	1.9920	1.9920	1.9920
	99350050	轻便钻机 XJ-100	台班	4.7310	4.7310	4.7310	4.7310
	99440010	电动单级离心清水泵 ϕ50	台班	−59.8500	−68.8272	−74.8128	−83.7900
	99440150	电动多级离心清水泵 $\phi150\times$180 m 以下	台班	3.9840	3.9840	3.9840	3.9840
	99440510	射流井点泵 9.5 m	台班	30.7420	30.7420	30.7420	30.7420

工作内容:沟槽挖土、沟槽排水、井点降水、沟槽围护和支撑(钢板桩、撑拆列板)、铺筑管道基础、铺设管道、沟槽回填(黄砂及素土)、土方场内运输、砌筑检查井等。

定额编号			J-1-6-41 A(B)	J-1-6-42 A(B)	J-1-6-43 A(B)	J-1-6-44 A(B)
项目			DN700	DN800		
			玻璃纤维增强塑料夹砂管(FRPM)			
			5.0 m	2.0 m	2.5 m	≤3.0 m
			100 m	100 m	100 m	100 m
预算定额编号	预算定额名称	预算定额单位	数量			
52-1-2-1	机械挖沟槽土方 深≤3 m 现场抛土	m^3		420.0000	525.0000	603.7500
52-1-2-3	机械挖沟槽土方 深≤6 m 现场抛土	m^3	1050.0000			
52-1-3-1	沟槽回填 夯填土	m^3	828.6650 (726.4050)	200.3700 (98.1100)	302.6300 (200.3700)	374.0750 (271.8150)
53-1-3-2	场内运输 自卸汽车装运土(运距1 km以内)	m^3	1047.9800 (945.7200)	293.7500 (312.5100)	417.0100 (315.2500)	504.1400 (401.8800)
52-1-3-4	沟槽回填 黄砂	m^3	106.4800 (208.7400)	115.8900 (218.1500)	115.8900 (218.1500)	115.8900 (218.1500)
52-1-4-1	管道垫层 黄砂垫层	m^3	9.3200	9.3800	9.3800	9.3200
52-1-4-3	管道垫层 砾石砂垫层	m^3	29.8350	29.6400	29.6400	29.8350
52-1-5-1	管道基座 混凝土 C20	m^3	3.9900	2.4900	2.4900	3.1800
52-1-5-1换1	管道基座 混凝土 C15	m^3	0.9600			
52-1-5-2	管道基座 钢筋	t	0.1800			
52-1-6-37	管道铺设 玻璃纤维增强塑料夹砂管(FRPM)每节3 m以下 DN700	100 m	0.0970			
52-1-6-38	管道铺设 玻璃纤维增强塑料夹砂管(FRPM)每节3 m以下 DN800	100 m		0.0970	0.0970	0.0970
52-1-6-54	管道铺设 玻璃纤维增强塑料夹砂管(FRPM)每节3 m以上 DN700	100 m	0.8730			
52-1-6-55	管道铺设 玻璃纤维增强塑料夹砂管(FRPM)每节3 m以上 DN800	100 m		0.8730	0.8730	0.8730
52-3-1-1	砖砌检查井及雨水口 检查井 深≤2.5 m	m^3		5.6100	7.7400	
52-3-1-2	砖砌检查井及雨水口 检查井 深≤4 m	m^3				10.6500
52-3-1-3	砖砌检查井及雨水口 检查井 深≤6 m	m^3	22.5900			
52-3-2-1	水泥砂浆抹面 检查井	m^2	144.1200	40.2900	60.3600	78.3600

（续表）

定额编号			J-1-6-41 A(B)	J-1-6-42 A(B)	J-1-6-43 A(B)	J-1-6-44 A(B)
项目			DN700	DN800		
			玻璃纤维增强塑料夹砂管(FRPM)			
			5.0 m	2.0 m	2.5 m	≤3.0 m
			100 m	100 m	100 m	100 m
预算定额编号	预算定额名称	预算定额单位	数量			
52-3-6-1	安装防坠格板 新建工程	只	3.0000	3.0000	3.0000	3.0000
52-3-9-3	安装盖板及盖座 铸铁盖座	套	3.0000	3.0000	3.0000	3.0000
52-3-9-4	安装盖板及盖座 防沉降检查井盖板	块	3.0000	3.0000	3.0000	3.0000
52-4-5-1	模板工程 模板 管道基座	m^2	7.0200	4.9800	4.9800	5.6100
53-9-1-1	施工排水、降水 湿土排水	m^3	840.0000	210.0000	315.0000	393.7500
53-9-1-3	施工排水、降水 筑拆竹箩滤井	座	2.5000	2.5000	2.5000	2.5000
调整项目						
	围护支撑					
52-4-3-2	打槽型钢板桩 长 6.01～9.00 m，单面	100 m	2.0000			
52-4-3-7	拔槽型钢板桩 长 6.01～9.00 m，单面	100 m	2.0000			
52-4-3-11	打拔沟槽钢板桩 槽型钢板桩使用费	t・d	4116.0000			
52-4-4-2	安拆钢板桩支撑 槽宽≤3.0 m 深 4.01～6.00 m	100 m	1.0000			
52-4-4-14	钢板桩支撑使用费	t・d	264.0000			
52-4-2-2	满堂撑拆列板 深≤2.0 m，双面	100 m		1.0000		
52-4-2-5	撑拆列板 列板使用费	t・d		165.0000	205.0000	227.0000
52-4-2-6	列板支撑使用费	t・d		58.0000	72.0000	86.0000
52-4-2-3	满堂撑拆列板 深≤2.5 m，双面	100 m			1.0000	
52-4-2-4	满堂撑拆列板 深≤3.0 m，双面	100 m				1.0000
	井点降水					
53-9-1-1	施工排水、降水 湿土排水	m^3	−840.0000			−393.7500
53-9-1-5	施工排水、降水 轻型井点安装	根	83.0000			83.0000
53-9-1-6	施工排水、降水 轻型井点拆除	根	83.0000			83.0000
53-9-1-7	施工排水、降水 轻型井点使用	套・天	25.0000			25.0000

工作内容：沟槽挖土、沟槽排水、井点降水、沟槽围护和支撑(钢板桩、撑折列板)、铺筑管道基础、铺设管道、沟槽回填(黄砂及素土)、土方场内运输、砌筑检查井等。

定额编号				J-1-6-41 A(B)	J-1-6-42 A(B)	J-1-6-43 A(B)	J-1-6-44 A(B)
项目				DN700	DN800		
				玻璃纤维增强塑料夹砂管(FRPM)			
				5.0 m	2.0 m	2.5 m	≤3.0 m
名称			单位	100 m	100 m	100 m	100 m
人工	00190101	综合人工	工日	473.9427 (476.6015)	170.7329 (177.4217)	217.0929 (219.7683)	255.5489 (258.2077)
材料	01010211	热轧带肋钢筋(HRB400) φ≤10	t	0.0517			
	01010212	热轧带肋钢筋(HRB400) φ>10	t	0.1328			
	02090101	塑料薄膜	m^2	33.7800	12.2372	13.9976	18.5088
	03010811	钢塑膨胀铆钉	只	18.3600	18.3600	18.3600	18.3600
	03150101	圆钉	kg	1.4312	1.0153	1.0153	1.1437
	03152501	镀锌铁丝	kg	0.5562			
	04030115	黄砂 中粗	t	204.9044 (385.7001)	221.6473 (402.4430)	221.6473 (402.4430)	221.5413 (402.3370)
	04030701	砾石砂	t	65.9622	65.5311	65.5311	65.9622
	04050313	道碴 50～70	t	0.3988	0.3988	0.3988	0.3988
	04131711	蒸压灰砂砖	千块	12.2122	3.0569	4.2175	5.7744
	05350301	竹箩	个	2.5000	2.5000	2.5000	2.5000
	17311039	玻璃纤维增强塑料夹砂管(FRPM) DN700 每节长 3 m 以下	m	97.0000			
	17311041	玻璃纤维增强塑料夹砂管(FRPM) DN800 每节长 3 m 以下	m		97.0000	97.0000	97.0000
	34110101	水	m^3	17.3296 (33.4356)	18.4551 (34.5610)	18.4842 (34.5901)	18.5589 (34.6648)
	35010102	组合钢模板	kg	4.4914	3.1862	3.1862	3.5893
	35010703	木模板成材	m^3	0.0281	0.0199	0.0199	0.0224
	35020401	钢模零配件	kg	1.6607	1.1781	1.1781	1.3272
	36012831	铸铁检查井雨污水盖座 市政 90 型	套	3.0000	3.0000	3.0000	3.0000
	36016631	防沉降检查井盖板 2500×2000×200	块	3.0000	3.0000	3.0000	3.0000
	36016651	高强度塑料检查井格板	只	3.0600	3.0600	3.0600	3.0600
	36016661	高强度塑料支架	只	9.1800	9.1800	9.1800	9.1800

（续表）

定额编号				J-1-6-41 A(B)	J-1-6-42 A(B)	J-1-6-43 A(B)	J-1-6-44 A(B)
项目				DN700	DN800		
				玻璃纤维增强塑料夹砂管(FRPM)			
				5.0 m	2.0 m	2.5 m	≤3.0 m
名称			单位	100 m	100 m	100 m	100 m
材料	80060414	湿拌砌筑砂浆 WM M10.0	m^3	5.3764	1.2993	1.7926	2.5113
	80060513	预拌抹灰砂浆 WP M15.0	m^3	2.5492	0.8983	1.2174	1.5036
	80210410	预拌混凝土(泵送型) C15 粒径 5～20	m^3	0.9696			
	80210414	预拌混凝土(泵送型) C20 粒径 5～20	m^3	4.0299	2.5149	2.5149	3.2118
机械	99010060	履带式单斗液压挖掘机 1 m^3	台班	4.3050	1.6380	2.0475	2.3546
	99050930	混凝土振捣器 插入式	台班	0.6781	0.3411	0.3411	0.4357
	99050940	混凝土振捣器 平板式	台班	6.1830 (9.9769)	6.1890 (9.9829)	6.1890 (9.9829)	6.2897 (10.0836)
	99070220	轮胎式装载机 1 m^3	台班	4.9255 (4.4449)	1.3806 (1.4688)	1.9599 (1.4817)	2.3695 (1.8888)
	99070540	载重汽车 6 t	台班	0.0112	0.0080	0.0080	0.0090
	99070588	载重汽车 12 t	台班	7.5455 (6.8092)	2.1150 (2.2501)	3.0025 (2.2698)	3.6298 (2.8935)
	99090360	汽车式起重机 8 t	台班	0.2327	1.5775	1.5775	1.5782
	99091700	手扳葫芦	台班	2.6477	2.6940	2.6940	2.6940
	99130350	内燃夯实机 700 N·m	台班	30.7435 (26.9496)	7.4337 (3.6399)	11.2276 (7.4337)	13.8782 (10.0843)
	99170010	钢筋调直机	台班	0.0875			
	99170025	钢筋切断机	台班	0.0875			
	99210065	木工平刨床 刨削宽度 450	台班	0.0161	0.0115	0.0115	0.0129
	99440010	电动单级离心清水泵 ϕ50	台班	100.8000	25.2000	37.8000	47.2500
调整项目							
		围护支撑					
	00190101	综合人工	工日	571.2213	37.3728	57.0282	78.7933
	03152501	镀锌铁丝	kg	20.0000			
	04030115	黄砂 中粗	t	23.7356			
	05030101	成材	m^3	0.8169	0.3333	0.4444	0.5000
	35090121	槽型钢板桩	t	1.9587			
	35090131	槽型钢板桩使用费	t·d	4116.0000			
	35090611	钢板桩支撑使用费	t·d	264.0000			

(续表)

定额编号			J-1-6-41 A(B)	J-1-6-42 A(B)	J-1-6-43 A(B)	J-1-6-44 A(B)
项目			DN700	DN800		
			玻璃纤维增强塑料夹砂管(FRPM)			
			5.0 m	2.0 m	2.5 m	≤3.0 m
名称		单位	100 m	100 m	100 m	100 m
35091771	铁撑柱	kg	141.1200	93.1220	114.6350	139.6830
35091901	钢桩帽摊销	kg	136.2690			
99030080	轨道式柴油打桩机 0.6 t	台班	27.7905			
99030690	简易拔桩架	台班	29.8410			
99090075	履带式起重机 8 t	台班	4.5500			
03150501	骑马钉	kg		16.8872	21.1090	25.3308
04131711	蒸压灰砂砖	千块		0.1545	0.1545	0.1545
35091731	铁撑板	t		0.2788	0.3345	0.4181
35090501	列板使用费	t·d		165.0000	205.0000	227.0000
35090511	列板支撑使用费	t·d		58.0000	72.0000	86.0000
	井点降水					
00190101	综合人工	工日	11.4423			35.2721
04030115	黄砂 中粗	t	9.4420			9.4420
17270201	普通橡胶管	m	14.2440			14.2440
34110101	水	m^3	152.3275			152.3275
35040921	轻型井点井管 ϕ40	m	24.1164			24.1164
35040941	轻型井点井管 $\phi180\times4$	m	1.1656			1.1656
99091380	电动卷扬机单筒快速 10 kN	台班	1.9920			1.9920
99350050	轻便钻机 XJ-100	台班	4.7310			4.7310
99440010	电动单级离心清水泵 ϕ50	台班	−100.8000			−47.2500
99440150	电动多级离心清水泵 $\phi150\times$180 m 以下	台班	3.9840			3.9840
99440510	射流井点泵 9.5 m	台班	30.7420			30.7420

工作内容:沟槽挖土、沟槽排水、井点降水、沟槽围护和支撑(钢板桩、撑拆列板)、铺筑管道基础、铺设管道、沟槽回填(黄砂及素土)、土方场内运输、砌筑检查井等。

定额编号			J-1-6-45 A(B)	J-1-6-46 A(B)	J-1-6-47 A(B)	J-1-6-48 A(B)
项目			DN800			
			玻璃纤维增强塑料夹砂管(FRPM)			
			>3.0 m	3.5 m	≤4.0 m	>4.0 m
			100 m	100 m	100 m	100 m
预算定额编号	预算定额名称	预算定额单位	数量			
52-1-2-3	机械挖沟槽土方 深≤6 m 现场抛土	m^3	656.2500	735.0000	813.7500	866.2500
52-1-3-1	沟槽回填 夯填土	m^3	426.5750 (324.3150)	501.9250 (399.6650)	577.9350 (475.6750)	630.4350 (528.1750)
53-1-3-2	场内运输 自卸汽车装运土(运距1 km以内)	m^3	567.1400 (464.8800)	658.2400 (555.9800)	750.0000 (647.7400)	813.0000 (710.7400)
52-1-3-4	沟槽回填 黄砂	m^3	115.8900 (218.1500)	115.8900 (218.1500)	115.8900 (218.1500)	115.8900 (218.1500)
52-1-4-1	管道垫层 黄砂垫层	m^3	9.3200	9.3200	9.3200	9.3200
52-1-4-3	管道垫层 砾石砂垫层	m^3	29.8350	29.8350	29.8350	29.8350
52-1-5-1	管道基座 混凝土 C20	m^3	3.1800	3.9900	3.9900	3.9900
52-1-5-1换1	管道基座 混凝土 C15	m^3	0.9600	0.9600	0.9600	0.9600
52-1-5-2	管道基座 钢筋	t	0.1770	0.1800	0.1800	0.1800
52-1-6-38	管道铺设 玻璃纤维增强塑料夹砂管(FRPM)每节3 m以下 DN800	100 m	0.0970	0.0970	0.0970	0.0970
52-1-6-55	管道铺设 玻璃纤维增强塑料夹砂管(FRPM)每节3 m以上 DN800	100 m	0.8730	0.8730	0.8730	0.8730
52-3-1-2	砖砌检查井及雨水口 检查井深≤4 m	m^3	10.6500	13.4700	16.5000	16.5000
52-3-2-1	水泥砂浆抹面 检查井	m^2	78.3600	94.8000	111.2400	111.2400
52-3-6-1	安装防坠格板 新建工程	只	3.0000	3.0000	3.0000	3.0000
52-3-9-3	安装盖板及盖座 铸铁盖座	套	3.0000	3.0000	3.0000	3.0000
52-3-9-4	安装盖板及盖座 防沉降检查井盖板	块	3.0000	3.0000	3.0000	3.0000
52-4-5-1	模板工程 模板 管道基座	m^2	5.6100	7.0200	7.0200	7.0200
53-9-1-1	施工排水、降水 湿土排水	m^3	446.2500	525.0000	603.7500	656.2500
53-9-1-3	施工排水、降水 筑拆竹箩滤井	座	2.5000	2.5000	2.5000	2.5000
调整项目						
	围护支撑					
52-4-3-1	打槽型钢板桩 长4.00～6.00 m,单面	100 m	2.0000	2.0000	2.0000	
52-4-3-6	拔槽型钢板桩 长4.00～6.00 m,单面	100 m	2.0000	2.0000	2.0000	
52-4-3-11	打拔沟槽钢板桩 槽型钢板桩使用费	t·d	1852.0000	1852.0000	1852.0000	4116.0000

(续表)

定　额　编　号			J-1-6-45 A(B)	J-1-6-46 A(B)	J-1-6-47 A(B)	J-1-6-48 A(B)
项　　目			DN800			
			玻璃纤维增强塑料夹砂管(FRPM)			
			>3.0 m	3.5 m	≤4.0 m	>4.0 m
			100 m	100 m	100 m	100 m
预算定额编号	预算定额名称	预算定额单位	数　　量			
52-4-4-1	安拆钢板桩支撑 槽宽≤3.0 m 深3.01～4.00 m	100 m	1.0000	1.0000	1.0000	
52-4-4-14	钢板桩支撑使用费	t·d	87.0000	87.0000	87.0000	264.0000
52-4-3-2	打槽型钢板桩 长6.01～9.00 m,单面	100 m				2.0000
52-4-3-7	拔槽型钢板桩 长6.01～9.00 m,单面	100 m				2.0000
52-4-4-2	安拆钢板桩支撑 槽宽≤3.0 m 深4.01～6.00 m	100 m				1.0000
	井点降水					
53-9-1-1	施工排水、降水 湿土排水	m^3	−446.2500	−525.0000	−603.7500	−656.2500
53-9-1-5	施工排水、降水 轻型井点安装	根	83.0000	83.0000	83.0000	83.0000
53-9-1-6	施工排水、降水 轻型井点拆除	根	83.0000	83.0000	83.0000	83.0000
53-9-1-7	施工排水、降水 轻型井点使用	套·天	25.0000	25.0000	25.0000	25.0000

工作内容:沟槽挖土、沟槽排水、井点降水、沟槽围护和支撑(钢板桩、撑拆列板)、铺筑管道基础、铺设管道、沟槽回填(黄砂及素土)、土方场内运输、砌筑检查井等。

定　额　编　号				J-1-6-45 A(B)	J-1-6-46 A(B)	J-1-6-47 A(B)	J-1-6-48 A(B)
项　　目				DN800			
				玻璃纤维增强塑料夹砂管(FRPM)			
				>3.0 m	3.5 m	≤4.0 m	>4.0 m
名　　称			单位	100 m	100 m	100 m	100 m
人工	00190101	综合人工	工日	282.2151 (284.8739)	321.1990 (323.8578)	360.1262 (362.7850)	380.2630 (382.9218)
材料	01010211	热轧带肋钢筋(HRB400) $\phi \leq 10$	t	0.0508	0.0517	0.0517	0.0517
	01010212	热轧带肋钢筋(HRB400) $\phi > 10$	t	0.1306	0.1328	0.1328	0.1328
	02090101	塑料薄膜	m^2	21.4391	26.2424	28.7467	28.7467
	03010811	钢塑膨胀铆钉	只	18.3600	18.3600	18.3600	18.3600
	03150101	圆钉	kg	1.1437	1.4312	1.4312	1.4312
	03152501	镀锌铁丝	kg	0.5469	0.5562	0.5562	0.5562
	04030115	黄砂 中粗	t	221.5413 (402.3370)	221.5413 (402.3370)	221.5413 (402.3370)	221.5413 (402.3370)

（续表）

定额编号				J-1-6-45 A(B)	J-1-6-46 A(B)	J-1-6-47 A(B)	J-1-6-48 A(B)
项目				DN800			
				玻璃纤维增强塑料夹砂管(FRPM)			
				＞3.0 m	3.5 m	≤4.0 m	＞4.0 m
名称			单位	100 m	100 m	100 m	100 m
材料	04030701	砾石砂	t	65.9622	65.9622	65.9622	65.9622
	04050313	道碴 50～70	t	0.3988	0.3988	0.3988	0.3988
	04131711	蒸压灰砂砖	千块	5.7744	7.3034	8.9463	8.9463
	05350301	竹箩	个	2.5000	2.5000	2.5000	2.5000
	17311041	玻璃纤维增强塑料夹砂管(FRPM) DN800 每节长 3 m 以下	m	97.0000	97.0000	97.0000	97.0000
	34110101	水	m^3	18.6073 (34.7132)	18.6867 (34.7926)	18.7283 (34.8342)	18.7283 (34.8342)
	35010102	组合钢模板	kg	3.5893	4.4914	4.4914	4.4914
	35010703	木模板成材	m^3	0.0224	0.0281	0.0281	0.0281
	35020401	钢模零配件	kg	1.3272	1.6607	1.6607	1.6607
	36012831	铸铁检查井雨污水盖座 市政 90 型	套	3.0000	3.0000	3.0000	3.0000
	36016631	防沉降检查井盖板 2500×2000×200	块	3.0000	3.0000	3.0000	3.0000
	36016651	高强度塑料检查井格板	只	3.0600	3.0600	3.0600	3.0600
	36016661	高强度塑料支架	只	9.1800	9.1800	9.1800	9.1800
	80060414	湿拌砌筑砂浆 WM M10.0	m^3	2.5113	3.1762	3.8907	3.8907
	80060513	预拌抹灰砂浆 WP M15.0	m^3	1.5036	1.7650	2.0264	2.0264
	80210410	预拌混凝土(泵送型) C15 粒径 5～20	m^3	0.9696	0.9696	0.9696	0.9696
	80210414	预拌混凝土(泵送型) C20 粒径 5～20	m^3	3.2118	4.0299	4.0299	4.0299
机械	99010060	履带式单斗液压挖掘机 1 m^3	台班	2.6906	3.0135	3.3364	3.5516
	99050930	混凝土振捣器 插入式	台班	0.5672	0.6781	0.6781	0.6781
	99050940	混凝土振捣器 平板式	台班	6.4212 (10.2151)	6.5321 (10.3260)	6.5321 (10.3260)	6.5321 (10.3260)
	99070220	轮胎式装载机 1 m^3	台班	2.6656 (2.1849)	3.0937 (2.6131)	3.5250 (3.0444)	3.8211 (3.3405)
	99070540	载重汽车 6 t	台班	0.0090	0.0112	0.0112	0.0112
	99070588	载重汽车 12 t	台班	4.0834 (3.3471)	4.7393 (4.0031)	5.4000 (4.6637)	5.8536 (5.1173)
	99090360	汽车式起重机 8 t	台班	1.5782	1.5797	1.5797	1.5797

（续表）

定额编号				J-1-6-45 A(B)	J-1-6-46 A(B)	J-1-6-47 A(B)	J-1-6-48 A(B)
项目				DN800			
				玻璃纤维增强塑料夹砂管(FRPM)			
				>3.0 m	3.5 m	≤4.0 m	>4.0 m
名称			单位	100 m	100 m	100 m	100 m
机械	99091700	手扳葫芦	台班	2.6940	2.6940	2.6940	2.6940
	99130350	内燃夯实机 700 N·m	台班	15.8259 (12.0321)	18.6214 (14.8276)	21.4414 (17.6475)	23.3891 (19.5953)
	99170010	钢筋调直机	台班	0.0860	0.0875	0.0875	0.0875
	99170025	钢筋切断机	台班	0.0860	0.0875	0.0875	0.0875
	99210065	木工平刨床 刨削宽度 450	台班	0.0129	0.0161	0.0161	0.0161
	99440010	电动单级离心清水泵 ϕ50	台班	53.5500	63.0000	72.4500	78.7500
调整项目							
		围护支撑					
	00190101	综合人工	工日	447.5882	447.5882	447.5882	571.2213
	03152501	镀锌铁丝	kg	15.0000	15.0000	15.0000	20.0000
	04030115	黄砂 中粗	t	15.8236	15.8236	15.8236	23.7356
	05030101	成材	m^3	0.5955	0.5955	0.5955	0.8169
	35090121	槽型钢板桩	t	1.3350	1.3350	1.3350	1.9587
	35090131	槽型钢板桩使用费	t·d	1852.0000	1852.0000	1852.0000	4116.0000
	35090611	钢板桩支撑使用费	t·d	87.0000	87.0000	87.0000	264.0000
	35091771	铁撑柱	kg	70.5300	70.5300	70.5300	141.1200
	35091901	钢桩帽摊销	kg	90.9300	90.9300	90.9300	136.2690
	99030080	轨道式柴油打桩机 0.6 t	台班	20.1323	20.1323	20.1323	27.7905
	99030690	简易拔桩架	台班	23.9558	23.9558	23.9558	29.8410
	99090075	履带式起重机 8 t	台班	3.4125	3.4125	3.4125	4.5500
		井点降水					
	00190101	综合人工	工日	32.4686	28.2633	24.0580	21.2545
	04030115	黄砂 中粗	t	9.4420	9.4420	9.4420	9.4420
	17270201	普通橡胶管	m	14.2440	14.2440	14.2440	14.2440
	34110101	水	m^3	152.3275	152.3275	152.3275	152.3275
	35040921	轻型井点井管 ϕ40	m	24.1164	24.1164	24.1164	24.1164
	35040941	轻型井点井管 ϕ180×4	m	1.1656	1.1656	1.1656	1.1656
	99091380	电动卷扬机单筒快速 10 kN	台班	1.9920	1.9920	1.9920	1.9920
	99350050	轻便钻机 XJ-100	台班	4.7310	4.7310	4.7310	4.7310
	99440010	电动单级离心清水泵 ϕ50	台班	−53.5500	−63.0000	−72.4500	−78.7500
	99440150	电动多级离心清水泵 ϕ150×180 m 以下	台班	3.9840	3.9840	3.9840	3.9840
	99440510	射流井点泵 9.5 m	台班	30.7420	30.7420	30.7420	30.7420

工作内容：沟槽挖土、沟槽排水、井点降水、沟槽围护和支撑（钢板桩、撑拆列板）、铺筑管道基础、铺设管道、沟槽回填（黄砂及素土）、土方场内运输、砌筑检查井等。

定额编号			J-1-6-49 A(B)	J-1-6-50 A(B)	J-1-6-51 A(B)	J-1-6-52 A(B)
项目			DN800		DN900	
			玻璃纤维增强塑料夹砂管(FRPM)			
			4.5 m	5.0 m	2.0 m	2.5 m
			100 m	100 m	100 m	100 m
预算定额编号	预算定额名称	预算定额单位	数量			
04290711	钢筋混凝土板 1300×300×160 mm	块			3.0000	3.0000
52-1-2-1	机械挖沟槽土方 深≤3 m 现场抛土	m^3			462.0000	577.5000
52-1-2-3	机械挖沟槽土方 深≤6 m 现场抛土	m^3	945.0000	1102.5000		
52-1-3-1	沟槽回填 夯填土	m^3	706.0250 (603.7650)	849.2800 (741.7700)	197.0000 (84.7900)	309.7600 (197.5500)
53-1-3-2	场内运输 自卸汽车装运土(运距 1 km 以内)	m^3	904.3400 (802.0800)	1079.5600 (972.0500)	299.7200 (366.8900)	435.5800 (369.6300)
52-1-3-4	沟槽回填 黄砂	m^3	115.8900 (218.1500)	124.5000 (232.0100)	140.8200 (253.0300)	140.8200 (253.0300)
52-1-4-1	管道垫层 黄砂垫层	m^3	9.3200	9.7800	10.3200	10.3200
52-1-4-3	管道垫层 砾石砂垫层	m^3	29.8350	31.2300	32.7000	32.7000
52-1-5-1	管道基座 混凝土 C20	m^3	3.9900	3.9900	2.9400	2.9400
52-1-5-1 换 1	管道基座 混凝土 C15	m^3	0.9600	0.9600		
52-1-5-2	管道基座 钢筋	t	0.1800	0.1800		
52-1-6-38	管道铺设 玻璃纤维增强塑料夹砂管(FRPM)每节 3 m 以下 DN800	100 m	0.0970	0.0970		
52-1-6-39	管道铺设 玻璃纤维增强塑料夹砂管(FRPM)每节 3 m 以下 DN900	100 m			0.0970	0.0970
52-1-6-55	管道铺设 玻璃纤维增强塑料夹砂管(FRPM)每节 3 m 以上 DN800	100 m	0.8730	0.8730		
52-1-6-56	管道铺设 玻璃纤维增强塑料夹砂管(FRPM)每节 3 m 以上 DN900	100 m			0.8730	0.8730
52-3-1-1	砖砌检查井及雨水口 检查井 深≤2.5 m	m^3			6.5400	8.3400
52-3-1-3	砖砌检查井及雨水口 检查井 深≤6 m	m^3	19.5600	22.5900		
52-3-2-1	水泥砂浆抹面 检查井	m^2	127.6800	144.1200	42.2700	68.2200

(续表)

定额编号			J-1-6-49 A(B)	J-1-6-50 A(B)	J-1-6-51 A(B)	J-1-6-52 A(B)
项目			DN800		DN900	
			玻璃纤维增强塑料夹砂管(FRPM)			
			4.5 m	5.0 m	2.0 m	2.5 m
			100 m	100 m	100 m	100 m
预算定额编号	预算定额名称	预算定额单位	数量			
52-3-6-1	安装防坠格板 新建工程	只	3.0000	3.0000	3.0000	3.0000
52-3-9-3	安装盖板及盖座 铸铁盖座	套	3.0000	3.0000	3.0000	3.0000
52-3-9-4	安装盖板及盖座 防沉降检查井盖板	块	3.0000	3.0000	3.0000	3.0000
52-4-5-1	模板工程 模板 管道基座	m^2	7.0200	7.0200	5.3400	5.3400
53-9-1-1	施工排水、降水 湿土排水	m^3	735.0000	882.0000	231.0000	346.5000
53-9-1-3	施工排水、降水 筑拆竹箩滤井	座	2.5000	2.5000	2.5000	2.5000
调整项目						
	围护支撑					
52-4-3-2	打槽型钢板桩 长 6.01～9.00 m,单面	100 m	2.0000	2.0000		
52-4-3-7	拔槽型钢板桩 长 6.01～9.00 m,单面	100 m	2.0000	2.0000		
52-4-3-11	打拔沟槽钢板桩 槽型钢板桩使用费	t·d	4116.0000	4116.0000		
52-4-4-2	安拆钢板桩支撑 槽宽≤3.0 m 深 4.01～6.00 m	100 m	1.0000	1.0000		
52-4-4-14	钢板桩支撑使用费	t·d	264.0000	264.0000		
52-4-2-2	满堂撑拆列板 深≤2.0 m,双面	100 m			1.0000	
52-4-2-5	撑拆列板 列板使用费	t·d			165.0000	205.0000
52-4-2-6	列板支撑使用费	t·d			58.0000	72.0000
52-4-2-3	满堂撑拆列板 深≤2.5 m,双面	100 m				1.0000
	井点降水					
53-9-1-1	施工排水、降水 湿土排水	m^3	−735.0000	−882.0000		
53-9-1-5	施工排水、降水 轻型井点安装	根	83.0000	83.0000		
53-9-1-6	施工排水、降水 轻型井点拆除	根	83.0000	83.0000		
53-9-1-7	施工排水、降水 轻型井点使用	套·天	25.0000	25.0000		

工作内容:沟槽挖土、沟槽排水、井点降水、沟槽围护和支撑(钢板桩、撑拆列板)、铺筑管道基础、铺设管道、沟槽回填(黄砂及素土)、土方场内运输、砌筑检查井等。

定额编号				J-1-6-49 A(B)	J-1-6-50 A(B)	J-1-6-51 A(B)	J-1-6-52 A(B)
项目				DN800		DN900	
				玻璃纤维增强塑料夹砂管(FRPM)			
				4.5 m	5.0 m	2.0 m	2.5 m
名称			单位	100 m	100 m	100 m	100 m
人工	00190101	综合人工	工日	421.7671 (424.4260)	491.0869 (493.8822)	185.4150 (194.3058)	235.9450 (240.4029)
材料	01010211	热轧带肋钢筋(HRB400) $\phi\leqslant10$	t	0.0517	0.0517		
	01010212	热轧带肋钢筋(HRB400) $\phi>10$	t	0.1328	0.1328		
	02090101	塑料薄膜	m^2	31.2757	33.7800	14.3794	15.8671
	03010811	钢塑膨胀铆钉	只	18.3600	18.3600	18.3600	18.3600
	03150101	圆钉	kg	1.4312	1.4312	1.0887	1.0887
	03152501	镀锌铁丝	kg	0.5562	0.5562		
	04030115	黄砂 中粗	t	221.5413 (402.3370)	237.5770 (427.6547)	267.3856 (465.7728)	267.3856 (465.7728)
	04030701	砾石砂	t	65.9622	69.0464	72.2964	72.2964
	04050313	道碴 50～70	t	0.3988	0.3988	0.3988	0.3988
	04131711	蒸压灰砂砖	千块	10.5741	12.2122	3.5636	4.5445
	04290711	钢筋混凝土板 1300×300×160 mm	块			3.0000	3.0000
	05350301	竹箩	个	2.5000	2.5000	2.5000	2.5000
	17311041	玻璃纤维增强塑料夹砂管(FRPM) DN800 每节长 3 m 以下	m	97.0000	97.0000		
	17311043	玻璃纤维增强塑料夹砂管(FRPM) DN900 每节长 3 m 以下	m			97.0000	97.0000
	34110101	水	m^3	18.7702 (34.8761)	20.1678 (37.1006)	22.4170 (40.0900)	22.4417 (40.1147)
	35010102	组合钢模板	kg	4.4914	4.4914	3.4166	3.4166
	35010703	木模板成材	m^3	0.0281	0.0281	0.0213	0.0213
	35020401	钢模零配件	kg	1.6607	1.6607	1.2633	1.2633
	36012831	铸铁检查井雨污水盖座 市政90型	套	3.0000	3.0000	3.0000	3.0000
	36016631	防沉降检查井盖板 2500×2000×200	块	3.0000	3.0000	3.0000	3.0000
	36016651	高强度塑料检查井格板	只	3.0600	3.0600	3.0600	3.0600

（续表）

定额编号				J-1-6-49 A(B)	J-1-6-50 A(B)	J-1-6-51 A(B)	J-1-6-52 A(B)
项目				DN800		DN900	
				玻璃纤维增强塑料夹砂管(FRPM)			
				4.5 m	5.0 m	2.0 m	2.5 m
名称			单位	100 m	100 m	100 m	100 m
材料	36016661	高强度塑料支架	只	9.1800	9.1800	9.1800	9.1800
	80060414	湿拌砌筑砂浆 WM M10.0	m^3	4.6553	5.3764	1.5147	1.9315
	80060513	预拌抹灰砂浆 WP M15.0	m^3	2.2878	2.5492	0.9298	1.3424
	80210410	预拌混凝土(泵送型) C15 粒径 5～20	m^3	0.9696	0.9696		
	80210414	预拌混凝土(泵送型) C20 粒径 5～20	m^3	4.0299	4.0299	2.9694	2.9694
机械	99010060	履带式单斗液压挖掘机 1 m^3	台班	3.8745	4.5203	1.8018	2.2523
	99050930	混凝土振捣器 插入式	台班	0.6781	0.6781	0.4028	0.4028
	99050940	混凝土振捣器 平板式	台班	6.5321 (10.3260)	6.9251 (10.9137)	7.3345 (11.4975)	7.3345 (11.4975)
	99070220	轮胎式装载机 1 m^3	台班	4.2504 (3.7698)	5.0739 (4.5686)	1.4087 (1.7244)	2.0472 (1.7373)
	99070540	载重汽车 6 t	台班	0.0112	0.0112	0.0085	0.0085
	99070588	载重汽车 12 t	台班	6.5112 (5.7750)	7.7728 (6.9988)	2.1580 (2.6416)	3.1362 (2.6613)
	99090360	汽车式起重机 8 t	台班	1.5797	1.5797	1.6168	1.6168
	99091700	手扳葫芦	台班	2.6940	2.6940	2.7719	2.7719
	99130350	内燃夯实机 700 N·m	台班	26.1935 (22.3997)	31.5083 (27.5197)	7.3087 (3.1457)	11.4921 (7.3291)
	99170010	钢筋调直机	台班	0.0875	0.0875		
	99170025	钢筋切断机	台班	0.0875	0.0875		
	99210065	木工平刨床 刨削宽度 450	台班	0.0161	0.0161	0.0123	0.0123
	99440010	电动单级离心清水泵 ϕ50	台班	88.2000	105.8400	27.7200	41.5800
调整项目							
		围护支撑					
	00190101	综合人工	工日	571.2213	571.2213	37.3728	57.0282
	03152501	镀锌铁丝	kg	20.0000	20.0000		
	04030115	黄砂 中粗	t	23.7356	23.7356		
	05030101	成材	m^3	0.8169	0.8169	0.3333	0.4444

（续表）

定额编号				J-1-6-49 A(B)	J-1-6-50 A(B)	J-1-6-51 A(B)	J-1-6-52 A(B)
项目				DN800		DN900	
				玻璃纤维增强塑料夹砂管(FRPM)			
				4.5 m	5.0 m	2.0 m	2.5 m
名称			单位	100 m	100 m	100 m	100 m
	35090121	槽型钢板桩	t	1.9587	1.9587		
	35090131	槽型钢板桩使用费	t·d	4116.0000	4116.0000		
	35090611	钢板桩支撑使用费	t·d	264.0000	264.0000		
	35091771	铁撑柱	kg	141.1200	141.1200	93.1220	114.6350
	35091901	钢桩帽摊销	kg	136.2690	136.2690		
	99030080	轨道式柴油打桩机 0.6 t	台班	27.7905	27.7905		
	99030690	简易拔桩架	台班	29.8410	29.8410		
	99090075	履带式起重机 8 t	台班	4.5500	4.5500		
	03150501	骑马钉	kg			16.8872	21.1090
	04131711	蒸压灰砂砖	千块			0.1545	0.1545
	35091731	铁撑板	t			0.2788	0.3345
	35090501	列板使用费	t·d			165.0000	205.0000
	35090511	列板支撑使用费	t·d			58.0000	72.0000
		井点降水					
	00190101	综合人工	工日	17.0493	9.1995		
	04030115	黄砂 中粗	t	9.4420	9.4420		
	17270201	普通橡胶管	m	14.2440	14.2440		
	34110101	水	m^3	152.3275	152.3275		
	35040921	轻型井点井管 ϕ40	m	24.1164	24.1164		
	35040941	轻型井点井管 ϕ180×4	m	1.1656	1.1656		
	99091380	电动卷扬机单筒快速 10 kN	台班	1.9920	1.9920		
	99350050	轻便钻机 XJ-100	台班	4.7310	4.7310		
	99440010	电动单级离心清水泵 ϕ50	台班	−88.2000	−105.8400		
	99440150	电动多级离心清水泵 ϕ150×180 m 以下	台班	3.9840	3.9840		
	99440510	射流井点泵 9.5 m	台班	30.7420	30.7420		

工作内容:沟槽挖土、沟槽排水、井点降水、沟槽围护和支撑(钢板桩、撑拆列板)、铺筑管道基础、铺设管道、沟槽回填(黄砂及素土)、土方场内运输、砌筑检查井等。

定额编号			J-1-6-53 A(B)	J-1-6-54 A(B)	J-1-6-55 A(B)	J-1-6-56 A(B)
项目			DN900			
			玻璃纤维增强塑料夹砂管(FRPM)			
			≤3.0 m	>3.0 m	3.5 m	≤4.0 m
			100 m	100 m	100 m	100 m
预算定额编号	预算定额名称	预算定额单位	数量			
04290711	钢筋混凝土板 1300×300×160 mm	块	3.0000	3.0000	3.0000	3.0000
52-1-2-1	机械挖沟槽土方 深≤3 m 现场抛土	m³	664.1300			
52-1-2-3	机械挖沟槽土方 深≤6 m 现场抛土	m³		721.8800	808.5000	895.1300
52-1-3-1	沟槽回填 夯填土	m³	388.6550 (276.4450)	446.4050 (334.1950)	529.5150 (417.3050)	613.4050 (501.1950)
53-1-3-2	场内运输 自卸汽车装运土(运距1 km以内)	m³	531.7260 (419.5160)	601.0260 (488.8160)	701.4600 (589.2500)	802.6760 (690.4660)
52-1-3-4	沟槽回填 黄砂	m³	140.8200 (253.0300)	140.8200 (253.0300)	140.8200 (253.0300)	140.8200 (253.0300)
52-1-4-1	管道垫层 黄砂垫层	m³	10.2500	10.2500	10.2500	10.2500
52-1-4-3	管道垫层 砾石砂垫层	m³	32.8950	32.8950	32.8950	32.8950
52-1-5-1	管道基座 混凝土 C20	m³	3.6900	3.6900	4.5900	4.5900
52-1-5-1换1	管道基座 混凝土 C15	m³		1.0800	1.0800	1.0800
52-1-5-2	管道基座 钢筋	t		0.2040	0.2070	0.2070
52-1-6-39	管道铺设 玻璃纤维增强塑料夹砂管(FRPM)每节3 m以下 DN900	100 m	0.0970	0.0970	0.0970	0.0970
52-1-6-56	管道铺设 玻璃纤维增强塑料夹砂管(FRPM)每节3 m以上 DN900	100 m	0.8730	0.8730	0.8730	0.8730
52-3-1-2	砖砌检查井及雨水口 检查井深≤4 m	m³	11.3400	11.3400	13.5300	17.2200
52-3-2-1	水泥砂浆抹面 检查井	m²	87.7200	87.7200	104.1600	120.6000
52-3-6-1	安装防坠格板 新建工程	只	3.0000	3.0000	3.0000	3.0000
52-3-9-3	安装盖板及盖座 铸铁盖座	套	3.0000	3.0000	3.0000	3.0000
52-3-9-4	安装盖板及盖座 防沉降检查井盖板	块	3.0000	3.0000	3.0000	3.0000
52-4-5-1	模板工程 模板 管道基座	m²	5.9700	5.9700	7.4700	7.4700
53-9-1-1	施工排水、降水 湿土排水	m³	433.1300	490.8800	577.5000	664.1300
53-9-1-3	施工排水、降水 筑拆竹箩滤井	座	2.5000	2.5000	2.5000	2.5000
调整项目						
	围护支撑					
52-4-2-4	满堂撑拆列板 深≤3.0 m,双面	100 m	1.0000			
52-4-2-5	撑拆列板 列板使用费	t·d	227.0000			
52-4-2-6	列板支撑使用费	t·d	86.0000			

（续表）

定　额　编　号			J-1-6-53 A(B)	J-1-6-54 A(B)	J-1-6-55 A(B)	J-1-6-56 A(B)
项　　目			DN900			
			玻璃纤维增强塑料夹砂管(FRPM)			
			≤3.0 m	>3.0 m	3.5 m	≤4.0 m
			100 m	100 m	100 m	100 m
预算定额编号	预算定额名称	预算定额单位	数　　量			
52-4-3-1	打槽型钢板桩 长 4.00～6.00 m，单面	100 m		2.0000	2.0000	2.0000
52-4-3-6	拔槽型钢板桩 长 4.00～6.00 m，单面	100 m		2.0000	2.0000	2.0000
52-4-4-1	安拆钢板桩支撑 槽宽≤3.0 m 深 3.01～4.00 m	100 m		1.0000	1.0000	1.0000
52-4-3-11	打拔沟槽钢板桩 槽型钢板桩使用费	t·d		1852.0000	1852.0000	1852.0000
52-4-4-14	钢板桩支撑使用费	t·d		87.0000	87.0000	87.0000
	井点降水					
53-9-1-1	施工排水、降水 湿土排水	m^3	−433.1300	−490.8800	−577.5000	−664.1300
53-9-1-5	施工排水、降水 轻型井点安装	根	83.0000	83.0000	83.0000	83.0000
53-9-1-6	施工排水、降水 轻型井点拆除	根	83.0000	83.0000	83.0000	83.0000
53-9-1-7	施工排水、降水 轻型井点使用	套·天	27.0000	27.0000	27.0000	27.0000

工作内容：沟槽挖土、沟槽排水、井点降水、沟槽围护和支撑(钢板桩、撑拆列板)、铺筑管道基础、铺设管道、沟槽回填(黄砂及素土)、土方场内运输、砌筑检查井等。

定　额　编　号				J-1-6-53 A(B)	J-1-6-54 A(B)	J-1-6-55 A(B)	J-1-6-56 A(B)
项　　目				DN900			
				玻璃纤维增强塑料夹砂管(FRPM)			
				≤3.0 m	>3.0 m	3.5 m	≤4.0 m
名　　称			单位	100 m	100 m	100 m	100 m
人工	00190101	综合人工	工日	277.7749 (280.6924)	307.1769 (310.0944)	347.7688 (350.6862)	391.2258 (394.1433)
材料	01010211	热轧带肋钢筋(HRB400) $\phi\leqslant10$	t		0.0585	0.0594	0.0594
	01010212	热轧带肋钢筋(HRB400) $\phi>10$	t		0.1506	0.1528	0.1528
	02090101	塑料薄膜	m^2	20.6359	23.9325	28.4896	31.5394
	03010811	钢塑膨胀铆钉	只	18.3600	18.3600	18.3600	18.3600
	03150101	圆钉	kg	1.2171	1.2171	1.5229	1.5229
	03152501	镀锌铁丝	kg		0.6304	0.6396	0.6396
	04030115	黄砂 中粗	t	267.2618 (465.6490)	267.2618 (465.6490)	267.2618 (465.6490)	267.2618 (465.6490)

（续表）

定额编号				J-1-6-53 A(B)	J-1-6-54 A(B)	J-1-6-55 A(B)	J-1-6-56 A(B)
项目				DN900			
				玻璃纤维增强塑料夹砂管(FRPM)			
				≤3.0 m	>3.0 m	3.5 m	≤4.0 m
名称			单位	100 m	100 m	100 m	100 m
材料	04030701	砾石砂	t	72.7276	72.7276	72.7276	72.7276
	04050313	道碴 50～70	t	0.3988	0.3988	0.3988	0.3988
	04131711	蒸压灰砂砖	千块	6.1485	6.1485	7.3360	9.3367
	04290711	钢筋混凝土板 1300×300×160 mm	块	3.0000	3.0000	3.0000	3.0000
	05350301	竹箩	个	2.5000	2.5000	2.5000	2.5000
	17311043	玻璃纤维增强塑料夹砂管(FRPM) DN900 每节长 3 m 以下	m	97.0000	97.0000	97.0000	97.0000
	34110101	水	m^3	22.5206 (40.1936)	22.5750 (40.2480)	22.6503 (40.3233)	22.7008 (40.3738)
	35010102	组合钢模板	kg	3.8196	3.8196	4.7793	4.7793
	35010703	木模板成材	m^3	0.0239	0.0239	0.0299	0.0299
	35020401	钢模零配件	kg	1.4123	1.4123	1.7672	1.7672
	36012831	铸铁检查井雨污水盖座 市政90型	套	3.0000	3.0000	3.0000	3.0000
	36016631	防沉降检查井盖板 2500×2000×200	块	3.0000	3.0000	3.0000	3.0000
	36016651	高强度塑料检查井格板	只	3.0600	3.0600	3.0600	3.0600
	36016661	高强度塑料支架	只	9.1800	9.1800	9.1800	9.1800
	80060414	湿拌砌筑砂浆 WM M10.0	m^3	2.6740	2.6740	3.1904	4.0605
	80060513	预拌抹灰砂浆 WP M15.0	m^3	1.6524	1.6524	1.9138	2.1752
	80210410	预拌混凝土(泵送型) C15 粒径 5～20	m^3		1.0908	1.0908	1.0908
	80210414	预拌混凝土(泵送型) C20 粒径 5～20	m^3	3.7269	3.7269	4.6359	4.6359
机械	99010060	履带式单斗液压挖掘机 1 m^3	台班	2.5901	2.9597	3.3149	3.6700
	99050930	混凝土振捣器 插入式	台班	0.5055	0.6535	0.7768	0.7768
	99050940	混凝土振捣器 平板式	台班	7.4429 (11.6059)	7.5909 (11.7539)	7.7142 (11.8772)	7.7142 (11.8772)
	99070220	轮胎式装载机 1 m^3	台班	2.4991 (1.9717)	2.8248 (2.2974)	3.2969 (2.7695)	3.7726 (3.2452)
	99070540	载重汽车 6 t	台班	0.0096	0.0096	0.0120	0.0120
	99070588	载重汽车 12 t	台班	3.8284 (3.0205)	4.3274 (3.5195)	5.0505 (4.2426)	5.7793 (4.9714)
	99090360	汽车式起重机 8 t	台班	1.6175	1.6175	1.6191	1.6191
	99091700	手扳葫芦	台班	2.7719	2.7719	2.7719	2.7719
	99130350	内燃夯实机 700 N·m	台班	14.4191 (10.2561)	16.5616 (12.3986)	19.6450 (15.4820)	22.7573 (18.5943)
	99170010	钢筋调直机	台班		0.0992	0.1006	0.1006

（续表）

定　额　编　号				J-1-6-53 A(B)	J-1-6-54 A(B)	J-1-6-55 A(B)	J-1-6-56 A(B)
项　　目				DN900			
				玻璃纤维增强塑料夹砂管(FRPM)			
				≤3.0 m	>3.0 m	3.5 m	≤4.0 m
名　　称			单位	100 m	100 m	100 m	100 m
机械	99170025	钢筋切断机	台班		0.0992	0.1006	0.1006
	99210065	木工平刨床 刨削宽度 450	台班	0.0137	0.0137	0.0172	0.0172
	99440010	电动单级离心清水泵 ϕ50	台班	51.9756	58.9056	69.3000	79.6956
调整项目							
		围护支撑					
	00190101	综合人工	工日	78.7933	447.5882	447.5882	447.5882
	03150501	骑马钉	kg	25.3308			
	04131711	蒸压灰砂砖	千块	0.1545			
	05030101	成材	m^3	0.5000	0.5955	0.5955	0.5955
	35090501	列板使用费	t·d	227.0000			
	35090511	列板支撑使用费	t·d	86.0000			
	35091731	铁撑板	t	0.4181			
	35091771	铁撑柱	kg	139.6830	70.5300	70.5300	70.5300
	35090121	槽型钢板桩	t		1.3350	1.3350	1.3350
	35091901	钢桩帽摊销	kg		90.9300	90.9300	90.9300
	04030115	黄砂 中粗	t		15.8236	15.8236	15.8236
	03152501	镀锌铁丝	kg		15.0000	15.0000	15.0000
	35090131	槽型钢板桩使用费	t·d		1852.0000	1852.0000	1852.0000
	35090611	钢板桩支撑使用费	t·d		87.0000	87.0000	87.0000
	99030080	轨道式柴油打桩机 0.6 t	台班		20.1323	20.1323	20.1323
	99030690	简易拔桩架	台班		23.9558	23.9558	23.9558
	99090075	履带式起重机 8 t	台班		3.4125	3.4125	3.4125
		井点降水					
	00190101	综合人工	工日	34.3192	31.2353	26.6098	21.9838
	04030115	黄砂 中粗	t	9.4420	9.4420	9.4420	9.4420
	17270201	普通橡胶管	m	14.2440	14.2440	14.2440	14.2440
	34110101	水	m^3	152.3275	152.3275	152.3275	152.3275
	35040921	轻型井点井管 ϕ40	m	25.8982	25.8982	25.8982	25.8982
	35040941	轻型井点井管 ϕ180×4	m	1.2515	1.2515	1.2515	1.2515
	99091380	电动卷扬机单筒快速 10 kN	台班	1.9920	1.9920	1.9920	1.9920
	99350050	轻便钻机 XJ-100	台班	4.7310	4.7310	4.7310	4.7310
	99440010	电动单级离心清水泵 ϕ50	台班	−51.9756	−58.9056	−69.3000	−79.6956
	99440150	电动多级离心清水泵 ϕ150×180 m 以下	台班	3.9840	3.9840	3.9840	3.9840
	99440510	射流井点泵 9.5 m	台班	33.0420	33.0420	33.0420	33.0420

工作内容：沟槽挖土、沟槽排水、井点降水、沟槽围护和支撑(钢板桩、撑拆列板)、铺筑管道基础、铺设管道、沟槽回填(黄砂及素土)、土方场内运输、砌筑检查井等。

定 额 编 号			J-1-6-57 A(B)	J-1-6-58 A(B)	J-1-6-59 A(B)	J-1-6-60 A(B)
项 目			DN900			
			玻璃纤维增强塑料夹砂管(FRPM)			
			>4.0 m	4.5 m	5.0 m	5.5 m
			100 m	100 m	100 m	100 m
预算定额编号	预算定额名称	预算定额单位	数 量			
04290711	钢筋混凝土板 1300×300×160 mm	块	3.0000	3.0000	3.0000	3.0000
52-1-2-3	机械挖沟槽土方 深≤6 m 现场抛土	m^3	952.8800	1039.5000	1207.5000	1328.2500
52-1-3-1	沟槽回填 夯填土	m^3	671.1550 (558.9450)	754.6250 (642.4150)	907.2800 (789.8200)	1023.4800 (906.0200)
53-1-3-2	场内运输 自卸汽车装运土(运距1 km以内)	m^3	871.9760 (759.7660)	972.7700 (860.5600)	1159.4900 (1042.0300)	1299.8400 (1182.3800)
52-1-3-4	沟槽回填 黄砂	m^3	140.8200 (253.0300)	140.8200 (253.0300)	150.5200 (267.9800)	150.5200 (267.9800)
52-1-4-1	管道垫层 黄砂垫层	m^3	10.2500	10.2500	10.7100	10.7100
52-1-4-3	管道垫层 砾石砂垫层	m^3	32.8950	32.8950	34.2900	34.2900
52-1-5-1	管道基座 混凝土 C20	m^3	4.5900	4.5900	4.5900	5.5500
52-1-5-1换1	管道基座 混凝土 C15	m^3	1.0800	1.0800	1.0800	1.0800
52-1-5-2	管道基座 钢筋	t	0.2070	0.2070	0.2070	0.2100
52-1-6-39	管道铺设 玻璃纤维增强塑料夹砂管(FRPM)每节 3 m以下 DN900	100 m	0.0970	0.0970	0.0970	0.0970
52-1-6-56	管道铺设 玻璃纤维增强塑料夹砂管(FRPM)每节 3 m以上 DN900	100 m	0.8730	0.8730	0.8730	0.8730
52-3-1-2	砖砌检查井及雨水口 检查井深≤4 m	m^3	17.2200			
52-3-1-3	砖砌检查井及雨水口 检查井深≤6 m	m^3		20.3400	23.3700	26.4000
52-3-2-1	水泥砂浆抹面 检查井	m^2	120.6000	137.0400	153.4800	169.9200
52-3-6-1	安装防坠格板 新建工程	只	3.0000	3.0000	3.0000	3.0000
52-3-9-3	安装盖板及盖座 铸铁盖座	套	3.0000	3.0000	3.0000	3.0000
52-3-9-4	安装盖板及盖座 防沉降检查井盖板	块	3.0000	3.0000	3.0000	3.0000
52-4-5-1	模板工程 模板 管道基座	m^2	7.4700	7.4700	7.4700	8.9700
53-9-1-1	施工排水、降水 湿土排水	m^3	721.8800	808.5000	966.0000	1086.7500
53-9-1-3	施工排水、降水 筑拆竹箩滤井	座	2.5000	2.5000	2.5000	2.5000
调整项目						
	围护支撑					
52-4-3-2	打槽型钢板桩 长 6.01～9.00 m，单面	100 m	2.0000	2.0000	2.0000	2.0000

（续表）

定额编号			J-1-6-57 A(B)	J-1-6-58 A(B)	J-1-6-59 A(B)	J-1-6-60 A(B)
项目			DN900			
			玻璃纤维增强塑料夹砂管(FRPM)			
			>4.0 m	4.5 m	5.0 m	5.5 m
			100 m	100 m	100 m	100 m
预算定额编号	预算定额名称	预算定额单位	数量			
52-4-3-7	拔槽型钢板桩 长 6.01～9.00 m，单面	100 m	2.0000	2.0000	2.0000	2.0000
52-4-3-11	打拔沟槽钢板桩 槽型钢板桩使用费	t・d	4116.0000	4116.0000	4116.0000	4116.0000
52-4-4-2	安拆钢板桩支撑 槽宽≤3.0 m 深 4.01～6.00 m	100 m	1.0000	1.0000	1.0000	1.0000
52-4-4-14	钢板桩支撑使用费	t・d	264.0000	264.0000	264.0000	264.0000
	井点降水					
53-9-1-1	施工排水、降水 湿土排水	m^3	−721.8800	−808.5000	−966.0000	−1086.7500
53-9-1-5	施工排水、降水 轻型井点安装	根	83.0000	83.0000	83.0000	83.0000
53-9-1-6	施工排水、降水 轻型井点拆除	根	83.0000	83.0000	83.0000	83.0000
53-9-1-7	施工排水、降水 轻型井点使用	套・天	27.0000	27.0000	27.0000	27.0000

工作内容：沟槽挖土、沟槽排水、井点降水、沟槽围护和支撑(钢板桩、撑拆列板)、铺筑管道基础、铺设管道、沟槽回填(黄砂及素土)、土方场内运输、砌筑检查井等。

定额编号				J-1-6-57 A(B)	J-1-6-58 A(B)	J-1-6-59 A(B)	J-1-6-60 A(B)
项目				DN900			
				玻璃纤维增强塑料夹砂管(FRPM)			
				>4.0 m	4.5 m	5.0 m	5.5 m
名称			单位	100 m	100 m	100 m	100 m
人工	00190101	综合人工	工日	413.3765 (416.2940)	458.1443 (461.0618)	531.5167 (534.5707)	587.2378 (590.2919)
材料	01010211	热轧带肋钢筋(HRB400) $\phi\leqslant10$	t	0.0594	0.0594	0.0594	0.0603
	01010212	热轧带肋钢筋(HRB400) $\phi>10$	t	0.1528	0.1528	0.1528	0.1550
	02090101	塑料薄膜	m^2	31.5394	34.1181	36.6224	42.0570
	03010811	钢塑膨胀铆钉	只	18.3600	18.3600	18.3600	18.3600
	03150101	圆钉	kg	1.5229	1.5229	1.5229	1.8287
	03152501	镀锌铁丝	kg	0.6396	0.6396	0.6396	0.6489
	04030115	黄砂 中粗	t	267.2618 (465.6490)	267.2618 (465.6490)	285.2247 (492.8939)	285.2247 (492.8939)
	04030701	砾石砂	t	72.7276	72.7276	75.8118	75.8118
	04050313	道碴 50～70	t	0.3988	0.3988	0.3988	0.3988

(续表)

定额编号				J-1-6-57 A(B)	J-1-6-58 A(B)	J-1-6-59 A(B)	J-1-6-60 A(B)
项目				DN900			
				玻璃纤维增强塑料夹砂管(FRPM)			
				>4.0 m	4.5 m	5.0 m	5.5 m
名称			单位	100 m	100 m	100 m	100 m
材料	04131711	蒸压灰砂砖	千块	9.3367	10.9958	12.6338	14.2718
	04290711	钢筋混凝土板 1300×300×160 mm	块	3.0000	3.0000	3.0000	3.0000
	05350301	竹箩	个	2.5000	2.5000	2.5000	2.5000
	17311043	玻璃纤维增强塑料夹砂管(FRPM) DN900 每节长 3 m 以下	m	97.0000	97.0000	97.0000	97.0000
	34110101	水	m^3	22.7008 (40.3738)	22.7436 (40.4166)	24.3128 (42.8128)	24.4027 (42.9027)
	35010102	组合钢模板	kg	4.7793	4.7793	4.7793	5.7391
	35010703	木模板成材	m^3	0.0299	0.0299	0.0299	0.0359
	35020401	钢模零配件	kg	1.7672	1.7672	1.7672	2.1220
	36012831	铸铁检查井雨污水盖座 市政90型	套	3.0000	3.0000	3.0000	3.0000
	36016631	防沉降检查井盖板 2500×2000×200	块	3.0000	3.0000	3.0000	3.0000
	36016651	高强度塑料检查井格板	只	3.0600	3.0600	3.0600	3.0600
	36016661	高强度塑料支架	只	9.1800	9.1800	9.1800	9.1800
	80060414	湿拌砌筑砂浆 WM M10.0	m^3	4.0605	4.8409	5.5621	6.2832
	80060513	预拌抹灰砂浆 WP M15.0	m^3	2.1752	2.4366	2.6980	2.9594
	80210410	预拌混凝土(泵送型) C15 粒径 5~20	m^3	1.0908	1.0908	1.0908	1.0908
	80210414	预拌混凝土(泵送型) C20 粒径 5~20	m^3	4.6359	4.6359	4.6359	5.6055
机械	99010060	履带式单斗液压挖掘机 1 m^3	台班	3.9068	4.2620	4.9508	5.4458
	99050930	混凝土振捣器 插入式	台班	0.7768	0.7768	0.7768	0.9084
	99050940	混凝土振捣器 平板式	台班	7.7142 (11.8772)	7.7142 (11.8772)	8.1476 (12.5054)	8.2792 (12.6370)
	99070220	轮胎式装载机 1 m^3	台班	4.0983 (3.5709)	4.5720 (4.0446)	5.4496 (4.8975)	6.1092 (5.5572)
	99070540	载重汽车 6 t	台班	0.0120	0.0120	0.0120	0.0144
	99070588	载重汽车 12 t	台班	6.2782 (5.4703)	7.0039 (6.1960)	8.3483 (7.5026)	9.3588 (8.5131)
	99090360	汽车式起重机 8 t	台班	1.6191	1.6191	1.6191	1.6208
	99091700	手扳葫芦	台班	2.7719	2.7719	2.7719	2.7719
	99130350	内燃夯实机 700 N·m	台班	24.8999 (20.7369)	27.9966 (23.8336)	33.6601 (29.3023)	37.9711 (33.6133)
	99170010	钢筋调直机	台班	0.1006	0.1006	0.1006	0.1021

（续表）

定额编号				J-1-6-57 A(B)	J-1-6-58 A(B)	J-1-6-59 A(B)	J-1-6-60 A(B)
项目				DN900			
				玻璃纤维增强塑料夹砂管(FRPM)			
				>4.0 m	4.5 m	5.0 m	5.5 m
名称			单位	100 m	100 m	100 m	100 m
机械	99170025	钢筋切断机	台班	0.1006	0.1006	0.1006	0.1021
	99210065	木工平刨床 刨削宽度 450	台班	0.0172	0.0172	0.0172	0.0206
	99440010	电动单级离心清水泵 $\phi 50$	台班	86.6256	97.0200	115.9200	130.4100
调整项目							
		围护支撑					
	00190101	综合人工	工日	571.2213	571.2213	571.2213	571.2213
	03152501	镀锌铁丝	kg	20.0000	20.0000	20.0000	20.0000
	04030115	黄砂 中粗	t	23.7356	23.7356	23.7356	23.7356
	05030101	成材	m^3	0.8169	0.8169	0.8169	0.8169
	35090121	槽型钢板桩	t	1.9587	1.9587	1.9587	1.9587
	35090131	槽型钢板桩使用费	t·d	4116.0000	4116.0000	4116.0000	4116.0000
	35090611	钢板桩支撑使用费	t·d	264.0000	264.0000	264.0000	264.0000
	35091771	铁撑柱	kg	141.1200	141.1200	141.1200	141.1200
	35091901	钢桩帽摊销	kg	136.2690	136.2690	136.2690	136.2690
	99030080	轨道式柴油打桩机 0.6 t	台班	27.7905	27.7905	27.7905	27.7905
	99030690	简易拔桩架	台班	29.8410	29.8410	29.8410	29.8410
	99090075	履带式起重机 8 t	台班	4.5500	4.5500	4.5500	4.5500
		井点降水					
	00190101	综合人工	工日	18.8999	14.2744	5.8639	−0.5842
	04030115	黄砂 中粗	t	9.4420	9.4420	9.4420	9.4420
	17270201	普通橡胶管	m	14.2440	14.2440	14.2440	14.2440
	34110101	水	m^3	152.3275	152.3275	152.3275	152.3275
	35040921	轻型井点井管 $\phi 40$	m	25.8982	25.8982	25.8982	25.8982
	35040941	轻型井点井管 $\phi 180\times 4$	m	1.2515	1.2515	1.2515	1.2515
	99091380	电动卷扬机单筒快速 10 kN	台班	1.9920	1.9920	1.9920	1.9920
	99350050	轻便钻机 XJ-100	台班	4.7310	4.7310	4.7310	4.7310
	99440010	电动单级离心清水泵 $\phi 50$	台班	−86.6256	−97.0200	−115.9200	−130.4100
	99440150	电动多级离心清水泵 $\phi 150\times$ 180 m 以下	台班	3.9840	3.9840	3.9840	3.9840
	99440510	射流井点泵 9.5 m	台班	33.0420	33.0420	33.0420	33.0420

工作内容：沟槽挖土、沟槽排水、井点降水、沟槽围护和支撑（钢板桩、撑拆列板）、铺筑管道基础、铺设管道、沟槽回填（黄砂及素土）、土方场内运输、砌筑检查井等。

定额编号			J-1-6-61 A(B)	J-1-6-62 A(B)	J-1-6-63 A(B)	J-1-6-64 A(B)
项目			DN1000			
			玻璃纤维增强塑料夹砂管(FRPM)			
			2.0 m	2.5 m	≤3.0 m	>3.0 m
			100 m	100 m	100 m	100 m
预算定额编号	预算定额名称	预算定额单位	数量			
04290711	钢筋混凝土板 1300×300×160 mm	块	3.0000	3.0000	3.0000	3.0000
52-1-2-1	机械挖沟槽土方 深≤3 m 现场抛土	m^3	504.0000	630.0000	724.5000	
52-1-2-3	机械挖沟槽土方 深≤6 m 现场抛土	m^3				787.5000
52-1-3-1	沟槽回填 夯填土	m^3	190.1450 (67.4450)	313.4050 (190.7050)	400.1800 (277.4800)	463.1800 (340.4800)
53-1-3-2	场内运输 自卸汽车装运土（运距1 km 以内）	m^3	302.6000 (425.3000)	450.6600 (428.0400)	556.2600 (435.8400)	631.8600 (509.1600)
52-1-3-4	沟槽回填 黄砂	m^3	170.7000 (293.4000)	170.7000 (293.4000)	170.7000 (293.4000)	170.7000 (293.4000)
52-1-4-1	管道垫层 黄砂垫层	m^3	11.2600	11.2600	11.1800	11.1800
52-1-4-3	管道垫层 砾石砂垫层	m^3	35.5050	35.5050	35.7000	35.7000
52-1-5-1	管道基座 混凝土 C20	m^3	2.9400	2.9400	3.6900	3.6900
52-1-5-1 换 1	管道基座 混凝土 C15	m^3				1.0800
52-1-5-2	管道基座 钢筋	t				0.2040
52-1-6-40	管道铺设 玻璃纤维增强塑料夹砂管(FRPM)每节 3 m 以下 DN1000	100 m	0.0970	0.0970	0.0970	0.0970
52-1-6-57	管道铺设 玻璃纤维增强塑料夹砂管(FRPM)每节 3 m 以上 DN1000	100 m	0.8730	0.8730	0.8730	0.8730
52-3-1-1	砖砌检查井及雨水口 检查井 深≤2.5 m	m^3	6.5400	8.3400		
52-3-1-2	砖砌检查井及雨水口 检查井 深≤4 m	m^3			11.3400	11.3400
52-3-2-1	水泥砂浆抹面 检查井	m^2	42.2700	68.2200	87.7200	87.7200
52-3-6-1	安装防坠格板 新建工程	只	3.0000	3.0000	3.0000	3.0000
52-3-9-3	安装盖板及盖座 铸铁盖座	套	3.0000	3.0000	3.0000	3.0000

（续表）

定额编号			J-1-6-61 A(B)	J-1-6-62 A(B)	J-1-6-63 A(B)	J-1-6-64 A(B)
项目			DN1000			
			玻璃纤维增强塑料夹砂管(FRPM)			
			2.0 m	2.5 m	≤3.0 m	>3.0 m
			100 m	100 m	100 m	100 m
预算定额编号	预算定额名称	预算定额单位	数量			
52-3-9-4	安装盖板及盖座 防沉降检查井盖板	块	3.0000	3.0000	3.0000	3.0000
52-4-5-1	模板工程 模板 管道基座	m^2	5.3400	5.3400	5.9700	5.9700
53-9-1-1	施工排水、降水 湿土排水	m^3	252.0000	378.0000	472.5000	535.5000
53-9-1-3	施工排水、降水 筑拆竹箩滤井	座	2.5000	2.5000	2.5000	2.5000
	调整项目					
	围护支撑					
52-4-2-2	满堂撑拆列板 深≤2.0 m,双面	100 m	1.0000			
52-4-2-3	满堂撑拆列板 深≤2.5 m,双面	100 m		1.0000		
52-4-2-4	满堂撑拆列板 深≤3.0 m,双面	100 m			1.0000	
52-4-2-5	撑拆列板 列板使用费	t・d	165.0000	205.0000	227.0000	
52-4-2-6	列板支撑使用费	t・d	58.0000	72.0000	86.0000	
52-4-3-1	打槽型钢板桩 长 4.00～6.00 m,单面	100 m				2.0000
52-4-3-6	拔槽型钢板桩 长 4.00～6.00 m,单面	100 m				2.0000
52-4-4-1	安拆钢板桩支撑 槽宽≤3.0 m 深 3.01～4.00 m	100 m				1.0000
52-4-3-11	打拔沟槽钢板桩 槽型钢板桩使用费	t・d				1852.0000
52-4-4-14	钢板桩支撑使用费	t・d				87.0000
	井点降水					
53-9-1-1	施工排水、降水 湿土排水	m^3			−472.5000	−535.5000
53-9-1-5	施工排水、降水 轻型井点安装	根			83.0000	83.0000
53-9-1-6	施工排水、降水 轻型井点拆除	根			83.0000	83.0000
53-9-1-7	施工排水、降水 轻型井点使用	套・天			27.0000	27.0000

工作内容: 沟槽挖土、沟槽排水、井点降水、沟槽围护和支撑(钢板桩、撑拆列板)、铺筑管道基础、铺设管道、沟槽回填(黄砂及素土)、土方场内运输、砌筑检查井等。

定额编号				J-1-6-61 A(B)	J-1-6-62 A(B)	J-1-6-63 A(B)	J-1-6-64 A(B)
项目				DN1000			
				玻璃纤维增强塑料夹砂管(FRPM)			
				2.0 m	2.5 m	≤3.0 m	>3.0 m
名称			单位	100 m	100 m	100 m	100 m
人工	00190101	综合人工	工日	197.3823 (208.7443)	251.8392 (258.3620)	296.6211 (299.8872)	328.5377 (331.7279)
材料	01010211	热轧带肋钢筋(HRB400) $\phi\leqslant10$	t				0.0585
	01010212	热轧带肋钢筋(HRB400) $\phi>10$	t				0.1506
	02090101	塑料薄膜	m^2	14.3794	15.8671	20.6359	23.9325
	03010811	钢塑膨胀铆钉	只	18.3600	18.3600	18.3600	18.3600
	03150101	圆钉	kg	1.0887	1.0887	1.2171	1.2171
	03152501	镀锌铁丝	kg				0.6304
	04030115	黄砂 中粗	t	321.8753 (538.8089)	321.8753 (538.8089)	321.7338 (538.6674)	321.7338 (538.6674)
	04030701	砾石砂	t	78.4980	78.4980	78.9291	78.9291
	04050313	道碴 50～70	t	0.3988	0.3988	0.3988	0.3988
	04131711	蒸压灰砂砖	千块	3.5636	4.5445	6.1485	6.1485
	04290711	钢筋混凝土板 1300×300×160 mm	块	3.0000	3.0000	3.0000	3.0000
	05350301	竹箩	个	2.5000	2.5000	2.5000	2.5000
	17311045	玻璃纤维增强塑料夹砂管(FRPM) DN1000 每节长 3 m 以下	m	97.0000	97.0000	97.0000	97.0000
	34110101	水	m^3	27.1231 (46.4483)	27.1478 (46.4730)	27.2267 (46.5519)	27.2811 (46.6063)
	35010102	组合钢模板	kg	3.4166	3.4166	3.8196	3.8196
	35010703	木模板成材	m^3	0.0213	0.0213	0.0239	0.0239
	35020401	钢模零配件	kg	1.2633	1.2633	1.4123	1.4123
	36012831	铸铁检查井雨污水盖座 市政90型	套	3.0000	3.0000	3.0000	3.0000
	36016631	防沉降检查井盖板 2500×2000×200	块	3.0000	3.0000	3.0000	3.0000
	36016651	高强度塑料检查井格板	只	3.0600	3.0600	3.0600	3.0600
	36016661	高强度塑料支架	只	9.1800	9.1800	9.1800	9.1800

（续表）

定额编号				J-1-6-61 A(B)	J-1-6-62 A(B)	J-1-6-63 A(B)	J-1-6-64 A(B)
项目				DN1000			
				玻璃纤维增强塑料夹砂管(FRPM)			
				2.0 m	2.5 m	≤3.0 m	>3.0 m
名称			单位	100 m	100 m	100 m	100 m
材料	80060414	湿拌砌筑砂浆 WM M10.0	m^3	1.5147	1.9315	2.6740	2.6740
	80060513	预拌抹灰砂浆 WP M15.0	m^3	0.9298	1.3424	1.6524	1.6524
	80210410	预拌混凝土(泵送型) C15 粒径 5～20	m^3				1.0908
	80210414	预拌混凝土(泵送型) C20 粒径 5～20	m^3	2.9694	2.9694	3.7269	3.7269
机械	99010060	履带式单斗液压挖掘机 1 m^3	台班	1.9656	2.4570	2.8256	3.2288
	99050930	混凝土振捣器 插入式	台班	0.4028	0.4028	0.5055	0.6535
	99050940	混凝土振捣器 平板式	台班	8.5914 (13.1435)	8.5914 (13.1435)	8.6995 (13.2516)	8.8475 (13.3996)
	99070220	轮胎式装载机 1 m^3	台班	1.4222 (1.9989)	2.1181 (2.0118)	2.6144 (2.0484)	2.9697 (2.3931)
	99070540	载重汽车 6 t	台班	0.0085	0.0085	0.0096	0.0096
	99070588	载重汽车 12 t	台班	2.1787 (3.0622)	3.2448 (3.0819)	4.0051 (3.1380)	4.5494 (3.6660)
	99090360	汽车式起重机 8 t	台班	1.6556	1.6556	1.6563	1.6563
	99091700	手扳葫芦	台班	2.8494	2.8494	2.8494	2.8494
	99130350	内燃夯实机 700 N·m	台班	7.0544 (2.5022)	11.6273 (7.0752)	14.8467 (10.2945)	17.1840 (12.6318)
	99170010	钢筋调直机	台班				0.0992
	99170025	钢筋切断机	台班				0.0992
	99210065	木工平刨床 刨削宽度 450	台班	0.0123	0.0123	0.0137	0.0137
	99440010	电动单级离心清水泵 ϕ50	台班	30.2400	45.3600	56.7000	64.2600
调整项目							
		围护支撑					
	00190101	综合人工	工日	37.3728	57.0282	78.7933	447.5882
	03150501	骑马钉	kg	16.8872	21.1090	25.3308	
	04131711	蒸压灰砂砖	千块	0.1545	0.1545	0.1545	
	05030101	成材	m^3	0.3333	0.4444	0.5000	0.5955
	35090501	列板使用费	t·d	165.0000	205.0000	227.0000	

（续表）

定额编号				J-1-6-61 A(B)	J-1-6-62 A(B)	J-1-6-63 A(B)	J-1-6-64 A(B)
项目				DN1000			
				玻璃纤维增强塑料夹砂管(FRPM)			
				2.0 m	2.5 m	≤3.0 m	>3.0 m
名称			单位	100 m	100 m	100 m	100 m
	35090511	列板支撑使用费	t·d	58.0000	72.0000	86.0000	
	35091731	铁撑板	t	0.2788	0.3345	0.4181	
	35091771	铁撑柱	kg	93.1220	114.6350	139.6830	70.5300
	35090121	槽型钢板桩	t				1.3350
	35091901	钢桩帽摊销	kg				90.9300
	04030115	黄砂 中粗	t				15.8236
	03152501	镀锌铁丝	kg				15.0000
	35090131	槽型钢板桩使用费	t·d				1852.0000
	35090611	钢板桩支撑使用费	t·d				87.0000
	99030080	轨道式柴油打桩机 0.6 t	台班				20.1323
	99030690	简易拔桩架	台班				23.9558
	99090075	履带式起重机 8 t	台班				3.4125
		井点降水					
	00190101	综合人工	工日			32.2168	28.8526
	04030115	黄砂 中粗	t			9.4420	9.4420
	17270201	普通橡胶管	m			14.2440	14.2440
	34110101	水	m^3			152.3275	152.3275
	35040921	轻型井点井管 ϕ40	m			25.8982	25.8982
	35040941	轻型井点井管 ϕ180×4	m			1.2515	1.2515
	99091380	电动卷扬机单筒快速 10 kN	台班			1.9920	1.9920
	99350050	轻便钻机 XJ-100	台班			4.7310	4.7310
	99440010	电动单级离心清水泵 ϕ50	台班			−56.7000	−64.2600
	99440150	电动多级离心清水泵 ϕ150×180 m 以下	台班			3.9840	3.9840
	99440510	射流井点泵 9.5 m	台班			33.0420	33.0420

工作内容:沟槽挖土、沟槽排水、井点降水、沟槽围护和支撑(钢板桩、撑拆列板)、铺筑管道基础、铺设管道、沟槽回填(黄砂及素土)、土方场内运输、砌筑检查井等。

定　额　编　号			J-1-6-65 A(B)	J-1-6-66 A(B)	J-1-6-67 A(B)	J-1-6-68 A(B)
项　　目			DN1000			
			玻璃纤维增强塑料夹砂管(FRPM)			
			3.5 m	≤4.0 m	>4.0 m	4.5 m
			100 m	100 m	100 m	100 m
预算定额编号	预算定额名称	预算定额单位	数　　量			
04290711	钢筋混凝土板 1300×300×160 mm	块	3.0000	3.0000	3.0000	3.0000
52-1-2-3	机械挖沟槽土方 深≤6 m 现场抛土	m^3	882.0000	976.5000	1039.5000	1134.0000
52-1-3-1	沟槽回填 夯填土	m^3	554.1700 (431.4700)	645.9300 (523.2300)	708.9300 (586.2300)	800.2800 (677.5800)
53-1-3-2	场内运输 自卸汽车装运土(运距 1 km 以内)	m^3	741.7500 (619.0500)	852.4100 (729.7100)	928.0100 (805.3100)	1038.2600 (915.5600)
52-1-3-4	沟槽回填 黄砂	m^3	170.7000 (293.4000)	170.7000 (293.4000)	170.7000 (293.4000)	170.7000 (293.4000)
52-1-4-1	管道垫层 黄砂垫层	m^3	11.1800	11.1800	11.1800	11.1800
52-1-4-3	管道垫层 砾石砂垫层	m^3	35.7000	35.7000	35.7000	35.7000
52-1-5-1	管道基座 混凝土 C20	m^3	4.5900	4.5900	4.5900	4.5900
52-1-5-1 换 1	管道基座 混凝土 C15	m^3	1.0800	1.0800	1.0800	1.0800
52-1-5-2	管道基座 钢筋	t	0.2070	0.2070	0.2070	0.2070
52-1-6-40	管道铺设 玻璃纤维增强塑料夹砂管(FRPM)每节 3 m 以下 DN1000	100 m	0.0970	0.0970	0.0970	0.0970
52-1-6-57	管道铺设 玻璃纤维增强塑料夹砂管(FRPM)每节 3 m 以上 DN1000	100 m	0.8730	0.8730	0.8730	0.8730
52-3-1-2	砖砌检查井及雨水口 检查井 深≤4 m	m^3	13.5300	17.2200	17.2200	
52-3-1-3	砖砌检查井及雨水口 检查井 深≤6 m	m^3				20.3400
52-3-2-1	水泥砂浆抹面 检查井	m^2	104.1600	120.6000	120.6000	137.0400
52-3-6-1	安装防坠格板 新建工程	只	3.0000	3.0000	3.0000	3.0000
52-3-9-3	安装盖板及盖座 铸铁盖座	套	3.0000	3.0000	3.0000	3.0000
52-3-9-4	安装盖板及盖座 防沉降检查井盖板	块	3.0000	3.0000	3.0000	3.0000

（续表）

定额编号			J-1-6-65 A(B)	J-1-6-66 A(B)	J-1-6-67 A(B)	J-1-6-68 A(B)
项目			DN1000			
			玻璃纤维增强塑料夹砂管(FRPM)			
			3.5 m	≤4.0 m	>4.0 m	4.5 m
			100 m	100 m	100 m	100 m
预算定额编号	预算定额名称	预算定额单位	数量			
52-4-5-1	模板工程 模板 管道基座	m^2	7.4700	7.4700	7.4700	7.4700
53-9-1-1	施工排水、降水 湿土排水	m^3	630.0000	724.5000	787.5000	882.0000
53-9-1-3	施工排水、降水 筑拆竹箩滤井	座	2.5000	2.5000	2.5000	2.5000
调整项目						
	围护支撑					
52-4-3-1	打槽型钢板桩 长 4.00～6.00 m，单面	100 m	2.0000	2.0000		
52-4-3-6	拔槽型钢板桩 长 4.00～6.00 m，单面	100 m	2.0000	2.0000		
52-4-3-11	打拔沟槽钢板桩 槽型钢板桩使用费	t·d	1852.0000	1852.0000	4116.0000	4116.0000
52-4-4-1	安拆钢板桩支撑 槽宽≤3.0 m 深 3.01～4.00 m	100 m	1.0000	1.0000		
52-4-4-14	钢板桩支撑使用费	t·d	87.0000	87.0000	264.0000	264.0000
52-4-3-2	打槽型钢板桩 长 6.01～9.00 m，单面	100 m			2.0000	2.0000
52-4-3-7	拔槽型钢板桩 长 6.01～9.00 m，单面	100 m			2.0000	2.0000
52-4-4-2	安拆钢板桩支撑 槽宽≤3.0 m 深 4.01～6.00 m	100 m			1.0000	1.0000
	井点降水					
53-9-1-1	施工排水、降水 湿土排水	m^3	−630.0000	−724.5000	−787.5000	−882.0000
53-9-1-5	施工排水、降水 轻型井点安装	根	83.0000	83.0000	83.0000	83.0000
53-9-1-6	施工排水、降水 轻型井点拆除	根	83.0000	83.0000	83.0000	83.0000
53-9-1-7	施工排水、降水 轻型井点使用	套·天	27.0000	27.0000	27.0000	27.0000

工作内容: 沟槽挖土、沟槽排水、井点降水、沟槽围护和支撑(钢板桩、撑拆列板)、铺筑管道基础、铺设管道、沟槽回填(黄砂及素土)、土方场内运输、砌筑检查井等。

定额编号				J-1-6-65 A(B)	J-1-6-66 A(B)	J-1-6-67 A(B)	J-1-6-68 A(B)
项目				DN1000			
				玻璃纤维增强塑料夹砂管(FRPM)			
				3.5 m	≤4.0 m	>4.0 m	4.5 m
名称			单位	100 m	100 m	100 m	100 m
人工	00190101	综合人工	工日	372.1520 (375.3422)	418.6279 (421.8180)	442.7921 (445.9823)	490.5824 (493.7725)
材料	01010211	热轧带肋钢筋(HRB400) $\phi \leqslant 10$	t	0.0594	0.0594	0.0594	0.0594
	01010212	热轧带肋钢筋(HRB400) $\phi > 10$	t	0.1528	0.1528	0.1528	0.1528
	02090101	塑料薄膜	m^2	28.4896	31.5394	31.5394	34.1181
	03010811	钢塑膨胀铆钉	只	18.3600	18.3600	18.3600	18.3600
	03150101	圆钉	kg	1.5229	1.5229	1.5229	1.5229
	03152501	镀锌铁丝	kg	0.6396	0.6396	0.6396	0.6396
	04030115	黄砂 中粗	t	321.7338 (538.6674)	321.7338 (538.6674)	321.7338 (538.6674)	321.7338 (538.6674)
	04030701	砾石砂	t	78.9291	78.9291	78.9291	78.9291
	04050313	道碴 50~70	t	0.3988	0.3988	0.3988	0.3988
	04131711	蒸压灰砂砖	千块	7.3360	9.3367	9.3367	10.9958
	04290711	钢筋混凝土板 1300×300×160 mm	块	3.0000	3.0000	3.0000	3.0000
	05350301	竹箩	个	2.5000	2.5000	2.5000	2.5000
	17311045	玻璃纤维增强塑料夹砂管(FRPM) DN1000 每节长 3 m 以下	m	97.0000	97.0000	97.0000	97.0000
	34110101	水	m^3	27.3564 (46.6816)	27.4069 (46.7321)	27.4069 (46.7321)	27.4497 (46.7749)
	35010102	组合钢模板	kg	4.7793	4.7793	4.7793	4.7793
	35010703	木模板成材	m^3	0.0299	0.0299	0.0299	0.0299
	35020401	钢模零配件	kg	1.7672	1.7672	1.7672	1.7672
	36012831	铸铁检查井雨污水盖座 市政 90 型	套	3.0000	3.0000	3.0000	3.0000
	36016631	防沉降检查井盖板 2500×2000×200	块	3.0000	3.0000	3.0000	3.0000
	36016651	高强度塑料检查井格板	只	3.0600	3.0600	3.0600	3.0600
	36016661	高强度塑料支架	只	9.1800	9.1800	9.1800	9.1800

（续表）

定额编号				J-1-6-65 A(B)	J-1-6-66 A(B)	J-1-6-67 A(B)	J-1-6-68 A(B)
项目				DN1000			
				玻璃纤维增强塑料夹砂管(FRPM)			
				3.5 m	≤4.0 m	>4.0 m	4.5 m
名称			单位	100 m	100 m	100 m	100 m
材料	80060414	湿拌砌筑砂浆 WM M10.0	m^3	3.1904	4.0605	4.0605	4.8409
	80060513	预拌抹灰砂浆 WP M15.0	m^3	1.9138	2.1752	2.1752	2.4366
	80210410	预拌混凝土(泵送型) C15 粒径 5～20	m^3	1.0908	1.0908	1.0908	1.0908
	80210414	预拌混凝土(泵送型) C20 粒径 5～20	m^3	4.6359	4.6359	4.6359	4.6359
机械	99010060	履带式单斗液压挖掘机 1 m^3	台班	3.6162	4.0037	4.2620	4.6494
	99050930	混凝土振捣器 插入式	台班	0.7768	0.7768	0.7768	0.7768
	99050940	混凝土振捣器 平板式	台班	8.9708 (13.5229)	8.9708 (13.5229)	8.9708 (13.5229)	8.9708 (13.5229)
	99070220	轮胎式装载机 1 m^3	台班	3.4862 (2.9095)	4.0063 (3.4296)	4.3616 (3.7850)	4.8798 (4.3031)
	99070540	载重汽车 6 t	台班	0.0120	0.0120	0.0120	0.0120
	99070588	载重汽车 12 t	台班	5.3406 (4.4572)	6.1374 (5.2539)	6.6817 (5.7982)	7.4755 (6.5920)
	99090360	汽车式起重机 8 t	台班	1.6579	1.6579	1.6579	1.6579
	99091700	手扳葫芦	台班	2.8494	2.8494	2.8494	2.8494
	99130350	内燃夯实机 700 N·m	台班	20.5597 (16.0075)	23.9640 (19.4118)	26.3013 (21.7491)	29.6904 (25.1382)
	99170010	钢筋调直机	台班	0.1006	0.1006	0.1006	0.1006
	99170025	钢筋切断机	台班	0.1006	0.1006	0.1006	0.1006
	99210065	木工平刨床 刨削宽度 450	台班	0.0172	0.0172	0.0172	0.0172
	99440010	电动单级离心清水泵 ϕ50	台班	75.6000	86.9400	94.5000	105.8400
调整项目							
		围护支撑					
	00190101	综合人工	工日	447.5882	447.5882	571.2213	571.2213
	03152501	镀锌铁丝	kg	15.0000	15.0000	20.0000	20.0000
	04030115	黄砂 中粗	t	15.8236	15.8236	23.7356	23.7356
	05030101	成材	m^3	0.5955	0.5955	0.8169	0.8169
	35090121	槽型钢板桩	t	1.3350	1.3350	1.9587	1.9587

（续表）

定额编号				J-1-6-65 A(B)	J-1-6-66 A(B)	J-1-6-67 A(B)	J-1-6-68 A(B)
项　目				DN1000			
				玻璃纤维增强塑料夹砂管(FRPM)			
				3.5 m	≤4.0 m	>4.0 m	4.5 m
名　称			单位	100 m	100 m	100 m	100 m
	35090131	槽型钢板桩使用费	t·d	1852.0000	1852.0000	4116.0000	4116.0000
	35090611	钢板桩支撑使用费	t·d	87.0000	87.0000	264.0000	264.0000
	35091771	铁撑柱	kg	70.5300	70.5300	141.1200	141.1200
	35091901	钢桩帽摊销	kg	90.9300	90.9300	136.2690	136.2690
	99030080	轨道式柴油打桩机 0.6 t	台班	20.1323	20.1323	27.7905	27.7905
	99030690	简易拔桩架	台班	23.9558	23.9558	29.8410	29.8410
	99090075	履带式起重机 8 t	台班	3.4125	3.4125	4.5500	4.5500
		井点降水					
	00190101	综合人工	工日	23.8063	18.7600	15.3958	10.3495
	04030115	黄砂 中粗	t	9.4420	9.4420	9.4420	9.4420
	17270201	普通橡胶管	m	14.2440	14.2440	14.2440	14.2440
	34110101	水	m^3	152.3275	152.3275	152.3275	152.3275
	35040921	轻型井点井管 ϕ40	m	25.8982	25.8982	25.8982	25.8982
	35040941	轻型井点井管 ϕ180×4	m	1.2515	1.2515	1.2515	1.2515
	99091380	电动卷扬机单筒快速 10 kN	台班	1.9920	1.9920	1.9920	1.9920
	99350050	轻便钻机 XJ-100	台班	4.7310	4.7310	4.7310	4.7310
	99440010	电动单级离心清水泵 ϕ50	台班	−75.6000	−86.9400	−94.5000	−105.8400
	99440150	电动多级离心清水泵 ϕ150×180 m 以下	台班	3.9840	3.9840	3.9840	3.9840
	99440510	射流井点泵 9.5 m	台班	33.0420	33.0420	33.0420	33.0420

工作内容：沟槽挖土、沟槽排水、井点降水、沟槽围护和支撑(钢板桩、撑拆列板)、铺筑管道基础、铺设管道、沟槽回填(黄砂及素土)、土方场内运输、砌筑检查井等。

定额编号			J-1-6-69 A(B)	J-1-6-70 A(B)	J-1-6-71 A(B)	J-1-6-72 A(B)
项目			DN1000		DN1200	
			玻璃纤维增强塑料夹砂管(FRPM)			
			5.0 m	5.5 m	2.0 m	2.5 m
			100 m	100 m	100 m	100 m
预算定额编号	预算定额名称	预算定额单位	数量			
04290711	钢筋混凝土板 1300×300×160 mm	块	3.0000	3.0000	6.0000	6.0000
52-1-2-1	机械挖沟槽土方 深≤3 m 现场抛土	m^3			546.0000	682.5000
52-1-2-3	机械挖沟槽土方 深≤6 m 现场抛土	m^3	1312.5000	1443.7500		
52-1-3-1	沟槽回填 夯填土	m^3	962.3650 (834.4050)	1089.0650 (961.1050)	151.7150 (18.9250)	285.4750 (152.6850)
53-1-3-2	场内运输 自卸汽车装运土(运距1 km以内)	m^3	1236.5100 (1108.5500)	1389.4600 (1261.5000)	382.0900 (514.8800)	434.1700 (517.6200)
52-1-3-4	沟槽回填 黄砂	m^3	181.4700 (309.4300)	181.4700 (309.4300)	209.9400 (342.7300)	209.9400 (342.7300)
52-1-4-1	管道垫层 黄砂垫层	m^3	11.6400	11.6400	12.1900	12.1900
52-1-4-3	管道垫层 砾石砂垫层	m^3	37.0950	37.0950	38.5350	38.5350
52-1-5-1	管道基座 混凝土 C20	m^3	4.5900	5.5500	3.3300	3.3300
52-1-5-1换1	管道基座 混凝土 C15	m^3	1.0800	1.0800		
52-1-5-2	管道基座 钢筋	t	0.2070	0.2100		
52-1-6-40	管道铺设 玻璃纤维增强塑料夹砂管(FRPM)每节3 m以下 DN1000	100 m	0.0970	0.0970		
52-1-6-41	管道铺设 玻璃纤维增强塑料夹砂管(FRPM)每节3 m以下 DN1200	100 m			0.0970	0.0970
52-1-6-57	管道铺设 玻璃纤维增强塑料夹砂管(FRPM)每节3 m以上 DN1000	100 m	0.8730	0.8730		
52-1-6-58	管道铺设 玻璃纤维增强塑料夹砂管(FRPM)每节3 m以上 DN1200	100 m			0.8730	0.8730
52-3-1-1	砖砌检查井及雨水口 检查井 深≤2.5 m	m^3			6.8700	8.7300
52-3-1-3	砖砌检查井及雨水口 检查井 深≤6 m	m^3	23.3700	26.4000		
52-3-2-1	水泥砂浆抹面 检查井	m^2	153.4800	169.9200	43.1100	70.4400

（续表）

定额编号			J-1-6-69 A(B)	J-1-6-70 A(B)	J-1-6-71 A(B)	J-1-6-72 A(B)
项目			DN1000		DN1200	
			玻璃纤维增强塑料夹砂管(FRPM)			
			5.0 m	5.5 m	2.0 m	2.5 m
			100 m	100 m	100 m	100 m
预算定额编号	预算定额名称	预算定额单位	数量			
52-3-6-1	安装防坠格板 新建工程	只	3.0000	3.0000	3.0000	3.0000
52-3-9-3	安装盖板及盖座 铸铁盖座	套	3.0000	3.0000	3.0000	3.0000
52-3-9-4	安装盖板及盖座 防沉降检查井盖板	块	3.0000	3.0000	3.0000	3.0000
52-4-5-1	模板工程 模板 管道基座	m^2	7.4700	8.9700	5.3400	5.3400
53-9-1-1	施工排水、降水 湿土排水	m^3	1050.0000	1181.2500	273.0000	409.5000
53-9-1-3	施工排水、降水 筑拆竹箩滤井	座	2.5000	2.5000	2.5000	2.5000
调整项目						
	围护支撑					
52-4-3-2	打槽型钢板桩 长 6.01～9.00 m，单面	100 m	2.0000	2.0000		
52-4-3-7	拔槽型钢板桩 长 6.01～9.00 m，单面	100 m	2.0000	2.0000		
52-4-3-11	打拔沟槽钢板桩 槽型钢板桩使用费	t・d	4116.0000	4116.0000		
52-4-4-2	安拆钢板桩支撑 槽宽≤3.0 m 深 4.01～6.00 m	100 m	1.0000	1.0000		
52-4-4-14	钢板桩支撑使用费	t・d	264.0000	264.0000		
52-4-2-2	满堂撑拆列板 深≤2.0 m，双面	100 m			1.0000	
52-4-2-5	撑拆列板 列板使用费	t・d			165.0000	205.0000
52-4-2-6	列板支撑使用费	t・d			58.0000	72.0000
52-4-2-3	满堂撑拆列板 深≤2.5 m，双面	100 m				1.0000
	井点降水					
53-9-1-1	施工排水、降水 湿土排水	m^3	−1050.0000	−1181.2500		
53-9-1-5	施工排水、降水 轻型井点安装	根	83.0000	83.0000		
53-9-1-6	施工排水、降水 轻型井点拆除	根	83.0000	83.0000		
53-9-1-7	施工排水、降水 轻型井点使用	套・天	27.0000	27.0000		

工作内容：沟槽挖土、沟槽排水、井点降水、沟槽围护和支撑(钢板桩、撑拆列板)、铺筑管道基础、铺设管道、沟槽回填(黄砂及素土)、土方场内运输、砌筑检查井等。

定额编号				J-1-6-69 A(B)	J-1-6-70 A(B)	J-1-6-71 A(B)	J-1-6-72 A(B)
项目				DN1000		DN1200	
				玻璃纤维增强塑料夹砂管(FRPM)			
				5.0 m	5.5 m	2.0 m	2.5 m
名称			单位	100 m	100 m	100 m	100 m
人工	00190101	综合人工	工日	568.0101 (571.3370)	627.7586 (631.0856)	208.4263 (220.7226)	263.5572 (274.2104)
材料	01010211	热轧带肋钢筋(HRB400) $\phi \leqslant 10$	t	0.0594	0.0603		
	01010212	热轧带肋钢筋(HRB400) $\phi > 10$	t	0.1528	0.1550		
	02090101	塑料薄膜	m^2	36.6224	42.0570	15.8426	17.3798
	03010811	钢塑膨胀铆钉	只	18.3600	18.3600	18.3600	18.3600
	03150101	圆钉	kg	1.5229	1.8287	1.0887	1.0887
	03152501	镀锌铁丝	kg	0.6396	0.6489		
	04030115	黄砂 中粗	t	341.5885 (567.8217)	341.5885 (567.8217)	392.8958 (627.6685)	392.8958 (627.6685)
	04030701	砾石砂	t	82.0133	82.0133	85.1970	85.1970
	04050313	道碴 50～70	t	0.3988	0.3988	0.3988	0.3988
	04131711	蒸压灰砂砖	千块	12.6338	14.2718	3.7435	4.7570
	04290711	钢筋混凝土板 1300×300×160 mm	块	3.0000	3.0000	6.0000	6.0000
	05350301	竹箩	个	2.5000	2.5000	2.5000	2.5000
	17311045	玻璃纤维增强塑料夹砂管(FRPM) DN1000 每节长 3 m 以下	m	97.0000	97.0000		
	17311047	玻璃纤维增强塑料夹砂管(FRPM) DN1200 每节长 3 m 以下	m			97.0000	97.0000
	34110101	水	m^3	29.1874 (49.3411)	29.2773 (49.4310)	33.3275 (54.2419)	33.3530 (54.2674)
	35010102	组合钢模板	kg	4.7793	5.7391	3.4166	3.4166
	35010703	木模板成材	m^3	0.0299	0.0359	0.0213	0.0213
	35020401	钢模零配件	kg	1.7672	2.1220	1.2633	1.2633
	36012831	铸铁检查井雨污水盖座 市政 90 型	套	3.0000	3.0000	3.0000	3.0000
	36016631	防沉降检查井盖板 2500×2000×200	块	3.0000	3.0000	3.0000	3.0000
	36016651	高强度塑料检查井格板	只	3.0600	3.0600	3.0600	3.0600
	36016661	高强度塑料支架	只	9.1800	9.1800	9.1800	9.1800
	80060414	湿拌砌筑砂浆 WM M10.0	m^3	5.5621	6.2832	1.5911	2.0219

（续表）

定额编号				J-1-6-69 A(B)	J-1-6-70 A(B)	J-1-6-71 A(B)	J-1-6-72 A(B)
项目				DN1000		DN1200	
				玻璃纤维增强塑料夹砂管(FRPM)			
				5.0 m	5.5 m	2.0 m	2.5 m
名称			单位	100 m	100 m	100 m	100 m
材料	80060513	预拌抹灰砂浆 WP M15.0	m^3	2.6980	2.9594	0.9431	1.3777
	80210410	预拌混凝土(泵送型) C15 粒径 5～20	m^3	1.0908	1.0908		
	80210414	预拌混凝土(泵送型) C20 粒径 5～20	m^3	4.6359	5.6055	3.3633	3.3633
机械	99010060	履带式单斗液压挖掘机 1 m^3	台班	5.3813	5.9194	2.1294	2.6618
	99050930	混凝土振捣器 插入式	台班	0.7768	0.9084	0.4562	0.4562
	99050940	混凝土振捣器 平板式	台班	9.4438 (14.1912)	9.5754 (14.3228)	10.2578 (15.1843)	10.2578 (15.1843)
	99070220	轮胎式装载机 1 m^3	台班	5.8116 (5.2102)	6.5305 (5.9291)	1.7958 (2.4199)	2.0406 (2.4328)
	99070540	载重汽车 6 t	台班	0.0120	0.0144	0.0085	0.0085
	99070588	载重汽车 12 t	台班	8.9029 (7.9816)	10.0041 (9.0828)	2.7510 (3.7071)	3.1260 (3.7269)
	99090360	汽车式起重机 8 t	台班	1.6579	1.6596	1.7223	1.7223
	99091700	手扳葫芦	台班	2.8494	2.8494	0.3638	0.3638
	99130350	内燃夯实机 700 N·m	台班	35.7037 (30.9564)	40.4043 (35.6570)	5.6286 (0.7021)	10.5911 (5.6646)
	99170010	钢筋调直机	台班	0.1006	0.1021		
	99170025	钢筋切断机	台班	0.1006	0.1021		
	99210065	木工平刨床 刨削宽度 450	台班	0.0172	0.0206	0.0123	0.0123
	99440010	电动单级离心清水泵 $\phi 50$	台班	126.0000	141.7500	32.7600	49.1400
调整项目							
		围护支撑					
	00190101	综合人工	工日	571.2213	571.2213	37.3728	57.0282
	03152501	镀锌铁丝	kg	20.0000	20.0000		
	04030115	黄砂 中粗	t	23.7356	23.7356		
	05030101	成材	m^3	0.8169	0.8169	0.3333	0.4444
	35090121	槽型钢板桩	t	1.9587	1.9587		
	35090131	槽型钢板桩使用费	t·d	4116.0000	4116.0000		

（续表）

定额编号			J-1-6-69 A(B)	J-1-6-70 A(B)	J-1-6-71 A(B)	J-1-6-72 A(B)
项目			DN1000		DN1200	
			玻璃纤维增强塑料夹砂管(FRPM)			
			5.0 m	5.5 m	2.0 m	2.5 m
名称		单位	100 m	100 m	100 m	100 m
35090611	钢板桩支撑使用费	t・d	264.0000	264.0000		
35091771	铁撑柱	kg	141.1200	141.1200	93.1220	114.6350
35091901	钢桩帽摊销	kg	136.2690	136.2690		
99030080	轨道式柴油打桩机 0.6 t	台班	27.7905	27.7905		
99030690	简易拔桩架	台班	29.8410	29.8410		
99090075	履带式起重机 8 t	台班	4.5500	4.5500		
03150501	骑马钉	kg			16.8872	21.1090
04131711	蒸压灰砂砖	千块			0.1545	0.1545
35091731	铁撑板	t			0.2788	0.3345
35090501	列板使用费	t・d			165.0000	205.0000
35090511	列板支撑使用费	t・d			58.0000	72.0000
	井点降水					
00190101	综合人工	工日	1.3783	−5.6305		
04030115	黄砂 中粗	t	9.4420	9.4420		
17270201	普通橡胶管	m	14.2440	14.2440		
34110101	水	m^3	152.3275	152.3275		
35040921	轻型井点井管 ϕ40	m	25.8982	25.8982		
35040941	轻型井点井管 ϕ180×4	m	1.2515	1.2515		
99091380	电动卷扬机单筒快速 10 kN	台班	1.9920	1.9920		
99350050	轻便钻机 XJ-100	台班	4.7310	4.7310		
99440010	电动单级离心清水泵 ϕ50	台班	−126.0000	−141.7500		
99440150	电动多级离心清水泵 ϕ150×180 m以下	台班	3.9840	3.9840		
99440510	射流井点泵 9.5 m	台班	33.0420	33.0420		

工作内容:沟槽挖土、沟槽排水、井点降水、沟槽围护和支撑(钢板桩、撑拆列板)、铺筑管道基础、铺设管道、沟槽回填(黄砂及素土)、土方场内运输、砌筑检查井等。

定额编号			J-1-6-73 A(B)	J-1-6-74 A(B)	J-1-6-75 A(B)	J-1-6-76 A(B)
项目			DN1200			
			玻璃纤维增强塑料夹砂管(FRPM)			
			≤3.0 m	>3.0 m	3.5 m	≤4.0 m
			100 m	100 m	100 m	100 m
预算定额编号	预算定额名称	预算定额单位	数量			
04290711	钢筋混凝土板 1300×300×160 mm	块	6.0000	6.0000	6.0000	6.0000
52-1-2-1	机械挖沟槽土方 深≤3 m 现场抛土	m^3	784.8800			
52-1-2-3	机械挖沟槽土方 深≤6 m 现场抛土	m^3		853.1300	955.5000	1057.8800
52-1-3-1	沟槽回填 夯填土	m^3	379.7500 (246.9600)	448.0000 (315.2100)	546.7800 (413.9900)	646.4300 (513.6400)
53-1-3-2	场内运输 自卸汽车装运土(运距 1 km 以内)	m^3	548.8360 (525.8100)	630.7360 (525.8100)	749.9900 (617.2000)	870.1160 (737.3260)
52-1-3-4	沟槽回填 黄砂	m^3	209.9400 (342.7300)	209.9400 (342.7300)	209.9400 (342.7300)	209.9400 (342.7300)
52-1-4-1	管道垫层 黄砂垫层	m^3	12.1100	12.1100	12.1100	12.1100
52-1-4-3	管道垫层 砾石砂垫层	m^3	38.7000	38.7000	38.7000	38.7000
52-1-5-1	管道基座 混凝土 C20	m^3	4.0800	4.0800	5.1300	5.1300
52-1-5-1 换 1	管道基座 混凝土 C15	m^3		1.2000	1.2000	1.2000
52-1-5-2	管道基座 钢筋	t		0.2250	0.2280	0.2280
52-1-6-41	管道铺设 玻璃纤维增强塑料夹砂管(FRPM)每节 3 m 以下 DN1200	100 m	0.0970	0.0970	0.0970	0.0970
52-1-6-58	管道铺设 玻璃纤维增强塑料夹砂管(FRPM)每节 3 m 以上 DN1200	100 m	0.8730	0.8730	0.8730	0.8730
52-3-1-2	砖砌检查井及雨水口 检查井 深≤4 m	m^3	11.7900	11.7900	14.5200	17.5800
52-3-2-1	水泥砂浆抹面 检查井	m^2	90.1200	90.1200	106.5600	123.0000
52-3-6-1	安装防坠格板 新建工程	只	3.0000	3.0000	3.0000	3.0000
52-3-9-3	安装盖板及盖座 铸铁盖座	套	3.0000	3.0000	3.0000	3.0000
52-3-9-4	安装盖板及盖座 防沉降检查井盖板	块	3.0000	3.0000	3.0000	3.0000
52-4-5-1	模板工程 模板 管道基座	m^2	5.9700	5.9700	7.4700	7.4700
53-9-1-1	施工排水、降水 湿土排水	m^3	511.8800	580.1300	682.5000	784.8800
53-9-1-3	施工排水、降水 筑拆竹箩滤井	座	2.5000	2.5000	2.5000	2.5000
调整项目						
	围护支撑					
52-4-2-4	满堂撑拆列板 深≤3.0 m,双面	100 m	1.0000			
52-4-2-5	撑拆列板 列板使用费	t・d	227.0000			
52-4-2-6	列板支撑使用费	t・d	86.0000			

(续表)

定额编号			J-1-6-73 A(B)	J-1-6-74 A(B)	J-1-6-75 A(B)	J-1-6-76 A(B)
项目			DN1200			
			玻璃纤维增强塑料夹砂管(FRPM)			
			≤3.0 m	>3.0 m	3.5 m	≤4.0 m
			100 m	100 m	100 m	100 m
预算定额编号	预算定额名称	预算定额单位	数量			
52-4-3-1	打槽型钢板桩 长 4.00～6.00 m,单面	100 m		2.0000	2.0000	2.0000
52-4-3-6	拔槽型钢板桩 长 4.00～6.00 m,单面	100 m		2.0000	2.0000	2.0000
52-4-4-1	安拆钢板桩支撑 槽宽≤3.0 m 深 3.01～4.00 m	100 m		1.0000	1.0000	1.0000
52-4-3-11	打拔沟槽钢板桩 槽型钢板桩使用费	t・d		1852.0000	1852.0000	1852.0000
52-4-4-14	钢板桩支撑使用费	t・d		87.0000	87.0000	87.0000
	井点降水					
53-9-1-1	施工排水、降水 湿土排水	m^3	−511.8800	−580.1300	−682.5000	−784.8800
53-9-1-5	施工排水、降水 轻型井点安装	根	83.0000	83.0000	83.0000	83.0000
53-9-1-6	施工排水、降水 轻型井点拆除	根	83.0000	83.0000	83.0000	83.0000
53-9-1-7	施工排水、降水 轻型井点使用	套・天	28.0000	28.0000	28.0000	28.0000

工作内容:沟槽挖土、沟槽排水、井点降水、沟槽围护和支撑(钢板桩、撑拆列板)、铺筑管道基础、铺设管道、沟槽回填(黄砂及素土)、土方场内运输、砌筑检查井等。

定额编号				J-1-6-73 A(B)	J-1-6-74 A(B)	J-1-6-75 A(B)	J-1-6-76 A(B)
项目				DN1200			
				玻璃纤维增强塑料夹砂管(FRPM)			
				≤3.0 m	>3.0 m	3.5 m	≤4.0 m
名称			单位	100 m	100 m	100 m	100 m
人工	00190101	综合人工	工日	311.3833 (318.4910)	345.9974 (350.3778)	393.9015 (397.3540)	441.9637 (445.4162)
材料	01010211	热轧带肋钢筋(HRB400) ϕ≤10	t		0.0646	0.0654	0.0654
	01010212	热轧带肋钢筋(HRB400) ϕ>10	t		0.1661	0.1683	0.1683
	02090101	塑料薄膜	m^2	22.1982	25.8611	31.3225	33.8516
	03010811	钢塑膨胀铆钉	只	18.3600	18.3600	18.3600	18.3600
	03150101	圆钉	kg	1.2171	1.2171	1.5229	1.5229
	03152501	镀锌铁丝	kg		0.6953	0.7045	0.7045
	04030115	黄砂 中粗	t	392.7544 (627.5271)	392.7544 (627.5271)	392.7544 (627.5271)	392.7544 (627.5271)

（续表）

定额编号				J-1-6-73 A(B)	J-1-6-74 A(B)	J-1-6-75 A(B)	J-1-6-76 A(B)
项目				DN1200			
				玻璃纤维增强塑料夹砂管(FRPM)			
				≤3.0 m	>3.0 m	3.5 m	≤4.0 m
名称			单位	100 m	100 m	100 m	100 m
材料	04030701	砾石砂	t	85.5618	85.5618	85.5618	85.5618
	04050313	道碴 50～70	t	0.3988	0.3988	0.3988	0.3988
	04131711	蒸压灰砂砖	千块	6.3925	6.3925	7.8727	9.5319
	04290711	钢筋混凝土板 1300×300×160 mm	块	6.0000	6.0000	6.0000	6.0000
	05350301	竹箩	个	2.5000	2.5000	2.5000	2.5000
	17311047	玻璃纤维增强塑料夹砂管(FRPM) DN1200 每节长 3 m 以下	m	97.0000	97.0000	97.0000	97.0000
	34110101	水	m^3	33.4327 (54.3471)	33.4932 (54.4076)	33.5836 (54.4980)	33.6255 (54.5399)
	35010102	组合钢模板	kg	3.8196	3.8196	4.7793	4.7793
	35010703	木模板成材	m^3	0.0239	0.0239	0.0299	0.0299
	35020401	钢模零配件	kg	1.4123	1.4123	1.7672	1.7672
	36012831	铸铁检查井雨污水盖座 市政 90 型	套	3.0000	3.0000	3.0000	3.0000
	36016631	防沉降检查井盖板 2500×2000×200	块	3.0000	3.0000	3.0000	3.0000
	36016651	高强度塑料检查井格板	只	3.0600	3.0600	3.0600	3.0600
	36016661	高强度塑料支架	只	9.1800	9.1800	9.1800	9.1800
	80060414	湿拌砌筑砂浆 WM M10.0	m^3	2.7801	2.7801	3.4238	4.1454
	80060513	预拌抹灰砂浆 WP M15.0	m^3	1.6906	1.6906	1.9520	2.2134
	80210410	预拌混凝土(泵送型) C15 粒径 5～20	m^3		1.2120	1.2120	1.2120
	80210414	预拌混凝土(泵送型) C20 粒径 5～20	m^3	4.1208	4.1208	5.1813	5.1813
机械	99010060	履带式单斗液压挖掘机 1 m^3	台班	3.0610	3.4978	3.9176	4.3373
	99050930	混凝土振捣器 插入式	台班	0.5590	0.7234	0.8672	0.8672
	99050940	混凝土振捣器 平板式	台班	10.3649 (15.2914)	10.5293 (15.4558)	10.6731 (15.5996)	10.6731 (15.5996)
	99070220	轮胎式装载机 1 m^3	台班	2.5795 (2.4713)	2.9645 (2.4713)	3.5250 (2.9008)	4.0895 (3.4654)
	99070540	载重汽车 6 t	台班	0.0096	0.0096	0.0120	0.0120
	99070588	载重汽车 12 t	台班	3.9516 (3.7858)	4.5413 (3.7858)	5.3999 (4.4438)	6.2648 (5.3087)
	99090360	汽车式起重机 8 t	台班	1.7230	1.7230	1.7246	1.7246
	99091700	手扳葫芦	台班	0.3638	0.3638	0.3638	0.3638

（续表）

定额编号				J-1-6-73 A(B)	J-1-6-74 A(B)	J-1-6-75 A(B)	J-1-6-76 A(B)
项目				DN1200			
				玻璃纤维增强塑料夹砂管(FRPM)			
				≤3.0 m	>3.0 m	3.5 m	≤4.0 m
名称			单位	100 m	100 m	100 m	100 m
机械	99130350	内燃夯实机 700 N·m	台班	14.0887 (9.1622)	16.6208 (11.6943)	20.2855 (15.3590)	23.9826 (19.0560)
	99170010	钢筋调直机	台班		0.1094	0.1108	0.1108
	99170025	钢筋切断机	台班		0.1094	0.1108	0.1108
	99210065	木工平刨床 刨削宽度 450	台班	0.0137	0.0137	0.0172	0.0172
	99440010	电动单级离心清水泵 ϕ50	台班	61.4256	69.6156	81.9000	94.1856
调整项目							
		围护支撑					
	00190101	综合人工	工日	78.7933	447.5882	447.5882	447.5882
	03150501	骑马钉	kg	25.3308			
	04131711	蒸压灰砂砖	千块	0.1545			
	05030101	成材	m^3	0.5000	0.5955	0.5955	0.5955
	35090501	列板使用费	t·d	227.0000			
	35090511	列板支撑使用费	t·d	86.0000			
	35091731	铁撑板	t	0.4181			
	35091771	铁撑柱	kg	139.6830	70.5300	70.5300	70.5300
	35090121	槽型钢板桩	t		1.3350	1.3350	1.3350
	35091901	钢桩帽摊销	kg		90.9300	90.9300	90.9300
	04030115	黄砂 中粗	t		15.8236	15.8236	15.8236
	03152501	镀锌铁丝	kg		15.0000	15.0000	15.0000
	35090131	槽型钢板桩使用费	t·d		1852.0000	1852.0000	1852.0000
	35090611	钢板桩支撑使用费	t·d		87.0000	87.0000	87.0000
	99030080	轨道式柴油打桩机 0.6 t	台班		20.1323	20.1323	20.1323
	99030690	简易拔桩架	台班		23.9558	23.9558	23.9558
	99090075	履带式起重机 8 t	台班		3.4125	3.4125	3.4125
		井点降水					
	00190101	综合人工	工日	30.6889	27.0444	21.5778	16.1107
	04030115	黄砂 中粗	t	9.4420	9.4420	9.4420	9.4420
	17270201	普通橡胶管	m	14.2440	14.2440	14.2440	14.2440
	34110101	水	m^3	152.3275	152.3275	152.3275	152.3275
	35040921	轻型井点井管 ϕ40	m	26.7891	26.7891	26.7891	26.7891
	35040941	轻型井点井管 ϕ180×4	m	1.2944	1.2944	1.2944	1.2944
	99091380	电动卷扬机单筒快速 10 kN	台班	1.9920	1.9920	1.9920	1.9920
	99350050	轻便钻机 XJ-100	台班	4.7310	4.7310	4.7310	4.7310
	99440010	电动单级离心清水泵 ϕ50	台班	−61.4256	−69.6156	−81.9000	−94.1856
	99440150	电动多级离心清水泵 ϕ150×180 m 以下	台班	3.9840	3.9840	3.9840	3.9840
	99440510	射流井点泵 9.5 m	台班	34.1920	34.1920	34.1920	34.1920

工作内容：沟槽挖土、沟槽排水、井点降水、沟槽围护和支撑（钢板桩、撑拆列板）、铺筑管道基础、铺设管道、沟槽回填（黄砂及素土）、土方场内运输、砌筑检查井等。

定　额　编　号			J-1-6-77 A(B)	J-1-6-78 A(B)	J-1-6-79 A(B)	J-1-6-80 A(B)
项　　目			DN1200			
			玻璃纤维增强塑料夹砂管(FRPM)			
			>4.0 m	4.5 m	5.0 m	5.5 m
			100 m	100 m	100 m	100 m
预算定额编号	预算定额名称	预算定额单位	数　　量			
04290711	钢筋混凝土板 1300×300×160 mm	块	6.0000	6.0000	6.0000	6.0000
52-1-2-3	机械挖沟槽土方 深≤6 m 现场抛土	m^3	1126.1300	1228.5000	1417.5000	1559.2500
52-1-3-1	沟槽回填 夯填土	m^3	714.6800 (581.8900)	813.8900 (681.1000)	983.4750 (845.4450)	1121.4450 (983.4150)
53-1-3-2	场内运输 自卸汽车装运土(运距1 km以内)	m^3	952.0160 (819.2260)	1071.7000 (938.9100)	1279.5500 (1141.5200)	1445.8700 (1307.8400)
52-1-3-4	沟槽回填 黄砂	m^3	209.9400 (342.7300)	209.9400 (342.7300)	222.8500 (360.8800)	222.8500 (360.8800)
52-1-4-1	管道垫层 黄砂垫层	m^3	12.1100	12.1100	12.5800	12.5800
52-1-4-3	管道垫层 砾石砂垫层	m^3	38.7000	38.7000	40.0950	40.0950
52-1-5-1	管道基座 混凝土 C20	m^3	5.1300	5.1300	6.1200	6.1200
52-1-5-1换1	管道基座 混凝土 C15	m^3	1.2000	1.2000	1.2000	1.2000
52-1-5-2	管道基座 钢筋	t	0.2280	0.2280	0.2310	0.2310
52-1-6-41	管道铺设 玻璃纤维增强塑料夹砂管(FRPM)每节 3 m以下 DN1200	100 m	0.0970	0.0970	0.0970	0.0970
52-1-6-58	管道铺设 玻璃纤维增强塑料夹砂管(FRPM)每节 3 m以上 DN1200	100 m	0.8730	0.8730	0.8730	0.8730
52-3-1-2	砖砌检查井及雨水口 检查井 深≤4 m	m^3	17.5800			
52-3-1-3	砖砌检查井及雨水口 检查井 深≤6 m	m^3		20.7300	23.7900	26.8200
52-3-2-1	水泥砂浆抹面 检查井	m^2	123.0000	139.4400	155.8800	172.3200
52-3-6-1	安装防坠格板 新建工程	只	3.0000	3.0000	3.0000	3.0000
52-3-9-3	安装盖板及盖座 铸铁盖座	套	3.0000	3.0000	3.0000	3.0000
52-3-9-4	安装盖板及盖座 防沉降检查井盖板	块	3.0000	3.0000	3.0000	3.0000
52-4-5-1	模板工程 模板 管道基座	m^2	7.4700	7.4700	8.9700	8.9700
53-9-1-1	施工排水、降水 湿土排水	m^3	853.1300	955.5000	1134.0000	1275.7500
53-9-1-3	施工排水、降水 筑拆竹箩滤井	座	2.5000	2.5000	2.5000	2.5000
调整项目						
	围护支撑					
52-4-3-2	打槽型钢板桩 长 6.01～9.00 m，单面	100 m	2.0000	2.0000	2.0000	2.0000

（续表）

定额编号			J-1-6-77 A(B)	J-1-6-78 A(B)	J-1-6-79 A(B)	J-1-6-80 A(B)
项目			DN1200			
			玻璃纤维增强塑料夹砂管(FRPM)			
			＞4.0 m	4.5 m	5.0 m	5.5 m
			100 m	100 m	100 m	100 m
预算定额编号	预算定额名称	预算定额单位	数量			
52-4-3-7	拔槽型钢板桩 长 6.01～9.00 m，单面	100 m	2.0000	2.0000	2.0000	2.0000
52-4-3-11	打拔沟槽钢板桩 槽型钢板桩使用费	t·d	4116.0000	4116.0000	4116.0000	4116.0000
52-4-4-2	安拆钢板桩支撑 槽宽≤3.0 m 深 4.01～6.00 m	100 m	1.0000	1.0000	1.0000	1.0000
52-4-4-14	钢板桩支撑使用费	t·d	264.0000	264.0000	264.0000	264.0000
	井点降水					
53-9-1-1	施工排水、降水 湿土排水	m^3	−853.1300	−955.5000	−1134.0000	−1275.7500
53-9-1-5	施工排水、降水 轻型井点安装	根	83.0000	83.0000	83.0000	83.0000
53-9-1-6	施工排水、降水 轻型井点拆除	根	83.0000	83.0000	83.0000	83.0000
53-9-1-7	施工排水、降水 轻型井点使用	套·天	28.0000	28.0000	28.0000	28.0000

工作内容：沟槽挖土、沟槽排水、井点降水、沟槽围护和支撑(钢板桩、撑拆列板)、铺筑管道基础、铺设管道、沟槽回填(黄砂及素土)、土方场内运输、砌筑检查井等。

定额编号				J-1-6-77 A(B)	J-1-6-78 A(B)	J-1-6-79 A(B)	J-1-6-80 A(B)
项目				DN1200			
				玻璃纤维增强塑料夹砂管(FRPM)			
				＞4.0 m	4.5 m	5.0 m	5.5 m
名称			单位	100 m	100 m	100 m	100 m
人工	00190101	综合人工	工日	468.1415 (471.5941)	519.0687 (522.5212)	601.2309 (604.8196)	664.4175 (668.0063)
材料	01010211	热轧带肋钢筋(HRB400) $\phi\leqslant10$	t	0.0654	0.0654	0.0663	0.0663
	01010212	热轧带肋钢筋(HRB400) $\phi>10$	t	0.1683	0.1683	0.1705	0.1705
	02090101	塑料薄膜	m^2	33.8516	36.4550	42.0060	44.5103
	03010811	钢塑膨胀铆钉	只	18.3600	18.3600	18.3600	18.3600
	03150101	圆钉	kg	1.5229	1.5229	1.8287	1.8287
	03152501	镀锌铁丝	kg	0.7045	0.7045	0.7138	0.7138
	04030115	黄砂 中粗	t	392.7544 (627.5271)	392.7544 (627.5271)	416.4102 (660.4472)	416.4102 (660.4472)
	04030701	砾石砂	t	85.5618	85.5618	88.6460	88.6460
	04050313	道碴 50～70	t	0.3988	0.3988	0.3988	0.3988

（续表）

定额编号				J-1-6-77 A(B)	J-1-6-78 A(B)	J-1-6-79 A(B)	J-1-6-80 A(B)
项目				DN1200			
				玻璃纤维增强塑料夹砂管(FRPM)			
				>4.0 m	4.5 m	5.0 m	5.5 m
名称			单位	100 m	100 m	100 m	100 m
材料	04131711	蒸压灰砂砖	千块	9.5319	11.2066	12.8609	14.4989
	04290711	钢筋混凝土板 1300×300×160 mm	块	6.0000	6.0000	6.0000	6.0000
	05350301	竹箩	个	2.5000	2.5000	2.5000	2.5000
	17311047	玻璃纤维增强塑料夹砂管(FRPM) DN1200 每节长 3 m 以下	m	97.0000	97.0000	97.0000	97.0000
	34110101	水	m^3	33.6255 (54.5399)	33.6687 (54.5831)	35.7937 (57.5334)	35.8352 (57.5749)
	35010102	组合钢模板	kg	4.7793	4.7793	5.7391	5.7391
	35010703	木模板成材	m^3	0.0299	0.0299	0.0359	0.0359
	35020401	钢模零配件	kg	1.7672	1.7672	2.1220	2.1220
	36012831	铸铁检查井雨污水盖座 市政 90 型	套	3.0000	3.0000	3.0000	3.0000
	36016631	防沉降检查井盖板 2500×2000×200	块	3.0000	3.0000	3.0000	3.0000
	36016651	高强度塑料检查井格板	只	3.0600	3.0600	3.0600	3.0600
	36016661	高强度塑料支架	只	9.1800	9.1800	9.1800	9.1800
	80060414	湿拌砌筑砂浆 WM M10.0	m^3	4.1454	4.9337	5.6620	6.3832
	80060513	预拌抹灰砂浆 WP M15.0	m^3	2.2134	2.4748	2.7362	2.9976
	80210410	预拌混凝土(泵送型) C15 粒径 5～20	m^3	1.2120	1.2120	1.2120	1.2120
	80210414	预拌混凝土(泵送型) C20 粒径 5～20	m^3	5.1813	5.1813	6.1812	6.1812
机械	99010060	履带式单斗液压挖掘机 1 m^3	台班	4.6171	5.0369	5.8118	6.3929
	99050930	混凝土振捣器 插入式	台班	0.8672	0.8672	1.0028	1.0028
	99050940	混凝土振捣器 平板式	台班	10.6731 (15.5996)	10.6731 (15.5996)	11.3614 (16.4823)	11.3614 (16.4823)
	99070220	轮胎式装载机 1 m^3	台班	4.4745 (3.8504)	5.0370 (4.4129)	6.0139 (5.3651)	6.7956 (6.1468)
	99070540	载重汽车 6 t	台班	0.0120	0.0120	0.0144	0.0144
	99070588	载重汽车 12 t	台班	6.8545 (5.8984)	7.7162 (6.7602)	9.2128 (8.2189)	10.4103 (9.4164)
	99090360	汽车式起重机 8 t	台班	1.7246	1.7246	1.7263	1.7263
	99091700	手扳葫芦	台班	0.3638	0.3638	0.3638	0.3638

(续表)

定额编号				J-1-6-77 A(B)	J-1-6-78 A(B)	J-1-6-79 A(B)	J-1-6-80 A(B)
项目				DN1200			
				玻璃纤维增强塑料夹砂管(FRPM)			
				>4.0 m	4.5 m	5.0 m	5.5 m
名称			单位	100 m	100 m	100 m	100 m
机械	99130350	内燃夯实机 700 N·m	台班	26.5146 (21.5881)	30.1953 (25.2688)	36.4869 (31.3660)	41.6056 (36.4847)
	99170010	钢筋调直机	台班	0.1108	0.1108	0.1123	0.1123
	99170025	钢筋切断机	台班	0.1108	0.1108	0.1123	0.1123
	99210065	木工平刨床 刨削宽度 450	台班	0.0172	0.0172	0.0206	0.0206
	99440010	电动单级离心清水泵 ϕ50	台班	102.3756	114.6600	136.0800	153.0900
调整项目							
		围护支撑					
	00190101	综合人工	工日	571.2213	571.2213	571.2213	571.2213
	03152501	镀锌铁丝	kg	20.0000	20.0000	20.0000	20.0000
	04030115	黄砂 中粗	t	23.7356	23.7356	23.7356	23.7356
	05030101	成材	m^3	0.8169	0.8169	0.8169	0.8169
	35090121	槽型钢板桩	t	1.9587	1.9587	1.9587	1.9587
	35090131	槽型钢板桩使用费	t·d	4116.0000	4116.0000	4116.0000	4116.0000
	35090611	钢板桩支撑使用费	t·d	264.0000	264.0000	264.0000	264.0000
	35091771	铁撑柱	kg	141.1200	141.1200	141.1200	141.1200
	35091901	钢桩帽摊销	kg	136.2690	136.2690	136.2690	136.2690
	99030080	轨道式柴油打桩机 0.6 t	台班	27.7905	27.7905	27.7905	27.7905
	99030690	简易拔桩架	台班	29.8410	29.8410	29.8410	29.8410
	99090075	履带式起重机 8 t	台班	4.5500	4.5500	4.5500	4.5500
		井点降水					
	00190101	综合人工	工日	12.4662	6.9996	−2.5323	−10.1018
	04030115	黄砂 中粗	t	9.4420	9.4420	9.4420	9.4420
	17270201	普通橡胶管	m	14.2440	14.2440	14.2440	14.2440
	34110101	水	m^3	152.3275	152.3275	152.3275	152.3275
	35040921	轻型井点井管 ϕ40	m	26.7891	26.7891	26.7891	26.7891
	35040941	轻型井点井管 ϕ180×4	m	1.2944	1.2944	1.2944	1.2944
	99091380	电动卷扬机单筒快速 10 kN	台班	1.9920	1.9920	1.9920	1.9920
	99350050	轻便钻机 XJ-100	台班	4.7310	4.7310	4.7310	4.7310
	99440010	电动单级离心清水泵 ϕ50	台班	−102.3756	−114.6600	−136.0800	−153.0900
	99440150	电动多级离心清水泵 ϕ150×180 m 以下	台班	3.9840	3.9840	3.9840	3.9840
	99440510	射流井点泵 9.5 m	台班	34.1920	34.1920	34.1920	34.1920

工作内容：沟槽挖土、沟槽排水、井点降水、沟槽围护和支撑（钢板桩、撑拆列板）、铺筑管道基础、铺设管道、沟槽回填（黄砂及素土）、土方场内运输、砌筑检查井等。

定　额　编　号			J-1-6-81 A(B)	J-1-6-82 A(B)	J-1-6-83 A(B)	J-1-6-84 A(B)
项　　目			DN1400			
			玻璃纤维增强塑料夹砂管(FRPM)			
			2.5 m	≤3.0 m	>3.0 m	3.5 m
			100 m	100 m	100 m	100 m
预算定额编号	预算定额名称	预算定额单位	数　　量			
04290711	钢筋混凝土板 1300×300×160 mm	块	12.0000	12.0000	12.0000	12.0000
52-1-2-1	机械挖沟槽土方 深≤3 m 现场抛土	m^3	735.0000	845.2500		
52-1-2-3	机械挖沟槽土方 深≤6 m 现场抛土	m^3			918.7500	1029.0000
52-1-3-1	沟槽回填 夯填土	m^3	244.5350 (101.3050)	352.0550 (208.8250)	425.5550 (282.3250)	531.8550 (388.6250)
53-1-3-2	场内运输 自卸汽车装运土(运距1 km以内)	m^3	477.4600 (620.6900)	534.1100 (623.4200)	622.3100 (623.4200)	750.6600 (627.3700)
52-1-3-4	沟槽回填 黄砂	m^3	244.1200 (387.3500)	244.1200 (387.3500)	244.1200 (387.3500)	244.1200 (387.3500)
52-1-4-1	管道垫层 黄砂垫层	m^3	13.0100	13.0100	13.0100	13.0100
52-1-4-3	管道垫层 砾石砂垫层	m^3	41.6250	41.6250	41.6250	41.6250
52-1-5-1	管道基座 混凝土 C20	m^3	5.7000	5.7000	5.7000	5.7000
52-1-5-1 换 1	管道基座 混凝土 C15	m^3			1.3200	1.3200
52-1-5-2	管道基座 钢筋	t			0.2550	0.2550
52-1-6-42	管道铺设 玻璃纤维增强塑料夹砂管(FRPM)每节 3 m 以下 DN1400	100 m	0.0967	0.0967	0.0967	0.0967
52-1-6-59	管道铺设 玻璃纤维增强塑料夹砂管(FRPM)每节 3 m 以上 DN1400	100 m	0.8703	0.8703	0.8703	0.8703
52-3-1-1	砖砌检查井及雨水口 检查井深≤2.5 m	m^3	10.2900			
52-3-1-2	砖砌检查井及雨水口 检查井深≤4 m	m^3		13.2300	13.2300	16.0500
52-3-2-1	水泥砂浆抹面 检查井	m^2	64.4700	95.2500	95.2500	112.2900
52-3-6-1	安装防坠格板 新建工程	只	3.0000	3.0000	3.0000	3.0000
52-3-9-3	安装盖板及盖座 铸铁盖座	套	3.0000	3.0000	3.0000	3.0000
52-3-9-4	安装盖板及盖座 防沉降检查井盖板	块	3.0000	3.0000	3.0000	3.0000
52-4-5-1	模板工程 模板 管道基座	m^2	7.5300	8.3100	8.3100	8.3100
53-9-1-1	施工排水、降水 湿土排水	m^3	441.0000	551.2500	624.7500	735.0000
53-9-1-3	施工排水、降水 筑拆竹箩滤井	座	2.5000	2.5000	2.5000	2.5000
调整项目						
	围护支撑					
52-4-2-3	满堂撑拆列板 深≤2.5 m,双面	100 m	1.0000			
52-4-2-4	满堂撑拆列板 深≤3.0 m,双面	100 m		1.0000		

（续表）

定额编号			J-1-6-81 A(B)	J-1-6-82 A(B)	J-1-6-83 A(B)	J-1-6-84 A(B)
项目			DN1400			
			玻璃纤维增强塑料夹砂管(FRPM)			
			2.5 m	≤3.0 m	>3.0 m	3.5 m
			100 m	100 m	100 m	100 m
预算定额编号	预算定额名称	预算定额单位	数量			
52-4-2-5	撑拆列板 列板使用费	t·d	213.0000	257.0000		
52-4-2-6	列板支撑使用费	t·d	81.0000	98.0000		
52-4-3-1	打槽型钢板桩 长4.00～6.00 m,单面	100 m			2.0000	2.0000
52-4-3-6	拔槽型钢板桩 长4.00～6.00 m,单面	100 m			2.0000	2.0000
52-4-4-1	安拆钢板桩支撑 槽宽≤3.0 m 深3.01～4.00 m	100 m			1.0000	1.0000
52-4-3-11	打拔沟槽钢板桩 槽型钢板桩使用费	t·d			2468.0000	2468.0000
52-4-4-14	钢板桩支撑使用费	t·d			162.0000	162.0000
	井点降水					
53-9-1-1	施工排水、降水 湿土排水	m^3		−551.2500	−624.7500	−735.0000
53-9-1-5	施工排水、降水 轻型井点安装	根		83.0000	83.0000	83.0000
53-9-1-6	施工排水、降水 轻型井点拆除	根		83.0000	83.0000	83.0000
53-9-1-7	施工排水、降水 轻型井点使用	套·天		30.0000	30.0000	30.0000

工作内容：沟槽挖土、沟槽排水、井点降水、沟槽围护和支撑(钢板桩、撑拆列板)、铺筑管道基础、铺设管道、沟槽回填(黄砂及素土)、土方场内运输、砌筑检查井等。

定额编号				J-1-6-81 A(B)	J-1-6-82 A(B)	J-1-6-83 A(B)	J-1-6-84 A(B)
项目				DN1400			
				玻璃纤维增强塑料夹砂管(FRPM)			
				2.5 m	≤3.0 m	>3.0 m	3.5 m
名称			单位	100 m	100 m	100 m	100 m
人工	00190101	综合人工	工日	276.7029 (289.9661)	328.0604 (339.5281)	365.4290 (373.9596)	415.6902 (420.0782)
材料	01010211	热轧带肋钢筋(HRB400) φ≤10	t			0.0732	0.0732
	01010212	热轧带肋钢筋(HRB400) φ>10	t			0.1882	0.1882
	02090101	塑料薄膜	m^2	25.9034	28.3333	32.3625	34.6932
	03010811	钢塑膨胀铆钉	只	18.3600	18.3600	18.3600	18.3600
	03150101	圆钉	kg	1.5352	1.6942	1.6942	1.6942

（续表）

定额编号				J-1-6-81 A(B)	J-1-6-82 A(B)	J-1-6-83 A(B)	J-1-6-84 A(B)
项目				DN1400			
				玻璃纤维增强塑料夹砂管(FRPM)			
				2.5 m	≤3.0 m	>3.0 m	3.5 m
名称			单位	100 m	100 m	100 m	100 m
材料	03152501	镀锌铁丝	kg			0.7880	0.7880
	04030115	黄砂 中粗	t	454.7759 (708.0065)	454.7759 (708.0065)	454.7759 (708.0065)	454.7759 (708.0065)
	04030701	砾石砂	t	92.0287	92.0287	92.0287	92.0287
	04050313	道碴 50～70	t	0.3988	0.3988	0.3988	0.3988
	04131711	蒸压灰砂砖	千块	5.6070	7.1733	7.1733	8.7023
	04290711	钢筋混凝土板 1300×300×160 mm	块	12.0000	12.0000	12.0000	12.0000
	05350301	竹箩	个	2.5000	2.5000	2.5000	2.5000
	17311049	玻璃纤维增强塑料夹砂管(FRPM) DN1400 每节长 3 m 以下	m	96.7000	96.7000	96.7000	96.7000
	34110101	水	m^3	38.8772 (61.4359)	38.9175 (61.4762)	38.9840 (61.5427)	39.0226 (61.5813)
	35010102	组合钢模板	kg	4.8177	5.3168	5.3168	5.3168
	35010703	木模板成材	m^3	0.0301	0.0332	0.0332	0.0332
	35020401	钢模零配件	kg	1.7814	1.9659	1.9659	1.9659
	36012831	铸铁检查井雨污水盖座 市政 90 型	套	3.0000	3.0000	3.0000	3.0000
	36016631	防沉降检查井盖板 2500×2000×200	块	3.0000	3.0000	3.0000	3.0000
	36016651	高强度塑料检查井格板	只	3.0600	3.0600	3.0600	3.0600
	36016661	高强度塑料支架	只	9.1800	9.1800	9.1800	9.1800
	80060414	湿拌砌筑砂浆 WM M10.0	m^3	2.3832	3.1196	3.1196	3.7846
	80060513	预拌抹灰砂浆 WP M15.0	m^3	1.2828	1.7722	1.7722	2.0431
	80210410	预拌混凝土(泵送型) C15 粒径 5～20	m^3			1.3332	1.3332
	80210414	预拌混凝土(泵送型) C20 粒径 5～20	m^3	5.7570	5.7570	5.7570	5.7570

（续表）

定额编号				J-1-6-81 A(B)	J-1-6-82 A(B)	J-1-6-83 A(B)	J-1-6-84 A(B)
项目				DN1400			
				玻璃纤维增强塑料夹砂管(FRPM)			
				2.5 m	≤3.0 m	>3.0 m	3.5 m
名称			单位	100 m	100 m	100 m	100 m
机械	99010060	履带式单斗液压挖掘机 1 m^3	台班	2.8665	3.2965	3.7669	4.2189
	99050930	混凝土振捣器 插入式	台班	0.7809	0.7809	0.9617	0.9617
	99050940	混凝土振捣器 平板式	台班	12.0068 (17.3206)	12.0068 (17.3206)	12.1876 (17.5014)	12.1876 (17.5014)
	99070220	轮胎式装载机 1 m^3	台班	2.2441 (2.9172)	2.5103 (2.9301)	2.9249 (2.9301)	3.5281 (2.9486)
	99070540	载重汽车 6 t	台班	0.0120	0.0133	0.0133	0.0133
	99070588	载重汽车 12 t	台班	3.4377 (4.4690)	3.8456 (4.4886)	4.4806 (4.4886)	5.4048 (4.5171)
	99090360	汽车式起重机 8 t	台班	1.7660	1.7668	1.7668	1.7668
	99091700	手扳葫芦	台班	0.3675	0.3675	0.3675	0.3675
	99130350	内燃夯实机 700 N·m	台班	9.0722 (3.7584)	13.0612 (7.7474)	15.7881 (10.4743)	19.7318 (14.4180)
	99170010	钢筋调直机	台班			0.1240	0.1240
	99170025	钢筋切断机	台班			0.1240	0.1240
	99210065	木工平刨床 刨削宽度 450	台班	0.0173	0.0191	0.0191	0.0191
	99440010	电动单级离心清水泵 ϕ50	台班	52.9200	66.1500	74.9700	88.2000
调整项目							
		围护支撑					
	00190101	综合人工	工日	57.0282	78.7933	447.5882	447.5882
	03150501	骑马钉	kg	21.1090	25.3308		
	04131711	蒸压灰砂砖	千块	0.1545	0.1545		
	05030101	成材	m^3	0.4444	0.5000	0.5955	0.5955
	35090501	列板使用费	t·d	213.0000	257.0000		
	35090511	列板支撑使用费	t·d	81.0000	98.0000		
	35091731	铁撑板	t	0.3345	0.4181		
	35091771	铁撑柱	kg	114.6350	139.6830	70.5300	70.5300
	35090121	槽型钢板桩	t			1.3350	1.3350

（续表）

定　额　编　号			J-1-6-81 A(B)	J-1-6-82 A(B)	J-1-6-83 A(B)	J-1-6-84 A(B)
项　　目			DN1400			
			玻璃纤维增强塑料夹砂管(FRPM)			
			2.5 m	≤3.0 m	>3.0 m	3.5 m
名　　称		单位	100 m	100 m	100 m	100 m
35091901	钢桩帽摊销	kg			90.9300	90.9300
04030115	黄砂 中粗	t			15.8236	15.8236
03152501	镀锌铁丝	kg			15.0000	15.0000
35090131	槽型钢板桩使用费	t·d			2468.0000	2468.0000
35090611	钢板桩支撑使用费	t·d			162.0000	162.0000
99030080	轨道式柴油打桩机 0.6 t	台班			20.1323	20.1323
99030690	简易拔桩架	台班			23.9558	23.9558
99090075	履带式起重机 8 t	台班			3.4125	3.4125
	井点降水					
00190101	综合人工	工日		29.7366	25.8116	19.9243
04030115	黄砂 中粗	t		9.4420	9.4420	9.4420
17270201	普通橡胶管	m		14.2440	14.2440	14.2440
34110101	水	m^3		152.3275	152.3275	152.3275
35040921	轻型井点井管 ϕ40	m		28.5710	28.5710	28.5710
35040941	轻型井点井管 ϕ180×4	m		1.3803	1.3803	1.3803
99091380	电动卷扬机单筒快速 10 kN	台班		1.9920	1.9920	1.9920
99350050	轻便钻机 XJ-100	台班		4.7310	4.7310	4.7310
99440010	电动单级离心清水泵 ϕ50	台班		−66.1500	−74.9700	−88.2000
99440150	电动多级离心清水泵 ϕ150×180 m以下	台班		3.9840	3.9840	3.9840
99440510	射流井点泵 9.5 m	台班		36.4920	36.4920	36.4920

工作内容：沟槽挖土、沟槽排水、井点降水、沟槽围护和支撑(钢板桩、撑拆列板)、铺筑管道基础、铺设管道、沟槽回填(黄砂及素土)、土方场内运输、砌筑检查井等。

定额编号			J-1-6-85 A(B)	J-1-6-86 A(B)	J-1-6-87 A(B)	J-1-6-88 A(B)
项目			DN1400			
			玻璃纤维增强塑料夹砂管(FRPM)			
			≤4.0 m	>4.0 m	4.5 m	5.0 m
			100 m	100 m	100 m	100 m
预算定额编号	预算定额名称	预算定额单位	数量			
04290711	钢筋混凝土板 1300×300×160 mm	块	12.0000	12.0000		
04290712	钢筋混凝土板 1400×250×160 mm	块			12.0000	6.0000
04290713	钢筋混凝土板 1400×300×160 mm	块				6.0000
52-1-2-3	机械挖沟槽土方 深≤6 m 现场抛土	m^3	1139.2500	1212.7500	1323.0000	1522.5000
52-1-3-1	沟槽回填 夯填土	m^3	639.1750 (495.9450)	712.6750 (569.4450)	815.0500 (671.8200)	992.5250 (844.0550)
53-1-3-2	场内运输 自卸汽车装运土(运距1 km以内)	m^3	880.0300 (736.8000)	968.2300 (825.0000)	1092.5700 (949.3400)	1310.4100 (1161.9400)
52-1-3-4	沟槽回填 黄砂	m^3	244.1200 (387.3500)	244.1200 (387.3500)	244.1200 (387.3500)	259.1800 (407.6500)
52-1-4-1	管道垫层 黄砂垫层	m^3	13.0100	13.0100	12.9200	13.3800
52-1-4-3	管道垫层 砾石砂垫层	m^3	41.6250	41.6250	41.5800	42.9750
52-1-5-1	管道基座 混凝土 C20	m^3	5.7000	5.7000	7.4400	7.4400
52-1-5-1换1	管道基座 混凝土 C15	m^3	1.3200	1.3200	1.4100	1.4100
52-1-5-2	管道基座 钢筋	t	0.2550	0.2550	0.2790	0.2790
52-1-6-42	管道铺设 玻璃纤维增强塑料夹砂管(FRPM)每节3 m以下 DN1400	100 m	0.0967	0.0967	0.0967	0.0967
52-1-6-59	管道铺设 玻璃纤维增强塑料夹砂管(FRPM)每节3 m以上 DN1400	100 m	0.8703	0.8703	0.8703	0.8703
52-3-1-2	砖砌检查井及雨水口 检查井 深≤4 m	m^3	19.9200	19.9200		
52-3-1-3	砖砌检查井及雨水口 检查井 深≤6 m	m^3			22.6500	26.7000
52-3-2-1	水泥砂浆抹面 检查井	m^2	133.0200	133.0200	146.0400	166.8000
52-3-6-1	安装防坠格板 新建工程	只	3.0000	3.0000	3.0000	3.0000

（续表）

定额编号			J-1-6-85 A(B)	J-1-6-86 A(B)	J-1-6-87 A(B)	J-1-6-88 A(B)
项目			DN1400			
			玻璃纤维增强塑料夹砂管(FRPM)			
			≤4.0 m	>4.0 m	4.5 m	5.0 m
			100 m	100 m	100 m	100 m
预算定额编号	预算定额名称	预算定额单位	数量			
52-3-9-3	安装盖板及盖座 铸铁盖座	套	3.0000	3.0000	3.0000	3.0000
52-3-9-4	安装盖板及盖座 防沉降检查井盖板	块	3.0000	3.0000	3.0000	3.0000
52-4-5-1	模板工程 模板 管道基座	m^2	8.6700	8.6700	10.3800	10.3800
53-9-1-1	施工排水、降水 湿土排水	m^3	845.2500	918.7500	1029.0000	1218.0000
53-9-1-3	施工排水、降水 筑拆竹箩滤井	座	2.5000	2.5000	2.5000	2.5000
调整项目						
	围护支撑					
52-4-3-1	打槽型钢板桩 长4.00～6.00 m，单面	100 m	2.0000			
52-4-3-6	拔槽型钢板桩 长4.00～6.00 m，单面	100 m	2.0000			
52-4-3-11	打拔沟槽钢板桩 槽型钢板桩使用费	t・d	2468.0000	5488.0000	5488.0000	5488.0000
52-4-4-1	安拆钢板桩支撑 槽宽≤3.0 m 深3.01～4.00 m	100 m	1.0000			
52-4-4-14	钢板桩支撑使用费	t・d	162.0000	324.0000	324.0000	324.0000
52-4-3-2	打槽型钢板桩 长6.01～9.00 m，单面	100 m		2.0000	2.0000	2.0000
52-4-3-7	拔槽型钢板桩 长6.01～9.00 m，单面	100 m		2.0000	2.0000	2.0000
52-4-4-2	安拆钢板桩支撑 槽宽≤3.0 m 深4.01～6.00 m	100 m		1.0000	1.0000	1.0000
	井点降水					
53-9-1-1	施工排水、降水 湿土排水	m^3	−845.2500	−918.7500	−1029.0000	−1218.0000
53-9-1-5	施工排水、降水 轻型井点安装	根	83.0000	83.0000	83.0000	83.0000
53-9-1-6	施工排水、降水 轻型井点拆除	根	83.0000	83.0000	83.0000	83.0000
53-9-1-7	施工排水、降水 轻型井点使用	套・天	30.0000	30.0000	30.0000	30.0000

工作内容：沟槽挖土、沟槽排水、井点降水、沟槽围护和支撑(钢板桩、撑拆列板)、铺筑管道基础、铺设管道、沟槽回填(黄砂及素土)、土方场内运输、砌筑检查井等。

定额编号				J-1-6-85 A(B)	J-1-6-86 A(B)	J-1-6-87 A(B)	J-1-6-88 A(B)
项目				DN1400			
				玻璃纤维增强塑料夹砂管(FRPM)			
				≤4.0 m	>4.0 m	4.5 m	5.0 m
名称			单位	100 m	100 m	100 m	100 m
人工	00190101	综合人工	工日	469.3438 (473.0679)	497.5356 (501.2596)	550.1213 (553.8453)	638.4751 (642.3353)
材料	01010211	热轧带肋钢筋(HRB400) φ≤10	t	0.0732	0.0732	0.0801	0.0801
	01010212	热轧带肋钢筋(HRB400) φ>10	t	0.1882	0.1882	0.2059	0.2059
	02090101	塑料薄膜	m^2	37.8918	37.8918	45.7340	49.0814
	03010811	钢塑膨胀铆钉	只	18.3600	18.3600	18.3600	18.3600
	03150101	圆钉	kg	1.7676	1.7676	2.1162	2.1162
	03152501	镀锌铁丝	kg	0.7880	0.7880	0.8621	0.8621
	04030115	黄砂 中粗	t	454.7759 (708.0065)	454.7759 (708.0065)	454.6168 (707.8474)	482.0560 (744.5510)
	04030701	砾石砂	t	92.0287	92.0287	91.9292	95.0134
	04050313	道碴 50～70	t	0.3988	0.3988	0.3988	0.3988
	04131711	蒸压灰砂砖	千块	10.8006	10.8006	12.2446	14.4340
	04290711	钢筋混凝土板 1300×300×160 mm	块	12.0000	12.0000		
	04290712	钢筋混凝土板 1400×250×160 mm	块			12.0000	6.0000
	04290713	钢筋混凝土板 1400×300×160 mm	块				6.0000
	05350301	竹箩	个	2.5000	2.5000	2.5000	2.5000
	17311049	玻璃纤维增强塑料夹砂管(FRPM) DN1400 每节长 3 m 以下	m	96.7000	96.7000	96.7000	96.7000
	34110101	水	m^3	39.0756 (61.6343)	39.0756 (61.6343)	39.2053 (61.7640)	41.6328 (65.0168)
	35010102	组合钢模板	kg	5.5471	5.5471	6.6412	6.6412
	35010703	木模板成材	m^3	0.0347	0.0347	0.0415	0.0415
	35020401	钢模零配件	kg	2.0511	2.0511	2.4556	2.4556
	36012831	铸铁检查井雨污水盖座 市政 90 型	套	3.0000	3.0000	3.0000	3.0000
	36016631	防沉降检查井盖板 2500×2000×200	块	3.0000	3.0000	3.0000	3.0000

（续表）

定额编号				J-1-6-85 A(B)	J-1-6-86 A(B)	J-1-6-87 A(B)	J-1-6-88 A(B)
项目				DN1400			
				玻璃纤维增强塑料夹砂管(FRPM)			
				≤4.0 m	>4.0 m	4.5 m	5.0 m
名称			单位	100 m	100 m	100 m	100 m
材料	36016651	高强度塑料检查井格板	只	3.0600	3.0600	3.0600	3.0600
	36016661	高强度塑料支架	只	9.1800	9.1800	9.1800	9.1800
	80060414	湿拌砌筑砂浆 WM M10.0	m^3	4.6971	4.6971	5.3907	6.3546
	80060513	预拌抹灰砂浆 WP M15.0	m^3	2.3727	2.3727	2.5797	2.9098
	80210410	预拌混凝土(泵送型) C15 粒径 5～20	m^3	1.3332	1.3332	1.4241	1.4241
	80210414	预拌混凝土(泵送型) C20 粒径 5～20	m^3	5.7570	5.7570	7.5144	7.5144
机械	99010060	履带式单斗液压挖掘机 1 m^3	台班	4.6709	4.9723	5.4243	6.2423
	99050930	混凝土振捣器 插入式	台班	0.9617	0.9617	1.2125	1.2125
	99050940	混凝土振捣器 平板式	台班	12.1876 (17.5014)	12.1876 (17.5014)	12.4335 (17.7473)	13.0658 (18.5740)
	99070220	轮胎式装载机 1 m^3	台班	4.1361 (3.4630)	4.5507 (3.8775)	5.1351 (4.4619)	6.1589 (5.4611)
	99070540	载重汽车 6 t	台班	0.0139	0.0139	0.0166	0.0166
	99070588	载重汽车 12 t	台班	6.3362 (5.3050)	6.9713 (5.9400)	7.8665 (6.8352)	9.4350 (8.3660)
	99090360	汽车式起重机 8 t	台班	1.7672	1.7672	1.7691	1.7691
	99091700	手扳葫芦	台班	0.3675	0.3675	0.3675	0.3675
	99130350	内燃夯实机 700 N·m	台班	23.7134 (18.3996)	26.4402 (21.1264)	30.2384 (24.9245)	36.8227 (31.3144)
	99170010	钢筋调直机	台班	0.1240	0.1240	0.1356	0.1356
	99170025	钢筋切断机	台班	0.1240	0.1240	0.1356	0.1356
	99210065	木工平刨床 刨削宽度 450	台班	0.0199	0.0199	0.0239	0.0239
	99440010	电动单级离心清水泵 $\phi50$	台班	101.4300	110.2500	123.4800	146.1600
调整项目							
		围护支撑					
	00190101	综合人工	工日	447.5882	571.2213	571.2213	571.2213
	03152501	镀锌铁丝	kg	15.0000	20.0000	20.0000	20.0000
	04030115	黄砂 中粗	t	15.8236	23.7356	23.7356	23.7356

（续表）

定额编号				J-1-6-85 A(B)	J-1-6-86 A(B)	J-1-6-87 A(B)	J-1-6-88 A(B)
项目				DN1400			
				玻璃纤维增强塑料夹砂管(FRPM)			
				≤4.0 m	>4.0 m	4.5 m	5.0 m
名称			单位	100 m	100 m	100 m	100 m
	05030101	成材	m^3	0.5955	0.8169	0.8169	0.8169
	35090121	槽型钢板桩	t	1.3350	1.9587	1.9587	1.9587
	35090131	槽型钢板桩使用费	t·d	2468.0000	5488.0000	5488.0000	5488.0000
	35090611	钢板桩支撑使用费	t·d	162.0000	324.0000	324.0000	324.0000
	35091771	铁撑柱	kg	70.5300	141.1200	141.1200	141.1200
	35091901	钢桩帽摊销	kg	90.9300	136.2690	136.2690	136.2690
	99030080	轨道式柴油打桩机 0.6 t	台班	20.1323	27.7905	27.7905	27.7905
	99030690	简易拔桩架	台班	23.9558	29.8410	29.8410	29.8410
	99090075	履带式起重机 8 t	台班	3.4125	4.5500	4.5500	4.5500
		井点降水					
	00190101	综合人工	工日	14.0369	10.1120	4.2247	−5.8679
	04030115	黄砂 中粗	t	9.4420	9.4420	9.4420	9.4420
	17270201	普通橡胶管	m	14.2440	14.2440	14.2440	14.2440
	34110101	水	m^3	152.3275	152.3275	152.3275	152.3275
	35040921	轻型井点井管 ϕ40	m	28.5710	28.5710	28.5710	28.5710
	35040941	轻型井点井管 $\phi180\times4$	m	1.3803	1.3803	1.3803	1.3803
	99091380	电动卷扬机单筒快速 10 kN	台班	1.9920	1.9920	1.9920	1.9920
	99350050	轻便钻机 XJ-100	台班	4.7310	4.7310	4.7310	4.7310
	99440010	电动单级离心清水泵 ϕ50	台班	−101.4300	−110.2500	−123.4800	−146.1600
	99440150	电动多级离心清水泵 $\phi150\times$180 m 以下	台班	3.9840	3.9840	3.9840	3.9840
	99440510	射流井点泵 9.5 m	台班	36.4920	36.4920	36.4920	36.4920

工作内容:沟槽挖土、沟槽排水、井点降水、沟槽围护和支撑(钢板桩、撑折列板)、铺筑管道基础、铺设管道、沟槽回填(黄砂及素土)、土方场内运输、砌筑检查井等。

定额编号			J-1-6-89 A(B)	J-1-6-90 A(B)	J-1-6-91 A(B)	J-1-6-92 A(B)
项目			DN1400		DN1500	
			玻璃纤维增强塑料夹砂管(FRPM)			
			5.5 m	≤6.0 m	2.5 m	≤3.0 m
			100 m	100 m	100 m	100 m
预算定额编号	预算定额名称	预算定额单位	数量			
04290712	钢筋混凝土板 1400×250×160 mm	块	6.0000	6.0000	6.0000	6.0000
04290713	钢筋混凝土板 1400×300×160 mm	块	6.0000	6.0000	6.0000	6.0000
52-1-2-1	机械挖沟槽土方 深≤3 m 现场抛土	m^3			840.0000	966.0000
52-1-2-3	机械挖沟槽土方 深≤6 m 现场抛土	m^3	1674.7500	1788.9400		
52-1-3-1	沟槽回填 夯填土	m^3	1139.6250 (991.1550)	1248.6650 (1100.1950)	247.6050 (83.3750)	370.8750 (206.6450)
53-1-3-2	场内运输 自卸汽车装运土(运距1 km 以内)	m^3	1487.9600 (1339.4900)	1619.8380 (1471.3680)	577.5300 (741.7600)	580.2600 (744.4900)
52-1-3-4	沟槽回填 黄砂	m^3	259.1800 (407.6500)	259.1800 (407.6500)	315.4800 (479.7100)	315.4800 (479.7100)
52-1-4-1	管道垫层 黄砂垫层	m^3	13.3800	13.3800	14.8600	14.8600
52-1-4-3	管道垫层 砾石砂垫层	m^3	42.9750	42.9750	47.3850	47.3850
52-1-5-1	管道基座 混凝土 C20	m^3	7.4400	7.4400	6.1500	6.1500
52-1-5-1 换 1	管道基座 混凝土 C15	m^3	1.4100	1.4100		
52-1-5-2	管道基座 钢筋	t	0.2790	0.2790		
52-1-6-42	管道铺设 玻璃纤维增强塑料夹砂管(FRPM)每节 3 m 以下 DN1400	100 m	0.0967	0.0967		
52-1-6-43	管道铺设 玻璃纤维增强塑料夹砂管(FRPM)每节 3 m 以下 DN1500	100 m			0.0967	0.0967
52-1-6-59	管道铺设 玻璃纤维增强塑料夹砂管(FRPM)每节 3 m 以上 DN1400	100 m	0.8703	0.8703		
52-1-6-60	管道铺设 玻璃纤维增强塑料夹砂管(FRPM)每节 3 m 以上 DN1500	100 m			0.8703	0.8703
52-3-1-2	砖砌检查井及雨水口 检查井 深≤4 m	m^3			14.1000	14.1000
52-3-1-3	砖砌检查井及雨水口 检查井 深≤6 m	m^3	30.9300	42.3000		
52-3-2-1	水泥砂浆抹面 检查井	m^2	187.5600	200.2800	99.3300	99.3300

(续表)

定　额　编　号			J-1-6-89 A(B)	J-1-6-90 A(B)	J-1-6-91 A(B)	J-1-6-92 A(B)
项　　目			DN1400		DN1500	
			玻璃纤维增强塑料夹砂管(FRPM)			
			5.5 m	≤6.0 m	2.5 m	≤3.0 m
			100 m	100 m	100 m	100 m
预算定额编号	预算定额名称	预算定额单位	数　　量			
52-3-6-1	安装防坠格板 新建工程	只	3.0000	3.0000	3.0000	3.0000
52-3-9-3	安装盖板及盖座 铸铁盖座	套	3.0000	3.0000	3.0000	3.0000
52-3-9-4	安装盖板及盖座 防沉降检查井盖板	块	3.0000	3.0000	3.0000	3.0000
52-4-5-1	模板工程 模板 管道基座	m^2	10.3800	10.3800	8.6100	8.6100
53-9-1-1	施工排水、降水 湿土排水	m^3	1370.2500	1484.4400	504.0000	630.0000
53-9-1-3	施工排水、降水 筑拆竹箩滤井	座	2.5000	2.5000	2.5000	2.5000
调整项目						
	围护支撑					
52-4-3-2	打槽型钢板桩 长6.01～9.00 m,单面	100 m	2.0000	2.0000		
52-4-3-7	拔槽型钢板桩 长6.01～9.00 m,单面	100 m	2.0000	2.0000		
52-4-3-11	打拔沟槽钢板桩 槽型钢板桩使用费	t·d	5488.0000	5488.0000		
52-4-4-2	安拆钢板桩支撑 槽宽≤3.0 m 深4.01～6.00 m	100 m	1.0000	1.0000		
52-4-4-14	钢板桩支撑使用费	t·d	324.0000	324.0000		
52-4-2-3	满堂撑拆列板 深≤2.5 m,双面	100 m			1.0000	
52-4-2-5	撑拆列板 列板使用费	t·d			213.0000	257.0000
52-4-2-6	列板支撑使用费	t·d			81.0000	98.0000
52-4-2-4	满堂撑拆列板 深≤3.0 m,双面	100 m				1.0000
	井点降水					
53-9-1-1	施工排水、降水 湿土排水	m^3	−1370.2500	−1484.4400		−630.0000
53-9-1-5	施工排水、降水 轻型井点安装	根	83.0000	83.0000		83.0000
53-9-1-6	施工排水、降水 轻型井点拆除	根	83.0000	83.0000		83.0000
53-9-1-7	施工排水、降水 轻型井点使用	套·天	30.0000	30.0000		32.0000

工作内容：沟槽挖土、沟槽排水、井点降水、沟槽围护和支撑（钢板桩、撑拆列板）、铺筑管道基础、铺设管道、沟槽回填（黄砂及素土）、土方场内运输、砌筑检查井等。

定额编号				J-1-6-89 A(B)	J-1-6-90 A(B)	J-1-6-91 A(B)	J-1-6-92 A(B)
项目				DN1400		DN1500	
				玻璃纤维增强塑料夹砂管(FRPM)			
				5.5 m	≤6.0 m	2.5 m	≤3.0 m
名称			单位	100 m	100 m	100 m	100 m
人工	00190101	综合人工	工日	708.8693 (712.7295)	780.6521 (784.5124)	330.6826 (345.8903)	372.2905 (387.4982)
材料	01010211	热轧带肋钢筋(HRB400) $\phi \leqslant 10$	t	0.0801	0.0801		
	01010212	热轧带肋钢筋(HRB400) $\phi > 10$	t	0.2059	0.2059		
	02090101	塑料薄膜	m^2	52.5774	61.9748	30.4260	30.4260
	03010811	钢塑膨胀铆钉	只	18.3600	18.3600	18.3600	18.3600
	03150101	圆钉	kg	2.1162	2.1162	1.7553	1.7553
	03152501	镀锌铁丝	kg	0.8621	0.8621		
	04030115	黄砂 中粗	t	482.0560 (744.5510)	482.0560 (744.5510)	584.2111 (874.5698)	584.2111 (874.5698)
	04030701	砾石砂	t	95.0134	95.0134	104.7635	104.7635
	04050313	道碴 50～70	t	0.3988	0.3988	0.3988	0.3988
	04131711	蒸压灰砂砖	千块	16.7208	22.8674	7.6450	7.6450
	04290712	钢筋混凝土板 1400×250×160 mm	块	6.0000	6.0000	6.0000	6.0000
	04290713	钢筋混凝土板 1400×300×160 mm	块	6.0000	6.0000	6.0000	6.0000
	05350301	竹箩	个	2.5000	2.5000	2.5000	2.5000
	17311049	玻璃纤维增强塑料夹砂管(FRPM) DN1400 每节长 3 m 以下	m	96.7000	96.7000		
	17311051	玻璃纤维增强塑料夹砂管(FRPM) DN1500 每节长 3 m 以下	m			96.7000	96.7000
	34110101	水	m^3	41.6907 (65.0747)	41.8465 (65.2305)	50.1913 (76.0575)	50.1913 (76.0575)
	35010102	组合钢模板	kg	6.6412	6.6412	5.5087	5.5087
	35010703	木模板成材	m^3	0.0415	0.0415	0.0344	0.0344
	35020401	钢模零配件	kg	2.4556	2.4556	2.0369	2.0369

（续表）

定额编号				J-1-6-89 A(B)	J-1-6-90 A(B)	J-1-6-91 A(B)	J-1-6-92 A(B)
项目				DN1400		DN1500	
				玻璃纤维增强塑料夹砂管(FRPM)			
				5.5 m	≤6.0 m	2.5 m	≤3.0 m
名称			单位	100 m	100 m	100 m	100 m
材料	36012831	铸铁检查井雨污水盖座 市政90型	套	3.0000	3.0000	3.0000	3.0000
	36016631	防沉降检查井盖板 2500×2000×200	块	3.0000	3.0000	3.0000	3.0000
	36016651	高强度塑料检查井格板	只	3.0600	3.0600	3.0600	3.0600
	36016661	高强度塑料支架	只	9.1800	9.1800	9.1800	9.1800
	80060414	湿拌砌筑砂浆 WM M10.0	m^3	7.3613	10.0674	3.3248	3.3248
	80060513	预拌抹灰砂浆 WP M15.0	m^3	3.2399	3.4422	1.8370	1.8370
	80210410	预拌混凝土(泵送型) C15 粒径5～20	m^3	1.4241	1.4241		
	80210414	预拌混凝土(泵送型) C20 粒径5～20	m^3	7.5144	7.5144	6.2115	6.2115
机械	99010060	履带式单斗液压挖掘机 1 m^3	台班	6.8665	7.3347	3.2760	3.7674
	99050930	混凝土振捣器 插入式	台班	1.2125	1.2125	0.8426	0.8426
	99050940	混凝土振捣器 平板式	台班	13.0658 (18.5740)	13.0658 (18.5740)	15.0177 (21.1106)	15.0177 (21.1106)
	99070220	轮胎式装载机 1 m^3	台班	6.9934 (6.2956)	7.6132 (6.9154)	2.7144 (3.4863)	2.7272 (3.4991)
	99070540	载重汽车 6 t	台班	0.0166	0.0166	0.0138	0.0138
	99070588	载重汽车 12 t	台班	10.7133 (9.6443)	11.6628 (10.5938)	4.1582 (5.3407)	4.1779 (5.3603)
	99090360	汽车式起重机 8 t	台班	1.7691	1.7691	1.8113	1.8113
	99091700	手扳葫芦	台班	0.3675	0.3675	0.3748	0.3748
	99130350	内燃夯实机 700 N·m	台班	42.2801 (36.7719)	46.3255 (40.8172)	9.1861 (3.0932)	13.7595 (7.6665)
	99170010	钢筋调直机	台班	0.1356	0.1356		
	99170025	钢筋切断机	台班	0.1356	0.1356		
	99210065	木工平刨床 刨削宽度 450	台班	0.0239	0.0239	0.0198	0.0198
	99440010	电动单级离心清水泵 ϕ50	台班	164.4300	178.1328	60.4800	75.6000

（续表）

定额编号			J-1-6-89 A(B)	J-1-6-90 A(B)	J-1-6-91 A(B)	J-1-6-92 A(B)
项　目			DN1400		DN1500	
			玻璃纤维增强塑料夹砂管(FRPM)			
			5.5 m	≤6.0 m	2.5 m	≤3.0 m
名　称		单位	100 m	100 m	100 m	100 m
调整项目						
	围护支撑					
00190101	综合人工	工日	571.2213	571.2213	57.0282	78.7933
03152501	镀锌铁丝	kg	20.0000	20.0000		
04030115	黄砂 中粗	t	23.7356	23.7356		
05030101	成材	m^3	0.8169	0.8169	0.4444	0.5000
35090121	槽型钢板桩	t	1.9587	1.9587		
35090131	槽型钢板桩使用费	t·d	5488.0000	5488.0000		
35090611	钢板桩支撑使用费	t·d	324.0000	324.0000		
35091771	铁撑柱	kg	141.1200	141.1200	114.6350	139.6830
35091901	钢桩帽摊销	kg	136.2690	136.2690		
99030080	轨道式柴油打桩机 0.6 t	台班	27.7905	27.7905		
99030690	简易拔桩架	台班	29.8410	29.8410		
99090075	履带式起重机 8 t	台班	4.5500	4.5500		
03150501	骑马钉	kg			21.1090	25.3308
04131711	蒸压灰砂砖	千块			0.1545	0.1545
35091731	铁撑板	t			0.3345	0.4181
35090501	列板使用费	t·d			213.0000	257.0000
35090511	列板支撑使用费	t·d			81.0000	98.0000
	井点降水					
00190101	综合人工	工日	−13.9981	−20.0958		26.6813
04030115	黄砂 中粗	t	9.4420	9.4420		9.4420
17270201	普通橡胶管	m	14.2440	14.2440		14.2440
34110101	水	m^3	152.3275	152.3275		152.3275
35040921	轻型井点井管 ϕ40	m	28.5710	28.5710		30.3528
35040941	轻型井点井管 $\phi 180\times4$	m	1.3803	1.3803		1.4662
99091380	电动卷扬机单筒快速 10 kN	台班	1.9920	1.9920		1.9920
99350050	轻便钻机 XJ-100	台班	4.7310	4.7310		4.7310
99440010	电动单级离心清水泵 ϕ50	台班	−164.4300	−178.1328		−75.6000
99440150	电动多级离心清水泵 $\phi 150\times$ 180 m 以下	台班	3.9840	3.9840		3.9840
99440510	射流井点泵 9.5 m	台班	36.4920	36.4920		38.7920

工作内容：沟槽挖土、沟槽排水、井点降水、沟槽围护和支撑(钢板桩、撑拆列板)、铺筑管道基础、铺设管道、沟槽回填(黄砂及素土)、土方场内运输、砌筑检查井等。

定额编号			J-1-6-93 A(B)	J-1-6-94 A(B)	J-1-6-95 A(B)	J-1-6-96 A(B)
项目			DN1500			
			玻璃纤维增强塑料夹砂管(FRPM)			
			>3.0 m	3.5 m	≤4.0 m	>4.0 m
			100 m	100 m	100 m	100 m
预算定额编号	预算定额名称	预算定额单位	数量			
04290712	钢筋混凝土板 1400×250×160 mm	块	6.0000	6.0000	6.0000	6.0000
04290713	钢筋混凝土板 1400×300×160 mm	块	6.0000	6.0000	6.0000	6.0000
52-1-2-3	机械挖沟槽土方 深≤6 m 现场抛土	m^3	1050.0000	1176.0000	1302.0000	1386.0000
52-1-3-1	沟槽回填 夯填土	m^3	454.8750 (290.6450)	576.9250 (412.6950)	699.9950 (535.7650)	783.9950 (619.7650)
53-1-3-2	场内运输 自卸汽车装运土(运距 1 km 以内)	m^3	679.7400 (744.4900)	826.9900 (748.4400)	975.2600 (811.0300)	1076.0600 (911.8300)
52-1-3-4	沟槽回填 黄砂	m^3	315.4800 (479.7100)	315.4800 (479.7100)	315.4800 (479.7100)	315.4800 (479.7100)
52-1-4-1	管道垫层 黄砂垫层	m^3	14.8600	14.8600	14.8600	14.8600
52-1-4-3	管道垫层 砾石砂垫层	m^3	47.3850	47.3850	47.3850	47.3850
52-1-5-1	管道基座 混凝土 C20	m^3	6.1500	7.3800	7.3800	7.3800
52-1-5-1 换 1	管道基座 混凝土 C15	m^3	1.4100	1.4100	1.4100	1.4100
52-1-5-2	管道基座 钢筋	t	0.2730	0.2760	0.2760	0.2760
52-1-6-43	管道铺设 玻璃纤维增强塑料夹砂管(FRPM)每节 3 m 以下 DN1500	100 m	0.0967	0.0967	0.0967	0.0967
52-1-6-60	管道铺设 玻璃纤维增强塑料夹砂管(FRPM)每节 3 m 以上 DN1500	100 m	0.8703	0.8703	0.8703	0.8703
52-3-1-2	砖砌检查井及雨水口 检查井 深≤4 m	m^3	14.1000	16.9200	20.9700	20.9700
52-3-2-1	水泥砂浆抹面 检查井	m^2	99.3300	116.3700	137.7900	137.7900
52-3-6-1	安装防坠格板 新建工程	只	3.0000	3.0000	3.0000	3.0000
52-3-9-3	安装盖板及盖座 铸铁盖座	套	3.0000	3.0000	3.0000	3.0000
52-3-9-4	安装盖板及盖座 防沉降检查井盖板	块	3.0000	3.0000	3.0000	3.0000

（续表）

定额编号			J-1-6-93 A(B)	J-1-6-94 A(B)	J-1-6-95 A(B)	J-1-6-96 A(B)
项目			DN1500			
			玻璃纤维增强塑料夹砂管(FRPM)			
			>3.0 m	3.5 m	≤4.0 m	>4.0 m
			100 m	100 m	100 m	100 m
预算定额编号	预算定额名称	预算定额单位	数量			
52-4-5-1	模板工程 模板 管道基座	m^2	8.6100	10.3200	10.3200	10.3200
53-9-1-1	施工排水、降水 湿土排水	m^3	714.0000	840.0000	966.0000	1050.0000
53-9-1-3	施工排水、降水 筑拆竹箩滤井	座	2.5000	2.5000	2.5000	2.5000
调整项目						
	围护支撑					
52-4-3-1	打槽型钢板桩 长 4.00～6.00 m，单面	100 m	2.0000	2.0000	2.0000	
52-4-3-6	拔槽型钢板桩 长 4.00～6.00 m，单面	100 m	2.0000	2.0000	2.0000	
52-4-3-11	打拔沟槽钢板桩 槽型钢板桩使用费	t·d	2468.0000	2468.0000	2468.0000	5488.0000
52-4-4-4	安拆钢板桩支撑 槽宽≤3.8 m 深 3.01～4.00 m	100 m	1.0000	1.0000	1.0000	
52-4-4-14	钢板桩支撑使用费	t·d	162.0000	162.0000	162.0000	324.0000
52-4-3-2	打槽型钢板桩 长 6.01～9.00 m，单面	100 m				2.0000
52-4-3-7	拔槽型钢板桩 长 6.01～9.00 m，单面	100 m				2.0000
52-4-4-5	安拆钢板桩支撑 槽宽≤3.8 m 深 4.01～6.00 m	100 m				1.0000
	井点降水					
53-9-1-1	施工排水、降水 湿土排水	m^3	−714.0000	−840.0000	−966.0000	−1050.0000
53-9-1-5	施工排水、降水 轻型井点安装	根	83.0000	83.0000	83.0000	83.0000
53-9-1-6	施工排水、降水 轻型井点拆除	根	83.0000	83.0000	83.0000	83.0000
53-9-1-7	施工排水、降水 轻型井点使用	套·天	32.0000	32.0000	32.0000	32.0000

(续表)

定额编号				J-1-6-93 A(B)	J-1-6-94 A(B)	J-1-6-95 A(B)	J-1-6-96 A(B)
项目				DN1500			
				玻璃纤维增强塑料夹砂管(FRPM)			
				>3.0 m	3.5 m	≤4.0 m	>4.0 m
名称			单位	100 m	100 m	100 m	100 m
	35090121	槽型钢板桩	t	1.3350	1.3350	1.3350	1.9587
	35090131	槽型钢板桩使用费	t·d	2468.0000	2468.0000	2468.0000	5488.0000
	35090611	钢板桩支撑使用费	t·d	162.0000	162.0000	162.0000	324.0000
	35091771	铁撑柱	kg	129.8100	129.8100	129.8100	173.0800
	35091901	钢桩帽摊销	kg	90.9300	90.9300	90.9300	136.2690
	99030080	轨道式柴油打桩机 0.6 t	台班	20.1323	20.1323	20.1323	27.7905
	99030690	简易拔桩架	台班	23.9558	23.9558	23.9558	29.8410
	99090075	履带式起重机 8 t	台班	5.1194	5.1194	5.1194	6.8250
		井点降水					
	00190101	综合人工	工日	22.1957	15.4673	8.7389	4.2533
	04030115	黄砂 中粗	t	9.4420	9.4420	9.4420	9.4420
	17270201	普通橡胶管	m	14.2440	14.2440	14.2440	14.2440
	34110101	水	m^3	152.3275	152.3275	152.3275	152.3275
	35040921	轻型井点井管 ϕ40	m	30.3528	30.3528	30.3528	30.3528
	35040941	轻型井点井管 ϕ180×4	m	1.4662	1.4662	1.4662	1.4662
	99091380	电动卷扬机单筒快速 10 kN	台班	1.9920	1.9920	1.9920	1.9920
	99350050	轻便钻机 XJ-100	台班	4.7310	4.7310	4.7310	4.7310
	99440010	电动单级离心清水泵 ϕ50	台班	−85.6800	−100.8000	−115.9200	−126.0000
	99440150	电动多级离心清水泵 ϕ150×180 m以下	台班	3.9840	3.9840	3.9840	3.9840
	99440510	射流井点泵 9.5 m	台班	38.7920	38.7920	38.7920	38.7920

工作内容：沟槽挖土、沟槽排水、井点降水、沟槽围护和支撑(钢板桩、撑拆列板)、铺筑管道基础、铺设管道、沟槽回填(黄砂及素土)、土方场内运输、砌筑检查井等。

定额编号			J-1-6-97 A(B)	J-1-6-98 A(B)	J-1-6-99 A(B)	J-1-6-100 A(B)
项目			DN1500			
			玻璃纤维增强塑料夹砂管(FRPM)			
			4.5 m	5.0 m	5.5 m	≤6.0 m
			100 m	100 m	100 m	100 m
预算定额编号	预算定额名称	预算定额单位	数量			
04290712	钢筋混凝土板 1400×250×160 mm	块	6.0000	6.0000	6.0000	6.0000
04290713	钢筋混凝土板 1400×300×160 mm	块	6.0000	6.0000	6.0000	6.0000
52-1-2-3	机械挖沟槽土方 深≤6 m 现场抛土	m^3	1512.0000	1732.5000	1905.7500	2035.6900
52-1-3-1	沟槽回填 夯填土	m^3	902.1500 (737.9200)	1099.5700 (930.1000)	1267.6700 (1098.2000)	1392.4600 (1222.9900)
53-1-3-2	场内运输 自卸汽车装运土(运距1 km以内)	m^3	1219.3200 (1055.0900)	1461.3000 (1291.8300)	1664.0500 (1494.5800)	1814.8280 (1645.3580)
52-1-3-4	沟槽回填 黄砂	m^3	315.4800 (479.7100)	331.6100 (501.0800)	331.6100 (501.0800)	331.6100 (501.0800)
52-1-4-1	管道垫层 黄砂垫层	m^3	14.7700	15.2300	15.2300	15.2300
52-1-4-3	管道垫层 砾石砂垫层	m^3	47.3400	48.7200	48.7200	48.7200
52-1-5-1	管道基座 混凝土 C20	m^3	9.3300	9.3300	9.3300	9.3300
52-1-5-1换1	管道基座 混凝土 C15	m^3	1.5300	1.5300	1.5300	1.5300
52-1-5-2	管道基座 钢筋	t	0.3000	0.3000	0.3000	0.3000
52-1-6-43	管道铺设 玻璃纤维增强塑料夹砂管(FRPM)每节3 m以下 DN1500	100 m	0.0967	0.0967	0.0967	0.0967
52-1-6-60	管道铺设 玻璃纤维增强塑料夹砂管(FRPM)每节3 m以上 DN1500	100 m	0.8703	0.8703	0.8703	0.8703
52-3-1-3	砖砌检查井及雨水口 检查井深≤6 m	m^3	24.1800	27.5100	31.5600	44.6400
52-3-2-1	水泥砂浆抹面 检查井	m^2	153.9900	169.9200	190.6800	200.2800
52-3-6-1	安装防坠格板 新建工程	只	3.0000	3.0000	3.0000	3.0000
52-3-9-3	安装盖板及盖座 铸铁盖座	套	3.0000	3.0000	3.0000	3.0000
52-3-9-4	安装盖板及盖座 防沉降检查井盖板	块	3.0000	3.0000	3.0000	3.0000
52-4-5-1	模板工程 模板 管道基座	m^2	12.5400	12.5400	12.5400	12.5400
53-9-1-1	施工排水、降水 湿土排水	m^3	1176.0000	1386.0000	1559.2500	1689.1900
53-9-1-3	施工排水、降水 筑拆竹箩滤井	座	2.5000	2.5000	2.5000	2.5000
调整项目						
	围护支撑					
52-4-3-2	打槽型钢板桩 长6.01～9.00 m，单面	100 m	2.0000	2.0000	2.0000	2.0000

（续表）

定额编号			J-1-6-97 A(B)	J-1-6-98 A(B)	J-1-6-99 A(B)	J-1-6-100 A(B)
项目			DN1500			
			玻璃纤维增强塑料夹砂管(FRPM)			
			4.5 m	5.0 m	5.5 m	≤6.0 m
			100 m	100 m	100 m	100 m
预算定额编号	预算定额名称	预算定额单位	数量			
52-4-3-7	拔槽型钢板桩 长 6.01～9.00 m，单面	100 m	2.0000	2.0000	2.0000	2.0000
52-4-3-11	打拔沟槽钢板桩 槽型钢板桩使用费	t·d	5488.0000	5488.0000	5488.0000	5488.0000
52-4-4-5	安拆钢板桩支撑 槽宽≤3.8 m 深 4.01～6.00 m	100 m	1.0000	1.0000	1.0000	1.0000
52-4-4-14	钢板桩支撑使用费	t·d	324.0000	324.0000	324.0000	324.0000
	井点降水					
53-9-1-1	施工排水、降水 湿土排水	m^3	−1176.0000	−1386.0000	−1559.2500	−1689.1900
53-9-1-5	施工排水、降水 轻型井点安装	根	83.0000	83.0000	83.0000	83.0000
53-9-1-6	施工排水、降水 轻型井点拆除	根	83.0000	83.0000	83.0000	83.0000
53-9-1-7	施工排水、降水 轻型井点使用	套·天	32.0000	32.0000	32.0000	32.0000

工作内容：沟槽挖土、沟槽排水、井点降水、沟槽围护和支撑(钢板桩、撑拆列板)、铺筑管道基础、铺设管道、沟槽回填(黄砂及素土)、土方场内运输、砌筑检查井等。

定额编号				J-1-6-97 A(B)	J-1-6-98 A(B)	J-1-6-99 A(B)	J-1-6-100 A(B)
项目				DN1500			
				玻璃纤维增强塑料夹砂管(FRPM)			
				4.5 m	5.0 m	5.5 m	≤6.0 m
名称			单位	100 m	100 m	100 m	100 m
人工	00190101	综合人工	工日	625.1082 (629.3781)	719.0276 (723.4338)	797.0413 (801.4474)	878.5030 (882.9092)
材料	01010211	热轧带肋钢筋(HRB400) ϕ≤10	t	0.0861	0.0861	0.0861	0.0861
	01010212	热轧带肋钢筋(HRB400) ϕ>10	t	0.2214	0.2214	0.2214	0.2214
	02090101	塑料薄膜	m^2	53.1339	55.8861	59.2334	70.0441
	03010811	钢塑膨胀铆钉	只	18.3600	18.3600	18.3600	18.3600
	03150101	圆钉	kg	2.5566	2.5566	2.5566	2.5566
	03152501	镀锌铁丝	kg	0.9270	0.9270	0.9270	0.9270
	04030115	黄砂 中粗	t	584.0520 (874.4107)	613.3831 (913.0060)	613.3831 (913.0060)	613.3831 (913.0060)

（续表）

定额编号				J-1-6-97 A(B)	J-1-6-98 A(B)	J-1-6-99 A(B)	J-1-6-100 A(B)
项目				DN1500			
				玻璃纤维增强塑料夹砂管(FRPM)			
				4.5 m	5.0 m	5.5 m	≤6.0 m
名称			单位	100 m	100 m	100 m	100 m
材料	04030701	砾石砂	t	104.6640	107.7150	107.7150	107.7150
	04050313	道碴 50～70	t	0.3988	0.3988	0.3988	0.3988
	04131711	蒸压灰砂砖	千块	13.0717	14.8719	17.0613	24.1324
	04290712	钢筋混凝土板 1400×250×160 mm	块	6.0000	6.0000	6.0000	6.0000
	04290713	钢筋混凝土板 1400×300×160 mm	块	6.0000	6.0000	6.0000	6.0000
	05350301	竹箩	个	2.5000	2.5000	2.5000	2.5000
	17311051	玻璃纤维增强塑料夹砂管(FRPM) DN1500 每节长 3 m 以下	m	96.7000	96.7000	96.7000	96.7000
	34110101	水	m^3	50.5667 (76.4329)	53.1528 (79.8443)	53.2083 (79.8998)	53.3875 (80.0790)
	35010102	组合钢模板	kg	8.0232	8.0232	8.0232	8.0232
	35010703	木模板成材	m^3	0.0501	0.0501	0.0501	0.0501
	35020401	钢模零配件	kg	2.9666	2.9666	2.9666	2.9666
	36012831	铸铁检查井雨污水盖座 市政 90 型	套	3.0000	3.0000	3.0000	3.0000
	36016631	防沉降检查井盖板 2500×2000×200	块	3.0000	3.0000	3.0000	3.0000
	36016651	高强度塑料检查井格板	只	3.0600	3.0600	3.0600	3.0600
	36016661	高强度塑料支架	只	9.1800	9.1800	9.1800	9.1800
	80060414	湿拌砌筑砂浆 WM M10.0	m^3	5.7548	6.5474	7.5113	10.6243
	80060513	预拌抹灰砂浆 WP M15.0	m^3	2.7061	2.9594	3.2895	3.4422
	80210410	预拌混凝土(泵送型) C15 粒径 5～20	m^3	1.5453	1.5453	1.5453	1.5453
	80210414	预拌混凝土(泵送型) C20 粒径 5～20	m^3	9.4233	9.4233	9.4233	9.4233
机械	99010060	履带式单斗液压挖掘机 1 m^3	台班	6.1992	7.1033	7.8136	8.3463
	99050930	混凝土振捣器 插入式	台班	1.4878	1.4878	1.4878	1.4878
	99050940	混凝土振捣器 平板式	台班	15.6580 (21.7509)	16.3293 (22.6167)	16.3293 (22.6167)	16.3293 (22.6167)
	99070220	轮胎式装载机 1 m^3	台班	5.7308 (4.9589)	6.8681 (6.0716)	7.8210 (7.0245)	8.5297 (7.7332)
	99070540	载重汽车 6 t	台班	0.0201	0.0201	0.0201	0.0201
	99070588	载重汽车 12 t	台班	8.7791 (7.5966)	10.5214 (9.3012)	11.9812 (10.7610)	13.0668 (11.8466)
	99090360	汽车式起重机 8 t	台班	1.8156	1.8156	1.8156	1.8156

(续表)

定　额　编　号				J-1-6-97 A(B)	J-1-6-98 A(B)	J-1-6-99 A(B)	J-1-6-100 A(B)
项　　目				DN1500			
				玻璃纤维增强塑料夹砂管(FRPM)			
				4.5 m	5.0 m	5.5 m	≤6.0 m
名　称			单位	100 m	100 m	100 m	100 m
机械	99091700	手扳葫芦	台班	0.3748	0.3748	0.3748	0.3748
	99130350	内燃夯实机 700 N·m	台班	33.4698 (27.3768)	40.7940 (34.5067)	47.0306 (40.7432)	51.6603 (45.3729)
	99170010	钢筋调直机	台班	0.1458	0.1458	0.1458	0.1458
	99170025	钢筋切断机	台班	0.1458	0.1458	0.1458	0.1458
	99210065	木工平刨床 刨削宽度 450	台班	0.0288	0.0288	0.0288	0.0288
	99440010	电动单级离心清水泵 ϕ50	台班	141.1200	166.3200	187.1100	202.7028
调整项目							
		围护支撑					
	00190101	综合人工	工日	592.1781	592.1781	592.1781	592.1781
	03152501	镀锌铁丝	kg	20.0000	20.0000	20.0000	20.0000
	04030115	黄砂 中粗	t	23.7356	23.7356	23.7356	23.7356
	05030101	成材	m^3	0.8241	0.8241	0.8241	0.8241
	35090121	槽型钢板桩	t	1.9587	1.9587	1.9587	1.9587
	35090131	槽型钢板桩使用费	t·d	5488.0000	5488.0000	5488.0000	5488.0000
	35090611	钢板桩支撑使用费	t·d	324.0000	324.0000	324.0000	324.0000
	35091771	铁撑柱	kg	173.0800	173.0800	173.0800	173.0800
	35091901	钢桩帽摊销	kg	136.2690	136.2690	136.2690	136.2690
	99030080	轨道式柴油打桩机 0.6 t	台班	27.7905	27.7905	27.7905	27.7905
	99030690	简易拔桩架	台班	29.8410	29.8410	29.8410	29.8410
	99090075	履带式起重机 8 t	台班	6.8250	6.8250	6.8250	6.8250
		井点降水					
	00190101	综合人工	工日	−2.4751	−13.6891	−22.9407	−29.8794
	04030115	黄砂 中粗	t	9.4420	9.4420	9.4420	9.4420
	17270201	普通橡胶管	m	14.2440	14.2440	14.2440	14.2440
	34110101	水	m^3	152.3275	152.3275	152.3275	152.3275
	35040921	轻型井点井管 ϕ40	m	30.3528	30.3528	30.3528	30.3528
	35040941	轻型井点井管 ϕ180×4	m	1.4662	1.4662	1.4662	1.4662
	99091380	电动卷扬机单筒快速 10 kN	台班	1.9920	1.9920	1.9920	1.9920
	99350050	轻便钻机 XJ-100	台班	4.7310	4.7310	4.7310	4.7310
	99440010	电动单级离心清水泵 ϕ50	台班	−141.1200	−166.3200	−187.1100	−202.7028
	99440150	电动多级离心清水泵 ϕ150×180 m 以下	台班	3.9840	3.9840	3.9840	3.9840
	99440510	射流井点泵 9.5 m	台班	38.7920	38.7920	38.7920	38.7920

工作内容：沟槽挖土、沟槽排水、井点降水、沟槽围护和支撑（钢板桩、撑拆列板）、铺筑管道基础、铺设管道、沟槽回填（黄砂及素土）、土方场内运输、砌筑检查井等。

定额编号			J-1-6-101 A(B)	J-1-6-102 A(B)	J-1-6-103 A(B)	J-1-6-104 A(B)
项目			DN1600			
			玻璃纤维增强塑料夹砂管(FRPM)			
			2.5 m	≤3.0 m	>3.0 m	3.5 m
			100 m	100 m	100 m	100 m
预算定额编号	预算定额名称	预算定额单位	数量			
04290712	钢筋混凝土板 1400×250×160 mm	块	12.0000	12.0000	12.0000	12.0000
52-1-2-1	机械挖沟槽土方 深≤3 m 现场抛土	m^3	866.2500	996.1900		
52-1-2-3	机械挖沟槽土方 深≤6 m 现场抛土	m^3			1082.8100	1212.7500
52-1-3-1	沟槽回填 夯填土	m^3	220.5600 (50.0500)	347.7600 (177.2500)	434.3800 (263.8700)	560.3100 (389.8000)
53-1-3-2	场内运输 自卸汽车装运土(运距1 km以内)	m^3	630.3600 (800.8700)	633.1000 (803.6100)	666.2720 (803.6100)	818.1900 (807.6200)
52-1-3-4	沟槽回填 黄砂	m^3	339.0400 (509.5500)	339.0400 (509.5500)	339.0400 (509.5500)	339.0400 (509.5500)
52-1-4-1	管道垫层 黄砂垫层	m^3	15.3300	15.3300	15.3300	15.3300
52-1-4-3	管道垫层 砾石砂垫层	m^3	48.9300	48.9300	48.9300	48.9300
52-1-5-1	管道基座 混凝土 C20	m^3	6.4500	6.4500	6.4500	7.7700
52-1-5-1换1	管道基座 混凝土 C15	m^3			1.4700	1.4700
52-1-5-2	管道基座 钢筋	t			0.2910	0.2910
52-1-6-44	管道铺设 玻璃纤维增强塑料夹砂管(FRPM)每节3 m以下 DN1600	100 m	0.0967	0.0967	0.0967	0.0967
52-1-6-61	管道铺设 玻璃纤维增强塑料夹砂管(FRPM)每节3 m以上 DN1600	100 m	0.8703	0.8703	0.8703	0.8703
52-3-1-2	砖砌检查井及雨水口 检查井 深≤4 m	m^3	14.7000	14.7000	14.7000	17.5200
52-3-2-1	水泥砂浆抹面 检查井	m^2	102.1500	102.1500	102.1500	119.1900
52-3-6-1	安装防坠格板 新建工程	只	3.0000	3.0000	3.0000	3.0000
52-3-9-3	安装盖板及盖座 铸铁盖座	套	3.0000	3.0000	3.0000	3.0000
52-3-9-4	安装盖板及盖座 防沉降检查井盖板	块	3.0000	3.0000	3.0000	3.0000
52-4-5-1	模板工程 模板 管道基座	m^2	8.8200	8.8200	8.8200	10.5900
53-9-1-1	施工排水、降水 湿土排水	m^3	519.7500	649.6900	736.3100	866.2500
53-9-1-3	施工排水、降水 筑拆竹箩滤井	座	2.5000	2.5000	2.5000	2.5000
调整项目						
	围护支撑					
52-4-2-3	满堂撑拆列板 深≤2.5 m,双面	100 m	1.0000			
52-4-2-4	满堂撑拆列板 深≤3.0 m,双面	100 m		1.0000		
52-4-2-5	撑拆列板 列板使用费	t·d	213.0000	257.0000		

（续表）

定额编号			J-1-6-101 A(B)	J-1-6-102 A(B)	J-1-6-103 A(B)	J-1-6-104 A(B)
项目			DN1600			
			玻璃纤维增强塑料夹砂管(FRPM)			
			2.5 m	≤3.0 m	>3.0 m	3.5 m
			100 m	100 m	100 m	100 m
预算定额编号	预算定额名称	预算定额单位	数量			
52-4-2-6	列板支撑使用费	t·d	81.0000	98.0000		
52-4-3-1	打槽型钢板桩 长 4.00～6.00 m，单面	100 m			2.0000	2.0000
52-4-3-6	拔槽型钢板桩 长 4.00～6.00 m，单面	100 m			2.0000	2.0000
52-4-4-4	安拆钢板桩支撑 槽宽≤3.8 m 深 3.01～4.00 m	100 m			1.0000	1.0000
52-4-3-11	打拔沟槽钢板桩 槽型钢板桩使用费	t·d			2468.0000	2468.0000
52-4-4-14	钢板桩支撑使用费	t·d			162.0000	162.0000
	井点降水					
53-9-1-1	施工排水、降水 湿土排水	m^3		−649.6900	−736.3100	−866.2500
53-9-1-5	施工排水、降水 轻型井点安装	根		83.0000	83.0000	83.0000
53-9-1-6	施工排水、降水 轻型井点拆除	根		83.0000	83.0000	83.0000
53-9-1-7	施工排水、降水 轻型井点使用	套·天		32.0000	32.0000	32.0000

工作内容：沟槽挖土、沟槽排水、井点降水、沟槽围护和支撑(钢板桩、撑拆列板)、铺筑管道基础、铺设管道、沟槽回填(黄砂及素土)、土方场内运输、砌筑检查井等。

定额编号				J-1-6-101 A(B)	J-1-6-102 A(B)	J-1-6-103 A(B)	J-1-6-104 A(B)
项目				DN1600			
				玻璃纤维增强塑料夹砂管(FRPM)			
				2.5 m	≤3.0 m	>3.0 m	3.5 m
名称			单位	100 m	100 m	100 m	100 m
人工	00190101	综合人工	工日	338.5072 (354.2965)	381.4337 (397.2229)	423.0209 (437.7055)	481.8400 (491.5993)
材料	01010211	热轧带肋钢筋(HRB400) $\phi \leq 10$	t			0.0835	0.0835
	01010212	热轧带肋钢筋(HRB400) $\phi > 10$	t			0.2148	0.2148
	02090101	塑料薄膜	m^2	31.8376	31.8376	36.3246	42.6844
	03010811	钢塑膨胀铆钉	只	18.3600	18.3600	18.3600	18.3600
	03150101	圆钉	kg	1.7982	1.7982	1.7982	2.1590
	03152501	镀锌铁丝	kg			0.8992	0.8992
	04030115	黄砂 中粗	t	626.6961 (928.1578)	626.6961 (928.1578)	626.6961 (928.1578)	626.6961 (928.1578)

（续表）

定额编号				J-1-6-101 A(B)	J-1-6-102 A(B)	J-1-6-103 A(B)	J-1-6-104 A(B)
项目				DN1600			
				玻璃纤维增强塑料夹砂管(FRPM)			
				2.5 m	≤3.0 m	>3.0 m	3.5 m
名称			单位	100 m	100 m	100 m	100 m
材料	04030701	砾石砂	t	108.1793	108.1793	108.1793	108.1793
	04050313	道碴 50～70	t	0.3988	0.3988	0.3988	0.3988
	04131711	蒸压灰砂砖	千块	7.9703	7.9703	7.9703	9.4993
	04290712	钢筋混凝土板 1400×250×160 mm	块	12.0000	12.0000	12.0000	12.0000
	05350301	竹箩	个	2.5000	2.5000	2.5000	2.5000
	17311053	玻璃纤维增强塑料夹砂管(FRPM) DN1600 每节长 3 m 以下	m	96.7000	96.7000	96.7000	96.7000
	34110101	水	m^3	53.9253 (80.7806)	53.9253 (80.7806)	53.9994 (80.8547)	54.1045 (80.9598)
	35010102	组合钢模板	kg	5.6431	5.6431	5.6431	6.7755
	35010703	木模板成材	m^3	0.0353	0.0353	0.0353	0.0423
	35020401	钢模零配件	kg	2.0865	2.0865	2.0865	2.5053
	36012831	铸铁检查井雨污水盖座 市政 90 型	套	3.0000	3.0000	3.0000	3.0000
	36016631	防沉降检查井盖板 2500×2000×200	块	3.0000	3.0000	3.0000	3.0000
	36016651	高强度塑料检查井格板	只	3.0600	3.0600	3.0600	3.0600
	36016661	高强度塑料支架	只	9.1800	9.1800	9.1800	9.1800
	80060414	湿拌砌筑砂浆 WM M10.0	m^3	3.4663	3.4663	3.4663	4.1312
	80060513	预拌抹灰砂浆 WP M15.0	m^3	1.8819	1.8819	1.8819	2.1528
	80210410	预拌混凝土(泵送型) C15 粒径 5～20	m^3			1.4847	1.4847
	80210414	预拌混凝土(泵送型) C20 粒径 5～20	m^3	6.5145	6.5145	6.5145	7.8477
机械	99010060	履带式单斗液压挖掘机 1 m^3	台班	3.3784	3.8851	4.4395	4.9723
	99050930	混凝土振捣器 插入式	台班	0.8837	0.8837	1.0851	1.2659
	99050940	混凝土振捣器 平板式	台班	16.0130 (22.3389)	16.0130 (22.3389)	16.2144 (22.5403)	16.3952 (22.7211)
	99070220	轮胎式装载机 1 m^3	台班	2.9627 (3.7641)	2.9756 (3.7770)	3.1315 (3.7770)	3.8455 (3.7958)
	99070540	载重汽车 6 t	台班	0.7321	0.7321	0.7321	0.7349
	99070588	载重汽车 12 t	台班	4.5386 (5.7663)	4.5583 (5.7860)	4.7972 (5.7860)	5.8910 (5.8149)
	99090360	汽车式起重机 8 t	台班	1.8622	1.8622	1.8622	1.8641
	99091700	手扳葫芦	台班	0.3829	0.3829	0.3829	0.3829

(续表)

定额编号				J-1-6-101 A(B)	J-1-6-102 A(B)	J-1-6-103 A(B)	J-1-6-104 A(B)
项目				DN1600			
				玻璃纤维增强塑料夹砂管(FRPM)			
				2.5 m	≤3.0 m	>3.0 m	3.5 m
名称			单位	100 m	100 m	100 m	100 m
机械	99130350	内燃夯实机 700 N·m	台班	8.1828 (1.8569)	12.9019 (6.5760)	16.1155 (9.7896)	20.7875 (14.4616)
	99170010	钢筋调直机	台班			0.1415	0.1415
	99170025	钢筋切断机	台班			0.1415	0.1415
	99210065	木工平刨床 刨削宽度 450	台班	0.0203	0.0203	0.0203	0.0244
	99440010	电动单级离心清水泵 ϕ50	台班	62.3700	77.9628	88.3572	103.9500
调整项目							
		围护支撑					
	00190101	综合人工	工日	57.0282	78.7933	462.6629	462.6629
	03150501	骑马钉	kg	21.1090	25.3308		
	04131711	蒸压灰砂砖	千块	0.1545	0.1545		
	05030101	成材	m^3	0.4444	0.5000	0.6027	0.6027
	35090501	列板使用费	t·d	213.0000	257.0000		
	35090511	列板支撑使用费	t·d	81.0000	98.0000		
	35091731	铁撑板	t	0.3345	0.4181		
	35091771	铁撑柱	kg	114.6350	139.6830	129.8100	129.8100
	35090121	槽型钢板桩	t			1.3350	1.3350
	35091901	钢桩帽摊销	kg			90.9300	90.9300
	04030115	黄砂 中粗	t			15.8236	15.8236
	03152501	镀锌铁丝	kg			15.0000	15.0000
	35090131	槽型钢板桩使用费	t·d			2468.0000	2468.0000
	35090611	钢板桩支撑使用费	t·d			162.0000	162.0000
	99030080	轨道式柴油打桩机 0.6 t	台班			20.1323	20.1323
	99030690	简易拔桩架	台班			23.9558	23.9558
	99090075	履带式起重机 8 t	台班			5.1194	5.1194
		井点降水					
	00190101	综合人工	工日		25.6299	21.0043	14.0655
	04030115	黄砂 中粗	t		9.4420	9.4420	9.4420
	17270201	普通橡胶管	m		14.2440	14.2440	14.2440
	34110101	水	m^3		152.3275	152.3275	152.3275
	35040921	轻型井点井管 ϕ40	m		30.3528	30.3528	30.3528
	35040941	轻型井点井管 $\phi180\times4$	m		1.4662	1.4662	1.4662
	99091380	电动卷扬机单筒快速 10 kN	台班		1.9920	1.9920	1.9920
	99350050	轻便钻机 XJ-100	台班		4.7310	4.7310	4.7310
	99440010	电动单级离心清水泵 ϕ50	台班		−77.9628	−88.3572	−103.9500
	99440150	电动多级离心清水泵 $\phi150\times$180 m 以下	台班		3.9840	3.9840	3.9840
	99440510	射流井点泵 9.5 m	台班		38.7920	38.7920	38.7920

工作内容：沟槽挖土、沟槽排水、井点降水、沟槽围护和支撑（钢板桩、撑拆列板）、铺筑管道基础、铺设管道、沟槽回填（黄砂及素土）、土方场内运输、砌筑检查井等。

定　额　编　号			J-1-6-105 A(B)	J-1-6-106 A(B)	J-1-6-107 A(B)	J-1-6-108 A(B)
项　　目			DN1600			
			玻璃纤维增强塑料夹砂管(FRPM)			
			≤4.0 m	>4.0 m	4.5 m	5.0 m
			100 m	100 m	100 m	100 m
预算定额编号	预算定额名称	预算定额单位	数　　量			
04290712	钢筋混凝土板 1400×250×160 mm	块	12.0000	12.0000	12.0000	6.0000
04290713	钢筋混凝土板 1400×300×160 mm	块				9.0000
52-1-2-3	机械挖沟槽土方 深≤6 m 现场抛土	m^3	1342.6900	1429.3100	1559.2500	1785.0000
52-1-3-1	沟槽回填 夯填土	m^3	687.3300 (516.8200)	773.9500 (603.4400)	895.5000 (724.9900)	1097.7700 (922.0100)
53-1-3-2	场内运输 自卸汽车装运土(运距 1 km 以内)	m^3	971.1980 (810.5400)	1075.1420 (904.6320)	1222.5800 (1052.0700)	1470.4600 (1294.7000)
52-1-3-4	沟槽回填 黄砂	m^3	339.0400 (509.5500)	339.0400 (509.5500)	339.0400 (509.5500)	356.2400 (532.0000)
52-1-4-1	管道垫层 黄砂垫层	m^3	15.3300	15.3300	15.2300	15.6900
52-1-4-3	管道垫层 砾石砂垫层	m^3	48.9300	48.9300	48.8700	50.2500
52-1-5-1	管道基座 混凝土 C20	m^3	7.7700	7.7700	7.7700	9.8100
52-1-5-1 换 1	管道基座 混凝土 C15	m^3	1.4700	1.4700	1.5900	1.5900
52-1-5-2	管道基座 钢筋	t	0.2910	0.2910	0.3150	0.3150
52-1-6-44	管道铺设 玻璃纤维增强塑料夹砂管(FRPM)每节 3 m 以下 DN1600	100 m	0.0967	0.0967	0.0967	0.0967
52-1-6-61	管道铺设 玻璃纤维增强塑料夹砂管(FRPM)每节 3 m 以上 DN1600	100 m	0.8703	0.8703	0.8703	0.8703
52-3-1-2	砖砌检查井及雨水口 检查井 深≤4 m	m^3	21.6900	21.6900		
52-3-1-3	砖砌检查井及雨水口 检查井 深≤6 m	m^3			24.8400	27.9300
52-3-2-1	水泥砂浆抹面 检查井	m^2	141.3000	141.3000	157.5000	171.7800
52-3-6-1	安装防坠格板 新建工程	只	3.0000	3.0000	3.0000	3.0000
52-3-9-3	安装盖板及盖座 铸铁盖座	套	3.0000	3.0000	3.0000	3.0000

(续表)

定额编号			J-1-6-105 A(B)	J-1-6-106 A(B)	J-1-6-107 A(B)	J-1-6-108 A(B)
项目			DN1600			
			玻璃纤维增强塑料夹砂管(FRPM)			
			≤4.0 m	>4.0 m	4.5 m	5.0 m
			100 m	100 m	100 m	100 m
预算定额编号	预算定额名称	预算定额单位	数量			
52-3-9-4	安装盖板及盖座 防沉降检查井盖板	块	3.0000	3.0000	3.0000	3.0000
52-4-5-1	模板工程 模板 管道基座	m^2	10.5900	10.5900	12.8400	12.8400
53-9-1-1	施工排水、降水 湿土排水	m^3	996.1900	1082.8100	1212.7500	1428.0000
53-9-1-3	施工排水、降水 筑拆竹箩滤井	座	2.5000	2.5000	2.5000	2.5000
	调整项目					
	围护支撑					
52-4-3-1	打槽型钢板桩 长 4.00~6.00 m,单面	100 m	2.0000			
52-4-3-6	拔槽型钢板桩 长 4.00~6.00 m,单面	100 m	2.0000			
52-4-3-11	打拔沟槽钢板桩 槽型钢板桩使用费	t·d	2468.0000	5488.0000	5488.0000	5488.0000
52-4-4-4	安拆钢板桩支撑 槽宽≤3.8 m 深 3.01~4.00 m	100 m	1.0000			
52-4-4-14	钢板桩支撑使用费	t·d	162.0000	324.0000	324.0000	324.0000
52-4-3-2	打槽型钢板桩 长 6.01~9.00 m,单面	100 m		2.0000	2.0000	2.0000
52-4-3-7	拔槽型钢板桩 长 6.01~9.00 m,单面	100 m		2.0000	2.0000	2.0000
52-4-4-5	安拆钢板桩支撑 槽宽≤3.8 m 深 4.01~6.00 m	100 m		1.0000	1.0000	1.0000
	井点降水					
53-9-1-1	施工排水、降水 湿土排水	m^3	−996.1900	−1082.8100	−1212.7500	−1428.0000
53-9-1-5	施工排水、降水 轻型井点安装	根	83.0000	83.0000	83.0000	83.0000
53-9-1-6	施工排水、降水 轻型井点拆除	根	83.0000	83.0000	83.0000	83.0000
53-9-1-7	施工排水、降水 轻型井点使用	套·天	32.0000	32.0000	32.0000	32.0000

工作内容：沟槽挖土、沟槽排水、井点降水、沟槽围护和支撑（钢板桩、撑拆列板）、铺筑管道基础、铺设管道、沟槽回填（黄砂及素土）、土方场内运输、砌筑检查井等。

定额编号				J-1-6-105 A(B)	J-1-6-106 A(B)	J-1-6-107 A(B)	J-1-6-108 A(B)
项目				DN1600			
				玻璃纤维增强塑料夹砂管(FRPM)			
				≤4.0 m	>4.0 m	4.5 m	5.0 m
名称			单位	100 m	100 m	100 m	100 m
人工	00190101	综合人工	工日	543.8568 (548.6182)	577.0809 (581.5142)	638.2555 (642.6887)	734.4141 (738.9839)
材料	01010211	热轧带肋钢筋(HRB400) $\phi\leq10$	t	0.0835	0.0835	0.0904	0.0904
	01010212	热轧带肋钢筋(HRB400) $\phi>10$	t	0.2148	0.2148	0.2325	0.2325
	02090101	塑料薄膜	m^2	46.1309	46.1309	49.1007	57.8814
	03010811	钢塑膨胀铆钉	只	18.3600	18.3600	18.3600	18.3600
	03150101	圆钉	kg	2.1590	2.1590	2.6177	2.6177
	03152501	镀锌铁丝	kg	0.8992	0.8992	0.9734	0.9734
	04030115	黄砂 中粗	t	626.6961 (928.1578)	626.6961 (928.1578)	626.5193 (927.9810)	657.7422 (968.4859)
	04030701	砾石砂	t	108.1793	108.1793	108.0467	111.0977
	04050313	道碴 50～70	t	0.3988	0.3988	0.3988	0.3988
	04131711	蒸压灰砂砖	千块	11.7603	11.7603	13.4285	15.0990
	04290712	钢筋混凝土板 1400×250×160 mm	块	12.0000	12.0000	12.0000	6.0000
	04290713	钢筋混凝土板 1400×300×160 mm	块				9.0000
	05350301	竹箩	个	2.5000	2.5000	2.5000	2.5000
	17311053	玻璃纤维增强塑料夹砂管(FRPM) DN1600 每节长 3 m 以下	m	96.7000	96.7000	96.7000	96.7000
	34110101	水	m^3	54.1617 (81.0170)	54.1617 (81.0170)	54.2108 (81.0661)	57.0649 (84.7471)
	35010102	组合钢模板	kg	6.7755	6.7755	8.2151	8.2151
	35010703	木模板成材	m^3	0.0423	0.0423	0.0513	0.0513
	35020401	钢模零配件	kg	2.5053	2.5053	3.0376	3.0376
	36012831	铸铁检查井雨污水盖座 市政 90 型	套	3.0000	3.0000	3.0000	3.0000
	36016631	防沉降检查井盖板 2500×2000×200	块	3.0000	3.0000	3.0000	3.0000
	36016651	高强度塑料检查井格板	只	3.0600	3.0600	3.0600	3.0600
	36016661	高强度塑料支架	只	9.1800	9.1800	9.1800	9.1800
	80060414	湿拌砌筑砂浆 WM M10.0	m^3	5.1145	5.1145	5.9119	6.6473

（续表）

定额编号				J-1-6-105 A(B)	J-1-6-106 A(B)	J-1-6-107 A(B)	J-1-6-108 A(B)
项目				DN1600			
				玻璃纤维增强塑料夹砂管(FRPM)			
				≤4.0 m	>4.0 m	4.5 m	5.0 m
名称			单位	100 m	100 m	100 m	100 m
材料	80060513	预拌抹灰砂浆 WP M15.0	m^3	2.5044	2.5044	2.7620	2.9890
	80210410	预拌混凝土(泵送型) C15 粒径 5～20	m^3	1.4847	1.4847	1.6059	1.6059
	80210414	预拌混凝土(泵送型) C20 粒径 5～20	m^3	7.8477	7.8477	7.8477	9.9081
机械	99010060	履带式单斗液压挖掘机 1 m^3	台班	5.5050	5.8602	6.3929	7.3185
	99050930	混凝土振捣器 插入式	台班	1.2659	1.2659	1.2823	1.5618
	99050940	混凝土振捣器 平板式	台班	16.3952 (22.7211)	16.3952 (22.7211)	16.4058 (22.7317)	17.3962 (23.9169)
	99070220	轮胎式装载机 1 m^3	台班	4.5646 (3.8095)	5.0532 (4.2518)	5.7461 (4.9447)	6.9112 (6.0851)
	99070540	载重汽车 6 t	台班	0.7349	0.7349	0.7385	0.7385
	99070588	载重汽车 12 t	台班	6.9926 (5.8359)	7.7410 (6.5134)	8.8026 (7.5749)	10.5873 (9.3218)
	99090360	汽车式起重机 8 t	台班	1.8641	1.8641	1.8666	1.8666
	99091700	手扳葫芦	台班	0.3829	0.3829	0.3829	0.3829
	99130350	内燃夯实机 700 N·m	台班	25.4999 (19.1740)	28.7135 (22.3876)	33.2231 (26.8971)	40.7273 (34.2066)
	99170010	钢筋调直机	台班	0.1415	0.1415	0.1531	0.1531
	99170025	钢筋切断机	台班	0.1415	0.1415	0.1531	0.1531
	99210065	木工平刨床 刨削宽度 450	台班	0.0244	0.0244	0.0295	0.0295
	99440010	电动单级离心清水泵 ϕ50	台班	119.5428	129.9372	145.5300	171.3600
调整项目							
		围护支撑					
	00190101	综合人工	工日	462.6629	592.1781	592.1781	592.1781
	03152501	镀锌铁丝	kg	15.0000	20.0000	20.0000	20.0000
	04030115	黄砂 中粗	t	15.8236	23.7356	23.7356	23.7356
	05030101	成材	m^3	0.6027	0.8241	0.8241	0.8241

（续表）

定额编号			J-1-6-105 A(B)	J-1-6-106 A(B)	J-1-6-107 A(B)	J-1-6-108 A(B)
项目			DN1600			
			玻璃纤维增强塑料夹砂管(FRPM)			
			≤4.0 m	>4.0 m	4.5 m	5.0 m
名称		单位	100 m	100 m	100 m	100 m
35090121	槽型钢板桩	t	1.3350	1.9587	1.9587	1.9587
35090131	槽型钢板桩使用费	t·d	2468.0000	5488.0000	5488.0000	5488.0000
35090611	钢板桩支撑使用费	t·d	162.0000	324.0000	324.0000	324.0000
35091771	铁撑柱	kg	129.8100	173.0800	173.0800	173.0800
35091901	钢桩帽摊销	kg	90.9300	136.2690	136.2690	136.2690
99030080	轨道式柴油打桩机 0.6 t	台班	20.1323	27.7905	27.7905	27.7905
99030690	简易拔桩架	台班	23.9558	29.8410	29.8410	29.8410
99090075	履带式起重机 8 t	台班	5.1194	6.8250	6.8250	6.8250
	井点降水					
00190101	综合人工	工日	7.1268	2.5012	−4.4376	−15.9319
04030115	黄砂 中粗	t	9.4420	9.4420	9.4420	9.4420
17270201	普通橡胶管	m	14.2440	14.2440	14.2440	14.2440
34110101	水	m^3	152.3275	152.3275	152.3275	152.3275
35040921	轻型井点井管 ϕ40	m	30.3528	30.3528	30.3528	30.3528
35040941	轻型井点井管 $\phi180\times4$	m	1.4662	1.4662	1.4662	1.4662
99091380	电动卷扬机单筒快速 10 kN	台班	1.9920	1.9920	1.9920	1.9920
99350050	轻便钻机 XJ-100	台班	4.7310	4.7310	4.7310	4.7310
99440010	电动单级离心清水泵 ϕ50	台班	−119.5428	−129.9372	−145.5300	−171.3600
99440150	电动多级离心清水泵 $\phi150\times$180 m 以下	台班	3.9840	3.9840	3.9840	3.9840
99440510	射流井点泵 9.5 m	台班	38.7920	38.7920	38.7920	38.7920

工作内容：沟槽挖土、沟槽排水、井点降水、沟槽围护和支撑（钢板桩、撑拆列板）、铺筑管道基础、铺设管道、沟槽回填（黄砂及素土）、土方场内运输、砌筑检查井等。

定额编号			J-1-6-109 A(B)	J-1-6-110 A(B)	J-1-6-111 A(B)	J-1-6-112 A(B)
项目			DN1600			
			玻璃纤维增强塑料夹砂管(FRPM)			
			5.5 m	≤6.0 m	>6.0 m	6.5 m
			100 m	100 m	100 m	100 m
预算定额编号	预算定额名称	预算定额单位	数量			
04290712	钢筋混凝土板 1400×250×160 mm	块	6.0000	6.0000	6.0000	6.0000
04290713	钢筋混凝土板 1400×300×160 mm	块	9.0000	9.0000	9.0000	9.0000
52-1-2-3	机械挖沟槽土方 深≤6 m 现场抛土	m^3	1963.5000	2097.3800	2142.0000	2142.0000
52-1-2-3 系 1	机械挖沟槽土方 深≤7 m 现场抛土	m^3			44.6300	178.5000
52-1-3-1	沟槽回填 夯填土	m^3	1271.1100 (1095.3500)	1399.8400 (1224.0800)	1489.0900 (1313.3300)	1616.3400 (1440.5800)
53-1-3-2	场内运输 自卸汽车装运土(运距1 km以内)	m^3	1679.5000 (1503.7400)	1835.0060 (1659.2460)	1942.1060 (1766.3460)	2096.1300 (1920.3700)
52-1-3-4	沟槽回填 黄砂	m^3	356.2400 (532.0000)	356.2400 (532.0000)	356.2400 (532.0000)	356.2400 (532.0000)
52-1-4-1	管道垫层 黄砂垫层	m^3	15.6900	15.6900	15.6900	15.6900
52-1-4-3	管道垫层 砾石砂垫层	m^3	50.2500	50.2500	50.2500	50.4900
52-1-5-1	管道基座 混凝土 C20	m^3	9.8100	9.8100	9.8100	10.5900
52-1-5-1 换 1	管道基座 混凝土 C15	m^3	1.5900	1.5900	1.5900	1.7100
52-1-5-2	管道基座 钢筋	t	0.3150	0.3150	0.3150	0.3390
52-1-6-44	管道铺设 玻璃纤维增强塑料夹砂管(FRPM)每节 3 m 以下 DN1600	100 m	0.0967	0.0967	0.0967	0.0967
52-1-6-61	管道铺设 玻璃纤维增强塑料夹砂管(FRPM)每节 3 m 以上 DN1600	100 m	0.8703	0.8703	0.8703	0.8703
52-3-1-3	砖砌检查井及雨水口 检查井 深≤6 m	m^3	32.0700	46.6200	46.6200	
52-3-1-4	砖砌检查井及雨水口 检查井 深≤8 m	m^3				50.4600
52-3-2-1	水泥砂浆抹面 检查井	m^2	192.5400	201.0600	201.0600	222.9900
52-3-6-1	安装防坠格板 新建工程	只	3.0000	3.0000	3.0000	3.0000
52-3-9-3	安装盖板及盖座 铸铁盖座	套	3.0000	3.0000	3.0000	3.0000
52-3-9-4	安装盖板及盖座 防沉降检查井盖板	块	3.0000	3.0000	3.0000	3.0000

（续表）

定额编号			J-1-6-109 A(B)	J-1-6-110 A(B)	J-1-6-111 A(B)	J-1-6-112 A(B)
项目			DN1600			
			玻璃纤维增强塑料夹砂管(FRPM)			
			5.5 m	≤6.0 m	>6.0 m	6.5 m
			100 m	100 m	100 m	100 m
预算定额编号	预算定额名称	预算定额单位	数量			
52-4-5-1	模板工程 模板 管道基座	m^2	12.8400	12.8400	12.8400	13.3500
53-9-1-1	施工排水、降水 湿土排水	m^3	1606.5000	1740.3800	1829.6300	1963.5000
53-9-1-3	施工排水、降水 筑拆竹箩滤井	座	2.5000	2.5000	2.5000	2.5000
调整项目						
	围护支撑					
52-4-3-2	打槽型钢板桩 长 6.01～9.00 m，单面	100 m	2.0000	2.0000		
52-4-3-7	拔槽型钢板桩 长 6.01～9.00 m，单面	100 m	2.0000	2.0000		
52-4-3-11	打拔沟槽钢板桩 槽型钢板桩使用费	t·d	5488.0000	5488.0000	7604.0000	7604.0000
52-4-4-5	安拆钢板桩支撑 槽宽≤3.8 m 深 4.01～6.00 m	100 m	1.0000	1.0000		
52-4-4-14	钢板桩支撑使用费	t·d	324.0000	324.0000	511.0000	511.0000
52-4-3-3	打槽型钢板桩 长 9.01～12.00 m，单面	100 m			2.0000	2.0000
52-4-3-8	拔槽型钢板桩 长 9.01～12.00 m，单面	100 m			2.0000	2.0000
52-4-4-6	安拆钢板桩支撑 槽宽≤3.8 m 深 6.01～8.00 m	100 m			1.0000	1.0000
	井点降水					
53-9-1-1	施工排水、降水 湿土排水	m^3	−1606.5000	−1740.3800	−1829.6300	−1963.5000
53-9-1-5	施工排水、降水 轻型井点安装	根	83.0000	83.0000		
53-9-1-6	施工排水、降水 轻型井点拆除	根	83.0000	83.0000		
53-9-1-7	施工排水、降水 轻型井点使用	套·天	32.0000	32.0000		
53-9-1-8	施工排水、降水 喷射井点安装 10 m	根			40.0000	40.0000
53-9-1-9	施工排水、降水 喷射井点拆除 10 m	根			40.0000	40.0000
53-9-1-10	施工排水、降水 喷射井点使用 10 m	套·天			21.0000	21.0000

工作内容：沟槽挖土、沟槽排水、井点降水、沟槽围护和支撑(钢板桩、撑拆列板)、铺筑管道基础、铺设管道、沟槽回填(黄砂及素土)、土方场内运输、砌筑检查井等。

定额编号				J-1-6-109 A(B)	J-1-6-110 A(B)	J-1-6-111 A(B)	J-1-6-112 A(B)
项目				DN1600			
				玻璃纤维增强塑料夹砂管(FRPM)			
				5.5 m	≤6.0 m	>6.0 m	6.5 m
名称			单位	100 m	100 m	100 m	100 m
人工	00190101	综合人工	工日	814.6560 (819.2257)	901.0126 (905.5823)	935.4282 (939.9979)	1002.5189 (1007.0887)
材料	01010211	热轧带肋钢筋(HRB400) $\phi \leqslant 10$	t	0.0904	0.0904	0.0904	0.0973
	01010212	热轧带肋钢筋(HRB400) $\phi > 10$	t	0.2325	0.2325	0.2325	0.2502
	02090101	塑料薄膜	m^2	61.3032	73.3287	73.3287	79.2497
	03010811	钢塑膨胀铆钉	只	18.3600	18.3600	18.3600	18.3600
	03150101	圆钉	kg	2.6177	2.6177	2.6177	2.7217
	03152501	镀锌铁丝	kg	0.9734	0.9734	0.9734	1.0475
	04030115	黄砂 中粗	t	657.7422 (968.4859)	657.7422 (968.4859)	657.7422 (968.4859)	657.7422 (968.4859)
	04030701	砾石砂	t	111.0977	111.0977	111.0977	111.6283
	04050313	道碴 50～70	t	0.3988	0.3988	0.3988	0.3988
	04131711	蒸压灰砂砖	千块	17.3370	25.2028	25.2028	27.1929
	04290712	钢筋混凝土板 1400×250×160 mm	块	6.0000	6.0000	6.0000	6.0000
	04290713	钢筋混凝土板 1400×300×160 mm	块	9.0000	9.0000	9.0000	9.0000
	05350301	竹箩	个	2.5000	2.5000	2.5000	2.5000
	17311053	玻璃纤维增强塑料夹砂管(FRPM) DN1600 每节长 3 m 以下	m	96.7000	96.7000	96.7000	96.7000
	34110101	水	m^3	57.1217 (84.8039)	57.3210 (85.0032)	57.3210 (85.0032)	57.4190 (85.1012)
	35010102	组合钢模板	kg	8.2151	8.2151	8.2151	8.5414
	35010703	木模板成材	m^3	0.0513	0.0513	0.0513	0.0534
	35020401	钢模零配件	kg	3.0376	3.0376	3.0376	3.1582
	36012831	铸铁检查井雨污水盖座 市政90型	套	3.0000	3.0000	3.0000	3.0000
	36016631	防沉降检查井盖板 2500×2000×200	块	3.0000	3.0000	3.0000	3.0000
	36016651	高强度塑料检查井格板	只	3.0600	3.0600	3.0600	3.0600

（续表）

定额编号				J-1-6-109 A(B)	J-1-6-110 A(B)	J-1-6-111 A(B)	J-1-6-112 A(B)
项目				DN1600			
				玻璃纤维增强塑料夹砂管(FRPM)			
				5.5 m	≤6.0 m	>6.0 m	6.5 m
名称			单位	100 m	100 m	100 m	100 m
材料	36016661	高强度塑料支架	只	9.1800	9.1800	9.1800	9.1800
	80060414	湿拌砌筑砂浆 WM M10.0	m^3	7.6327	11.0956	11.0956	12.2063
	80060513	预拌抹灰砂浆 WP M15.0	m^3	3.3191	3.4546	3.4546	3.8032
	80210410	预拌混凝土(泵送型) C15 粒径 5～20	m^3	1.6059	1.6059	1.6059	1.7271
	80210414	预拌混凝土(泵送型) C20 粒径 5～20	m^3	9.9081	9.9081	9.9081	10.6959
机械	99010060	履带式单斗液压挖掘机 1 m^3	台班	8.0504	8.5993	8.9964	9.6390
	99050930	混凝土振捣器 插入式	台班	1.5618	1.5618	1.5618	1.6851
	99050940	混凝土振捣器 平板式	台班	17.3962 (23.9169)	17.3962 (23.9169)	17.3962 (23.9169)	17.5295 (24.0502)
	99070220	轮胎式装载机 1 m^3	台班	7.8937 (7.0676)	8.6245 (7.7985)	9.1279 (8.3018)	9.8518 (9.0257)
	99070540	载重汽车 6 t	台班	0.7385	0.7385	0.7385	0.7394
	99070588	载重汽车 12 t	台班	12.0924 (10.8269)	13.2120 (11.9466)	13.9832 (12.7177)	15.0921 (13.8267)
	99090360	汽车式起重机 8 t	台班	1.8666	1.8666	1.8666	1.8672
	99091700	手扳葫芦	台班	0.3829	0.3829	0.3829	0.3829
	99130350	内燃夯实机 700 N·m	台班	47.1582 (40.6375)	51.9341 (45.4134)	55.2452 (48.7245)	59.9662 (53.4455)
	99170010	钢筋调直机	台班	0.1531	0.1531	0.1531	0.1648
	99170025	钢筋切断机	台班	0.1531	0.1531	0.1531	0.1648
	99210065	木工平刨床 刨削宽度 450	台班	0.0295	0.0295	0.0295	0.0307
	99440010	电动单级离心清水泵 ϕ50	台班	192.7800	208.8456	219.5556	235.6200
调整项目							
		围护支撑					
	00190101	综合人工	工日	592.1781	592.1781	593.4223	593.4223
	03152501	镀锌铁丝	kg	20.0000	20.0000	25.0000	25.0000
	04030115	黄砂 中粗	t	23.7356	23.7356	33.2299	33.2299
	05030101	成材	m^3	0.8241	0.8241	1.0276	1.0276
	35090121	槽型钢板桩	t	1.9587	1.9587	2.6893	2.6893
	35090131	槽型钢板桩使用费	t·d	5488.0000	5488.0000	7604.0000	7604.0000

(续表)

定额编号			J-1-6-109 A(B)	J-1-6-110 A(B)	J-1-6-111 A(B)	J-1-6-112 A(B)
项目			DN1600			
			玻璃纤维增强塑料夹砂管(FRPM)			
			5.5 m	≤6.0 m	>6.0 m	6.5 m
名称		单位	100 m	100 m	100 m	100 m
35090611	钢板桩支撑使用费	t·d	324.0000	324.0000	511.0000	511.0000
35091771	铁撑柱	kg	173.0800	173.0800	272.9800	272.9800
35091901	钢桩帽摊销	kg	136.2690	136.2690	381.5700	381.5700
99030080	轨道式柴油打桩机 0.6 t	台班	27.7905	27.7905		
99030690	简易拔桩架	台班	29.8410	29.8410		
99090075	履带式起重机 8 t	台班	6.8250	6.8250	8.5319	8.5319
99030100	轨道式柴油打桩机 1.2 t	台班			33.5913	33.5913
99030970	震动锤 45 kW	台班			17.3680	17.3680
99090090	履带式起重机 15 t	台班			17.3680	17.3680
	井点降水					
00190101	综合人工	工日	−25.4638	−32.6130	99.3018	92.1531
04030115	黄砂 中粗	t	9.4420	9.4420		
04030119	黄砂 中粗	kg			95423.8016	95423.8016
17030102	镀锌焊接钢管	kg			0.1463	0.1463
17270201	普通橡胶管	m	14.2440	14.2440		
34110101	水	m^3	152.3275	152.3275	566.8908	566.8908
35040921	轻型井点井管 ϕ40	m	30.3528	30.3528		
35040941	轻型井点井管 $\phi180\times4$	m	1.4662	1.4662		
35040961	喷射井点总管 $\phi159\times6$	m			2.9448	2.9448
35040971	喷射井点井管 ϕ76	m			20.9102	20.9102
35041011	喷射井点滤网管	根			2.4164	2.4164
35041021	喷射井点回水连接件	副			1.5109	1.5109
35041031	喷射井点腰子法兰	副			0.6892	0.6892
35041041	喷射井点水箱	kg			24.1476	24.1476
35041051	喷射井点喷射器	只			3.2288	3.2288
99090080	履带式起重机 10 t	台班			11.5200	11.5200
99091380	电动卷扬机单筒快速 10 kN	台班	1.9920	1.9920		
99350050	轻便钻机 XJ-100	台班	4.7310	4.7310		
99350120	液压钻机 G-2A	台班			4.4160	4.4160
99440010	电动单级离心清水泵 ϕ50	台班	−192.7800	−208.8456	−219.5556	−235.6200
99440150	电动多级离心清水泵 $\phi150\times$180 m 以下	台班	3.9840	3.9840	30.8300	30.8300
99440210	污水泵 ϕ100	台班			11.0400	11.0400
99440510	射流井点泵 9.5 m	台班	38.7920	38.7920		

工作内容：沟槽挖土、沟槽排水、井点降水、沟槽围护和支撑(钢板桩、撑拆列板)、铺筑管道基础、铺设管道、沟槽回填(黄砂及素土)、土方场内运输、砌筑检查井等。

定　额　编　号			J-1-6-113 A(B)	J-1-6-114 A(B)	J-1-6-115 A(B)	J-1-6-116 A(B)
项　　目			DN1800			
			玻璃纤维增强塑料夹砂管(FRPM)			
			>3.0 m	3.5 m	≤4.0 m	>4.0 m
			100 m	100 m	100 m	100 m
预算定额编号	预算定额名称	预算定额单位	数　　量			
04290712	钢筋混凝土板 1400×250×160 mm	块	9.0000	9.0000	9.0000	9.0000
04290713	钢筋混凝土板 1400×300×160 mm	块	6.0000	6.0000	6.0000	6.0000
52-1-2-3	机械挖沟槽土方 深≤6 m 现场抛土	m^3	1148.4400	1286.2500	1424.0600	1515.9400
52-1-3-1	沟槽回填 夯填土	m^3	384.2500 (203.2400)	519.1400 (338.1300)	654.0200 (473.0100)	745.9000 (564.8900)
53-1-3-2	场内运输 自卸汽车装运土(运距1 km以内)	m^3	747.9300 (928.9400)	792.6500 (931.8600)	955.0920 (934.7900)	1065.3480 (934.7900)
52-1-3-4	沟槽回填 黄砂	m^3	391.6300 (572.6400)	391.6300 (572.6400)	391.6300 (572.6400)	391.6300 (572.6400)
52-1-4-1	管道垫层 黄砂垫层	m^3	16.2600	16.2600	16.2600	16.2600
52-1-4-3	管道垫层 砾石砂垫层	m^3	51.9000	51.9000	51.9000	51.9000
52-1-5-1	管道基座 混凝土 C20	m^3	8.2800	8.2800	8.2800	8.2800
52-1-5-1换1	管道基座 混凝土 C15	m^3	1.5600	1.5600	1.5600	1.5600
52-1-5-2	管道基座 钢筋	t	0.3090	0.3090	0.3090	0.3090
52-1-6-45	管道铺设 玻璃纤维增强塑料夹砂管(FRPM)每节3 m以下 DN1800	100 m	0.0967	0.0967	0.0967	0.0967
52-1-6-62	管道铺设 玻璃纤维增强塑料夹砂管(FRPM)每节3 m以上 DN1800	100 m	0.8703	0.8703	0.8703	0.8703
52-3-1-2	砖砌检查井及雨水口 检查井深≤4 m	m^3	15.7500	18.5400	22.9200	22.9200
52-3-2-1	水泥砂浆抹面 检查井	m^2	106.8000	123.8400	146.6400	146.6400
52-3-6-1	安装防坠格板 新建工程	只	3.0000	3.0000	3.0000	3.0000
52-3-9-3	安装盖板及盖座 铸铁盖座	套	3.0000	3.0000	3.0000	3.0000
52-3-9-4	安装盖板及盖座 防沉降检查井盖板	块	3.0000	3.0000	3.0000	3.0000

（续表）

定额编号			J-1-6-113 A(B)	J-1-6-114 A(B)	J-1-6-115 A(B)	J-1-6-116 A(B)
项目			DN1800			
			玻璃纤维增强塑料夹砂管(FRPM)			
			>3.0 m	3.5 m	≤4.0 m	>4.0 m
			100 m	100 m	100 m	100 m
预算定额编号	预算定额名称	预算定额单位	数量			
52-4-5-1	模板工程 模板 管道基座	m^2	10.9500	10.9500	10.9500	10.9500
53-9-1-1	施工排水、降水 湿土排水	m^3	780.9400	918.7500	1056.5600	1148.4400
53-9-1-3	施工排水、降水 筑拆竹箩滤井	座	2.5000	2.5000	2.5000	2.5000
调整项目						
	围护支撑					
52-4-3-1	打槽型钢板桩 长 4.00～6.00 m,单面	100 m	2.0000	2.0000	2.0000	
52-4-3-6	拔槽型钢板桩 长 4.00～6.00 m,单面	100 m	2.0000	2.0000	2.0000	
52-4-3-11	打拔沟槽钢板桩 槽型钢板桩使用费	t·d	2468.0000	2468.0000	2468.0000	5488.0000
52-4-4-4	安拆钢板桩支撑 槽宽≤3.8 m 深 3.01～4.00 m	100 m	1.0000	1.0000	1.0000	
52-4-4-14	钢板桩支撑使用费	t·d	162.0000	162.0000	162.0000	324.0000
52-4-3-2	打槽型钢板桩 长 6.01～9.00 m,单面	100 m				2.0000
52-4-3-7	拔槽型钢板桩 长 6.01～9.00 m,单面	100 m				2.0000
52-4-4-5	安拆钢板桩支撑 槽宽≤3.8 m 深 4.01～6.00 m	100 m				1.0000
	井点降水					
53-9-1-1	施工排水、降水 湿土排水	m^3	−780.9400	−918.7500	−1056.5600	−1148.4400
53-9-1-5	施工排水、降水 轻型井点安装	根	83.0000	83.0000	83.0000	83.0000
53-9-1-6	施工排水、降水 轻型井点拆除	根	83.0000	83.0000	83.0000	83.0000
53-9-1-7	施工排水、降水 轻型井点使用	套·天	33.0000	33.0000	33.0000	33.0000

工作内容：沟槽挖土、沟槽排水、井点降水、沟槽围护和支撑(钢板桩、撑拆列板)、铺筑管道基础、铺设管道、沟槽回填(黄砂及素土)、土方场内运输、砌筑检查井等。

定额编号				J-1-6-113 A(B)	J-1-6-114 A(B)	J-1-6-115 A(B)	J-1-6-116 A(B)
项目				DN1800			
				玻璃纤维增强塑料夹砂管(FRPM)			
				>3.0 m	3.5 m	≤4.0 m	>4.0 m
名称			单位	100 m	100 m	100 m	100 m
人工	00190101	综合人工	工日	441.4847 (458.2462)	498.6378 (514.0074)	564.2604 (574.3182)	599.5018 (605.8882)
材料	01010211	热轧带肋钢筋(HRB400) $\phi \leqslant 10$	t	0.0887	0.0887	0.0887	0.0887
	01010212	热轧带肋钢筋(HRB400) $\phi > 10$	t	0.2280	0.2280	0.2280	0.2280
	02090101	塑料薄膜	m^2	43.0530	45.3589	48.9790	48.9790
	03010811	钢塑膨胀铆钉	只	18.3600	18.3600	18.3600	18.3600
	03150101	圆钉	kg	2.2324	2.2324	2.2324	2.2324
	03152501	镀锌铁丝	kg	0.9548	0.9548	0.9548	0.9548
	04030115	黄砂 中粗	t	721.3195 (1041.3452)	721.3195 (1041.3452)	721.3195 (1041.3452)	721.3195 (1041.3452)
	04030701	砾石砂	t	114.7457	114.7457	114.7457	114.7457
	04050313	道碴 50～70	t	0.3988	0.3988	0.3988	0.3988
	04131711	蒸压灰砂砖	千块	8.5397	10.0524	12.4272	12.4272
	04290712	钢筋混凝土板 1400×250×160 mm	块	9.0000	9.0000	9.0000	9.0000
	04290713	钢筋混凝土板 1400×300×160 mm	块	6.0000	6.0000	6.0000	6.0000
	05350301	竹箩	个	2.5000	2.5000	2.5000	2.5000
	17311055	玻璃纤维增强塑料夹砂管(FRPM) DN1800 每节长 3 m 以下	m	96.7000	96.7000	96.7000	96.7000
	34110101	水	m^3	62.3934 (90.9025)	62.4316 (90.9407)	62.4916 (91.0007)	62.4916 (91.0007)
	35010102	组合钢模板	kg	7.0059	7.0059	7.0059	7.0059
	35010703	木模板成材	m^3	0.0438	0.0438	0.0438	0.0438
	35020401	钢模零配件	kg	2.5904	2.5904	2.5904	2.5904
	36012831	铸铁检查井雨污水盖座 市政90型	套	3.0000	3.0000	3.0000	3.0000
	36016631	防沉降检查井盖板 2500×2000×200	块	3.0000	3.0000	3.0000	3.0000
	36016651	高强度塑料检查井格板	只	3.0600	3.0600	3.0600	3.0600

工作内容:沟槽挖土、沟槽排水、井点降水、沟槽围护和支撑(钢板桩、撑拆列板)、铺筑管道基础、铺设管道、沟槽回填(黄砂及素土)、土方场内运输、砌筑检查井等。

定额编号			J-1-6-117 A(B)	J-1-6-118 A(B)	J-1-6-119 A(B)	J-1-6-120 A(B)
项目			DN1800			
			玻璃纤维增强塑料夹砂管(FRPM)			
			4.5 m	5.0 m	5.5 m	≤6.0 m
			100 m	100 m	100 m	100 m
预算定额编号	预算定额名称	预算定额单位	数量			
04290712	钢筋混凝土板 1400×250×160 mm	块	9.0000	15.0000	15.0000	15.0000
04290713	钢筋混凝土板 1400×300×160 mm	块	6.0000			
52-1-2-3	机械挖沟槽土方 深≤6 m 现场抛土	m^3	1653.7500	1890.0000	2079.0000	2220.7500
52-1-3-1	沟槽回填 夯填土	m^3	874.6350 (693.6250)	1085.9350 (899.6750)	1269.7850 (1083.5250)	1406.3850 (1220.1250)
53-1-3-2	场内运输 自卸汽车装运土(运距1 km以内)	m^3	1221.5400 (1040.5300)	1480.5500 (1294.2900)	1702.2000 (1515.9400)	1867.1500 (1680.8900)
52-1-3-4	沟槽回填 黄砂	m^3	391.6300 (572.6400)	410.9700 (597.2300)	410.9700 (597.2300)	410.9700 (597.2300)
52-1-4-1	管道垫层 黄砂垫层	m^3	16.1500	16.6100	16.6100	16.6100
52-1-4-3	管道垫层 砾石砂垫层	m^3	51.8250	53.2050	53.2050	53.2050
52-1-5-1	管道基座 混凝土 C20	m^3	10.4700	10.4700	10.4700	10.4700
52-1-5-1换1	管道基座 混凝土 C15	m^3	1.6800	1.6800	1.6800	1.6800
52-1-5-2	管道基座 钢筋	t	0.3360	0.3360	0.3360	0.3360
52-1-6-45	管道铺设 玻璃纤维增强塑料夹砂管(FRPM)每节 3 m 以下 DN1800	100 m	0.0967	0.0967	0.0967	0.0967
52-1-6-62	管道铺设 玻璃纤维增强塑料夹砂管(FRPM)每节 3 m 以上 DN1800	100 m	0.8703	0.8703	0.8703	0.8703
52-3-1-3	砖砌检查井及雨水口 检查井深≤6 m	m^3	26.0400	28.9200	33.0600	49.4400
52-3-2-1	水泥砂浆抹面 检查井	m^2	162.8400	175.4700	196.2300	203.3100
52-3-6-1	安装防坠格板 新建工程	只	3.0000	3.0000	3.0000	3.0000
52-3-9-3	安装盖板及盖座 铸铁盖座	套	3.0000	3.0000	3.0000	3.0000
52-3-9-4	安装盖板及盖座 防沉降检查井盖板	块	3.0000	3.0000	3.0000	3.0000
52-4-5-1	模板工程 模板 管道基座	m^2	13.2600	13.2600	13.2600	13.2600
53-9-1-1	施工排水、降水 湿土排水	m^3	1286.2500	1512.0000	1701.0000	1842.7500
53-9-1-3	施工排水、降水 筑拆竹箩滤井	座	2.5000	2.5000	2.5000	2.5000
调整项目						
	围护支撑					
52-4-3-2	打槽型钢板桩 长 6.01～9.00 m,单面	100 m	2.0000	2.0000	2.0000	2.0000

（续表）

定额编号			J-1-6-117 A(B)	J-1-6-118 A(B)	J-1-6-119 A(B)	J-1-6-120 A(B)
项目			DN1800			
			玻璃纤维增强塑料夹砂管(FRPM)			
			4.5 m	5.0 m	5.5 m	≤6.0 m
			100 m	100 m	100 m	100 m
预算定额编号	预算定额名称	预算定额单位	数量			
52-4-3-7	拔槽型钢板桩 长 6.01～9.00 m，单面	100 m	2.0000	2.0000	2.0000	2.0000
52-4-3-11	打拔沟槽钢板桩 槽型钢板桩使用费	t·d	5488.0000	5488.0000	5488.0000	5488.0000
52-4-4-5	安拆钢板桩支撑 槽宽≤3.8 m 深 4.01～6.00 m	100 m	1.0000	1.0000	1.0000	1.0000
52-4-4-14	钢板桩支撑使用费	t·d	324.0000	324.0000	324.0000	324.0000
	井点降水					
53-9-1-1	施工排水、降水 湿土排水	m^3	−1286.2500	−1512.0000	−1701.0000	−1842.7500
53-9-1-5	施工排水、降水 轻型井点安装	根	83.0000	83.0000	83.0000	83.0000
53-9-1-6	施工排水、降水 轻型井点拆除	根	83.0000	83.0000	83.0000	83.0000
53-9-1-7	施工排水、降水 轻型井点使用	套·天	33.0000	33.0000	33.0000	33.0000

工作内容：沟槽挖土、沟槽排水、井点降水、沟槽围护和支撑(钢板桩、撑拆列板)、铺筑管道基础、铺设管道、沟槽回填(黄砂及素土)、土方场内运输、砌筑检查井等。

定额编号				J-1-6-117 A(B)	J-1-6-118 A(B)	J-1-6-119 A(B)	J-1-6-120 A(B)
项目				DN1800			
				玻璃纤维增强塑料夹砂管(FRPM)			
				4.5 m	5.0 m	5.5 m	≤6.0 m
名称			单位	100 m	100 m	100 m	100 m
人工	00190101	综合人工	工日	664.5061 (669.2123)	763.3378 (768.1806)	847.6100 (852.4527)	941.1819 (946.0246)
材料	01010211	热轧带肋钢筋(HRB400) $\phi \leq 10$	t	0.0964	0.0964	0.0964	0.0964
	01010212	热轧带肋钢筋(HRB400) $\phi > 10$	t	0.2480	0.2480	0.2480	0.2480
	02090101	塑料薄膜	m^2	58.6087	60.9890	64.4107	77.9488
	03010811	钢塑膨胀铆钉	只	18.3600	18.3600	18.3600	18.3600
	03150101	圆钉	kg	2.7033	2.7033	2.7033	2.7033
	03152501	镀锌铁丝	kg	1.0382	1.0382	1.0382	1.0382
	04030115	黄砂 中粗	t	721.1250 (1041.1507)	756.1315 (1085.4391)	756.1315 (1085.4391)	756.1315 (1085.4391)

（续表）

定额编号				J-1-6-117 A(B)	J-1-6-118 A(B)	J-1-6-119 A(B)	J-1-6-120 A(B)
项目				DN1800			
				玻璃纤维增强塑料夹砂管(FRPM)			
				4.5 m	5.0 m	5.5 m	≤6.0 m
名称			单位	100 m	100 m	100 m	100 m
材料	04030701	砾石砂	t	114.5799	117.6309	117.6309	117.6309
	04050313	道碴 50～70	t	0.3988	0.3988	0.3988	0.3988
	04131711	蒸压灰砂砖	千块	14.0772	15.6342	17.8722	26.7273
	04290712	钢筋混凝土板 1400×250×160 mm	块	9.0000	15.0000	15.0000	15.0000
	04290713	钢筋混凝土板 1400×300×160 mm	块	6.0000			
	05350301	竹箩	个	2.5000	2.5000	2.5000	2.5000
	17311055	玻璃纤维增强塑料夹砂管(FRPM) DN1800 每节长 3 m 以下	m	96.7000	96.7000	96.7000	96.7000
	34110101	水	m^3	62.6508 (91.1599)	65.7364 (95.0723)	65.7931 (95.1290)	66.0175 (95.3534)
	35010102	组合钢模板	kg	8.4838	8.4838	8.4838	8.4838
	35010703	木模板成材	m^3	0.0530	0.0530	0.0530	0.0530
	35020401	钢模零配件	kg	3.1369	3.1369	3.1369	3.1369
	36012831	铸铁检查井雨污水盖座 市政90型	套	3.0000	3.0000	3.0000	3.0000
	36016631	防沉降检查井盖板 2500×2000×200	块	3.0000	3.0000	3.0000	3.0000
	36016651	高强度塑料检查井格板	只	3.0600	3.0600	3.0600	3.0600
	36016661	高强度塑料支架	只	9.1800	9.1800	9.1800	9.1800
	80060414	湿拌砌筑砂浆 WM M10.0	m^3	6.1975	6.8830	7.8683	11.7667
	80060513	预拌抹灰砂浆 WP M15.0	m^3	2.8469	3.0477	3.3778	3.4903
	80210410	预拌混凝土(泵送型) C15 粒径 5～20	m^3	1.6968	1.6968	1.6968	1.6968
	80210414	预拌混凝土(泵送型) C20 粒径 5～20	m^3	10.5747	10.5747	10.5747	10.5747

（续表）

定额编号				J-1-6-117 A(B)	J-1-6-118 A(B)	J-1-6-119 A(B)	J-1-6-120 A(B)
项目				DN1800			
				玻璃纤维增强塑料夹砂管(FRPM)			
				4.5 m	5.0 m	5.5 m	≤6.0 m
名称			单位	100 m	100 m	100 m	100 m
机械	99010060	履带式单斗液压挖掘机 1 m^3	台班	6.7804	7.7490	8.5239	9.1051
	99050930	混凝土振捣器 插入式	台班	1.6646	1.6646	1.6646	1.6646
	99050940	混凝土振捣器 平板式	台班	18.8930 (25.6084)	19.6833 (26.5935)	19.6833 (26.5935)	19.6833 (26.5935)
	99070220	轮胎式装载机 1 m^3	台班	5.7412 (4.8905)	6.9586 (6.0832)	8.0003 (7.1249)	8.7756 (7.9002)
	99070540	载重汽车 6 t	台班	0.7610	0.7610	0.7610	0.7610
	99070588	载重汽车 12 t	台班	8.7951 (7.4918)	10.6600 (9.3189)	12.2558 (10.9148)	13.4435 (12.1024)
	99090360	汽车式起重机 8 t	台班	1.9125	1.9125	1.9125	1.9125
	99091700	手扳葫芦	台班	3.3458	3.3458	3.3458	3.3458
	99130350	内燃夯实机 700 N·m	台班	32.4490 (25.7335)	40.2882 (33.3779)	47.1090 (40.1988)	52.1769 (45.2666)
	99170010	钢筋调直机	台班	0.1633	0.1633	0.1633	0.1633
	99170025	钢筋切断机	台班	0.1633	0.1633	0.1633	0.1633
	99210065	木工平刨床 刨削宽度 450	台班	0.0305	0.0305	0.0305	0.0305
	99440010	电动单级离心清水泵 ϕ50	台班	154.3500	181.4400	204.1200	221.1300
调整项目							
		围护支撑					
	00190101	综合人工	工日	592.1781	592.1781	592.1781	592.1781
	03152501	镀锌铁丝	kg	20.0000	20.0000	20.0000	20.0000
	04030115	黄砂 中粗	t	23.7356	23.7356	23.7356	23.7356
	05030101	成材	m^3	0.8241	0.8241	0.8241	0.8241
	35090121	槽型钢板桩	t	1.9587	1.9587	1.9587	1.9587
	35090131	槽型钢板桩使用费	t·d	5488.0000	5488.0000	5488.0000	5488.0000

(续表)

定额编号			J-1-6-117 A(B)	J-1-6-118 A(B)	J-1-6-119 A(B)	J-1-6-120 A(B)
项目			DN1800			
			玻璃纤维增强塑料夹砂管(FRPM)			
			4.5 m	5.0 m	5.5 m	≤6.0 m
名称		单位	100 m	100 m	100 m	100 m
35090611	钢板桩支撑使用费	t·d	324.0000	324.0000	324.0000	324.0000
35091771	铁撑柱	kg	173.0800	173.0800	173.0800	173.0800
35091901	钢桩帽摊销	kg	136.2690	136.2690	136.2690	136.2690
99030080	轨道式柴油打桩机 0.6 t	台班	27.7905	27.7905	27.7905	27.7905
99030690	简易拔桩架	台班	29.8410	29.8410	29.8410	29.8410
99090075	履带式起重机 8 t	台班	6.8250	6.8250	6.8250	6.8250
	井点降水					
00190101	综合人工	工日	−7.7875	−19.8425	−29.9351	−37.5046
04030115	黄砂 中粗	t	9.4420	9.4420	9.4420	9.4420
17270201	普通橡胶管	m	14.2440	14.2440	14.2440	14.2440
34110101	水	m^3	152.3275	152.3275	152.3275	152.3275
35040921	轻型井点井管 φ40	m	31.2437	31.2437	31.2437	31.2437
35040941	轻型井点井管 φ180×4	m	1.5091	1.5091	1.5091	1.5091
99091380	电动卷扬机单筒快速 10 kN	台班	1.9920	1.9920	1.9920	1.9920
99350050	轻便钻机 XJ-100	台班	4.7310	4.7310	4.7310	4.7310
99440010	电动单级离心清水泵 φ50	台班	−154.3500	−181.4400	−204.1200	−221.1300
99440150	电动多级离心清水泵 φ150×180 m 以下	台班	3.9840	3.9840	3.9840	3.9840
99440510	射流井点泵 9.5 m	台班	39.9420	39.9420	39.9420	39.9420

工作内容：沟槽挖土、沟槽排水、井点降水、沟槽围护和支撑（钢板桩、撑拆列板）、铺筑管道基础、铺设管道、沟槽回填（黄砂及素土）、土方场内运输、砌筑检查井等。

定额编号			J-1-6-121 A(B)	J-1-6-122 A(B)	J-1-6-123 A(B)	J-1-6-124 A(B)
项目			DN1800		DN2000	
			玻璃纤维增强塑料夹砂管(FRPM)			
			>6.0 m	6.5 m	>3.0 m	3.5 m
			100 m	100 m	100 m	100 m
预算定额编号	预算定额名称	预算定额单位	数量			
04290712	钢筋混凝土板 1400×250×160 mm	块	15.0000	15.0000	6.0000	6.0000
04290713	钢筋混凝土板 1400×300×160 mm	块			12.0000	12.0000
52-1-2-3	机械挖沟槽土方 深≤6 m 现场抛土	m^3	2268.0000	2268.0000	1214.0600	1359.7500
52-1-2-3 系 1	机械挖沟槽土方 深≤7 m 现场抛土	m^3	47.2500	189.0000		
52-1-3-1	沟槽回填 夯填土	m^3	1500.8850 (1314.6250)	1636.0150 (1449.7550)	325.9350 (134.4150)	468.8850 (277.3650)
53-1-3-2	场内运输 自卸汽车装运土（运距 1 km 以内）	m^3	1980.5500 (1794.2900)	2144.0300 (1957.7700)	870.9400 (1062.4600)	873.6800 (1065.2000)
52-1-3-4	沟槽回填 黄砂	m^3	410.9700 (597.2300)	410.9700 (597.2300)	446.1100 (637.6300)	446.1100 (637.6300)
52-1-4-1	管道垫层 黄砂垫层	m^3	16.6100	16.6100	17.1900	17.1900
52-1-4-3	管道垫层 砾石砂垫层	m^3	53.2050	53.4450	54.8550	54.8550
52-1-5-1	管道基座 混凝土 C20	m^3	10.4700	11.2500	8.7900	8.7900
52-1-5-1 换 1	管道基座 混凝土 C15	m^3	1.6800	1.8000	1.6500	1.6500
52-1-5-2	管道基座 钢筋	t	0.3360	0.3600	0.3270	0.3270
52-1-6-45	管道铺设 玻璃纤维增强塑料夹砂管(FRPM)每节 3 m 以下 DN1800	100 m	0.0967	0.0967		
52-1-6-46	管道铺设 玻璃纤维增强塑料夹砂管(FRPM)每节 3 m 以下 DN2000	100 m			0.0967	0.0967
52-1-6-62	管道铺设 玻璃纤维增强塑料夹砂管(FRPM)每节 3 m 以上 DN1800	100 m	0.8703	0.8703		
52-1-6-63	管道铺设 玻璃纤维增强塑料夹砂管(FRPM)每节 3 m 以上 DN2000	100 m			0.8703	0.8703
52-3-1-2	砖砌检查井及雨水口 检查井 深≤4 m	m^3			15.6000	19.5000
52-3-1-3	砖砌检查井及雨水口 检查井 深≤6 m	m^3	49.4400			
52-3-1-4	砖砌检查井及雨水口 检查井 深≤8 m	m^3		52.9200		
52-3-2-1	水泥砂浆抹面 检查井	m^2	203.3100	225.0000	84.0900	128.2500
52-3-6-1	安装防坠格板 新建工程	只	3.0000	3.0000	3.0000	3.0000

(续表)

定 额 编 号			J-1-6-121 A(B)	J-1-6-122 A(B)	J-1-6-123 A(B)	J-1-6-124 A(B)
项 目			DN1800		DN2000	
			玻璃纤维增强塑料夹砂管(FRPM)			
			>6.0 m	6.5 m	>3.0 m	3.5 m
			100 m	100 m	100 m	100 m
预算定额编号	预算定额名称	预算定额单位	数 量			
52-3-9-3	安装盖板及盖座 铸铁盖座	套	3.0000	3.0000	3.0000	3.0000
52-3-9-4	安装盖板及盖座 防沉降检查井盖板	块	3.0000	3.0000	3.0000	3.0000
52-4-5-1	模板工程 模板 管道基座	m^2	13.2600	13.7700	11.3100	11.3100
53-9-1-1	施工排水、降水 湿土排水	m^3	1937.2500	2079.0000	825.5600	971.2500
53-9-1-3	施工排水、降水 筑拆竹箩滤井	座	2.5000	2.5000	2.5000	2.5000
	调整项目					
	围护支撑					
52-4-3-3	打槽型钢板桩 长 9.01～12.00 m,单面	100 m	2.0000	2.0000		
52-4-3-8	拔槽型钢板桩 长 9.01～12.00 m,单面	100 m	2.0000	2.0000		
52-4-3-11	打拔沟槽钢板桩 槽型钢板桩使用费	t·d	7604.0000	7604.0000	2592.0000	2592.0000
52-4-4-6	安拆钢板桩支撑 槽宽≤3.8 m 深 6.01～8.00 m	100 m	1.0000	1.0000		
52-4-4-14	钢板桩支撑使用费	t·d	511.0000	511.0000	230.0000	230.0000
52-4-3-1	打槽型钢板桩 长 4.00～6.00 m,单面	100 m			2.0000	2.0000
52-4-3-6	拔槽型钢板桩 长 4.00～6.00 m,单面	100 m			2.0000	2.0000
52-4-4-4	安拆钢板桩支撑 槽宽≤3.8 m 深 3.01～4.00 m	100 m			1.0000	1.0000
	井点降水					
53-9-1-1	施工排水、降水 湿土排水	m^3	−1937.2500	−2079.0000	−825.5600	−971.2500
53-9-1-5	施工排水、降水 轻型井点安装	根			83.0000	83.0000
53-9-1-6	施工排水、降水 轻型井点拆除	根			83.0000	83.0000
53-9-1-7	施工排水、降水 轻型井点使用	套·天			40.0000	40.0000
53-9-1-8	施工排水、降水 喷射井点安装 10 m	根	40.0000	40.0000		
53-9-1-9	施工排水、降水 喷射井点拆除 10 m	根	40.0000	40.0000		
53-9-1-10	施工排水、降水 喷射井点使用 10 m	套·天	23.0000	23.0000		

工作内容: 沟槽挖土、沟槽排水、井点降水、沟槽围护和支撑(钢板桩、撑折列板)、铺筑管道基础、铺设管道、沟槽回填(黄砂及素土)、土方场内运输、砌筑检查井等。

定额编号				J-1-6-121 A(B)	J-1-6-122 A(B)	J-1-6-123 A(B)	J-1-6-124 A(B)
项目				DN1800		DN2000	
				玻璃纤维增强塑料夹砂管(FRPM)			
				>6.0 m	6.5 m	>3.0 m	3.5 m
名称			单位	100 m	100 m	100 m	100 m
人工	00190101	综合人工	工日	977.6220 (982.4648)	1047.0341 (1051.8768)	452.5456 (470.2803)	517.9231 (535.6579)
材料	01010211	热轧带肋钢筋(HRB400) $\phi\leqslant10$	t	0.0964	0.1033	0.0938	0.0938
	01010212	热轧带肋钢筋(HRB400) $\phi>10$	t	0.2480	0.2657	0.2413	0.2413
	02090101	塑料薄膜	m^2	77.9488	83.5722	44.7605	47.9839
	03010811	钢塑膨胀铆钉	只	18.3600	18.3600	18.3600	18.3600
	03150101	圆钉	kg	2.7033	2.8073	2.3058	2.3058
	03152501	镀锌铁丝	kg	1.0382	1.1124	1.0104	1.0104
	04030115	黄砂 中粗	t	756.1315 (1085.4391)	756.1315 (1085.4391)	819.2844 (1157.8917)	819.2844 (1157.8917)
	04030701	砾石砂	t	117.6309	118.1616	121.2789	121.2789
	04050313	道碴 50～70	t	0.3988	0.3988	0.3988	0.3988
	04131711	蒸压灰砂砖	千块	26.7273	28.5186	8.4583	10.5729
	04290712	钢筋混凝土板 1400×250×160 mm	块	15.0000	15.0000	6.0000	6.0000
	04290713	钢筋混凝土板 1400×300×160 mm	块			12.0000	12.0000
	05350301	竹箩	个	2.5000	2.5000	2.5000	2.5000
	17311055	玻璃纤维增强塑料夹砂管(FRPM) DN1800 每节长 3 m 以下	m	96.7000	96.7000		
	17311057	玻璃纤维增强塑料夹砂管(FRPM) DN2000 每节长 3 m 以下	m			96.7000	96.7000
	34110101	水	m^3	66.0175 (95.3534)	66.1105 (95.4464)	71.0022 (101.1666)	71.0557 (101.2201)
	35010102	组合钢模板	kg	8.4838	8.8101	7.2362	7.2362
	35010703	木模板成材	m^3	0.0530	0.0550	0.0452	0.0452
	35020401	钢模零配件	kg	3.1369	3.2576	2.6756	2.6756
	36012831	铸铁检查井雨污水盖座 市政 90 型	套	3.0000	3.0000	3.0000	3.0000
	36016631	防沉降检查井盖板 2500×2000×200	块	3.0000	3.0000	3.0000	3.0000

(续表)

定额编号				J-1-6-121 A(B)	J-1-6-122 A(B)	J-1-6-123 A(B)	J-1-6-124 A(B)
项目				DN1800		DN2000	
				玻璃纤维增强塑料夹砂管(FRPM)			
				>6.0 m	6.5 m	>3.0 m	3.5 m
名称			单位	100 m	100 m	100 m	100 m
材料	36016651	高强度塑料检查井格板	只	3.0600	3.0600	3.0600	3.0600
	36016661	高强度塑料支架	只	9.1800	9.1800	9.1800	9.1800
	80060414	湿拌砌筑砂浆 WM M10.0	m^3	11.7667	12.8013	3.6785	4.5981
	80060513	预拌抹灰砂浆 WP M15.0	m^3	3.4903	3.8352	1.5947	2.2969
	80210410	预拌混凝土(泵送型) C15 粒径 5～20	m^3	1.6968	1.8180	1.6665	1.6665
	80210414	预拌混凝土(泵送型) C20 粒径 5～20	m^3	10.5747	11.3625	8.8779	8.8779
机械	99010060	履带式单斗液压挖掘机 1 m^3	台班	9.5256	10.2060	4.9776	5.5750
	99050930	混凝土振捣器 插入式	台班	1.6646	1.7879	1.4303	1.4303
	99050940	混凝土振捣器 平板式	台班	19.6833 (26.5935)	19.8167 (26.7269)	20.8409 (27.9463)	20.8409 (27.9463)
	99070220	轮胎式装载机 1 m^3	台班	9.3086 (8.4332)	10.0769 (9.2015)	4.0934 (4.9936)	4.1063 (5.0064)
	99070540	载重汽车 6 t	台班	0.7610	0.7618	0.7648	0.7648
	99070588	载重汽车 12 t	台班	14.2600 (12.9189)	15.4370 (14.0959)	6.2708 (7.6497)	6.2905 (7.6694)
	99090360	汽车式起重机 8 t	台班	1.9125	1.9130	1.9269	1.9269
	99091700	手扳葫芦	台班	3.3458	3.3458	3.3791	3.3791
	99130350	内燃夯实机 700 N·m	台班	55.6828 (48.7726)	60.6962 (53.7859)	12.0922 (4.9868)	17.3956 (10.2902)
	99170010	钢筋调直机	台班	0.1633	0.1750	0.1590	0.1590
	99170025	钢筋切断机	台班	0.1633	0.1750	0.1590	0.1590
	99210065	木工平刨床 刨削宽度 450	台班	0.0305	0.0317	0.0260	0.0260
	99440010	电动单级离心清水泵 $\phi 50$	台班	232.4700	249.4800	99.0672	116.5500
调整项目							
		围护支撑					
	00190101	综合人工	工日	593.4223	593.4223	462.6629	462.6629
	03152501	镀锌铁丝	kg	25.0000	25.0000	15.0000	15.0000
	04030115	黄砂 中粗	t	33.2299	33.2299	15.8236	15.8236
	05030101	成材	m^3	1.0276	1.0276	0.6027	0.6027
	35090121	槽型钢板桩	t	2.6893	2.6893	1.3350	1.3350
	35090131	槽型钢板桩使用费	t·d	7604.0000	7604.0000	2592.0000	2592.0000
	35090611	钢板桩支撑使用费	t·d	511.0000	511.0000	230.0000	230.0000

（续表）

定额编号			J-1-6-121 A(B)	J-1-6-122 A(B)	J-1-6-123 A(B)	J-1-6-124 A(B)
项目			DN1800		DN2000	
			玻璃纤维增强塑料夹砂管(FRPM)			
			>6.0 m	6.5 m	>3.0 m	3.5 m
名称		单位	100 m	100 m	100 m	100 m
35091771	铁撑柱	kg	272.9800	272.9800	129.8100	129.8100
35091901	钢桩帽摊销	kg	381.5700	381.5700	90.9300	90.9300
99030100	轨道式柴油打桩机 1.2 t	台班	33.5913	33.5913		
99030970	震动锤 45 kW	台班	17.3680	17.3680		
99090075	履带式起重机 8 t	台班	8.5319	8.5319	5.1194	5.1194
99090090	履带式起重机 15 t	台班	17.3680	17.3680		
99030080	轨道式柴油打桩机 0.6 t	台班			20.1323	20.1323
99030690	简易拔桩架	台班			23.9558	23.9558
	井点降水					
00190101	综合人工	工日	97.9949	90.4254	20.8384	13.0585
04030115	黄砂 中粗	t			9.4420	9.4420
04030119	黄砂 中粗	kg	95423.8016	95423.8016		
17030102	镀锌焊接钢管	kg	0.1564	0.1564		
17270201	普通橡胶管	m			14.2440	14.2440
34110101	水	m^3	566.8908	566.8908	152.3275	152.3275
35040921	轻型井点井管 $\phi40$	m			37.4802	37.4802
35040941	轻型井点井管 $\phi180\times4$	m			1.8096	1.8096
35040961	喷射井点总管 $\phi159\times6$	m	3.2077	3.2077		
35040971	喷射井点井管 $\phi76$	m	22.7911	22.7911		
35041011	喷射井点滤网管	根	2.6328	2.6328		
35041021	喷射井点回水连接件	副	1.6464	1.6464		
35041031	喷射井点腰子法兰	副	0.7498	0.7498		
35041041	喷射井点水箱	kg	26.3115	26.3115		
35041051	喷射井点喷射器	只	3.5180	3.5180		
99090080	履带式起重机 10 t	台班	11.5200	11.5200		
99091380	电动卷扬机单筒快速 10 kN	台班			1.9920	1.9920
99350050	轻便钻机 XJ-100	台班			4.7310	4.7310
99350120	液压钻机 G-2A	台班	4.4160	4.4160		
99440010	电动单级离心清水泵 $\phi50$	台班	−232.4700	−249.4800	−99.0672	−116.5500
99440150	电动多级离心清水泵 $\phi150\times$180 m 以下	台班	33.0500	33.0500	3.9840	3.9840
99440210	污水泵 $\phi100$	台班	11.0400	11.0400		
99440510	射流井点泵 9.5 m	台班			47.9920	47.9920

工作内容:沟槽挖土、沟槽排水、井点降水、沟槽围护和支撑(钢板桩、撑拆列板)、铺筑管道基础、铺设管道、沟槽回填(黄砂及素土)、土方场内运输、砌筑检查井等。

定额编号			J-1-6-125 A(B)	J-1-6-126 A(B)	J-1-6-127 A(B)	J-1-6-128 A(B)
项目			DN2000			
			玻璃纤维增强塑料夹砂管(FRPM)			
			≤4.0 m	>4.0 m	4.5 m	5.0 m
			100 m	100 m	100 m	100 m
预算定额编号	预算定额名称	预算定额单位	数量			
04290712	钢筋混凝土板 1400×250×160 mm	块	6.0000	6.0000	6.0000	6.0000
04290713	钢筋混凝土板 1400×300×160 mm	块	12.0000	12.0000	12.0000	12.0000
52-1-2-3	机械挖沟槽土方 深≤6 m 现场抛土	m^3	1505.4400	1602.5600	1748.2500	1995.0000
52-1-3-1	沟槽回填 夯填土	m^3	610.4250 (418.9050)	707.5450 (516.0250)	844.5450 (653.0250)	1065.0450 (868.2850)
53-1-3-2	场内运输 自卸汽车装运土(运距1 km以内)	m^3	928.6980 (1069.3500)	1045.2420 (1069.3500)	1211.2700 (1078.1500)	1481.5800 (1284.8200)
52-1-3-4	沟槽回填 黄砂	m^3	446.1100 (637.6300)	446.1100 (637.6300)	446.1100 (637.6300)	467.6000 (664.3600)
52-1-4-1	管道垫层 黄砂垫层	m^3	17.1900	17.1900	17.0800	17.5400
52-1-4-3	管道垫层 砾石砂垫层	m^3	54.8550	54.8550	54.7950	56.1750
52-1-5-1	管道基座 混凝土 C20	m^3	8.7900	8.7900	11.1000	11.1000
52-1-5-1换1	管道基座 混凝土 C15	m^3	1.6500	1.6500	1.8000	1.8000
52-1-5-2	管道基座 钢筋	t	0.3270	0.3270	0.3570	0.3570
52-1-6-46	管道铺设 玻璃纤维增强塑料夹砂管(FRPM)每节 3 m 以下 DN2000	100 m	0.0967	0.0967	0.0967	0.0967
52-1-6-63	管道铺设 玻璃纤维增强塑料夹砂管(FRPM)每节 3 m 以上 DN2000	100 m	0.8703	0.8703	0.8703	0.8703
52-3-1-2	砖砌检查井及雨水口 检查井 深≤4 m	m^3	24.1200	24.1200		
52-3-1-3	砖砌检查井及雨水口 检查井 深≤6 m	m^3			27.1500	30.4800
52-3-2-1	水泥砂浆抹面 检查井	m^2	151.9200	151.9200	168.1200	184.3200
52-3-6-1	安装防坠格板 新建工程	只	3.0000	3.0000	3.0000	3.0000
52-3-9-3	安装盖板及盖座 铸铁盖座	套	3.0000	3.0000	3.0000	3.0000

（续表）

定额编号			J-1-6-125 A(B)	J-1-6-126 A(B)	J-1-6-127 A(B)	J-1-6-128 A(B)
项目			DN2000			
			玻璃纤维增强塑料夹砂管(FRPM)			
			≤4.0 m	>4.0 m	4.5 m	5.0 m
			100 m	100 m	100 m	100 m
预算定额编号	预算定额名称	预算定额单位	数量			
52-3-9-4	安装盖板及盖座 防沉降检查井盖板	块	3.0000	3.0000	3.0000	3.0000
52-4-5-1	模板工程 模板 管道基座	m^2	11.3100	11.3100	13.6800	13.6800
53-9-1-1	施工排水、降水 湿土排水	m^3	1116.9400	1214.0600	1359.7500	1596.0000
53-9-1-3	施工排水、降水 筑拆竹箩滤井	座	2.5000	2.5000	2.5000	2.5000
调整项目						
	围护支撑					
52-4-3-1	打槽型钢板桩 长 4.00～6.00 m，单面	100 m	2.0000			
52-4-3-6	拔槽型钢板桩 长 4.00～6.00 m，单面	100 m	2.0000			
52-4-3-11	打拔沟槽钢板桩 槽型钢板桩使用费	t·d	2592.0000	5762.0000	5762.0000	5762.0000
52-4-4-4	安拆钢板桩支撑 槽宽≤3.8 m 深 3.01～4.00 m	100 m	1.0000			
52-4-4-14	钢板桩支撑使用费	t·d	230.0000	460.0000	460.0000	460.0000
52-4-3-2	打槽型钢板桩 长 6.01～9.00 m，单面	100 m		2.0000	2.0000	2.0000
52-4-3-7	拔槽型钢板桩 长 6.01～9.00 m，单面	100 m		2.0000	2.0000	2.0000
52-4-4-5	安拆钢板桩支撑 槽宽≤3.8 m 深 4.01～6.00 m	100 m		1.0000	1.0000	1.0000
	井点降水					
53-9-1-1	施工排水、降水 湿土排水	m^3	−1116.9400	−1214.0600	−1359.7500	−1596.0000
53-9-1-5	施工排水、降水 轻型井点安装	根	83.0000	83.0000	83.0000	83.0000
53-9-1-6	施工排水、降水 轻型井点拆除	根	83.0000	83.0000	83.0000	83.0000
53-9-1-7	施工排水、降水 轻型井点使用	套·天	40.0000	40.0000	40.0000	40.0000

工作内容：沟槽挖土、沟槽排水、井点降水、沟槽围护和支撑(钢板桩、撑拆列板)、铺筑管道基础、铺设管道、沟槽回填(黄砂及素土)、土方场内运输、砌筑检查井等。

定额编号				J-1-6-125 A(B)	J-1-6-126 A(B)	J-1-6-127 A(B)	J-1-6-128 A(B)
项目				DN2000			
				玻璃纤维增强塑料夹砂管(FRPM)			
				≤4.0 m	>4.0 m	4.5 m	5.0 m
名称			单位	100 m	100 m	100 m	100 m
人工	00190101	综合人工	工日	583.0364 (599.0773)	620.2878 (632.4477)	688.4795 (695.4037)	793.3089 (798.4247)
材料	01010211	热轧带肋钢筋(HRB400) φ≤10	t	0.0938	0.0938	0.1025	0.1025
	01010212	热轧带肋钢筋(HRB400) φ>10	t	0.2413	0.2413	0.2635	0.2635
	02090101	塑料薄膜	m^2	51.8023	51.8023	61.8154	64.5676
	03010811	钢塑膨胀铆钉	只	18.3600	18.3600	18.3600	18.3600
	03150101	圆钉	kg	2.3058	2.3058	2.7890	2.7890
	03152501	镀锌铁丝	kg	1.0104	1.0104	1.1031	1.1031
	04030115	黄砂 中粗	t	819.2844 (1157.8917)	819.2844 (1157.8917)	819.0899 (1157.6972)	857.8975 (1205.7692)
	04030701	砾石砂	t	121.2789	121.2789	121.1463	124.1973
	04050313	道碴 50～70	t	0.3988	0.3988	0.3988	0.3988
	04131711	蒸压灰砂砖	千块	13.0779	13.0779	14.6773	16.4775
	04290712	钢筋混凝土板 1400×250×160 mm	块	6.0000	6.0000	6.0000	6.0000
	04290713	钢筋混凝土板 1400×300×160 mm	块	12.0000	12.0000	12.0000	12.0000
	05350301	竹箩	个	2.5000	2.5000	2.5000	2.5000
	17311057	玻璃纤维增强塑料夹砂管(FRPM) DN2000 每节长 3 m 以下	m	96.7000	96.7000	96.7000	96.7000
	34110101	水	m^3	71.1189 (101.2833)	71.1189 (101.2833)	71.2844 (101.4488)	74.7147 (105.7044)
	35010102	组合钢模板	kg	7.2362	7.2362	8.7525	8.7525
	35010703	木模板成材	m^3	0.0452	0.0452	0.0547	0.0547
	35020401	钢模零配件	kg	2.6756	2.6756	3.2363	3.2363
	36012831	铸铁检查井雨污水盖座 市政90型	套	3.0000	3.0000	3.0000	3.0000
	36016631	防沉降检查井盖板 2500×2000×200	块	3.0000	3.0000	3.0000	3.0000
	36016651	高强度塑料检查井格板	只	3.0600	3.0600	3.0600	3.0600

（续表）

定额编号				J-1-6-125 A(B)	J-1-6-126 A(B)	J-1-6-127 A(B)	J-1-6-128 A(B)
项目				DN2000			
				玻璃纤维增强塑料夹砂管(FRPM)			
				≤4.0 m	>4.0 m	4.5 m	5.0 m
名称			单位	100 m	100 m	100 m	100 m
材料	36016661	高强度塑料支架	只	9.1800	9.1800	9.1800	9.1800
	80060414	湿拌砌筑砂浆 WM M10.0	m^3	5.6875	5.6875	6.4617	7.2542
	80060513	预拌抹灰砂浆 WP M15.0	m^3	2.6732	2.6732	2.9308	3.1884
	80210410	预拌混凝土(泵送型) C15 粒径 5～20	m^3	1.6665	1.6665	1.8180	1.8180
	80210414	预拌混凝土(泵送型) C20 粒径 5～20	m^3	8.8779	8.8779	11.2110	11.2110
机械	99010060	履带式单斗液压挖掘机 1 m^3	台班	6.1723	6.5705	7.1678	8.1795
	99050930	混凝土振捣器 插入式	台班	1.4303	1.4303	1.7673	1.7673
	99050940	混凝土振捣器 平板式	台班	20.8409 (27.9463)	20.8409 (27.9463)	21.1718 (28.2772)	22.0419 (29.3417)
	99070220	轮胎式装载机 1 m^3	台班	4.3649 (5.0259)	4.9126 (5.0259)	5.6930 (5.0673)	6.9634 (6.0387)
	99070540	载重汽车 6 t	台班	0.7648	0.7648	0.7686	0.7686
	99070588	载重汽车 12 t	台班	6.6866 (7.6993)	7.5257 (7.6993)	8.7211 (7.7627)	10.6674 (9.2507)
	99090360	汽车式起重机 8 t	台班	1.9269	1.9269	1.9295	1.9295
	99091700	手扳葫芦	台班	3.3791	3.3791	3.3791	3.3791
	99130350	内燃夯实机 700 N·m	台班	22.6468 (15.5414)	26.2499 (19.1445)	31.3326 (24.2272)	39.5132 (32.2134)
	99170010	钢筋调直机	台班	0.1590	0.1590	0.1735	0.1735
	99170025	钢筋切断机	台班	0.1590	0.1590	0.1735	0.1735
	99210065	木工平刨床 刨削宽度 450	台班	0.0260	0.0260	0.0315	0.0315
	99440010	电动单级离心清水泵 ϕ50	台班	134.0328	145.6872	163.1700	191.5200
调整项目							
		围护支撑					
	00190101	综合人工	工日	462.6629	592.1781	592.1781	592.1781
	03152501	镀锌铁丝	kg	15.0000	20.0000	20.0000	20.0000
	04030115	黄砂 中粗	t	15.8236	23.7356	23.7356	23.7356
	05030101	成材	m^3	0.6027	0.8241	0.8241	0.8241

(续表)

定额编号				J-1-6-125 A(B)	J-1-6-126 A(B)	J-1-6-127 A(B)	J-1-6-128 A(B)
项目				DN2000			
				玻璃纤维增强塑料夹砂管(FRPM)			
				≤4.0 m	>4.0 m	4.5 m	5.0 m
名称			单位	100 m	100 m	100 m	100 m
	35090121	槽型钢板桩	t	1.3350	1.9587	1.9587	1.9587
	35090131	槽型钢板桩使用费	t·d	2592.0000	5762.0000	5762.0000	5762.0000
	35090611	钢板桩支撑使用费	t·d	230.0000	460.0000	460.0000	460.0000
	35091771	铁撑柱	kg	129.8100	173.0800	173.0800	173.0800
	35091901	钢桩帽摊销	kg	90.9300	136.2690	136.2690	136.2690
	99030080	轨道式柴油打桩机 0.6 t	台班	20.1323	27.7905	27.7905	27.7905
	99030690	简易拔桩架	台班	23.9558	29.8410	29.8410	29.8410
	99090075	履带式起重机 8 t	台班	5.1194	6.8250	6.8250	6.8250
		井点降水					
	00190101	综合人工	工日	5.2787	0.0925	−7.6874	−20.3031
	04030115	黄砂 中粗	t	9.4420	9.4420	9.4420	9.4420
	17270201	普通橡胶管	m	14.2440	14.2440	14.2440	14.2440
	34110101	水	m^3	152.3275	152.3275	152.3275	152.3275
	35040921	轻型井点井管 ϕ40	m	37.4802	37.4802	37.4802	37.4802
	35040941	轻型井点井管 ϕ180×4	m	1.8096	1.8096	1.8096	1.8096
	99091380	电动卷扬机单筒快速 10 kN	台班	1.9920	1.9920	1.9920	1.9920
	99350050	轻便钻机 XJ-100	台班	4.7310	4.7310	4.7310	4.7310
	99440010	电动单级离心清水泵 ϕ50	台班	−134.0328	−145.6872	−163.1700	−191.5200
	99440150	电动多级离心清水泵 ϕ150×180 m 以下	台班	3.9840	3.9840	3.9840	3.9840
	99440510	射流井点泵 9.5 m	台班	47.9920	47.9920	47.9920	47.9920

工作内容：沟槽挖土、沟槽排水、井点降水、沟槽围护和支撑（钢板桩、撑拆列板）、铺筑管道基础、铺设管道、沟槽回填（黄砂及素土）、土方场内运输、砌筑检查井等。

定额编号			J-1-6-129 A(B)	J-1-6-130 A(B)	J-1-6-131 A(B)	J-1-6-132 A(B)
项目			DN2000			
			玻璃纤维增强塑料夹砂管(FRPM)			
			5.5 m	≤6.0 m	>6.0 m	6.5 m
			100 m	100 m	100 m	100 m
预算定额编号	预算定额名称	预算定额单位	数量			
04290712	钢筋混凝土板 1400×250×160 mm	块	18.0000	18.0000	18.0000	18.0000
52-1-2-3	机械挖沟槽土方 深≤6 m 现场抛土	m^3	2194.5000	2344.1300	2394.0000	2394.0000
52-1-2-3 系 1	机械挖沟槽土方 深≤7 m 现场抛土	m^3			49.8800	199.5000
52-1-3-1	沟槽回填 夯填土	m^3	1259.4350 (1062.6750)	1403.9150 (1207.1550)	1503.6650 (1306.9050)	1646.6650 (1449.9050)
53-1-3-2	场内运输 自卸汽车装运土(运距 1 km 以内)	m^3	1715.8700 (1519.1100)	1890.2760 (1693.5160)	2009.9760 (1813.2160)	2182.9000 (1986.1400)
52-1-3-4	沟槽回填 黄砂	m^3	467.6000 (664.3600)	467.6000 (664.3600)	467.6000 (664.3600)	467.6000 (664.3600)
52-1-4-1	管道垫层 黄砂垫层	m^3	17.5400	17.5400	17.5400	17.5400
52-1-4-3	管道垫层 砾石砂垫层	m^3	56.1750	56.1750	56.1750	56.4150
52-1-5-1	管道基座 混凝土 C20	m^3	11.1000	11.1000	11.1000	11.8800
52-1-5-1 换 1	管道基座 混凝土 C15	m^3	1.8000	1.8000	1.8000	1.9200
52-1-5-2	管道基座 钢筋	t	0.3570	0.3570	0.3570	0.3810
52-1-6-46	管道铺设 玻璃纤维增强塑料夹砂管(FRPM)每节 3 m 以下 DN2000	100 m	0.0967	0.0967	0.0967	0.0967
52-1-6-63	管道铺设 玻璃纤维增强塑料夹砂管(FRPM)每节 3 m 以上 DN2000	100 m	0.8703	0.8703	0.8703	0.8703
52-3-1-3	砖砌检查井及雨水口 检查井 深≤6 m	m^3	33.8100	52.5900	52.5900	
52-3-1-4	砖砌检查井及雨水口 检查井 深≤8 m	m^3				55.9800
52-3-2-1	水泥砂浆抹面 检查井	m^2	199.3500	204.9600	204.9600	225.0000
52-3-6-1	安装防坠格板 新建工程	只	3.0000	3.0000	3.0000	3.0000
52-3-9-3	安装盖板及盖座 铸铁盖座	套	3.0000	3.0000	3.0000	3.0000
52-3-9-4	安装盖板及盖座 防沉降检查井盖板	块	3.0000	3.0000	3.0000	3.0000
52-4-5-1	模板工程 模板 管道基座	m^2	13.6800	13.6800	13.6800	14.1900

（续表）

定额编号			J-1-6-129 A(B)	J-1-6-130 A(B)	J-1-6-131 A(B)	J-1-6-132 A(B)
项目			DN2000			
			玻璃纤维增强塑料夹砂管(FRPM)			
			5.5 m	≤6.0 m	>6.0 m	6.5 m
			100 m	100 m	100 m	100 m
预算定额编号	预算定额名称	预算定额单位	数量			
53-9-1-1	施工排水、降水 湿土排水	m^3	1795.5000	1945.1300	2044.8800	2194.5000
53-9-1-3	施工排水、降水 筑拆竹箩滤井	座	2.5000	2.5000	2.5000	2.5000
	调整项目					
	围护支撑					
52-4-3-2	打槽型钢板桩 长 6.01～9.00 m，单面	100 m	2.0000	2.0000		
52-4-3-7	拔槽型钢板桩 长 6.01～9.00 m，单面	100 m	2.0000	2.0000		
52-4-3-11	打拔沟槽钢板桩 槽型钢板桩使用费	t·d	5762.0000	5762.0000	7984.0000	7984.0000
52-4-4-5	安拆钢板桩支撑 槽宽≤3.8 m 深 4.01～6.00 m	100 m	1.0000	1.0000		
52-4-4-14	钢板桩支撑使用费	t·d	460.0000	460.0000	800.0000	800.0000
52-4-3-3	打槽型钢板桩 长 9.01～12.00 m，单面	100 m			2.0000	2.0000
52-4-3-8	拔槽型钢板桩 长 9.01～12.00 m，单面	100 m			2.0000	2.0000
52-4-4-6	安拆钢板桩支撑 槽宽≤3.8 m 深 6.01～8.00 m	100 m			1.0000	1.0000
	井点降水					
53-9-1-1	施工排水、降水 湿土排水	m^3	−1795.5000	−1945.1300	−2044.8800	−2194.5000
53-9-1-5	施工排水、降水 轻型井点安装	根	83.0000	83.0000		
53-9-1-6	施工排水、降水 轻型井点拆除	根	83.0000	83.0000		
53-9-1-7	施工排水、降水 轻型井点使用	套·天	40.0000	40.0000		
53-9-1-8	施工排水、降水 喷射井点安装 10 m	根			40.0000	40.0000
53-9-1-9	施工排水、降水 喷射井点拆除 10 m	根			40.0000	40.0000
53-9-1-10	施工排水、降水 喷射井点使用 10 m	套·天			28.0000	28.0000

工作内容：沟槽挖土、沟槽排水、井点降水、沟槽围护和支撑(钢板桩、撑拆列板)、铺筑管道基础、铺设管道、沟槽回填(黄砂及素土)、土方场内运输、砌筑检查井等。

定额编号				J-1-6-129 A(B)	J-1-6-130 A(B)	J-1-6-131 A(B)	J-1-6-132 A(B)
项目				DN2000			
				玻璃纤维增强塑料夹砂管(FRPM)			
				5.5 m	≤6.0 m	>6.0 m	6.5 m
名称			单位	100 m	100 m	100 m	100 m
人工	00190101	综合人工	工日	878.7463 (883.8621)	980.9110 (986.0268)	1019.3757 (1024.4915)	1091.5760 (1096.6918)
材料	01010211	热轧带肋钢筋(HRB400) $\phi \leq 10$	t	0.1025	0.1025	0.1025	0.1093
	01010212	热轧带肋钢筋(HRB400) $\phi > 10$	t	0.2635	0.2635	0.2635	0.2812
	02090101	塑料薄膜	m^2	67.3199	82.8415	82.8415	88.3906
	03010811	钢塑膨胀铆钉	只	18.3600	18.3600	18.3600	18.3600
	03150101	圆钉	kg	2.7890	2.7890	2.7890	2.8930
	03152501	镀锌铁丝	kg	1.1031	1.1031	1.1031	1.1773
	04030115	黄砂 中粗	t	857.8975 (1205.7692)	857.8975 (1205.7692)	857.8975 (1205.7692)	857.8975 (1205.7692)
	04030701	砾石砂	t	124.1973	124.1973	124.1973	124.7279
	04050313	道碴 50～70	t	0.3988	0.3988	0.3988	0.3988
	04131711	蒸压灰砂砖	千块	18.2777	28.4302	28.4302	30.1676
	04290712	钢筋混凝土板 1400×250×160 mm	块	18.0000	18.0000	18.0000	18.0000
	05350301	竹箩	个	2.5000	2.5000	2.5000	2.5000
	17311057	玻璃纤维增强塑料夹砂管(FRPM) DN2000 每节长 3 m 以下	m	96.7000	96.7000	96.7000	96.7000
	34110101	水	m^3	74.7603 (105.7500)	75.0176 (106.0073)	75.0176 (106.0073)	75.1095 (106.0992)
	35010102	组合钢模板	kg	8.7525	8.7525	8.7525	9.0788
	35010703	木模板成材	m^3	0.0547	0.0547	0.0547	0.0567
	35020401	钢模零配件	kg	3.2363	3.2363	3.2363	3.3569
	36012831	铸铁检查井雨污水盖座 市政90型	套	3.0000	3.0000	3.0000	3.0000
	36016631	防沉降检查井盖板 2500×2000×200	块	3.0000	3.0000	3.0000	3.0000
	36016651	高强度塑料检查井格板	只	3.0600	3.0600	3.0600	3.0600
	36016661	高强度塑料支架	只	9.1800	9.1800	9.1800	9.1800

（续表）

定额编号				J-1-6-129 A(B)	J-1-6-130 A(B)	J-1-6-131 A(B)	J-1-6-132 A(B)
项目				DN2000			
				玻璃纤维增强塑料夹砂管(FRPM)			
				5.5 m	≤6.0 m	>6.0 m	6.5 m
名称			单位	100 m	100 m	100 m	100 m
材料	80060414	湿拌砌筑砂浆 WM M10.0	m^3	8.0468	12.5164	12.5164	13.5416
	80060513	预拌抹灰砂浆 WP M15.0	m^3	3.4274	3.5166	3.5166	3.8352
	80210410	预拌混凝土(泵送型) C15 粒径 5～20	m^3	1.8180	1.8180	1.8180	1.9392
	80210414	预拌混凝土(泵送型) C20 粒径 5～20	m^3	11.2110	11.2110	11.2110	11.9988
机械	99010060	履带式单斗液压挖掘机 1 m^3	台班	8.9975	9.6109	10.0548	10.7730
	99050930	混凝土振捣器 插入式	台班	1.7673	1.7673	1.7673	1.8906
	99050940	混凝土振捣器 平板式	台班	22.0419 (29.3417)	22.0419 (29.3417)	22.0419 (29.3417)	22.1752 (29.4750)
	99070220	轮胎式装载机 1 m^3	台班	8.0646 (7.1398)	8.8843 (7.9595)	9.4469 (8.5221)	10.2596 (9.3349)
	99070540	载重汽车 6 t	台班	0.7686	0.7686	0.7686	0.7694
	99070588	载重汽车 12 t	台班	12.3543 (10.9376)	13.6100 (12.1933)	14.4718 (13.0552)	15.7169 (14.3002)
	99090360	汽车式起重机 8 t	台班	1.9295	1.9295	1.9295	1.9301
	99091700	手扳葫芦	台班	3.3791	3.3791	3.3791	3.3791
	99130350	内燃夯实机 700 N·m	台班	46.7250 (39.4252)	52.0852 (44.7855)	55.7860 (48.4862)	61.0913 (53.7915)
	99170010	钢筋调直机	台班	0.1735	0.1735	0.1735	0.1852
	99170025	钢筋切断机	台班	0.1735	0.1735	0.1735	0.1852
	99210065	木工平刨床 刨削宽度 450	台班	0.0315	0.0315	0.0315	0.0326
	99440010	电动单级离心清水泵 ϕ50	台班	215.4600	233.4156	245.3856	263.3400
调整项目							
		围护支撑					
	00190101	综合人工	工日	592.1781	592.1781	593.4223	593.4223
	03152501	镀锌铁丝	kg	20.0000	20.0000	25.0000	25.0000
	04030115	黄砂 中粗	t	23.7356	23.7356	33.2299	33.2299
	05030101	成材	m^3	0.8241	0.8241	1.0276	1.0276
	35090121	槽型钢板桩	t	1.9587	1.9587	2.6893	2.6893
	35090131	槽型钢板桩使用费	t·d	5762.0000	5762.0000	7984.0000	7984.0000
	35090611	钢板桩支撑使用费	t·d	460.0000	460.0000	800.0000	800.0000
	35091771	铁撑柱	kg	173.0800	173.0800	272.9800	272.9800
	35091901	钢桩帽摊销	kg	136.2690	136.2690	381.5700	381.5700

（续表）

定额编号			J-1-6-129 A(B)	J-1-6-130 A(B)	J-1-6-131 A(B)	J-1-6-132 A(B)
项目			DN2000			
			玻璃纤维增强塑料夹砂管(FRPM)			
			5.5 m	≤6.0 m	>6.0 m	6.5 m
名称		单位	100 m	100 m	100 m	100 m
	99030080 轨道式柴油打桩机 0.6 t	台班	27.7905	27.7905		
	99030690 简易拔桩架	台班	29.8410	29.8410		
	99090075 履带式起重机 8 t	台班	6.8250	6.8250	8.5319	8.5319
	99030100 轨道式柴油打桩机 1.2 t	台班			33.5913	33.5913
	99030970 震动锤 45 kW	台班			17.3680	17.3680
	99090090 履带式起重机 15 t	台班			17.3680	17.3680
	井点降水					
	00190101 综合人工	工日	−30.9564	−38.9466	103.3474	95.3577
	04030115 黄砂 中粗	t	9.4420	9.4420		
	04030119 黄砂 中粗	kg			95423.8016	95423.8016
	17030102 镀锌焊接钢管	kg			0.1817	0.1817
	17270201 普通橡胶管	m	14.2440	14.2440		
	34110101 水	m^3	152.3275	152.3275	566.8908	566.8908
	35040921 轻型井点井管 φ40	m	37.4802	37.4802		
	35040941 轻型井点井管 φ180×4	m	1.8096	1.8096		
	35040961 喷射井点总管 φ159×6	m			3.8650	3.8650
	35040971 喷射井点井管 φ76	m			27.4931	27.4931
	35041011 喷射井点滤网管	根			3.1738	3.1738
	35041021 喷射井点回水连接件	副			1.9851	1.9851
	35041031 喷射井点腰子法兰	副			0.9015	0.9015
	35041041 喷射井点水箱	kg			31.7215	31.7215
	35041051 喷射井点喷射器	只			4.2410	4.2410
	99090080 履带式起重机 10 t	台班			11.5200	11.5200
	99091380 电动卷扬机单筒快速 10 kN	台班	1.9920	1.9920		
	99350050 轻便钻机 XJ-100	台班	4.7310	4.7310		
	99350120 液压钻机 G-2A	台班			4.4160	4.4160
	99440010 电动单级离心清水泵 φ50	台班	−215.4600	−233.4156	−245.3856	−263.3400
	99440150 电动多级离心清水泵 φ150×180 m 以下	台班	3.9840	3.9840	38.6000	38.6000
	99440210 污水泵 φ100	台班			11.0400	11.0400
	99440510 射流井点泵 9.5 m	台班	47.9920	47.9920		

工作内容：沟槽挖土、沟槽排水、井点降水、沟槽围护和支撑（钢板桩、撑拆列板）、铺筑管道基础、铺设管道、沟槽回填（黄砂及素土）、土方场内运输、砌筑检查井等。

定额编号			J-1-6-133 A(B)	J-1-6-134 A(B)	J-1-6-135 A(B)	J-1-6-136 A(B)
项目			DN2000	DN2200		
			玻璃纤维增强塑料夹砂管(FRPM)			
			7.0 m	3.5 m	≤4.0 m	>4.0 m
			100 m	100 m	100 m	100 m
预算定额编号	预算定额名称	预算定额单位	数量			
04290712	钢筋混凝土板 1400×250×160 mm	块	18.0000	6.0000	6.0000	6.0000
04290713	钢筋混凝土板 1400×300×160 mm	块		15.0000	15.0000	15.0000
52-1-2-3	机械挖沟槽土方 深≤6 m 现场抛土	m^3	2394.0000	1470.0000	1627.5000	1732.5000
52-1-2-3 系 1	机械挖沟槽土方 深≤7 m 现场抛土	m^3	399.0000			
52-1-3-1	沟槽回填 夯填土	m^3	1840.3850 (1643.6250)	419.1900 (211.9300)	573.7600 (366.5000)	678.7600 (471.5000)
53-1-3-2	场内运输 自卸汽车装运土（运距 1 km 以内）	m^3	2416.5200 (2219.7600)	1032.2300 (1239.4900)	1035.1600 (1242.4200)	1043.8400 (1242.4200)
52-1-3-4	沟槽回填 黄砂	m^3	467.6000 (664.3600)	526.0400 (733.3000)	526.0400 (733.3000)	526.0400 (733.3000)
52-1-4-1	管道垫层 黄砂垫层	m^3	17.5400	18.5800	18.5800	18.5800
52-1-4-3	管道垫层 砾石砂垫层	m^3	56.4150	59.2800	59.2800	59.2800
52-1-5-1	管道基座 混凝土 C20	m^3	11.8800	10.9800	10.9800	10.9800
52-1-5-1 换 1	管道基座 混凝土 C15	m^3	1.9200	1.7700	1.7700	1.7700
52-1-5-2	管道基座 钢筋	t	0.3810	0.3540	0.3540	0.3540
52-1-6-46	管道铺设 玻璃纤维增强塑料夹砂管(FRPM)每节 3 m 以下 DN2000	100 m	0.0967			
52-1-6-47	管道铺设 玻璃纤维增强塑料夹砂管(FRPM)每节 3 m 以下 DN2200	100 m		0.0967	0.0967	0.0967
52-1-6-63	管道铺设 玻璃纤维增强塑料夹砂管(FRPM)每节 3 m 以上 DN2000	100 m	0.8703			
52-1-6-64	管道铺设 玻璃纤维增强塑料夹砂管(FRPM)每节 3 m 以上 DN2200	100 m		0.8703	0.8703	0.8703
52-3-1-2	砖砌检查井及雨水口 检查井 深≤4 m	m^3		21.0000	25.8600	25.8600
52-3-1-4	砖砌检查井及雨水口 检查井 深≤8 m	m^3	59.8500			
52-3-2-1	水泥砂浆抹面 检查井	m^2	247.0800	134.7600	159.3600	159.3600
52-3-6-1	安装防坠格板 新建工程	只	3.0000	3.0000	3.0000	3.0000
52-3-9-3	安装盖板及盖座 铸铁盖座	套	3.0000	3.0000	3.0000	3.0000
52-3-9-4	安装盖板及盖座 防沉降检查井盖板	块	3.0000	3.0000	3.0000	3.0000
52-4-5-1	模板工程 模板 管道基座	m^2	14.1900	13.7100	13.7100	13.7100

（续表）

定额编号			J-1-6-133 A(B)	J-1-6-134 A(B)	J-1-6-135 A(B)	J-1-6-136 A(B)
项目			DN2000	DN2200		
			玻璃纤维增强塑料夹砂管(FRPM)			
			7.0 m	3.5 m	≤4.0 m	>4.0 m
			100 m	100 m	100 m	100 m
预算定额编号	预算定额名称	预算定额单位	数量			
53-9-1-1	施工排水、降水 湿土排水	m^3	2394.0000	1050.0000	1207.5000	1312.5000
53-9-1-3	施工排水、降水 筑拆竹箩滤井	座	2.5000	2.5000	2.5000	2.5000
调整项目						
	围护支撑					
52-4-3-3	打槽型钢板桩 长 9.01～12.00 m，单面	100 m	2.0000			
52-4-3-8	拔槽型钢板桩 长 9.01～12.00 m，单面	100 m	2.0000			
52-4-3-11	打拔沟槽钢板桩 槽型钢板桩使用费	t·d	7984.0000	2592.0000	2592.0000	5762.0000
52-4-4-6	安拆钢板桩支撑 槽宽≤3.8 m 深 6.01～8.00 m	100 m	1.0000			
52-4-4-14	钢板桩支撑使用费	t·d	800.0000	230.0000	230.0000	460.0000
52-4-3-1	打槽型钢板桩 长 4.00～6.00 m，单面	100 m		2.0000	2.0000	
52-4-3-6	拔槽型钢板桩 长 4.00～6.00 m，单面	100 m		2.0000	2.0000	
52-4-4-7	安拆钢板桩支撑 槽宽≤4.5 m 深 3.01～4.00 m	100 m		1.0000	1.0000	
52-4-3-2	打槽型钢板桩 长 6.01～9.00 m，单面	100 m				2.0000
52-4-3-7	拔槽型钢板桩 长 6.01～9.00 m，单面	100 m				2.0000
52-4-4-8	安拆钢板桩支撑 槽宽≤4.5 m 深 4.01～6.00 m	100 m				1.0000
	井点降水					
53-9-1-1	施工排水、降水 湿土排水	m^3	−2394.0000	−1050.0000	−1207.5000	−1312.5000
53-9-1-5	施工排水、降水 轻型井点安装	根		83.0000	83.0000	83.0000
53-9-1-6	施工排水、降水 轻型井点拆除	根		83.0000	83.0000	83.0000
53-9-1-7	施工排水、降水 轻型井点使用	套·天		42.0000	42.0000	42.0000
53-9-1-8	施工排水、降水 喷射井点安装 10 m	根	40.0000			
53-9-1-9	施工排水、降水 喷射井点拆除 10 m	根	40.0000			
53-9-1-10	施工排水、降水 喷射井点使用 10 m	套·天	28.0000			

工作内容:沟槽挖土、沟槽排水、井点降水、沟槽围护和支撑(钢板桩、撑拆列板)、铺筑管道基础、铺设管道、沟槽回填(黄砂及素土)、土方场内运输、砌筑检查井等。

定额编号				J-1-6-133 A(B)	J-1-6-134 A(B)	J-1-6-135 A(B)	J-1-6-136 A(B)
项目				DN2000	DN2200		
				玻璃纤维增强塑料夹砂管(FRPM)			
				7.0 m	3.5 m	≤4.0 m	>4.0 m
名称			单位	100 m	100 m	100 m	100 m
人工	00190101	综合人工	工日	1180.3381 (1185.4538)	556.0542 (575.2464)	624.5142 (643.7065)	660.8813 (679.7845)
材料	01010211	热轧带肋钢筋(HRB400) ϕ≤10	t	0.1093	0.1016	0.1016	0.1016
	01010212	热轧带肋钢筋(HRB400) ϕ>10	t	0.2812	0.2613	0.2613	0.2613
	02090101	塑料薄膜	m^2	91.5891	56.2746	60.2914	60.2914
	03010811	钢塑膨胀铆钉	只	18.3600	18.3600	18.3600	18.3600
	03150101	圆钉	kg	2.8930	2.7951	2.7951	2.7951
	03152501	镀锌铁丝	kg	1.1773	1.0939	1.0939	1.0939
	04030115	黄砂 中粗	t	857.8975 (1205.7692)	963.0581 (1329.4938)	963.0581 (1329.4938)	963.0581 (1329.4938)
	04030701	砾石砂	t	124.7279	131.0622	131.0622	131.0622
	04050313	道碴 50～70	t	0.3988	0.3988	0.3988	0.3988
	04131711	蒸压灰砂砖	千块	32.2532	11.3862	14.0213	14.0213
	04290712	钢筋混凝土板 1400×250×160 mm	块	18.0000	6.0000	6.0000	6.0000
	04290713	钢筋混凝土板 1400×300×160 mm	块		15.0000	15.0000	15.0000
	05350301	竹箩	个	2.5000	2.5000	2.5000	2.5000
	17311057	玻璃纤维增强塑料夹砂管(FRPM) DN2000 每节长 3 m 以下	m	96.7000			
	17311059	玻璃纤维增强塑料夹砂管(FRPM) DN2200 每节长 3 m 以下	m		96.7000	96.7000	96.7000
	34110101	水	m^3	75.1625 (106.1522)	83.7816 (116.4251)	83.8482 (116.4917)	83.8482 (116.4917)
	35010102	组合钢模板	kg	9.0788	8.7717	8.7717	8.7717
	35010703	木模板成材	m^3	0.0567	0.0548	0.0548	0.0548
	35020401	钢模零配件	kg	3.3569	3.2434	3.2434	3.2434
	36012831	铸铁检查井雨污水盖座 市政 90 型	套	3.0000	3.0000	3.0000	3.0000
	36016631	防沉降检查井盖板 2500×2000×200	块	3.0000	3.0000	3.0000	3.0000

（续表）

定额编号				J-1-6-133 A(B)	J-1-6-134 A(B)	J-1-6-135 A(B)	J-1-6-136 A(B)
项目				DN2000	DN2200		
				玻璃纤维增强塑料夹砂管(FRPM)			
				7.0 m	3.5 m	≤4.0 m	>4.0 m
名称			单位	100 m	100 m	100 m	100 m
材料	36016651	高强度塑料检查井格板	只	3.0600	3.0600	3.0600	3.0600
	36016661	高强度塑料支架	只	9.1800	9.1800	9.1800	9.1800
	80060414	湿拌砌筑砂浆 WM M10.0	m^3	14.4777	4.9518	6.0978	6.0978
	80060513	预拌抹灰砂浆 WP M15.0	m^3	4.1863	2.4004	2.7915	2.7915
	80210410	预拌混凝土(泵送型) C15 粒径 5～20	m^3	1.9392	1.7877	1.7877	1.7877
	80210414	预拌混凝土(泵送型) C20 粒径 5～20	m^3	11.9988	11.0898	11.0898	11.0898
机械	99010060	履带式单斗液压挖掘机 1 m^3	台班	11.7306	6.0270	6.6728	7.1033
	99050930	混凝土振捣器 插入式	台班	1.8906	1.7468	1.7468	1.7468
	99050940	混凝土振捣器 平板式	台班	22.1752 (29.4750)	24.3536 (32.0429)	24.3536 (32.0429)	24.3536 (32.0429)
	99070220	轮胎式装载机 1 m^3	台班	11.3576 (10.4329)	4.8515 (5.8256)	4.8653 (5.8394)	4.9060 (5.8394)
	99070540	载重汽车 6 t	台班	0.7694	1.0584	1.0584	1.0584
	99070588	载重汽车 12 t	台班	17.3989 (15.9823)	7.4321 (8.9243)	7.4532 (8.9454)	7.5156 (8.9454)
	99090360	汽车式起重机 8 t	台班	1.9301	2.3129	2.3129	2.3129
	99091700	手扳葫芦	台班	3.3791	4.1458	4.1458	4.1458
	99130350	内燃夯实机 700 N·m	台班	68.2783 (60.9785)	15.5519 (7.8626)	21.2865 (13.5972)	25.1820 (17.4927)
	99170010	钢筋调直机	台班	0.1852	0.1721	0.1721	0.1721
	99170025	钢筋切断机	台班	0.1852	0.1721	0.1721	0.1721
	99210065	木工平刨床 刨削宽度 450	台班	0.0326	0.0315	0.0315	0.0315
	99440010	电动单级离心清水泵 ϕ50	台班	287.2800	126.0000	144.9000	157.5000
调整项目							
		围护支撑					
	00190101	综合人工	工日	593.4223	477.8779	477.8779	613.3218
	03152501	镀锌铁丝	kg	25.0000	15.0000	15.0000	20.0000
	04030115	黄砂 中粗	t	33.2299	15.8236	15.8236	23.7356
	05030101	成材	m^3	1.0276	0.6027	0.6027	0.8241
	35090121	槽型钢板桩	t	2.6893	1.3350	1.3350	1.9587
	35090131	槽型钢板桩使用费	t·d	7984.0000	2592.0000	2592.0000	5762.0000
	35090611	钢板桩支撑使用费	t·d	800.0000	230.0000	230.0000	460.0000

（续表）

定额编号			J-1-6-133 A(B)	J-1-6-134 A(B)	J-1-6-135 A(B)	J-1-6-136 A(B)
项目			DN2000	DN2200		
			玻璃纤维增强塑料夹砂管(FRPM)			
			7.0 m	3.5 m	≤4.0 m	>4.0 m
名称		单位	100 m	100 m	100 m	100 m
35091771	铁撑柱	kg	272.9800	184.5000	184.5000	246.0000
35091901	钢桩帽摊销	kg	381.5700	90.9300	90.9300	136.2690
99030100	轨道式柴油打桩机 1.2 t	台班	33.5913			
99030970	震动锤 45 kW	台班	17.3680			
99090075	履带式起重机 8 t	台班	8.5319	6.8250	6.8250	9.1000
99090090	履带式起重机 15 t	台班	17.3680			
99030080	轨道式柴油打桩机 0.6 t	台班		20.1323	20.1323	27.7905
99030690	简易拔桩架	台班		23.9558	23.9558	29.8410
	井点降水					
00190101	综合人工	工日	84.7044	10.0033	1.5928	−4.0142
04030115	黄砂 中粗	t		9.4420	9.4420	9.4420
04030119	黄砂 中粗	kg	95423.8016			
17030102	镀锌焊接钢管	kg	0.1817			
17270201	普通橡胶管	m		14.2440	14.2440	14.2440
34110101	水	m^3	566.8908	152.3275	152.3275	152.3275
35040921	轻型井点井管 ϕ40	m		39.2620	39.2620	39.2620
35040941	轻型井点井管 ϕ180×4	m		1.8955	1.8955	1.8955
35040961	喷射井点总管 ϕ159×6	m	3.8650			
35040971	喷射井点井管 ϕ76	m	27.4931			
35041011	喷射井点滤网管	根	3.1738			
35041021	喷射井点回水连接件	副	1.9851			
35041031	喷射井点腰子法兰	副	0.9015			
35041041	喷射井点水箱	kg	31.7215			
35041051	喷射井点喷射器	只	4.2410			
99090080	履带式起重机 10 t	台班	11.5200			
99091380	电动卷扬机单筒快速 10 kN	台班		1.9920	1.9920	1.9920
99350050	轻便钻机 XJ-100	台班		4.7310	4.7310	4.7310
99350120	液压钻机 G-2A	台班	4.4160			
99440010	电动单级离心清水泵 ϕ50	台班	−287.2800	−126.0000	−144.9000	−157.5000
99440150	电动多级离心清水泵 ϕ150×180 m 以下	台班	38.6000	3.9840	3.9840	3.9840
99440210	污水泵 ϕ100	台班	11.0400			
99440510	射流井点泵 9.5 m	台班		50.2920	50.2920	50.2920

工作内容：沟槽挖土、沟槽排水、井点降水、沟槽围护和支撑（钢板桩、撑拆列板）、铺筑管道基础、铺设管道、沟槽回填（黄砂及素土）、土方场内运输、砌筑检查井等。

定　额　编　号			J-1-6-137 A(B)	J-1-6-138 A(B)	J-1-6-139 A(B)	J-1-6-140 A(B)
项　　目			DN2200			
			玻璃纤维增强塑料夹砂管(FRPM)			
			4.5 m	5.0 m	5.5 m	≤6.0 m
			100 m	100 m	100 m	100 m
预算定额 编号	预算定额 名称	预算定额 单位	数　　量			
04290712	钢筋混凝土板 1400×250×160 mm	块	6.0000	6.0000	6.0000	12.0000
04290713	钢筋混凝土板 1400×300×160 mm	块	15.0000	15.0000	15.0000	9.0000
52-1-2-3	机械挖沟槽土方 深≤6 m 现场抛土	m^3	1890.0000	2152.5000	2367.7500	2529.1900
52-1-3-1	沟槽回填 夯填土	m^3	826.6800 (619.4200)	1060.7900 (848.2800)	1271.8300 (1059.3200)	1428.1200 (1215.6100)
53-1-3-2	场内运输 自卸汽车装运土(运距1 km以内)	m^3	1223.1400 (1252.1200)	1510.2100 (1297.7000)	1764.3000 (1551.7900)	1952.8780 (1740.3680)
52-1-3-4	沟槽回填 黄砂	m^3	526.0400 (733.3000)	549.6600 (762.1700)	549.6600 (762.1700)	549.6600 (762.1700)
52-1-4-1	管道垫层 黄砂垫层	m^3	18.4600	18.9200	18.9200	18.9200
52-1-4-3	管道垫层 砾石砂垫层	m^3	59.1900	60.5700	60.5700	60.5700
52-1-5-1	管道基座 混凝土 C20	m^3	11.9100	11.9100	11.9100	11.9100
52-1-5-1换1	管道基座 混凝土 C15	m^3	1.9200	1.9200	1.9200	1.9200
52-1-5-2	管道基座 钢筋	t	0.3810	0.3810	0.3810	0.3810
52-1-6-47	管道铺设 玻璃纤维增强塑料夹砂管(FRPM)每节 3 m以下 DN2200	100 m	0.0967	0.0967	0.0967	0.0967
52-1-6-64	管道铺设 玻璃纤维增强塑料夹砂管(FRPM)每节 3 m以上 DN2200	100 m	0.8703	0.8703	0.8703	0.8703
52-3-1-3	砖砌检查井及雨水口 检查井深≤6 m	m^3	28.8300	32.1900	35.2200	56.4000
52-3-2-1	水泥砂浆抹面 检查井	m^2	175.5600	191.7600	204.6000	208.3800
52-3-6-1	安装防坠格板 新建工程	只	3.0000	3.0000	3.0000	3.0000
52-3-9-3	安装盖板及盖座 铸铁盖座	套	3.0000	3.0000	3.0000	3.0000
52-3-9-4	安装盖板及盖座 防沉降检查井盖板	块	3.0000	3.0000	3.0000	3.0000
52-4-5-1	模板工程 模板 管道基座	m^2	14.2200	14.2200	14.2200	14.2200
53-9-1-1	施工排水、降水 湿土排水	m^3	1470.0000	1722.0000	1937.2500	2098.6900
53-9-1-3	施工排水、降水 筑拆竹箩滤井	座	2.5000	2.5000	2.5000	2.5000
调整项目						
	围护支撑					
52-4-3-2	打槽型钢板桩 长 6.01～9.00 m，单面	100 m	2.0000	2.0000	2.0000	2.0000

（续表）

定额编号			J-1-6-137 A(B)	J-1-6-138 A(B)	J-1-6-139 A(B)	J-1-6-140 A(B)
项目			DN2200			
			玻璃纤维增强塑料夹砂管(FRPM)			
			4.5 m	5.0 m	5.5 m	≤6.0 m
			100 m	100 m	100 m	100 m
预算定额编号	预算定额名称	预算定额单位	数量			
52-4-3-7	拔槽型钢板桩 长 6.01～9.00 m，单面	100 m	2.0000	2.0000	2.0000	2.0000
52-4-3-11	打拔沟槽钢板桩 槽型钢板桩使用费	t·d	5762.0000	5762.0000	5762.0000	5762.0000
52-4-4-8	安拆钢板桩支撑 槽宽≤4.5 m 深 4.01～6.00 m	100 m	1.0000	1.0000	1.0000	1.0000
52-4-4-14	钢板桩支撑使用费	t·d	460.0000	460.0000	460.0000	460.0000
	井点降水					
53-9-1-1	施工排水、降水 湿土排水	m^3	−1470.0000	−1722.0000	−1937.2500	−2098.6900
53-9-1-5	施工排水、降水 轻型井点安装	根	83.0000	83.0000	83.0000	83.0000
53-9-1-6	施工排水、降水 轻型井点拆除	根	83.0000	83.0000	83.0000	83.0000
53-9-1-7	施工排水、降水 轻型井点使用	套·天	42.0000	42.0000	42.0000	42.0000

工作内容：沟槽挖土、沟槽排水、井点降水、沟槽围护和支撑(钢板桩、撑拆列板)、铺筑管道基础、铺设管道、沟槽回填(黄砂及素土)、土方场内运输、砌筑检查井等。

定额编号				J-1-6-137 A(B)	J-1-6-138 A(B)	J-1-6-139 A(B)	J-1-6-140 A(B)
项目				DN2200			
				玻璃纤维增强塑料夹砂管(FRPM)			
				4.5 m	5.0 m	5.5 m	≤6.0 m
名称			单位	100 m	100 m	100 m	100 m
人工	00190101	综合人工	工日	732.3110 (745.5665)	843.3067 (848.8320)	933.9806 (939.5059)	1046.1882 (1051.7136)
材料	01010211	热轧带肋钢筋(HRB400) $\phi\leq10$	t	0.1093	0.1093	0.1093	0.1093
	01010212	热轧带肋钢筋(HRB400) $\phi>10$	t	0.2812	0.2812	0.2812	0.2812
	02090101	塑料薄膜	m^2	66.0427	68.8197	71.3240	88.8293
	03010811	钢塑膨胀铆钉	只	18.3600	18.3600	18.3600	18.3600
	03150101	圆钉	kg	2.8991	2.8991	2.8991	2.8991
	03152501	镀锌铁丝	kg	1.1773	1.1773	1.1773	1.1773
	04030115	黄砂 中粗	t	962.8460 (1329.2817)	1005.4195 (1381.1372)	1005.4195 (1381.1372)	1005.4195 (1381.1372)
	04030701	砾石砂	t	130.8632	133.9142	133.9142	133.9142
	04050313	道碴 50～70	t	0.3988	0.3988	0.3988	0.3988

（续表）

定额编号				J-1-6-137 A(B)	J-1-6-138 A(B)	J-1-6-139 A(B)	J-1-6-140 A(B)
项目				DN2200			
				玻璃纤维增强塑料夹砂管(FRPM)			
				4.5 m	5.0 m	5.5 m	≤6.0 m
名称			单位	100 m	100 m	100 m	100 m
材料	04131711	蒸压灰砂砖	千块	15.5855	17.4019	19.0399	30.4898
	04290712	钢筋混凝土板 1400×250×160 mm	块	6.0000	6.0000	6.0000	12.0000
	04290713	钢筋混凝土板 1400×300×160 mm	块	15.0000	15.0000	15.0000	9.0000
	05350301	竹箩	个	2.5000	2.5000	2.5000	2.5000
	17311059	玻璃纤维增强塑料夹砂管(FRPM) DN2200 每节长 3 m 以下	m	96.7000	96.7000	96.7000	96.7000
	34110101	水	m^3	83.9434 (116.5869)	87.7096 (121.1799)	87.7511 (121.2214)	88.0413 (121.5116)
	35010102	组合钢模板	kg	9.0980	9.0980	9.0980	9.0980
	35010703	木模板成材	m^3	0.0568	0.0568	0.0568	0.0568
	35020401	钢模零配件	kg	3.3640	3.3640	3.3640	3.3640
	36012831	铸铁检查井雨污水盖座 市政 90 型	套	3.0000	3.0000	3.0000	3.0000
	36016631	防沉降检查井盖板 2500×2000×200	块	3.0000	3.0000	3.0000	3.0000
	36016651	高强度塑料检查井格板	只	3.0600	3.0600	3.0600	3.0600
	36016661	高强度塑料支架	只	9.1800	9.1800	9.1800	9.1800
	80060414	湿拌砌筑砂浆 WM M10.0	m^3	6.8615	7.6612	8.3824	13.4232
	80060513	预拌抹灰砂浆 WP M15.0	m^3	3.0491	3.3067	3.5108	3.5709
	80210410	预拌混凝土(泵送型) C15 粒径 5～20	m^3	1.9392	1.9392	1.9392	1.9392
	80210414	预拌混凝土(泵送型) C20 粒径 5～20	m^3	12.0291	12.0291	12.0291	12.0291
机械	99010060	履带式单斗液压挖掘机 1 m^3	台班	7.7490	8.8253	9.7078	10.3697
	99050930	混凝土振捣器 插入式	台班	1.8947	1.8947	1.8947	1.8947
	99050940	混凝土振捣器 平板式	台班	24.4937 (32.1830)	25.4429 (33.3270)	25.4429 (33.3270)	25.4429 (33.3270)
	99070220	轮胎式装载机 1 m^3	台班	5.7488 (5.8850)	7.0980 (6.0992)	8.2922 (7.2934)	9.1785 (8.1797)
	99070540	载重汽车 6 t	台班	1.0593	1.0593	1.0593	1.0593
	99070588	载重汽车 12 t	台班	8.8066 (9.0153)	10.8735 (9.3434)	12.7030 (11.1729)	14.0607 (12.5306)
	99090360	汽车式起重机 8 t	台班	2.3134	2.3134	2.3134	2.3134

（续表）

定额编号				J-1-6-137 A(B)	J-1-6-138 A(B)	J-1-6-139 A(B)	J-1-6-140 A(B)
项目				DN2200			
				玻璃纤维增强塑料夹砂管(FRPM)			
				4.5 m	5.0 m	5.5 m	≤6.0 m
名称			单位	100 m	100 m	100 m	100 m
机械	99091700	手扳葫芦	台班	4.1458	4.1458	4.1458	4.1458
	99130350	内燃夯实机 700 N·m	台班	30.6698 (22.9805)	39.3553 (31.4712)	47.1849 (39.3008)	52.9833 (45.0991)
	99170010	钢筋调直机	台班	0.1852	0.1852	0.1852	0.1852
	99170025	钢筋切断机	台班	0.1852	0.1852	0.1852	0.1852
	99210065	木工平刨床 刨削宽度 450	台班	0.0327	0.0327	0.0327	0.0327
	99440010	电动单级离心清水泵 ϕ50	台班	176.4000	206.6400	232.4700	251.8428
调整项目							
		围护支撑					
	00190101	综合人工	工日	613.3218	613.3218	613.3218	613.3218
	03152501	镀锌铁丝	kg	20.0000	20.0000	20.0000	20.0000
	04030115	黄砂 中粗	t	23.7356	23.7356	23.7356	23.7356
	05030101	成材	m^3	0.8241	0.8241	0.8241	0.8241
	35090121	槽型钢板桩	t	1.9587	1.9587	1.9587	1.9587
	35090131	槽型钢板桩使用费	t·d	5762.0000	5762.0000	5762.0000	5762.0000
	35090611	钢板桩支撑使用费	t·d	460.0000	460.0000	460.0000	460.0000
	35091771	铁撑柱	kg	246.0000	246.0000	246.0000	246.0000
	35091901	钢桩帽摊销	kg	136.2690	136.2690	136.2690	136.2690
	99030080	轨道式柴油打桩机 0.6 t	台班	27.7905	27.7905	27.7905	27.7905
	99030690	简易拔桩架	台班	29.8410	29.8410	29.8410	29.8410
	99090075	履带式起重机 8 t	台班	9.1000	9.1000	9.1000	9.1000
		井点降水					
	00190101	综合人工	工日	−12.4247	−25.8815	−37.3759	−45.9967
	04030115	黄砂 中粗	t	9.4420	9.4420	9.4420	9.4420
	17270201	普通橡胶管	m	14.2440	14.2440	14.2440	14.2440
	34110101	水	m^3	152.3275	152.3275	152.3275	152.3275
	35040921	轻型井点井管 ϕ40	m	39.2620	39.2620	39.2620	39.2620
	35040941	轻型井点井管 ϕ180×4	m	1.8955	1.8955	1.8955	1.8955
	99091380	电动卷扬机单筒快速 10 kN	台班	1.9920	1.9920	1.9920	1.9920
	99350050	轻便钻机 XJ-100	台班	4.7310	4.7310	4.7310	4.7310
	99440010	电动单级离心清水泵 ϕ50	台班	−176.4000	−206.6400	−232.4700	−251.8428
	99440150	电动多级离心清水泵 ϕ150×180 m以下	台班	3.9840	3.9840	3.9840	3.9840
	99440510	射流井点泵 9.5 m	台班	50.2920	50.2920	50.2920	50.2920

工作内容：沟槽挖土、沟槽排水、井点降水、沟槽围护和支撑（钢板桩、撑拆列板）、铺筑管道基础、铺设管道、沟槽回填（黄砂及素土）、土方场内运输、砌筑检查井等。

定额编号			J-1-6-141 A(B)	J-1-6-142 A(B)	J-1-6-143 A(B)	J-1-6-144 A(B)
项目			DN2200			DN2400
			玻璃纤维增强塑料夹砂管(FRPM)			
			>6.0 m	6.5 m	7.0 m	3.5 m
			100 m	100 m	100 m	100 m
预算定额编号	预算定额名称	预算定额单位	数量			
04290712	钢筋混凝土板 1400×250×160 mm	块	12.0000	12.0000	12.0000	3.0000
04290713	钢筋混凝土板 1400×300×160 mm	块	9.0000	9.0000	9.0000	21.0000
52-1-2-3	机械挖沟槽土方 深≤6 m 现场抛土	m^3	2583.0000	2583.0000	2583.0000	1543.5000
52-1-2-3 系 1	机械挖沟槽土方 深≤7 m 现场抛土	m^3	53.8100	215.2500	430.5000	
52-1-3-1	沟槽回填 夯填土	m^3	1535.7400 (1323.2300)	1690.5600 (1478.0500)	1900.0300 (1687.5200)	347.5800 (129.8200)
53-1-3-2	场内运输 自卸汽车装运土(运距 1 km 以内)	m^3	2082.0220 (1869.5120)	2269.1300 (2056.6200)	2521.6500 (2309.1400)	1176.4100 (1394.1700)
52-1-3-4	沟槽回填 黄砂	m^3	549.6600 (762.1700)	549.6600 (762.1700)	549.6600 (762.1700)	587.0300 (804.7900)
52-1-4-1	管道垫层 黄砂垫层	m^3	18.9200	18.9200	18.9200	19.5100
52-1-4-3	管道垫层 砾石砂垫层	m^3	60.5700	60.8100	60.8100	62.2500
52-1-5-1	管道基座 混凝土 C20	m^3	11.9100	12.6900	12.6900	13.2300
52-1-5-1 换 1	管道基座 混凝土 C15	m^3	1.9200	2.0400	2.0400	1.8600
52-1-5-2	管道基座 钢筋	t	0.3810	0.4050	0.4050	0.3750
52-1-6-47	管道铺设 玻璃纤维增强塑料夹砂管(FRPM)每节 3 m 以下 DN2200	100 m	0.0967	0.0967	0.0967	
52-1-6-48	管道铺设 玻璃纤维增强塑料夹砂管(FRPM)每节 3 m 以下 DN2400	100 m				0.0967
52-1-6-64	管道铺设 玻璃纤维增强塑料夹砂管(FRPM)每节 3 m 以上 DN2200	100 m	0.8703	0.8703	0.8703	
52-1-6-65	管道铺设 玻璃纤维增强塑料夹砂管(FRPM)每节 3 m 以上 DN2400	100 m				0.8703
52-3-1-2	砖砌检查井及雨水口 检查井 深≤4 m	m^3				21.2100
52-3-1-3	砖砌检查井及雨水口 检查井 深≤6 m	m^3	56.4000			
52-3-1-4	砖砌检查井及雨水口 检查井 深≤8 m	m^3		60.0600	63.4800	
52-3-2-1	水泥砂浆抹面 检查井	m^2	208.3800	228.4200	250.2000	104.7900
52-3-6-1	安装防坠格板 新建工程	只	3.0000	3.0000	3.0000	3.0000

(续表)

定额编号			J-1-6-141 A(B)	J-1-6-142 A(B)	J-1-6-143 A(B)	J-1-6-144 A(B)
项目			DN2200			DN2400
			玻璃纤维增强塑料夹砂管(FRPM)			
			>6.0 m	6.5 m	7.0 m	3.5 m
			100 m	100 m	100 m	100 m
预算定额编号	预算定额名称	预算定额单位	数量			
52-3-9-3	安装盖板及盖座 铸铁盖座	套	3.0000	3.0000	3.0000	3.0000
52-3-9-4	安装盖板及盖座 防沉降检查井盖板	块	3.0000	3.0000	3.0000	3.0000
52-4-5-1	模板工程 模板 管道基座	m^2	14.2200	14.7300	14.7300	16.1400
53-9-1-1	施工排水、降水 湿土排水	m^3	2206.3100	2367.7500	2583.0000	1102.5000
53-9-1-3	施工排水、降水 筑拆竹箩滤井	座	2.5000	2.5000	2.5000	2.5000
调整项目						
	围护支撑					
52-4-3-3	打槽型钢板桩 长 9.01～12.00 m,单面	100 m	2.0000	2.0000	2.0000	
52-4-3-8	拔槽型钢板桩 长 9.01～12.00 m,单面	100 m	2.0000	2.0000	2.0000	
52-4-3-11	打拔沟槽钢板桩 槽型钢板桩使用费	t·d	7984.0000	7984.0000	7984.0000	2592.0000
52-4-4-9	安拆钢板桩支撑 槽宽≤4.5 m 深 6.01～8.00 m	100 m	1.0000	1.0000	1.0000	
52-4-4-14	钢板桩支撑使用费	t·d	800.0000	800.0000	800.0000	230.0000
52-4-3-1	打槽型钢板桩 长 4.00～6.00 m,单面	100 m				2.0000
52-4-3-6	拔槽型钢板桩 长 4.00～6.00 m,单面	100 m				2.0000
52-4-4-7	安拆钢板桩支撑 槽宽≤4.5 m 深 3.01～4.00 m	100 m				1.0000
	井点降水					
53-9-1-1	施工排水、降水 湿土排水	m^3	−2206.3100	−2367.7500	−2583.0000	−1102.5000
53-9-1-5	施工排水、降水 轻型井点安装	根				83.0000
53-9-1-6	施工排水、降水 轻型井点拆除	根				83.0000
53-9-1-7	施工排水、降水 轻型井点使用	套·天				42.0000
53-9-1-8	施工排水、降水 喷射井点安装 10 m	根	40.0000	40.0000	40.0000	
53-9-1-9	施工排水、降水 喷射井点拆除 10 m	根	40.0000	40.0000	40.0000	
53-9-1-10	施工排水、降水 喷射井点使用 10 m	套·天	29.0000	29.0000	29.0000	

工作内容：沟槽挖土、沟槽排水、井点降水、沟槽围护和支撑(钢板桩、撑拆列板)、铺筑管道基础、铺设管道、沟槽回填(黄砂及素土)、土方场内运输、砌筑检查井等。

定额编号				J-1-6-141 A(B)	J-1-6-142 A(B)	J-1-6-143 A(B)	J-1-6-144 A(B)
项目				DN2200			DN2400
				玻璃纤维增强塑料夹砂管(FRPM)			
				>6.0 m	6.5 m	7.0 m	3.5 m
名称			单位	100 m	100 m	100 m	100 m
人工	00190101	综合人工	工日	1087.6876 (1093.2129)	1165.4144 (1170.9397)	1259.1133 (1264.6387)	570.4897 (590.6542)
材料	01010211	热轧带肋钢筋(HRB400) $\phi\leqslant10$	t	0.1093	0.1162	0.1162	0.1076
	01010212	热轧带肋钢筋(HRB400) $\phi>10$	t	0.2812	0.2989	0.2989	0.2768
	02090101	塑料薄膜	m^2	88.8293	94.6015	97.4281	63.5909
	03010811	钢塑膨胀铆钉	只	18.3600	18.3600	18.3600	18.3600
	03150101	圆钉	kg	2.8991	3.0030	3.0030	3.2905
	03152501	镀锌铁丝	kg	1.1773	1.2515	1.2515	1.1588
	04030115	黄砂 中粗	t	1005.4195 (1381.1372)	1005.4195 (1381.1372)	1005.4195 (1381.1372)	1072.5327 (1457.5324)
	04030701	砾石砂	t	133.9142	134.4448	134.4448	137.6285
	04050313	道碴 50～70	t	0.3988	0.3988	0.3988	0.3988
	04131711	蒸压灰砂砖	千块	30.4898	32.3663	34.2094	11.5001
	04290712	钢筋混凝土板 1400×250×160 mm	块	12.0000	12.0000	12.0000	3.0000
	04290713	钢筋混凝土板 1400×300×160 mm	块	9.0000	9.0000	9.0000	21.0000
	05350301	竹箩	个	2.5000	2.5000	2.5000	2.5000
	17311059	玻璃纤维增强塑料夹砂管(FRPM) DN2200 每节长 3 m 以下	m	96.7000	96.7000	96.7000	
	17311061	玻璃纤维增强塑料夹砂管(FRPM) DN2400 每节长 3 m 以下	m				96.7000
	34110101	水	m^3	88.0413 (121.5116)	88.1367 (121.6070)	88.1836 (121.6539)	93.5083 (127.8055)
	35010102	组合钢模板	kg	9.0980	9.4243	9.4243	10.3265
	35010703	木模板成材	m^3	0.0568	0.0589	0.0589	0.0645
	35020401	钢模零配件	kg	3.3640	3.4847	3.4847	3.8182
	36012831	铸铁检查井雨污水盖座 市政 90 型	套	3.0000	3.0000	3.0000	3.0000
	36016631	防沉降检查井盖板 2500×2000×200	块	3.0000	3.0000	3.0000	3.0000
	36016651	高强度塑料检查井格板	只	3.0600	3.0600	3.0600	3.0600
	36016661	高强度塑料支架	只	9.1800	9.1800	9.1800	9.1800

（续表）

定额编号				J-1-6-141 A(B)	J-1-6-142 A(B)	J-1-6-143 A(B)	J-1-6-144 A(B)
项目				DN2200			DN2400
				玻璃纤维增强塑料夹砂管(FRPM)			
				＞6.0 m	6.5 m	7.0 m	3.5 m
名称			单位	100 m	100 m	100 m	100 m
材料	80060414	湿拌砌筑砂浆 WM M10.0	m^3	13.4232	14.5285	15.3558	5.0013
	80060513	预拌抹灰砂浆 WP M15.0	m^3	3.5709	3.8896	4.2359	1.9239
	80210410	预拌混凝土(泵送型) C15 粒径 5～20	m^3	1.9392	2.0604	2.0604	1.8786
	80210414	预拌混凝土(泵送型) C20 粒径 5～20	m^3	12.0291	12.8169	12.8169	13.3623
机械	99010060	履带式单斗液压挖掘机 1 m^3	台班	10.8486	11.6235	12.6567	6.3284
	99050930	混凝土振捣器 插入式	台班	1.8947	2.0180	2.0180	2.0673
	99050940	混凝土振捣器 平板式	台班	25.4429 (33.3270)	25.5762 (33.4603)	25.5762 (33.4603)	27.0916 (35.1705)
	99070220	轮胎式装载机 1 m^3	台班	9.7855 (8.7867)	10.6649 (9.6661)	11.8518 (10.8530)	5.5291 (6.5526)
	99070540	载重汽车 6 t	台班	1.0593	1.0601	1.0601	1.2722
	99070588	载重汽车 12 t	台班	14.9906 (13.4605)	16.3377 (14.8077)	18.1559 (16.6258)	8.4702 (10.0380)
	99090360	汽车式起重机 8 t	台班	2.3134	2.3140	2.3140	2.7356
	99091700	手扳葫芦	台班	4.1458	4.1458	4.1458	4.9856
	99130350	内燃夯实机 700 N·m	台班	56.9760 (49.0918)	62.7198 (54.8357)	70.4911 (62.6070)	12.8952 (4.8163)
	99170010	钢筋调直机	台班	0.1852	0.1969	0.1969	0.1823
	99170025	钢筋切断机	台班	0.1852	0.1969	0.1969	0.1823
	99210065	木工平刨床 刨削宽度 450	台班	0.0327	0.0339	0.0339	0.0371
	99440010	电动单级离心清水泵 ϕ50	台班	264.7572	284.1300	309.9600	132.3000
调整项目							
		围护支撑					
	00190101	综合人工	工日	621.3363	621.3363	621.3363	477.8779
	03152501	镀锌铁丝	kg	25.0000	25.0000	25.0000	15.0000
	04030115	黄砂 中粗	t	33.2299	33.2299	33.2299	15.8236
	05030101	成材	m^3	1.0276	1.0276	1.0276	0.6027
	35090121	槽型钢板桩	t	2.6893	2.6893	2.6893	1.3350
	35090131	槽型钢板桩使用费	t·d	7984.0000	7984.0000	7984.0000	2592.0000
	35090611	钢板桩支撑使用费	t·d	800.0000	800.0000	800.0000	230.0000
	35091771	铁撑柱	kg	427.2000	427.2000	427.2000	184.5000

（续表）

定额编号				J-1-6-141 A(B)	J-1-6-142 A(B)	J-1-6-143 A(B)	J-1-6-144 A(B)
项目				DN2200			DN2400
				玻璃纤维增强塑料夹砂管(FRPM)			
				>6.0 m	6.5 m	7.0 m	3.5 m
名称			单位	100 m	100 m	100 m	100 m
	35091901	钢桩帽摊销	kg	381.5700	381.5700	381.5700	90.9300
	99030100	轨道式柴油打桩机 1.2 t	台班	33.5913	33.5913	33.5913	
	99030970	震动锤 45 kW	台班	17.3680	17.3680	17.3680	
	99090075	履带式起重机 8 t	台班	11.3750	11.3750	11.3750	6.8250
	99090090	履带式起重机 15 t	台班	17.3680	17.3680	17.3680	
	99030080	轨道式柴油打桩机 0.6 t	台班				20.1323
	99030690	简易拔桩架	台班				23.9558
		井点降水					
	00190101	综合人工	工日	96.9470	88.3262	76.8318	7.1998
	04030115	黄砂 中粗	t				9.4420
	04030119	黄砂 中粗	kg	95423.8016	95423.8016	95423.8016	
	17030102	镀锌焊接钢管	kg	0.1867	0.1867	0.1867	
	17270201	普通橡胶管	m				14.2440
	34110101	水	m^3	566.8908	566.8908	566.8908	152.3275
	35040921	轻型井点井管 ϕ40	m				39.2620
	35040941	轻型井点井管 ϕ180×4	m				1.8955
	35040961	喷射井点总管 ϕ159×6	m	3.9964	3.9964	3.9964	
	35040971	喷射井点井管 ϕ76	m	28.4336	28.4336	28.4336	
	35041011	喷射井点滤网管	根	3.2820	3.2820	3.2820	
	35041021	喷射井点回水连接件	副	2.0529	2.0529	2.0529	
	35041031	喷射井点腰子法兰	副	0.9318	0.9318	0.9318	
	35041041	喷射井点水箱	kg	32.8034	32.8034	32.8034	
	35041051	喷射井点喷射器	只	4.3856	4.3856	4.3856	
	99090080	履带式起重机 10 t	台班	11.5200	11.5200	11.5200	
	99091380	电动卷扬机单筒快速 10 kN	台班				1.9920
	99350050	轻便钻机 XJ-100	台班				4.7310
	99350120	液压钻机 G-2A	台班	4.4160	4.4160	4.4160	
	99440010	电动单级离心清水泵 ϕ50	台班	−264.7572	−284.1300	−309.9600	−132.3000
	99440150	电动多级离心清水泵 ϕ150×180 m 以下	台班	39.7100	39.7100	39.7100	3.9840
	99440210	污水泵 ϕ100	台班	11.0400	11.0400	11.0400	
	99440510	射流井点泵 9.5 m	台班				50.2920

工作内容: 沟槽挖土、沟槽排水、井点降水、沟槽围护和支撑(钢板桩、撑拆列板)、铺筑管道基础、铺设管道、沟槽回填(黄砂及素土)、土方场内运输、砌筑检查井等。

定额编号			J-1-6-145 A(B)	J-1-6-146 A(B)	J-1-6-147 A(B)	J-1-6-148 A(B)
项目			DN2400			
			玻璃纤维增强塑料夹砂管(FRPM)			
			≤4.0 m	>4.0 m	4.5 m	5.0 m
			100 m	100 m	100 m	100 m
预算定额编号	预算定额名称	预算定额单位	数量			
04290712	钢筋混凝土板 1400×250×160 mm	块	3.0000	3.0000	3.0000	3.0000
04290713	钢筋混凝土板 1400×300×160 mm	块	21.0000	21.0000	21.0000	21.0000
52-1-2-3	机械挖沟槽土方 深≤6 m 现场抛土	m^3	1708.8800	1819.1300	1984.5000	2257.5000
52-1-3-1	沟槽回填 夯填土	m^3	510.2200 (292.4600)	620.4700 (402.7100)	775.2750 (557.5150)	1017.7450 (794.7350)
53-1-3-2	场内运输 自卸汽车装运土(运距 1 km 以内)	m^3	1179.1500 (1396.9100)	1179.1500 (1396.9100)	1191.5600 (1407.6000)	1489.0900 (1442.9200)
52-1-3-4	沟槽回填 黄砂	m^3	587.0300 (804.7900)	587.0300 (804.7900)	587.0300 (804.7900)	612.7900 (835.8000)
52-1-4-1	管道垫层 黄砂垫层	m^3	19.5100	19.5100	19.3800	19.8400
52-1-4-3	管道垫层 砾石砂垫层	m^3	62.2500	62.2500	62.1750	63.5550
52-1-5-1	管道基座 混凝土 C20	m^3	13.2300	13.2300	14.3700	14.3700
52-1-5-1 换 1	管道基座 混凝土 C15	m^3	1.8600	1.8600	2.0100	2.0100
52-1-5-2	管道基座 钢筋	t	0.3750	0.3750	0.4050	0.4050
52-1-6-48	管道铺设 玻璃纤维增强塑料夹砂管(FRPM)每节 3 m 以下 DN2400	100 m	0.0967	0.0967	0.0967	0.0967
52-1-6-65	管道铺设 玻璃纤维增强塑料夹砂管(FRPM)每节 3 m 以上 DN2400	100 m	0.8703	0.8703	0.8703	0.8703
52-3-1-2	砖砌检查井及雨水口 检查井 深≤4 m	m^3	27.2100	27.2100		
52-3-1-3	砖砌检查井及雨水口 检查井 深≤6 m	m^3			30.1200	33.4500
52-3-2-1	水泥砂浆抹面 检查井	m^2	165.3300	165.3300	181.5300	197.7300
52-3-6-1	安装防坠格板 新建工程	只	3.0000	3.0000	3.0000	3.0000
52-3-9-3	安装盖板及盖座 铸铁盖座	套	3.0000	3.0000	3.0000	3.0000

（续表）

定额编号			J-1-6-145 A(B)	J-1-6-146 A(B)	J-1-6-147 A(B)	J-1-6-148 A(B)
项目			DN2400			
			玻璃纤维增强塑料夹砂管(FRPM)			
			≤4.0 m	>4.0 m	4.5 m	5.0 m
			100 m	100 m	100 m	100 m
预算定额编号	预算定额名称	预算定额单位	数量			
52-3-9-4	安装盖板及盖座 防沉降检查井盖板	块	3.0000	3.0000	3.0000	3.0000
52-4-5-1	模板工程 模板 管道基座	m^2	16.1400	16.1400	16.7400	16.7400
53-9-1-1	施工排水、降水 湿土排水	m^3	1267.8800	1378.1300	1543.5000	1806.0000
53-9-1-3	施工排水、降水 筑拆竹箩滤井	座	2.5000	2.5000	2.5000	2.5000
调整项目						
	围护支撑					
52-4-3-1	打槽型钢板桩 长 4.00～6.00 m，单面	100 m	2.0000			
52-4-3-6	拔槽型钢板桩 长 4.00～6.00 m，单面	100 m	2.0000			
52-4-3-11	打拔沟槽钢板桩 槽型钢板桩使用费	t·d	2592.0000	5762.0000	5762.0000	5762.0000
52-4-4-7	安拆钢板桩支撑 槽宽≤4.5 m 深 3.01～4.00 m	100 m	1.0000			
52-4-4-14	钢板桩支撑使用费	t·d	230.0000	460.0000	460.0000	460.0000
52-4-3-2	打槽型钢板桩 长 6.01～9.00 m，单面	100 m		2.0000	2.0000	2.0000
52-4-3-7	拔槽型钢板桩 长 6.01～9.00 m，单面	100 m		2.0000	2.0000	2.0000
52-4-4-8	安拆钢板桩支撑 槽宽≤4.5 m 深 4.01～6.00 m	100 m		1.0000	1.0000	1.0000
	井点降水					
53-9-1-1	施工排水、降水 湿土排水	m^3	−1267.8800	−1378.1300	−1543.5000	−1806.0000
53-9-1-5	施工排水、降水 轻型井点安装	根	83.0000	83.0000	83.0000	83.0000
53-9-1-6	施工排水、降水 轻型井点拆除	根	83.0000	83.0000	83.0000	83.0000
53-9-1-7	施工排水、降水 轻型井点使用	套·天	42.0000	42.0000	42.0000	42.0000

工作内容:沟槽挖土、沟槽排水、井点降水、沟槽围护和支撑(钢板桩、撑拆列板)、铺筑管道基础、铺设管道、沟槽回填(黄砂及素土)、土方场内运输、砌筑检查井等。

定额编号				J-1-6-145 A(B)	J-1-6-146 A(B)	J-1-6-147 A(B)	J-1-6-148 A(B)
项目				DN2400			
				玻璃纤维增强塑料夹砂管(FRPM)			
				≤4.0 m	>4.0 m	4.5 m	5.0 m
名称			单位	100 m	100 m	100 m	100 m
人工	00190101	综合人工	工日	650.0453 (670.2098)	687.9271 (708.0917)	756.4105 (776.5179)	871.4166 (883.1037)
材料	01010211	热轧带肋钢筋(HRB400) φ≤10	t	0.1076	0.1076	0.1162	0.1162
	01010212	热轧带肋钢筋(HRB400) φ>10	t	0.2768	0.2768	0.2989	0.2989
	02090101	塑料薄膜	m^2	68.5499	68.5499	74.8925	77.6447
	03010811	钢塑膨胀铆钉	只	18.3600	18.3600	18.3600	18.3600
	03150101	圆钉	kg	3.2905	3.2905	3.4128	3.4128
	03152501	镀锌铁丝	kg	1.1588	1.1588	1.2515	1.2515
	04030115	黄砂 中粗	t	1072.5327 (1457.5324)	1072.5327 (1457.5324)	1072.3028 (1457.3025)	1118.6598 (1512.9415)
	04030701	砾石砂	t	137.6285	137.6285	137.4627	140.5137
	04050313	道碴 50～70	t	0.3988	0.3988	0.3988	0.3988
	04131711	蒸压灰砂砖	千块	14.7533	14.7533	16.2829	18.0831
	04290712	钢筋混凝土板 1400×250×160 mm	块	3.0000	3.0000	3.0000	3.0000
	04290713	钢筋混凝土板 1400×300×160 mm	块	21.0000	21.0000	21.0000	21.0000
	05350301	竹箩	个	2.5000	2.5000	2.5000	2.5000
	17311061	玻璃纤维增强塑料夹砂管(FRPM) DN2400 每节长 3 m 以下	m	96.7000	96.7000	96.7000	96.7000
	34110101	水	m^3	93.5905 (127.8877)	93.5905 (127.8877)	93.6953 (127.9925)	97.7982 (132.9223)
	35010102	组合钢模板	kg	10.3265	10.3265	10.7103	10.7103
	35010703	木模板成材	m^3	0.0645	0.0645	0.0669	0.0669
	35020401	钢模零配件	kg	3.8182	3.8182	3.9602	3.9602
	36012831	铸铁检查井雨污水盖座 市政90型	套	3.0000	3.0000	3.0000	3.0000
	36016631	防沉降检查井盖板 2500×2000×200	块	3.0000	3.0000	3.0000	3.0000
	36016651	高强度塑料检查井格板	只	3.0600	3.0600	3.0600	3.0600

（续表）

定额编号				J-1-6-145 A(B)	J-1-6-146 A(B)	J-1-6-147 A(B)	J-1-6-148 A(B)
项目				DN2400			
				玻璃纤维增强塑料夹砂管(FRPM)			
				≤4.0 m	>4.0 m	4.5 m	5.0 m
名称			单位	100 m	100 m	100 m	100 m
材料	36016661	高强度塑料支架	只	9.1800	9.1800	9.1800	9.1800
	80060414	湿拌砌筑砂浆 WM M10.0	m^3	6.4161	6.4161	7.1686	7.9611
	80060513	预拌抹灰砂浆 WP M15.0	m^3	2.8864	2.8864	3.1440	3.4016
	80210410	预拌混凝土(泵送型) C15 粒径 5～20	m^3	1.8786	1.8786	2.0301	2.0301
	80210414	预拌混凝土(泵送型) C20 粒径 5～20	m^3	13.3623	13.3623	14.5137	14.5137
机械	99010060	履带式单斗液压挖掘机 1 m^3	台班	7.0064	7.4584	8.1365	9.2558
	99050930	混凝土振捣器 插入式	台班	2.0673	2.0673	2.2441	2.2441
	99050940	混凝土振捣器 平板式	台班	27.0916 (35.1705)	27.0916 (35.1705)	27.2610 (35.3399)	28.2895 (36.5632)
	99070220	轮胎式装载机 1 m^3	台班	5.5420 (6.5655)	5.5420 (6.5655)	5.6003 (6.6157)	6.9987 (6.7817)
	99070540	载重汽车 6 t	台班	1.2722	1.2722	1.2732	1.2732
	99070588	载重汽车 12 t	台班	8.4899 (10.0578)	8.4899 (10.0578)	8.5792 (10.1347)	10.7214 (10.3890)
	99090360	汽车式起重机 8 t	台班	2.7356	2.7356	2.7362	2.7362
	99091700	手扳葫芦	台班	4.9856	4.9856	4.9856	4.9856
	99130350	内燃夯实机 700 N·m	台班	18.9292 (10.8503)	23.0194 (14.9405)	28.7627 (20.6838)	37.7583 (29.4847)
	99170010	钢筋调直机	台班	0.1823	0.1823	0.1969	0.1969
	99170025	钢筋切断机	台班	0.1823	0.1823	0.1969	0.1969
	99210065	木工平刨床 刨削宽度 450	台班	0.0371	0.0371	0.0385	0.0385
	99440010	电动单级离心清水泵 ϕ50	台班	152.1456	165.3756	185.2200	216.7200
调整项目							
		围护支撑					
	00190101	综合人工	工日	477.8779	613.3218	613.3218	613.3218
	03152501	镀锌铁丝	kg	15.0000	20.0000	20.0000	20.0000
	04030115	黄砂 中粗	t	15.8236	23.7356	23.7356	23.7356
	05030101	成材	m^3	0.6027	0.8241	0.8241	0.8241

（续表）

定额编号				J-1-6-145 A(B)	J-1-6-146 A(B)	J-1-6-147 A(B)	J-1-6-148 A(B)
项目				DN2400			
				玻璃纤维增强塑料夹砂管(FRPM)			
				≤4.0 m	>4.0 m	4.5 m	5.0 m
名称			单位	100 m	100 m	100 m	100 m
	35090121	槽型钢板桩	t	1.3350	1.9587	1.9587	1.9587
	35090131	槽型钢板桩使用费	t·d	2592.0000	5762.0000	5762.0000	5762.0000
	35090611	钢板桩支撑使用费	t·d	230.0000	460.0000	460.0000	460.0000
	35091771	铁撑柱	kg	184.5000	246.0000	246.0000	246.0000
	35091901	钢桩帽摊销	kg	90.9300	136.2690	136.2690	136.2690
	99030080	轨道式柴油打桩机 0.6 t	台班	20.1323	27.7905	27.7905	27.7905
	99030690	简易拔桩架	台班	23.9558	29.8410	29.8410	29.8410
	99090075	履带式起重机 8 t	台班	6.8250	9.1000	9.1000	9.1000
		井点降水					
	00190101	综合人工	工日	−1.6315	−7.5188	−16.3496	−30.3671
	04030115	黄砂 中粗	t	9.4420	9.4420	9.4420	9.4420
	17270201	普通橡胶管	m	14.2440	14.2440	14.2440	14.2440
	34110101	水	m^3	152.3275	152.3275	152.3275	152.3275
	35040921	轻型井点井管 ϕ40	m	39.2620	39.2620	39.2620	39.2620
	35040941	轻型井点井管 ϕ180×4	m	1.8955	1.8955	1.8955	1.8955
	99091380	电动卷扬机单筒快速 10 kN	台班	1.9920	1.9920	1.9920	1.9920
	99350050	轻便钻机 XJ-100	台班	4.7310	4.7310	4.7310	4.7310
	99440010	电动单级离心清水泵 ϕ50	台班	−152.1456	−165.3756	−185.2200	−216.7200
	99440150	电动多级离心清水泵 ϕ150×180 m以下	台班	3.9840	3.9840	3.9840	3.9840
	99440510	射流井点泵 9.5 m	台班	50.2920	50.2920	50.2920	50.2920

工作内容：沟槽挖土、沟槽排水、井点降水、沟槽围护和支撑(钢板桩、撑拆列板)、铺筑管道基础、铺设管道、沟槽回填(黄砂及素土)、土方场内运输、砌筑检查井等。

定　额　编　号			J-1-6-149 A(B)	J-1-6-150 A(B)	J-1-6-151 A(B)	J-1-6-152 A(B)
项　　目			DN2400			
			玻璃纤维增强塑料夹砂管(FRPM)			
			5.5 m	≤6.0 m	>6.0 m	6.5 m
			100 m	100 m	100 m	100 m
预算定额编号	预算定额名称	预算定额单位	数　　量			
04290712	钢筋混凝土板 1400×250×160 mm	块	3.0000	9.0000	9.0000	9.0000
04290713	钢筋混凝土板 1400×300×160 mm	块	21.0000	15.0000	15.0000	15.0000
52-1-2-3	机械挖沟槽土方 深≤6 m 现场抛土	m^3	2483.2500	2652.5600	2709.0000	2709.0000
52-1-2-3 系 1	机械挖沟槽土方 深≤7 m 现场抛土	m^3			56.4400	225.7500
52-1-3-1	沟槽回填 夯填土	m^3	1240.5750 (1017.5650)	1404.3350 (1181.3250)	1517.2150 (1294.2050)	1679.8150 (1456.8050)
53-1-3-2	场内运输 自卸汽车装运土(运距 1 km 以内)	m^3	1757.0700 (1534.0600)	1954.6920 (1731.6820)	2090.1480 (1867.1380)	2286.6100 (2063.6000)
52-1-3-4	沟槽回填 黄砂	m^3	612.7900 (835.8000)	612.7900 (835.8000)	612.7900 (835.8000)	612.7900 (835.8000)
52-1-4-1	管道垫层 黄砂垫层	m^3	19.8400	19.8400	19.8400	19.8400
52-1-4-3	管道垫层 砾石砂垫层	m^3	63.5550	63.5550	63.5550	63.7950
52-1-5-1	管道基座 混凝土 C20	m^3	14.3700	14.3700	14.3700	15.2400
52-1-5-1 换 1	管道基座 混凝土 C15	m^3	2.0100	2.0100	2.0100	2.1300
52-1-5-2	管道基座 钢筋	t	0.4050	0.4050	0.4050	0.4290
52-1-6-48	管道铺设 玻璃纤维增强塑料夹砂管(FRPM)每节 3 m 以下 DN2400	100 m	0.0967	0.0967	0.0967	0.0967
52-1-6-65	管道铺设 玻璃纤维增强塑料夹砂管(FRPM)每节 3 m 以上 DN2400	100 m	0.8703	0.8703	0.8703	0.8703
52-3-1-3	砖砌检查井及雨水口 检查井 深≤6 m	m^3	36.9000	59.7600	59.7600	
52-3-1-4	砖砌检查井及雨水口 检查井 深≤8 m	m^3				63.7500
52-3-2-1	水泥砂浆抹面 检查井	m^2	213.9300	210.7200	210.7200	230.7600
52-3-6-1	安装防坠格板 新建工程	只	3.0000	3.0000	3.0000	3.0000
52-3-9-3	安装盖板及盖座 铸铁盖座	套	3.0000	3.0000	3.0000	3.0000
52-3-9-4	安装盖板及盖座 防沉降检查井盖板	块	3.0000	3.0000	3.0000	3.0000

（续表）

定额编号			J-1-6-149 A(B)	J-1-6-150 A(B)	J-1-6-151 A(B)	J-1-6-152 A(B)
项目			DN2400			
			玻璃纤维增强塑料夹砂管(FRPM)			
			5.5 m	≤6.0 m	>6.0 m	6.5 m
			100 m	100 m	100 m	100 m
预算定额编号	预算定额名称	预算定额单位	数量			
52-4-5-1	模板工程 模板 管道基座	m^2	16.7400	16.7400	16.7400	17.3100
53-9-1-1	施工排水、降水 湿土排水	m^3	2031.7500	2201.0600	2313.9400	2483.2500
53-9-1-3	施工排水、降水 筑拆竹箩滤井	座	2.5000	2.5000	2.5000	2.5000
调整项目						
	围护支撑					
52-4-3-2	打槽型钢板桩 长 6.01～9.00 m，单面	100 m	2.0000	2.0000		
52-4-3-7	拔槽型钢板桩 长 6.01～9.00 m，单面	100 m	2.0000	2.0000		
52-4-3-11	打拔沟槽钢板桩 槽型钢板桩使用费	t·d	5762.0000	5762.0000	7984.0000	7984.0000
52-4-4-8	安拆钢板桩支撑 槽宽≤4.5 m 深 4.01～6.00 m	100 m	1.0000	1.0000		
52-4-4-14	钢板桩支撑使用费	t·d	460.0000	460.0000	800.0000	800.0000
52-4-3-3	打槽型钢板桩 长 9.01～12.00 m，单面	100 m			2.0000	2.0000
52-4-3-8	拔槽型钢板桩 长 9.01～12.00 m，单面	100 m			2.0000	2.0000
52-4-4-9	安拆钢板桩支撑 槽宽≤4.5 m 深 6.01～8.00 m	100 m			1.0000	1.0000
	井点降水					
53-9-1-1	施工排水、降水 湿土排水	m^3	−2031.7500	−2201.0600	−2313.9400	−2483.2500
53-9-1-5	施工排水、降水 轻型井点安装	根	83.0000	83.0000		
53-9-1-6	施工排水、降水 轻型井点拆除	根	83.0000	83.0000		
53-9-1-7	施工排水、降水 轻型井点使用	套·天	42.0000	42.0000		
53-9-1-8	施工排水、降水 喷射井点安装 10 m	根			40.0000	40.0000
53-9-1-9	施工排水、降水 喷射井点拆除 10 m	根			40.0000	40.0000
53-9-1-10	施工排水、降水 喷射井点使用 10 m	套·天			29.0000	29.0000

工作内容：沟槽挖土、沟槽排水、井点降水、沟槽围护和支撑(钢板桩、撑拆列板)、铺筑管道基础、铺设管道、沟槽回填(黄砂及素土)、土方场内运输、砌筑检查井等。

定额编号				J-1-6-149 A(B)	J-1-6-150 A(B)	J-1-6-151 A(B)	J-1-6-152 A(B)
项目				DN2400			
				玻璃纤维增强塑料夹砂管(FRPM)			
				5.5 m	≤6.0 m	>6.0 m	6.5 m
名称			单位	100 m	100 m	100 m	100 m
人工	00190101	综合人工	工日	968.0586 (973.8570)	1086.1121 (1091.9104)	1129.6398 (1135.4381)	1211.5053 (1217.3036)
材料	01010211	热轧带肋钢筋(HRB400) φ≤10	t	0.1162	0.1162	0.1162	0.1231
	01010212	热轧带肋钢筋(HRB400) φ>10	t	0.2989	0.2989	0.2989	0.3166
	02090101	塑料薄膜	m^2	80.4962	99.3899	99.3899	105.7096
	03010811	钢塑膨胀铆钉	只	18.3600	18.3600	18.3600	18.3600
	03150101	圆钉	kg	3.4128	3.4128	3.4128	3.5290
	03152501	镀锌铁丝	kg	1.2515	1.2515	1.2515	1.3256
	04030115	黄砂 中粗	t	1118.6598 (1512.9415)	1118.6598 (1512.9415)	1118.6598 (1512.9415)	1118.6598 (1512.9415)
	04030701	砾石砂	t	140.5137	140.5137	140.5137	141.0444
	04050313	道碴 50～70	t	0.3988	0.3988	0.3988	0.3988
	04131711	蒸压灰砂砖	千块	19.9481	32.3063	32.3063	34.3549
	04290712	钢筋混凝土板 1400×250×160 mm	块	3.0000	9.0000	9.0000	9.0000
	04290713	钢筋混凝土板 1400×300×160 mm	块	21.0000	15.0000	15.0000	15.0000
	05350301	竹箩	个	2.5000	2.5000	2.5000	2.5000
	17311061	玻璃纤维增强塑料夹砂管(FRPM) DN2400 每节长 3 m 以下	m	96.7000	96.7000	96.7000	96.7000
	34110101	水	m^3	97.8454 (132.9695)	98.1586 (133.2827)	98.1586 (133.2827)	98.2633 (133.3874)
	35010102	组合钢模板	kg	10.7103	10.7103	10.7103	11.0750
	35010703	木模板成材	m^3	0.0669	0.0669	0.0669	0.0692
	35020401	钢模零配件	kg	3.9602	3.9602	3.9602	4.0950
	36012831	铸铁检查井雨污水盖座 市政 90 型	套	3.0000	3.0000	3.0000	3.0000
	36016631	防沉降检查井盖板 2500×2000×200	块	3.0000	3.0000	3.0000	3.0000
	36016651	高强度塑料检查井格板	只	3.0600	3.0600	3.0600	3.0600

（续表）

定额编号				J-1-6-149 A(B)	J-1-6-150 A(B)	J-1-6-151 A(B)	J-1-6-152 A(B)
项目				DN2400			
				玻璃纤维增强塑料夹砂管(FRPM)			
				5.5 m	≤6.0 m	>6.0 m	6.5 m
名称			单位	100 m	100 m	100 m	100 m
材料	36016661	高强度塑料支架	只	9.1800	9.1800	9.1800	9.1800
	80060414	湿拌砌筑砂浆 WM M10.0	m^3	8.7822	14.2229	14.2229	15.4211
	80060513	预拌抹灰砂浆 WP M15.0	m^3	3.6592	3.6081	3.6081	3.9268
	80210410	预拌混凝土(泵送型) C15 粒径 5～20	m^3	2.0301	2.0301	2.0301	2.1513
	80210414	预拌混凝土(泵送型) C20 粒径 5～20	m^3	14.5137	14.5137	14.5137	15.3924
机械	99010060	履带式单斗液压挖掘机 1 m^3	台班	10.1813	10.8755	11.3778	12.1905
	99050930	混凝土振捣器 插入式	台班	2.2441	2.2441	2.2441	2.3797
	99050940	混凝土振捣器 平板式	台班	28.2895 (36.5632)	28.2895 (36.5632)	28.2895 (36.5632)	28.4352 (36.7089)
	99070220	轮胎式装载机 1 m^3	台班	8.2582 (7.2101)	9.1871 (8.1389)	9.8237 (8.7755)	10.7471 (9.6989)
	99070540	载重汽车 6 t	台班	1.2732	1.2732	1.2732	1.2741
	99070588	载重汽车 12 t	台班	12.6509 (11.0452)	14.0738 (12.4681)	15.0491 (13.4434)	16.4636 (14.8579)
	99090360	汽车式起重机 8 t	台班	2.7362	2.7362	2.7362	2.7368
	99091700	手扳葫芦	台班	4.9856	4.9856	4.9856	4.9856
	99130350	内燃夯实机 700 N·m	台班	46.0253 (37.7517)	52.1008 (43.8272)	56.2887 (48.0150)	62.3211 (54.0475)
	99170010	钢筋调直机	台班	0.1969	0.1969	0.1969	0.2085
	99170025	钢筋切断机	台班	0.1969	0.1969	0.1969	0.2085
	99210065	木工平刨床 刨削宽度 450	台班	0.0385	0.0385	0.0385	0.0398
	99440010	电动单级离心清水泵 ϕ50	台班	243.8100	264.1272	277.6728	297.9900
调整项目							
		围护支撑					
	00190101	综合人工	工日	613.3218	613.3218	621.3363	621.3363
	03152501	镀锌铁丝	kg	20.0000	20.0000	25.0000	25.0000
	04030115	黄砂 中粗	t	23.7356	23.7356	33.2299	33.2299
	05030101	成材	m^3	0.8241	0.8241	1.0276	1.0276
	35090121	槽型钢板桩	t	1.9587	1.9587	2.6893	2.6893
	35090131	槽型钢板桩使用费	t·d	5762.0000	5762.0000	7984.0000	7984.0000
	35090611	钢板桩支撑使用费	t·d	460.0000	460.0000	800.0000	800.0000
	35091771	铁撑柱	kg	246.0000	246.0000	427.2000	427.2000

（续表）

定额编号			J-1-6-149 A(B)	J-1-6-150 A(B)	J-1-6-151 A(B)	J-1-6-152 A(B)
项目			DN2400			
			玻璃纤维增强塑料夹砂管(FRPM)			
			5.5 m	≤6.0 m	>6.0 m	6.5 m
名称		单位	100 m	100 m	100 m	100 m
35091901	钢桩帽摊销	kg	136.2690	136.2690	381.5700	381.5700
99030080	轨道式柴油打桩机 0.6 t	台班	27.7905	27.7905		
99030690	简易拔桩架	台班	29.8410	29.8410		
99090075	履带式起重机 8 t	台班	9.1000	9.1000	11.3750	11.3750
99030100	轨道式柴油打桩机 1.2 t	台班			33.5913	33.5913
99030970	震动锤 45 kW	台班			17.3680	17.3680
99090090	履带式起重机 15 t	台班			17.3680	17.3680
	井点降水					
00190101	综合人工	工日	−42.4222	−51.4633	91.1996	82.1585
04030115	黄砂 中粗	t	9.4420	9.4420		
04030119	黄砂 中粗	kg			95423.8016	95423.8016
17030102	镀锌焊接钢管	kg			0.1867	0.1867
17270201	普通橡胶管	m	14.2440	14.2440		
34110101	水	m^3	152.3275	152.3275	566.8908	566.8908
35040921	轻型井点井管 ϕ40	m	39.2620	39.2620		
35040941	轻型井点井管 ϕ180×4	m	1.8955	1.8955		
35040961	喷射井点总管 ϕ159×6	m			3.9964	3.9964
35040971	喷射井点井管 ϕ76	m			28.4336	28.4336
35041011	喷射井点滤网管	根			3.2820	3.2820
35041021	喷射井点回水连接件	副			2.0529	2.0529
35041031	喷射井点腰子法兰	副			0.9318	0.9318
35041041	喷射井点水箱	kg			32.8034	32.8034
35041051	喷射井点喷射器	只			4.3856	4.3856
99090080	履带式起重机 10 t	台班			11.5200	11.5200
99091380	电动卷扬机单筒快速 10 kN	台班	1.9920	1.9920		
99350050	轻便钻机 XJ-100	台班	4.7310	4.7310		
99350120	液压钻机 G-2A	台班			4.4160	4.4160
99440010	电动单级离心清水泵 ϕ50	台班	243.8100	−264.1272	−277.6728	−297.9900
99440150	电动多级离心清水泵 ϕ150×180 m 以下	台班	3.9840	3.9840	39.7100	39.7100
99440210	污水泵 ϕ100	台班			11.0400	11.0400
99440510	射流井点泵 9.5 m	台班	50.2920	50.2920		

工作内容：沟槽挖土、沟槽排水、井点降水、沟槽围护和支撑(钢板桩、撑拆列板)、铺筑管道基础、铺设管道、沟槽回填(黄砂及素土)、土方场内运输、砌筑检查井等。

定额编号			J-1-6-153 A(B)	J-1-6-154 A(B)	J-1-6-155 A(B)	J-1-6-156 A(B)
项目			DN2400	DN2500		
			玻璃纤维增强塑料夹砂管(FRPM)			
			7.0 m	3.5 m	≤4.0 m	>4.0 m
			100 m	100 m	100 m	100 m
预算定额编号	预算定额名称	预算定额单位	数量			
04290712	钢筋混凝土板 1400×250×160 mm	块	9.0000	24.0000	24.0000	24.0000
04290713	钢筋混凝土板 1400×300×160 mm	块	15.0000			
52-1-2-3	机械挖沟槽土方 深≤6 m 现场抛土	m^3	2709.0000	1580.2500	1749.5600	1862.4400
52-1-2-3 系 1	机械挖沟槽土方 深≤7 m 现场抛土	m^3	451.5000			
52-1-3-1	沟槽回填 夯填土	m^3	1899.7850 (1676.7750)	302.9950 (79.9750)	469.5650 (246.5450)	579.7150 (356.6950)
53-1-3-2	场内运输 自卸汽车装运土(运距 1 km 以内)	m^3	2551.7300 (2328.7200)	1257.4100 (1480.4300)	1260.1500 (1483.1700)	1262.8800 (1485.9000)
52-1-3-4	沟槽回填 黄砂	m^3	612.7900 (835.8000)	608.5000 (831.5200)	608.5000 (831.5200)	608.5000 (831.5200)
52-1-4-1	管道垫层 黄砂垫层	m^3	19.8400	19.8400	19.8400	19.8400
52-1-4-3	管道垫层 砾石砂垫层	m^3	63.7950	63.8850	63.8850	63.8850
52-1-5-1	管道基座 混凝土 C20	m^3	15.2400	17.6100	17.6100	17.6100
52-1-5-1 换 1	管道基座 混凝土 C15	m^3	2.1300	2.1900	2.1900	2.1900
52-1-5-2	管道基座 钢筋	t	0.4290	0.4740	0.4740	0.4740
52-1-6-48	管道铺设 玻璃纤维增强塑料夹砂管(FRPM)每节 3 m 以下 DN2400	100 m	0.0967			
52-1-6-49	管道铺设 玻璃纤维增强塑料夹砂管(FRPM)每节 3 m 以下 DN2500	100 m		0.0967	0.0967	0.0967
52-1-6-65	管道铺设 玻璃纤维增强塑料夹砂管(FRPM)每节 3 m 以上 DN2400	100 m	0.8703			
52-1-6-66	管道铺设 玻璃纤维增强塑料夹砂管(FRPM)每节 3 m 以上 DN2500	100 m		0.8703	0.8703	0.8703
52-3-1-3	砖砌检查井及雨水口 检查井 深≤6 m	m^3		32.7300	32.7300	32.7300
52-3-1-4	砖砌检查井及雨水口 检查井 深≤8 m	m^3	66.9600			
52-3-2-1	水泥砂浆抹面 检查井	m^2	250.8000	192.4500	192.4500	192.4500
52-3-6-1	安装防坠格板 新建工程	只	3.0000	3.0000	3.0000	3.0000
52-3-9-3	安装盖板及盖座 铸铁盖座	套	3.0000	3.0000	3.0000	3.0000
52-3-9-4	安装盖板及盖座 防沉降检查井盖板	块	3.0000	3.0000	3.0000	3.0000
52-4-5-1	模板工程 模板 管道基座	m^2	17.3100	19.7700	19.7700	19.7700

（续表）

定额编号			J-1-6-153 A(B)	J-1-6-154 A(B)	J-1-6-155 A(B)	J-1-6-156 A(B)
项目			DN2400	DN2500		
			玻璃纤维增强塑料夹砂管(FRPM)			
			7.0 m	3.5 m	≤4.0 m	>4.0 m
			100 m	100 m	100 m	100 m
预算定额编号	预算定额名称	预算定额单位	数量			
53-9-1-1	施工排水、降水 湿土排水	m^3	2709.0000	1128.7500	1298.0600	1410.9400
53-9-1-3	施工排水、降水 筑拆竹箩滤井	座	2.5000	2.5000	2.5000	2.5000
	调整项目					
	围护支撑					
52-4-3-3	打槽型钢板桩 长 9.01～12.00 m，单面	100 m	2.0000			
52-4-3-8	拔槽型钢板桩 长 9.01～12.00 m，单面	100 m	2.0000			
52-4-3-11	打拔沟槽钢板桩 槽型钢板桩使用费	t·d	7984.0000	3114.0000	3114.0000	6230.0000
52-4-4-9	安拆钢板桩支撑 槽宽≤4.5 m 深 6.01～8.00 m	100 m	1.0000			
52-4-4-14	钢板桩支撑使用费	t·d	800.0000	322.0000	322.0000	840.0000
52-4-3-1	打槽型钢板桩 长 4.00～6.00 m，单面	100 m		2.0000	2.0000	
52-4-3-6	拔槽型钢板桩 长 4.00～6.00 m，单面	100 m		2.0000	2.0000	
52-4-4-7	安拆钢板桩支撑 槽宽≤4.5 m 深 3.01～4.00 m	100 m		1.0000	1.0000	
52-4-3-2	打槽型钢板桩 长 6.01～9.00 m，单面	100 m				2.0000
52-4-3-7	拔槽型钢板桩 长 6.01～9.00 m，单面	100 m				2.0000
52-4-4-8	安拆钢板桩支撑 槽宽≤4.5 m 深 4.01～6.00 m	100 m				1.0000
	井点降水					
53-9-1-1	施工排水、降水 湿土排水	m^3	−2709.0000	−1128.7500	−1298.0600	−1410.9400
53-9-1-5	施工排水、降水 轻型井点安装	根		83.0000	83.0000	83.0000
53-9-1-6	施工排水、降水 轻型井点拆除	根		83.0000	83.0000	83.0000
53-9-1-7	施工排水、降水 轻型井点使用	套·天		43.0000	43.0000	43.0000
53-9-1-8	施工排水、降水 喷射井点安装 10 m	根	40.0000			
53-9-1-9	施工排水、降水 喷射井点拆除 10 m	根	40.0000			
53-9-1-10	施工排水、降水 喷射井点使用 10 m	套·天	29.0000			

工作内容：沟槽挖土、沟槽排水、井点降水、沟槽围护和支撑(钢板桩、撑拆列板)、铺筑管道基础、铺设管道、沟槽回填(黄砂及素土)、土方场内运输、砌筑检查井等。

定额编号				J-1-6-153 A(B)	J-1-6-154 A(B)	J-1-6-155 A(B)	J-1-6-156 A(B)
项目				DN2400	DN2500		
				玻璃纤维增强塑料夹砂管(FRPM)			
				7.0 m	3.5 m	≤4.0 m	>4.0 m
名称			单位	100 m	100 m	100 m	100 m
人工	00190101	综合人工	工日	1308.4739 (1314.2723)	624.5149 (645.1664)	682.0475 (702.6991)	720.1931 (740.8448)
材料	01010211	热轧带肋钢筋(HRB400) $\phi\leqslant10$	t	0.1231	0.1360	0.1360	0.1360
	01010212	热轧带肋钢筋(HRB400) $\phi>10$	t	0.3166	0.3498	0.3498	0.3498
	02090101	塑料薄膜	m^2	108.3626	87.4889	87.4889	87.4889
	03010811	钢塑膨胀铆钉	只	18.3600	18.3600	18.3600	18.3600
	03150101	圆钉	kg	3.5290	4.0306	4.0306	4.0306
	03152501	镀锌铁丝	kg	1.3256	1.4647	1.4647	1.4647
	04030115	黄砂 中粗	t	1118.6598 (1512.9415)	1111.0751 (1505.3745)	1111.0751 (1505.3745)	1111.0751 (1505.3745)
	04030701	砾石砂	t	141.0444	141.2433	141.2433	141.2433
	04050313	道碴 50～70	t	0.3988	0.3988	0.3988	0.3988
	04131711	蒸压灰砂砖	千块	36.0847	17.6938	17.6938	17.6938
	04290712	钢筋混凝土板 1400×250×160 mm	块	9.0000	24.0000	24.0000	24.0000
	04290713	钢筋混凝土板 1400×300×160 mm	块	15.0000			
	05350301	竹箩	个	2.5000	2.5000	2.5000	2.5000
	17311061	玻璃纤维增强塑料夹砂管(FRPM) DN2400 每节长 3 m 以下	m	96.7000			
	17311063	玻璃纤维增强塑料夹砂管(FRPM) DN2500 每节长 3 m 以下	m		96.7000	96.7000	96.7000
	34110101	水	m^3	98.3073 (133.4314)	97.2851 (132.4107)	97.2851 (132.4107)	97.2851 (132.4107)
	35010102	组合钢模板	kg	11.0750	12.6489	12.6489	12.6489
	35010703	木模板成材	m^3	0.0692	0.0790	0.0790	0.0790
	35020401	钢模零配件	kg	4.0950	4.6770	4.6770	4.6770
	36012831	铸铁检查井雨污水盖座 市政 90 型	套	3.0000	3.0000	3.0000	3.0000
	36016631	防沉降检查井盖板 2500×2000×200	块	3.0000	3.0000	3.0000	3.0000
	36016651	高强度塑料检查井格板	只	3.0600	3.0600	3.0600	3.0600
	36016661	高强度塑料支架	只	9.1800	9.1800	9.1800	9.1800

（续表）

定额编号				J-1-6-153 A(B)	J-1-6-154 A(B)	J-1-6-155 A(B)	J-1-6-156 A(B)
项目				DN2400	DN2500		
				玻璃纤维增强塑料夹砂管(FRPM)			
				7.0 m	3.5 m	≤4.0 m	>4.0 m
名称			单位	100 m	100 m	100 m	100 m
材料	80060414	湿拌砌筑砂浆 WM M10.0	m^3	16.1976	7.7897	7.7897	7.7897
	80060513	预拌抹灰砂浆 WP M15.0	m^3	4.2454	3.3177	3.3177	3.3177
	80210410	预拌混凝土(泵送型) C15 粒径 5～20	m^3	2.1513	2.2119	2.2119	2.2119
	80210414	预拌混凝土(泵送型) C20 粒径 5～20	m^3	15.3924	17.7861	17.7861	17.7861
机械	99010060	履带式单斗液压挖掘机 $1\ m^3$	台班	13.2741	6.4790	7.1732	7.6360
	99050930	混凝土振捣器 插入式	台班	2.3797	2.7126	2.7126	2.7126
	99050940	混凝土振捣器 平板式	台班	28.4352 (36.7089)	28.6127 (36.8867)	28.6127 (36.8867)	28.6127 (36.8867)
	99070220	轮胎式装载机 $1\ m^3$	台班	11.9931 (10.9450)	5.9098 (6.9580)	5.9227 (6.9709)	5.9355 (6.9837)
	99070540	载重汽车 6 t	台班	1.2741	1.5156	1.5156	1.5156
	99070588	载重汽车 12 t	台班	18.3725 (16.7668)	9.0534 (10.6591)	9.0731 (10.6788)	9.0927 (10.6985)
	99090360	汽车式起重机 8 t	台班	2.7368	3.2149	3.2149	3.2149
	99091700	手扳葫芦	台班	4.9856	5.9364	5.9364	5.9364
	99130350	内燃夯实机 700 N·m	台班	70.4820 (62.2084)	11.2411 (2.9671)	17.4209 (9.1468)	21.5074 (13.2334)
	99170010	钢筋调直机	台班	0.2085	0.2304	0.2304	0.2304
	99170025	钢筋切断机	台班	0.2085	0.2304	0.2304	0.2304
	99210065	木工平刨床 刨削宽度 450	台班	0.0398	0.0455	0.0455	0.0455
	99440010	电动单级离心清水泵 $\phi 50$	台班	325.0800	135.4500	155.7672	169.3128
调整项目							
		围护支撑					
	00190101	综合人工	工日	621.3363	477.8779	477.8779	613.3218
	03152501	镀锌铁丝	kg	25.0000	15.0000	15.0000	20.0000
	04030115	黄砂 中粗	t	33.2299	15.8236	15.8236	23.7356
	05030101	成材	m^3	1.0276	0.6027	0.6027	0.8241
	35090121	槽型钢板桩	t	2.6893	1.3350	1.3350	1.9587
	35090131	槽型钢板桩使用费	t·d	7984.0000	3114.0000	3114.0000	6230.0000
	35090611	钢板桩支撑使用费	t·d	800.0000	322.0000	322.0000	840.0000

（续表）

定额编号				J-1-6-153 A(B)	J-1-6-154 A(B)	J-1-6-155 A(B)	J-1-6-156 A(B)
项目				DN2400	DN2500		
				玻璃纤维增强塑料夹砂管(FRPM)			
				7.0 m	3.5 m	≤4.0 m	>4.0 m
名称			单位	100 m	100 m	100 m	100 m
	35091771	铁撑柱	kg	427.2000	184.5000	184.5000	246.0000
	35091901	钢桩帽摊销	kg	381.5700	90.9300	90.9300	136.2690
	99030100	轨道式柴油打桩机 1.2 t	台班	33.5913			
	99030970	震动锤 45 kW	台班	17.3680			
	99090075	履带式起重机 8 t	台班	11.3750	6.8250	6.8250	9.1000
	99090090	履带式起重机 15 t	台班	17.3680			
	99030080	轨道式柴油打桩机 0.6 t	台班		20.1323	20.1323	27.7905
	99030690	简易拔桩架	台班		23.9558	23.9558	29.8410
		井点降水					
	00190101	综合人工	工日	70.1034	6.3730	−2.6681	−8.6959
	04030115	黄砂 中粗	t		9.4420	9.4420	9.4420
	04030119	黄砂 中粗	kg	95423.8016			
	17030102	镀锌焊接钢管	kg	0.1867			
	17270201	普通橡胶管	m		14.2440	14.2440	14.2440
	34110101	水	m^3	566.8908	152.3275	152.3275	152.3275
	35040921	轻型井点井管 $\phi40$	m		40.1529	40.1529	40.1529
	35040941	轻型井点井管 $\phi180\times4$	m		1.9384	1.9384	1.9384
	35040961	喷射井点总管 $\phi159\times6$	m	3.9964			
	35040971	喷射井点井管 $\phi76$	m	28.4336			
	35041011	喷射井点滤网管	根	3.2820			
	35041021	喷射井点回水连接件	副	2.0529			
	35041031	喷射井点腰子法兰	副	0.9318			
	35041041	喷射井点水箱	kg	32.8034			
	35041051	喷射井点喷射器	只	4.3856			
	99090080	履带式起重机 10 t	台班	11.5200			
	99091380	电动卷扬机单筒快速 10 kN	台班		1.9920	1.9920	1.9920
	99350050	轻便钻机 XJ-100	台班		4.7310	4.7310	4.7310
	99350120	液压钻机 G-2A	台班	4.4160			
	99440010	电动单级离心清水泵 $\phi50$	台班	−325.0800	−135.4500	−155.7672	−169.3128
	99440150	电动多级离心清水泵 $\phi150\times$180 m 以下	台班	39.7100	3.9840	3.9840	3.9840
	99440210	污水泵 $\phi100$	台班	11.0400			
	99440510	射流井点泵 9.5 m	台班		51.4420	51.4420	51.4420

工作内容：沟槽挖土、沟槽排水、井点降水、沟槽围护和支撑(钢板桩、撑拆列板)、铺筑管道基础、铺设管道、沟槽回填(黄砂及素土)、土方场内运输、砌筑检查井等。

定额编号			J-1-6-157 A(B)	J-1-6-158 A(B)	J-1-6-159 A(B)	J-1-6-160 A(B)
项目			DN2500			
			玻璃纤维增强塑料夹砂管(FRPM)			
			4.5 m	5.0 m	5.5 m	≤6.0 m
			100 m	100 m	100 m	100 m
预算定额编号	预算定额名称	预算定额单位	数量			
04290712	钢筋混凝土板 1400×250×160 mm	块	24.0000	24.0000	24.0000	24.0000
52-1-2-3	机械挖沟槽土方 深≤6 m 现场抛土	m^3	2031.7500	2310.0000	2541.0000	2714.2500
52-1-3-1	沟槽回填 夯填土	m^3	746.2850 (523.2650)	992.9350 (764.6750)	1221.0050 (992.7450)	1390.0450 (1161.7850)
53-1-3-2	场内运输 自卸汽车装运土(运距1 km以内)	m^3	1265.6200 (1488.6400)	1475.2400 (1525.0200)	1749.5100 (1527.9500)	1953.2000 (1724.9400)
52-1-3-4	沟槽回填 黄砂	m^3	608.5000 (831.5200)	635.3300 (863.5900)	635.3300 (863.5900)	635.3300 (863.5900)
52-1-4-1	管道垫层 黄砂垫层	m^3	19.8400	20.3100	20.3100	20.3100
52-1-4-3	管道垫层 砾石砂垫层	m^3	63.8850	65.2650	65.2650	65.2650
52-1-5-1	管道基座 混凝土 C20	m^3	17.6100	17.6100	17.6100	17.6100
52-1-5-1换1	管道基座 混凝土 C15	m^3	2.1900	2.1900	2.1900	2.1900
52-1-5-2	管道基座 钢筋	t	0.4740	0.4740	0.4740	0.4740
52-1-6-49	管道铺设 玻璃纤维增强塑料夹砂管(FRPM)每节3 m以下 DN2500	100 m	0.0967	0.0967	0.0967	0.0967
52-1-6-66	管道铺设 玻璃纤维增强塑料夹砂管(FRPM)每节3 m以上 DN2500	100 m	0.8703	0.8703	0.8703	0.8703
52-3-1-3	砖砌检查井及雨水口 检查井 深≤6 m	m^3	32.7300	36.0600	39.5400	65.9100
52-3-2-1	水泥砂浆抹面 检查井	m^2	192.4500	208.6500	224.8500	215.9400
52-3-6-1	安装防坠格板 新建工程	只	3.0000	3.0000	3.0000	3.0000
52-3-9-3	安装盖板及盖座 铸铁盖座	套	3.0000	3.0000	3.0000	3.0000
52-3-9-4	安装盖板及盖座 防沉降检查井盖板	块	3.0000	3.0000	3.0000	3.0000
52-4-5-1	模板工程 模板 管道基座	m^2	19.7700	19.7700	19.7700	19.7700
53-9-1-1	施工排水、降水 湿土排水	m^3	1580.2500	1848.0000	2079.0000	2252.2500
53-9-1-3	施工排水、降水 筑拆竹箩滤井	座	2.5000	2.5000	2.5000	2.5000
调整项目						
	围护支撑					
52-4-3-2	打槽型钢板桩 长6.01～9.00 m,单面	100 m	2.0000	2.0000	2.0000	2.0000
52-4-3-7	拔槽型钢板桩 长6.01～9.00 m,单面	100 m	2.0000	2.0000	2.0000	2.0000

(续表)

定额编号			J-1-6-157 A(B)	J-1-6-158 A(B)	J-1-6-159 A(B)	J-1-6-160 A(B)
项目			DN2500			
			玻璃纤维增强塑料夹砂管(FRPM)			
			4.5 m	5.0 m	5.5 m	≤6.0 m
			100 m	100 m	100 m	100 m
预算定额编号	预算定额名称	预算定额单位	数量			
52-4-3-11	打拔沟槽钢板桩 槽型钢板桩使用费	t·d	6230.0000	6230.0000	6230.0000	6230.0000
52-4-4-8	安拆钢板桩支撑 槽宽≤4.5 m 深4.01～6.00 m	100 m	1.0000	1.0000	1.0000	1.0000
52-4-4-14	钢板桩支撑使用费	t·d	840.0000	840.0000	840.0000	840.0000
	井点降水					
53-9-1-1	施工排水、降水 湿土排水	m^3	−1580.2500	−1848.0000	−2079.0000	−2252.2500
53-9-1-5	施工排水、降水 轻型井点安装	根	83.0000	83.0000	83.0000	83.0000
53-9-1-6	施工排水、降水 轻型井点拆除	根	83.0000	83.0000	83.0000	83.0000
53-9-1-7	施工排水、降水 轻型井点使用	套·天	43.0000	43.0000	43.0000	43.0000

工作内容:沟槽挖土、沟槽排水、井点降水、沟槽围护和支撑(钢板桩、撑拆列板)、铺筑管道基础、铺设管道、沟槽回填(黄砂及素土)、土方场内运输、砌筑检查井等。

定额编号				J-1-6-157 A(B)	J-1-6-158 A(B)	J-1-6-159 A(B)	J-1-6-160 A(B)
项目				DN2500			
				玻璃纤维增强塑料夹砂管(FRPM)			
				4.5 m	5.0 m	5.5 m	≤6.0 m
名称			单位	100 m	100 m	100 m	100 m
人工	00190101	综合人工	工日	777.7258 (798.3774)	891.6759 (906.8694)	990.4012 (996.5590)	1117.9493 (1123.8840)
材料	01010211	热轧带肋钢筋(HRB400) ϕ≤10	t	0.1360	0.1360	0.1360	0.1360
	01010212	热轧带肋钢筋(HRB400) ϕ>10	t	0.3498	0.3498	0.3498	0.3498
	02090101	塑料薄膜	m^2	87.4889	90.2412	93.1174	114.9122
	03010811	钢塑膨胀铆钉	只	18.3600	18.3600	18.3600	18.3600
	03150101	圆钉	kg	4.0306	4.0306	4.0306	4.0306
	03152501	镀锌铁丝	kg	1.4647	1.4647	1.4647	1.4647
	04030115	黄砂 中粗	t	1111.0751 (1505.3745)	1159.3415 (1562.9052)	1159.3415 (1562.9052)	1159.3415 (1562.9052)
	04030701	砾石砂	t	141.2433	144.2944	144.2944	144.2944
	04050313	道碴 50～70	t	0.3988	0.3988	0.3988	0.3988

（续表）

定额编号				J-1-6-157 A(B)	J-1-6-158 A(B)	J-1-6-159 A(B)	J-1-6-160 A(B)
项目				DN2500			
				玻璃纤维增强塑料夹砂管(FRPM)			
				4.5 m	5.0 m	5.5 m	≤6.0 m
名称			单位	100 m	100 m	100 m	100 m
材料	04131711	蒸压灰砂砖	千块	17.6938	19.4940	21.3753	35.6309
	04290712	钢筋混凝土板 1400×250×160 mm	块	24.0000	24.0000	24.0000	24.0000
	05350301	竹箩	个	2.5000	2.5000	2.5000	2.5000
	17311063	玻璃纤维增强塑料夹砂管(FRPM) DN2500 每节长 3 m 以下	m	96.7000	96.7000	96.7000	96.7000
	34110101	水	m^3	97.2851 (132.4107)	101.5564 (137.5073)	101.6041 (137.5550)	101.9654 (137.9163)
	35010102	组合钢模板	kg	12.6489	12.6489	12.6489	12.6489
	35010703	木模板成材	m^3	0.0790	0.0790	0.0790	0.0790
	35020401	钢模零配件	kg	4.6770	4.6770	4.6770	4.6770
	36012831	铸铁检查井雨污水盖座 市政 90 型	套	3.0000	3.0000	3.0000	3.0000
	36016631	防沉降检查井盖板 2500×2000×200	块	3.0000	3.0000	3.0000	3.0000
	36016651	高强度塑料检查井格板	只	3.0600	3.0600	3.0600	3.0600
	36016661	高强度塑料支架	只	9.1800	9.1800	9.1800	9.1800
	80060414	湿拌砌筑砂浆 WM M10.0	m^3	7.7897	8.5823	9.4105	15.6866
	80060513	预拌抹灰砂浆 WP M15.0	m^3	3.3177	3.5752	3.8328	3.6911
	80210410	预拌混凝土(泵送型) C15 粒径 5～20	m^3	2.2119	2.2119	2.2119	2.2119
	80210414	预拌混凝土(泵送型) C20 粒径 5～20	m^3	17.7861	17.7861	17.7861	17.7861
机械	99010060	履带式单斗液压挖掘机 1 m^3	台班	8.3302	9.4710	10.4181	11.1284
	99050930	混凝土振捣器 插入式	台班	2.7126	2.7126	2.7126	2.7126
	99050940	混凝土振捣器 平板式	台班	28.6127 (36.8867)	29.6812 (38.1497)	29.6812 (38.1497)	29.6812 (38.1497)
	99070220	轮胎式装载机 1 m^3	台班	5.9484 (6.9966)	6.9336 (7.1676)	8.2227 (7.1814)	9.1800 (8.1072)
	99070540	载重汽车 6 t	台班	1.5156	1.5156	1.5156	1.5156
	99070588	载重汽车 12 t	台班	9.1125 (10.7182)	10.6217 (10.9801)	12.5965 (11.0012)	14.0630 (12.4196)
	99090360	汽车式起重机 8 t	台班	3.2149	3.2149	3.2149	3.2149
	99091700	手扳葫芦	台班	5.9364	5.9364	5.9364	5.9364

(续表)

定额编号				J-1-6-157 A(B)	J-1-6-158 A(B)	J-1-6-159 A(B)	J-1-6-160 A(B)
项目				DN2500			
				玻璃纤维增强塑料夹砂管(FRPM)			
				4.5 m	5.0 m	5.5 m	≤6.0 m
名称			单位	100 m	100 m	100 m	100 m
机械	99130350	内燃夯实机 700 N·m	台班	27.6872 (19.4131)	36.8379 (28.3694)	45.2993 (36.8308)	51.5707 (43.1022)
	99170010	钢筋调直机	台班	0.2304	0.2304	0.2304	0.2304
	99170025	钢筋切断机	台班	0.2304	0.2304	0.2304	0.2304
	99210065	木工平刨床 刨削宽度 450	台班	0.0455	0.0455	0.0455	0.0455
	99440010	电动单级离心清水泵 ϕ50	台班	189.6300	221.7600	249.4800	270.2700
调整项目							
		围护支撑					
	00190101	综合人工	工日	613.3218	613.3218	613.3218	613.3218
	03152501	镀锌铁丝	kg	20.0000	20.0000	20.0000	20.0000
	04030115	黄砂 中粗	t	23.7356	23.7356	23.7356	23.7356
	05030101	成材	m^3	0.8241	0.8241	0.8241	0.8241
	35090121	槽型钢板桩	t	1.9587	1.9587	1.9587	1.9587
	35090131	槽型钢板桩使用费	t·d	6230.0000	6230.0000	6230.0000	6230.0000
	35090611	钢板桩支撑使用费	t·d	840.0000	840.0000	840.0000	840.0000
	35091771	铁撑柱	kg	246.0000	246.0000	246.0000	246.0000
	35091901	钢桩帽摊销	kg	136.2690	136.2690	136.2690	136.2690
	99030080	轨道式柴油打桩机 0.6 t	台班	27.7905	27.7905	27.7905	27.7905
	99030690	简易拔桩架	台班	29.8410	29.8410	29.8410	29.8410
	99090075	履带式起重机 8 t	台班	9.1000	9.1000	9.1000	9.1000
		井点降水					
	00190101	综合人工	工日	−17.7371	−32.0349	−44.3703	−53.6219
	04030115	黄砂 中粗	t	9.4420	9.4420	9.4420	9.4420
	17270201	普通橡胶管	m	14.2440	14.2440	14.2440	14.2440
	34110101	水	m^3	152.3275	152.3275	152.3275	152.3275
	35040921	轻型井点井管 ϕ40	m	40.1529	40.1529	40.1529	40.1529
	35040941	轻型井点井管 $\phi180\times4$	m	1.9384	1.9384	1.9384	1.9384
	99091380	电动卷扬机单筒快速 10 kN	台班	1.9920	1.9920	1.9920	1.9920
	99350050	轻便钻机 XJ-100	台班	4.7310	4.7310	4.7310	4.7310
	99440010	电动单级离心清水泵 ϕ50	台班	−189.6300	−221.7600	−249.4800	−270.2700
	99440150	电动多级离心清水泵 $\phi150\times$180 m 以下	台班	3.9840	3.9840	3.9840	3.9840
	99440510	射流井点泵 9.5 m	台班	51.4420	51.4420	51.4420	51.4420

工作内容：沟槽挖土、沟槽排水、井点降水、沟槽围护和支撑(钢板桩、撑拆列板)、铺筑管道基础、铺设管道、沟槽回填(黄砂及素土)、土方场内运输、砌筑检查井等。

定额编号			J-1-6-161 A(B)	J-1-6-162 A(B)	J-1-6-163 A(B)
项目			DN2500		
			玻璃纤维增强塑料夹砂管(FRPM)		
			>6.0 m	6.5 m	7.0 m
			100 m	100 m	100 m
预算定额编号	预算定额名称	预算定额单位	数量		
04290712	钢筋混凝土板 1400×250×160 mm	块	24.0000	15.0000	15.0000
04290713	钢筋混凝土板 1400×300×160 mm	块		12.0000	12.0000
52-1-2-3	机械挖沟槽土方 深≤6 m 现场抛土	m^3	2772.0000	2772.0000	2772.0000
52-1-2-3 系 1	机械挖沟槽土方 深≤7 m 现场抛土	m^3	57.7500	231.0000	462.0000
52-1-3-1	沟槽回填 夯填土	m^3	1505.5450 (1277.2850)	1671.9850 (1443.7250)	1897.2150 (1668.9550)
53-1-3-2	场内运输 自卸汽车装运土(运距1 km以内)	m^3	2091.8000 (1863.5400)	2292.8900 (2064.6300)	2564.3200 (2336.0600)
52-1-3-4	沟槽回填 黄砂	m^3	635.3300 (863.5900)	635.3300 (863.5900)	635.3300 (863.5900)
52-1-4-1	管道垫层 黄砂垫层	m^3	20.3100	20.3100	20.3100
52-1-4-3	管道垫层 砾石砂垫层	m^3	65.2650	65.5050	65.5050
52-1-5-1	管道基座 混凝土 C20	m^3	17.6100	18.6000	18.6000
52-1-5-1 换 1	管道基座 混凝土 C15	m^3	2.1900	2.3100	2.3100
52-1-5-2	管道基座 钢筋	t	0.4740	0.4740	0.4740
52-1-6-49	管道铺设 玻璃纤维增强塑料夹砂管(FRPM)每节 3 m 以下 DN2500	100 m	0.0967	0.0967	0.0967
52-1-6-66	管道铺设 玻璃纤维增强塑料夹砂管(FRPM)每节 3 m 以上 DN2500	100 m	0.8703	0.8703	0.8703
52-3-1-3	砖砌检查井及雨水口 检查井 深≤6 m	m^3	65.9100		
52-3-1-4	砖砌检查井及雨水口 检查井 深≤8 m	m^3		69.9900	73.5600
52-3-2-1	水泥砂浆抹面 检查井	m^2	215.9400	235.9800	256.0200
52-3-6-1	安装防坠格板 新建工程	只	3.0000	3.0000	3.0000
52-3-9-3	安装盖板及盖座 铸铁盖座	套	3.0000	3.0000	3.0000
52-3-9-4	安装盖板及盖座 防沉降检查井盖板	块	3.0000	3.0000	3.0000
52-4-5-1	模板工程 模板 管道基座	m^2	19.7700	20.4000	20.4000
53-9-1-1	施工排水、降水 湿土排水	m^3	2367.7500	2541.0000	2772.0000
53-9-1-3	施工排水、降水 筑拆竹箩滤井	座	2.5000	2.5000	2.5000

（续表）

定额编号			J-1-6-161 A(B)	J-1-6-162 A(B)	J-1-6-163 A(B)
项目			DN2500		
			玻璃纤维增强塑料夹砂管(FRPM)		
			>6.0 m	6.5 m	7.0 m
			100 m	100 m	100 m
预算定额编号	预算定额名称	预算定额单位	数量		
调整项目					
	围护支撑				
52-4-3-3	打槽型钢板桩 长 9.01～12.00 m，单面	100 m	2.0000	2.0000	2.0000
52-4-3-8	拔槽型钢板桩 长 9.01～12.00 m，单面	100 m	2.0000	2.0000	2.0000
52-4-3-11	打拔沟槽钢板桩 槽型钢板桩使用费	t·d	8722.0000	8722.0000	8722.0000
52-4-4-9	安拆钢板桩支撑 槽宽≤4.5 m 深 6.01～8.00 m	100 m	1.0000	1.0000	1.0000
52-4-4-14	钢板桩支撑使用费	t·d	1679.0000	1679.0000	1679.0000
	井点降水				
53-9-1-1	施工排水、降水 湿土排水	m^3	−2367.7500	−2541.0000	−2772.0000
53-9-1-8	施工排水、降水 喷射井点安装 10 m	根	40.0000	40.0000	40.0000
53-9-1-9	施工排水、降水 喷射井点拆除 10 m	根	40.0000	40.0000	40.0000
53-9-1-10	施工排水、降水 喷射井点使用 10 m	套·天	31.0000	31.0000	31.0000

工作内容：沟槽挖土、沟槽排水、井点降水、沟槽围护和支撑(钢板桩、撑拆列板)、铺筑管道基础、铺设管道、沟槽回填(黄砂及素土)、土方场内运输、砌筑检查井等。

定额编号				J-1-6-161 A(B)	J-1-6-162 A(B)	J-1-6-163 A(B)
项目				DN2500		
				玻璃纤维增强塑料夹砂管(FRPM)		
				>6.0 m	6.5 m	7.0 m
名称			单位	100 m	100 m	100 m
人工	00190101	综合人工	工日	1162.4873 (1168.4221)	1246.4270 (1252.3618)	1346.3306 (1352.2653)
材料	01010211	热轧带肋钢筋(HRB400) ϕ≤10	t	0.1360	0.1360	0.1360
	01010212	热轧带肋钢筋(HRB400) ϕ>10	t	0.3498	0.3498	0.3498
	02090101	塑料薄膜	m^2	114.9122	121.6723	124.6229
	03010811	钢塑膨胀铆钉	只	18.3600	18.3600	18.3600
	03150101	圆钉	kg	4.0306	4.1590	4.1590

（续表）

定　额　编　号				J-1-6-161 A(B)	J-1-6-162 A(B)	J-1-6-163 A(B)
项　　目				DN2500		
				玻璃纤维增强塑料夹砂管(FRPM)		
				>6.0 m	6.5 m	7.0 m
名　　称			单位	100 m	100 m	100 m
材料	03152501	镀锌铁丝	kg	1.4647	1.4647	1.4647
	04030115	黄砂 中粗	t	1159.3415 (1562.9052)	1159.3415 (1562.9052)	1159.3415 (1562.9052)
	04030701	砾石砂	t	144.2944	144.8250	144.8250
	04050313	道碴 50～70	t	0.3988	0.3988	0.3988
	04131711	蒸压灰砂砖	千块	35.6309	37.7176	39.6415
	04290712	钢筋混凝土板 1400×250×160 mm	块	24.0000	15.0000	15.0000
	04290713	钢筋混凝土板 1400×300×160 mm	块		12.0000	12.0000
	05350301	竹箩	个	2.5000	2.5000	2.5000
	17311063	玻璃纤维增强塑料夹砂管(FRPM) DN2500 每节长 3 m 以下	m	96.7000	96.7000	96.7000
	34110101	水	m^3	101.9654 (137.9163)	102.0772 (138.0281)	102.1261 (138.0770)
	35010102	组合钢模板	kg	12.6489	13.0520	13.0520
	35010703	木模板成材	m^3	0.0790	0.0815	0.0815
	35020401	钢模零配件	kg	4.6770	4.8260	4.8260
	36012831	铸铁检查井雨污水盖座 市政 90 型	套	3.0000	3.0000	3.0000
	36016631	防沉降检查井盖板 2500×2000×200	块	3.0000	3.0000	3.0000
	36016651	高强度塑料检查井格板	只	3.0600	3.0600	3.0600
	36016661	高强度塑料支架	只	9.1800	9.1800	9.1800
	80060414	湿拌砌筑砂浆 WM M10.0	m^3	15.6866	16.9306	17.7942
	80060513	预拌抹灰砂浆 WP M15.0	m^3	3.6911	4.0098	4.3284
	80210410	预拌混凝土(泵送型) C15 粒径 5～20	m^3	2.2119	2.3331	2.3331
	80210414	预拌混凝土(泵送型) C20 粒径 5～20	m^3	17.7861	18.7860	18.7860
机械	99010060	履带式单斗液压挖掘机 1 m^3	台班	11.6424	12.4740	13.5828
	99050930	混凝土振捣器 插入式	台班	2.7126	2.8647	2.8647
	99050940	混凝土振捣器 平板式	台班	29.6812 (38.1497)	29.8433 (38.3118)	29.8433 (38.3118)
	99070220	轮胎式装载机 1 m^3	台班	9.8315 (8.7586)	10.7766 (9.7038)	12.0523 (10.9795)
	99070540	载重汽车 6 t	台班	1.5156	1.5166	1.5166
	99070588	载重汽车 12 t	台班	15.0610 (13.4175)	16.5088 (14.8653)	18.4631 (16.8196)
	99090360	汽车式起重机 8 t	台班	3.2149	3.2156	3.2156

（续表）

定额编号				J-1-6-161 A(B)	J-1-6-162 A(B)	J-1-6-163 A(B)
项目				DN2500		
				玻璃纤维增强塑料夹砂管(FRPM)		
				>6.0 m	6.5 m	7.0 m
名称			单位	100 m	100 m	100 m
机械	99091700	手扳葫芦	台班	5.9364	5.9364	5.9364
	99130350	内燃夯实机 700 N·m	台班	55.8557 (47.3873)	62.0306 (53.5622)	70.3867 (61.9182)
	99170010	钢筋调直机	台班	0.2304	0.2304	0.2304
	99170025	钢筋切断机	台班	0.2304	0.2304	0.2304
	99210065	木工平刨床 刨削宽度 450	台班	0.0455	0.0469	0.0469
	99440010	电动单级离心清水泵 ϕ50	台班	284.1300	304.9200	332.6400
调整项目						
		围护支撑				
	00190101	综合人工	工日	621.3363	621.3363	621.3363
	03152501	镀锌铁丝	kg	25.0000	25.0000	25.0000
	04030115	黄砂 中粗	t	33.2299	33.2299	33.2299
	05030101	成材	m^3	1.0276	1.0276	1.0276
	35090121	槽型钢板桩	t	2.6893	2.6893	2.6893
	35090131	槽型钢板桩使用费	t·d	8722.0000	8722.0000	8722.0000
	35090611	钢板桩支撑使用费	t·d	1679.0000	1679.0000	1679.0000
	35091771	铁撑柱	kg	427.2000	427.2000	427.2000
	35091901	钢桩帽摊销	kg	381.5700	381.5700	381.5700
	99030100	轨道式柴油打桩机 1.2 t	台班	33.5913	33.5913	33.5913
	99030970	震动锤 45 kW	台班	17.3680	17.3680	17.3680
	99090075	履带式起重机 8 t	台班	11.3750	11.3750	11.3750
	99090090	履带式起重机 15 t	台班	17.3680	17.3680	17.3680
		井点降水				
	00190101	综合人工	工日	92.7662	83.5146	71.1792
	04030119	黄砂 中粗	kg	95423.8016	95423.8016	95423.8016
	17030102	镀锌焊接钢管	kg	0.1968	0.1968	0.1968
	34110101	水	m^3	566.8908	566.8908	566.8908
	35040961	喷射井点总管 ϕ159×6	m	4.2593	4.2593	4.2593
	35040971	喷射井点井管 ϕ76	m	30.3144	30.3144	30.3144
	35041011	喷射井点滤网管	根	3.4984	3.4984	3.4984
	35041021	喷射井点回水连接件	副	2.1884	2.1884	2.1884
	35041031	喷射井点腰子法兰	副	0.9925	0.9925	0.9925
	35041041	喷射井点水箱	kg	34.9674	34.9674	34.9674
	35041051	喷射井点喷射器	只	4.6748	4.6748	4.6748
	99090080	履带式起重机 10 t	台班	11.5200	11.5200	11.5200
	99350120	液压钻机 G-2A	台班	4.4160	4.4160	4.4160
	99440010	电动单级离心清水泵 ϕ50	台班	−284.1300	−304.9200	−332.6400
	99440150	电动多级离心清水泵 ϕ150×180 m 以下	台班	41.9300	41.9300	41.9300
	99440210	污水泵 ϕ100	台班	11.0400	11.0400	11.0400

第七节　连管及雨水口

工作内容:沟槽挖土、铺筑管道基础、铺设管道、沟槽回填(黄砂及素土)、土方场内运输等。

定额编号			J-1-7-1	J-1-7-2	J-1-7-3	J-1-7-4
项目			DN225	DN300	DN400	DN225
			硬聚氯乙烯加筋管连管(PVC-U)			高密度聚乙烯双壁缠绕管连管(HDPE)
			100 m	100 m	100 m	100 m
预算定额编号	预算定额名称	预算定额单位	数量			
52-1-2-1	机械挖沟槽土方 深≤3 m 现场抛土	m^3	97.5000	112.5000	127.5000	97.5000
52-1-3-1	沟槽回填 夯填土	m^3	74.7500	79.8800	80.7500	74.7500
53-1-3-2	场内运输 自卸汽车装运土(运距1 km以内)	m^3	22.7500	32.6200	46.7500	22.7500
52-1-3-4	沟槽回填 黄砂	m^3	11.3400	16.3100	22.3500	11.3400
52-1-4-1	管道垫层 黄砂垫层	m^3	6.5000	7.5000	8.5000	6.5000
52-1-6-25	管道铺设 硬聚氯乙烯加筋管(PVC-U) DN225	100 m	1.0000			
52-1-6-26	管道铺设 硬聚氯乙烯加筋管(PVC-U) DN300	100 m		1.0000		
52-1-6-27	管道铺设 硬聚氯乙烯加筋管(PVC-U) DN400	100 m			1.0000	
52-1-6-67	管道铺设 高密度聚乙烯双壁缠绕管(HDPE)每节3 m以下 DN225	100 m				1.0000
53-9-1-1	施工排水、降水 湿土排水	m^3	32.5000	37.5000	42.5000	32.5000

工作内容:沟槽挖土、铺筑管道基础、铺设管道、沟槽回填(黄砂及素土)、土方场内运输等。

定额编号				J-1-7-1	J-1-7-2	J-1-7-3	J-1-7-4
项目				DN225	DN300	DN400	DN225
				硬聚氯乙烯加筋管连管(PVC-U)			高密度聚乙烯双壁缠绕管连管(HDPE)
名称			单位	100 m	100 m	100 m	100 m
人工	00190101	综合人工	工日	33.2172	37.9519	42.1244	34.0738
材料	04030115	黄砂 中粗	t	31.5411	42.0961	54.5428	31.5411
	17250317	硬聚氯乙烯加筋管(PVC-U) DN225×3000	m	40.2643			
	17250318	硬聚氯乙烯加筋管(PVC-U) DN225×6000	m	60.3965			
	17250319	硬聚氯乙烯加筋管(PVC-U) DN300×3000	m		40.2338		
	17250320	硬聚氯乙烯加筋管(PVC-U) DN300×6000	m		60.3507		
	17250321	硬聚氯乙烯加筋管(PVC-U) DN400×3000	m			40.2201	
	17250322	硬聚氯乙烯加筋管(PVC-U) DN400×6000	m			60.3302	
	17250743	高密度聚乙烯双壁缠绕管(HDPE) DN225 每节长 3 m 以下	m				100.0000
	34110101	水	m^3	1.7861	2.5688	3.5201	1.7861
机械	99010060	履带式单斗液压挖掘机 1 m^3	台班	0.3803	0.4388	0.4973	0.3803
	99050940	混凝土振捣器 平板式	台班	0.6372	0.8549	1.1123	0.6372
	99070220	轮胎式装载机 1 m^3	台班	0.1069	0.1533	0.2197	0.1069
	99070588	载重汽车 12 t	台班	0.1638	0.2349	0.3366	0.1638
	99130350	内燃夯实机 700 N·m	台班	2.7732	2.9635	2.9958	2.7732
	99440010	电动单级离心清水泵 ϕ50	台班	3.9000	4.5000	5.1000	3.9000

工作内容：沟槽挖土、铺筑管道基础、铺设管道、沟槽回填(黄砂及素土)、土方场内运输等。

定额编号			J-1-7-5	J-1-7-6	J-1-7-7	J-1-7-8
项目			DN300	DN400	DN300	DN400
			高密度聚乙烯双壁缠绕管连管(HDPE)		玻璃纤维增强塑料夹砂管连管(FRPM)	
			100 m	100 m	100 m	100 m
预算定额编号	预算定额名称	预算定额单位	数量			
52-1-2-1	机械挖沟槽土方 深≤3 m 现场抛土	m^3	112.5000	127.5000	112.5000	127.5000
52-1-3-1	沟槽回填 夯填土	m^3	79.8800	80.7500	79.8800	80.7500
53-1-3-2	场内运输 自卸汽车装运土(运距1 km以内)	m^3	32.6200	46.7500	32.6200	46.7500
52-1-3-4	沟槽回填 黄砂	m^3	16.3100	22.3500		
52-1-4-1	管道垫层 黄砂垫层	m^3	7.5000	8.5000	7.5000	8.5000
52-1-6-33	管道铺设 玻璃纤维增强塑料夹砂管(FRPM)每节3 m以下 DN300	100 m			1.0000	
52-1-6-34	管道铺设 玻璃纤维增强塑料夹砂管(FRPM)每节3 m以下 DN400	100 m				1.0000
52-1-6-68	管道铺设 高密度聚乙烯双壁缠绕管(HDPE)每节3 m以下 DN300	100 m	1.0000			
52-1-6-69	管道铺设 高密度聚乙烯双壁缠绕管(HDPE)每节3 m以下 DN400	100 m		1.0000		
53-9-1-1	施工排水、降水 湿土排水	m^3	37.5000	42.5000	37.5000	42.5000

工作内容：沟槽挖土、铺筑管道基础、铺设管道、沟槽回填(黄砂及素土)、土方场内运输等。

定额编号				J-1-7-5	J-1-7-6	J-1-7-7	J-1-7-8
项目				DN300	DN400	DN300	DN400
				高密度聚乙烯双壁缠绕管连管(HDPE)		玻璃纤维增强塑料夹砂管连管(FRPM)	
名称			单位	100 m	100 m	100 m	100 m
人工	00190101	综合人工	工日	38.9595	43.3099	34.3801	36.8885
材料	04030115	黄砂 中粗	t	42.0961	54.5428	13.2600	15.0280
	17250744	高密度聚乙烯双壁缠绕管(HDPE) DN300 每节长 3 m 以下	m	100.0000			
	17250745	高密度聚乙烯双壁缠绕管(HDPE) DN400 每节长 3 m 以下	m		100.0000		
	17311031	玻璃纤维增强塑料夹砂管(FRPM) DN300 每节长 3 m 以下	m			100.0000	
	17311033	玻璃纤维增强塑料夹砂管(FRPM) DN400 每节长 3 m 以下	m				100.0000
	34110101	水	m^3	2.5688	3.5201		
机械	99010060	履带式单斗液压挖掘机 1 m^3	台班	0.4388	0.4973	0.4388	0.4973
	99050940	混凝土振捣器 平板式	台班	0.8549	1.1123	0.2498	0.2831
	99070220	轮胎式装载机 1 m^3	台班	0.1533	0.2197	0.1533	0.2197
	99070588	载重汽车 12 t	台班	0.2349	0.3366	0.2349	0.3366
	99091700	手扳葫芦	台班			2.0000	2.0000
	99130350	内燃夯实机 700 N·m	台班	2.9635	2.9958	2.9635	2.9958
	99440010	电动单级离心清水泵 ϕ50	台班	4.5000	5.1000	4.5000	5.1000

工作内容:铺筑砾石砂垫层、浇筑混凝土基础、砖砌雨水口、水泥砂浆抹面、安装雨水口盖座、截污挂篮等。

定额编号			J-1-7-9	J-1-7-10	J-1-7-11	J-1-7-12
项目			砖砌雨水口			
			400×300	450×400	640×500	1450×500
			ϕ300			
			座	座	座	座
预算定额编号	预算定额名称	预算定额单位	数量			
36013021	Ⅰ型雨水进水口盖	只	1.0000			
36013031	Ⅰ型雨水进水口座	只	1.0000			
36013041	Ⅱ型雨水进水口盖	只		1.0000		
36013051	Ⅱ型雨水进水口座	只		1.0000		
36013059	进水平石 800×300×120	块		1.0000		
36013061	Ⅱ型进水侧石	块		1.0000		
36013091	Ⅲ型铸铁雨水口盖座	套			1.0000	2.0000
52-1-4-3	管道垫层 砾石砂垫层	m^3	0.0310	0.0370	0.0810	0.2510
52-1-5-1	管道基座 混凝土 C20	m^3	0.0380	0.0470	0.0660	0.3290
52-3-1-5	砖砌检查井及雨水口 雨水口	m^3	0.2910	0.3880	0.4300	1.6540
52-3-2-2	水泥砂浆抹面 雨水口	m^2	1.8190	2.5600	2.9730	5.5640
52-3-4-1	安装雨水口拦截装置 新建工程	只	1.0000	1.0000	1.0000	1.0000
52-3-5-1	安装雨水口防臭装置 新建工程 自平衡式	只	1.0000	1.0000	1.0000	1.0000
52-3-8-1	预制钢筋混凝土盖板 混凝土	m^3				0.0330
52-3-8-2	预制钢筋混凝土盖板 钢筋	t				0.0030
52-3-9-1	安装盖板及盖座 钢筋混凝土盖板 0.5 m^3 以内	m^3	0.0300	0.0300		0.0330
52-4-5-1	模板工程 模板 管道基座	m^2	0.2200	0.2500	0.2900	0.9300

工作内容：铺筑砾石砂垫层、浇筑混凝土基础、砖砌雨水口、水泥砂浆抹面、安装雨水口盖座、截污挂篮等。

定额编号				J-1-7-9	J-1-7-10	J-1-7-11	J-1-7-12
项目				砖砌雨水口			
				400×300	450×400	640×500	1450×500
				ϕ300			
名称			单位	座	座	座	座
人工	00190101	综合人工	工日	1.3691	1.7636	1.9765	5.8565
材料	01010211	热轧带肋钢筋(HRB400) $\phi\leqslant$10	t				0.0031
	02090101	塑料薄膜	m^2	0.3565	0.4642	0.5569	2.5568
	03018922	塑料胀管带螺钉 M8×70	套	5.1000	5.1000	5.1000	5.1000
	03150101	圆钉	kg	0.0449	0.0510	0.0591	0.2109
	03152501	镀锌铁丝	kg				0.0155
	03154201	射钉	个	8.1600	8.1600	8.1600	8.1600
	04030701	砾石砂	t	0.0685	0.0818	0.1791	0.5549
	04131711	蒸压灰砂砖	千块	0.1620	0.2160	0.2393	0.9206
	33419111	304 不锈钢挂钩	只	2.0000	2.0000	2.0000	2.0000
	33419121	斗型引水板	只	1.0000	1.0000	1.0000	1.0000
	33419131	拦截筐(增强型聚丙烯)	只	1.0000	1.0000	1.0000	1.0000
	33419161	自平衡式防臭装置	只	1.0000	1.0000	1.0000	1.0000
	33419171	自平衡式防臭装置安装支架 40×40	只	1.0000	1.0000	1.0000	1.0000
	34110101	水	m^3	0.0059	0.0077	0.0092	0.0424
	35010102	组合钢模板	kg	0.1408	0.1600	0.1855	0.5950
	35010703	木模板成材	m^3	0.0009	0.0010	0.0012	0.0057
	35020401	钢模零配件	kg	0.0520	0.0591	0.0686	0.2200
	36013021	Ⅰ型雨水进水口盖	只	1.0000			
	36013031	Ⅰ型雨水进水口座	只	1.0000			
	36013041	Ⅱ型雨水进水口盖	只		1.0000		
	36013051	Ⅱ型雨水进水口座	只		1.0000		
	36013059	进水平石 800×300×120	块		1.0000		
	36013061	Ⅱ型进水侧石	块		1.0000		
	36013091	Ⅲ型铸铁雨水口盖座	套			1.0000	2.0000
	80060414	湿拌砌筑砂浆 WM M10.0	m^3	0.0623	0.0831	0.0921	0.3543
	80060513	预拌抹灰砂浆 WP M15.0	m^3	0.0303	0.0421	0.0473	0.0900
	80210414	预拌混凝土(泵送型) C20 粒径 5～20	m^3	0.0384	0.0475	0.0667	0.3323
	80210515	预拌混凝土(非泵送型) C20 粒径 5～40	m^3				0.0336
机械	99050930	混凝土振捣器 插入式	台班	0.0052	0.0064	0.0090	0.0451
	99050940	混凝土振捣器 平板式	台班	0.0065	0.0079	0.0124	0.0596
	99070540	载重汽车 6 t	台班	0.0004	0.0004	0.0005	0.0015
	99090360	汽车式起重机 8 t	台班	0.0017	0.0018	0.0003	0.0027
	99170010	钢筋调直机	台班				0.0020
	99170025	钢筋切断机	台班				0.0020
	99210030	木工圆锯机 ϕ1000	台班				0.0043
	99210065	木工平刨床 刨削宽度 450	台班	0.0005	0.0006	0.0007	0.0021

工作内容:浇筑混凝土基础、安装预制钢筋混凝土井圈、安装预制钢筋混凝土井筒、安装成品箅子、安装成品盖板、细石混凝土、截污挂篮嵌实等。

定额编号			J-1-7-13	J-1-7-14	J-1-7-15	J-1-7-16
项目			预制混凝土雨水口			
			立式单箅	立式双箅	平式单箅	平式无侧石单箅
			座	座	座	座
预算定额编号	预算定额名称	预算定额单位	数量			
04-2-4-24	排砌预制侧石	m			1.0000	
04-2-4-25	排砌预制平石	m	1.0000	2.0000		
04290961	预制钢筋混凝土井筒 1	m^3	0.5700	1.1400	0.5700	0.5700
04290968	预制钢筋混凝土井圈 1	m^3	0.0700	0.1400		
04290969	预制钢筋混凝土井圈 2	m^3			0.0900	0.0900
33012761	截污挂篮(玻璃钢 700×380×303)	套	1.0000	2.0000	1.0000	1.0000
36011181	立式箅子(QT500－7 球墨铸铁 765×298×118)	套	1.0000	2.0000		
36011182	平式箅子(QT500－7 球墨铸铁 872×572×100)	套			1.0000	1.0000
36014018	盖板(750×450)	套	1.0000	2.0000		
52-1-5-1	管道基座 混凝土 C20	m^3	0.1000	0.2000	0.1000	0.1000
52-3-3-1	现浇钢筋混凝土检查井 混凝土	m^3	0.0400	0.0700	0.0200	0.0200
52-3-4-1	安装雨水口拦截装置 新建工程	只	1.0000	2.0000	1.0000	1.0000
52-3-9-1	安装盖板及盖座 钢筋混凝土盖板 0.5 m^3 以内	m^3	0.0700	0.1400	0.0900	0.0900
52-3-9-2	安装盖板及盖座 钢筋混凝土盖板 1 m^3 以内	m^3	0.5700	1.1400	0.5700	0.5700
52-4-5-5	模板工程 模板 现浇钢筋混凝土检查井	m^2	0.3500	0.6600	0.1300	0.1300
50-9-3-9	防水工程 胶霸 600 封缝(双组分聚氨酯)	m		4.1800		

工作内容: 浇筑混凝土基础、安装预制钢筋混凝土井圈、安装预制钢筋混凝土井筒、安装成品箅子、安装成品盖板、细石混凝土、截污挂篮嵌实等。

定额编号				J-1-7-13	J-1-7-14	J-1-7-15	J-1-7-16
项目				预制混凝土雨水口			
				立式单箅	立式双箅	平式单箅	平式无侧石单箅
名称			单位	座	座	座	座
人工	00190101	综合人工	工日	0.6277	1.2315	0.4842	0.4337
材料	02090101	塑料薄膜	m^2	0.3677	0.7200	0.3365	0.3365
	03018922	塑料胀管带螺钉 M8×70	套	5.1000	10.2000	5.1000	5.1000
	03150101	圆钉	kg	0.1106	0.2086	0.0411	0.0411
	04050313	道碴 50～70	t	0.0592	0.1184	0.0400	
	04290961	预制钢筋混凝土井筒 1	m^3	0.5700	1.1400	0.5700	0.5700
	04290968	预制钢筋混凝土井圈 1	m^3	0.0700	0.1400		
	04290969	预制钢筋混凝土井圈 2	m^3			0.0900	0.0900
	14411511	胶霸 600	L		1.7356		
	33012761	截污挂篮(玻璃钢 700×380×303)	套	1.0000	2.0000	1.0000	1.0000
	33419111	304 不锈钢挂钩	只	2.0000	4.0000	2.0000	2.0000
	33419121	斗型引水板	只	1.0000	2.0000	1.0000	1.0000
	33419131	拦截筐(增强型聚丙烯)	只	1.0000	2.0000	1.0000	1.0000
	34110101	水	m^3	0.0228	0.0455	0.0223	0.0055
	35010703	木模板成材	m^3	0.0058	0.0109	0.0021	0.0021
	36011181	立式箅子(QT500-7 球墨铸铁 765×298×118)	套	1.0000	2.0000		
	36011182	平式箅子(QT500-7 球墨铸铁 872×572×100)	套			1.0000	1.0000
	36014018	盖板(750×450)	套	1.0000	2.0000		
	36051201	预制混凝土侧石 1000×300×120	m			1.0300	
	36051301	预制混凝土平石 1000×300×120	m	1.0300	2.0600		
	80060513	预拌抹灰砂浆 WP M15.0	m^3	0.0298	0.0595	0.0310	0.0303
	80210414	预拌混凝土(泵送型) C20 粒径 5～20	m^3	0.1010	0.2020	0.1010	0.1010
	80210416	预拌混凝土(泵送型) C20 粒径 5～40	m^3	0.0404	0.0707	0.0202	0.0202
	80210514	预拌混凝土(非泵送型) C20 粒径 5～20	m^3	0.0682	0.1364	0.0348	
机械	99050930	混凝土振捣器 插入式	台班	0.0195	0.0376	0.0166	0.0166
	99050940	混凝土振捣器 平板式	台班	0.0137	0.0274	0.0137	0.0137
	99090360	汽车式起重机 8 t	台班	0.0320	0.0640	0.0330	0.0330
	99210030	木工圆锯机 ϕ1000	台班	0.0089	0.0168	0.0033	0.0033

工作内容：浇筑混凝土基础、安装预制钢筋混凝土井圈、安装预制钢筋混凝土井筒、安装成品箅子、安装成品盖板、细石混凝土、截污挂篮嵌实等。

定额编号			J-1-7-17	J-1-7-18	J-1-7-19	J-1-7-20
项目			预制混凝土雨水口			
			平式双箅	平式无侧石双箅	联合式单箅	联合式双箅
			座	座	座	座
预算定额编号	预算定额名称	预算定额单位	数量			
04-2-4-24	排砌预制侧石	m	2.0000			1.0000
04290962	预制钢筋混凝土井筒 2	m^3	0.5700	0.5700		
04290963	预制钢筋混凝土井筒 3	t	0.5700	0.5700		
04290964	预制钢筋混凝土井筒 4	m^3			0.6200	
04290965	预制钢筋混凝土井筒 5	m^3				0.6200
04290966	预制钢筋混凝土井筒 6	m^3				0.6200
04290969	预制钢筋混凝土井圈 2	m^3	0.1800	0.1800		
04290970	预制钢筋混凝土井圈 3	m^3			0.1000	0.1900
33012761	截污挂篮(玻璃钢 700×380×303)	套	2.0000	2.0000	1.0000	2.0000
36011182	平式箅子(QT500－7 球墨铸铁 872×572×100)	套	2.0000	2.0000		
36011183	联合式箅子(QT500-7 球墨铸铁)	套			1.0000	2.0000
52-1-5-1	管道基座 混凝土 C20	m^3	0.2000	0.2000	0.1000	0.2000
52-3-3-1	现浇钢筋混凝土检查井 混凝土	m^3	0.0500	0.0500	0.0500	0.0900
52-3-4-1	安装雨水口拦截装置 新建工程	只	2.0000	2.0000	1.0000	2.0000
52-3-9-1	安装盖板及盖座 钢筋混凝土盖板 0.5 m^3 以内	m^3	0.1800	0.1800	0.1000	0.1900
52-3-9-2	安装盖板及盖座 钢筋混凝土盖板 1 m^3 以内	m^3	1.1400	1.1400	0.6200	1.2500
52-4-5-5	模板工程 模板 现浇钢筋混凝土检查井	m^2	0.1800	0.1800	0.4000	0.8200
50-9-3-9	防水工程 胶霸 600 封缝(双组分聚氨酯)	m	3.8600	3.8600		3.8600

工作内容：浇筑混凝土基础、安装预制钢筋混凝土井圈、安装预制钢筋混凝土井筒、安装成品箅子、安装成品盖板、细石混凝土、截污挂篮嵌实等。

定额编号				J-1-7-17	J-1-7-18	J-1-7-19	J-1-7-20
项目				预制混凝土雨水口			
				平式双箅	平式无侧石双箅	联合式单箅	联合式双箅
名称			单位	座	座	座	座
人工	00190101	综合人工	工日	0.9456	0.8446	0.6673	1.3967
材料	02090101	塑料薄膜	m^2	0.6887	0.6887	0.3834	0.7512
	03018922	塑料胀管带螺钉 M8×70	套	10.2000	10.2000	5.1000	10.2000
	03150101	圆钉	kg	0.0569	0.0569	0.1264	0.2592
	04050313	道碴 50～70	t	0.0800			0.0400
	04290962	预制钢筋混凝土井筒 2	m^3	0.5700	0.5700		
	04290963	预制钢筋混凝土井筒 3	t	0.5700	0.5700		
	04290964	预制钢筋混凝土井筒 4	m^3			0.6200	
	04290965	预制钢筋混凝土井筒 5	m^3				0.6200
	04290966	预制钢筋混凝土井筒 6	m^3				0.6200
	04290969	预制钢筋混凝土井圈 2	m^3	0.1800	0.1800		
	04290970	预制钢筋混凝土井圈 3	m^3			0.1000	0.1900
	14411511	胶霸 600	L	1.6027	1.6027		1.6027
	33012761	截污挂篮(玻璃钢 700×380×303)	套	2.0000	2.0000	1.0000	2.0000
	33419111	304 不锈钢挂钩	只	4.0000	4.0000	2.0000	4.0000
	33419121	斗型引水板	只	2.0000	2.0000	1.0000	2.0000
	33419131	拦截筐(增强型聚丙烯)	只	2.0000	2.0000	1.0000	2.0000
	34110101	水	m^3	0.0450	0.0114	0.0063	0.0292
	35010703	木模板成材	m^3	0.0030	0.0030	0.0066	0.0135
	36011182	平式箅子(QT500-7 球墨铸铁 872×572×100)	套	2.0000	2.0000		
	36011183	联合式箅子(QT500-7 球墨铸铁)	套			1.0000	2.0000
	36051201	预制混凝土侧石 1000×300×120	m	2.0600			1.0300
	80060513	预拌抹灰砂浆 WP M15.0	m^3	0.0620	0.0606	0.0331	0.0668
	80210414	预拌混凝土(泵送型) C20 粒径 5～20	m^3	0.2020	0.2020	0.1010	0.2020
	80210416	预拌混凝土(泵送型) C20 粒径 5～40	m^3	0.0505	0.0505	0.0505	0.0909
	80210514	预拌混凝土(非泵送型) C20 粒径 5～20	m^3	0.0696			0.0348
机械	99050930	混凝土振捣器 插入式	台班	0.0347	0.0347	0.0210	0.0406
	99050940	混凝土振捣器 平板式	台班	0.0274	0.0274	0.0137	0.0274
	99090360	汽车式起重机 8 t	台班	0.0660	0.0660	0.0360	0.0720
	99210030	木工圆锯机 ϕ1000	台班	0.0046	0.0046	0.0102	0.0208

工作内容：1，2. 浇筑混凝土基础、安装预制钢筋混凝土井圈、安装预制钢筋混凝土井筒、安装成品箅子、安装成品盖板、细石混凝土、截污挂篮嵌实等。

3，4. 铺筑砾石砂垫层、安装预制塑料井、安装成品箅子、预制钢筋混凝土中板、塑料挡圈、截污挂篮等。

定额编号			J-1-7-21	J-1-7-22	J-1-7-23	J-1-7-24
项目			预制混凝土雨水口		预制塑料雨水口	
			立式单箅（串联用）	平式单箅（串联用）	立式单箅	立式双箅
			座	座	座	座
预算定额编号	预算定额名称	预算定额单位	数量			
04290971	预制钢筋混凝土中板 1	m^3			0.2200	
04290972	预制钢筋混凝土中板 2	m^3				0.4100
36011184	塑料挡圈（内径 800，高 300）	套			1.0000	2.0000
36011185	预制塑料井 ϕ700	座			1.0000	2.0000
52-1-4-1	管道垫层 黄砂垫层	m^3			0.0600	0.1200
52-1-4-3	管道垫层 砾石砂垫层	m^3			0.4000	0.6000
04-2-4-24	排砌预制侧石	m		1.0000		
04290961	预制钢筋混凝土井筒 1	m^3	0.5700	0.5700		
04290968	预制钢筋混凝土井圈 1	m^3	0.0700		0.0700	0.1400
04290969	预制钢筋混凝土井圈 2	m^3		0.0900		
33012761	截污挂篮（玻璃钢 700×380×303）	套	1.0000	1.0000	1.0000	2.0000
36011181	立式箅子（QT500－7 球墨铸铁 765×298×118）	套	1.0000		1.0000	2.0000
36011182	平式箅子（QT500－7 球墨铸铁 872×572×100）	套		1.0000		
36014018	盖板（750×450）	套	1.0000		1.0000	2.0000
52-1-5-1	管道基座 混凝土 C20	m^3	0.1000	0.1000	0.2000	0.2000
52-3-3-1	现浇钢筋混凝土检查井 混凝土	m^3	0.0600	0.0400	0.0200	0.0400
52-3-4-1	安装雨水口拦截装置 新建工程	只	1.0000	1.0000		
52-3-9-1	安装盖板及盖座 钢筋混凝土盖板 0.5 m^3 以内	m^3	0.0700	0.0900	1.2900	2.5500
52-3-9-2	安装盖板及盖座 钢筋混凝土盖板 1 m^3 以内	m^3	0.5700	0.5700		
52-4-5-5	模板工程 模板 现浇钢筋混凝土检查井	m^2	0.4900	0.2700	0.2200	0.4000

工作内容:1，2. 浇筑混凝土基础、安装预制钢筋混凝土井圈、安装预制钢筋混凝土井筒、安装成品箅子、安装成品盖板、细石混凝土、截污挂篮嵌实等。
3，4. 铺筑砾石砂垫层、安装预制塑料井、安装成品箅子、预制钢筋混凝土中板、塑料挡圈、截污挂篮等。

定额编号				J-1-7-21	J-1-7-22	J-1-7-23	J-1-7-24
项目				预制混凝土雨水口		预制塑料雨水口	
				立式单箅（串联用）	平式单箅（串联用）	立式单箅	立式双箅
名称			单位	座	座	座	座
人工	00190101	综合人工	工日	0.7103	0.6014	1.0785	1.9248
材料	02090101	塑料薄膜	m^2	0.3990	0.3677	0.6418	0.6730
	03018922	塑料胀管带螺钉 M8×70	套	5.1000	5.1000		
	03150101	圆钉	kg	0.1549	0.0853	0.0695	0.1264
	04030115	黄砂 中粗	t			0.1061	0.2122
	04030701	砾石砂	t			0.8844	1.3265
	04050313	道碴 50～70	t		0.0400		
	04290961	预制钢筋混凝土井筒 1	m^3	0.5700	0.5700		
	04290968	预制钢筋混凝土井圈 1	m^3	0.0700		0.0700	0.1400
	04290969	预制钢筋混凝土井圈 2	m^3		0.0900		
	04290971	预制钢筋混凝土中板 1	m^3			0.2200	
	04290972	预制钢筋混凝土中板 2	m^3				0.4100
	33012761	截污挂篮（玻璃钢 700×380×303）	套	1.0000	1.0000	1.0000	2.0000
	33419111	304 不锈钢挂钩	只	2.0000	2.0000		
	33419121	斗型引水板	只	1.0000	1.0000		
	33419131	拦截筐（增强型聚丙烯）	只	1.0000	1.0000		
	34110101	水	m^3	0.0065	0.0228	0.0106	0.0111
	35010703	木模板成材	m^3	0.0081	0.0044	0.0036	0.0066
	36011181	立式箅子（QT500-7 球墨铸铁 765×298×118）	套	1.0000		1.0000	2.0000
	36011182	平式箅子（QT500-7 球墨铸铁 872×572×100）	套		1.0000		
	36011184	塑料挡圈（内径 800，高 300）	套			1.0000	2.0000
	36011185	预制塑料井 ϕ700	座			1.0000	2.0000
	36014018	盖板（750×450）	套	1.0000		1.0000	2.0000
	36051201	预制混凝土侧石 1000×300×120	m		1.0300		
	80060513	预拌抹灰砂浆 WP M15.0	m^3	0.0294	0.0310	0.0592	0.1170
	80210414	预拌混凝土（泵送型）C20 粒径 5～20	m^3	0.1010	0.1010	0.2020	0.2020
	80210416	预拌混凝土（泵送型）C20 粒径 5～40	m^3	0.0606	0.0404	0.0202	0.0404
	80210514	预拌混凝土（非泵送型）C20 粒径 5～20	m^3		0.0348		
机械	99050930	混凝土振捣器 插入式	台班	0.0225	0.0195	0.0303	0.0332
	99050940	混凝土振捣器 平板式	台班	0.0137	0.0137	0.0461	0.0564
	99090360	汽车式起重机 8 t	台班	0.0320	0.0330	0.0645	0.1275
	99210030	木工圆锯机 ϕ1000	台班	0.0124	0.0069	0.0056	0.0102

工作内容：铺筑砾石砂垫层、安装预制塑料井、安装成品箅子、预制钢筋混凝土中板、塑料挡圈、截污挂篮等。

定额编号			J-1-7-25	J-1-7-26	J-1-7-27	J-1-7-28
项目			预制塑料雨水口			
			平式单箅	平式无侧石单箅	平式双箅	平式无侧石双箅
			座	座	座	座
预算定额编号	预算定额名称	预算定额单位	数量			
04-2-4-24	排砌预制侧石	m	1.0000		2.0000	
04290969	预制钢筋混凝土井圈 2	m^3	0.0900	0.0900	0.1800	0.1800
04290971	预制钢筋混凝土中板 1	m^3	0.2200	0.2200		
04290972	预制钢筋混凝土中板 2	m^3			0.4100	0.4100
33012761	截污挂篮(玻璃钢 700×380×303)	套	1.0000	1.0000	2.0000	2.0000
36011182	平式箅子(QT500－7 球墨铸铁 872×572×100)	套	1.0000	1.0000	2.0000	2.0000
36011184	塑料挡圈(内径 800，高 300)	套	1.0000	1.0000	2.0000	2.0000
36011185	预制塑料井 ϕ700	座	1.0000	1.0000	2.0000	2.0000
52-1-4-1	管道垫层 黄砂垫层	m^3	0.0600	0.0600	0.1200	0.1200
52-1-4-3	管道垫层 砾石砂垫层	m^3	0.4000	0.4000	0.6000	0.6000
52-1-5-1	管道基座 混凝土 C20	m^3	0.2000	0.2000	0.2000	0.2000
52-3-3-1	现浇钢筋混凝土检查井 混凝土	m^3			0.0200	0.0200
52-3-9-1	安装盖板及盖座 钢筋混凝土盖板 0.5 m^3 以内	m^3	1.3100	1.3100	2.5900	2.5900
52-4-5-5	模板工程 模板 现浇钢筋混凝土检查井	m^2			0.0200	0.0200

工作内容：铺筑砾石砂垫层、安装预制塑料井、安装成品箅子、预制钢筋混凝土中板、塑料挡圈、截污挂篮等。

定额编号				J-1-7-25	J-1-7-26	J-1-7-27	J-1-7-28
项目				预制塑料雨水口			
				平式单箅	平式无侧石单箅	平式双箅	平式无侧石双箅
名称			单位	座	座	座	座
人工	00190101	综合人工	工日	0.9696	0.9191	1.7736	1.6726
材料	02090101	塑料薄膜	m^2	0.6105	0.6105	0.6418	0.6418
	03150101	圆钉	kg			0.0063	0.0063
	04030115	黄砂 中粗	t	0.1061	0.1061	0.2122	0.2122
	04030701	砾石砂	t	0.8844	0.8844	1.3265	1.3265
	04050313	道碴 50～70	t	0.0400		0.0800	
	04290969	预制钢筋混凝土井圈 2	m^3	0.0900	0.0900	0.1800	0.1800
	04290971	预制钢筋混凝土中板 1	m^3	0.2200	0.2200		
	04290972	预制钢筋混凝土中板 2	m^3			0.4100	0.4100
	33012761	截污挂篮(玻璃钢 700×380×303)	套	1.0000	1.0000	2.0000	2.0000
	34110101	水	m^3	0.0269	0.0101	0.0442	0.0106
	35010703	木模板成材	m^3			0.0003	0.0003
	36011182	平式箅子(QT500-7 球墨铸铁 872×572×100)	套	1.0000	1.0000	2.0000	2.0000
	36011184	塑料挡圈(内径 800,高 300)	套	1.0000	1.0000	2.0000	2.0000
	36011185	预制塑料井ϕ700	座	1.0000	1.0000	2.0000	2.0000
	36051201	预制混凝土侧石 1000×300×120	m	1.0300		2.0600	
	80060513	预拌抹灰砂浆 WP M15.0	m^3	0.0608	0.0601	0.1203	0.1189
	80210414	预拌混凝土(泵送型) C20 粒径 5～20	m^3	0.2020	0.2020	0.2020	0.2020
	80210416	预拌混凝土(泵送型) C20 粒径 5～40	m^3			0.0202	0.0202
	80210514	预拌混凝土(非泵送型) C20 粒径 5～20	m^3	0.0348		0.0696	
机械	99050930	混凝土振捣器 插入式	台班	0.0274	0.0274	0.0303	0.0303
	99050940	混凝土振捣器 平板式	台班	0.0461	0.0461	0.0564	0.0564
	99090360	汽车式起重机 8 t	台班	0.0655	0.0655	0.1295	0.1295
	99210030	木工圆锯机 ϕ1000	台班			0.0005	0.0005

工作内容:铺筑砾石砂垫层、安装预制塑料井、安装成品箅子、预制钢筋混凝土中板、塑料挡圈、截污挂篮等。

定额编号			J-1-7-29	J-1-7-30	J-1-7-31	J-1-7-32
项目			预制塑料雨水口			
			联合式单箅	联合式双箅	(带水封)立式单箅	(带水封)立式双箅
			座	座	座	座
预算定额编号	预算定额名称	预算定额单位	数量			
04-2-4-24	排砌预制侧石	m		1.0000		
04290968	预制钢筋混凝土井圈 1	m^3			0.0700	0.1400
04290969	预制钢筋混凝土井圈 2	m^3	0.1000	0.1800		
04290971	预制钢筋混凝土中板 1	m^3	0.2200		0.2200	
04290972	预制钢筋混凝土中板 2	m^3		0.4100		0.4100
33012761	截污挂篮(玻璃钢 700×380×303)	套	1.0000	2.0000	1.0000	2.0000
36011181	立式箅子(QT500-7 球墨铸铁 765×298×118)	套			1.0000	2.0000
36011183	联合式箅子(QT500-7 球墨铸铁)	套	1.0000	2.0000		
36011184	塑料挡圈(内径 800,高 300)	套	1.0000	2.0000	1.0000	2.0000
36011185	预制塑料井 ϕ700	座	1.0000	2.0000		
36011186	预制塑料井(ϕ700 带水封)	座			1.0000	2.0000
36014018	盖板(750×450)	套			1.0000	2.0000
52-1-4-1	管道垫层 黄砂垫层	m^3	0.0600	0.1200	0.0600	0.1200
52-1-4-3	管道垫层 砾石砂垫层	m^3	0.4000	0.6000	0.4000	0.6000
52-1-5-1	管道基座 混凝土 C20	m^3	0.2000	0.2000	0.2000	0.2000
52-3-3-1	现浇钢筋混凝土检查井 混凝土	m^3	0.0200	0.0500	0.0200	0.0400
52-3-9-1	安装盖板及盖座 钢筋混凝土盖板 0.5 m^3 以内	m^3	1.3200	2.5900	1.2900	2.5500
52-4-5-5	模板工程 模板 现浇钢筋混凝土检查井	m^2	0.1800	0.3600	0.2200	0.4000

工作内容：铺筑砾石砂垫层、安装预制塑料井、安装成品箅子、预制钢筋混凝土中板、塑料挡圈、截污挂篮等。

定额编号				J-1-7-29	J-1-7-30	J-1-7-31	J-1-7-32
项目				预制塑料雨水口			
				联合式单箅	联合式双箅	（带水封）立式单箅	（带水封）立式双箅
名称			单位	座	座	座	座
人工	00190101	综合人工	工日	1.0665	1.9818	1.0785	1.9248
材料	02090101	塑料薄膜	m^2	0.6418	0.6887	0.6418	0.6730
	03150101	圆钉	kg	0.0569	0.1138	0.0695	0.1264
	04030115	黄砂 中粗	t	0.1061	0.2122	0.1061	0.2122
	04030701	砾石砂	t	0.8844	1.3265	0.8844	1.3265
	04050313	道碴 50～70	t		0.0400		
	04290968	预制钢筋混凝土井圈 1	m^3			0.0700	0.1400
	04290969	预制钢筋混凝土井圈 2	m^3	0.1000	0.1800		
	04290971	预制钢筋混凝土中板 1	m^3	0.2200		0.2200	
	04290972	预制钢筋混凝土中板 2	m^3		0.4100		0.4100
	33012761	截污挂篮(玻璃钢 700×380×303)	套	1.0000	2.0000	1.0000	2.0000
	34110101	水	m^3	0.0106	0.0282	0.0106	0.0111
	35010703	木模板成材	m^3	0.0030	0.0059	0.0036	0.0066
	36011181	立式箅子(QT500-7 球墨铸铁 765×298×118)	套			1.0000	2.0000
	36011183	联合式箅子(QT500-7 球墨铸铁)	套	1.0000	2.0000		
	36011184	塑料挡圈(内径 800,高 300)	套	1.0000	2.0000	1.0000	2.0000
	36011185	预制塑料井 ϕ700	座	1.0000	2.0000		
	36011186	预制塑料井(ϕ700 带水封)	座			1.0000	2.0000
	36014018	盖板(750×450)	套			1.0000	2.0000
	36051201	预制混凝土侧石 1000×300×120	m		1.0300		
	80060513	预拌抹灰砂浆 WP M15.0	m^3	0.0606	0.1196	0.0592	0.1170
	80210414	预拌混凝土(泵送型) C20 粒径 5～20	m^3	0.2020	0.2020	0.2020	0.2020
	80210416	预拌混凝土(泵送型) C20 粒径 5～40	m^3	0.0202	0.0505	0.0202	0.0404
	80210514	预拌混凝土(非泵送型) C20 粒径 5～20	m^3		0.0348		
机械	99050930	混凝土振捣器 插入式	台班	0.0303	0.0347	0.0303	0.0332
	99050940	混凝土振捣器 平板式	台班	0.0461	0.0564	0.0461	0.0564
	99090360	汽车式起重机 8 t	台班	0.0660	0.1295	0.0645	0.1275
	99210030	木工圆锯机 ϕ1000	台班	0.0046	0.0091	0.0056	0.0102

工作内容：铺筑砾石砂垫层、安装预制塑料井、安装成品箅子、预制钢筋混凝土中板、塑料挡圈、截污挂篮等。

定额编号			J-1-7-33	J-1-7-34	J-1-7-35	J-1-7-36
项目			预制塑料雨水口			
			(带水封) 平式单箅	(带水封) 平式无侧石单箅	(带水封) 平式双箅	(带水封) 平无侧石式双箅
			座	座	座	座
预算定额编号	预算定额名称	预算定额单位	数量			
04-2-4-24	排砌预制侧石	m	1.0000		2.0000	
04290969	预制钢筋混凝土井圈 2	m^3	0.0900	0.0900	0.0900	0.0900
04290971	预制钢筋混凝土中板 1	m^3	0.2200	0.2200		
04290972	预制钢筋混凝土中板 2	m^3			0.4100	0.4100
33012761	截污挂篮(玻璃钢 700×380×303)	套	1.0000	1.0000	2.0000	2.0000
36011182	平式箅子(QT500－7 球墨铸铁 872×572×100)	套	1.0000	1.0000	2.0000	2.0000
36011184	塑料挡圈(内径 800,高 300)	套	1.0000	1.0000	2.0000	2.0000
36011186	预制塑料井(ϕ700 带水封)	座	1.0000	1.0000	2.0000	2.0000
52-1-4-1	管道垫层 黄砂垫层	m^3	0.0600	0.0600	0.1200	0.1200
52-1-4-3	管道垫层 砾石砂垫层	m^3	0.4000	0.4000	0.6000	0.6000
52-1-5-1	管道基座 混凝土 C20	m^3	0.2000	0.2000	0.2000	0.2000
52-3-3-1	现浇钢筋混凝土检查井 混凝土	m^3			0.0200	0.0200
52-3-9-1	安装盖板及盖座 钢筋混凝土盖板 0.5 m^3 以内	m^3	1.3100	1.3100	2.5000	2.5000
52-4-5-5	模板工程 模板 现浇钢筋混凝土检查井	m^2			0.0200	0.0200

工作内容:铺筑砾石砂垫层、安装预制塑料井、安装成品箅子、预制钢筋混凝土中板、塑料挡圈、截污挂篮等。

定额编号				J-1-7-33	J-1-7-34	J-1-7-35	J-1-7-36
项目				预制塑料雨水口			
				(带水封)平式单箅	(带水封)平式无侧石单箅	(带水封)平式双箅	(带水封)平无侧石式双箅
名称			单位	座	座	座	座
人工	00190101	综合人工	工日	0.9696	0.9191	1.7331	1.6321
材料	02090101	塑料薄膜	m^2	0.6105	0.6105	0.6418	0.6418
	03150101	圆钉	kg			0.0063	0.0063
	04030115	黄砂 中粗	t	0.1061	0.1061	0.2122	0.2122
	04030701	砾石砂	t	0.8844	0.8844	1.3265	1.3265
	04050313	道碴 50～70	t	0.0400		0.0800	
	04290969	预制钢筋混凝土井圈 2	m^3	0.0900	0.0900	0.0900	0.0900
	04290971	预制钢筋混凝土中板 1	m^3	0.2200	0.2200		
	04290972	预制钢筋混凝土中板 2	m^3			0.4100	0.4100
	33012761	截污挂篮(玻璃钢 700×380×303)	套	1.0000	1.0000	2.0000	2.0000
	34110101	水	m^3	0.0269	0.0101	0.0442	0.0106
	35010703	木模板成材	m^3			0.0003	0.0003
	36011182	平式箅子(QT500-7 球墨铸铁 872×572×100)	套	1.0000	1.0000	2.0000	2.0000
	36011184	塑料挡圈(内径 800,高 300)	套	1.0000	1.0000	2.0000	2.0000
	36011186	预制塑料井(ϕ700 带水封)	座	1.0000	1.0000	2.0000	2.0000
	36051201	预制混凝土侧石 1000×300×120	m	1.0300		2.0600	
	80060513	预拌抹灰砂浆 WP M15.0	m^3	0.0608	0.0601	0.1162	0.1148
	80210414	预拌混凝土(泵送型) C20 粒径 5～20	m^3	0.2020	0.2020	0.2020	0.2020
	80210416	预拌混凝土(泵送型) C20 粒径 5～40	m^3			0.0202	0.0202
	80210514	预拌混凝土(非泵送型) C20 粒径 5～20	m^3	0.0348		0.0696	
机械	99050930	混凝土振捣器 插入式	台班	0.0274	0.0274	0.0303	0.0303
	99050940	混凝土振捣器 平板式	台班	0.0461	0.0461	0.0564	0.0564
	99090360	汽车式起重机 8 t	台班	0.0655	0.0655	0.1250	0.1250
	99210030	木工圆锯机 ϕ1000	台班			0.0005	0.0005

工作内容：铺筑砾石砂垫层、安装预制塑料井、安装成品箅子、预制钢筋混凝土中板、塑料挡圈、截污挂篮等。

定额编号			J-1-7-37	J-1-7-38	J-1-7-39	J-1-7-40
项目			预制塑料雨水口			
			（带水封）联合式单箅	（带水封）联合式双箅	（带水封）立式单箅（串联用）	（带水封）平式单箅（串联用）
			座	座	座	座
预算定额编号	预算定额名称	预算定额单位	数量			
04-2-4-24	排砌预制侧石	m		1.0000		
04-2-4-25	排砌预制平石	m				1.0000
04290968	预制钢筋混凝土井圈 1	m^3			0.0700	
04290969	预制钢筋混凝土井圈 2	m^3		0.1800		0.0900
04290970	预制钢筋混凝土井圈 3	m^3	0.1000			
04290971	预制钢筋混凝土中板 1	m^3	0.2200		0.2200	0.2200
04290972	预制钢筋混凝土中板 2	m^3		0.4100		
33012761	截污挂篮(玻璃钢 700×380×303)	套	1.0000	2.0000	1.0000	1.0000
36011181	立式箅子(QT500－7 球墨铸铁 765×298×118)	套			1.0000	
36011182	平式箅子(QT500－7 球墨铸铁 872×572×100)	套				1.0000
36011183	联合式箅子(QT500-7 球墨铸铁)	套	1.0000	2.0000		
36011184	塑料挡圈(内径 800,高 300)	套	1.0000	2.0000	1.0000	1.0000
36011186	预制塑料井(ϕ700 带水封)	座	1.0000	2.0000		
36011187	预制塑料井(ϕ700 串联)	座			1.0000	1.0000
36014018	盖板(750×450)	套			1.0000	
52-1-4-1	管道垫层 黄砂垫层	m^3	0.0600	0.1200	0.0600	0.0600
52-1-4-3	管道垫层 砾石砂垫层	m^3	0.4000	0.6000	0.4000	0.4000
52-1-5-1	管道基座 混凝土 C20	m^3	0.2000	0.2000	0.2000	0.2000
52-3-3-1	现浇钢筋混凝土检查井 混凝土	m^3	0.0200	0.0500	0.0200	
52-3-9-1	安装盖板及盖座 钢筋混凝土盖板 0.5 m^3 以内	m^3	1.3200	2.5900	1.2900	1.3100
52-4-5-5	模板工程 模板 现浇钢筋混凝土检查井	m^2	0.1800	0.3600	0.2200	

工作内容：铺筑砾石砂垫层、安装预制塑料井、安装成品箅子、预制钢筋混凝土中板、塑料挡圈、截污挂篮等。

定额编号				J-1-7-37	J-1-7-38	J-1-7-39	J-1-7-40
项目				预制塑料雨水口			
				（带水封）联合式单箅	（带水封）联合式双箅	（带水封）立式单箅（串联用）	（带水封）平式单箅（串联用）
名称			单位	座	座	座	座
人工	00190101	综合人工	工日	1.0665	1.9818	1.0785	0.9539
材料	02090101	塑料薄膜	m^2	0.6418	0.6887	0.6418	0.6105
	03150101	圆钉	kg	0.0569	0.1138	0.0695	
	04030115	黄砂 中粗	t	0.1061	0.2122	0.1061	0.1061
	04030701	砾石砂	t	0.8844	1.3265	0.8844	0.8844
	04050313	道碴 50～70	t		0.0400		0.0592
	04290968	预制钢筋混凝土井圈 1	m^3			0.0700	
	04290969	预制钢筋混凝土井圈 2	m^3		0.1800		0.0900
	04290970	预制钢筋混凝土井圈 3	m^3	0.1000			
	04290971	预制钢筋混凝土中板 1	m^3	0.2200		0.2200	0.2200
	04290972	预制钢筋混凝土中板 2	m^3		0.4100		
	33012761	截污挂篮（玻璃钢 700×380×303）	套	1.0000	2.0000	1.0000	1.0000
	34110101	水	m^3	0.0106	0.0282	0.0106	0.0269
	35010703	木模板成材	m^3	0.0030	0.0059	0.0036	
	36011181	立式箅子（QT500-7 球墨铸铁 765×298×118）	套			1.0000	
	36011182	平式箅子（QT500-7 球墨铸铁 872×572×100）	套				1.0000
	36011183	联合式箅子（QT500-7 球墨铸铁）	套	1.0000	2.0000		
	36011184	塑料挡圈（内径 800，高 300）	套	1.0000	2.0000	1.0000	1.0000
	36011186	预制塑料井（ϕ700 带水封）	座	1.0000	2.0000		
	36011187	预制塑料井（ϕ700 串联）	座			1.0000	1.0000
	36014018	盖板（750×450）	套			1.0000	
	36051201	预制混凝土侧石 1000×300×120	m		1.0300		
	36051301	预制混凝土平石 1000×300×120	m				1.0300
	80060513	预拌抹灰砂浆 WP M15.0	m^3	0.0606	0.1196	0.0592	0.0605
	80210414	预拌混凝土（泵送型）C20 粒径 5～20	m^3	0.2020	0.2020	0.2020	0.2020
	80210416	预拌混凝土（泵送型）C20 粒径 5～40	m^3	0.0202	0.0505	0.0202	
	80210514	预拌混凝土（非泵送型）C20 粒径 5～20	m^3		0.0348		0.0682
机械	99050930	混凝土振捣器 插入式	台班	0.0303	0.0347	0.0303	0.0274
	99050940	混凝土振捣器 平板式	台班	0.0461	0.0564	0.0461	0.0461
	99090360	汽车式起重机 8 t	台班	0.0660	0.1295	0.0645	0.0655
	99210030	木工圆锯机 ϕ1000	台班	0.0046	0.0091	0.0056	

工作内容：铺筑砾石砂垫层、安装预制塑料井、安装成品箅子、预制钢筋混凝土中板、塑料挡圈、截污挂篮等。

定额编号			J-1-7-41	J-1-7-42
项目			预制塑料雨水口	
			（带水封） 立式单箅 （串联用）	（带水封） 平式单箅 （串联用）
			座	座
预算定额编号	预算定额名称	预算定额单位	数量	
04-2-4-25	排砌预制平石	m		1.0000
04290968	预制钢筋混凝土井圈 1	m^3	0.0700	
04290969	预制钢筋混凝土井圈 2	m^3		0.0900
04290971	预制钢筋混凝土中板 1	m^3	0.2200	0.2200
33012761	截污挂篮(玻璃钢 700×380×303)	套	1.0000	1.0000
36011181	立式箅子(QT500－7 球墨铸铁 765×298×118)	套	1.0000	
36011182	平式箅子(QT500－7 球墨铸铁 872×572×100)	套		1.0000
36011184	塑料挡圈(内径 800,高 300)	套	1.0000	1.0000
36011188	预制塑料井(ϕ700 带水封串联)	座	1.0000	1.0000
36014018	盖板(750×450)	套	1.0000	
52-1-4-1	管道垫层 黄砂垫层	m^3	0.0600	0.0600
52-1-4-3	管道垫层 砾石砂垫层	m^3	0.4000	0.4000
52-1-5-1	管道基座 混凝土 C20	m^3	0.2000	0.2000
52-3-3-1	现浇钢筋混凝土检查井 混凝土	m^3	0.0200	
52-3-9-1	安装盖板及盖座 钢筋混凝土盖板 0.5 m^3 以内	m^3	1.2900	1.3100
52-4-5-5	模板工程 模板 现浇钢筋混凝土检查井	m^2	0.2200	

工作内容：铺筑砾石砂垫层、安装预制塑料井、安装成品箅子、预制钢筋混凝土中板、塑料挡圈、截污挂篮等。

定额编号				J-1-7-41	J-1-7-42
项目				预制塑料雨水口	
				(带水封) 立式单箅 (串联用)	(带水封) 平式单箅 (串联用)
名称			单位	座	座
人工	00190101	综合人工	工日	1.0785	0.9539
材料	02090101	塑料薄膜	m^2	0.6418	0.6105
	03150101	圆钉	kg	0.0695	
	04030115	黄砂 中粗	t	0.1061	0.1061
	04030701	砾石砂	t	0.8844	0.8844
	04050313	道碴 50～70	t		0.0592
	04290968	预制钢筋混凝土井圈 1	m^3	0.0700	
	04290969	预制钢筋混凝土井圈 2	m^3		0.0900
	04290971	预制钢筋混凝土中板 1	m^3	0.2200	0.2200
	33012761	截污挂篮(玻璃钢 700×380×303)	套	1.0000	1.0000
	34110101	水	m^3	0.0106	0.0269
	35010703	木模板成材	m^3	0.0036	
	36011181	立式箅子(QT500-7 球墨铸铁 765×298×118)	套	1.0000	
	36011182	平式箅子(QT500-7 球墨铸铁 872×572×100)	套		1.0000
	36011184	塑料挡圈(内径 800,高 300)	套	1.0000	1.0000
	36011188	预制塑料井(ϕ700 带水封串联)	座	1.0000	1.0000
	36014018	盖板(750×450)	套	1.0000	
	36051301	预制混凝土平石 1000×300×120	m		1.0300
	80060513	预拌抹灰砂浆 WP M15.0	m^3	0.0592	0.0605
	80210414	预拌混凝土(泵送型) C20 粒径 5～20	m^3	0.2020	0.2020
	80210416	预拌混凝土(泵送型) C20 粒径 5～40	m^3	0.0202	
	80210514	预拌混凝土(非泵送型) C20 粒径 5～20	m^3		0.0682
机械	99050930	混凝土振捣器 插入式	台班	0.0303	0.0274
	99050940	混凝土振捣器 平板式	台班	0.0461	0.0461
	99090360	汽车式起重机 8 t	台班	0.0645	0.0655
	99210030	木工圆锯机 ϕ1000	台班	0.0056	

第八节　出水口

工作内容：抛石(陆上)、碎石滤层、干砌块石(护坡)、浆砌块石(护脚)。

定　额　编　号			J-1-8-1	J-1-8-2	J-1-8-3	J-1-8-4
项　　目			沟管出口护坡			
			ϕ300×1.5 m	ϕ300×2.0 m	ϕ300×2.5 m	ϕ300×3.0 m
			座	座	座	座
预算定额编号	预算定额名称	预算定额单位	数　　量			
04-3-6-3	浆砌块石 护脚	m^3	0.4500	0.4500	0.4500	0.4500
04-3-6-4	浆砌块石 护坡	m^3	1.0840	1.4220	1.7590	2.0970
04-3-6-13	抛石 陆上	m^3	1.4330	1.4330	1.4330	1.4330
04-3-6-16	碎石滤层	m^3	0.3190	0.4450	0.5800	0.7150

工作内容：抛石(陆上)、碎石滤层、干砌块石(护坡)、浆砌块石(护脚)。

定　额　编　号				J-1-8-1	J-1-8-2	J-1-8-3	J-1-8-4
项　　目				沟管出口护坡			
				ϕ300×1.5 m	ϕ300×2.0 m	ϕ300×2.5 m	ϕ300×3.0 m
名　　称			单位	座	座	座	座
人工	00190101	综合人工	工日	2.3843	2.7660	3.1506	3.5362
材料	02090101	塑料薄膜	m^2	7.2618	9.1342	11.0012	12.8737
	04050313	道碴 50～70	t	0.5190	0.7240	0.9436	1.1632
	04110507	毛石 100～400	t	2.4848	2.4848	2.4848	2.4848
	04110701	护坡块石	t	3.0057	3.6680	4.3283	4.9906
	34110101	水	m^3	1.0717	1.3130	1.5536	1.7950
	80060412	湿拌砌筑砂浆 WM M7.5	m^3	0.5630	0.6871	0.8108	0.9348

工作内容：抛石(陆上)、碎石滤层、干砌块石(护坡)、浆砌块石(护脚)。

定额编号			J-1-8-5	J-1-8-6	J-1-8-7	J-1-8-8
项目			沟管出口护坡			
			ϕ300×3.5 m	ϕ300×4.0 m	ϕ450×1.5 m	ϕ450×2.0 m
			座	座	座	座
预算定额编号	预算定额名称	预算定额单位	数量			
04-3-6-3	浆砌块石 护脚	m^3	0.4500	0.4500	0.6000	0.6000
04-3-6-4	浆砌块石 护坡	m^3	2.4340	2.7720	1.2590	1.7090
04-3-6-13	抛石 陆上	m^3	1.4330	1.4330	1.6960	1.6960
04-3-6-16	碎石滤层	m^3	0.8500	0.9850	0.3410	0.5210

工作内容：抛石(陆上)、碎石滤层、干砌块石(护坡)、浆砌块石(护脚)。

定额编号				J-1-8-5	J-1-8-6	J-1-8-7	J-1-8-8
项目				沟管出口护坡			
				ϕ300×3.5 m	ϕ300×4.0 m	ϕ450×1.5 m	ϕ450×2.0 m
名称			单位	座	座	座	座
人工	00190101	综合人工	工日	3.9208	4.3065	2.8476	3.3612
材料	02090101	塑料薄膜	m^2	14.7406	16.6131	8.6501	11.1431
	04050313	道碴 50～70	t	1.3829	1.6025	0.5548	0.8476
	04110507	毛石 100～400	t	2.4848	2.4848	2.9409	2.9409
	04110701	护坡块石	t	5.6509	6.3132	3.6425	4.5242
	34110101	水	m^3	2.0356	2.2769	1.2958	1.6171
	80060412	湿拌砌筑砂浆 WM M7.5	m^3	1.0585	1.1825	0.6823	0.8474

工作内容:抛石(陆上)、碎石滤层、干砌块石(护坡)、浆砌块石(护脚)。

定额编号			J-1-8-9	J-1-8-10	J-1-8-11	J-1-8-12
项目			沟管出口护坡			
			ϕ450×2.5 m	ϕ450×3.0 m	ϕ450×3.5 m	ϕ450×4.0 m
			座	座	座	座
预算定额编号	预算定额名称	预算定额单位	数量			
04-3-6-3	浆砌块石 护脚	m^3	0.6000	0.6000	0.6000	0.6000
04-3-6-4	浆砌块石 护坡	m^3	2.1590	2.6090	3.0590	3.0590
04-3-6-13	抛石 陆上	m^3	1.6960	1.6960	1.6960	1.6960
04-3-6-16	碎石滤层	m^3	0.7010	0.8810	1.0610	1.2410

工作内容:抛石(陆上)、碎石滤层、干砌块石(护坡)、浆砌块石(护脚)。

定额编号				J-1-8-9	J-1-8-10	J-1-8-11	J-1-8-12
项目				沟管出口护坡			
				ϕ450×2.5 m	ϕ450×3.0 m	ϕ450×3.5 m	ϕ450×4.0 m
名称			单位	座	座	座	座
人工	00190101	综合人工	工日	3.8746	4.3881	4.9016	4.9790
材料	02090101	塑料薄膜	m^2	13.6360	16.1290	18.6220	18.6220
	04050313	道碴 50～70	t	1.1405	1.4333	1.7261	2.0190
	04110507	毛石 100～400	t	2.9409	2.9409	2.9409	2.9409
	04110701	护坡块石	t	5.4059	6.2877	7.1694	7.1694
	34110101	水	m^3	1.9384	2.2597	2.5810	2.5810
	80060412	湿拌砌筑砂浆 WM M7.5	m^3	1.0126	1.1777	1.3429	1.3429

工作内容:抛石(陆上)、碎石滤层、干砌块石(护坡)、浆砌块石(护脚)。

定额编号			J-1-8-13	J-1-8-14	J-1-8-15	J-1-8-16
项目			沟管出口护坡			
			ϕ600×1.5 m	ϕ600×2.0 m	ϕ600×2.5 m	ϕ600×3.0 m
			座	座	座	座
预算定额编号	预算定额名称	预算定额单位	数量			
04-3-6-3	浆砌块石 护脚	m^3	0.7500	0.7500	0.7500	0.7500
04-3-6-4	浆砌块石 护坡	m^3	1.4230	1.9550	2.5480	3.1110
04-3-6-13	抛石 陆上	m^3	1.9600	1.9600	1.9600	1.9600
04-3-6-16	碎石滤层	m^3	0.3650	0.5900	0.8150	1.0400

工作内容:抛石(陆上)、碎石滤层、干砌块石(护坡)、浆砌块石(护脚)。

定额编号				J-1-8-13	J-1-8-14	J-1-8-15	J-1-8-16
项目				沟管出口护坡			
				ϕ600×1.5 m	ϕ600×2.0 m	ϕ600×2.5 m	ϕ600×3.0 m
名称			单位	座	座	座	座
人工	00190101	综合人工	工日	3.3016	3.9139	4.5853	5.2277
材料	02090101	塑料薄膜	m^2	9.9775	12.9247	16.2099	19.3288
	04050313	道碴 50～70	t	0.5938	0.9599	1.3259	1.6920
	04110507	毛石 100～400	t	3.3986	3.3986	3.3986	3.3986
	04110701	护坡块石	t	4.2578	5.3002	6.4622	7.5653
	34110101	水	m^3	1.5121	1.8920	2.3154	2.7174
	80060412	湿拌砌筑砂浆 WM M7.5	m^3	0.7975	0.9928	1.2104	1.4170

工作内容：抛石（陆上）、碎石滤层、干砌块石（护坡）、浆砌块石（护脚）。

定额编号			J-1-8-17	J-1-8-18	J-1-8-19	J-1-8-20
项目			沟管出口护坡			
			ϕ600×3.5 m	ϕ600×4.0 m	ϕ800×1.5 m	ϕ800×2.0 m
			座	座	座	座
预算定额编号	预算定额名称	预算定额单位	数量			
04-3-6-3	浆砌块石 护脚	m^3	0.7500	0.7500	0.9000	0.9000
04-3-6-4	浆砌块石 护坡	m^3	3.6730	4.2360	1.2840	1.9590
04-3-6-13	抛石 陆上	m^3	1.9600	1.9600	2.2230	2.2230
04-3-6-16	碎石滤层	m^3	1.2650	1.4900	0.2780	0.5480

工作内容：抛石（陆上）、碎石滤层、干砌块石（护坡）、浆砌块石（护脚）。

定额编号				J-1-8-17	J-1-8-18	J-1-8-19	J-1-8-20
项目				沟管出口护坡			
				ϕ600×3.5 m	ϕ600×4.0 m	ϕ800×1.5 m	ϕ800×2.0 m
名称			单位	座	座	座	座
人工	00190101	综合人工	工日	5.8691	6.5114	3.4139	4.1841
材料	02090101	塑料薄膜	m^2	22.4423	25.5612	9.6263	13.3658
	04050313	道碴 50～70	t	2.0580	2.4241	0.4523	0.8915
	04110507	毛石 100～400	t	3.3986	3.3986	3.8547	3.8547
	04110701	护坡块石	t	8.6665	9.7696	4.2794	5.6020
	34110101	水	m^3	3.1186	3.5206	1.5122	1.9941
	80060412	湿拌砌筑砂浆 WM M7.5	m^3	1.6233	1.8299	0.8015	1.0493

工作内容:抛石(陆上)、碎石滤层、干砌块石(护坡)、浆砌块石(护脚)。

定额编号			J-1-8-21	J-1-8-22	J-1-8-23	J-1-8-24
项目			沟管出口护坡			
			ϕ800×2.5 m	ϕ800×3.0 m	ϕ800×3.5 m	ϕ800×4.0 m
			座	座	座	座
预算定额编号	预算定额名称	预算定额单位	数量			
04-3-6-3	浆砌块石 护脚	m^3	0.9000	0.9000	0.9000	0.9000
04-3-6-4	浆砌块石 护坡	m^3	2.6340	3.3090	3.9840	4.6590
04-3-6-13	抛石 陆上	m^3	2.2230	2.2230	2.2230	2.2230
04-3-6-16	碎石滤层	m^3	0.8180	1.0880	1.3580	1.6280

工作内容:抛石(陆上)、碎石滤层、干砌块石(护坡)、浆砌块石(护脚)。

定额编号				J-1-8-21	J-1-8-22	J-1-8-23	J-1-8-24
项目				沟管出口护坡			
				ϕ800×2.5 m	ϕ800×3.0 m	ϕ800×3.5 m	ϕ800×4.0 m
名称			单位	座	座	座	座
人工	00190101	综合人工	工日	4.9543	5.7245	6.4947	7.2650
材料	02090101	塑料薄膜	m^2	17.1052	20.8446	24.5841	28.3235
	04050313	道碴 50～70	t	1.3308	1.7701	2.2093	2.6486
	04110507	毛石 100～400	t	3.8547	3.8547	3.8547	3.8547
	04110701	护坡块石	t	6.9246	8.2472	9.5697	10.8923
	34110101	水	m^3	2.4761	2.9580	3.4400	3.9219
	80060412	湿拌砌筑砂浆 WM M7.5	m^3	1.2970	1.5447	1.7924	2.0402

工作内容: 铺筑砾石砂垫层、浇筑混凝土基础、现场绑扎钢筋(箱涵)、浆砌块石(挡墙)、浆砌块石(勾平缝)、浆砌块石(护坡)、铺筑碎石滤层、沟槽及基坑填筑(回填土)、整修护坡护底、干砌块石(护坡)、混凝土压顶。

定　额　编　号			J-1-8-25	J-1-8-26	J-1-8-27	J-1-8-28
项　目			沟管出口挡土墙			
			H=2.5 m			H=3.0 m
			H_1=1.5 m	H_1=2.0 m	H_1=2.5 m	H_1=1.5 m
			ϕ1000～1200			
			座	座	座	座
预算定额编号	预算定额名称	预算定额单位	数　量			
04-1-2-14	沟槽及基坑填筑 回填土	m^3	3.9800	9.4200	18.4100	3.9800
52-1-4-3	管道垫层 砾石砂垫层	m^3	2.7400	3.3400	3.9400	2.7400
50-1-6-1	整修基面 整修护坡护底 Ⅰ、Ⅱ类土	m^2	9.5600	16.9900	26.5500	9.5600
04-3-3-3	混凝土基础 基础	m^3	4.1100	5.0100	5.9100	4.1100
04-3-3-21	混凝土挡墙 压顶	m^3	0.4100	0.5000	0.5900	0.4100
04-3-6-4	浆砌块石 护坡	m^3	4.9400	6.5900	8.3900	4.9400
04-3-6-9	浆砌块石 挡墙	m^3	5.2000	9.1000	14.0400	5.2000
04-3-6-11	坞工浆砌块石 勾平缝	m^2	4.6600	8.2500	12.6000	4.6600
04-3-6-16	碎石滤层	m^3	1.2300	1.5000	1.7700	1.2300
04-5-1-8	现场绑扎钢筋 箱涵 箱涵钢筋	t	0.2055	0.2505	0.2955	0.2055

工作内容：铺筑砾石砂垫层、浇筑混凝土基础、现场绑扎钢筋（箱涵）、浆砌块石（挡墙）、浆砌块石（勾平缝）、浆砌块石（护坡）、铺筑碎石滤层、沟槽及基坑填筑（回填土）、整修护坡护底、干砌块石（护坡）、混凝土压顶。

定额编号				J-1-8-25	J-1-8-26	J-1-8-27	J-1-8-28
项目				沟管出口挡土墙			
				H=2.5 m			H=3.0 m
				H_1=1.5 m	H_1=2.0 m	H_1=2.5 m	H_1=1.5 m
				ϕ1000～1200			
名称			单位	座	座	座	座
人工	00190101	综合人工	工日	15.9561	24.1127	34.5195	15.9561
材料	01010311	热轧带肋钢筋(HRB400) ϕ10～32	t	0.1791	0.2183	0.2575	0.1791
	01010411	光圆钢筋(HRB300) $\phi\leqslant$10	t	0.0316	0.0385	0.0454	0.0316
	02090101	塑料薄膜	m^2	39.7624	56.9851	77.0600	39.7624
	03130101	电焊条	kg	1.1960	1.4579	1.7198	1.1960
	03152501	镀锌铁丝	kg	0.6350	0.7740	0.9131	0.6350
	04030701	砾石砂	t	6.0579	7.3844	8.7109	6.0579
	04050313	道碴 50～70	t	2.0011	2.4404	2.8796	2.0011
	04110701	护坡块石	t	19.8683	30.7429	43.9494	19.8683
	34110101	水	m^3	5.4429	7.9248	10.8242	5.4429
	36030252	涤纶针刺土工布 200 g/m^2	m^2	1.5610	1.9028	2.2446	1.5610
	80060412	湿拌砌筑砂浆 WM M7.5	m^3	3.7522	5.8127	8.3150	3.7522
	80210416	预拌混凝土(泵送型) C20 粒径 5～40	m^3	4.5652	5.5651	6.5650	4.5652
机械	99050930	混凝土振捣器 插入式	台班	0.2876	0.3506	0.4136	0.2876
	99050940	混凝土振捣器 平板式	台班	0.2314	0.2821	0.3327	0.2314
	99090080	履带式起重机 10 t	台班	0.5720	1.0010	1.5444	0.5720
	99130350	内燃夯实机 700 N·m	台班	0.0788	0.1865	0.3645	0.0788
	99170030	钢筋切断机 ϕ40	台班	0.0390	0.0476	0.0561	0.0390
	99170050	钢筋弯曲机 ϕ40	台班	0.0617	0.0752	0.0887	0.0617
	99250020	交流弧焊机 32 kVA	台班	0.2384	0.2906	0.3428	0.2384
	99250260	对焊机 10 kVA	台班	0.1603	0.1954	0.2305	0.1603

工作内容：工作内容：铺筑砾石砂垫层、浇筑混凝土基础、现场绑扎钢筋（箱涵）、浆砌块石（挡墙）、浆砌块石（勾平缝）、浆砌块石（护坡）、铺筑碎石滤层、沟槽及基坑填筑（回填土）、整修护坡护底、干砌块石（护坡）、混凝土压顶。

定　额　编　号			J-1-8-29	J-1-8-30	J-1-8-31	J-1-8-32
项　　目			沟管出口挡土墙			
			H=3.0 m			H=3.5 m
			H_1=2.0 m	H_1=2.5 m	H_1=3.0 m	H_1=2.0 m
			ϕ1000～1200			
			座	座	座	座
预算定额编号	预算定额名称	预算定额单位	数　　量			
04-1-2-14	沟槽及基坑填筑 回填土	m^3	9.4200	18.4100	31.8100	9.4200
52-1-4-3	管道垫层 砾石砂垫层	m^3	3.3400	3.9400	4.5400	3.8400
50-1-6-1	整修基面 整修护坡护底 Ⅰ、Ⅱ类土	m^2	16.9900	26.5500	38.2300	16.9900
04-3-3-3	混凝土基础 基础	m^3	5.0100	5.9100	6.8100	5.7600
04-3-3-21	混凝土挡墙 压顶	m^3	0.5000	0.5900	0.6800	0.5000
04-3-6-4	浆砌块石 护坡	m^3	6.5900	8.3900	10.3800	6.5900
04-3-6-9	浆砌块石 挡墙	m^3	9.1000	14.0400	19.9800	11.1700
04-3-6-11	坞工浆砌块石 勾平缝	m^2	8.2500	12.6000	17.6900	8.2500
04-3-6-16	碎石滤层	m^3	1.5000	1.7700	2.0400	1.5000
04-5-1-8	现场绑扎钢筋 箱涵 箱涵钢筋	t	0.2505	0.2955	0.3405	0.2880

工作内容:铺筑砾石砂垫层、浇筑混凝土基础、现场绑扎钢筋(箱涵)、浆砌块石(挡墙)、浆砌块石(勾平缝)、浆砌块石(护坡)、铺筑碎石滤层、沟槽及基坑填筑(回填土)、整修护坡护底、干砌块石(护坡)、混凝土压顶。

定额编号				J-1-8-29	J-1-8-30	J-1-8-31	J-1-8-32
项目				沟管出口挡土墙			
				H=3.0 m			H=3.5 m
				H_1=2.0 m	H_1=2.5 m	H_1=3.0 m	H_1=2.0 m
				ϕ1000～1200			
名称			单位	座	座	座	座
人工	00190101	综合人工	工日	24.1127	34.5195	47.4452	26.6749
材料	01010311	热轧带肋钢筋(HRB400) ϕ10～32	t	0.2183	0.2575	0.2967	0.2509
	01010411	光圆钢筋(HRB300) ϕ≤10	t	0.0385	0.0454	0.0524	0.0443
	02090101	塑料薄膜	m^2	56.9851	77.0600	100.1308	61.0080
	03130101	电焊条	kg	1.4579	1.7198	1.9817	1.6762
	03152501	镀锌铁丝	kg	0.7740	0.9131	1.0521	0.8899
	04030701	砾石砂	t	7.3844	8.7109	10.0375	8.4899
	04050313	道碴 50～70	t	2.4404	2.8796	3.3189	2.4404
	04110701	护坡块石	t	30.7429	43.9494	59.4874	34.7989
	34110101	水	m^3	7.9248	10.8242	14.1591	8.4235
	36030252	涤纶针刺土工布 200 g/m^2	m^2	1.9028	2.2446	2.5864	2.1876
	80060412	湿拌砌筑砂浆 WM M7.5	m^3	5.8127	8.3150	11.2590	6.5724
	80210416	预拌混凝土(泵送型) C20 粒径 5～40	m^3	5.5651	6.5650	7.5649	6.3226
机械	99050930	混凝土振捣器 插入式	台班	0.3506	0.4136	0.4766	0.3933
	99050940	混凝土振捣器 平板式	台班	0.2821	0.3327	0.3834	0.3243
	99090080	履带式起重机 10 t	台班	1.0010	1.5444	2.1978	1.2287
	99130350	内燃夯实机 700 N·m	台班	0.1865	0.3645	0.6298	0.1865
	99170030	钢筋切断机 ϕ40	台班	0.0476	0.0561	0.0647	0.0547
	99170050	钢筋弯曲机 ϕ40	台班	0.0752	0.0887	0.1022	0.0864
	99250020	交流弧焊机 32 kVA	台班	0.2906	0.3428	0.3950	0.3341
	99250260	对焊机 10 kVA	台班	0.1954	0.2305	0.2656	0.2246

工作内容：铺筑砾石砂垫层、浇筑混凝土基础、现场绑扎钢筋（箱涵）、浆砌块石（挡墙）、浆砌块石（勾平缝）、浆砌块石（护坡）、铺筑碎石滤层、沟槽及基坑填筑（回填土）、整修护坡护底、干砌块石（护坡）、混凝土压顶。

定额编号			J-1-8-33	J-1-8-34	J-1-8-35	J-1-8-36
项目			沟管出口挡土墙			
			H=3.5 m			H=4.0 m
			H_1=2.5 m	H_1=3.0 m	H_1=3.5 m	H_1=2.5 m
			ϕ1000～1200			
			座	座	座	座
预算定额编号	预算定额名称	预算定额单位	数量			
04-1-2-14	沟槽及基坑填筑 回填土	m^3	18.4100	31.8100	50.5100	18.4100
52-1-4-3	管道垫层 砾石砂垫层	m^3	4.5300	5.2200	5.9100	4.9200
50-1-6-1	整修基面 整修护坡护底 Ⅰ、Ⅱ类土	m^2	26.5500	38.2300	52.0300	26.5500
04-3-3-3	混凝土基础 基础	m^3	6.8000	7.8300	8.8700	7.3800
04-3-3-21	混凝土挡墙 压顶	m^3	0.5900	0.6800	0.7700	0.9800
04-3-6-4	浆砌块石 护坡	m^3	8.3900	10.3800	12.5400	8.3900
04-3-6-9	浆砌块石 挡墙	m^3	17.2300	24.5300	33.0500	21.6300
04-3-6-11	坞工浆砌块石 勾平缝	m^2	12.6000	17.6900	23.5400	12.6000
04-3-6-16	碎石滤层	m^3	1.7700	2.0400	2.3200	1.7700
04-5-1-8	现场绑扎钢筋 箱涵 箱涵钢筋	t	0.3400	0.3915	0.4435	0.3690

工作内容：铺筑砾石砂垫层、浇筑混凝土基础、现场绑扎钢筋（箱涵）、浆砌块石（挡墙）、浆砌块石（勾平缝）、浆砌块石（护坡）、铺筑碎石滤层、沟槽及基坑填筑（回填土）、整修护坡护底、干砌块石（护坡）、混凝土压顶。

定额编号				J-1-8-33	J-1-8-34	J-1-8-35	J-1-8-36
项目				沟管出口挡土墙			
				H=3.5 m			H=4.0 m
				H_1=2.5 m	H_1=3.0 m	H_1=3.5 m	H_1=2.5 m
				ϕ1000～1200			
名称			单位	座	座	座	座
人工	00190101	综合人工	工日	38.1882	52.4196	69.6261	42.6236
材料	01010311	热轧带肋钢筋(HRB400) ϕ10～32	t	0.2962	0.3411	0.3864	0.3215
	01010411	光圆钢筋(HRB300) ϕ≤10	t	0.0523	0.0602	0.0682	0.0568
	02090101	塑料薄膜	m^2	83.2595	108.9733	137.9998	93.9883
	03130101	电焊条	kg	1.9788	2.2785	2.5812	2.1476
	03152501	镀锌铁丝	kg	1.0506	1.2097	1.3704	1.1402
	04030701	砾石砂	t	10.0154	11.5409	13.0664	10.8776
	04050313	道碴 50～70	t	2.8796	3.3189	3.7744	2.8796
	04110701	护坡块石	t	50.1999	68.4027	89.3291	58.8212
	34110101	水	m^3	11.5779	15.2200	19.3345	12.6169
	36030252	涤纶针刺土工布 200 g/m^2	m^2	2.5826	2.9738	3.3688	2.8029
	80060412	湿拌砌筑砂浆 WM M7.5	m^3	9.4857	12.9288	16.8870	11.1005
	80210416	预拌混凝土(泵送型) C20 粒径 5～40	m^3	7.4639	8.5951	9.7364	8.4436
机械	99050930	混凝土振捣器 插入式	台班	0.4643	0.5347	0.6057	0.5481
	99050940	混凝土振捣器 平板式	台班	0.3827	0.4409	0.4992	0.4155
	99090080	履带式起重机 10 t	台班	1.8953	2.6983	3.6355	2.3793
	99130350	内燃夯实机 700 N·m	台班	0.3645	0.6298	1.0001	0.3645
	99170030	钢筋切断机 ϕ40	台班	0.0646	0.0744	0.0843	0.0701
	99170050	钢筋弯曲机 ϕ40	台班	0.1020	0.1175	0.1331	0.1107
	99250020	交流弧焊机 32 kVA	台班	0.3944	0.4541	0.5145	0.4280
	99250260	对焊机 10 kVA	台班	0.2652	0.3054	0.3459	0.2878

工作内容：铺筑砾石砂垫层、浇筑混凝土基础、现场绑扎钢筋（箱涵）、浆砌块石（挡墙）、浆砌块石（勾平缝）、浆砌块石（护坡）、铺筑碎石滤层、沟槽及基坑填筑（回填土）、整修护坡护底、干砌块石（护坡）、混凝土压顶。

定　额　编　号			J-1-8-37	J-1-8-38	J-1-8-39	J-1-8-40
项　　目			沟管出口挡土墙			
			H=4.0 m			H=4.5 m
			H_1=3.0 m	H_1=3.5 m	H_1=4.0 m	H_1=3.0 m
			ϕ1000～1200			
			座	座	座	座
预算定额编号	预算定额名称	预算定额单位	数　　量			
04-1-2-14	沟槽及基坑填筑 回填土	m^3	31.8100	50.5100	75.4000	31.8100
52-1-4-3	管道垫层 砾石砂垫层	m^3	5.6700	6.4200	7.1700	6.5800
50-1-6-1	整修基面 整修护坡护底 Ⅰ、Ⅱ类土	m^2	38.2300	52.0300	67.9600	38.2300
04-3-3-3	混凝土基础 基础	m^3	8.5100	9.6300	10.7600	9.8700
04-3-3-21	混凝土挡墙 压顶	m^3	1.1300	1.2800	1.4300	1.1300
04-3-6-4	浆砌块石 护坡	m^3	10.3800	12.5400	14.8600	10.3800
04-3-6-9	浆砌块石 挡墙	m^3	30.7700	41.4300	53.6100	33.8000
04-3-6-11	坞工浆砌块石 勾平缝	m^2	17.6900	23.5400	30.1300	17.6900
04-3-6-16	碎石滤层	m^3	2.0400	2.3200	2.5900	2.0400
04-5-1-8	现场绑扎钢筋 箱涵 箱涵钢筋	t	0.4255	0.4815	0.5380	0.4935

工作内容：铺筑砾石砂垫层、浇筑混凝土基础、现场绑扎钢筋(箱涵)、浆砌块石(挡墙)、浆砌块石(勾平缝)、浆砌块石(护坡)、铺筑碎石滤层、沟槽及基坑填筑(回填土)、整修护坡护底、干砌块石(护坡)、混凝土压顶。

定额编号				J-1-8-37	J-1-8-38	J-1-8-39	J-1-8-40
项目				沟管出口挡土墙			
				H=4.0 m			H=4.5 m
				H_1=3.0 m	H_1=3.5 m	H_1=4.0 m	H_1=3.0 m
				ϕ1000～1200			
名称			单位	座	座	座	座
人工	00190101	综合人工	工日	58.5436	77.6826	100.3099	62.5703
材料	01010311	热轧带肋钢筋(HRB400) ϕ10～32	t	0.3707	0.4195	0.4688	0.4300
	01010411	光圆钢筋(HRB300) $\phi\leqslant$10	t	0.0654	0.0741	0.0827	0.0759
	02090101	塑料薄膜	m^2	123.6131	157.1336	194.4944	129.5016
	03130101	电焊条	kg	2.4764	2.8023	3.1312	2.8722
	03152501	镀锌铁丝	kg	1.3148	1.4878	1.6624	1.5249
	04030701	砾石砂	t	12.5358	14.1940	15.8522	14.5477
	04050313	道碴 50～70	t	3.3189	3.7744	4.2137	3.3189
	04110701	护坡块石	t	80.6293	105.7488	134.1601	86.5663
	34110101	水	m^3	16.6758	21.2722	26.3978	17.4208
	36030252	涤纶针刺土工布 200 g/m^2	m^2	3.2321	3.6575	4.0866	3.7486
	80060412	湿拌砌筑砂浆 WM M7.5	m^3	15.2189	19.9624	25.3274	16.3309
	80210416	预拌混凝土(泵送型) C20 粒径 5～40	m^3	9.7364	11.0191	12.3119	11.1100
机械	99050930	混凝土振捣器 插入式	台班	0.6320	0.7153	0.7992	0.7095
	99050940	混凝土振捣器 平板式	台班	0.4789	0.5422	0.6057	0.5557
	99090080	履带式起重机 10 t	台班	3.3847	4.5573	5.8971	3.7180
	99130350	内燃夯实机 700 N·m	台班	0.6298	1.0001	1.4929	0.6298
	99170030	钢筋切断机 ϕ40	台班	0.0808	0.0915	0.1022	0.0938
	99170050	钢筋弯曲机 ϕ40	台班	0.1277	0.1445	0.1614	0.1481
	99250020	交流弧焊机 32 kVA	台班	0.4936	0.5585	0.6241	0.5725
	99250260	对焊机 10 kVA	台班	0.3319	0.3756	0.4196	0.3849

工作内容：铺筑砾石砂垫层、浇筑混凝土基础、现场绑扎钢筋(箱涵)、浆砌块石(挡墙)、浆砌块石(勾平缝)、浆砌块石(护坡)、铺筑碎石滤层、沟槽及基坑填筑(回填土)、整修护坡护底、干砌块石(护坡)、混凝土压顶。

定额编号			J-1-8-41	J-1-8-42	J-1-8-43	J-1-8-44
项目			沟管出口挡土墙			
			H=4.5 m			H=5.0 m
			H_1=3.5 m	H_1=4.0 m	H_1=4.5 m	H_1=3.5 m
			ϕ1000～1200			
			座	座	座	座
预算定额编号	预算定额名称	预算定额单位	数量			
04-1-2-14	沟槽及基坑填筑 回填土	m^3	50.5100	75.4000	107.3500	50.5100
52-1-4-3	管道垫层 砾石砂垫层	m^3	7.9600	8.8900	9.8200	8.4700
50-1-6-1	整修基面 整修护坡护底 Ⅰ、Ⅱ类土	m^2	52.0300	67.9600	86.0200	52.0300
04-3-3-3	混凝土基础 基础	m^3	11.9400	13.3400	14.7300	12.7100
04-3-3-21	混凝土挡墙 压顶	m^3	1.2800	1.4300	1.5800	1.2800
04-3-6-4	浆砌块石 护坡	m^3	12.5400	14.8600	17.3700	12.5400
04-3-6-9	浆砌块石 挡墙	m^3	49.6200	64.2300	80.6500	51.6700
04-3-6-11	坞工浆砌块石 勾平缝	m^2	23.5400	30.1300	37.4800	23.5400
04-3-6-16	碎石滤层	m^3	2.3200	2.5900	2.8600	2.3200
04-5-1-8	现场绑扎钢筋 箱涵 箱涵钢筋	t	0.5970	0.6670	0.7365	0.6355

工作内容:铺筑砾石砂垫层、浇筑混凝土基础、现场绑扎钢筋(箱涵)、浆砌块石(挡墙)、浆砌块石(勾平缝)、浆砌块石(护坡)、铺筑碎石滤层、沟槽及基坑填筑(回填土)、整修护坡护底、干砌块石(护坡)、混凝土压顶。

定额编号				J-1-8-41	J-1-8-42	J-1-8-43	J-1-8-44
项目				沟管出口挡土墙			
				H=4.5 m			H=5.0 m
				H_1=3.5 m	H_1=4.0 m	H_1=4.5 m	H_1=3.5 m
				ϕ1000～1200			
名称			单位	座	座	座	座
人工	00190101	综合人工	工日	87.1324	112.1289	141.1525	89.6965
材料	01010311	热轧带肋钢筋(HRB400) ϕ10～32	t	0.5202	0.5812	0.6417	0.5537
	01010411	光圆钢筋(HRB300) $\phi\leqslant$10	t	0.0918	0.1026	0.1133	0.0977
	02090101	塑料薄膜	m^2	173.0500	215.1333	261.7868	177.0340
	03130101	电焊条	kg	3.4745	3.8819	4.2864	3.6986
	03152501	镀锌铁丝	kg	1.8447	2.0610	2.2758	1.9637
	04030701	砾石砂	t	17.5988	19.6549	21.7110	18.7263
	04050313	道碴 50～70	t	3.7744	4.2137	4.6529	3.7744
	04110701	护坡块石	t	121.7963	154.9690	192.0604	125.8131
	34110101	水	m^3	23.2086	28.8853	35.1776	23.7041
	36030252	涤纶针刺土工布 200 g/m^2	m^2	4.5348	5.0665	5.5945	4.8273
	80060412	湿拌砌筑砂浆 WM M7.5	m^3	22.9681	29.2249	36.2208	23.7205
	80210416	预拌混凝土(泵送型) C20 粒径 5～40	m^3	13.3522	14.9177	16.4731	14.1299
机械	99050930	混凝土振捣器 插入式	台班	0.8470	0.9463	1.0450	0.8909
	99050940	混凝土振捣器 平板式	台班	0.6722	0.7509	0.8293	0.7154
	99090080	履带式起重机 10 t	台班	5.4582	7.0653	8.8715	5.6837
	99130350	内燃夯实机 700 N·m	台班	1.0001	1.4929	2.1255	1.0001
	99170030	钢筋切断机 ϕ40	台班	0.1134	0.1267	0.1399	0.1207
	99170050	钢筋弯曲机 ϕ40	台班	0.1791	0.2001	0.2210	0.1907
	99250020	交流弧焊机 32 kVA	台班	0.6925	0.7737	0.8543	0.7372
	99250260	对焊机 10 kVA	台班	0.4657	0.5203	0.5745	0.4957

工作内容：铺筑砾石砂垫层、浇筑混凝土基础、现场绑扎钢筋(箱涵)、浆砌块石(挡墙)、浆砌块石(勾平缝)、浆砌块石(护坡)、铺筑碎石滤层、沟槽及基坑填筑(回填土)、整修护坡护底、干砌块石(护坡)、混凝土压顶。

定　额　编　号			J-1-8-45	J-1-8-46	J-1-8-47	J-1-8-48
项　　目			沟管出口挡土墙			
			H=5.0 m			H=2.5 m
			H_1=4.0 m	H_1=4.5 m	H_1=5.0 m	H_1=2.0 m
			ϕ1000～1200			ϕ1350～1650
			座	座	座	座
预算定额编号	预算定额名称	预算定额单位	数　　量			
04-1-2-14	沟槽及基坑填筑 回填土	m^3	75.4000	107.3500	147.2600	9.4200
52-1-4-3	管道垫层 砾石砂垫层	m^3	10.3200	11.4000	12.4800	3.5500
50-1-6-1	整修基面 整修护坡护底 Ⅰ、Ⅱ类土	m^2	67.9600	86.0200	106.1900	16.9900
04-3-3-3	混凝土基础 基础	m^3	15.4800	17.1000	18.7200	5.3300
04-3-3-21	混凝土挡墙 压顶	m^3	1.4300	1.5800	1.7300	0.5300
04-3-6-4	浆砌块石 护坡	m^3	14.8600	17.3700	20.0400	7.2300
04-3-6-9	浆砌块石 挡墙	m^3	72.1900	90.6600	111.1600	9.0100
04-3-6-11	坞工浆砌块石 勾平缝	m^2	30.1300	37.4800	45.5700	7.8800
04-3-6-16	碎石滤层	m^3	2.5900	2.8600	3.1300	1.6000
04-5-1-8	现场绑扎钢筋 箱涵 箱涵钢筋	t	0.7740	0.8550	0.9360	0.2665

工作内容:铺筑砾石砂垫层、浇筑混凝土基础、现场绑扎钢筋(箱涵)、浆砌块石(挡墙)、浆砌块石(勾平缝)、浆砌块石(护坡)、铺筑碎石滤层、沟槽及基坑填筑(回填土)、整修护坡护底、干砌块石(护坡)、混凝土压顶。

定额编号				J-1-8-45	J-1-8-46	J-1-8-47	J-1-8-48
项目				沟管出口挡土墙			
				H=5.0 m			H=2.5 m
				H_1=4.0 m	H_1=4.5 m	H_1=5.0 m	H_1=2.0 m
				ϕ1000～1200			ϕ1350～1650
名称			单位	座	座	座	座
人工	00190101	综合人工	工日	121.2051	152.2278	187.7201	25.0140
材料	01010311	热轧带肋钢筋(HRB400) ϕ10～32	t	0.6744	0.7450	0.8155	0.2322
	01010411	光圆钢筋(HRB300) ϕ≤10	t	0.1190	0.1315	0.1440	0.0410
	02090101	塑料薄膜	m^2	230.6027	281.2402	336.7091	60.5233
	03130101	电焊条	kg	4.5047	4.9761	5.4475	1.5510
	03152501	镀锌铁丝	kg	2.3917	2.6420	2.8922	0.8235
	04030701	砾石砂	t	22.8165	25.2043	27.5920	7.8487
	04050313	道碴 50～70	t	4.2137	4.6529	5.0922	2.6030
	04110701	护坡块石	t	170.5658	211.6740	257.0733	31.8207
	34110101	水	m^3	30.7614	37.5188	44.9173	8.3428
	36030252	涤纶针刺土工布 200 g/m^2	m^2	5.8793	6.4946	7.1099	2.0243
	80060412	湿拌砌筑砂浆 WM M7.5	m^3	32.1462	39.8944	48.4512	6.0121
	80210416	预拌混凝土(泵送型) C20 粒径 5～40	m^3	17.0791	18.8668	20.6545	5.9186
机械	99050930	混凝土振捣器 插入式	台班	1.0683	1.1801	1.2919	0.3727
	99050940	混凝土振捣器 平板式	台班	0.8715	0.9628	1.0539	0.2999
	99090080	履带式起重机 10 t	台班	7.9409	9.9726	12.2276	0.9911
	99130350	内燃夯实机 700 N·m	台班	1.4929	2.1255	2.9157	0.1865
	99170030	钢筋切断机 ϕ40	台班	0.1471	0.1625	0.1778	0.0506
	99170050	钢筋弯曲机 ϕ40	台班	0.2322	0.2565	0.2808	0.0800
	99250020	交流弧焊机 32 kVA	台班	0.8978	0.9918	1.0858	0.3091
	99250260	对焊机 10 kVA	台班	0.6037	0.6669	0.7301	0.2079

工作内容：铺筑砾石砂垫层、浇筑混凝土基础、现场绑扎钢筋（箱涵）、浆砌块石（挡墙）、浆砌块石（勾平缝）、浆砌块石（护坡）、铺筑碎石滤层、沟槽及基坑填筑（回填土）、整修护坡护底、干砌块石（护坡）、混凝土压顶。

定　额　编　号			J-1-8-49	J-1-8-50	J-1-8-51	J-1-8-52
项　　目			沟管出口挡土墙			
			H=2.5 m	H=3.0 m		
			H_1=2.5 m	H_1=2.0 m	H_1=2.5 m	H_1=3.0 m
			ϕ1350～1650			
			座	座	座	座
预算定额编号	预算定额名称	预算定额单位	数　　量			
04-1-2-14	沟槽及基坑填筑 回填土	m^3	18.4100	9.4200	18.4100	31.8100
52-1-4-3	管道垫层 砾石砂垫层	m^3	4.1500	3.5500	4.1500	4.7500
50-1-6-1	整修基面 整修护坡护底 Ⅰ、Ⅱ类土	m^2	26.5500	16.9900	26.5500	38.2300
04-3-3-3	混凝土基础 基础	m^3	6.2300	5.3300	6.2300	7.1300
04-3-3-21	混凝土挡墙 压顶	m^3	0.6200	0.5300	0.6200	0.7100
04-3-6-4	浆砌块石 护坡	m^3	9.1500	7.2300	9.1500	11.2300
04-3-6-9	浆砌块石 挡墙	m^3	13.9900	9.0100	13.9900	20.0200
04-3-6-11	坞工浆砌块石 勾平缝	m^2	12.5000	7.8800	12.5000	17.8600
04-3-6-16	碎石滤层	m^3	1.8700	1.6000	1.8700	2.1400
04-5-1-8	现场绑扎钢筋 箱涵 箱涵钢筋	t	0.3115	0.2665	0.3115	0.3565

工作内容：铺筑砾石砂垫层、浇筑混凝土基础、现场绑扎钢筋（箱涵）、浆砌块石（挡墙）、浆砌块石（勾平缝）、浆砌块石（护坡）、铺筑碎石滤层、沟槽及基坑填筑（回填土）、整修护坡护底、干砌块石（护坡）、混凝土压顶。

定额编号				J-1-8-49	J-1-8-50	J-1-8-51	J-1-8-52
项目				沟管出口挡土墙			
				H=2.5 m	H=3.0 m		
				H_1=2.5 m	H_1=2.0 m	H_1=2.5 m	H_1=3.0 m
				ϕ1350～1650			
名称			单位	座	座	座	座
人工	00190101	综合人工	工日	35.5870	25.0140	35.5870	48.6930
材料	01010311	热轧带肋钢筋(HRB400) ϕ10～32	t	0.2714	0.2322	0.2714	0.3106
	01010411	光圆钢筋(HRB300) ϕ≤10	t	0.0479	0.0410	0.0479	0.0548
	02090101	塑料薄膜	m^2	81.3407	60.5233	81.3407	105.0850
	03130101	电焊条	kg	1.8129	1.5510	1.8129	2.0748
	03152501	镀锌铁丝	kg	0.9625	0.8235	0.9625	1.1016
	04030701	砾石砂	t	9.1752	7.8487	9.1752	10.5018
	04050313	道碴 50～70	t	3.0423	2.6030	3.0423	3.4816
	04110701	护坡块石	t	45.3405	31.8207	45.3405	61.2313
	34110101	水	m^3	11.3659	8.3428	11.3659	14.8137
	36030252	涤纶针刺土工布 200 g/m^2	m^2	2.3662	2.0243	2.3662	2.7080
	80060412	湿拌砌筑砂浆 WM M7.5	m^3	8.5749	6.0121	8.5749	11.5866
	80210416	预拌混凝土(泵送型) C20 粒径 5～40	m^3	6.9185	5.9186	6.9185	7.9184
机械	99050930	混凝土振捣器 插入式	台班	0.4357	0.3727	0.4357	0.4987
	99050940	混凝土振捣器 平板式	台班	0.3507	0.2999	0.3507	0.4013
	99090080	履带式起重机 10 t	台班	1.5389	0.9911	1.5389	2.2022
	99130350	内燃夯实机 700 N·m	台班	0.3645	0.1865	0.3645	0.6298
	99170030	钢筋切断机 ϕ40	台班	0.0592	0.0506	0.0592	0.0677
	99170050	钢筋弯曲机 ϕ40	台班	0.0935	0.0800	0.0935	0.1070
	99250020	交流弧焊机 32 kVA	台班	0.3613	0.3091	0.3613	0.4135
	99250260	对焊机 10 kVA	台班	0.2430	0.2079	0.2430	0.2781

工作内容：铺筑砾石砂垫层、浇筑混凝土基础、现场绑扎钢筋（箱涵）、浆砌块石（挡墙）、浆砌块石（勾平缝）、浆砌块石（护坡）、铺筑碎石滤层、沟槽及基坑填筑（回填土）、整修护坡护底、干砌块石（护坡）、混凝土压顶。

定　额　编　号			J-1-8-53	J-1-8-54	J-1-8-55	J-1-8-56
项　　目			沟管出口挡土墙			
			H=3.5 m			
			H_1=2.0 m	H_1=2.5 m	H_1=3.0 m	H_1=3.5 m
			ϕ1350～1650			
			座	座	座	座
预算定额编号	预算定额名称	预算定额单位	数　　量			
04-1-2-14	沟槽及基坑填筑 回填土	m^3	9.4200	18.4100	31.8100	50.5100
52-1-4-3	管道垫层 砾石砂垫层	m^3	4.0800	4.7700	5.4600	6.1500
50-1-6-1	整修基面 整修护坡护底 Ⅰ、Ⅱ类土	m^2	16.9900	26.5500	38.2300	52.0300
04-3-3-3	混凝土基础 基础	m^3	6.1200	7.1600	8.1900	9.2300
04-3-3-21	混凝土挡墙 压顶	m^3	0.5300	0.6200	0.7100	0.8000
04-3-6-4	浆砌块石 护坡	m^3	7.2300	9.1500	10.6200	13.4900
04-3-6-9	浆砌块石 挡墙	m^3	11.0900	17.1800	24.5700	33.2100
04-3-6-11	坞工浆砌块石 勾平缝	m^2	7.8800	12.5000	17.6900	23.9800
04-3-6-16	碎石滤层	m^3	1.6000	1.8700	2.1400	2.4100
04-5-1-8	现场绑扎钢筋 箱涵 箱涵钢筋	t	0.3060	0.3580	0.4095	0.4615

工作内容：铺筑砾石砂垫层、浇筑混凝土基础、现场绑扎钢筋（箱涵）、浆砌块石（挡墙）、浆砌块石（勾平缝）、浆砌块石（护坡）、铺筑碎石滤层、沟槽及基坑填筑（回填土）、整修护坡护底、干砌块石（护坡）、混凝土压顶。

定额编号				J-1-8-53	J-1-8-54	J-1-8-55	J-1-8-56
项目				沟管出口挡土墙			
				H=3.5 m			
				H_1=2.0 m	H_1=2.5 m	H_1=3.0 m	H_1=3.5 m
				ϕ1350～1650			
名称			单位	座	座	座	座
人工	00190101	综合人工	工日	27.6286	39.2994	53.1100	71.1286
材料	01010311	热轧带肋钢筋(HRB400) ϕ10～32	t	0.2666	0.3119	0.3568	0.4021
	01010411	光圆钢筋(HRB300) $\phi\leqslant$10	t	0.0471	0.0551	0.0630	0.0710
	02090101	塑料薄膜	m^2	64.5656	87.5401	110.5480	143.7412
	03130101	电焊条	kg	1.7809	2.0836	2.3833	2.6859
	03152501	镀锌铁丝	kg	0.9455	1.1062	1.2654	1.4260
	04030701	砾石砂	t	9.0205	10.5460	12.0715	13.5970
	04050313	道碴 50～70	t	2.6030	3.0423	3.4816	3.9208
	04110701	护坡块石	t	35.8962	51.5910	68.9513	91.5040
	34110101	水	m^3	8.8461	12.1218	15.4232	20.1183
	36030252	涤纶针刺土工布 200 g/m^2	m^2	2.3244	2.7194	3.1106	3.5056
	80060412	湿拌砌筑砂浆 WM M7.5	m^3	6.7754	9.7457	13.0315	17.2972
	80210416	预拌混凝土(泵送型) C20 粒径 5～40	m^3	6.7165	7.8578	8.9890	10.1303
机械	99050930	混凝土振捣器 插入式	台班	0.4177	0.4887	0.5591	0.6301
	99050940	混凝土振捣器 平板式	台班	0.3445	0.4030	0.4611	0.5196
	99090080	履带式起重机 10 t	台班	1.2199	1.8898	2.7027	3.6531
	99130350	内燃夯实机 700 N·m	台班	0.1865	0.3645	0.6298	1.0001
	99170030	钢筋切断机 ϕ40	台班	0.0581	0.0680	0.0778	0.0877
	99170050	钢筋弯曲机 ϕ40	台班	0.0918	0.1074	0.1229	0.1385
	99250020	交流弧焊机 32 kVA	台班	0.3550	0.4153	0.4750	0.5353
	99250260	对焊机 10 kVA	台班	0.2387	0.2792	0.3194	0.3600

工作内容:铺筑砾石砂垫层、浇筑混凝土基础、现场绑扎钢筋(箱涵)、浆砌块石(挡墙)、浆砌块石(勾平缝)、浆砌块石(护坡)、铺筑碎石滤层、沟槽及基坑填筑(回填土)、整修护坡护底、干砌块石(护坡)、混凝土压顶。

定额编号			J-1-8-57	J-1-8-58	J-1-8-59	J-1-8-60
项目			沟管出口挡土墙			
			$H=4.0$ m			
			$H_1=2.5$ m	$H_1=3.0$ m	$H_1=3.5$ m	$H_1=4.0$ m
			ϕ1350～1650			
			座	座	座	座
预算定额编号	预算定额名称	预算定额单位	数量			
04-1-2-14	沟槽及基坑填筑 回填土	m^3	18.4100	31.8100	50.5100	75.4000
52-1-4-3	管道垫层 砾石砂垫层	m^3	5.1900	5.9400	6.6900	7.4400
50-1-6-1	整修基面 整修护坡护底 Ⅰ、Ⅱ类土	m^2	26.5500	38.2300	52.0300	67.9600
04-3-3-3	混凝土基础 基础	m^3	7.7900	8.9100	10.0400	11.1600
04-3-3-21	混凝土挡墙 压顶	m^3	1.0400	1.1900	1.3400	1.4900
04-3-6-4	浆砌块石 护坡	m^3	9.1500	10.6200	13.4900	15.9200
04-3-6-9	浆砌块石 挡墙	m^3	21.5500	30.8400	41.6800	54.0600
04-3-6-11	坞工浆砌块石 勾平缝	m^2	12.5000	17.8600	23.9800	30.8400
04-3-6-16	碎石滤层	m^3	1.8700	2.1400	2.4100	2.6800
04-5-1-8	现场绑扎钢筋 箱涵 箱涵钢筋	t	0.3895	0.4455	0.5020	0.5580

工作内容：铺筑砾石砂垫层、浇筑混凝土基础、现场绑扎钢筋（箱涵）、浆砌块石（挡墙）、浆砌块石（勾平缝）、浆砌块石（护坡）、铺筑碎石滤层、沟槽及基坑填筑（回填土）、整修护坡护底、干砌块石（护坡）、混凝土压顶。

定额编号				J-1-8-57	J-1-8-58	J-1-8-59	J-1-8-60
项目				沟管出口挡土墙			
				H=4.0 m			
				H_1=2.5 m	H_1=3.0 m	H_1=3.5 m	H_1=4.0 m
				ϕ1350～1650			
名称			单位	座	座	座	座
人工	00190101	综合人工	工日	43.7634	59.3170	79.3165	102.2311
材料	01010311	热轧带肋钢筋(HRB400) ϕ10～32	t	0.3394	0.3882	0.4374	0.4862
	01010411	光圆钢筋(HRB300) $\phi\leqslant$10	t	0.0599	0.0685	0.0772	0.0858
	02090101	塑料薄膜	m^2	98.3783	125.4138	163.2174	201.5763
	03130101	电焊条	kg	2.2669	2.5928	2.9216	3.2476
	03152501	镀锌铁丝	kg	1.2036	1.3766	1.5512	1.7242
	04030701	砾石砂	t	11.4746	13.1327	14.7909	16.4491
	04050313	道碴 50～70	t	3.0423	3.4816	3.9208	4.3601
	04110701	护坡块石	t	60.1536	81.2367	108.1001	137.1188
	34110101	水	m^3	13.1598	16.9089	22.0816	27.3581
	36030252	涤纶针刺土工布 200 g/m^2	m^2	2.9586	3.3840	3.8132	4.2386
	80060412	湿拌砌筑砂浆 WM M7.5	m^3	11.3495	15.3337	20.4057	25.8861
	80210416	预拌混凝土(泵送型) C20 粒径 5～40	m^3	8.9183	10.2010	11.4938	12.7765
机械	99050930	混凝土振捣器 插入式	台班	0.5792	0.6626	0.7465	0.8298
	99050940	混凝土振捣器 平板式	台班	0.4384	0.5016	0.5651	0.6283
	99090080	履带式起重机 10 t	台班	2.3705	3.3924	4.5848	5.9466
	99130350	内燃夯实机 700 N·m	台班	0.3645	0.6298	1.0001	1.4929
	99170030	钢筋切断机 ϕ40	台班	0.0740	0.0846	0.0954	0.1060
	99170050	钢筋弯曲机 ϕ40	台班	0.1169	0.1337	0.1506	0.1674
	99250020	交流弧焊机 32 kVA	台班	0.4518	0.5168	0.5823	0.6473
	99250260	对焊机 10 kVA	台班	0.3038	0.3475	0.3916	0.4352

工作内容：铺筑砾石砂垫层、浇筑混凝土基础、现场绑扎钢筋（箱涵）、浆砌块石（挡墙）、浆砌块石（勾平缝）、浆砌块石（护坡）、铺筑碎石滤层、沟槽及基坑填筑（回填土）、整修护坡护底、干砌块石（护坡）、混凝土压顶。

定额编号			J-1-8-61	J-1-8-62	J-1-8-63	J-1-8-64
项目			沟管出口挡土墙			
			H=4.5 m			
			H_1=3.0 m	H_1=3.5 m	H_1=4.0 m	H_1=4.5 m
			ϕ1350～1650			
			座	座	座	座
预算定额编号	预算定额名称	预算定额单位	数量			
04-1-2-14	沟槽及基坑填筑 回填土	m^3	31.8100	50.5100	75.4000	107.3500
52-1-4-3	管道垫层 砾石砂垫层	m^3	6.8900	8.3000	9.2300	10.1600
50-1-6-1	整修基面 整修护坡护底 Ⅰ、Ⅱ类土	m^2	38.2300	52.0300	67.9600	86.0200
04-3-3-3	混凝土基础 基础	m^3	10.3400	12.4500	13.8500	15.2400
04-3-3-21	混凝土挡墙 压顶	m^3	1.1900	1.3400	1.4900	1.6400
04-3-6-4	浆砌块石 护坡	m^3	11.2300	13.4900	15.9200	18.5200
04-3-6-9	浆砌块石 挡墙	m^3	33.8700	49.8900	64.7200	81.3900
04-3-6-11	坞工浆砌块石 勾平缝	m^2	17.8600	23.9800	30.8400	38.4600
04-3-6-16	碎石滤层	m^3	2.1400	2.4100	2.6800	2.9500
04-5-1-8	现场绑扎钢筋 箱涵 箱涵钢筋	t	0.5170	0.6225	0.6925	0.7620

工作内容: 铺筑砾石砂垫层、浇筑混凝土基础、现场绑扎钢筋(箱涵)、浆砌块石(挡墙)、浆砌块石(勾平缝)、浆砌块石(护坡)、铺筑碎石滤层、沟槽及基坑填筑(回填土)、整修护坡护底、干砌块石(护坡)、混凝土压顶。

定额编号				J-1-8-61	J-1-8-62	J-1-8-63	J-1-8-64
项目				沟管出口挡土墙			
				H=4.5 m			
				H_1=3.0 m	H_1=3.5 m	H_1=4.0 m	H_1=4.5 m
				ϕ1350～1650			
名称			单位	座	座	座	座
人工	00190101	综合人工	工日	64.0045	88.8900	114.1977	143.5388
材料	01010311	热轧带肋钢筋(HRB400) ϕ10～32	t	0.4505	0.5424	0.6034	0.6639
	01010411	光圆钢筋(HRB300) $\phi\leqslant$10	t	0.0795	0.0957	0.1065	0.1172
	02090101	塑料薄膜	m^2	134.6817	179.1727	222.2929	269.9308
	03130101	电焊条	kg	3.0089	3.6230	4.0304	4.4348
	03152501	镀锌铁丝	kg	1.5975	1.9235	2.1398	2.3546
	04030701	砾石砂	t	15.2331	18.3505	20.4066	22.4627
	04050313	道碴 50～70	t	3.4816	3.9208	4.3601	4.7994
	04110701	护坡块石	t	88.3690	124.1868	158.0060	195.7637
	34110101	水	m^3	18.0933	24.0280	29.8607	36.3014
	36030252	涤纶针刺土工布 200 g/m^2	m^2	3.9271	4.7285	5.2602	5.7882
	80060412	湿拌砌筑砂浆 WM M7.5	m^3	16.6696	23.4187	29.7983	36.9207
	80210416	预拌混凝土(泵送型) C20 粒径 5～40	m^3	11.6453	13.9279	15.4934	17.0488
机械	99050930	混凝土振捣器 插入式	台班	0.7441	0.8839	0.9832	1.0819
	99050940	混凝土振捣器 平板式	台班	0.5820	0.7009	0.7796	0.8580
	99090080	履带式起重机 10 t	台班	3.7257	5.4879	7.1192	8.9529
	99130350	内燃夯实机 700 N·m	台班	0.6298	1.0001	1.4929	2.1255
	99170030	钢筋切断机 ϕ40	台班	0.0982	0.1183	0.1316	0.1448
	99170050	钢筋弯曲机 ϕ40	台班	0.1551	0.1868	0.2078	0.2286
	99250020	交流弧焊机 32 kVA	台班	0.5997	0.7221	0.8033	0.8839
	99250260	对焊机 10 kVA	台班	0.4033	0.4856	0.5402	0.5944

工作内容：铺筑砾石砂垫层、浇筑混凝土基础、现场绑扎钢筋（箱涵）、浆砌块石（挡墙）、浆砌块石（勾平缝）、浆砌块石（护坡）、铺筑碎石滤层、沟槽及基坑填筑（回填土）、整修护坡护底、干砌块石（护坡）、混凝土压顶。

定额编号			J-1-8-65	J-1-8-66	J-1-8-67	J-1-8-68
项目			沟管出口挡土墙			
			$H=5.0$ m			
			$H_1=3.5$ m	$H_1=4.0$ m	$H_1=4.5$ m	$H_1=5.0$ m
			ϕ1350～1650			
			座	座	座	座
预算定额编号	预算定额名称	预算定额单位	数量			
04-1-2-14	沟槽及基坑填筑 回填土	m^3	50.5100	75.4000	107.3500	147.2600
52-1-4-3	管道垫层 砾石砂垫层	m^3	8.8300	10.7100	11.7900	12.8700
50-1-6-1	整修基面 整修护坡护底 Ⅰ、Ⅱ类土	m^2	52.0300	67.9600	86.0200	106.1900
04-3-3-3	混凝土基础 基础	m^3	13.2500	16.0700	17.6900	19.3100
04-3-3-21	混凝土挡墙 压顶	m^3	1.3400	1.4900	1.6400	1.7900
04-3-6-4	浆砌块石 护坡	m^3	13.4900	15.9200	18.5200	21.2900
04-3-6-9	浆砌块石 挡墙	m^3	51.9400	72.7100	91.4600	112.2500
04-3-6-11	坞工浆砌块石 勾平缝	m^2	23.9800	30.8400	38.4600	46.8200
04-3-6-16	碎石滤层	m^3	2.4100	2.6800	2.9500	3.2200
04-5-1-8	现场绑扎钢筋 箱涵 箱涵钢筋	t	0.6625	0.8035	0.8845	0.9655

工作内容:铺筑砾石砂垫层、浇筑混凝土基础、现场绑扎钢筋(箱涵)、浆砌块石(挡墙)、浆砌块石(勾平缝)、浆砌块石(护坡)、铺筑碎石滤层、沟槽及基坑填筑(回填土)、整修护坡护底、干砌块石(护坡)、混凝土压顶。

定额编号				J-1-8-65	J-1-8-66	J-1-8-67	J-1-8-68
项目				沟管出口挡土墙			
				H=5.0 m			
				H_1=3.5 m	H_1=4.0 m	H_1=4.5 m	H_1=5.0 m
				ϕ1350～1650			
		名称	单位	座	座	座	座
人工	00190101	综合人工	工日	91.4856	123.3816	154.7475	190.6010
材料	01010311	热轧带肋钢筋(HRB400) ϕ10～32	t	0.5772	0.7001	0.7707	0.8412
	01010411	光圆钢筋(HRB300) $\phi\leqslant$10	t	0.1019	0.1236	0.1360	0.1485
	02090101	塑料薄膜	m^2	183.1567	237.8207	289.5009	346.0875
	03130101	电焊条	kg	3.8558	4.6764	5.1478	5.6192
	03152501	镀锌铁丝	kg	2.0471	2.4828	2.7331	2.9834
	04030701	砾石砂	t	19.5222	23.6787	26.0665	28.4543
	04050313	道碴 50～70	t	3.9208	4.3601	4.7994	5.2386
	04110701	护坡块石	t	128.2035	173.6616	215.4948	261.6583
	34110101	水	m^3	24.5253	31.7480	38.6602	46.2228
	36030252	涤纶针刺土工布 200 g/m^2	m^2	5.0324	6.1034	6.7187	7.3339
	80060412	湿拌砌筑砂浆 WM M7.5	m^3	24.1711	32.7307	40.6164	49.3182
	80210416	预拌混凝土(泵送型) C20 粒径 5～40	m^3	14.7359	17.7356	19.5233	21.3110
机械	99050930	混凝土振捣器 插入式	台班	0.9295	1.1097	1.2215	1.3334
	99050940	混凝土振捣器 平板式	台班	0.7458	0.9046	0.9958	1.0870
	99090080	履带式起重机 10 t	台班	5.7134	7.9981	10.0606	12.3475
	99130350	内燃夯实机 700 N·m	台班	1.0001	1.4929	2.1255	2.9157
	99170030	钢筋切断机 ϕ40	台班	0.1259	0.1527	0.1681	0.1834
	99170050	钢筋弯曲机 ϕ40	台班	0.1988	0.2411	0.2654	0.2897
	99250020	交流弧焊机 32 kVA	台班	0.7685	0.9321	1.0260	1.1200
	99250260	对焊机 10 kVA	台班	0.5168	0.6267	0.6899	0.7531

工作内容: 铺筑砾石砂垫层、浇筑混凝土基础、现场绑扎钢筋(箱涵)、浆砌块石(挡墙)、浆砌块石(勾平缝)、浆砌块石(护坡)、铺筑碎石滤层、沟槽及基坑填筑(回填土)、整修护坡护底、干砌块石(护坡)、混凝土压顶。

定　额　编　号			J-1-8-69	J-1-8-70	J-1-8-71	J-1-8-72
项　　目			沟管出口挡土墙			
			H=2.5 m	H=3.0 m		H=3.5 m
			H_1=2.5 m		H_1=3.0 m	H_1=2.5 m
			ϕ1800～2000			
			座	座	座	座
预算定额编号	预算定额名称	预算定额单位	数　　量			
04-1-2-14	沟槽及基坑填筑 回填土	m^3	18.4100	18.4100	31.8100	18.4100
52-1-4-3	管道垫层 砾石砂垫层	m^3	4.3200	4.3200	4.9200	4.9700
50-1-6-1	整修基面 整修护坡护底 Ⅰ、Ⅱ类土	m^2	26.5500	26.5500	38.2300	26.5500
04-3-3-3	混凝土基础 基础	m^3	6.4800	6.4800	7.3800	7.4600
04-3-3-21	混凝土挡墙 压顶	m^3	0.6500	0.6500	0.7400	0.6500
04-3-6-4	浆砌块石 护坡	m^3	9.7300	9.7300	11.8900	9.7300
04-3-6-9	浆砌块石 挡墙	m^3	13.9000	13.9000	19.9500	17.0900
04-3-6-11	坞工浆砌块石 勾平缝	m^2	12.1000	12.1000	17.6800	12.1000
04-3-6-16	碎石滤层	m^3	1.9500	1.9500	2.2200	1.9500
04-5-1-8	现场绑扎钢筋 箱涵 箱涵钢筋	t	0.3240	0.3240	0.3690	0.3730

工作内容:铺筑砾石砂垫层、浇筑混凝土基础、现场绑扎钢筋(箱涵)、浆砌块石(挡墙)、浆砌块石(勾平缝)、浆砌块石(护坡)、铺筑碎石滤层、沟槽及基坑填筑(回填土)、整修护坡护底、干砌块石(护坡)、混凝土压顶。

定额编号				J-1-8-69	J-1-8-70	J-1-8-71	J-1-8-72
项目				沟管出口挡土墙			
				$H=2.5$ m	$H=3.0$ m		$H=3.5$ m
				$H_1=2.5$ m		$H_1=3.0$ m	$H_1=2.5$ m
				ϕ1800～2000			
名称			单位	座	座	座	座
人工	00190101	综合人工	工日	36.3503	36.3503	49.5635	40.1132
材料	01010311	热轧带肋钢筋(HRB400) ϕ10～32	t	0.2823	0.2823	0.3215	0.3250
	01010411	光圆钢筋(HRB300) $\phi\leqslant$10	t	0.0498	0.0498	0.0568	0.0574
	02090101	塑料薄膜	m^2	84.5464	84.5464	108.7727	90.7458
	03130101	电焊条	kg	1.8857	1.8857	2.1476	2.1709
	03152501	镀锌铁丝	kg	1.0012	1.0012	1.1402	1.1526
	04030701	砾石砂	t	9.5511	9.5511	10.8776	10.9882
	04050313	道碴 50～70	t	3.1725	3.1725	3.6117	3.1725
	04110701	护坡块石	t	46.3007	46.3007	62.3873	52.5511
	34110101	水	m^3	11.7342	11.7342	15.2673	12.4929
	36030252	涤纶针刺土工布 200 g/m^2	m^2	2.4611	2.4611	2.8029	2.8333
	80060412	湿拌砌筑砂浆 WM M7.5	m^3	8.7521	8.7521	11.8020	9.9228
	80210416	预拌混凝土(泵送型) C20 粒径 5～40	m^3	7.2013	7.2013	8.2012	8.1911
机械	99050930	混凝土振捣器 插入式	台班	0.4539	0.4539	0.5169	0.5097
	99050940	混凝土振捣器 平板式	台班	0.3648	0.3648	0.4155	0.4198
	99090080	履带式起重机 10 t	台班	1.5290	1.5290	2.1945	1.8799
	99130350	内燃夯实机 700 N·m	台班	0.3645	0.3645	0.6298	0.3645
	99170030	钢筋切断机 ϕ40	台班	0.0616	0.0616	0.0701	0.0709
	99170050	钢筋弯曲机 ϕ40	台班	0.0972	0.0972	0.1107	0.1119
	99250020	交流弧焊机 32 kVA	台班	0.3758	0.3758	0.4280	0.4327
	99250260	对焊机 10 kVA	台班	0.2527	0.2527	0.2878	0.2909

工作内容：铺筑砾石砂垫层、浇筑混凝土基础、现场绑扎钢筋(箱涵)、浆砌块石(挡墙)、浆砌块石(勾平缝)、浆砌块石(护坡)、铺筑碎石滤层、沟槽及基坑填筑(回填土)、整修护坡护底、干砌块石(护坡)、混凝土压顶。

定额编号			J-1-8-73	J-1-8-74	J-1-8-75	J-1-8-76
项目			沟管出口挡土墙			
			H=3.5 m		H=4.0 m	
			H_1=3.0 m	H_1=3.5 m	H_1=2.5 m	H_1=3.0 m
			ϕ1800～2000			
			座	座	座	座
预算定额编号	预算定额名称	预算定额单位	数量			
04-1-2-14	沟槽及基坑填筑 回填土	m^3	31.8100	50.5100	18.4100	31.8100
52-1-4-3	管道垫层 砾石砂垫层	m^3	5.6600	6.3500	5.4000	6.1500
50-1-6-1	整修基面 整修护坡护底 Ⅰ、Ⅱ类土	m^2	38.2300	52.0300	26.5500	38.2300
04-3-3-3	混凝土基础 基础	m^3	8.4900	9.5300	8.1000	9.2300
04-3-3-21	混凝土挡墙 压顶	m^3	0.7400	0.8300	1.0800	1.2300
04-3-6-4	浆砌块石 护坡	m^3	11.8900	14.2300	9.7300	11.8900
04-3-6-9	浆砌块石 挡墙	m^3	24.4900	33.1900	21.3900	30.7200
04-3-6-11	坞工浆砌块石 勾平缝	m^2	17.6800	24.0000	12.1000	17.6800
04-3-6-16	碎石滤层	m^3	2.2200	2.4900	1.9500	2.2200
04-5-1-8	现场绑扎钢筋 箱涵 箱涵钢筋	t	0.4245	0.4765	0.4050	0.4615

工作内容: 铺筑砾石砂垫层、浇筑混凝土基础、现场绑扎钢筋(箱涵)、浆砌块石(挡墙)、浆砌块石(勾平缝)、浆砌块石(护坡)、铺筑碎石滤层、沟槽及基坑填筑(回填土)、整修护坡护底、干砌块石(护坡)、混凝土压顶。

定额编号				J-1-8-73	J-1-8-74	J-1-8-75	J-1-8-76
项目				沟管出口挡土墙			
				H=3.5 m		H=4.0 m	
				H_1=3.0 m	H_1=3.5 m	H_1=2.5 m	H_1=3.0 m
				ϕ1800～2000			
名称			单位	座	座	座	座
人工	00190101	综合人工	工日	54.6235	72.1818	44.5307	60.8066
材料	01010311	热轧带肋钢筋(HRB400) ϕ10～32	t	0.3699	0.4152	0.3529	0.4021
	01010411	光圆钢筋(HRB300) ϕ≤10	t	0.0653	0.0733	0.0623	0.0710
	02090101	塑料薄膜	m^2	117.5958	147.9693	101.5038	132.4395
	03130101	电焊条	kg	2.4706	2.7732	2.3571	2.6859
	03152501	镀锌铁丝	kg	1.3117	1.4724	1.2515	1.4260
	04030701	砾石砂	t	12.5137	14.0392	11.9389	13.5970
	04050313	道碴 50～70	t	3.6117	4.0510	3.1725	3.6117
	04110701	护坡块石	t	71.2830	92.9148	60.9766	83.4901
	34110101	水	m^3	16.3310	20.6640	13.5170	17.7918
	36030252	涤纶针刺土工布 200 g/m^2	m^2	3.2245	3.6195	3.0764	3.5056
	80060412	湿拌砌筑砂浆 WM M7.5	m^3	13.4681	17.5615	11.5009	15.7545
	80210416	预拌混凝土(泵送型) C20 粒径 5～40	m^3	9.3223	10.4636	9.2718	10.5646
机械	99050930	混凝土振捣器 插入式	台班	0.5801	0.6511	0.6021	0.6860
	99050940	混凝土振捣器 平板式	台班	0.4780	0.5364	0.4561	0.5196
	99090080	履带式起重机 10 t	台班	2.6939	3.6509	2.3529	3.3792
	99130350	内燃夯实机 700 N·m	台班	0.6298	1.0001	0.3645	0.6298
	99170030	钢筋切断机 ϕ40	台班	0.0807	0.0905	0.0770	0.0877
	99170050	钢筋弯曲机 ϕ40	台班	0.1274	0.1430	0.1215	0.1385
	99250020	交流弧焊机 32 kVA	台班	0.4924	0.5527	0.4698	0.5353
	99250260	对焊机 10 kVA	台班	0.3311	0.3717	0.3159	0.3600

工作内容：铺筑砾石砂垫层、浇筑混凝土基础、现场绑扎钢筋（箱涵）、浆砌块石（挡墙）、浆砌块石（勾平缝）、浆砌块石（护坡）、铺筑碎石滤层、沟槽及基坑填筑（回填土）、整修护坡护底、干砌块石（护坡）、混凝土压顶。

定额编号			J-1-8-77	J-1-8-78	J-1-8-79	J-1-8-80
项目			沟管出口挡土墙			
			$H=4.0$ m		$H=4.5$ m	
			$H_1=3.5$ m	$H_1=4.0$ m	$H_1=3.0$ m	$H_1=3.5$ m
			ϕ1800～2000			
			座	座	座	座
预算定额编号	预算定额名称	预算定额单位	数量			
04-1-2-14	沟槽及基坑填筑 回填土	m^3	50.5100	75.4000	31.8100	50.5100
52-1-4-3	管道垫层 砾石砂垫层	m^3	6.9000	7.6500	7.1300	8.5600
50-1-6-1	整修基面 整修护坡护底 Ⅰ、Ⅱ类土	m^2	52.0300	67.9600	38.2300	52.0300
04-3-3-3	混凝土基础 基础	m^3	10.3500	11.4800	10.7000	12.8400
04-3-3-21	混凝土挡墙 压顶	m^3	1.3800	1.5300	1.2300	1.3800
04-3-6-4	浆砌块石 护坡	m^3	14.2300	16.7400	11.8900	14.2300
04-3-6-9	浆砌块石 挡墙	m^3	41.6700	54.1700	33.7500	49.8600
04-3-6-11	坞工浆砌块石 勾平缝	m^2	24.0000	31.0800	17.6800	24.0000
04-3-6-16	碎石滤层	m^3	2.4900	2.7600	2.2200	2.4900
04-5-1-8	现场绑扎钢筋 箱涵 箱涵钢筋	t	0.5175	0.5740	0.5350	0.6420

工作内容: 铺筑砾石砂垫层、浇筑混凝土基础、现场绑扎钢筋(箱涵)、浆砌块石(挡墙)、浆砌块石(勾平缝)、浆砌块石(护坡)、铺筑碎石滤层、沟槽及基坑填筑(回填土)、整修护坡护底、干砌块石(护坡)、混凝土压顶。

定额编号				J-1-8-77	J-1-8-78	J-1-8-79	J-1-8-80
项目				沟管出口挡土墙			
				H=4.0 m		H=4.5 m	
				H_1=3.5 m	H_1=4.0 m	H_1=3.0 m	H_1=3.5 m
				ϕ1800～2000			
名称			单位	座	座	座	座
人工	00190101	综合人工	工日	80.3919	103.5064	64.9465	90.0300
材料	01010311	热轧带肋钢筋(HRB400) ϕ10～32	t	0.4509	0.5001	0.4661	0.5594
	01010411	光圆钢筋(HRB300) ϕ≤10	t	0.0796	0.0883	0.0823	0.0987
	02090101	塑料薄膜	m²	167.5209	206.5562	138.3281	183.4373
	03130101	电焊条	kg	3.0119	3.3407	3.1137	3.7364
	03152501	镀锌铁丝	kg	1.5991	1.7737	1.6532	1.9838
	04030701	砾石砂	t	15.2552	16.9134	15.7637	18.9253
	04050313	道碴 50～70	t	4.0510	4.4902	3.6117	4.0510
	04110701	护坡块石	t	109.5305	138.9411	89.4271	125.5780
	34110101	水	m³	22.6310	28.0154	18.5430	24.5776
	36030252	涤纶针刺土工布 200 g/m²	m²	3.9309	4.3601	4.0639	4.8766
	80060412	湿拌砌筑砂浆 WM M7.5	m³	20.6737	26.2291	16.8666	23.6794
	80210416	预拌混凝土(泵送型) C20 粒径 5～40	m³	11.8473	13.1401	12.0493	14.3622
机械	99050930	混凝土振捣器 插入式	台班	0.7694	0.8533	0.7698	0.9113
	99050940	混凝土振捣器 平板式	台班	0.5827	0.6462	0.6023	0.7229
	99090080	履带式起重机 10 t	台班	4.5837	5.9587	3.7125	5.4846
	99130350	内燃夯实机 700 N·m	台班	1.0001	1.4929	0.6298	1.0001
	99170030	钢筋切断机 ϕ40	台班	0.0983	0.1091	0.1017	0.1220
	99170050	钢筋弯曲机 ϕ40	台班	0.1553	0.1722	0.1605	0.1926
	99250020	交流弧焊机 32 kVA	台班	0.6003	0.6658	0.6206	0.7447
	99250260	对焊机 10 kVA	台班	0.4037	0.4477	0.4173	0.5008

工作内容：铺筑砾石砂垫层、浇筑混凝土基础、现场绑扎钢筋（箱涵）、浆砌块石（挡墙）、浆砌块石（勾平缝）、浆砌块石（护坡）、铺筑碎石滤层、沟槽及基坑填筑（回填土）、整修护坡护底、干砌块石（护坡）、混凝土压顶。

定　额　编　号			J-1-8-81	J-1-8-82	J-1-8-83	J-1-8-84
项　目			沟管出口挡土墙			
			H=4.5 m		H=5.0 m	
			H_1=4.0 m	H_1=4.5 m	H_1=3.5 m	H_1=4.0 m
			ϕ1800～2000			
			座	座	座	座
预算定额编号	预算定额名称	预算定额单位	数　量			
04-1-2-14	沟槽及基坑填筑 回填土	m^3	75.4000	107.3500	50.5100	75.4000
52-1-4-3	管道垫层 砾石砂垫层	m^3	9.4900	10.4200	9.1100	11.0200
50-1-6-1	整修基面 整修护坡护底 Ⅰ、Ⅱ类土	m^2	67.9600	86.0200	52.0300	67.9600
04-3-3-3	混凝土基础 基础	m^3	14.2400	15.6300	13.6700	16.5300
04-3-3-21	混凝土挡墙 压顶	m^3	1.5300	1.6800	1.3800	1.5300
04-3-6-4	浆砌块石 护坡	m^3	16.7400	19.4200	14.2300	16.7400
04-3-6-9	浆砌块石 挡墙	m^3	64.8200	81.6500	51.9000	72.8100
04-3-6-11	坞工浆砌块石 勾平缝	m^2	31.0800	38.9000	24.0000	31.0800
04-3-6-16	碎石滤层	m^3	2.7600	3.0300	2.4900	2.7600
04-5-1-8	现场绑扎钢筋 箱涵 箱涵钢筋	t	0.7120	0.7815	0.6835	0.8265

工作内容: 铺筑砾石砂垫层、浇筑混凝土基础、现场绑扎钢筋(箱涵)、浆砌块石(挡墙)、浆砌块石(勾平缝)、浆砌块石(护坡)、铺筑碎石滤层、沟槽及基坑填筑(回填土)、整修护坡护底、干砌块石(护坡)、混凝土压顶。

定额编号				J-1-8-81	J-1-8-82	J-1-8-83	J-1-8-84
项目				沟管出口挡土墙			
				H=4.5 m		H=5.0 m	
				H_1=4.0 m	H_1=4.5 m	H_1=3.5 m	H_1=4.0 m
				ϕ1800～2000			
名称			单位	座	座	座	座
人工	00190101	综合人工	工日	115.5395	145.1071	92.6483	124.7983
材料	01010311	热轧带肋钢筋(HRB400) ϕ10～32	t	0.6204	0.6809	0.5955	0.7201
	01010411	光圆钢筋(HRB300) $\phi\leqslant$10	t	0.1095	0.1202	0.1051	0.1271
	02090101	塑料薄膜	m^2	227.2534	275.6455	187.4019	242.7812
	03130101	电焊条	kg	4.1438	4.5483	3.9780	4.8102
	03152501	镀锌铁丝	kg	2.2001	2.4148	2.1120	2.5539
	04030701	砾石砂	t	20.9814	23.0376	20.1413	24.3641
	04050313	道碴 50～70	t	4.4902	4.9295	4.0510	4.4902
	04110701	护坡块石	t	159.8087	198.0365	129.5752	175.4643
	34110101	水	m^3	30.5197	37.0741	25.0744	32.4108
	36030252	涤纶针刺土工布 200 g/m^2	m^2	5.4084	5.9363	5.1919	6.2781
	80060412	湿拌砌筑砂浆 WM M7.5	m^3	30.1376	37.3494	24.4281	33.0700
	80210416	预拌混凝土(泵送型) C20 粒径 5～40	m^3	15.9277	17.4831	15.2005	18.2406
机械	99050930	混凝土振捣器 插入式	台班	1.0106	1.1093	0.9586	1.1411
	99050940	混凝土振捣器 平板式	台班	0.8015	0.8800	0.7695	0.9306
	99090080	履带式起重机 10 t	台班	7.1302	8.9815	5.7090	8.0091
	99130350	内燃夯实机 700 N·m	台班	1.4929	2.1255	1.0001	1.4929
	99170030	钢筋切断机 ϕ40	台班	0.1353	0.1485	0.1299	0.1570
	99170050	钢筋弯曲机 ϕ40	台班	0.2136	0.2345	0.2051	0.2480
	99250020	交流弧焊机 32 kVA	台班	0.8259	0.9065	0.7929	0.9587
	99250260	对焊机 10 kVA	台班	0.5554	0.6096	0.5331	0.6447

工作内容：铺筑砾石砂垫层、浇筑混凝土基础、现场绑扎钢筋（箱涵）、浆砌块石（挡墙）、浆砌块石（勾平缝）、浆砌块石（护坡）、铺筑碎石滤层、沟槽及基坑填筑（回填土）、整修护坡护底、干砌块石（护坡）、混凝土压顶。

定额编号			J-1-8-85	J-1-8-86	J-1-8-87	J-1-8-88
项目			沟管出口挡土墙			
			H=5.0 m		H=3.0 m	H=3.5 m
			H_1=4.5 m	H_1=5.0 m	H_1=3.0 m	
			ϕ1800～2000		ϕ2200～2400	
			座	座	座	座
预算定额编号	预算定额名称	预算定额单位	数量			
04-1-2-14	沟槽及基坑填筑 回填土	m^3	107.3500	147.2600	31.8100	31.8100
52-1-4-3	管道垫层 砾石砂垫层	m^3	12.1000	13.1800	5.1100	5.8800
50-1-6-1	整修基面 整修护坡护底 Ⅰ、Ⅱ类土	m^2	86.0200	106.1900	38.2300	38.2300
04-3-3-3	混凝土基础 基础	m^3	18.1500	19.7700	7.6700	8.8200
04-3-3-21	混凝土挡墙 压顶	m^3	1.6800	1.8300	0.7700	0.7700
04-3-6-4	浆砌块石 护坡	m^3	19.4200	22.2700	12.6500	12.6500
04-3-6-9	浆砌块石 挡墙	m^3	91.7300	112.7200	19.8100	24.3600
04-3-6-11	坞工浆砌块石 勾平缝	m^2	38.9000	47.4800	17.1300	17.1300
04-3-6-16	碎石滤层	m^3	3.0300	3.3000	2.3000	2.3000
04-5-1-8	现场绑扎钢筋 箱涵 箱涵钢筋	t	0.9075	0.9885	0.3835	0.4410

工作内容: 铺筑砾石砂垫层、浇筑混凝土基础、现场绑扎钢筋(箱涵)、浆砌块石(挡墙)、浆砌块石(勾平缝)、浆砌块石(护坡)、铺筑碎石滤层、沟槽及基坑填筑(回填土)、整修护坡护底、干砌块石(护坡)、混凝土压顶。

定额编号				J-1-8-85	J-1-8-86	J-1-8-87	J-1-8-88
项目				沟管出口挡土墙			
				H=5.0 m		H=3.0 m	H=3.5 m
				H_1=4.5 m	H_1=5.0 m	H_1=3.0 m	
				ϕ1800～2000		ϕ2200～2400	
名称			单位	座	座	座	座
人工	00190101	综合人工	工日	156.3995	192.5148	50.4880	55.6002
材料	01010311	热轧带肋钢筋(HRB400) ϕ10～32	t	0.7907	0.8613	0.3341	0.3842
	01010411	光圆钢筋(HRB300) $\phi\leqslant$10	t	0.1396	0.1520	0.0590	0.0678
	02090101	塑料薄膜	m^2	295.2350	352.6532	112.8786	121.7210
	03130101	电焊条	kg	5.2817	5.7531	2.2320	2.5666
	03152501	镀锌铁丝	kg	2.8042	3.0545	1.1850	1.3627
	04030701	砾石砂	t	26.7519	29.1397	11.2977	13.0001
	04050313	道碴 50～70	t	4.9295	5.3688	3.7419	3.7419
	04110701	护坡块石	t	217.7873	264.4994	63.6021	72.5174
	34110101	水	m^3	39.4392	47.1266	15.7393	16.8075
	36030252	涤纶针刺土工布 200 g/m^2	m^2	6.8934	7.5086	2.9131	3.3498
	80060412	湿拌砌筑砂浆 WM M7.5	m^3	41.0487	49.8547	12.0260	13.6958
	80210416	预拌混凝土(泵送型) C20 粒径 5～40	m^3	20.0283	21.8160	8.5244	9.6859
机械	99050930	混凝土振捣器 插入式	台班	1.2530	1.3648	0.5373	0.6028
	99050940	混凝土振捣器 平板式	台班	1.0219	1.1130	0.4317	0.4966
	99090080	履带式起重机 10 t	台班	10.0903	12.3992	2.1791	2.6796
	99130350	内燃夯实机 700 N·m	台班	2.1255	2.9157	0.6298	0.6298
	99170030	钢筋切断机 ϕ40	台班	0.1724	0.1878	0.0729	0.0838
	99170050	钢筋弯曲机 ϕ40	台班	0.2723	0.2966	0.1151	0.1323
	99250020	交流弧焊机 32 kVA	台班	1.0527	1.1467	0.4449	0.5116
	99250260	对焊机 10 kVA	台班	0.7079	0.7710	0.2991	0.3440

工作内容：铺筑砾石砂垫层、浇筑混凝土基础、现场绑扎钢筋（箱涵）、浆砌块石（挡墙）、浆砌块石（勾平缝）、浆砌块石（护坡）、铺筑碎石滤层、沟槽及基坑填筑（回填土）、整修护坡护底、干砌块石（护坡）、混凝土压顶。

定额编号			J-1-8-89	J-1-8-90	J-1-8-91	J-1-8-92
项目			沟管出口挡土墙			
			H=3.5 m	H=4.0 m		
			H_1=3.5 m	H_1=3.0 m	H_1=3.5 m	H_1=4.0 m
			ϕ2200～2400			
			座	座	座	座
预算定额编号	预算定额名称	预算定额单位	数量			
04-1-2-14	沟槽及基坑填筑 回填土	m^3	50.5100	31.8100	50.5100	75.4000
52-1-4-3	管道垫层 砾石砂垫层	m^3	6.5700	6.3900	7.1400	7.8900
50-1-6-1	整修基面 整修护坡护底 Ⅰ、Ⅱ类土	m^2	52.0300	38.2300	52.0300	67.9600
04-3-3-3	混凝土基础 基础	m^3	9.8600	9.5900	10.7100	11.8400
04-3-3-21	混凝土挡墙 压顶	m^3	0.8600	1.2800	1.4300	1.5800
04-3-6-4	浆砌块石 护坡	m^3	15.0800	12.6500	15.0800	17.6700
04-3-6-9	浆砌块石 挡墙	m^3	33.0800	30.5000	41.4900	54.0900
04-3-6-11	坞工浆砌块石 勾平缝	m^2	23.6900	17.1300	23.6900	31.0100
04-3-6-16	碎石滤层	m^3	2.5700	2.3000	2.5700	2.8500
04-5-1-8	现场绑扎钢筋 箱涵 箱涵钢筋	t	0.4930	0.4795	0.5355	0.5920

工作内容: 铺筑砾石砂垫层、浇筑混凝土基础、现场绑扎钢筋(箱涵)、浆砌块石(挡墙)、浆砌块石(勾平缝)、浆砌块石(护坡)、铺筑碎石滤层、沟槽及基坑填筑(回填土)、整修护坡护底、干砌块石(护坡)、混凝土压顶。

定额编号				J-1-8-89	J-1-8-90	J-1-8-91	J-1-8-92
项目				沟管出口挡土墙			
				H=3.5 m	H=4.0 m		
				H_1=3.5 m	H_1=3.0 m	H_1=3.5 m	H_1=4.0 m
				ϕ2200～2400			
名称			单位	座	座	座	座
人工	00190101	综合人工	工日	73.2768	61.7401	81.4605	104.7567
材料	01010311	热轧带肋钢筋(HRB400) ϕ10～32	t	0.4296	0.4178	0.4666	0.5158
	01010411	光圆钢筋(HRB300) ϕ≤10	t	0.0758	0.0737	0.0824	0.0910
	02090101	塑料薄膜	m²	152.6321	136.5016	172.1592	211.8320
	03130101	电焊条	kg	2.8693	2.7907	3.1166	3.4454
	03152501	镀锌铁丝	kg	1.5234	1.4817	1.6547	1.8293
	04030701	砾石砂	t	14.5256	14.1277	15.7858	17.4440
	04050313	道碴 50～70	t	4.1811	3.7419	4.1811	4.6367
	04110701	护坡块石	t	94.3648	84.5481	110.8433	140.6065
	34110101	水	m³	21.2349	18.2519	23.1899	28.6792
	36030252	涤纶针刺土工布 200 g/m²	m²	3.7448	3.6423	4.0677	4.4968
	80060412	湿拌砌筑砂浆 WM M7.5	m³	17.8312	15.9492	20.9176	26.5406
	80210416	预拌混凝土(泵送型) C20 粒径 5～40	m³	10.8272	10.9787	12.2614	13.5542
机械	99050930	混凝土振捣器 插入式	台班	0.6738	0.7130	0.7964	0.8803
	99050940	混凝土振捣器 平板式	台班	0.5550	0.5398	0.6029	0.6664
	99090080	履带式起重机 10 t	台班	3.6388	3.3550	4.5639	5.9499
	99130350	内燃夯实机 700 N·m	台班	1.0001	0.6298	1.0001	1.4929
	99170030	钢筋切断机 ϕ40	台班	0.0937	0.0911	0.1017	0.1125
	99170050	钢筋弯曲机 ϕ40	台班	0.1479	0.1439	0.1607	0.1776
	99250020	交流弧焊机 32 kVA	台班	0.5719	0.5562	0.6212	0.6867
	99250260	对焊机 10 kVA	台班	0.3845	0.3740	0.4177	0.4618

工作内容：铺筑砾石砂垫层、浇筑混凝土基础、现场绑扎钢筋（箱涵）、浆砌块石（挡墙）、浆砌块石（勾平缝）、浆砌块石（护坡）、铺筑碎石滤层、沟槽及基坑填筑（回填土）、整修护坡护底、干砌块石（护坡）、混凝土压顶。

定 额 编 号			J-1-8-93	J-1-8-94	J-1-8-95	J-1-8-96
项 目			沟管出口挡土墙			
			H=4.5 m			
			H_1=3.0 m	H_1=3.5 m	H_1=4.0 m	H_1=4.5 m
			ϕ2200～2400			
			座	座	座	座
预算定额编号	预算定额名称	预算定额单位	数 量			
04-1-2-14	沟槽及基坑填筑 回填土	m^3	31.8100	50.5100	75.4000	107.3500
52-1-4-3	管道垫层 砾石砂垫层	m^3	7.4100	8.8500	9.7800	10.7100
50-1-6-1	整修基面 整修护坡护底 Ⅰ、Ⅱ类土	m^2	38.2300	52.0300	67.9600	86.0200
04-3-3-3	混凝土基础 基础	m^3	11.1200	13.2800	14.6700	16.0700
04-3-3-21	混凝土挡墙 压顶	m^3	1.2800	1.4300	1.5800	1.7300
04-3-6-4	浆砌块石 护坡	m^3	12.6500	15.0800	17.6700	20.4500
04-3-6-9	浆砌块石 挡墙	m^3	33.5300	49.6700	64.7300	81.6900
04-3-6-11	坞工浆砌块石 勾平缝	m^2	17.1300	23.6900	31.0100	39.0700
04-3-6-16	碎石滤层	m^3	2.3000	2.5700	2.8500	3.1200
04-5-1-8	现场绑扎钢筋 箱涵 箱涵钢筋	t	0.5560	0.6640	0.7335	0.8035

工作内容：铺筑砾石砂垫层、浇筑混凝土基础、现场绑扎钢筋(箱涵)、浆砌块石(挡墙)、浆砌块石(勾平缝)、浆砌块石(护坡)、铺筑碎石滤层、沟槽及基坑填筑(回填土)、整修护坡护底、干砌块石(护坡)、混凝土压顶。

定额编号				J-1-8-93	J-1-8-94	J-1-8-95	J-1-8-96
项目				沟管出口挡土墙			
				H=4.5 m			
				H_1=3.0 m	H_1=3.5 m	H_1=4.0 m	H_1=4.5 m
				ϕ2200～2400			
名称			单位	座	座	座	座
人工	00190101	综合人工	工日	65.9428	91.1719	116.8562	146.6528
材料	01010311	热轧带肋钢筋(HRB400) ϕ10～32	t	0.4844	0.5785	0.6391	0.7001
	01010411	光圆钢筋(HRB300) $\phi\leqslant$10	t	0.0855	0.1021	0.1128	0.1236
	02090101	塑料薄膜	m^2	142.3901	188.0562	232.5098	281.7085
	03130101	电焊条	kg	3.2359	3.8645	4.2690	4.6764
	03152501	镀锌铁丝	kg	1.7180	2.0518	2.2665	2.4828
	04030701	砾石砂	t	16.3828	19.5665	21.6226	23.6787
	04050313	道碴 50～70	t	3.7419	4.1811	4.6367	5.0759
	04110701	护坡块石	t	90.4851	126.8712	161.4546	200.1331
	34110101	水	m^3	19.0065	25.1388	31.1853	37.8660
	36030252	涤纶针刺土工布 200 g/m^2	m^2	4.2234	5.0437	5.5717	6.1034
	80060412	湿拌砌筑砂浆 WM M7.5	m^3	17.0612	23.9197	30.4455	37.7433
	80210416	预拌混凝土(泵送型) C20 粒径 5～40	m^3	12.5240	14.8571	16.4125	17.9780
机械	99050930	混凝土振捣器 插入式	台班	0.8002	0.9429	1.0416	1.1409
	99050940	混凝土振捣器 平板式	台班	0.6259	0.7475	0.8259	0.9046
	99090080	履带式起重机 10 t	台班	3.6883	5.4637	7.1203	8.9859
	99130350	内燃夯实机 700 N·m	台班	0.6298	1.0001	1.4929	2.1255
	99170030	钢筋切断机 ϕ40	台班	0.1056	0.1262	0.1394	0.1527
	99170050	钢筋弯曲机 ϕ40	台班	0.1668	0.1992	0.2201	0.2411
	99250020	交流弧焊机 32 kVA	台班	0.6450	0.7702	0.8509	0.9321
	99250260	对焊机 10 kVA	台班	0.4337	0.5179	0.5721	0.6267

工作内容：铺筑砾石砂垫层、浇筑混凝土基础、现场绑扎钢筋（箱涵）、浆砌块石（挡墙）、浆砌块石（勾平缝）、浆砌块石（护坡）、铺筑碎石滤层、沟槽及基坑填筑（回填土）、整修护坡护底、干砌块石（护坡）、混凝土压顶。

定额编号			J-1-8-97	J-1-8-98	J-1-8-99	J-1-8-100
项目			沟管出口挡土墙			
			H=5.0 m			
			H_1=3.5 m	H_1=4.0 m	H_1=4.5 m	H_1=5.0 m
			ϕ2200～2400			
			座	座	座	座
预算定额编号	预算定额名称	预算定额单位	数量			
04-1-2-14	沟槽及基坑填筑 回填土	m^3	50.5100	75.4000	107.3500	147.2600
52-1-4-3	管道垫层 砾石砂垫层	m^3	9.4200	11.3600	12.4400	13.5200
50-1-6-1	整修基面 整修护坡护底 Ⅰ、Ⅱ类土	m^2	52.0300	67.9600	86.0200	106.1900
04-3-3-3	混凝土基础 基础	m^3	14.1300	17.0400	18.6600	20.2800
04-3-3-21	混凝土挡墙 压顶	m^3	1.4300	1.5800	1.7300	1.8800
04-3-6-4	浆砌块石 护坡	m^3	15.0800	17.6700	20.4500	23.3800
04-3-6-9	浆砌块石 挡墙	m^3	51.7200	72.7100	91.7600	112.9200
04-3-6-11	坞工浆砌块石 勾平缝	m^2	23.6900	31.0100	39.0700	47.8900
04-3-6-16	碎石滤层	m^3	2.5700	2.8500	3.1200	3.3900
04-5-1-8	现场绑扎钢筋 箱涵 箱涵钢筋	t	0.7065	0.8520	0.9330	1.0140

工作内容：铺筑砾石砂垫层、浇筑混凝土基础、现场绑扎钢筋（箱涵）、浆砌块石（挡墙）、浆砌块石（勾平缝）、浆砌块石（护坡）、铺筑碎石滤层、沟槽及基坑填筑（回填土）、整修护坡护底、干砌块石（护坡）、混凝土压顶。

定额编号				J-1-8-97	J-1-8-98	J-1-8-99	J-1-8-100
项目				沟管出口挡土墙			
				H=5.0 m			
				H_1=3.5 m	H_1=4.0 m	H_1=4.5 m	H_1=5.0 m
				ϕ2200～2400			
名称			单位	座	座	座	座
人工	00190101	综合人工	工日	93.8235	126.1884	158.0117	194.3645
材料	01010311	热轧带肋钢筋(HRB400) ϕ10～32	t	0.6156	0.7423	0.8129	0.8835
	01010411	光圆钢筋(HRB300) ϕ≤10	t	0.1087	0.1310	0.1435	0.1560
	02090101	塑料薄膜	m^2	192.0401	248.0181	301.2786	359.4705
	03130101	电焊条	kg	4.1118	4.9586	5.4301	5.9015
	03152501	镀锌铁丝	kg	2.1831	2.6327	2.8830	3.1333
	04030701	砾石砂	t	20.8267	25.1158	27.5036	29.8914
	04050313	道碴 50～70	t	4.1811	4.6367	5.0759	5.5152
	04110701	护坡块石	t	130.8880	177.0906	219.8642	267.0662
	34110101	水	m^3	25.6389	33.0788	40.2328	48.0405
	36030252	涤纶针刺土工布 200 g/m^2	m^2	5.3666	6.4718	7.0871	7.7023
	80060412	湿拌砌筑砂浆 WM M7.5	m^3	24.6720	33.3742	41.4390	50.3382
	80210416	预拌混凝土(泵送型) C20 粒径 5～40	m^3	15.7156	18.8062	20.5939	22.3816
机械	99050930	混凝土振捣器 插入式	台班	0.9913	1.1767	1.2885	1.4004
	99050940	混凝土振捣器 平板式	台班	0.7955	0.9593	1.0505	1.1418
	99090080	履带式起重机 10 t	台班	5.6892	7.9981	10.0936	12.4212
	99130350	内燃夯实机 700 N·m	台班	1.0001	1.4929	2.1255	2.9157
	99170030	钢筋切断机 ϕ40	台班	0.1342	0.1619	0.1773	0.1927
	99170050	钢筋弯曲机 ϕ40	台班	0.2120	0.2556	0.2799	0.3042
	99250020	交流弧焊机 32 kVA	台班	0.8195	0.9883	1.0823	1.1762
	99250260	对焊机 10 kVA	台班	0.5511	0.6646	0.7277	0.7909

第九节　现浇箱涵

工作内容：1. 混凝土垫层、浇筑混凝土、安拆模板、变形缝、施工缝、脚手架、泵车输送等。
2. 绑扎钢筋。

定额编号			J-1-9-1	J-1-9-2
项目			现浇箱涵	
			混凝土	钢筋
			m^3	t
预算定额编号	预算定额名称	预算定额单位	数量	
52-1-8-1	排水箱涵 混凝土 底板	m^3	0.3275	
52-1-8-2	排水箱涵 混凝土 侧墙	m^3	0.3451	
52-1-8-3	排水箱涵 混凝土 顶板	m^3	0.3275	
52-1-8-4	排水箱涵 钢筋	t		1.0000
52-4-5-2	模板工程 模板 排水箱涵底板	m^2	1.0229	
52-4-5-3	模板工程 模板 排水箱涵侧墙	m^2	2.0723	
04-4-5-3	变形缝 中埋式	m	0.1321	
52-4-5-4	模板工程 模板 排水箱涵顶板	m^2	1.0229	
04-4-5-4	变形缝 外贴式	m	0.1321	
04-4-5-6	施工缝 遇水膨胀橡胶止水条	m	0.7432	
53-5-1-2	池底垫层 混凝土	m^3	0.0862	
04-7-2-3	脚手架 简易	m^2	1.4865	

工作内容:1. 混凝土垫层、浇筑混凝土、安拆模板、变形缝、施工缝、脚手架、泵车输送等。
2. 绑扎钢筋。

定额编号				J-1-9-1	J-1-9-2
项目				现浇箱涵	
				混凝土	钢筋
名称			单位	m^3	t
人工	00190101	综合人工	工日	1.7344	10.1440
材料	01010211	热轧带肋钢筋(HRB400) ϕ≤10	t		0.0031
	01010212	热轧带肋钢筋(HRB400) ϕ>10	t		1.0219
	02090101	塑料薄膜	m^2	4.6167	
	02190101	尼龙帽	个	2.1666	
	03014101	六角螺栓连母垫	kg	1.8480	
	03130101	电焊条	kg		4.5772
	03150101	圆钉	kg	0.0114	
	03152501	镀锌铁丝	kg		4.5234
	05030121	木板成材	m^3	0.0003	
	13370318	橡胶止水带(内防水)	m	0.2696	
	13371301	遇水膨胀止水条	m	0.7581	
	14410601	胶水	kg	0.0557	
	34110101	水	m^3	0.0762	
	35010102	组合钢模板	kg	2.6347	
	35010703	木模板成材	m^3	0.0047	
	35020106	钢模支撑	kg	2.5314	
	35020401	钢模零配件	kg	0.9742	
	35030343	钢管 ϕ48.3×3.6	kg	0.2202	
	35030612	钢管底座 ϕ48	只	0.0055	
	35031213	迴转扣件 ϕ48	只	0.0138	
	35031214	直角扣件 ϕ48	只	0.0276	
	35031242	扣件螺栓	只	0.3675	
	80210424	预拌混凝土(泵送型) C30 粒径 5～40 P8	m^3	1.0099	
	80210512	预拌混凝土(非泵送型) C15 粒径 5～40	m^3	0.0871	
机械	99050930	混凝土振捣器 插入式	台班	0.1106	
	99050940	混凝土振捣器 平板式	台班	0.0676	
	99070540	载重汽车 6 t	台班	0.0156	
	99090075	履带式起重机 8 t	台班		0.1500
	99090090	履带式起重机 15 t	台班	0.0413	
	99090360	汽车式起重机 8 t	台班	0.0099	
	99170010	钢筋调直机	台班		0.3528
	99170025	钢筋切断机	台班		0.3528
	99170045	钢筋弯曲机	台班		0.3528
	99210010	木工圆锯机 ϕ500	台班	0.0061	
	99210065	木工平刨床 刨削宽度 450	台班	0.0061	
	99250020	交流弧焊机 32 kVA	台班		0.9911

第十节　道路翻挖

工作内容：翻挖面层、基层、垫层。

定额编号			J-1-10-1	J-1-10-2	J-1-10-3
项目			路面翻挖		
			机动车道	非机动车道	人行道
			m^2	m^2	m^2
预算定额编号	预算定额名称	预算定额单位	数量		
52-1-2-1	机械挖沟槽土方 深≤3 m 现场抛土	m^3	−0.6200	−0.4500	−0.2900
52-1-3-1	沟槽回填 夯填土	m^3	−0.6200	−0.4500	−0.2900
04-6-1-1	翻挖沥青柏油类道路面层 翻挖沥青柏油类 厚 10 cm	m^2	1.0000	1.0000	
04-6-1-2	翻挖沥青柏油类道路面层 翻挖沥青柏油类 ±1 cm	m^2	2.0000		
04-6-1-7	翻挖混凝土道路面层 液压镐翻挖混凝土 厚 20 cm	m^2			1.0000
04-6-1-8	翻挖混凝土道路面层 液压镐翻挖混凝土 ±1 cm	m^2			−10.0000
04-6-1-13	翻挖二渣及三渣类道路基层 翻挖水泥稳定碎石 厚 20 cm	m^2	1.0000	1.0000	
04-6-1-14	翻挖二渣及三渣类道路基层 翻挖水泥稳定碎石 ±1 cm	m^2	15.0000		
04-6-1-15	翻挖二渣及三渣类道路基层 翻挖碎石 厚 15 cm	m^2	1.0000	1.0000	1.0000
04-6-1-16	翻挖二渣及三渣类道路基层 翻挖碎石 ±1 cm	m^2			−5.0000
04-6-1-20	翻挖人行道板	m^2			1.0000

工作内容：翻挖面层、基层、垫层。

定额编号				J-1-10-1	J-1-10-2	J-1-10-3
项目				路面翻挖		
				机动车道	非机动车道	人行道
名称			单位	m^2	m^2	m^2
人工	00190101	综合人工	工日	0.0507	0.0489	0.0995
材料	03211101	风镐凿子	根	0.0540	0.0500	0.0350
机械	99010060	履带式单斗液压挖掘机 1 m^3	台班	0.0118	0.0064	0.0057
	99010610	液压镐头	台班	0.0066	0.0036	0.0034
	99130350	内燃夯实机 700 N·m	台班	−0.0230	−0.0167	−0.0108
	99330010	风镐	台班	0.0281	0.0261	0.0252
	99430210	电动空气压缩机 1 m^3/min	台班			0.0157
	99430230	电动空气压缩机 6 m^3/min	台班	0.0141	0.0131	0.0048

第二章　顶　　管

说　明

一、本章定额包括泥水平衡封闭式管道顶进、土压平衡封闭式管道顶进，共2节。

二、本章定额适用于采用顶管方式施工的工程。

三、顶管定额已综合考虑了中继间数量，定额不作调整。

四、本章定额采用F型钢筋混凝土管编制，如设计采用其他管材（钢管除外）时，管材可调整，消耗量不变。

五、封闭式管道顶进定额中，不含土方、泥浆场外运输，发生时另计。

六、工作井、接收井、骑马井等套用《上海市城镇给排水构筑物及设备安装工程概算定额(SH A8—21(03)—2022)》。

工程量计算规则

顶管：按工作（接收）井中心的距离，以“m”计算。

第一节 泥水平衡封闭式管道顶进

工作内容：洞口处理、安拆顶管设备及附属设施、管道顶进、安拆中继间、顶进触变泥浆减阻、触变泥浆置换、压浆孔封堵、内接口、管节与工作井接口处理、坑内排管。

定额编号			J-2-1-1	J-2-1-2	J-2-1-3	J-2-1-4
项目			泥水平衡顶管			
			ϕ600	ϕ800	ϕ1000	ϕ1200
			F 型钢筋混凝土管			
			100 m	100 m	100 m	100 m
预算定额编号	预算定额名称	预算定额单位	数量			
52-1-4-3	管道垫层 砾石砂垫层	m^3	0.2160	0.2437	0.2825	0.3047
52-1-5-1	管道基座 混凝土 C20	m^3	0.5438	0.4886	0.6293	0.8742
52-1-5-2	管道基座 钢筋	t	0.0146	0.0162	0.0182	0.0206
52-1-6-12	管道铺设 F 型钢承口式钢筋混凝土管 ϕ600	100 m	0.0111			
52-1-6-13	管道铺设 F 型钢承口式钢筋混凝土管 ϕ800	100 m		0.0111		
52-1-6-14	管道铺设 F 型钢承口式钢筋混凝土管 ϕ1000	100 m			0.0111	
52-1-6-15	管道铺设 F 型钢承口式钢筋混凝土管 ϕ1200	100 m				0.0111
52-2-1-1	洞口处理 ϕ600	个	0.4220			
52-2-1-2	洞口处理 ϕ800	个		0.4221		
52-2-1-3	洞口处理 ϕ1000	个			0.4221	
52-2-1-4	洞口处理 ϕ1200	个				0.4221
52-2-2-1	安拆顶进后座及坑内平台 钢筋混凝土	m^3	0.7153	0.6964	0.6732	0.7492
52-2-3-1	安拆封闭式顶管设备及附属设施 泥水平衡 ϕ600	套	0.2110			
52-2-3-2	安拆封闭式顶管设备及附属设施 泥水平衡 ϕ800	套		0.2110		
52-2-3-3	安拆封闭式顶管设备及附属设施 泥水平衡 ϕ1000	套			0.2110	
52-2-3-4	安拆封闭式顶管设备及附属设施 泥水平衡 ϕ1200	套				0.2110

（续表）

定　额　编　号			J-2-1-1	J-2-1-2	J-2-1-3	J-2-1-4
项　　目			泥水平衡顶管			
			ϕ600	ϕ800	ϕ1000	ϕ1200
			F 型钢筋混凝土管			
			100 m	100 m	100 m	100 m
预算定额编号	预算定额名称	预算定额单位	数　　量			
52-2-4-1	封闭式管道顶进 泥水平衡 ϕ600	100 m	0.9881			
52-2-4-2	封闭式管道顶进 泥水平衡 ϕ800	100 m		0.9881		
52-2-4-3	封闭式管道顶进 泥水平衡 ϕ1000	100 m			0.9881	
52-2-4-4	封闭式管道顶进 泥水平衡 ϕ1200	100 m				0.9881
52-2-5-1	安拆中继间 ϕ600	套	0.4636			
52-2-5-2	安拆中继间 ϕ800	套		0.4636		
52-2-5-3	安拆中继间 ϕ1000	套			0.4636	
52-2-5-4	安拆中继间 ϕ1200	套				0.4636
52-2-6-1	顶进触变泥浆减阻 ϕ600	100 m	0.9881			
52-2-6-2	顶进触变泥浆减阻 ϕ800	100 m		0.9881		
52-2-6-3	顶进触变泥浆减阻 ϕ1000	100 m			0.9881	
52-2-6-4	顶进触变泥浆减阻 ϕ1200	100 m				0.9881
52-2-7-1	触变泥浆置换	m^3	3.3441	4.2861	5.3223	6.3585
52-2-8-1	压浆孔封堵	孔	98.8078	98.5982	98.8077	98.8077
52-2-9-1	内接口 聚硫密封胶 ϕ600	只	39.3121			
52-2-9-2	内接口 聚硫密封胶 ϕ800	只		39.4377		
52-2-9-3	内接口 聚硫密封胶 ϕ1000	只			39.3120	
52-2-9-4	内接口 聚硫密封胶 ϕ1200	只				39.3120
52-2-10-1	管节与工作井接口处理 ϕ600	只	0.4220			
52-2-10-2	管节与工作井接口处理 ϕ800	只		0.4221		
52-2-10-3	管节与工作井接口处理 ϕ1000	只			0.4221	
52-2-10-4	管节与工作井接口处理 ϕ1200	只				0.4221
52-4-5-1	模板工程 模板 管道基座	m^2	0.8995	0.9649	1.0425	1.5068

工作内容:洞口处理、安拆顶管设备及附属设施、管道顶进、安拆中继间、顶进触变泥浆减阻、触变泥浆置换、压浆孔封堵、内接口、管节与工作井接口处理、坑内排管。

定额编号				J-2-1-1	J-2-1-2	J-2-1-3	J-2-1-4
项目				泥水平衡顶管			
				ϕ600	ϕ800	ϕ1000	ϕ1200
				F型钢筋混凝土管			
名称			单位	100 m	100 m	100 m	100 m
人工	00190101	综合人工	工日	208.7849	229.2264	249.2729	271.4214
材料	01010211	热轧带肋钢筋(HRB400) ϕ≤10	t	0.0042	0.0046	0.0052	0.0059
	01010212	热轧带肋钢筋(HRB400) ϕ>10	t	0.0318	0.0324	0.0331	0.0371
	01190201	槽钢 综合	t	0.1482	0.1624	0.1780	0.1951
	01290101	钢板	t	0.0323	0.0354	0.0388	0.0426
	02090101	塑料薄膜	m^2	1.9706	1.7938	2.2133	2.9938
	03014101	六角螺栓连母垫	kg	12.4262	13.6199	14.9274	16.3605
	03130101	电焊条	kg	10.5554	11.8571	12.8140	13.8353
	03150101	圆钉	kg	0.5248	0.5290	0.5338	0.6647
	03150501	骑马钉	kg	0.0693	0.0675	0.0652	0.0726
	03152501	镀锌铁丝	kg	0.1134	0.1166	0.1205	0.1352
	03211101	风镐凿子	根	0.4335	0.4220	0.4080	0.4540
	04010112	水泥 42.5 级	t	3.6451	4.6718	5.8013	6.9308
	04011721	快干水泥	t	0.1120	0.1387	0.1693	0.2005
	04030701	砾石砂	t	0.4776	0.5388	0.6246	0.6737
	04093102	膨润土	t	2.9025	3.6704	4.5505	5.4494
	04131711	蒸压灰砂砖	千块	0.0233	0.0289	0.0353	0.0418
	05031801	枕木	m^3	0.0073	0.0071	0.0069	0.0076
	13052901	冷底子油	kg	8.8452	11.8313	14.7420	17.6904
	13351201	双组分聚硫密封胶	kg	66.1347	88.4588	110.2230	132.2652
	13370111	洞口止水环 ϕ600	个	0.4241			
	13370112	洞口止水环 ϕ800	个		0.4242		
	13370113	洞口止水环 ϕ1000	个			0.4242	
	13370114	洞口止水环 ϕ1200	个				0.4242
	14070101	机油	kg	303.0814	332.1773	364.0663	399.0166
	14210101	环氧树脂	kg	100.2800	100.0673	100.2799	100.2799
	14312501	纯碱	t	1.1610	1.4681	1.8202	2.1797
	14390101	氧气	m^3	11.0219	12.3377	13.3600	14.4559
	14390301	乙炔气	m^3	3.6740	4.1125	4.4533	4.8186
	14412801	环氧密封胶	kg	0.5108	0.6773	0.8550	1.0215
	14416201	羧甲基纤维素	kg	387.0109	489.3815	606.7332	726.5818
	17010802	钢管	kg	13.6918	13.6918	13.6918	13.6918

（续表）

定 额 编 号				J-2-1-1	J-2-1-2	J-2-1-3	J-2-1-4
项 目				泥水平衡顶管			
				ϕ600	ϕ800	ϕ1000	ϕ1200
				F 型钢筋混凝土管			
名 称			单位	100 m	100 m	100 m	100 m
材料	17070111	无缝钢管	kg	39.7549	43.5713	47.7542	52.3385
	17291251	F 型钢筋混凝土管(开槽) ϕ600×2500	m	1.1103			
	17291252	F 型钢筋混凝土管(开槽) ϕ800×2500	m		1.1103		
	17291253	F 型钢筋混凝土管(开槽) ϕ1000×2500	m			1.1103	
	17291254	F 型钢筋混凝土管(开槽) ϕ1200×2500	m				1.1103
	17291331	F 型钢筋混凝土管(顶管) ϕ600×2500	m	98.9582			
	17291332	F 型钢筋混凝土管(顶管) ϕ800×2500	m		98.9582		
	17291333	F 型钢筋混凝土管(顶管) ϕ1000×2500	m			98.9582	
	17291334	F 型钢筋混凝土管(顶管) ϕ1200×2500	m				98.9582
	18310411	中继间 ϕ600	套	0.4636			
	18310412	中继间 ϕ800	套		0.4636		
	18310413	中继间 ϕ1000	套			0.4636	
	18310414	中继间 ϕ1200	套				0.4636
	28110217	铜芯聚氯乙烯护套电力电缆 VV-500V 3×70+1×2	m	1.4844	1.4844	1.4844	1.4844
	28115566	橡套电缆 YHC3×16+1×6	m	1.4844	1.4844	1.4844	1.4844
	28115567	橡套电缆 YHC3×50+1×6	m	1.4844	1.4844	1.4844	1.4844
	33014511	钢板(顶进后座)	t	0.0134	0.0130	0.0126	0.0140
	34110101	水	m^3	17.1541	21.7167	26.9289	32.2433
	34110301	电	kW·h	2902.1742	3415.1954	4004.8862	4707.3490
	35010102	组合钢模板	kg	0.5755	0.6173	0.6670	0.9641
	35010703	木模板成材	m^3	0.0152	0.0152	0.0151	0.0182
	35020401	钢模零配件	kg	0.2128	0.2283	0.2466	0.3565
	35091731	铁撑板	t	0.0036	0.0035	0.0034	0.0038
	80210414	预拌混凝土(泵送型) C20 粒径 5～20	m^3	0.5492	0.4935	0.6356	0.8829
	80210416	预拌混凝土(泵送型) C20 粒径 5～40	m^3	0.7297	0.7104	0.6867	0.7643

（续表）

定额编号				J-2-1-1	J-2-1-2	J-2-1-3	J-2-1-4
项目				泥水平衡顶管			
				φ600	φ800	φ1000	φ1200
				F 型钢筋混凝土管			
名称			单位	100 m	100 m	100 m	100 m
机械	99050812	电动搅拌机	台班	0.7194	0.9268	1.1047	1.2737
	99050930	混凝土振捣器 插入式	台班	0.1675	0.1574	0.1737	0.2172
	99050940	混凝土振捣器 平板式	台班	0.0835	0.0771	0.0980	0.1325
	99070540	载重汽车 6 t	台班	0.3282	0.3285	0.3303	0.4503
	99070550	载重汽车 8 t	台班	0.1409	0.1372	0.1326	0.1476
	99090360	汽车式起重机 8 t	台班	1.2677	1.2683	1.2462	1.3898
	99090390	汽车式起重机 12 t	台班	12.0517	13.2086	14.4951	15.8725
	99090400	汽车式起重机 16 t	台班	0.3019	0.3162	0.3228	0.1387
	99090410	汽车式起重机 20 t	台班				0.2110
	99090650	叉式起重机 6 t	台班	3.5447	3.8849	4.2578	4.6666
	99091700	手扳葫芦	台班	0.0305	0.0336	0.0369	0.0406
	99091880	千斤顶 15 t	台班	0.0305	0.0336	0.0369	0.0406
	99170010	钢筋调直机	台班	0.0071	0.0079	0.0088	0.0100
	99170025	钢筋切断机	台班	0.0081	0.0089	0.0097	0.0110
	99170045	钢筋弯曲机	台班	0.0010	0.0010	0.0009	0.0010
	99210065	木工平刨床 刨削宽度 450	台班	0.0021	0.0022	0.0024	0.0035
	99250020	交流弧焊机 32 kVA	台班	1.5391	1.6442	1.8680	2.0174
	99330010	风镐	台班	0.2360	0.2298	0.2222	0.2472
	99350590	泥浆系统(顶管)	台班	8.1441	8.9903	9.6376	10.0858
	99350690	刀盘式泥水平衡顶管掘进机 φ600	台班	14.6444			
	99350695	刀盘式泥水平衡顶管掘进机 φ800	台班		16.1644		
	99350700	刀盘式泥水平衡顶管掘进机 φ1000	台班			17.6875	
	99350705	刀盘式泥水平衡顶管掘进机 φ1200	台班				19.4260
	99430220	电动空气压缩机 3 m^3/min	台班	7.1024	7.7829	8.5289	9.3463
	99430230	电动空气压缩机 6 m^3/min	台班	0.2360	0.2298	0.2222	0.2472
	99430420	油泵车	台班	14.5542	15.9154	17.4071	19.1610
	99440150	电动多级离心清水泵 φ150×180 m 以下	台班	28.4097	31.1319	34.1156	37.3855
	99440330	潜水泵 φ100	台班	7.5882	8.3142	9.1098	9.9818
	99440670	液压注浆泵 HYB50/50-1 型	台班	0.6782	0.8692	1.0794	1.2895

工作内容:洞口处理、安拆顶管设备及附属设施、管道顶进、安拆中继间、顶进触变泥浆减阻、触变泥浆置换、压浆孔封堵、内接口、管节与工作井接口处理、坑内排管。

定　额　编　号			J-2-1-5	J-2-1-6	J-2-1-7	J-2-1-8
项　　目			泥水平衡顶管			
			ϕ1350	ϕ1500	ϕ1650	ϕ1800
			F 型钢筋混凝土管			
			100 m	100 m	100 m	100 m
预算定额编号	预算定额名称	预算定额单位	数　量			
52-1-4-3	管道垫层 砾石砂垫层	m^3	0.3152	0.3369	0.3704	0.3932
52-1-5-1	管道基座 混凝土 C20	m^3	1.0825	1.2183	1.4929	1.7960
52-1-5-2	管道基座 钢筋	t	0.0232	0.0302	0.0341	0.0384
52-1-6-16	管道铺设 F 型钢承口式钢筋混凝土管 ϕ1350	100 m	0.0109			
52-1-6-17	管道铺设 F 型钢承口式钢筋混凝土管 ϕ1500	100 m		0.0109		
52-1-6-18	管道铺设 F 型钢承口式钢筋混凝土管 ϕ1650	100 m			0.0114	
52-1-6-19	管道铺设 F 型钢承口式钢筋混凝土管 ϕ1800	100 m				0.0114
52-2-1-5	洞口处理 ϕ1350	个	0.4221			
52-2-1-6	洞口处理 ϕ1500	个		0.4221		
52-2-1-7	洞口处理 ϕ1650	个			0.4221	
52-2-1-8	洞口处理 ϕ1800	个				0.4221
52-2-2-1	安拆顶进后座及坑内平台 钢筋混凝土	m^3	0.7576	0.7956	0.9602	1.0003
52-2-3-5	安拆封闭式顶管设备及附属设施 泥水平衡 ϕ1350	套	0.2110			
52-2-3-6	安拆封闭式顶管设备及附属设施 泥水平衡 ϕ1500	套		0.2110		
52-2-3-7	安拆封闭式顶管设备及附属设施 泥水平衡 ϕ1650	套			0.2110	
52-2-3-8	安拆封闭式顶管设备及附属设施 泥水平衡 ϕ1800	套				0.2110
52-2-4-5	封闭式管道顶进 泥水平衡 ϕ1350	100 m	0.9881			

（续表）

定额编号			J-2-1-5	J-2-1-6	J-2-1-7	J-2-1-8
项目			泥水平衡顶管			
			ϕ1350	ϕ1500	ϕ1650	ϕ1800
			F 型钢筋混凝土管			
			100 m	100 m	100 m	100 m
预算定额编号	预算定额名称	预算定额单位	数量			
52-2-4-6	封闭式管道顶进 泥水平衡 ϕ1500	100 m		0.9881		
52-2-4-7	封闭式管道顶进 泥水平衡 ϕ1650	100 m			0.9875	
52-2-4-8	封闭式管道顶进 泥水平衡 ϕ1800	100 m				0.9875
52-2-5-5	安拆中继间 ϕ1350	套	0.4636			
52-2-5-6	安拆中继间 ϕ1500	套		0.4636		
52-2-5-7	安拆中继间 ϕ1650	套			0.4636	
52-2-5-8	安拆中继间 ϕ1800	套				0.4636
52-2-6-5	顶进触变泥浆减阻 ϕ1350	100 m	0.9881			
52-2-6-6	顶进触变泥浆减阻 ϕ1500	100 m		0.9881		
52-2-6-7	顶进触变泥浆减阻 ϕ1650	100 m			0.9875	
52-2-6-8	顶进触变泥浆减阻 ϕ1800	100 m				0.9875
52-2-7-1	触变泥浆置换	m^3	7.2770	8.0306	8.8077	9.5613
52-2-8-1	压浆孔封堵	孔	98.8077	98.8077	98.7549	98.7549
52-2-9-5	内接口 聚硫密封胶 ϕ1350	只	39.3120			
52-2-9-6	内接口 聚硫密封胶 ϕ1500	只		39.3120		
52-2-9-7	内接口 聚硫密封胶 ϕ1650	只			39.2909	
52-2-9-8	内接口 聚硫密封胶 ϕ1800	只				39.2909
52-2-10-5	管节与工作井接口处理 ϕ1350	只	0.4221			
52-2-10-6	管节与工作井接口处理 ϕ1500	只		0.4221		
52-2-10-7	管节与工作井接口处理 ϕ1650	只			0.4221	
52-2-10-8	管节与工作井接口处理 ϕ1800	只				0.4221
52-4-5-1	模板工程 模板 管道基座	m^2	1.6041	1.7128	1.8871	2.1150

工作内容: 洞口处理、安拆顶管设备及附属设施、管道顶进、安拆中继间、顶进触变泥浆减阻、触变泥浆置换、压浆孔封堵、内接口、管节与工作井接口处理、坑内排管。

定额编号				J-2-1-5	J-2-1-6	J-2-1-7	J-2-1-8
项目				泥水平衡顶管			
				ϕ1350	ϕ1500	ϕ1650	ϕ1800
				F 型钢筋混凝土管			
名称			单位	100 m	100 m	100 m	100 m
人工	00190101	综合人工	工日	336.8592	359.6037	385.5534	419.7094
材料	01010211	热轧带肋钢筋(HRB400) ϕ≤10	t	0.0067	0.0087	0.0098	0.0110
	01010212	热轧带肋钢筋(HRB400) ϕ>10	t	0.0393	0.0456	0.0533	0.0576
	01190201	槽钢 综合	t	0.2138	0.2273	0.2416	0.2568
	01290101	钢板	t	0.0466	0.0496	0.0527	0.0560
	02090101	塑料薄膜	m^2	3.6332	4.0642	4.9739	5.9165
	03014101	六角螺栓连母垫	kg	17.9310	19.0606	20.2492	21.5249
	03130101	电焊条	kg	15.2233	16.0815	16.9736	17.8879
	03150101	圆钉	kg	0.6885	0.7289	0.8429	0.9086
	03150501	骑马钉	kg	0.0734	0.0771	0.0930	0.0969
	03152501	镀锌铁丝	kg	0.1440	0.1692	0.1970	0.2142
	03211101	风镐凿子	根	0.4591	0.4821	0.5819	0.6062
	04010112	水泥 42.5 级	t	7.9319	8.7534	9.6004	10.4218
	04011721	快干水泥	t	0.3672	0.4018	0.5322	0.6767
	04030701	砾石砂	t	0.6969	0.7449	0.8189	0.8693
	04093102	膨润土	t	6.1236	6.7976	7.4673	8.1410
	04131711	蒸压灰砂砖	千块	0.0766	0.0837	0.1110	0.1411
	05031801	枕木	m^3	0.0077	0.0081	0.0098	0.0102
	13052901	冷底子油	kg	19.9037	22.1130	24.3132	26.5214
	13351201	双组分聚硫密封胶	kg	148.7999	165.3305	181.7676	198.2933
	13370115	洞口止水环 ϕ1350	个	0.4242			
	13370116	洞口止水环 ϕ1500	个		0.4242		
	13370117	洞口止水环 ϕ1650	个			0.4242	
	13370118	洞口止水环 ϕ1800	个				0.4242
	14070101	机油	kg	437.3223	464.8735	493.8605	524.9737
	14210101	环氧树脂	kg	100.2799	100.2799	100.2263	100.2263
	14312501	纯碱	t	2.4494	2.7191	2.9869	3.2564
	14390101	氧气	m^3	15.8972	16.8086	17.7593	18.7395
	14390301	乙炔气	m^3	5.2990	5.6029	5.9198	6.2466
	14412801	环氧密封胶	kg	1.1340	1.2539	1.4483	1.5737
	14416201	羧甲基纤维素	kg	816.4682	906.3546	995.6361	1085.4679
	17010802	钢管	kg	13.6918	13.6918	13.6918	13.6918

(续表)

定额编号				J-2-1-5	J-2-1-6	J-2-1-7	J-2-1-8
项目				泥水平衡顶管			
				ϕ1350	ϕ1500	ϕ1650	ϕ1800
				F型钢筋混凝土管			
名称			单位	100 m	100 m	100 m	100 m
材料	17070111	无缝钢管	kg	57.3630	60.9770	64.7791	68.8602
	17291255	F型钢筋混凝土管(开槽) ϕ1350×2500	m	1.0903			
	17291256	F型钢筋混凝土管(开槽) ϕ1500×2500	m		1.0903		
	17291257	F型钢筋混凝土管(开槽) ϕ1650×2500	m			1.1404	
	17291258	F型钢筋混凝土管(开槽) ϕ1800×2500	m				1.1404
	17291335	F型钢筋混凝土管(顶管) ϕ1350×2500	m	98.9582			
	17291336	F型钢筋混凝土管(顶管) ϕ1500×2500	m		98.9582		
	17291337	F型钢筋混凝土管(顶管) ϕ1650×2500	m			98.8981	
	17291338	F型钢筋混凝土管(顶管) ϕ1800×2500	m				98.8981
	18310415	中继间 ϕ1350	套	0.4636			
	18310416	中继间 ϕ1500	套		0.4636		
	18310417	中继间 ϕ1650	套			0.4636	
	18310418	中继间 ϕ1800	套				0.4636
	28110217	铜芯聚氯乙烯护套电力电缆 VV-500V 3×70+1×2	m	1.4844	1.4844	1.4835	1.4835
	28115566	橡套电缆 YHC3×16+1×6	m	1.4844	1.4844	1.4835	1.4835
	28115567	橡套电缆 YHC3×50+1×6	m	1.4844	1.4844	1.4835	1.4835
	33014511	钢板(顶进后座)	t	0.0142	0.0149	0.0179	0.0187
	34110101	水	m^3	36.3665	40.3378	44.3386	48.3502
	34110301	电	kW·h	5521.0977	6298.0987	7179.0279	8203.4350
	35010102	组合钢模板	kg	1.0263	1.0959	1.2074	1.3532
	35010703	木模板成材	m^3	0.0187	0.0197	0.0231	0.0248
	35020401	钢模零配件	kg	0.3795	0.4052	0.4464	0.5003
	35091731	铁撑板	t	0.0038	0.0040	0.0048	0.0051
	80210414	预拌混凝土(泵送型) C20 粒径 5～20	m^3	1.0933	1.2305	1.5078	1.8140
	80210416	预拌混凝土(泵送型) C20 粒径 5～40	m^3	0.7728	0.8116	0.9795	1.0204

（续表）

定额编号				J-2-1-5	J-2-1-6	J-2-1-7	J-2-1-8
项目				泥水平衡顶管			
				ϕ1350	ϕ1500	ϕ1650	ϕ1800
				F型钢筋混凝土管			
名称			单位	100 m	100 m	100 m	100 m
机械	99050812	电动搅拌机	台班	1.4310	1.5214	1.6738	1.8231
	99050930	混凝土振捣器 插入式	台班	0.2468	0.2703	0.3293	0.3761
	99050940	混凝土振捣器 平板式	台班	0.1614	0.1809	0.2199	0.2625
	99070540	载重汽车 6 t	台班	0.4960	0.5264	0.5461	0.6789
	99070550	载重汽车 8 t	台班	0.1492	0.1567	0.1974	0.2062
	99090360	汽车式起重机 8 t	台班	0.8095	0.3388	0.4006	0.4174
	99090390	汽车式起重机 12 t	台班	0.6396	1.1567	1.1761	1.3085
	99090400	汽车式起重机 16 t	台班	17.5425	0.1372	0.1517	0.1586
	99090410	汽车式起重机 20 t	台班		18.5090	19.6378	20.8749
	99090430	汽车式起重机 30 t	台班	0.2110		0.0273	0.0302
	99090460	汽车式起重机 50 t	台班		0.2110	0.2110	
	99090490	汽车式起重机 75 t	台班				0.2110
	99090665	叉式起重机 14 t	台班	5.1146	5.4368	5.7758	6.1397
	99091700	手扳葫芦	台班	0.0439	0.0476	0.0546	0.0603
	99091880	千斤顶 15 t	台班	0.0439	0.0476	0.0546	0.0603
	99170010	钢筋调直机	台班	0.0113	0.0147	0.0166	0.0187
	99170025	钢筋切断机	台班	0.0124	0.0158	0.0179	0.0201
	99170045	钢筋弯曲机	台班	0.0011	0.0011	0.0013	0.0014
	99210065	木工平刨床 刨削宽度 450	台班	0.0037	0.0039	0.0043	0.0049
	99250020	交流弧焊机 32 kVA	台班	2.2197	2.3451	2.4754	2.5193
	99330010	风镐	台班	0.2500	0.2625	0.3169	0.3301
	99350590	泥浆系统(顶管)	台班	10.6334	11.6787	12.7162	14.1582
	99350710	刀盘式泥水平衡顶管掘进机 ϕ1350	台班	21.2179			
	99350715	刀盘式泥水平衡顶管掘进机 ϕ1500	台班		22.5828		
	99350720	刀盘式泥水平衡顶管掘进机 ϕ1650	台班			23.9895	
	99350725	刀盘式泥水平衡顶管掘进机 ϕ1800	台班				25.5716
	99430220	电动空气压缩机 3 m^3/min	台班	10.3611	10.8867	11.5648	12.2925
	99430230	电动空气压缩机 6 m^3/min	台班	0.2500	0.2625	0.3169	0.3301
	99430420	油泵车	台班	20.9979	22.3166	23.6992	25.2871
	99440150	电动多级离心清水泵 ϕ150×180 m 以下	台班	40.9694	43.5472	46.2593	49.1704
	99440330	潜水泵 ϕ100	台班	10.9375	11.6249	12.3481	13.1244
	99440670	液压注浆泵 HYB50/50-1 型	台班	1.4758	1.6286	1.7862	1.9390
	99450364	轴流通风机 30 kW	台班		56.6923	60.2266	64.0199

工作内容：洞口处理、安拆顶管设备及附属设施、管道顶进、安拆中继间、顶进触变泥浆减阻、触变泥浆置换、压浆孔封堵、内接口、管节与工作井接口处理、坑内排管。

定额编号			J-2-1-9	J-2-1-10	J-2-1-11	J-2-1-12
项目			泥水平衡顶管			
			ϕ2000	ϕ2200	ϕ2400	ϕ2700
			F 型钢筋混凝土管			
			100 m	100 m	100 m	100 m
预算定额编号	预算定额名称	预算定额单位	数量			
52-1-4-3	管道垫层 砾石砂垫层	m^3	0.4669	0.4918	0.5229	0.6736
52-1-5-1	管道基座 混凝土 C20	m^3	2.2125	2.6595	2.9757	4.0150
52-1-5-2	管道基座 钢筋	t	0.0445	0.0474	0.0600	0.0736
52-1-6-20	管道铺设 F 型钢承口式钢筋混凝土管 ϕ2000	100 m	0.0125			
52-1-6-21	管道铺设 F 型钢承口式钢筋混凝土管 ϕ2200	100 m		0.0125		
52-1-6-22	管道铺设 F 型钢承口式钢筋混凝土管 ϕ2400	100 m			0.0125	
52-1-6-23	管道铺设 F 型钢承口式钢筋混凝土管 ϕ2700	100 m				0.0140
52-2-1-9	洞口处理 ϕ2000	个	0.4221			
52-2-1-10	洞口处理 ϕ2200	个		0.4221		
52-2-1-11	洞口处理 ϕ2400	个			0.4221	
52-2-1-12	洞口处理 ϕ2700	个				0.4221
52-2-2-1	安拆顶进后座及坑内平台 钢筋混凝土	m^3	1.1691	1.1987	1.2219	1.4202
52-2-3-9	安拆封闭式顶管设备及附属设施 泥水平衡 ϕ2000	套	0.2110			
52-2-3-10	安拆封闭式顶管设备及附属设施 泥水平衡 ϕ2200	套		0.2110		
52-2-3-11	安拆封闭式顶管设备及附属设施 泥水平衡 ϕ2400	套			0.2110	
52-2-3-12	安拆封闭式顶管设备及附属设施 泥水平衡 ϕ2700	套				0.2110
52-2-4-9	封闭式管道顶进 泥水平衡 ϕ2000	100 m	0.9865			

（续表）

定　额　编　号			J-2-1-9	J-2-1-10	J-2-1-11	J-2-1-12
项　　目			泥水平衡顶管			
			ϕ2000	ϕ2200	ϕ2400	ϕ2700
			F 型钢筋混凝土管			
			100 m	100 m	100 m	100 m
预算定额编号	预算定额名称	预算定额单位	数　　量			
52-2-4-10	封闭式管道顶进 泥水平衡 ϕ2200	100 m		0.9865		
52-2-4-11	封闭式管道顶进 泥水平衡 ϕ2400	100 m			0.9865	
52-2-4-12	封闭式管道顶进 泥水平衡 ϕ2700	100 m				0.9849
52-2-5-9	安拆中继间 ϕ2000	套	0.4636			
52-2-5-10	安拆中继间 ϕ2200	套		0.4636		
52-2-5-11	安拆中继间 ϕ2400	套			0.4636	
52-2-5-12	安拆中继间 ϕ2700	套				0.4636
52-2-6-9	顶进触变泥浆减阻 ϕ2000	100 m	0.9865			
52-2-6-10	顶进触变泥浆减阻 ϕ2200	100 m		0.9865		
52-2-6-11	顶进触变泥浆减阻 ϕ2400	100 m			0.9865	
52-2-6-12	顶进触变泥浆减阻 ϕ2700	100 m				0.9849
52-2-7-1	触变泥浆置换	m^3	10.5504	11.5395	12.5757	14.0358
52-2-8-1	压浆孔封堵	孔	98.6494	98.6494	98.6494	98.4911
52-2-9-9	内接口 聚硫密封胶 ϕ2000	只	39.2487			
52-2-9-10	内接口 聚硫密封胶 ϕ2200	只		39.2487		
52-2-9-11	内接口 聚硫密封胶 ϕ2400	只			39.2487	
52-2-9-12	内接口 聚硫密封胶 ϕ2700	只				39.1854
52-2-10-9	管节与工作井接口处理 ϕ2000	只	0.4221			
52-2-10-10	管节与工作井接口处理 ϕ2200	只		0.4221		
52-2-10-11	管节与工作井接口处理 ϕ2400	只			0.4221	
52-2-10-12	管节与工作井接口处理 ϕ2700	只				0.4221
52-4-5-1	模板工程 模板 管道基座	m^2	2.4727	2.7566	2.9309	3.6908

工作内容：洞口处理、安拆顶管设备及附属设施、管道顶进、安拆中继间、顶进触变泥浆减阻、触变泥浆置换、压浆孔封堵、内接口、管节与工作井接口处理、坑内排管。

定额编号				J-2-1-9	J-2-1-10	J-2-1-11	J-2-1-12
项目				泥水平衡顶管			
				ϕ2000	ϕ2200	ϕ2400	ϕ2700
				F型钢筋混凝土管			
名称			单位	100 m	100 m	100 m	100 m
人工	00190101	综合人工	工日	507.7157	543.8021	572.1774	606.2549
材料	01010211	热轧带肋钢筋(HRB400) $\phi\leqslant$10	t	0.0128	0.0136	0.0172	0.0211
	01010212	热轧带肋钢筋(HRB400) $\phi>$10	t	0.0670	0.0701	0.0801	0.0959
	01190201	槽钢 综合	t	0.2730	0.2857	0.1661	0.1738
	01290101	钢板	t	0.0595	0.0623	0.0648	0.0678
	02090101	塑料薄膜	m^2	7.2611	8.6385	9.6137	12.8722
	03014101	六角螺栓连母垫	kg	22.8578	23.9207	25.0330	26.1546
	03130101	电焊条	kg	76.8495	77.9685	78.7242	80.0952
	03150101	圆钉	kg	1.0620	1.1340	1.1806	1.4303
	03150501	骑马钉	kg	0.1132	0.1161	0.1184	0.1376
	03152501	镀锌铁丝	kg	0.2491	0.2609	0.3020	0.3630
	03211101	风镐凿子	根	0.7085	0.7264	0.7405	0.8606
	04010112	水泥 42.5 级	t	11.4999	12.5781	13.7075	15.2990
	04011721	快干水泥	t	0.7470	0.9913	1.6041	1.7708
	04030701	砾石砂	t	1.0323	1.0873	1.1561	1.4893
	04093102	膨润土	t	9.0301	9.9275	10.8250	12.0020
	04131711	蒸压灰砂砖	千块	0.1558	0.2067	0.3344	0.3692
	05031801	枕木	m^3	0.0119	0.0122	0.0125	0.0145
	13052901	冷底子油	kg	29.4365	32.3802	35.3238	39.6752
	13351201	双组分聚硫密封胶	kg	220.0871	242.0978	264.1045	296.6374
	13370119	洞口止水环 ϕ2000	个	0.4242			
	13370120	洞口止水环 ϕ2200	个		0.4242		
	13370121	洞口止水环 ϕ2400	个			0.4242	
	13370122	洞口止水环 ϕ2700	个				0.4242
	14070101	机油	kg	557.4820	583.4049	610.5332	637.8867
	14210101	环氧树脂	kg	100.1193	100.1193	100.1193	99.9586
	14312501	纯碱	t	3.6121	3.9711	4.3300	4.8008
	14390101	氧气	m^3	20.0334	21.1695	21.9655	23.4226
	14390301	乙炔气	m^3	6.6778	7.0565	7.3218	7.8076
	14412801	环氧密封胶	kg	1.9256	2.1132	2.3007	2.8989
	14416201	羧甲基纤维素	kg	1204.0232	1323.6777	1443.3322	1600.2717
	17010802	钢管	kg	13.6918	13.6918	13.6918	13.6918

（续表）

定额编号				J-2-1-9	J-2-1-10	J-2-1-11	J-2-1-12
项目				泥水平衡顶管			
				ϕ2000	ϕ2200	ϕ2400	ϕ2700
				F型钢筋混凝土管			
名称			单位	100 m	100 m	100 m	100 m
材料	17070111	无缝钢管	kg	73.1242	76.5246	80.0830	83.6708
	17291259	F型钢筋混凝土管(开槽) ϕ2000×2500	m	1.2504			
	17291260	F型钢筋混凝土管(开槽) ϕ2200×2500	m		1.2504		
	17291261	F型钢筋混凝土管(开槽) ϕ2400×2500	m			1.2504	
	17291262	F型钢筋混凝土管(开槽) ϕ2700×2500	m				1.4004
	17291339	F型钢筋混凝土管(顶管) ϕ2000×2500	m	98.7980			
	17291340	F型钢筋混凝土管(顶管) ϕ2200×2500	m		98.7980		
	17291341	F型钢筋混凝土管(顶管) ϕ2400×2500	m			98.7980	
	17291342	F型钢筋混凝土管(顶管) ϕ2700×2500	m				98.6377
	18310419	中继间 ϕ2000	套	0.4636			
	18310420	中继间 ϕ2200	套		0.4636		
	18310421	中继间 ϕ2400	套			0.4636	
	18310422	中继间 ϕ2700	套				0.4636
	28110217	铜芯聚氯乙烯护套电力电缆 VV-500V 3×70+1×2	m	4.4459	4.4459	4.4459	4.4387
	33012551	铁件支架	kg	148.1970	148.1970	148.1970	147.9566
	33014511	钢板(顶进后座)	t	0.0218	0.0224	0.0228	0.0265
	34110101	水	m^3	53.6053	58.9570	64.4467	71.5490
	34110301	电	kW·h	9357.6888	10525.6270	11847.9018	13644.2750
	35010102	组合钢模板	kg	1.5820	1.7637	1.8752	2.3614
	35010703	木模板成材	m^3	0.0289	0.0305	0.0316	0.0379
	35020401	钢模零配件	kg	0.5850	0.6521	0.6934	0.8731
	35091312	钢质走道板	kg	98.7980	98.7980	98.7980	98.6377
	35091731	铁撑板	t	0.0059	0.0061	0.0062	0.0072
	37010202	重轨	t			0.1329	0.1391
	80210414	预拌混凝土(泵送型) C20 粒径 5～20	m^3	2.2346	2.6861	3.0055	4.0552
	80210416	预拌混凝土(泵送型) C20 粒径 5～40	m^3	1.1926	1.2228	1.2465	1.4487

（续表）

定额编号				J-2-1-9	J-2-1-10	J-2-1-11	J-2-1-12
项目				泥水平衡顶管			
				ϕ2000	ϕ2200	ϕ2400	ϕ2700
				F型钢筋混凝土管			
		名称	单位	100 m	100 m	100 m	100 m
机械	99050812	电动搅拌机	台班	1.9310	2.1273	2.2097	2.4804
	99050930	混凝土振捣器 插入式	台班	0.4551	0.5202	0.5665	0.7347
	99050940	混凝土振捣器 平板式	台班	0.3226	0.3849	0.4295	0.5782
	99070540	载重汽车 6 t	台班	0.8868	0.9508	1.0233	1.1265
	99070550	载重汽车 8 t	台班	0.2303	0.2361	0.2407	0.2798
	99070730	平板拖车组 10 t	台班	0.0111			
	99070740	平板拖车组 15 t	台班		0.0135	0.0157	0.0264
	99090360	汽车式起重机 8 t	台班	0.4829	0.4983	0.5091	0.5880
	99090400	汽车式起重机 16 t	台班	1.6772	0.8064	0.8124	0.8303
	99090410	汽车式起重机 20 t	台班	0.0111	0.9464	1.0186	
	99090430	汽车式起重机 30 t	台班	22.2045	27.3057	28.5770	1.1470
	99090450	汽车式起重机 40 t	台班		0.0449		
	99090460	汽车式起重机 50 t	台班			0.0524	29.9289
	99090520	汽车式起重机 100 t	台班	0.2110			
	99090550	汽车式起重机 125 t	台班		0.2110		
	99090560	汽车式起重机 150 t	台班			0.2110	
	99090602	汽车式起重机 250 t	台班				0.2110
	99090665	叉式起重机 14 t	台班	6.5198			
	99091700	手扳葫芦	台班	0.0739	0.0898	0.1049	0.1760
	99091880	千斤顶 15 t	台班	0.0739	0.0898	0.1049	0.1760
	99170010	钢筋调直机	台班	0.0216	0.0230	0.0292	0.0358
	99170025	钢筋切断机	台班	0.0232	0.0247	0.0309	0.0378
	99170045	钢筋弯曲机	台班	0.0016	0.0017	0.0017	0.0020
	99210065	木工平刨床 刨削宽度 450	台班	0.0057	0.0063	0.0067	0.0085
	99250020	交流弧焊机 32 kVA	台班	7.9121	8.3130	8.6843	9.1483
	99330010	风镐	台班	0.3858	0.3956	0.4032	0.4687
	99350590	泥浆系统(顶管)	台班	16.3800	17.0254	17.6962	18.3637
	99350730	刀盘式泥水平衡顶管掘进机 ϕ2000	台班	27.1683			
	99350735	刀盘式泥水平衡顶管掘进机 ϕ2200	台班		28.4569		
	99350740	刀盘式泥水平衡顶管掘进机 ϕ2400	台班			29.8273	
	99350745	刀盘式泥水平衡顶管掘进机 ϕ2700	台班				31.1069
	99430220	电动空气压缩机 3 m^3/min	台班	13.0530	13.6594	14.2938	14.9336
	99430230	电动空气压缩机 6 m^3/min	台班	0.3858	0.3956	0.4032	0.4687
	99430420	油泵车	台班	27.0151	28.2914	29.6327	31.0143
	99440150	电动多级离心清水泵 ϕ150×180 m 以下	台班	52.2118	54.6372	57.1754	59.7347
	99440330	潜水泵 ϕ100	台班	13.9355	14.5822	15.2591	15.9415
	99440670	液压注浆泵 HYB50/50-1 型	台班	2.1396	2.3402	2.5504	2.8465
	99450364	轴流通风机 30 kW	台班	67.9836	71.1442	74.4517	77.7868

工作内容：洞口处理、安拆顶管设备及附属设施、管道顶进、安拆中继间、顶进触变泥浆减阻、触变泥浆置换、压浆孔封堵、内接口、管节与工作井接口处理、坑内排管。

定　额　编　号			J-2-1-13	J-2-1-14	J-2-1-15
项　目			泥水平衡顶管		
			ϕ3000	ϕ3500	ϕ4000
			F型钢筋混凝土管		
			100 m	100 m	100 m
预算定额编号	预算定额名称	预算定额单位	数　量		
52-1-4-3	管道垫层 砾石砂垫层	m^3	0.7017	0.8009	0.8737
52-1-5-1	管道基座 混凝土 C20	m^3	4.9314	6.5744	6.9893
52-1-5-2	管道基座 钢筋	t	0.0802	0.0933	0.1019
52-1-6-24	管道铺设 F型钢承口式钢筋混凝土管 ϕ3000	100 m	0.0140		
52-1-6-24换	管道铺设 F型钢承口式钢筋混凝土管 ϕ3500	100 m		0.0146	
52-1-6-24换	管道铺设 F型钢承口式钢筋混凝土管 ϕ4000	100 m			0.0146
52-2-1-13	洞口处理 ϕ3000	个	0.4221		
52-2-1-14	洞口处理 ϕ3500	个		0.4221	
52-2-1-15	洞口处理 ϕ4000	个			0.4221
52-2-2-1	安拆顶进后座及坑内平台 钢筋混凝土	m^3	1.4456	1.6693	1.6756
52-2-3-13	安拆封闭式顶管设备及附属设施 泥水平衡 ϕ3000	套	0.2110		
52-2-3-14	安拆封闭式顶管设备及附属设施 泥水平衡 ϕ3500	套		0.2110	
52-2-3-15	安拆封闭式顶管设备及附属设施 泥水平衡 ϕ4000	套			0.2110
52-2-4-13	封闭式管道顶进 泥水平衡 ϕ3000	100 m	0.9849		
52-2-4-14	封闭式管道顶进 泥水平衡 ϕ3500	100 m		0.9844	
52-2-4-15	封闭式管道顶进 泥水平衡 ϕ4000	100 m			0.9844
52-2-5-13	安拆中继间 ϕ3000	套	0.4636		
52-2-5-14	安拆中继间 ϕ3500	套		0.4636	
52-2-5-15	安拆中继间 ϕ4000	套			0.4636
52-2-6-13	顶进触变泥浆减阻 ϕ3000	100 m	0.9849		
52-2-6-14	顶进触变泥浆减阻 ϕ3500	100 m		0.9844	
52-2-6-15	顶进触变泥浆减阻 ϕ4000	100 m			0.9844
52-2-7-1	触变泥浆置换	m^3	15.5430	18.1335	20.8653
52-2-8-1	压浆孔封堵	孔	98.4911	98.4384	98.4384
52-2-9-13	内接口 聚硫密封胶 ϕ3000	只	39.1854		
52-2-9-14	内接口 聚硫密封胶 ϕ3500	只		39.1643	
52-2-9-15	内接口 聚硫密封胶 ϕ4000	只			39.1643
52-2-10-13	管节与工作井接口处理 ϕ3000	只	0.4221		
52-2-10-14	管节与工作井接口处理 ϕ3500	只		0.4221	
52-2-10-15	管节与工作井接口处理 ϕ4000	只			0.4221
52-4-5-1	模板工程 模板 管道基座	m^2	4.0473	4.8285	5.4284

工作内容:洞口处理、安拆顶管设备及附属设施、管道顶进、安拆中继间、顶进触变泥浆减阻、触变泥浆置换、压浆孔封堵、内接口、管节与工作井接口处理、坑内排管。

定额编号				J-2-1-13	J-2-1-14	J-2-1-15
项目				泥水平衡顶管		
				ϕ3000	ϕ3500	ϕ4000
				F型钢筋混凝土管		
名称			单位	100 m	100 m	100 m
人工	00190101	综合人工	工日	645.4413	715.0082	809.9774
材料	01010211	热轧带肋钢筋(HRB400) $\phi \leqslant 10$	t	0.0230	0.0268	0.0292
	01010212	热轧带肋钢筋(HRB400) $\phi > 10$	t	0.1015	0.1178	0.1243
	01190201	槽钢 综合	t	0.1819	0.1988	0.2173
	01290101	钢板	t	0.0710	0.0775	0.0848
	02090101	塑料薄膜	m^2	15.6804	20.7927	22.0618
	03014101	六角螺栓连母垫	kg	27.3707	29.9010	32.6818
	03130101	电焊条	kg	119.9996	122.9851	126.1365
	03150101	圆钉	kg	1.5150	1.7810	1.9063
	03150501	骑马钉	kg	0.1400	0.1617	0.1623
	03152501	镀锌铁丝	kg	0.3858	0.4476	0.4748
	03211101	风镐凿子	根	0.8760	1.0116	1.0154
	04010112	水泥 42.5 级	t	16.9419	19.7655	22.7432
	04011721	快干水泥	t	2.2580	2.6173	2.9168
	04030701	砾石砂	t	1.5514	1.7707	1.9317
	04093102	膨润土	t	13.2713	15.5033	17.3690
	04131711	蒸压灰砂砖	千块	0.4707	0.5456	0.6081
	05031801	枕木	m^3	0.0147	0.0170	0.0171
	13052901	冷底子油	kg	44.0836	51.4031	58.7465
	13351201	双组分聚硫密封胶	kg	329.6002	384.3232	439.2276
	13370123	洞口止水环 ϕ3000	个	0.4242		
	13370124	洞口止水环 ϕ3500	个		0.4242	
	13370125	洞口止水环 ϕ4000	个			0.4242
	14070101	机油	kg	667.5484	729.2600	797.0812
	14210101	环氧树脂	kg	99.9586	99.9051	99.9051
	14312501	纯碱	t	5.3085	6.2013	6.9476
	14390101	氧气	m^3	24.9134	27.9494	31.1201
	14390301	乙炔气	m^3	8.3045	9.3165	10.3734
	14416201	羧甲基纤维素	kg	1769.5074	2067.1085	2315.8580
	17010802	钢管	kg	13.6918	13.6918	13.6918

（续表）

定额编号				J-2-1-13	J-2-1-14	J-2-1-15
项目				泥水平衡顶管		
				ϕ3000	ϕ3500	ϕ4000
				F型钢筋混凝土管		
名称			单位	100 m	100 m	100 m
材料	17070111	无缝钢管	kg	87.5615	95.6562	104.5522
	17291343	F型钢筋混凝土管(顶管) ϕ3000×2500	m	98.6377		
	17291344	F型钢筋混凝土管(顶管) ϕ3500×2500	m		98.5877	
	17291345	F型钢筋混凝土管(顶管) ϕ4000×2500	m			98.5877
	18310423	中继间 ϕ3000	套	0.4636		
	18310424	中继间 ϕ3500	套		0.4636	
	18310425	中继间 ϕ4000	套			0.4636
	28110217	铜芯聚氯乙烯护套电力电缆 VV-500V 3×70+1×2	m	4.4387	4.4364	4.4364
	33012551	铁件支架	kg	246.5943	246.4692	246.4692
	33014511	钢板(顶进后座)	t	0.0270	0.0312	0.0313
	34110101	水	m^3	79.2470	92.5942	104.0711
	34110301	电	kW·h	15815.0332	20253.0104	25969.7716
	35010102	组合钢模板	kg	2.5895	3.0893	3.4731
	35010703	木模板成材	m^3	0.0397	0.0464	0.0489
	35020401	钢模零配件	kg	0.9575	1.1423	1.2842
	35091312	钢质走道板	kg	147.9566	147.8815	147.8815
	35091731	铁撑板	t	0.0073	0.0084	0.0085
	37010202	重轨	t	0.1455	0.1591	0.1739
	80210414	预拌混凝土(泵送型) C20 粒径 5～20	m^3	4.9807	6.6401	7.0592
	80210416	预拌混凝土(泵送型) C20 粒径 5～40	m^3	1.4747	1.7029	1.7093
机械	99050812	电动搅拌机	台班	2.7587	3.2154	3.6736
	99050930	混凝土振捣器 插入式	台班	0.8635	1.1177	1.1753
	99050940	混凝土振捣器 平板式	台班	0.7049	0.9341	0.9939
	99070540	载重汽车 6 t	台班	1.2695	1.4846	0.0087
	99070550	载重汽车 8 t	台班	0.2848	0.3289	2.1024
	99090360	汽车式起重机 8 t	台班	0.6040	0.6978	0.7147

（续表）

定额编号				J-2-1-13	J-2-1-14	J-2-1-15
项目				泥水平衡顶管		
				ϕ3000	ϕ3500	ϕ4000
				F 型钢筋混凝土管		
名称			单位	100 m	100 m	100 m
机械	99090400	汽车式起重机 16 t	台班	0.8483	0.8841	0.9200
	99090430	汽车式起重机 30 t	台班	1.2630	1.4769	1.7723
	99090490	汽车式起重机 75 t	台班	31.2285	34.1154	
	99090520	汽车式起重机 100 t	台班			37.2882
	99090604	汽车式起重机 300 t	台班	0.2110		
	99090606	汽车式起重机 400 t	台班		0.2110	
	99090610	汽车式起重机 500 t	台班			0.2110
	99090665	叉式起重机 14 t	台班		8.5288	9.3220
	99170010	钢筋调直机	台班	0.0390	0.0454	0.0495
	99170025	钢筋切断机	台班	0.0410	0.0477	0.0518
	99170045	钢筋弯曲机	台班	0.0020	0.0023	0.0023
	99210065	木工平刨床 刨削宽度 450	台班	0.0093	0.0111	0.0125
	99250020	交流弧焊机 32 kVA	台班	9.6381	10.6465	11.7283
	99330010	风镐	台班	0.4770	0.5509	0.5529
	99350590	泥浆系统(顶管)	台班	19.2176	20.9941	22.9466
	99350750	刀盘式泥水平衡顶管掘进机 ϕ3000	台班	32.7055		
	99350755	刀盘式泥水平衡顶管掘进机 ϕ3500	台班		35.8034	
	99350760	刀盘式泥水平衡顶管掘进机 ϕ4000	台班			39.1872
	99430220	电动空气压缩机 3 m^3/min	台班	15.6274	17.0710	18.6573
	99430230	电动空气压缩机 6 m^3/min	台班	0.4770	0.5509	0.5529
	99430420	油泵车	台班	32.5443	69.8134	76.4543
	99440150	电动多级离心清水泵 ϕ150×180 m 以下	台班	62.5099	68.2838	74.6293
	99440330	潜水泵 ϕ100	台班	16.6816	18.2213	19.9134
	99440670	液压注浆泵 HYB50/50-1 型	台班	3.1521	3.6775	4.2315
	99450364	轴流通风机 30 kW	台班	81.4032	88.9274	97.1964

第二节　土压平衡封闭式管道顶进

工作内容:洞口处理、安拆顶管设备及附属设施、管道顶进、安拆中继间、顶进触变泥浆减阻、触变泥浆置换、压浆孔封堵、内接口、管节与工作井接口处理、坑内排管。

定额编号			J-2-2-1	J-2-2-2	J-2-2-3	J-2-2-4
项目			土压平衡顶管			
			ϕ1650	ϕ1800	ϕ2000	ϕ2200
			F型钢筋混凝土管			
			100 m	100 m	100 m	100 m
预算定额编号	预算定额名称	预算定额单位	数量			
52-1-4-3	管道垫层 砾石砂垫层	m^3	0.3704	0.3932	0.4669	0.4918
52-1-5-1	管道基座 混凝土 C20	m^3	1.4929	1.7960	2.2125	2.6595
52-1-5-2	管道基座 钢筋	t	0.0341	0.0384	0.0445	0.0474
52-1-6-18	管道铺设 F型钢承口式钢筋混凝土管 ϕ1650	100 m	0.0114			
52-1-6-19	管道铺设 F型钢承口式钢筋混凝土管 ϕ1800	100 m		0.0114		
52-1-6-20	管道铺设 F型钢承口式钢筋混凝土管 ϕ2000	100 m			0.0125	
52-1-6-21	管道铺设 F型钢承口式钢筋混凝土管 ϕ2200	100 m				0.0125
52-2-1-7	洞口处理 ϕ1650	个	0.4221			
52-2-1-8	洞口处理 ϕ1800	个		0.4221		
52-2-1-9	洞口处理 ϕ2000	个			0.4221	
52-2-1-10	洞口处理 ϕ2200	个				0.4221
52-2-2-1	安拆顶进后座及坑内平台 钢筋混凝土	m^3	0.9602	1.0003	1.1691	1.1987
52-2-3-16	安拆封闭式顶管设备及附属设施 土压平衡 ϕ1650	套	0.2110			
52-2-3-17	安拆封闭式顶管设备及附属设施 土压平衡 ϕ1800	套		0.2110		
52-2-3-18	安拆封闭式顶管设备及附属设施 土压平衡 ϕ2000	套			0.2110	
52-2-3-19	安拆封闭式顶管设备及附属设施 土压平衡 ϕ2200	套				0.2110

（续表）

定额编号			J-2-2-1	J-2-2-2	J-2-2-3	J-2-2-4
项目			土压平衡顶管			
			ϕ1650	ϕ1800	ϕ2000	ϕ2200
			F 型钢筋混凝土管			
			100 m	100 m	100 m	100 m
预算定额编号	预算定额名称	预算定额单位	数量			
52-2-4-16	封闭式管道顶进 土压平衡 ϕ1650	100 m	0.9875			
52-2-4-17	封闭式管道顶进 土压平衡 ϕ1800	100 m		0.9875		
52-2-4-18	封闭式管道顶进 土压平衡 ϕ2000	100 m			0.9865	
52-2-4-19	封闭式管道顶进 土压平衡 ϕ2200	100 m				0.9865
52-2-5-7	安拆中继间 ϕ1650	套	0.4636			
52-2-5-8	安拆中继间 ϕ1800	套		0.4636		
52-2-5-9	安拆中继间 ϕ2000	套			0.4636	
52-2-5-10	安拆中继间 ϕ2200	套				0.4636
52-2-6-7	顶进触变泥浆减阻 ϕ1650	100 m	0.9875			
52-2-6-8	顶进触变泥浆减阻 ϕ1800	100 m		0.9875		
52-2-6-9	顶进触变泥浆减阻 ϕ2000	100 m			0.9865	
52-2-6-10	顶进触变泥浆减阻 ϕ2200	100 m				0.9865
52-2-7-1	触变泥浆置换	m^3	8.8077	9.5613	10.5504	11.5395
52-2-8-1	压浆孔封堵	孔	98.7549	98.7549	98.6494	98.6494
52-2-9-7	内接口 聚硫密封胶 ϕ1650	只	39.2909			
52-2-9-8	内接口 聚硫密封胶 ϕ1800	只		39.2909		
52-2-9-9	内接口 聚硫密封胶 ϕ2000	只			39.2487	
52-2-9-10	内接口 聚硫密封胶 ϕ2200	只				39.2487
52-2-10-7	管节与工作井接口处理 ϕ1650	只	0.4221			
52-2-10-8	管节与工作井接口处理 ϕ1800	只		0.4221		
52-2-10-9	管节与工作井接口处理 ϕ2000	只			0.4221	
52-2-10-10	管节与工作井接口处理 ϕ2200	只				0.4221
52-4-5-1	模板工程 模板 管道基座	m^2	1.8871	2.1150	2.4727	2.7566

工作内容：洞口处理、安拆顶管设备及附属设施、管道顶进、安拆中继间、顶进触变泥浆减阻、触变泥浆置换、压浆孔封堵、内接口、管节与工作井接口处理、坑内排管。

定额编号				J-2-2-1	J-2-2-2	J-2-2-3	J-2-2-4
项目				土压平衡顶管			
				ϕ1650	ϕ1800	ϕ2000	ϕ2200
				F型钢筋混凝土管			
名称			单位	100 m	100 m	100 m	100 m
人工	00190101	综合人工	工日	373.5942	406.9968	491.9942	527.3495
材料	01010211	热轧带肋钢筋(HRB400) $\phi \leqslant 10$	t	0.0098	0.0110	0.0128	0.0136
	01010212	热轧带肋钢筋(HRB400) $\phi > 10$	t	0.0533	0.0576	0.0670	0.0701
	01190201	槽钢 综合	t	0.2416	0.2568	0.2730	0.2857
	01290101	钢板	t	0.0527	0.0560	0.0595	0.0623
	02090101	塑料薄膜	m^2	4.9739	5.9165	7.2611	8.6385
	03014101	六角螺栓连母垫	kg	20.2492	21.5249	22.8578	23.9207
	03130101	电焊条	kg	16.9736	17.8879	76.8495	77.9685
	03150101	圆钉	kg	0.8429	0.9086	1.0620	1.1340
	03150501	骑马钉	kg	0.0930	0.0969	0.1132	0.1161
	03152501	镀锌铁丝	kg	0.1970	0.2142	0.2491	0.2609
	03211101	风镐凿子	根	0.5819	0.6062	0.7085	0.7264
	04010112	水泥 42.5 级	t	9.6004	10.4218	11.4999	12.5781
	04011721	快干水泥	t	0.5322	0.6767	0.7470	0.9913
	04030701	砾石砂	t	0.8189	0.8693	1.0323	1.0873
	04093102	膨润土	t	7.4673	8.1410	9.0301	9.9275
	04131711	蒸压灰砂砖	千块	0.1110	0.1411	0.1558	0.2067
	05031801	枕木	m^3	0.0098	0.0102	0.0119	0.0122
	13052901	冷底子油	kg	24.3132	26.5214	29.4365	32.3802
	13351201	双组分聚硫密封胶	kg	181.7676	198.2933	220.0871	242.0978
	13370117	洞口止水环 ϕ1650	个	0.4242			
	13370118	洞口止水环 ϕ1800	个		0.4242		
	13370119	洞口止水环 ϕ2000	个			0.4242	
	13370120	洞口止水环 ϕ2200	个				0.4242
	14070101	机油	kg	493.8605	524.9737	557.4820	583.4049
	14210101	环氧树脂	kg	100.2263	100.2263	100.1193	100.1193
	14312501	纯碱	t	2.9869	3.2564	3.6121	3.9711
	14390101	氧气	m^3	17.7593	18.7395	20.0334	21.1695
	14390301	乙炔气	m^3	5.9198	6.2466	6.6778	7.0565
	14412801	环氧密封胶	kg	1.4483	1.5737	1.9256	2.1132
	14416201	羧甲基纤维素	kg	995.6361	1085.4679	1204.0232	1323.6777
	17010802	钢管	kg	13.6918	13.6918	13.6918	13.6918

(续表)

定额编号				J-2-2-1	J-2-2-2	J-2-2-3	J-2-2-4
项目				土压平衡顶管			
				ϕ1650	ϕ1800	ϕ2000	ϕ2200
				F型钢筋混凝土管			
名称			单位	100 m	100 m	100 m	100 m
材料	17070111	无缝钢管	kg	64.7791	68.8602	73.1242	76.5246
	17291257	F型钢筋混凝土管(开槽) ϕ1650×2500	m	1.1404			
	17291258	F型钢筋混凝土管(开槽) ϕ1800×2500	m		1.1404		
	17291259	F型钢筋混凝土管(开槽) ϕ2000×2500	m			1.2504	
	17291260	F型钢筋混凝土管(开槽) ϕ2200×2500	m				1.2504
	17291337	F型钢筋混凝土管(顶管) ϕ1650×2500	m	98.8981			
	17291338	F型钢筋混凝土管(顶管) ϕ1800×2500	m		98.8981		
	17291339	F型钢筋混凝土管(顶管) ϕ2000×2500	m			98.7980	
	17291340	F型钢筋混凝土管(顶管) ϕ2200×2500	m				98.7980
	18310417	中继间 ϕ1650	套	0.4636			
	18310418	中继间 ϕ1800	套		0.4636		
	18310419	中继间 ϕ2000	套			0.4636	
	18310420	中继间 ϕ2200	套				0.4636
	28110217	铜芯聚氯乙烯护套电力电缆 VV-500V 3×70+1×2	m	1.4835	1.4835	1.4820	4.4459
	28115566	橡套电缆 YHC3×16+1×6	m	1.4835	1.4835	1.4820	
	28115567	橡套电缆 YHC3×50+1×6	m	1.4835	1.4835	1.4820	
	33012551	铁件支架	kg			148.1970	148.1970
	33014511	钢板(顶进后座)	t	0.0179	0.0187	0.0218	0.0224
	34110101	水	m^3	44.3386	48.3502	53.6053	58.9570
	34110301	电	kW·h	7346.8885	8394.9592	9576.0819	10771.1397
	35010102	组合钢模板	kg	1.2074	1.3532	1.5820	1.7637
	35010703	木模板成材	m^3	0.0231	0.0248	0.0289	0.0305
	35020401	钢模零配件	kg	0.4464	0.5003	0.5850	0.6521
	35091312	钢质走道板	kg			98.7980	98.7980
	35091731	铁撑板	t	0.0048	0.0051	0.0059	0.0061
	80210414	预拌混凝土(泵送型) C20 粒径 5～20	m^3	1.5078	1.8140	2.2346	2.6861
	80210416	预拌混凝土(泵送型) C20 粒径 5～40	m^3	0.9795	1.0204	1.1926	1.2228

（续表）

定　额　编　号				J-2-2-1	J-2-2-2	J-2-2-3	J-2-2-4
项　　目				土压平衡顶管			
				ϕ1650	ϕ1800	ϕ2000	ϕ2200
				F型钢筋混凝土管			
名　　称			单位	100 m	100 m	100 m	100 m
机械	99050812	电动搅拌机	台班	1.6738	1.8231	1.9310	2.1273
	99050930	混凝土振捣器 插入式	台班	0.3293	0.3761	0.4551	0.5202
	99050940	混凝土振捣器 平板式	台班	0.2199	0.2625	0.3226	0.3849
	99070540	载重汽车 6 t	台班	0.5461	0.6789	0.8868	0.9508
	99070550	载重汽车 8 t	台班	0.1974	0.2062	0.2303	0.2361
	99070730	平板拖车组 10 t	台班			0.0111	
	99070740	平板拖车组 15 t	台班				0.0135
	99090360	汽车式起重机 8 t	台班	0.4006	0.4174	0.4829	0.4983
	99090390	汽车式起重机 12 t	台班	1.1761	1.3085		
	99090400	汽车式起重机 16 t	台班	0.1517	0.1586	1.6772	0.8064
	99090410	汽车式起重机 20 t	台班	20.1056	21.3723	0.0111	0.9464
	99090430	汽车式起重机 30 t	台班	0.0273	0.0302	22.7326	27.9559
	99090450	汽车式起重机 40 t	台班				0.0449
	99090460	汽车式起重机 50 t	台班	0.2110			
	99090490	汽车式起重机 75 t	台班		0.2110		
	99090520	汽车式起重机 100 t	台班			0.2110	
	99090550	汽车式起重机 125 t	台班				0.2110
	99090665	叉式起重机 14 t	台班	5.9135	6.2860	6.6752	
	99091700	手扳葫芦	台班	0.0546	0.0603	0.0739	0.0898
	99091880	千斤顶 15 t	台班	0.0546	0.0603	0.0739	0.0898
	99170010	钢筋调直机	台班	0.0166	0.0187	0.0216	0.0230
	99170025	钢筋切断机	台班	0.0179	0.0201	0.0232	0.0247
	99170045	钢筋弯曲机	台班	0.0013	0.0014	0.0016	0.0017
	99210065	木工平刨床 刨削宽度 450	台班	0.0043	0.0049	0.0057	0.0063
	99250020	交流弧焊机 32 kVA	台班	2.4754	2.5193	8.0363	8.4430
	99330010	风镐	台班	0.3169	0.3301	0.3858	0.3956
	99350590	泥浆系统(顶管)	台班	12.7162	14.1582	16.3800	17.0254
	99350625	刀盘式土压平衡顶管掘进机 ϕ1650	台班	24.5398			
	99350630	刀盘式土压平衡顶管掘进机 ϕ1800	台班		26.1566		
	99350635	刀盘式土压平衡顶管掘进机 ϕ2000	台班			27.7895	
	99350640	刀盘式土压平衡顶管掘进机 ϕ2200	台班				29.1071
	99430220	电动空气压缩机 3 m^3/min	台班	11.8400	12.5851	13.3636	13.9843
	99430230	电动空气压缩机 6 m^3/min	台班	0.3169	0.3301	0.3858	0.3956
	99430420	油泵车	台班	24.2495	25.8721	27.6363	28.9416
	99440150	电动多级离心清水泵 ϕ150×180 m 以下	台班	47.3600	50.3404	53.4544	55.9375
	99440330	潜水泵 ϕ100	台班	12.6417	13.4365	14.2669	14.9290
	99440670	液压注浆泵 HYB50/50-1 型	台班	1.7862	1.9390	2.1396	2.3402
	99450364	轴流通风机 30 kW	台班	61.6609	65.5448	69.6027	72.8387

工作内容:洞口处理、安拆顶管设备及附属设施、管道顶进、安拆中继间、顶进触变泥浆减阻、触变泥浆置换、压浆孔封堵、内接口、管节与工作井接口处理、坑内排管。

定额编号			J-2-2-5	J-2-2-6	J-2-2-7	J-2-2-8	J-2-2-9
项目			土压平衡顶管				
			φ2400	φ2700	φ3000	φ3500	φ4000
			F型钢筋混凝土管				
			100 m	100 m	100 m	100 m	100 m
预算定额编号	预算定额名称	预算定额单位	数量				
52-1-4-3	管道垫层 砾石砂垫层	m^3	0.5229	0.6736	0.7017	0.8010	0.8738
52-1-5-1	管道基座 混凝土 C20	m^3	2.9757	4.0150	4.9314	6.5755	6.9905
52-1-5-2	管道基座 钢筋	t	0.0600	0.0736	0.0802	0.0934	0.1019
52-1-6-22	管道铺设 F型钢承口式钢筋混凝土管 φ2400	100 m	0.0125				
52-1-6-23	管道铺设 F型钢承口式钢筋混凝土管 φ2700	100 m		0.0140			
52-1-6-24	管道铺设 F型钢承口式钢筋混凝土管 φ3000	100 m			0.0140		
52-1-6-24换	管道铺设 F型钢承口式钢筋混凝土管 φ3500	100 m				0.0146	0.0146
52-2-1-11	洞口处理 φ2400	个	0.4221				
52-2-1-12	洞口处理 φ2700	个		0.4221			
52-2-1-13	洞口处理 φ3000	个			0.4221		
52-2-1-14	洞口处理 φ3500	个				0.4221	
52-2-1-15	洞口处理 φ4000	个					0.4221
52-2-2-1	安拆顶进后座及坑内平台 钢筋混凝土	m^3	1.2219	1.4202	1.4456	1.6695	1.6759
52-2-3-20	安拆封闭式顶管设备及附属设施 土压平衡 φ2400	套	0.2110				
52-2-3-21	安拆封闭式顶管设备及附属设施 土压平衡 φ2700	套		0.2110			
52-2-3-22	安拆封闭式顶管设备及附属设施 土压平衡 φ3000	套			0.2110		
52-2-3-23	安拆封闭式顶管设备及附属设施 土压平衡 φ3500	套				0.2111	
52-2-3-24	安拆封闭式顶管设备及附属设施 土压平衡 φ4000	套					0.2111
52-2-4-20	封闭式管道顶进 土压平衡 φ2400	100 m	0.9865				
52-2-4-21	封闭式管道顶进 土压平衡 φ2700	100 m		0.9849			
52-2-4-22	封闭式管道顶进 土压平衡 φ3000	100 m			0.9849		

（续表）

定　额　编　号				J-2-2-5	J-2-2-6	J-2-2-7	J-2-2-8	J-2-2-9
项　　目				土压平衡顶管				
				ϕ2400	ϕ2700	ϕ3000	ϕ3500	ϕ4000
				F 型钢筋混凝土管				
名　　称			单位	100 m	100 m	100 m	100 m	100 m
材料	14412801	环氧密封胶	kg	2.3007	2.8989			
	14416201	羧甲基纤维素	kg	1443.3322	1600.2717	1769.5074	2067.1085	2315.8580
	17010802	钢管	kg	13.6918	13.6918	13.6918	13.6983	13.6983
	17070111	无缝钢管	kg	80.0830	83.6708	87.5615	95.6562	104.5522
	17291261	F 型钢筋混凝土管(开槽) ϕ2400×2500	m	1.2504				
	17291262	F 型钢筋混凝土管(开槽) ϕ2700×2500	m		1.4004			
	17291341	F 型钢筋混凝土管(顶管) ϕ2400×2500	m	98.7980				
	17291342	F 型钢筋混凝土管(顶管) ϕ2700×2500	m		98.6377			
	17291343	F 型钢筋混凝土管(顶管) ϕ3000×2500	m			98.6377		
	17291344	F 型钢筋混凝土管(顶管) ϕ3500×2500	m				98.5877	
	17291345	F 型钢筋混凝土管(顶管) ϕ4000×2500	m				98.5877	98.5877
	18310421	中继间 ϕ2400	套	0.4636				
	18310422	中继间 ϕ2700	套		0.4636			
	18310423	中继间 ϕ3000	套			0.4636		
	18310424	中继间 ϕ3500	套				0.4637	
	18310425	中继间 ϕ4000	套					0.4637
	28110217	铜芯聚氯乙烯护套电力电缆 VV-500V 3×70+1×2	m	4.4459	4.4387	4.4387	4.4364	4.4364
	33012551	铁件支架	kg	148.1970	147.9566	246.5943	246.4692	246.4692
	33014511	钢板(顶进后座)	t	0.0228	0.0265	0.0270	0.0312	0.0313
	34110101	水	m^3	64.4467	71.5490	79.2470	92.5943	104.0711
	34110301	电	kW·h	12124.0045	14010.1457	16182.9474	20723.8049	26572.9281
	35010102	组合钢模板	kg	1.8752	2.3614	2.5895	3.0897	3.4737
	35010703	木模板成材	m^3	0.0316	0.0379	0.0397	0.0464	0.0490
	35020401	钢模零配件	kg	0.6934	0.8731	0.9575	1.1424	1.2844

（续表）

定额编号				J-2-2-5	J-2-2-6	J-2-2-7	J-2-2-8	J-2-2-9
项目				土压平衡顶管				
				ϕ2400	ϕ2700	ϕ3000	ϕ3500	ϕ4000
				F型钢筋混凝土管				
		名称	单位	100 m	100 m	100 m	100 m	100 m
材料	35091312	钢质走道板	kg	98.7980	98.6377	147.9566	147.8815	147.8815
	35091731	铁撑板	t	0.0062	0.0072	0.0073	0.0084	0.0085
	37010202	重轨	t	0.1329	0.1391	0.1455	0.1591	0.1739
	80210414	预拌混凝土(泵送型) C20 粒径 5～20	m^3	3.0055	4.0552	4.9807	6.6413	7.0604
	80210416	预拌混凝土(泵送型) C20 粒径 5～40	m^3	1.2465	1.4487	1.4747	1.7031	1.7096
机械	99050812	电动搅拌机	台班	2.2097	2.4804	2.7735	3.2154	3.6736
	99050930	混凝土振捣器 插入式	台班	0.5665	0.7347	0.8635	1.1178	1.1756
	99050940	混凝土振捣器 平板式	台班	0.4295	0.5782	0.7049	0.9342	0.9941
	99070540	载重汽车 6 t	台班	1.0233	1.1265	1.2695	1.4849	0.0087
	99070550	载重汽车 8 t	台班	0.2407	0.2798	0.2848	0.3289	2.1028
	99070740	平板拖车组 15 t	台班	0.0157	0.0264			
	99090360	汽车式起重机 8 t	台班	0.5091	0.5880	0.6040	0.6979	0.7148
	99090400	汽车式起重机 16 t	台班	0.8124	0.8303	0.2153	0.2511	0.2870
	99090410	汽车式起重机 20 t	台班	1.0186		0.6330	0.6333	0.6333
	99090430	汽车式起重机 30 t	台班	0.0157	1.1470	1.2630	1.4772	1.7726
	99090450	汽车式起重机 40 t	台班	29.2417				
	99090460	汽车式起重机 50 t	台班	0.0524	30.6398			
	99090490	汽车式起重机 75 t	台班			31.9725	34.9282	
	99090520	汽车式起重机 100 t	台班					38.1765
	99090560	汽车式起重机 150 t	台班	0.2110				
	99090602	汽车式起重机 250 t	台班		0.2110			
	99090604	汽车式起重机 300 t	台班			0.2110		
	99090606	汽车式起重机 400 t	台班				0.2111	
	99090610	汽车式起重机 500 t	台班					0.2111
	99090665	叉式起重机 14 t	台班				8.7320	9.5442
	99091700	手扳葫芦	台班	0.1049	0.1760			

（续表）

定　额　编　号				J-2-2-5	J-2-2-6	J-2-2-7	J-2-2-8	J-2-2-9
项　　目				土压平衡顶管				
				ϕ2400	ϕ2700	ϕ3000	ϕ3500	ϕ4000
				F 型钢筋混凝土管				
名　　称			单位	100 m	100 m	100 m	100 m	100 m
机械	99091880	千斤顶 15 t	台班	0.1049	0.1760			
	99170010	钢筋调直机	台班	0.0292	0.0358	0.0390	0.0454	0.0495
	99170025	钢筋切断机	台班	0.0309	0.0378	0.0410	0.0477	0.0518
	99170045	钢筋弯曲机	台班	0.0017	0.0020	0.0020	0.0023	0.0023
	99210065	木工平刨床 刨削宽度 450	台班	0.0067	0.0085	0.0093	0.0111	0.0125
	99250020	交流弧焊机 32 kVA	台班	8.8204	9.2904	9.7871	10.8099	11.9069
	99330010	风镐	台班	0.4032	0.4687	0.4770	0.5509	0.5530
	99350590	泥浆系统(顶管)	台班	17.6962	18.3637	19.2176	20.9941	22.9466
	99350645	刀盘式土压平衡顶管掘进机 ϕ2400	台班	30.5077				
	99350650	刀盘式土压平衡顶管掘进机 ϕ2700	台班		32.0288			
	99350655	刀盘式土压平衡顶管掘进机 ϕ3000	台班			33.4495		
	99350660	刀盘式土压平衡顶管掘进机 ϕ3500	台班				36.6170	
	99350665	刀盘式土压平衡顶管掘进机 ϕ4000	台班					40.0764
	99430220	电动空气压缩机 3 m^3/min	台班	14.6340	15.2890	15.9994	17.4773	19.1014
	99430230	电动空气压缩机 6 m^3/min	台班	0.4032	0.4687	0.4770	0.5509	0.5530
	99430420	油泵车	台班	30.3131	31.7252	33.2883	71.4391	78.2312
	99440150	电动多级离心清水泵 ϕ150×180 m 以下	台班	58.5362	61.1564	63.9977	69.9091	76.4058
	99440330	潜水泵 ϕ100	台班	15.6220	16.3206	17.0784	18.6548	20.3871
	99440670	液压注浆泵 HYB50/50-1 型	台班	2.5504	2.8465	3.1521	3.6775	4.2315
	99450364	轴流通风机 30 kW	台班	76.2250	79.6395	83.3421	91.0454	99.5114